建筑环境与能效研究

A Collection of Papers on the Built Environment and Energy Efficiency

主　编　刘　东
副主编　苗　青　陈嘉昕

图书在版编目(CIP)数据

建筑环境与能效研究/刘东主编.—上海:同济大学出版社,2016.9

ISBN 978-7-5608-6518-8

Ⅰ.①建… Ⅱ.①刘… Ⅲ.①建筑—节能—研究 Ⅳ.①TU111.4

中国版本图书馆 CIP 数据核字(2016)第 209117 号

建筑环境与能效研究

主 编 刘 东 **副主编** 苗 青 陈嘉昕

策划编辑 高晓辉 马继兰 **责任编辑** 陆克丽霞 胡晗欣 **责任校对** 徐春莲 **封面设计** 陈益平

出版发行 同济大学出版社 www.tongjipress.com.cn
(地址:上海市四平路 1239 号 邮编:200092 电话:021-65985622)
经 销 全国各地新华书店
印 刷 浙江广育爱多印务有限公司
开 本 787mm×1 092mm 1/16
印 张 45.5
字 数 1 136 000
版 次 2016 年 9 月第 1 版 2016 年 9 月第 1 次印刷
书 号 ISBN 978-7-5608-6518-8

定 价 298.00 元

序

同济大学暖通专业自1952年创设以来，通过几代人不懈努力，不断传承和发展，现在已经成为国内暖通空调行业最重要、最有影响力的教学科研平台之一。打铁还需自身过硬，作为专业教师，应该加强学习和锻炼，抓住国民经济快速发展和人民生活水平提高为行业发展所提供的机遇，积极参与工程实践，去发现和解决暖通空调工程中的问题，在业务上精益求精，为人才培养发挥作用。为此，在技术飞速发展的同时适时地总结交流经验与成果是不可缺少的任务，鉴于此，本书的出版是必要且及时的。

本书主要内容是刘东自1996年以来取得的部分科研成果及其指导的研究生在校期间发表的科研论文，所涉及的领域包括室内环境的营造、能源系统能效的提升以及环境和能源系统的检测与评估等方面，有前沿的理论和一定深度的实践，在业界具有很高的交流价值。本人作为本专业的前辈，很高兴看到中青年教师在专业发展方面所取得的成就，也希望他们能够继续努力，作出更大贡献。相信这些成果对暖通空调技术的发展有一定的参考作用。

本书主编刘东1996年同济暖通研究生毕业留校任教，20年来一直潜心从事教学科研和指导研究生工作。他曾任机械与能源工程学院副院长，现任中意学院副院长，同时积极参与国内外专业协会及学会工作。两位副主编苗青和陈嘉昕都是刘东指导的研究生，一个已是单位骨干，另一个在读；他们为论文集的资料收集、整理和出版做了许多工作。

希望这本书能对广大暖通空调工程人员提供有益的参考。

范存养 2016.6.13.

目　录

第二篇　能效提升

第三篇 检测评估

第一篇

环境控制

某高层建筑空调室外机的气流模拟及优化*

杭寅　刘东　黄艳　刘俊

摘　要：运用 CFD 数值模拟方法和 Airpak 计算软件对建筑空调室外机进行气流模拟，根据其速度场、温度场、压力场的模拟结果，发现不同的出风方式以及风口形状对气流有较大影响。另外，通过对有室外风影响的情况的模拟，结果表明室外风速对气流有一定的影响，但是影响并不十分显著。经过对原方案的改进，满足了室外机的工作条件，基本达到了所需的要求。

关键词：数值模拟；空调；优化

Numerical Simulation of Airflow and Optimization of Outdoor Unit of the Air Conditioner in a Certain High Building

HANG Yin，LIU Dong，HUANG Yan and LIU Jun

Abstract：In this paper，the airflow of the outdoor-air conditioner was simulated by using CFD numerical simulation methods and Airpak softwire to simulate. According to the results of velocity field，temperature field and pressure field，it is found that different ways of outflow and the shape of tuyere have much influence on the airflow. Besides，by simulating the situation of wind outside the building，it is concluded that wind outside has some influence on the airflow. However，the influence is not very obvious. By improvement of the former method，the working condition for the outdoor unit is satisfied and the terminal aim is attained.

Keywords：numerical simulation；air-conditioning；optimization

0　引言

一些建筑物对建筑立面有特殊要求，如何能满足建筑立面的要求，又能确保空调效果，室外机的合理布置及气流组织优化是其中的一项重要工作。本文是对一个实际工程的总结，鉴于该建筑空调室外机摆放位置的特殊性，采用 CFD 技术对某高层建筑空调室外机的气流组织进行了模拟和优化，并考虑当地气象条件的影响，最后给出了一套最优化方案，以确保空调机组的正常工作。这项工作也可以为此类高层建筑的空调室外机的布置提供参考。

1　工程概况

1.1　建筑物基本情况

本建筑位于杭州，是一栋 22 层的商用建筑，建筑的土建工程基本已经完成，空调系统采用分散的风冷热泵形式，空调的摆放位置以及使用类型已经确定(图 1)，室外机放置在如图的隔

*《建筑热能通风空调》2006 收录。

栅内，隔栅的外侧距离建筑物外表面为 7 m。

1.2 气象条件

主要考虑夏季制冷工况空调室外机的工作状况。杭州室外设计温度 35 ℃[1]，夏季主导风向为南风和东南风，风速 2.2 m/s。

1.3 空调室外机的布置详图及面临的问题

所用空调为风冷式热泵机组，其机组外形如图 2 所示，每台机组均有两个上出风口，机组出风温度均设为 45 ℃，冷凝器排风量为 260 m^3/min；下部四面进风。每个建筑平台放置三台机组。

设计面临的主要问题：

(1) 由于该建筑空调只能统一摆放在各层平台上，空调室外机上下层间距小，再者由于外部隔栅的存在，使气流流动受到一定影响，故按照该空调的设计形式；根据热气流浮升原理，可以预见，出现下层平台空调机组部分出风被上层平台机组吸入的情况，从而使上部机组吸入端的空气温度升高，这种情况会随着层数的增加而愈加明显，即形成“短路”现象。这种情况一旦发生将直接影响空调机组的性能。

(2) 由于该建筑摆放空调室外机的地方凹入建筑外墙表面 7 m，考虑到气流射程有限(吹不出凹部)，由此造成局部气流过热，影响机组运行效果，因此要求在空调机组冷凝器的风机压头和噪声允许的范围内将其排风速度适当提高。

2 技术措施

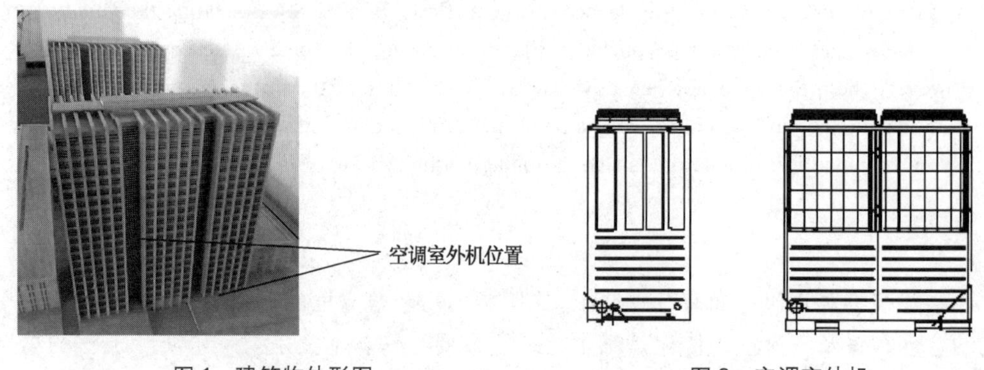

图 1 建筑物外形图　　图 2 空调室外机

2.1 CFD 技术简介

CFD 是英文 Computational Fluid Dynamics(计算流体动力学)的简称，它是伴随着计算机技术、数值计算技术的发展而发展的。简单地说，CFD 就是利用计算机求解流体流动的各种守恒控制偏微分方程组的技术。本论文采用的是商业 CFD 软件——Airpak。

2.2 采用的控制方程

气流属于稳态的三维不可压缩紊流流动，因此在计算中采用当前在计算气流时最常用的模型[2]。模型所遵守的偏微分方程的向量表示如下。

连续性方程：

$$\frac{\partial u_i}{\partial x_i}=0 \tag{1}$$

动量方程：

$$\frac{\partial(\rho u_i u_j)}{\partial x_j}=\frac{\partial P}{\partial x_i}+\frac{\partial}{\partial x_j}\left[(\mu+\mu_i)\cdot\left(\frac{\partial u_i}{\partial x_j}+\frac{\partial u_j}{\partial x_i}\right)\right]+\rho\beta(T-T_\infty)g\delta_{2i} \tag{2}$$

紊流能量传递方程：

$$\frac{\partial(\rho u_j K)}{\partial x_j}=\frac{\partial}{\partial x_j}\left[\left(\mu+\frac{\mu_i}{\delta_{\mathrm{K}}}\right)\times\frac{\partial K}{\partial x_j}\right]+\mu_i\left(\frac{\partial u_i}{\partial x_j}+\frac{\partial u_j}{\partial x_i}\right)-\rho\varepsilon-\beta g\frac{\mu_i}{\delta_{\mathrm{T}}}\frac{\partial T}{\partial y} \tag{3}$$

紊流能量耗散方程：

$$\frac{\partial(\rho u_j\varepsilon)}{\partial x_j}=\frac{\partial}{\partial x_j}\left[\left(\mu+\frac{\mu_i}{\delta_{\mathrm{S}}}\right)\times\frac{\partial\varepsilon}{\partial x_j}\right]+\frac{C_1}{K}\mu_i\frac{\partial u_i}{\partial x_j}\left(\frac{\partial u_i}{\partial x_j}+\frac{\partial u_j}{\partial x_i}\right)-C_2\rho\varepsilon^2/K \tag{4}$$

能量方程：

$$\frac{\partial(\rho u_j T)}{\partial x_j}=\frac{\partial}{\partial x_j}\left[\left(\frac{K}{c_{\mathrm{p}}}\mu+\frac{\mu_i}{\delta_{\mathrm{T}}}\right)\times\frac{\partial T}{\partial x_j}\right] \tag{5}$$

上式列表中，$u_i=C_\mu\rho K^2/\varepsilon$；$i=1, 2, 3$；$j=1, 2, 3$；$u$ 为速度，ρ 为密度，μ 为分子黏性系数，K 为紊动能，ε 为紊动能耗散率。k-ε 模型中的经验常数可按表 1 取值。

表 1　　模型中的经验常数取值

C_μ	C_1	C_2	δ_{K}	δ_{S}	δ_{T}
0.09	1.44	1.92	1.3	1.3	0.9

3　模拟结果

3.1　最初的方案模拟情况

鉴于以上可能出现的问题，笔者进行了初步方案的设计。

本次模拟实验的目标是通过优化与改进使第 22 层和第 1 层的吸入端的温差不大于 2 ℃，避免产生“短路”现象。

图 3 是模拟的计算模型示意图。按实际工程需要，每层平台设计三台机组，每台机组通过弯头将顶出风改成水平出风，以适合建筑外形的需要，出风口速度为 8 m/s。

图 4—图 6 是模拟计算结果。从第二层开始吸入端的温度急剧升高(图 4)，到第四层时已过 44 ℃，可见原方案难以保证空调机组的正常运行的。

究其原因，三股射出气流相互影响，有一部分被抵消，使其射出的阻力加大，射流在距出风口 3～4 m 处时速度就已基本衰减为零，无法射出建筑凹部(图 5)；再者，靠近两边墙壁的两台机组出风射流碰到侧面墙壁形成受迫流(图 6)，阻挡周围冷空气的进入，导致位于机组下部的吸风口无法吸入环境中较冷的空气，形成了明显的“短路”现象(图 5)。

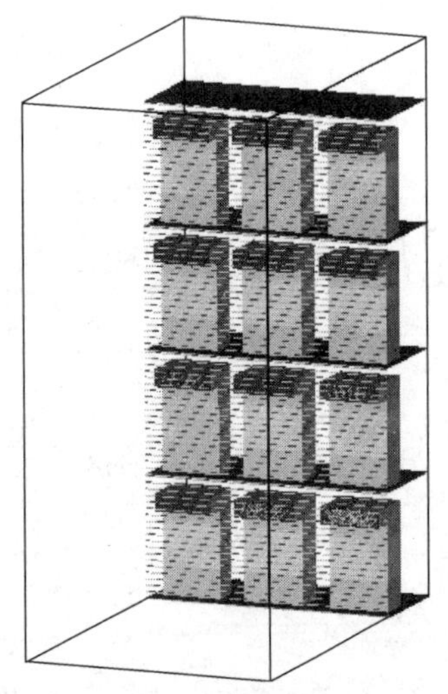

图 3　最初方案四层楼计算模型图

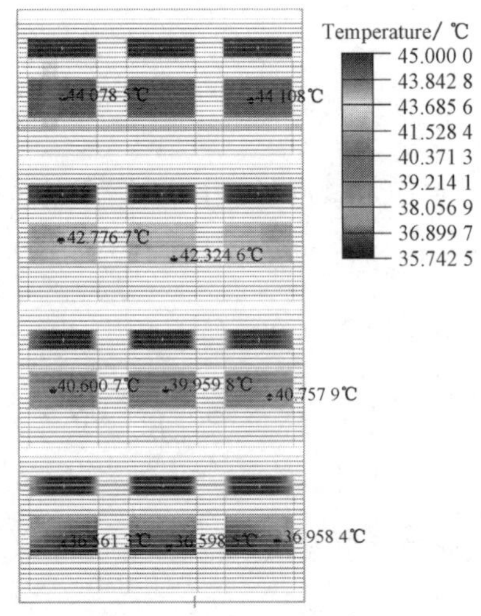

图 4　温度场计算结果

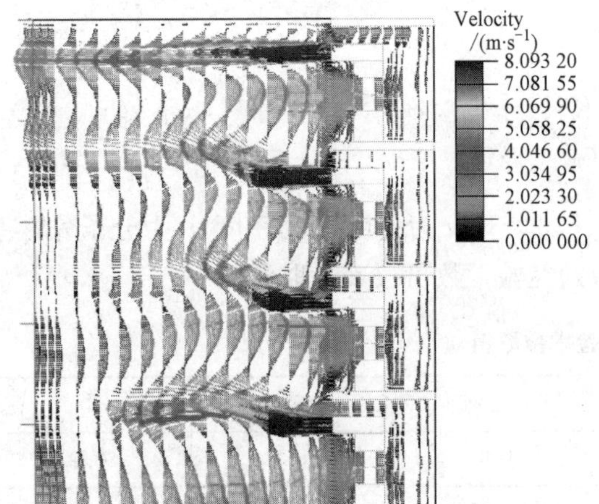

图 5　四层速度矢量剖面图

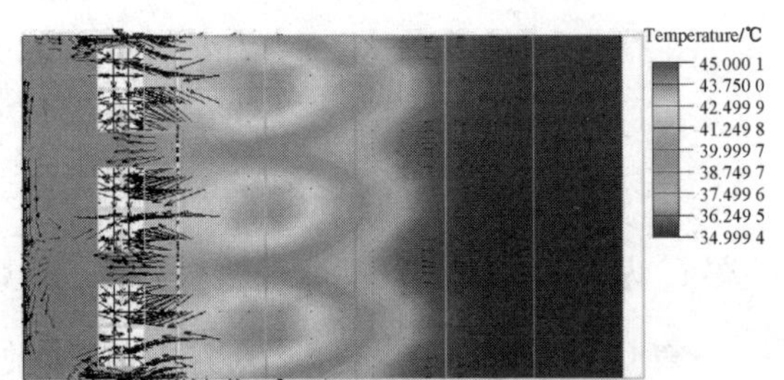

图 6　第三层进风口俯视气流流线图

3.2　改进方案的模拟情况

图 7 是改进方案的计算模型。鉴于上述问题，可以使三台机组联入同一个静压箱，然后集于中间的一个风口出风；同时考虑气流射程有限，加大出风风速，即由原来的 8 m/s 改为12 m/s，从而根据风量求出中间出风口面积，综合考虑层高限制因素，选定 1.5 m×0.722 m 的出风口形状。隔栅间隔取为 0.3 m，每个隔栅厚度为 0.03 m，即保证开口率为 10%。

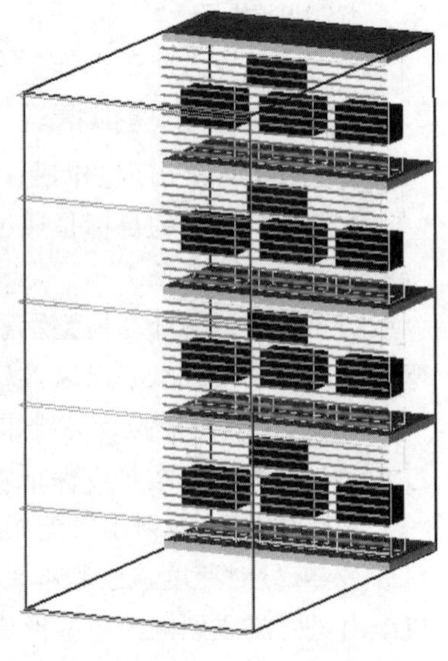

图 7　改进方案四层楼计算模型图

图 8、图 9 是改进方案的计算结果。吸入端温度达到了所需的要求，均保持在 37 ℃以下(图 8)。改进后，通风效果得到显著改善，基本达到了上文提及的既定目标。出风的射程达到要求，气流顺利射出凹部。同时还发现，基于同一个风口出风，周围的冷气流从该股气流的两边流入的可能性增

大(图 9),直接导致下部吸入端温度下降,保证了空调的正常运行。

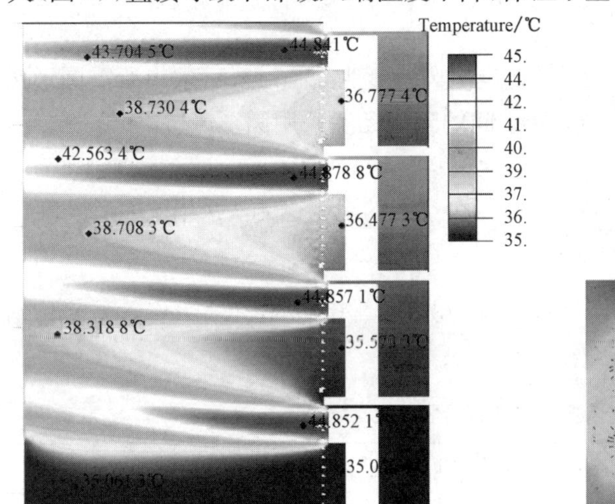

图 8　四层楼温度分布图

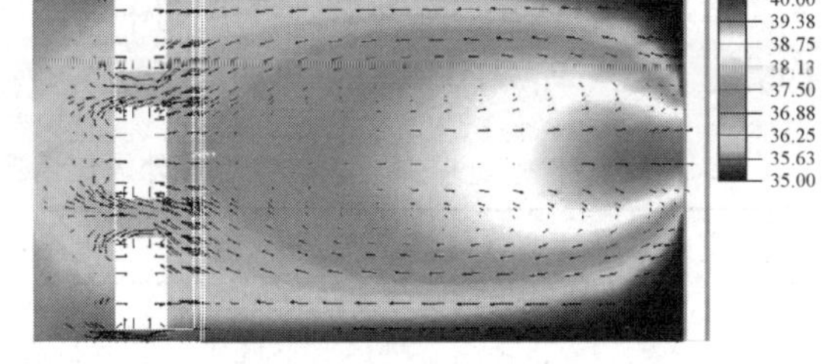

图 9　第三层进风口的气流流线图

计算结果表明,在室外无风情况下,22 层楼的吸入端温度都低于 37 ℃,即达到了最初设定的目标。

通过这样的改进之后,已经可以满足实际运行需要。接下来又考虑了出风速度的最优化,即使其既能满足要求,又使风机压头降低。为此,分别进行出风口速度为 9 m/s, 10 m/s, 11 m/s, 13 m/s, 14 m/s 和 15 m/s 的计算。

一般风口越狭长,室外的冷气流越不容易从两端进入到下部的吸风口,故对机组的运行也就越不利。所以,在模拟的过程中,将出风口的高度确定为建筑高度限制的最大允许高度 0.722 m(即保证在同等条件下,风口的长度最短)。根据不同的出风速度以及固定的出风量可以确定出风口的长度,从而进行上述几个工况的计算。考虑计算速度,所有工况都只进行了四层楼的模拟计算。

表 2 为各出口处阻力损失的比较情况。

表 2　　**出风口处的压力损失**

风速/($m \cdot s^{-1}$)	风口长度/m	动压/Pa	局阻/Pa	阻力损失/Pa
9	2.00	48.60	1.45	70.24
10	1.80	60	1.50	89.88
11	1.64	72.60	1.58	114.77
12	1.50	86.40	1.60	138.55
13	1.39	101.40	1.64	166.26
14	1.29	117.60	1.66	195.07
15	1.20	135	1.68	226.53

注:由于出风口速度的改变只对出口处的压头产生影响,故表中只进行了该项的比较。其中的局部阻力系数根据流体力学淹没出流理论求得。

由上文可知,当出口风速达到 12 m/s 时,已经可以达到设计要求,而此时的压头值也是在达到要求的各风速中最小的,同时考虑到随楼层增加时温升的影响,故 12 m/s 的设计出风速度最为合理。

在此基础上考虑采用不同的风口形状可能产生的结果。

情况 1:采用圆形风口。

三台机的总出风量为 260×3=780 m^3/min,设定出风速度为 12 m/s,可求出所需圆形风口的直径为 1.17 m,而该建筑的层高只有 3 m,受空间的限制无法采用圆形风口。

情况 2:采用正方形风口。

同样可以得到所需的正方形风口的边长为 1.04 m,受空间的限制也无法采用正方形风口。

3.3 室外风速情况下的模拟

本文分别对五个室外有风工况进行了模拟,风速分别为 1.0 m/s, 1.5 m/s, 2.0 m/s, 2.5 m/s, 3.0 m/s,计算分析见表 3。

表 3　　室外风速情况下的模拟分析

室外风速	计算结果分析
1.0 m/s	室外风对空调机组的运行有一定的影响。室外的自然风吹入建筑的凹部,阻挡部分出风口热气流的吹出,在非凹两面形成漩涡,一部分出口端热气流被迫卷吸回去,即可能出现出风口的热气流恰好被吸入下端的进风口的情况。从模拟的结果来看,被卷吸的气流不多。此时,室外机吸入口的温度也随着楼层的增加而有上升的趋势(图 10)
1.5 m/s	随着风速的增大,被卷吸的气流进一步的增多,而风速的增大也使得室外冷空气易于进入到下部的吸风口;温度模拟的结果来看,风速的增加并没有使吸入端的温度更进一步的增加,相反的,较之 v=1.0 m/s 时,吸入端的温度还有所下降(图 11)
2.0 m/s 及 2.5 m/s	此时上述提到的现象更为明显,吸入端的温度上升不明显
3.0 m/s	此时,在距离建筑凹部非常近的地方,从出风口吹出的气流被室外的强风阻挡,但同样,室外的强风更容易的进入到下部的吸风口附近,这时室外风并没有对机组的运行造成不利的影响。从模拟的温度的结果也同样可以得到这样的结论(图 12)

图 10—图 12 为上述其中三种情况的速度场模拟结果图,温度模拟结果未给出。

3.4 综合比较

考虑不同出风速度,分析中发现出口风速愈大,对机组的运行愈有利;当风速达到 12 m/s 时已经达到了既定目标(即温差在 2 ℃以内)。而进一步增加风速也表明可以使温升更小。然而,进一步的增加风速也意味着冷凝风机压头的增加,必须考虑到这样逐渐增大的风机压头,机组能否满足,这就存在一个压头和速度的相互制约问题。

考虑室外风情况时,当室外风速较小的时候,对室外机的工作有一定的负面影响;随着层高的增加,各层的温度较之不考虑室外风时有一定的升高。但是当风速再进一步地增加之后,由于室外的强风更容易的进入到下部的吸风口附近,室外风的不利影响并未扩大。此外,鉴于杭州夏季室外风速为 2.2 m/s,可以认为这样的设计方案在室外风存在的情况下仍然是可以达到要求的。

考虑到使用不同的出风口形状对工程具有指导作用,但是在本例中由于受到建筑空间条件的限制,只是考虑了矩形风口的形式。

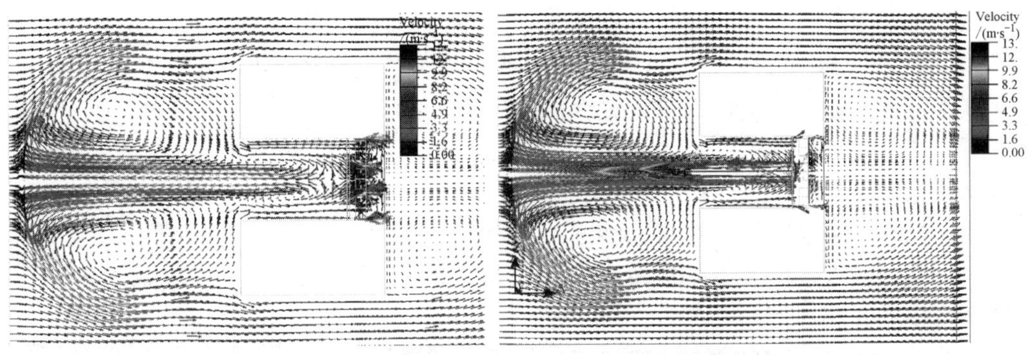

图 10　1.0 m/s 下的进出风口速度场模拟结果

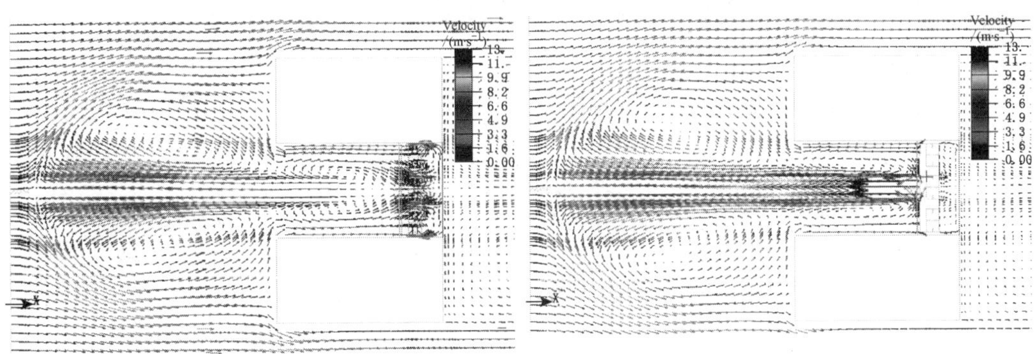

图 11　1.5 m/s 下的进出风口速度场模拟结果

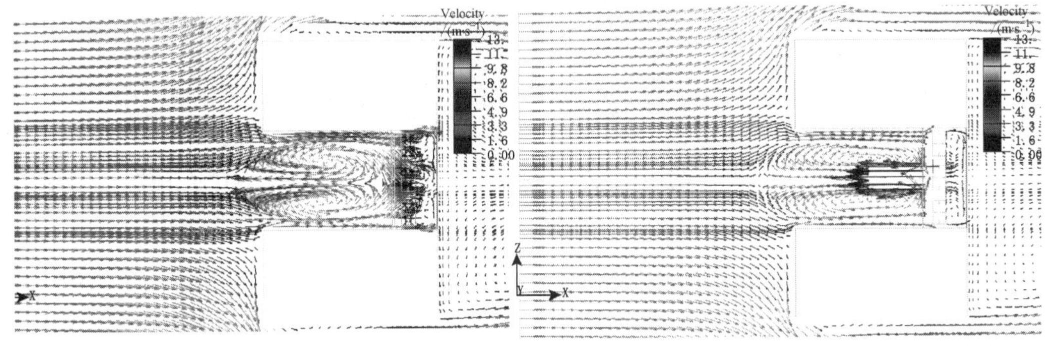

图 12　3.0 m/s 下的进出风口速度场模拟结果

4　结论

由于建筑外观的特殊性，可以通过改变出风方式等来达到设计的要求，应根据实际情况设计优化方案。

通过对四层楼改进前后方案的比较，设计出优化的方案，并运用到 22 层楼进行计算，根据既定目标，使第 22 层和第 1 层的吸入端的温差小于 2 ℃，验证此方案可行。

考虑不同出风速度，综合各方面因素，发现 12 m/s 时最优。

考虑不同室外风速的影响，发现在风速较小的情况下，室外风对机组的运行有一定的负面影响，但当风速增大时，影响却有减弱的趋势；再者根据杭州当地的气象条件，表明此方案在实际环境条件下适用。

对于不同出口风速和室外风速的模拟均只进行了四层楼的计算，但从模拟的结果分析，同样可预测实际 22 层楼的情况。

参考文献

[1] 陆耀庆.实用供热空调设计手册[M].北京：中国建筑工业出版社，1993.
[2] 赵彬，李先庭，彦启森.暖通空调气流组织数值模拟的特殊性[J].暖通空调，2004，34(11)：122-127.
[3] 蔡增基，龙天渝.流体力学泵与风机[M].4 版.北京：中国建筑工业出版社，1999.

某高层建筑空调室外机通风效果模拟研究*

贾雪峰　刘 东

摘　要：利用流体计算软件针对某"H"形高层建筑对称的形状特点，采用空调室外机迎面布置方式来排除热量的通风方式进行了模拟，研究了不同的排风速度对通风效果的影响，得出 8 m/s 为合理的排风速度，并对原有的排风口布置方案进行了优化：内侧排风口应当尽量远离内侧墙壁布置，避免贴附射流效应对通风效果的影响。

关键词：高层建筑；对吹气流；多联空调机室外机；排风速度；通风效果

Numerical Simulation of Ventilation Effect of Outdoor Units in Air Conditioning System for High-rise Building

JIA Xuefeng，LIU Dong

Abstract: Using the fluid calculation software to simulate the outdoor units ventilation effect of multi-couple units air conditioning system for H-shape high-rise buildings by blowing face to face in a concave space, the influence of blowing speed on the ventilation effect has been studied. The results indicate that 8 m/s is the reasonable blowing speed which can guarantee the effective performance of the outdoor units. Also, a better scheme to arrange the air outlets in the wall of the outdoor unit room has been provided. A conclusion has been drawn that the inside air outlets should be arranged far away enough to the inside wall of the concave space to avoid the wall-attached jet effect which will deteriorate the ventilation effect.

Keywords: high-rise building; blowing face to face; outdoor units in multi-couple units air conditioning system; the reasonable blowing speed; ventilation effect

0　引言

多联分体式空调系统由于其自动化程度高、使用灵活等优点，越来越受到广大用户的青睐，特别是在大型高层办公建筑中应用日益广泛。但是多联式空调系统也有其缺点：一般是每层设置一个系统或者几个系统，每个系统的室外机都需要在不影响空调系统正常使用和建筑立面效果的情况下妥善布置，这往往给空调设计者提出了难题。特别是一些办公建筑往往对建筑造型和立面要求较高，这就给多联分体式空调系统的室外机通风方式的设计提出了新的要求。本文就某栋"H"形高层办公建筑在凹形区域内部对称布置室外机房，采用空调室外机迎面布置方式来排除室外机释放出的热量的情况进行了模拟研究，提出了合理的排风速度范围，并对其排风口的布置进行了优化。

1　建筑概况

该建筑位于江苏省太仓市，该建筑共 26 层，其中裙房 4 层。整个建筑空调系统采用多联

*《建筑热能通风空调》2010 收录。

分体式空调机加独立新风系统。其中裙房1～4层空调室外机机房设置在建筑左右两侧，空调室外机排出的热空气向建筑两侧排出，根据文献[1]，只要排风速度处于6～8 m/s时，是不会影响室外机的正常工作的。而5～26层为标准层，室外机机房由于建筑格局需要，对称设置在"H"形建筑中间一个凹形空间的两侧，如图1、图2所示。

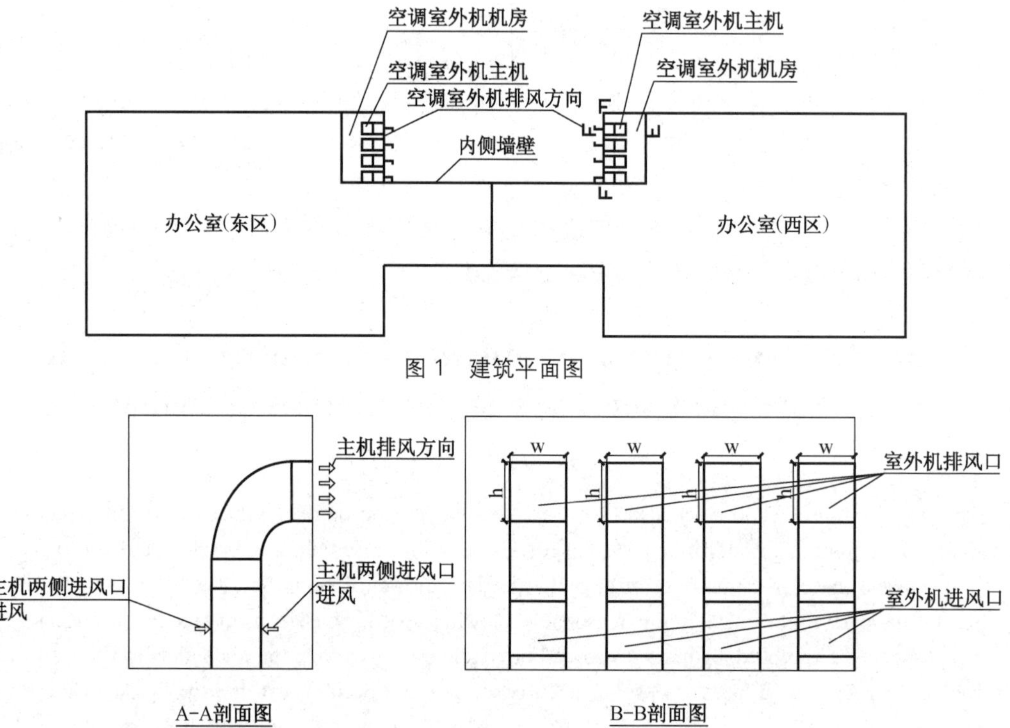

图1 建筑平面图

图2 主机室外机房侧视图

在室外机机房内，布置四台室外机，分别负责新风负荷和室内负荷的处理。其中，室外机进风如图2所示，由室外机两侧进风，从室外机顶部经风管排风[2]，由于建筑南面立面不允许开进风口，因此，只能在外墙排风口的下方考虑机房内的补风，两侧室外机排风呈对吹模式，如图1所示。

2 模拟研究模型概况

CFD(Computational Fluid Dynamics)技术应用于室内外的空气状态模拟具有成本低、速度快、资料完备且可模拟各种不同的工况等独特的特点。本文利用CFD技术对高层建筑室外机的气流组织进行模拟，从而为设计方案的优化提供参考。

2.1 模型概况

本文研究对象为该栋办公大楼的5～26层的标准层，先取其中的4层建立研究模型，对机房内的室外机吸风口的空气温度做对比研究，模型计算区域如图3所示，$x \times y \times z$ 分别为 40 m×

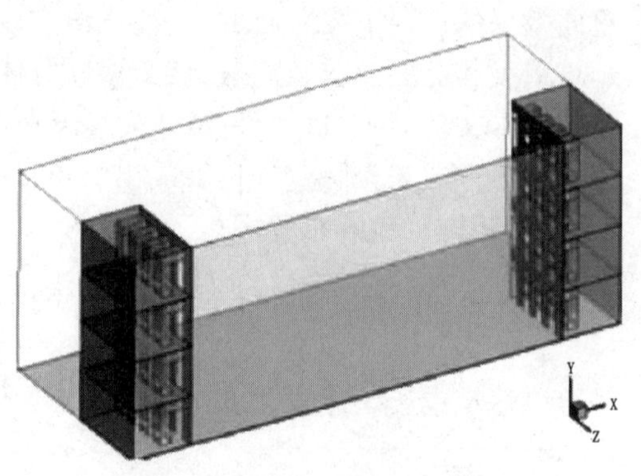

图3 研究对象模型轴测图

15.8 m×18 m，其中单层机房尺寸为 4.75 m×3.85 m×7.1 m，两侧机房对称分布。主机排风口接风管至侧墙排风口，排风口顶面标高为3.1 m，排风口间距 0.8 m，排风口大小随排风速度的大小而变化，进风口下部侧墙不做封堵，直接作机房补风的进风口，主机两侧进风口尺寸均为 1 m×0.7 m。

2.2 计算模型

本文模拟采用雷诺平均的 Navier-Stockes(RANS)方程组来模拟三维不可压缩流动，采用两方程模型中方程组来模拟三维不可压缩流动，采用两方程模型中的 RNG k-ε 模型来封闭 RANS 方程。使用有限容积法来求解方程组的数值解，对流项采用迎风格式进行离散，并用 SIMPLEC 方法来修正速度场[3]。

2.3 边界条件

模型内环境空气温度取 34 ℃，主机进风口设为速度入口，机房侧面墙壁上排风口设为速度出口，排风温度为 46 ℃，排风口风速和尺寸如表 1 所示。除机房墙壁和北面内侧墙壁外，其他模型边界均设为压力入口或压力出口[4]。设在极限条件下，主机表面和风管表面的温度均为 46 ℃。

表 1　　不同排风速度下的排风口尺寸及排风温度

排风速度/(m·s^{-1})	侧面墙壁排风口尺寸/m	排风温度/℃
6	1.00(w)×0.93(h)	46
7	1.00(w)×0.80(h)	46
8	1.00(w)×0.70(h)	46
9	1.00(w)×0.62(h)	46
10	1.00(w)×0.56(h)	46
11	1.00(w)×0.51(h)	46
12	1.00(w)×0.47(h)	46

3 模拟结果与分析

如图 4 所示，通过对进风口平面内平均分布的 4 点温度进行监控，从而研究在不同风速下，进、排风气流是否短路。

对每个进风口平面上四点的温度 t_1，t_2，t_3 和 t_4，取其平均值作为该进风口进风的平均温度 t。根据图 3 所示模型图，对进风口断面温度进行编号标注为 t_{xyz}，其中，下标第一个字母 x 用来区分 x 轴方向四排不同的进风口，从 x 轴正向到负向依次为 1，2，3，4；下标第二个字母 y 用来区分 y 轴方向四排不同的进风口，从 y 轴负向到正向依次为 1，2，3，4；下标第三个字母 z 用来区分 z 轴方向四排不同的进风口，从 z 轴正向到负向依次为 1，2，3，4。

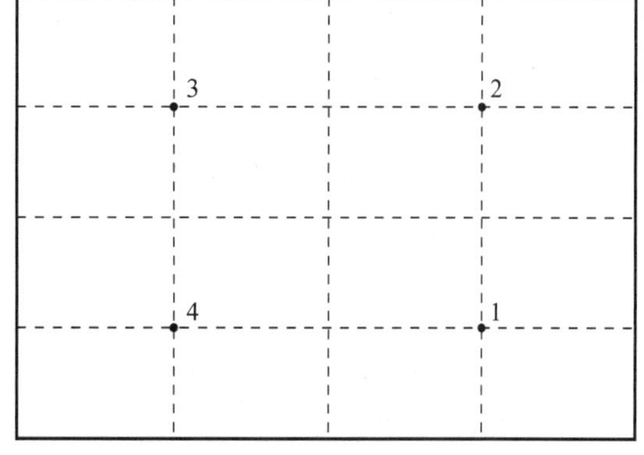

图 4　进风口温度监控点分布图

3.1 排风速度为 6 m/s 时

在 6 m/s 风速下，各进风口平面进风平均温度如图 5—图 8 所示。

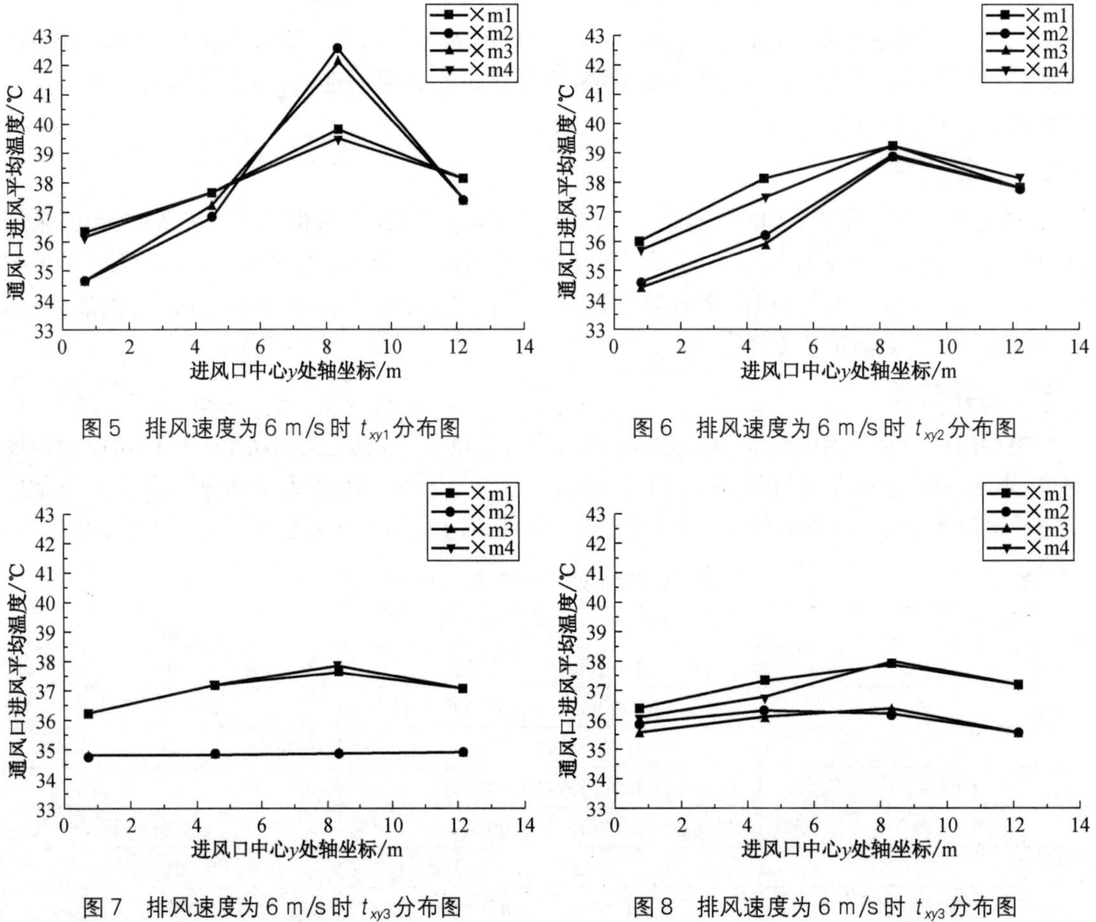

图 5　排风速度为 6 m/s 时 t_{xy1} 分布图

图 6　排风速度为 6 m/s 时 t_{xy2} 分布图

图 7　排风速度为 6 m/s 时 t_{xy3} 分布图

图 8　排风速度为 6 m/s 时 t_{xy3} 分布图

对图 5—图 8 所示结果进行分析可得：

(1) 随着 y 值的增大，进风口断面的平均温度值基本上都逐渐增大，证明了这种设计方式存在着随着楼层增高，上层进风受到下层排风的影响，空调外机进风口的进气温度也逐渐升高，空调机组工作状况恶化，甚至有停机的风险。

(2) 室外机进风口平面平均温度值随着 z 轴负向方向逐渐减小，也就说，在凹形区域内部区域的室外机排风与进风短路较为严重，t_{231} 和 t_{331} 的值已经都超过了 41 ℃，将影响室外机的正常工作，因此排风速度取 6 m/s 是不合适的。结合图 9 所示对 z 轴方向四排进风口中心截面进行的温度分布截图所示，最里面一个排风射流在内侧墙壁处形成贴附射流，由于只有一侧卷吸周围空气与之进行混合，因而衰减较慢，射流长度较外面的三组排风口大很多，正好与对面来的射流碰撞形成强烈的紊流，影响热空气的扩散，增大了气流的短路的可能性，而外围三排排风口则射流长度较短，虽然进风口温度也较高，但是没有超过 41 ℃。

(3) 通过对 x 轴方向的四排进风口分别进行研究发现，两侧两排(x 编号为 1，4)的进风口的进风温度较为稳定，不随楼层的增高而产生较大幅度的增加，而中间两排(x 编号为 2，3)进气口由于离排风区域较近因而受排风影响较大，进风口进风温度最容易超过室外机正常工作的限值。同样，距图 1 所示内侧墙壁较近的两排(z 编号为 1，2)的进风口受排风气流影响较为严重，因此，在接下来的研究中，笔者将着重考察不同排风速度下 x 编号为 2，3 和 z 编号为 1，2 的四排进风口的断面平均进气温度随高度的变化情况。

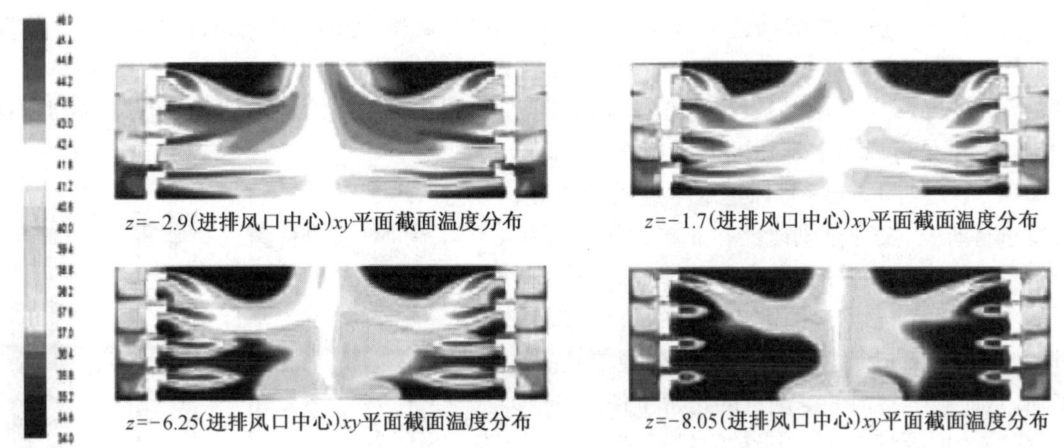

图 9　排风速度为 6 m/s 时各进排风口中心 xy 截面温度分布

3.2　排风速度不同时

取不同风速下的上面所述四个进风口平面上进风的平均温度绘制成图 10—图 13 进行比对，可得如下结论：

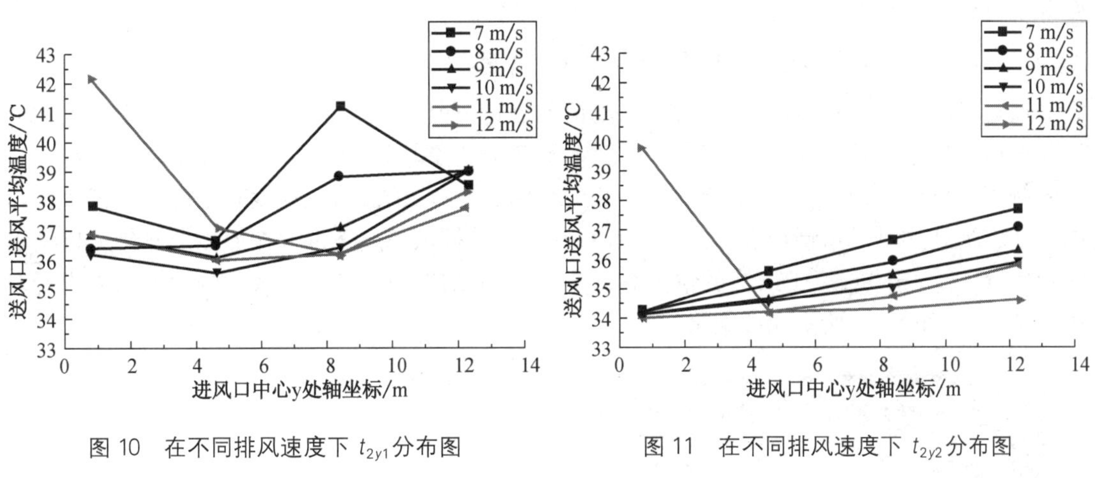

图 10　在不同排风速度下 t_{2y1} 分布图

图 11　在不同排风速度下 t_{2y2} 分布图

图 12　在不同排风速度下 t_{3y1} 分布图

图 13　在不同排风速度下 t_{3y2} 分布图

(1) 在比 6 m/s 大的风速下,8 m/s, 9 m/s, 10 m/s 和 11 m/s 均可以满足进风口平均温度低于 41 ℃的要求,而 7 m/s 和 12 m/s 满足不了进风温度小于 41 ℃的要求。因此在排风速度为 8～11 m/s 范围内时是比较合适的,此时上下的进出气流不会相互影响,也不会短路,这种排风速度是可以满足室外机正常工作要求。

(2) 通过对 12 m/s 排风速度下进风口平均温度进行研究,发现排风速度并非越大越好,在 12 m/s 风速下两侧对吹气流相互碰撞,形成强烈的紊流,不利于热量的散出,t_{211} 的值已经超过 42 ℃,在此进风温度下,室外机将不能正常工作,从而影响室内的空调机的正常工作。

(3) 4 层的情况下 8 m/s 的排风速度是合适,其他更高风速将会对风机的压头提出更高的要求,同时相比其他更高的排风速度具有更小的风机功耗。同样在对 22 层的情况进行模拟验证后,8 m/s 的排风速度也是合适的,排风与进风情况如图 14 所示,各层进风口的进风温度都没有超过 41 ℃。

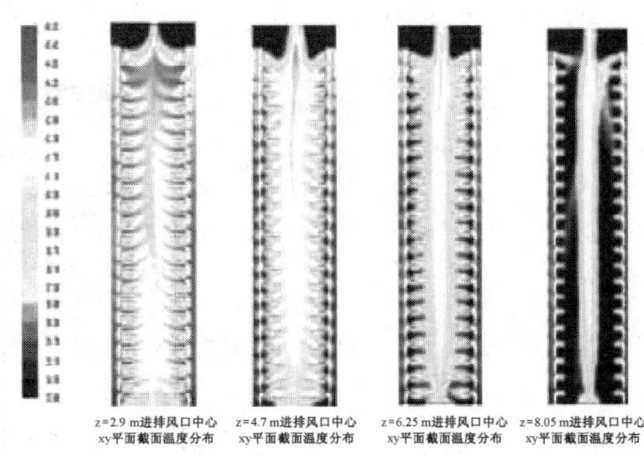

图 14　22 层时排风速度为 8 m/s 时各进排风口中心 xy 截面温度分布分布图

3.3　排风口布置位置的优化(8 m/s 排风速度)

通过对图 15 中不同排风口位置下气流情况进行研究,发现在距内侧墙壁距离由小到大的不同排风口的射流长度却呈由长到短的趋势,笔者分析造成这种情况的原因是最内侧排风口与内侧墙壁形成了贴附射流,射流只有一侧卷吸周围空气,因而射流速度和温度衰减都较距内侧墙壁较远处的排风口慢得多。因此笔者对在 8 m/s 排风速度下依次按照最内侧排风口离墙壁距离 $d=0.5$ m 和 $d=1$ m 时的情况进行模拟,模拟结果与原 8 m/s 模型的模拟结果进行对比研究,发现如图 16 所示模拟结果。

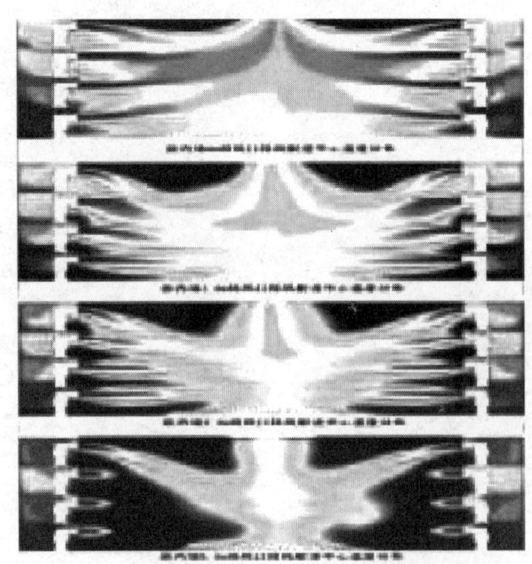

图 15　在 8 m/s 排风速度下不同排风口中心 xy 平面温度分布图

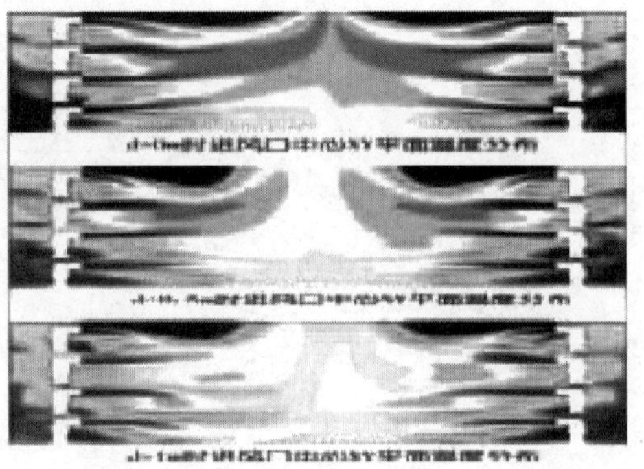

图 16　在 8 m/s 排风速度下 $d=0$, 0.5 m, 1 m 时最内侧排风口中心 xy 平面温度分布图

在最内侧排风口距内侧墙壁的距离变大的情况下，射流速度和温度衰减速度明显变快，凹形区域内的通风状态明显好转。因此，在建筑立面设置条件允许的情况下，排风口应尽量向距内侧墙壁距离大的一侧设置，避免贴附射流产生，从而获得较好的通风效果。

4 结论与建议

(1) 在高层建筑的凹形区域空间内空调室外机迎面布置方式排风时，为了防止气流短路，排风速度必须处于合适的范围内。风速过大的话，对吹气流容易相互影响，加剧气流的短路；风速太小，排风因受进风气流吸风负压的影响较大，容易造成气流短路。在本文研究对象的边界条件下，8～11 m/s 的排风速度是合适的，但是考虑空调室外机的压头限制及节能的因素，8 m/s为推荐最佳风速。

(2) 在凹形区域内侧靠近内侧墙壁的排风口应当尽量远离内侧墙壁，避免造成贴附射流效应，加快气流的速度和温度的衰减速度，改善室外机的工作条件，提高风冷空调系统的效率。

参考文献

[1] 吴兆林，高涛，孙稚因．高层建筑分层设置多联机室外机吸排风气流模拟及优化[J]．暖通空调，2008，38(1)：7-9.

[2] 黄章兴．风冷室外机安装位置分析影响因素分析[J]．建筑热能通风空调，2001，20(6)：64-65.

[3] 王福军．计算流体动力学分析——CFD 软件原理与应用[M]．北京：清华大学出版社，2004.

[4] 杭寅，刘东，黄艳，等．某高层建筑空调室外机的气流模拟及优化[J]．建筑热能通风空调，2006，25(3)：12-16.

室外环境对采用天窗厂房的自然通风性能影响因素分析*

刘晓宇　刘东庄　江 婷

摘　要：天窗在厂房自然通风的设计和控制中处于重要地位。运用数值模拟方法研究室外气象条件对采用天窗进行通风的南北向建筑的影响。可以为此类建筑提供优化天窗以增强自然通风效果提供参考。

关键词：自然通风；天窗；CFD

Analysis of Inflaencing Factors of the Atomsphere Conditions on South-Oriented Building With Top Ventilator

LIU Xiaoyu, LIU Dong, ZHUANG Jiangting

Abstract: Top ventilator is an important factor in designing an controling natural ventilation of a factory building. Effects of the atomsphere conditions on south oriented building with top ventilator was investigated with the help of CFD software.

Keywords: natural ventilation; top ventilator CFD

0　引言

自然通风天窗不仅能充分利用建筑的高差，使热压作用增强；还能利用风在屋顶造成的动力阴影区，进一步强化自然通风作用，因此，在散热量较大的厂房建筑中得到了广泛的应用。

考虑到自然通风天窗在消除厂房余热、余湿过程中的重要作用，有必要对其特性进行研究。鉴于矩形天窗是我国单层工业厂房应用最广的一种天窗形式，本文以上海宝钢冷轧厂 C112 机组厂房为模型，就建筑外环境温度、风速、风向分别进行讨论，研究其对天窗自然通风的影响。

1　计算模型

1.1　建筑模型

对宝钢冷轧厂 C112 机组厂房的模型加以缩尺及简化，得到新的建筑模型，用于本文的计算。建筑物为南北朝向，长×宽×高＝32.5 m×11.25 m×12.5 m，内设有单个体热源，散热强度为 23 W/m^3；热源长×宽×高＝22.5 m×0.705 m×5.72 m，距离北墙（+Z 方向）1.975 m，距东西两墙均为 5 m，竖直放置于地面；建筑的南侧墙上设有一矩形进风百叶窗，百叶窗下缘距地面

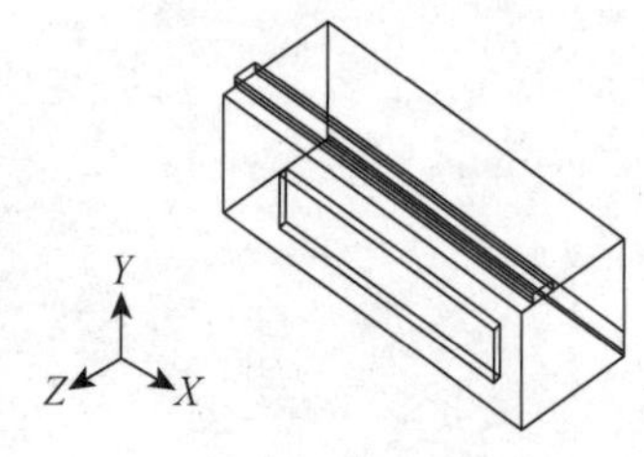

图 1　建筑模型示意

*《工业建筑》2009 收录。

0.375 m，高2.25 m，长 32.5 m；为了利用自然通风尽快排走室内的热量，采用屋顶通风天窗，在热源正上方设有宽度为 2.25 m，高度为1.125 m 的矩形天窗，模型如图 1 所示。

1.2 计算区域及网格

建筑物自然通风模拟的计算区域指的是为了准确模拟大气边界层流动及其与建筑物的相互作用所需的计算区域，即通常意义上"外场"。计算区域的大小将直接影响模拟的准确性和计算所需时间。通常认为外场来流方向的长度取 10 倍以上建筑高度，宽度取 7～8 倍建筑物高度，高度方向取 4～5 倍建筑物高度基本可以消除人为设置出口边界的影响[1-2]，以此为参考，并经过试算，最后确定计算区域：158 m×136 m×40 m。

1.3 求解模型

求解器采用稳态非耦合求解器。湍流模型采用 RNG k-ε 模型，相对于标准的 k-ε 方程来说，RNG k-ε 模型对于流动的模拟结果有较大的改善，与实验数据能较好地吻合[3-4]，因此，该模型比较适合于建筑绕流风场的模拟。辐射模型采用 Surface-to-Surface 模型，考虑建筑内部墙体与热源之间的辐射换热。对流项的离散——压力采用 Body Force Weighted 方案，动量方程和能量方程再采用一阶方案算至收敛后，转而用二阶离散方法计算以提高其精确度。计算过程中，采用 Boussinesq 假设，考虑热压的作用。

1.4 边界条件

为了能够准确进行模拟，首先建筑物外场的入口边界条件采用大气边界层条件。平均风速剖面服从指数规律分布[5-6]

$$U(h)=U_{\mathrm{met}}\left(\frac{d_{\mathrm{met}}}{H_{\mathrm{met}}}\right)^{\alpha_{\mathrm{met}}}\left(\frac{h}{d}\right)^{\alpha}(4.1)U(h)=U_{\mathrm{met}}\left(\frac{d_{\mathrm{met}}}{H_{\mathrm{met}}}\right)^{\alpha_{\mathrm{met}}} \tag{1}$$

式中 U_{met}——气象站测观的风速，m/s；

H_{met}——风速仪所在高度，即标准参考高度，m；

α_{met}——观测站所在地的地面粗糙度指数；

d_{met}——观测站所在地的边界层厚度，m；

α——当地地面粗糙度指数；

d——当地边界层厚度，m；

h——当地高度，m。

一般地，风速仪所在高度是地面以上 10 m，观测站所在地的地面粗糙度指数 α_{met} 为 0.14，边界层厚度 d_{met} 为 270 m。

湍流脉动动能 k 和湍流耗散率 E 由下式计算而得（Airpak. Users Guide）：

$$k=(U^{*})^{2}/\sqrt{C_{\mu}} \tag{2}$$

$$E=(U^{*})^{3}/kh \tag{3}$$

式中 C_{μ}——常数，取 0.09；

k——Karman 常数，取 0.42；

U^{*}——有效速度，$U^{*}=kU_{\mathrm{met}}/\ln\left(\frac{H_{\mathrm{met}}}{s}\right)$，$s$ 是粗糙高度。

对于外场出口边界的设定，由于建筑模型下游计算区域足够大，出口边界处尾流的影响很小，因此设为压力出口边界，压力为0。

建筑内，进风口和天窗出风口均采用带有压降损失的百叶窗，热源表面采用第二类边界条件，热流密度为354 W/m²。

2 环境影响因素分析

2.1 环境温度的影响

由于大气环境温度经常发生变化，不同时刻厂房内进风温度也有所不同，因此本文在风向及风速不变的前提下，选取了5个不同的环境温度——24 ℃，26 ℃，28 ℃，30 ℃，32 ℃——进行模拟以分析进风温度对厂房内自然通风的影响。风向取全年主导风向东南风(SE)，10 m高度处风速取3.3 m/s。

由模拟结果可知：①建筑的正面受正压作用，在前缘顶角处由于由于气流分离，出现负压，整个屋顶及建筑背面均处于负压区；②最大正压出现在建筑正面的中上部，环境温度由24 ℃升高至32 ℃时，最大正压值随着温度的升高在4 Pa上下发生波动，最大压力系数约为0.61；③最大负压出现在建筑物屋顶的前缘以及自然通风天窗的顶部，环境温度由24 ℃升高至32 ℃时，最大负压值随着温度的升高在−6 Pa上下发生波动，最大负压系数约为0.97。

通过不同环境温度下的进、出口风速分布的模拟结果，可以看出：①建筑在热压及风压的作用下，风从南侧墙下部的百叶进风口流进，热空气从建筑顶部的天窗排出；②顶部的南向出风口(图1中左侧风口)的速度相比于北向出风口，风速较小，这是由于受东南风作用，北向出风口位于背风面，负压值较大，建筑内外压差较大，因而风速较大；③在天窗的东端，天窗南向受到来流(东南风)的正面作用，出现正压，因此在该区域速度较小；而天窗的东北顶角由于气流分离出现最大负压值，因此该处的排风速度最大；④尽管建筑南侧墙下部的百叶进风口的速度大小在西端达到最大值，但由于此时风向与进风口几乎平行，实际进风量并不大；⑤环境温度发生变化时，进、出口风速的大小及分布几乎无变化。

根据模拟结果，图2、图3分别为不同环境温度下，厂房通风量、进排风温差的变化曲线图。由图可见，当环境温度发生变化时，厂房通风量大小和进排风温度的变化都很小。

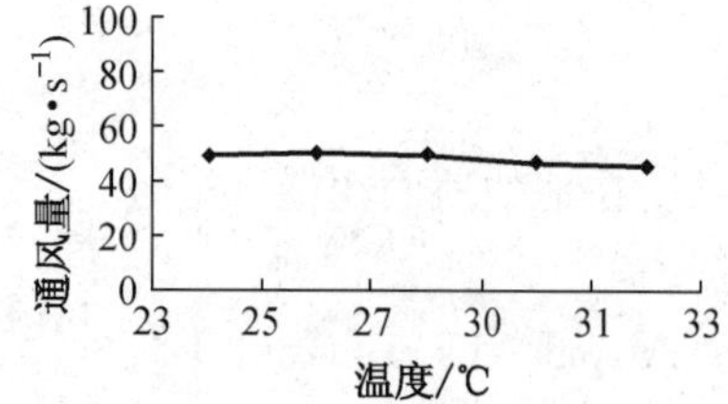

图2 通风量随环境温度变化曲线图

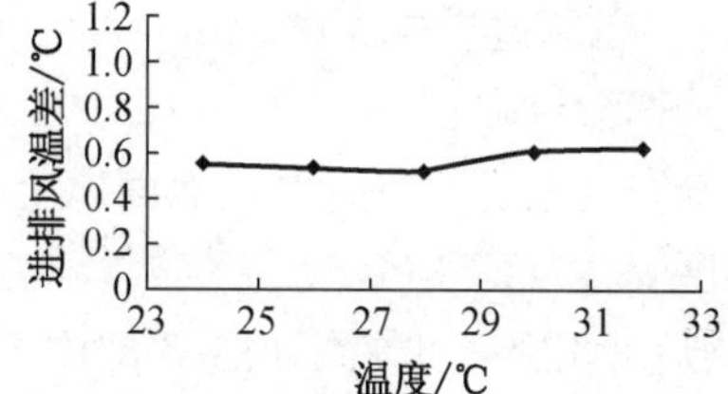

图3 进排风温差随环境温度变化曲线图

2.2 风速的影响

为了研究不同环境风速对厂房内自然通风的影响，本文选取了5个不同的环境风速进行模拟，10 m高度处风速分别取1.0 m/s，2.0 m/s，3.3 m/s，4.5 m/s，6.0 m/s，风向为东南风，进风温度取上海夏季通风室外计算温度28 ℃。

通过不同环境风速下的模拟结果，对于建筑中心截面压力分布研究发现：①建筑的正面受正压作用，最大正压出现在建筑正面的中上部；屋顶及建筑背面均处于负压区，最大负压出现于建筑物屋顶的前缘以及天窗的顶部；②随着风速由 1.0 m/s 增至 6.0 m/s，最大正压由 0.475 Pa 增至 14.176 Pa，最大负压也由 −0.525 Pa 增至 21.425 Pa。

不同环境风速下进、出口风速分布有以下特点：①在东南风向下，厂房内形成稳定的下进顶出的气流组织形式；②顶部天窗的北向出风口风速大于南向出风口的；且排风速度大小沿着北向天窗自东至西逐渐增大，南向天窗则相反；③随着环境风速的不断增大，进、排风速度明显增大。

由式(4)[(2.1)[7]]求得不同风速下建筑表面的最大正压系数及最大负压系数，并绘制成随风速变化的曲线图，如图 4 所示。

$$c_p = \Delta p / \left(\frac{1}{2}\rho v^2\right) \tag{4}$$

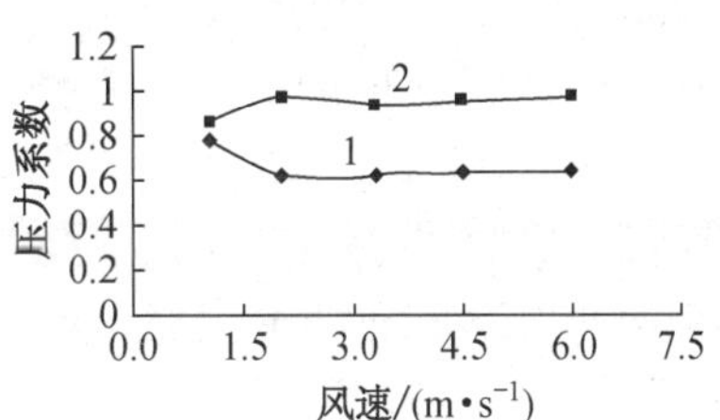

1—最大正压系数；2—最大负压系数

图 4 不同环境风速下最大压力系数

由图可见，当风速从 1.0 m/s 增至 2.0 m/s，最大负压系数变大，最大正压系数变小，建筑开口处的压差增大，有利于自然通风；而当风速从 2.0 m/s 继续增至 6.0 m/s时，压力系数的变化很小。

图 5、图 6 分别在不同环境风速下，厂房通风量、进排风温差的变化曲线图。

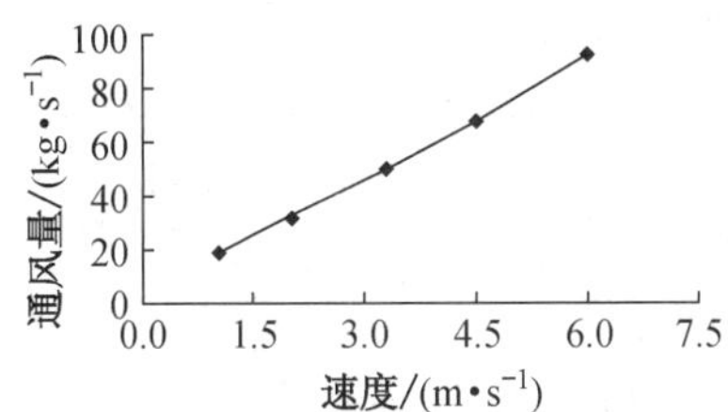

图 5 通风量随风速变化曲线

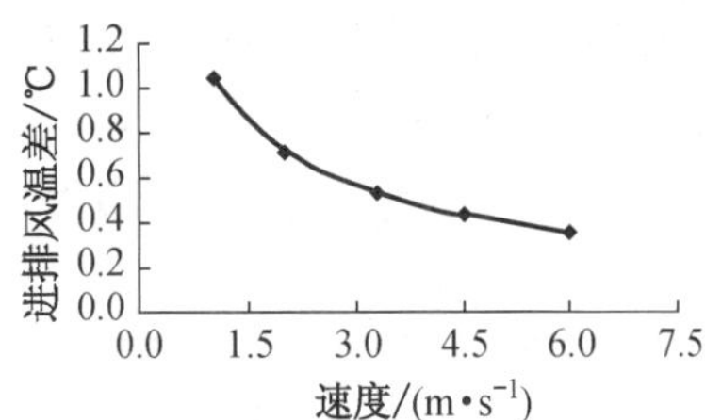

图 6 进排风温差随风速变化曲线

由图 5 可见，通风量随速度的增大呈线性增大趋势，经过拟合，在 99%的可信度下，二者服从如下关系式：

$$G = 14.461v + 3.9057 \tag{5}$$

式中 G——通风量，kg/s；

v——风速，m/s。

由图 6 可见，进排风温差随风速的增大而不断降低，经过拟合，在 99%的可信度下，二者服从如下关系式：

$$\Delta t = 1.0577v^{-0.5869} \tag{6}$$

式中，Δt 为进排风温差，℃。

2.3 风向的影响

与风速和温度等大气环境因素一样，风向也是厂房自然通风效果的重要影响因素之一，有利的风向能加强热压通风的效果，厂房的通风降温效果明显，而在不利风向的作用下，有可能出现风“倒灌”，造成厂房内部的污染物扩散到更大的区域，热空气难以排至室外、厂房温度升高等问题。因此，为了分析风向对厂房自然通风效果的影响，本文选取了 5 个风向进行模拟研究。这 5 个风向分别为南风(S)、东南风(SE)、东风(E)、东北风(NE)、北风(N)，环境温度

28 ℃，距地 10 m 高处风速 3.3 m/s。根据不同风向下的模拟结果，建筑中心截面压力分布有以下特点：①正南风作用于建筑物时，最大负压值（负压系数约为 1.09）出现在屋顶的前缘，天窗的南北开口均处于负压区域，南面开口的负压值稍大于北面的；②东南风作用于建筑物时，在两个区域出现了最大负压值（负压系数约为 0.82），分别为屋顶前缘及天窗的顶部，天窗背风面负压扩大，北面开口处的负压稍大于南面的；③正东风作用于建筑物时，在屋顶前缘出现最大负压（负压系数约为 0.93），随着来流前进的方向，这一负压值逐渐降低，从建筑中部开始出现室外负压小于室内负压的情形，有可能出现风的“倒灌”现象；④东北风作用于建筑物时，最大负压值（负压系数达到 1.43）以上出现在天窗的顶部，背风面（即南面开口）的负压值稍大于正面开口的；⑤正北风作用于建筑物时，最大负压值出现在天窗顶部前缘，由于受屋顶和天窗顶部两处锐缘的影响，其最大负压系数（约为 1.16）稍大于南风作用时屋顶前缘的最大负压系数。

不同风向下，建筑进、出口的速度矢量分布具有如下特点：①正南风和东南风作用下，南侧墙上受正压作用，而天窗则位于“动力阴影区”内，冷空气从南侧墙下部的百叶风口进风，热空气从顶部天窗排出，与热压作用的气流组织方向一致，有利于厂房内形成有序的气流组织，利于散热降温及污染物排出；②东风作用下，天窗的南北开口的前半部分进风，中后部分用于排风，如前所述，这是由于在中后部分室外压力大于室内的压力所致；另外，除了天窗排风以外，还有部分室内空气经由南侧墙的百叶风口排出，这是由于气流在建筑的锐缘处分离，造成拐角处负压陡增，空气由室内流向室外；而由于热压的作用，仍有部分室外空气由风口后半部分进入室内；③东北风作用下，天窗的两侧开口均处于负压区，空气由室内排至室外，由于前缘负压较大，排风速度由东至西（沿 $-X$ 方向）逐渐减小。下部百叶开口除了东端受到拐角负压的影响，小部分排风外，其余的大部分都是进风的；④北风作用时，由于风压与热压的作用方向相反，建筑开口处的风速较其他所有风向的都较小，空气在开口处有进有出，气流组织不稳定。

由以上分析可见：对于如图 1 所示的南北向厂房建筑来说，采用天窗进行自然通风时，东向风和北向风为其最不利风向，极有可能发生风的“倒灌”现象；除此之外，南风、东南风和东北风作用下，厂房都可以实现良好有序的通风，因此，在上海，利用天窗对南北向建筑进行通风是经济可行的。

3 结论

对于南北向建筑的自然通风天窗，本文通过通过数值模拟和理论分析，可以看出：

(1) 厂房自然通风受室外环境温度变化的影响较小，而风速的影响较大，随着风速的增大，厂房通风量线性增大，进排风温差按幂函数规律下降；

(2) 对于采用天窗进行自然通风的南北向建筑，东向风和北向风为最不利风向，而在正南方，东南风和东北风的作用下厂房均能实现良好有序的通风；

(3) 通过分析环境因素对于南北向建筑的自然通风天窗的影响，对于设计天窗从而增强自然通风效果有着指导作用。

参考文献

[1] Samir S Ayad. Computational study of natural ventilation[J]. Journal of Wind Engineering and Industrial Aerodynamicas, 1999, 82: 49-68.

[2] 杨波. 高层、大跨结构风压分布特征的数值模拟与分析[D]. 南京：东南大学，2005.

[3] 陈水福,孙炳楠,唐锦春. 建筑表面风压的三维数值模拟[J]. 工程力学,1997,14(4):38-44.
[4] Qingyan Chen. Simplified Diffuser Boundary Conditions for Numerical Room Airflow Models[M]. ASHRAE RP-1009, March,2001.
[5] 赵鸣. 大气边界层动力学[M]. 北京:高等教育出版社,2006.
[6] Bietry J, Sacre C, Simiu E. Mean wind profile and changes of terrain roughness[J]. ASCE(ST), 1978, 104.
[7] 孙一坚. 工业通风[M]. 3 版. 北京:中国建筑工业出版社,1994.

通信基站机房节能方案的实测与模拟研究*

马国杰　刘 东　金 瑛

摘　要：通信基站机房中的电池工作温度范围为 15 ℃～25 ℃，而其他设备的安全运行温度范围在－40 ℃～55 ℃，因此，对电池温度进行独立控制，可大大降低机房空调能耗。同时，在机房内外温差较大时，采用机械通风的方式利用室外空气为机房内降温也可实现节能。通过理论和数据的实测采集，分析通信基站电池保温和智能通风两种方式对降低基站系统能耗的节能潜力；利用 CFD 数值模拟计算的方法得到室外温度变化时，采用智能通风所能达到的室内温度范围。

关键词：通信基站；节能；电池保温；智能通风；实测数据；CFD

Measurement and Simulation of Energy-saving Program of Communication Base Stations

MA Guojie，LIU Dong，JIN Ying

Abstract：The operating temperature range of the battery in communication base station is 15 ℃～25 ℃，but the range of other equipments is －40 ℃～55 ℃，therefore，controlling the battery temperature independently can greatly reduce the air-conditioning energy consumption. Mean-while，when the temperature difference between inside and outside of the communication base station is large，mechanical ventilation with outdoor air to cool the station can also save energy. Through theoretical analysis and experimental data collection，the energy-saving potential of battery insulation and intelligent ventilation in communication base station are analyzed；Under intelligent ventilation，CFD（Computational Fluid Dynamics）is used to obtain the range of indoor temperature while the outdoor temperature is changing.

Keywords：communication base station；energy conservation；battery insulation；intelligent ventilation；measured data；Computational Fluid Dynamics（CFD）

1　通信基站机房节能方案

1.1　基站机房能耗组成

通信基站和机房庞大的空调耗能是通信运营商最关注的节能问题。通信基站机房的日常维护费用绝大部分来自于用电，而空调用电超过了总用电量的40％[1]，图 1 给出了通信运营商的能耗分布情况。

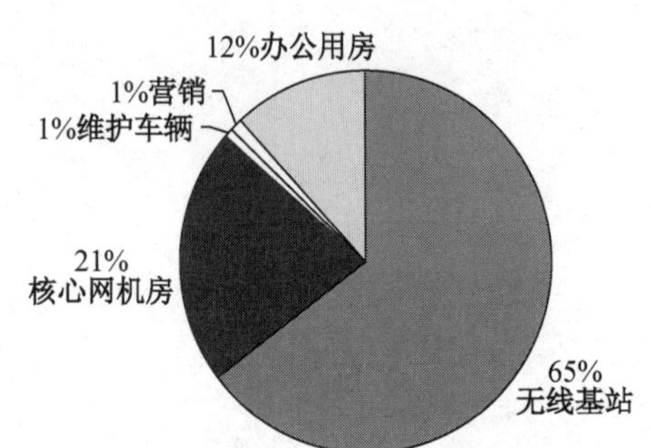

图 1　通信运营商的能耗分布

从图 1 可知，通信网络的能耗占到运营商能耗总

*《建筑节能》2010 收录。

支出的 86%，并且，按目前的通信网络的发展速度，每年将增加 30%的能源消耗，因此，通信基站的节能研究十分重要。而由于通信基站的空调系统工况偏离一般的空调工况，同时涉及通信专业与控制专业等学科的交叉，所以目前，国内外这方面研究还只停留在理论分析阶段。本文从电池保温和机房的智能通风两方面着手，分析通信基站机房的节能方案和潜力。

1.2　节能方案

基站机房内主要设备包括基站主设备、蓄电池组、空调系统以及其他配套设备。为保证主设备和蓄电池组正常运行，机房内温度高于某个设定值时，空调系统自动启动。

蓄电池的最佳工作温度为 15 ℃～25 ℃，温度越高，工作寿命越短，性能也会有所下降。环境温度每升高 10 ℃，蓄电池的浮充寿命将缩短 50%[2]。而机房内其他设备对环境温度的要求并不高，按照相应规范，这些设备可运行在－40 ℃～55 ℃的环境中。资料表明，通信机房空调设置温度每调高 1 ℃，可以节能 5%～12%。考虑到基站机房的这一特殊情况，在实行基站机房内温度控制时，将蓄电池和其他设备分开考虑，采用电池保温系统单独对蓄电池工作区进行温控(25 ℃以下)，而其他区域的温度则由采用室外冷源的智能通风系统控制，实现节能。

2　电池恒温柜

2.1　电池恒温柜的组成

电池恒温柜由电池恒温舱体和制冷空调系统两部分组成，如图 2 所示。

图 2　电池恒温柜

2.2　电池恒温柜空调形式

2.2.1　蒸气压缩式制冷空调

该类空调的基本循环如图 3 所示的逆卡诺循环，制备同样的冷量的压缩机耗功越小，该制冷系数越高，这就要求提高冷室的温度，同时降低室内外温差。

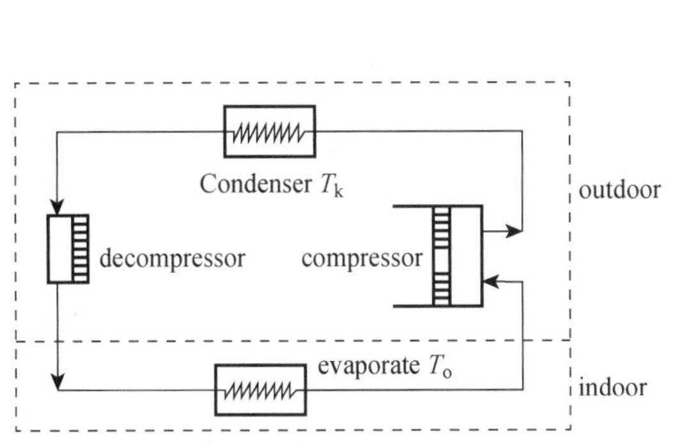

图 3　逆卡诺循环

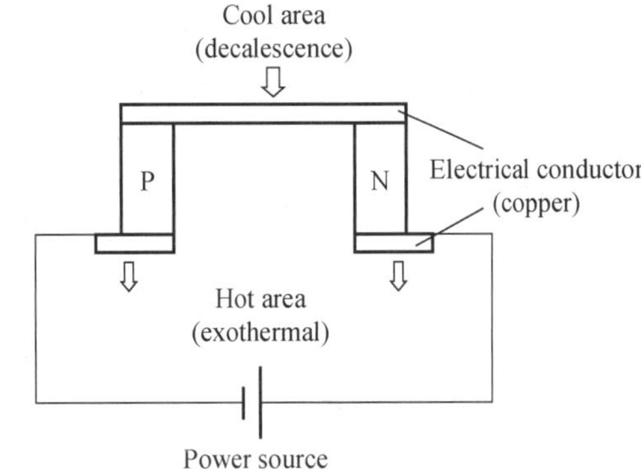

图 4　半导体制冷原理图

2.2.2　半导体制冷空调

半导体制冷是温差电制冷的一种性能较高的形式，如图 4 所示，其基本原理是 1934 年帕尔贴发现的帕尔贴效应：两种不同金属组成的闭合电路中接上一个直流电源，一个接合点变冷(吸热)，另一个接合点变热(放热)。两种半导体的这种效应更强。

半导体制冷具有体积小、质量轻、精确控温、可靠性高、无噪声、能实现点制冷等优点，但考虑到其对放热端的散热要求高，同时考虑其成本，多数应用于小型制冷系统。

2.3　电池恒温柜的负荷

对于蓄电池所在的区域来说，空调系统只需要负担两部分负荷：蓄电池散热及通过恒温舱体的内外传热。其中蓄电池在放电时是吸热的，充电时会有放热，但放热量很小，不工作时不放热也不吸热，因此，蓄电池散热很小。本研究采用 50 mm 厚聚氨酯保温材料为舱体加装保温，导热系数为 0.033 W/(m·K)，如图 5 所示。

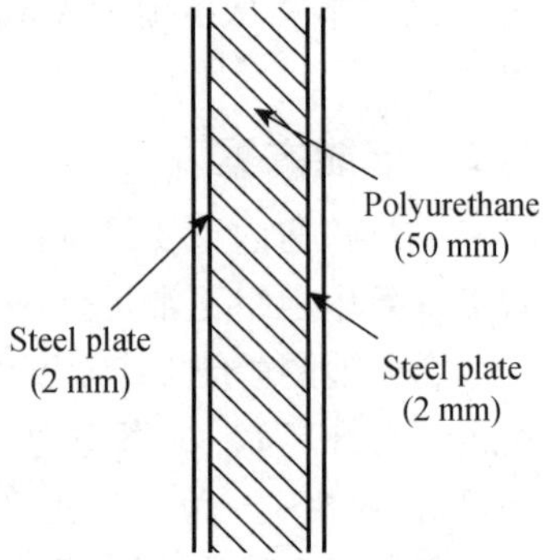

图 5　恒温柜保温结构

通过单位面积舱体的围护结构传热可按式(1)计算：

$$q = \Delta t(1/h_1 + \delta_1/\lambda_1 + \delta_2/\lambda_2 + \delta_3/\lambda_3 + 1/h_2) \qquad (1)$$

式中　q——单位面积传热量，W/m²；

Δt——舱内外温差，℃；

h_1，h_2——舱体内外钢板表面对流换热系数，W/(m²·K)；

δ_1，δ_2，δ_3——分别为内钢板、聚氨酯以及外钢板的厚度，m；

λ_1，λ_2，λ_3——内钢板、聚氨酯以及外钢板的导热系数，W/(m·K)，聚氨酯为 0.033 W/(m·K)(小于 0.042 为保温材料)，钢板为 58.2 W/(m·K)。

本研究采用的内外钢板厚度为 2 mm，同时其导热系数 λ 特别大，式(1)分母中的 $1/h_1$，$1/h_2$，δ_1/λ_1，δ_2/λ_2 与 δ_3/λ_3 相比均相差至少两个数量级，因此，式(1)可简化为：

$$q = \Delta t/(\delta_2/\lambda_2) \qquad (2)$$

图 6 给出了基于式(2)得出的舱体内外温差变化时的舱体传热。由图可知，当恒温柜温度为 25 ℃，机房温度为 32 ℃时，7 ℃温差的单位面积传热量也只有 4.6 W/m²(普通的 240 mm 砖墙大概为 15 W/m²)，围护结构负荷很小。

由以上分析可知，本恒温柜的总冷负荷很小。采用压缩制冷时，负荷越小，对压缩机的性能要求越高。图 7 给出了活塞式压缩机制冷百分数与功率百分数关系。由图 8 可以得出：负荷率越低，制冷系数 ε 越小。因此，出于节能和安全的角度考虑，空调额定制冷量不应选择过大(一般在最大负荷的 120%左右选取)。

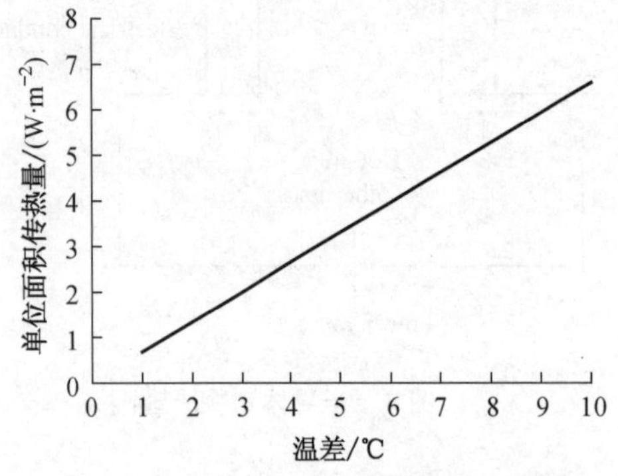

图 6　不同温差下的舱体围护结构传热量

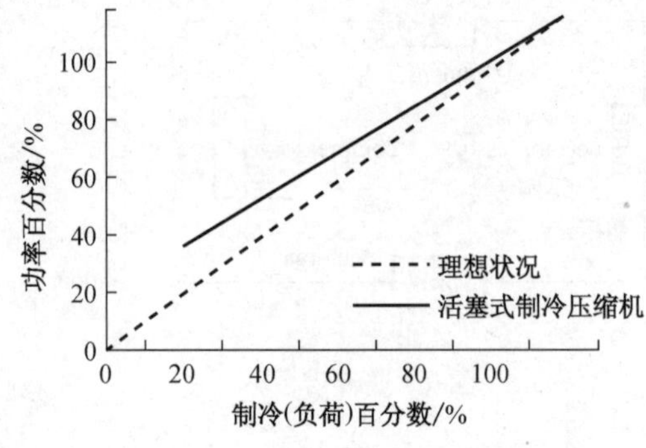

图 7　制冷百分数与功率百分数关系比较

2.4　电池恒温柜的性能测试

该测试的主要目的是：评估蓄电池温度在 15 ℃～25 ℃的范围时的恒温柜空调能耗，

以及柜内的温度变化。某基站机房温控柜耗能通过安装在其上的电表计量，温控柜以及基站环境温度由网优中心通过后台动环监控实时跟踪。同时，为评估节能效果，本次测试分成两部分：①基站内空调温度为 26 ℃；②基站空调温度设在 32 ℃。测试基本结果见表 1。

表 1　能耗测试结果

基站空调温度/℃	测试天数/d	温控柜总耗电/(kW·h)	日均耗电/(kW·h)	柜内温度/℃
26	4	4	1.0	<25
32	2	11	5.5	<25

由表 1 可知，恒温柜外温度(基站机房温度)升高(6 ℃)，恒温柜耗电量升高很快(450%)，但测试期间恒温柜内温度始终在 25 ℃以下，性能较好。

3　智能通风系统

3.1　原理与特点

智能通风系统类似于机械通风，但是与传统的机械通风相比，本研究的创新点在于实现了与机房空调的智能联动运行，控制更精确，运行更安全。

智能通风系统由进风单元、排风单元和控制单元三部分组成，图 8—图 10 给出了智能通风系统的基本构件。控制单元根据连接在室外的测温元件、室内测温元件以及室内温度探测头，按照预先设置的运行逻辑控制进、出风单元和机房空调的运行。

图 8　智能控制器

图 9　进风单元

图 10　排风单元

该系统具有以下优点：

(1) 充分利用机房室外冷源，实现机房降温；

(2) 与机房空调实现智能联动运行，可大幅缩短空调工作时间，降低机房降温设备的能耗支出，实现节能；

(3) 机房高温保护机制，确保机房空调发生故障时，机房内主设备的安全运行；

(4) 体积小、寿命长、操作灵活、工作噪音低。

但是由于机械通风对于室外环境的要求较高，因此，本系统不适用于室内外温差极小，室外空气质量不高的区域。

3.2　最佳启动温度的 CFD 模拟

智能通风系统在一定条件下能实现室内降温毋庸置疑，但是，当智能通风系统与室内空调合用时，各自的控制温度节点目前尚没有定论。本模拟通过探究运行智能通风系统时，当室外温度发生变化，室内所能冷却到的温度范围，从而确定智能通风和室内空调的启动温度。

3.2.1 模型、假设及边界条件

本模拟选用的某基站机房物理模型如图 11 所示，模型在靠近立式柜机旁个侧进风口，在对面墙体上方设 2 个排气扇，机房内主要设备已在图中示出。

模拟计算时需要做以下假设：

(1) 模拟计算状态下，该机房内各进出风量、设备的发热量为常数；

(2) 该机房内温湿度环境趋于稳态。

机房设备配置为 6/6/6，共计 18 个载频，每载频功率为 0.13 kW。将各发热设备的表面热流密度[W/(m² · K)]作为传热学第二类边界条件输入，具体数值见表 2；进风设置风机额定风量 950 m³/h(12 m/s)，进风温度 298.15 K (25 ℃)蓄电池组已用恒温柜处理。

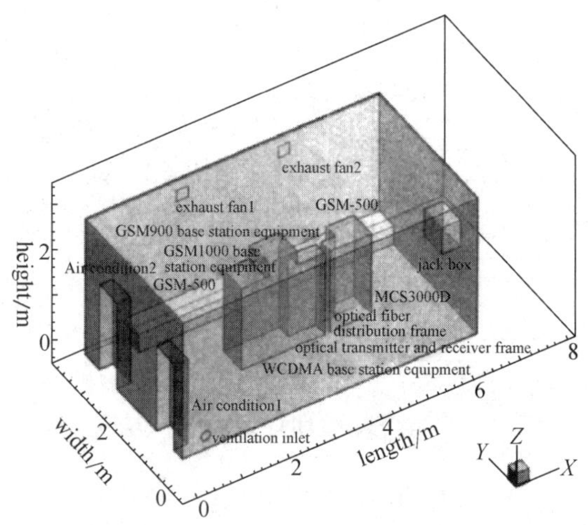

图 11 智能通风系统的物理模型

表 2 主要设备热流密度

设备	载频数	发热功率/W	表面积/m²	表面热流密度/(W · m⁻²)
GSM1800	9	1 170	4.68	361.1
GSM900	6	780	4.68	166.7
WCDMA	3	510	1.08	250

3.2.2 模拟的结果与分析

(1) 高度 $z=1.8$ m 截面(空调温度传感器所在高度)温度场和速度场见图 12、图 13。

(2) 机房总体温度和速度分布见图 14、图 15。

(3) 结果与分析。

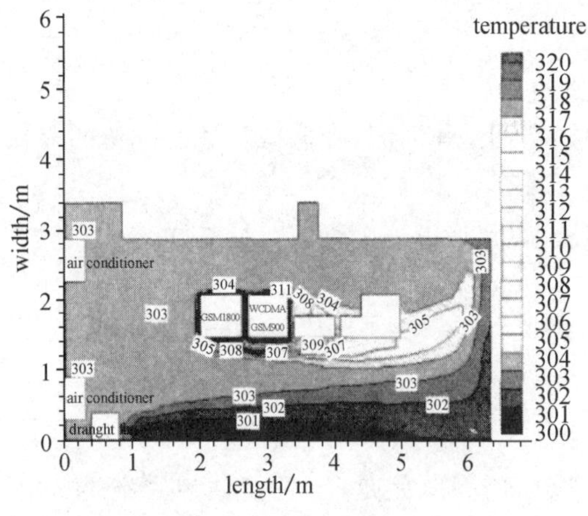

图 12 $z=1.8$ m 温度场分布

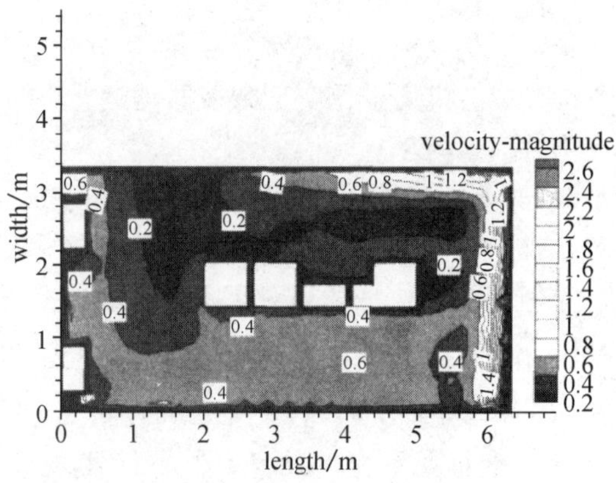

图 13 $z=1.8$ m 速度场分布

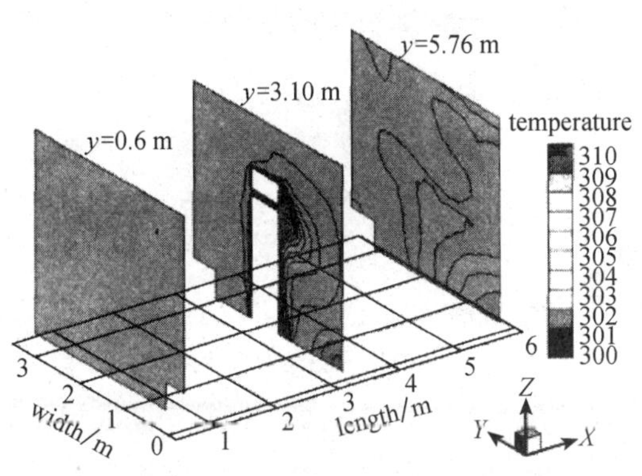

图 14　长度截面温度场分布

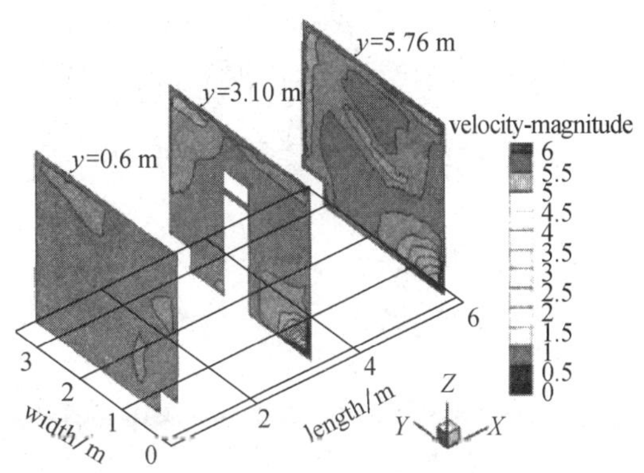

图 15　长度截面速度场分布

如图 12—图 15 所示，侧送风的进风射流方向上的速度较大，整个房间局部区域的最小风速为 0.2 m/s 左右，设备区域约为 0.4 m/s，几乎没有死角，单个引风机在流场上基本满足机房需要；当进风温度为 298.15 K(25 ℃)时，室内的主流区域(包括 2 台柜式空调温度传感器所在区域)温度为 303 K，即 30 ℃左右。

若将进风温度调高至 303.15 K(30 ℃)，由于机房内气流的流动主要受风口位置和室内设备位置的影响，机房内流场基本不变；而室内的主流区域温度升高为 308 K(35 ℃)，如图 16 所示。

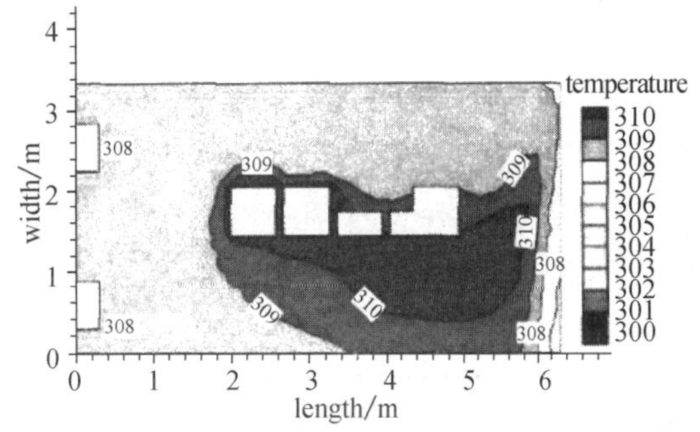

图 16　进风 30 ℃，$z=1.8$ m 截面温度分布

这样调节进风温度所得到的机房主流区域温度汇于表 3。

表 3　　**不同进风温度下的室内温度**　　单位：℃

进风温度	机房内主流区温度	进风温度	机房内主流区温度
15	21	27	33
20	26	28	34
24	30.5	29	34.5
25	30	30	35
26	32	31	36

由表 1 可知，当设置室内空调启动温度为 32 ℃时，智能通风的室外温度必须≤26 ℃，若室内空调启动温度为 35 ℃时，智能通风的室外温度必须≤30 ℃；智能通风时，室内外温差在 5 ℃～7 ℃。

3.2.3　模拟与实测数据的比较分析

2010 年上半年，对某个已安装智能通风系统的节能基站进行系统能耗测试，同时测量的室内外温度，图 17 给出了 40 多天的数据，从图中可以看出，室内外温差一般在 4 ℃～

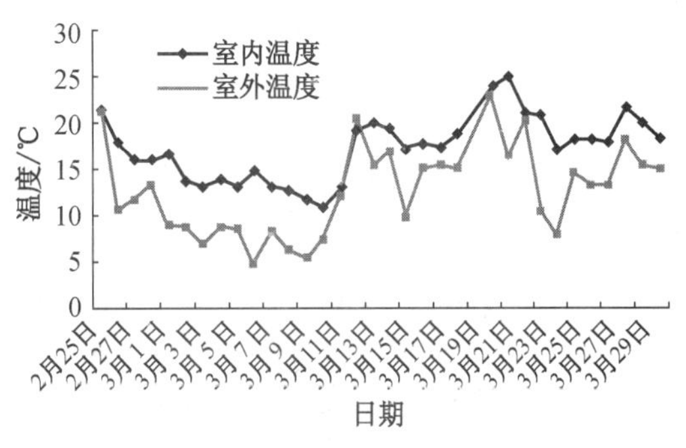

图 17　实测室外温度与室内温度关系

6 ℃,平均为 5.1 ℃,与 CFD 模拟结果相吻合,因此,对于某一特定机房的智能通风系统来说,利用 CFD 预测一定室外温度下的室内温度是切实可行的。

4 两种方案的实测分析

4.1 测试方法

本研究共测试 3 个站点,J 站点和 Q 站点为已安装合用节能系统的站点,X 站点作为未使用任何一种节能系统的对比站。3 个站点的测试环境基本相同:围护结构均为砖混结构,均是联通、电信的合用机房,话务量基本相同(其直流电流数均在 65 A 左右),而且空调数量也均为 2 台。各站点的温度控制设置如表 4 所示,其中 Q 站点出于设备安全考虑,温度设置降低了 2 ℃。

表 4 3 个站点的温控设置

站点	电池恒温系统	智能通风系统	机房空调
J 站点	25 ℃	30 ℃	35 ℃(2 台,智能通风系统控制)
Q 站点	25 ℃	28 ℃	33 ℃(2 台,智能通风系统控制)
X 站点	无	无	28 ℃(2 台)

4.2 测试结果与分析

实测的电度数数据,见表 5。

表 5 能耗测试数据记录表(电表度数)

日期	时间	Q基站			J基站			X基站		
		自由通风系统	电池恒温系统	机房总电表	自由通风系统	电池恒温系统	机房总电表	空调 1	空调 2	总电表
2010-03-15	15:10	0.14	1.15	278 252	1.31	0.77	182 753	38.82	23.30	120 032.28
2010-03-16	15:02	0.22	1.28	278 337	1.41	0.90	182 836	44.70	28.95	120 139.5
2010-03-17	15:03	0.32	1.44	278 433	1.70	1.05	182 932	51.28	42.21	120 256.9
2010-03-18	15:10	0.91	1.57	278 530	2.37	1.16	183 017	59.02	58.14	120 376.33
2010-03-19	15:29	1.01	1.72	278 625	2.64	1.29	183 119	66.65	68.51	120 490.89
2010-03-20	15:10	3.52	1.86	278 720	5.07	1.44	183 211	76.07	96.20	120 622.86
2010-03-21	15:08	4.84	2.01	278 813	6.51	1.58	183 303	84.72	115.73	120 745.16
2010-03-22	15:10	5.44	2.15	278 907	7.31	1.72	183 395	93.80	130.69	120 864.46

基于测试数据的分析如下:

(1) X 站点:对比机房空调总耗电 191.94 kW·h,空调日均用电 21.33 kW·h;机房总耗电 937.74 kW·h,日均耗电 117.22 kW·h。

(2) J 站点:设备总耗电 8.11 kW·h,日均用电 0.9 kW·h;机房总耗电 726 kW·h,日平均耗电 90.75 kW·h。机房降温设备节能比例平均 95.77%,机房总节能比例 22.58%。

(3) Q 站点:设备总耗电 6.95 kW·h,日均用电 0.87 kW·h;机房总耗电 642.5 kW·h,日均耗电 80.3 kW·h;机房降温设备节能比例平均 96.4%,机房总节能比例 22.75%;能耗对比汇于图 18。

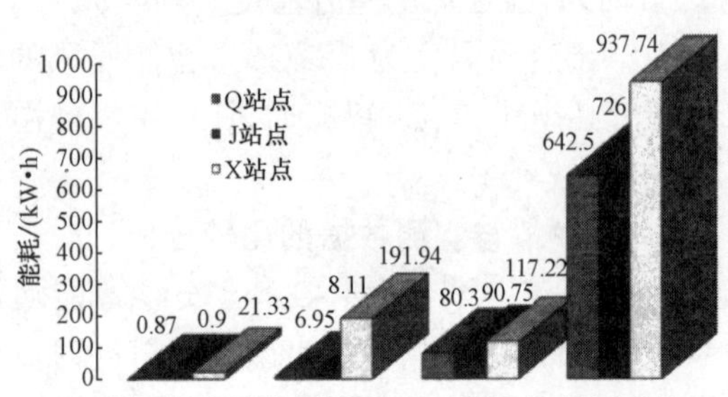

图 18 能耗对比

5　结语

(1) 温度的区域控制和机械通风应用于节能领域，技术已经很成熟。本研究将这两项技术与通信基站机房的实际相结合，采用了电池恒温柜系统和智能通风系统为基站机房实现节能运行。通过理论上的分析，验证了其可行性。同时通过实测数据的采集发现，这两项技术合用后，与单纯使用空调相比的节能比例均在 95%以上，机房总节能比例在 22%以上，节能效果明显。

(2) 本研究通过对恒温柜负荷的计算分析，提出，该冷负荷较小，采用压缩制冷时，对压缩机的要求越高；同时基于节能和安全运行的角度考虑，压缩机不宜选取过大。

(3) 通过计算流体力学 CFD 模拟，认为对于一般的通信机房，智能通风时，室内外温差在 5 ℃～7 ℃，与实测数据相吻合。

参考文献

[1] 中国电信集团公司. 中国电信节能技术与应用蓝皮书[L]. 2008-12-22.

[2] U. S. Department of Energy Washington, D. C. Primer on lead acid storage batteries, DOE-HDBK-1084-95[M]. 1995.

[3] 陶文铨，王世铭. 传热学[M]. 3 版. 北京：高等教育出版社，2006.

[4] 龙恩深. 冷热源工程[M]. 重庆：重庆大学出版社，2004.

浅谈室内空气品质*

刘 东　陈沛霖　张云坤

摘　要：描述了室内空气品质这一为人们日益关注的概念，分析了各类因素对室内空气品质的影响。指出改善室内空气品质是一项综合工程，其中合理的建筑设计及通风空调系统是重要的影响因素。

关键词：室内空气品质；室内环境；通风空调

Elementary Introduction to Indoor Air Quality

LIU Dong，CHEN Peilin，ZHANG Yunkun

Abstract：This paper describes IAQ that people are paying more and more attention to. It analyses the effects of all sorts of factors on IAQ. It points out that it is a complex engineering to improve IAQ. Rational architect design and HVAC systems are important effective factors.

Keywords：indoor air quality；indoor environment；ventilation and air conditioning

随着经济的发展和社会的进步，人们对自己生活的环境日益关注。人们有80%以上的时间是在室内度过的，室内环境的好坏直接影响人们的生活质量。由于室内环境恶化所导致的病态建筑综合症（Sick Building Syndrome，SBS）使得人们的身心健康与工作效率受到很大影响，由此所引起的社会工作效率降低和病休、医疗费用等社会问题也已受到了广泛的关注。室内空气品质（Indoor Air Quality）是衡量室内环境好坏的重要指标，人们已经开始认识到改善室内空气品质的重要性与紧迫性[1, 3-6]。为了改善室内空气品质，有可能增加建筑与通风空调系统的费用，又给研究人员提出了新的问题，IAQ问题也成为建筑环境领域内的研究热点。

1　人们对IAQ的认识

1.1　IAQ的定义

人们对IAQ的认识经历了不断发展的过程：最狭义的IAQ是指房间空气免受烟、灰尘和化学物质污染的程度；稍广义的是包括空气温度、湿度和空气流动，此外还包括视觉因素如亮度、色彩和空间感等。允许的IAQ应取决于暴露时间的长短、个人生理条件和经济条件等。

早期的研究是将空气品质变成人们的主观感受，如丹麦技术大学的P. O. Fanger教授在1989年空气品质会议上就提出：品质反映了满足人们要求的程度，如果人们对空气满意就是高品质，反之就是低品质；英国的CIBSE（Chartered Institution of Building Services Engineers）认为如果室内少于50%的人能察觉到任何气味，少于20%的人感觉到不舒服，少于10%的人感觉到黏膜刺激，而且少于5%的人在不足2%的时间内感到烦躁，则可认为此时

---

*《工业建筑》2001收录。

的室内空气品质是可接受的。房间内有一些有害气体，如氡、CO 等对人体没有刺激作用，虽然不会被人感受到，但是对人体的危害是很大的，因此只有主观的感受并不能够完整地反映室内空气品质。在研究过程中，人们不断修正这一概念，ASHRAE（American Society of Heating Refrigeration and Air Conditioning Engineers）标准提出了可接受的室内空气品质（acceptable indoor air quality）和感受到的可接受的室内空气品质（acceptable perceived indoor air quality）的概念。可接受的室内空气品质是指空调房间中绝大多数人没有对室内空气不满意，并且房间中没有已知的污染物达到了可能对人体健康产生严重威胁的浓度。感受到的可接受的室内空气品质是指空调房间中绝大多数人没有因为气味或刺激性而表示不满。在这一标准中，室内空气品质包括了客观指标和人的主观感受两方面的内容，相对来说较为科学和全面。

1.2 IAQ 的评价

室内空气品质涉及多学科的知识，室内空气评价这一人们认识室内环境的科学方法也需要建筑技术、建筑设备工程、医学、环境监测、卫生学、社会心理学等多学科的配合。目前，室内空气品质的评价主要是用量化监测和主观调查结合的方法来进行的。

客观评价的依据是人们受到的影响跟各种污染物浓度、种类、作用时间的关系，利用了空气龄（air age）、换气效率（air exchange efficiency）、通风效能系数（ventilation effectiveness）等概念。客观评价存在一定的局限性，因为室内的污染主要是低浓度污染，污染物对人们的长期影响及影响人们舒适与健康的域值和剂量也不清楚，大量的测试数据表明，即使在 IAQ 状况恶化，室内人员频繁抱怨时，室内这些低浓度的污染也很少有超标的；此外人们的反应与个体的特性密切相关，在相同的室内，人们会由于所处的精神状态、工作压力、性别等因素的不同而产生不同的反应。因此对室内空气品质的评价必须将各种主观因素考虑在内，目前在客观评价与主观评价的协调之间人们还在探索更为准确的方法。

1.3 IAQ 的影响因素

有资料表明，引起室内空气品质问题的主要原因有两大类：一是采暖、通风及空调系统设计或运行不足；二是各类污染源产生的污染物作用。第一类影响因素主要包括室内空气的温、湿度参数、新风量、通风和气流的组织问题等。第二类影响因素主要包括：由于室外环境的恶化，由新风吸入口或门窗等进入的污染物；由于各房间的压力分布不均使地下停车场、打印室、吸烟区、餐厅等处散发的污染物流入建筑的其他区域；室内污染如室内办公设备、装潢、家具、人员等产生的污染物；微生物污染，通常是由空调的冷凝水、冷却水等造成的。

IAQ 问题一般分为主观和客观两个方面：室内的空气温、湿度，各种固体和气体污染物浓度等客观参数会对 IAQ 产生影响，这是影响室内空气品质的客观因素，目前，人们还没有完全了解这些因素会对人体产生怎样的影响和如何产生影响；人们的心理状况、对外界的反应灵敏度、性别、年龄等的差异是对 IAQ 产生不同影响的主观因素。

2 IAQ 的研究与发展

2.1 IAQ 的研究状况

研究室内空气品质就是找出大多数人可以接受的室内空气品质，利用现有的各种技术实现或创造出所需要的客观环境。丹麦技术大学 P. O. Fanger 教授的课题组在室内空气品质方面进行了较为系统的研究，并且提出了有关室内空气品质的概念及评价标准。

对室内空气品质的研究是多方面的：室内空气品质对生产效率的重要影响是改善室内空气品质的强烈的经济动机。有研究表明，由于不良的室内空气品质所引起的疾病、缺勤和无效生产所造成的经济损失高于运行 HVAC(Heating Ventilation and Air Conditioning)系统的成本[7]。国内一些高校和研 究院所也正在对室内空气品质的问题进行研究。

针对引起室内空气品质的主要原因，人们对室内空气品质客观因素的研究主要集中在空气温湿度、新风、污染物和气流组织等方面。

2.2 空气温、湿度的研究

目前，在现有的通风标准中一直忽略室内空气的湿度，相对湿度一般是要求控制在 30%～70%之间。现有的通风标准和指南基于以下考虑：在一空间内有某些污染源，通风用于将化学污染物稀释到人们可接受的水平。空气是由人体嗅觉的化学感知器感知的，这种感知仅取决于空气的化学成分。也就是所要求的通风与空气的温度和湿度无关。但是有学者指出：在一气候实验室内，温度和湿度对清洁空气的感知是有影响的。丹麦技术大学的研究资料表明：比焓对接受度的影响或对感知空气品质的影响是很强的，而空气比焓中的湿度和温度对于被感知的空气品质是重要的，感知的空气品质受到人体吸入空气的温度和湿度的强烈影响，人们喜欢较为干燥和凉爽的空气。人们很明显喜欢每一次呼吸空气时的呼吸道有一种冷却的感觉，这引起令人愉快的新鲜感。如果没有适当的冷却，便会感到空气不新鲜、闷人而不能接受。Fanger 等人的研究表明：在温度 20 ℃，相对湿度 40%，通风率 3.5 L/(s・p)时，人们感觉到比在温度为 23 ℃，相对湿度 50%，通风率 10/L(s・p)时的空气品质要好。

高比焓值意味着吸入空气的冷却能力低，使得呼吸道特别是鼻腔黏膜的对流和蒸发冷却的作用不足，这种适当冷却的缺乏与感知空气的不良品质密切相关。比焓对通风要求和能源消耗有很强的影响。保持适当低的空气湿度及全身热舒适所要求温度范围下限的空气温度是有利的，这可以改善感知空气品质并减少所要求的通风量。合适的温度和湿度可以减少病态建筑综合症的发生，因此应该为人们提供冷却和干燥的空气。

2.3 新风的研究

风量和清洁度是新风问题的两个方面。新风量的大小是采暖、通风、空调规范中有关 IAQ 考虑最多的问题，在不同阶段，受能源结构和政策的影响，相应的通风标准也不相同。ASHRAE 标准 62—1989 规定的新风量为 36 $m^3/(h \cdot p)$，它的制定原则是为了消除人所产生的生物污染。但是随着科技的发展，现代建筑中装潢材料、家具、用品、通风空调系统本身等有可能成为污染源，并且其气味强度远超过人体所散发的气味。所以在后来的 ASHRAE 标准中，认为确定新风量的污染物是由人员和室内污染物两个方面的因素决定的，最小新风量＝人数×R_p＋地板面积×R_b，其中 R_p 为每人最小新风量指标($R_p=10.8\ m^3/(h \cdot p)$)，$R_b$ 为每平方米地板所需的最小新风量指标($R_b=1.26\ m^2/(h \cdot m^2)$)。这体现了人们观念的进步，也反映了传统的空调系统设计会导致新风量的不足。由于近年来室外空气质量的逐步恶化，空气污染的程度加重，使人们对新风清洁度的问题日益重视。对于室外颗粒污染物及其附着的微生物，多级过滤可以有效地除去，同时也可以在一定的途径上延长空调设备的寿命，应该说是一种有效的手段。但是对于室内空气品质涉及到的室内微生物污染和气态污染，则应该结合空调回风系统来处理。

总之控制室内空气品质，有关为消除 CO_2、VOC、浮游尘埃、细菌、臭味等的新风量的研究工作一直在进行，而且在修订相关的法规[4-5]，欧洲建议采用 olf(污染源单位)和 decipol(感知污染等级)来确定通风量,总的趋势是通风量应增大,带动新风、排风热回收技术的发展,提高通风效率,合理组织室内的送、排风的气流组织,以有效地利用进入室内的新风。

2.4　污染物的研究

2.4.1　污染物的种类

污染物包括了固体颗粒、微生物和有害气体。颗粒污染物根据其粒径的大小,分别会感染人体的呼吸道和肺部,附着在颗粒上传播的微生物和菌类也会造成呼吸道感染,产生流行性感冒、结核等症状。气体污染物的种类很多,除了人们熟知的 CO, CO_2, NH_3 和氡等,还有各种挥发性的有机化合物(VOC)。他们会对人体的呼吸系统、心血管系统及神经系统有较大的影响,有一些甚至会致癌[2]。根据研究资料可知,室内的有害气体有数百种,它们对人体的影响并不是单独的作用,在很多情况下,即使人们对室内空气品质的感觉很差,也并没有哪种污染物单独超标,这种情况使得人们对在有多种污染物共同作用时的现有的污染物的浓度的科学性和全面性提出了怀疑。这表明研究室内空气品质问题不能够简单地停留在工业通风工程有害物的控制上,而应该结合医学、环境监测、卫生学、心理学等多学科领域的知识来进行研究工作。

2.4.2　污染源

固体颗粒污染既可能从室外和空调系统带入,也可能是由室内的燃料燃烧、二次扬尘产生的。微生物污染大多数与室内的湿度和空调系统的凝结水有关,有时也可能从室外带入,如军团病就是与适宜肺炎病菌生长的冷却塔中的冷却水有关。气态污染物的产生较为复杂,除了从室外带入外,还有室内人体新陈代谢产生的 CO_2 和异味,建材、装饰材料产生的 NH_3、氡和各种 VOC 等。研究污染源的污染物的发生量、污染物之间的相互反应等问题是解决污染的关键。

控制室内污染源产生和室外污染物侵入是改善 IAQ 的根本。污染物的种类有多种,它们对人体产生的影响有很大的差异,而且每一种污染物有自身的污染源。在污染源的控制方面,对室外空气进行清洁过滤处理是最为基础和有效的手段。此外还应监控室外的空气状况,做到在超标时能够及时处理和控制;隔离例如复印室等一些污染源并做相应的处理,以避免室内的交叉污染。建筑设计的有关人员要相互配合,合理布置建筑物的位置和选择材料,以合适的自然通风方式提高房间的通风换气效果,尽量选择低挥发性有机气体的材料,控制 HVAC 系统和建筑围护结构湿度以减少微生物的生长。

2.5　气流组织的研究

在很多通风的房间中,如果提供的室外空气是 10 L/(s・p),其中只有 0.1 L/(s・p)即 1%的空气被人吸入,而且这 1%的空气有可能在被人吸入前已经被生物排出物、建筑材料放射物、烟雾所污染,所以通风系统应该考虑为每一个在室内的人员提供未受室内污染源污染的清洁空气。将少量的高品质的空气送到每一个人,而不是将大量的不新鲜的空气送到整个房间,这种气流组织形式是对传统的暖通空调系统的挑战。个性化送风(PA)可以使每个人吸入来自射流核心,未与室内污染空气相混合的清洁、凉爽和干燥的空气,但是风速和紊流度要低,不要引起人们的吹风感。此外由于人们各自的差别,不同的人可能偏好不同的温度,传统的处理方法是寻求在某一最佳温度上的妥协,使感到不舒服的人尽可能少。带个别热控制的系统可以使每个人都能够控制自己的局部环境,使得在同一空间的每个人都满意。在传统的通风空气混合方式的房间内,空气温度保持在一个适当较低的水平是有利的,这个温度相当于任何一个在此空间的人所喜欢的最低温度,所有其他人员可能要求少量的额外局部加热措施,由他们自己控制以达到所喜欢的工作温度。个性化送风系统的原则是提供呼吸的清洁空气，个别热控制系统的任务是为人体提供适当的全身热舒适。个别热控制系统也可以通过辐射或热传导发挥作用，重要的是它不能够干扰个性化送风系统向呼吸区提供的清洁空气的高度敏感的气流。两个原则的创新性结合为 HVACI 工程在寻求优异室内环境方面提供了有效的手段。

2.6 计算机技术对 IAQ 评价的影响

随着计算机技术的发展，利用计算流体力学对室内空气流动进行数值模拟的方法得到了迅速发展。数值模拟方法通过求解质量方程、动量方程、能量方程、气体组分质量守恒方程和粒子运动方程，得到室内各个位置的风速、温度、相对湿度、污染物浓度、空气龄等参数，从而评价通风换气效率、热舒适和污染物排除效率等。数值模拟方法的周期短、费用低，并且能够预先进行，在近 10 年内已经得到了很快的发展，随着计算机技术的发展，计算流体模型的不断完善，数值模拟方法将会成为室内空气品质客观评价的有效手段。

3 结论

总之，室内空气品质正在日益引起人们的重视，它应该是政府、业主、医生、建筑师、暖通空调技术人员等共同考虑的问题。可以得出以下结论：

(1) 建筑的目的是为了创造适于人们居住和生活的室内环境，好的室内空气品质可以提高生产效率，减少病态建筑综合症的症状，因而是有利益回报的。

(2) 室内空气品质是一门综合科学，除空气本身的因素，还有其他不为人们所认识的因素在影响人们对室内环境的感觉和反应。

(3) 建筑设计人员在建筑设计的方案阶段就应充分考虑室内空气品质问题，尽量选择低挥发性有机气体的材料，并结合当地的气象特点，合理进行建筑布局。

(4) 暖通空调专业对于改善室内空气品质起着重要的作用，努力完善这一领域中的技术对于提高室内空气品质是非常有必要的。

参考文献

[1] ASHRAE. ASHRAE Standard 62R[J]. ASHRAE Journal, 1997.

[2] ASHRAE. Air Contaminants ASHRAE Handbook—Fundamentals(SI)[M]. 1993.

[3] 中原信生，楼世竹，白玮，等. 高层建筑暖通空调设计和建筑优化及故障检测与室内空气品质、节能和全球环境问题的协调[J]. 暖通空调，1998，02：32-39.

[4] Bjarne W. International development of standard for ventilation of building[J]. ASHRAE J, 1997(4): 31-39.

[5] 香港特别行政区政府室内空气质素管理小组. 室内空气质素管理咨询文件，1999.

[6] 范格 PO. 21 世纪的室内空气品质：追求优异[J]. 暖通空调，2000(3)：32-35.

[7] 李先庭，杨建荣，王欣. 室内空气品质研究现状与发展[J]. 暖通空调，2000(3)：36-40.

建筑环境与暖通空调节能*

刘 东　陈沛霖　张云坤

摘　要：本文针对暖通空调节能的趋势，分析了建筑环境对暖通空调系统的影响，提出从建筑环境方面考虑问题是暖通空调节能的必要途径。

关键词：建筑环境；暖通空调；节能

Building Environment and Energy Conservation of Heating Ventilation and Air Conditioning

LIU Dong, CHEN Peilin, ZHANG Yunkun

Abstract: After describing the development of energy conservation, this paper analyzes the affect of building environment on HVAC system. It points out that it is necessary to think of building environment for energy conservation of heating ventilation and air conditioning system.

Keywords: building environment; heating ventilation and air conditioning; energy conservation

0　引言

能源为经济的发展提供了动力，但是由于各种原因，能源的发展往往滞后于经济的发展。近几年，中国的国民生产总值的增长率维持在约10%，但是能源的增长率只有3%～4%，这样的形势要求我们必须节能。建筑能耗在社会总能耗中的比例较大，发达国家的建筑用能一般占到全国总能耗的30%～40%；中国采暖区的城镇人口虽然只占全国人口的13.6%，但是采暖用能却占全国总能耗的9.6%。建筑节能是建筑发展的基本趋势，也是当代建筑科学技术的一个新的生长点。

现代建筑的必要组成部分暖通空调领域也已经受到这种趋势的影响，暖通空调系统中的节能正在引起暖通空调工作者的注意，并且针对不同的国家、地区的能源特点和不同建筑的采暖、通风、空调要求发展着相关的节能技术。研究建筑环境，了解暖通空调负荷产生的原因及影响因素，可以更加合理地提出解决问题的方法。

1　暖通空调能耗的组成

为了创造舒适的室内空调环境，必须消耗大量的能量。暖通空调能耗是建筑能耗中的大户，据统计在发达国家中暖通空调能耗占建筑能耗的65%。以建筑能耗占总能耗的35%计算，暖通空调能耗占总能耗的比例竟高达22.75%，由此可见建筑节能工作的重点应该是暖通空调的节能。

从暖通空调的能耗组成可以看出：暖通空调系统的能耗主要决定于空调冷、热负荷的确定和

*《节能技术》2001，19(106)收录。

空调系统的合理配置,空调系统的布置和空调设备的选择是以空调负荷为依据的。所以暖通空调节能的关键是空调外界负荷和内部负荷的确定,而暖通空调节能工作也应该从这方面着手,合理布置建筑物的位置,正确选择外墙、门、窗、屋顶等的形状及材料等,尽量减少空调负荷。

2 室内环境的影响

暖通空调的目标是为人们提供舒适的生活和生产室内热环境,主要包括:室内空气温度、空气湿度、气流速度以及人体与周围环境(包括四壁、地面、顶棚等)之间的辐射换热(简称环境热辐射)等。在一般的舒适性空调中,以能够使人体保持热平衡而满足人们的舒适感觉为目的;在恒温恒湿或有洁净要求的工艺性空调中,一切以满足生产工艺为目标。而房屋的建筑热工设计是恰当地利用房屋围护结构的热特性,抵抗室外气候的变化,使房间内产生舒适的微气候。

2.1 围护结构暖通空调负荷的影响

围护结构包括外围护结构和内围护结构。外围护结构主要包括屋面、外墙和窗户(包括阳台门等);内围护结构主要包括地面、顶棚、内隔墙等。在采暖建筑中,围护结构的传热热损失占总的热损失的比例是较大的,以 4 个单元 6 层的砖墙、混凝土楼板的典型多层建筑为例:在北京地区,通过围护结构的传热热损失约占全部热损失的 77%(其中外墙 25%,窗户 24%,楼梯间隔墙 11%,屋面 9%,阳台门下部 3%,户门 3%,地面 2%);通过门窗缝隙的空气渗透热损失约占 23%;在哈尔滨地区,通过围护结构的传热热损失约占全部热损失的 71%(其中外墙 28%,窗户 28%,屋面 9%,阳台门下部 1%,外门 1%,地面 4%);通过门窗缝隙的空气渗透热损失约占 29%。由此可见改善围护结构的热工性能对于暖通空调节能具有重要意义。

2.1.1 墙体

墙体是建筑外围护结构的主体,主要作承重用的单一墙体材料,往往难以同时满足较高的保温、隔热要求。目前在节能的前提下,复合墙体越来越成为当代墙体的主流。复合墙体一般用砖或钢筋混凝土作承重墙,并与绝热材料复合;或者用钢或钢筋混凝土框架结构,用薄壁材料夹以绝热材料作墙体。在复合墙体的节能考虑中,其关键技术是保温。目前的墙体保温形式主要有内保温、外保温和中间保温,它们的比较主要从建筑热稳定性、冷桥、施工难度、防震、维护的难度等诸多方面考虑。

2.1.2 门窗

在建筑的外围护结构中,门窗的保温隔热性能较差,而且门窗的缝隙还是冷风渗透的主要通道。在采暖建筑中,以 4 个单元 6 层的砖墙、混凝土楼板的典型多层建筑为例,窗户的传热热损失和空气渗透热损失相加,约占全部热损失的 47%(北京)、57%(哈尔滨)。所以改善门窗的性能是节能工作的一个重点,目前主要进行以下工作:控制窗墙比,改善窗户保温性能,提高门窗的气密性,加强户门、阳台门的保温等。

2.1.3 屋顶

屋顶由于与外界的接触面较大,会产生冬冷夏热的问题。改善屋顶的热工性能主要是加强屋顶的保温,屋面的保温应结合防水等要求来综合考虑,平顶屋面和尖顶屋面的保温情况会有所不同。

2.2　室内热环境对暖通空调节能的影响

2.2.1　室内温度

冬季过高和夏季过低的温度不但会造成能源的浪费，也会给人体带来不适。有资料表明，选择合适的室内温度，对暖通空调系统的节能具有重要作用。

2.2.1.1　冬季供热情况

冬季的采暖设计是用稳态传热的原理来计算的，室内温度对负荷的影响可以直观得到（表1）。

表1　我国一些城市在不同室内采暖温度下的能耗比较

城市	室外设计温度	室内外设计温差(18 ℃)	室内外设计温差(16 ℃)	节省能耗	室内外设计温差(14 ℃)	节省能耗
北京	−9 ℃	27 ℃	25 ℃	7.4%	23 ℃	14.8%
沈阳	−19 ℃	37 ℃	35 ℃	5.4%	33 ℃	10.8%
长春	−23 ℃	41 ℃	39 ℃	4.9%	37 ℃	9.8%
哈尔滨	−26 ℃	44 ℃	42 ℃	4.5%	40 ℃	9.0%
石家庄	−8 ℃	26 ℃	24 ℃	7.7%	22 ℃	15.4%
太原	−12 ℃	30 ℃	28 ℃	6.7%	26 ℃	13.4%
呼和浩特	−19 ℃	37 ℃	35 ℃	5.4%	33 ℃	10.8%

由表1可见，在热舒适许可的条件下将冬季的室内采暖温度适当降低可以起到明显的节能效果，而且对于冬季室外采暖设计温度较低的地区更为有利。

2.2.1.2　夏季供冷情况

夏季的空调负荷中围护结构的负荷只是其中的一部分，室内温度对空调负荷的影响表现在围护结构的负荷的变化（表2）。

表2　我国一些城市在不同室内空调温度下的能耗比较

城市	室外设计温度	室内外设计温差(24 ℃)	室内外设计温差(26 ℃)	节省围护结构能耗	室内外设计温差(28 ℃)	节省围护结构能耗
上海	34.0 ℃	10.0 ℃	8.0 ℃	20.0%	6.0 ℃	40.0%
南京	35.0 ℃	11.0 ℃	9.0 ℃	18.2%	7.0 ℃	36.4%
杭州	35.7 ℃	11.7 ℃	9.7 ℃	17.1%	7.7 ℃	34.2%
合肥	35.0 ℃	11.0 ℃	9.0 ℃	18.2%	7.0 ℃	36.4%
福州	35.2 ℃	11.2 ℃	9.2 ℃	17.9%	7.2 ℃	35.8%
南昌	35.6 ℃	11.6 ℃	9.6 ℃	17.2%	7.6 ℃	34.4%

从表2可见，在热舒适许可的条件下将夏季的室内空调温度适当提高也可以起到明显的节能效果，对于围护结构负荷占空调负荷大部分的宾馆、办公楼等建筑，夏季的空调室内外温差较小使得这种优势更为明显。有资料表明，夏季室内温度每升高1 ℃，一般的空调器可减少5%～10%的用电量。

2.2.2 新风指标

新风能耗在暖通空调系统能耗中占有相当大的比重,尤其是对于新风要求较高的场合。目前国内暖通空调设计规范的新风量标准主要取决于室内 CO_2 的浓度,20 世纪 70 年代的能源危机之后,欧美各国的新风标准有所降低,如美国 ASHRAE 标准将办公楼新风标准从 25.5 $m^3/(h \cdot p)$降低到 8.5 $m^3/(h \cdot p)$,同时建筑师加强了建筑物的气密性。这些措施取得了一定的节能效果,但是有研究成果表明:空调系统的新风不足是引起“病态建筑综合症”的重要因素,人们开始修正一些矫枉过正的做法,在舒适健康与节能之间寻求新的平衡。

3 室外环境的影响

暖通空调的负荷确定是建立在克服室外环境影响的基础上,研究暖通空调节能应该研究室外热环境,以减轻室外对室内的热作用,并且充分利用室外环境中的有利因素,使之对改善室内热环境起到积极的作用。

3.1 气象条件对暖通空调负荷的影响

3.1.1 温度

空调负荷的确定受室外干球温度的影响较大,而且对于空调、采暖和通风系统,其室外的参数的选取也不相同。目前设计参数是根据不保证率来确定的,室外空气温度的变化使得空调系统的绝大部分时间是处在部分负荷状态下运行的,在进行暖通空调节能设计时应充分考虑这一点,合理配置系统。

3.1.2 湿度

空气的相对湿度过高会对人体的热舒适带来一定的负面影响,而且过高的相对湿度会增加空调系统的潜热负荷,从而增加整个暖通空调系统的能耗。

3.1.3 太阳辐射

在气候资源方面,太阳辐射对建筑节能是一个有利的因素。冬天建筑南向窗户接受到的太阳辐射较多,这对外界的寒冷气候构成一种补偿;同时,太阳光的入射角越小,被玻璃窗反射的热量越少,进入室内的热量越多,而且通过南向窗户阳光射入室内的深度较大,对于砖石和混凝土等重质材料的建筑,有利于太阳热能更好地被建筑墙体、地面及物品所吸收和蓄存,提高室内温度,节约采暖用能。

3.2 建筑规划设计对暖通空调节能的影响

规划设计是建筑节能设计的重要方面,规划节能设计应从建设选址、分区、建筑和道路布局走向、建筑方位朝向、建筑体型、建筑间距、冬季季风主导方向、太阳辐射、建筑外部空间环境构成等方面进行研究。以优化建筑的微气候环境,有利于节能,充分重视和利用太阳能、冬季主导风向、地形和地貌,利用自然因素。节能规划设计就是分析构成气候的决定因素:辐射因素、大气环流因素和地理因素的有利、不利影响,通过建筑的规划布局对上述因素进行充分利用、改造,形成良好的居住条件和有利于节能的微气候环境。

建筑旁边的绿化不但有防风、隔声、防尘和美化环境的作用,而且对于建筑节能也有重要作用。因为首先树木可以从根部吸收水分,通过叶面蒸发,从而降低空气温度,其次树木有很好的遮阳作用,从而使建筑物直接受到的太阳辐射及从地面得到的辐射热减少,三是树木有引导风及挡风的作用。此外,地面不但会反射太阳辐射,而且其本身温度升高后又会成为新的热辐射源。所以尽量种草、植树,避免地面土壤裸露,并减少不必要的大面积混凝土地坪,对于减少空调负荷、达到节能的目的是非常重要的手段。而且清洁的室外环境对于洁净空调系统的有效运行和空调箱过滤器的寿命也是有利的。

4 结论

建筑环境是影响暖通空调能耗的重要因素,从建筑环境着手考虑是解决暖通空调节能问题的关键,也是一种积极的节能工作,作者认为应着重以下方面的工作:

1) 制定相应的政策法规

制定政策法规对建筑节能工作具有指导意义,而且以法规的形式出现,一则表示政府重视和鼓励,二则可以为节能工作的开展提供法律依据。近年来国务院和有关部委也颁布了相关的建筑节能法规;此外各地方政府也根据气候条件和能源特点,制定了各自的建筑节能标准和规定;但是总的来说法规和政策还有待进一步的完善。

2) 推动科技的进步

暖通空调节能工作的顺利开展离不开技术的进步。国家在制定节能政策时,既指明了发展方向,同时也鼓励了技术进步。只有依靠科技的发展,不断优化能源结构和用能方式,才能够真正做到节能,创造巨大的社会效益和经济效益。

3) 加强专业间的协调

建筑是各工种配合的产物,建筑专业在考虑建筑环境时,不但要从建筑功能、建筑美学等方面考虑,还要与设备工种进行配合,充分重视建筑环境、建筑材料等对暖通空调乃至建筑能耗的影响,各工种协调工作,共同完成节能设计。

总之从建筑内外环境着手,不断优化建筑热功能,充分利用有利的建筑环境,必然会创造出适宜的室内热环境,同时也必将有利于暖通空调节能的发展。

参考文献

[1] E. 希尔德. 建筑环境物理学——在建筑设计中的应用[M]. 北京:中国建筑工业出版社,1987.
[2] 中国建筑业协会建筑节能专业委员会. 建筑节能技术[M]. 北京:中国计划出版社,1996.
[3] 周鸿昌. 能源与节能技术[M]. 上海:同济大学出版社,1996.
[4] 建设部节能工作协调组办公室. 建筑节能政策法规文件选编[R]. 北京:建设部科学技术司,1996.
[5] 中国建筑业协会建筑节能专业委员会. 建筑节能:怎么办? [M]. 北京:中国计划出版社,1997.
[6] 杨善勤. 民用建筑节能设计手册[M]. 北京:中国建筑工业出版社,1997.
[7] 龙惟定. 试论建筑节能的新观念[J]. 暖通空调,1999,01:33-37.

风管清洗:改善室内空气品质的有效方法*

刘 东　陈沛霖　季 雷　荣丽庄

摘　要:介绍了几种适用于不同空调系统的风管清洗设备以及风管清洗的工艺流程。提出了风管清洗面临的问题。分析了几个实际工程风管清洗后的测试结果。

关键词:空调系统;空气品质;风管清洗

Air Duct Cleaning—An Effective Way to Improve Indoor Air Quality

LIU Dong, CHEN Peilin, JI Lei and RONG Lizhuang

Abstract: Presents some kinds of air duct cleaning equipment suitable for different air conditioning systems and the technology process of air duct cleaning. Proposes some questions about air duct cleaning. Analyses the testing results of some project examples after air duct cleaning.

Keywords: air conditioning system; indoor air quality; air duct cleaning

0　引言

空调系统风管内积聚灰尘不但会严重污染室内的空气,而且会增加风管系统阻力,使空调系统的风量下降。此外风管内空气的温度和湿度非常适宜某些细菌的生长和繁殖,因此空调风管系统本身就可能是一个污染源[①]。实践证明风管清洗不但可以提高室内空气品质,而且可以确保空调系统的高效运行。

1　风管清洗系统及工艺流程

1.1　清洗系统

空调系统的组成不同,清洗其风管的设备及手段也有所不同。应该根据不同的空调风管系统来选择合适的清洗系统。小型的风管系统采用风管清洗机,管道壁面上的灰尘和沾染物被旋转刷打松,然后被强力真空吸尘器清除。大型的风管系统采用风管钻,其电机结构是专门设计的,在管道中清除灰尘和沾染物时可以自动定心,打松的灰尘和沾染物被强力真空吸尘器清除,风管钻的作用管径及距离都比风管清洗机大。圆形金属风管系统采用风管爬行器,它依靠振动获得在管道中向前移动的动力,振动打松的灰尘和沾染物被强力吸尘器清除。在风管清洗系统中,强力吸尘器的主要作用是利用负压抽吸需要清除的灰尘和沾染物,连接风管清洗机和强力吸尘器的管道是软管,此软管可以控制风管清洗机的运动方向,使之能够上下左右转弯,有利于支管的清洗。图 1 和图 2 是风管清洗机和风机钻在风管中

*《暖通空调 HV & AC》2003,33(4)收录。

① 刘瑜:《办公大楼内空气污染的对策以化学物质和微生物为中心》,新日本空调(株)技术研究所,2001。

进行清洗时的情况。风管机和风管钻都有旋转的运动部件，其性能好坏直接影响到风管清洗的效果。

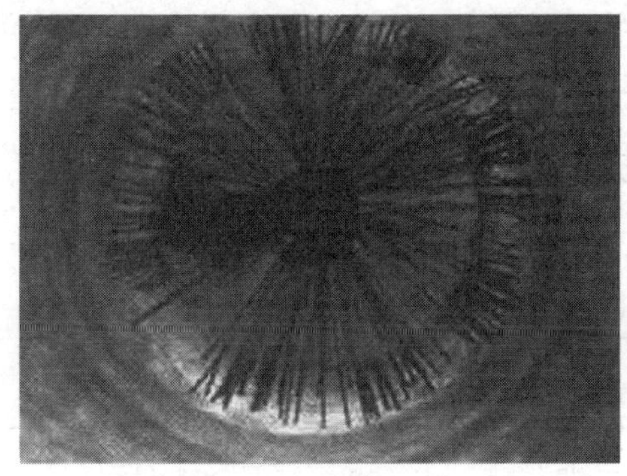

图1　风管清洗机

图2　风管钻

1.2　清洗工艺流程

在实际的操作中，可以按照图3所示的工艺流程来进行。

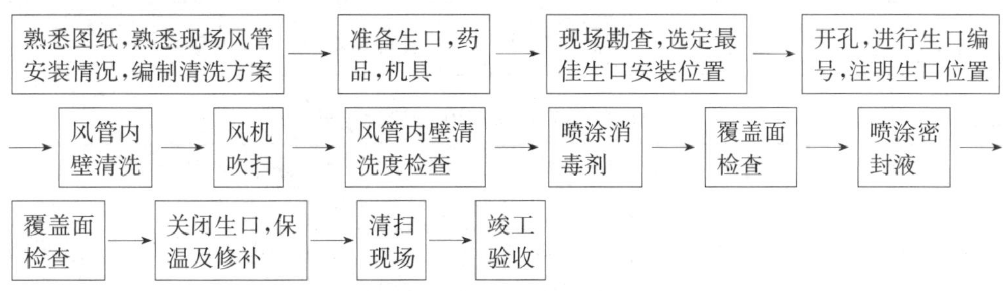

图3　清洗工艺流程

在风管清洗的工艺流程中，有一些需要说明的问题：一是必须根据风管的大小正确选择风管钻和风管清洗机的型号，以确保达到理想的清洗效果；二是正确选择生口位置；三是在清洗之后，可以利用带探测器的电动小车（通过外面的监控器显示）来检查清洗的效果，决定是否采取进一步的措施，以确保清洗的效果；四是消毒液必须能够有效杀灭细菌、病毒、真菌、霉菌等，而且不使人过敏，有一些场所为了去除风管内表面的污物，必须采用高效的生物脱剥清洁剂和脱脂剂；五是喷涂的密封液能够在风管内壁形成一层薄膜，既保护风管，又能够使灰尘不易积聚在风管内，而且还有利于下一次清洗时直接将积灰的薄膜清除和保持理想的清洁效果。

1.3　面临的问题

风管的清洗是改善室内空气品质和提高系统运行效率的一项有效手段，但是目前此项工作在国内还没有被重视。分析其原因主要有四个方面：首先是人们的观念问题，即还没有充分意识到室内空气品质问题的严重性，尤其是有些业主不能够接受将精力投入到这种“表面效果不显著”的工作中，这是最主要的阻力；其次是国内的相关标准和规范对此没有明确的规定，特别是舒适性空调系统，其验收标准主要是室内的温、湿度，对室内空气品质的重视程度不够；第三是设计与运行管理要求脱节，暖通空调工程师在设计时为了节约宝贵的吊顶空间，管道的布置相当紧凑，不能够提供足够的检修和清洗空间，给这项工作带来了相当的难度；第四是目前国内还没有独立知识产权的相关技术，现有的清洗设备、消毒液及密封液等都需要进口。

2 测试结果及分析

在实际工作中，对一些办公楼、医院及宾馆建筑进行了空调风管系统的维护和保养，表1—表3是一些测试数据①，结果证明这种工作对于空调系统来说是非常重要的。

表1 某宾馆风管清洗前后客房(2间)风量及细菌总数测试结果

测试结果	送风量/($m^3 \cdot h^{-1}$)	回风量/($m^3 \cdot h^{-1}$)	细菌总数/(个$\cdot m^{-3}$)
清洗前	709	583	3 588
清洗后	966	677	2 038

表2 某办公楼风管清洗前后风量测试结果

风口编号		平均风速/($m \cdot s^{-1}$)	风量/($m^3 \cdot h^{-1}$)	风口编号		平均风速/($m \cdot s^{-1}$)	风量/($m^3 \cdot h^{-1}$)
1	清洗前	5.62	2 731	4	清洗前	8.56	3 236
	清洗后	12.50	6 075		清洗后	11.67	4 411
2	清洗前	11.04	4 173	5	清洗前	11.19	4 230
	清洗后	14.92	5 640		清洗后	14.37	5 432
3	清洗前	7.47	2 824				
	清洗后	8.22	3 107				

表3 某办公楼风管清洗前后细菌测试结果

测定房间		细菌总数/(个$\cdot m^{-3}$)		可吸入颗粒物IP/($mg \cdot m^{-3}$)	
		范围	均值	范围	均值
1	清洗前	—	390	0.705～1.301	0.930
	清洗后		28	0.305～1.064	0.599
2	清洗前	—	—	0.28～0.44	0.35
	清洗后			0.254～0.307	0.272
3	清洗前	—	—	0.25～0.32	0.29
	清洗后			0.253～0.309	0.279
4	清洗前	780 934	858	0.16～0.35	0.22
	清洗后	0469	234	0.157～0.233	0.190
5	清洗前	469 624	546	—	—
	清洗后	312 312	312	—	—
6	清洗前	712 780	746	—	—
	清洗后	312 469	391	—	—
7	清洗前	468 780	624	0.095～0.20	0.13
	清洗后	156 469	312	0.084～0.134	0.106
8	清洗前	0156	78	0.92～1.20	1.06
	清洗后	0156		0.124～0.185	0.156

注：①因条件所限，没有对所有房间的细菌总数和IP(可吸入颗粒物)都进行测试，但是从现有的数据来看，基本可以反映出变化的趋势；②表1—表3的宾馆和办公楼的风管系统都是采用风管清洗机清洗的；③细菌总数和IP值等都是在室内通过取样获得的，取样及检测的方法参照文献[1]。

从表1—表3的数据可以看出，清洗后细菌数大幅度减少，风量显著增加。对于宾馆房

① 《上海市卫生防疫站检验报告书》，(市卫防 98)N3309号。

间，风管清洗对细菌的减少作用明显要大于风量的增加作用，这可能主要是因为宾馆房间相对较为封闭，灰尘较少，而房间中的地毯为细菌的存在提供了适宜的条件。对于办公楼建筑，其细菌减少量最大可达到85.3%，风量增加可达55%，主要是因为办公室人员相对集中，新风量比相同面积的宾馆大，这使得办公建筑的细菌和灰尘都较多，在设置了集中空调的建筑物内，这些细菌和灰尘有可能进入风管系统，因此进行风管的清洗对确保室内空气品质是必要的。

3　结论

改善室内空气品质和提高空调系统的运行效率正在日益被人们重视。风管清洗可以同时兼顾这两方面的要求，是一种简易、有效的方法，尤其是对于已经运行一段时间的空调建筑，更是简易可行。设计人员在设计的方案阶段就应充分考虑室内空气品质问题，为空调系统的设备维护保养预留足够的操作空间。另外，人们对风管清洗这种方法的观念还需要进一步改变，国家标准和规范也应对室内空气品质有明确的规定，同时尽快发展我国的风管清洗技术。

参考文献

[1] 卫生部.消毒技术规范[M].4版.北京：中国标准出版社，2002.

办公建筑内地板送风和置换通风模式对室内环境质量影响的数值模拟对比研究*

周文慧　刘东　王康

摘　要：对地板送风和置换通风进行了理论分析和比较，利用数值计算分别对某办公室采用地板送风和置换通风进行了模拟，从 PMV、PPD、通风效率等方面对模拟结果进行分析，最终得出结论：地板送风比置换通风具有更大的送风温差，且工作区的温度梯度较小，更具有舒适性和节能性，可以为工程设计和运行管理提供有益的参考。

关键词：地板送风；置换通风；数值模拟；预测平均评价值；预测不满意百分比指标；通风效率；能量利用系数

Numerical Simulation of Underfloor Air Distribution and Displacement Ventilation's Effects on Indoor Environment for Office Building

ZHOU Wenhui, LIU Dong, WANG Kang

Abstract: A numerical simulation was built to investigate the difference between underfloor air distribution(UFAD) and displacement ventilation. UFAD gets greater air-supply temperature difference, smaller temperature gradient in the work area, more comfort and energy efficiency through analysising PMV, PPD, ventilation efficiency and energy utilization factor.

Keywords: underfloor air distribution; displacement ventilation; numerical simulation; Predicted Mean Vote(PMV); Predicted Percent Dissatisfied(PPD); ventilation efficiency; energy utilization factor

0　引言

地板送风系统作为一种有效的空调系统形式以其布置方式灵活、节能和能够为人员活动区创造良好的空气品质等诸多优点，逐渐引起人们的重视。但是，由于地板送风和置换通风两种气流组织模式具有一定的相似性，有些工程技术人员视两者为同一概念，最终导致设计、应用、管理等方面的失误。为此，本文拟采用数值模拟的方法，对地板送风和置换通风两种气流组织方式下影响人体热舒适性和室内空气品质的各项参数进行了综合模拟对比研究与分析，以期为业内外人士对这两种气流组织方式的深入认识提供有益的参考。

1　理论分析

1.1　地板送风和置换通风的相关理论

地板送风空调系统（Underfloor Air Distribution System，UFAD）是将空调箱（Air

*《建筑节能：暖通与空调》2012，40(251)收录。

Handling Unit，AHU)处理后的空气从与地面平齐的送风口送出，与室内空气进行热质交换后从排风口流出。需设架空地板，其空间用作布置送风管或直接用作送风静压箱。原理图见图 1。

置换通风(Displacement Ventilation，DV)是空气以低速从接近地板(最常用的是低位侧送风口)的送风装置从房间下部送风，气流以类似层流的活塞流状态缓慢向上移动，到达一定高度受热源和吊顶的影响，发生紊流现象，产生紊流区。其原理图见图 2。

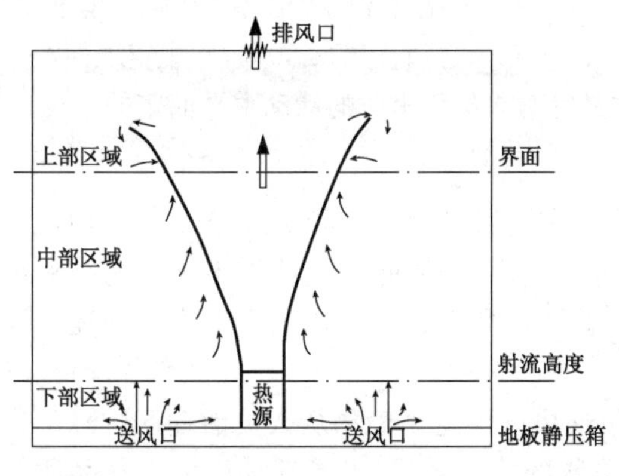

图 1　地板送风原理图

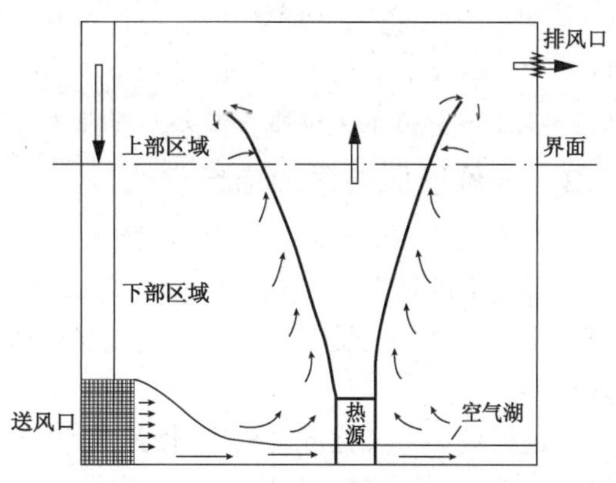

图 2　置换通风原理

地板送风与置换通风具有一定的相似性，两者均是从房间下部送风，形成空气的热力分层，同时都具有节能与提高空气品质方面的优势。但两者仍具有较大的差异，两者的比较如表 1 所列。

表 1　　地板送风与置换通风的比较

比较项目	地板送风	置换通风
机理	冷空气以较高的速度从地板送风口送出，以出风口气流的动量为推动力向上流动，与工作区的空气迅速大量掺混进行热湿交换后从排风口排出	以低速在房间下部送风，气流在房间地板上形成一个“空气湖”，依靠自身的浮升力缓慢向上移动，将室内的“旧空气”置换掉，从上部排风口排出
送风温度 送风速度 送风量	16 ℃～20 ℃ 风速较大，一般在 1 m/s 左右 送风量较小	一般比室内设计温度低 3 ℃～5 ℃ 风速较小，一般为 0.02～0.3 m/s 送风量较大
送风口性能	风口湍流系数大，混合性能好；风口数量多，尺寸小风口可让就近人员进行风向、风量甚至送风温度的调节	风口湍流系数小，扩散性好，大多为孔板风口；风口面积大，数量少，一般采用墙角、窗台、柱子等置换型风口，风口设置需要与建筑装修协调
气流形式 功能性	形成自下而上的垂直气流，热力分层较难控制以温度控制为主要功能，属全空气系统	形成自下而上的垂直气流，热力分层现象明显以通风换气为主要功能，属新风系统
适用性	即可供冷也可供热，可用于冷负荷较大场所	可用于供冷，不适合供热，对湿度处理方面有限制，较适宜房间层高大于 2.4 m，面积冷负荷小于 120 W/m^2 的场所
应用现状	前景广阔，但尚有诸多问题有待解决	较为成熟，应用广泛

1.2 热舒适的指标

预测平均评价 PMV(Predicted Mean Vote)值是由丹麦技术大学的 Fanger 教授提出的表征人体热反应(冷热感)的评价指标,代表了同一环境中大多数人的冷热感觉的平均值。由于人与人之间存在生理差别,因此,PMV 指标并不一定能够代表所有人的感觉。为此 Fanger 教授提出了预测不满意百分比 PPD(Predicted Percent Dissatisfied)指标表示人群对热环境不满意的百分比。并用概率分析方法得出 PMV 与 PPD 的定量关系:$PPD=100-95\exp[-(0.033\,53\,PMV^4+0.217\,9\,PMV^2)]$,国际标准化组织提出室内热环境标准 ISO7730 中规定了 PMV-PPD 指标为:PMV 在$-0.5\sim+0.5$之间;$PPD\leqslant10\%$,并规定地面上方 0.1~1.1 m 之间的上下垂直温差不应大于 3 ℃,这是针对人员静坐时的活动水平而定的。

1.3 评价通风效果的指标

在不知道室内污染源时,采用换气效率比较评价室内通风设计方案;而对于已知室内污染源及释放率的情况,采用通风效率作为评价标准将更准确,以便能详细地给出污染物排除情况。本文研究的污染源主要是室内人员呼吸产生的 CO_2,所以这里采用通风效率来描述通风效果。

通风效率 η 又称混合效率、排污效率,η 值表示通风气流将污染物从人员活动区排除至排风区的能力,其值越高说明通风气流排除室内污染物的能力越强,人员活动区内空气品质越好,其表达式为:

$$\eta=(c_p-c_o)/(c_n-c_o) \tag{1}$$

式中 c_p——排风浓度;

c_n——工作区浓度;

c_o——送风浓度。

能量利用系数也称排热系数,通常用来考察气流分布方式能量利用的有效性,表达式为:

$$\eta_t=(t_p-t_0)/(t_n-t_0) \tag{2}$$

式中 t_p——排风温度;

t_n——工作区温度;

t_o——送风温度。

工作区定义为距地面 1.8 m 高、离墙 0.15 m 远的区域。

2 数值模拟

2.1 物理模型

本文的计算模型是根据某大学地板送风与置换通风实验室,以 1∶1 的比例建立,尺寸为 2.7 m×3.0 m×2.5 m,其中单个人员散热量为75 W,CO_2 产量为 9.17×10^{-6} kg/s;每台电脑散热量为108 W;两个照明灯光,每台灯具散热量为 30 W。模型的送回风口、室内热源的布置如图 3 所示。人员散热量按办公室轻微劳动计算,为了计算方便,将人体简化

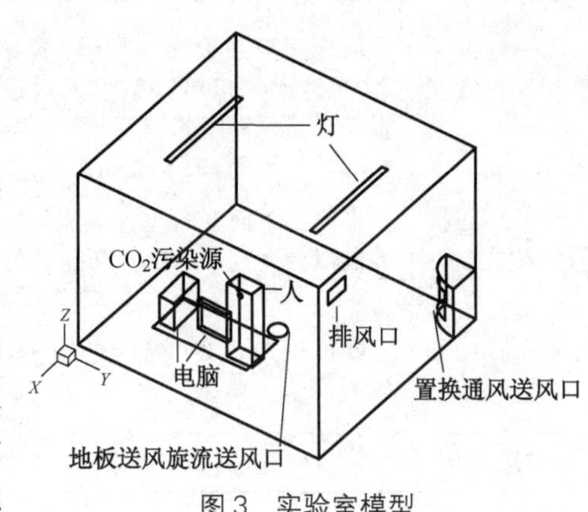

图 3 实验室模型

成一个 200 mm×300 mm×1 600 mm 的长方体，主要污染物为 CO_2。

2.2 边界条件

由于来自热源的热量不一定只散发在负荷实际所在的人员活动区或非人员活动区。对于热源，必须根据它的对流热和辐射热成分进行分析。根据灯光和人体采用固定热流密度的方法，根据相关文献将其产热量分成辐射和对流两部分，在 CFD 计算中添加辐射部分。由于墙体所释放的热量对工作区几乎没有影响，因此，为简化计算，在本模型中墙体均认为是绝热的，送回风口以及污染源的边界条件详见表 2。

表 2 边界条件参数

名称		定义边界	速度/($m \cdot s^{-1}$)	温度/K	CO_2/($kg \cdot s^{-1}$)
地板送风旋流送口	inlet 1	velocity-inlet	1.0	291	0
置换通风送风口	inlet 2	velocity-inlet	0.21	294	0
百叶排风口	outlet	pressure-outlet			
污染源	inlet-nose	mass-flow-inlet			9.17×10^{-6}

3 模拟计算结果分析

在工作区，即在实验人员与电脑之间且与地板垂直，绘制一条直线，其温度分布如图 4 所示，可以看出两种送风方式对温度分布的影响比较相似，地板送风的温度比置换通风的低，这是由于地板送风的送风温度 18 ℃，低于置换通风的送风温度(21 ℃)；同时在 1.25～1.5 m 之间时温度变化较大，这是由于人呼吸的影响，呼出的气体温度较高(37 ℃)导致温度上升较快；同时在 0.1～1.1 m 高度范围地板送风温度梯度较置换通风温度梯度小，且温差均小于 3 ℃，满足 ISO 7730 中规定的标准值。

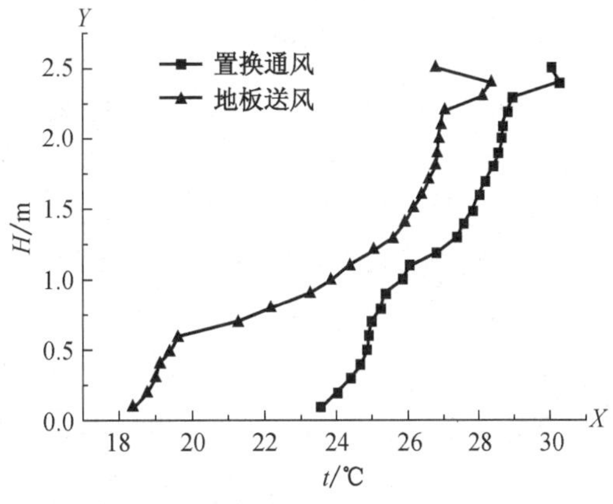

图 4 工作区两种送风方式的温度梯度

从表 3 模拟结果可知，该模型中两者的能量利用系数虽相差不大，但是地板送风的通风效率高于置换通风，说明采用地板送风比置换通风排除污染物的能力更强。采用地板送风时室内平均 PMV 及 PPD 均能很好地满足室内热环境标准 ISO 7730 中的规定，由此可以看出，在该模型中置换通风提供的室内空气品质不如地板送风。

表 3 通风效率及利用系数

名称	通风效率 η	利用系数 η_t	PMV	PPD
地板送风	1.2	1.7	0.29	6.7
置换通风	0.93	1.8	0.81	18.4

取两种送风方式送风口之间的一个截面($y=0.75$)，其温度分布如图 5、图 6 所示，地板送风和置换通风的温度分布类似，整个空调房间内部存在着明显的热力分层现象，即随着高度的

增加，空气温度逐渐增加。在工作区范围内温度梯度较大，而在房间上部温度梯度较小，这是因为室内主要热源处于工作区内，只有发热量很小的电灯热源位于屋顶上的缘故。由图 5、图 6 比较可以看出置换通风在工作区域内的温度梯度较大，这是由于置换通风的送风速度较低，且该模拟为夏季工况，送的是冷空气，容易沉降，因此，导致置换通风的温差较大，地板送、排风温差约为 9 ℃，置换通风的送、排风温差约为 7 ℃，所以就输送系统节能效果而言，地板送风略优于置换通风。

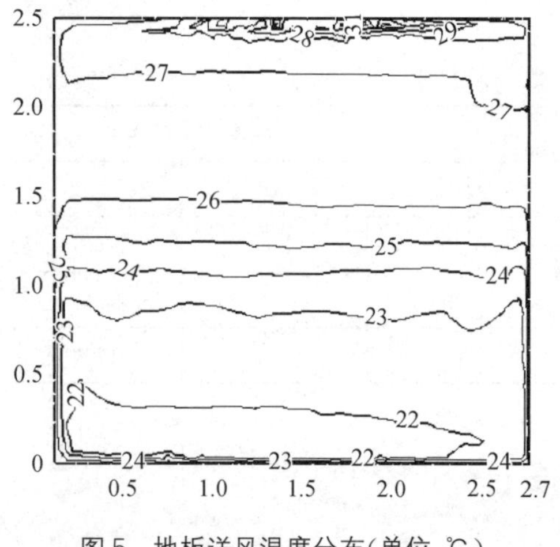

图 5　地板送风温度分布(单位:℃)

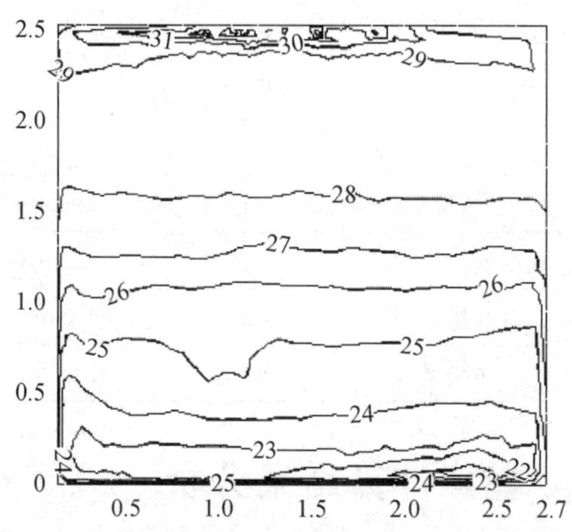

图 6　置换通风温度分布(单位:℃)

截面的速度分布见图 7、图 8，地板送风口处的速度在 1 m/s 左右，但是到达人体附近以及工作区域高度时已衰减到 0.02 m/s 左右，不会造成吹风感，可见，地板送风只在送风口附近的局部区域存在较大风速，这主要是由于旋流风口的诱导作用大，能够卷吸风口附近的空气上升，同时衰减较快。比较图 7、图 8 可以看出置换通风在工作区域内的速度分布比较均匀，这是由于置换通风送风速度较小，空气主要依靠热压向上移动，所以在一个截面上速度要比地板送风要均匀。但是两者在工作区域的风速均远小于 0.25 m/s，不会有吹风感问题。

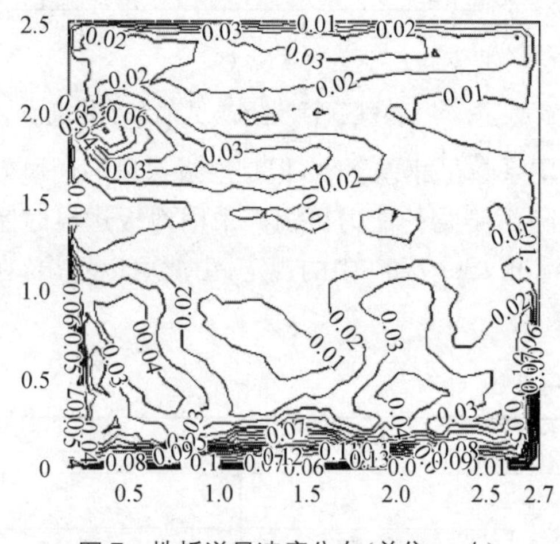

图 7　地板送风速度分布(单位:m/s)

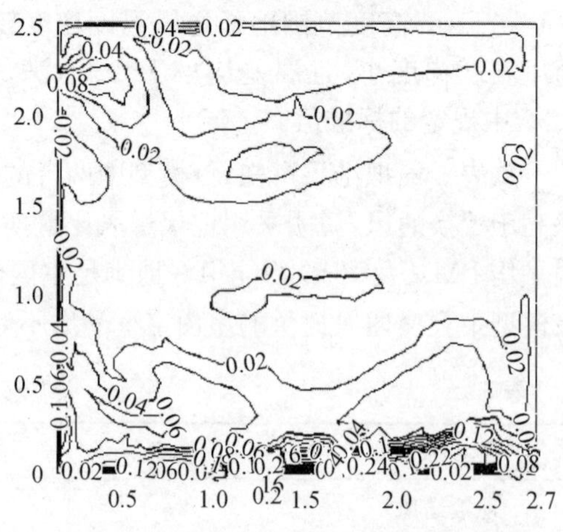

图 8　置换通风速度分布(单位:m/s)

CO_2 浓度分布见图 9、图 10，置换通风在工作区域(0.1～1.1 m)内的 CO_2 浓度较高，而地板送风 CO_2 浓度较高的区域则在工作区域上方，这是由于 CO_2 的密度大于空气，因此，从人的鼻子呼吸出来后会下沉，同时置换通风的送风速度较低，且送风方向并非垂直地面，因此，无法将 CO_2 吹至工作区域的上方，由此可以看出地板送风有较强的排除室内污染物的能力。

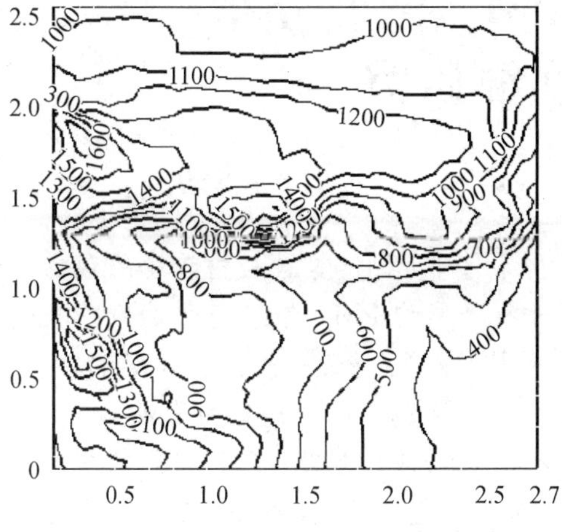

图 9　地板送风 CO_2 浓度分布（单位：ppm）

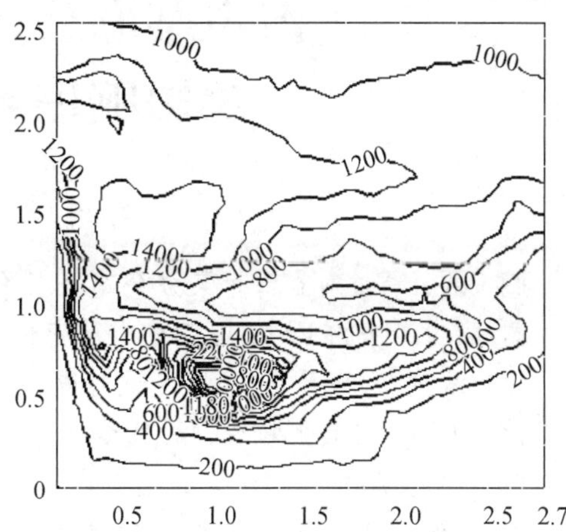

图 10　置换通风 CO_2 浓度分布（单位：ppm）

4　结论

(1) 采用相同的送风量，地板送风比置换通风有更大的送排风温差且工作区域温度梯度小，因此，具有更好的舒适性和节能性。

(2) 地板送风的送风速度虽远大于置换通风送风速度，但由于旋流风口的风速衰减较快，工作区域的风速两者基本相同，置换通风风速较均匀，但两者均满足人体热舒适型要求。

(3) 地板送风较大的送风速度可以提高通风效率，与置换通风相比能更有效地排除室内污染物，使室内获得更好的空气品质。

(4) 该模型中，采用地板送风系统，室内平均 PMV 及 PPD 较置换通风能更好的满足室内热环境标准 ISO7730 的规定，因此，采用地板送风系统室内能得到较好的空气品质，建议在我国推广和应用。

参考文献

[1] 邓伟鹏，李强民. 气流分布方式与室内空气品质[C]//全国暖通空调制冷 2000 年学术文集，2000.
[2] 蔡芬，胡平放. 通风效率性能参数在通风设计中应用的探讨[J]. 建筑热能通风空调，2005，24(1)：73-75.
[3] 吴玉涛，陈道俊. 地板送风与置换通风特性比较[J]. 建筑节能，2005(1)：37-38.
[4] 弗雷德 · S. 鲍曼. 地板送风设计指南[M]. 北京：中国建筑工业出版社，2006.
[5] ASHRAE Handbook[M]. Fundamentals Volume, 1997.
[6] Fanger P O, Krieger R E. Thermal Comfort-Analysis and Application in Enviromental Engineering[M]. Florida, 1982.

上海市某办公建筑 $PM_{2.5}$ 浓度分布及影响因素的实测研究*

项琳琳　刘 东　左 鑫

摘　要：通过对上海市某办公建筑在不同时段和条件下 $PM_{2.5}$ 等颗粒物浓度的现场测试，得到室内 $PM_{2.5}$ 浓度分布及变化特性，并分析了影响 $PM_{2.5}$ 浓度变化的室外颗粒物浓度、门窗开启情况、测试时段、室内人员、吸烟、空调系统、地毯扬尘等因素，探讨了 $PM_{2.5}$ 与其他粒径颗粒物浓度变化的相关性。实测发现办公楼室内 $PM_{2.5}$ 浓度在不同时期的变化较大，为了室内工作人员的身体健康，建议在颗粒物污染较严重时期，尽量少开门窗，加强新风过滤处理，在室内发尘较严重的区域，建议同时使用局部净化设备。

关键词：$PM_{2.5}$；颗粒物；分布特性；影响因素；相关性

$PM_{2.5}$ Concentration Distribution and Influence Factors of an Office Building in Shanghai

XIANG Linlin, LIU Dong, ZUO Xin

Abstract: Through the tests of $PM_{2.5}$ concentration of a Shanghai office building in different conditions at different time, this paper obtains the distribution and variation characteristics of indoor $PM_{2.5}$ concentration. It also analyzes the influence factors of $PM_{2.5}$ concentration variation, including outdoor particle concentration, doors and windows opened or closed, test time, indoor personnel, smoking, air-conditioning system, carpet dust. Besides, the correlations between $PM_{2.5}$ and other particulate matter concentrations are studied as well. The result shows that indoor $PM_{2.5}$ concentration of the office building varies considerably. Therefore, in order to ensure the health of staff indoor, it is encouraged to keep doors and windows closed, and to strengthen fresh air filtration. And air cleaner is recommended in certain rooms with high $PM_{2.5}$ concentration.

Keywords: $PM_{2.5}$; particulate matter; distribution characteristics; influence factors; correlation

1　研究背景

$PM_{2.5}$ 对人体健康和环境质量的危害大，随着我国 $PM_{2.5}$ 污染问题日益凸显以及公众环境意识的增强，人们对 $PM_{2.5}$ 的关注也越来越多。

有关统计数据表明，绝大多数人 70%～90% 的时间是在室内度过[1]，保持良好的室内空气质量尤为重要。可吸入颗粒物(如 PM_{10})上富集了重金属、酸性氧化物、有机污染物等，是细

*《建筑节能：生态城市与环境》2015，43(289)收录。

菌、病毒和真菌存活的载体，可通过呼吸进入人体的上下呼吸道，甚至进入血液循环[2-3]。其中的可吸肺颗粒物 $PM_{2.5}$（空气动力学当量直径小于 2.5 μm）由于粒径小，表面积更大，能够进入机体更深处，携带更多的有毒有害物质，对人体健康更具有危害性[4-6]。因此，对室内颗粒物的浓度分布特性及其影响因素的分析是进行颗粒污染物控制的基础。

目前，中国暂未制定室内 $PM_{2.5}$ 的浓度限值，对室内细颗粒物的研究也尚处于初级阶段。在过去的近 10 年中，对住宅建筑室内 $PM_{2.5}$ 的研究较多：刘阳生等[7]调研了北京不同区域 19 个家庭冬季室内空气中 TSP，PM_{10}，$PM_{2.5}$ 和 PM_1 的污染情况，并对室内空气中粉尘含量的影响因素进行了分析和探讨；黄虹等[8]对广州市 3 种类型区域 9 个居民住宅夏、冬季室内外 $PM_{2.5}$ 质量浓度进行了测试，得到了 $PM_{2.5}$ 浓度变化的一些规律；顾庆平等[9]对江苏农村地区室内 $PM_{2.5}$ 浓度特征进行分析，得到生物质燃烧直接影响室内 $PM_{2.5}$ 浓度，降水量和 $PM_{2.5}$ 浓度之间存在着较强的负相关性等结论。

关于公共建筑室内 $PM_{2.5}$ 浓度特性，在已有的研究成果中，学校建筑占的比例较大，刘阳生等[10]曾研究过北京市冬季校园内公共场所室内空气中 TSP，PM_{10}，$PM_{2.5}$ 和 PM_1 污染情况；薛树娟[11]曾对南昌大学前湖校区室内外 $PM_{2.5}$ 和 PM_{10} 及碳组分进行过分析。而特别针对办公建筑室内 $PM_{2.5}$ 浓度分布特性的研究比较少，段琼等[12]实测研究了太原市某高校内办公室 PM_{10} 与 $PM_{2.5}$ 浓度分布，认为室内污染源（吸烟等）是造成室内颗粒物浓度高的主要因素；樊越胜等[13]通过理论计算和实测，分析了西安市某高校办公建筑室内外颗粒物浓度变化特征，得到了室内 PM_{10} 和 $PM_{2.5}$ 的平均发尘量，并认为室内颗粒物浓度受室外颗粒物浓度的影响不显著。此外，另有一部分研究者[14-16]侧重探讨室内、外细颗粒物浓度之间的关系，进而判断室内细颗粒物来源。

20 世纪 90 年代至 2005 年前后，人们对上海市办公建筑室内空气品质的研究开始重视，但大部分集中在室内空气质量的综合评价上[17-19]，也有学者[20-21]探讨了室内空气品质与通风之间的关系，但特别针对办公建筑室内细颗粒物的研究非常少。因此，本文对上海市某办公建筑室内 $PM_{2.5}$ 静态及动态分布的特性进行了实测研究，并且较为全面地分析了细颗粒物浓度变化的影响因素，为控制 $PM_{2.5}$ 技术实施提供了新的思路，对实际工程设计有一定的参考价值。

2 测试方法

2.1 测试时间与测点布置

本次研究分别于 2014 年 1 月和 3 月在不同时段及不同条件下对上海市某商业办公楼 10 层的多个功能区域进行 $PM_{2.5}$ 等颗粒物的浓度测试，其中 1 月份该办公楼还未正式启用，室内无办公人员，无电脑、打印机等电子设备，3 月份该办公楼内上班工作人员基本就位，正常运作。测试选定的区域或房间包括：单人办公室、多人办公室、会议室、大办公区、水吧（休息区）、走廊、打印复印间、计划员室，基本涵盖了办公楼所有功能区域。

测点位置的选择参照 GBZ 159—2004《工作场所空气中有害物质检测的采样规范》等标准，考虑到办公人员正常工作状态下呼吸区距地面高约 1 m，因此，以下未经说明的测点高度均为 1 m。

2.2 测试仪器及原理

测试采用美国 TSI 公司生产的便携式气溶胶粉尘测试仪 TSI 8534，采用鞘气气路和泵气路过滤器来隔离光学室内的气溶胶，保持光学洁净，保证仪器的可靠性，可测定 0.1～15 μm 的颗粒，同时，显示并记录 PM_1、$PM_{2.5}$、RSP、PM_{10} 及 TSP 粉尘质量浓度，测量范围 0.001～150 mg/m³。

室内温、湿度测试采用 VAISALA HM34 手持式温湿度表，温度精度为±0.1 ℃、相对湿度精度为±0.1%。

3 结果与讨论

3.1 测试总体水平分析

该办公层不同房间或区域在不同时段及不同测试条件下的平均颗粒物浓度水平如表 1、表 2 所示。

表 1　1 月份（办公楼未正式启用时）$PM_{2.5}$ 等颗粒物浓度测试结果

房间或区域	$PM_{2.5}$/(mg・m^{-3})			$PM_{1.0}$/(mg・m^{-3})	PM_{10}/(mg・m^{-3})	TSP/(mg・m^{-3})
	平均值	最低值	最高值	平均值	平均值	平均值
单人办公室	0.057	0.035	0.105	0.056	0.072	0.107
会议室	0.040	0.024	0.068	0.039	0.045	0.053
大办公区	0.051	0.042	0.065	0.050	0.062	0.083
走廊	0.050	0.043	0.062	0.049	0.054	0.058
水吧	0.044	0.041	0.049	0.044	0.048	0.056
打印复印间	0.056	0.051	0.072	0.055	0.062	0.082
计划员室	0.060	0.053	0.083	0.059	0.067	0.087
室外	0.059	0.035	0.089	0.059	0.064	0.068

表 2　3 月份（办公楼正式启用时）$PM_{2.5}$ 等颗粒物浓度测试结果

房间或区域	$PM_{2.5}$/(mg・m^{-3})			$PM_{1.0}$/(mg・m^{-3})	PM_{10}/(mg・m^{-3})	TSP/(mg・m^{-3})
	平均值	最低值	最高值	平均值	平均值	平均值
单人办公室	0.270	0.056	0.649	0.269	0.297	0.343
多人办公室	0.117	0.001	0.216	0.114	0.268	0.628
会议室	0.103	0.059	0.156	0.102	0.108	0.125
大办公区	0.085	0.051	0.239	0.084	0.090	0.124
走廊	0.187	0.138	0.339	0.186	0.202	0.243
水吧	0.129	0.117	0.154	0.129	0.135	0.145
打印复印间	0.100	0.085	0.112	0.096	0.104	0.109
室外	0.113	0.108	0.121	0.112	0.116	0.116

我国现有的室内空气质量标准[22]对 PM_{10} 浓度的要求是：日平均值不超过 0.15 mg/m³；而对 $PM_{2.5}$ 浓度无明确要求。据了解，行业内常以 PM_{10} 标准限值的 70%～80%来估算 $PM_{2.5}$ 标准限值，若以 70%来计算，则 $PM_{2.5}$ 浓度日平均值应不超过 0.105 mg/m³。

表 1、表 2 中的测试结果与室内标准对比后，发现 1 月份所测房间或区域的 $PM_{2.5}$ 和 PM_{10} 浓度的平均值均未超过标准限值，说明测试房间和区域室内可吸入颗粒物及可入肺颗粒物含量较低，较为安全和健康。而 3 月份测得的平均 $PM_{2.5}$ 浓度结果显示，只有大办公区

0.085 mg/m^{3}未超标，打印复印间 0.100 mg/m^3 和会议室 0.103 mg/m^3 接近标准限值，其他房间或区域均超标，总体超标率为 52.38%，超标倍数在 1.10～4.46 之间，平均超标倍数为 1.71；PM_{10}浓度的超标率为 42.86%，超标倍数在 1.05～3.31 之间，平均超标倍数为 1.76，说明测试房间和区域室内可入肺颗粒物含量较高，需要采取一定控制措施。

我国现有的环境空气质量标准[23]对 $PM_{2.5}$，PM_{10}，及其总悬浮颗粒物 TSP 都有一定要求，详见表 3。

表 3　《环境空气质量标准》对颗粒物限值要求

污染物项目	24 h 平均浓度限值/(mg·m^{-3})	
	一级	二级
$PM_{2.5}$	0.035	0.075
PM_{10}	0.050	0.150
总悬浮颗粒物 TSP	0.120	0.300

对比环境标准，发现 1 月份测得的 $PM_{2.5}$浓度的平均值均未超过二级浓度限值，但基本都超过一级浓度限值。PM_{10}浓度的平均值均未超过二级浓度限值，有不少接近一级浓度限值，其中水吧、走廊④和会议室 1004(2 个时间段)的平均浓度未超过一级浓度限值。TSP 的平均浓度值几乎都未超过一级浓度限值，只有单人办公室有 2 个时间段的 TSP 浓度超过一级浓度限值，但也未超过二级浓度限值，相对应的，这 2 个时间段的 PM_{10}浓度也较高，原因是该测试时段门窗均打开，受室外影响较大。

3 月份测得的 $PM_{2.5}$浓度平均值基本都超过二级浓度限值。PM_{10}浓度的平均值均超过一级浓度限值，其中多人办公室、走廊，以及抽烟的办公室 PM_{10}浓度超过二级浓度限值，其余房间均未超过二级浓度限值，说明测试房间和区域室内可吸入颗粒物含量一般，可采取一定的改善措施。TSP 的平均浓度基本都超过一级浓度限值，除抽烟的房间和有人员来回走动的多人办公室(铺有地毯)，其余房间和区域 TSP 平均浓度基本未超过二级浓度指标。

3.2　室内 $PM_{2.5}$浓度影响因素的探讨

3.2.1　室外对室内的影响

1) $PM_{2.5}$和 PM_{10}的 I/O 值

有研究指出[24]，通常将室内浓度与室外浓度之间的比值(I/O 值)作为一个指标来评价室内与室外污染水平的差异。本研究各房间或区域 $PM_{2.5}$和 PM_{10}的 I/O 值详见表 4。

表 4　测试房间或区域 $PM_{2.5}$和 PM_{10}的 I/O 值

房间或区域	1 月份		3 月份	
	$PM_{2.5}$的 I/O 值	PM_{10}的 I/O 值	$PM_{2.5}$的 I/O 值	PM_{10}的 I/O 值
单人办公室	0.966	1.125	2.385	2.560
多人办公室	—	—	1.033	2.310
会议室	0.678	0.703	0.907	0.927
大办公区	0.864	0.969	0.748	0.772
走廊	0.847	0.844	1.655	1.741
水吧	0.746	0.750	1.137	1.159
打印复印间	0.949	0.969	0.885	0.897
计划员室	1.017	1.047	—	—

由表 4 可知，1 月份由于办公楼未正式启用，为了通风排污，门窗开启较多，测得 $PM_{2.5}$ 和 PM_{10} 的 I/O 值基本都小于 1，说明室内环境主要受制于室外；3 月份办公楼正常运作，由于是冬季，各类房间选择关闭门窗的较多，测得 $PM_{2.5}$ 和 PM_{10} 的 I/O 值大部分都大于 1，说明室内源对室内颗粒物浓度的影响更大。

2）门窗开关情况

以某单人办公室 1 月份测试结果为例，在空调系统不开的情况下，在临近的两段测试时间内，比较了开门窗和不开门窗时室内颗粒物浓度值，详见图 1。

由图 1 可见，门窗打开时颗粒物浓度（包括 $PM_{2.5}$，PM_{10} 和 TSP）比门窗不开时的大，说明 1 月份办公层室内颗粒物主要来自室外。

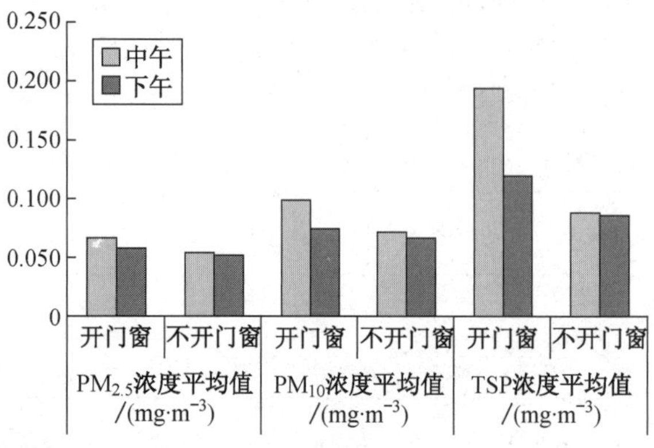

图 1　某单人办公室在不同门窗开关情况下室内颗粒物浓度比较

3）开窗房间室内外颗粒物浓度对比

以某单人办公室为例，当房间门窗都打开，且空调系统不开的情况下，在接近 1 h 的时间段内，测得室内和室外颗粒物浓度值如图 2 所示。可见在门窗打开的情况下，室外 $PM_{2.5}$ 和 PM_{10} 浓度越高，室内 $PM_{2.5}$ 和 PM_{10} 浓度也越高，而 TSP 浓度则无此规律。

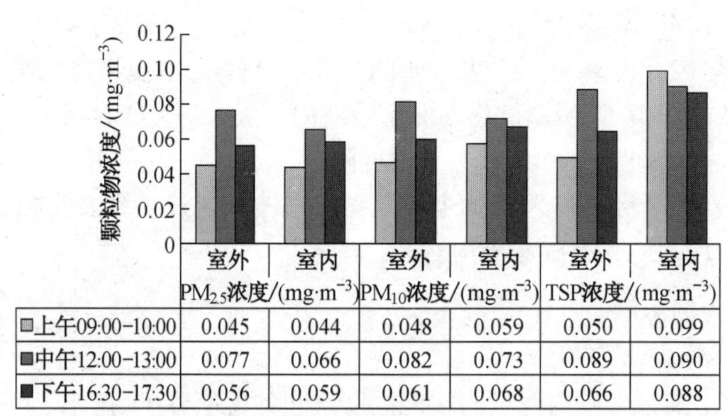

	室外	室内	室外	室内	室外	室内
	$PM_{2.5}$浓度/(mg·m^{-3})		PM_{10}浓度/(mg·m^{-3})		TSP浓度/(mg·m^{-3})	
上午09:00-10:00	0.045	0.044	0.048	0.059	0.050	0.099
中午12:00-13:00	0.077	0.066	0.082	0.073	0.089	0.090
下午16:30-17:30	0.056	0.059	0.061	0.068	0.066	0.088

图 2　某开窗单人办公间室内、外颗粒物浓度比较

所测房间位于该办公楼 10 层，距离室外地面相对较高，由于 TSP 中粒径较大的颗粒物比较容易沉降，浮升到 10 层的可能性较小，因此室外对室内的浓度影响较小；而 PM_{10} 和 $PM_{2.5}$ 粒径小，质量小，容易浮升到 10 层，因此，室外对室内的浓度影响较大。

由图 3—图 5 可见，室内外 $PM_{2.5}$ 和 PM_{10} 浓度具有较强的正相关性，相关系数分别为 0.858 6和 0.913 5，而室内外 TSP 浓度的相关性较差，仅为 0.487。这也从另一角度验证了上述分析的原因。

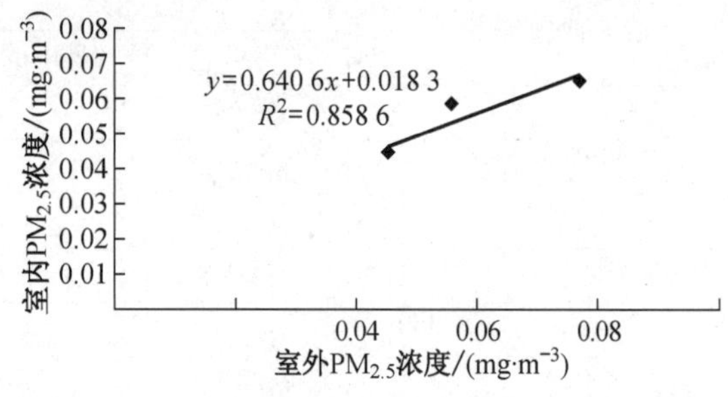

图 3　某单人办公室室内、外 $PM_{2.5}$ 浓度相关性拟合曲线

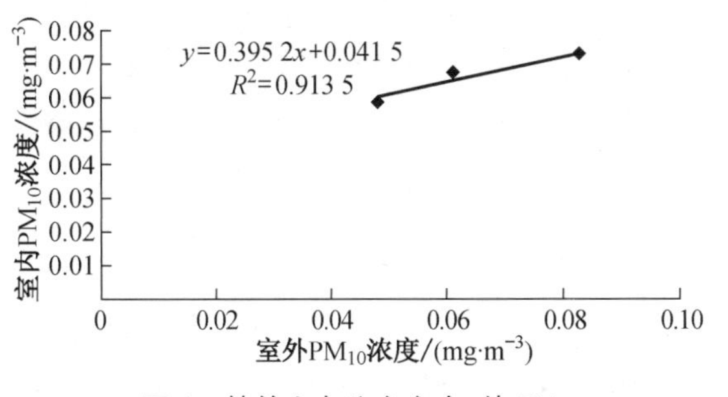

图4 某单人办公室室内、外 PM_{10} 浓度相关性拟合曲线

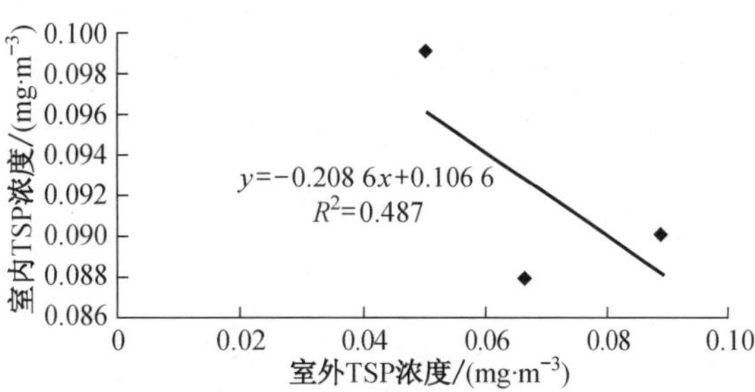

图5 某单人办公室室内、外 TSP 浓度相关性拟合曲线

3.2.2 测试时段的影响

以另一单人办公室为例，当房间门窗都打开，且空调系统不开的情况下，在一天中不同的时间段内测试的颗粒物平均浓度如图 6 所示。

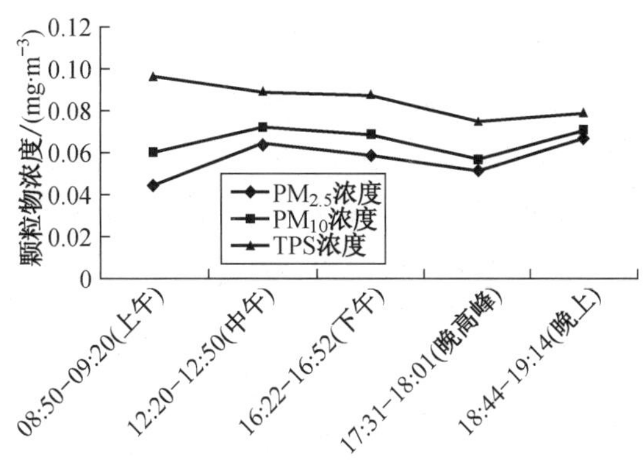

图6 某开窗单人办公间室内颗粒物随测试时段的变化

由图 6 可见，室内 $PM_{2.5}$ 和 PM_{10} 浓度随时间段呈现出较一致的变化规律，即从上午早高峰过后至中午的这段时间内浓度逐渐增加，到中午达到最高值，之后又逐渐减小，直到晚高峰，浓度又开始增加，TSP 浓度的变化规律则有所不同。

初步分析其原因：由于测试时门窗都是开的，午饭时间室外人流、车流的增加会增加颗粒物的散发量，使室内 $PM_{2.5}$ 和 PM_{10} 浓度也跟着上升，达到一个峰值（相比室外的峰值略有延迟，原因是所测办公层位于 10 层，细颗粒物的浮升需要一定时间）；之后随着室外温度的升高，大气平均混合层的高度增加，利于污染物扩散传输，颗粒物浓度逐渐降低，直到晚高峰，车流、人流的增加，颗粒物浓度又开始升高，且随着室外温度的逐渐降低，大气平均混合层高度也降低，污染物不易扩散，因此，最终的结果是夜间浓度高于白天[11]。

3.2.3 室内人员的影响

Austen 指出，人体是重要的颗粒发生源，静止时 0.3 μm 以上的颗粒发生率为10^5 个/min，完成起立、坐下等动作时为 2.5×10^6 个/min，步行时产生的颗粒数将大大增加[25]。

1）室内人员的有无

在其他测试条件一样的情况下，室内有人和无人时 $PM_{2.5}$ 浓度的差别如图 7 所示。

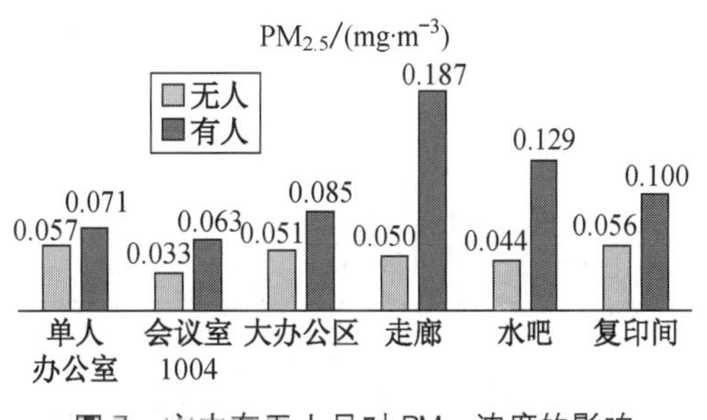

图7 室内有无人员对 $PM_{2.5}$ 浓度的影响

由图 7 可见，室内有人时比无人时 $PM_{2.5}$ 浓度大，平均差值为 0.4 mg/m^3，其中走廊在有人时比无人时增加 0.137 mg/m^3。相比一般房间，走廊人员流动更为频繁，人员衣服表面附着颗粒物、皮肤代谢物等随着人员走动都有可能悬浮到空气中。

2）室内人员的多少

不同位置的走廊来往人员数量差异较大，因此以走廊为例，分析人员数量对室内 $PM_{2.5}$ 浓度的影响。图 8 中来往人数是 10 min 统计的平均每分钟人数。

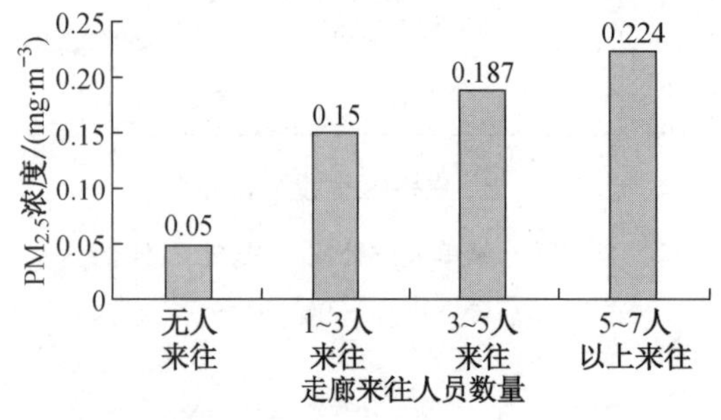

图 8　走廊人员多少对 $PM_{2.5}$ 浓度的影响

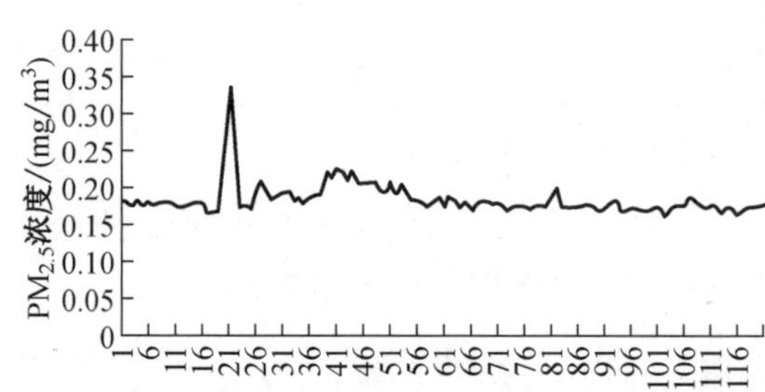

图 9　10 min 内走廊④$PM_{2.5}$ 浓度变化

由图 8 可见，室内人员越多，$PM_{2.5}$ 浓度相对越高。人的生理活动，如皮肤代谢、咳嗽、打喷嚏、吐痰以及谈话都可能产生颗粒物质；人员活动产生颗粒的强度取决于室内的人数、活动类型、活动强度以及地面特性。由图 9 亦可见此类颗粒源的特点是持续时间短，但是能够导致室内颗粒物浓度瞬间增加数倍。

3.2.4　吸烟的影响

图 10 是某单人办公室测试到的结果，其中实线是在室内人员吸烟的情况下测得的，虚线是在该办公室通风 3 h 后室内无烟的情况下测得的。

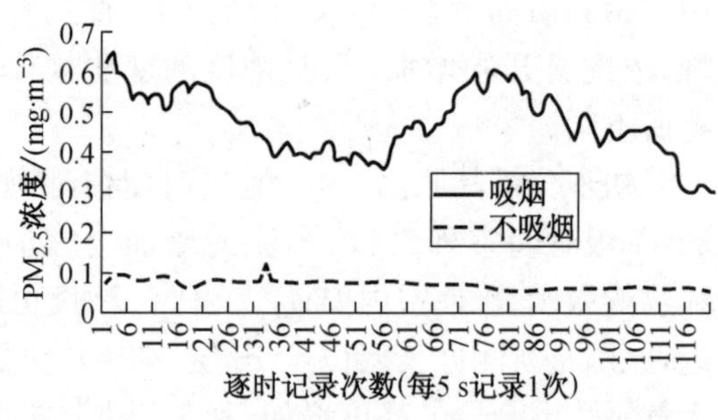

图 10　吸烟对室内 $PM_{2.5}$ 浓度变化的影响

由图 10 可知，吸烟比不吸烟室内 $PM_{2.5}$ 浓度高很多，而且吸烟增加的 $PM_{2.5}$ 浓度出现不稳定的现象。吸烟所产生的颗粒物大部分都小于 2.5 μm，其释放的烟雾是室内环境中细颗粒物的主要来源。可见，吸烟不仅有害健康，更是破坏室内空气质量的重要污染源。

3.2.5　空调系统的影响

该办公楼的空调系统风机盘管＋新风空调系统，通过百叶送风口送出。以某会议室为例，当空调系统开启情况不同时，室内温、湿度，颗粒物浓度平均值如表 5 所示。

表 5　　会议室 1004 在不同空调开启情况下颗粒物浓度变化

序号	测试条件	温度/℃	相对湿度/%	$PM_{2.5}$ 浓度平均值/(mg·m⁻³)	PM_{10} 浓度平均值/(mg·m⁻³)	TSP 浓度平均值/(mg·m⁻³)
1	空调关、门关、灯开	16.3	33.6	0.049	0.058	0.069
2	空调开、门关、灯开	19.7	27.2	0.039	0.040	0.043
3	空调开、门关、灯开	27.5	14.6	0.027	0.028	0.030

注：空调系统每次开启都设定三档风速和最高温度，差别在于开启持续的时间，3＞2。

由表 5 可见，空调开启时间越久，室内温度越高，相对湿度越低，$PM_{2.5}$，PM_{10} 及 TSP 浓度值就相对越低。原因是空调系统的新风过滤作用，新风和回风混合后送出，随着送风时间的延长，颗粒物浓度逐渐降低。

3.2.6 地毯扬尘的影响

选择某铺设地毯的多人办公室，固定测点距离地面 0.5 m，在室内人员安静工作和来回走动 2 种情况下，地毯扬尘对颗粒物浓度的影响结果如图 11 所示。

当人员来回走动时，地毯扬尘明显增加，三类颗粒物浓度的增量分别为：$PM_{2.5}$ 增加 20.2%，PM_{10} 增加 34.3%，TSP 增加 69.4%。可见，地毯扬尘对粗颗粒物的贡献大于其对细颗粒物的贡献。

3.2.7 测点高度的影响

图 12 是在铺地毯的室内人员来回走动的情况下，三类不同测点高度测得的颗粒物浓度，发现该条件下测点高低对浓度并无很大影响，说明颗粒物一般是悬浮在室内空气中的。

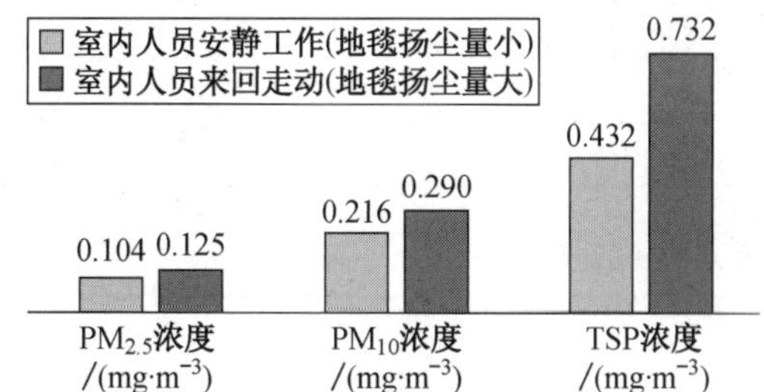

图 11 地毯扬尘对三类颗粒物浓度影响

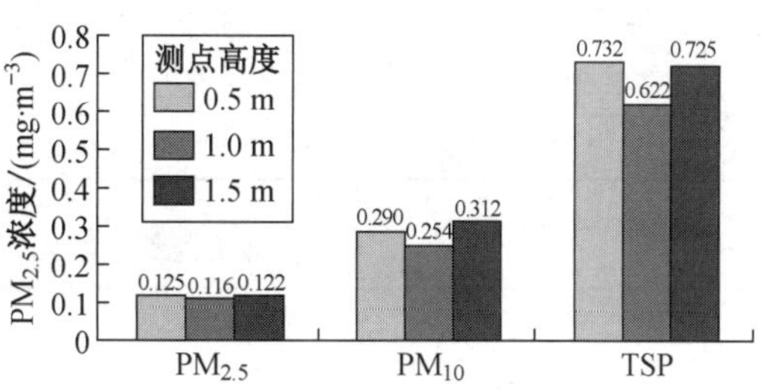

图 12 测点高度对三类颗粒物浓度影响

3.3 $PM_{2.5}$ 浓度与 TSP，PM_{10}，$PM_{1.0}$ 浓度之间的关系探讨

由于在测试时每 5 s 记录 1 次，统计数据数量过大，为说明问题，选典型房间的其中一段时间内(150 s：30 个点)的各类颗粒物浓度值进行比较。

由图 13 可见，$PM_{2.5}$ 和 PM_{10} 浓度的相关性较强，计算可得相关系数 $R^2=0.9474$；$PM_{2.5}$ 和 TSP 的相关性较弱，$R^2=0.557$。

由图 14 可见，$PM_{2.5}$ 和 PM_{10} 浓度的相关性较强，计算可得相关系数 $R^2=0.871$；$PM_{2.5}$ 和 TSP 的相关性较弱，$R^2=0.2871$。

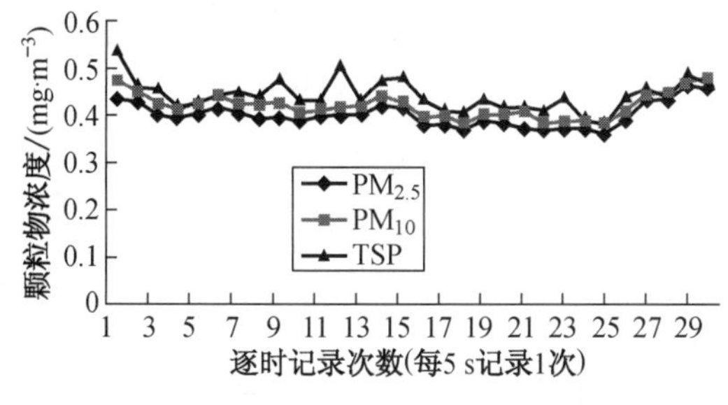

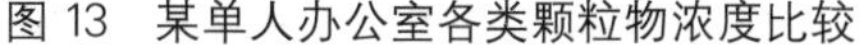
图 13 某单人办公室各类颗粒物浓度比较

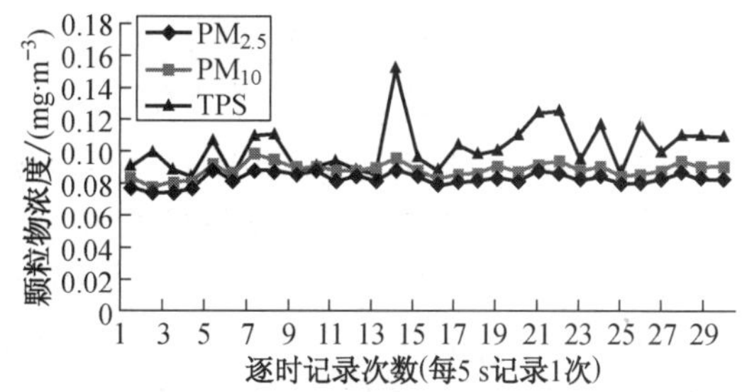

图 14 大办公区⑥各类颗粒物浓度比较

同理，可以计算得到所有不同时段不同测点 $PM_{2.5}$ 和 PM_{10}，TSP 的相关系数，其他房间或区域得到的规律也类似。

另外，由表 6、表 7 可知，1 月份测得的结果显示：除单人办公室之外，其他测试房间或区域

的 $PM_{2.5}$ 都占了 PM_{10} 浓度值的 80%～95%，原因是该单人办公室的外窗一直打开着，受室外影响较大，可见室内的 $PM_{2.5}$、PM_{10} 值比室外的大；3 月份测得的结果显示：除了有工作人员来回走动的多人办公室，其他测试房间或区域的 $PM_{2.5}$ 基本都占了 PM_{10} 浓度值的 90%以上，因为在工作人员来回走动时，该办公室的地毯扬尘导致粗颗粒物的浓度上升，导致细颗粒物浓度比例下降。室内 $PM_{2.5}$ 中绝大多数都是 $PM_{1.0}$。

表 6　　1 月份测试得到的室内 $PM_{2.5}$ 与其他颗粒物浓度比例

房间或区域	$PM_{2.5}/PM_{10}$	$PM_{2.5}$/TSP	$PM_{1.0}/PM_{2.5}$
单人办公室	78.8%	53.0%	99.2%
会议室	87.8%	74.9%	99.4%
大办公区	81.4%	65.5%	99.7%
走廊	92.0%	85.1%	99.5%
水吧	91.7%	80.0%	100.0%
打印复印间	90.3%	68.3%	98.2%
计划员室	89.6%	69.0%	98.3%

表 7　　3 月份测试得到的室内 $PM_{2.5}$ 与其他颗粒物浓度比例

房间或区域	$PM_{2.5}/PM_{10}$	$PM_{2.5}$/TSP	$PM_{1.0}/PM_{2.5}$
吸烟单人办公室	94.4%	86.8%	99.8%
不吸烟单人办公室	72.4%	48.3%	98.6%
会议室	95.8%	83.1%	98.9%
多人办公室	70.0%	51.2%	98.5%
大办公区	94.5%	74.7%	99.4%
走廊	92.9%	79.4%	99.5%
水吧	95.5%	88.9%	100.0%
打印复印间	96.2%	91.7%	96.0%

4　结论

（1）通过对上海市某商业办公楼不同时间和条件下室内 $PM_{2.5}$ 等颗粒物的实测，发现 1 月份室内环境良好，$PM_{2.5}$ 等均未超标，室内环境主要受制于室外；3 月份 $PM_{2.5}$ 颗粒物超标率达 50%以上，室内源对室内颗粒物浓度的影响更大。

（2）办公楼室内 $PM_{2.5}$ 浓度等颗粒物影响因素主要有室外颗粒物浓度、门窗开启情况、测试时段、室内人员、吸烟、空调系统、地毯扬尘等。

（3）办公楼室内 $PM_{2.5}$ 与 PM_{10} 浓度变化具有较强的相关性，$PM_{2.5}$ 与 TSP 浓度变化相关性较差。PM_{10} 中 $PM_{2.5}$ 占的比重较大，$PM_{2.5}$ 中 $PM_{1.0}$ 占的比重很大。

（4）办公楼室内 $PM_{2.5}$ 浓度在不同时期的变化较大，为保证室内工作人员的身体健康，建议在室外颗粒物污染较严重时期，尽量少开门窗，加强新风过滤处理，在室内发尘较严重的区域（如吸烟），建议同时使用局部净化设备。

参考文献

[1] Wang J N, Cao S R, Li Z, et al. Human exposure to carbon monoxide aninhalable particulate in Beijing. China[J]. Biomed. Environ. Sci., 1998, 1(1): 5-12.

[2] Mage D, Wilson W, Has selblad V, et al. Assessment of human exposure to ambient particulate matter [J]. Journal Air & Waste Management Association, 1999, 49(11): 1280-1291.

[3] Wallace L. Correlation of personal exposure to particles with outdoor air measurements: A review of recent studies[J]. AerosolScience and Technology, 2000, 32(1): 15-25.

[4] Dnany Houthuijs, Oscar Breugelmans, Gerard Hoek, et al. PM_{10} and $PM_{2.5}$ concentrations in Central and Eastern Europe: Results from the CESAR study [J]. Atmospheric Environment, 2001, 35 (15): 2757-2771.

[5] 周丽，徐祥德，丁国安，等. 北京地区气溶胶 $PM_{2.5}$ 粒子浓度的相关因子及其估算模型[J]. 气象学报，2003，61(6)：761-767.

[6] 黄鹂鸣，王格慧. 南京市空气中颗粒物 PM_{10}，$PM_{2.5}$污染水平[J]. 中国环境科学，2002，22(4)：334-337.

[7] 刘阳生，陈睿，沈兴兴，等. 北京冬季室内空气中 TSP、PM_{10}、$PM_{2.5}$ 和 PM_1 污染研究[J]. 应用基础与工程科学学报，2003，11(3)：255-264.

[8] 黄虹，李顺诚，曹军骥，等. 广州市夏、冬季室内外 $PM_{2.5}$ 质量浓度的特征[J]. 环境污染与防治，2006，28(12)：954-958.

[9] 顾庆平，高翔，陈洋，等. 江苏农村地区室内 $PM_{2.5}$浓度特征分析[J]. 复旦学报：自然科学版，2009，48(5)：593-597.

[10] 刘阳生，沈兴兴，毛小苓，等. 北京市冬季公共场所室内空气中 TSP，PM_{10}，$PM_{2.5}$ 和 PM_1 污染研究[J]. 环境科学学报，2004，24(2)：190-196.

[11] 薛树娟. 南昌大学前湖校区室内外 $PM_{2.5}$ 和 PM_{10} 及碳组分的分布与源解析[D]. 南昌：南昌大学，2012.

[12] 段琼，张渝，李红格，等. 太原市某办公室 PM_{10} 与 $PM_{2.5}$ 的实测与研究[J]. 能源研究与信息，2006，22(1)：12-17.

[13] 樊越胜，谢伟，李路野，等. 西安市某办公建筑室内外颗粒物浓度变化特征分析[J]. 建筑科学，2013，29(8)：39-44.

[14] 柴士君. 空调与非空调房间内颗粒物浓度变化规律的研究[D]. 上海：东华大学，2005.

[15] 亢燕铭，钟珂，柴士君. 上海地区空调房间夏季室内外颗粒物浓度变化特征[J]. 过程工程学报，2006，6(2)：46-50.

[16] 董灿. 济南公共场所室内环境中 $PM_{2.5}$ 及无机水溶性离子污染特征研究[D]. 济南：山东大学，2012.

[17] 沈晋明，等. 上海办公大楼空气品质客观评价[J]. 通风除尘，1995，(4)：14-17.

[18] 沈晋明，等. 上海办公大楼室内空气品质的主观评价[J]. 通风除尘，1996，(2)：8-13.

[19] 白玮，龙惟定. 上海市办公楼室内空气品质的测试和分析[J]. 建筑热能通风空调，2004，23(4)：11-15.

[20] 潘毅群. 办公楼的室内空气品质与通风[J]. 制冷技术，2000，(3)：29-32.

[21] 潘毅群. 办公楼的室内空气品质与新风[J]. 暖通空调，2002，32(6)：28-30.

[22] GB/T 18883—2002　室内空气质量标准[S]. 北京：中国标准出版社，2002.

[23] GB 3095—2012　环境空气质量标准[S]. 北京：中国环境科学出版社，2012.

[24] Li C S, Lin C H. Carbon profile of residential indoor PM_1 and $PM_{2.5}$ in the subtropical region[J]. Atmospheric Environment, 2003, 37: 881-888.

[25] Austen P R. Contamination Index[S]. AACC, 1965.

上海市五类公共建筑室内 $PM_{2.5}$ 浓度的实测研究*

项琳琳　刘东　左鑫

摘　要：通过对上海市五类公共建筑在不同时段和条件下 $PM_{2.5}$ 等颗粒物浓度的现场测试，得到 $PM_{2.5}$ 浓度分布及变化特性，对各类公建总体 $PM_{2.5}$ 浓度水平和来源进行了对比分析，并研究了 $PM_{2.5}$ 与其他粒径颗粒物浓度变化的相关性。此外，还探讨了影响五类公建室内 $PM_{2.5}$ 浓度变化的不同因素。实测发现公共建筑室内 $PM_{2.5}$ 浓度在不同时期的变化较大，为保证室内工作人员的身体健康，建议在颗粒物污染较严重时期，尽量少开门窗，加强新风过滤处理，在室内发尘较严重的区域，建议同时使用局部净化设备或措施。

关键词：公共建筑；$PM_{2.5}$；分布特性；影响因素；相关性

Test Study on $PM_{2.5}$ Concentration Distribution and Influence Factors of Five Types of Public Buildings in Shanghai

XIANG Linlin, LIU Dong, ZUO Xin

Abstract: Through the tests of $PM_{2.5}$ concentrations of five types of public buildings in different conditions at different time, this paper obtains the distribution and variation characteristics of indoor $PM_{2.5}$ concentrations. It analyses the over-standard rates and sources of $PM_{2.5}$ in different public buildings, as well as the correlations between $PM_{2.5}$ and other particulate matter concentrations. Besides, mai ninfluence factors of $PM_{2.5}$ concentrations in different public buildings are studied in this paper. The result shows that indoor $PM_{2.5}$ concentrations of public buildings vary considerably. Therefore, in order to ensure the health of indoor staff, it is encouraged to keep doors and windows closed, and to strengthen fresh air filtration in certain serious periods. And air cleaner is recommended in certain rooms with high $PM_{2.5}$ concentration.

Keywords: public buildings; $PM_{2.5}$; distribution characteristics; influencefactors; correlation

1　研究背景

20 世纪 90 年代至 2005 年前后，对上海市办公建筑室内空气品质的研究较多，但大部分集中在室内空气质量的综合评价上[1-3]，也有学者[4-5]探讨了室内空气品质与通风之间的关系，但特别针对公共建筑室内细颗粒物的研究非常少。因此，本文通过实测对上海市五类公共建筑室内 $PM_{2.5}$ 的浓度分布特性进行了对比研究，并分析了细颗粒物浓度变化的主要影响因素，为控制 $PM_{2.5}$ 技术实施提供新的思路，对实际工程设计有一定的参考价值。

*《建筑热能通风空调》2016，35(5)收录。

2　测试方法

2.1　测试时间与测点布置

本次研究时间为 2014 年 1 月 14 日至 2014 年 4 月 28 日，在不同时段对上海市五类公共建筑进行 $PM_{2.5}$ 等颗粒物浓度的现场测试。五类公建包括办公、医院、学校、宾馆和商场，对每类选择典型的功能区域或房间，基本涵盖了每类公建所有功能区域。测点位置的选择参照《工作场所空气中有害物质检测的采样规范》(GBZ 159—2004)等标准。

2.2　测试仪器及原理

测试采用美国 TSI 公司生产的便携式气溶胶粉尘测试仪 TSI 8534，采用鞘气气路和泵气路过滤器来隔离光学室内的气溶胶，保持光学洁净，保证仪器的可靠性，可测定 0.1～15 μm的颗粒，同时显示并记录 PM_1，$PM_{2.5}$，RSP，PM_{10} 及 TSP 粉尘质量浓度，测量范围 0.001 mg/m^3 到 150 mg/m^3。

室内温、湿度测试采用 VAISALA HM34 手持式温湿度表，温度精度为±0.1℃、相对湿度精度为±0.1%。

3　结果与讨论

3.1　测试总体水平分析

3.1.1　办公建筑

本研究于 1 月份和 3 月份测试了办公建筑 10 层室内颗粒物浓度，包括 2 个单人办公室、1 个多人办公室、2 个会议室、1 个大办公区、4 条走廊、1 个水吧(休息区)、1 个打印复印间、1 个计划员室，另外也测了室外颗粒物浓度。

表 1　办公建筑 $PM_{2.5}$ 等颗粒物浓度测试结果(1 月份)　单位:mg/m^3

房间或区域	$PM_{2.5}$			$PM_{1.0}$	PM_{10}	TSP
	平均值	最低值	最高值	平均值	平均值	平均值
单人办公室	0.057	0.035	0.105	0.056	0.072	0.107
会议室	0.040	0.024	0.068	0.039	0.045	0.053
大办公区	0.051	0.042	0.065	0.050	0.062	0.083
走廊	0.050	0.043	0.062	0.049	0.054	0.058
水吧	0.044	0.041	0.049	0.044	0.048	0.056
打印复印间	0.056	0.051	0.072	0.055	0.062	0.082
计划员室	0.060	0.053	0.083	0.059	0.067	0.087
室外	0.059	0.035	0.089	0.059	0.064	0.068

注:测试是在该办公楼装修完成但未正式启用时进行的。

表 2　办公建筑 $PM_{2.5}$ 等颗粒物浓度测试结果(3 月份)　单位:mg/m^3

房间或区域	$PM_{2.5}$			$PM_{1.0}$	PM_{10}	TSP
	平均值	最低值	最高值	平均值	平均值	平均值
单人办公室	0.270	0.056	0.649	0.269	0.297	0.343
多人办公室	0.117	0.001	0.216	0.114	0.268	0.628

（续表）

房间或区域	$PM_{2.5}$			$PM_{1.0}$	PM_{10}	TSP
	平均值	最低值	最高值	平均值	平均值	平均值
会议室	0.103	0.059	0.156	0.102	0.108	0.125
大办公区	0.085	0.051	0.239	0.084	0.080	0.124
走廊	0.187	0.138	0.339	0.186	0.202	0.243
水吧	0.129	0.117	0.154	0.129	0.135	0.145
打印复印间	0.100	0.085	0.112	0.096	0.104	0.109
室外	0.113	0.108	0.121	0.112	0.116	0.116

注：测试是在该办公楼正式启用时进行的。

3.1.2 医院建筑

本研究于3月份和4月份测试了医院建筑不同功能区不同楼层室内颗粒物浓度，包括住院楼5个病房、4条走廊，感染科门诊楼2个诊室，门诊楼和急诊医技楼8个候诊室、8个诊室、2个输液室、多个走廊，行政楼2个办公室、1个会议室等，另外也测了室外浓度。

表3 **医院建筑 $PM_{2.5}$ 等颗粒物浓度测试结果（3月份）** 单位：mg/m^3

功能区	测试房间或区域	$PM_{2.5}$			$PM_{1.0}$	PM_{10}	TSP
		平均值	最低值	最高值	平均值	平均值	平均值
住院楼	收费大厅	0.252	0.234	0.278	0.251	0.269	0.303
	病房	0.239	0.195	0.346	0.238	0.257	0.301
	护士台	0.268	0.252	0.640	0.267	0.288	0.341
	走廊	0.240	0.159	0.302	0.238	0.256	0.300
	楼梯间	0.228	0.199	0.271	0.227	0.242	0.281
	室外	0.262	0.195	0.675	0.261	0.275	0.303

表4 **医院建筑 $PM_{2.5}$ 等颗粒物浓度测试结果（4月份）** 单位：mg/m^3

功能区	测试房间或区域	$PM_{2.5}$			$PM_{1.0}$	PM_{10}	TSP
		平均值	最低值	最高值	平均值	平均值	平均值
住院楼	收费大厅	0.031	0.026	0.045	0.027	0.057	0.099
	病房	0.026	0.021	0.038	0.023	0.050	0.090
	走廊	0.031	0.026	0.061	0.028	0.055	0.104
	电梯前室	0.044	0.029	0.068	0.040	0.088	0.187
感染科门诊楼	候诊室	0.037	0.031	0.054	0.034	0.070	0.129
	诊室	0.039	0.030	0.048	0.035	0.073	0.129
门诊楼	门诊大厅	0.040	0.033	0.457	0.037	0.072	0.126
	候诊室	0.040	0.023	0.091	0.036	0.072	0.135
	诊室	0.043	0.019	0.118	0.039	0.069	0.116
	针灸诊室	2.045	0.045	12.500	1.784	2.191	2.181
	输液室	0.059	0.037	0.210	0.050	0.096	0.181
	走廊	0.043	0.036	0.057	0.039	0.077	0.150
	候诊室	0.024	0.018	0.043	0.021	0.062	0.142
	诊室	0.020	0.016	0.035	0.017	0.046	0.096

（续表）

功能区	测试房间或区域	$PM_{2.5}$			$PM_{1.0}$	PM_{10}	TSP
		平均值	最低值	最高值	平均值	平均值	平均值
急诊医技楼	输液室	0.035	0.001	0548	0.034	0.052	0.084
	实验室、操作室等	0.025	0.015	0.042	0.022	0.053	0.104
	电梯前室	0.024	0.019	0.035	0.022	0.046	0.086
行政楼	办公室	0.025	0.019	0.041	0.022	0.048	0.097
	会议室	0.020	0.016	0.049	0.019	0.046	0.094
室外		0.035	0.028	0.055	0.032	0.055	0.084

由于室外颗粒物浓度对室内颗粒物浓度的影响较大，3月份相比4月份气温较低，大气平均混合层的高度较低，使得污染物不易扩散传输，导致颗粒物浓度较高，这与文献[6]关于颗粒物浓度季节性变化规律得到的结论一致。

3.1.3　学校建筑

本研究于4月份测试了学校建筑不同功能区不同楼层室内颗粒物浓度，包括教学楼6个教室、图书馆12个区域、2个学生宿舍、2个办公室及1个食堂，另外也测了室外浓度。

表5　学校建筑 $PM_{2.5}$ 等颗粒物浓度测试结果（4月份）　单位：mg/m^3

测试房间或区域	$PM_{2.5}$			$PM_{1.0}$	PM_{10}	TSP
	平均值	最低值	最高值	平均值	平均值	平均值
教室	0.063	0.053	0.091	0.059	0.078	0.107
图书馆	0.043	0.030	0.098	0.040	0.051	0.069
学生宿舍	0.049	0.028	0.103	0.046	0.063	0.089
办公室	0.044	0.041	0.062	0.041	0.053	0.067
食堂	0.063	0.050	0.293	0.059	0.090	0.151
室外	0.067	0.41	0.093	0.062	0.081	0.086

3.1.4　宾馆建筑

本研究于4月份测试了宾馆建筑不同功能区不同楼层室内颗粒物浓度，包括大厅、2个餐厅、3个客房、1个会议室、2条走廊，另外也测了室外浓度。

表6　宾馆建筑 $PM_{2.5}$ 等颗粒物浓度测试结果（4月份）　单位：mg/m^3

测试房间或区域	$PM_{2.5}$			$PM_{1.0}$	PM_{10}	TSP
	平均值	最低值	最高值	平均值	平均值	平均值
大厅	0.035	0.021	0.108	0.31	0.052	0.077
餐厅	0.034	0.026	0.054	0.029	0.069	0.121
客房	0.032	0.019	0.084	0.028	0.068	0.130
会议室	0.023	0.020	0.33	0.020	0.032	0.040
走廊	0.029	0.019	0.063	0.026	0.045	0.062
室外	0.025	0.017	0.129	0.021	0.041	0.052

3.1.5　商场建筑

本研究于4月份测试了商场建筑不同功能区不同楼层室内颗粒物浓度，包括百货区、餐饮区、超市区等多种不同类型的区域，另外也测了室外浓度。

表 7　　商场建筑 $PM_{2.5}$ 等颗粒物浓度测试结果(4 月份)　　单位：mg/m^3

测试房间或区域	$PM_{2.5}$			$PM_{1.0}$	PM_{10}	TSP
	平均值	最低值	最高值	平均值	平均值	平均值
百货	0.029	0.016	0.038	0.028	0.045	0.074
餐饮	0.059	0.021	0.493	0.057	0.070	0.097
超市	0.061	0.023	0.171	0.057	0.071	0.097
室外	0.039	0.017	0.161	0.037	0.046	0.063

我国现有的室内空气质量标准[7]和环境空气质量标准[8]对 $PM_{2.5}$，PM_{10} 及其总悬浮颗粒物 TSP 有一定要求，五类公建不同房间和区域的对标情况见表 8。

对照室内标准可见，办公和医院建筑室内 $PM_{2.5}$ 和 PM_{10} 超标率较高，约为 25%，其他三类建筑超标率为 0。对照环境标准可见，办公和学校建筑 $PM_{2.5}$ 一级浓度限值的超标率较高，都大于 90%，其次是医院建筑，约 60%；办公、医院和学校 PM_{10} 一级浓度限值的超标率都在 80% 以上，宾馆和商场的超标率为 55%；医院 TSP 一级浓度限值的超标率约为 50%，其他四类公建的超标率约为 30%；而五类公建超二级浓度限值的比例明显降低。

表 8　　五类公建不同房间和区域的对标情况

测试房间或区域总数		办公	医院	学校	宾馆	商场
		46	48	32	11	33
室内 $PM_{2.5}$ 限值	超标数量/个	11	13	0	0	1
(0.105 mg/m^3)	超标率/%	23.91	27.08	0.00	0.00	3.03
室内 PM_{10} 限值	超标数量/个	9	13	0	0	1
(0.150 mg/m^3)	超标率/%	19.57	27.08	0.00	0.00	0.00
环境 $PM_{2.5}$ 一级限值	超标数量/个	45	28	29	4	15
(0.035 mg/m^3)	超标率/%	97.83	58.33	90.63	36.36	45.45
环境 $PM_{2.5}$ 二级限值	超标数量/个	19	14	0	0	4
(0.075 mg/m^3)	超标率/%	41.30	29.17	0.00	0.00	12.12
环境 PM_{10} 一级限值	超标数量/个	41	41	26	6	18
(0.050 mg/m^3)	超标率/%	89.13	85.42	81.25	54.55	54.55
环境 PM_{10} 二级限值	超标数量/个	9	13	0	0	0
(0.105 mg/m^3)	超标率/%	19.57	27.08	0.00	0.00	0.00
环境 TSP 一级限值	超标数量/个	15	26	10	4	9
(0.120 mg/m^3)	超标率/%	32.61	54.17	31.25	36.36	27.27
环境 TSP 二级限值	超标数量/个	6	8	0	0	0
(0.300 mg/m^3)	超标率/%	13.04	16.67	0.00	0.00	0.00

注：室内空气质量标准对 $PM_{2.5}$ 浓度无明确要求。据了解，行业内常以 PM_{10} 标准限值的 70%～80% 来估算 $PM_{2.5}$ 标准限值，若以 70% 来计算，则 $PM_{2.5}$ 浓度限值为 0.105 mg/m^3。

3.2 五类公建 $PM_{2.5}$浓度 I/O 值对比

有研究指出[9]，通常将室内浓度与室外浓度之间的比值(I/O 值)作为一个指标来评价室内与室外污染水平的差异。若 I/O 值小于 1，说明室内 $PM_{2.5}$浓度主要受制于室外；若 I/O 值大于 1，说明室内源的影响较大。本研究五类公建各功能区 $PM_{2.5}$的 I/O 值详见表 9。

表 9　　五类公建各功能区 $PM_{2.5}$的 I/O 值统计情况

建筑类型	测试时间	$PM_{2.5}$的 I/O 值		PM_{10}的 I/O 值	
		<1/%	>1/%	<1/%	>1/%
办公	1 月份	85.71	14.29	71.43	28.57
	3 月份	42.86	57.14	42.86	57.14
医院	3 月份	83.33	16.67	66.67	33.33
	4 月份	55.56	44.44	38.89	61.11
学校	4 月份	96.88	3.13	68.75	31.25
宾馆	4 月份	18.18	81.82	27.27	72.73
商场	4 月份	42.42	57.58	30.30	69.70

办公建筑 1 月份由于未正式启用，为了通风排污，门窗开启较多，$PM_{2.5}$和 PM_{10}的 I/O 值基本都小于 1，说明室内环境主要受制于室外；3 月份办公楼正常运作，由于室外温度较低，各类房间选择关闭门窗的较多，$PM_{2.5}$和 PM_{10}的 I/O 值大部分都大于 1 或接近 1，说明室内源对室内颗粒物浓度的影响更大。

医院建筑 3 月份测的是住院楼，$PM_{2.5}$和 PM_{10}的 I/O 值基本都小于 1，说明室内环境主要受制于室外；4 月份 $PM_{2.5}$和 PM_{10}的 I/O 值大于和小于 1 各自占 50%左右，说明室内、外来源对室内颗粒物的影响相当。原因是医院建筑功能多，不同功能区的通风要求不同，例如某些诊室、实验操作室，无菌室要求不能开窗；则室内源占主导；而普通病房内病人或陪同家属可能喜欢开窗，室外源占主导。

学校建筑测得的 $PM_{2.5}$和 PM_{10}的 I/O 值基本都小于 1 或接近 1，说明学校建筑采用自然通风的情况较多，室内环境主要受制于室外。

宾馆建筑测得的 $PM_{2.5}$和 PM_{10}的 I/O 值基本都大于 1 或接近 1，说明宾馆建筑在正常使用状态下，采用自然通风的情况较少。原因一是宾馆为降低外界对房间的噪声等干扰，房间窗户面积一般都较小，除了打扫卫生或空闲期间会开启门窗，一般情况下都处于关闭状态；而且宾馆建筑为满足客人的热舒适性，室内空调通风系统比较完善，很少直接采用自然通风，因此室内源成为该类建筑室内颗粒物的主要来源。

商场建筑测得的 $PM_{2.5}$和 PM_{10}的 I/O 值大于 1 的约占 60%，其中大部分都是餐厅和超市；小于 1 的约占 40%，其中大部分都是百货。结果说明餐厅和超市室内发尘源较多，例如烧烤类餐厅、超市熟食区等，且这两类区域人员密度较大，因此室内源占主导；而百货类人员密度相对较小，且室内发尘源也较少，因此室外源占主导。

3.3 五类公建室、内外 $PM_{2.5}$浓度相关性对比

以每类公共建筑内典型房间或区域为例，对比各类公建室内、外 $PM_{2.5}$浓度相关性，结果如图 1—图 5 所示。

图 1—图 3 显示，1 月份办公建筑某单人办公室、医院建筑某普通病房及学校建筑某学生

宿舍室内、外 $PM_{2.5}$浓度的相关系数分别为 0.858 6, 0.997 8, 0.992 3,具有较强的相关性;而图 4、图 5 显示,宾馆建筑某客房和商场建筑某中庭室内、外 $PM_{2.5}$浓度相关系数分别为 0.476 6和 0.242 9,相关性较差;这与 3.2 节的结论一致。

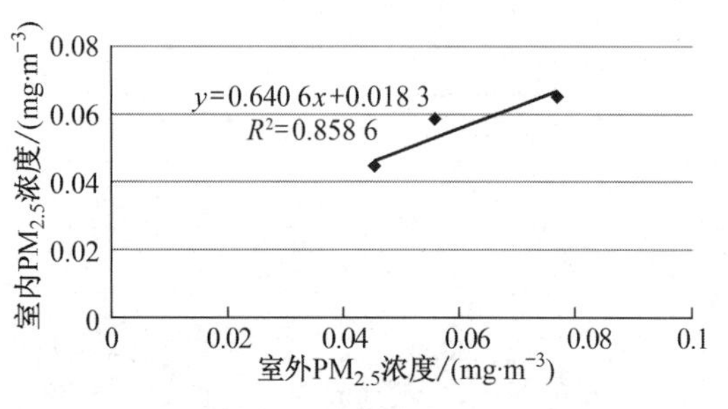

图 1 (1 月份)办公建筑某单人办公室室内、外 $PM_{2.5}$浓度相关性拟合曲线

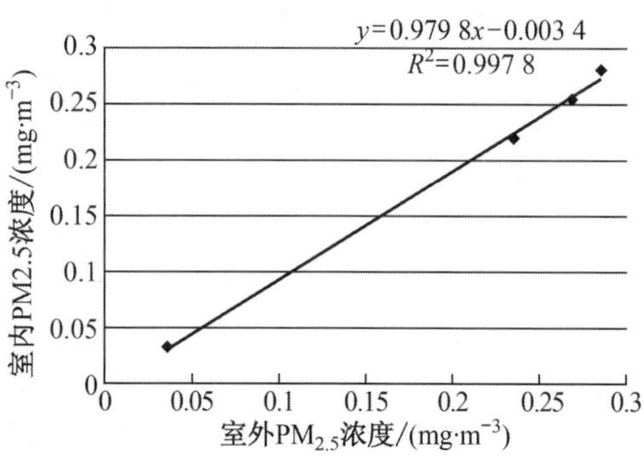

图 2 医院建筑某普通病房室内、外 $PM_{2.5}$浓度相关性拟合曲线

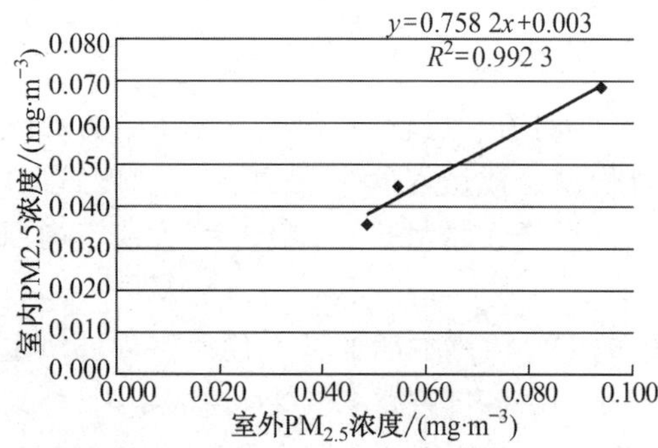

图 3 学校建筑某学生宿舍室内、外 $PM_{2.5}$浓度相关性拟合曲线

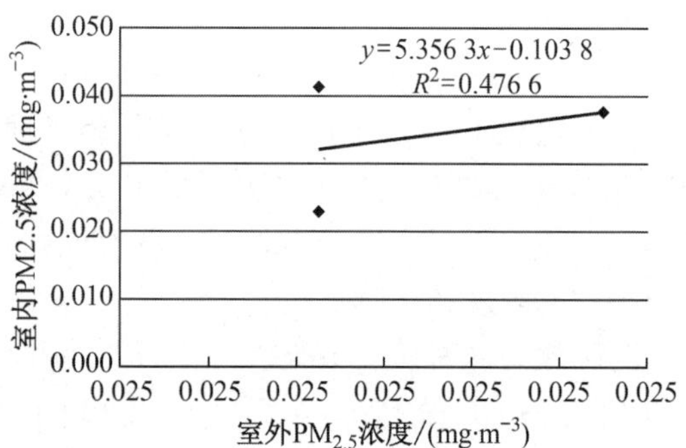

图 4 宾馆建筑某客房室内、外 $PM_{2.5}$浓度相关性拟合曲线

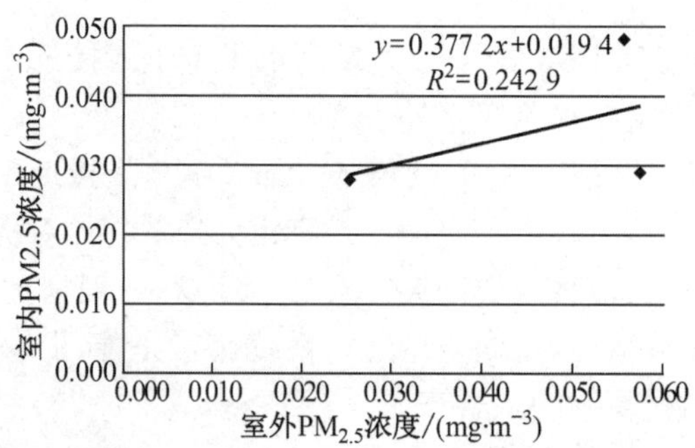

图 5 商场建筑中庭室内、外 $PM_{2.5}$浓度相关性拟合曲线

3.4 五类公建 $PM_{2.5}$与其他颗粒物浓度相关性对比

由表 10 可见,五类公建室内 $PM_{2.5}$和 $PM_{1.0}$具有很强的相关性,约为 0.99;医院、学校和商场室内 $PM_{2.5}$和 PM_{10}的相关性也较强,约为 0.95;而办公和宾馆的相对稍弱,分别约为 0.8 和 0.7;医院室内 $PM_{2.5}$和 TSP 的相关性最强,约为 0.99,其次为学校和商场,约为 0.8,办公类最弱,约为 0.3。

表 10 五类公建室内 $PM_{2.5}$ 和其他颗粒物浓度相关性研究

建筑类型	$PM_{2.5}$ 与 $PM_{1.0}$ 相关性		$PM_{2.5}$ 与 PM_{10} 相关性		$PM_{2.5}$ 与 TSP 相关性	
	拟合曲线	相关系数	拟合曲线	相关系数	拟合曲线	相关系数
办公	$y=0.9987x-0.0011$	$R^2=0.9997$	$y=1.1297x+0.0064$	$R^2=0.7912$	$y=1.391x+0.0262$	$R^2=0.3331$
医院	$y=0.8755x+0.0065$	$R^2=0.9989$	$y=1.0558x+0.0226$	$R^2=0.9993$	$y=1.0708x+0.0751$	$R^2=0.9963$
学校	$y=0.9336x-0.0002$	$R^2=0.9992$	$y=1.6399x-0.019$	$R^2=0.09448$	$y=3.1286x-0.0676$	$R^2=0.8001$
宾馆	$y=0.8906x-0.0002$	$R^2=0.9845$	$y=2.6823x-0.0283$	$R^2=0.6885$	$y=5.8176x-0.091$	$R^2=0.5425$
商场	$y=0.9744x-0.0012$	$R^2=0.9995$	$y=0.9208x+0.0163$	$R^2=0.951$	$y=0.9133x+0.0448$	$R^2=0.8001$

3.5 五类公建室内 $PM_{2.5}$ 浓度主要影响因素对比

3.5.1 办公建筑

室内 $PM_{2.5}$ 浓度的影响因素：室外颗粒物浓度、门窗开启情况、测试时段、室内人员、吸烟、空调系统、毯扬尘等。

(1) 在门窗打开的情况下，室外 $PM_{2.5}$ 和 PM_{10} 浓度越高，室内 $PM_{2.5}$ 和 PM_{10} 浓度也越度也越高，而 TSP 浓度则无此规律。

(2) 室内 $PM_{2.5}$ 和 PM_{10} 浓度随时间段呈现出较一致的变化规律，即从上午早高峰过后至中午的这段时间内浓度逐渐增加，到中午达到最高值，之后又逐渐减小，直到晚高峰，浓度又开始增加，TSP 浓度的变化规律则有所不同。

(3) 室内有人比无人时 $PM_{2.5}$ 浓度大，平均差值为 0.4 mg/m^3，其中走廊在有人时比无人时增加 0.137 mg/m^3。相比一般房间，走廊人员流动更为频繁，人员衣服表面附着颗粒物、皮肤代谢物等随着人员走动都有可能悬浮到空气中。人员走动越频繁，$PM_{2.5}$ 浓度越高。

(4) 吸烟比不吸烟室内 $PM_{2.5}$ 浓度高很多，而且吸烟增加的 $PM_{2.5}$ 浓度出现不稳定的现象。吸烟所产生的颗粒物大部分都小于 2.5 μm，其释放的烟雾是室内环境中细颗料物的主要来源。

(5) 空调开启时间越久，室内温度越高，相对湿度越低，$PM_{2.5}$、PM_{10} 及 TSP 浓度值就相对越低。分析原因可能是空调系统的新风过滤作用，新风和回风混合后送出，随着送风时间的延长，颗粒物浓度逐渐降低。

(6) 当人员在室内走动时，地毯扬尘明显增加，$PM_{2.5}$ 增加 20.2%，PM_{10} 增加 34.3%，TSP 增加 69.4%。可见，地毯扬尘对粗颗粒物的贡献大于其对细颗粒物的贡献。

3.5.2 医院建筑

室内 $PM_{2.5}$ 浓度的影响因素：室外颗粒物浓度、测试时段、楼层高度、医疗活动等。

(1) 室内 $PM_{2.5}$ 浓度与室外大气质量有直接的关系，当室外空气质量好，$PM_{2.5}$ 浓度较小时，室内空气品质也相应改善，室外大环境决定了室内 $PM_{2.5}$ 浓度处在何种水平。

(2) 室内人员从事不同医疗活动时，由于活动发尘量不同，对室内颗粒物浓度的影响也不同。以某针灸室为例，针灸时，室内 $PM_{2.5}$ 和 PM_{10} 浓度分别为 0.061 mg/m^3，0.102 mg/m^3，可以达到国家二级标准，对人员相对较健康，但当室内烧艾灸时，即使开启排风扇，室内的颗粒物浓度还是大大上升，$PM_{2.5}$ 和 PM_{10} 浓度分别为 4.028 mg/m^3，4.280 mg/m^3，超出国家规定值几十倍，室内环境非常恶劣。当然，对于这种特殊活动，若人员停留时间较短，危害还比较小。但对于针灸师这种从业人员，其人身安全和健康将受到较大威胁，建议做好防护措施如戴口罩等，同时加大室内换气量。

3.5.3 学校建筑

室内 $PM_{2.5}$ 浓度的影响因素：室外颗粒物浓度、门窗开启情况、测试时段、空调系统、楼层高度、房间使用功能等。

(1) 学校食堂内就餐时间段和非就餐时间段内，$PM_{2.5}$ 的平均浓度变化不大，但是 PM_{10} 的浓度发生了较大的变化。由于食堂建筑物自身的性质，在非就餐时间段和就餐时间段，人员密集程度相差很大，可见食堂内的颗粒物粒径在 2.5～10 μm 的较多。

(2) 学校图书馆内不同功能区室内 $PM_{2.5}$ 浓度不同。结合实际情况分析，忽略人员密度的影响，发现多媒体区域内的 $PM_{1.0}$，$PM_{2.5}$，PM_{10} 的浓度比自习区的小，但 TSP 浓度却高于自习区的，这说明计算机的存在大颗粒物的浓度影响比较大，对 $PM_{1.0}$，$PM_{2.5}$，PM_{10} 的浓度影响相对比较小。

3.5.4 宾馆建筑

室内 $PM_{2.5}$ 浓度的影响因素：室外风速、空间位置、客房打扫卫生与否、客房浴室排风扇开启情况等。

(1) 当门窗打开时，风速对室内 $PM_{2.5}$ 浓度的平均值影响不大，但较大的风速会导致室内 $PM_{2.5}$ 浓度波动很大，随着风速的增大，$PM_{2.5}$ 浓度最高值也变大。

(2) 宾馆餐厅的不同位置测得的 $PM_{2.5}$ 浓度不同，原因是与餐厅食物的位置有关。

(3) 刚打扫完的客房 $PM_{2.5}$ 浓度比 1 小时之后的浓度高 50%，可见宾馆客房刚打扫完不宜立刻入住。

(4) 客房浴室无排风比开启排风情况下浴室内 $PM_{2.5}$ 浓度值明显下降，因此建议入住宾馆人员打开排风设备。

3.5.5 商场建筑

室内 $PM_{2.5}$ 浓度的影响因素：室外颗粒物浓度、楼层高度、人员密度、出售商品种类、区域功能等。

(1) 室外 $PM_{2.5}$ 和 PM_{10} 浓度越高，室内 $PM_{2.5}$ 和 PM_{10} 浓度也越高，在低楼层尤其明显。

(2) 商场内餐饮类区域 $PM_{2.5}$ 浓度高于百货类，超市内食品区以及其他人员密集的区域 $PM_{2.5}$ 浓度较高，说明人员和食物对 $PM_{2.5}$ 都有贡献。

4 结论

通过对上海市五类公建不同时间和条件下室内 $PM_{2.5}$ 等颗粒物的实测，对比分析了五类公建的超标数和超标率，对上海市公建室内颗粒物浓度分布有了大致的了解：

(1) 五类公建在不同测试时间，室内 $PM_{2.5}$ 浓度差异较大，室外颗粒物浓度和室内源都会影响室内 $PM_{2.5}$ 浓度的变化，一般情况下，办公、医院、学校室外源占主导，宾馆和商场室内源占主导，但每类公建有些特殊功能区会出现不同情况。

(2) 五类公建室内 $PM_{2.5}$ 和 $PM_{1.0}$ 具有很强的相关性;医院、学校和商场室内 $PM_{2.5}$ 和 PM_{10} 的相关参考文献性也较强,而办公和宾馆的相对稍弱;医院室内 $PM_{2.5}$ 和 TSP 的相关性最强,其次为学校和商场,办公类最弱。

(3) 五类公建室内 $PM_{2.5}$ 浓度等共同的影响因素有:室外颗粒物浓度、门窗开启情况、测试时段、楼层高度、室内人员密度等。对于办公建筑,吸烟、空调系统、地毯扬尘也是重要因素;对于医院建筑,不同医疗活动影响重大;对于学校建筑,食堂等特殊功能区域 $PM_{2.5}$ 浓度会呈现特殊规律;对于宾馆建筑,客房打扫卫生或开启浴室排风设备都会影响 $PM_{2.5}$ 浓度;对于商场建筑,餐厅类区域及超市熟食区的食物都会使 $PM_{2.5}$ 浓度升高。

(4) 公共建筑室内 $PM_{2.5}$ 浓度在不同时期的变化较大,为保证室内工作人员的身体健康,建议在颗粒物污染较严重时期,尽量少开门窗,加强新风过滤处理,在室内发尘较严重的区域(如吸烟、做艾灸),建议同时使用局部净化设备或措施。

参考文献

[1] 沈晋明. 上海办公大楼空气品质客观评价[J]. 通风除尘,1995,(4):14-14.

[2] 沈晋明. 上海办公大楼室内空气品质的主观评价[J]. 通风除尘,1996,(2):8-13.

[3] 白玮,龙惟定. 上海市办公楼室内空气品质的测试和分析[J]. 建筑热能通风空调,2004,23(4):11-15.

[4] 潘毅群. 办公楼的室内空气品质与通风[J]. 制冷技术,2000,(3):29-32.

[5] 潘毅群. 办公楼的室内空气品质与新风[J]. 暖通空调,2002,32(6):28-30.

[6] 刘明兴. 2004—2009 年德阳市公共场所室内可吸入颗粒物监测结果分析[J]. 环境卫生学杂志,2011,1(4):14-16.

[7] GB/T 18883—2002 室内空气质量标准[S]. 北京:中国标准出版社,2002.

[8] GB 3095—2012 环境空气质量标准[S]. 北京:中国标准出版社,2012.

[9] Li C S, Lin C H. Carbon profile of residential indoor PM_1 and $PM_{2.5}$ in the subrtopical region[J]. Atmospheric Environment, 2003, 37:881-888.

某剧院座椅送风气流组织数值模拟研究*

皮英俊　刘 东　王婷婷　周 鹏　刘 芳

摘　要：在座椅送风的设计过程中，某些情况下，不能为每个座椅配置一个座椅送风口。针对某剧院在设计过程中出现的此问题进行模拟研究。首先通过建立局部模型，对两种不同的座椅送风口布置方式的空调效果进行模拟，发现风口数量的减少并未对空调效果产生很大的影响；在此基础上根据剧院建筑及空调建立模型进行模拟，得出此剧院座椅送风口的布置可以取得良好的空调效果的结论。

关键词：剧院；数值模拟；座椅送风；气流组织

Numerical Analysis on Air Distribution for Chair Ventilation in a Theatre

PI Yingjun，LIU Dong，WANG Tingting，ZHOU Peng，LIU Fang

Abstract：Under certain circumstances during the chair ventilation design process，it is difficult to install the seat outlet for each seat. In this paper，a simulation study is conducted based on this problem，which occurred in the design process for a theater. To begin with，the effect of air conditioning under two different distributions of chair ventilation outlet was simulated，and it is found that a reduction of air supply outlet actually did not affect the effect of air conditioning to a great extend. In the next step，the theatre building and air conditioning modeling is put into simulation，which led us to a conclusion that，the distribution of seat air supply outlet in this theatre can result in wonderful air conditioning effect.

Keywords：theatre；numerical simulation；chair ventilation；air distribution

0　引言

座椅送风是置换通风的一种具体形式[1]，它将送风口与座椅相结合，使气流更加均匀，能让人体活动区得到较高的空气品质，适合于热源密度比较大的体育馆、剧院等场所。

在工程设计中，座椅下送风的使用往往受到其他专业（如结构等）和初投资等因素的限制，在某些情况下，不能对每个座椅都设置一个座椅送风口。这样的座椅送风能否起到良好的空调效果将是本文着重探讨的问题。

笔者首先给出座椅下送风的模型和模拟方法，然后利用该模型，构造两种布置条件不同的座椅下送风模型，比较了两种情况下的温度场合速度场；最后，根据工程实例，建立与实际工程相符的物理模型进行数值模拟，并对其空调效果进行分析。

1　工程概况

这是实际设计中的某剧院，由一个 1 229 座观众大厅、主舞台与侧台及后台排演厅、公共

*《建筑热能通风空调》2014，33(3)收录。

服务空间、交通辅助用房等组成，总建筑面积 6 422.59 m^2，地上 2 层，局部 3 层(2-3 轴观众公共卫生间及上方区域)，地上建筑面积 5 741.61 m^2，地下 1 层，地下建筑面积 680.98 m^2。

由于在设计过程中，要与结构、工艺等其他部门相配合，无法为每个座椅都配置座椅送风口。综合考虑各种因素，座椅送风口的布置如图 1、图 2 所示。

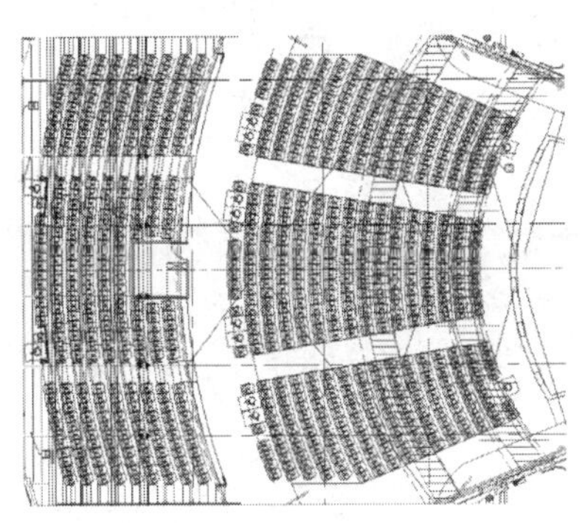

图 1　池区座椅及座椅送风口分布

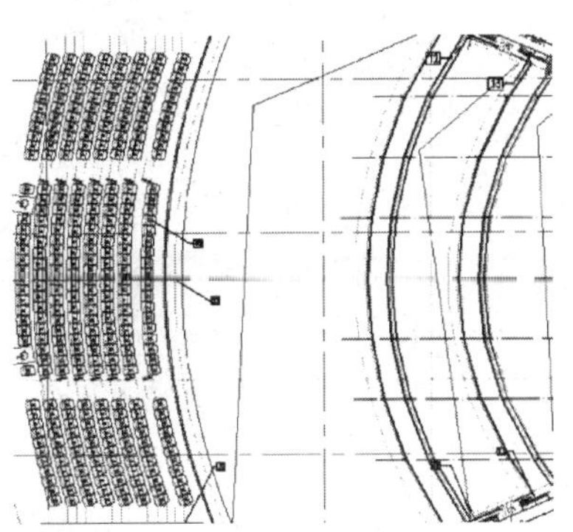

图 2　楼座区座椅及座椅送风口分布

2　数值模拟

2.1　座椅下送风局部效果数值模拟

2.1.1　物理模型

笔者通过建立座椅送风局部模型，对两种不同的座椅送风口布置方式进行比较，来验证座椅送风口的减少是否会对空调效果产生影响。工况 1 为传统工况，即对每个座椅配置一个座椅送风口；工况 2 为每两个座椅只设置一个座椅送风口，有无送风口的座椅交叉放置。两个工况的参数见表 1。

模拟的人体及座椅送风口尺寸如图 3 所示，人体尺寸根据国家标准 GB 10000—88 中国成年人人体的尺寸数据简化；座椅送风口根据某座椅置换送风系列风口的 TCD-B/250190 和 TCD-B/250 简化。

表 1　不同座椅送风口布置方式的各项参数

参数	工况 1	工况 2
座椅送风口型号	190	250
座椅送风口高度/mm	200	200
座椅送风口外径/mm	190	250
单个风口风量/($m^3 \cdot h^{-1}$)	48.8	97.6
送风风速/($m \cdot s^{-1}$)	0.26	0.43
送风温度/℃	19	19

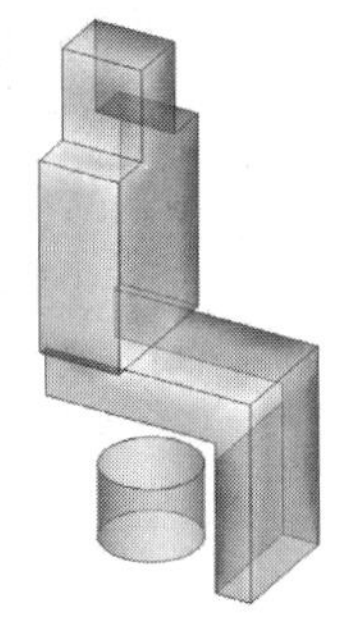

图 3　人体及座椅送风模型

网格对人体所在区域及送风口区域进行了加密处理，在保证计算结果准确的前提下，减少网格数量。

观众区有多排座椅，每一排座椅的情况基本相同。在模拟计算中考虑前后排座椅以及左右列座椅之间的相互影响。所以，在本次模拟中，建立 5×5 模型来比较两个工况的空调效果。

模型如图 4 所示。其中,工况 2 中座椅送风口的设置如图 5 所示。

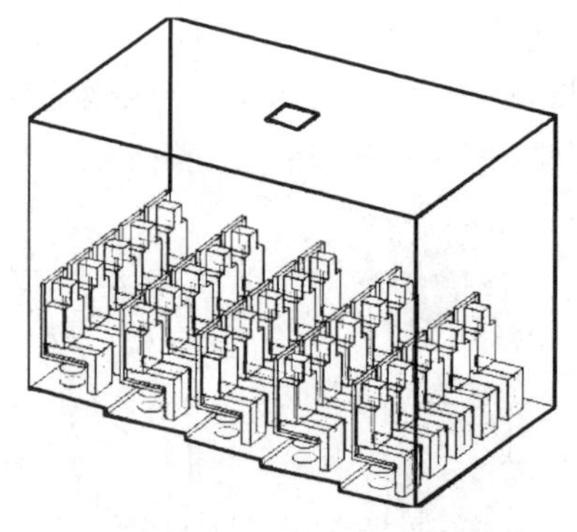

图 4　座椅送风局部模型

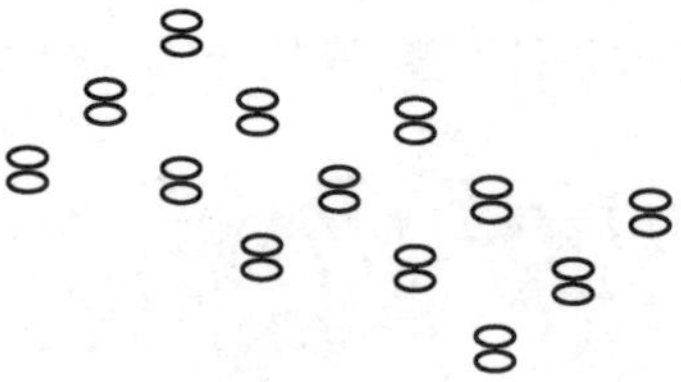

图 5　工况 2 中座椅送风口的空间分布

模型中的尺寸以及空间位置都是根据实际情况确定。一般座椅送风系统需要考虑的冷负荷有人体散热负荷、围护结构冷负荷以及灯光的辐射负荷等。本次模拟考察座椅送风的局部效果,只考虑人体散热负荷。人体的显热散热量按表面积均匀分布,根据设计方提供的负荷资料,取人员散热负荷为 55W/人。座椅下送风风口尺寸按照表 1 给出的数据进行选取。在模型中央上部 4 m 高处设置回风口,风口尺寸为 0.2 m×0.2 m。座椅送风温度为 19 ℃,模型中设计温度取 25 ℃。

此次模拟选择的座椅送风口样本的有效面积系数为 0.4,本次模拟中通过编译 UDF 文件来表征此项参数,使模拟结果更接近于实际情况。

2.1.2　模拟结果比较分析

1) 温度场比较

图 6、图 7 给出了两个工况下,人员周围的温度分布情况,所取截面为过中间一排人员中心的截面。

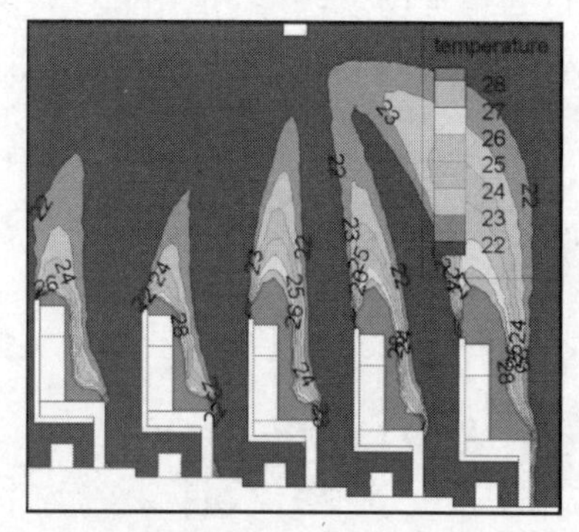

图 6　工况 1 中央截面上的温度等值线图

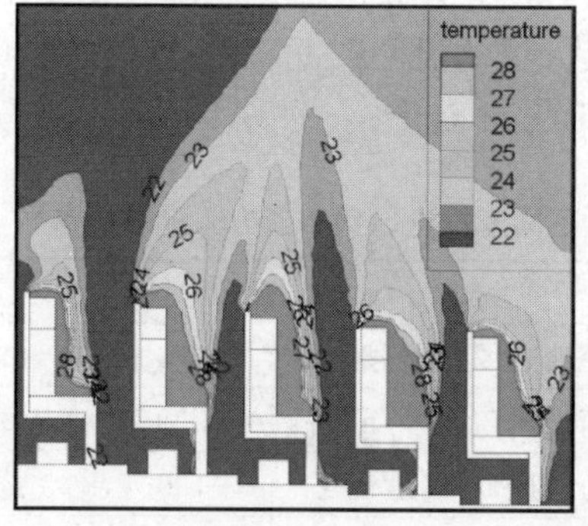

图 7　工况 2 中央截面上的温度等值线图

风从座椅下方送出,沿程吸收热量,因此人员周围的温度上高下低。两个工况下,人员周围的温度都在 23 ℃～25 ℃的范围内,并无显著差别。所以在总风量不变的情况下,将送风口数量减半,并不会对环境的温度场产生明显的影响。

2) 速度场比较

图 8、图 9 给出了两个工况下,人体脚踝附近的速度分布情况,所取截面为通过大部分人员脚踝的水平截面。工况 1 和工况 2 的送风风速分别为 0.26 m/s 和0.43 m/s,从模拟结果中

可以看出，风从送风口吹出后，风速衰减很快，在距离送风口较近的地方风速大概为 0.1 m/s。而两个工况下，在人体脚踝区域的风速分别为 0.04 m/s 和0.06 m/s，都在规范允许的范围内。也就是说，虽然工况 2 减少了风口数量，加大了单个送风口的送风风量和送风风速，但由于座椅送风的特性，风速衰减很快，并不会使人体产生不适的吹风感。

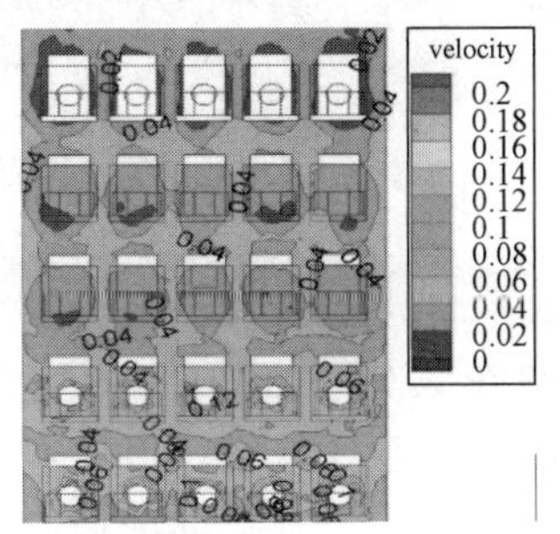

图 8　工况 1 典型水平截面上的速度等值线图

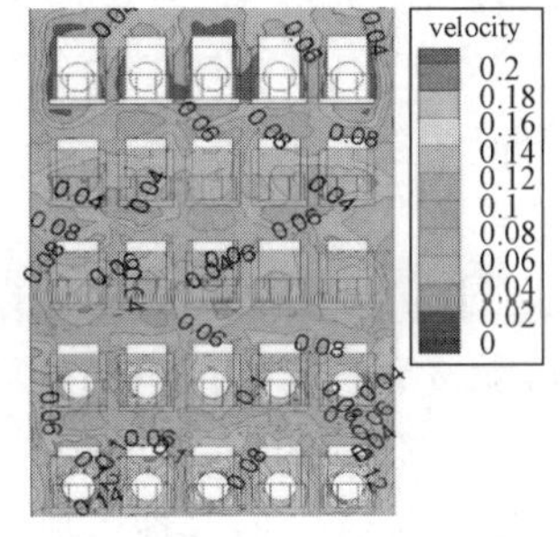

图 9　工况 2 典型水平截面上的速度等值线图

综上所述，将座椅送风口数量减半以后，仍然可以产生较好的热环境，且风量加大以后，人员并不会感到不适的吹风感。

2.2　某剧场观众区座椅送风效果模拟

2.2.1　物理模型

某剧场观众区共有 1 229 个座位，分为池区前区、池区后区和楼座三个部分，观众区座椅及座椅送风口的分布如图 1、图 2 所示。

由于剧院较大，为降低模型复杂程度和计算时间，对模型进行简化。将送风方式改为地板送风，送风口改为座椅下地面条形风口，将同一排的送风口建立为一个模型；人体尺寸根据国家标准 GB 10000—88 中国成年人人体的尺寸数据简化而成，并将每一排的人体建立为一个模型，如图 10 所示。

从风口的布置图(图 1、图 2)上不难发现，很多座椅都没有配置座椅送风口，为了更真实地模拟剧场的空调效果，对送风口数目较少的区域将不设置条形送风口，对送风口数目较多的区域设置条形送风口。模型中风口的布置如图 11 所示。

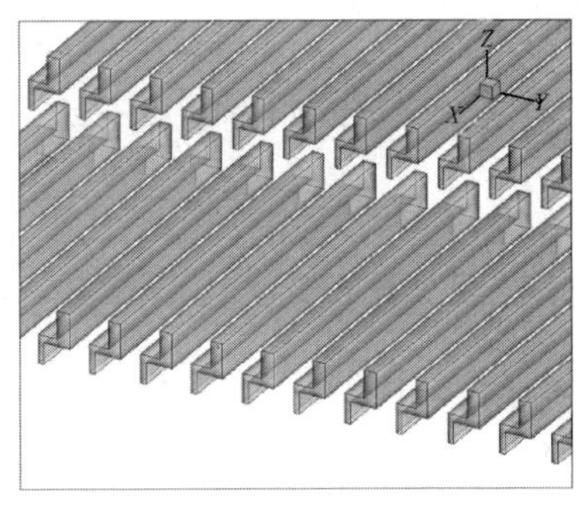

图 10　简化后的人体模型

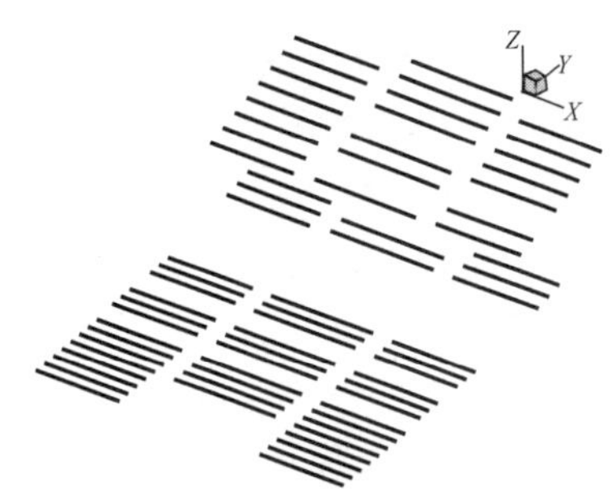

图 11　模型中送风口布置图

在设计施工图中，观众区的回风口和排风口都设置在观众区的前方，所以在本次模拟中，在观众区的前区两侧各布置两个排风口，回风口尺寸为2 m×1 m。建立的观众区模型如图 12 所示。

网格对人体所在区域、送风口区域以及回风口区域进行了加密处理，人体上方剧院中空区域网格相对稀疏，这样能在保证计算结果准确前提下，减少网格数量，加快计算速度。

人体的显热散热量按表面积均匀分布，根据设计参数，取人员散热负荷为 55 W/人。送风温度为 19 ℃，空调设计温度为 25 ℃。

2.2.2 模拟结果

1) 速度场

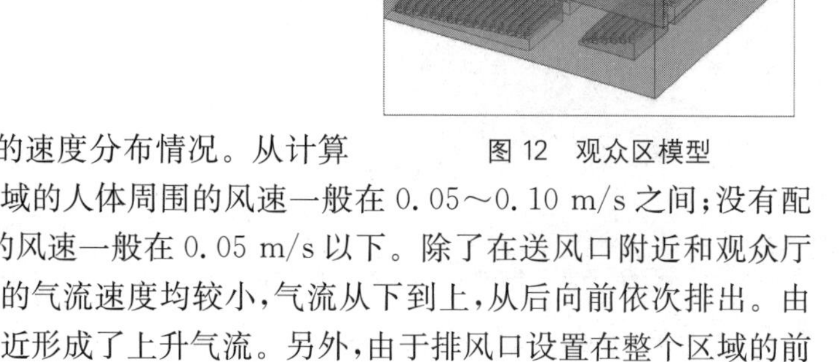

图 12 观众区模型

图 13、图 14 给出了典型截面的速度分布情况。从计算结果来看，配置有座椅送风口的区域的人体周围的风速一般在 0.05～0.10 m/s 之间；没有配置座椅送风口的区域的人体周围的风速一般在 0.05 m/s 以下。除了在送风口附近和观众厅正上方的风速较大之外，其他区域的气流速度均较小，气流从下到上，从后向前依次排出。由于人体热源的影响，在人体表面附近形成了上升气流。另外，由于排风口设置在整个区域的前方，气流都有一个向前、向上的趋势。

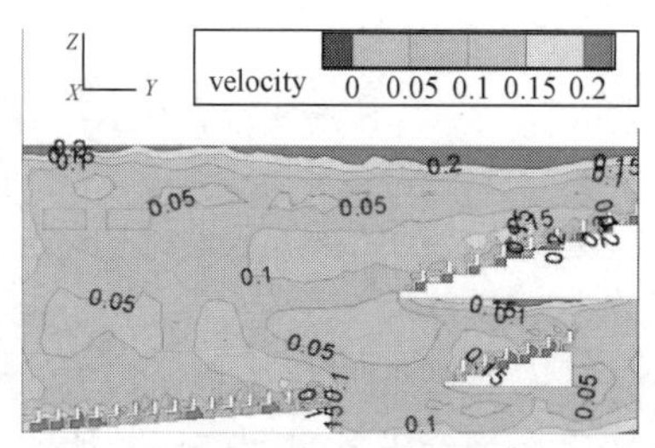

图 13 典型截面的速度等值线图

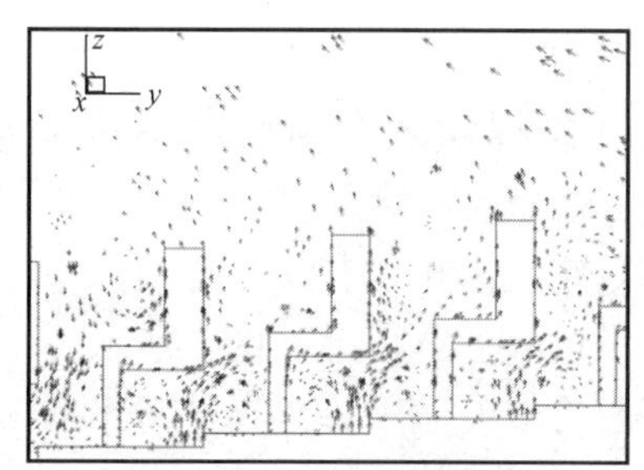

图 14 局部速度矢量图

2) 温度场

图 15 给出了典型截面的温度分布情况。从计算结果来看，座椅送风的空调效果基本能达到人体舒适度的要求，且同一区域的温度分布较为均匀。但是，也出现了明显的温度分层情况。前区的温度较低，其原因为：①模拟计算过程中，忽略了舞台灯光辐射所产生的负荷；②处于剧场的最低处，冷空气下沉停滞，导致温度降低；③距离排风口最近，相对于后排来说，空气龄较小，能及时将人员的散热带走。楼座的温度偏高，其原因为：①离回风口较远，空气龄较大，人员散热量不能被及时带走；②处于剧场的最高处，热空气上浮，导致楼座温度偏高；③由于模型建立的原因，楼座区域层高相对于前排来说较低，这也会对空调效果产生一定的影响。总体来说，模拟结果是令人满意的。

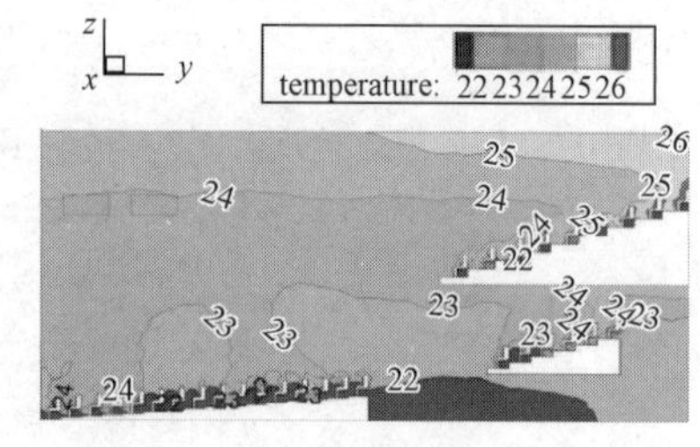

图 15 典型截面的温度等值线图

3 结论及建议

(1) 座椅送风可以为人员提供舒适的热环境；

(2) 在总风量不变的前提下，适当减少座椅送风口的数量，并不会对环境产生很大的影响；

（3）本剧院内的座椅送风口布置可以取得良好的空调效果；

（4）由于出现了明显的温度分层，建议对送风参数进行分区控制，适当提高池区前区的送风温度，适当降低楼座的送风温度，这样不仅能够节能，还能为人员提供更好的环境。

参考文献

[1] Yuan Xiaoxiong, Chen Qingyan, Glicksman L R. Critical review of displacement ventilation[J]. ASHRAE Trans, 1998,104(1A):78-89.

[2] 白玮，潘毅群，谭洪卫，等. 某剧场座椅下送风空调方式的温热环境与气流分布研究——(1)实验室模拟分析[M]//暖通空调新技术. 北京:中国建筑工业出版社,2002:57-60.

[3] 孟广田，李强民. 座椅送风系统的特性研究[C]//上海制冷学会年会论文集. 上海:1997:35-40.

[4] 李先庭，陆俊俊. 四种不同座椅送风形式热环境的数值模拟[J]. 暖通空调,2006,36(5):75-80.

[5] 李先庭，叶瑞芳，李晓峰. 天桥剧场观众厅池座椅背送风方案研究[J]. 建筑热能通风空调,1999(4):6-10.

[6] Zhao Bin, Li Xianting, Lu Junjun. Numerical simulation of air distribution in chair ventilated rooms by simplified methodology[J]. ASHRAE Transaction, 2002,108(2):1079-1083.

[7] 陈滨，陈向阳. 日本体育馆空调及自动控制新技术[J]. 暖通空调,2003,32(2):48-51.

[8] 陆俊俊，王威，李先庭. 某剧场座椅送风热环境实测研究[M]//全国暖通空调制冷 2002 年学术文集. 北京:中国建筑工业出版社,2002:181-187.

某高大空间宴会厅空调气流组织的模拟研究*

汪 君　刘 东　吴利瑞　李 超

摘　要：结合上海某酒店宴会厅夏季空调运行情况，利用 Airpak 软件对宴会厅内部的气流进行模拟研究。在现有的上送上回的气流组织形式上，结合宴会厅实际使用情况，提出了上送下回的气流组织形式，并对这两种气流组织效果分别进行模拟。通过研究发现，当采用上送下回风的气流组织形式时，宴会厅内部的温度场与速度场更均匀，为高大空间宴会厅的空调效果的改善提供了参考。依据模拟优化结果，对该酒店宴会厅提出了可行的节能改造方案。

关键词：气流组织；高大空间宴会厅；数值模拟

Numerical Simulation of Air Distribution in a Large Space Banquet Hall

WANG Jun, LIU Dong, WU Lirui, LI Chao

Abstract: Combining with the air conditioning situation of a large space banquet hall in a Shanghai hotel, the software Airpak is used to simulate the internal air distribution in the large space banquet hall. The banquet hall now adopts ceiling air supply and ceiling air return, based on the actual usage, the ceiling air supply and below return is suggested for it. These two air distributions are simulated in this paper, respectively. The results of the simulations show that the temperature and velocity field of the banquet hall is more uniform when the hall adopts ceiling air supply and below return. This paper also provides a reference for the choice of air distribution in large space banquet halls. According to the results of simulation and optimization, some feasible energy-saving programs are proposed for the banquet hall in the hotel.

Keywords: air distribution; large space banquet hall; numerical simulation

1　工程概况

上海某酒店裙楼四层宴会厅的建筑面积为 660 m^2，层高 8 m，屋顶为钢结构，上部有 2 m 高的石膏吊顶空间，北墙为双层玻璃幕墙，整个外围护结构无任何保温措施。该宴会厅现采用多联机空调系统形式，根据现场调研，该宴会厅室外机单台制冷量为 45.0 kW，共 6 台，布置在裙楼楼顶；室内机单台制冷量 14.0 kW，共 19 台，布置在宴会厅上部吊顶空间内。室外机及室内机的规格型号见表 1。

在宴会厅的吊顶中根据室内机的布置位置，分别布置送风口和回风口。室内机送风口接风管，根据需求送风到不同位置，连接散流器送风；回风口对应室内机回风口的位置；宴会厅采用独立的新风系统，在宴会厅的吊顶上设置 4 个新风口。宴会厅形成上送上回的气流组织形

*《建筑热能通风空调》2014，33(6)收录。

式，宴会厅的新风口、送风口及回风口的尺寸和风量详见表 2。

表 1　　多联机室外机及室内机规格型号

机组	型号	制冷量/kW	制热量/kW	功率/kW	机组尺寸(H×H×D)/mm	数量/台
室外机	RHXY16M	45.0	45.0	12.0	1 600×1 240×765	6
室内机	FXS125LVE3	14.0	16.0	0.29	300×1 400×800	19

表 2　　新风口、送风口及回风口的规格尺寸

风口类型	风口尺寸/mm	风口风量/(m^3 · mim^{-1})	风口数量/个
送风口	420×420	18×H×28(L)	19
回风口	1 328×228		19
通风口	800×250	25	4

2　模型建立及初始条件确定

2.1　物理模型的简化

机械通风房间内的空气流动多属于非稳态湍流流动，在解决实际问题时，需要对物理模型进行一定的假设和简化处理[4]。

因此本文做出以下假设：①室内空气为低速不可压缩气体，且符合 Boussinesq 假设；②室内空气流动为准稳态湍流流动；③忽略能量方程中由于黏性作用引起的能量耗散；④壁面之间的温度相差不大，忽略固体壁面间的热辐射；⑤送风口处送风射流参数均匀。

2.2　数值模拟条件的设置

按照相关规范规定和酒店要求，一般宴会厅夏季人员活动区温度要求为 24 ℃，风速 0.15～0.3 m/s。本文拟采用 6 ℃送风温差，送风温度为 18 ℃，送风口风速为 3.59 m/s；回风口设自由出流；新风送风温度为 20 ℃，新风口风速为 2.08 m/s。墙壁、天花板、地面设为固体壁面；人员密度、设备及照明均根据实际功率及分布情况建立相应模块；各围护结构的传热情况，根据其传热系数和室内外温度情况，设置第三类边界条件。具体参数设置见表 3。

表 3　　宴会厅数值模拟参数的设置

房间类型	新风送风温度/℃	新风送风速度/(m · s^{-1})	VRV 送风温度/℃	VRV 送风速度/(m · s^{-1})	人员密度/(p · m^{-3})	设备功率/(W · m^{-2})	照明功率/(W · m^{-2})
宴会厅	20	2.08	18	3.39	03	20	20

根据研究，大空间建筑内部流动通常为自然对流和强迫对流并存的混合对流流动，且基本为湍流流动。如果采用工程中最常用的标准 k-ε 模型进行模拟并不一定能取得满意的模拟结果[5]，因此本文中采用 Chen Q 等提出的室内零方程[6]模型进行模拟。文中采用有限容积法离散方程，对流差分格式采用迎风格式，压力梯度项、扩散项均采用二阶差分格式，压力速度耦合采用 SIMPLE 算法。

2.3 具体模型的建立

2.3.1 上送上回风形式的模型的建立

根据宴会厅空调系统现有形式，风口的数量、尺寸及位置均按照实际布置情况在 Airpak 中建立上送上回风的模型如图 1 所示，坐标轴 X，Y，Z 正方向如图中所示，宴会厅底面几何中心为坐标原点(0，0，0)。

2.3.2 上送下回风形式的模型的建立

上送下回风形式的模型同上送上回风形式的模型相比，回风口的位置发生改变，即回风口由吊顶下移至侧墙上，风口中心距离地面 0.6 m，其他条件均与 2.3.1 节的模型保持一致。改进后的模型如图 2 所示。

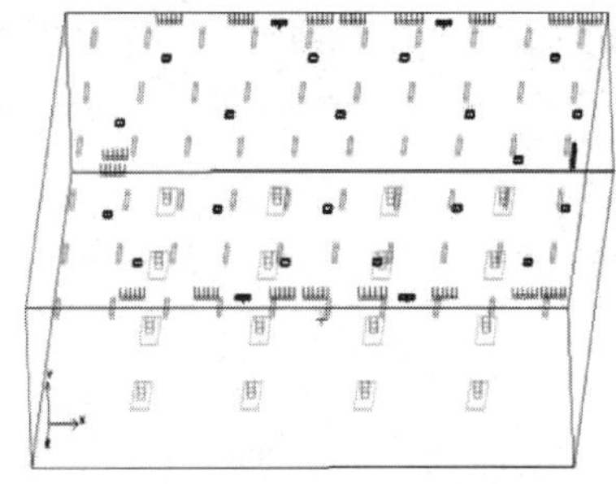

图 1 上送上回形式模型图

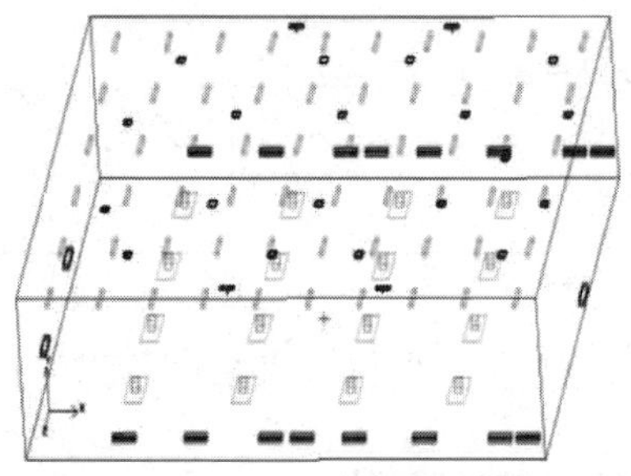

图 2 上送下回形式模型图

3 模拟结果与分析

3.1 上送上回风形式

对 2.3.1 节中所建模型进行六面体网格划分，网格数量为 538 729 个，输入边界条件，在求解的过程中，根据迭代运算的结果，不断修正边界初始数据和松弛因子，直到得到正确的收敛结果。

为考察送风的速度和温度在竖直方向上的变化过程，由模拟可得到的送风口所在竖直截面的温度云图、速度矢量图如图 3、图 4 所示。

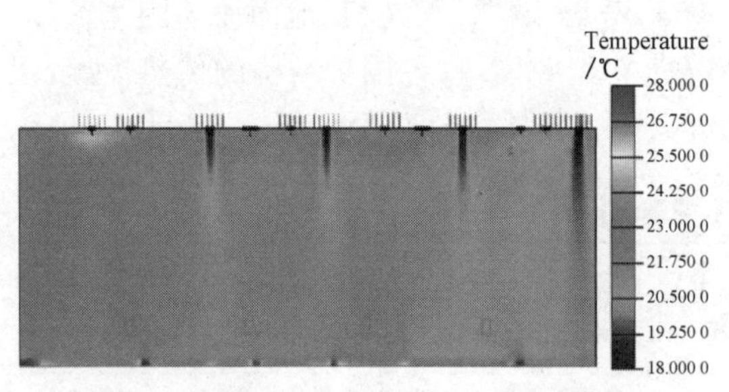

图 3 送风口所在竖直截面温度云图

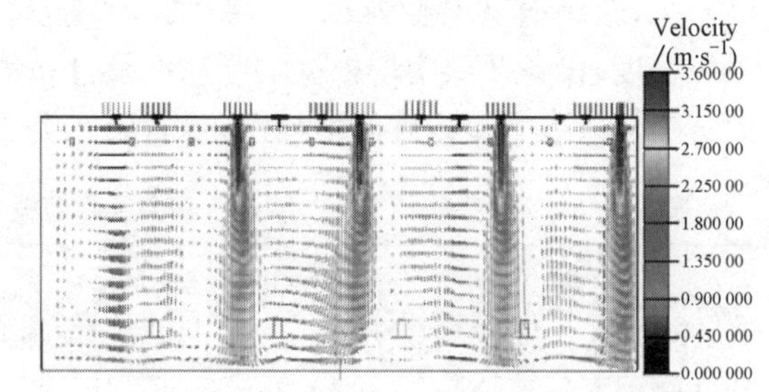

图 4 送风口所在竖直截面速度矢量图

由图 3 可见，除靠近内墙壁的送风口外，其余送风口送风气流的温度沿送风方向衰减变化很快；靠近外墙区域和靠近内墙区域的空气温度存在明显差异，二者温差在 4.5 ℃左右；由图 4 可见，送风气流和垂直于送风方向上的空气的扰动较小。由图 3、图 4 均可看出，沿送风方向上，送风气流的速度和温度发生较大变化，而在垂直于送风方向上，空气温度和速度基本不变，造成整个区域内气流速度场、温度场的分布不均匀。

为考察人员活动区域气流分布的均匀性，通过模拟可得到 Y=1.5 m 平面的温度云图、速度矢量图如图 5、图 6 所示。

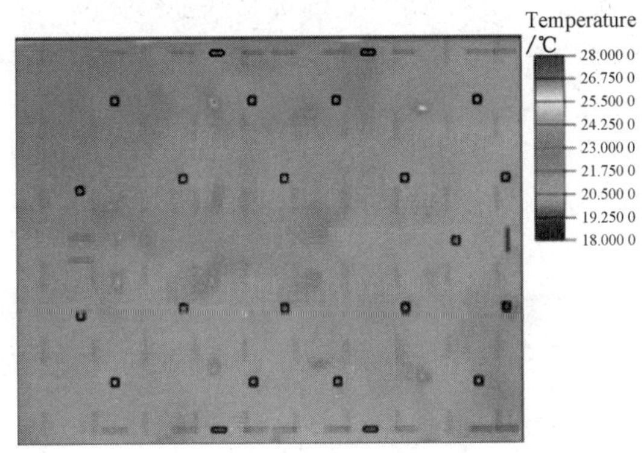

图 5　Y=1.5 m 平面温度云图

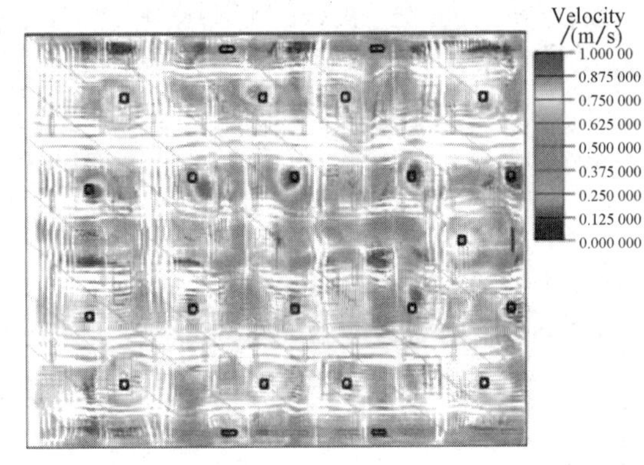

图 6　Y=1.5 m 平面速度矢量

由图 5 可见，在人员活动区域平面上，靠近外围护结构区域内的空气温度明显高于靠近内围护结构区域内的空气温度，且宴会厅内部人员活动区域随着温度的不同形成 3 个明显温度分区，高温区和低温区（相对而言）的温差达到 4 ℃左右。由图 6 可见，在人员活动区域内，局部区域（送风口正下方区域）的速度明显过大，超过了人体对吹风感的舒适上限值 0.3 m/s，达到 1 m/s 以上，造成明显吹风感，整个区域内的气流流速分布不均匀。

3.2　上送下回风形式

对 2.3.2 节中所建模型进行六面体网格划分，网格数量为 712 703 个，对比 3.1 节中所得模拟结果，改变气流组织形式后的模拟结果如图 7—图 10 所示。

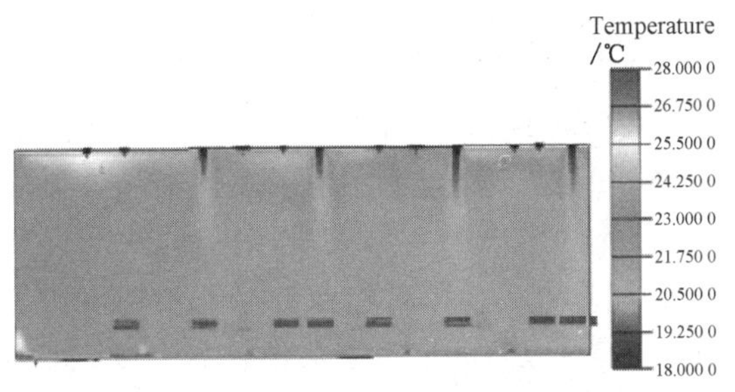

图 7　送风口所在竖直截面温度云图

图 8　送风口所在竖直截面速度矢量图

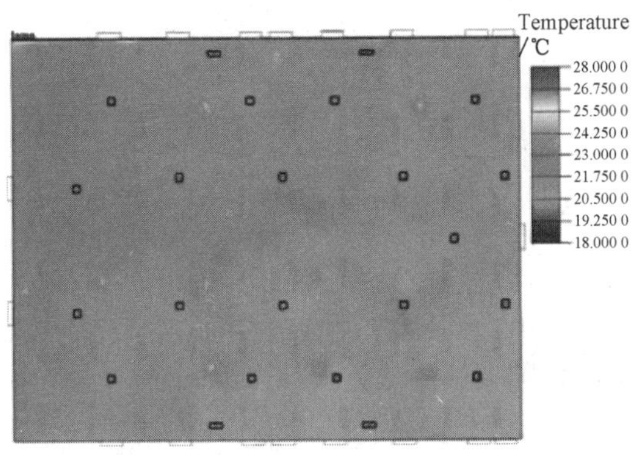

图 9　Y=1.5 m 平面温度云图

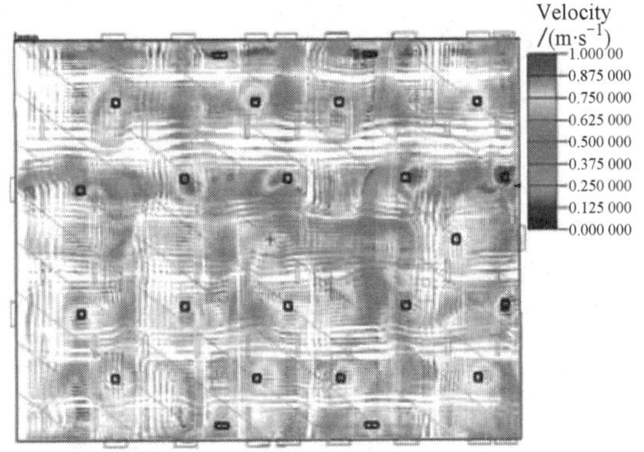

图 10　Y=1.5 m 平面速度矢量图

由图 7 可见，靠近外墙区域和靠近内墙区域的空气温度存在差异，二者温差在 3.75 ℃左右；由图 8 可见，送风气流和垂直于送风方向上的空气的扰动增强，特别是在宴会厅的下部，气流混合得更为充分，整个下部区域内气流分布较为均匀。由图 9 可见，在人员活动区域的平面上，靠近外墙区域的空气温度高于靠近内墙区域的空气温度，整个区域内按照温度高低形成 2 个分区，2 个分区内的空气温差在 2.5 ℃左右，且大部分区域温度相差不大，室内温度分布比较均匀。由图 10 可见，在人员活动区域的平面上，气流分布较为均匀，大部分区域的风速在 0.25 m/s 及以下，满足人体舒适性要求(送风口正下方个别区域除外)。

3.3 两种形式的对比分析

3.3.1 人员活动区域温度场的分析

对比图 9 和图 5，可以看出，在两种送回风形式下：

(1) 相同的控制条件下，上送下回风时人员活动区域的温度均匀性得到较大改善。

(2) 在图 9 和图 5 中，由于建模时模型大小跟宴会厅实际大小相比有所缩小，且 VRV 送风量按照室内机最大送风量进行设置，这造成了人员活动区域的温度整体略偏低。

(3) 宴会厅内部人员活动区域的温度云图的形状大致相同，高温区和低温区在图 9、图 5 中呈对角线状分布，即靠近外墙的区域的空气温度较高，靠近内墙区域的空气温度较低。因此，在对角线上均等地取 29 个比较有代表性的点，涵盖了高温区和低温区的各代表点，可知，上送上回风形式下，对角线上各点温度差值最大达到 3.55 ℃，上送下回风形式下，对角线上各点温度差值最大达到 2.63 ℃，且上送下回风形式下各点温度曲线要比上送上回风形式下的温度曲线平缓，变化幅度小。

3.3.2 人员活动区域速度场的分析

对比图 10 和图 6，可以看出，两种送回风形式下：

(1) 相同的控制条件下，上送下回风时，宴会厅内部人员活动区域的气流扰动性增强，从图 10 看出，相对于图 6，整个区域内的气流分布均匀性得到改善。

(2) 在人员活动区域，气流速度最大值均出现在局部区域(送风口正下方)，明显高于非送风口正下方区域的气流速度。为考察人员活动区域的气流流速，分别在两个模型中的人员活动区域选取对应于送风口正下方的 23 个典型点，包括此区域内所有最大风速出现点，获得其气流速度值。可知，上送上回风时，各送风口送风至人员活动区域对应点的风速平均值达到 0.79 m/s，上送下回风时，各送风口送风至人员活动区域对应点的风速平均值达到 0.65 m/s，且除个别点之外，上送下回风各点的风速值均小于上送上回风时对应各点的风速值。

4 建议改进方案

根据实际模拟中发现的问题，结合宴会厅的使用功能，应业主方要求，依据节能性、舒适性、稳定性、美观性和经济性的原则，从外围护结构、空调系统两个方面对该宴会厅进行简单合理的施工改造。

4.1 外围护结构

模拟中发现靠近外围护结构区域和靠近内围护结构区域的空气存在较大温差，虽然改变气流组织形式能有效降低此温差，但更应从外围护结构的保温隔热方面加以改善，尽量减少外围护结构传热，既节能又从根本上改善温度不均匀问题。因此针对宴会厅的北向的大面积玻璃幕墙的表面进行贴膜处理。玻璃幕墙表面所贴金属着色膜基材采用光学级 PET，阻挡紫外线效果非常突出，具体性能参数见表 4。贴膜施工如下：采用聚氨酯树脂复合胶紧密封闭金属涂层布，防止金属氧化、腐蚀；安装胶经过抗气候骤变处理、固化处理，不易起泡变形，更易安装贴合玻璃；贴膜表面涂覆透明丙烯酸树脂，施工或者经常清洗都不容易出现刮痕。玻璃贴膜通过和玻璃复合之后具有较高的热阻，夏季可有效降低由于对流和传导增加的空调冷负荷，冬季则可降低室内热量散失，降低空调热负荷。实验表明，通过对门窗玻璃进行贴膜处理可有效降低空调能耗 10%～15%。

表 4　　金属着色膜性能参数

金属着色膜性能参数	参数值	金属着色膜性能参数	参数值
可见光透射率	50%	太阳总阻隔率	53%
紫外线阻隔率	99%	遮阳系数	0.54
红外线阻隔率	52%		

4.2 空调系统

(1) 气流组织形式。根据模拟，上送下回的气流组织形式下，宴会厅室内的温度场和速度场更均匀，因此宴会厅后期改造中，采用上送下回的气流组织形式。在模拟中为了更鲜明地突出气流组织形式对室内气流均匀性的影响，尽量保持控制条件的一致性，只改变气流组织形式，也即只改变回风口的位置，将全部回风口布置在侧墙上，这样一定程度地破坏了宴会厅的美观性。在实际改造过程中，建议可在宴会厅四个墙角位置各设置一个矩形回风管，回风管上部延伸至吊顶空间内，连接室内机回风口；下部根据回风量要求开口，做成格栅百叶式回风口，既不影响宴会厅的实用和美观要求，又能减少改造成本。

(2) 送风口形式。由于本案例中新风以及 VRV 送风均是散流器下送风，送风至人员活动区域所需时间较长，造成了宴会厅需要较长的预冷时间，考虑到旋流风口具有诱导比大，风速衰减快的特点，适合大空间空调送风，因此改造方案中全部采用旋流风口送风。

(3) 改造方案的模拟结果。根据 4.2.1 节及 4.2.2 节中所提出的空调系统的改造方案，将回风口集中布置在宴会厅四个墙角位置，送风口采用旋流风口，进行模拟论证，发现当送风口采用旋流风口时，送风射程明显增大，能较快送风至宴会厅下部，有效减少宴会厅夏季空调预冷时间；改造后人员活动区的温度场较均匀，基本达到气流组织优化的效果；速度场均匀性得到改善，而在送风口正下方局部区域出现风速过大现象，是由于进行夏季空调预冷工况的模拟时，送风口采用旋流风口且垂直向下送风至人员活动区所造成，在宴会厅正常使用时可以通过调节送风角度来改善这一现象。

5 结论

(1) 宴会厅采用上送下回风的气流组织形式，室内人员活动区域温度的均匀性优于采用上送上回风的气流组织形式。当采用上送上回风形式时，室内高温区和低温区温度差值最大达到 3.55 ℃；采用上送下回风时室内高温区和低温区的最大温度差值减小到 2.63 ℃。

(2) 宴会厅采用上送下回风的气流组织形式，室内人员活动区域风速的均匀性优于采用上送上回风的气流组织形式。当采用上送上回风形式时，室内人员活动区域的对应于送风口正下方各点的平均风速为 0.79 m/s；采用上送下回风时室内人员活动区域的对应于送风口正下方各点的平均风速为 0.65 m/s。

(3) 在相同的条件下，相对于上送上回的气流组织形式，高大宴会厅采用上送下回的气流组织形式可以较好地改善室内的温度场和风速场，提高室内舒适度。实施节能改造时，应结合模拟情况，同时应考虑建筑物的使用要求，对改造方案进行优化，设计出最合理的改造方案。

参考文献

[1] 范存养.大空间建筑空调设计及工程实录[M].北京：中国建筑工业出版社，2001.

[2] 吴志彪.高大空间公共建筑的气流组织方式、设计要点及对策[J].工程建设与设计，2005(2):78-80.

[3] 谭良才，陈沛霖.高大空间恒温空调气流组织设计方法研究[J].暖通空调，2002,32(2): 1-4.

[4] 马国彬，魏学孟.重力循环空调房间气流组织的数值模拟[J].建筑热能通风空调，2002(2):40-46.

[5] 赵彬，李先庭，马晓钧，等.体育馆类高大空间的气流组织设计难点及对策[J].制冷与空调，2002,4(2): 10-14.

[6] Zhao Bin, Li Xianting, Li Ying, et al. Indoor and out-door airflow simulation by a zero equation turbulence model [C]//Proceedings of 7th International Conference on Air Distribution in Rooms (ROOMVENT. 2000). Reading University(United Kingdom):2000: 449-454.

[7] 袁东升，田慧玲，高建成.气流组织对空调房间空气环境影响的数值模拟[J].建筑节能，2008(9):9-13.

[8] 胡定科.大空间建筑室内气流数值模拟及控制研究[D].石家庄：石家庄铁道学院，2003.

[9] 胡定科，荣先成，罗勇.大空间建筑室内气流组织数值模拟与舒适性分析[J].暖通空调，2006,36(5): 12-16.

[10] 陈露，郝学军，任毅.高大空间建筑不同送风形式气流组织研究[J].北京建筑工程学院学报，2010, 26(4):25-28.

[11] 李琳，杨洪海.高大空间四种气流组织的比较[J].建筑热能通风空调，2012,31(3):60-62.

夏热冬冷地区某大型铁路客站自然通风适用性研究*

王新林　赵 奕　毛红卫　刘 东　章伟良

摘　要：以南京某车站为例，应用 Visual ESP-r 软件模拟了设计工况下其主要功能区域(候车大厅、进站集散厅)在自然通风情况下的全年动态自然室温状况，并与自然通风条件下的热舒适标准进行了比较，以确定其自然通风时间，研究能否利用自然通风缩短空调使用时间，达到降低能耗的目的；在此基础上对建筑围护结构进行了优化，得出了建筑围护结构对自然通风可利用时间的影响程度。

关键词：自然通风；铁路客站；节能

Applicability of Natural Ventilation in a Railway Station in Hot Summer and Cold Winter Area

WANG Xinlin, ZHAO Yi, MAO Hongwei, LIU Dong, ZHANG Weiliang

Abstract: Taking a railway station in Nanjing as example, using the software Visual ESP-r, simulates the dynamic annual indoor temperature of the main function zones such as the waiting room and passenger distribution hall with natural ventilation in design conditions. Compares the result with the data obtained by thermal comfort standards under natural ventilation conditions to determine the hours when the natural ventilation is effective in the railway station and analyses whether the air conditioning time can be shortened by using natural ventilation. Then optimizes the building construction to analyse its effect on natural ventilation hours.

Keywords: natural ventilation; railway station; energy saving

0　引言

自然通风是建筑中普遍采用的一项技术措施，合理采用自然通风不但可以带走室内负荷，满足人体热舒适要求，降低建筑运行能耗，而且可以提高建筑室内空气品质。在我国大部分地区，人们在室外条件适宜的情况下有开窗加强房间通风的习惯，这也是建筑节能和提高室内热舒适性的重要手段[1]。

目前建筑设计中有关自然通风的设计普遍采用基于定性分析的静态设计，即以主导风向和风速为主要设计依据，采用简单流量平衡估计建筑物内静态空气流向和流量，从而定性地给出采用自然通风时的效果。然而，主导风向和风速是统计学的概念，和实际的风向和风速会有很大的差别[2]。

与传统的基于定性分析的静态设计多考虑在城市主导风向和风速下的自然通风效果不

*《暖通空调 HV & AC》2012，42(2)收录。

同，笔者应用 Visual ESP-r 软件，在全年动态气候条件下，对某车站在设计工况下主要功能区域(候车大厅、进站集散厅)自然通风情况下的全年自然室温状况进行模拟，计算全年自然室温并与自然通风条件下的热舒适标准相比较，确定自然通风可利用时间，研究能否利用自然通风缩短空调使用时间，达到降低能耗的目的；在此基础上对建筑结构进行优化，研究建筑结构对自然通风可利用时间的影响。

1　铁路客站自然通风条件下热舒适标准研究

针对铁路客站自然通风的适用性研究，首先应确定自然通风条件下铁路客站的室内热舒适标准。

GB 50226—2007《铁路旅客车站建筑设计规范》和 GB 50019—2003《采暖通风与空气调节设计规范》对车站候车大厅和进站集散厅等的空调或供暖设计都有明确要求。这些热舒适标准中主要采用由 Fanger 提出的 PMV-PPD 指标评价室内的热舒适性，但 PMV-PPD 指标并不适用于自然通风情况。已有研究表明，PMV-PPD 指标对于自然通风建筑的热舒适评价不太准确，偏差较大。非空调偏热环境中 PMV 的预测值一般比实测热感觉值 TSV 偏高，Fanger 指出这主要是由于在非空调环境下人们对环境的期望值低造成的，自然通风环境下的受试者觉得自己要生活在较热的环境中，所以对环境更容易满足，给出的 TSV 值偏低[3]。因此可以将夏季空调室内温度标准适当放宽，来考察自然通风建筑的热舒适评价标准。

1.1　ASHRAE 标准

ASHRAE Standard 55-04[4] 中的自然通风适应性标准(adaptive comfort standard)是以 Richard 等[5]的研究为基础优化得到的，见图 1。

ASHRAE Standard 55-04 中指出，在一定的温度范围内，室内舒适温度与室外温度线性相关，计算公式为

$$t_0 = 0.31 t_{a,\,out} \pm 1.78 \quad (10\ ℃ < t_{a,\,out} < 33\ ℃) \tag{1}$$

式中　t_0——热中性时的作用温度(以月为单位变化)，℃；

$t_{a,\,out}$——室外月平均温度，℃。

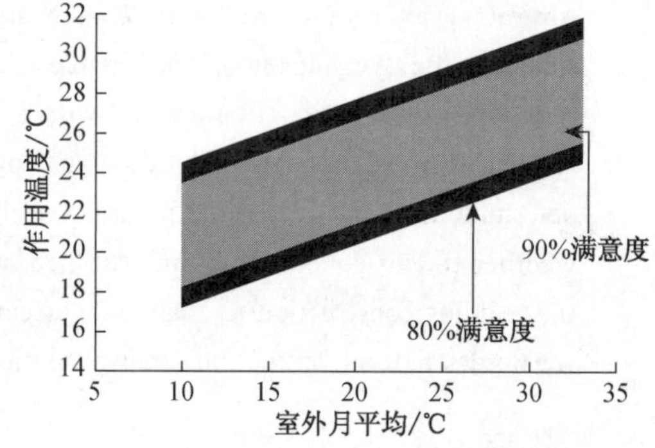

图 1　ASHRAE Standard 55-04 中非空调房间可接受的舒适温度范围

$t_0 \pm 2.5$ ℃为 90%满意度对应的舒适区，$t_0 \pm 3.5$ ℃为 80%满意度对应的舒适区。

该标准的适用前提为：

(1) 由室内人员通过最原始的开窗和关窗来调节室内热舒适性的建筑物，该情况要求窗户易于人员开关；

(2) 建筑物可以有供暖系统，但在供暖系统运行时该评价方法不适用；

(3) 建筑物不能有机械制冷系统，如制冷空调、辐射冷却或除湿冷却；

(4) 建筑物可以有不加空气处理的机械通风系统，但开启和关闭窗户必须是最基本的室内热舒适调节手段；

(5) 室内人员的代谢率维持在 1.0～1.3 met，而且人员能够根据室内外的热环境自由地

改变衣着量。

1.2　欧洲标准

欧洲标准委员会（CEN）制定的标准 EN15251:2007(E)[6] 中针对非空调建筑也提出了相应的热舒适标准，见图 2。在该标准中，室内舒适温度与室外温度线性相关，这点与 ASHRAE 标准中相似，计算公式为：

$$\text{Ⅰ类}\quad \theta_o = 0.33\theta_{rm} + 1.82 \pm 2 \tag{2}$$

$$\text{Ⅱ类}\quad \theta_o = 0.33\theta_{rm} + 1.82 \pm 3 \tag{3}$$

$$\text{Ⅲ类}\quad \theta_o = 0.33\theta_{rm} + 1.82 \pm 4 \tag{4}$$

式(2)—式(4)中，θ_o 为室内作用温度的限值（以日为单位变化），℃；θ_{rm} 为室外动态日平均温度，℃。

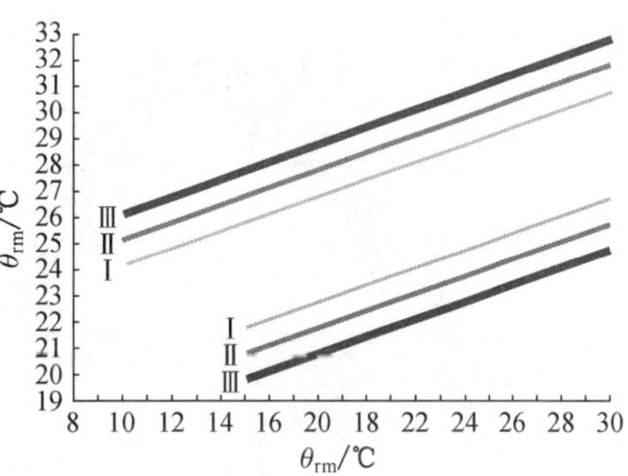

图 2　EN 15251:2007(E) 中非空调房间可接受的舒适温度范围

该标准中，Ⅰ类对应 90%满意度，Ⅱ类对应 80%满意度，Ⅲ类对应 65%满意度。上限值对应的 θ_{rm} 的变化范围为 10 ℃～30 ℃，下限值对应的 θ_rm 的变化范围为 15 ℃～30 ℃。当 θ_{rm}<10 ℃时，标准上限值参照 EN 15251:2007(E) 中相应类别下的冬季空调舒适度上限确定；当 θ_{rm}<15 ℃时，标准下限值参照 EN 15251:2007(E) 中相应类别下的冬季空调舒适度下限确定。与火车站功能相接近建筑的计算参数见表 1。

表 1　EN 15251:2007(E) 中室内不同要求时空调热舒适计算参数

室内的状态	类别	制热时温度范围/℃（服装热阻约为 1.0 clo）	制冷时温度范围/℃（服装热阻约为 0.5 clo）
办公室或其他相似类型的建筑（独立办公室、开放式办公室、会议室、礼堂、咖啡厅、教室等）活动类型：静坐，代谢率约为 1.2 met	Ⅰ	21.0～23.0	23.5～25.5
	Ⅱ	20.0～24.0	23.0～26.0
	Ⅲ	19.0～25.0	22.0～27.0

该标准的适用范围与 ASHRAE 相似，结论是在对办公建筑研究的基础上得出的，也适用于以静坐为主要活动的建筑，主要针对的是办公室的舒适性研究，并没有考虑人员的工作表现。

1.3　各标准之间的比较

为了考察各标准之间的区别，分别应用各个标准对南京市某铁路客站自然通风情况下的热舒适温度限值进行计算，比较 ASHRAE 标准、欧洲标准和《民用建筑供暖通风与空气调节设计规范》（送审稿）[7]（以下简称新版《暖通规范》）中短期逗留区域的空调设计温度和室外逐时干球温度。非空调情况下室内舒适温度的上限值和下限值比较见图 3、图 4。其中 ASHRAE 标准参考的是 ASHRAE Standard 55—2004 中的 80%满意度标准，欧洲标准参考的是 EN 15251:2007(E) 中的Ⅱ类标准；新版《暖通规范》中的比较值选取的上限温度是夏季空调设计温度Ⅱ级标准的上限值加 2 ℃（30 ℃），下限温度是冬季空调设计温度Ⅱ级标准的下限值减2 ℃（16 ℃）。气象数据来源于文献[8]。

对南京市室外逐时干球温度低于 ASHRAE 标准 80%满意度上限、欧洲标准 80%满意度上限、欧洲标准 65%满意度上限、新版《暖通规范》上限（30 ℃）的时间进行计算，结果见表 2，其中总时间＝全年 8 760 h－供暖期时间(南京的供暖时间为 77 d[9])。

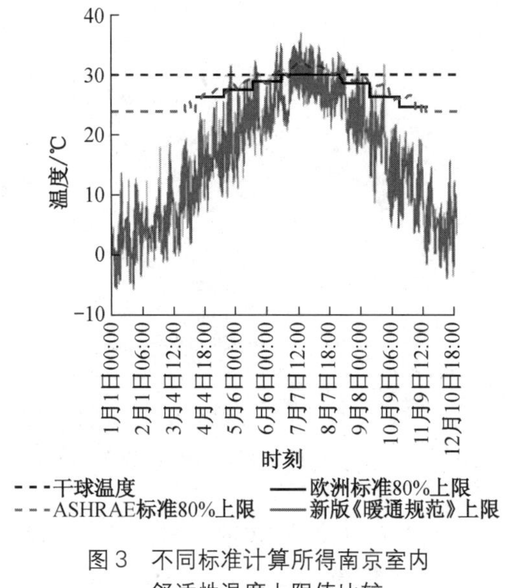

图 3　不同标准计算所得南京室内舒适性温度上限值比较

图 4　不同标准计算所得南京室内舒适性温度下限值比较

表 2　　南京市室外逐时干球温度低于不同标准的时间(不包括供暖期)

低于 ASHRAE 标准 80%满意度上限		低于欧洲标准 80%满意度上限		低于欧洲标准 65%满意度上限		低于新版《暖通规范》上限(30 ℃)		总时间(不包含供暖期)/h
时间/h	比例/%	时间/h	比例/%	时间/h	比例/%	时间/h	比例/%	
5 151	74.5	6 443	93.2	6 610	95.6	6 318	91.4	6 912

由图 3 和表 2 可以看出,非供暖期室外逐时干球温度低于不同标准热舒适温度上限的时间相差较大,但时间较长。当然,室外逐时干球温度低于热舒适温度上限的时间表示各个城市可应用自然通风的潜力,并不是实际情况下可以利用的时间。

由图 3 可以发现,当天气较炎热时,由欧洲标准计算的非空调情况下的舒适温度上限值高于另外两类标准。不同于其他两种标准,EN 15251:2007(E)标准中温度限值是以室外动态平均温度为基础得出的,综合考虑了室外温度及其变化惯性对人体热舒适感觉的影响,当室外温度较高时,其热舒适温度限值也较高,这种逐日变化的热舒适温度限值可能更符合人们的实际感觉。考虑将火车站公共区域标准限值适当放宽,可采用 EN 15251:2007(E)标准中 65%满意度对应的温度上限值作为火车站公共区域自然通风条件下的热舒适温度上限。

由图 4 可以看出,虽然 ASHRAE 标准和欧洲标准计算得出的非空调情况下的室内热舒适温度下限仍有区别,但普遍在 20 ℃左右波动。而根据新版《暖通规范》,对于火车站公共区域这种旅客短期逗留区域,冬季空调设计温度最低可至 16 ℃。因此,上述标准非空调情况下的室内热舒适温度下限与我国供暖空调情况下的设计温度相比并没有明显的节能优势。考虑到自然通风条件下可接受的温度范围相对较大[10]及节能要求,参考 EN 15251:2007(E)中的做法,将新版《暖通规范》中短期逗留区域冬季空调设计温度的下限值 16 ℃作为火车站公共区域自然通风条件下的热舒适温度下限值。

2　建筑模型参数的确定

2.1　建筑情况及围护结构参数

地处夏热冬冷地区的南京市某大型铁路客站，站房为线侧式站房。主站房总长 270 m，总宽 54.5 m，总建筑面积 41 000 m^2，最高聚集人数 10 000 人。车站共有 1 个进站大厅和 6 个候车室。车站平面图见图 5 和图 6。模型车站的围护结构参数见表 3。各房间的窗墙面积比及实际开窗情况见表 4。

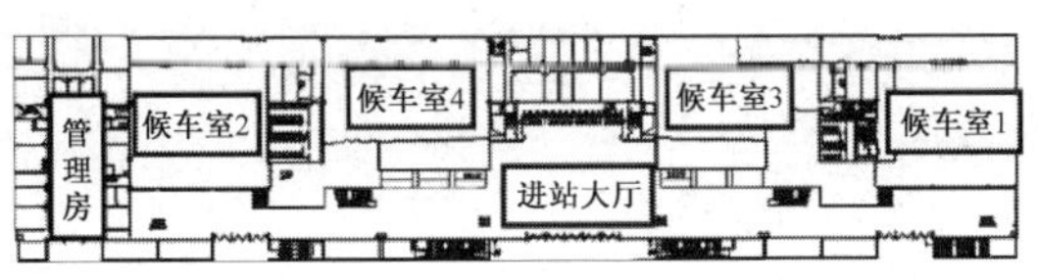

图 5　车站地上 1 层平面图

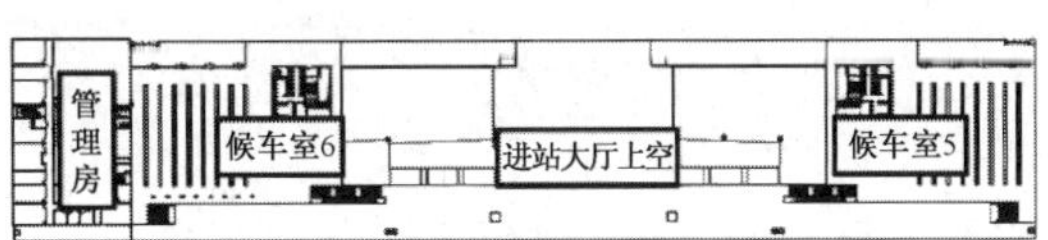

图 6　车站地上 2 层平面图

表 3　车站围护结构参数

围护结构	材料	厚度/mm	传热系数/$(W \cdot m^{-2} \cdot K^{-1})$
外墙	乳胶漆	20	0.68
	加气混凝土	200	
	花岗岩	50	
玻璃幕墙	镀膜双层玻璃	6+9+6	2.69
屋顶	岩棉	50	0.26
	复合铝合金板	65	
	岩棉	50×2	

表 4　车站不同朝向窗墙面积比及实际开窗面积比

朝向	北	南	东
窗墙面积比	0.52	0.80	0.49
实际开窗面积与窗面积之比	0.040	0.019	0.056

表 5　1 月 1 日 00:00 室外参数

干球温度/℃	含湿量/$(g \cdot kg^{-1})$	风速/$(m \cdot s^{-1})$	风向/(°)	散射辐射/$(W \cdot m^{-2})$	直射辐射/$(W \cdot m^{-2})$
5.5	4.5	4	0	0	0

注：风向角度表示与北向的顺时针夹角。

2.2　气象参数

模拟计算中采用的室外气象参数见表 5。

2.3　内扰作息模式和其他参数的确定

1) 内扰作息模式

笔者于 2010 年 8 月 19—20 日现场调研了被模拟车站的客流、照明及设备情况，模型车站的内扰作息模式根据调研结果确定，见表 6。

表 6　车站内扰作息模式

修车区域	内　扰	参数值	作　息
候车室 1，2	人员密度	0.35 人/m^2	24 h 运营
	设备、灯光负荷	20 W/m^2，10.3 W/m^2	
候车室 3～6	人员密度	0.35 人/m^2	灯光 19:00—06:00
	设备、灯光负荷	20 W/m^2，10.3 W/m^2	
进站大厅	人员密度	0.35 人/m^2	灯光 19:00—06:00
	设备、灯光负荷	20 W/m，10.3 W/m^2	

2）风压系数

Visual ESP-r 软件自带 29 种风压系数，每一种针对某一建筑围护结构情况包含 16 个来流方向的风压系数值，综合考虑了在全年风向发生不同变化时建筑表面风压系数的变化。本次模拟主要采用了第 1 种、13 种、15 种的风压系数资料，分别针对屋顶和不同长宽比的外墙的风压系数值。

车站模型见图 7。

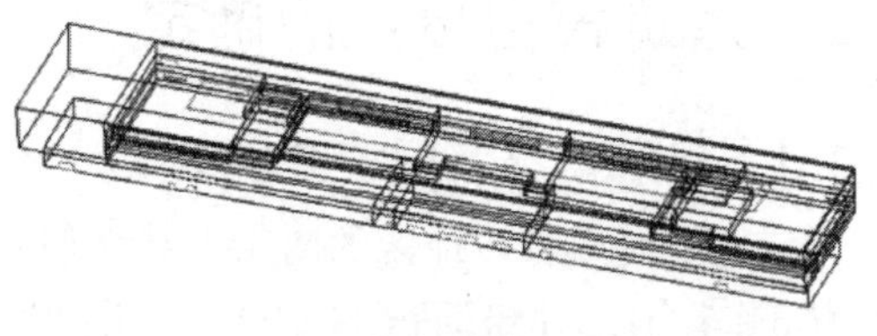

图 7　车站模型侧视图（东北轴测）

3　计算结果及分析

3.1　原始模型模拟结果

采用 Visual ESP-r 软件计算得出建筑表面各个开口的逐时通风量和各个候车室自然通风条件下的逐时温度，根据建筑表面各个开口的逐时通风量计算出车站全年自然通风条件下的逐时通风换气次数，结果见图 8。计算得年平均换气次数为 1.9 h^{-1}。

将模拟得出的进站大厅和各候车室的逐时温度与自然通风热舒适标准（自然通风条件下的热舒适标准上限采用 EN 15251:2007(E) 中 65% 满意度上限，下限为 16 ℃）进行比较，得出各个候车区域的自然通风满足时间，结果见表 7。进站大厅的逐时温度与热舒适标准上下限值比较曲线见图 9。

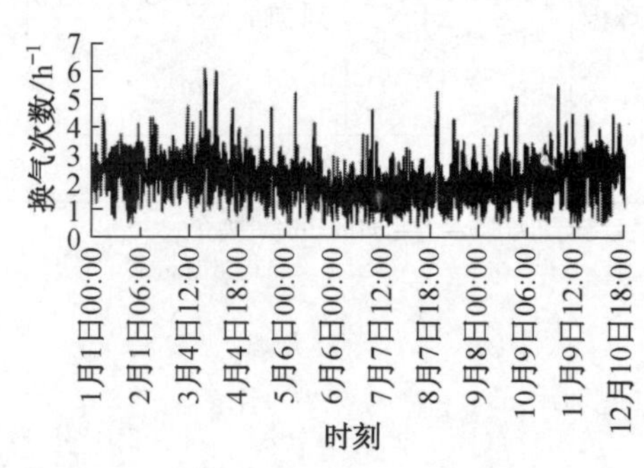

图 8　车站全年自然通风条件下的逐时通风换气次数

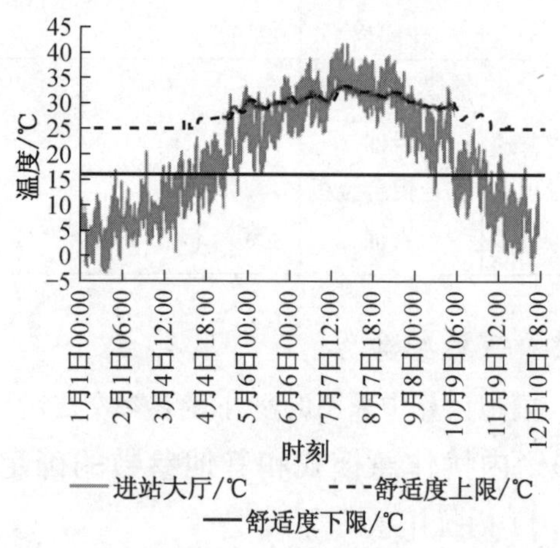

图 9　自然通风条件下车站进站大厅逐时温度

由表 7 可以看出，对于被模拟车站，非供暖季各候车区域的自然通风满足率普遍在 50% 左右。

表 7　全年各候车室温度满足自然通风热舒适标准的时间

标准	进站大厅	候车室 1	候车室 2	候车室 3	候车室 4	候车室 5	候车室 6	车站总体
满足时间/h	3 521	3 270	3 074	3 529	3 554	3 692	3 773	3 488
不满足时间/h	3 391	3 642	3 838	3 383	3 358	3 220	3 139	3 424
满足率/%	50.9	47.3	44.5	51.1	51.4	53.4	54.6	50.5

在室外温度较高时，仅靠自然通风不能满足室内的降温需求，在室外温度高于热舒适温度上限时宜采用夜间通风的间歇式通风方式。

此外，由表 7 可知，候车室 1，2 的室内温度满足自然通风热舒适标准的时间明显短于其他候车区域，这是由于候车室 1，2 的结构比较相似，对外开口面积均较小。其中候车室 2 仅有北侧几个窗户和门可以与外界自然通风，且结构相对封闭，与室内其他空间的隔断也较多，连通性不好，仅有一个门与其他候车室连通，所以候车室 1，2 内的空气流动性较差，温度较高，热舒适满足时间均较短。

3.2 开口面积变化比较分析

分别将模型表面的开口面积变为原来的 1/4，1/2 和 2 倍，即模型表面的开口面积比分别变为 0.01，0.02 和 0.08，重新进行模拟计算。不同表面开口面积比下车站自然通风年平均换气次数模拟计算结果见表 8，根据模拟计算出的车站在不同情况下的自然通风可利用时间，得出车站在不同表面开口面积情况下的自然通风满足率(表 8)。不同表面开口面积时各候车区域的自然通风可利用时间见图 10。

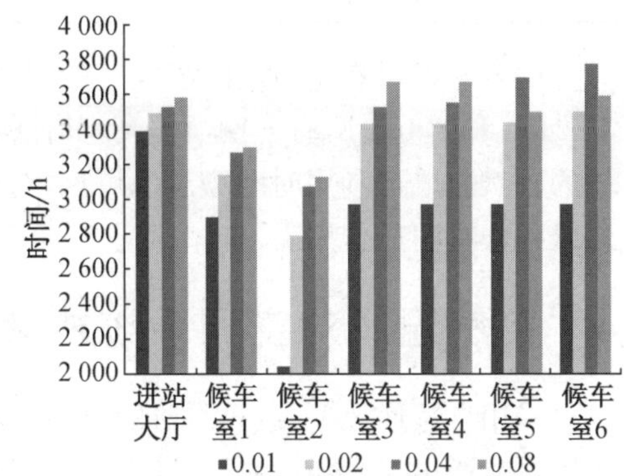

图 10 车站各候车区域在不同表面开口面积比下的自然通风可利用时间

表 8 不同表面开口面积比下车站各候车区域自然通风可利用时间和自然通风满足率

开口面积比	换气次数/h^{-1}	自然通风可利用时间/h	自然通风满足率/%(不含供暖时间)
0.01	0.87	2 983	43.2
0.02	1.42	3 319	48.0
0.04	1.95	3 488	50.5
0.08	3.45	3 494	50.6

由表 8 可以看出，当开口面积比为 0.01～0.04 时，随着开口面积的增大，自然通风满足率增大较明显，但开口面积比由 0.04 上升到 0.08 时，自然通风可利用时间只增加了 0.2%。由图 10 可知，当开口面积比由 0.04 增加到 0.08 时，进站大厅、候车室 1～4 的自然通风可利用时间均增加，而候车室 5，6 的自然通风可利用时间反而减少，这是由于候车室 5，6 的开口面积大于其他候车区域，其表面开口面积增大为原来的 2 倍时，使得其表面开口面积比其他候车室增大较多，导致围护结构的热惰性变差，室内温度更容易受室外温度的影响。

综上所述，开口面积增大，自然通风的效果会更明显，但其对自然通风的促进作用也不是无限制的，过度增大开口面积，可能导致围护结构的热惰性变差，室内温度更容易受室外温度的影响。

3.3 加强室内连通性比较分析

由3.1 节中原始模型模拟结果可知，候车室 1，2 的自然通风可利用时间较短，考虑到候车室 1,2 的室内连通性较差，在原始模型基础上加强候车室 1，2 的室内连通性，将候车室 2 的一面墙改为与进站大厅直接相通的开口，候车室 1 进行相同处理，重新进行模拟计算，结果见表 9。

表 9 原始模型和优化模型各候车区域自然通风可利用时间和自然通风满足率

模型		进站大厅	候车室 1	候车室 2	候车室 3	候车室 4	候车室 5	候车室 6	车站总体
原模型	可利用时间/h	3 521	3 270	3 074	3 529	3 554	3 692	3 773	3 488
	满足率/%	50.9	47.3	44.5	51.1	51.4	53.4	54.6	50.5
优化模型	可利用时间/h	3 520	3 601	3 468	3 509	3 509	3 620	3 684	3 559
	满足率/%	50.9	52.1	50.2	50.8	50.8	52.4	53.3	51.5

由表 9 可以看出，候车室 1，2 的自然通风可利用时间分别由 3 270 h 和 3 074 h 增加到 3 601 h 和 3 468 h，有了明显提高，其他候车室的自然通风可利用时间基本不变，铁路客站总体的自然通风可利用时间增加。可见，对于被研究铁路客站，增加室内连通性对改善室内自然通风条件有明显作用。

4 自然通风对空调系统能耗的影响

采用自然通风不仅可以保证室内的舒适度，最重要的是可以降低空调系统的能耗。为了比较自然通风对能耗的影响，这里计算两种情况，一种是整个供冷季都使用空调系统，另一种则是仅在自然通风不能满足热舒适需求时使用空调系统。

对车站进行两种运行模式下的建筑负荷计算，结果见表 10。取空调系统的 COP 值为 3，计算空调系统的全年能耗，结果见表 10。

表 10 空调系统运行能耗

工况	供冷季负荷/kW	能耗/(kW・h)
空调工况	4 828 962	1 609 654
自然通风+空调	4 105 713	1 368 571
节能率/%		15.0

由表 10 可以看出，车站利用自然通风可使车站供冷季有 15.0%的节能潜力。

5 结论

(1) 南京处于夏热冬冷地区，夏季室外温度高，冬季室外温度低，过渡季时间短。室内满足自然通风热舒适标准的时间占全年时间(不含供暖季)的 50%左右，车站利用自然通风可使供冷季有 15%的节能潜力。对于夏热冬冷地区的铁路客站，空调系统虽然不能被取消，但是自然通风技术的合理应用可以降低建筑空调冷负荷，缩短空调使用时间，达到降低能耗的目的；对于处于寒冷或严寒地区、温和地区的铁路客站，自然通风的可利用时间比例会更高，自然通风存在更大的节能意义。

(2) 合理增大建筑表面开口面积比可以增加车站自然通风可利用时间，但过度增大开口面积也可能导致围护结构的热惰性变差，对于不同的车站应该进行有针对性的建筑表面开口面积的优化设计；对于相对较封闭、室内连通性较差的候车室，增强其与其他候车室的连通，也可改善候车室的自然通风利用情况，增加自然通风可利用时间。

参考文献

[1] 张金萍,李安桂. 自然通风的研究应用现状与问题探讨[J]. 暖通空调,2005,35(8):32-37.

[2] 唐德超,石洪. 自然通风和建筑节能[J]. 中国住房,2011,19(5):76-79.

[3] Fanger P O, Toftum J. Extension of the PMV model to non-air-conditioned buildings in warm climates [J]. Energy and Buildings, 2002, 34(6):533-536.

[4] ASHRAE. ASHRAE Standard 55-2004 Thermal environmental conditions for human occupancy[S]. Atlanta: ASHRAE, 2004.

[5] Brager G S, de Dear R J. A standard for natural ventilation[J]. ASHRAE J, 2000,42(10): 21-28.

[6] CEN. EN 15251: 2007(E) Criteria for the indoor environment including thermal, indoor air quality, light and noise[S]. Brussels: European Committee for Standardization, 2007.

[7] 中国建筑科学研究院. GB 50019—2011 民用建筑采暖通风与空气调节设计规范(送审稿)[S/OL]. [2011-11-10]. http://ishare.iask.sina.com.cn/f/18686210.html? retcode=0.

[8] 中国气象局气象信息中心气象资料室,清华大学建筑技术科学系. 中国建筑热环境分析专用气象数据集[M]. 北京:中国建筑工业出版社,2005.

[9] 陆耀庆. 实用供热空调设计手册[M]. 2版. 北京:中国建筑工业出版社,2008.

[10] 马卫武,孙政,周谦,等. 夏热冬冷地区客运站候车室夏季热舒适性[J]. 土木建筑与环境工程,2009,31(5):100-105.

不同气候区铁路客站自然通风使用策略研究*

毛红卫　刘东　赵奕

摘　要：确定了铁路客站自然通风的热舒适标准；结合实地调研，分别采用 DeST 和 CFD 软件模拟研究了自然通风在不同气候区铁路客站中的应用；分析了利用自然通风提高铁路客站的热舒适性并降低空调系统能耗的可能性；重点给出了不同气候区铁路客站利用自然通风时应采取的策略，为今后铁路客站的自然通风设计提供参考和依据。

关键词：铁路客站；自然通风；模拟分析；使用策略；热舒适

Natural Ventilation Application Strategies of Railway Stations in Different Climatic Regions

MAO Hongwei，LIU Dong，ZHAO Yi

Abstract：Determines thermal comfort standards suitable for natural ventilation of railway stations. Simulates the application of natural ventilation to railway stations in different climatic regions using the DeST and CFD software with input data from field investigation. Analyses the practicability of using natural ventilation to improve the indoor thermal comfort of railway stations and reduce the energy consumption of air conditioning systems. Emphasizes the natural ventilation strategies which should be adopted in these regions，providing a reference and basis for future natural ventilation design of railway stations.

Keywords：railway station；natural ventilation；simulation analysis；application strategy；thermal comfort

0　引言

自 2003 年以来，中国高速铁路建设以史无前例的速度向前推进。作为高速铁路的重要组成部分，高铁客站迎来了快速建设的难得机遇。预计至 2012 年年底，全国 1.3 万 km 的高速铁路线上将建成 804 座现代化铁路客站，总面积达 2 400 万 m^2。其中，特大型铁路客站 51 座，总面积达 945 万 m^2[1]。现代化铁路客站建筑空间高大、人员密度和人员流动性大、使用时间长，其暖通空调系统具有高能耗的特点。在建设资源节约型社会的大背景下，铁路客站的节能减排已经引起各界的重视。为实现铁路客站的可持续发展，达到资源节约和环境友好的目的，建造更多更好的可持续发展的绿色铁路客站建筑迫在眉睫。

目前铁路客站建筑中常用的节能技术有建筑光伏一体化、自然通风、地源热泵和自然采

*《暖通空调 HV & AC》2012，42(10)收录。

光，其中自然通风不需要动力设备，不消耗任何能源，是一种被动式绿色节能技术。

然而，目前针对铁路客站建筑自然通风的研究较少。李传成等以高架铁路客站为研究对象，分析了高架铁路客站的空间结构特点和热环境特点，通过 CFD 模拟验证了自然通风节能策略的适用性[2]。於仲义等应用零方程湍流模型对鄂尔多斯站高大空间连通体的热 环境进行了模拟和分析[3]。文献[4-6]与以上研究相似，多采用实验和 CFD 方法对特定气候区的铁路客站进行了分析。本文将重点研究不同气候区铁路客站自然通风的适用性，力图为今后铁路客站的自然通风设计提供参考和依据。

1　铁路客站自然通风条件下的热舒适标准

目前国际上公认的热舒适评价指标是 Fanger 教授提出的 PMV-PPD 指标，但有研究表明，PMV-PPD 指标对于自然通风建筑的热舒适性评价不太准确，偏差较大[7]。因此，可参考的自然通风热舒适标准有 ASHRAE 标准和欧洲标准。

1.1　ASHRAE 标准

ASHRAE Standard 55—2004 中关于自然通风热舒适性方面推荐的评价标准是适应性热舒适标准(adaptive comfort standard)，该标准是以 Richard 等人的研究为基础优化得到的。

ASHRAE Standard 55—2004 中指出，在一定的温度范围内，室内舒适温度与室外温度线性相关(图 1)，计算公式如下：

$$t_0 = 0.31 t_{a,\,out} \pm 1.78\ ℃ \quad (10\ ℃ < t_{a,\,out} < 33\ ℃) \tag{1}$$

式中　t_0——热中性时的作用温度(以月为单位变化)，℃；

$t_{a,\,out}$——室外月平均温度，℃。

$t_0 \pm 2.5$ ℃为 90%满意度对应的舒适区，$t_0 \pm 3.5$ ℃为 80%满意度对应的舒适区。

1.2　欧洲标准

欧洲标准委员会(CEN)制定的标准 EN15251：2007(E)针对非空调建筑也提出了相应的舒适性标准。在该标准中，室内舒适温度与室外温度线性相关(图 2)，这点与 ASHRAE 标准相似。

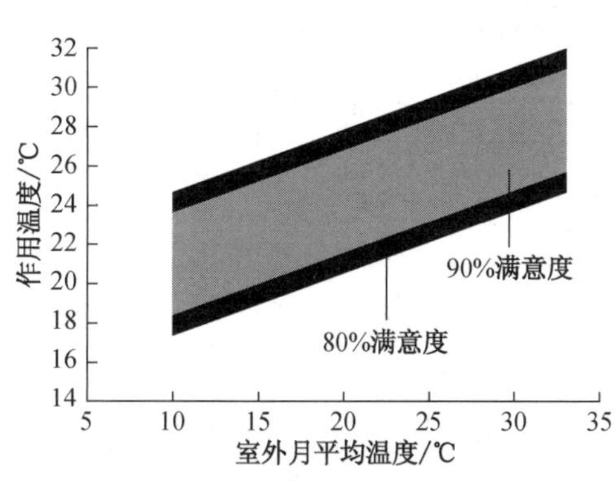

图 1　ASHRAE Standard 55 — 2004 非空调房间可接受的舒适温度范围

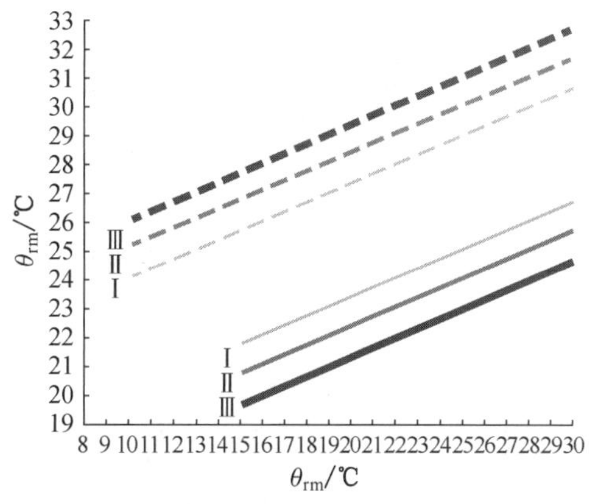

图 2　EN15251：2007(E)中非空调房间可接受的舒适温度范围

计算公式如下：

$$\text{Ⅰ 类上下限：}\Theta_0 = 0.33\Theta_{rm} + 18.8\ ℃ \pm 2\ ℃ \tag{2}$$

$$\text{Ⅱ 类上下限：}\Theta_0 = 0.33\Theta_{rm} + 18.8\ ℃ \pm 3\ ℃ \tag{3}$$

$$\text{Ⅲ 类上下限：}\Theta_0 = 0.33\Theta_{rm} + 18.8\ ℃ \pm 4\ ℃ \tag{4}$$

式中　Θ_0——室内作用温度的限值(以日为单位变化)，℃；

Θ_{rm}——室外日动态平均温度，℃。

该标准中，Ⅰ类对应 90%满意度，Ⅱ类对应 80%满意度，Ⅲ类对应 65%满意度。

1.3　标准之间的比较

为考察 ASHRAE 标准和欧洲标准之间的区别，分别应用 ASHRAE 标准和欧洲标准对不同城市的铁路客站在自然通风情况下的热舒适温度限值进行了计算，结果见表 1(其中总时间＝全年 8 760 h－供暖期时间)。表中各城市室外逐时干球温度低于不同标准限值的时间表示各个城市潜在的自然通风可利用时间，并不是实际情况下的自然通风利用时间。

1.4　热舒适性标准的确定

针对不同气候区铁路客站所在的城市，考虑到自然通风条件下室外环境对人们心理的影响，及欧洲标准更接近国内实际情况，故采用欧洲标准的舒适温度上限作为本文自然通风情况下铁路客站室内舒适温度的上限。考虑到本文研究的对象铁路客站中人员是短期逗留，认为可将欧洲标准适当放宽，因此大型、中小型铁路客站自然通风条件下室内舒适温度上限分别参照欧洲标准 EN 15251：2007(E)中非空调情况下 80%和 65%满意度对应的标准。

由于根据 ASHRAE 标准和欧洲标准计算得出的非空调情况下的舒适温度下限比 GB 50276—2012《民用建筑供暖通风与空气调节设计规范》中短期逗留区域冬季空调舒适温度下限高出较多，出于实际操作的可行性及节能方面的考虑，本文将 GB 50276—2012《民用建筑供暖通风与空气调节设计规范》中短期逗留区域冬季空调舒适温度下限(16 ℃)作为非空调情况下的室内热舒适温度下限。

表 1　室外逐时干球温度低于不同标准的时间(不包括供暖期)

城市	低于 ASHRAE 标准 80% 满意度上限		低于欧洲标准 80% 满意度上限		低于欧洲标准 65% 满意度上限		低于新版暖通规范[1)] 上限(30 ℃)		总时间(不包含供暖期)/h
	时间/h	比例/%	时间/h	比例/%	时间/h	比例/%	时间/h	比例/%	
哈尔滨	3 526	80.7	4 230	96.8	4 298	98.4	4 297	98.4	4 368
长春(吉林)	3 511	74.3	4 638	98.1	4 685	99.1	4 679	99.0	4 728
沈阳(抚顺)	4 853	94.5	4 984	97.0	5 067	98.7	5 010	97.5	5 136
乌鲁木齐	3 553	81.3	4 015	91.9	4 123	94.4	4 104	94.0	4 368
石家庄(保定)	4 529	77.3	5 420	92.6	5 588	95.4	5 435	92.8	5 856
南京	5 151	74.5	6 443	93.2	6 610	95.6	6 318	91.4	6 912
厦门(泉州)	8 146	93.0	8 359	95.4	8 546	97.6	8 236	94.0	8 760
琼海(三亚)	7 685	87.7	8 019	91.5	8 344	95.3	7 741	88.4	8 760

注：指 GB 50276—2012《民用建筑供暖通风与空气调节设计规范》。

2　研究方法

2.1　现场调研

考虑到我国领土幅员辽阔，气候南北差异明显，笔者分别于 2009 年 12 月对哈尔滨西站，2010 年 7—9 月对乌鲁木齐、抚顺、南京、泉州、海口及三亚车站的自然通风情况进行了调研，调研内容包括：①车站运行特点，包括人员密度、旅客发送密度、车站等候时间等；②应用自然通风的月份、时间、运行方式（何时开空调，何时采用自然通风），自然通风的实际效果；③可开启窗面积、建筑物形体、窗的开启方式、冬季防渗透的做法；④铁路客站通风路径、实际通风换气次数、自然通风条件下室内温湿度等；⑤利用机械通风装置降温的情况；⑥能耗记录。

其中，通风路径调研是为了研究铁路客站的通风情况，反映通风的类型，以辅助模拟研究来改善自然通风；实际换气次数调研是为了通过实测候车厅、售票大厅等空间各个通道口的进出风量，结合建筑面积，计算得到整个建筑的换气次数；而自然通风条件下的室内温湿度能够反映自然通风的效果，参考人员热舒适条件，可论证利用自然通风能否满足室内热舒适需求。此外，对空调设计、运行情况及能耗等也进行了调研。

2.2　计算机模拟分析

2.2.1　DeST 动态模拟

为了动态模拟铁路客站全年的自然通风状况，采用建筑能耗模拟分析软件 DeST 进行模拟分析，得出不同车站自然通风的应用时间及节能效果，并分析不同条件（例如开窗率、遮阳系数等）对自然通风的影响。下面以保定东站为例建立 DeST 分析模型。

保定东站的围护结构参数参考建筑图纸设定，具体的客流量、候车大厅和集散厅的人员密度及作息模式按照实际调研结果设定。候车大厅 1，2 的人员密度为 0.910 人/m^2，设备及灯光功率密度为 5 W/m^2，全天 24 h 无变化。围护结构外墙和楼板热阻为 1.96(m^2 · K)/W，屋顶热阻为 2.50(m^2 · K)/W。外窗玻璃参数如表 2 所示。

表 2　外窗玻璃参数

各种参数	东西向窗	南北向窗	各种参数	东西向窗	南北向窗
传热系数/[W · (m^2 · K)$^{-1}$]	2.7	2.0	反射比/%	70	58
遮阳系数	0.5	0.7	透射比/%	70	26
得热系数	0.435	0.609	透过比/%	78	66

在建模过程中进行了适当的简化：①对模拟主体候车大厅尽量按照实际情况建模，其他功能区则划归为一个整体；②将 3 层挑高的候车大厅人为地分为 3 层，因为研究中更关注近地人员区域的温度场，若把 3 层挑高的候车大厅建模为一个整体，DeST 软件计算得出的是以整个候车大厅为一个节点的温度，不能真实反映靠近地面处的温度场；③侧墙上的外窗和屋顶的天窗合并为一个整体，但朝向等参数不变。图 3 为建立的 DeST 模型。

保定东站全年自然通风条件下的换气次数分布如图 4 所示。由于保定地处寒冷地区，冬季要加强密闭性并尽量减少室外风的渗入，因此分析自然通风的可行性时仅考虑过渡季和夏季的情况，冬季则不予考虑。

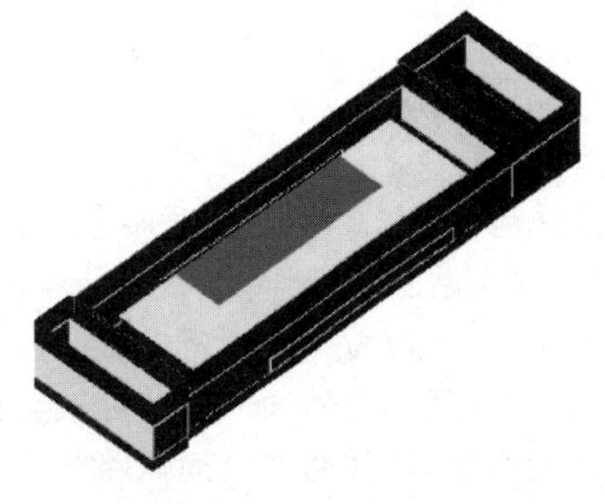
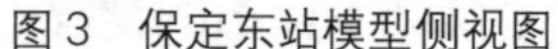

图3　保定东站模型侧视图

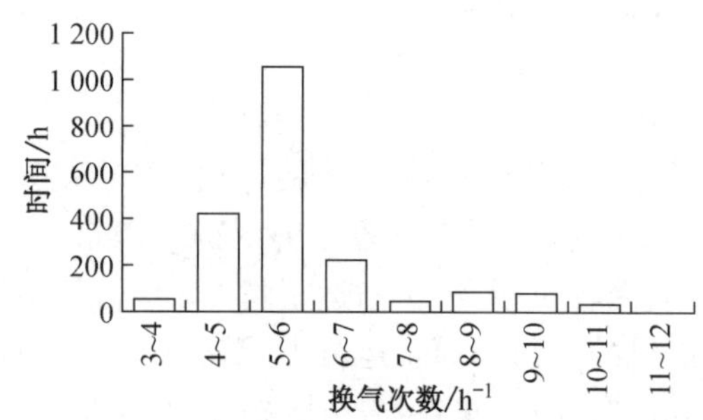

图4　保定东站全年自然通风条件下的通风换气次数分布

从模拟结果可以看出，保定车站全年通风换气次数超过 5 h^{-1}的比例达到了 76.3%。过渡季和夏季的平均换气次数为 6.14 h^{-1}。将计算得到的逐时温度与舒适度标准进行比较得到图 5，舒适度上限采用欧洲标准 65%满意度对应的温度上限，由于保定冬天供暖，所以不考虑标准的下限，从而得出保定东站非供暖季采用自然通风能满足舒适度标准的时间为 3 413 h，不满足时间为 2 443 h，满足率为 58.3%。

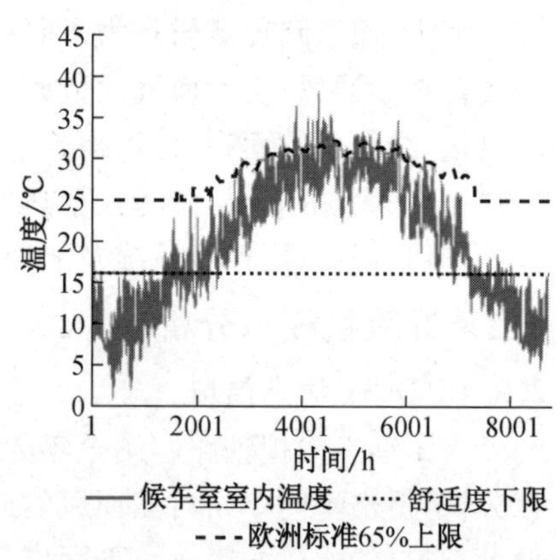

图5　保定东站候车大厅自然通风状态下的室内温度分布

使用 DeST 软件对保定车站进行负荷模拟，根据经验将空调系统平均 COP 取为 3.0，其余参数采用软件中的缺省值，计算得到全年空调情况下的能耗。根据可利用自然通风的时间，将空调全年能耗扣除可利用自然通风时段内的能耗，可得到自然通风结合空调工况下的能耗。两种工况下的能耗对比如表 3 所示，引入自然通风可使制冷季能耗降低 24%，折算为一次能源可节省标准煤 37 549 kg，减少 CO_2 排放约 94 t。

表 3　　保定东站候车厅两种工况下年空调能耗对比

工况	累计冷负荷/kW	累计耗电量/(kW·h)	节能率/%
全空调	790 808	263 603	
自然通风+空调	603 067	201 022	24

2.2.2　CFD 静态模拟

采用 DeST 软件计算得出的候车区域室内温度是该区域的平均温度，当平均温度满足舒适度的要求时，并不代表室内各点的温度均能满足舒适度要求，所以为考察候车室的实际温度分布是否均匀，候车室各点的温度是否能满足热舒适要求，下面利用 CFD(computational fluid dynamics)方法分析候车厅的自然通风情况。

仍以保定东站为例建模，为了提高计算效率，对实际建筑进行合理简化，去掉座椅等室内装饰物，建筑外型简化为长方体，共划分约 240 万四面体网格进行计算。围护结构属性及室内热源参数与 DeST 模型保持一致，室外参数结合保定市的气象参数和 DeST 模拟得出的自然通风计算结果确定，选取典型工作日(6 月 13 日)09:00 作为计算时刻。DeST 模拟结果显示，该时刻采用自然通风能满足舒适性要求，且室内热舒适温度范围为 16 ℃～31.5 ℃。来流风向为东南向，平均风速为 1.6 m/s(气象站测量值)的梯度风，室外温度 27 ℃，考虑太阳辐射的影响。

图 6 为候车厅人员活动区的风速分布，由于站台位置的影响，并未形成穿堂风，室外空气经由南北两侧外门进入室内。图 7 为整个候车大厅的气流组织分布，可以看出除了南北侧外门，南北侧窗也起到了引入室外空气的作用，而室内热空气主要通过热压作用由天窗排到室外。因此候车厅的自然通风模式为：由南北侧外门、窗引入室外新风，由天窗排走室内热空气。

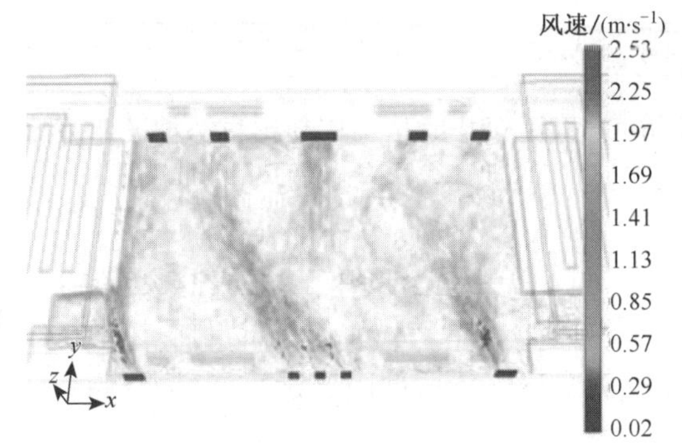

图 6　1 层候车大厅人员活动区风速分布

图 7　候车大厅空间气流组织分布

图 8 显示了 1 层候车厅人员活动区的温度分布，整体温度控制在 27 ℃～34 ℃之间。通过数据统计分析得出室内温度分布比例，如图 9 所示。97.5%的区域温度低于 31.5 ℃，而从图 8 可以发现温度高于 31.5 ℃的区域主要集中在两侧非人员滞留区，对候车厅整体舒适性影响不大。

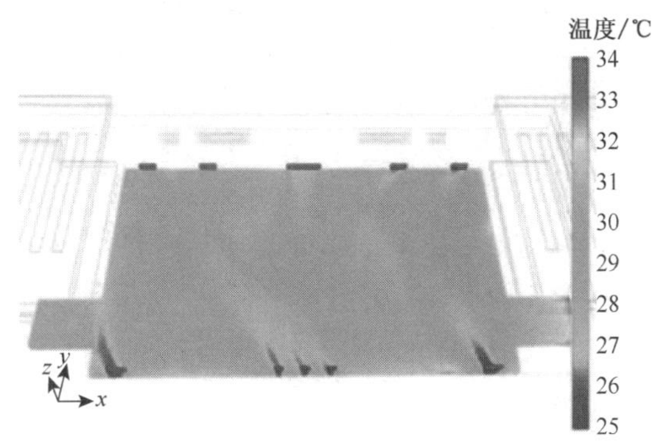

图 8　1 层候车大厅人员活动区温度分布

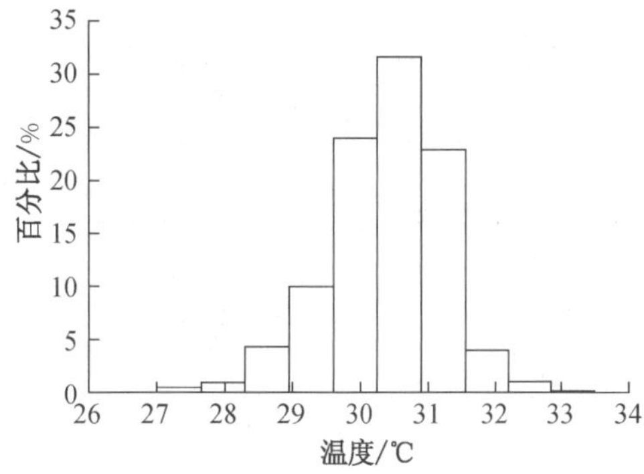

图 9　1 层候车大厅人员活动区温度分布比例

CFD 计算结果显示，自然通风能够满足候车厅内热舒适性要求，CFD 与 DeST 的分析结果相吻合。下面运用同样的分析方法，研究不同气候区铁路客站自然通风的适用性。

3　不同气候区铁路客站自然通风的使用策略

对寒冷地区、夏热冬冷地区、夏热冬暖地区典型铁路客站全年逐时室内温湿度参数进行模拟，得出各车站的自然通风可利用时间及节能率，计算结果见表 4。

表 4　　各车站的自然通风可利用时间与节能率汇总

汇总	抚顺	保定	南京	泉州	三亚
自然通风可利用时间/h	4 984	3 413	3 487	4 967	7 617
占全年总时间的比例/%	56.9	39.0	39.8	56.7	87.0
占非供暖季总时间的比例/%	97.0	66.4	50.5	56.7	87.0
全空调工况能耗/(MW・h)	80.0	395.1	1 609.6	1 054.0	1 392.0
自然通风+ 空调工况能耗/(MW・h)	17.0	301.5	1 368.6	675.0	456.6
节能率/%	78.8	23.7	15.0	36.0	67.2
CO_2减排/(t・a^{-1})	62.8	93.3	240.3	377.9	932.6

由表 4 可知,上述地区各车站均有利用自然通风的节能潜力,合理利用自然通风可以缩短车站夏季使用空调的时间,达到节能目的。特别是对于三亚新站,自然通风可利用时间所占比例高达 87%,利用自然通风的节能潜力很大。

不同气候区的车站,自然通风使用策略也不相同。严寒地区的火车站,夏季炎热时间短,应尽可能利用自然通风,但同时也需考虑可能带来的冬季冷风渗透量过大的问题;夏热冬暖地区的火车站,在考虑利用自然通风时,需认真分析夏季室内舒适度问题,探讨取消空调系统的可能性等。

通过对已有铁路客站自然通风情况的现场调研,结合气象参数分析和模拟计算结果,得出不同气候区不同规模铁路客站应用自然通风的特点及自然通风的适用范围,见表 5。

表 5　　建筑气候区与自然通风适用范围

气候区	冬季	夏季	过渡季	建议
严寒地区	不适宜,要考虑冬季供暖时的气密性	在自然通风情况下,一些大型铁路客站室内温度超过 31 ℃的时间可以缩短至 10 h 以内,超过 28 ℃ 的时间不超过 200 h,最高温度不超过 31.2 ℃;中小型铁路客站最高温度不超过 31 ℃,超过 28 ℃的时间不超过 100 h	适宜	夏季尽可能缩短空调运行时间,中小型铁路客站要考虑充分利用自然通风取消空调
寒冷地区	不适宜,要考虑冬季供暖时的气密性	中小型铁路客站自然通风满足时间可达全年总时间(不含供暖时间)的 98%	适宜	优化自然通风条件,缩短空调运行时间,中小型铁路客站可考虑取消空调
夏热冬冷地区	不适宜,要考虑冬季供暖时的气密性	不能取消空调,铁路客站自然通风满足时间可占全年总时间(不含供暖季)的 50%,凉爽的夜晚可考虑夜间通风	适宜	考虑夜间通风或过渡季自然通风,缩短空调时间
夏热冬暖除海南岛地区	适宜	不能取消空调,铁路客站自然通风满足时间占全年总时间的 60%	适宜	充分利用自然通风,缩短空调时间
海南岛	适宜	全年自然通风满足率可达 90%		室内舒适度要求不高的铁路客站可考虑取消空调,或加强遮阳,优化空调系统,以局部空调代替

（续表）

气候区	冬季	夏季	过渡季	建议
温和地区	室内温度低于16 ℃时，不进行大范围自然通风	以昆明为例，全年最高温度为30 ℃，超过28 ℃的时间仅15 h，一年80%的时间室外温度在10 ℃～28 ℃之间，有良好的自然通风条件		优化站房自然通风条件，使站房全年有良好的自然通风；在控制室内湿度的前提下，可考虑取消空调系统

4　结论

(1) 铁路客站自然通风条件下，室内热舒适温度上限选取欧洲标准EN 15251:2007(E)中非空调情况下65%满意度对应的温度上限，下限选取GB 50276—2012《民用建筑供暖通风与空气调节设计规范》中短期逗留区域冬季空调舒适温度下限（16 ℃）较为合适。

(2) 采用DeST软件动态模拟铁路客站全年自然通风的可利用时间及节能效果，采用CFD软件静态模拟某时间节点铁路客站内的温度分布，二者相互结合可以更有效地分析不同气候区铁路客站的自然通风利用效果。

(3) 不同气候区应采用不同的自然通风策略：①严寒地区可考虑取消空调，或尽可能缩短空调运行时间；②寒冷地区尽可能优化自然通风条件，中小型火车站应考虑取消空调，同时要考虑冬季供暖时的气密性；③温和地区重点应放在优化站房自然通风条件上，使站房全年有良好的自然通风，在控制室内湿度的前提下，可考虑取消空调系统；④夏热冬冷地区可考虑采用夜间通风或过渡季自然通风的运行模式；⑤夏热冬暖地区要充分利用自然通风，缩短空调运行时间，部分地区（如海南）要加强遮阳，可考虑自然通风辅以局部空调代替集中空调系统。

参考文献

[1] 王维敏. 中国高速铁路客站建设进入加速[EB/OL]. [2011-04-02]. http://project.newsccn.com/2010-12-13/26829.html.

[2] 李传成，李保峰，陈宏. 高架铁路客站整体自然通风节能策略研究[J]. 建筑学报，2011(1):105-109.

[3] 於仲义，王疆，陈焰华. 鄂尔多斯火车站站房高大空间自然通风应用研究[J]. 建筑科学，2010，26(10):93-96.

[4] 高宏. 某火车站房的自然通风效果模拟分析[J]. 建筑热能通风空调，2011，30(1):90-93.

[5] 田利伟，于靖华. 新广州火车站自然通风潜力分析[J]. 暖通空调，2011，41(9):82-86.

[6] 肖应潮. 新武汉火车站自然通风应用研究[J]. 暖通空调，2009，39(12):77-80.

[7] 王新林，赵奕，毛红卫，等. 夏热冬冷地区某大型铁路客站自然通风适用性研究[J]. 暖通空调，2012，42(2):95-100.

烘箱内部热环境的数值模拟研究*

刘 俊　刘 东　杭 寅

摘　要：应用计算机数值模拟方法对烘箱内的三维速度场和压力场进行了模拟，研究结果表明，原始模型的速度场和压力场很不均匀，改进后的模型分别考虑了挡板，导流板和回风圆管等对速度场和压力场的影响，综合了以上改进措施的方案四使得箱体内部的速度场和压力场的均匀性显著提高，涡旋的影响显著减弱，本方案基本满足了厂家提出的要求，对烘箱的改型具有一定的参考作用。

关键词：烘箱；数值模拟；速度场；压力场

Research on Numerical Simulation of Thermal Environment in Oven

LIU Jun, LIU Dong, HANG Yin

Abstract: By using numerical simulation methods, the three-dimensional velocity field and pressure field are numerically calculated in the oven. The result is as follows: the velocity field and pressure field of the original model are very uneven, the effect of baffle, guiding fin, and return intake cylinder on the velocity field and pressure field respectively are considered in the ameliorated model. The forth way, which makes use of the advantages of all the three ameliorated ways, has improved the uniformity of the velocity field and pressure field considerably, and meanwhile the effect of eddy has been reduced dramatically. So the refined project meets the needs proposed by the plant, and gives a reference for the oven design.

Keywords: oven; numerical simulation; velocity field; pressure field

0　引言

热敏纸生产过程的关键环节在于其烘干工艺，这就涉及到了用于烘干的设备-烘箱。烘箱送风的不均匀性会导致热敏纸的生产达不到工艺要求，从而有必要对烘箱内部的速度和压力分布做深入的研究。

对烘箱内的气流进行研究主要有两种方法：实验研究和计算机数值模拟。实验研究得出的结果可靠，但投资大，需要的时间长，同时也受到实验条件等的限制[1]。数值模拟可以通过计算流体力学(CFD)的方法计算气流的速度分布，压力分布和温度分布。本文采用 CFD 技术来研究烘箱内的气流，只考虑其速度场和压力场的分布。

本文是对实际工作的总结，研究的目的是对烘箱内部的热环境进行数值模拟，通过分析研究箱体内部的速度场和压力场，寻求合理的改进措施，为烘箱结构的优化设计提供参考。笔者将自己的工作做一汇总，希望能够为烘箱的改型提供参考。

*《建筑热能通风空调》2006，25(4)收录。

1　工程概况

1.1　烘箱的情况

研究对象为某生产热敏纸厂的烘箱，其平面结构示意图如图 1 和图 2 所示。

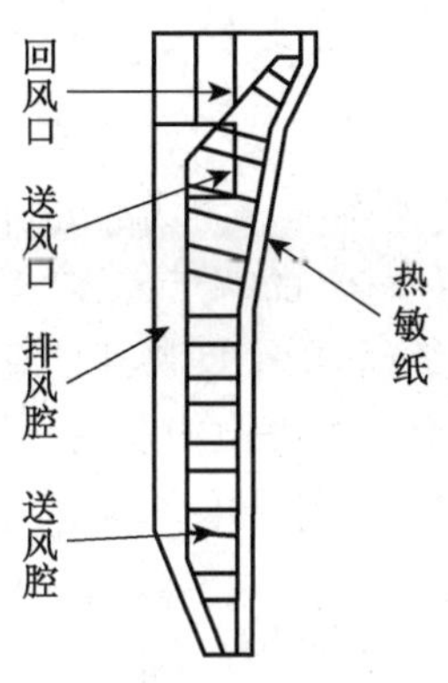

图 1　烘箱侧面示意图

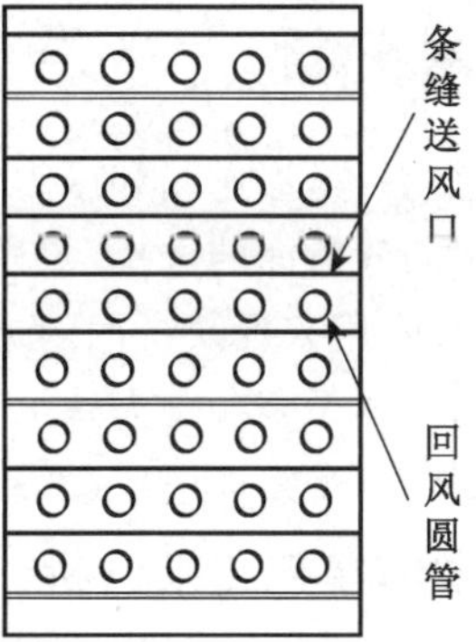

图 2　烘箱送风面结构示意图

1.2　研究的主要问题

对烘箱内部的热环境进行数值模拟，进而分析研究箱体内部的速度场和压力场，寻求合理的改进措施。

2　技术措施

2.1　CFD 技术简介

CFD 是英文 Computational Fluid Dynamics（计算流体动力学）的简称。简要地说，CFD 就是利用计算机技术求解流体流动的各种守恒控制偏微分方程组，这其中将涉及流体力学（尤其是湍流力学）、计算方法乃至计算机图形处理等技术。它相当于“虚拟”地在计算机上做实验，用模拟仿真实际的流体流动情况。而其基本原理则是数值求解控制流体流动的微分方程，得出流体流动的流场在连续区域上的离散分布，从而近似模拟流体流动情况。本文采用的 CFD 软件是 FLUENT。

2.2　建模

1）烘箱模型

烘箱模型如图 3 所示。烘箱的工作原理：烘箱的额定风量是 L 单位：(m^3/h)。送风机将温度在 100 ℃～150 ℃之间的热气流从送风口送入送风腔，通过位于送风面上的 10 个条缝送风口吹向纸面，来达到烘干热敏纸的目的；排风也是通过位于送风面上的 9 排（共 45 个）回风圆管排到回风腔，经由位于排风腔上部的回风口排出烘箱。图 3 中所示的腔体底面直接与大气接触，在模拟过程中可以将它处理为一个压力出口。如通过采取一定的措施来提高纸

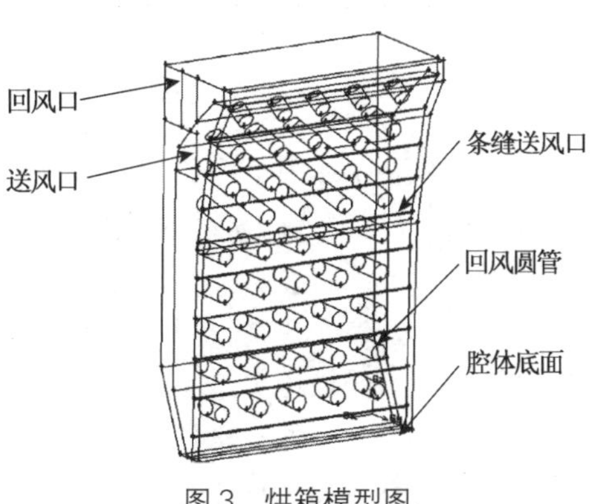

图 3　烘箱模型图

面上的压力及其均匀性，从而可以提高纸面上水蒸气的分压力，有利于热敏纸的除湿，则烘箱的烘干能力将得到显著地改善。

2) 控制方程[2]

模拟烘箱内的气流为稳态的三维不可压缩紊流流动，因此在计算中采用最常用的二方程湍流模型，基于有限容积法。

3 模拟结果分析

由于所考虑的只是流速场和压力场，故在此仅进行流速场和压力场的分析。

模拟中所用的分析面的选择：①送风面，用来反映送风气流的特点；②参考面，大致位于送风面和纸面的中间，用来反映纸面附近流场的均匀性；③纸面，用来反映其自身压力的均匀性。模拟结果的表达中由于有些图大致上具有一致的规律只有一些细微的差别，限于篇幅故省去。以上三个面分别由三个斜面组成，然后再向 x-z 平面投影得到下面的结果。

3.1 原始模型的模拟结果分析

根据以上的模拟结果可以得出以下结论：

(1) 由图 4 可见，条缝送风口气流分布不均匀。图 5 中，条缝口左侧小部分区域风朝斜上吹，右侧大部分区域朝斜下吹。

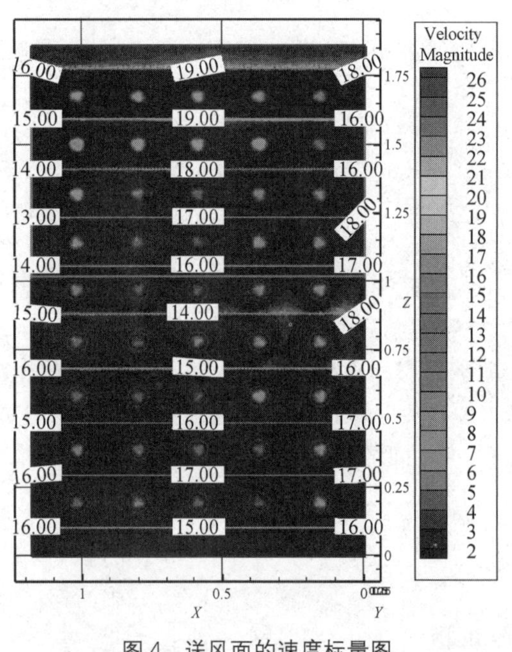

图 4 送风面的速度标量图

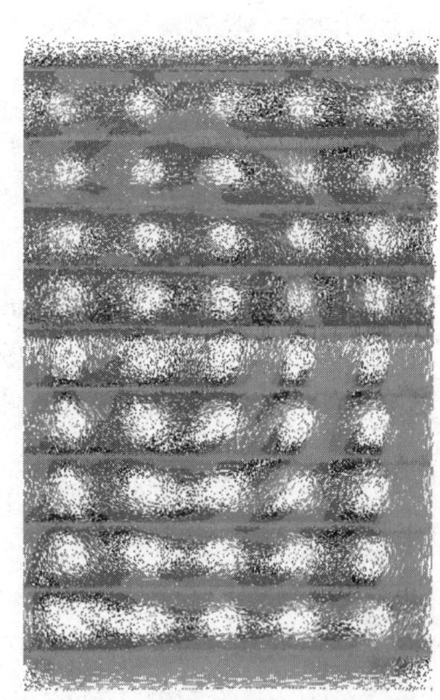

图 5 送风面的速度矢量图

(2) 由图 6 和图 7 可见，在吹向纸面的这个区域里，送风气流的影响比较显著，上部由于靠近送风口，气流比较紊乱，两边速度较大而中间较小，中部形成一漩涡，可以预见热敏纸的中部可能干燥效果较差。

(3) 由图 8 可见，纸面上压力分布也很不均匀，有将近一半的区域压力偏小(出现负值)，特别是中部的区域压力最小。

(4) 由图 9 可见，送风气流以较大的速度吹入，由于受到腔体壁面的阻挡而改变方向，导致送风气流自上而下形成一个顺时针方向的流动，中部形成一个漩涡区，也进一步地印证了以上的一些规律。

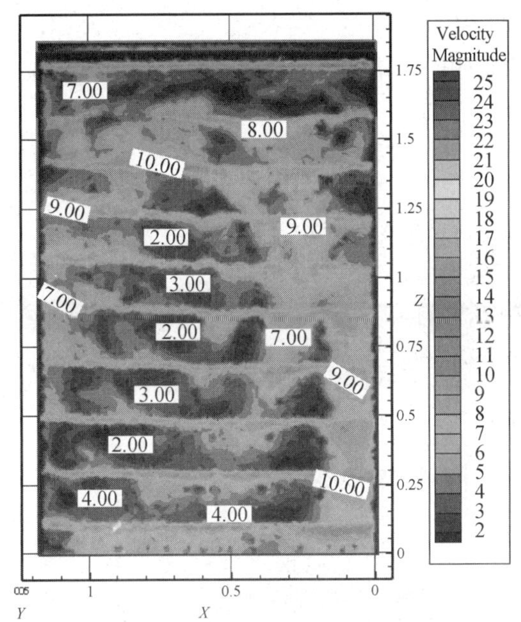

图 6　参考面的速度标量图

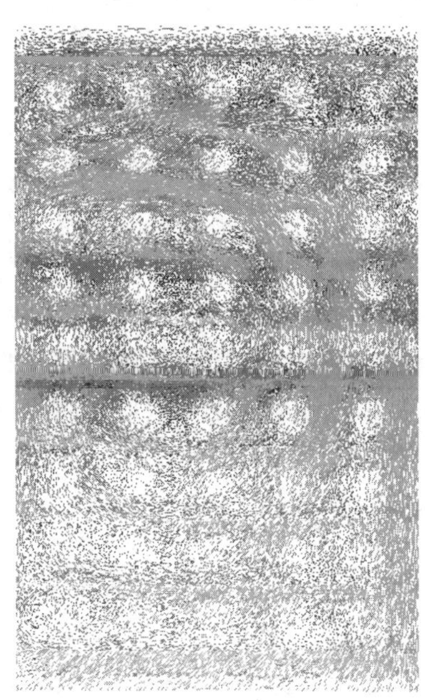

图 7　参考面的速度矢量图

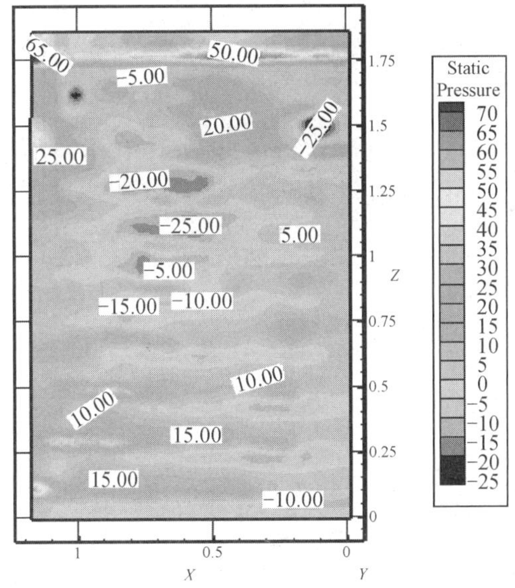

图 8　纸面压力分布图

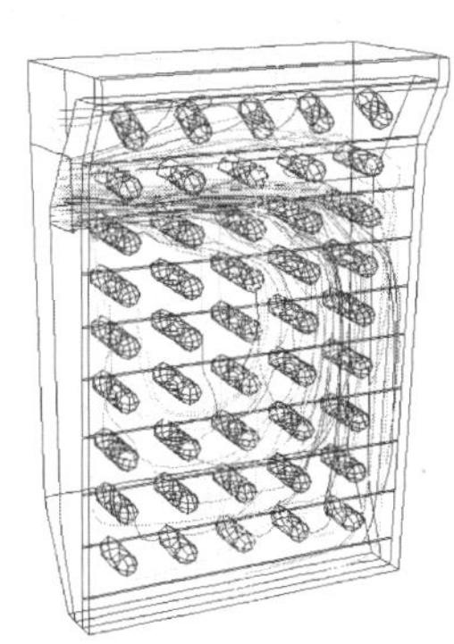

图 9　烘箱流线图

3.2　改进方案一的模拟结果分析

在送风口正对的侧壁上加装挡板，目的在于借此破坏送风气流顺时针方向的环形流动，进而改善腔体内部速度场和压力场的均匀性。

(1) 在此需要考虑挡板所处的高度以及挡板自身的长度和宽度对送风气流的影响。

根据送风腔内部的速度分布可以确定出挡板的宽度为 l_0(mm)。

(2) 挡板高度的确定分以下三种情况来讨论，从中选择最优方案。挡板长度会随着其高度的选定而确定。

(A):大致位于第四个回风管和第五个条缝口中间。

(B):大致位于第五个回风管和第六个条缝口中间。

(C):大致位于第三个回风管和第四个条缝口中间。

3.2.1 改进方案一 A 的模拟结果分析

根据以上的模拟结果可以得出以下结论:

(1) 由图 10 可见,由于挡板的阻挡作用,送风气流流向改变,做了类似“平抛”的运动,从而减小了漩涡区的影响范围,也提高了中下部区域的速度。

(2) 由图 11 可见,与原始模型相比,除了中上部的压力没有多大的改善外,纸面上其他区域的压力都有明显的增长,均匀性也有所提高。

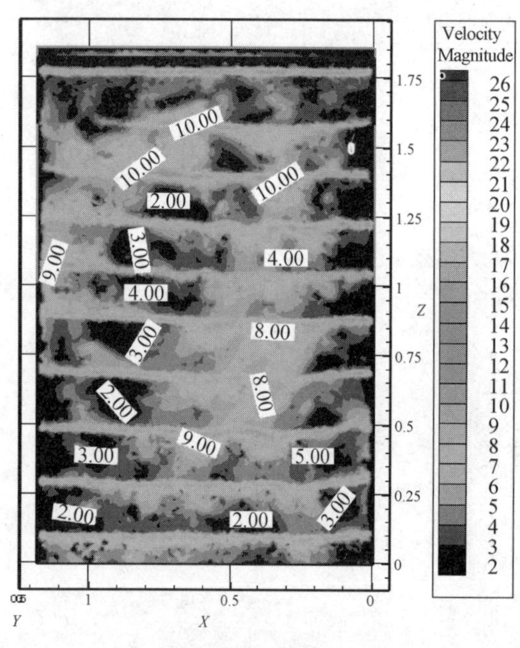

图 10 参考面的速度标量图

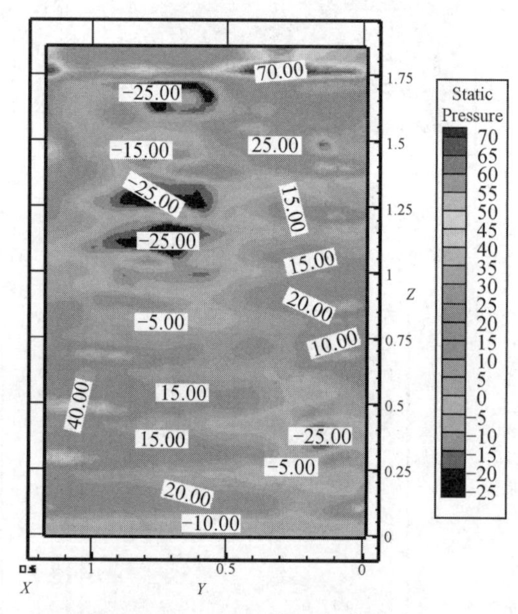

图 11 纸面压力分布图

3.2.2 改进方案一 B 的模拟结果分析

根据以上的模拟结果可以得出以下结论:

(1) 由图 12 可见,此方案在缩小漩涡区的影响区域和改变气流的流向方面与方案一 A 相似,不过由于其挡板位置较高,导致挡板以下区域速度稍微偏低。

(2) 由图 13 可见,在改善压力场均匀性方面与方案一 A 类似,略好于方案一 A。

3.2.3 改进方案一 C 的模拟结果分析

根据以上的模拟结果可以得出以下结论:

(1) 由图 14 可见,此方案与方案一 A 相比,气流的均匀性有一定的提高。

(2) 由图 16 可见,在改善压力场均匀性方面与方案一 A 类似。

3.2.4 改进方案一 A, B, C 的对比结论

(1) 可见增设挡板后,有利于缩小漩涡区的影响范围,有利于提高气流的均匀性,有利于提高提高纸面压力及其均匀程度。

(2) 方案 B 由于挡板位置较高导致挡板下部速度较小,故舍弃方案 B。

(3) 方案C比方案A相比能进一步的提高速度场与压力场的均匀性，故选择方案C。

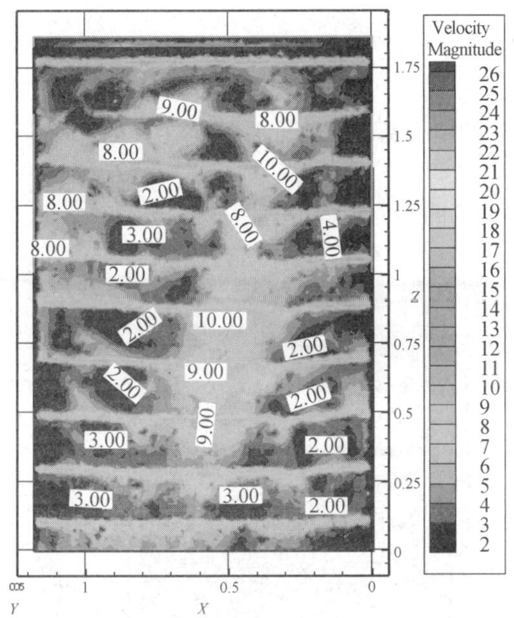

图 12 参考面的速度标量图

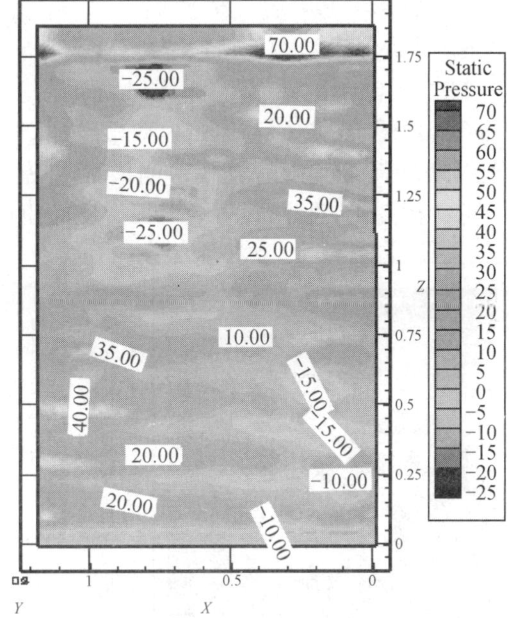

图 13 纸面压力分布图

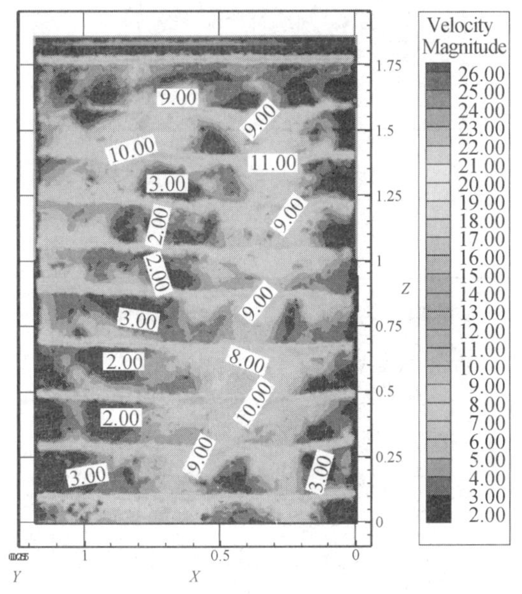

图 14 参考面的速度标量图

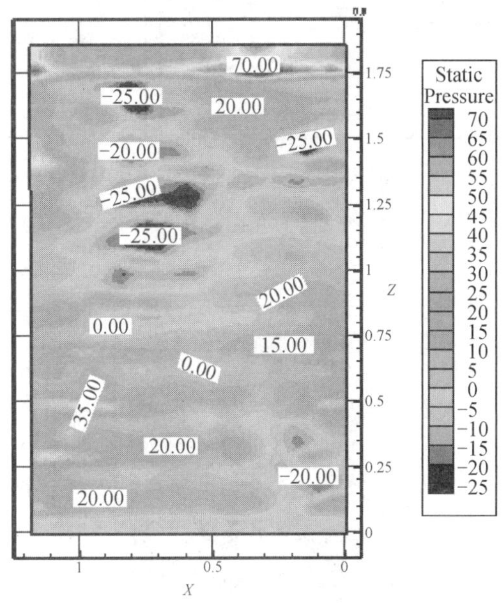

图 15 纸面压力分布图

3.3 改进方案二的模拟结果分析

在送风口处设置导流板，作用在于将送风气流分流，用下部分气流去破坏上部分气流所形成的顺时针方向的环形流动，以达到改善腔体内部速度场和压力场均匀性的目的。

导流板的高度位于送风口断面的中间。导流板的倾角根据送风口与挡板之间的倾角以及送风口处腔体内部结构来确定，定为 θ。导流板长度的确定分一下两种情况来讨论，从中选择较优方案。

(A) $L=l_1$。

(B) $L=l_2$,其中 $l_1=2l_2$。

3.3.1 改进方案二A的模拟结果分析

根据以上的模拟结果可以得出以下结论:

(1) 由图16可见,与原始模型相比,方案二A的中上部区域速度明显提高,右下部速度均匀性显著增强,漩涡区向送风口侧移动,并有所减小。

(2) 由图17可见,设置导流板后反而使得压力场的不均匀程度有所加剧。

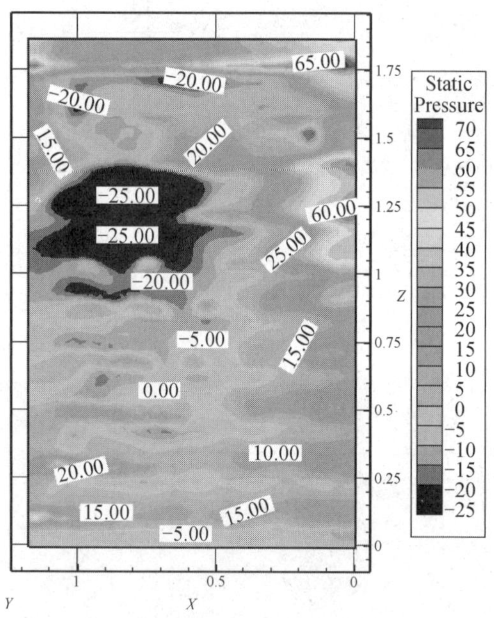

图16 参考面的速度标量图

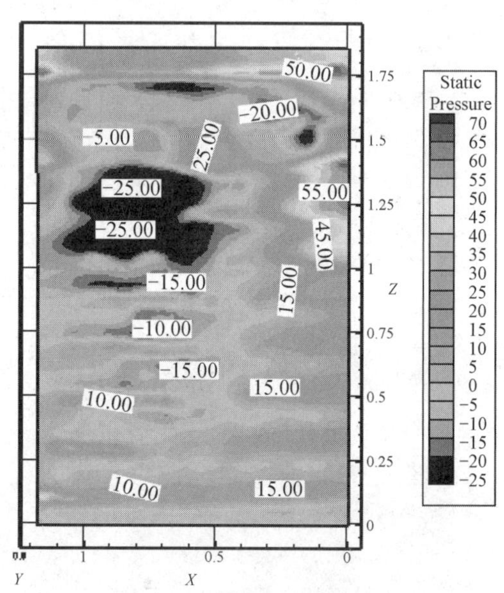

图17 纸面压力分布图

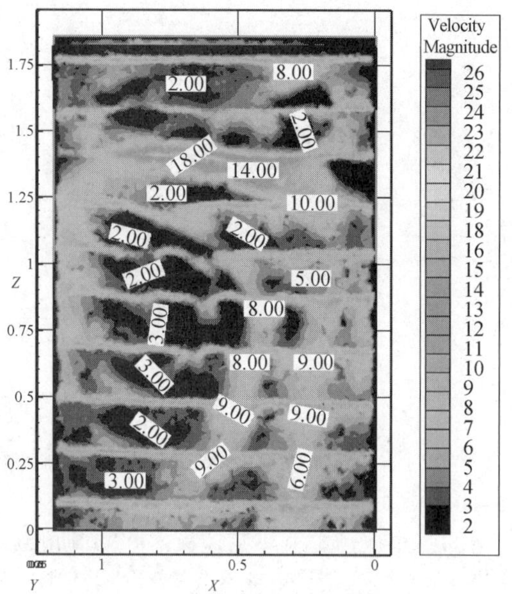

图18 参考面的速度标量图

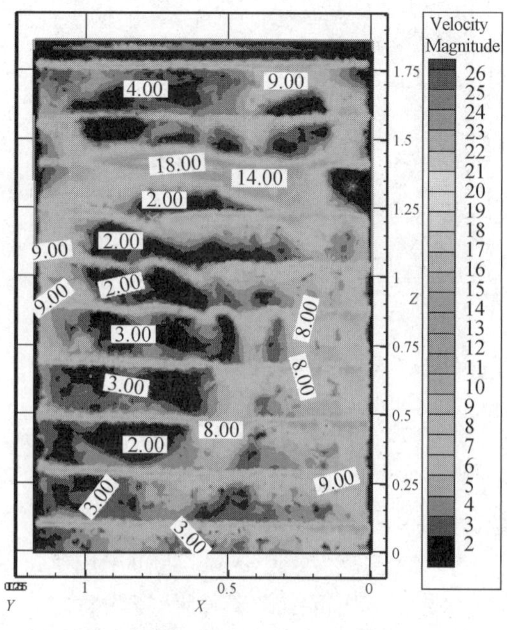

图19 纸面压力分布图

3.3.2　改进方案二 B 的模拟结果分析：

根据以上的模拟结果可以得出以下结论：

(1) 由图 18 可见，方案二 B 所起的作用与方案二 A 很接近，只是其速度的均匀性不及后者，所以在此选择方案二 A。

(2) 由图 19 可见，方案二 B 的压力分布规律与方案二 A 类似。

3.3.3　改进方案二 A，B 的对比结论：

可见较长的导流板对送风气流的诱导作用比较短的更强烈，更加有利于改善烘箱内部的速度场和压力场的均匀性，所以在此选择方案二 A。

3.4　改进方案三的模拟结果分析

根据方案一和方案二的分析结果，把方案一 C 和方案二 A 结合起来，即同时在腔体内设置挡板和送风口设置导流板。

根据以上的模拟结果可以得出以下结论：

(1) 由图 20 可见，挡板的变向作用和导流板的分流作用使得漩涡区的影响变得更小，参考面上速度的均匀性得到很大程度的提高。

(2) 由图 21 可见，与原始模型相比，除了中上部压力有所恶化，其他区域均匀性有所提高。这种情况下的压力分布好于方案二，差于方案一。

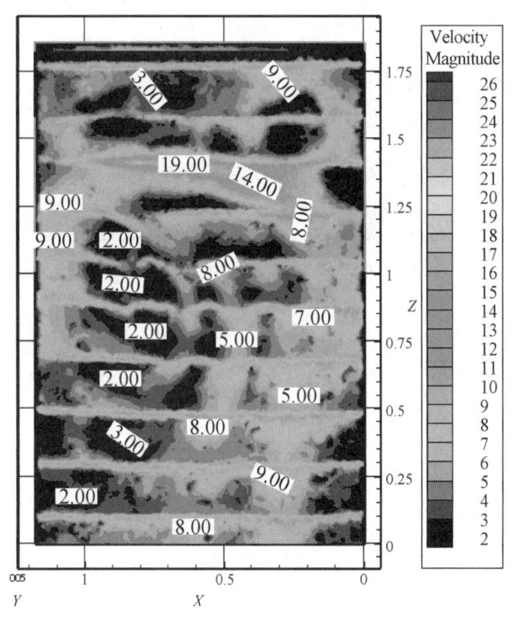

图 20　参考面的速度标量图

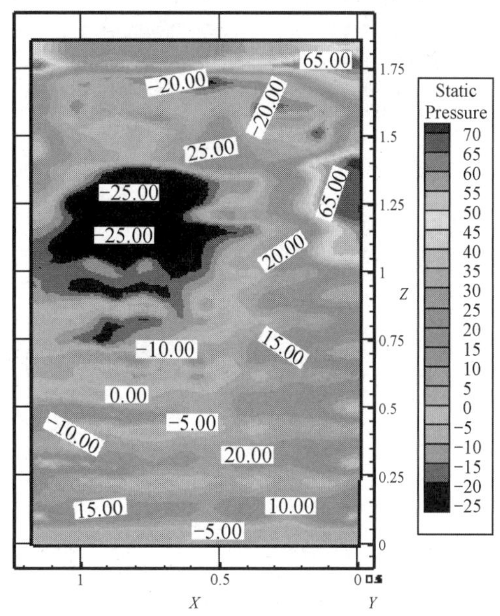

图 21　纸面压力分布图

3.5　改进方案四的模拟结果分析

根据烘箱送风气流的特点，有相当部分的送风集中在腔体上部，导致腔体顶部两排回风圆管的速度很大(相对于其他回风管而言)，实际腔内流速的计算结果也表明了这一点，在此可以考虑将这两排回风圆管堵住，以提高气流场和压力场的均匀性。

本方案即是在方案三的基础上堵住腔体顶部的两排回风管。

根据以上的模拟结果可以得出以下结论：

(1) 由图 22 可见，相对于方案三，本方案中漩涡区影响区域进一步缩小，速度场的均匀程度得到进一步改善，并且整体速度得到较大提高。

(2) 由图 23 可见，除了在漩涡区速度较小以及送风气流所形成的环形流动方向上速度较大之外，整个参考面上速度都比较均匀。

(3) 由图 24 可见，与原始模型及其它所有改进方案相比，本方案无论是在压力的数值上还是压力的均匀程度上都有明显的改善。

(4) 由图 25 可知，挡板和导流板的设置位置，堵住的回风圆管即为此图最上面两排。

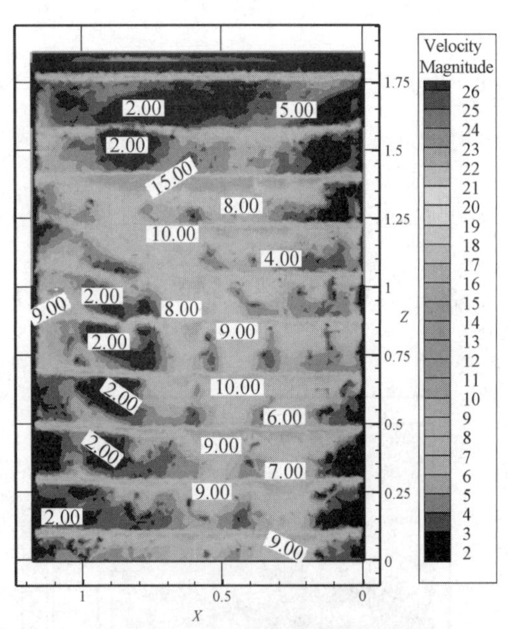

图 22　参考面的速度标量图

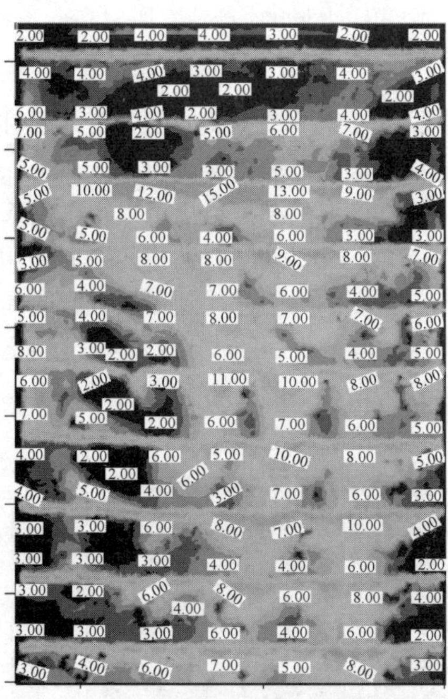

图 23　参考面速度分布详图

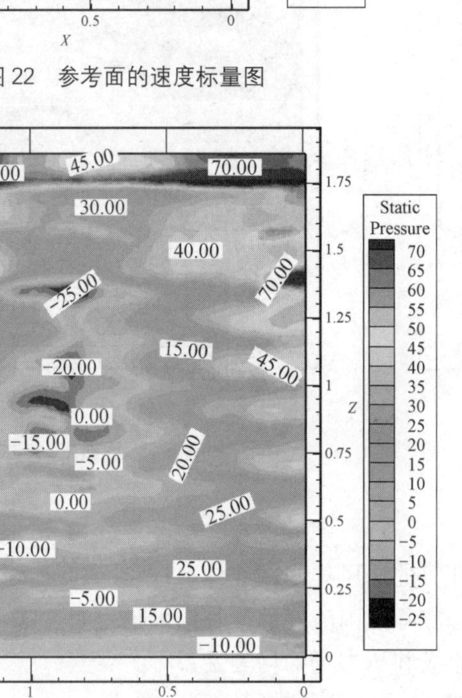

图 24　纸面压力分布图

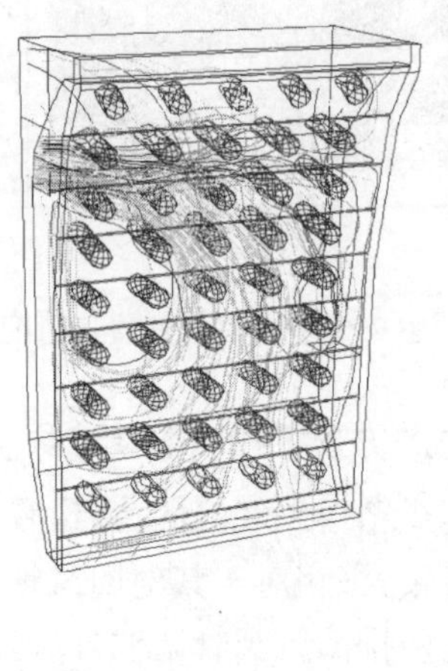

图 25　烘箱流线图

4　结论

通过以上几个方案的改进，可以发现：

(1) 挡板可以缩小漩涡区的范围；提高气流的均匀性；改善纸面压力的均匀程度。

(2) 导流板可以缩小漩涡区的范围；提高气流的均匀性，也可以加大腔内上部局部区域的速度，但它会导致纸面压力场的不均匀程度加剧。

(3) 堵住速度较大的回风圆管可以改善腔内速度场和压力场的均匀性。

(4) 方案四正是上述改进措施的综合效应，结果基本上符合要求，建议采用。

(5) 对于一些很难用试验手段研究的工程，可以借助 CFD 计算软件进行模拟研究，通过对初始方案进行分析评价，并找到较优的方案，从而可以定性地指导工程实践，使结果更加符合人们的要求。

参考文献

[1] 帕坦卡. 传热和流体流动的数值方法[M]. 郭宽良，译. 安徽：安徽科学技术出版社，1984：3-6.
[2] 王宜义，何冰. 空调房间气流组织的数值模拟[J]. 暖通空调，1993，5：34-37.

烟草烘箱内部气流组织的优化*

庄江婷　刘东　丁燕

摘　要：利用 FLUENT 商业软件进行模拟，找出影响烟草烘箱内影响干燥均匀度的因素。在传输带上与风机的水平距离为 350 mm 处，安装高度为 180 mm 的垂直挡板能有效地改善流场的均匀性。对改造后的烘箱进行流场和压力场实测，实测值与模拟结果分布趋势比较吻合。

关键词：干燥均匀度；速度分布；压力分布；挡板

Airflow Optimization in Tobacco Drying Oven

ZHANG Jiangting, LIU Dong, DING Yan

Abstract: Find out the factors influencing the drying uniformity by FLUENT. Fixing a vertical baffle with a height of 180mm, a horizontal distance of 350mm from the fan on the transport net can improve the velo cityuniformity. A comparison between the simulated values and the practice values shows the accordance in the distribution trend.

Keywords: drying uniformity; velocity distribution; pressure distribution; baffle

0　引言

采用"三段式"循环带式干燥器对白肋烟进行高温烘焙处理，可以明显改善烟草原料的内在品质与色泽[1]。不过，由于烟草原料的干燥受到烘焙机内部的干燥气流速度、温度、湿度、烘焙时间、铺叶厚度、干燥终端含水率以及压力等诸多工艺参数的影响，传热传质过程很复杂。虽然国内一些学者对干燥模式、气流温度和终端含水率的影响已做了很多细致的研究优化工作[2]，但是针对现有设备的实际运行效果的评价以及改进这个方面的研究还比较少。事实上，通过对现有设备进行改造，不但可以改善干燥效果（干燥均匀度）和增加产量，而且与更换新设备的方案相比，所需的投资很少。

为了寻找出影响干燥不均匀性的因素，课题组根据烘箱的结构尺寸和相关工艺参数等建立了数学模型，通过数值模拟探索最优改造方案，并将模拟结果与改造后的实测数据进行了对比和验证。

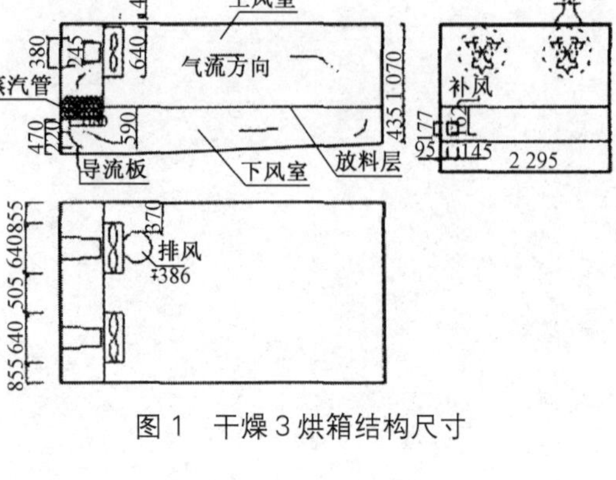

图 1　干燥 3 烘箱结构尺寸

1　烘箱概况

本文以三段式干燥中的最后一段，即编号为

*《能源技术》2008，29(1)收录。

干燥 3 的烘箱为研究对象，具体结构尺寸见图 1。

烟草经过前二段烘箱干燥后含水率已经降低密度较小，为了防止烟叶被吹起要求烘箱内的气流由上往下；为此空气经过烘箱后部的蒸汽管加热后，由风机加压后送入上风室再通过输送带孔与烟叶错流接触；热空气干燥烟叶温度降低后进入下风室，最后再回到蒸汽管加热作循环流动。与此同时，部分热空气由烘箱顶面的排风口排出，冷空气从位于烘箱前端的补风口进入下风室。现场测得烘箱内循环风量为11 713 m^3/h，排风量为 1 741 m^3/h，蒸汽管温度为 115 ℃。

2　数学模型的建立

干燥 3 烘箱内部流动的室空间较小，而且干燥气流受风机驱动雷诺数较高，整个烘箱内受迫对流换热是主导的过程，因此可以不考虑浮力的影响。烘箱内部的空气流动与换热的基本控制方程[3]如下。

连续性方程：

$$\frac{\partial u_i}{\partial x_i}=0$$

动量方程：

$$\rho\frac{\partial u_i}{\partial t}+\rho\frac{\partial u_i u_j}{\partial x_j}=\frac{\partial}{\partial x_j}\left[(\eta+\eta_t)\left(\frac{\partial u_i}{\partial x_j}+\frac{\partial u_j}{\partial x_i}\right)\right]-\frac{\partial p}{\partial x_i}$$

能量方程：

$$\rho\frac{\partial T}{\partial t}+\rho u_j\frac{\partial T}{\partial x_j}=\frac{\partial}{\partial x_j}\left[\left(\frac{\eta}{Pr}+\frac{\eta_t}{\sigma_T}\right)\frac{\partial \varepsilon}{\partial x_j}\right]+S$$

k 方程：

$$\rho\frac{\partial k}{\partial t}+\rho u_i\frac{\partial k}{\partial x_i}=\frac{\partial}{\partial x_i}\left[\left(\mu+\frac{\mu_t}{\sigma_k}\right)\frac{\partial k}{\partial x_j}\right]+\eta_t\frac{\partial \mu_t}{\partial x_j}\left(\frac{\partial \mu_i}{\partial x_j}+\frac{\partial \mu_j}{\partial x_i}\right)-\rho\varepsilon$$

ε 方程：

$$\rho\frac{\partial \varepsilon}{\partial t}+\rho u_k\frac{\partial \varepsilon}{\partial x_k}=\frac{\partial}{\partial x_k}\left[\left(\eta+\frac{\eta_t}{\sigma_k}\right)\frac{\partial \varepsilon}{\partial x_k}\right]+\frac{c_1}{k}\varepsilon\eta_t\frac{\partial \mu_i}{\partial x_j}\left(\frac{\partial \mu_i}{\partial x_j}+\frac{\partial \mu_j}{\partial x_i}\right)-c_2\rho\frac{\varepsilon^2}{k}$$

式中　u——气流速度，m/s；

η——动力黏滞系数，Pa·s；

p——气流压力，Pa；

ρ——气流密度，kg/m^3；

T——气流温度，K；

k——湍动能，m^2/s^2；

ε——湍动耗散率，m^2/s^3；

η——紊流黏性系数，$\frac{c_\mu \rho^2 k}{\varepsilon}$；

c_μ，c_1，c_2，σ_k，σ_ε，σ_T——经验系数，其取值见表 1。

表 1　**k-ε 模型中经验系数取值**

c_μ	c_1	c_2	σ_k	σ_ε	σ_T
0.09	1.44	1.92	1.0	1.3	0.9～1.0

3 数值模拟条件设置

干燥气流通过烟草层会有很大的压降及温降，烘箱内的速度场、压力场和温度场将变得更为均匀，模拟时可以不考虑传输带上的烟草层。

利用 Gambit 商业软件建模和网格划分，除了导流板、电机及风机附近区域采用非结构化网格外，其他区域采用六面体网格，网格总数约 20 万。边界条件设置：①排风口采用速度出口边界条件，出口速度为 4.13 m/s；②补风口采用通风口(inletvent)边界，压力损失系数取 4[4]；③放料层(传输带)为孔板，开孔率为 0.42，由于孔板厚度比其长宽小 3 个数量级，因此可以视为无厚度平面，边界条件设为 porous-jump；④风机采用 fan 边界，压升 200 Pa。

4 模拟结果分析

4.1 温度场

图 2 是烘箱放料层上温度场的模拟结果。从图中可以看出，烘箱内的温度沿着传输带运动方向(Z 方向)的变化较大(最大温差可达 22 K)，这是由于干燥 3 烘箱紧邻干燥 2 烘箱(气流温度为 120 ℃)和冷却小室(温度约为 90 ℃)，边界上存在由壁面对流导热及烟叶运动引起的热质交换。虽然该方向上的温差较大，但稳态时随着传输带的运动，所有的烟叶都经历同样的干燥条件，因此干燥还是很均匀。

沿风机吹出方向(X 方向)的最大温差约为 2 K，相对于室内的气流温度偏差只有 1.7%，温差很小，基本不影响该方向上烟叶的干燥均匀度。

由以上分析可知，温度场的不均匀性对干燥均匀度的影响很小，改造方案可以不予考虑。

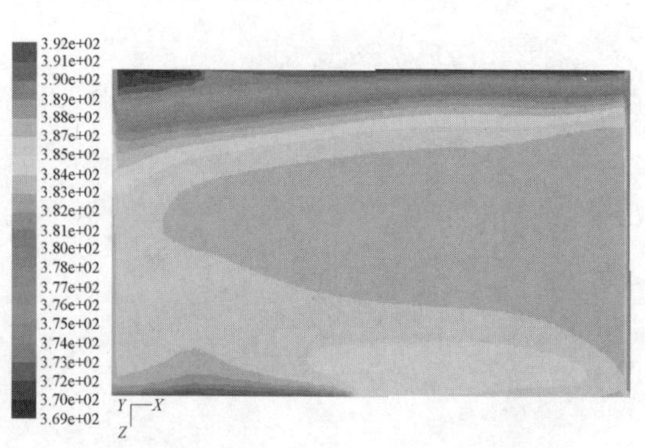

图 2 烘箱放料层上温度场分布

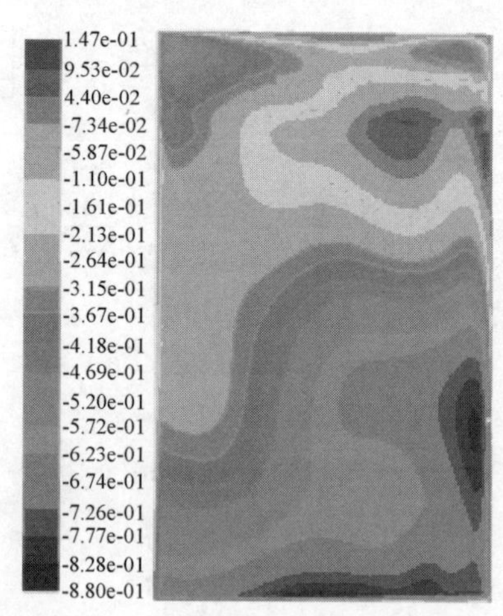

图 3 烘箱放料层上竖直方向速度分布

4.2 速度场

由于烘箱的干燥是热空气和烟叶错流进行热质交换的过程，因此气流在竖直方向速度的大小是影响干燥效果的主要因素[4]。图 3 为烘箱放料层上竖直方向速度分布图。由图中可知，干燥气流的速度沿烘箱深度方向分布极不均匀，越靠烘箱深处速度越小，特别是近风机的部位速度普遍较低，最低处仅为−0.1 m/s，在排风口附近区域气流方向与设计方向相反，导致烟草干燥不均匀。

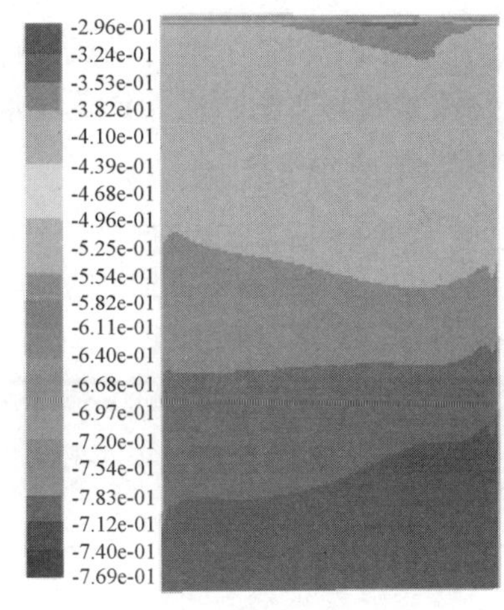

图 4　烘箱放料层上竖直方向压力分布

4.3　压力场

图 4 为烘箱放料层上竖直方向压力分布图。从图中可以看出，放料层压力明显呈梯度分布，沿烘箱深度方向负压值大，有利于干燥过程的进行，这会导致烘箱深处的烟叶比靠近补风口侧的烟叶干燥。

5　改造方案及实测

5.1　改造方案

为了改善烘箱内的压力场和流场，应该优先考虑保证放料层附近流场的均匀性。为此可以有几种改进方案：①在风机出口处加设法兰，以解决风机出口附近气流的诱导问题；②在上风室上部加设挡板或孔板；③在上风室下部加设挡板或孔板。经过模拟比较确定的最优方案为：传输带上安装与风机水平距离为 350 mm 高度为 180 mm 的垂直挡板。该方案的速度场及压力场分布见图 5 和图 6。从图中可以看出，放料层上速度场的均匀性有了很大的改善，压力分布基本保持不变，由烘箱前侧的 −30 Pa 递减至烘箱深处的 −43 Pa，这是由风机与补风口的相对位置决定的。

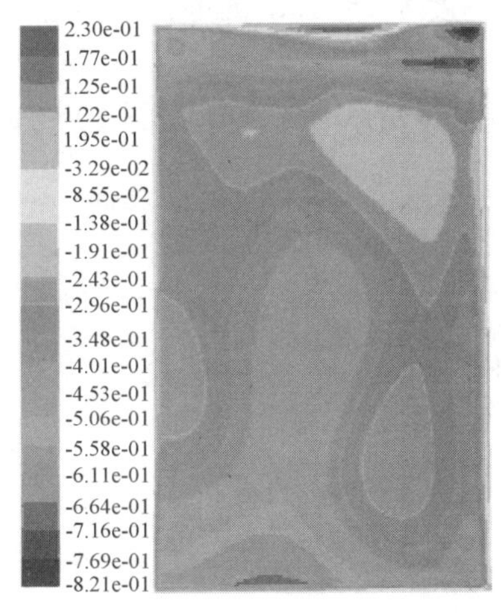

图 5　改造后烘箱放料层上竖直方向速度分布

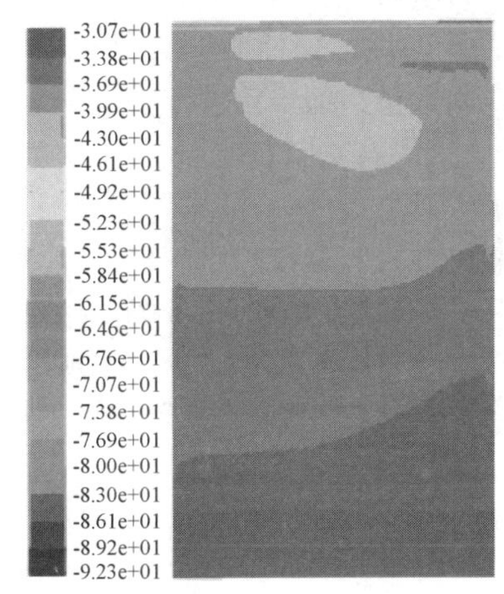

图 6　改造后烘箱放料层上竖直方向压力分布

5.2　实测验证

为了验证优化方案的效果，对改造后的烘箱进行流场和压力场实测。考虑到烟叶的厚度，测点均匀布置在传输带上方 50 mm 高的平面上。流场的测定（主要为竖直方向速度）通过均布于烘箱内的 24 个热膜式风速探头获得；压力场采用微电脑数字式压力计进行测定，其 12 个测点均匀布置于烘箱内。

由于流场及压力场对烟叶最终干燥均匀度的影响主要是体现在风机吹出方向上的不均匀性，因此测定值取烟叶传输方向上的平均值；图 7 是改造后烘箱流场及压力场的变化曲线。

由图可知，实测值与模拟结果分布趋势比较吻合。

5.3 误差分析

图 7 中速度场的模拟数据与实测数据相比偏小，这是由于采用 FLUENT 软件的风速计算是基于整个孔板面积，而非孔板的有效面积的；压力场的模拟数据与实测数据相比负压偏大，是由于烘箱可能存在的渗漏，导致负压值略小于完全密封的理想状态。

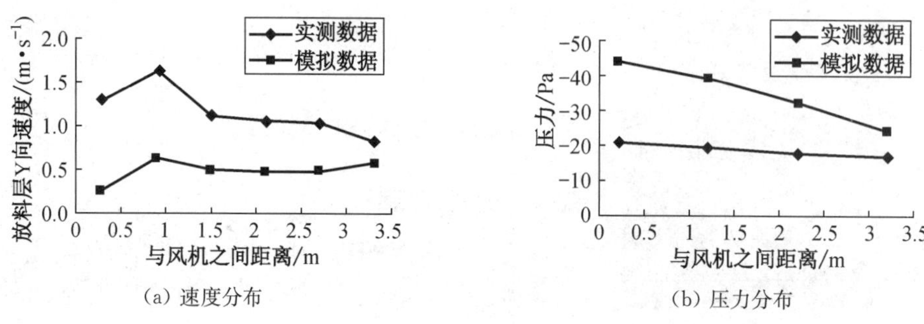

(a) 速度分布　　(b) 压力分布

图 7　改造后烘箱流场及压力场分布-实测值与模拟值比较

6　结论

(1) 温度场的不均匀性对干燥均匀度的影响很小，在改造过程中可以不予考虑。

(2) 速度场和压力场的不均匀，尤其是 X 方向的不均匀，最终导致了烟草干燥不均匀。

(3) 传输带上安装与风机的水平距离为 350 mm，高度为 180 mm 的垂直挡板能有效地改善流场的均匀性，且不影响日常维护。

(4) 对改造后的烘箱进行流场和压力场实测，实测值与模拟结果分布趋势比较吻合。

参考文献

[1] 李善莲，王宏生，袁行思. 烟草干燥研究进展[J]. 烟草科技，2004(9)：6-9.

[2] 陈建军. 白肋烟烘焙关键工艺参数设置与加工质量[J]. 烟草科技，2007(6)：12-20.

[3] 陶文铨. 数值传热学[M]. 2 版. 西安：西安交通大学出版社，2001.

[4] 王喜忠. 化学工程手册——干燥[M]. 北京：化学工业出版社，1996.

不同运行模式下烤箱内腔温度场的优化研究*

张蓝心　刘 东　项琳琳

摘　要：用数值模拟的方法，对不同运行模式下烤箱模型内部温度场进行模拟，并将计算机数值模拟结果与实测结果进行对比验证。研究结果表明可以通过改善烤箱风扇盖板结构和风扇风速对现有烤箱模型内部温度场均匀性进行改进，实现烤箱内部温度场均匀性的最优化。

关键词：烤箱；温度场；数值模拟；不同模式

Optimization Research in Oven Temperature Field under Different Operation Modes

ZHANG Lanxin，LIU Dong，XIANG Linlin

Abstract：By using numerical simulation method to realize internal temperature field simulation of an oven mode under different operating modes. The results show that the temperature field uniformity of the existing oven mode has certain insufficiency. A combination of improving the structure of the oven fan cover plate and fan speed was taken to achieve the oven temperature field uniformity to the optimal level.

Keywords：oven；temperature field；numerical simulation；different operating modes

0　引言

本文以某一型号烤箱为研究对象，该类产品通过测试发现烤箱内部存在温度不均匀现象：内腔不同空间点之间的温差最大达到 10 ℃左右，导致在加热食物时出现冷热不匀、生熟不均的现象。对于设有强制对流的烤箱，对流是一个非常重要的影响因素[1]。为了找出影响烤箱内部温度场不均匀的因素，根据烤箱的几何尺寸和运行机理建立了数学和物理模型，运用 FLUENT 软件进行数值模拟，可以模拟和分析复杂几何区域内的流体流动与传热现象[2]。将模拟结果与实测结果进行对比和验证，找出主要的影响因素，并对七种不同运行模式进行对比，预测其改进后的效果。

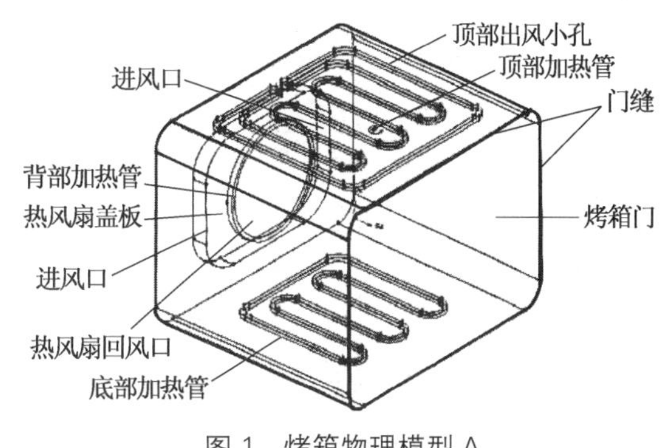

图 1　烤箱物理模型 A

1　现有模型 A 实测研究

1.1　现有烤箱物理模型

研究对象的物理模型如图 1 所示。烤箱设

*《建筑热能通风空调》2015，34(3)收录。

有上、下和背部三根加热管，热功率分别为1 700 W，1 100 W，1 400 W，背部设有排风热风扇，热风扇盖板两侧设有矩形进风口，顶部设有一出风小孔。

1.2 七种运行模式

在七种不同运行模式下对烤箱内腔温度场进行实测，如表 1 所示，对比所得温度场的均匀性，进而分析各运行模式的特点，了解影响温度场均匀性的因素，改进得到最优化的模型。

表 1 烤箱运行的七种模式

序号	图标	上加热管	背加热管	下加热管	热风扇	贯流风扇
model 1		√	√	√	√	√
model 2		√	×	×	√	√
model 3		×	×	√	√	√
model 4		×	√	×	√	√
model 5		√	×	√	×	√
model 6		√	×	×	×	√
model 7		×	×	√	×	√

1.3 测试仪器

测试仪器采用 Yokogawa 的 DR130 温度记录仪，每 2 s 记录一次温度，测量范围 0～800 ℃，精度 0.1 ℃。

1.4 实测温度场

在对烤箱内腔温度场的测试过程中，取内腔上、中、下三个参考面，每个参考面上均匀布 9 个测点，共 27 个测点，如图 2 所示。

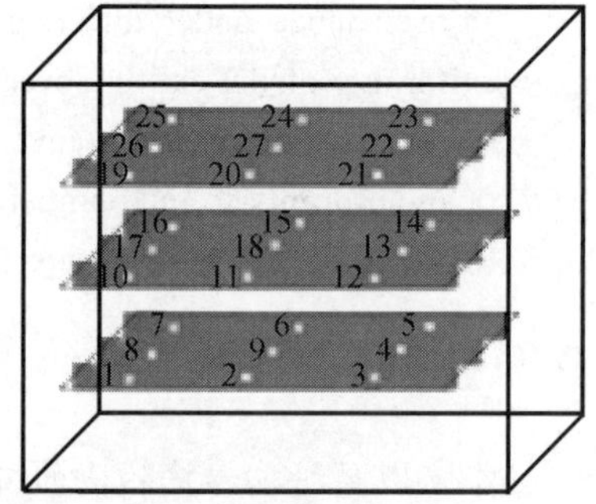

图 2 烤箱内腔参考面及测点分布

2 数学模型和网格建立

运用计算机数值模拟的知识将烤箱的数学模型进行简化：

(1) 烤箱内腔的气流为紊态的三维不可压缩湍流流动[3]；

(2) 湍流粘性模型选择标准 k-ε 模型[4]；

(3) 近壁处理选择增强壁面处理；

(4) 辐射模型选择 DO 模型；

(5) 网格划分选择网格形式为 Tet/Hybrid，步长为 3 mm，网格总数 429 255 个。

材料选择空气，采用 Boussinesq 模型，20 ℃ 时，空气密度 1.205 kg/m^3，比热容 1.005 kJ/(kg·K)，导热率 0.025 7W/(m·K)，运动粘度 15.11×10^{-6} m^2/s，体积膨胀系数为 0.003 431/K，算法选择 SIMPLEC 二阶差分。

3 模型验证

现以 model 1 为例将烤箱内腔的实测温度场和模拟温度场进行比较：从图 3 可以看出烤

箱模型 A 下每个测点的实测与模拟温度偏差在 3%～10%之间，最小偏差为 3.69%，最大偏差为 9.82%，偏差平均值为 5.71%。温度场测点分布图走势基本一致，可以验证模拟温度场和实测温度场吻合，应用于计算机数值模拟软件的该数学模型和网格较为合理。

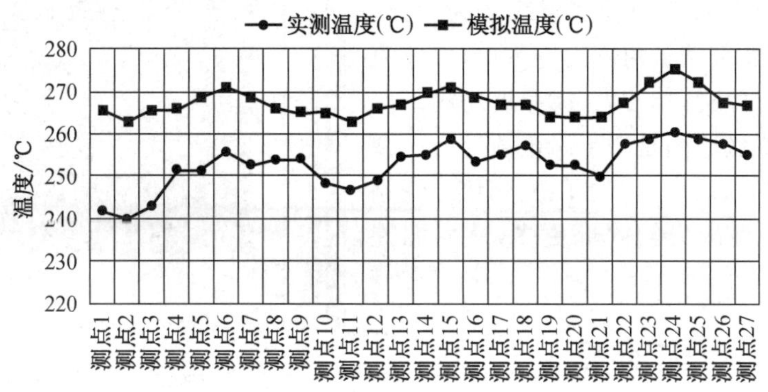

图 3　现有烤箱的模拟温度场和实测温度场

4　模型 A 的模拟研究

4.1　模拟数据的分析

分析模拟数据可得，烤箱模型 A 在七种不同运行模式下的温度场模拟结果的均匀性并不理想。最大温度偏差、最小温度偏差以及最大最小温差的最大值均出现在 mode 1 的模拟结果中，即全开模式的模拟温度场均匀性最差。下、中、上层的对应值分别为：最大温度偏差——1.56%，1.55%，2.82%；最小温度偏差——1.25%，1.63%，1.66%；最大最小温度差——7.5 ℃，8.5 ℃，12.0 ℃。模拟温度场均匀性的最佳情况出现在 mode 6 中，上、中、下层的对应数据分别为：最大温度偏差——0.04%，0.20%，0.36%；最小温度偏差——0.04%，0.28%，0.44%；最大最小温度差——0.2 ℃，1.2 ℃，2.0 ℃。

4.2　模拟结果的分析

以 mode 1 为特征模式进行更进一步的分析，从温度场云图上可看出烤箱内腔温度分布的基本规律，如图 4—图 6 所示。靠近壁面处温度较高，在横向上由烤箱内腔后壁面向烤箱门所在平面，温度呈降低趋势。

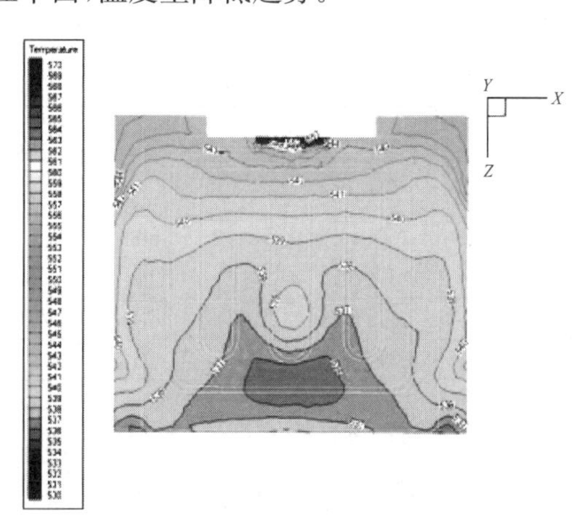

图 4　mode 1 下层参考面温度场云图

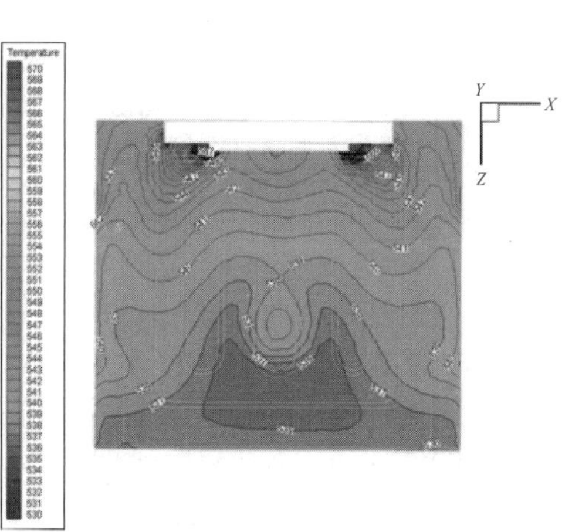

图 5　mode 1 中层参考面温度场云图

mode 1 为全开模式，即背部加热管，热风扇，上、下加热管均为运行状态。从图 4—图 6 中可以看出：①云图上背部壁面加热管处等温线较为密集且温度较高；②内腔等温线较为曲折，原因可能是由于背部盖板两侧为进风口，气体流动对烤箱内腔温度场影响较大；③靠近烤箱门侧温度明显降低，推测原因是由于烤箱顶部有一顶部小孔与外界相通，该小孔靠近门侧导致进烤箱门侧的热量向外界散失较内部更多，从而温差明显。

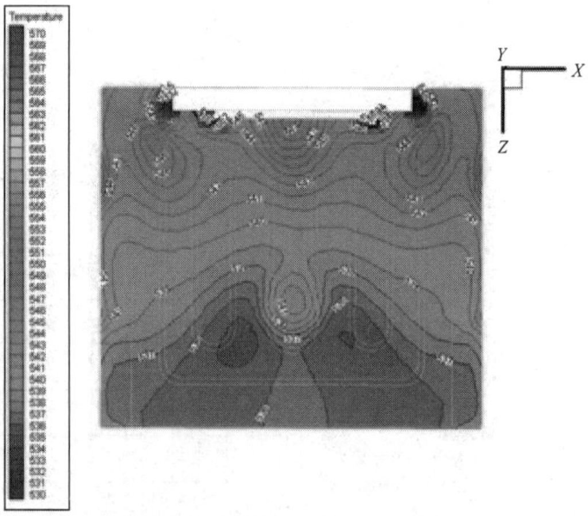

图 6　mode 1 上层参考面温度场云图

5　模型 B 的模拟研究

5.1　优化方案

为了实现烤箱的不同功能，应用于不同食材，在烤箱可设定的七种运行模式中，要求每一种运行模式都实现良好的温度场均匀性。因此，将原有烤箱模型 A 加以优化：

(1) 热风扇盖板结构的改变：取消原与热风扇出风面垂直的侧板上的进风口，并将原垂直面改为倾斜面。

(2) 进风口位置形状的改变：将原位于热风扇盖板两侧垂直侧面的矩形进风口改为位于盖板倾斜面两侧的细长狭缝进风口。

(3) 烤箱顶部出风小孔位置的改变：将原小孔向内平移 50 mm。

(4) 热风扇风速的改变[5]：热风扇的风速由原来的 1.5 m/s 改变为 2 m/s。

由此得到改进后的模型 B。

5.2　模拟数据及分析

据表 2 的数据分析可得，改进后的烤箱模型 B 在七种运行模式下的温度场均匀性均有所改善，且 mode 1 至 mode 5 的改善程度尤为明显。以七种运行模式的中层水平面为例，对比七种模式在模型改进前后的模拟分析数据，如表 3 所示，可以看出温度偏差的绝对值大部分控制在 1.0%以内，最大最小温度差都控制在 3.5 ℃以下，且 86%的情况下控制在 3 ℃以下。基本可以认为模型 B 在七种运行模式下温度场达到了均匀性的要求。

表 2　各层模拟数据

位置	编号	平均值/℃	最大偏差/%	最小偏差/%	最大-最小/℃	位置	编号	平均值/℃	最大偏差/%	最小偏差/%	最大-最小℃
上层	mode 1	260.7	0.51	0.26	2.0	中层	mode 1	260.1	0.74	0.60	3.5
	mode 2	253.8	1.08	0.49	4.0		mode 2	253.5	0.97	0.21	3.0
	mode 3	251.7	0.31	0.88	3.0		mode 3	252.2	0.31	0.68	2.5
	mode 4	248.0	0.40	0.40	2.0		mode 4	248.0	0.41	0.40	2.0
	mode 5	251.7	0.38	0.34	1.8		mode 5	251.3	0.29	0.23	1.3
	mode 6	251.0	0.28	0.19	1.2		mode 6	249.7	0.10	0.10	0.5
	mode 7	249.5	0.21	0.19	1.0		mode 7	250.2	0.18	0.10	0.7

（续表）

位置	编号	平均值/℃	最大偏差/%	最小偏差/%	最大-最小/℃	位置	编号	平均值/℃	最大偏差/%	最小偏差/%	最大-最小/℃
下层	mode 1	260.0	0.57	0.77	3.5	下层	mode 5	252.8	1.07	0.51	4.0
	mode 2	251.6	0.88	0.23	2.8		mode 6	248.9	0.22	0.18	1.0
	mode 3	252.4	0.62	0.77	3.5		mode 7	251.8	1.27	0.56	4.6
	mode 4	248.0	0.21	0.32	1.3						

表 3　　中层水平面模拟数据对比

编号	最大温度偏差/%		最小温度偏差/%		最大最小温度差/℃	
	模型 A	模型 B	模型 A	模型 B	模型 A	模型 B
mode 1	1.55	0.74	1.63	0.60	8.5	3.5
mode 2	1.30	0.97	0.46	0.21	4.5	3.0
mode 3	0.76	0.31	1.35	0.68	5.3	2.5
mode 4	0.47	0.41	1.14	0.40	4.0	2.0
mode 5	0.70	0.29	1.08	0.23	4.5	1.3
mode 6	0.20	0.10	0.28	0.10	1.2	0.5
mode 7	0.12	0.18	0.12	0.10	0.6	0.7

5.3　模拟结果的分析

以运行模式 mode 1 为例，通过 mode 1 上、中、下三层的温度场云图，可以看出相对模型 A 模拟的温度场云图在等温线的分布上有明显的均匀性的改善，如图 7—图 9 所示。进一步分析其温度分布规律：靠近壁面处温度较高，烤箱门所在平面温度降低，内腔整体温度分布相对均匀，且在热风开启的模式中门缝隙处温度有明显的下降。

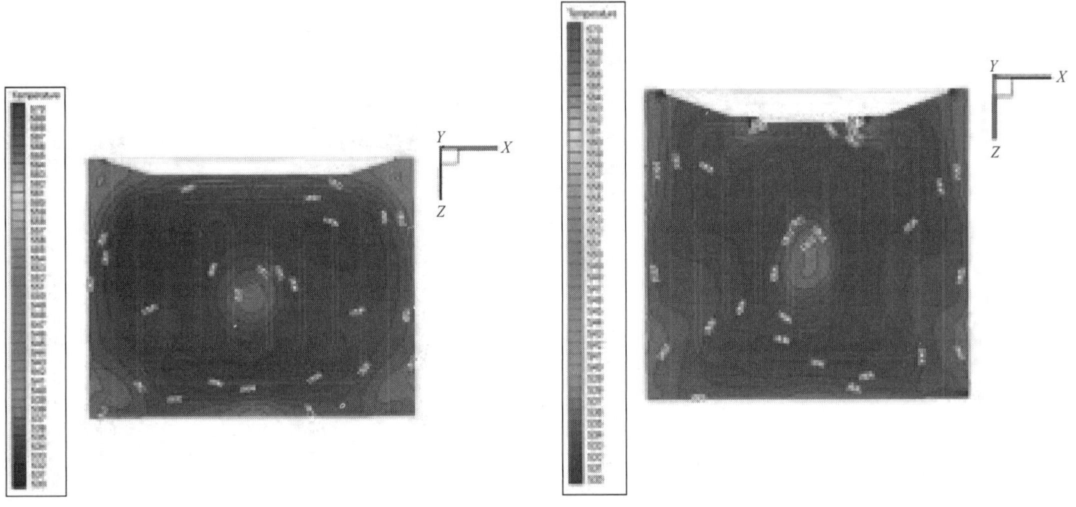

图 7　mode 1 下层参考面温度场云图　　图 8　mode 1 中层参考面温度场云图

分析对烤箱原有模型的结构和边界条件的改变:①进风口位于热风扇盖板两侧呈直角的侧板改变为倾斜侧板,在烤箱热风扇运行的模式中,对进风气流起到较好的导流作用;②原矩形进风口改为位于盖板倾斜面两侧的细长狭缝进风口,使得进风气流更为均匀;③烤箱顶部出风小孔向内移动,有利于保留低温区域热量,同时散发高温区域热量;④热风扇速度增大使得烤箱内腔对流换热作用加强,使温度场趋于均匀。

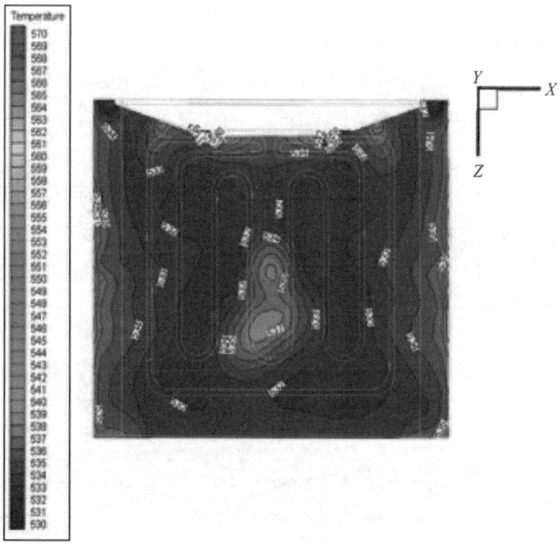

图9　mode 1 上层参考面温度场云图

6　结论

通过对七种不同运行模式下两种烤箱模型的温度场模拟,对比分析可以发现:

(1) 背部盖板的倾斜侧板可以削弱气体扰流作用,背部进风口设置为狭长细缝可以使进风气流更为均匀,顶部出风小孔向内移动可以更加合理地分配内腔热量的散失,热风扇出口风速的改变有利于空间内的对流换热,以此增强空间内温度场的均匀性。

(2) 综合以上改进措施的烤箱模型 B,经计算机数值模拟所得到的温度场均匀性明显优于模型 A 的模拟结果,基本符合要求,建议采用。

(3) 在七种不同运行模式的模拟结果中,烤箱模型 B 的温度场都基本上达到要求,因此,在烤箱的实际使用中七种不同的模式均可使用。

(4) 对于需要进行改造的工程,可以将实验和计算机 CFD 模拟相结合,在对初始方案进行验证、分析和改进的基础上研究更加优化的方案,在不断探索的过程中得到定性的指导。

参考文献

[1] Ploteau J P, Nicolas V, Glouannec P. Numerical and experimental characterization of a batch bread baking oven[J]. Applied Thermal Engineering, 2012, 48(12):289-295.

[2] 温正,石良辰,任毅如. FLUENT 流体计算应用教程[M]. 北京:清华大学出版社,2009.

[3] 刘俊,刘东,杭寅. 烘箱内部热环境的数值模拟研究[J]. 建筑热能通风空调,2006,25(4):78-85.

[4] 田松涛,高振江. 基于 FLUENT 的气体射流冲击烤箱气流分配室改进设计[J]. 现代食品科技,2009,25(6): 612-616.

[5] Jacek Smolka, Andrzej J Nowak, Dawid Rybarz. Improved 3-D temperature uniformity in a laboratory drying oven based on experimentally validated CFD computations[J]. Journal of Food Engineering, 2010, 97(3): 373-383.

影响烤箱内腔温度场均匀性的关键因素分析*

顾思源　刘 东　项琳琳

摘　要：家用电烤箱在日常生活中的使用日益频繁，烤箱内部温度分布的均匀性是衡量烤箱质量的关键指标。针对现有烤箱温度场不均的情况进行分析和研究，建立烤箱的三维简化模型，模拟了多种改善措施对内腔温度分布的影响，最终综合多种措施得到了烤箱的最优模型，即顶部出风小孔在原有基础上向内移 50 mm，热风扇回风速度由 1.5 m/s 增大至 2 m/s，并且改变背部热风扇盖板的结构。在最优模式下，烤箱内腔的温度场均匀性得到极大改善。

关键词：烤箱温度；均匀性；关键因素；数值模拟

Research on the Key Factors Influencing the Temperature Uniformity of Cooking Oven

GU Siyuan，LIU Dong，XIANG Linlin

Abstract：Home electrical cooking oven is used in daily life with increasing frequency，and the temperature uniformity is critical to the oven. This article is based on the uneven distribution of temperature in existing oven，and a simplified 3D model is established through CFD method to consider the influence of multiple measures to improve temperature distribution. Eventually，an optimal model is obtained，that is，to move the top hole 50 mm inward，to increase the fan velocity from 1.5 m/s to 2 m/s，and to modify the structure of the back fan cover. The temperature uniformity has been improved a lot under the optimal model.

Keywords：cooking oven；temperature uniformity；key factors；numerical simulation

0　引言

随着生活水平的提高，家用烤箱在人们的日常生活中发挥着越来越重要的作用，而烤箱内部温度的均匀性直接关系到烘烤食物的品质，如果烤箱内部温度不均匀，则会导致食物不同部位冷热不均，生熟不匀。对烤箱内部温度均匀性进行研究一般可以采用两种方法：实验研究和计算机模拟。实验研究的优点是可在实际烤箱中测量分析，结果可靠，但投资大，时间长，同时受实验条件等的限制；而数值模拟方法是一种很好的方式，花费少，速度快，可以同时模拟多种不同工况[1-2]。

目前已有一些针对烤箱类的设备内的热环境进行的研究，如文献[2]、文献[3]对工业烟草烘箱内的热环境进行了实测和数值模拟，研究了烘箱内的速度场和压力场，提出了改进措施以改善烟草干燥均匀度，但对温度场均匀性没有研究。北京化工大学彭威等针对滚塑机烘箱内部的温度场进行了数值模拟，最终得到有利于模具内原料加热过程的改进方案[4]。

*《建筑热能通风空调》2015，34(2)收录。

本文以某厂家的嵌入式电烤箱为研究对象。该款烤箱据实测数据显示，烤箱内腔不同测点的温度最高值和最低值之差可达 10 ℃，会影响食物的烘烤质量。为了改善电烤箱在实际使用过程中的性能，本研究通过实验和数值模拟相结合的方式，优化烤箱内腔的温度分布，使其分布均匀。

1　烤箱模型建立

1.1　几何模型

为了模型简化，只对烤箱内胆进行建模分析，应用 Gambit 软件进行建模，图 1 为电烤箱内胆的模型，坐标原点位于烤箱的几何中心，烤箱内胆尺寸为 450 mm(长，X)×340 mm(高，Y)×392 mm(深，Z)。加热管分别设在内胆顶部、底部和背部，同时背部设有热风机，开有两个进风口和一个回风口，以增强烤箱内部气流循环，进风口尺寸 103 mm×26 mm，风扇回风风速 v=1.5 m/s。烤箱可实现单面、双面、多面等多种烘烤模式。顶部出风小孔是为了防止内腔过热，空气膨胀而设置的气流通道，小孔直径 d=2 mm，距离烤箱门 150 mm。同时为体现门密封性能的局限性和门缝空气的泄露，模型中画出了3 mm宽的门缝。

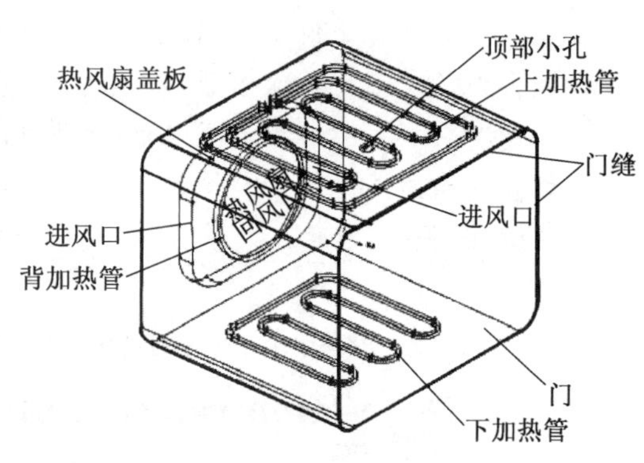

图 1　烤箱模型

烤箱的背部、顶部和底部加热管的形状和尺寸见图 2。

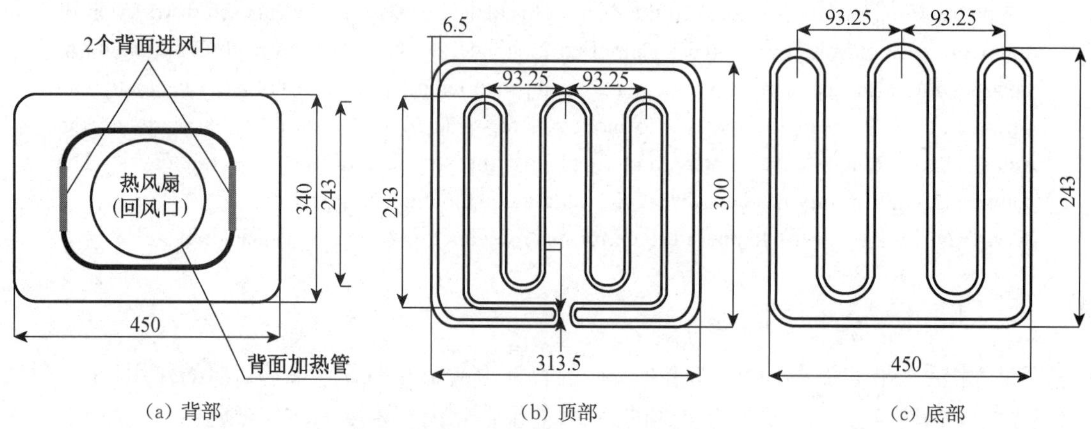

(a) 背部　(b) 顶部　(c) 底部

图 2　加热管构造及尺寸(单位：mm)

1.2　边界条件

表 1 为模型定义面和边界条件设置。

表 1　模型定义面和边界条件设置

定义面	边界条件
上加热管	热流密度 a=15 969.2 W/m^2，发射率 0.7
下加热管	热流密度 a=17 487.3 W/m^2，发射率 0.7

（续表）

定义面	边界条件
背加热管	热流密度 a=71 903.0 W/m^2，发射率 0.7
热风扇	回风速度 v=1.8 m/s，温度 t=250 ℃
背面两个进风口	压力入口，t=250 ℃
顶部出风小孔	自由出流 outflow
门缝	自由出流 outflow
门	壁面传热系数 k=1.8 W/(m^2·K)，t=20 ℃，发射率 0.15
其他壁面	壁面传热系数 k=1.6 W/(m^2·K)，t=20 ℃，发射率 0.7

1.3　数值方法

采用 FLUENT 软件对烤箱内部的热环境进行数值模拟，研究多种改进方案下的内腔温度场，寻求优化烤箱内部温度均匀性的有效措施。

模拟烤箱内的气流为稳态的三维不可压缩湍流流动，湍流黏性模型选择标准 κ-epsilon 模型，近壁面处理选择增强壁面处理，辐射模型选择 DO 模型[5]。材料选择空气，采用 Boussinesq 模型。计算时压力与速度的耦合运用 SIMPLEC 算法，3 个坐标方向的速度方程和 κ 方程的对流项离散采用二阶迎风差分格式，扩散项的离散采用二阶中心差分格式[6]。网格形式选择 Tet/Hybrid，模拟时试算得 429 255，665 590 两种网格数得到的模拟结果相差不大，因此最终确定网格总数 429 255，网格步长为 3 mm。

1.4　模型验证

针对现有烤箱，对内腔温度进行了实际测量，并与数值模拟结果进行对比，以验证数学模型的可靠性。在下、中、上三层烤架位置分别布置 9 个测点，共 27 个温度测点(图 3)，采用温度记录仪进行温度测量，精度 0.1 ℃，每隔 2 s 记录一次数据，测量范围 0～800 ℃。下层烤架位于距箱底 65 mm 高处，中层烤架位于 130 mm 高处，上层烤架位于 195 mm 高处。

图 4 为三层烤架 27 个测点实测和模拟温度对比图：烤箱内腔平均温度模拟值为 267 ℃，实测值为 253 ℃，模拟值平均高于实测值 14 ℃，模拟和实测所得的温度值平均偏差为5.71%，最大偏差为 9.82%<10%，在可接受的范围内。虽然模拟的内腔温度比实测高，但温度分布趋势基本一致，而本研究的重点在于内腔空气温度的均匀性，因此，该模型可以采用。

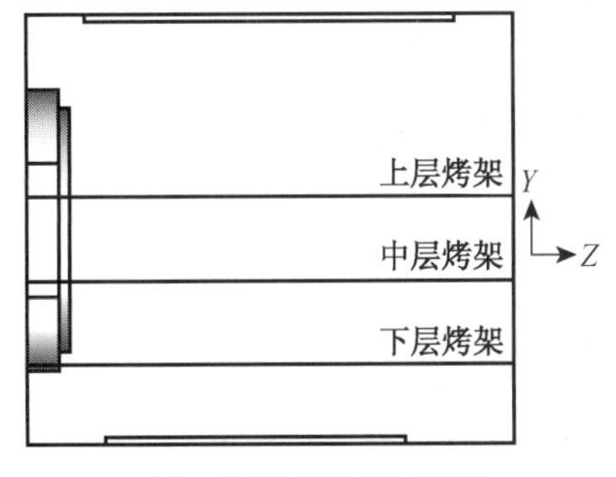

(a) 三层烤架位置示意图

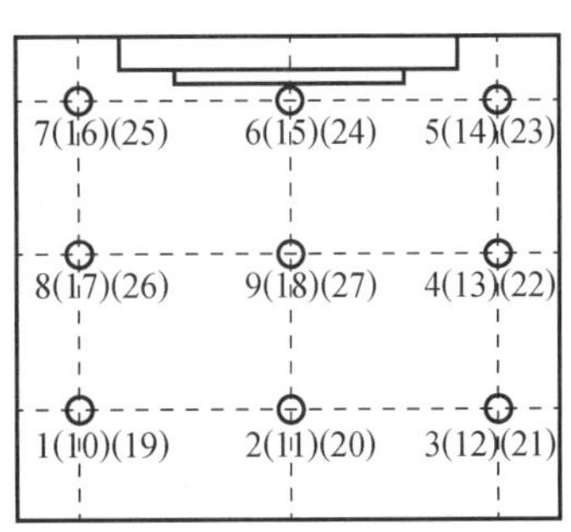

(b) 三层烤架平面实验测点布置图

图 3　三层烤架位置示意图及三层烤架平面实验测点布置图

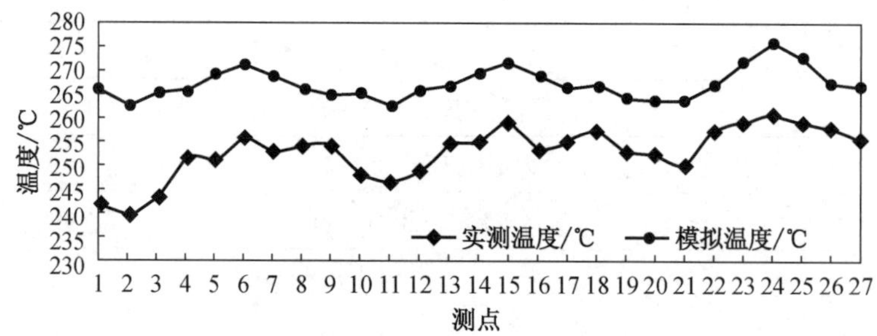

图 4　三层烤架 27 个测点实测和模拟温度对比图

2　影响烤箱内腔温度场均匀性的关键因素探索

烤箱内部的传热作用主要由辐射和对流两部分组成，两者对内腔温度场均匀性均有重要影响。首先，顶部小孔对内腔温度场影响较为明显，小孔附近及正下方温度明显比邻近区域高些；其次，热风扇起着引导内部气流的作用，可以使内部气流均匀流通，增强温度场的均匀性；再者，加热管是烤箱的核心部件，它的辐射作用主导着食物烘烤的均匀性，可以通过改变它们的位置和功率，使辐射加热更加均匀；另外，背部盖板结构也会影响内部气流，现有烤箱盖板结构会导致出现局部空气的涡流和死角，从而影响温度均匀性。表 2 为现有烤箱的温度计算结果，温度场极不均匀，最大温差达到 11 ℃。

表 2　　现有烤箱温度计算结果

编号	说明	下层		中层		上层		总方差
		平均值/℃	方差	平均值/℃	方差	平均值/℃	方差	
0	原烤箱，回风速度 v=1.5 m/s	266.7	6.1	267.3	6.1	267.0	17.2	9.5

针对现有烤箱，考虑了几种改进措施，包括小孔位置改变、小孔数量增加、热风扇风速改变、上下加热管位置改变以及盖板结构的改变。

2.1　顶部出风小孔位置改变

由于顶部小孔是内外气流交换通道之一，内部的热气流有可能通过小孔时形成短路，造成靠近门处出现低温区。因此，模拟了几种位置移动方案，如表 3 所示。

表 3　　小孔位置移动模拟结果

编号	说明	下层		中层		上层		总方差
		平均值/℃	方差	平均值/℃	方差	平均值/℃	方差	
1.1	小孔外移 120 mm	262.6	17.7	261.8	7.2	261.5	5.6	9.6
1.2	小孔外移 73 mm	266.8	15.9	264.5	5.1	264.1	8.8	10.7
1.3	小孔内移 50 mm	270.3	2.8	269.9	1.4	269.7	1.7	1.9
1.4	小孔内移 100 mm	270.6	4.8	271.3	6.3	271.7	7.3	5.9
1.5	小孔内移 150 mm	271.0	3.6	270.1	2.0	269.4	2.3	2.9

由表 3 可见，方案 1.3，即小孔内移 50 mm 时温度场为最优，平均温度 270 ℃，它的上、中、下三层的方差值最小，温度均匀性好。

图 5(a)显示了方案 1.3 中层烤架位置的温度场图，由图可见，相比现有烤箱，温度场均匀很多。图 5(b)截面图也可看出，在烤架所在范围内温度波动为 268 ℃～273 ℃，均匀性有了很大改善。因此，顶部小孔内移对于温度场的影响较为显著，改善比较明显。

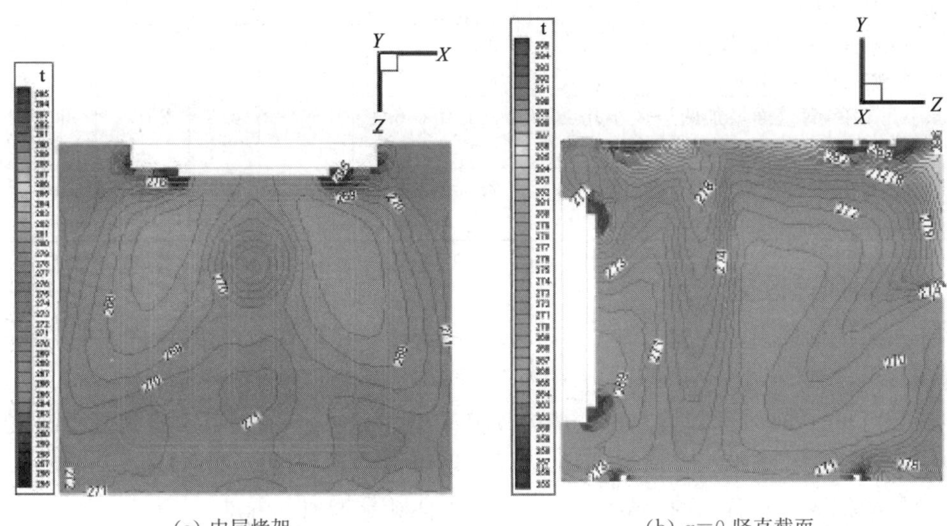

(a) 中层烤架　　(b) $x=0$ 竖直截面

图 5　顶部小孔内移 50 mm 时的温度分布(℃)

2.2　小孔数量增加

由于内胆壁面的小孔对内腔气流有很大的影响，因此考虑增加顶壁面出风小孔的数量(方案 2.1～2.5)，在背壁面、左右壁面增加进风小孔以及改变进风小孔风速(方案 2.6～2.11)。

由表 4 可见，方案 2.2，即在原出风小孔两边各增加一个相同小孔时，可以获得较好的温度均匀性。但是，烤架位置温度差别还是比较大，整体温度均匀性还是不够，在门附近的温度偏低，有局部的低温区。

表 4　　**小孔数量增加**

编号	说　明	下层		中层		上层		总方差
		平均值/℃	方差	平均值/℃	方差	平均值/℃	方差	
2.1	原小孔($x=0$)两边各增一相同小孔($x=\pm 94$ mm)，$d=22$ mm	266.9	3.7	265.9	3.3	267.0	3.8	3.6
2.2	原小孔($x=0$)两边各增一相同小孔($x=\pm 94$ mm)，$d=10$ mm	265.4	1.7	265.4	1.9	266.1	6.8	3.3
2.3	三出风小孔外移 120 mm，$d=10$ mm	262.6	8.3	262.3	7.8	262.4	4.5	6.3
2.4	三出风小孔外移 120 mm，$d=22$ mm	266.0	8.6	264.6	8.0	266.8	5.2	7.6
2.5	三出风小孔外移 50 mm，$d=22$ mm	262.3	7.2	262.7	9.4	263.3	18.4	10.9
2.6	原小孔不变，背壁面增加两进风小孔($x=\pm 200$ mm，$d=20$ mm，$v=0$ m/s)	262.2	8.5	262.3	5.9	262.7	13.6	8.7
2.7	原小孔不变，左右壁面增加一进风小孔($x=-160$ mm，$d=20$ mm，$v=0$ m/s)	271.2	29.5	270.2	11.0	270.8	18.9	18.5

（续表）

编号	说　明	下层		中层		上层		总方差
		平均值/℃	方差	平均值/℃	方差	平均值/℃	方差	
2.8	原小孔不变，背壁面增加两进风小孔($x=\pm200$ mm，$d=20$ mm，$v=0.5$ m/s)	261.8	7.4	262.0	7.1	262.5	11.1	7.9
2.9	原小孔不变，左右壁面增加一进风小孔($x=-160$ mm，$d=20$ mm，$v=0.5$ m/s)	261.8	6.8	261.6	4.1	261.8	5.9	5.2
2.10	原小孔不变，背壁面增加两进风小孔($x=\pm200$ mm，$d=20$ mm，$v=1.5$ m/s)	261.0	6.4	260.9	4.3	261.2	6.7	5.3
2.11	原小孔不变，左右壁面增加一进风小孔($x=-160$ mm，$d=20$ mm，$v=1.5$ m/s)	266.9	3.9	267.2	3.1	268.8	11.8	6.5

2.3 热风扇风速改变

由于热风扇抽风引起内腔气流循环，对温度场起着一定的调节作用，考虑改变热风扇的回风速度。

由表5可见，改变回风速度对温度场的改善作用并不明显，有时甚至会恶化温度场，总体来说，回风速度越大，温度场越均匀，增大回风速度可以一定程度地改善温度场。但考虑到噪声以及产生的抽吸力对食物的影响，回风速度也不能随意增大。

表5　　热风扇回风速度改变

编号	说明	下层		中层		上层		总方差
		平均值/℃	方差	平均值/℃	方差	平均值/℃	方差	
3.1	回风风速 $v=1.0$ m/s	268.6	8.3	268.9	8.4	270.1	20.7	11.1
3.2	回风风速 $v=0.5$ m/s	267.8	12.9	266.8	11.2	267.6	11.4	11.9
3.3	回风风速 $v=0$ m/s	261.1	26.7	256.3	9.9	256.7	11.1	19.5
3.4	回风风速 $v=2.0$ m/s	264.1	4.5	264.5	5.7	265.2	12.5	7.2

2.4 上、下加热管位置改变

由于加热管的辐射加热作用对食物烘烤有着关键作用，因此考虑改变加热管的位置，期待能够改善温度场的均匀性。

由表6可见，上下加热管外移30 mm时，可以获得较好的温度均匀性。同时，门附近的低温区得到改善。但整体来说，改善效果有限，上部区域温差还是比较大。

表6　　上下加热管位置改变

编号	说　明	下层		中层		上层		总方差
		平均值/℃	方差	平均值/℃	方差	平均值/℃	方差	
4.1	上下加热管外移30 mm	269.8	3.0	270.2	3.6	270.6	6.8	4.2
4.2	上下加热管外移30 mm 顶部出风小孔外移50 mm	268.5	6.6	268.5	5.4	269.5	6.3	5.8
4.3	上下加热管外移30 mm 顶部出风小孔外移50 mm	273.2	27.7	272.6	2.6	272.9	8.7	12.1

2.5 热风扇盖板结构改变

原先背部进风口位于凸起的热风扇盖板的左右两侧，盖板结构的改变包括两方面，一是将凸起的盖板四边设置成缓斜坡，以改善背板附近的气流分布，减少涡流、死角，进风口位于盖板四周边缘，方案 5.2～5.4；二是将凸起盖板按比例拉大，进风口依然位于左右两侧，尺寸变为 190 mm×26 mm，方案 5.1，5.5～5.10。

由表 7 可见，方案 5.2，即缓斜坡结构的盖板可以获得较好的温度均匀性，但是仅仅结构改变，改善的效果还是有限，并且仍存在小的局部低温区和局部高温区，因此，必须辅以前述其他措施。

表 7　　热风扇盖板结构改变

编号	说　明	下层		中层		上层		总方差
		平均值/℃	方差	平均值/℃	方差	平均值/℃	方差	
5.1	盖板拉长	260.3	3.9	260.4	3.0	261.3	9.4	5.2
5.2	盖板结构改变，进风口位于盖板边缘侧部	259.7	4.0	259.6	2.2	260.5	2.5	2.8
5.3	盖板结构改变，进风口位于盖板边缘侧部及盖板左右各一	259.8	3.7	259.7	3.0	259.7	2.9	3.0
5.4	盖板结构改变，进风口位于盖板边缘侧部及盖板上下左右各一	260.3	3.5	259.6	3.5	259.7	2.9	3.1
5.5	盖板拉长，顶部小孔内移 50 mm	262.3	3.6	262.4	2.9	264.1	2.3	3.4
5.6	盖板拉长，顶部小孔外移 73 mm	260.3	15.9	258.5	4.4	259.8	18.4	12.5
5.7	盖板拉长，顶部小孔增至三个(d=22 mm)	265.4	6.5	264.7	4.6	265.6	1.9	4.2
5.8	盖板拉长，背部进风口 2 个(左右)变 4 个(上下左右)	260.5	5.1	260.5	2.9	261.0	10.3	5.7
5.9	盖板拉长，盖板增设 4 个进风小孔(d=10 mm)	260.4	3.7	260.3	3.3	261.2	9.4	5.2
5.10	盖板拉长，盖板增设 4 个进风小孔(d=22 mm)	260.9	6.7	260.5	3.1	261.3	11.3	6.6

3 烤箱综合优化

根据 4.1～4.5 的研究结果，综合了影响烤箱内部温度均匀性的多种因素，对烤箱作出了综合优化。

由表 8 和图 6 可见，方案 6.1，即改变了背部盖板结构，将顶部出风小孔内移 50 mm，并且增大热风扇回风速度至 2 m/s 时，可以获得很好的温度场。此时，食物烤架位置的最大温差为 3.5 ℃，温度波动范围很小，可以达到先进水平。

从图 7 可见，相比现有烤箱，综合优化之后的烤箱的温度均匀性得到很大提高。图 8 为优化烤箱的模型图。

表 8 烤箱综合优化方案

编号	说明	下层		中层		上层		总方差
		平均值/℃	方差	平均值/℃	方差	平均值/℃	方差	
6.1	5.2 基础上，顶部出风小孔内移50 mm，热风扇回风速度 v=2 m/s	260.0	1.6	260.1	1.2	260.7	0.4	1.1
6.2	5.2 基础上，顶部原小孔两边各增加一个相同小孔(x=±94 mm)，d=10 mm	259.8	2.5	259.4	1.2	260.5	8.8	4.1

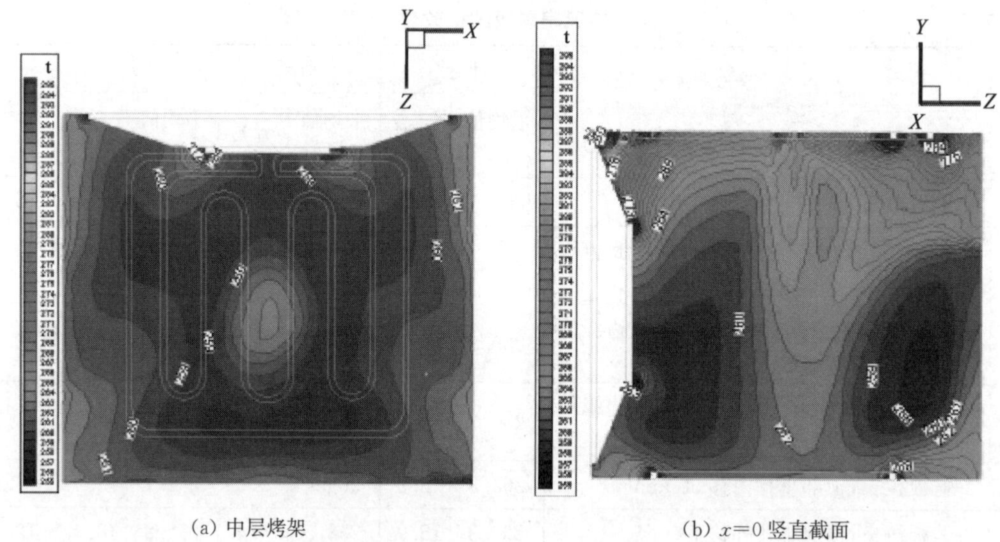

(a) 中层烤架　　(b) x=0 竖直截面

图 6　方案 6.1 温度场分布(单位:℃)

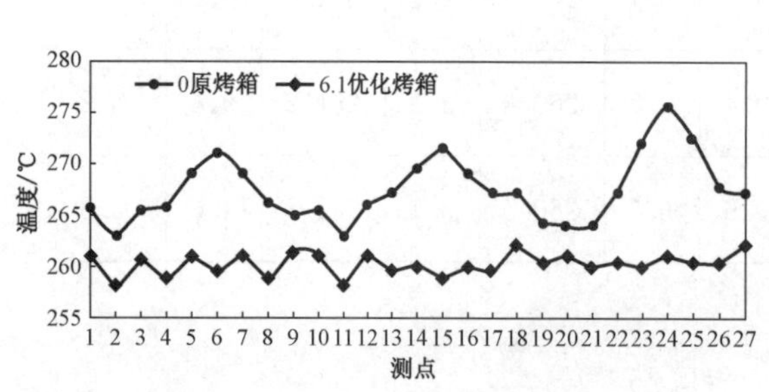

图 7　原烤箱和优化烤箱模拟温度对比图

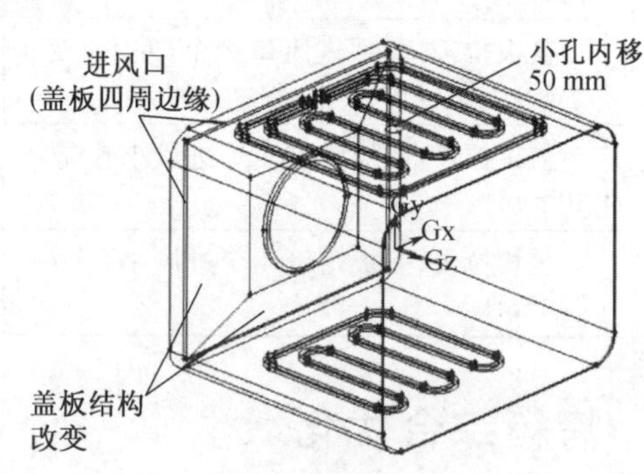

图 8　最终烤箱优化模型

4　结论

本文研究了改善烤箱内部温度场均匀性的措施，在现有烤箱的基础上考虑了移动顶部小孔位置、增加小孔数量、改变热风扇回风速度、改变上下加热管位置、改变背部盖板结构等措施，最终综合得到了一个最优模型。主要结论如下：

(1) 顶部出风小孔内移 50 mm 时可以有效改善温度场。

(2) 原小孔两边各增加一相同小孔，并减小小孔直径，可以一定程度改善温度场，但门附近还是有较大低温区域。

(3) 改变回风速度对温度场的改善作用并不明显，有时甚至会恶化温度场，但总体来说，回风速度越大，温度场越均匀。

(4) 上下加热管外移 30 mm 时，可以对温度均匀性有一定改善，但效果有限。

(5) 将背部热风扇盖板四周改成缓斜坡可以获得较好的温度均匀性。

(6) 综合优化，将小孔内移 50 mm，热风扇速度增至 2 m/s，盖板结构改变，可以在烤箱内部获得很好的均匀温度场。

参考文献

[1] 贺启滨，高乃平，朱彤. 应用 CFD 方法模拟室内气溶胶的传输与沉积[J]. 建筑热能通风空调，2010，29(1)：6-11.

[2] 刘俊，刘东，杭寅. 烘箱内部热环境的数值模拟研究[J]. 建筑热能通风空调，2006，25(4)：78-85.

[3] 庄江婷，刘东，丁燕. 烟草烘箱内部气流组织的优化[J]. 能源技术，2008，29(1)：4-7.

[4] 彭威，关昌峰，秦柳. 滚塑机烘箱内部温度场的数值模拟研究[J]. 机械设计与制造，2012，(9)：105-107.

[5] 郭磊. 对 FLUENT 辐射模型的数值计算与分析[J]. 制冷与空调，2014，28(3)：358-360.

[6] 吴研，高乃平，王丽慧，等. 地铁隧道活塞风井通风性能的数值模拟研究[J]. 建筑科学，2012，28(8)：70-76.

某烤箱内腔温度场均匀性的优化研究*

项琳琳　刘 东　任 悦　郭真斌　吴孟飞

摘　要：通过实测和CFD数值模拟的方法，研究了某嵌入式烤箱内腔温度场分布现状，发现温度分布不够均匀，影响食物烘烤效果。本课题组通过烤箱顶部小孔位置移动、小孔大小和数量改变、热风扇风速变化、加热管位置移动、热风扇挡板结构变化等方面的数值模拟研究，对比分析得到了相对最优的改造方案，使得烤箱温度场均匀性明显提高。

关键词：烤箱；温度场均匀性；实测；数值模拟

Optimization Study on the Uniformity of the Temperature Field of an Oven Cavity

XIANG Linlin, LIU Dong, REN Yue, GUO Zhenbin, WU Mengfei

Abstract: Through tests and numerical simulation, this paper studies the status quo of an embedded oven cavity. The uniformity of the temperature field of the existing oven is poor, which has bad influence on food heating, baking or roasting. The following improvement schemes are considered: the change of the position of small holes on the top of the oven, the size of small holes, the amount of small holes, wind speed of fan, the position of heating pipes, the structure of back plate and so on. After numerical simulating, comparative analyzing, the relative optimal scheme was gotten, which improves the uniformity of the temperature field obviously.

Keywords: oven; uniformity of the temperature field; test; numerical simulation

0　引言

本文的研究对象是某嵌入式电烤箱。该电烤箱试验过程中，内腔温度分布不够均匀，空间上不同位置的温度最高值和最低值之差最大可达 10 ℃，导致食物烘烤时各部位出现冷热不均，生熟不匀的现象。因此，为了改善电烤箱实际使用过程中的性能，我课题组通过实验测试和数值模拟的研究方式，来优化烤箱内腔温度分布，使其更均匀，从而达到国际一流烤箱的水平。

1　物理数学模型及边界条件

1.1　物理模型

根据该烤箱的实际模型，建立图 1 所示的物理模型。烤箱内腔各部位尺寸如图 2 所示。在利用 Gambit 软件建模过程中，作了如下的简化：

*《建筑热能通风空调》2016，35(2)收录。

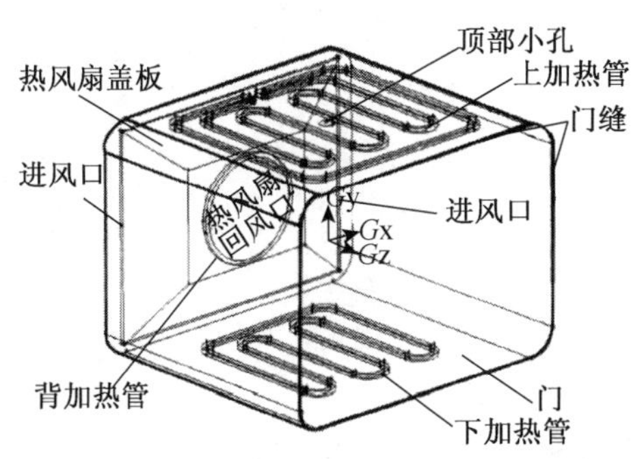

图 1　烤箱物理模型图

（1）圆管形的加热管形状有所简化：根据上、下加热管投影形状，将其简化为由四面组成的平管，其中有一面贴住对应烤箱内腔壁面；背加热管的散热面简化为的热风扇挡板侧面以及正壁面最外圈 6.5 mm 宽的圆环面之和；根据各加热管的电功率和对应的散热面，即可计算出相应的热流密度。

（2）热风扇网格面未画出，简化为直径为 179.2 mm 的圆面。

（3）热风扇挡板后部侧面的进风口，每侧 2 个小口简化为 1 个大口。

（4）烤箱各壁面和门由多层材料组成，在此简化为面，每面的传热系数根据各层材料的导热系数及材料厚度计算得到。

（5）为体现门密封性能的局限性和门缝空气的泄露，本模型画出了 3 mm 宽的门缝，即为烤箱内外气流交换的通道之一。

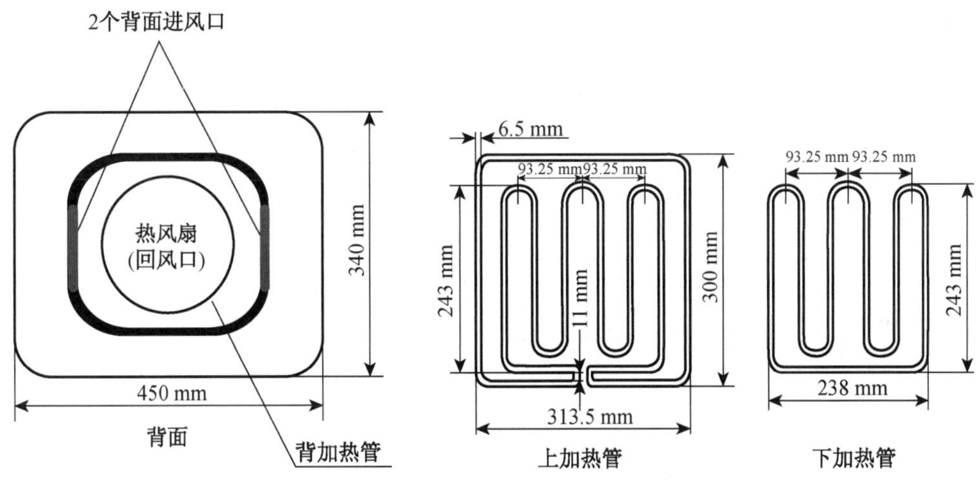

注：烤箱内腔深度为 392 mm。

图 2　烤箱内腔形状和各部件尺寸平面图

1.2　数学模型

烤箱内腔的气流为稳态三维不可压缩湍流流动，在 Fluent 流体计算软件中，湍流黏性模型选择标准 k-epsilon 模型，近壁处理（near-wall-treatment）选择增强壁面处理（enhanced wall treatment）。辐射模型选择 DO 模型。材料选择空气，采用 Boussinesq 模型，20 ℃时，空气密度 1.205 kg/m^3，比热容 1.005 kJ/(kg·K)，导热率 0.0257 W/(m·K)，运动粘度15.11×10^{-6}，体积膨胀系数为 0.003 43 K^{-1}。算法选择 SIMPLEC 二阶差分。

1.3　网格划分

网格形式为 Tet/Hybrid（即以四面体为主，在适当位置包涵六面体、楔形、锥形网格），步长为 3 mm，网格总数 429 255 个。

1.4 边界条件

边界条件见表1。

表1 定义面和边界条件设置

定义面	边界条件
上加热管	热流密度 a=15 969.2 W/m^2,发射率 0.7
下加热管	热流密度 a=17 487.3 W/m^2,发射率 0.7
背加热管	热流密度 a=71 903.0 W/m^2,发射率 0.7
热风扇	回风速度 v=−1.5 m/s,温度 t=250 ℃
背面两个讲风口	压力入口,t=250 ℃
顶部出风小孔	自由出流 outflow
门	壁面传热系数 K=1.8 W/(m^2·K),t=20 ℃,发射率 0.15
门缝	自由出流 outflow
其他壁面	壁面传热系数 K=1.6 W/(m^2·K),t=20 ℃,发射率 0.7

2 实测及模型验证

为了对该烤箱内腔的温度场分布情况有具体的了解,本研究首先对该烤箱的各层烤架位置的温度进行实测,测试烤架分为下、中、上三层,每层测九个点测点位置及编号如图3所示。温度测试采用日本横河 Yokogawa DR130 混合记录仪,每2 s记录一次温度,测量范围:0～800 ℃,精度0.1 ℃。

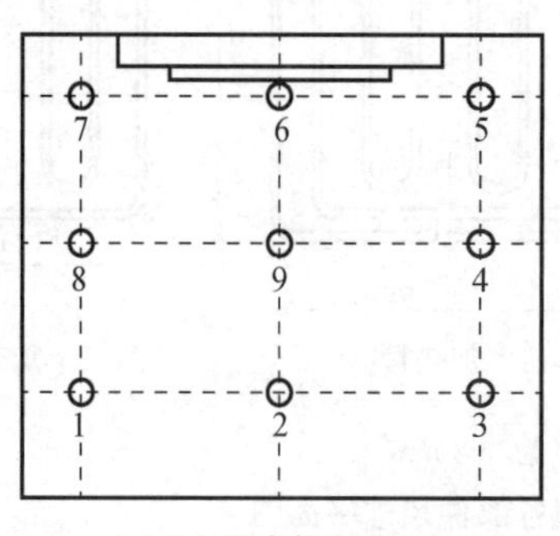

(a) 下层(距离箱底 65 mm)

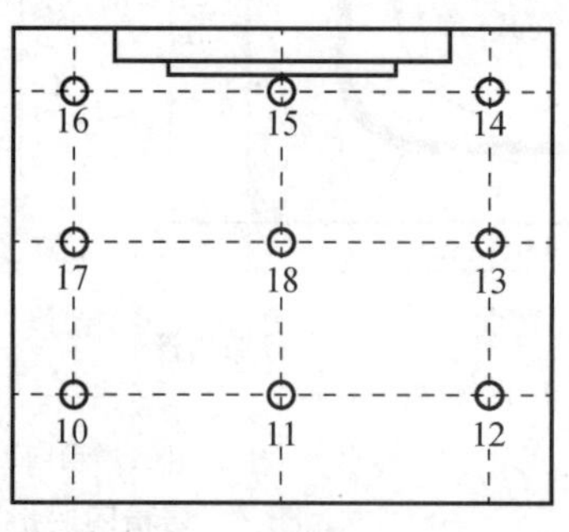

(b)中层(距离箱底 130 mm)

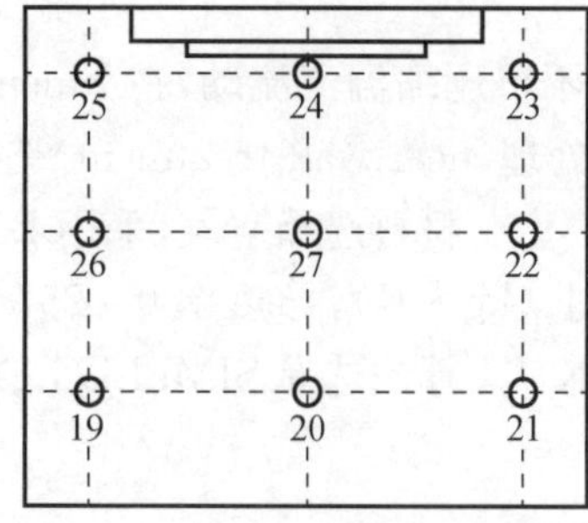

(c) 上层(距离箱底 195 mm)

图3 三层烤架实验测点布置图

图4为数值模拟得到的烤箱内腔温度场数值。

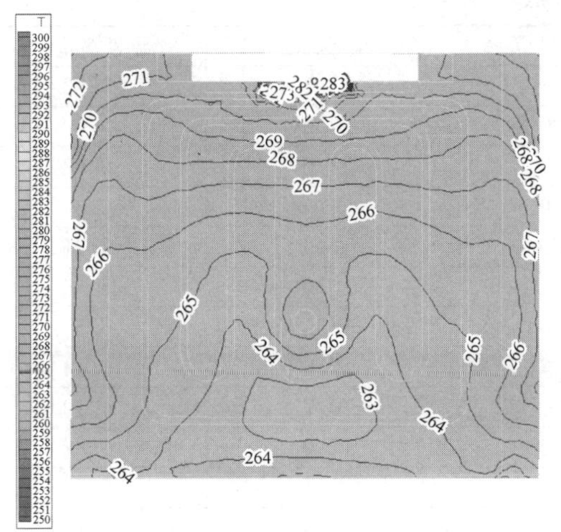

(a) 下层(距离箱底 65 mm)

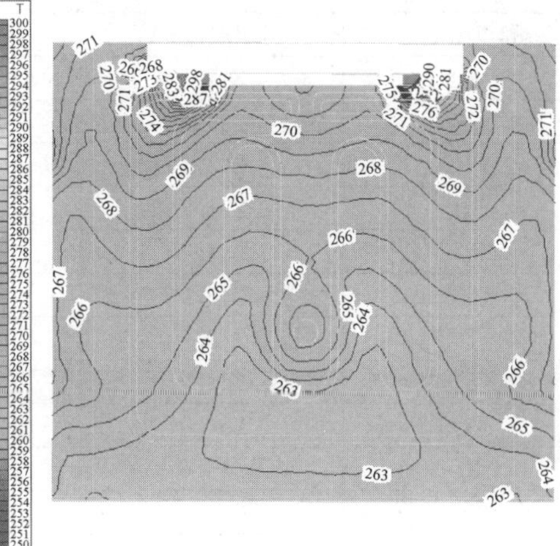

(b) 中层(距离箱底 130 mm)

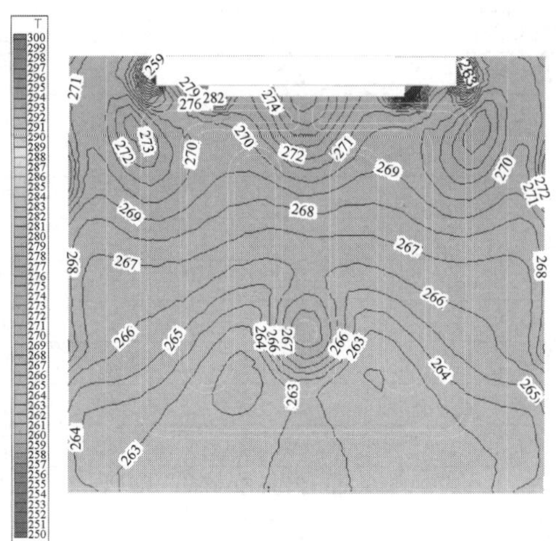

(c) 上层(距离箱底 195 mm)

图 4　三层烤架温度场模拟结果(温度单位:℃)

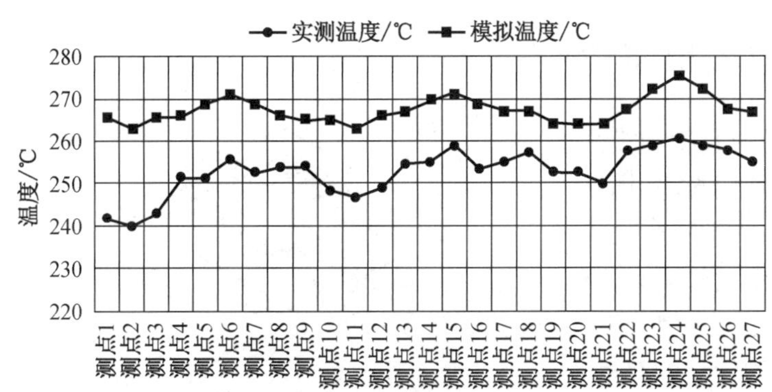

图 5　三层烤架 27 个测点实测和模拟温度对比图

由表 2 可知,三层烤架模拟温度高于实测温度,模拟平均温度为 267.43 ℃,实测平均温度为 253.06 ℃;最大偏差为 9.82%,最小偏差为 3.69%,平均偏差为 5.71%<10%;且由图 5 可见,模拟 27 个测点的温度分布趋势与实测接近,说明模型及边界条件的设置与实际情况相符。因此,模拟结果可以用作烤箱内腔温度场均匀性分析和优化的依据。

表 2　　三层烤架测点温度实测值与模拟值对比

测点编号	实测温度/℃	模拟温度/℃	温差/℃	温度偏差/%
1	241.9	265.6	23.7	9.82
2	239.8	263.0	23.2	9.69
3	243.5	265.5	22.0	9.03
4	251.7	266.0	14.3	5.69
5	251.4	269.0	17.6	7.01
6	256.0	271.0	15.0	5.85
7	253.0	269.0	16.1	6.35
8	254.2	266.2	12.0	4.74
9	254.4	265.0	10.7	4.19
10	248.6	265.5	17.0	6.82
11	246.9	263.0	16.1	6.52
12	249.2	266.0	16.8	6.75
13	254.7	267.0	12.3	4.82
14	255.2	269.5	14.3	5.62
15	259.3	271.5	12.2	4.72
15	253.8	269.0	15.3	6.01
16	253.8	269.0	15.3	6.01
17	255.1	267.0	11.9	4.66
18	257.5	267.0	9.5	3.69
19	253.0	264.5	11.5	4.55
20	252.8	264.0	11.2	4.44
21	250.3	264.0	13.7	5.46
22	257.7	267.4	9.8	3.78
23	259.3	272.0	12.7	4.90
24	260.8	275.5	14.7	5.64
25	259.4	272.5	13.2	5.07
26	258.1	267.8	9.7	3.76
27	255.4	267.0	11.6	4.55
平均	253.1	267.43	14.4	5.71

3　不同优化方案的数值模拟研究

根据对现有烤箱内腔温度场的实测和模拟数据发现，从横向来看，烤箱内腔从门至里，温度升高，平均温差约为 8℃，且顶部小孔所在的位置对应下方各层都存在一个局部温度较高点；从纵向来看，上层温度稍高于下层，温差约为 5℃。为了达到烤箱内腔空间整体温度均匀性的目标，即各点温差越小越好，本研究组提出如下五类改造方案：①顶部小孔位置改变；②顶部小孔大小和数量改变；③热风扇风速改变；④上、下加热管

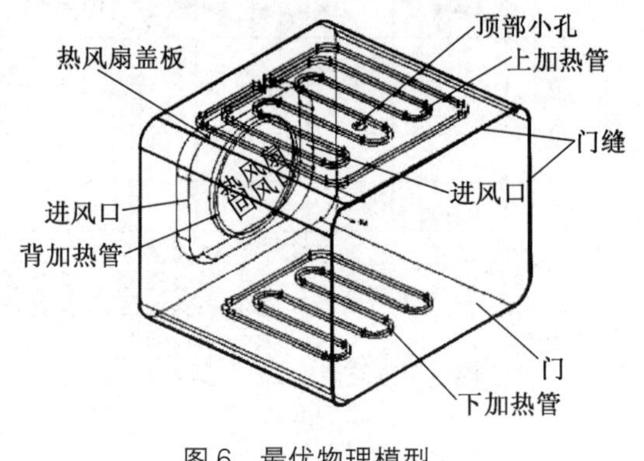

图 6　最优物理模型

位置改变；⑤热风扇挡板结构改变。模拟结果统计如表 3 所示。

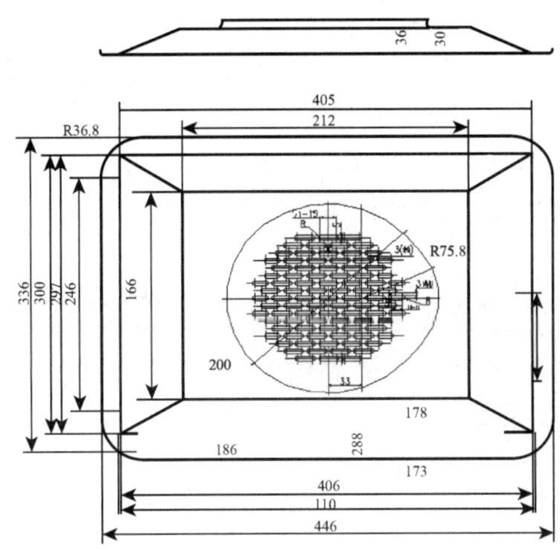

图 7 最优模型热风扇挡板结构和尺寸

表 3　　五类改造方案烤箱内腔温度场最大温差统计

改造方案	编号	说明	温差/℃		
			下层	中层	上层
原有烤箱	0	—	8	8.5	11.5
1）小孔位置移动	1.1	小孔位置向外移 120 mm	13.7	8	7
	1.2	小孔位置向外移 73 mm	13.5	7.1	8
	1.3	小孔位置内向移 50 mm	5.9	7	8
	1.4	小孔位置内向移 10 mm	5	3	3.5
	1.5	小孔位置内向移 150 mm	6	4.3	4.5
2）小孔数量增加	2.1	原小孔位左右两边各增加一个大小相同的出风小孔（+94 mm，−94 mm）	5.5	5.5	4.5
	2.2	原小孔左右两边各增加一个大小相同的出风小孔（+94 mm，−94 mm），小孔尺寸变小（d=22 mm? 10 mm）	3.5	4.5	7
	2.3	三个出风小孔（d=10 mm）向外移 120 mm	9	9	7
	2.4	三个出风小孔（d=10 mm）向外移 120 mm	7.8	7.7	6.8
	2.5	内腔背壁面增加 2 个进风小孔（压力进口 p=0，t=20 ℃），d=20 mm，位置：两侧距离背壁面中心 200 mm 和−200 mm	8	9.5	12.4
	2.6	内腔左、右壁面各增加 1 个进风小孔（压力进口 p=0，t=20 ℃），d=20 mm，位置：两侧距离背壁面中心−160 mm）	8	7	10
	2.7	内腔背壁面增加 2 个进风小孔（速度入口 v=0.5 m/s，t=20 ℃），d=20 mm，位置同方案 2.5	15.5	8	12
	2.8	内腔左、右壁面各增加 1 个进风小孔（速度入口 v=0.5 m/s，t=20 ℃），d=20 mm，位置同方案 2.6	7	7.5	9

（续表）

改造方案	编号	说明	温差/℃		
			下层	中层	上层
2）小孔数量增加	2.9	内腔背壁面增加 2 个进风小孔（速度入口 v=0.5 m/s，t=20 ℃），d=20 mm，位置同方案 2.4	6.5	5.5	6
	2.10	内腔左、右壁面增加 1 个进风小孔（速度入口 v=0.5 m/s，t=20 ℃），d=20 mm，位置同方案 2.6	6	5	7.5
	2.11	三个出风小孔（d=22 mm）向内移 50 mm	5	4	9
3）热风扇风速改变	3.1	热风扇风速由−1.5 m/s 改为−1.0 m/s	8	9	14.5
	3.2	热风扇风速由−1.5 m/s 改为−0.5 m/s	11	8.5	8.5
	3.3	热风扇风速由−1.5 m/s 改为 0 m/s	16	9.5	10
	3.4	热风扇风速由−1.5 m/s 改为−2.0 m/s	7	8	10.5
4）加热管移动+9 顶部小孔移动	4.1	上下加热管外移 30 mm	4	6	9
	4.2	上下加热管外移 30 mm，顶部出风小孔外移 50 mm	6	6.5	8.2
	4.3	上下加热管外移 30 mm，顶部出风小孔外移 50 mm	17	4	8
5）热风扇挡板结构改变+其他改变	5.1	热风扇挡板原来 283.2 mm×223.2 mm，改为 400 mm×310 mm，即背部进风口离壁面角落距离减小	45	4.8	9.7
	5.2	热风扇挡板结构改变 A，挡板上无进风口，进风口位于挡板边缘侧部	5.5	4	4
	5.3	热风扇挡板结构改变 A，挡板上有左右 2 个进风口，挡板边缘侧部也是进风口	5.5	5	4.5
	5.4	热风扇挡板结构改变 A，挡板上有左右 4 个进风口，挡板边缘侧部也是进风口	5.5	5	4.5
	5.5	热风扇挡板原来 283.2 mm×223.2 mm，改为 400 mm×310 mm，顶部出风小孔内移 50 mm	5	5	4

表 4　　进一步改造方案烤箱内腔温度场最大温差统计

改造方案	编号	说明	温差/℃		
			下层	中层	上层
6）方案 5.2 基础上	6.1	顶部小孔向外移 73 mm	13	12.5	8
	6.2	顶部小孔向外移 120 mm	16.5	7.5	4.5
	6.3	顶部小孔向肉移 50 mm	5.5	5.5	5
	6.4	热风扇风速由−1.5 m/s 改为−2.0 m/s	3.5	2	8
	6.5	顶部小孔向内移 50 mm，热风扇风速由−1.5 m/s 改为−2.0 m/s	3.5	3.5	2
	6.6	顶部增加两个出风小孔，d=10 mm，小孔位置分别位于原小孔左右两侧+94 mm，−94 mm	4	3	10
7）方案 5.5 基础上	6.7	6.6 基础上，顶部三个出风小孔（d=10 mm）内移 50 mm	5.4	5.4	5
	6.8	6.7 基础上，热风扇风速由−1.5 m/s 改为−2 m/s	4.1	4.2	5
	7.1	热风扇风速由−1.5 m/s 改为−2 m/s	3.5	3	3
	7.2	热风扇挡板表面增加 6 个进风小孔，d=6 mm	4	4.5	5
	7.3	热风扇挡板表面增加 6 个进风小孔，d=10 mm	5	4.5	3.5

由表 4 可见，方案 6.5 得到的结果最优，将作为重点改造方案提供给甲方，方案 6.5 的物理模型如图 6 所示，其热风扇挡板的结构和尺寸如图 7 所示。

4　最优模型模拟结果分析

最优模型烤箱（方案 6.5）内腔温度分布情况如图 8 所示。

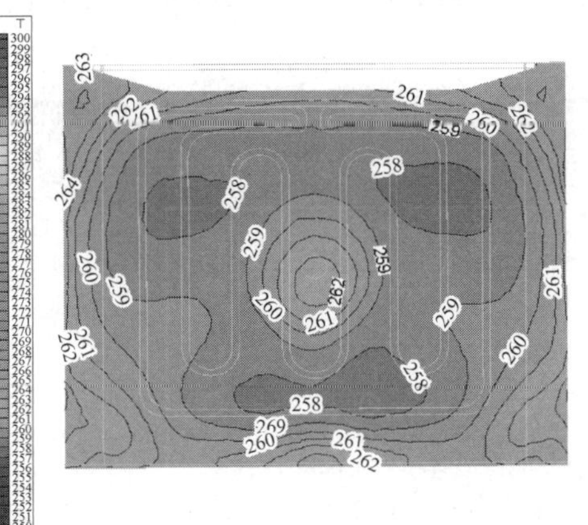

(a) 下层（距离箱底 65 mm）

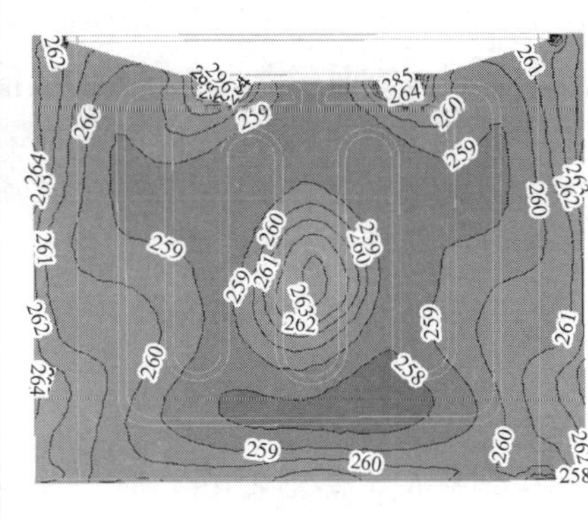

(b) 中层（距离箱底 130 mm）

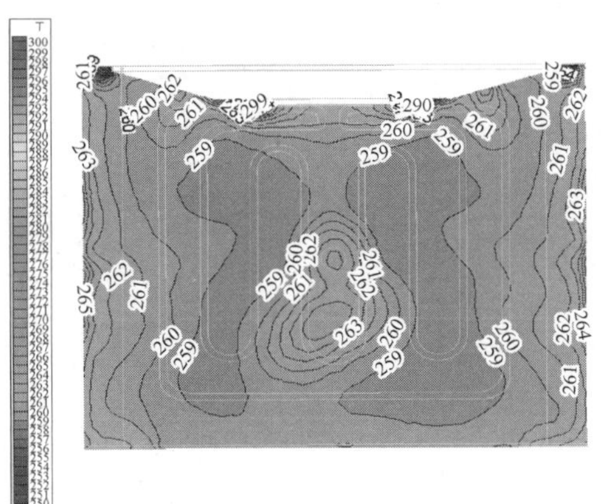

(c) 上层（距离箱底 195 mm）

图 8　最优模型三层烤架温度场模拟结果（温度单位：℃）

与现有烤箱相比，温度场均匀性统计如表 5 所示。

表 5　现有烤箱模型和最优烤箱模型的温度场比较

烤箱	现有烤箱模型			最优烤箱模型（方案 6.5）		
统计值	平均温度/℃	最大温差/℃	方差	平均温度/℃	最大温差/℃	方差
下层	266.70	8.00	6.13	260.01	3.50	1.58
中层	267.28	8.50	6.13	260.07	3.50	1.20
上层	268.30	11.50	17.17	260.67	2.00	0.38
烤腔	267.43	12.50	9.51	260.25	4.00	1.06

由表5可见，与现有烤箱相比，最优模型烤箱的内腔温度场均匀性明显提高，整体温差4℃、方差只为1左右，优化改造效果良好。

5 结论

(1) 某嵌入式烤箱内腔的温度场均匀性较差，影响食物烘烤效果。横向上，从门至里，温度升高，平均温差约为8℃，且顶部小孔下方存在局部高温；纵向上，上层温度稍高于下层，温差约为5℃。

(2) 通过多方面多个改造方案的数值模拟研究，得到相对最优的改造方案：即将热风扇挡板结构作适当调整，顶部小孔位置向内移动50 mm，热风扇回风风速改为原来的1.5倍，即将风扇转速从原来的1 200r/min改为1 800 r/min。

(3) 最优改造方案的数值模拟结果显示，烤箱内腔整体温差及各层温差均不大于4℃，方差仅为1左右，效果良好，建议采用。

参考文献

[1] 庄江婷，刘东，丁燕. 烟草烘箱内部气流组织的优化[J]. 能源技术，2008，29(1)：4-7.
[2] 刘俊，刘东，杭寅. 烘箱内部热环境的数值模拟研究[J]. 建筑热能通风空调，2006，25(4)：78-85.
[3] 贺孟春，刘东. 对流式和辐射板式电加热器的实验研究[J]. 建筑热能通风空调，2008，27(6)：5-9.
[4] 陶文铨. 数值传热学[M]. 3版. 西安：西安交通大学出版社，2001.

某烤箱不同运行阶段内部的传热机理研究*

王 璟 刘 东 项琳琳

摘 要：为探究烤箱内部各阶段的传热机理，了解各阶段主导的传热方式，本文通过国产某烤箱的温度场均匀性优化改进项目进行了研究。研究采用实验测试、理论计算以及运用 FLUENT 模拟软件进行数值模拟的方法进行。实验测试和理论计算结果表明食物温度上升至 171 ℃以上之后，对流成为主导的换热方式，利用数值模拟得到了烤箱的优化模型。本文为类似烤箱的研究提供了一种理论分析计算和数值模拟的思路。

关键词：烤箱；传热机理；温度场均匀性；理论计算；数值模拟

Study of the Heat Transfer Mechanism of an Oven during Different Phases

WANG Jing, LIU Dong, XIANG Linlin

Abstract: In this paper, in order to study the heat transfer mechanism and the dominant ways of heat transfer during different phases in the oven, an oven optimization project has been researched. The meth-ods of the research are measurement, theoretical calculation and simulation by using FLUENT. The re-sults of measurement and theoretical calculation show that convection become the dominant way of heat transfer when the temperature is above 171 ℃. An optimized model of oven is simulated with the software FLUENT. This paper provides a new approach of theoretical calculation and numerical simulation to study the analogous oven.

Keywords: oven; heat transfer mechanism; uniformity of the temperature field; theoretical calculation; numerical simulation

0 引言

烤箱作为一种便捷的厨房工具，正在我国逐渐地普及开来。国内一些厨具生产企业也开始自主研发相关的烤箱产品。但是，作为一个国内新兴的产品，国产烤箱也不可避免地面临一些问题，如烤箱结构不合理造成的内部温度场不均匀，局部热堆积等。造成的结果就是烘烤食物时，可能一部分已经烤焦，另一部分尚未烤熟，影响质量。

同济大学的庄江婷等对工业烟草烘箱内的热环境进行了实测和数值模拟，研究了烘箱内的速度场和压力场，提出了改进措施以改善烟草干燥均匀度，但对温度场均匀性没有研究[1]。南京信息工程大学的刘畅等利用偏微分方程研究了不同烤箱形状下何种面包形状最不易烤糊[2]；西北大学的姚靖等用 MATLAB 求解烤箱内部温度场，给出了加热过程中几种典型食物的热分布，并得出圆形为器皿的最优形状[3]。

*《节能技术》2015，34(194)收录。

本文作为某国产烤箱改进项目中的理论研究部分，从传热的角度对烤箱内部换热过程进行了详细的分析，通过换热量的计算，分析出烤箱内部加热过程各阶段的主导传热方式。可以更好地了解烤箱内部传热过程，对烤箱结构的改进提出指导性意见。

1　烤箱概况

该烤箱采用3D立体循环烘烤，在烤箱内胆的底部、顶部、背部各布置有一个加热管，背部挡板外还设有热风机，促进箱内空气定向循环。烤箱的物理结构如图1所示。烤箱内胆尺寸(长×宽×高)为450 mm×392 mm×340 mm。顶部有一小孔可供空气流通，另外，门缝处也可能有部分热空气的泄露。

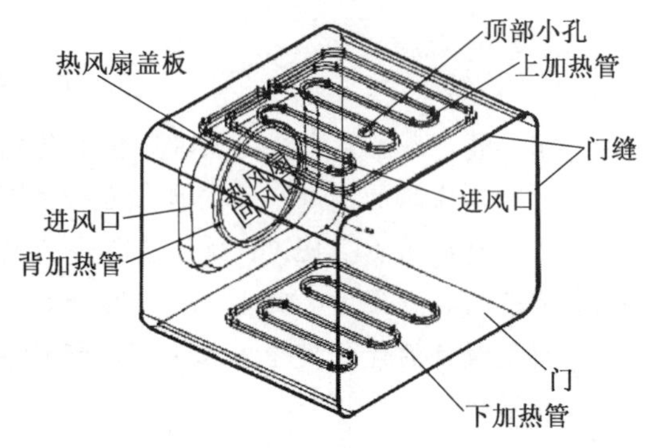

图1　烤箱内腔结构示意图

烤箱共有七种烘烤模式，每种模式对应的加热管及风扇开闭情况见表1。

表1　　烤箱七种模式说明表

编号	图标	上加热管	背加热管	下加热管	热风扇	贯流风扇
模式一		√	√	√	√	√
模式二		√	×	×	√	√
模式三		×	×	√	√	√
模式四		×	√	×	√	√
模式五		√	×	√	×	√
模式六		√	×	×	×	√
模式七		×	×	√	×	√

根据目前对烤箱内部温度场的实测情况来看，其温度分布并不均匀，不同测点的温度最高值和最低值之差最大可达10 ℃，导致食物烘烤时各部位出现冷热不均，生熟不匀的现象。因此需要对其进行改进，根据对各种模式的实验和模拟结果，提出烤箱内腔结构改良、小孔位置变动或加热管功率改变的方案。烤箱内部的换热量计算是作为理论研究的一部分，可以对后续改进起到一定程度的指导作用，并提供参考。

2　传热机理研究

2.1　研究思路

烤箱内的传热主要通过两种方式，一为对流换热，二为辐射换热。两种换热方式同时进行，且在不同时刻，各自换热的强度不同，即起主导作用的方式不同。对流换热主要包括壁面与空气间的对流换热、空气与食物间的对流换热；辐射换热包括壁面与食物间的辐射换热，加热管与食物间的辐射换热。

在烘烤过程中，由于加热管管径细小，其面积和壁面相比很小，因此在计算中将这部分辐射量不考虑。另外，由于空气的主要成分是氧气和氮气，这两种气体的辐射和吸收能力很微弱，在此可以认为空气是透明体，即不考虑空气与壁面间的辐射换热。

对烤箱内的传热过程作如下分析[3]：使用者将食物放入烤箱后，选择一个烘烤模式，设定好时间，启动开关。这时加热管开始发热，且烤箱内的空气在风机的驱动下进行循环流动。加热管通过辐射加热壁面和食物，同时，热壁面通过对流加热空气，热空气还通过对流加热食物。

为简化计算，对烤箱内的气体作如下假设：

(1) 各壁面温度相等且均匀；

(2) 空气温度分布均匀；

(3) 空气流在烤箱中为活塞流，速度场均匀。

2.2　分析计算

选取模式一，即上、下、背面加热管全开模式作为理论分析的背景。考察如下情况下的烤箱内部传热问题：加热一段时间后，壁面温度和空气温度基本稳定，食物温度上升。

2.2.1　工况一分析

取食物温度和空气温度相等这一瞬时为工况一，计算对流换热量和辐射换热量。根据实测数据，已知模式一时，内部温度场基本达到稳定时。

壁面温度

$$t_w = (217.7 + 226.3 + 232.4 + 215.3 + 218.1)/5 = 221.96\ ℃$$

空气温度

$$t_a = 211.16\ ℃$$

定性温度

$$t_m = (t_w + t_a)/2 = 216.56\ ℃$$

根据定性温度查空气参数得

运动黏度 $\nu = 36.76 \times 10^{-6}\ m^2/s$

导热系数 $\lambda = 0.0404\ W/(m \cdot ℃)$

普朗特数 $Pr = 0.679$

1) 对流换热量计算

选取流体外掠平板对流换热模型为计算模型，则 x 处的雷诺数

$$Re_x = ux/\nu \tag{1}$$

式中，u 取整个流场的平均风速；x 为对流换热的板长。

根据实测数据，背面热风扇回风口的直径为 0.14 m，回风风速为 2.24 m/s。烤箱内腔背板示意如图 2 所示。

平均风速计算：

循环风量

$$2.24 \times 3.14 \times (0.14/2)^2 = 0.0345\ m^3/s$$

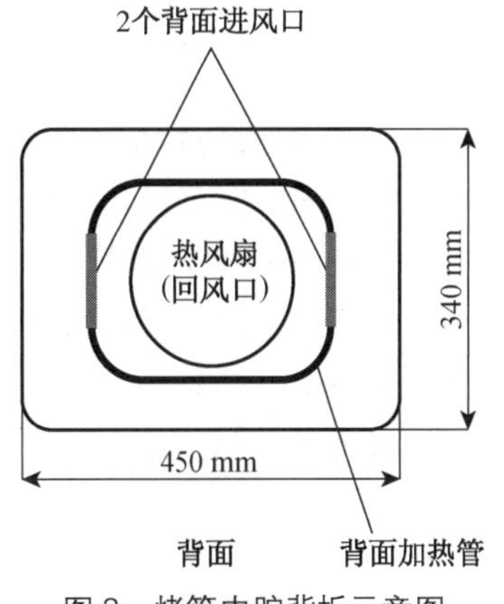

图 2　烤箱内腔背板示意图

空气一个循环内流过的体积约

$$2V = 2 \times 0.45 \times 0.392 \times 0.34 = 0.12\ \text{m}^3$$

则换气次数

$$0.0345/0.12 = 0.287\ \text{s}^{-1}$$

流体一个循环内流过的路径俯视图如图 3 所示。

则一个循环内流体流经的长度

$$L = 2 \times 0.392 + 0.45/2 + 0.08 = 1.089\ \text{m}$$

由此得流场内平均风速

$$u = 1.089 \times 0.287 = 0.313\ \text{m/s}$$

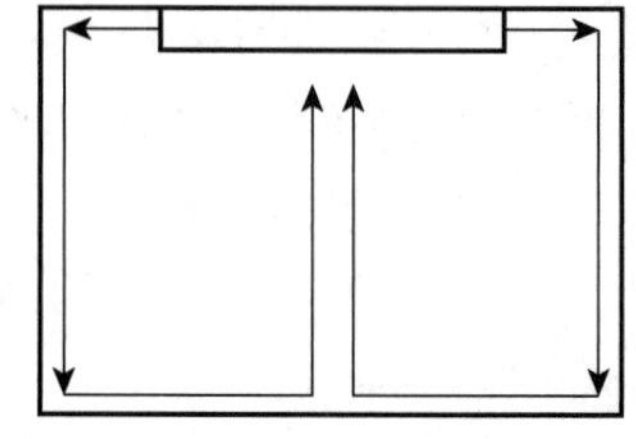

图 3　气流循环路径示意图(俯视图)

对流换热板长

$$x = 0.45/2 + 0.392 + 0.08 = 0.697\ \text{m}$$

x 处的雷诺数为

$$Re_x = 0.313 \times 0.697/(36.76 \times 10^{-6}) = 5.878 \times 10^3$$

层流换热根据局部对流换热系数经验公式

$$h_x = 0.33\,\frac{\lambda}{x} Re_x^{\frac{1}{2}} Pr^{\frac{1}{3}} \tag{2}$$

代入已知数据计算,得

$$h_x = 1.297\ \text{W/(m}^2 \cdot ℃)$$

平均对流换热系数

$$h = 2h_x = 2.594\ \text{W/(m}^2 \cdot ℃)$$

对流换热量计算公式

$$Q_c = h(t_w - t_a) \cdot A \tag{3}$$

对流换热面积

$$A = 2x \cdot H = 2 \times 0.697 \times 0.34 = 0.474\ \text{m}^2$$

所以,对流换热量 $Q_c = 2.594 \times (221.96 - 211.16) \times 0.474 + 0 = 13.279$ W

由于该工况下已经假定空气和食物温度相等,故这部分对流换热量为 0。

2) 辐射换热量计算

假定食物为一个边长 5 cm 的小立方体形状,由于不同食物的表面发射率不同,故取食物表面发射率 $\varepsilon_1 = 1$。

食物表面积

$$A_1 = 6 \times 0.05 \times 0.05 = 0.015\ \text{m}^2$$

烤箱内表面积

$$A_2 = 0.925\ \text{m}^2$$

$A_1/A_2=1.6\%$，食物与烤箱内表面积的比值较小，同时烤箱内表面搪瓷层发射率较大，因此可以在工程误差允许范围内看作是小物体对大空间的辐射。根据小物体对大空间的辐射公式

$$Q_r = \varepsilon_1 \cdot A_1(E_{b1} - E_{b2}) = \varepsilon_1 \cdot A_1 \cdot \sigma_b(T_2^4 - T_1^4) \tag{4}$$

式中　σ_b——黑体辐射常数，$\sigma_b=5.67\times10^{-8}$ W/(m^2 · ℃^{4})；

T_2——烤箱内壁平均温度/℃；

T_1——食物表面温度/℃。

代入数据，得

$$Q_r = 1 \times 0.015 \times 5.67 \times 10^{-8} \times (495.11^4 - 484.31^4) = 4.315\ \text{W}$$

综上，在该假定工况下，由于壁面与食物间温差较小，属于烘烤后期，对流换热量约为辐射换热量的 3 倍，对流为主导换热方式。

2.2.2　工况二分析

若假定食物温度为 100 ℃，其他条件不变为工况二，计算该工况下的换热量情况。在这种情况下，壁面和空气间的对流换热量不变，但空气和食物间对流换热量不为 0，根据类似的计算过程算得为 13.410 W，故

$$Q_{c2} = 13.279 + 13.410 = 26.689\ \text{W}$$

$$Q_{r2} = 1 \times 0.015 \times 5.67 \times 10^{-8} \times (495.11^4 - 373.15^4) = 34.617\ \text{W}$$

该工况下，由于壁面与食物间温差较大，属于烘烤前期，辐射换热的强度大，是对流换热的 1.3 倍。

2.2.3　进一步分析

仍采用以上的计算思路，调整食物温度，可以计算出辐射换热与对流换热两者重要性相当的点。表 2 是计算结果。

表 2　换热量计算结果

编号	食物表面温度/℃	对流换热量/W	辐射换热量/W	辐射/对流比值
1	110	25.537	32.778	1.28
2	120	24.336	30.788	1.27
3	130	23.102	28.640	1.24
4	140	21.903	26.327	1.20
5	150	20.681	23.839	1.15
6	160	19.481	21.169	1.09
7	170	17.060	18.307	1.07
8	180	17.067	15.244	0.89
9	175	17.671	16.801	0.95
10	173	17.909	17.410	0.97
11	172	18.035	17.711	0.98
12	171	18.148	18.010	0.99

由表中数据可知，当食物温度为 171 ℃时，对流和辐射换热的强度相同，在 171 ℃以下时，辐射换热占主导；171 ℃以上时，对流换热占主导。

根据烤箱内温度场的实测数据(模式一)，找出对应点处达到指定温度 171 ℃的时间。模式一下烤箱内对应测点的温度变化曲线如图 4 所示。

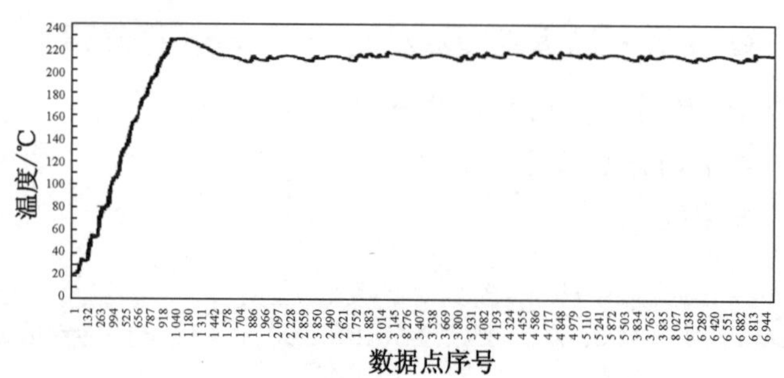

图 4　烤箱内对应测点温度随时间变化曲线

测试仪器每秒钟记录一次温度，根据原始数据、结合图表，在烤箱运行 709 s，食物温度达到 171 ℃，在此之前，烤箱内辐射为主导的换热方式；之后，烤箱内的温度先是上升到 230 ℃，之后基本维持在 210 ℃，以对流为主导换热方式。

2.2.4　小结

以上虽然只计算烤箱在模式一下的传热过程，但对于其他的模式，也可以用同样的方法来分析其传热过程，进而找出换热方式从辐射主导转为对流主导的点。需要注意的是，在不同模式下，经一定的时间建立起稳态后，烤箱内壁面温度、空气温度及加热管温度都是相同的，也就是说，虽然模式不同，但最后达到的稳定状态都是一样的，不同的是建立稳态的过程，以及辐射和对流转换的温度点。

在食物被加热逐渐升温的过程中，对流和辐射都是其主要的换热方式。在加热前期，当食物温度还较低时(约 170 ℃以下)，由于食物与壁面间温差大，其间的辐射换热成为主导；当食物温度上升到超过 170 ℃时，温差的作用减弱，此时，由于烤箱内有高温空气的循环流动，对流换热成为主导加热方式。

3　优化建议

由以上计算结果分析可知，在该烤箱的烘烤过程中，仅前十分钟内是以辐射为主要的换热方式，之后的约一个多小时内，对流的作用强于辐射。因此，对烤箱的改进主要从增强对流换热强度，改善温度场均匀性着手，可以从以下三个方面对烤箱进行改进。

3.1　提高热风扇风机转速，增大场内风速

增大对流换热强度一方面有助于空气和食物间更快速地换热，从而缩短烘烤时间；另一方面也有助于使烤箱内各处的空气更充分地混合，使温度场更均匀。由于对流换热强度和风速正相关，因此可以考虑增大热风扇转速，从而加强对流。

3.2　改变背部热风扇挡板结构，改善温度场

通过分析烤箱内腔原来的结构以及温度场实测数据发现，仅靠背部挡板侧边的两个小口进风对温度场的均匀性有很大影响，不利于空气更好地对流。因此，考虑由背挡板四周的细长

狭缝进风，同时，将直角形状的凸起改为30°的斜坡，更加利于空气对流，促进温度场均匀。

3.3 移动顶部小孔位置，缓解局部热堆积

由于顶部的小孔处也会有部分空气外漏，小孔的位置会影响温度场的分布，起到导流作用。因此可以尝试移动小孔的位置，或改变小孔的直径，从而改善温度场。

4 数值模拟

对烤箱的数值模拟方法是一种很好的方式，花费少，速度快，并且可以同时模拟多种不同工况[5]。根据以上改进思路对烤箱进行了数值模拟。首先建立烤箱内胆的几何模型，用FLUENT软件对烤箱内部热环境进行数值模拟，之后再用内腔温度场的实测数据对模型进行验证，发现模拟和实测所得的温度值平均偏差为5.71%，最大偏差为9.82%，均在可接受的范围内，由此，采用了模型。

表3为现有烤箱的温度计算结果，由方差值最大达到17.2 ℃可知，温度场极不均匀。

表3 现有烤箱温度计算结果

编号	说明	下层		中层		上层		总方差
		平均值/℃	方差	平均值/℃	方差	平均值/℃	方差	
0	原烤箱，回风速度 v=1.5 m/s	266.7	6.1	267.3	6.1	267.0	17.2	9.5

针对现有烤箱，考虑了几种改进措施，包括：小孔位置改变、小孔数量增加、热风扇风速改变、上下加热管位置改变以及盖板结构的改变。以下详细介绍改变小孔位置、改变热风扇风速和改变盖板结构的模拟结果。

4.1 顶部出风小孔位置改变

顶部的小孔是内外气流交换的通道之一，内部热气流有可能在小孔处形成短路，造成小孔处的局部高温以及靠近门处出现低温区域。因此，模拟了几种位置移动方案，如表4。

由表4可见，方案1.3，即小孔内移50 mm时温度场为最优，平均温度270 ℃，它的上、中、下三层的方差值最小，温度均匀性好。

表4 小孔位置移动模拟结果

编号	说明	下层		中层		上层		总方差
		平均值/℃	方差	平均值/℃	方差	平均值/℃	方差	
1.1	小孔外移120 mm	262.6	17.7	261.8	7.2	261.5	5.6	9.6
1.2	小孔外移73 mm	266.8	15.9	264.5	5.1	264.1	8.8	10.7
1.3	小孔内移50 mm	270.3	2.8	269.9	1.4	269.7	1.7	1.9
1.4	小孔内移100 mm	270.6	4.8	271.3	6.3	271.7	7.3	5.9
1.5	小孔内移150 mm	271.0	3.6	270.1	2.0	269.4	2.3	2.9

图5(a)显示了方案1.3中层烤架位置的温度场图，由图可见，相比现有烤箱，温度场均匀很多。图5(b)截面图也可看出，在烤架所在范围内温度波动为268 ℃～273 ℃，均匀性有了很

大改善。因此，顶部小孔内移对于温度场的影响较为显著，改善比较明显。

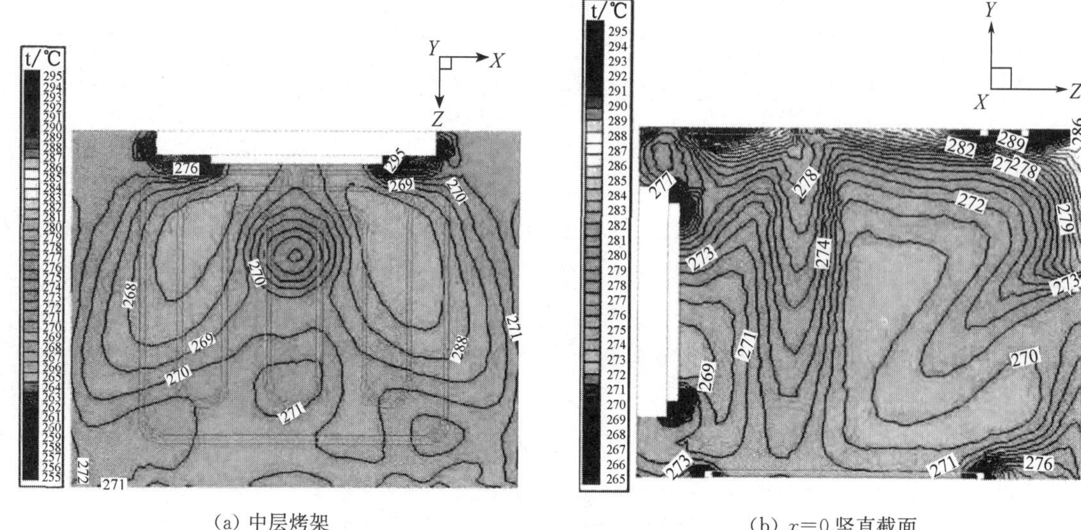

(a) 中层烤架

(b) $x=0$ 竖直截面

图 5　顶部小孔内移 50 mm 时的温度分布

4.2　热风扇风速改变

由第二、三章节的分析和优化建议可知，热风扇的转动风速大小决定了箱体内空气流动的速度，从而影响对流换热的强度，考虑改变热风扇的转速。

由表 5 可见，改变回风速度对温度场的改善作用并不明显，有时甚至会恶化温度场，总体来说，回风速度越大，温度场越均匀，增大回风速度可以一定程度地改善温度场。但考虑到噪声以及产生的抽吸力对食物的影响，回风速度也不宜任意增大。

表 5　热风扇回风速度改变

编号	说明	下层		中层		上层		总方差
		平均值/℃	方差	平均值/℃	方差	平均值/℃	方差	
3.1	回风风速 $v=1.0$ m/s	268.6	8.3	268.9	8.4	270.1	20.7	11.1
3.2	回风风速 $v=0.5$ m/s	267.8	12.9	266.8	11.2	267.6	11.4	11.9
3.3	回风风速 $v=0$ m/s	261.1	26.7	256.3	9.9	256.7	11.1	19.5
3.4	回风风速 $v=2.0$ m/s	264.1	4.5	264.5	5.7	265.2	12.5	7.2

4.3　热风扇盖板结构改变

原先背部进风口位于凸起的热风扇盖板的左右两侧，盖板结构的改变包括两方面，一是将凸起的盖板四边设置成角度较小的斜坡，以改善背板附近的气流分布，减少涡流、死角，进风口位于盖板四周边缘，对应方案 5.2～5.4；二是将凸起盖板按比例拉大，进风口依然位于左右两侧，尺寸变为 190 mm×26 mm，对应方案 5.1，5.5～5.10。

由表 6 可见，方案 5.2，即缓斜坡结构的盖板可以获得较好的温度均匀性，但是仅仅从结构角度改变，温度场的改善效果还是有限，并且仍存在小的局部低温区和局部高温区，因此，该项措施可以作为其他措施的辅助手段。

表 6　热风扇盖板结构改变

编号	说　明	下层		中层		上层		总方差
		平均值/℃	方差	平均值/℃	方差	平均值/℃	方差	
5.1	盖板拉长	260.3	3.9	260.4	3.0	261.3	9.4	5.2
5.2	盖板结构改变,进风口位于盖板边缘侧部	259.7	4.0	259.6	2.2	260.5	2.5	2.8
5.3	盖板结构改变,进风口位于盖板边缘侧部及盖板左右各一	259.8	3.7	259.7	3.0	259.7	2.9	3.0
5.4	盖板结构改变,进风口位于盖板边缘侧部及盖板上下左右各一	260.3	3.5	259.6	3.5	259.7	2.9	3.1
5.5	盖板拉长,顶部小孔内移 50 mm	262.3	3.6	262.4	2.9	264.1	2.3	3.4
5.6	盖板拉长,顶部小孔外移 73 mm	260.3	15.9	258.5	4.4	259.8	18.4	12.5
5.7	盖板拉长,顶部小孔增至三个(d=22 mm)	265.4	6.5	264.7	4.6	265.6	1.9	4.2
5.8	盖板拉长,背部进风口 2 个(左右)变 4 个(上下左右)	260.5	5.1	260.5	2.9	261.0	10.3	5.7
5.9	盖板拉长,盖板增设 4 个进风小孔(d=10 mm)	260.4	3.7	260.3	3.3	261.2	9.4	5.2
5.10	盖板拉长,盖板增设 4 个进风小孔(d=22 mm)	260.9	6.7	260.5	3.1	261.3	11.3	6.6

综合影响烤箱内部温度均匀性的多种因素,改进后的内腔设计模型如图 6 所示。

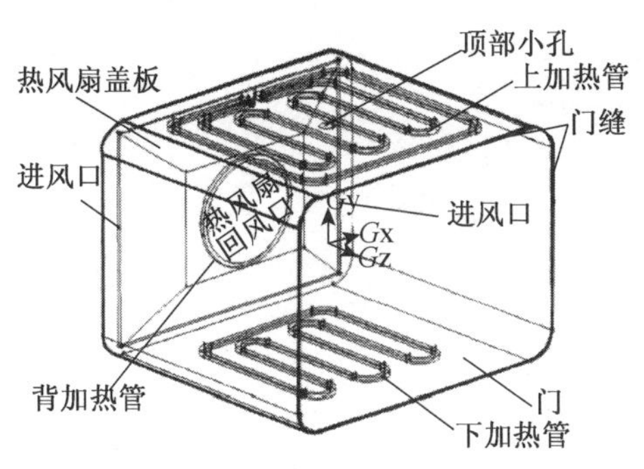

图 6　改进后的烤箱内腔模型

5　结论

(1) 现有烤箱内部温度场分布不均现象明显,最高温与最低温处的温差可达 10 ℃以上,考虑以模拟结合实验的手段对其进行改进,本文从传热学角度对烤箱内部各阶段的传热机理进行了计算和分析。

(2) 通过对烤箱模式一(加热管、热风扇全开)下的传热过程进行计算,可知在烘烤第一阶段,食物温度在 171 ℃以下时,传热方式以辐射为主导,该阶段持续约 10 min;烘烤第二阶段,也就是食物温度上升至 171 ℃以上之后,对流成为主导的换热方式。

(3) 为了加强对流,使内部温度场更均匀,建议从三方面对烤箱进行改进:①增大热风扇转速；②背部挡板形状改变、进风口形状改变；③顶部小孔位置的移动或尺寸的改变。

(4) 根据理论计算提供的改进思路，对现有烤箱进行了移动小孔位置、改变热风扇回风速度和改变背板结构的措施，最终得到了一个最优模型。模拟的主要结论是：①顶部出风小孔内移 50 mm 时可以有效改善温度场；②改变回风速度对温度场的改善作用并不明显，有时甚至会恶化温度场，但总体来说，回风速度越大，温度场越均匀；③将背部热风扇盖板四周改成缓斜坡可以获得较好的温度均匀性。

参考文献

[1] 庄江婷，刘东，丁燕. 烟草烘箱内部气流组织的优化[J]. 能源技术，2008，29(1)：4-7.

[2] 刘畅，鞠东平，崔梦雪. 基于偏微分的烤面包最优方案的分析[J]. 中国科技纵横，2013(12)：198-199.

[3] 姚靖，王振华，尹访宇，等. 关于烤箱加热的传热模型及器皿最优秀形状选择问题的研究[J]. 西安文理学院学报(自然科学版)，2014，17(1)：77-82.

[4] 章熙民，任泽霈，梅飞鸣. 传热学[M]. 5 版. 北京：中国建筑工业出版社，2007.

[5] 贺启滨，高乃平，朱彤，等. 应用 CFD 方法模拟室内气溶胶的传输与沉积[J]. 建筑热能通风空调，2010，29(1)：6-11.

地铁区间隧道事故通风数值模拟研究*

郄雪红　刘传聚　洪丽娟　刘 东

摘　要：运用成熟的CFD商业软件FLUENT，对高位喷嘴在地铁隧道事故通风中的应用效果进行了数值模拟，得出喷口形式、射流风速对事故区间通风效果的影响情况；与模型实验相比较，验证数值模拟的可行性；对喷口射流造成的气流高速区对乘客逃生的影响情况进行分析。

关键词：CFD；数值模拟；射流；地铁隧道；事故通风

Numerical Simulation on Ventilation in Case of Emergency in Metro Tunnel

QIE Xuehong，LIU Chuanju，HONG Lijuan，LIU Dong

Abstract：With the mature CFD industrial software FLUENT，the effects of spray nozzle on the high position in the emergency ventilation is numerically simulated. The influences of different nozzle type and outlet velocity on the ventilation effect in the metro accident section are obtained. By comparing with the model test，the feasibility of numerical simulation is validated. In addition，the influence of high velocity area due to the jet around the spray nozzle on the passengers' escaping is analyzed.

Keywords：CFD；numerical simulation；jet；metro tunnel；emergeney ventilation

0　引言

随着国民经济发展，许多城市正在营建和筹建地铁作为公交系统。在地铁营建与运营过程中，有一个潜在的问题是不容忽视的，即地铁火灾问题。地铁的地下工程空间封闭，一旦发生火灾，浓烟和热气很难自然排除，并会迅速蔓延、充满整个地下空间。火灾统计资料表明，地铁发生火灾时所造成的人员伤亡，绝大多数是被烟气熏倒，因中毒窒息所致。因此，有效地排烟已成为地铁火灾时救援的重要组成部分。随着人们对地铁火灾危害的认识进一步加深，许多国家都投入了大量的人力、物力对地铁火灾的防控对策进行研究，地铁火灾防控研究也由原来的站台火灾控制扩展到区间隧道火灾控制。

本文中所做CFD(Computational Fluid Dynamics)数值模拟是上海轨道交通M8线的区间隧道事故通风系统研究的一部分。这项研究分两步进行：第一步，建立与实验台对应的几何模型，将模拟结果与实测结果作比较，验证数值模拟的可靠性；第二步，根据实际工程状况，建立与隧道实型对应的几何模型，进行系统实际应用情况的数值模拟。

*《都市快轨交通·机电工程》2013，18(2)收录。

1　实验台数值模拟

1.1　物理模型

实验台由风机箱(含风机、变频器、静压箱等)、喷口、模型隧道、模型列车及测试仪表等组成,如图 1 所示。

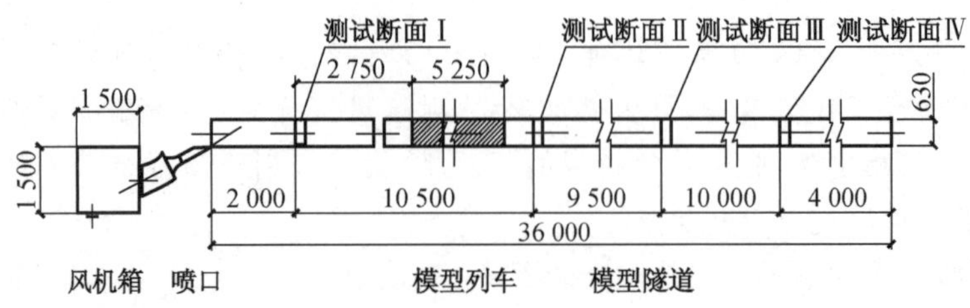

图 1　实验台示意图

1.2　几何模型及边界条件

依照实验台几何参数建立了数值模拟几何模型,并根据实测数据设定了边界条件。模型实验通过变频器改变风机频率,调节喷口出口风速到某一定值,以此作为实验基准。相应地,数值模拟通过调节风机出口风速,从而使模拟喷口出口风速达到与实测相对应的工况。

1.3　模拟结果分析

以矩形喷口、出口风速 30 m/s 的模型隧道为例,模型隧道断面测点分布、实测风速分布及模拟风速分布如图 2—图 4 所示。

图 4 演示了采用矩形喷口时,整个模型隧道断面风速分布从极不均匀到均匀的发展过程。将图 3 与图 4 作比较,可以看出数值模拟结果与实验测量结果吻合较好。这证明 FLUENT 中所建立的数学物理模型及所采用的解法是可行的,可以用来模拟计算实验条件无法实现的工况,研究不同边界条件下事故通风系统的运行情况。

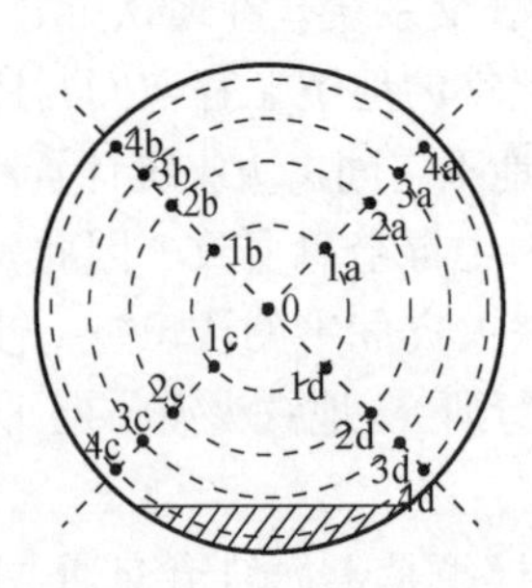

图 2　模型隧道断面风速测点布置图

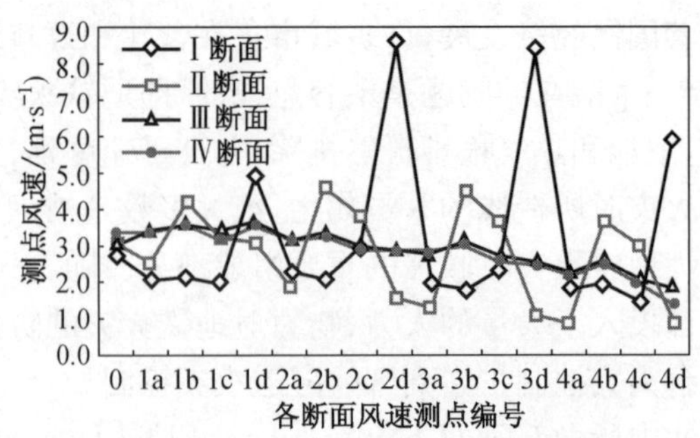

图 3　模型隧道各断面风速实测分布图

2　原型隧道通风情况的数值模拟

2.1　几何模型

2.1.1　隧道结构

隧道结构及简化几何模型如图 5、图 6 所示。

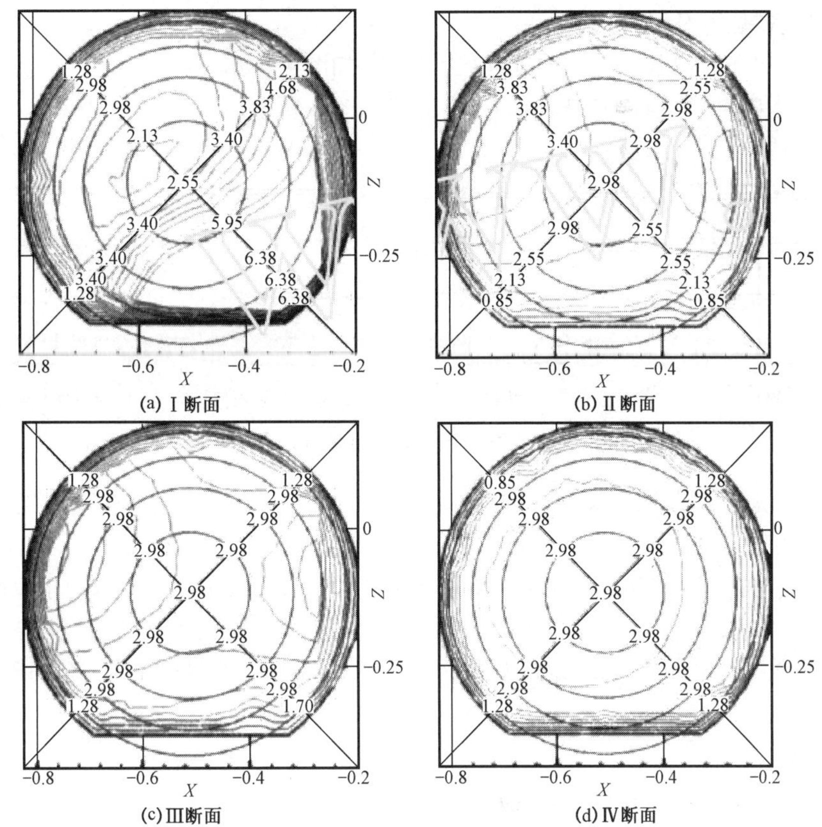

(a) Ⅰ断面　(b) Ⅱ断面　(c) Ⅲ断面　(d) Ⅳ断面

图 4　模型隧道断面风速模拟分布图

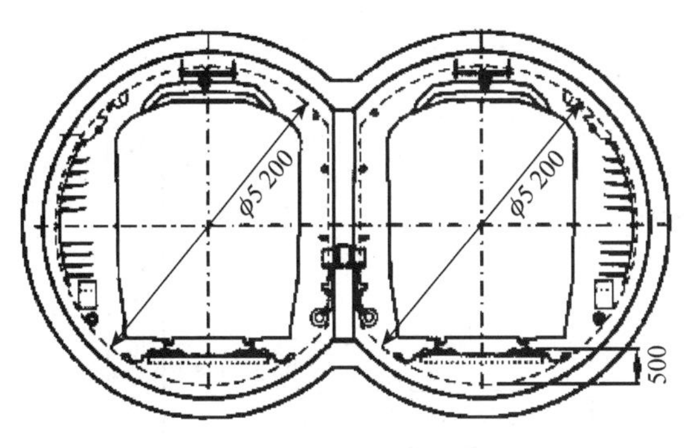

图 5　区间直线段双圆隧道

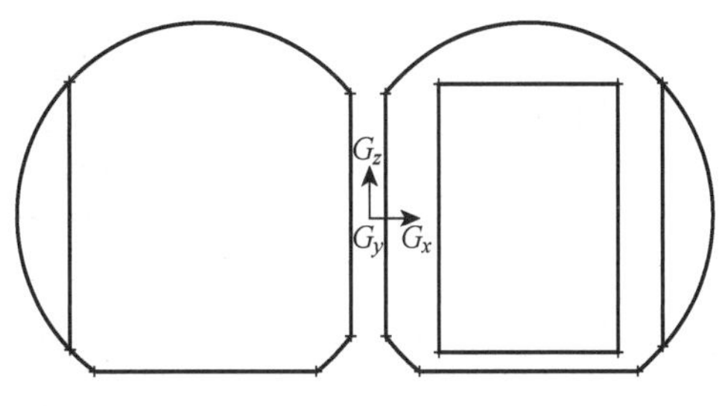

图 6　隧道及列车几何模型截面图

单个隧道断面直径为 5.20 m，列车正面积为 7.37 m^2，空气流动的湿周为 13.8 m，列车轨道面距隧道底平面为 0.50 m。数值模拟中区间隧道长度定为 1 050 m，列车简化为 137 m×2.6 m×3.6 m(长×宽×高)的长方体。其中，图 6 中双圆隧道两侧的竖直线，即为设有电缆及设备的粗糙壁面与常规隧道壁面的分割面投影。

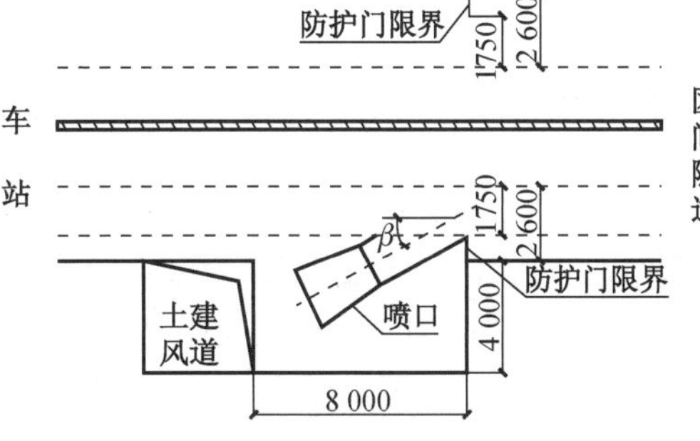

图 7　喷口射流平面示意图

2.1.2 喷口旋转位置及形式

喷口置于站台的两端，出口方向朝向区间隧道，如图 7 所示。

数值模拟中各个喷口与土建风道的连接方式如图 8 所示。

几何模型选取的几点说明：

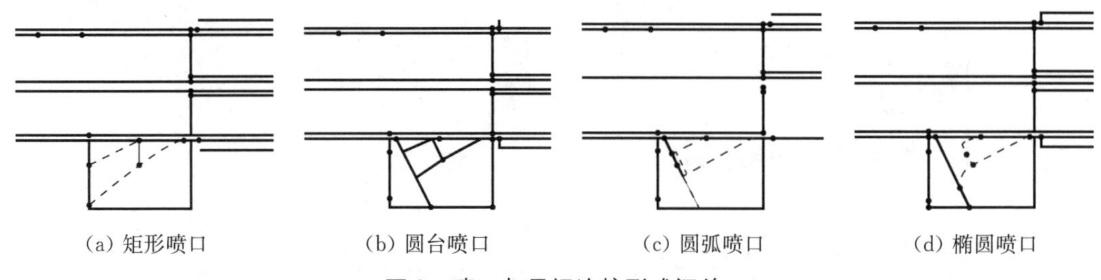

图 8 喷口与风阀连接形式汇总

(1) 模型考虑了列车轨道面及双圆隧道隔断面的具体形式，根据隧道院提供的资料，建立了与实际隧道相对应的几何模型。

(2) 针对地铁轨道、电缆线及设备、隧道壁面等设置了不同的粗糙度，力求反映原型的实际情况。

(3) 不同形式喷口的放置形式各异，矩形喷口入口直接与风阀相连接，而圆断面喷口固定在喷口放置室内的斜墙上。

2.2 物理模型

2.2.1 数值模拟的环境条件及初始条件

数值模拟设置的环境大气压为 101 325 Pa，流体为空气，初始时各向风速均为零。

2.2.2 运行模式

结合工程有关资料，运行模式如图 9 所示。

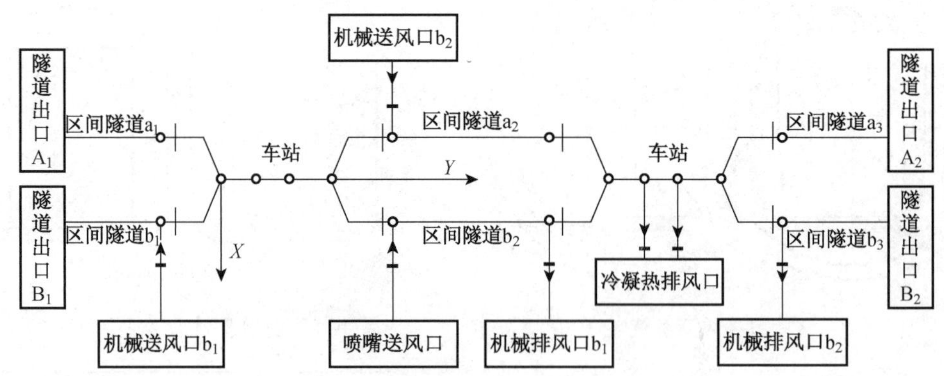

图 9 风机运行模式及边界名称示意图

2.2.3 边界条件

1) 壁面边界条件

根据隧道实际情况，对其壁面设置了非均匀粗糙度。在隧道内设有电缆、支架等物体的一侧设置了较大的粗糙度，在其余隧道壁面设置了相对较小的粗糙度。此种设置在射流冲击壁面时，能够更加真实地反映隧道内流场分布情况。具体设置为：电缆设备区域，$K=0.4$ m；轨道面，$K=0.02$ m；隧道壁面，$K=0.005$ m。其中 K 为壁面绝对粗糙度。分区设置粗糙度比均匀设置粗糙度模拟结果较优，其原因主要是射流冲击到的壁面恰好是没有电缆及设备的，若设均匀壁面粗糙度则恶化了射流条件，使射流更快扩散。

2）进出口边界条件

边界条件根据理论计算，并结合工程实际设定，具体情况见表1。

表1　数值计算设定边界条件

喷口	隧道出口	高位喷嘴压力/kPa	机械进风口压力/Pa	冷凝热排风口风量/($m^3 \cdot s^{-1}$)
矩形	自由出流	485 698	60	50
圆台	自由出流	485 698	60	50
圆弧	自由出流	485 698	60	50
椭圆	自由出流	485 698	60	50

2.3　数学模型及方法

气流模拟的原理及方法包括基本微分方程、微分方程的离散化、紊流及紊流模型等。原型隧道事故通风数值模拟解算器的设置为：采用三维双精度分离隐式隐态解算器；所使用到的计算方程包括连续性方程，$k-\varepsilon$ 湍流动量方程；压力速度耦合算法为SIMPLE算法；压力离散差分格式采用标准离散差分格式，其他变量采用一阶迎风格式。

2.4　模拟结果分析

根据地铁设计规范及工程实际情况，火灾时区间隧道防排烟流速要求平均风速不小于2 m/s，局部风速不大于10 m/s，据此设定区间隧道事故通风系统的送风量为60 m^3/s。下面以椭圆喷口、出口风速30 m/s为例，对高位喷嘴射流通风效果进行分析。

2.4.1　喷口附近流场

喷口射流流场分布情况如图10所示，这是喷口中心高度在隧道中心轴线偏上1.0 m的平面。

喷口射流朝向火灾/事故区间，喷口出口风速约为30 m/s，气流离开出口后射流扩散，射流核心区内风速保持在30 m/s左右，其后进入射流主体段，风速进一步衰减。绝大部分射流能通过防护门进入隧道，被遮挡的比例很小，并且流向车站及相邻并列隧道的气流也很弱。

射流通过防护门后撞击隧道壁面，沿壁面向隧道空间进一步扩散，防护门处的射流扩散情况如图11所示。

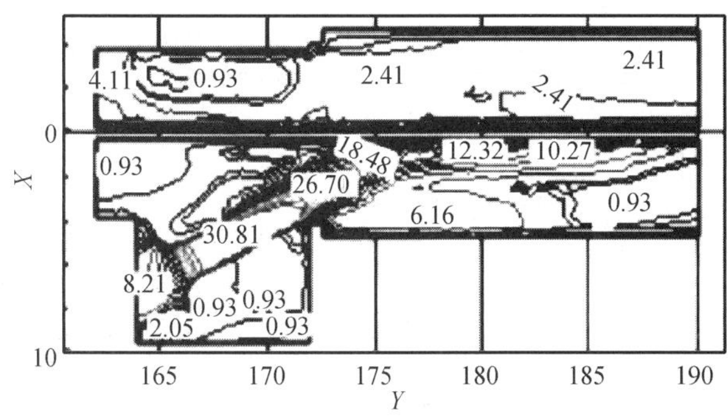

图10　喷口附近流场速度分布图

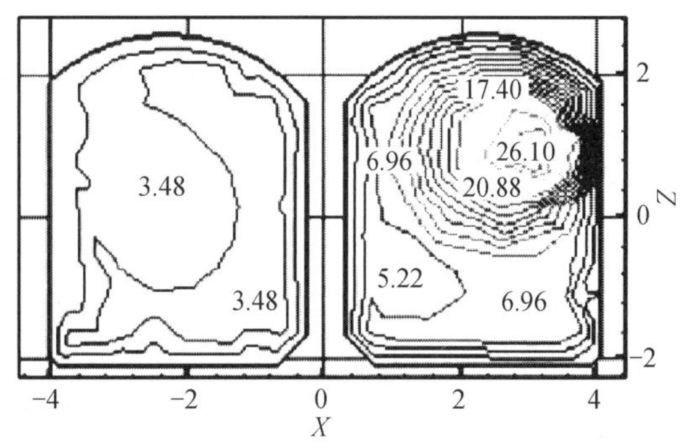

图11　防护门处流场速度分布图

到达防护门时，射流中心风速已经衰减到大约 26 m/s，射流中心的高度约为距轨道面以上3 m，射流的高速区通过防护门的情况较好。

2.4.2　乘客逃生空间高速气流区分布情况

按照单洞区间隧道截面的平均风速不小于 2 m/s、局部风速不大于 10 m/s 的设计，有利于乘客逃生。平均风速不小于 2 m/s，这样既保证通风能够控制烟气流向，又能使乘客感觉一定的空气新鲜度；局部风速不大于 10 m/s 使乘客能够尽快撤离到安全地带，否则乘客行走有困难。

在乘客逃生空间横断面上气流高速区（风速大于 10 m/s 的区域）的影响范围如图 12 和图 13 所示，这是防护门后 5 m 最不利处的横断面。

对应图 12 中阴影部分所示的乘客逃生空间，在图 13 中可以看出气流高速区（图 13 中左侧粗实线所围区域）所占的范围不大（约为 13.2%），位于近壁面处，乘客有足够的空间可以避过气流高速区，并且气流高速区只出现在防护门到其后约 10 m 远的范围内。由此可见，射流在长度、宽度和面积方面造成的气流高速区对于乘客逃生的影响不大。

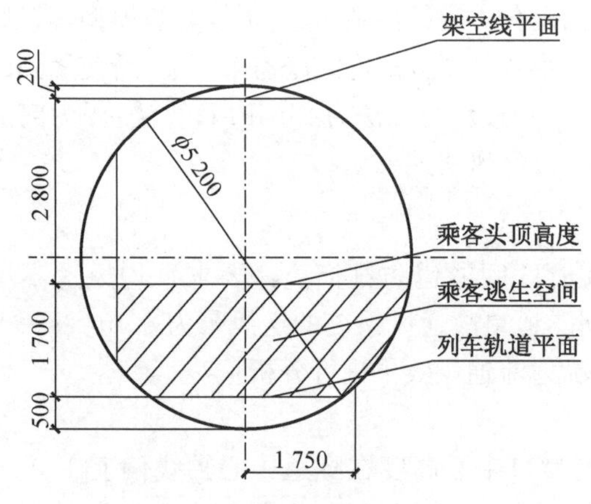

图 12　乘客逃生空间示意图

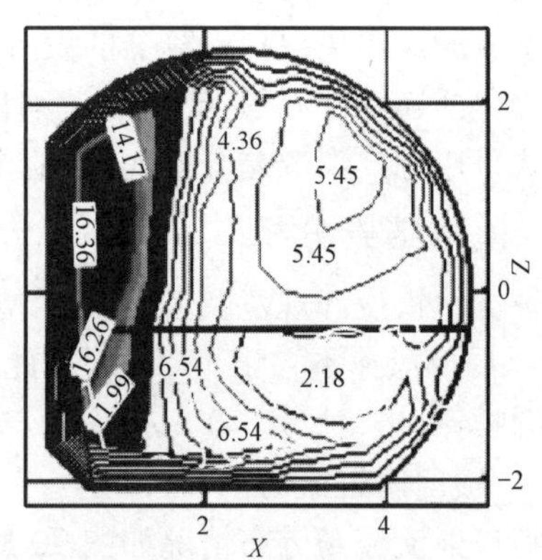

图 13　乘客逃生空间横断面高速区分布图

2.5　喷口作用效果的统计分析

2.5.1　隧道内风速大于 10 m/s 的区域分布情况

表 2 给出乘客逃生空间高速区域特性。

表 2　乘客逃生空间高速区域特性

喷嘴形式	设计工况/(m·s^{-1})	起始位置/m	结束位置/m	与断面面积比最大值/%
矩形	25	1.7	9.3	10.4
	30	1.3	11.9	14.2
圆台	25	1.4	10.0	8.4
	30	0.5	11.6	13.4
圆弧	25	1.3	8.7	9.7
	30	0.2	10.3	11.7
椭圆	25	0.7	10.3	10.4
	30	0.9	12.5	13.2

注：① 起始位置和结束位置的计算基准是距防护门的距离(m)；
② 高速面积比为乘客逃生空间横断面中气流高速区所占的比例。

(1) 同种喷口,设计出口风速较大时,乘客头部高度高速区域较长,不利于乘客逃生。这是由于出口风速较大时,射流扩散角较小,射流核心区较长,隧道轴线方向高速区域行程较远。但是,设计出口风速较大的喷口射流携带动能较大,利于克服隧道内阻力,火灾时能抑制烟气流动,所以选定喷口出口风速时应综合考虑两方面的因素。

(2) 相同出口风速条件下,圆断面喷口普遍比矩形喷口射流扩散角小,高速气流在隧道内行程更远,利于火灾时抑制烟气流动。矩形喷口具有气流高速区行程不长、逃生空间内高速区面积比较大的特点,这是由矩形喷口射流扩散较快引起的。

2.5.2　事故区间隧道内流量及平均风速情况

不同喷口形式、不同射流风速下,火灾/事故区间隧道内平均风速均达到事故通风的要求,具体情况如表 3 所示。

表 3　　火灾/事故区间隧道内平均风速　　单位:m/s

喷口形式	矩形喷口		圆台喷口		圆弧喷口		椭圆喷口	
射流风速	25	30	25	30	25	30	25	30
风速	3.32	3.43	3.13	3.33	3.08	3.22	3.21	3.38

与平均风速相对应,进入火灾事故区间隧道的风量情况如图 14 所示。

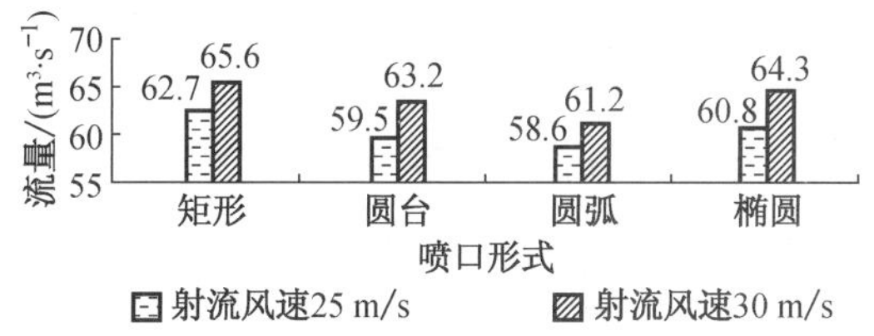

图 14　火灾/事故区间隧道送风量情况

(1) 同一设计风量,同种形式的喷口在出口风速较大的情况下,进入火灾/事故区间的风量更大。这是由于在喷口出口风速较大的情况下,射流携带的动能较多,对气流的卷吸能力也较强,致使喷口作用效率较高。

(2) 同一设计风速,矩形喷口比圆断面喷口作用下的进入火灾/事故区间隧道的空气流量稍微大一点,约为 5%。造成此结果的原因有两点:

① 模拟时受工程条件的限制,喷口和风阀的连接方式并不相同(图 8),气流进入风阀后,在圆断面喷口入口处墙壁围成的空间内形成涡流,致使圆断面喷口入口条件相对较差。在实际工程中,可以将圆断面喷口与土建风道连接处的风阀去掉,这种处理对于圆断面喷口的入口条件有利。

② 火灾时车站屏蔽门完全关闭,开启机械风口 a_1, b_1,而且喷口放置处与相邻区间隧道出口 B_1 距离很远,致使矩形喷口即使有扩散的趋势,也会在另外开启的机械风口形成的流场压力下进入事故区间隧道。在喷口射流的两端都敞开的情况下,矩形喷口和圆断面喷口的射流差别还是比较明显的。

(3) 矩形喷口之外其他形式喷口,同一设计出口风速下,气流进入事故区间的风量以椭圆喷口最大,圆台喷口次之,圆弧喷口最小。

3 结论

(1) 四种形式喷口在 25 m/s 的设计出口风速下,事故区间隧道内风速即能满足事故通风的要求。气流高速区在隧道轴向上约 10 m 长度,且从图 13 看,气流高速区在隧道截面上所占的比例都不大,而且整个区域位于靠近车站的地方,对乘客逃生影响不大。

(2) 在喷口射流区域,同形式的喷口中设计出口风速较高的射流作用距离较远,而流场的形式没有很大差异。尽管喷口出口风速越大,相应地越有利于提高事故区间的送风量,但是在实际工程中要综合考虑通风效果和经济投入两方面的因素:一方面要保证通风效果,另一方面应尽量采用喷口射流风速较低的设计,以减少风机、土建等投资。

(3) 同一工况,不同形式喷口作用下进入事故区间的风量,以矩形喷口最大;其他形式喷口中,椭圆喷口最大,圆台喷口次之,圆弧喷口最小。

参考文献

[1] 中华人民共和国建设部. GB 50157—2003 地铁设计规范[S]. 北京:中国计划出版社,2003.
[2] 陶文铨. 数值传热学[M]. 西安:西安交通大学出版社,1988:1-59.
[3] 周谟仁. 流体力学泵与风机[M]. 3 版. 北京:中国建筑工业出版社,1994:1-299.
[4] 冯炼,刘应清. 地铁阻塞通风的数值模拟[J]. 中国铁道科学,2002,23(3):120-123.
[5] 徐志胜,周庆,徐彧. 运行列车隧道火灾模型实验及数值模拟[J]. 铁道学报,2004,26(1):124-128.
[6] 郭光玲. 地铁火灾研究[J]. 都市快轨交通,2004(增刊):62-66.
[7] 欧阳沁,江泳,朱颖心,等. 关于地铁隧道区间段阻塞工况临界通风速度的研究[J]. 地铁与轻轨,2002(2):34-41.

恒温恒湿立体仓库孔板送风的影响因素及参数优化*

刘晓宇　刘东　沈辉　贺孟春　丁永青　钱轶霆

摘　要：对上海卷烟厂辅料暂存高架库的温、湿度进行现场测试，结合理论分析和CFD模拟来研究静压箱的尺寸、送风口位置、送风量以及送风温度等对室内温、湿度场的影响，寻求合理的设计方案以达到节能目的。研究结果可以为要求温度场、湿度场分布均匀的高大空间的空调末端系统优化设计、经济运行提供参考。

关键词：高架库；静压箱；孔板送风；CFD

Analysis of Effect Factors and Parameter Optimization of Perforated Ceiling Air Supply in High Accuracy Constant High-rack Warehouse

LIU Xiaoyu, LIU Dong, SHEN Hui, HE Mengchun, DING Yongqing, QIAN Yiting

Abstract: Testing temperature and humidity of high-rack warehouse in Shanghai tobacco factory. This paper analyzes by theory and CFD simulation to research on the impact of size of plenum chamber, location of air supply outlet and temperature of supply air and making a reasonable scheme for energy conservation. This paper can help to design and run air conditioning terminal system in large space economically in high accuracy const ant temperature and constant humidity.

Keywords: High-rack warehouse; Plenum chamber; Perforated ceiling air supply; CFD

0　引言

随着现代化企业生产规模的不断扩大，自动化立体仓库——高架库成为生产物流系统中的一个重要环节，目前立体仓库大多用孔板送风进行空调。这种孔板送风在工业空调中(如恒温室、洁净室及某些实验环境等)应用广泛，特点是在直接控制的区域内能够形成比较均匀的速度场和温度(浓度)场。由于静压箱箱体的几何特性和箱体的进出风口特性是影响静压分布的均匀性的重要因素，直接关系到孔板的送风性能，为了更好地满足仓库温湿度场均匀性的要求，本文准备以上海卷烟厂高架库为例，利用 CFD 软件 Fluent 对高架库的流场和温度场进行分析，并在分析的基础上优化内部的气流组织，希望结果可以为此类建筑的空调系统设计提供依据。

1　厂房模型

上海卷烟厂厂房内的辅料暂存间采用立体高架库形式暂存辅料，该高架库内部分布 12 条货架，货架上方设置局部孔板吊顶，吊顶和墙、上楼板在一起组成了一个送风静压箱，风管伸入这个静压箱送风，新风通过静压箱混合再由局部孔板送风，通风采用上送下回方式，共有送风

---

*《能源技术》2008(06)收录。

口 30 个和回风口 87 个货架，高架库底部设置有回风管。图 1 为该高架库空调送回风方式示意图。根据生产中辅料暂存的工艺要求，高架立体库内的温度、湿度场都必须保持很好的均匀性。

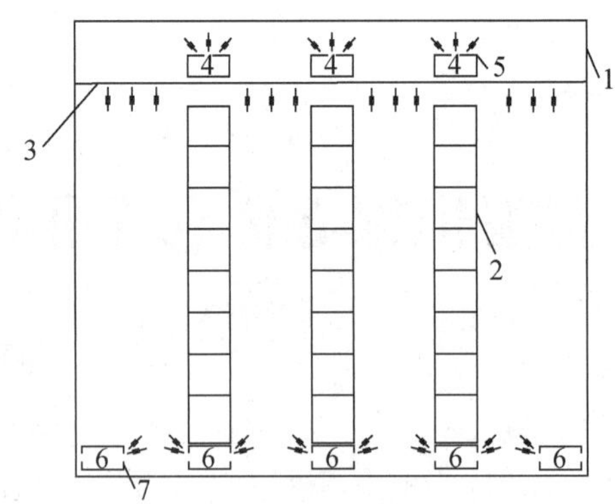

图 1　高架库送回风示意

本文的分析以夏季供冷工况为例，分析工作首先按库房的实际大小建立 Realizable 湍流模型，模型中的动量方程、湍流脉动动能、耗散率以及能量方程都采用一阶迎风格式求解，压力修正采用 SIMPLE 方法；其中送回风口相对较小，为了提高计算精度计算时单独网格划分。静压箱送风孔板设为 porous-jump 模型；库房中等热辐射采用辐射模型，选取 DO 模型描述，墙壁和货架的吸收系数和散射系数取 5 000 m^{-1}，空气的吸收系数和散射系数取为 0。另外设定送风口设为速度入口，湍流强度为 5%，黏性率为 1 000。分析假定该立体高架库的最大设计送风量为 240 000 m^3/h，风速为 1.85 m/s，由于回风口采用 2.3 m/s 恒定风速排风，故将回风口设为速度入口，风速取负。

2　模型的验证

为了验证模型的准确性，在进行模拟分析前先对上海卷烟厂高架库的夏季制冷工况进行现场测试，在货架区域选择距地高度为 3 m，9 m 和 15 m 的 3 个测试面，每个测试面上均匀布置 9 个测点，利用 Testo 1752-2 型电子温湿度记录仪对仓库内温湿度进行实时连续测试，测试时间为 3 个工作日。

验证工作选取 9 m 测试面上 9 个测点的数据进行分析比较。图 2—图 4 是测点处实际测试温度值与模拟温度值。可以看出：在这些点上，模拟结果的平均温度值都稍低于测试平均值，而且高度越高，模拟结果的温度值越低；温度分层现象也比测试结果明显。造成这些现象的原因，可能是模拟用的模型对仓库的实际情况进行了简化，忽略了仓库实际具有的渗透风量以及其他各种因素。不过从整体上来看，模拟值与测试结果变化趋势还是一致的，模拟结果应当具有一定的可信度。

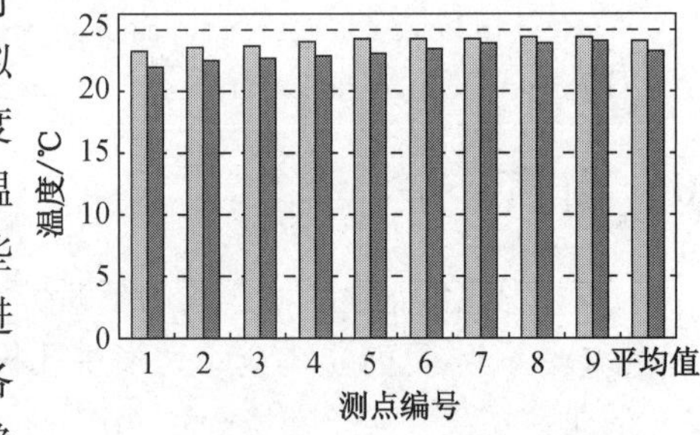

图 2　高度 3 m 处的温度

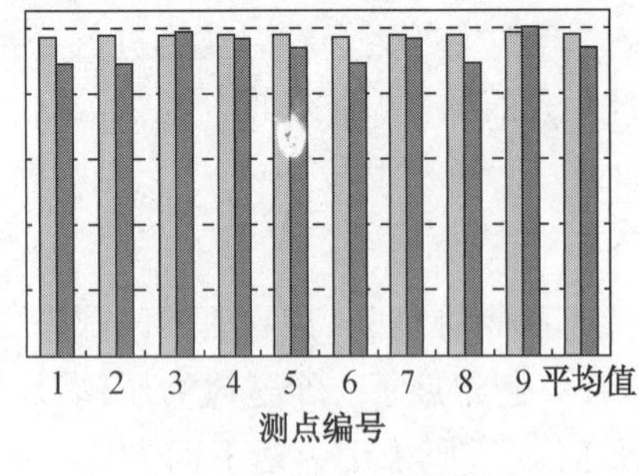

图 3　高度 9 m 处的温度

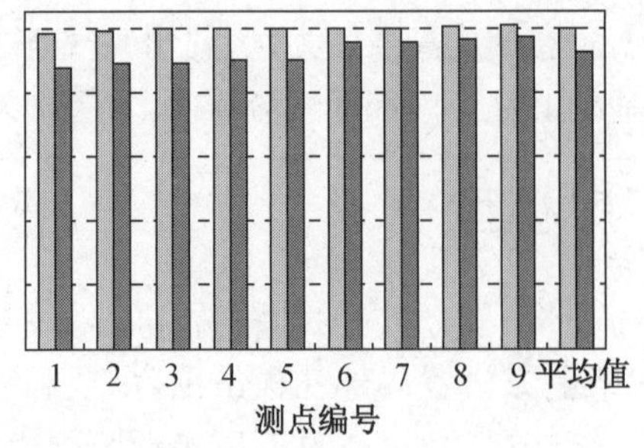

图 4　高度 15 m 处的温度

图 2—图 4　图例：测试值　模拟值

3　静压箱内送风口位置的影响

静压箱内的送风形式主要是侧送风，风管深入静压箱内部送风；要实现孔板送风方式下室内气流的均匀分布，静压箱的设计必须合理。为了比较静压箱内的气流情况以及孔板的静压分布情况，模拟工作在静压箱西南壁建立了两个风口用于静压箱的侧送风，面积与高架库设计风口面积相当；在静压箱的顶部建立大小和数量与设计完全相同的风口用于静压箱顶部的送风；在静压箱底部向上的送风也按当前高架库采用的风口布置形式。模拟时设定高架库的最大设计送风量 24 万 m^3/h，送风温度为 20 ℃。送风口位置对空调效果的影响的模拟结果如下。

3.1　静压箱内部速度分布与孔板静压分布

图 5 是库房空调采用侧进风的模拟结果。从图中可以看到，在两个风口的作用下静压箱内的气流分成左右两个对称的速度场分布，从风口吹出的空调风遇到静压箱壁面后折回，在左右两边各形成了一个涡旋，两个风口的中间也形成了一个涡旋。从图中还可以看到，箱内速度分布很不均匀，各块孔板出风风速也大小不一样，即使同一个孔板送出的风也不很均匀。由此可见，单侧送风不利于静压箱内的气体均匀流动。

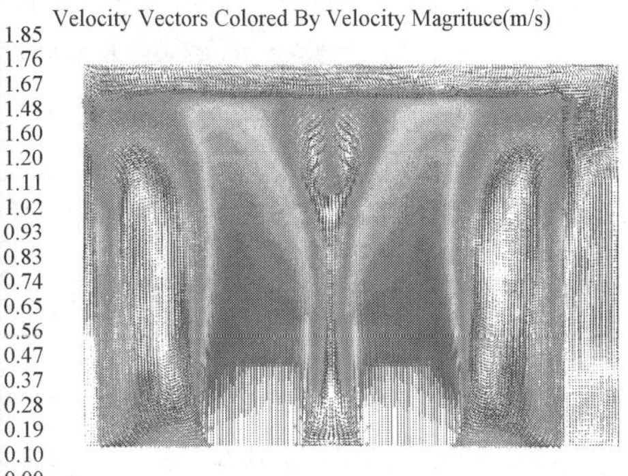

图 5　侧送风速度矢量图

图 6 是由底部向上送风（即气流通过管道流向顶棚的上部然后压下送出）时的模拟结果。从图中可以看出，送风气流由顶棚压下后，虽然在送风口出风气流的卷吸作用下有一小部分压下的气流被卷吸到风口处再次送出，但是大部分的气流还是通过孔板送出的，而且通过孔板送出的气流速度比较均匀，不过气流在通过大风口处（图中上侧）的孔板时会出现回流，这主要因为大风口（图中上侧）的送风量比较大，气流卷吸作用强烈所导致的结果。

图 7 是风口由顶棚向下送风的模拟结果，可以看到送风口的气流流到静压箱的底面后绝大部分沿底面通过孔板送出，很少部分在卷吸作用下向上流回送风口。从图中还可以看到，不同位置上的孔板的送风速度不同，两侧送风速度较大，中间的孔板送风速度较小，相同孔板的送风速度均匀。

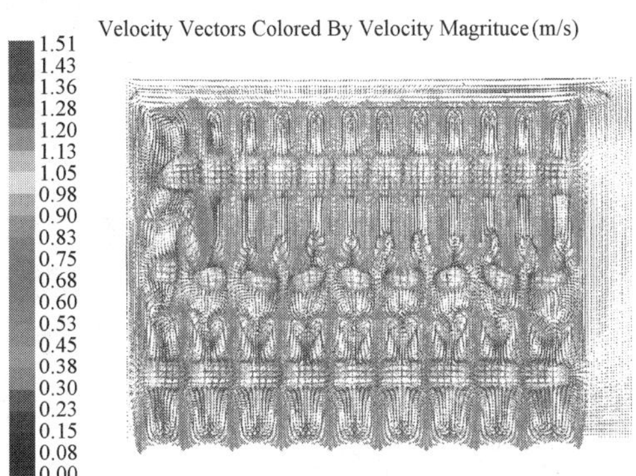

图 6　高度底部向上送风速度矢量图

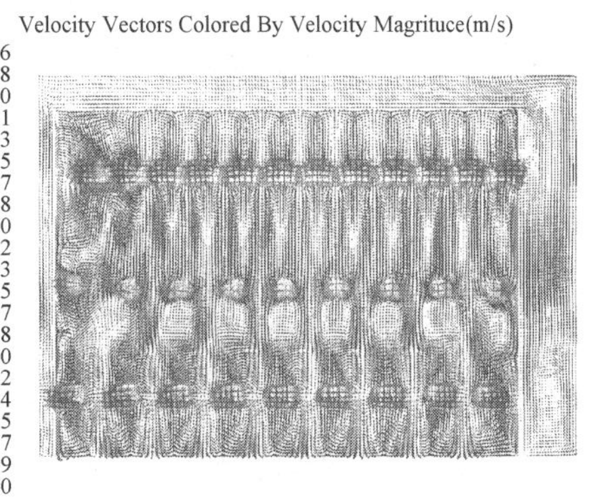

图 7　顶部送风速度矢量图

图 8—图 10 是不同送风方式下孔板静压分布的模拟结果。可以看到孔板的静压分布直接影响到送风的均匀性，静压分布得越均匀送风也越均匀。采用侧送风，孔板静压分布的特点是，远离风口处压力大，接近风口压力小，见图 8；这主要由于送风气流流动造成的。采用顶部送风，静压分布的均匀性较侧送风好，孔板的静压最大处出现在接近风口位置以及两侧靠墙处，见图 10；这是因为送风由顶部送至底面时以及气流沿静压箱壁面下沉，造成静压增大。

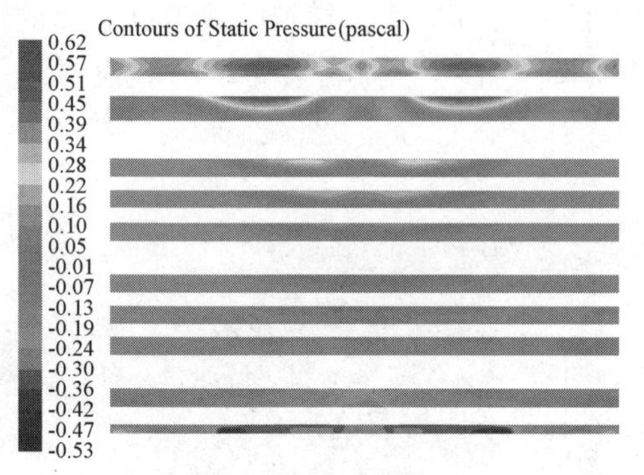

图 8　静压箱侧送风孔板静压分布

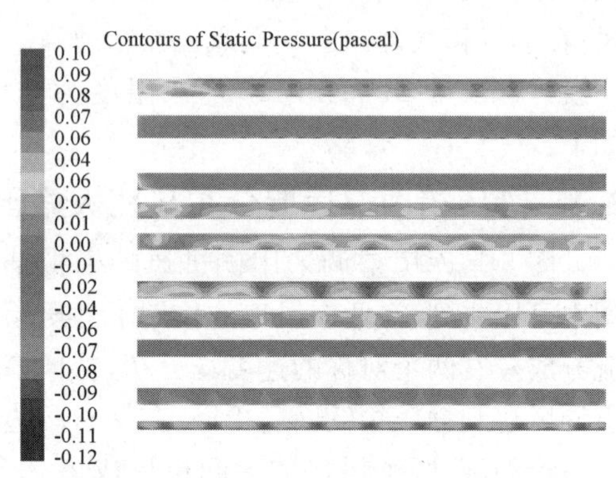

图 9　静压箱底部向上送风孔板静压分布

由图 8—图 10 还可以看到，侧送风和顶部送风的孔板静压最大值与最小值差异较大，为−0.09～0.66 Pa 之间。图 9 是底部向上送风的孔板静压分布模拟结果。可以看到，静压分布比较均匀，最大处位置与顶部送风(图 10 相似)，孔板的静压最大值与最小值差异不大，为−0.12～0.10 Pa之间。由此可见，当风管伸入静压箱向上送风时，孔板静压分布较均匀。

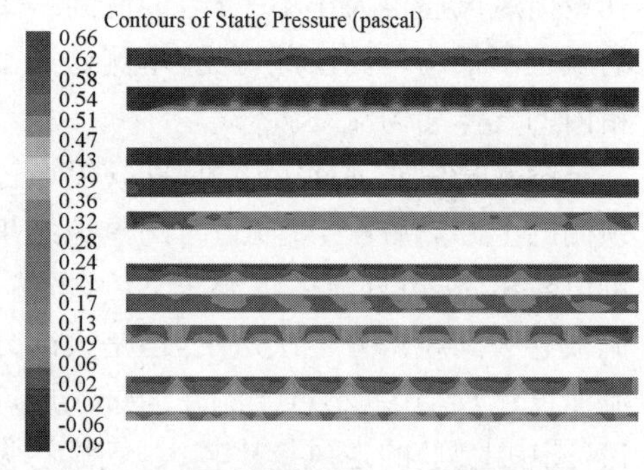

图 10　静压箱顶部送风孔板静压分布

3.2　高架库内部的温度、速度场

高架库内部温度场的分布比较复杂。图 11 和图 12 以分别是高度为 9 m 平面以及高架库宽 20.5 m 处立面的温度分布模拟结果。可以看到，水平面上的温度分布呈梯状，部分区域高部分区域低；立面上的温度分布不均匀，局部温度高。从图 13 和图 14 中可以看到，水平面上靠近货架处以及墙角处的温度较高，其余温度分布较均匀；值得注意的是仓库中个别货架间距过近而且缺少回风口，通风效果较差，因此温度也就较高。从立面图还可以看出，温度分层现象很明显，分层高度均匀。从图 15 和图 16 中可以看到，水平面的温度分布情况与图 13 相同，但温度更高些，温度分布的均匀性也略差；立面虽然也显示了温度分层但分层高度不均匀，总体情况优于侧送风。为了进一步评价高架库的温度和速度的分布特性，可以用温度不均匀系数 k_t 和流速不均匀系数 k_u[1] 作为指标。所谓温度不均匀系数，是指各测点温度值的均方根偏差与平均温度的比值，流速不均匀系数同样也是这样的比值。本文以水平面 9 m 为例，测点布置同测试安排，再对实际测点进行加密，共取 45 个测点，对测定数据进行处理，得到不均匀性指标见表 1。可以看到上送风的 k_t 和 k_u 最小，温度场和流场最均匀。

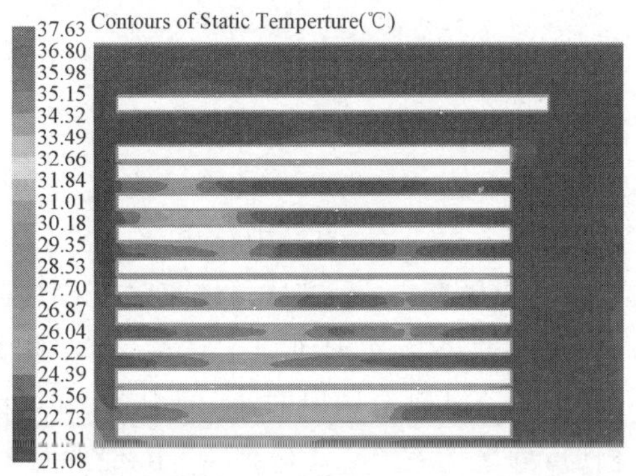

图 11　高 9 m 侧送风温度分布图

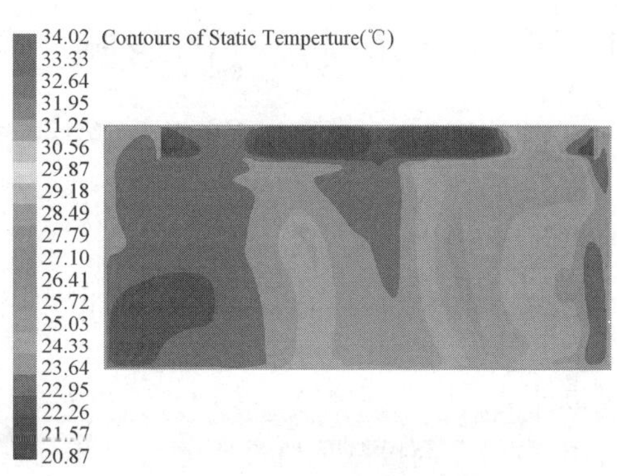

图 12　宽 20.5 m 侧送风温度分布图

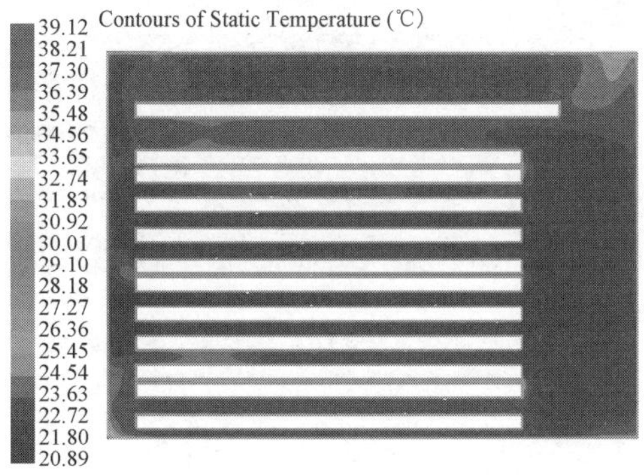

图 13　高 9 m 底部向上送风温度分布图

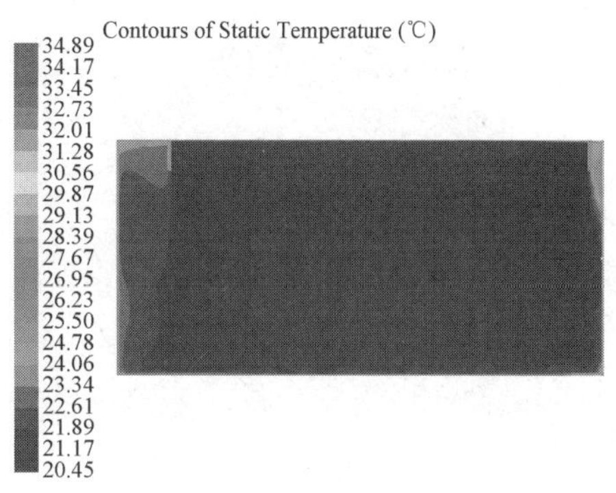

图 14　宽 20.5 m 底部向上送风温度分布图

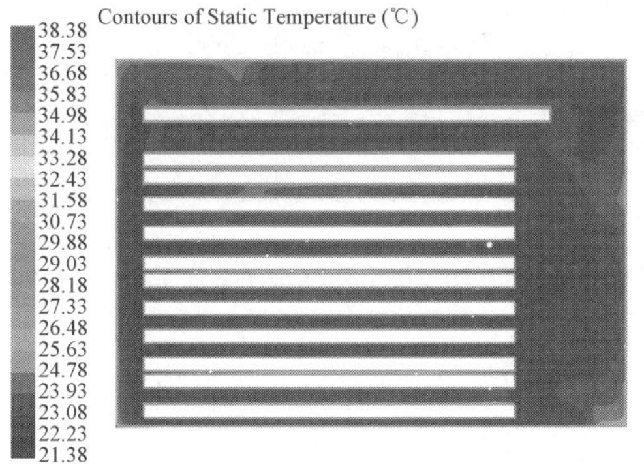

图 15　高 9 m 顶部送风温度分布图

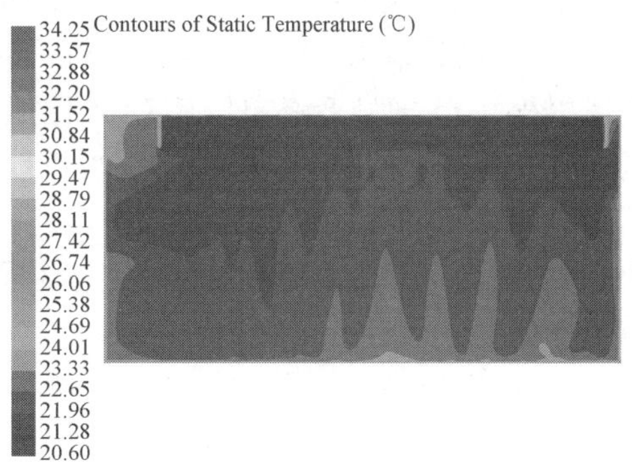

图 16　宽 20.5 m 顶部送风温度分布图

表 1　　温度、速度不均匀系数

风口位置	$\bar{t}$/℃	k_t	$\bar{u}$/(m·s^{-1})	k_u
风口上送风	22.67	0.022 2	0.078	0.498
风口下送风	22.87	0.024 6	0.103	0.624
风口侧送风	23.59	0.041 3	0.140	0.665

4 静压箱几何尺寸的影响

静压箱的几何尺寸是影响静压箱内气流组织和孔板静压分布均匀性的重要因素，为了进一步分析这种现象，模拟工作在图 7 的基础上把静压箱的高度减少 0.65 m(风口位置为高架库实际所布)，把箱高从 2.65 m 改为 2.00 m，可以得到图 17 和图 18 的模拟结果。由图 17 可以看出，箱体高度减少以后静压箱内顶棚压下的气流速度明显变大，不过从总体来说与高度减少前的气流组织相当，两者分布的差异不大，孔板的送风速度还是高于风口上送风，在左侧大风口处的两块孔板也产生了回流。虽然此工况的回风速度较风口上送风时小，但由图 18 可以看出，静压箱高度减少后静压分布总体与设计工况相似，静压值在−0.13～0.13 Pa 之间。由于两者分布很相近，其不均匀系数见表 2。

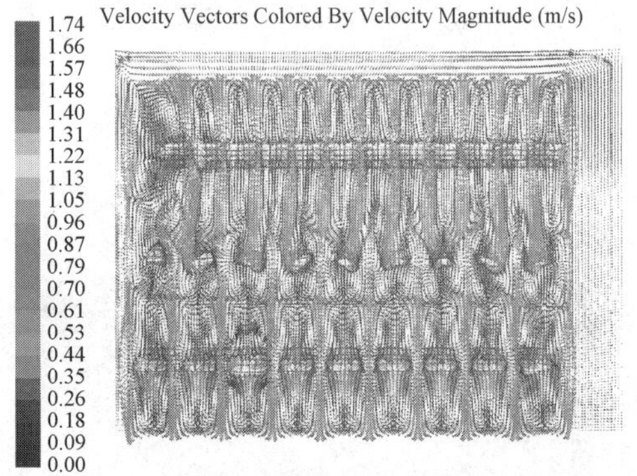

图 17 静压箱高 2 m 时高 20 m 处速度矢量图

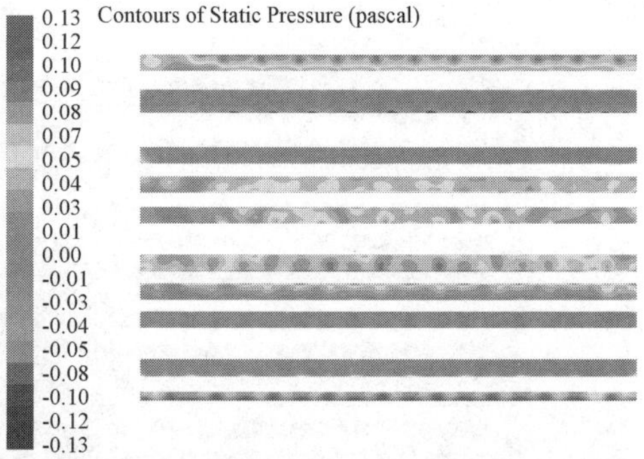

图 18 静压箱高 2 m 时，孔板静压分布图

由表 2 可以看出，静压箱高度缩减至 2 m 后，孔板静压平均值略有增加，静压不均匀系数减小均匀性有了提高。文献[2]指出，孔板送风静压箱的静压均匀性和送风射程(L)与静压箱高(H)有关，当比值 L/H 增加时均匀性变差，保持 L 增加 H 均匀性可以改善，即增加静压箱高度有利于孔板静压均匀分布。但是本文模拟结果表明并非如此，模拟结果表明减少静压箱高度 H 增加 L/H 的值，静压箱的静压分布均匀性有可能更好。

表 2 静压不均匀系数

静压箱高度/m	$\bar{p}$/Pa	k_p
2.00	0.021 2	1.758
2.65	0.020 7	1.925

通过高架库现有送风口布置以及各种情况模拟发现，孔板送风都或多或少的存在出流不均和出流偏斜。尤其是出流偏斜现象较严重。为此应当孔口空气流出前的流速 u(垂直于孔口出流方向)和孔口流速 u 比值控制在 0.25 以下。

5 优化送风量及送风参数

采用高架库模型对各种风量和送风参数条件下仓库内的温度场和速度场进行模拟，可以研究风量，送风参数与高架库内的温度分布的关系，并从中求得出最优的送风量及送风参数。

5.1 相同风量，不同送风温度

模拟条件为送风量为 22 万 m^3/h，送风温度分别为 20 ℃和 22 ℃，图 19 和图 20 是高度为 9 m 处的水平面的温度分布模拟结果。由图可以看出，当送风温度升高 2 ℃，高架库内室温明显提高。

室内的温度分布也可以用温(湿)度均匀性指标 TUI 描述，该指标定义为满足规定温(湿)度要求的测点数与总测点数之比。图 21 是 TUI 的计算结果，可以看出，温度升高 2 K，在 23 ℃～25 ℃范围内 TUI 升高 66.68%～161.54%，因此相同风量时，在一定的温度范围内可以通过提高送风温度来达到经济运行的效果。

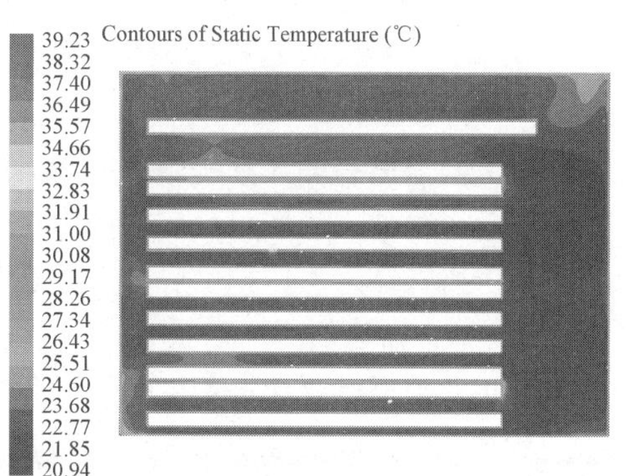

图 19　高 9 m 送风温度 20 ℃

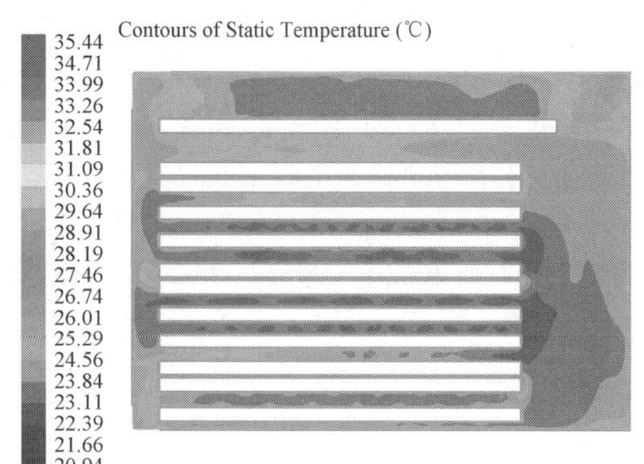

图 20　高 9 m 送风温度 22 ℃

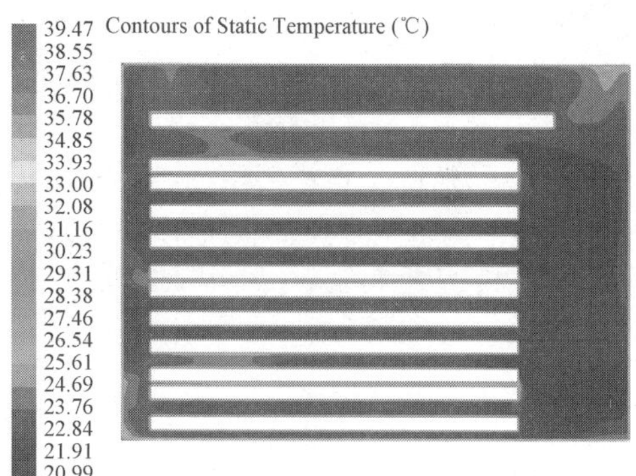

图 21　温度的 TUI 对比图

5.2　相同送风温度，不同风量

送风温度为 20 ℃，送风量分别为 20 万 m^3/h 和 18 万 m^3/h 模拟结果见图 22 和图 23。可以看出，当送风量减小 20 000m^3/h，高架库内室温变化不明显。图 24 是 TUI 的计算结果，可以看出，送风量降低，温度没有明显的降低，即在相同送风温度情况下，送风量的减小对高架库内的平均温度影响不敏感，可以考虑通过减小风量达到经济运行的效果。

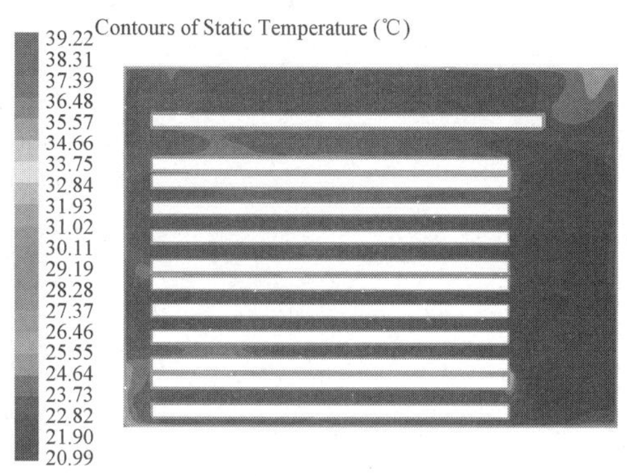

图 22　高 9 m 送风量 200 000 m^3 /h

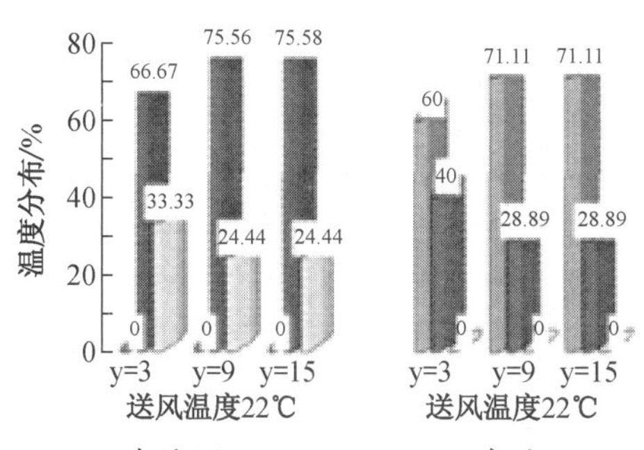

图 23　高 9 m 送风量 180 000 m^3 /h

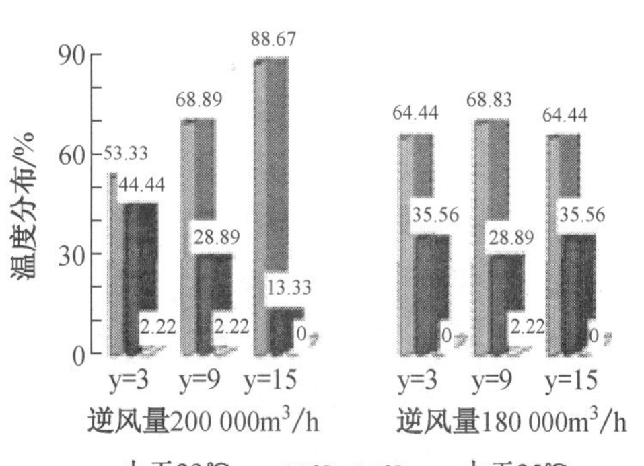

图 24　送风量的 TUI 对比图

6 结论

（1）确定风管伸入静压箱送风效果好于静压箱侧送风。

（2）风管伸入静压箱由底部向上送风效果好于其他两种送风情况。

（3）风管伸入静压箱由底部向上送风与风管伸入静压箱由顶部向下送风比较：温度不均匀系数相似，而速度不均匀系数较小。

（4）认为缩减静压箱高度有利于孔板送风的均匀性及静压箱气流组织优化。

（5）温度升高对于高架库内平均温度影响较大，而风量减小则影响较小、建议可以通过减小风量，提高送风温度来达到节能的目的。

参考文献

[1] 赵荣义，范存养等. 空气调节[M]. 3版. 北京：中国建筑工业出版社. 2006.

[2] 王来. 孔板送风静压箱静压分布规律实验研究[J]. 制冷学报，1991(3)：10-16.

[3] 傅允准，张旭. 大温差送风技术在高精度恒温空调中的应用可行性[J]. 暖通空调，2007，37(11)：99-103.

[4] 邹声华，李孔清. 静压箱特性的研究[J]. 湘潭矿业学院学报，2001(14)：62-64.

[5] 张文胜，安大伟，董瑞，等. 孔板送风方式下密闭小室内气流分布的研究[J]. 暖通空调，2006，36(增刊)：43-45.

卷烟材料暂存高架库温湿度场的优化控制研究*

贺孟春　刘东　刘晓宇　丁永青

摘　要： 卷烟材料暂存高架库内的空调系统实际运行效果不理想，室内空气温湿度达不到工艺要求，对暂存材料质量造成不利影响。为此，对高架库的空调系统进行了改造，并对改造后空调系统的运行效果进行了测试和分析。改造后高架库空调系统增加了两台空调机组负责新回风的混合与送风，气流组织方式由原来的侧送、侧回改为顶部送风、底部回风。空调系统改造后各平面温湿度分布表明，水平方向温湿度场的均匀性提高；垂直方向的温度场存在分层现象，但温湿度场基本分布在要求范围内。利用CFD软件对高架立体仓库构建了物理数学模型，对不同风量、送风参数条件下仓库内的温湿度场进行了模拟研究，结果显示：①对于需要保持均匀温湿度场的高架立体库，带有静压箱和送风孔板的上送下回气流组织方式是可行的；②对于该高架库的夏季工况，送风量的变化对库内温度场的影响较小，送风温差的改变则对库内温度场影响较大。因此，通过调节送风风量和送风温度，可保持卷烟材料高架库内温湿度的恒定与均匀性。

关键词： 卷烟材料；高架库；温湿度场；空调系统；气流；CFD软件

Optimization of Temperature and Humidity Fields Control in High-by Depot for Cigarette Materials

HE Mengchun, LIU Dong, LIU Xiaoyu, DING Yongqing

Abstract: The performance of the air conditioning system in the high-bay depot for cigarette materials was not satisfactory, the temperature and humidity distribution in the depot was not up to the technological requirement, which adversely affected the stored materials. Therefore, the system was improved. Two air conditioning units were added respon sible for mixing fresh air and circulated air and air supply. The pattern of indoor air flow was rearranged from side-in and side-out to top-in and bottom-out. After improving, the temperature and hum idity was more evenly distributed horizontally, although the vertical temperature distribution was not as even, it was in the acceptable range. The mathematical model was built with CFD software, and the temperature and humidity fields in the depot were simulated and studied under different inputair volumes and parameters, the results showed that: 1) for the depot in which uniform temperature and humidity fields were required, the ari flow pattem of top-in and bottom-out associated with static-pressure chamber and perforated air-supply board was fesible; 2) in summer, the change of air volume had less effect on the temperature field, which was more affected by the change of temperature difference of input air. The constant and unifform temperature and humidity in the depot can be maintained by adjusting input air volume and temperature.

Keywords: Cigarette material; High-bay depot; Temperature and humidity fields; Air conditioning system; Airflow; CFD software

---

*《烟草科技·设备与仪器》2008(7)收录。

0 引言

自动化立体仓库(也称高架库)是生产物流系统中的一个重要环节,是自动存取的一种现代化仓库,主要通过计算机控制和相关设备进行作业。高架库能够快速、高效、合理地存储各种产成品,具有最小的占地面积和最佳的空间利用率[1]。上海烟草(集团)公司采用的材料暂存立体高架库,库内储存物品主要是卷烟用纸等材料。该高架库长 44 m、宽 32 m、高 18.35 m,库内共有 12 排货架,不储存物品时,货架净高 17.45 m。

根据卷烟材料暂存的工艺要求温度(24 ℃ ±1 ℃),相对湿度 RH(60%±5%),该高架库内空间的温湿度场要保持良好的均匀性,但由于空调系统实际运行效果不理想,室内空气温湿度达不到工艺要求,对暂存材料质量造成不利影响。为此,对高架库的空调系统进行了改造,并对改造后空调系统的运行效果进行了测试和分析。

1 空调系统的改造

1.1 改造前空调系统

改造前高架库内的热湿负荷由一台额定风量为 1.2×10^5 m^3/h 空调机组承担,气流组织方式为侧送、侧回,送回风方式见图 1。由于空调区域的高度较大,因此侧送回风口设置在不同高度,以利于室内温湿度场的均匀性。但在实际运行中,由于侧送、侧回气流受货架阻挡,室内空气温湿度场存在不均匀的现象。

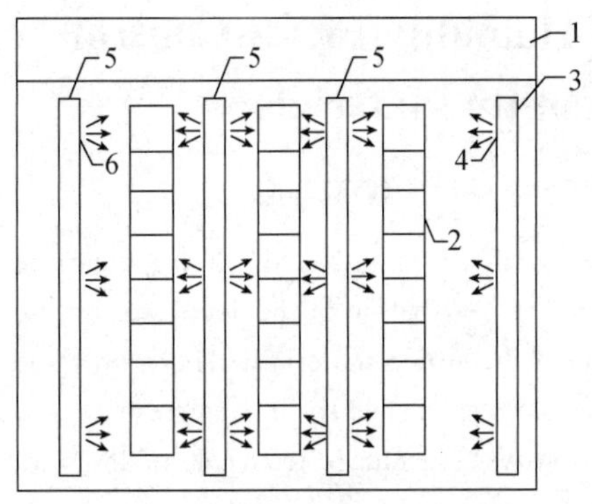

1—吊顶空间;2—货架;3—回风管;4—回风口;5—送风管;6—送风口

图 1 改造前空调送回风方式

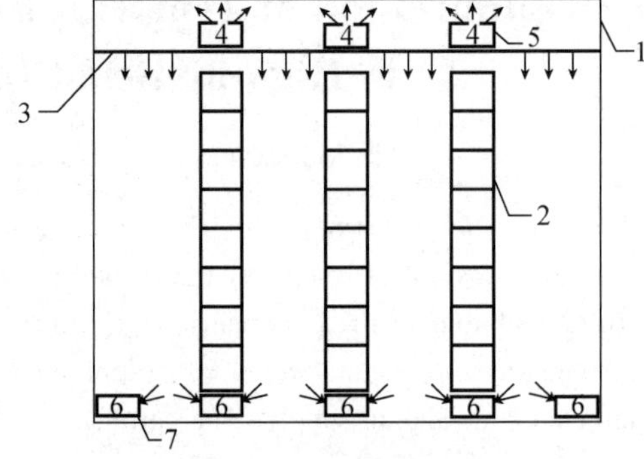

1—静压箱;2—货架;3—送风孔板;4—送风管;5—送风口;6—回风管;7—回风口

图 2 改造后空调送回风方式

1.2 改造后空调系统

改造后高架库内的热湿负荷仍由原来额定风量为 1.2×10^5 m^3/h 空调机组承担,另外增加了两台空调机组负责新回风的混合与送风,这两台机组的额定风量为 1.2×10^5 m^3/h,气流组织方式为顶部孔板送风、在货架及围护结构四周的底部回风,以形成类似活塞流的气流组织方式,见图 2。货架上方设置局部孔板吊顶,吊顶、墙和上楼板形成送风静压箱。静压箱长 38 m,宽 29.5 m,高 2.65 m。在货架之间的吊顶空间设局部孔板,向下送风。孔板共 10 条,孔眼直径为 5 mm,孔板开孔率为 0.05。静压箱的设置和孔板送风方式,可以保证高架库内纵向送风的均匀性;上送下回的方式可以保证高架库水平面上温湿度的均匀性。

2　现场测试

2.1　测试仪器

测试仪器采用 Testo 175-2 型电子温湿度记录仪，每分钟可自动测试并记录一对温湿度测试值，所采集数据传送至 PC 机，通过软件进行分析。

2.2　测点布置

在货架区域，选择高度为 3 m、9 m、15 m 3 个水平面，每个水平面上均匀布置 9 个测点进行温湿度测试。水平面和立面上的测点布置见图 3(测点布置以梁为基准)。布置测点时尽量按图 3 在货架空间均匀布置，如有货架等障碍可稍作调整。

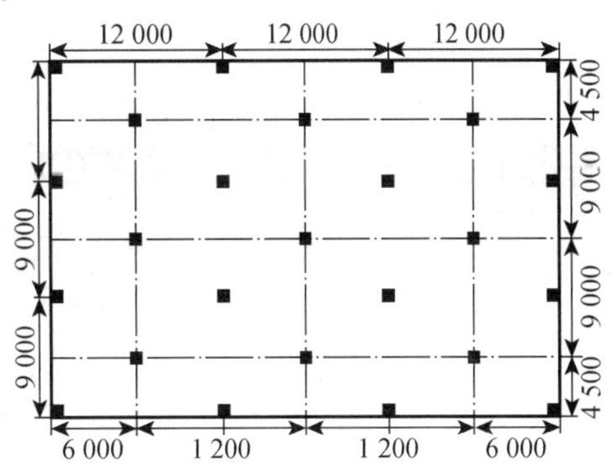

图 3　各水平面上的测点布置

2.3　数据处理

测试时间为 3 个工作日，每天选取 9 时、11 时、14 时和 16 时的数据进行分析比较。为了消除记录中温湿度的偶然性，截取该测试时刻前后 5 min 的数据(共 11 个数据)，取其平均值，作为该点该时刻的测试数据，并把 3 d 测试时间内该时刻的数据再取平均值(以消除其他外界因素对测试的影响)，分别得出该测点 9、11、14 和 16 时的温湿度数值。

以高度为 9 m 处的某测点 9 时的数值为例进行说明。①取 2007 年 4 月 2 日 9 时前后共 11 个数据的平均值作为该点该日 9 时的温湿度；②取 4 月 3 日、4 月 4 日该时刻的测试数据；③将 3 d 的 9 时的数据取平均值，作为该点测试时间内 9 时的温湿度数值，见表 1。

表 1　某点温湿度数值选取方法

日期	时刻	相对湿度/%	温度/℃	9 时相对湿度/%	9 时温度/℃
2007-4-2	08:55:40	64.10	21.10	64.79	21.16
	08:56:40	64.30	21.10		
	08:57:40	65.80	21.10		
	08:58:40	64.40	21.20		
	08:59:40	62.80	21.10		
	09:00:40	65.90	21.20		
	09:01:40	64.50	21.20		
	09:02:40	65.30	21.20		
	09:03:40	64.60	21.20		
	09:04:40	66.70	21.20		
	09:05:40	64.30	21.20		
2007-4-3	08:55:40	60.20	19.30	56.51	19.21
	08:56:40	53.20	19.30		
	08:57:40	54.80	19.30		
	08:58:40	54.40	19.20		
	08:59:40	55.40	19.20		
	09:00:40	60.80	19.20		
	09:01:40	55.70	19.20		
	09:02:40	54.50	19.20		
	09:03:40	54.70	19.10		
	09:04:40	62.00	19.20		
	09:05:40	55.90	19.10		
2007-4-4	08:55:40	63.90	19.40	66.53	19.45
	08:56:40	65.00	19.40		
	08:57:40	65.20	19.40		
	08:58:40	65.00	19.40		
	08:59:40	62.40	19.50		
	09:00:40	66.30	19.40		
	09:01:40	73.60	19.50		
	09:02:40	66.10	19.50		
	09:03:40	67.70	19.50		
	09:04:40	62.80	19.50		
	09:05:40	73.20	19.50		
该测点 9 时测试数据				62.61	19.94

2.4 空调系统改造前后平面温湿度分析及对比

空调系统改造前后各平面温湿度分布见图 4—图 6。3 个水平面上的温湿度分布见表 2。表 2 中的温湿度范围仅指绝大部分数据的范围，为了正确评价高架库内的温湿度分布特性，以温湿度均匀性指标(temperature/humidity uniformity index，TUI/HUI)作为评价标准。温湿度均匀性指标定义为满足规定温湿度要求的测点数与总测点数之比[2]。改造前后温湿度 TUI/HUI 值见表 3。

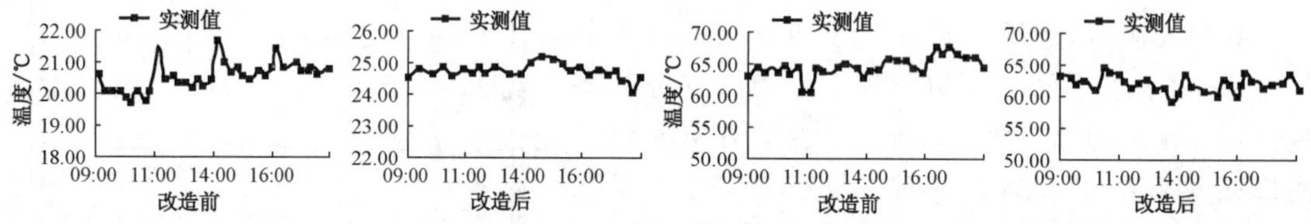

横轴上的时间刻度不表示时间的延续，如 9:00 与 11:00 之间的点，均表示该平面上 9 时的数值；下同。

图4　$h=3$ m 平面处改造前后温湿度分布

由测试结果及对比分析可得：①空调系统改造前，各平面温湿度场的均匀性(水平面、立面)不理想，严重偏离所要求的温湿度标准值；②改造后，平面上的温湿度场均匀性得到了改善，基本分布在要求范围内；垂直方向上的温度场存在分层现象，但温湿度场基本都分布在要求范围内。

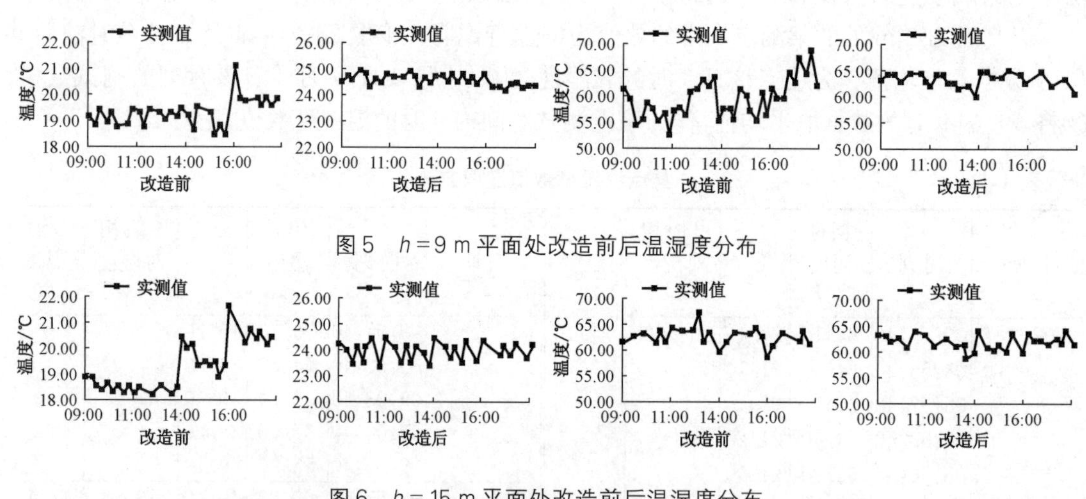

图5　$h=9$ m 平面处改造前后温湿度分布

图6　$h=15$ m 平面处改造前后温湿度分布

表 2　各平面温湿度分布

高度/m	温度/℃		相对湿度/%	
	改造前	改造后	改造前	改造后
3	19.5～22.0	24.0～25.5	60.0～68.0	58.0～65.0
9	18.5～21.0	24.0～25.0	55.0～68.0	60.0～66.0
15	20.0～24.0	23.0～24.5	58.0～68.0	58.0～65.0

表 3 改造前后的 TUI/HUI 值

项目	高度/m	改造前/%	改造后/%	项目	高度/m	改造前/%	改造后/%
TUI	3	0	83.39	HUI	3	61.1	100
	9	0	100		9	88.9	100
	15	2.8	100		15	97.2	100
	平均	0.9	94.4		平均	82.4	100

3 空调系统改造后高架库内温湿度(供冷工况)模拟

利用 CFD 软件对高架立体仓库构建了物理数学模型,对不同风量、送风参数条件下的仓库内的温度场进行了模拟研究,以寻求最优化方案。

3.1 模型概况

利用 gambit 建立的高架库模型见图 7,基本参数如下:①围护结构:长 44 m,宽 32 m,高 21 m;②货架:12 条,其中货架 1 长 34.8 m,货架 2～12 长 31.7 m,所有货架均宽 1 m,高 17.45 m;③静压箱:在货架上方设置局部孔板吊顶,吊顶、墙和上楼板形成送风静压箱,静压箱长 38 m,宽 29.5 m,高 2.65 m;④送风孔板:在货架之间的吊顶空间设局部孔板,孔板 10 条,均长 38 m,其中一条宽 1.9 m,一条宽 0.7 m,其他均宽 1.4 m。孔眼直径 5 mm,孔板开孔率为 0.05;⑤送风口:3 条送风管位于吊顶空间。送风口 30 个,其中 1 200 mm×1 200 mm 的送风口 21 个,800 mm×800 mm 的送风口 9 个;⑥回风口:回风管 12 条,除一条位于货架旁边外,其他 11 条均位于货架正下方。回风口 87 个,其中 700 mm×300 mm 的回风口 30 个,1 000 mm×300 mm 的回风口 57 个。

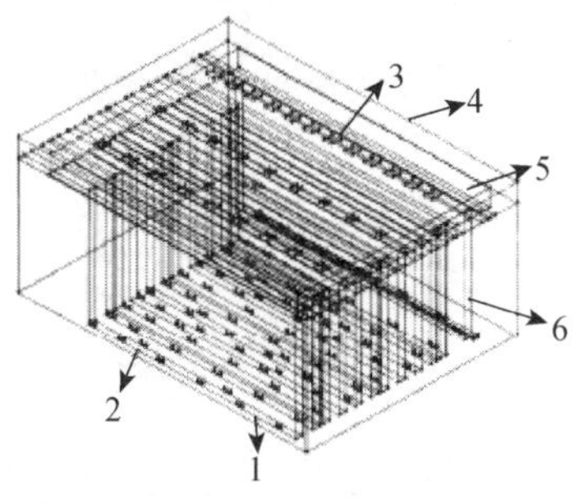

1—回风管;2—回风口;3—送风口;
4—静压箱;5—送风孔板;6—货加

图 7 利用 gambit 建立的高架库模型

3.2 边界条件的设定

外墙:设计温度 34 ℃;送风口:依据不同的送风状况设定温度和速度;回风口:自由出流 outflow;送风孔板:多孔介质 porous-jump。

3.3 模拟结果分析

3.3.1 同一送风状况下高架库内的温度分布

以 2.2×10^5 m^3/h、22 ℃送风状况为例。

(1) 不同高度水平面的温度分布见图 8。同一水平面不同位置的最大温差为 2 ℃～3 ℃,

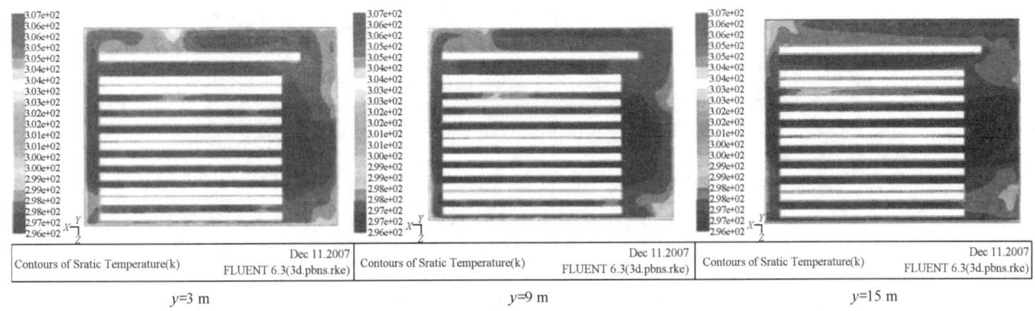

图 8 不同高度水平面上的温度分布

高度为 3 m、9 m、15 m 的平均温度为 25.76 ℃、25.61 ℃、25.47 ℃。因此，同一水平面不同位置的温度分布均匀性较好。

(2) 立面的温度分布见图 9。两货架之间立面 $z=20.5$ m 的温度分布存在上低下高现象，这是由于送风方式为上送下回所致，纵向温差为 2 ℃～3 ℃，平均温度为 23.92 ℃，均匀性较好。

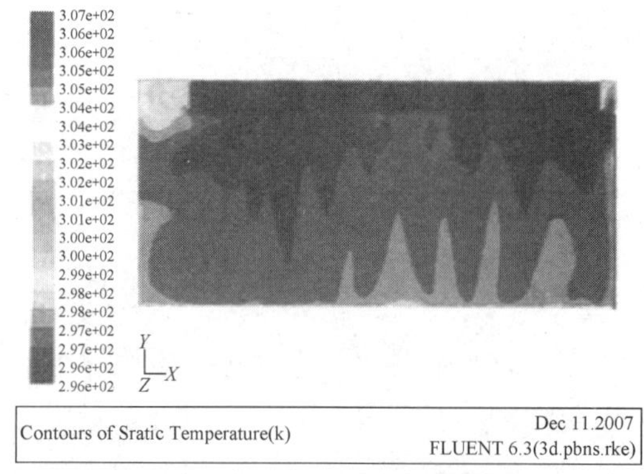

图 9　立面 $Z=20.5$ m 的温度分布

3.3.2　相同送风温度下送风量对室内温度的影响

以送风温度 22 ℃，送风风量分别为 2.4×10^5 m^3/h、2.2×10^5 m^3/h、2.0×10^5 m^3/h 时的模拟结果进行说明。在送风温度 22 ℃时，高度 9 m 水平面处 3 种送风量的温度场见图 10，平均温度分别为 25.56 ℃、25.61 ℃、25.65 ℃。由此可见，在相同送风温度下，送风量每减少 20 000 m^3/h 对高架库内温度的影响较小，因此可以通过减小风量达到经济运行的效果。

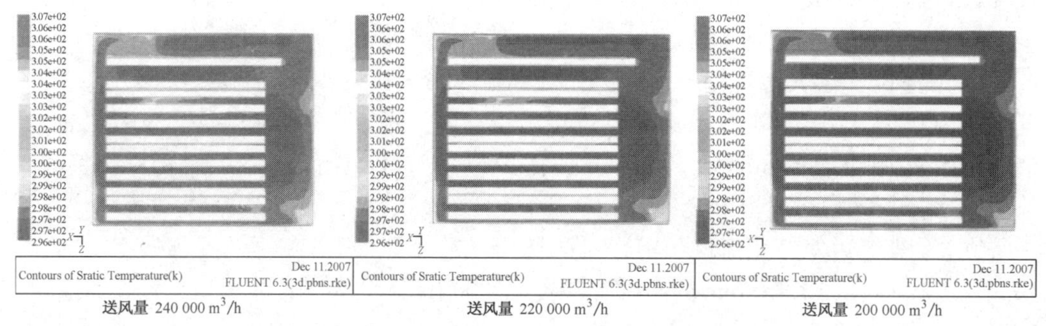

图 10　送风温度 22 ℃时送风量变化对温度场的影响

3.3.3　相同送风风量下送风温度对温度场的影响

以送风风量 200 000 m^3/h，送风温度分别为 20 ℃和 22 ℃为例。在 $y=9$ m 水平面处，2 种送风温度下的温度分布见图 11；在 $z=20.5$ m 立面处，2 种送风温度下的温度分布见图 12；各面上的温度分布见表 4。由此可知，在送风风量相同情况下，送风温度每变化 2 ℃，对高架库内的温度场影响较大。研究表明[2]，送风温差越小，恒温室温度的均匀性越好；送风温差越

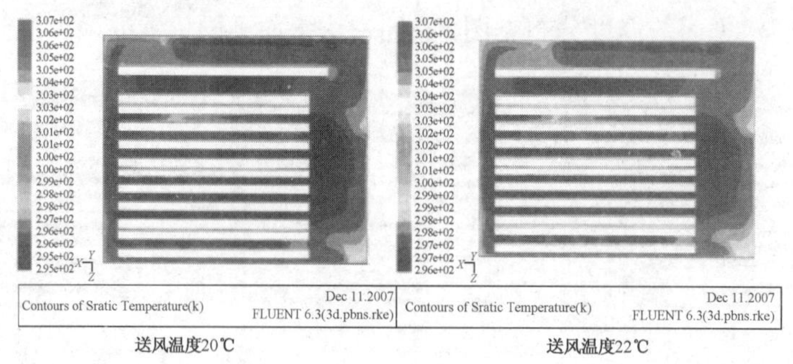

图 11　送风风量 200 000 m^2/h 时不同送风温度下水平面的温度分布

大,恒温室的速度均匀性越好。因此有温度要求时,可以通过减小送风温差达到经济运行的效果。

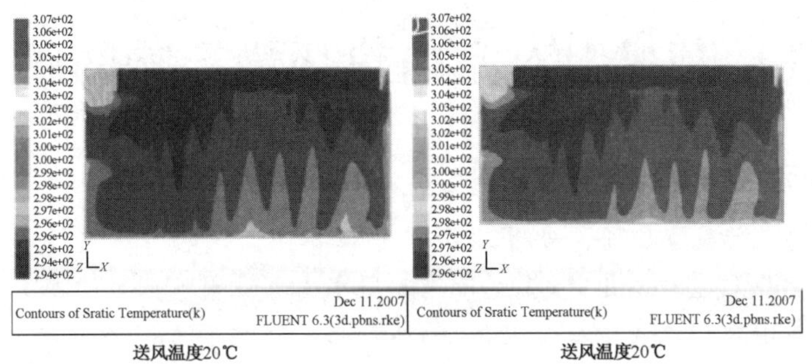

图 12 送风风量 200 000 m^2/h 时不同送风温度下立面的温度分布

表 4　　送风风量 200 000 m^3/h 时 2 种送风温度的对比

状况	20 ℃	22 ℃
y=9 m 水平面	24.47	25.65
z=20.5 m 立面	22.41	23.96

4 结语

(1) 对于需要保持均匀温湿度场的高架立体库,带有静压箱和送风孔板的上送下回气流组织方式是可行的。该方式不仅保证了水平方向上温湿度的均匀性,也将垂直方向上的温湿度差控制在要求范围内;

(2) 通过实测与模拟相结合的方法,不仅可了解该高架立体库的温湿度现状,而且可预测在不同送风参数下的运行效果,为其经济运行提供参考。模拟分析结果显示,对于该高架库的夏季工况,送风量的变化对库内温度场的影响较小,送风温差的改变则对库内温度场影响较大。因此,针对不同外部环境条件,通过调节送风风量和送风温度,可保持卷烟材料高架库内温湿度的恒定与均匀性。

参考文献

[1] 李峰泉,张亚利. 自动化立体仓库管理系统的设计与实现[J]. 现代电子技术,2007,30(16):83-85.

[2] 傅允准,张旭. 大温差送风技术在高精度恒温空调中的应用可行性[J]. 暖通空调,2007,37(11):99-103.

冷轧厂某机组对室内热环境影响的研究*

苗 青 刘 东 庄江婷 丁 燕 王 申 徐 麒 姜 华 高 立

摘 要：通过现场实测和理论分析，对冷轧厂某机组的散热机理进行了研究，发现炉膛内温度在 800 ℃左右变化时，机组散热对厂房内环境温度的影响基本是恒定的，主要影响区域集中在炉体周围各层工作平台；厂房内工作平台环境温度与室外温度相关，炉体周围工作平台温度在高度方向上梯度明显。运用 CFD 软件进行了数值模拟，模拟结果与实测和理论分析结果有很好的一致性。指出对厂房进行合理通风改造能改善室内热环境。

关键词：冷轧厂；散热机理；热环境

Influence of a Processing Machine Unit on Indoor Thermal Environment in a Cold Roll Steel Workshop

MIAO Qing, LIU Dong, ZHUANG Jiangting, DING Yan, WANG Shen, XU Qi, JIANG Hua, GAO Li

Abstract: Studies the heat rejection mechanism of the unit by field measurement and theoretical analysis, and finds that the effect of heat rejection on environment temperature inside the workshop is invariable when hearth temperature varies around 800 ℃ and the influenced zone locates at each level of the work platform. Reasons that the temperature of a work platform is associated with outdoor temperature, and the vertical temperature gradient of a work platform is obvious. The simulating result by CFD software is coherence with the test and theory results. Points out that reasonable ventilation reconstruction can help improve the indoor thermal environment.

Keywords: cold roll steel workshop; heat rejection mechanism; thermal environment

1 概述

某 2 030 mm 冷连轧带钢厂主要用于生产 2 030 mm 规格的冷轧带钢，采用的技术是上世纪 80 年代引进的 2 030 mm 冷轧连续退火技术。冷轧连续退火机组的炉体自西向东分别由加热段、均热段、初次冷却段、过时效段及二次冷却段等 5 个加工段联合而成。待加工的各种带钢根据各自的工艺要求在加热段被加热至 800 ℃以上，而后进入均热段恒温，接着在初次冷却段被冷却至 400 ℃左右，然后到达过时效段进行过时效处理，最后在二次冷却段被冷却至 200 ℃以下。

该冷轧厂厂房高约 49 m，横向跨度 45 m，炉体段纵深 140 多米。厂房平面布置图如图 1 所示，剖面图如图 2 所示。由于厂房现有的通风条件较差，机组散出的大量热量不能及时有效地排到室外。笔者结合实测数据对厂房内机组的散热机理进行了分析，并研究了其对厂房内热环境的影响。

*《暖通空调 HV & AC》2008，38(2)收录。

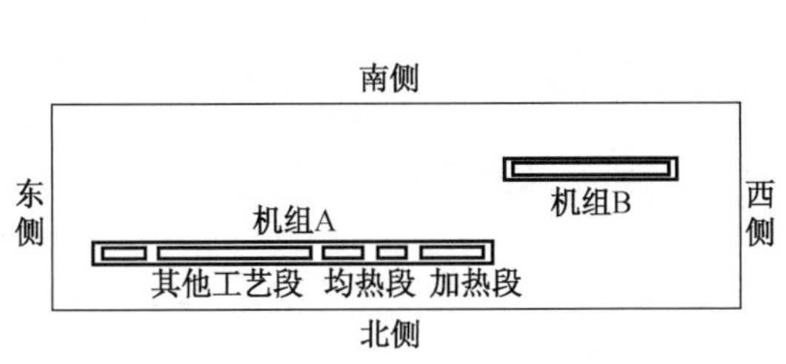

图 1 冷轧厂厂房平面布置图

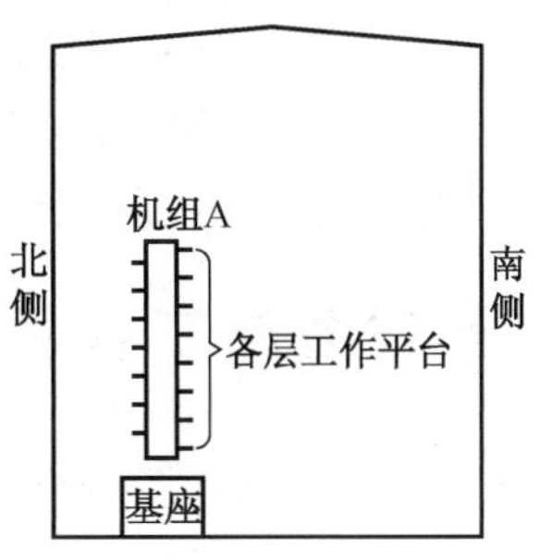

图 2 冷轧厂厂房剖面图

2 机组壁面温度测量分析

在冷轧连续退火机组(机组 A)的各工艺段中,加热段和均热段炉内温度最高,因而这两段炉体的外壁面温度最高,散热量最大,其周围各层工作(监测维护)平台的环境温度也明显高于厂房内其他位置。为此,着重对这两段炉体的散热情况进行实地测量、计算和分析。

2.1 测量仪器和测量方法

炉体壁面温度采用 AZ8868 红外线测温仪测量,量程−20 ℃～420 ℃,分辨率 1 ℃,准确度±2%或±3.5 ℃。测量时正对目标点,稳定后读数。

2.2 实测炉体壁面温度数据分析

为便于直观体现加热段炉体外壳的温度分布,把加热段炉体侧面自西向东等分为 6 个区域,并按炉体外部结构的实际状况将其划分为炉体壁面、阀门和接阀门平板 3 个部分进行实测分析。选取 2 个典型工况的数据进行汇总比对。

工况 1:室外空气温度 17.0 ℃,相对湿度 61.3%,加热段炉膛内平均温度 835 ℃。

工况 2:室外空气温度 19.8 ℃,相对湿度 52.1%,加热段炉膛内平均温度 789 ℃。

实测数据汇总如图 3—图 5 所示。

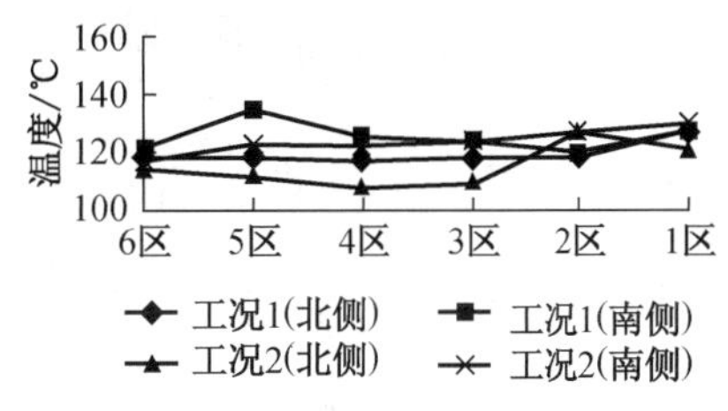

图 3 加热段炉体壁面温度分布曲线

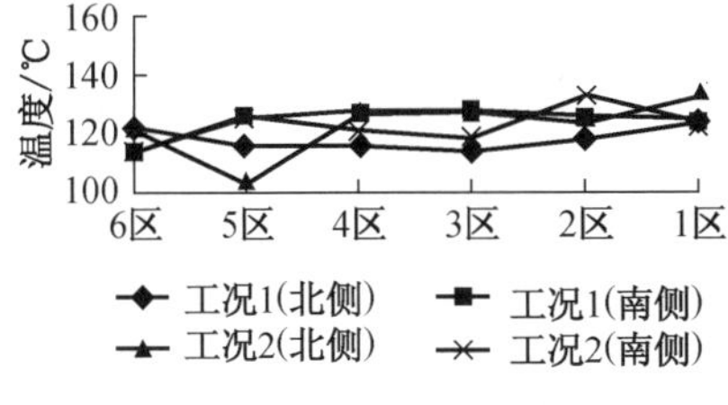

图 4 加热段阀门处温度分布曲线

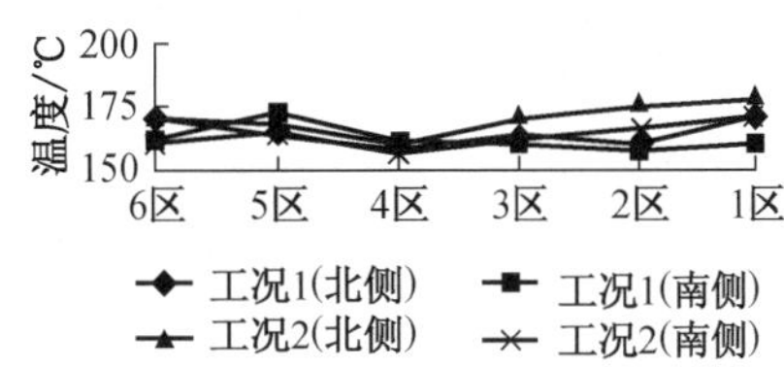

图 5 加热段接阀门平板处温度分布曲线

2.3 实测结果分析

根据图 3—图 5 并结合其他工况所测得的数据,分析得出以下结论:

(1) 加热段炉体壁面温度和阀门处温度在 120 ℃上下浮动;

(2) 加热段接阀门平板处温度在 170 ℃上下浮动;

(3) 不同工况下加热段炉体壁面温度分布情况无明显差异；

(4) 炉体南北两侧壁面温度无明显差异；

(5) 炉体内工作温度在 800 ℃左右上下浮动 5%，对炉体壁面平均温度影响不大。

3　加热段各层工作平台环境温度测量分析

加热段各层工作平台是指与炉体壁面贴近、宽度为 1.5 m 左右的人行通道，北侧 7 层，南侧 8 层。

3.1　测量仪器和测量方法

空气温湿度和工作平台环境温度采用 HM34 温湿度仪测量，温度量程 −20 ℃～60 ℃，分辨率 0.1 ℃；相对湿度量程 0～100%，分辨率 0.1%。测量时避免阳光直射和正对强辐射物体，稳定后读数。

3.2　实测各层工作平台环境温度数据分析

实测数据汇总如图 6、图 7 所示。

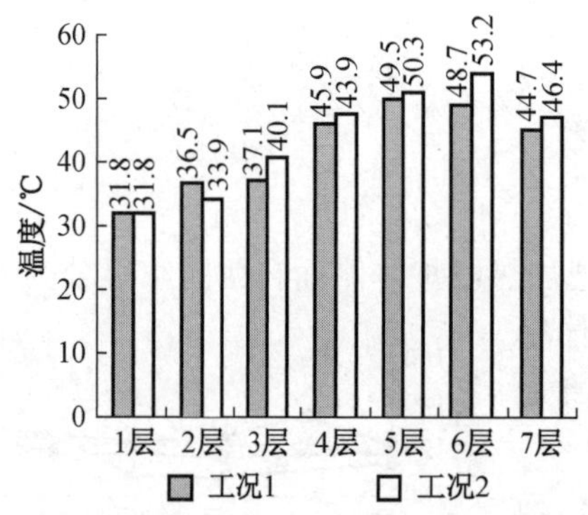

图 6　加热段北侧各层工作平台环境温度分布

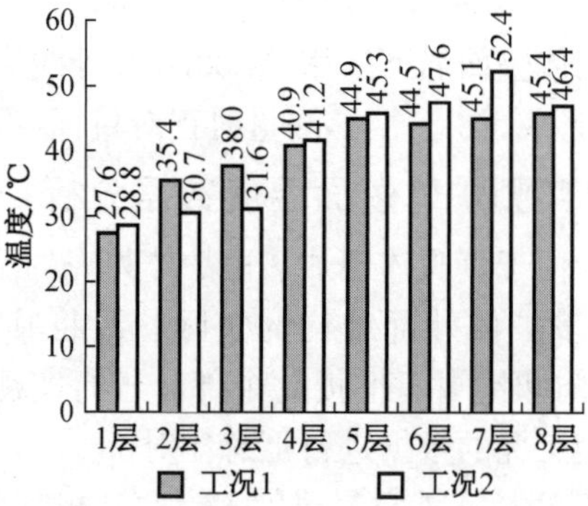

图 7　加热段南侧各层工作平台环境温度分布

3.3　实测结果分析

分析图 6、图 7 可以得出以下结论：

(1) 工作平台南北两侧环境温度随平台高度的增加而升高，梯度明显；

(2) 同一工况下北侧工作平台出现的最高环境温度高于南侧；

(3) 多数情况下工况 2 工作平台环境温度高于工况 1，即工作平台环境温度受室外空气温度的影响大于炉膛内温度；

(4) 由于顶层气流不受炉体阻挡，靠近顶层工作平台环境温度有所回落。

4　冷轧连续退火机组炉体散热量计算

将炉体壁面与周围环境的换热看作无限大空间自然对流换热加辐射换热。

4.1　炉体加热段散热强度计算

4.1.1　参数选取

根据实测情况，相关温度参数分别取为：炉体壁面温度 t_w=150 ℃，工作平台环境温度 t_f=50 ℃，特征温度 $t_m=(t_w+t_f)/2$=100 ℃。

查得相应的空气物性参数分别为：运动黏度 $\upsilon=23.13\times10^{-6}\ m^2/s$，导热系数 $\lambda=0.0321 W/(m\cdot K)$，体胀系数 $\alpha=1/T=2.68\times10^{-3}\ K^{-1}$（其中 $T=t_m+273$），普朗特数 $Pr=0.688$。取炉体的高度为特征尺寸，$H=20.5$ m，厂房内环境辐射温度 $t_0=33$ ℃。

4.1.2　散热强度计算

$$Gr=\frac{g\alpha\Delta tH^3}{\upsilon^2} \tag{1}$$

$$Ra=GrPr=2.9\times10^{13} \tag{2}$$

$$Nu=0.1(GrPr)^{\frac{1}{3}} \tag{3}$$

$$K=Nu\frac{\lambda}{H} \tag{4}$$

$$q_{对流}=K(t_w-t_f) \tag{5}$$

$$q_{辐射}=\varepsilon\sigma(T_w^4-T_0^4) \tag{6}$$

式(1)—式(6)中 Gr 为格拉晓夫数；g 为自由落体加速度；Δt 为温差；Ra 为瑞利数；Nu 为努塞尔数；K 为炉体壁面的表面传热系数；$q_{对流}$，$q_{辐射}$ 分别为炉体壁面的对流和辐射散热量；ε 为发射率；σ 为斯忒藩-玻耳兹曼常量；$T_w=t_w+273$；$T_0=t_0+273$。

由式(1)—式(6)可得，$q_{对流}=481\ W/m^2$，$q_{辐射}=1265\ W/m^2$。因此，炉体加热段壁面单位面积总散热量为 $q=q_{辐射}+q_{对流}=1746\ W/m^2$，其中辐射散热量占72.4%。

4.2　炉体其他段散热强度计算

根据实测情况，相关温度参数分别取为：炉体壁面温度 $t_w=60$ ℃，工作平台环境温度 $t_f=40$ ℃，特征温度 $t_m=(t_w+t_f)/2=50$ ℃。

同理得，$q_{对流}=62\ W/m^2$，$q_{辐射}=192\ W/m^2$。炉体其他段壁面单位面积总散热量 $q=q_{辐射}+q_{对流}=254\ W/m^2$，其中辐射散热量占75.6%。

4.3　散入厂房的总热量

根据炉体实际表面积，计算得到散入厂房的总热量为6.8 MW。

5　影响厂房内环境温度的因素研究

5.1　计算分析

5.1.1　室外空气温度与厂房内加热段工作平台温度的相关性分析

工况1、工况2的实测数据显示，炉膛内温度在800 ℃左右变化时对加热段、均热段炉体壁面及工作平台环境温度影响不大，而工作平台环境温度受室外空气温度的影响较大。根据测试数据，用数学方法研究工作平台实测环境温度与室外空气温度及炉膛内温度的相关性。由于对炉膛内温度进行监测的探头是安放在炉体南侧5层工作平台高度的地方，所以在对室内环境温度的影响因素进行分析时选取南侧5层平台(高度为17.7 m处)的温度来代表室内环境温度。

根据实测数据，分别绘制室内环境温度随室外空气温度和加热段炉膛内温度变化的散点图，见图8和图9。

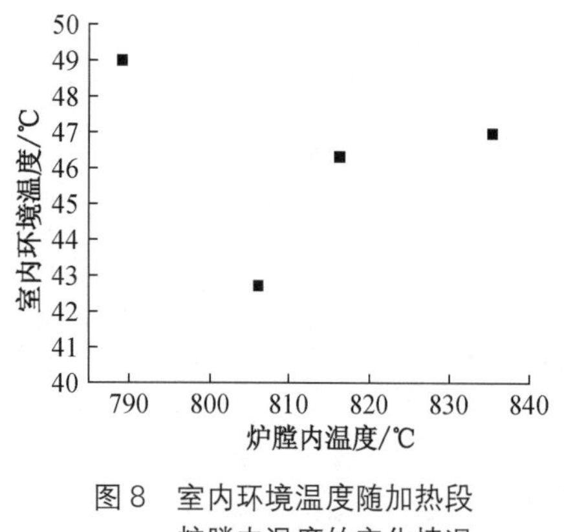

图 8　室内环境温度随加热段炉膛内温度的变化情况

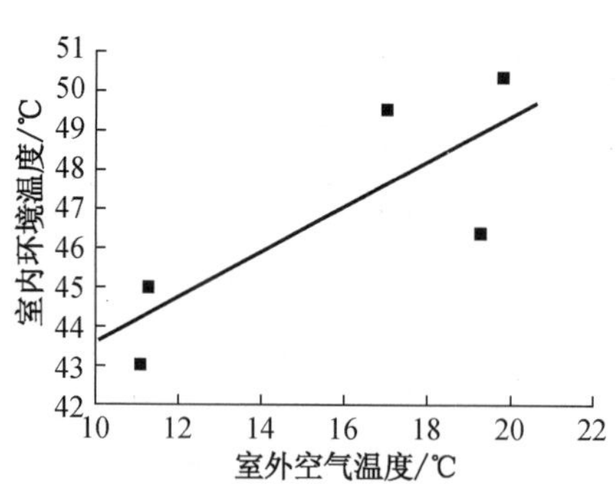

图 9　室内环境温度随室外空气温度的变化情况

由图 8 可以看出，室内环境温度随加热段炉膛内温度变化的规律性很不明显，炉膛内温度的变化对室内环境温度的影响很小，可不考虑。

由图 9 可以看出，尽管数据比较分散，但是室内环境温度随着室外空气温度的变化仍有一定的规律，可以先假设是形如 $y=ax+b$ 的线性变化，经线性回归分析得回归方程为 $y=38+0.6x$。经检验，在显著性水平为 0.1 时工作平台环境温度与室外空气温度线性相关，并符合上述线性关系。

上海夏季室外通风设计温度为 32 ℃，由上面回归方程推算，5 层工作平台环境温度将达到 57.2 ℃，随着平台高度的增加温度还会升高。这与往年最热季节测得的数据基本吻合。

5.1.2　厂房工作平台环境温度随高度的变化关系

由前面的实测统计图可知，工作平台环境温度随高度的增加有升高的趋势。但是究竟变化趋势如何，下面用数学方法进行分析。

1）加热段南侧工作平台环境温度

在直角坐标图上绘出散点图，并绘制光滑曲线，如图 10 所示；可见其分布近似于对数曲线，故用对数坐标重新绘制并拟合，如图 11 所示。

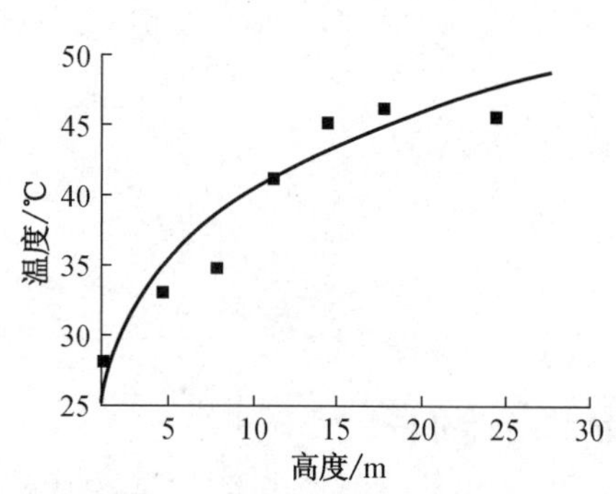

图 10　加热段南侧工作平台环境温度随高度的变化

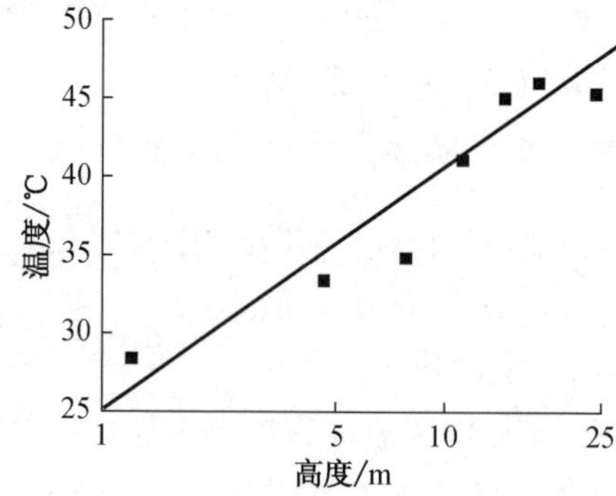

图 11　加热段南侧工作平台环境温度随高度的变化（对数坐标）

经线性回归分析得回归方程为 $y=25+7.1\times\ln x$。经检验在显著性水平为 0.01 时加热段南侧工作平台环境温度与所处高度对数线性相关，并符合上述线性关系。

2）加热段北侧工作平台环境温度

在直角坐标图上绘出散点图，并绘制光滑曲线，如图 12 所示。

经线性回归分析得回归方程为 $y=28+1.3x$。经检验在显著性水平为 0.01 时加热段北侧工作平台环境温度与所在高度线性相关，并符合上述线性关系。在高度方向上温度梯度为 1.3 ℃/m。

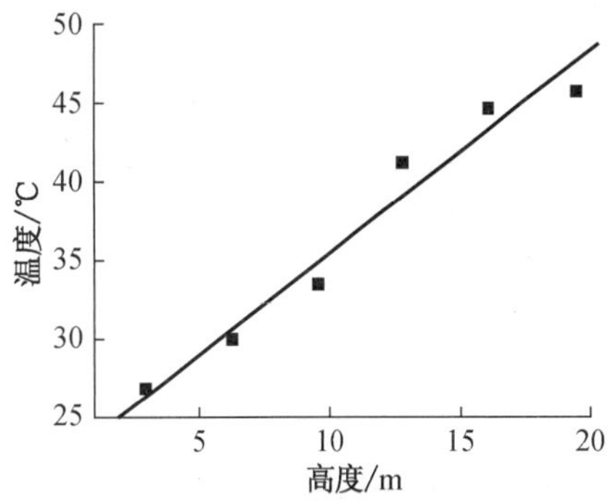

图 12　加热段北侧工作平台环境温度随高度的变化

5.2　影响厂房内环境温度的因素分析

由上述计算分析可知，炉膛内温度在 800 ℃左右变化时，对厂房内环境温度的影响是基本恒定的。厂房内环境温度随室外空气温度的升高而线性升高。炉体周围工作平台温度在高度方向上梯度明显。由于南侧下部窗户的单侧自然进风且靠近厂房走廊通道，北侧下部窗户被邻跨厂房阻挡通风相对较差，所以南侧工作平台环境温度低于北侧。

6　数值模拟分析

为进一步分析机组的散热机理及其对室内热环境的影响情况，采用 Fluent 软件对厂房的现有通风状况和散热状况进行数值模拟。

6.1　模型建立

根据冷轧厂房实际情况建立模型，长×宽×高设为 160 m×45 m×50 m，纵向开窗 11 列(4 m/列)。

6.2　边界条件

根据炉体散热的理论计算结果，炉体壁面取常热流边界条件，加热段、均热段取热流 $q=1\ 746\ \mathrm{W/m^2}$，其他炉体段取 $q=254\ \mathrm{W/m^2}$；周围墙壁辐射温度取 33 ℃；下侧自然进风窗取速度进口边界条件，空气流速 1 m/s，空气温度 20 ℃；上侧自然排风窗取自由出流边界条件。

6.3　模拟结果分析

炉体散热的影响区域主要集中在机组周围各层工作平台距炉体 1.5 m 的范围内，该区域环境温度明显高于厂房空间其他区域。

图 13、图 14 分别为距炉体加热段 0.8 m 处 3 个不同位置的环境温度和速度沿高度方向的变化情况。

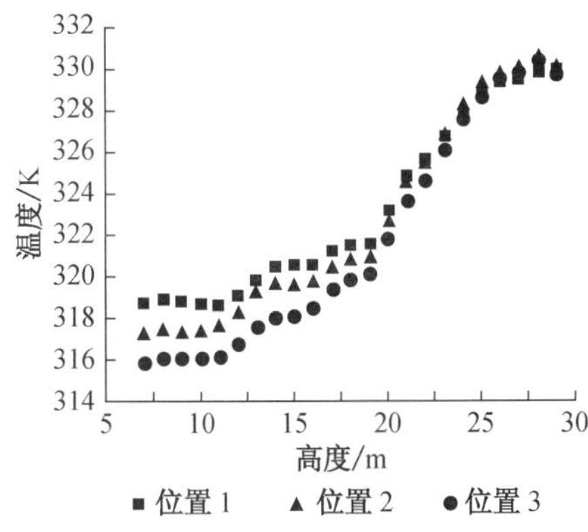

图 13　环境温度随工作平台高度的变化

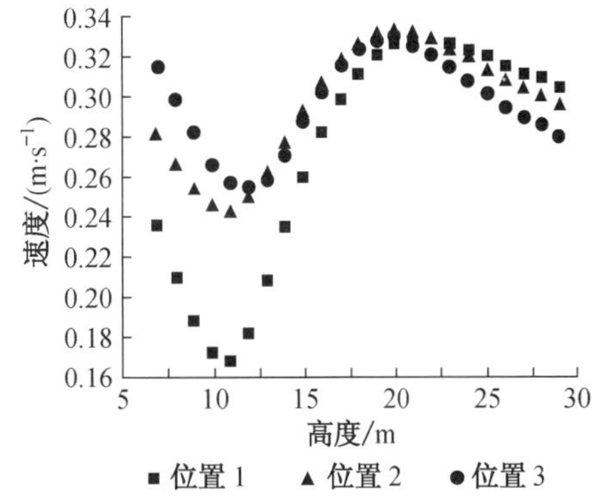

图 14　速度随工作平台高度的变化

从图 13、图 14 可以看出，环境温度沿高度增加基本呈线性升高趋势，最高达 59 ℃；速度沿高度方向有波动，与进风口的位置和沿炉体走向有关，并且气流速度小的区域环境温度高于气流速度大的区域。炉体周围工作平台环境温度较高的原因是炉体本身散出大量热量，加之炉体周围空气流动性较差，热量不能及时有效地从工作平台排走。合理设计厂房的气流组织有助于改善工作平台的工作条件。

7 结论

通过对冷轧厂某机组的散热机理及其对室内热环境影响的研究，发现厂房内环境温度与室外空气温度线性相关，机组散入厂房的 6.8 MW 的热量中有超过 70%是辐射热，这些热量将会直接影响各层工作平台环境温度，工作平台环境温度随高度的增加而升高，靠近顶层工作平台受通风气流影响温度有所回落。要改善此厂房热环境，需要对整个厂房的通风系统进行合理改造。

参考文献

[1] 章熙民，任泽霈，梅飞鸣. 传热学[M]. 北京：中国建筑工业出版社，1993.

[2] 潘承毅，何迎晖. 数理统计的原理与方法[M]. 上海：同济大学出版社，1993.

[3] 孙一坚. 简明通风设计手册[M]. 北京：中国建筑工业出版社，1997.

[4] Dascalaki E, Santamouris M, Argiriou A, et al. On the combination of air velocity and flow measurements in single sided natural ventilation configurations[J]. Energy and Buildings, 1996, 24 (2): 155-165.

某钢铁厂冷轧厂室内热环境控制研究*

苗青 刘东 徐麒 姜华 高立

摘　要：某冷轧厂散热量大，现有的通风状况无法及时有效地将余热排出室外。对厂房进行合理通风改造能够改善工作平台工作条件。运用CFD软件进行数值模拟，得出在厂房只有单侧自然进风情况下，采用自然通风方式不能满足工作平台热环境控制的要求；而采用自然通风和蒸发冷却机械送风相结合的方式能够较好地改善工作平台工作条件。通过数值模拟优化分析，得到了最佳机械送风口布置形式和位置。

关键词：冷轧厂；自然通风；机械送风；气流速度

The Study of Indoor Thermal Environment Control in A Cold-rouing Steel Workshop

MIAO Qing, LIU Dong, XU Qi, JIANG Hua, GAO Li

Abstract: A cold-rolling steel workshop has a great heat dissipation, and the current ventilation condition can not remove the quality of heat in time and effectively. Reasonable ventilation reconstructio n can improve the work condition on the work platform. Numerical simulate by using CFD software, which shows using natural ventilation methodonly can not meet with the requirement of thermal condition control in the work platform for single side ventilating inlet workshop. The method of combining natural ventilation and evaporative cooling mechanical blow can improve the work environment. Attain the best form and position of the mechanical draught sending can be got.

Keywords: cold-rolling steel workshop; natural ventilationm; mechanical blow; airflow velocity

0　引言

冷轧厂是钢铁企业重要的生产部门，其厂房内空气热环境直接影响到机组的正常运行及工人安全作业。

2 030 mm冷连轧带钢厂主要用于生产2 030 mm规格的冷轧带钢。其中连续退火机组(一号机组)系20世纪80年代引进的2 030 mm冷轧连续退火机组。冷轧连续退火机组的炉体自西向东分别由加热段、均热段、初次冷却段、过时效段以及二次冷却段等五个加工段联合而成。待加工的各种带钢根据其各自的工艺要求在加热段被加温至800 ℃以上的温度，然后进入均热段恒温，接着在初次冷却段被冷却至400 ℃左右，在过时效段中进行过时效处理，最后在第二次冷却室被冷却至200 ℃以下。

该冷轧厂房高约49 m，横向跨度45 m，炉体高20.5 m架在6 m高工作平台之上，一号机组纵

* 工业建筑2008，38(增刊)收录。

深140 m。一号机组北侧工作平台距离北侧墙约 10 m。平面布如图 1 所示。由于厂房现有的通风条件较差，机组散出的大量热量不能及时有效的排出室外，夏季厂房内工作平台温度达到 70 ℃以上，对该厂房进行通风技术改造，目标将工作平台温度控制在 60 ℃以下。

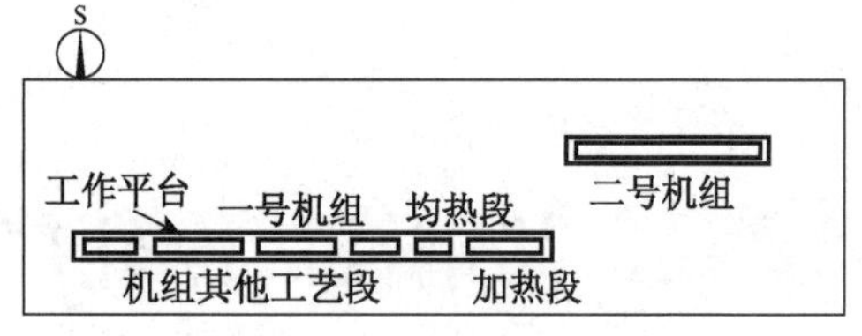

图 1　冷轧厂房平面布置

1　厂房散热量的确定

厂房散热量是影响室内热环境控制以及通风系统的基础数据，我们是采用实测的方法来确定厂房的散热量。将炉体外壁面与周围环境换热看作无限大空间自然对流换热加辐射换热。

1.1　一号机组加热段散热强度计算

1.1.1　参数选取

根据实测情况，相关的温度参数分别取：炉体壁面温度 $t_w = 150$ ℃，工作平台环境空气温度 $t_f = 50$ ℃，定性温度 $t_m = (t_w + t_f)/2 = 100$ ℃。

查得，相应的空气物性参数分别为：

运动黏度：$\nu = 23.13 \times 10^{-6}\ m^2/s$

导热系数：$\lambda = 0.032\ 1\ W/(m \cdot K)$

体积膨胀系数：

$$\alpha = 1/T = 1/(273 + 100) = 2.68 \times 10^{-3}\ K^{-1}$$

普朗特数：$P_r = 0.688$

取炉体的高度为定性尺寸：$H = 20.5$ m

厂房内环境辐射温度：$t_0 = 33$ ℃

1.1.2　散热强度计算

格拉晓夫数：
$$G_r = \frac{g\alpha \Delta t H^3}{\nu^2} \tag{1}$$

瑞利数：
$$R_a = G_r \cdot P_r = 2.9 \times 10^{13} \tag{2}$$

由自然对流换热准则关联式，得努谢尔特数：

$$N_u = 0.1 \times (G_r \times P_r)^{1/3} \tag{3}$$

炉体外壁面对流换热系数：

$$h = N_u \cdot \frac{\lambda}{H} \tag{4}$$

将式(1)—式(4)代入下式，得炉体外壁面对流散热量：

$$q_{对流} = h(t_w - t_f) = 481\ W/m^2$$

炉体外壁面与厂房内环境辐射换热量：

$$\begin{aligned} q_{辐射} &= \varepsilon\sigma(T_w^4 - T_0^4) \\ &= 0.96 \times 5.67 \times 10^{-8} \times [(150 + 273)^4 - (33 + 273)^4] \\ &= 1\ 265\ W/m^2 \end{aligned}$$

因此，炉体加热段表面单位面积总散热量：

$$q = q_{辐射} + q_{对流} = 1\,746.7\ \mathrm{W/m^2}$$

其中，辐射散热量占 72.4%。

1.2　一号机组其他段散热强度计算

根据实测情况，相关的温度参数分别取：炉体壁面温度 $t_w=60$ ℃工作平台环境空气温度 $t_f=40$ ℃，定性温度 $t_m=(t_w+t_f)/2=50$ ℃。

同理得，

$$\begin{aligned} q_{对流} &= h(t_w - t_f) = 62\ \mathrm{W/m^2} \\ q_{辐射} &= \varepsilon\sigma(T_w^4 - T_0^4) \\ &= 0.96 \times 5.67 \times 10^{-8} \times [(60+273)^4 - (33+273)^4] \\ &= 192\ \mathrm{W/m^2} \end{aligned}$$

炉体其他段表面单位面积总散热量：

$$q = q_{辐射} + q_{对流} = 254\ \mathrm{W/m^2}$$

其中，辐射散热量占 75.6%。

1.3　散入厂房总热量

根据实际情况，二号机组平均散热强度取 254 W/m^2。散热强度乘以炉体实际表面积，计算得到散入厂房总热量为 6.8 MW。

由散热量计算结果可以看出一号机组加热段和均热段炉体表面散热强度最大，达到 1 747 W/m^2。其他炉体段散热强度约为 254 W/m^2。

2　通风量计算和自然通风数值模拟分析

2.1　通风量计算

消除厂房内余热所需的全面通风量 L 和室内外温度差（$T_{室内}-T_{室外}$）的函数关系算式为：

$$L = \frac{3.6\,mQ}{c(T_{室内} - T_{室外})\rho_w\beta}$$

其中，空气比热 $c=1.01$ kJ/(kg·℃)，根据进风口离地高度查表得进风有效系数 $\beta=0.3$，32 ℃所对应的室外空气密度 $\rho_w=1.157$ kg/m^3，由于工作平台贴近机组炉体，散热有效系数 m 取 1。

以夏季通风室外设计温度 32 ℃为例，所要求达到的室内温度和所需进风量的关系如表 1 所示。

表 1　室温与进风量关系

室内控制温度/℃	40	45	50	55	60
通风量/(m^3·h^{-1})×10^4	868	533	385	302	248

2.2 数值模拟边界条件设定

运用 CFD 软件对厂房通风方式进行模拟，可以找出最佳气流组织形式。炉体壁面取常热流边界条件，一号机组加热段和均热段壁面取 1 747 W/m^2，其他及二号机组壁面取 254 W/m^2，自然进风温度取 32 ℃，速度 1 m/s，自然排风取自由出流边界条件。

2.3 自然通风方式模型

根据厂房实际情况，北侧有一 19 m 高联跨厂房，自然进风窗口只能设置在厂房南侧墙下部。在计算机模型中设计厂房的下开窗面积为 $F_{下开窗}=9\times160=1\ 440\ \text{m}^2$。中和面定为一号机组炉体顶部，即离地 29.2 m 高处。开侧窗时，上开窗中心线距中和面距离 $h_1=11$ m；下开窗中心线距中和面距离 $h_2=21.5$ m。由关系式：

$$\left(\frac{F_{上开窗}}{F_{下开窗}}\right)^2=\frac{h^2}{h_1}$$

故预计上开窗面积：$F_{上开窗}=2\ 013\ \text{m}^2$。

自然通风模型对厂房现有情况进行简化，使下部进风窗不变顶部排风窗采用 5 种形式，如图 2—图 6 所示。

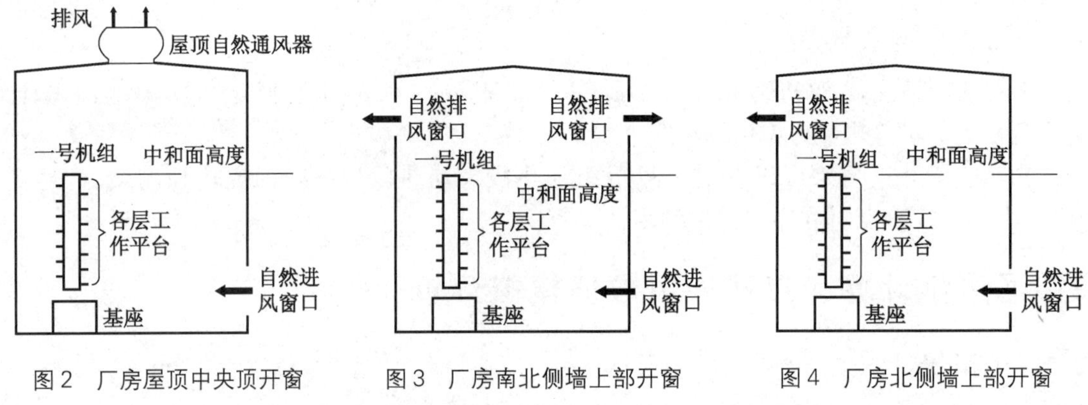

图 2　厂房屋顶中央顶开窗

图 3　厂房南北侧墙上部开窗

图 4　厂房北侧墙上部开窗

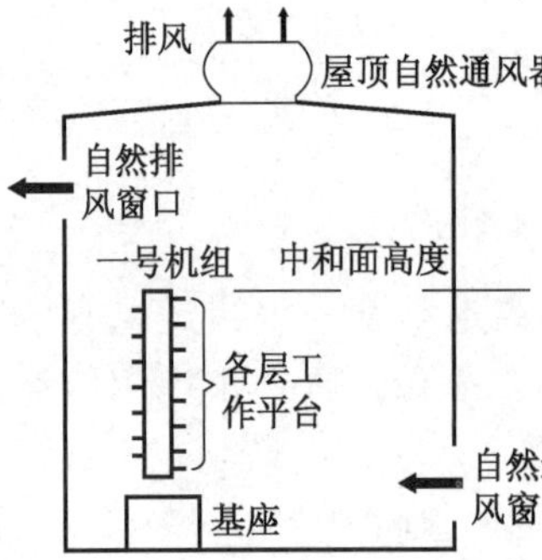

图 5　厂房屋顶中央顶开窗和厂房北侧墙上部开窗

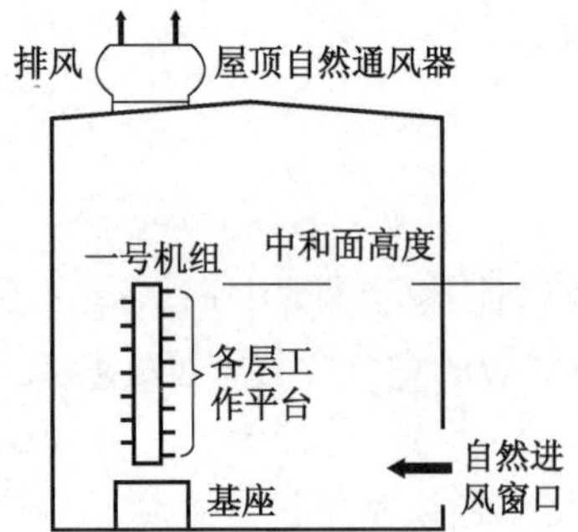

图 6　厂房屋顶正对炉体顶部开窗

2.4 数值模拟计算结果

运用 CFD 软件 FLUENT 对上述 5 种自然通风方式进行数值模拟。各种通风模式速度场分布如图 7—图 11 所示。

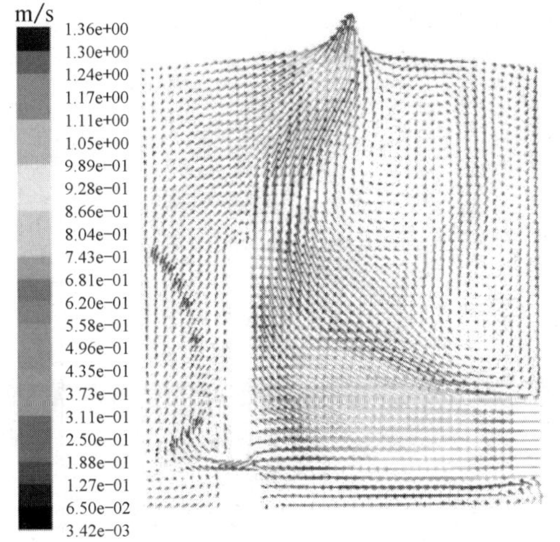

图 7　厂房屋顶中央顶开窗气流速度场分布

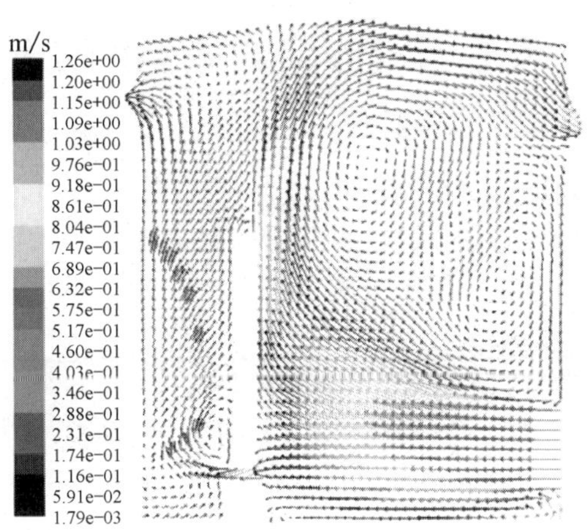

图 8　厂房南北侧墙上部开窗气流速度场分布

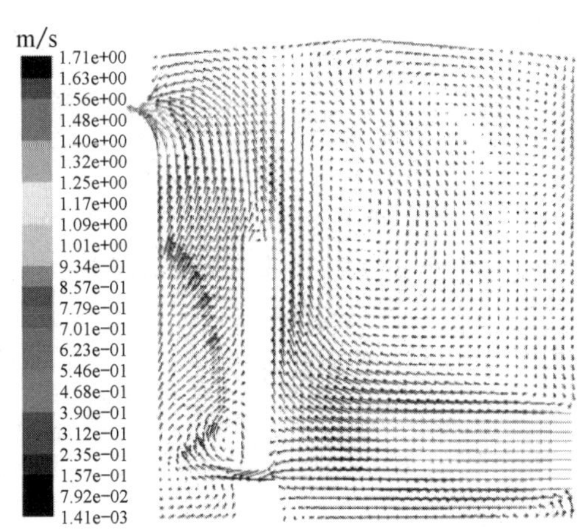

图 9　厂房北侧墙上部开窗气流速度场分布

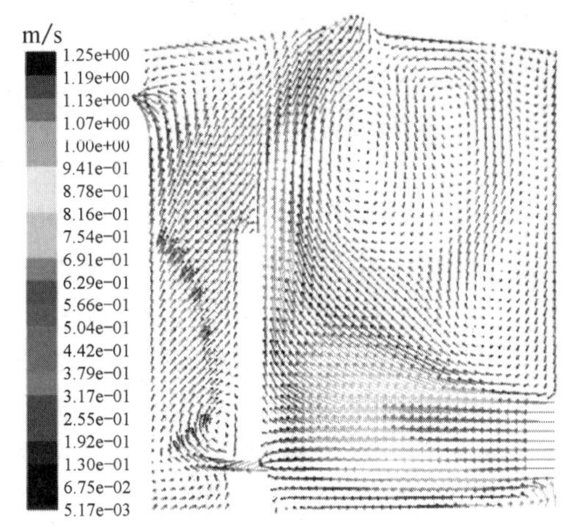

图 10　厂房屋顶中央顶开窗＋厂房北侧墙上部开窗气流速度场分布

受单侧进风的限制，不论如何布置自然排风口的位置和形式，在机组北侧工作平台总是会产生明显的背风区。

数值模拟结果显示上述五种自然通风方案机组散出的大量在北侧工作平台无法及时排除，出现最不利工作环境。五种自然通风方案中，工作平台出现的最高温度数值模拟统计结果见表 1。

表 1　　最高温度值

通风方案	A	B	C	D	E
工作平台出现的最高温度/℃	82	77	72	77	76

模拟结果表明仅采用自然通风，各种方案都无法满足夏季的通风要求，北侧工作平台通风条件很

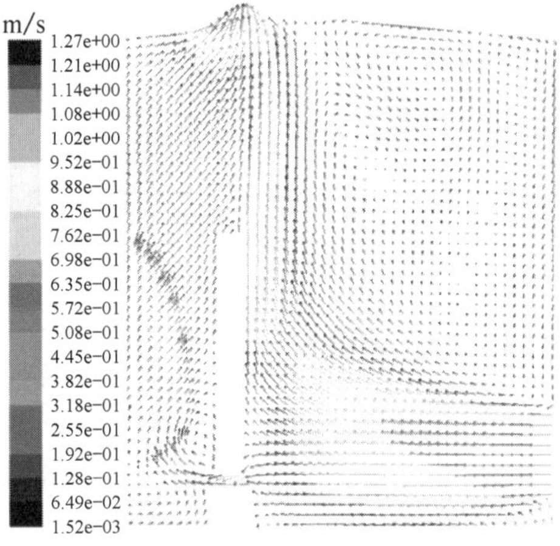

图 11　厂房屋顶正对炉体顶部开窗气流速度场分布

差，产生涡流区，热量不能及时有效排除，大部分温度出现 60 ℃以上的情况。

3 混合通风方式数值模拟分析

完全采用自然通风无法满足设计要求，就需要借助有效的机械通风手段。北侧工作平台通风条件差，且 60 ℃以上的区域，都出现在北侧工作平台，拟在北侧正对机组工作平台采用带蒸发冷却的机械送风方式，将室外温度降低 3 ℃～5 ℃通过送风管送入室内，风口靠近北侧墙布置，如图 12 所示。

下面通过数值模拟找出最佳的送风形式，拟定机械送风总风量 78 万 m^3/h，送风温度 29 ℃，送风速度 12 m/s，1 m×1 m 共 18 个送风口均匀分布在整个机组段在不同高度处送风。数值模拟结果如表 2 所示。

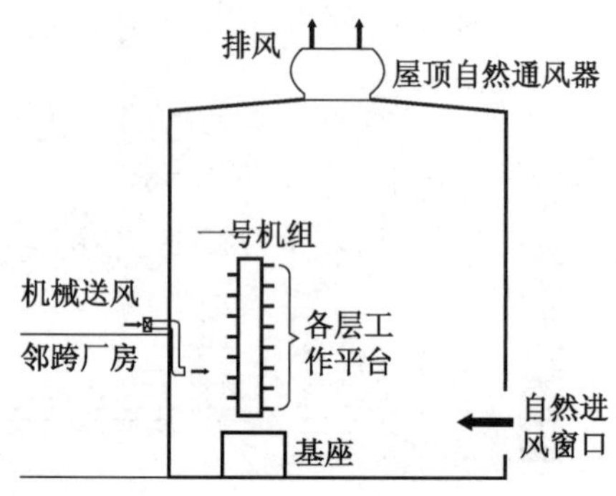

图 12　混合通风模型示意

表 2　数值模拟结果

机械送风口离地高度/m	12	14	16	18
北侧平台所出现的最高温度/℃	66	60	66	68
南侧平台所出现的最高温度/℃	61	63	56	58

模拟结果显示，风管喷口布置在标高 14 m 处北侧工作平台温度最低，且南北两侧出现的最高温度最低。机组炉体中心高度距地面 17.5 m，整个炉体高 20.5 m，14 m 标高处是炉体中心偏下 3.5 m 处。下面在这一高度上继续研究找出送风喷口最佳布置形式。

在 14 m 标高处将送风口集中布置在加热段和均热段正对机组送风，即改成两段 1×9 m 的条形风口送风，此时模拟结果显示，整个机组北侧平台所出现的最高温度为 49 ℃，说明风口集中布置在加热段和均热段比分散均布在整个机组长度方向上对工作平台降温效果好。但是此时南侧工作平台最高温度依然达到了 63 ℃。仍然不是最理想情况。

继续在 14 m 标高处将送风口集中布置在加热段和均热段正对机组送风维持送风量不变改变送风口大小从而选择不同的送风速度，工作平台出现的最高温度数值模拟结果如表 3。

表 3　工作平台最高温度数值模拟结果

送风口速度/($m \cdot s^{-1}$)	6	8	10	12	14
北侧出现的最高温度/℃	59	56	50	49	49
南侧出现的最高温度/℃	55	55	64	63	63

送风口风速在 6 m/s 变化到 14 m/s 的过程中北侧工作平台温度逐渐降低，但南侧工作平台温度反而有所上升。说明加大送风速度，能够改善北侧工作平台工作环境，但是送风速度大于 10 m/s 会在南侧形成一个背风区，给南侧自然通风气流组织造成不利影响。可以看出送风速度控制在 8 m/s，南北两侧降温效果均衡，最高温度控制在 56 ℃以下，工作平台大部分区域温度控制在 45 ℃～50 ℃。一号机组加热段北侧、南侧工作平台空气温度在高度方向上的变化如图 13 和图 14 所示。北侧、南侧工作平台气流速度在高度方向上的变化如图 15 和图 16 所示。厂房横断面气流速度场分布如图 17 所示。

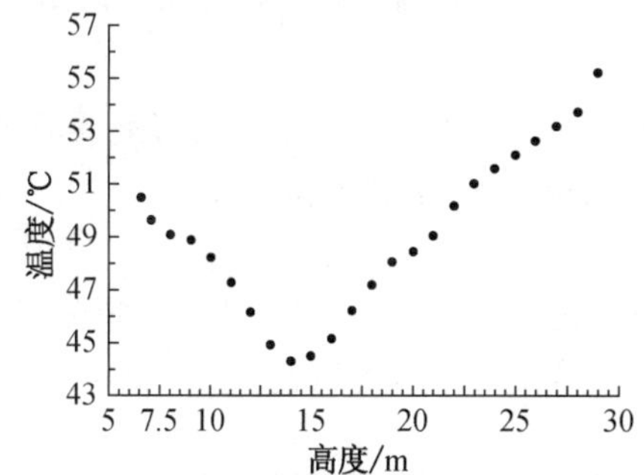

图 13　北侧工作平台在不同高度的温度分布

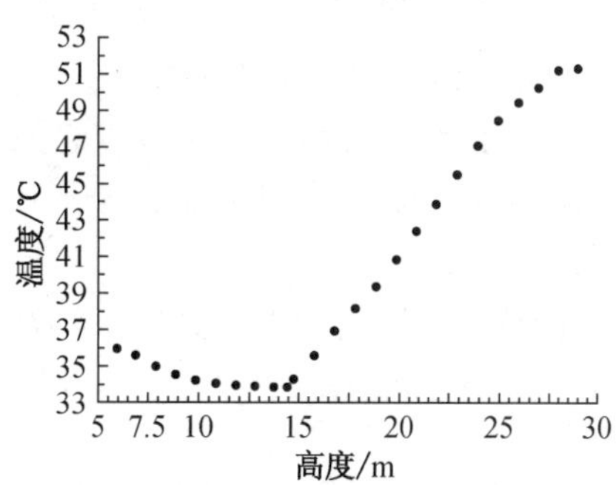

图 14　南侧工作平台在不同高度的温度分布

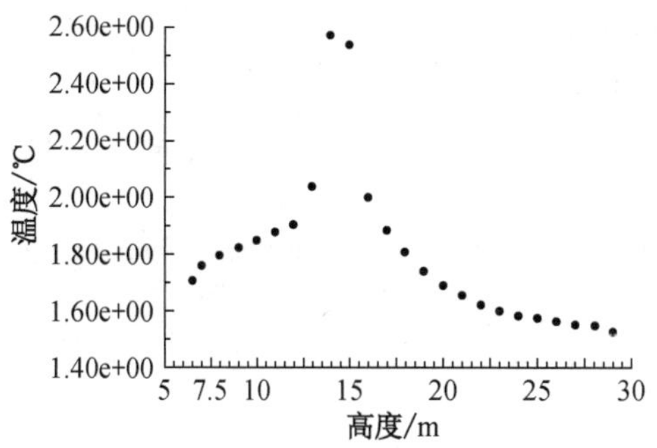

图 15　北侧工作平台在不同高度的速度分布

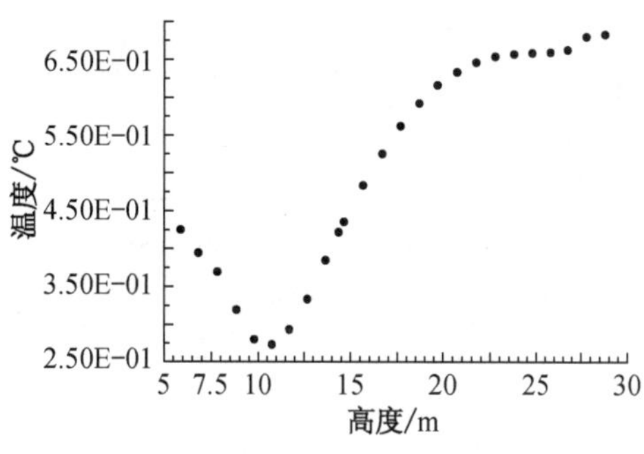

图 16　南侧工作平台在不同高度的速度分布

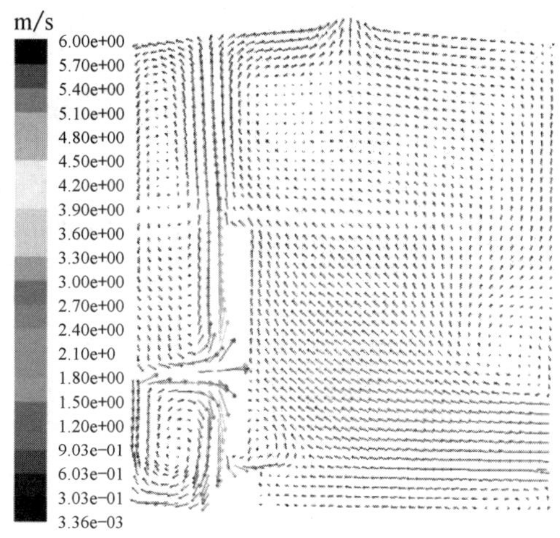

图 17　混合通风模式气流速度场分布

4　结论

(1) 北墙下侧被邻跨厂房阻挡无法开设自然进风口，完全凭借单侧进风自然通风方式，北侧工作平台夏季无法满足工作环境要求。

(2) 正对北侧工作平台，布置机械送风喷口，运用蒸发冷却设备，将室外空气送风温度降低 3 ℃～5 ℃后高速送风，基本能够满足工作环境要求。

(3) 数值模拟研究发现,在距离地面 14 m 高度处,即机组炉体中心偏下 3.5 m 处设置机械送风口,对工作平台降温效果最佳。

(4) 由于机组加热段和均热段散热强度最大,是最不利工作区,在总送风量不变的情况下正对加热段和均热段集中布置横向条形风口降温效果比在整个机组区横向均匀布置送风口降温效果好。

(5) 机械送风速度越大降温效果越好,但送风口风速以不使另一侧产生背风涡流区为最佳。送风风口距机组旁工作平台 10 m 左右靠近厂房北侧墙布置,送风速度在 8 m/s 降温效果最佳。

参考文献

[1] 章熙民. 传热学[M]. 4 版. 北京:中国建筑工业出版社,2001.

[2] 孙一坚. 简明通风设计手册[M]. 北京:中国建筑工业出版社,1997.

[3] 孙一坚. 工业通风[M]. 3 版. 北京:中国建筑工业出版社,1994.

[4] K A Papakonstantinou, et al. Numerical Simulation of air Flow Field in Single-Sided Ventilation Buildings[J]. Energy and Buildings, 2000, 33: 41-48.

[5] Rajapaksha, et al. A Ventilated Courtyard as a Passive Cooling Strategy in the Warm Humidtropics[J]. Renewable Energy, 2003,28:1755-177.

[6] Yi Jiang. Buoyancy-Driven Single-Sided Natural Ventilation in Buildings with Large Openings[J]. Heat and mass transfer, 2003, 46:973-988.

[7] Samir S Ayad. Computational Study of Natural Ventilation[J]. Wind Engineering and Industrial Aerodynamics, 1999, 82: 49-68.

[8] Shaun D Fitzgerald, et al. Natural Ventilation of a Room with Vents at Multiple levels[J]. Building and Environment, 2004, 39: 505-521.

某高压电机装配车间环境控制的实测分析与研究*

王康　刘东　刘宗波　王新林　周文慧

摘　要：通过对某高压电机装配车间进行实测，研究了空调风量对恒温恒湿车间工作区空气温湿度均匀性的影响；并与对空调冷负荷的分析相结合，进一步明确影响室内空气湿度最重要的因素是新风，影响室内空气温度最重要的因素是厂房内的工艺设备的散热量；根据高压电机生产车间的低湿环境要求，综合考虑技术性和经济性，对空调湿负荷的处理方式进行了优化研究，提出冷却除湿＋转轮除湿复合除湿系统是能够达到此要求的最优化方法。

关键词：高压电机装配车间；低湿环境控制；复合除湿系统

Analysis and Study Based on the Test of Environment Control in a High Voltage Motor Assembly Shop

WANG Kang, LIU Dong, LIU Zongbo, WANG Xinlin, ZHOU Wenhui

Abstract: According to the test of a high voltage motor assembly shop, the effects of air volume on the uniformity of air temperature and humidity in working area of constant temperature and humidity workshop are studied. By combining the analysis on air conditioning cooling load, it further clarifies that fresh air is the most important factor influencing indoor air humidity, and that the heat dissipating capacity of process equipment in workshop is the most important factor influencing indoor air temperature. The treatment methods of humidity load in air conditioning system are studied optimally, based on low humidity environmental requirement of high voltage motor workshop, and with comprehensive consideration of economy and technique. An optimization method, hybrid dehumidification process air conditioning system of cooling combined desiccant wheel dehumidification, is proposed to fully meet the requirements.

Keywords: high voltage motor assembly shop; low humidity environmental control; hybrid dehumidification system

1　概况

1.1　空调系统

某高压电机装配车间由两个车间组成，以下简称为大车间和小车间，其中大车间面积约 1 000 m^2，高 7 m，小车间面积约 800 m^2，高 4.5 m，两个车间没有隔墙，完全连通（图 1）；空调系统均采用旋流风口送风，风口均匀于厂房吊顶。

大小车间各有一套独立的空调系统，其系统构成形式相同，空调的空气处理系统由转轮除湿机和空气处理机组组成（系统图见图 2）。

*《建筑节能·暖通与空调》2012，40(252)收录。

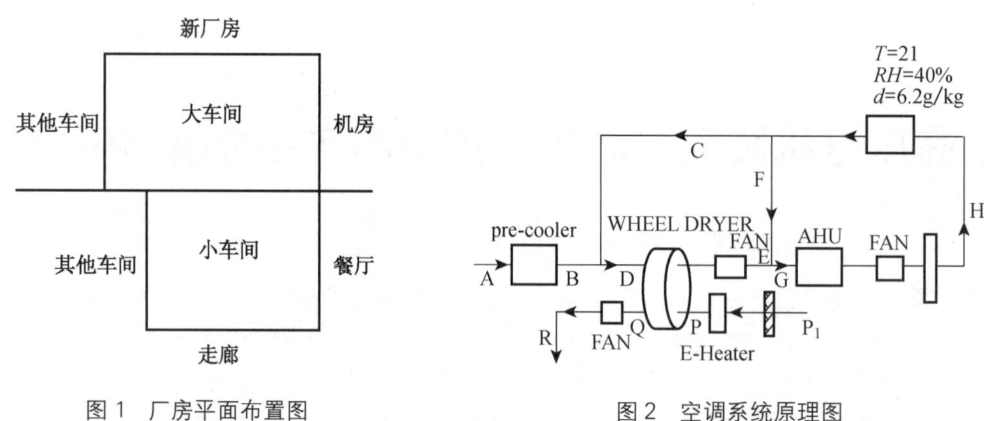

图 1 厂房平面布置图　　图 2 空调系统原理图

新风经过表冷器预冷后与部分回风混合，然后经过转轮除湿后又与二次回风混合进入空气处理机组，经空调机组热湿处理完送入车间。车间有部分工艺的局部排风，主要用于排除工艺设备产生的废热。

1.2 室内空气环境要求

高压电机厂房对环境控制比较严格，高湿度时生产出来的电机容易被击穿，为防止这种现象的发生，高压电机厂房要求车间工作区控制在温度(21±1) ℃，相对湿度≤40%。

2 实测分析

2.1 车间空气温、湿度均匀性分析

为了准确评估空调系统的实际运行性能，我们对车间内、风管内的空气温、湿度以及送、回、排风量进行了实测。空调系统的末端采用旋流风口，上送风方式，图 3—图 6 分别表示车间在不同换气次数的情况下的室内温湿度分布；图 3 中大车间换气次数为 4.4 次/h，小车间换气次数为 10 次/h，图 4 中大车间换气次数为 7 次/h，小车间换气次数为 11 次/h。比较图 3 和图 5 可以看出：当大车间换气次数为 4.4 次/h 时，车间内空气的最高温度和最低温度差值为 1.1 ℃，总体方差为 0.07；而当换气次数为 7 次/h 时，车间的最高温度和最低温度差值为 1.3 ℃，但是绝大部分区域最高温度与最低温度差值仅有 0.6 ℃，总体方差仅为 0.063；小车间换气次数为 10 次/h 时，车间的最高温度和最低温度差值为 1.1 ℃，总体方差为 0.068，而换气次数为 11 次/h 时，车间的最高温度和最低温度差值仅为 0.2 ℃，总体方差仅为 0.01；从实测的结果可以看出换气次数越多，车间内的温度分布越均匀。

对比图 4 和图 6 可以看出，大车间换气次数由 4.4 次/h 变为 7 次/h 时，车间内的最大含湿量与最小含湿量差值由 0.59 g/kg 干空气减小为 0.36 g/kg 干空气，总体方差由 0.018 变为 0.007，湿度分布的均匀性增强；小车间换气次数为 10 次/h 时，室内含湿量最大值与最小值的差值为 0.32 g/kg，总体方差为 0.005 7，而换气次数变为 11 次/h 时，绝大部分区域的含湿量最大值与最小值的差值仅为 0.25 g/kg，总体方差仅为 0.005 2。由此可见，换气次数增加，车间内的湿度分布均匀性也呈现增强的趋势。

对比大小车间温湿度的均匀性差异，可以看出，不同高度车间达到相同的温湿度均匀性所需要的换气次数是不同的。

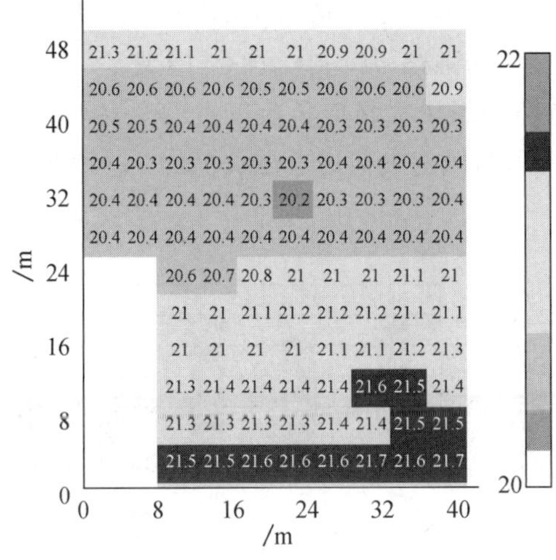

图 3　车间温度分布(1)

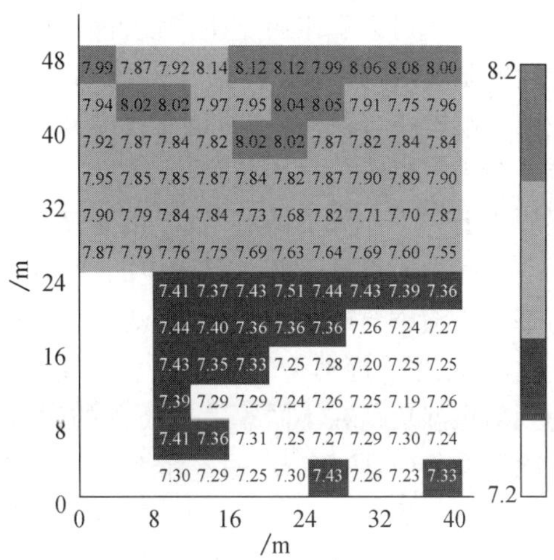

图 4　车间含湿量分布(1)

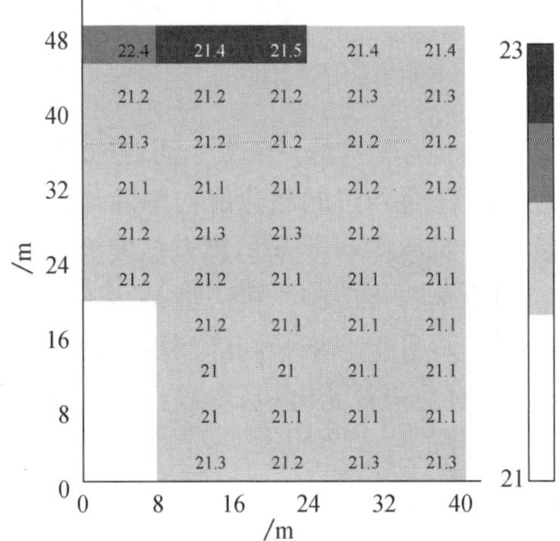

图 5　车间温度分布(2)

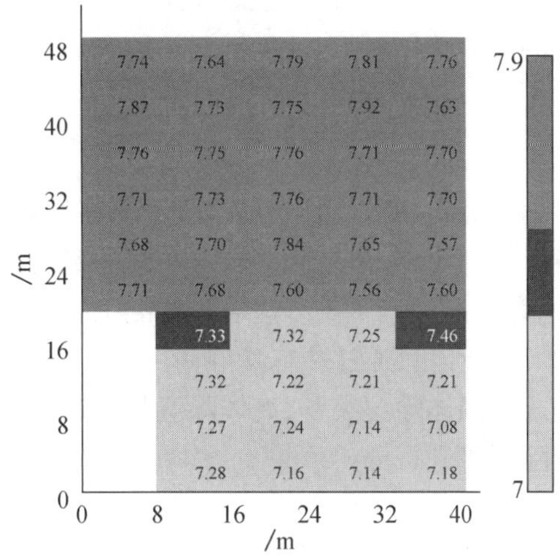

图 6　车间含湿量分布(2)

2.2　车间空调冷负荷分析

高压电机装配车间四周均被其他建筑房间所包围着(如图 1),且其围护结构无外窗,设置内门,墙体采用彩钢板结构;这样设计是为了减少室外无组织新风气流等对室内环境的干扰。

由于与室外并不直接相邻(处于多层建筑中的一层),因此,没有考虑太阳辐射所引起的冷负荷,根据实测参数计算得出的其他各项冷负荷比例如图 7、图 8 所示(测试时的室外空气温度为33.2 ℃,相对湿度 61.6%)。

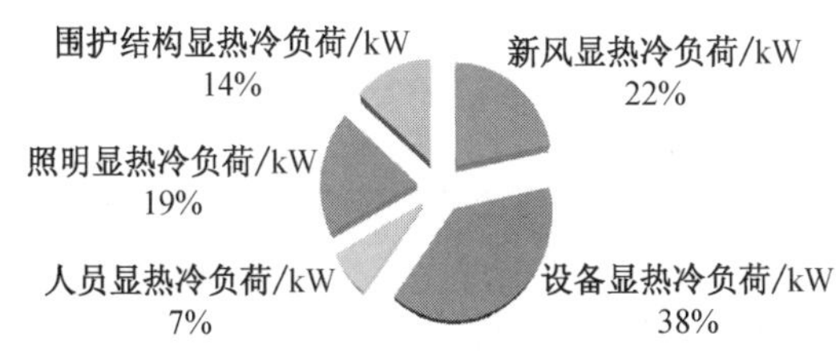

图 7　显热负荷百分比

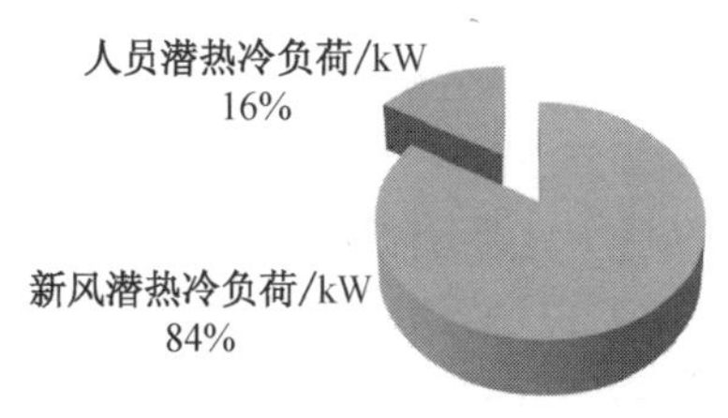

图 8　潜热负荷百分比

从图 7 可以看出由于生产设备散热量较大，显热负荷中设备冷负荷比重最大，新风显热冷负荷紧随其后，并且由于装配车间四周均被其他建筑房间围绕，从而其围护结构受室外气象参数的影响较小，围护结构冷负荷较小；整个显热冷负荷中新风显热冷负荷仅占 22%，室内显热冷负荷占了整个显热冷负荷的 78%。从图 8 可以看出新风湿负荷占总湿负荷的 84%，室内的湿源主要为工作人员散湿，其湿负荷仅占 16%。

车间的人员数量基本是固定的，所以室内湿负荷基本不随季节改变而变化，而新风湿负荷是动态变化的，依据上海典型气象年的室外参数我们可以得到新风湿负荷在不同季节时所占的比重(图 9)，在除湿季节(3 月 23 日—12 月 4 日)，90%的时间是需要除湿的，47.4%的时间里新风湿负荷占全部空调湿负荷的 80%以上，仅有 22.8%的时间里新风湿负荷占整个空调湿负荷的 60%以下。因此，新风湿负荷的处理便是我们这个系统中湿负荷处理的主要工作。

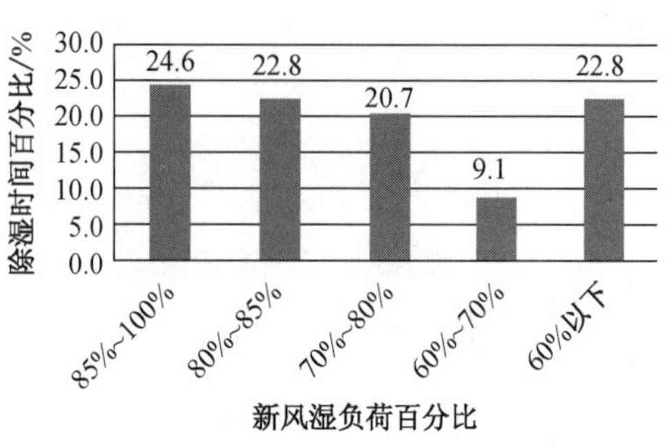

图 9　新风湿负荷百分比所占除湿时间比

2.3　空调负荷处理分析

工作区要求的空气温度(21±1)℃，相对湿度≤40%，车间本身是一个大空间，且要求温湿度均匀分布，所以送风温差比较小，在显热负荷处理上，以普通冷机的制冷能力消除显热负荷可以达到要求；但是此要求下车间的室内空气含湿量为 6.22 g/kg 干空气，露点温度为 6.9 ℃(上海标准大气压下)，这对于标准工况下只能提供 7 ℃冷水的普通制冷机来说是达不到要求的[1]。所以只通过冷冻除湿尚不能满足最终需求，这要求采用能够将湿度降到更低的低温冷机或者固体除湿装置、液体除湿装置等，鉴于本系统采用的是转轮除湿机，所以在这里仅对转轮除湿机进行分析。

湿负荷中绝大部分是新风湿负荷，那么对湿负荷的处理也基本上是对新风湿负荷的处理，结合本系统采用的除湿方式对表面式冷却除湿＋转轮除湿复合除湿系统进行分析。

转轮除湿理论上是一个等焓的过程，但实际上空气经过处理以后焓值会有所增加，其焓值增加的程度因除湿材质而异[2]；如果使用表冷器和转轮除湿机同时处理到某一状态点(假设这一状态点采用 7 ℃冷水进行冷却除湿可以达到)，如图 10 中将 L_1 点处理到 O 点：

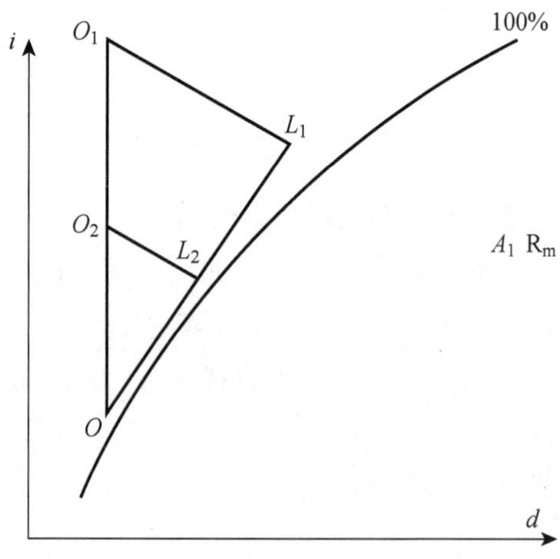

图 10　除湿处理过程

第一种方法：L_1 经表冷后到达 O 点。

第二种方法：L_1 经转轮除湿后到达 O_1 点，然后表冷冷却到 O 点。

两种方法所消耗的冷量是一样的，但是转轮除湿机需要再生空气的加热来维持其持续除湿能力，所以如果处理终状态点在冷却除湿范围内，采用冷却除湿比采用转轮除湿机更节能。

但高压电机装配车间对湿度要求比较高，目前只用表冷除湿是达不到湿度要求的，因此，必须采用转轮除湿与冷冻除湿相结合的系统方式。冷冻除湿作为预除湿，转轮除湿作为二次除湿，依照前面所分析的，在冷冻除湿范围内，利用冷水除湿比用转轮除湿消耗的能量少，因此，这里在预冷过程中应将新风湿度处理得尽可能的低，然后利用转轮进行二次除湿，这种处理方式的经济性是最好的。

3　结论

（1）大空间工业厂房内的换气次数越大，室内工作区温湿度的均匀程度越高；不同高度的房间达到相同的均匀程度所需要的换气次数是不同的。

（2）高压电机装配车间内影响热环境最重要的因素是工艺设备，而影响湿环境最重要的因素为新风。

（3）低湿环境要求下湿负荷处理应采用复合除湿系统，在冷冻除湿与转轮除湿相结合的复合除湿系统中，建议先利用冷冻水将新风进行预除湿，再利用转轮进行二次除湿；这样的组合方式是最合适的。

参考文献

[1] 董秀芳，张海飞. 制药厂低湿空调设计浅谈[C]//第十二届全国暖通空调技术信息网大会文集，2003.
[2] 连之伟，孙德兴. 热质交换原理与设备[M]. 北京：中国建筑工业出版社，2006.

某封闭焊接车间的置换通风模拟研究*

贾雪峰　刘 东　刘传聚

摘　要：利用流体计算软件模拟研究了某高大封闭焊接车间的置换通风方案，研究了风量对通风效果的影响，确定了能够满足国家标准要求的较合理的通风换气次数，得到了车间内焊接烟尘的浓度场分布，对比研究了相同计算参数时混合通风方式的通风效果。

关键词：高大空间；封闭焊接车间；置换通风；换气次数；模拟研究

Simulation of Displacement Ventilation in a Large-space Closed Welding Workshop

JIA Xuefeng，LIU Dong，LIU Chuanju

Abstract：Simulates the displacement ventilation method in the workshop using a fluid calculation software. Studies the influence of air volume on ventilation effects. Determines the more reasonable air changes that can meet the requirements of the nationalstandards. Obtains the concentration distribution of the welding fume in the workshop. Compares and studies the ventilation effect of the mixing ventilation with the same calculating parameters.

Keywords：large space；closed welding workshop；displacement ventilation；air changes；simulation study

0　引言

焊接是机械加工行业中重要的基础技术。随着现代工业的发展和焊接新材料的不断出现与应用，焊接及相关工艺过程也不断发展。焊接、切割、打磨等工序作业量大，产生的烟尘较多，常常弥漫在整个车间并集聚悬浮在车间上部，致使工人工作环境恶劣，给工人的身体健康和生产效率带来很大影响。流行病学的研究表明，焊工为呼吸道疾病的高发人群，可能患的呼吸道疾病包括呼吸道受刺激、支气管炎、金属热、肺炎、呼吸功能改变及癌症等。焊接烟尘是焊接车间的主要污染物，其中危害最大的是铁、锰等金属的氧化物粉尘，它们可能引发尘肺、锰中毒及金属热等疾病，同时，焊接时产生的有害气体 O_3，NO_x，CO，HF 也对人体有极大的危害[1-2]。

置换通风由于其在热舒适性、室内空气质量和节能方面的优越性，越来越引起了人们的重视。我国已有很多民用建筑使用置换通风来提供更为舒适的室内环境，但是该通风方式在工业建筑中应用较少。在欧洲国家，特别是北欧国家，大约有 50％的工业通风系统为置换通风系统。置换通风在下列场合比较适用：

（1）风量大、冷负荷小的高大空间；

*《暖通空调 HV & AC》2010，40(2)收录。

(2) 对空气质量和节能有一定要求的工业领域;

(3) 热源与污染源同时存在的场合。

由以上分析可知,将置换通风应用在焊接车间,用来控制焊接烟尘等污染物,使之达到卫生标准的要求是可行的。

1　项目概况

该焊接车间长 345 m,宽 120 m,高 12 m,宽度方向由 4 跨组成,每跨为 30 m。车间最多同时使用 150 台电焊机,焊点发尘量按每个焊点每天消耗焊条 10 kg、每 kg 焊条发尘量 17 g、每天工作 8 h 计算。焊接操作点焊接烟尘发生速度为 0.006 g/s,平均发热量为 4 kW。该车间生产工艺要求采用流动作业,故污染源不固定。焊接工艺要求室内相对湿度不大于 60%,夏季温度不超过 28 ℃。采用置换通风系统带走室内的热湿负荷,并将焊接烟尘浓度控制在卫生标准要求的范围内的通风除湿方案。

该焊接车间为对称结构,选取一部分(地表面积为车间地表面积的 1/16,长度方向为 12 个柱距(90 m),宽度方向为一个跨度(30 m))为研究对象建模,模型轴测图见图 1。通风系统采用全空气空调系统,车间下部靠近柱子处设送风筒向车间内低速送风,模拟中按风量相等将原送风口简化为矩形风口,由于风速较低,该简化对通风效果影响不大。室内设计温度为 28 ℃。新风量为通风量的 30%,新风经空调箱处理后与经过滤处理后的回风混合后送入车间。

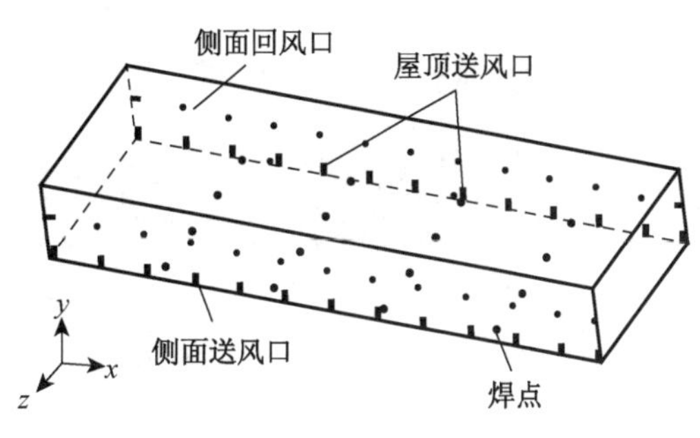

图 1　模型轴测图

大空间焊接车间内的气流流动通常为湍流流动。Airpak 软件包含 4 种湍流模型:the zeroequation model, the indoor zero-equation model, the two-equation(standard K-ε)model, the RNG K-ε model。本文采用 indoor zero-equation model 进行分析,它对于采用自然对流、强制对流及置换通风的房间内的气流组织的模拟具有令人满意的准确度。

2　焊点布置

模型地表面积为车间地表总面积的 1/16,在焊点均匀分布的情况下,模型空间内焊点个数应当为 9.4 个(150 个除以 16)。但是在实际中可能存在车间内局部区域焊接烟尘发散较集中的情况,为了在这种情况下仍然能够达到较好的通风效果,如图 1 所示,在模型空间内共布置了 16 个焊点(长度方向间距 18 m,宽度方向间距9 m,离地面高度 1.5 m)进行研究。

焊接烟尘(包括一次粒子和二次粒子)的粒径范围通常为 $1\times10^{-3}\sim1\times10^{2}$ μm,能在人体的呼吸器官内沉积。据研究,对人体健康影响最大的粒子的粒径为 0.1～1 μm,粒径在这个范围内的粒子能通过人体的呼吸道进入肺泡,沉积在肺部(沉积率达到

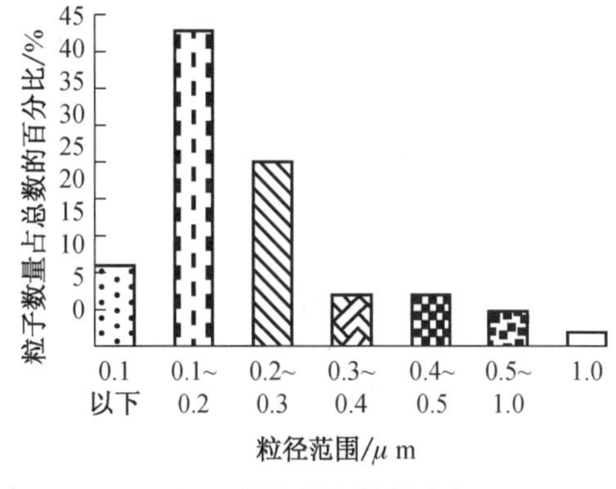

图 2　焊接烟尘粒径分布

50%)，能引起呼吸道疾病甚至肺癌。2003 年 7 月，李强民对某焊接车间的烟尘进行测试，得到了焊接烟尘的粒径分布[3]，如图 2 所示。

由图 2 可以看出，粒径小于 0.2 μm 的尘粒数占总尘粒数的 50%以上，而绝大部分的尘粒的粒径都小于 1 μm，烟尘粒子的分布基本为偏态分布。

由斯托克斯定律，烟尘粒子的自由沉降速度为[4]

$$u_t = \frac{1}{18}(\rho_s - \rho)\frac{gd^2}{\mu} \tag{1}$$

式中，u_t 为烟尘粒子的自由沉降速度，m/s；ρ_s 为烟尘粒子的密度，kg/m³；ρ 为周围流体（空气）的密度，kg/m³；g 为自由落体加速度，m/s²；d 为烟尘粒子的直径，m；μ 为空气的动力黏度，Pa·s。

与室内气流速度相比，焊接烟尘粒子的自由沉降速度很小，可以忽略不计，焊接烟尘会随室内气流流动，可以按照单相流进行数值模拟。

3 置换通风计算参数

为了获得最优化的通风方案，置换通风计算高度取 7.2 m，对换气次数分别为 5，4，3 和 2 h⁻¹ 时车间内的焊接烟尘浓度进行模拟研究。

在夏季室内设计温度 28 ℃、长春地区夏季空调室外计算干球温度 30.5 ℃情况下，模型所示的车间内的冷负荷组成如表 1 所示。

表 1　模型所示的车间内冷负荷组成　单位：kW

围护结构冷负荷	人员冷负荷	焊机冷负荷	照明及其他设备冷负荷	总冷负荷
14	40.5	64	54	172.5

如图 1 所示，在车间长度方向每个柱子边设一个送风口（1.5 m(高)×0.5m(宽)），两边共 26 个。送风温度根据换气次数和车间内冷负荷的变化作相应的调整。在送风口上面 6 m 处对应设回风口（0.3 m(高)×0.5 m(宽)）。在厂房顶部屋面设 2 个圆形排风口（半径 r= 0.3 m），排风量为置换通风送风量和回风量的差。置换通风计算参数如表 2 所示。

表 2　置换通风计算参数

换气次数 /h⁻¹	送风量 /(m³·h⁻¹)	送风速度 /(m·s⁻¹)	送风温度 /℃	回风量 /(m³·h⁻¹)	回风速度 /(m·s⁻¹)	回风温度 /℃	回风空气中烟尘平均浓度/(kg·m⁻³)
5	97 200	1.38	22	68 040	4.84	28	3.6×10^{-6}
4	77 760	1.10	21	54 360	3.87	28	4.5×10^{-6}
3	58 320	0.83	19	40 716	2.90	28	6×10^{-6}
2	38 880	0.55	15	27 238	1.94	28	9×10^{-6}

4 模拟结果分析

烟尘浓度分布云图如图 3—图 10 所示。可以看出：①除 2 h⁻¹ 换气次数时车间内大部分区域的焊接烟尘浓度低于国家标准规定的 4 mg/m³ 外，其余换气次数下车间内的焊接烟尘浓度均低于国家标准规定的 4 mg/m³。不同换气次数下，高度方向上焊接烟尘浓度均呈从上到下由

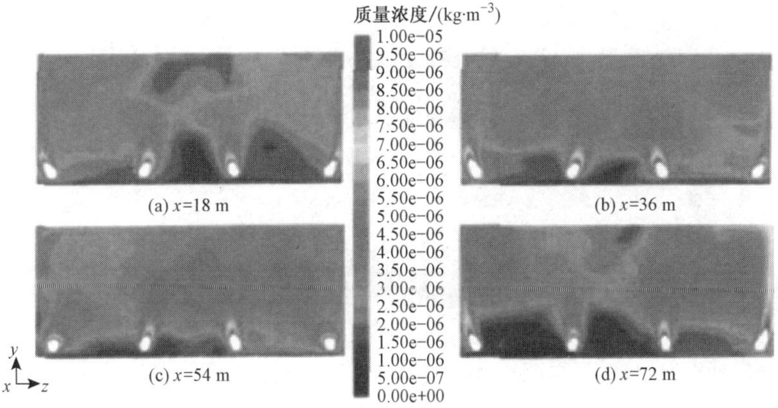

图3　5 h^{-1}换气次数下焊点所在的 *yz* 平面上的浓度分布

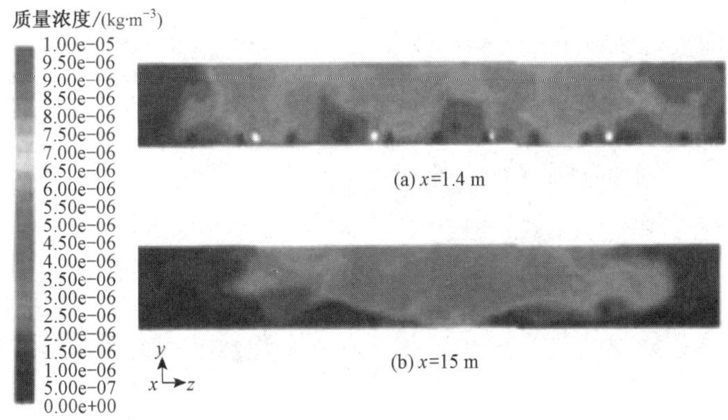

图4　5 h^{-1}换气次数下焊点所在的 *xy* 平面上的浓度分布

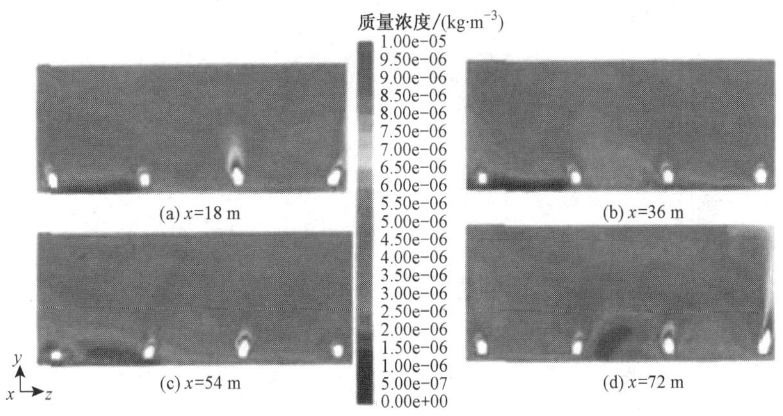

图5　4 h^{-1}换气次数下焊点所在的 *yz* 平面上的浓度分布

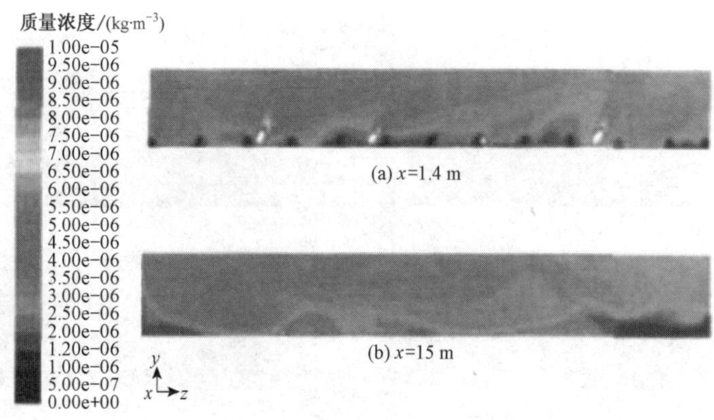

图6　4 h^{-1}换气次数下焊点所在的 xy 平面上的浓度分布

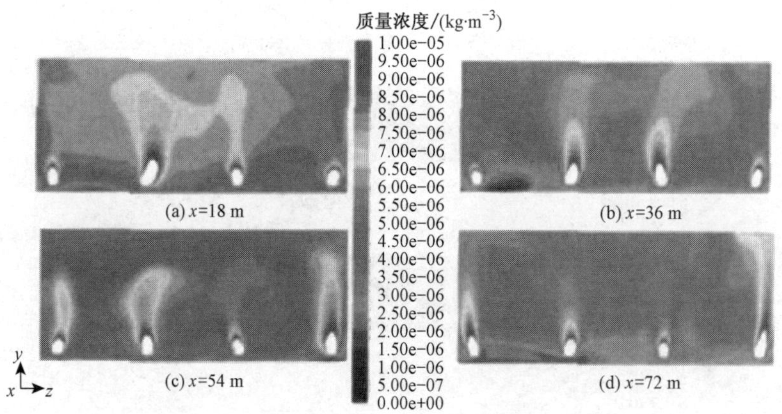

图7　3 h^{-1}换气次数下焊点所在的 yz 平面上的浓度分布

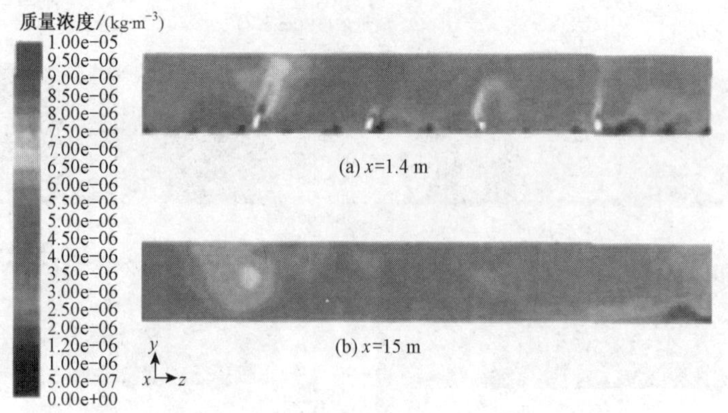

图8　3 h^{-1}换气次数下焊点所在的 xy 平面上的浓度分布

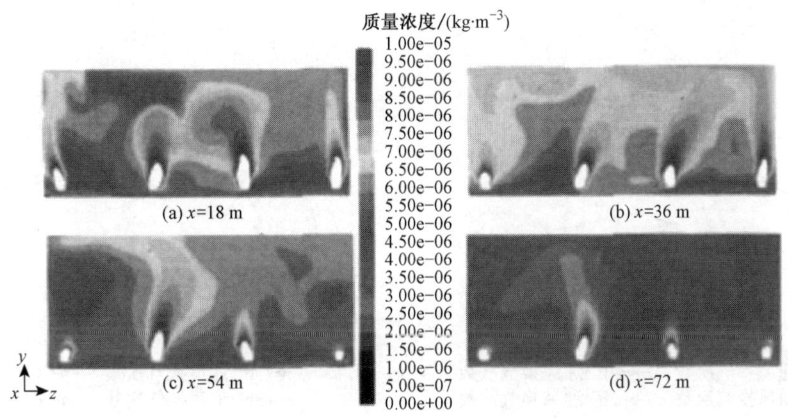

图 9　2 h^{-1}换气次数下焊点所在的 yz 平面上的浓度分布

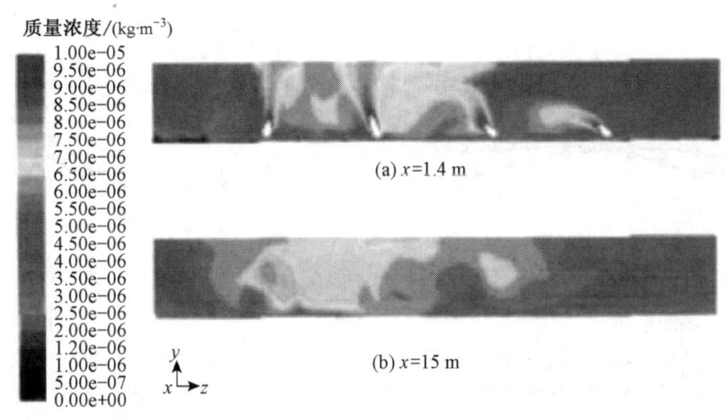

图 10　2 h^{-1}换气次数下焊点所在的 xy 平面上的浓度分布

大到小(焊点处除外)的分布趋势。②在 5 h^{-1}换气次数下，车间内焊接烟尘浓度比较低，特别是在 2 m 以上的非空调控制区，有很大一部分区域的烟尘浓度为 1.0 mg/m^3 左右，甚至更低。③5 h^{-1}换气次数下，$x=18$ m 和 $x=72$ m 焊点所在 yz 平面顶部中间区域烟尘浓度较低。④4 h^{-1}换气次数下，同 5 h^{-1}换气次数时相似，车间内污染物浓度较低，可以考虑适当减小通风换气次数。⑤在 4 h^{-1}和 3 h^{-1}换气次数下，焊接烟尘从焊点附近有规律地随着热空气的流动向车间上部发散，通过上部回风口和排风口排出室外。⑥在 2 h^{-1}换气次数下，$x=36$ m 焊点所在 yz 平面处车间上部部分区域焊接烟尘浓度过大，超过浓度限值 4 mg/m^3，会危及行车操作人员的健康，2 h^{-1}换气次数应慎重选择。

5　特定测点的浓度分析

对车间中部坐标为(18, y, 15), (36, y, 15), (54, y, 15), (72, y, 15)的特定测点在不同换气次数下的焊接烟尘浓度进行纵向比较，结果如图 11—图 14 所示。

由图 11—图 14 可以看出：

(1) 特定测点的焊接烟尘浓度随换气次数的增加而降低，5 h^{-1}和 4 h^{-1}换气次数下，车间内焊接烟尘浓度处于比较低的水平，造成了一定的能源浪费；2 h^{-1}换气次数下，车间内焊接烟尘浓度处于较高的水平，个别区域的焊接烟尘浓度超过了国家标准的要求；3 h^{-1}通风换气次数比较合理。

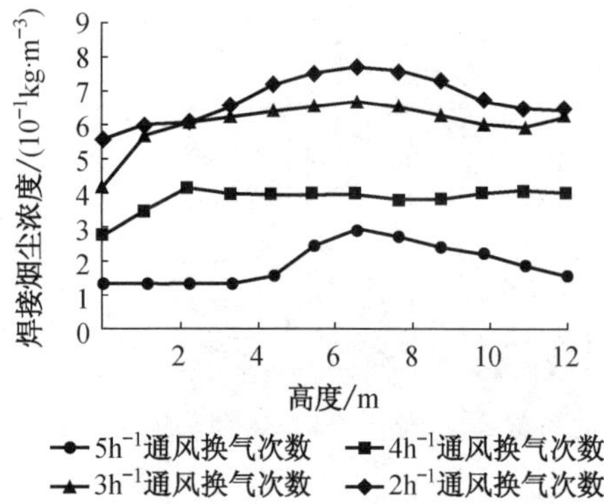

图 11 (18, y, 15)各测点的焊接烟尘浓度

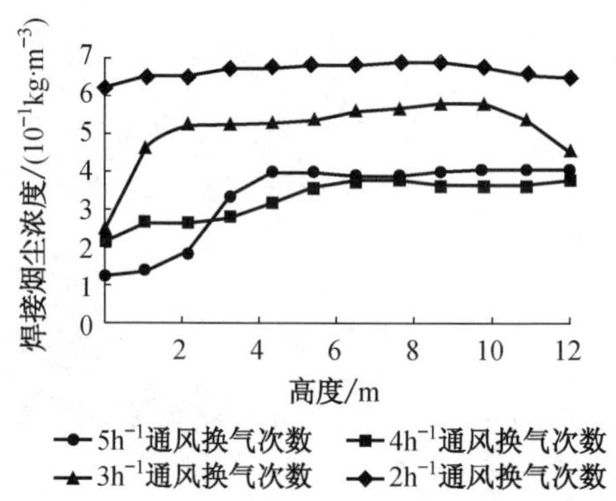

图 12 (36, y, 15)各测点的焊接烟尘浓度

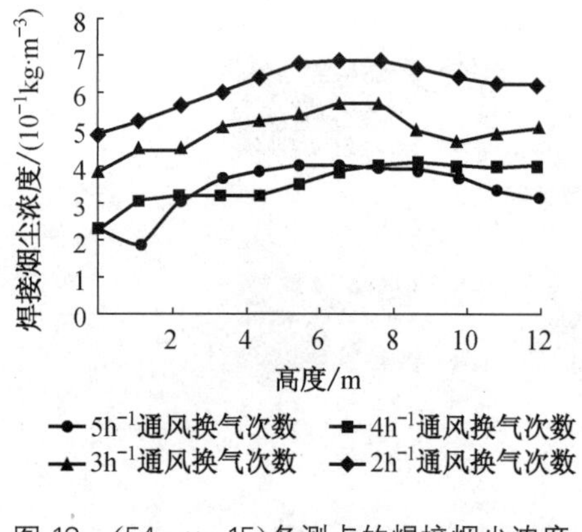

图 13 (54, y, 15)各测点的焊接烟尘浓度

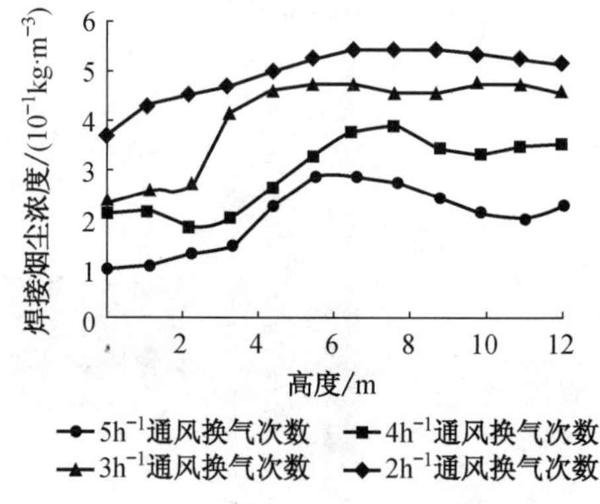

图 14 (72, y, 15)各测点的焊接烟尘浓度

(2) 不同通风换气次数下,特定测点的焊接烟尘浓度变化不大,峰值不是出现在车间最高处,而是出现在 4～7 m 高处,这是由于浮升力和重力达到平衡后,部分焊接烟尘不能随气流流动排出室外而滞留在空气中。对于这种情况,可以通过加大顶部排风量、在车间内部加装诱导风机进行强制通风来解决。

(3) 模型中间区域焊点相对较集中,在相互影响下,(36, y, 15)各测点和(54, y, 15)各测点处的焊接烟尘浓度较(18, y, 15)各测点和(72, y, 15)各测点高一些;中间区域(36, y, 15),(54, y, 15)各测点在增加换气次数后焊接烟尘浓度减小幅度较小,特别是由 4 h^{-1} 增加到 5 h^{-1} 换气次数时,两者的浓度值相差不大;而在两侧区域((18, y, 15),(72, y, 15))各测点在由 4 h^{-1} 增加到 5 h^{-1} 换气次数时浓度变化较大。因此在实际设计中,应该在车间的横向柱间区域加大送风量,尽可能稀释和排除焊接烟尘。

6 置换通风与混合通风的对比分析

为了对比置换通风和混合通风的优缺点,笔者建立了如图 15 所示的采用混合通风方式排除车间焊接烟尘的模型,换气次数为 3 h^{-1}。模型边界条件为:南北两侧墙壁上各布置 13 个送风口,风口沿柱布置,间距 7.5 m,送风口底面距地面高度 6 m,风口大小为 0.5 m(宽)×0.3 m(高),送风风速为 4.15 m/s,送风温度和焊接烟尘平均浓度参数与置换通风相同;屋面上设上下两排排风口，每排 13 个，两排排风口距南北侧墙壁距离均为 7.5 m，排风口之间的横向间距同送风口，沿柱距 7.5 m 布置，排风温度与焊接烟尘浓度同置换通风。

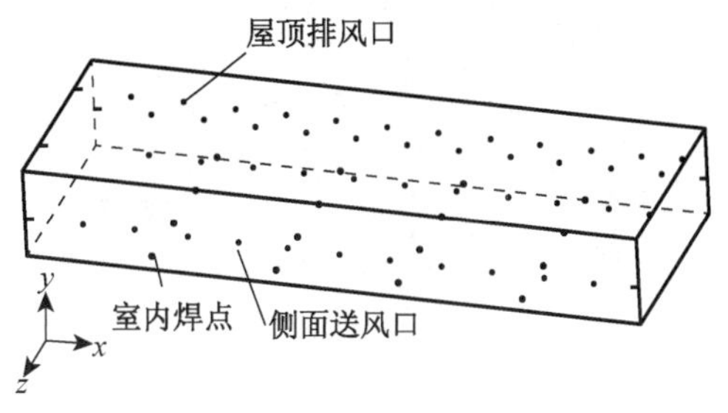

图 15　混合通风方式模拟模型轴测图

模拟结果如图 16 所示。由图可见，采用混合通风方式时车间内的污染物浓度分布较均匀，车间下部工作区与车间上部空间的焊接烟尘浓度相差不大，车间下部工作区的污染物浓度明显高于置换通风方式下车间内的污染物浓度。因此采用置换通风排除封闭焊接车间内的焊接烟尘具有车间下部工作区空气质量好、节能的优点。

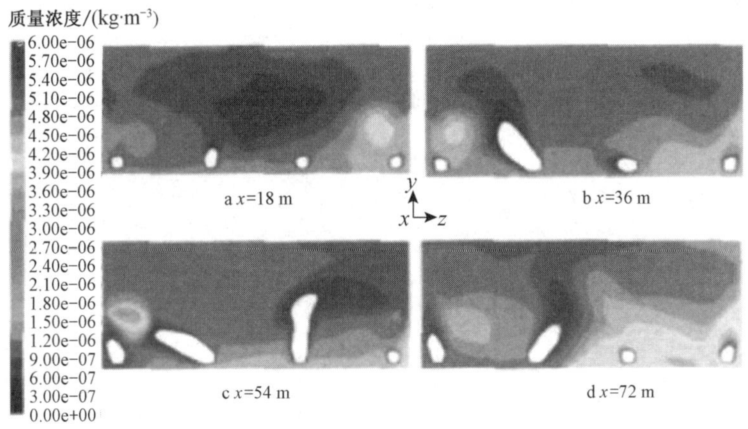

图 16　混合通风方式焊点所在 yz 截面污染物浓度分布

7　结论

（1）在该项目的边界条件下，采用置换通风时，3 h^{-1}通风换气次数是比较经济合理的，能够提供健康安全的工作环境。

（2）置换通风条件下，车间内平均的焊接烟尘浓度随换气次数的增加而逐渐降低；焊接烟羽的扩散范围随着换气次数的增加而逐渐减小；焊点较集中的区域在换气次数增加的情况下焊接烟尘浓度减小幅度较两侧焊点分散区域小。在实际设计时可以考虑将中间区域的送风量加大，两侧送风量适当减小。

（3）在不同通风换气次数下，车间内焊接烟尘浓度随高度增加而增加，到一定高度后，变化不再明显，而是维持在一定的水平，焊接烟尘浓度的峰值并不是出现在最高处，而是处于 4～7 m高度之间。这个高度范围的烟尘需要通过其他强制通风方法来排除。

（4）置换通风是利用空间上下空气密度差使气流从下向上流动来改善下部工作区的空气温度和空气质量的，较混合通风方式具有下部工作区空气质量好、运行能耗少等优点。但是对于利用置换通风来排除高大工业厂房内焊接烟尘来说，应当注意保护空间上方行车操作人员的健康安全，保证上部区域的焊接烟尘浓度不超出国家标准的要求。

参考文献

[1] 梁卫东，石玗，张玉耀，等. 铝合金 MIG 焊过程中的烟尘危害与防护[J]. 电焊机，2006，36(7)：67-69.

[2] 武江，方婉莹. 焊接卫生与安全[M]. 北京：机械工业出版社，1987：107-127.

[3] 饶良平. 置换通风在高大空间中的应用[D]. 上海：同济大学，2004：29.

[4] 张国权. 气溶胶力学——除尘器净化理论基础[M]. 北京：中国环境科学出版社，1987：592-61.

高大钢结构厂房通风防结露问题的研究*

马国杰　刘东　王新林　苗青

摘　要：本文探究上海某钢铁厂的某冷轧轧后库厂房的结露问题，对该厂房的室内温湿度、室外温湿度、壁面温度、门窗进出风状态等进行了长期测量。在此基础上，运用CFD模拟对该厂房实际测试工况与假设的屋顶机械通风工况分别进行模拟分析。同时结合露点温度和内壁面温度的计算，得出机械通风对钢结构屋顶结露问题的影响规律。

关键词：钢结构高大厂房；实测；结露；内壁温；CFD

Research of Dew Condensation Problem of Tall Steel Structure Workshop

MA Guojie, LIU Dong, WANG Xinlin, MIAO Qing

Abstract: For tall steel structure workshop, dew condensation is the key problem. In order to explore the dew condensation problem of a Cold Rolling Plan of a steel plant in Shanghai, we had chronically measured the indoor temperature, humidity, surface temperature and ventilation status of the plant, meanwhile, measured the outdoor temperature and humidity. Based on the test data, we simulated the temperatures both in the test condition and assumed roof ventilation condition using CFD method. By calculating the dew temperature and interior roof surface temperature, the effect of mechanical ventilation on dew condensation of steel structure roof can be drawn.

Keywords: tall workshop with steel structure; measurement; dew condensation; internal wall temperature; CFD

0　引言

本文所研究的对象为上海某大型钢铁厂的某冷轧轧后库车间，长约为 271 m，跨距 45 m，高约 20 m，彩钢结构；整体成狭长东西朝向布置，无天窗，山墙侧窗封死，东西侧窗为满足保密防雨防尘要求大多关闭，无空调系统，只在临室设置局部排风系统。因此该厂房是一个自身相对封闭的空间，内部有散热和散湿情况发生，同时与其连通的临跨或相邻厂房较多，室内气流无组织流动或流动性较差，造成热湿环境复杂，冬季屋面板内表面及天沟多有结露现象发生。

---

*《建筑热能通风空调》2011，30(6)收录。

1 屋顶温湿度的测试以及内壁温的计算

1.1 现场实测

笔者于2009年1—7月对上海市某钢铁厂的某冷轧扎后库车间进行长期温湿度和门窗通风测量，测量方法见表1，其中，长期测点为每小时读取一组数据。

表1 测量方法

参数	测点	测量时间
屋面附近湿度	（长期测点）1# ～11#	1月22日—7月23日
室外温湿度	（长期测点）	1月22日—7月23日
门窗通风速度	各门窗	2009年1—6月选取6个指定日

据现场工作人员所述，该厂房的1# ～8# 测点区域常出现明显结露，而9# ～11# 测点区域则不太明显，因此1# ～8# 区域测点布置较密集，9# ～11# 区域作为对比则较稀疏。

1.2 相关计算

当屋顶的内壁面温度低于空气的露点温度时，就会发生结露，因此壁面温度和露点温度的计算是本文研究的基础。其中，露点温度的计算很容易得到，本文的难点在于内壁面温度的计算。通过屋顶的传热量可以按照下式计算[2]：

$$q=\frac{t_{\mathrm{n}}-t_{\mathrm{w}}}{\dfrac{1}{h_{\mathrm{n}}}+\dfrac{\delta}{\lambda}+\dfrac{1}{h_{\mathrm{w}}}}=\frac{t_{\mathrm{n}}-t_{\mathrm{wb}}}{\dfrac{1}{h_{\mathrm{n}}}} \tag{1}$$

式中 t_{n}，t_{w}——室内、外温度，℃；

t_{wb}——屋顶内表面温度，℃；

h_{n}，h_{w}——屋顶内、外表面对流换热系数，W/(m² · K)；

δ——屋面板厚度，m；

λ——屋面板传热系数，W/(m · K)。

该厂房屋面钢板厚为δ=0.8 mm，钢的导热系数λ约为56.2W/(m · K)。对流换热系数h_{n}，h_{w}一般在1～100 W/(m² · K)范围内。故式(1)中δ/λ远远小于$1/h_{\mathrm{n}}$和$1/h_{\mathrm{w}}$可以忽略不计。

文献[3]通过蔡升华实验给出了屋面对流换热系数与风速的经验关系式[3]：

$$h=7.64v+2.05 \tag{2}$$

上海市室外平均风速一般在3～4.5 m/s，该厂房地处郊区，故风速相对市区较大，计算时取4 m/s，则h_w=32.6 W/(m² · K)。厂房内通风条件较差，紧贴屋面板处气流速度不会超过0.5 m/s，相应的h_n不会大于5.87 W/(m² · K)。代入式(1)并整理得：

$$t_{\mathrm{nb}}=(0.18t_{\mathrm{n}}+t_{\mathrm{w}})/1.18 \tag{3}$$

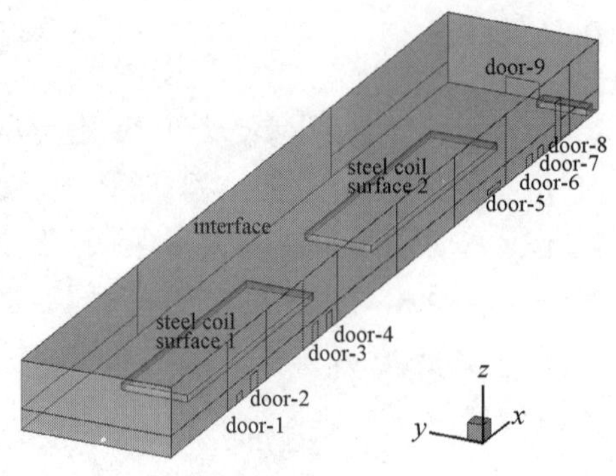

(0≤x≤271 m, 0≤y≤45 m, 0≤z≤20 m)

图1 物理模型

2 无机械通风工况模拟分析

2.1 无通风时的模型

在实际工况下，该厂房的物理模型如图1所示，门窗的相对位置已经在图中标出。

2.2　边界条件

模拟的数据采用 1 月 22 号上午 9 点钟左右的指定日的测试数据。室外空气温度为 9.2 ℃，各边界条件的值已汇总在表 2 中。

表 2　　边界条件

Boundary face	V /(m·s^{-1})	F /m^2	T /℃	RH /%	d /(g·kg^{-1})	Boundary face	V /(m·s^{-1})	F /m^2	T /℃	RH /%	d /(g·kg^{-1})
door-1	−0.19	8.8	12.1	69.3	6.2	door-7	−2.01	21.0	14.0	65.8	6.6
door-2	0.37	21.6	11.1	64.4	5.3	door-8	3.06	48.0	8.6	66.8	4.7
door-3	1.31	18.2	9.4	63.5	4.7	door-9	0.67	11.2	10.0	62.5	4.8
door-4	1.08	18.2	9.3	66.8	4.9	interface	−0.03	2 712	15.8	6.6	
door-5	−2.07	21.0	13.0	64.1	6.0	Steel ciol surface 1		2 000	q=48 W/(m^2·K)		
door-6	−2.01	21.0	14.0	65.8	6.6	Steel ciol surface 2		2 000	q=48 W/(m^2·K)		

2.3　模拟结果分析

该工况下，屋面附近的温湿度分布如图 2 所示。由图 2 的温湿度分布可知，$1^{\#}$～$8^{\#}$测点的温度较低、湿度较大，但是由图 3 的各测点的露点温度和内壁面温度的比较可知，$1^{\#}$～$8^{\#}$测点区域在模拟工况下尚未结露，而 $9^{\#}$～$11^{\#}$测点区域理论上均已经出现结露。

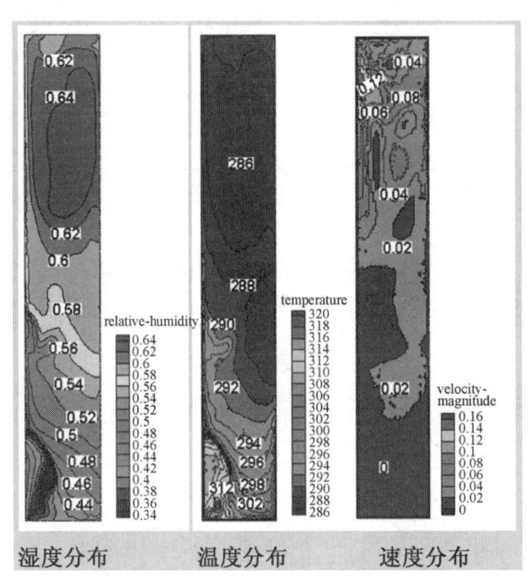

图 2　屋面附近气流状况

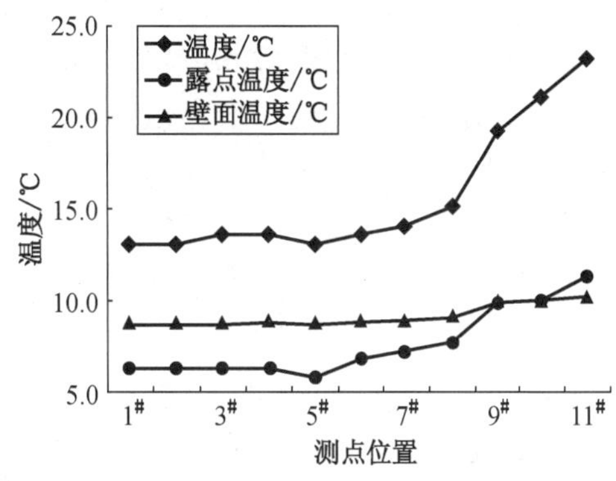

图 3　各测点的露点温度和内壁面温度

由露点温度和内壁面温度的计算可以看出，室外温度一定时，壁面附近温度的升高会同时带来两个结果：屋面内壁面温度升高、露点温度升高。但是由图 3 可以看出，壁面附近空气温度平均每升高 1 ℃时，露点温度平均升高 0.5 ℃，而壁面温度平均只升高了 0.16 ℃。也即是露点温度的变化比壁面温度的变化更剧烈，这样当空气温度升高到某一个临界值时，壁面温度就低于露点温度。

此外，结合图 2 可以看出，$9^{\#}$～$11^{\#}$测点区域虽然温度高、相对湿度低，但是含湿量明显高于$1^{\#}$～$8^{\#}$测点区域，同时，$9^{\#}$～$11^{\#}$测点区域的空气流速小于 0.1 m/s，水蒸气无法被带走，湿滞留现象明显。

综合以上两点，就不难解释 $9^{\#}$～$11^{\#}$测点区域温度高相对湿度低反而易结露的现象。

3 有机械通风工况模拟分析

3.1 机械通风模型

由前文的测试和模拟结果知道，该高大厂房的门窗均处在下部空间，门窗的通风对屋顶附近的气流组织的影响很小，热滞留和湿滞留的现象明显，空气流动性非常差。因此建立如图4所示的通风模型：其他部分和前文采用的模型一致，只是轧后库与轧机跨交界面的对侧靠近顶部的壁面上开送风口，送风口尺寸为0.5 m×3 m，风口间距3 m，共45个；在不与临时接触而直接暴露在大气中的两侧顶部开出风口，风口尺寸为2 m×45 m。

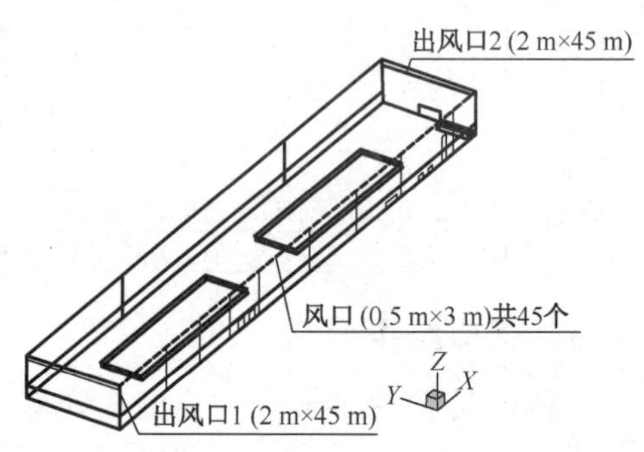

图4 屋面附近通风模型

模拟采用的边界条件与前面无机械通风时一致。所不同的是增加了侧墙上靠近屋顶平面的45个进风口和与之相邻并且直接与大气接触的侧壁面上的2个出风口的边界。

当机械送风通风温湿度始终为室外状态（温度为9.2 ℃，相对湿度为61.4%）不变时，为了探究本模型下屋顶不结露的临界通风风速，笔者不断地进行了多次模拟，调整送风风速为10 m/s，5.0 m/s，2.5 m/s，2.0 m/s，1.5 m/s，1.0 m/s，0.5 m/s共7个工况。

3.2 模拟的结果

实际上，屋顶内壁面附近的空气流速发生改变时，内壁面与空气之间的对流换热系数也会发生改变，这样，整个屋面的传热系数就会发生改变。

送风风速变大，传热系数也相应地变大，这主要是屋顶内表面的对流换热加剧，使内壁面的温度也将发生变化，它将更接近屋面附近的空气温度。

如图5、图6所示的是各种工况下，11个测点区域的空气露点温度与壁面温度的比较。可以清晰地看到，当送风风速为1.0 m/s时，11#测点开始结露；结合图7给出的v=1.0 m/s的温湿度梯度云图可以看出：

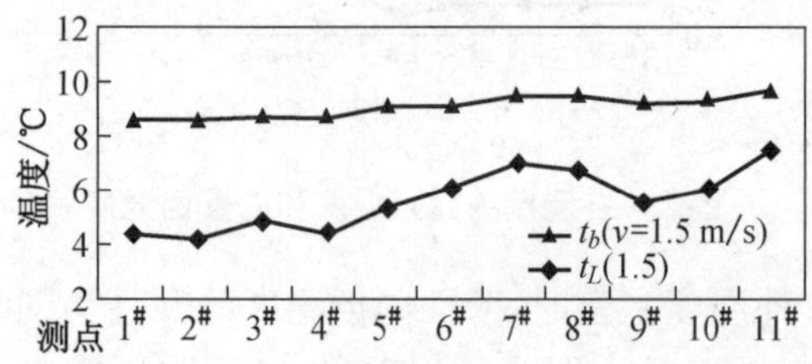

图5 露点温度与内壁面温度（v = 1.5 m/s）

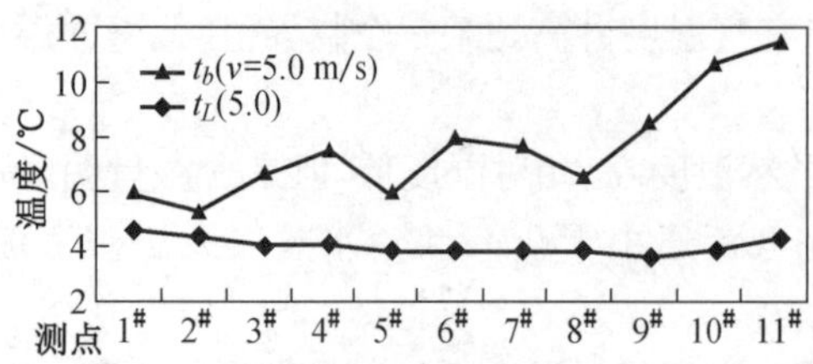

图6 露点温度与内壁面温度（v = 5.0 m/s）

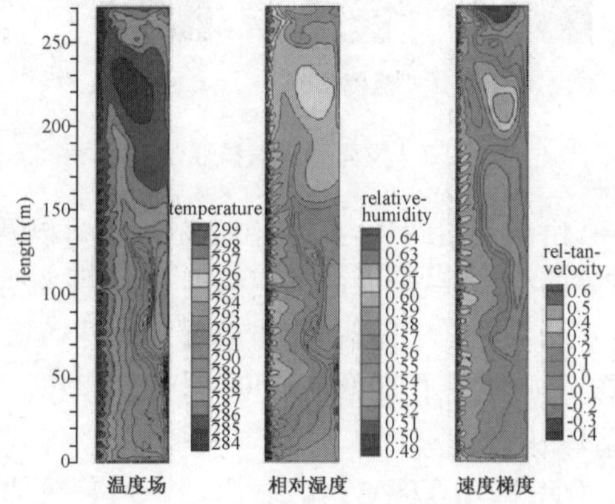

图7 屋顶附近平面的模拟结果（v = 1.0 m/s）

(1) 1.0 m/s 工况下的温湿度分布与无通风时大致相同，屋顶附近平面的温湿度梯度较大，受该厂房底面门窗的自然通风影响较为剧烈，机械通风只影响了通风壁面附近的速度梯度。

(2) 送风速度越大，屋顶附近平面上的温湿度分布越均匀，越接近于送风空气的状态；速度梯度受机械送风气流的影响越剧烈。

对于本模型，11 个测点均不结露现象的临界风速为 1 m/s。

从模拟结果可以看到，采用机械通风以后，由于通风使得空气与内壁面的对流换热加剧，屋顶内壁面的温度更接近于空气温度；同时由于送风温度为较低的室外温度，送风的速度越大，屋顶附近的主体空气温度越接近于室外温度，即空气温度就越低，露点温度也越低，也就越难结露。

另外，由于本次模拟的送风温度低于室内屋顶附近的空气温度，因此，当送风风速加大时，壁面附近空气温度降低，导致露点温度和壁面温度均降低(以图 8 给出的在不同送风风速下 11# 测点的露点温度和侧面附近壁面温度的比较为例)，但是露点温度的变化依然比壁面温度变化要剧烈，与上节所得结果一致。

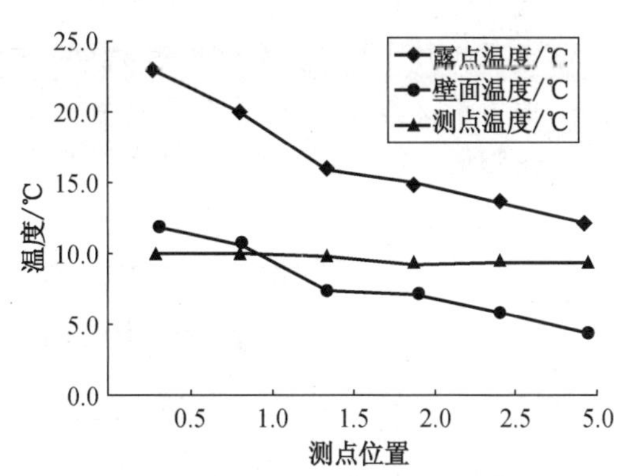

图 8　不同风速下 11# 测点露点温度与壁面温度

4　结　论

本文通过对上海某钢铁厂的某冷轧轧后库车间的现场实测，以及对某指定日测试工况下的实际模拟与假设的机械通风模型的模拟结果的比较，得到当屋顶附近空气温度升高、相对湿度下降时露点温度与内壁面温度的比较(图 2)，以及当屋顶附近空气温度降低、相对湿度升高时露点温度与内壁面温度的比较(图 3)。

综合两图可以得出这样的结论：当送风温度低于壁面附近的空气温度时，通风有利于防止该类高大厂房的屋顶结露，而且风速越大，防结露的效果越好；当送风温度高于壁面附近的空气温度时，通风会加剧该类高大厂房的屋顶结露。

参考文献

[1] Straube J F. Moisture in buildings[J]. ASHRAE Journal, 2002(1):15-19.

[2] 章熙民. 传热学[M]. 4 版. 北京：中国建筑工业出版社，2001.

[3] 邵建涛，刘京，赵加宁，等. 建筑水平屋面对流换热特性的实验研究[J]. 华南理工大学学报，2008(3):134-139.

高大厂房室内空气温度分布的实测研究*

马国杰　刘东　苗青

摘　要：通过实测和采用数值模拟相结合的方法验证高大空间室内垂直温度分布；通过回归计算得出表示该类温度分布的最优经验回归方程；分析影响垂直温度分布的因素及其权重；对高大厂房内热源的发热量进行估算。

关键词：高大空间建筑；垂直温度分布；二次回归分析；内热源

Measurement and Research of Temperature Distribution in Large Workshop

MA Guojie，LIU Dong，MIAO Qing

Abstract：Use actual measurement and CFD with second type of boundary condition，to verify the fact of vertical temperature distribution in such large workshop. Use regression analysis to obtain the best quadratic regression function to indicate such vertical temperature distribution. Analyze the factors and their weighing which influence such distribution. Approximately calculate the heat emission of internal heat source.

Keywords：large space building；vertical temperature distribution；CFD；quadratic regression analysis；internal heat source

0　引言

大空间建筑室内垂直温度分布主要的研究方法可以归纳为以下几类[1]：微分方程的数值解法、能量平衡分析简易模型法、试验方法。

室内空气流动的微分方程数值解源于方程(1)的不可压缩空气质量、动量、能量守恒方程组的求解，而由于计算机辅助计算技术的发展，该方程的线性和非线性求解渐渐被计算流体力学 CFD 数值解所替代。

$$\frac{\partial(\rho\phi)}{\partial t}\mathrm{div}(\rho v\phi_t) = \mathrm{div}(\Gamma_{\phi_t}\,\mathrm{grad}\phi_t) + S_{\phi_t} \tag{1}$$

能量平衡的简易模型分析方法认为室内空气温度在水平方向分布均匀，由此为依据将室内空气按照其不同的各垂直方向上划分为多个控制体，通过对各控制体建立质量和能量平衡方程以求解控制体温度值。其中著名的有由日本学者户河里敏等提出的 Block 模型[2]以及国内学者基于 Block 模型提出的修正的 Gebhart-Block 模型[3-5]。

实验方法主要是指基于相似理论的模型试验、现场实测[6]以及通过实验采用多元线性回归分析方法。其中回归分析方法认为影响垂直温度分布的主要因素是室外气象参数，因此将

*《建筑热能通风空调》2011，30(2)收录。

室外温湿度、水平日射、风速等作为独立变量，通过回归计算得到重回归系数和各因素的残差值，分析各因素对温度分布的影响。

20 世纪 80 年代后期在日本出现的通过现场实测并采用回归计算的方法[7]得到室内空气的垂直温度分布的方法经常被应用于很难得到数学分析解的场合。本文的研究主要参考这一理论。

1 研究对象及测试方法

1.1 建筑概况

本课题研究对象为某钢铁厂的某冷轧轧后库车间，长约为 271 m，跨距 45 m，高约 20 m，彩钢结构；整体成狭长东西朝向布置，无天窗，山墙侧窗封死，东西侧窗为满足保密防雨防尘要求大多关闭，无空调系统，只在临室设置局部排风系统。因此该厂房是一个自身相对封闭的空间，内部有散热和散湿情况发生，同时与其连通的临跨或相邻厂房较多，室内气流无组织流动或流动性较差，造成热湿环境复杂，冬季屋面板内表面及天沟处多有结露现象发生。

1.2 测试方法

测点布置与时间安排如表 1 所示，具体测点平面和空间位置如图 1 和图 2 所示。

表 1　测量布置与时间安排

参数	测点	测量时间	测量仪器	仪器量程(精度)	说　明
厂房内温湿度	(长期测点)1，2，16	2009 年 1 月 22 日—2009 年 7 月 23 日	温湿度计	温度：−20 ℃～70 ℃(0.1 ℃)	长期监测 1 小时读取一组数据
室外温湿度	(长期测点)—	2009 年 1 月 22 日—2009 年 7 月 23 日	温湿度计	湿度：0～100％(1％)	长期监测 1 小时读取一组数据
内壁面湿度	(典型日测点)1，2，24	2009 年 1 月—2009 年 6 月选取 6 个典型日	手持式红外测量仪	−32 ℃～32 ℃(1℃)	每月测一次，同时测量室内外温度
门窗通风风速	(典型日测点)各门窗	2009 年 1 月—2009 年 6 月选取 6 个典型日	手持式风速	0～10 m/s(0 m/s)	—

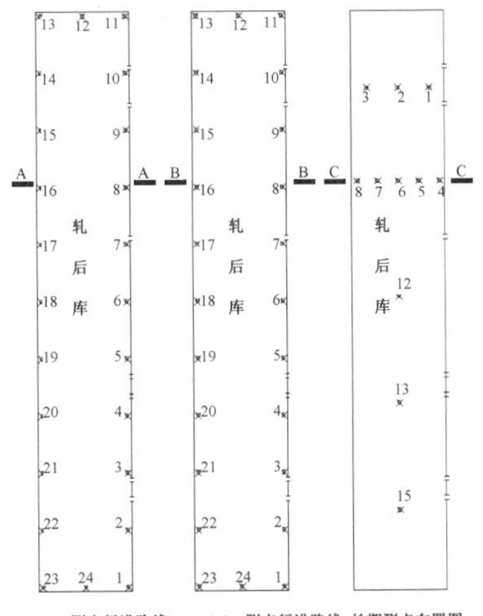

图 1　测点平面位置

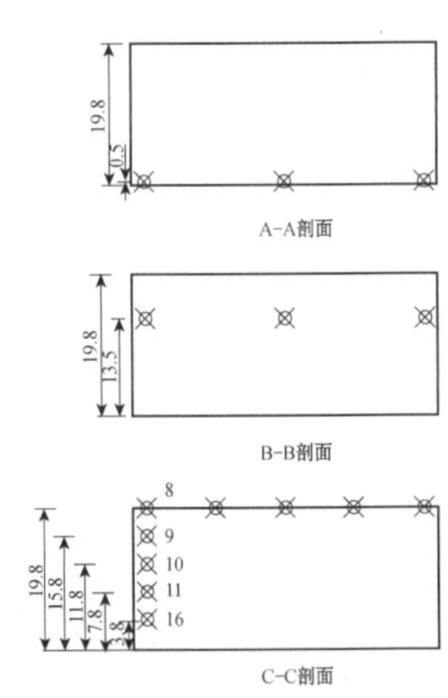

图 2　测点空间位置

2 垂直温度分布初步分析

2.1 实测数据分析

实测 6 个典型日所得的 0.5 m 和 13.5 m 标高上整个空间的温度分布值如图 3 和图 4 所示，19.8 m 标高上长期测点在同一时刻的温度分布值如图 5 所示。

比较图 3、图 4、图 5 可以看出，H=19.8 m 的 6 个典型日温度分布均匀性非常好，水平温差基本上在 1 ℃以内；13.5 m 标高上的较好，温差在 2 ℃以内；而 0.5 m 标高上的温度分布均匀性较差，温差最大可达到 4 ℃。造成这一现象的原因如下：

(1) 在贴近地面的 H =0.5 m 水平面上，该厂房与其他临室之间常有门或窗连通，在测点 12 附近也有较大尺寸的门和室外连通，自然对流影响了室内的温度场，因此图 3 中在测点 12 附近的温度值波动较大。

(2) H=13.5 m 平面附近属于对流主区域，主流空气温升主要是通过壁面附近的自然对流换热来完成的，该厂房的这个区域内空气流动性较差，较短时间内，壁温相对稳定，如图 6 所示。

(3) H=19.8 m 水平面靠近屋顶，属于顶部热滞留区域，温度分布受室外辐射强度和对流的双重影响。

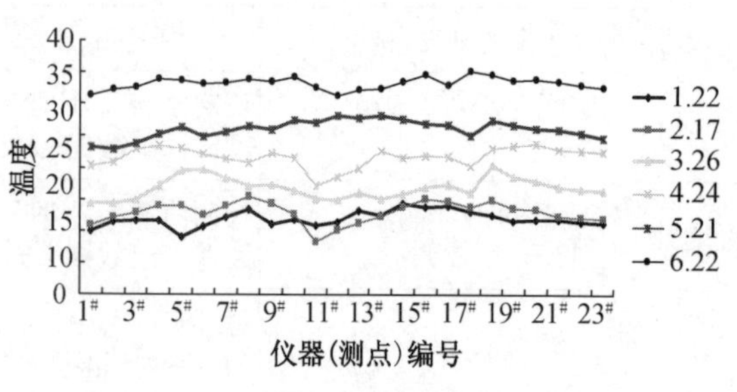

图 3 H=0.5 m 室温实测数据

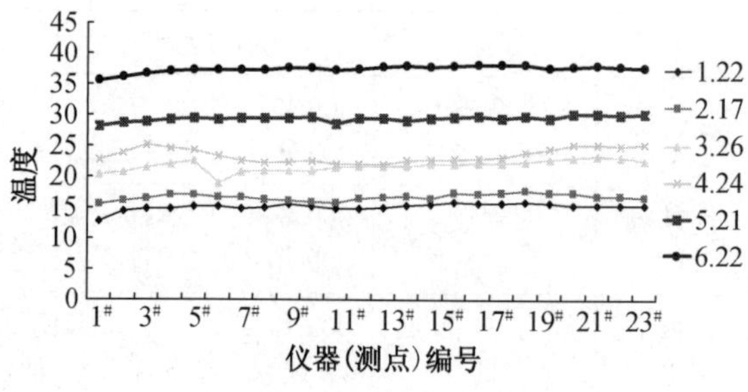

图 4 H= 13.5 m 室温实测数据

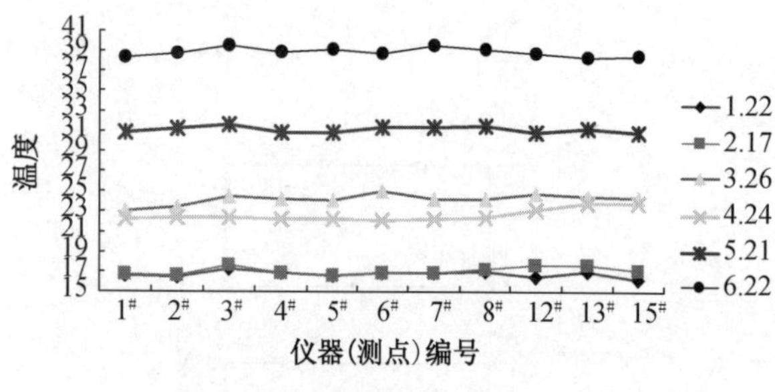

图 5 H = 19.8 m 室温实测数据

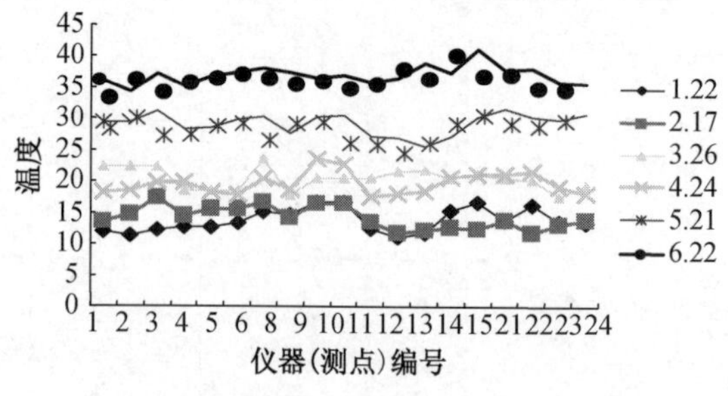

图 6 H= 13.5 m 壁温实测数据

2.2 CFD 数值模拟

为了验证实测结果的准确性，笔者将实测的各门、百叶窗的进出风的风速和风温，壁面温度作为边界条件，并将该轧后库厂房的冷轧钢卷的热流密度作为第二类边界条件，对 2009 年 1 月 22 日上午 8 : 50 到 9 : 50 的室内气流的温度和速度分布进行 CFD 稳态数值计算模拟，所得三个标高上温度场和速度场分布如图 7 和图 8 所示，分析可得以下结论：

(1) H=0.5 m时，厂房通过门窗与临室和大气的自然对流质交换剧烈，特别是测点 12 附近的空间，进风速度为 3 m/s，温度为 281.1 K，而主流区域流体温度为 283 K 左右，值得一提的是，在热源附近，热流密度 $q=60\ \mathrm{W/m^3}$，温度梯度较大，因此温度场和速度场分布较为复杂。

(2) $H=13.5$ m 时，厂房内的空气具有一定的流动性，最大流速为 1.5 m/s，主流空气温度在(282.5±1)K 左右。

(3) $H=19.8$ m 时，流动性很差，最大流速只有 0.5 m/s 左右，并且出现局部小涡流，热滞留现象明显，主流空气温度在(284.5±1)K 左右。

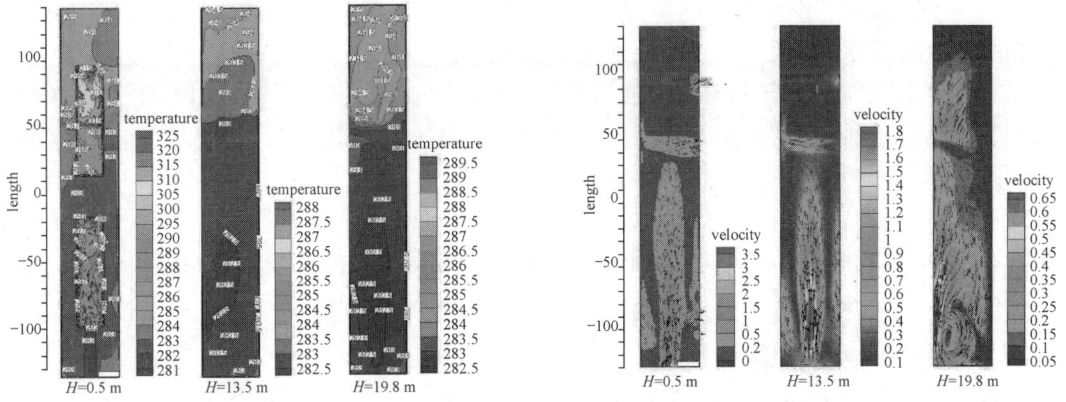

图 7　三个标高上温度场分布

图 8　三个标高上速度场分布

数值模拟计算结果与实测数据基本吻合。

2.3　垂直温度分布

文献[7]通过对大空间膜结构建筑夏季和过渡季节室内的温度分布的分析[8]，认为该类建筑水平温差在 1 ℃以内即可以认为具有垂直温度分布的特点。本研究从 0.5，13.5，19.8 m 以及其他标高上的温度分布的实测数据出发，考虑到无空调系统室内温度分布受自然对流影响较大，同时考虑到膜结构的热滞后性以及轻钢建筑围护结构传热系数大的影响，笔者认为水平温差在 2 ℃以内即可以描述为垂直的温度分布特性，并且标高越高，这种特性就越显著。

3　多元线性回归分析

3.1　多元线性回归模型

式(2)为多元线性回归模型[8]。

$$Y=\beta_0+\beta_1 X_1+\cdots+\beta_N X_N \tag{2}$$

式中　Y——因变量，即垂直方向上各等温水平层的温度值 T；

X_1，…，X_N——自变量，即水平面全天日射量、室外温度、湿度、该水平面所在室内标高、通风换气次数等；

β_0——回归函数的常数项；

β_1，…，β_N 为各自变量的回归系数。

这种回归计算得到的 Y_i 值与实测值 $\hat{Y}_i$ 并不完全一致，这里用到残差平方和的概念：

$$SSE=\sum_{i=1}^{N}(Y_i-\hat{Y}_i)^2 \tag{3}$$

计算过程中，通过变换自变量的种类与个数，使残差 SSE 尽可能小，同时使二次相关系数 R 尽可能大地接近 1.0，以此寻找最优经验回归方程式和最少的自变量参数。本文通过 6 个典型日和与之对应的 19.8 m 标高上的室温数据来讨论这些气象参数作为自变量时对室温 T 的影响。

3.2 采用单个独立变量

这里只讨论对温度分布影响较大的几个参数：

(1) 室内标高 h。对于垂直的温度分布，标高的影响毋庸置疑，但是仅仅将标高作为变量时，相关系数只有 0.06，还不足以线性预测 T 的分布。

(2) 室外温度 t_o。对于只有自然通风的高大空间，室外温度是影响室内温度 T 的关键因素，相关性系数达到 0.92，但是 SSE 为 93，仍然较大，显然，单用 t_o 作为独立变量，仍有不足。

(3) 通风换气次数 c。c 表征了自然通风的强弱程度，和 t_o 一样是关键变量，但 R 值只有 0.18。

(4) 室外水平面全天日射量 q_r。如前文分析，除了对顶部热滞留区的温度影响外，文献[7]已经得出，仅仅将 q_r 作为独立变量时，空间越往上相关性越大。

3.3 采用多个独立变量

(1) 两个独立变量时：显然标高作为变量必不可缺，分别取 h 和 t_o，h 和 q_r 以及 h 和 c 作为独立变量时，$T=f(t_o, h)$ 的效果最好，相关性系数已经达到 0.98，SSE 值也比 $T=f(t_o)$ 时小，为 24.7。

(2) 采用 h, t_o, q_r 与采用 h, t_o, q_r, c 作为变量时，R 值均为 0.98，SSE 值也大致相当。

(3) 当采用 h, t_o, φ_o（室外相对湿度）与 h, t_o, φ_o, q_r 时，R 值虽仍为 0.98。但是 SSE 已经下降到 17.1，相关性都已经很高。

(4) 采用 h, t_o 或 φ_o, c 与采用 $h, t_o, \varphi_o, q_r, c$ 时，R 均为 0.99，都已可以完全表征 T 的分布，同时计算得到 T 的标准差分别为 0.95 和 0.96，SSE 分别为 11.1 和 11.8。

3.4 回归分析总结

采用各独立变量的相关性系数，温度 T 的标准差以及 SSE 值已经总结在表 2 中，得到的各经验二次回归计算结果与实测标高 13.5 m 的数据比较见图 9—图 11。显然室外气温 t_o 是影响室内垂直温度 T 最重要的参数，相关性达到 0.92，其次是换气次数 c、室内标高 h 以及室外全天水平日射量 q_r。

表 2　　函数相关性表

室温(T)	相关系数	T的标准差	残差平方和	室温(T)	相关系数	T的标准差	残差平方和
$T=f(h)$	0.06	8.06	1 038.20	$T=f(h, t_o, q_\tau)$	0.98	1.33	24.60
$T=f(t_o)$	0.92	2.41	93.00	$T=f(h, t_o, q_\tau, c)$	0.98	1.36	23.90
$T=f(c)$	0.18	7.55	912.60	$T=f(h, t_o, \phi_0)$	0.98	1.11	17.11
$T=f(q_\tau)$	0.07	8.04	1 003.80	$T=f(h, t_\infty, \phi_\infty, q_\tau)$	0.98	1.15	17.10
$T=f(t_o, h)$	0.98	1.28	24.70	$T=f(t_o, h, c, \phi_o)$	0.99	0.95	11.07
$T=f(h, q_\tau)$	0.13	8.02	965.50	$T=f(h, t_o, \phi_o, q_\tau, c)$	0.99	0.96	11.81
$T=f(h, c)$	0.24	7.50	844.20				

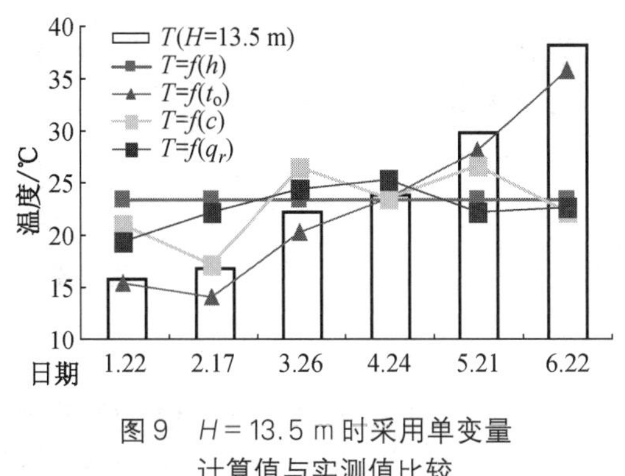

图 9　$H=13.5$ m 时采用单变量计算值与实测值比较

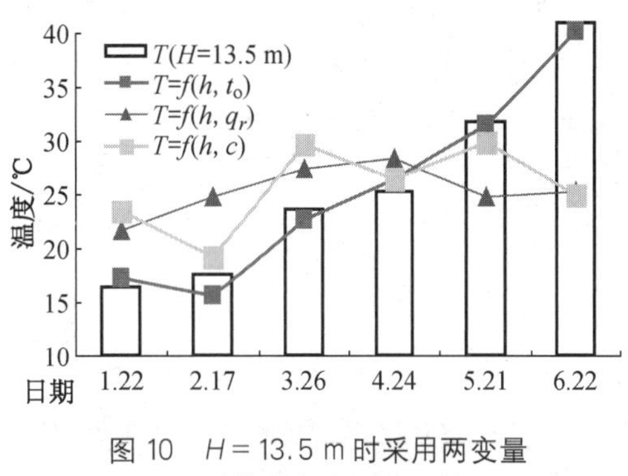

图 10　$H=13.5$ m 时采用两变量计算值与实测值比较

由表 2 可知，单独采用 q_r 时的相关系数很低，这并不表示 q_r 对 T 的影响不显著，q_r 可以作为表征垂直温度分布趋势的重要参数，本例的特殊性在于将标高 h 也作为变量，因此根据计算结果分析采用 t_o，h，c，φ_o 作为独立变量，得到最优经验回归式：

$$T = 9.71 - 0.675c + 0.243h - 0.071\phi_o + 1.002t_0 \tag{4}$$

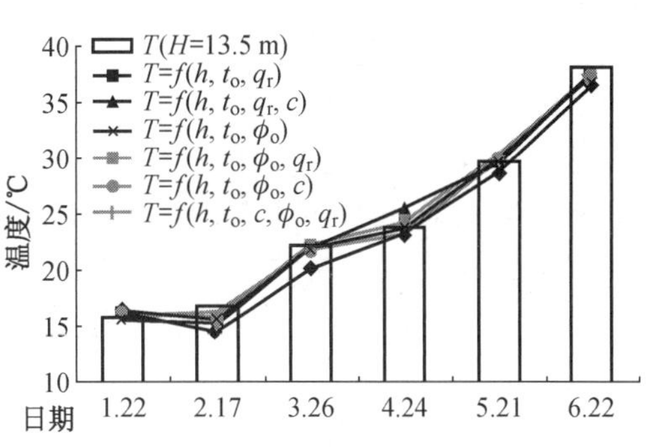

图 11　$H=13.5$ m 时采用其他变量计算值与实测值比较

采用式(4)计算所得的各标高上温度与实测温度的比较已绘制在图 12、图 13 中，从图中可以看出，实测值和计算值误差均在 1 ℃以内，采用二次回归函数法预测本例大空间建筑的室内垂直温度分布可行。

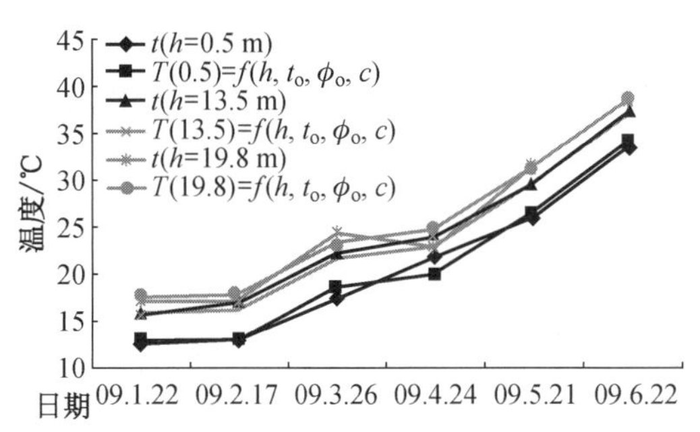

图 12　0.5 m，13.5 m，19.8 m 标高上实测及计算数据

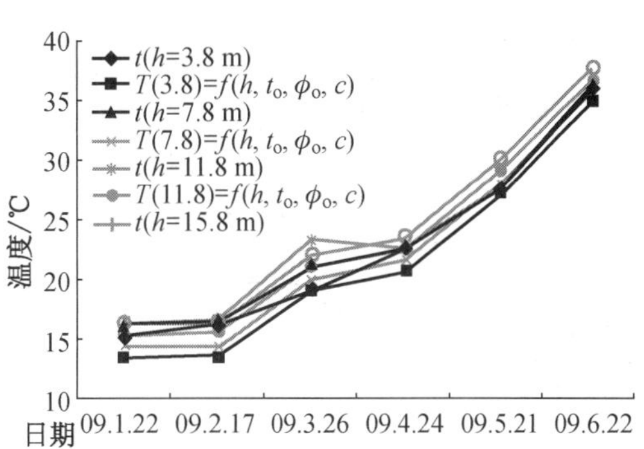

图 13　其他标高上实测数据和计算数据

4　内热源发热量的估算、模型的校正

4.1　能量平衡积分估算

对于该冷轧车间，室内的冷负荷主要来自于内热源的辐射和对流散热，本例中的内热源是指冷轧钢卷、工作人员以及其他机器设备的整体。针对本估算，做以下假设：

(1) 通过围护结构的对流传热量很小，相对于内热源，其传热量可以忽略，导致自然通风下室内外存在温差的原因是内热源发热；

(2) 在每个典型日测试时间内，室内环境趋于稳态。

基于以上两点假设，取如图 14 所示的控制单元体作为研究对象，可得能量方程[9]：

$$\Delta q = C_p \rho c \Delta V (T - t_0) \tag{5}$$

$$\Delta V = S\mathrm{d}h \tag{6}$$

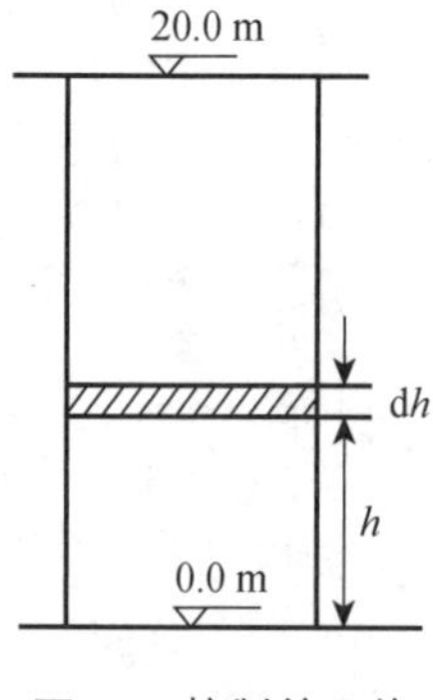

图 14 控制单元体

式中 Δq——高度 $\mathrm{d}h$ 内的发热量，kW；

C_p——空气的定压比热，kJ/(kg · K)；

Δv——单元体体积，m^3；

C——换气次数，次/h；

ρ——空气密度，kg/m^3；

S——截面积，m^2。

这样将式(4)和式(6)代入式(5)中，并积分求解得到整个厂房的内热源发热量估算式(7)，代入各实测数据，得到 6 个典型日的内热源发热量汇于表 3 中，显然 3 月 26 日和 5 月 21 日的估算值偏差较大，主要是由于这两个典型日的测试时间段内，该厂房的换气次数较大，室内相对湿度低，室内温度场和速度场较为复杂，用统计分析方法估算时偏差较大。

$$Q = \int_0^{20} C_p \rho c S (0.002 - 0.071\phi_v + 0.243h - 0675c + 9.71)\mathrm{d}h \tag{7}$$

表 3 估算发热量

日期	换气次数/(次 · h^{-1})	估算发热量/kW	日期	换气次数/(次 · h^{-1})	估算发热量/kW
1.22	3.04	1 433.4	4.24	584	1 261.7
2.17	1.86	1 141.1	5.21	4.79	2 207.1
3.26	472	2 391.4	6.22	3.42	1 357.9

4.2 回归模型的校核

将估算所得到的各典型日内热源发热量 Q 作为一个独立变量，和最优经验回归函数的 4 个独立变量一起，作为回归分析的 5 个自变量，此时的相关性系数 R 为 0.99，SSE 值为 11.6，这也验证了最优经验回归函数的精确性。

5 结论

(1) 无空调系统的高大空间温度存在垂直分布现象，在自然对流剧烈的区域，温度分布受室外气象条件影响很大，而自然对流不明显的区域，垂直温度分布特点显著，对于该类厂房总体的趋势是：空间越往上，该水平面上各点的温度波动越小，垂直温度分布越明显。

(2) 基于实测数据的线性回归计算分析是描述和预测垂直温度分布的重要方法。采用这一方法可以做到以下几点：

① 较高精度的线性描述垂直温度分布；

② 定量分析各气象参数作为独立变量时的权重，找出影响室内垂直温度分布的主要因素，计算得出最优经验二次回归函数；

③ 在一定条件下，预测大空间室内垂直温度分布。

(3) 水平面全天日射量基本反映了高大空间室内垂直温度分布的趋势，而室外温度能够量化地反映这一分布现象，是影响这一分布的最重要因素。

(4) 内热源是室内温度高于室外的根本原因，在自然对流不显著的情况下，其发热量采用线性回归函数估算时，有一定的参考价值；通风环境变化时，波动较大，不宜采用，宜用直接测量的方法。

参考文献

[1] 黄晨，李美玲. 大空间建筑室内垂直温度分布的研究[J]. 暖通空调，1999，29(5)：28-33.

[2] Togari S，Arai Y，Miura K. A simplified model for predicting vertical temperature distribution in a large space[J]. ASHRAE Trans，1993，99(1)：84-99.

[3] 宋岩. 应用 Gebhart-Block 模型预测大空间自然通风下室内温度分布[J]. 暖通空调，2008，38(12)：22-25.

[4] 黄晨. 大空间建筑室内垂直温度分布的计算方法[J]. 制冷学报，1999(3)：25-30.

[5] 高军. 应用 Block 模型研究高大空间分层空调的温度分布[J]. 暖通空调，2004，34(8)：7-12.

[6] 黄晨. 大空间建筑室内热环境现场实测及能耗分析[J]. 暖通空调，2000，30(6)：52-56.

[7] 佐野武仁. 大空間建築エアドームの夏期、中期間における温度分布の実測と推定に関する研究[C]//日本建築学会計画系論報告集(第 42 号). 1995：21-29.

[8] 袁卫. 统计学[M]. 北京：高等教育出版社，2005.

[9] 陆耀庆. 实用供热空调设计手册[M]. 2 版. 北京：中国建筑工业出版社，2008.

Thermal Environment Around Strong Heat Source with Single-Sided Natural Ventilation *

LIU Dong, LI Siwei, MIAO Qing

Abstract: A test model has been built in order to analyze how a strong heat source (SHS) influences its surrounding thermal environment with single-sided natural ventilation. Through a study about how the air temperature distributes around the heat source, particularly when the heat source was located in three locations—in the center of the test model room, near the inlet and comparatively far away from the inlet, a conclusion can be drawn that three factors, heat release rate of the SHS, air distribution with single-sided natural ventilation and the location of the heat source, have a great impact on the surrounding thermal environment. Furthermore, if the heat release rate of the heat source is fixed, the other two above-mentioned factors would take in charge instead. Furthermore, the air-temperature in the leeward side appears a little higher than that in the windward side. Combined the experiment and some fieldwork results, it is easy to draw the conclusion that when the heat source is located comparatively far away from the inlet, the temperature around the heat source would rise approximately linearly with height. The result is consistent with the CFD simulation.

Keywords: Single-sided natural ventilation; Strong heat source; Thermal environment; Windward side; Leeward side; Air-temperature distribution

1 Introduction

It is common that a SHS exists in the workshop of electric power or metallurgical industries. The heat emitted by the SHS has greatly influenced the indoor thermal environment and workers' health and thus directly relates to work efficiency. The steel rolling workshop typically represents this kind of workshops. A cold rolling workshop of one steel factory in Shanghai, China, has been used to research surrounding thermal environment of the working area. The rolling furnace did not cover a broad area and yet was more than the half of the total height of the workshop high. Around the furnace wall there are footpaths for regular operation and examination. A workshop is next to the cold rolling workshop on one side, so only the windows on the other side could be open. So here comes the problem: if we choose natural ventilation as our venting pattern, the single-sided natural ventilation would serve as the only way. Thus the heat released by the furnace would bring about many negative effects on the indoor environment. In this case, under single-sided natural ventilation, issues, such as how the SHS will work on the surrounding environment and what the characteristics of the air distribution are, should be

* *ASHRAE Transactions* 2010, 116(1)收录。

resolved. This paper primarily discusses these problems, based on the test model studies, where the single-sided natural ventilation is motivated by thermal pressure differences.

2 Similarity Criterion

The height of the test model cell is 2 m (6.56 ft), but the industry workshop with SHS is usually a large space above 10 m (32.81 ft) height. Considered that the indoor airflow is similar to the flow in the ducts, so according to the similarity theory, if the air flow is in the self-simulation area of Reynolds' number, the air flow in the test model is similar to the air flow in the industry workshop. Generally, if the Reynolds' number fulfills (1), we think that the air flow is in the self-simulation area of Reynolds' number, which means the friction resistance is dependent of Reynolds' number.

$$Re = vd/\nu > 2\ 000 \tag{1}$$

Through the measurements, we have

1. the average inlet velocity of the test model cell is 0.2 m/s (0.7 ft/s).

Table 1　Corresponding relation between scales and minimum velocity

Geometry scale	1∶10	1∶15	1∶20	1∶25
Heat quantity scale	1∶316	1∶871	1∶1 789	1∶3 125
Velocity scale	1∶3.16	1∶3.87	1∶4.47	1∶5
The minimum inlet velocity/($m \cdot s^{-1}$) ($ft \cdot s^{-1}$)	0.38(1.25)	0.46(1.51)	0.54(1.77)	0.6(1.97)

2. the hydraulic diameter of the inlet is 0.28 m (0.92 ft).

3. the air viscosity coefficient at the temperature of 24 ℃ (75.2 ℉) is 16.1×10^{-6}.

So according to Equation (1), we get that the Reynolds' number equals 3.7×10^{3} and fulfill Equation (1). The airflow in the test model cell is similar to the airflow in the industry workshop. Details of similarity criterion between the mock-up and the prototype was described fully elsewhere [3] and [4].

Define the temperature differences scale $C_{\Delta T}$ to be 1, so when the outside temperature of the mock-up is kept the same as of the prototype, the temperature scale C_A was also 1. Ignore the atmosphere pressure difference between the mock-up and the prototype, we have

$$C_Q = C_G = C_l^{5/2}$$

$$C_V = C_l^{1/2}$$

where, C_l is geometry scale; C_Q is heat quantity scale; C_G is air volume scale; C_V is velocity scale.

Through calculation, a conclusion can be drawn that the minimum air velocity should be greater than a certain value to meet the requirements of self-simulation area of Reynolds' number. Table 1 shows the corresponding relation between scales and the minimum velocity.

Geometry scale as 1∶25 has finally been chosen in order to avoid any inaccuracy caused by the inconvenience due to the low air velocity. Thus the dimension of the test model is 2×2×2 m (6.56 ft) since dimension of the workshop's is almost 50 × 50×50 m (164.04 ft).

3 The SHS Model

The SHS cell is a single room with a floor area of 2 m (6.56 ft)×2 m (6.56 ft), 2 m (6.56 ft) high and is located in a HVAC laboratory which stands 3.2 m (10.5 ft) high in Tongji University, Shanghai China (Figure 1). The cell is made of steel plates which are painted in grey. In order to simulate the workshop situation, the plates on the top and two sides of the cell are fixed with screws so they can easily be taken down. There are an observation window on one facade and a door on the opposite side for researchers. The resistance wires acts as the heat source, with the high temperature resistant material wrapped outside. The heat source with an area of 800 mm (2.62 ft)× 400 mm (1.31 ft), 30 mm (1.18 in.) thick is like a rectangular plate. Its surface heats evenly and its input power is adjustable from 0～3 000 W.

Figure 1 The SHS cell

4 Data Collection

Type T thermocouples are used to measure the surrounding air temperature and Type K thermocouples (−2 ℃ to −200 ℃) (−4 ℉ to −392 ℉) are used to measure the surface temperature of the heat source. All thermocouples are connected to the computer through a data collecting block, so it is more conve-nient to collect and analyze the data. The probes of Type T thermocouples are wrapped by aluminum radiation-proof shield during the measurement in order to avoid the influence of the radiation from the heat source. Before the measurement, all of the thermocouples are calibrated by the standard thermometer.

Thermal electric anemometer type QDF-3 is used to measure the inlet airflow velocity. The measurement instrument ranges from 0.05 m/s (0.16 ft/s) to 3 m/s (9.84 ft/s) and has an accuracy of ±5% (full range).

5 The Placement of the SHS

The SHS plate hung with a steel wire and fixed in three different positions: A. the centre of the cell; B. near the inlet and 500 mm (1.64 ft) away from the centre of the cell; C. away from the inlet and 500 mm (1.64 ft) away from the centre of the cell. As it is shown in Figure 2, the plate was 300 mm (0.98 ft) higher than the bottom of the cell and 900 mm (2.95 ft) lower than the roof.

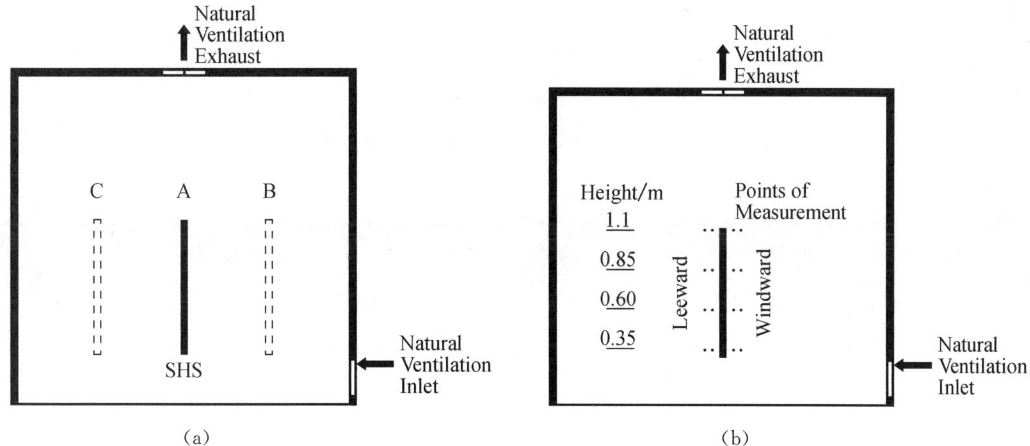

(a) (b)

Figure 2 Placements of the SHS (a) and the test points around the SHS (b)

6 Heat Transfer Rate Calculation of the SHS

When the input power of the SHS was 1 500 W, the output power of the SHS has been calculated to be 2 107 W/m^2 according to the actual size of the plate. Besides, the average temperature of the plate's surface is measured to be $T_w = 118.6$ ℃ (245.48 ℉), and the inner surface temperature of the cell is $T_0 = 29$ ℃ (84.2 ℉). So emissive power W of the plate is given by[1]:

$$\begin{aligned} W_{rad} &= \varepsilon\sigma(T_w^4 - T_0^4) \\ &= 0.96 \times 5.67 \times 10^{-8} \times [(118.6 + 273)^4 - (29 + 273)^4] \\ &= 827\ W/m^2 \end{aligned}$$

where, ε is total hemispherical emissivity; σ is Stefan-Boltzmann constant [5.67×10^{-8} $W/(m^2 \cdot K^4)$].

About 40% of the heat is emitted by radiation. It means that the raise of the surrounding air temperature is due to the rest of the heat, about 900 W, which heats the air through thermal convection.

Under a certain natural ventilation condition, when the input power of the SHS changes from 1 000 W, 1 500 W to 3 000 W, the relationship between the surface temperature of the SHS and the input power is shown in (a) of Figure 3. (b) of Figure 3 shows the relationship between the air temperatures at the point which is along the outer normal of the SHS center and 40 mm away from center and the input power.

As it is shown in Figure 3, the surface temperature of the SHS increases linearly with the input power, and simultaneously also obviously increases the surrounding air temperature. So a conclusion can be drawn that the heat transfer rate of the SHS acts a decisive part in the surrounding thermal environment around the SHS. The paper below will focus on the situation with 1 500 W input power.

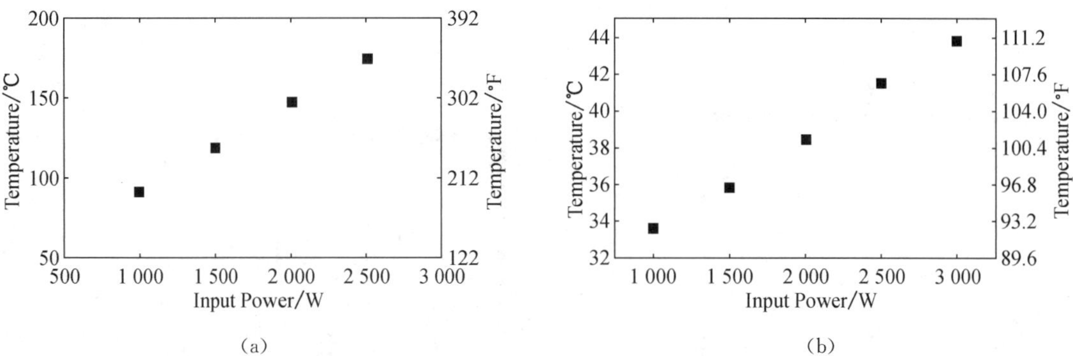

Figure 3 Relationships between the surface temperature of the SHS and the Input Power (a) and the relationships between the air temperature around the SHS and the input power (b)

7 Neutral Pressure Level

The area of the underside inlet:

$$F_1 = \frac{G_1}{\mu_1 \sqrt{2gh_1(\rho_w - \rho_{np})\rho_w}} \tag{2}$$

The area of the top outlet:

$$F_2 = \frac{G_1}{\mu_2 \sqrt{2gh_2(\rho_w - \rho_{np})\rho_p}} \tag{3}$$

where, G_1 is air mass flux of the inlet, kg/s; G_2 is air mass flux of the outlet, kg/s; μ_1 is flow coefficient of the inlet; μ_2 is flow coefficient of the outlet; h_1 is the height difference between the underside inlet centre and the neutral pressure level, m; h_2 is the height difference between the top exhaust window and the neutral pressure level, m; ρ_{np} is air density in the cell at the average temperature, kg/m^3; ρ_w is inlet air density, kg/m^3; ρ_p is exhaust air density, kg/m^3.

The physical principle that mass is conserved, when applied to this model of the airflow, simply states that the air mass flux of the inlet equals the air mass flux of the exhaust window, it means $G_1 = G_2$. From the Equations (2) and (3), we have

$$F_1\mu_1\sqrt{2gh_1(\rho_w - \rho_{np})\rho_w} = F_2\mu_2\sqrt{2gh_2(\rho_w - \rho_{np})\rho_p} \tag{4}$$

Here we denote the inlet and the exhaust window have the same configuration, so $\mu_1 = \mu_2$.

Substituting $\mu_1 = \mu_2$ into Equation (4), we have

$$\frac{h_1}{h_2} = \frac{F_2^2\rho_p}{F_1^2\rho_w} \tag{5}$$

Denote $H = h_1 + h_2$, here H is the height difference between the centre of the inlet and the exhaust window.

With this and ρ_w approximates to ρ_p, Equation (4) becomes

$$h_1 = \frac{F_2^2}{F_1^2 + F_2^2} H \tag{6}$$

$$h_2 = \frac{F_1^2}{F_1^2 + F_2^2} H \tag{7}$$

In this experiment, substituting

$F_1 = 0.15 \times 1.91 = 0.29\ m^2$ (3.12 ft^2), $F_2 = 0.246 \times 1.91 = 0.47\ m^2$ (5.06 ft^2), $H =$ 1.93 m (6.33 ft) into Equations (6) and (7), we have

$$h_1 = 1.4\ \text{m}\ (4.59\ \text{ft})$$

$$h_2 = 0.53\ \text{m}\ (1.74\ \text{ft})$$

Thus the result indicates that the neutral pressure level has a height of 1.4 m (4.59 ft).

8 Air Temperature Disribution Around the SHS

This chapter studies how the air temperature on both sides of the SHS distributes according to the different locations of the SHS, through experiments, under single-sided natural ventilation.

A. The SHS was located in the centre of the cell.

The SHS was located at A as it is shown in Figure 2. In order to see about how the air temperature distributes near the SHS, test points were set up at a distance of 40 mm (1.57 in.) and 80 mm (3.15 in.) from the SHS, as it is shown in Figure 2.

The input power is fixed at 1 500 W, the surface heat release rate is 2 107 W/m^2 and the inlet air temperature is 24 ℃ (75.2 ℉). When the system becomes stable, starts the data collection. And the result is shown in Figure 4.

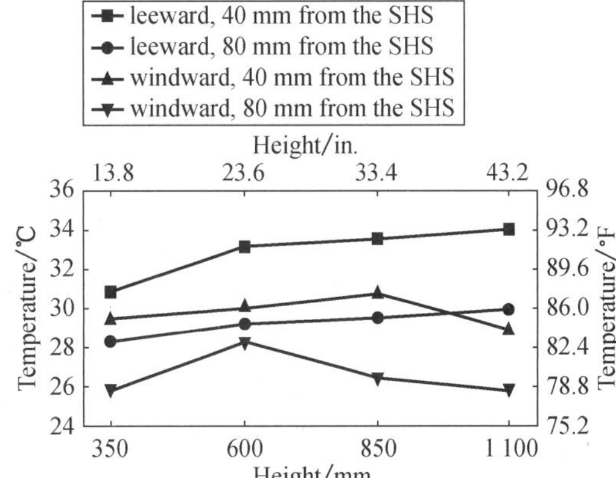

Figure 4 Comparison of leeward and windward air temperature when the SHS was located in the center

Examining Figure 4, we see that

1. With the same height and equal distance from the SHS, the air temperatures at the leeward points are higher than those at the windward points, 2.9 ℃ (37.22 ℉) higher on average.

2. The air temperatures at the leeward points which were 80 mm (3.15 in.) away from the SHS are close to those at the windward points which were 40 mm (1.57 in.) away from the SHS, even exceed at the height of

1.1 m (3.61 ft).

B. The SHS was located near the inlet.

The location of the SHS as B and the test points around the SHS has been shown in Figure 2. And also the input power of the SHS, the surface heat release rate and the inlet air temperature remain the same. Figure 5 shows the experiment results.

Analyzing Figure 5, we have that

1. When the test points are 40 mm (1. 57 in.) away from the SHS, the air temperatures at the leeward side and those at the windward side don't have obvious difference.

2. When the test points are 80 mm (3. 15 in.) away from the SHS, the air temperatures at the windward side are gener-ally higher than those at the leeward side.

C. The SHS was located away from the inlet.

The SHS was located at C as it is shown in Figure 2. The other conditions are the same as A and B. Figure 6 shows the measurement results.

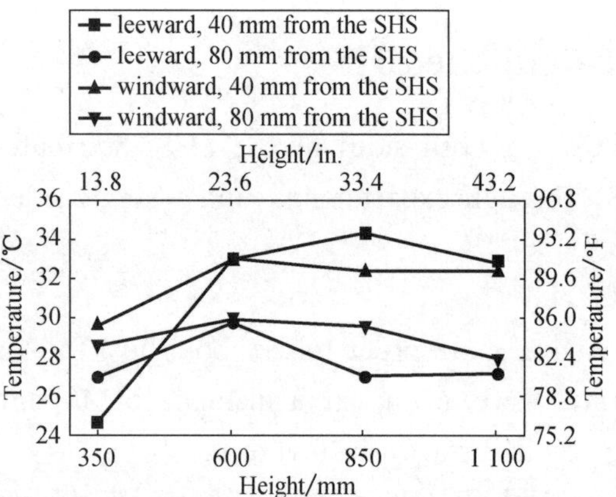

Figure 5 Comparison of leeward and windward air temperature when the SHS was located near the inlet

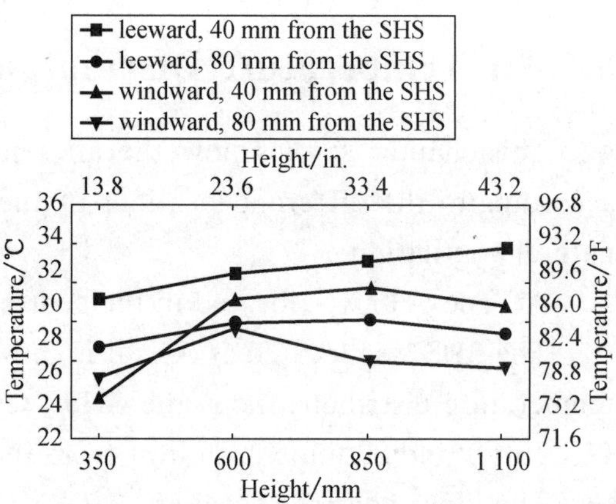

Figure 6 Comparison of leeward and windward air temperature when the SHS was located away from the inlet

Examining Figure 6, we have that

1. When the test points are 40 mm (1. 57 in.) away from the SHS, the air temperatures at the windward side are lower than those at the leeward side.

2. When the test points are 80 mm (3. 15 in.) away from the SHS, the air temperatures at the windward side are lower than those at the leeward side.

3. When the test points are 40 mm (1. 57 in.) away from the SHS, the air temperatures at the windward side have a linear increasing trend with the height.

The summary of the air temperature distribution is tabu-lated in Table 2.

Table 2 Summary of air temperature distribution around the SHS

Location of SHS	Average Air Temperature/℃ (℉)				Highest Air Temperature /℃ (℉)	Test Point Position with Highest Temperature
	Leeward Side, 40 mm from SHS	Windward Side, 40 mm from SHS	Leeward Side, 80 mm from SHS	Windward Side, 80 mm from SHS		
A	32.9(91.2)	29.8(85.6)	29.2(84.6)	26.6(79.9)	34.0(93.2)	Leeward, 40 mm from SHS, height of 1.1 m
B	31.2(88.2)	31.8(89.2)	27.8(82.0)	29.1(84.4)	34.3(93.7)	Leeward, 40 mm from SHS, height of 0.85 m
C	32.0(89.6)	28.9(84.0)	28.4(83.1)	26.7(80.0)	33.4(92.1)	Leeward, 40 mm from SHS, height of 1.1 m

9 Factors That Influence the Air Temperature Distribution Around the SHS

The heat release rate from the SHS is the dominant factor in arousing the air temperature increase around the SHS. Under the thermal pressure differences, a steady air distribution in the test model cell has formed. In experiment A, the SHS has been located in the centre of the test model cell. In this situation, a rule can be drawn that under single-sided ventilation the air temperatures at the windward side are lower than at the leeward side. In experiment B, the rule has been broken. On the contrary, as in Table 2, the air temperatures at the windward side are higher than at the leeward side. But in experiment C, the rule has reappeared. So sum all the results up, we have

1. Without considering other factors, the air temperature at the windward side is lower than that at the leeward side under single-sided ventilation.

2. Without other factors' influence, the air temperatures near the sidewall which is the SHS close to are higher than that near another sidewall.

Thinking of the influence of ventilation, it's easily to reach the conclusion 1. Conclusion 2 is due to the great amount of radiate heat from the SHS when it is near a sidewall. The heat makes the air temperature near the wall increase more than that near another wall which is relatively far away from the SHS. Through the measurement, it is proved that the temperatures of the wall which is closer to the SHS are 6 ℃～7 ℃ (43.88 ℉～44.6 ℉) higher than another wall. 1 and 2 influence the experiment together and combined 1 and 2 it is easily to understand the experiment results: in A, the SHS was equidistant from the both sidewall, so 1 is the only factor that influences the experiment; in B, the SHS was closer to the windward sidewall, 1 and 2 worked together and balanced; in C, the SHS was closer to the leeward sidewall, so the result is the sum of 1 and 2.

It is obvious that the air distribution and the distances from the sidewalls to the SHS are important factors that influence the air temperature distribution around the SHS and can't be ignored. Under single-sided ventilation, for the thermal environment at the leeward side is less comfortable than at the windward side, the most effective way to improve the thermal comfort is optimizing the ventilation pattern and locating the SHS more reasonable and thoughtful when the heat release of the SHS is large and stable.

10 Comparison Between Model Experiment and Fieldwork Results

The test model cell was built with a scale of 1∶25. The peak heat release rate of the cold rolling furnace was 4.5 MW. With it, we can get the heat release rate of the model SHS is $q = Q/C_Q = Q/C_l^{5/2} = 1.44$ kW, close to 1.5 kW in the experiment. Besides, the distance between the test points and the SHS in the test model is 40 mm (1.57 in.) and in the factory is 1 m, fulfilling the geometry scale 25∶1 too. So we denote that the test model is similar to the prototype and can truly reflect the actual situation.

The SHS was located at C as it is shown in Figure 2. Checking the results of C, the SHS was located away from the inlet; we found that when the test points are 40 mm (1.57 in.) away from the SHS, the air temperatures at the windward side have a linear increasing trend with the height.

In order to get more information about the air temperature distribution with the height at the spot 40 mm (1.57 in.) away from the SHS, more test points are placed above the height of 0.3 m (0.98 ft) (test D). Test points are placed every 0.1 m (0.33 ft) and there are total 16 points. The test results are shown in Figure 7, with an outside air temperature of 18 ℃ (64.4 ℉).

Figure 7 indicates that the air temperatures at leeward side are higher and increase more quickly than at windward side. Eliminating the points at 0.3 m (0.98 ft) high and 1 m (3.28 ft) high which are at the bottom and the top, the air temperatures on both sides have a linear increasing trend with the height. The air temperatures of the eliminated points are under the linear trend line, due to the air distribution around them. Because the SHS didn't block the way where airflows, the airflows around the eliminated points were stronger than the others, which caused the temperature decrease. For this test best-fit lines

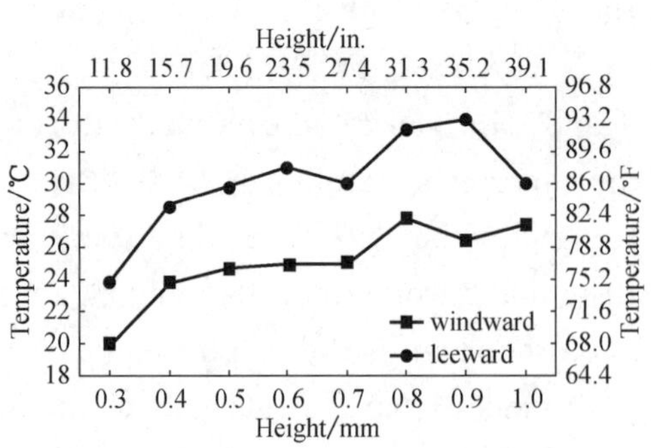

Figure 7 The air temperature distribution according to the height at the spot 0.04 m away from the SHS

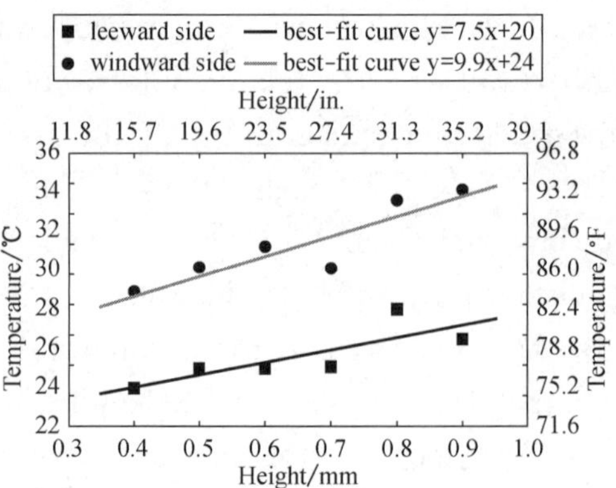

Figure 8 Best-fit temperature curves with the height for test D

of temperatures (T) as a function of height (h) after eliminating the bottom and top points were applied which are given in Figure 8.

11 Fieldwork Results of a Steel Factory

Fieldwork is the most direct and effective way to evaluate the thermal environment of a large space [5]. We have done some fieldwork about the thermal environment around a cold rolling furnace and its work flats in a steel factory in Shanghai, China during March and April, 2007. The cold rolling workshop has a height of 49 m (160.76 ft) and a width ways length of 45 m (147.64 ft). The furnace is 20.5 m (67.26 ft) high and placed on a pedestal which is 6 m (19.69 ft) high. The whole cold rolling unit has a length of over 140 m (459.32 ft) and is divided into different work parts. The sectional view of the workshop is shown in Figure 9.

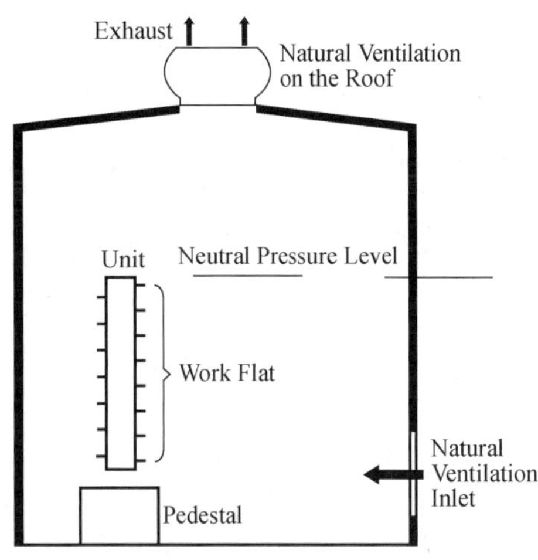

Figure 9 Sectional view of a cold rolling workshop in the steel factory

The work flats are footpaths adjacent to the furnace and about 1.5 m (4.92 ft) width. There are 7 layers at the leeward side and 8 layers at the windward side. The test points were placed on every footpath 1 m (3.28 ft) away from the exterior wall of the furnace. Type HM34 hygrothermograph was used. For temperature measurements, it ranges from −20 ℃ (−4 ℉) to +60 ℃ (+140 ℉) and has an accuracy of 0.1 ℃ (32.18 ℉). For humidity measurements, it ranges from 0 to 100% RH and has an accuracy of 0.1% RH. During the measurement, the test points should not be dead against the strong radiative objects in order to avoid unnecessary influences on the accuracy of the results. Data were collected when the measurement system became stable.

The temperatures on every layer have been measured and the results are shown in Figure 10, with an air temperature outdoor of 19.8 ℃ (67.64 ℉).

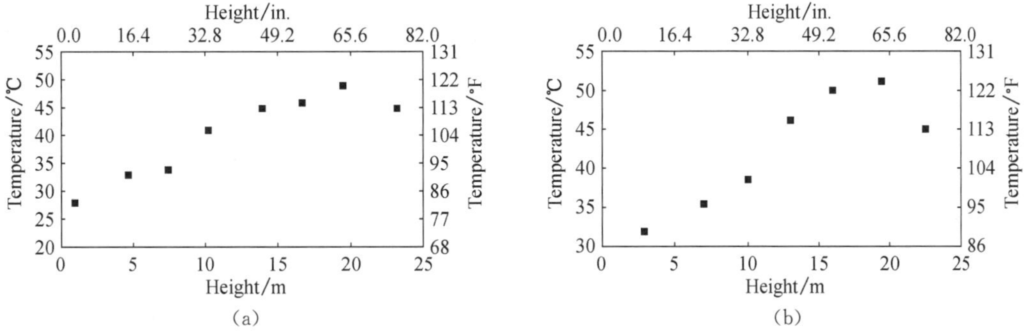

Figure 10 The air temperature distribution according to the height at the windward side (a) and the leeward side (b) of the work flats

Observing the measurement results, a conclusion has been drawn that no matter at the windward side or the leeward side, the air temperature increases basically linearly with the height, except the peak point. For both tests best-fit curves of temperatures (y) as a function of height (x) for both sides were applied which are given in Figure 11. It is proved that when the significance level is 0.1, air temperatures on every floor have a linear correlation with the height.

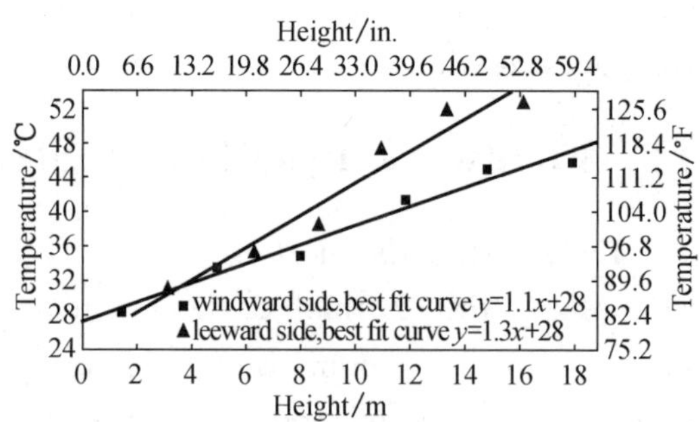

Figure 11 Best-fit temperature curves with the height for field work

12 Comparison Between Model Experiment and Simulation

Based on the experiment, FLUENT was selected as the numerical simulation platform for implementing the SHS model. The simulation model was built exactly the same as in the experiment and calculated with the k-ε turbulence equation and the DTRM Radiation Model. Regarding the boundary conditions, the surface temperature of the SHS was thought to be constant and the natural ventilation inlet velocity was measured to be 0.4 m/s (1.31 ft/s). 18 measurement points were set to measure the surface temperature and we got 129.5 ℃ (265.1 ℉) the highest and 112.4 ℃ (234.32 ℉) the lowest. The deviation is 8.5% and the SHS was thought to be even. And for the simulation, the average temperature 118.6 ℃ (245.48 ℉) was selected. The natural ventilation inlet air temperature was measured to be 18 ℃ (64.4 ℉) with the standard mercury thermometer.

Figure 12 shows the results of the simulation.

As shown in Figure 12, the simulation results almost match the experiment results, so the numerical model is trustworthy for further research.

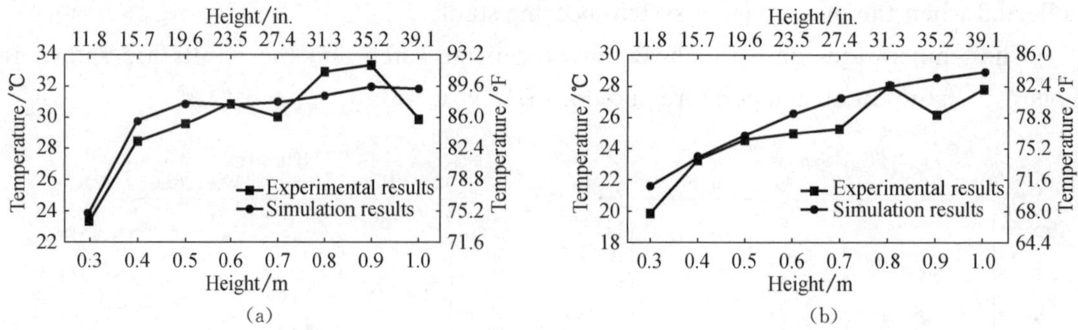

Figure 12 Temperature comparisons between the experi-ment results and the simulation results at the leeward (a) and the windward (b) side 40 mm away from the SHS

13 Conclusions

In this study, a mock-up has been built to investigate how the SHS influences the surrounding thermal environment under the single-sided natural ventilation and give the air temperature distribution in this situation through field and experiment measurements. The following conclusions can be drawn:

1. There are three main factors that influence the surrounding thermal environment: the heat released from the SHS, the air distribution under the single-sided natural ventilation and the location of the SHS. And the heat release rate is the deciding factor. The more heat released from the SHS, the higher the surrounding air temperature rises.

2. Under single-sided natural ventilation, the air temperature at the windward side is obviously lower than at the leeward side. This is due to the close distance between the SHS and the sidewall. The closer the distance is, the stronger the SHS radiates to the sidewall. So this causes the rise of the air temperature between them.

3. When the location of the SHS is far away from the inlet, which is the same situation in the steel factory, the increase trend of the air temperature in the field measurement matches the trend in the experiment very well.

4. In the same vertical plane near the SHS, the air temperature increases linearly according to the height, except the top and the bottom points. The top and the bottom points are below the best-fit curves, which to some extent show that since the SHS does not block the wind's route, the airflow is stronger than other place and causes lower air temperature.

REFERENCE

[1] Crouzeix C, Le Mouël J-L, Perrier F, et al. Thermal stratification induced by heating in a nonadiabatic context[J]. Building and Environment, 2006, 41:926-939.

[2] Huang C, Zou Z. Measurements of indoor thermal environment and energy analysis in a large space building in typical seasons[J]. Building and Environment, 2007, 42:1869-1877.

[3] Eftekhari M M, Marjanovic L D, Pinnock D J. Airflow distribution in and around a single sided naturally ventilation room[J]. Building and Environments, 2003, 38:389-397.

[4] Lau J and Chen Q. A study of the feasibility of using mathematical optimization to minimize the temperature in a smelter pot room[J]. Building and Environment, 2007, 42:2268-2278.

[5] Yijian S. Brief handbook of ventilation design [M]. Beijing: China Building Industry Publishing Corporation, 1997.

[6] Yaohua X. Theoretic calculation and model experiment on natural ventilation in Xiaowan Hydropower Station underground powerhouse[J]. Journal of HV&AC, 2005, 35:1-6.

[7] Yu Y, Jianmin Q, Yi L. Model experimental study of mechanical ventilation in spring for the underground workplace in Longtan hydropower station[J]. Refrigeration and Air Conditioning, supplement, 2005: 76-81.

[8] Ximin Z, Zepei R, Feiming M. Heat transfer[M]. 4th ed. Beijing: China Building Industry Publishing Corporation, 2001.

Experimental Study of Effect of Vents in Thermal Ventilation*

LIU Dong, LIU Xiaoyu, ZHUANG Jiangting, SHEN Hui

Abstract: The effects of vents on thermal ventilation to save energy in the cold rolling workshop of Baosteel were investigated. According to the scale modeling theory, a small chamber was established. The details about construction of experiment on thermal ventilation and the preparation and arrangement of apparatus were discussed, and then the effects of vents on thermal ventilation were studied through experiments, which includes the temperature distribution, the volume of ventilation, the temperature difference between inlets and outlets, the neutral plane, and the effective thermal coefficient of thermal natural ventilation. Based on this, the effects of natural ventilation based on varied area of inlets and outlets and those of vents on one side and on different sides were compared. According to the experiments, the area of inlet vents and outlet vents affect the temperature distribution in chamber, and their effects on ventilation volume are different, but the effects of vents in single side or different sides are the same under the condition that only thermal ventilation is considered.

Keywords: vents; natural ventilation; experiment on thermal ventilation

Thermal pressure is the basis of designing, when natural ventilation is used for cooling and dehumidification in industrial buildings. Compared to the unsteady of wind pressure, thermal pressure is a comparably steady factor. The opening style in buildings is the main factor affecting the effect of thermal ventilation. So, the effect of opening style in buildings on thermal ventilation will be discussed with experiments.

Under condition of natural ventilation, mixing ventilation and uniform indoor temperature distribution appear only when wind pressure blocks thermal ventilation and wind speed is as large as to be the main affecting factor in ventilation. Besides, indoor air temperature changes regularly with height. This regularity can be used to decide the height of neutral plane, height of thermal stratification and temperature difference be-tween inlet and outlet vents and hence guide the project designing or reconstruction. So, temperature change with the increase of height with different opening styles in buildings will be mainly discussed in this experimental study.

1 Experiments

1.1 Heat Source

Single heat source is used in experiments and it is simulated by the 3 kW heating plate,

* *Journal of Hunan University (Natural Sciences)* 2009, 36(5)收录。

of which the power can be modified by changing the voltage. Heating plate has a dimension of 800 mm × 30 mm × 400 mm. There are resistance wires inside and heating plate is covered by refractory brick.

1.2 Building Model

The building model is a chamber which is 2 m×2 m×2 m, as shown in Figure 1. There is a door with the height of 1.2 m to convenient people to get in and out.

Refractory glasses are embedded in the chamber to be convenient for observing. There are 7 plates on both sides of the chamber, as seen in Figture 1. The roof of chamber is comprised of ten plates and there are four holes on the bottom for power cord access. So, the plates on sides and roof can be easily dissembled or assembled during the experiments to test the temperature distribution, volume of inlet and outlet, and the temperature of inlet and outlet in different cases that the openings are changing conveniently.

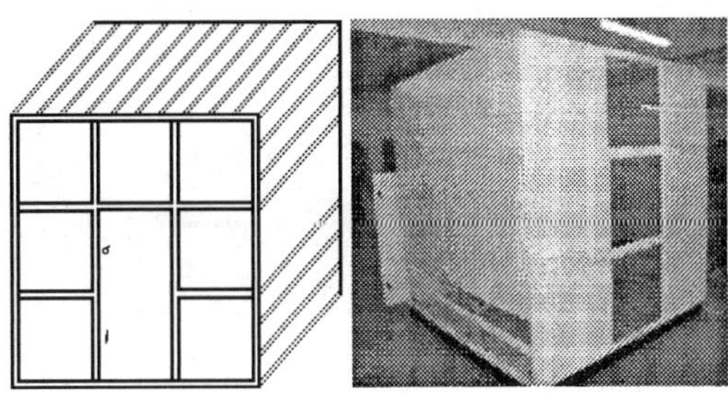

Figure 1　Building model

1.3 Temperature Measurement and Collection

The temperature are tested by T model copper-konstantan thermocouple of which diameter is 0.5 mm and the temperature measure range of is −20 ℃～250 ℃ with a precision of ±1 ℃. Installing radiation shields between thermocouples and tube walls can effectively eliminate the effect of direct radiation[1-2]. In experiments, radiation shields adopt smooth aluminum foils.

2 Effects of Vents

In experiments, the heat source is in the center of which the bottom is 240 mm above the ground of chamber. The main heat dispersing surfaces parallel the inlet and outlet vents and the heat dissipating capacity keeps 928 W that means the intensity of heat emission is 116 W/m^3.

2.1 Effects of Area of Inlet Vents

Experiments adopt the building opening style that wind enter sat top and leaves at bottom. Openings are put on left and right sides of chamber to study the effects of area change of inlet vents on the volume of natural ventilation, temperature difference between inlet and outlet vents, temperature distribution, height of neutral plane and the rule of effective thermal coefficient.

To be convenient to discuss, *XYZ* coordinate system is established. *X* direction is the right side of chamber and the *Y* direction is the back side of chamber. The point of intersection of the bottom, left and frond sides is set coordinate zero. The discussion in this paper bases on the definition of coordinate system.

Open up the upper part on left side of chamber and plate six is the outlet. The plate 1, 2, 3 would be open in succession on the right side of chamber during the period of making experiments. Detail information can be seen in Figure 2 and Table 1.

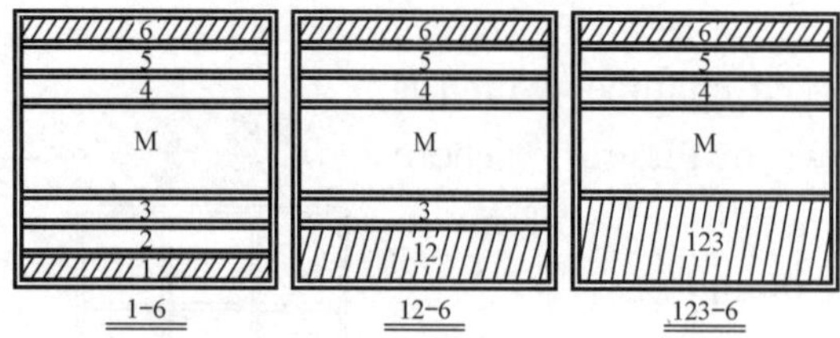

Figure 2 Sketch of experiments about area change of inlet vents

Table 1 Arrangements of experiments about effect of area change of inlet vents on thermal ventilation

No.	Inlet Size /mm×mm	Height(inlet center) /mm	Outlet Size /mm×mm	Height(outlet center) /mm
1-6	1 903×147	130	1 903×146	1 870
12-6	1 903×366	240	1 903×146	1 870
123-6	1 903×590	350	1 903×146	1 870

2. 1. 1 Temperature distribution

Figure 3 shows temperature change curve with differentheights in varied area of inlet vents. In the figure, $x0.5$ $y0.5$ respectively represents the vertical line on where the X coordinate value and Y coordinate value is 0.5 respectively. $x1.5$ $y1.5$ respectively represents the vertical line on where the X coordinate value and Y coordinate value is 1.5 respectively.

As seen in the figure, (1) the temperature distribution shows three-segment with the increase of height. The temperature increases fastest in the upper part of chamber, slower in the lower part and the slowest in the middle part; (2) the temperature of $x1.5$ $y1.5$ is higher than that of $x0.5$ $y0.5$; (3) the temperature rise of the upper part of $x1.5$ $y1.5$ is larger than that of the upper part of $x0.5$ $y0.5$; (4) with the increase of area of inlet vents, the temperature distribution of $x1.5$ $y1.5$ and $x0.5$ $y0.5$ become the same, especially in the middle and lower part.

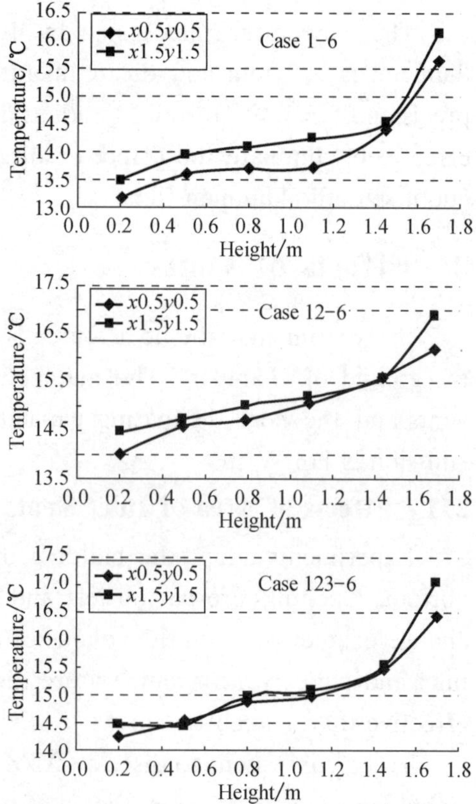

Figure 3 Temperature distribution in different area of inlet vents

2.1.2 Temperature difference between inlet and outlet vents and volume of natural ventimation

Figure 3 shows the temperature of inlet and outlet vents and volume of natural ventilation in different area of inlet vents. According to results shown in Figure 3, (1) the volume of natural ventilation slightly increases with the increase of area of inlet; (2) the temperature difference between inlet and outlet vents become lower when the size of inlet vents changes from 1 903 mm × 147 mm to 1 903 mm × 366 mm. But the temperature difference keeps invariant, when the area of inlet vents increases further.

2.1.3 Height of neutral plane and the effective thermal coefficient

(1) Height of neutral plane: Height of neutral plane in different cases is calculated by the formula(1)[3].

$$Z = Z_b + \frac{F_t^2}{F_t^2 + F_b^2} h. \tag{1}$$

Where, Z_b is height of inlet center in the lower part, m; h is height difference of center of upper inlet and lower inlet, m; F_1, F_b is area of upper inlet and lower inlet, m^2.

According to the results in Table 2, the height of neutral plane decreases with the increase of area of inlet.

Table 2 Height of neutral plane in different area of inlet vents

No.	1-6	12-6	123-6
Height of neutral plane/mm	994	464	438

(2) Effective thermal coefficient: According to the definition of the effective thermal coefficient[4] that is $m = \frac{t_n - t_o}{t_p - t_o}$, the value of m is calculated. Table 3 shows the results.

Table 3 Effective thermal coefficient in different area of inlet vents

NO.	Temp. of inlet /℃	Temp. of outlet /℃	Aver. Temp. in chamber /℃	Effective themal coefficient
1-6	13.4	16.1	14.4	0.39
12-6	14.5	16.8	15.4	0.40
123-6	14.5	16.9	15.4	0.41

According to Table 3, the effective thermal coefficient changes slightly with the increase of area of inlet vents.

2.2 Effects of the Change of Area of Outlet

Keep the area of inlet and arrangement invariable, the effects of area of outlet on volume of natural ventilation, temperature difference, temperature distribution, and height of neutral plane and the variable rule of the effective thermal coefficient are studied through changing area of outlet vents.

Plate 1 is the inlet vent on the right side of chamber and the plate 6, 5, 4 on the left side would be removed in succession. The openings are shown by shadow, as seen in Figure 4. Detail information about arrange-ment of experiments can be seen in Table 4.

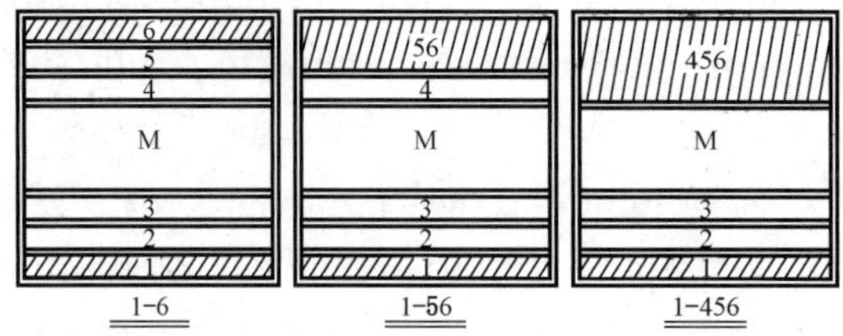

Figure 4 Sketch of experiments of area change of outlet vents

Table 4 Arrangement of experiments about the effect of area change of outlet vents on natural ventilation

No.	Inlet Size /(mm×mm)	Height(inlet center) /mm	Outlet Size /(mm×mm)	Height(outlet center) /mm
1-6	1 903×147	130	1 903×146	1 870
1-56	1 903×147	130	1 903×369	1 760
1-456	1 903×147	130	1 903×592	1 650

2.2.1 Temperature distribution

Temperature change curve with the increase of height in different area of outlet vents is shown in Figure 5.

In the Figure 5, (1) the temperature change with the increase the height has the same trend in different area of outlet vents; (2) the temperature distribution shows three-segment with the increase of height. The temperature increases fastest in the upper part of chamber, slower in the lower part and it changes little in the range of height from 0.5~1.5 m; (3) the temperature of $x1.5$ $y1.5$ is higher than that of $x0.5$ $y0.5$; (4) temperature rise of $x1.5$ $y1.5$ become smaller when the area of outlet vents increase.

2.2.2 Temperature difference and volume of natural ventilation

According to the results in Table 5, temperature difference between inlet and outlet vents decreases and the volume of natural ventilation increase with the increase of area of outlet.

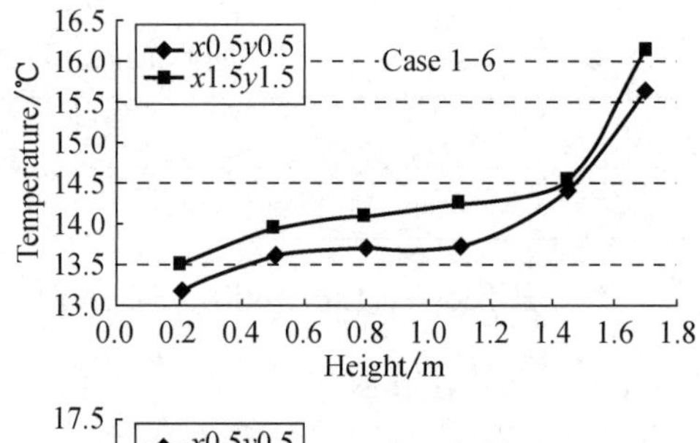

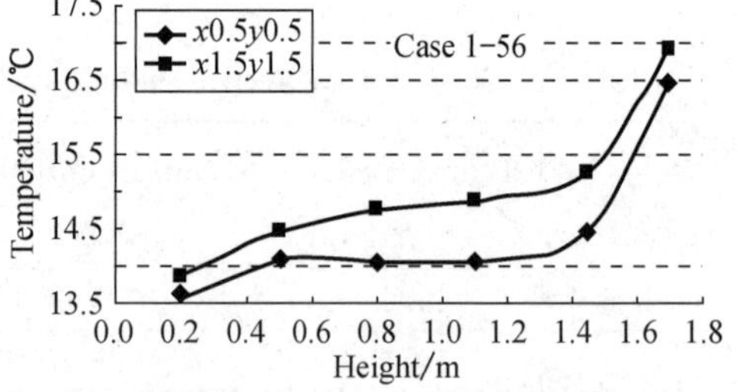

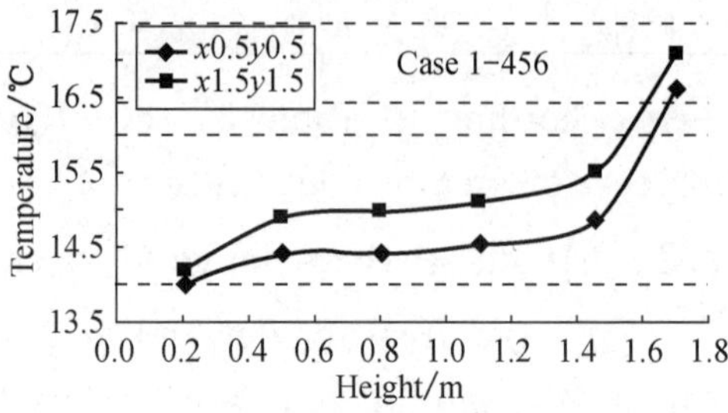

Figure 5 Temperature distribution in different areas of outlets

Table 5 **Shows temperature of inlet and outlet vents and volume of natural ventilation in different areas of outlets**

No.	Temp. of inlet/℃	Temp. of outlet/℃	Δt(between inlet and outlet)/℃	Volume of natural ventilation/($m^3 \cdot s^{-1}$)	Air change $/h^{-1}$
1-6	13.4	16.1	2.7	0.073 6	33.1
1-56	13.6	16.2	2.6	0.088 9	40.0
1-456	14.0	16.5	2.4	0.099 1	44.6

2.2.3 Height of neutral plane and the effective thermal coefficient

(1) Height of neutral plane: As seen in Table 6, with the increase of area of outlet vents, the height of neutral plane increases.

Table 6 **Height of neutral plane in different area of outlet**

Experiment number	1-6	12-6	123-6
Height of neutral plane/mm	994	1 649	1 684

(2) Effective thermal coefficient: According to the results in Table 7, there is no obvious increasing or decreasing relationship in the effective thermal coefficient and area of outlet vents.

Table 7 **Effective thermal coefficient in different area of outlets**

No.	Temp. of inlet /℃	Temp. of outlet /℃	Aver. Temp. in chamber/℃	Effective thermal coefficient
1-6	13.4	16.1	14.4	0.39
1-56	13.6	16.2	14.7	0.43
1-456	14.0	16.5	15.0	0.38

2.3 Effects of Openings Only on One Side

Set openings upper and lower of the left side of the chamber(plate 1 and plate 6) and no openings are on the right side of chamber. The volume of natural ventilation, temperature difference of inlet and outlet, temperature distribution, height of neutral plane and the variation rule of effective thermal coefficient on one side and on two sides are compared and studied. The parameters of openings on one side can be seen in Table 8.

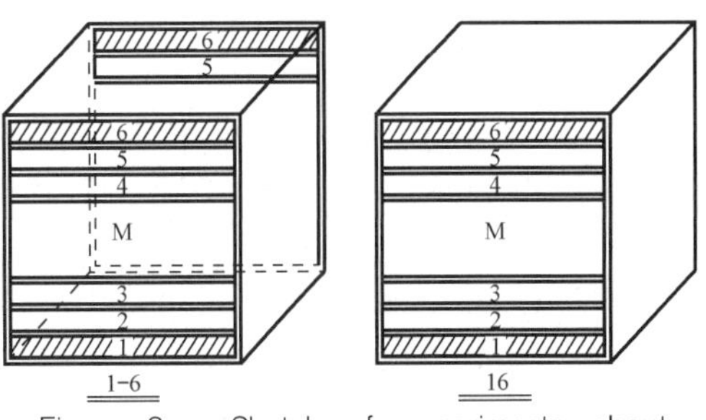

Figure 6 Sketch of experiments about openings on one side and both sides

Table 8 **Parameters of openings on one side**

No.	Inlet Size /(mm×mm)	Height(inlet center) /mm	Outlet Size /(mm×mm)	Height(outlet center) /mm
16	1 903×147	130	1 903×146	1 870

2.3.1 Temperature distribution

Figure 7 is the temperature change curve with the in-crease of height in two arrangements of openings. In the figure, (1) the changes of temperature with the increase of the height have the same trend in different area of outlet. The temperature distribution shows three-segment with the increase of height. The temperature increases fastest in the upper part of chamber, slower in the lower part and it changes little in the range of height from 0.5～1.5 m; (2) temperature rises with the increase of height in two cases are similar; (3) temperature rise of *x*1.5 *y*1.5 is not only smaller than that of *x*0.5 *y*0.5, but also smaller than that in the case that openings are on both sides of chamber; (4) when openings are on both sides, temperature rise of *x*1.5 *y*1.5 in the upper part become larger than that of *x*0.5 *y*0.5 in the same position. But it is opposite when openings are on one side.

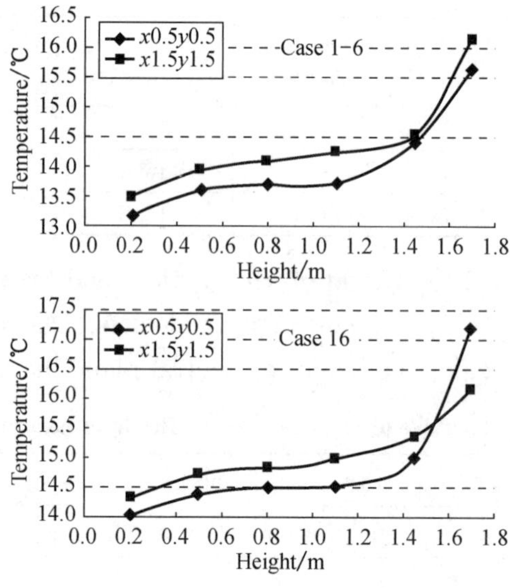

Figure 7 Comparison of temperature between two arrangements of openings

2.3.2 Temperature difference of inlet and outlet and volume of natural ventilation

According to the Table 9, volumes of natural ventilation of two arrangements of openings are the same.

Table 9 Comparison of temperature of inlet and outlet vents and volume of natural ventilation on two arrangements of openings

No.	Temp. of inlet/℃	Temp. of outlet/℃	Δt(between inlet and outlet)/℃	Volume of natural ventilation/($m^3 \cdot s^{-1}$)	Air change /h^{-1}
1-6	13.4	16.1	2.7	0.073 6	33.1
16	14.3	17.0	2.7	0.074 1	33.4

2.3.3 Height of neutral plane and the effective thermal coefficient

1) Height of neutral plane

Due to the invariant of area and height of inlet and outlet vents, height of neutral plane of two arrangements of openings are the same and is 994 mm above the ground.

2) Effective thermal coefficient

According to the results showed in Table 10 and the discussion in this paragraph, the case that openings are on one side or both sides has no obvious effects on thermal natural ventilation.

Table 10 Effective thermal coefficient in different area of inlet vents

No.	Temp. of inlet/℃	Temp. of outlet/℃	Aver. Temp. in chamber/℃	Effective thermal coefficient
1-6	13.4	16.1	14.4	0.39
16	14.3	17.0	15.4	0.39

3 Conclusions

Several conclusions are got though the experiments and theoretical analysis.

(1) In the chamber with strong heat source, temperature distribution shows three-segment with the increase of height. And the temperature increases most fast in the upper chamber and it slower in the lower and it changes little in the middle.

(2) Air temperature of outlet vents is lower than that of inlet vents when the ventilation style that air enters through vents near the bottom and exhaust by the outlet vents near the top is adopted. But with the increase of area of inlet vents, the difference becomes small gradually.

(3) When the ventilation style that air enters through inlet vents near the bottom and exhaust by outlet vents near the top is adopted. The temperature rise is larger on the upper part of the chamber when the area of outlet vents is comparably smaller and far away from the outlet vents. And increasing the area of outlet vents can make the temperature rise become small.

(4) The increase area of inlet and outlet vents can enlarge the volume of natural ventilation but the volume rise caused by the increase of area of outlet vents is larger than that caused by increasing area of inlet vents.

(5) There is no difference on the effect of natural ventilation of openings on one side or both sides in the buildings where thermal pressure is the only driven source for natural ventilation.

References

[1] ZANG Shixiang. Thermocouple and its application[M]. Beijing: Metallurgical Industry Press, 1959.

[2] ZHANG Jinxia. Thermocouple maintenance and test technology Q&A[M]. Beijing: China Metrology Publishing House, 2000.

[3] LI Yuguo. Buoyancy-driven natural ventilation in a thermally stratified one-zone building[J]. Building and Environment, 2000, 35:207-214.

[4] SUN YiJian. Industrial ventilation[M]. Beijing: China Architecture & Building Press, 1994.

紧贴强热源温度分布研究及空气卷吸量计算*

苗 青 刘 东

摘 要：通过现场实测和模型实验，对紧贴强热源周围区域温度分布进行研究。实测和实验研究表明强热源周围温度在一定范围内沿高度线性增加。建立数学简化模型，推导出了紧贴热源周围自然对流空气卷吸量计算公式。

关键词：强热源；温度分布；空气卷吸量；计算公式

Study of the Temperature Distribution Close to the Strang Heat Source and Calculate the Amount of Air Entrainment

MIAO Qing, LIU Dong

Abstract: Study of the temperature distribution close to the strang heat source, by field measurement and model experiments. Measured and experimental studies have shown that the temperature close to the strong heat source increases linearly along the height in a certain range. This article simplified mathematical model, and deduced the amount of air entrainment formulas that close to the strong heat source.

Keywords: strong heat source; the temperature distribution; the amount of air entrainment; calculation formulas

0 引言

冶金，电力等行业存在强热源工业厂房。强热源散出的大量热量往往对工业厂房内的热环境具有较大影响，是影响工人身体健康和关系工作效率的重要因素[1-2]。钢铁轧钢车间是典型的强热源工业厂房，笔者在某钢铁厂冷轧车间对冷轧钢炉周围工作平台热环境进行过实地考察。轧钢炉占地面积不大，但是高度达到了厂房总高度的一半以上，紧贴冷轧钢炉炉壁有相应的楼梯走道供操作巡检人员作业使用。那么紧贴强热源周围空气温度分布有何特点，强热源对周围空气的卷吸量如何计算？本文针对这一情况建立了实验模型，通过厂房实测和模型实验进行了深入研究。

1 厂房内紧贴强热源两侧温度实测分析

1.1 强热源厂房概况

用现场实测的方法对大空间热环境进行评价往往是最直接和有效的办法[3]，笔者在某钢铁厂冷轧车间对冷轧钢炉周围工作平台热环境温度进行了实测。

该冷轧厂房高约 49 m，横向跨度 45 m，机组炉体高 20.5 m 架在 6 m 高的基座之上，冷轧

*《建筑热能通风空调》2016，35(4)收录。

钢机组纵深 140 多 m，分为加热段、均热段、初次冷却段、过时效段和二次冷却段，散热量最大的区域集中在机组加热段和均热段。厂房断面如图 1 所示，为单侧自然通风形式。图 2 为冷轧钢机组实景图。

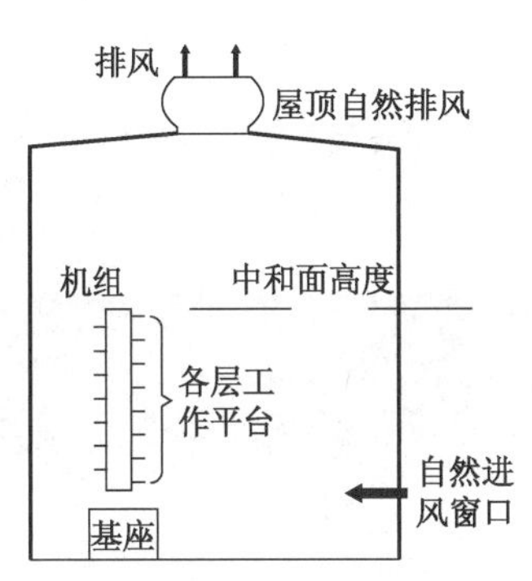

图 1　某钢铁冷轧车间断面图

图 2　冷轧钢机组

1.2　温度实测方法

机组各层工作平台与机组炉体外壁面贴近，宽度为 1.5 m 左右的人行通道。背风侧(朝向自然通风窗口)7 层，迎风侧(背向自然通风窗口)8 层。测量各层工作平台温度，测点在距离炉体壁面 1 m 处的各层人行通道上。工作平台温度测量采用 HM34 温湿度仪，温度量程 −20℃～+60℃，分辨率 0.1℃，相对湿度量程 0～100%RH，分辨率 0.1%RH。测量时避免正对强辐射物体，稳定后读数。

1.3　机组两侧各层工作平台实测温度分布

1.3.1　迎风侧工作平台空气温度

在室外大气温度 19.8℃时，对各层工作平台空气温度进行实测，在直角坐标图上绘出散点图，如图 3 所示。

1.3.2　背风侧工作平台空气温度

运用实测数据，在直角坐标图上绘出散点图，如图 4 所示。

观察实测结果发现，机组两侧工作平台温度随高度的增加而增加，除最高点外基本呈线性增加趋势，拟合曲线如图 5 所示。经检验在显著性水平为 0.1 时，除最高层外，各层工作平台温度与其所在高度线性相关。

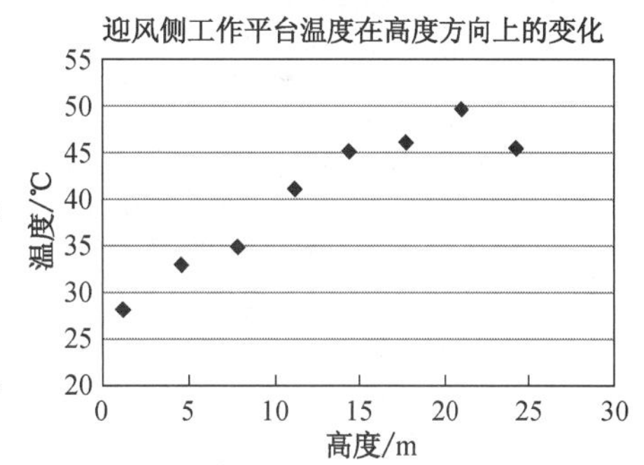

图 3　迎风侧侧工作平台空气温度随高度变化图

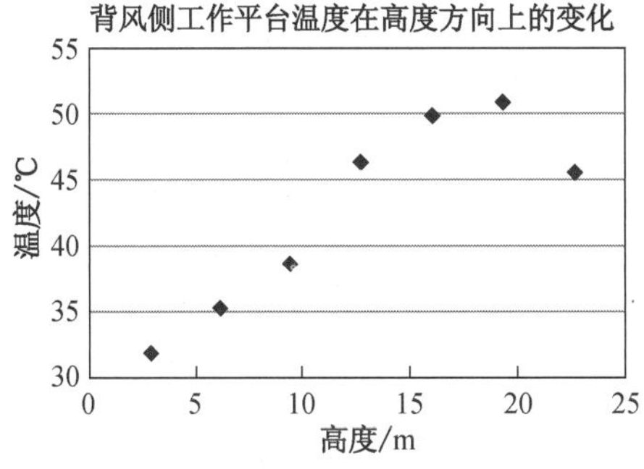

图 4　背风侧工作平台空气温度随高度变化图

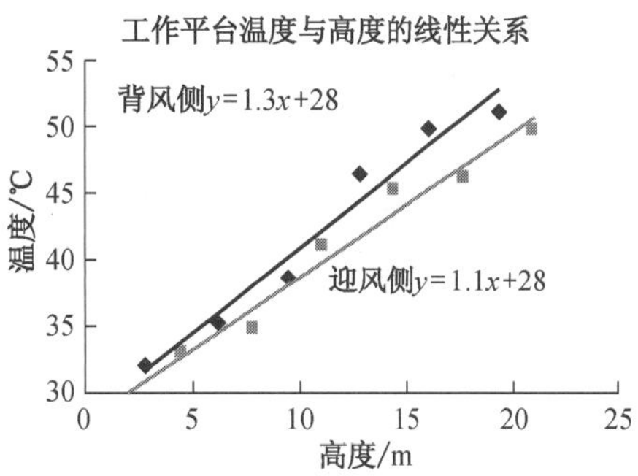

图 5　工作平台温度与高度的线性关系图

为进一步研究紧贴强热源周围空气温度与所在高度的关系，笔者搭建了实验模型进行实验研究。

2 强热源小室实验模型介绍

2.1 强热源小室实验模型

强热源小室模型由模型空间和热源两部分组成。模型空间大小 2 m×2 m×2 m，钢板结构，表面涂有暗白色漆，两侧面和顶面有可拆卸板用来模拟自然通风开窗情况，另两个侧面分别设有观察窗和出入门，如图 6 所示。热源采用电阻丝外包耐高温材料铸成，大小 800 mm×400 mm×30 mm，呈长方形板状，表面散热均匀，输入功率可调 0～3 000 W。

图6 模型小室

2.2 数据采集方式

模型小室空间温度数据采集采用 ADAM4018＋型号的 8 通道数据采集模块配 T 形热电偶，连接计算机自动读数，测量时热电偶探头处加装铝箔防辐射罩，避免辐射对测量温度的影响。用标准温度计将各通道热电偶测量值进行标定修正。热源壁面温度测量采用 testo925 单通道温度计，表面探头是 K 形热电偶，测温范围 −50 ℃～＋200 ℃，测温精度±1%。

空气流速测量采用 QDF-3 型热球电风速仪，测量范围分为低速档和高速档，低速档 0.05～3 m/s，高速档 0.1～30 m/s。本文涉及实验均采用低速档，仪器最小检测量为 0.05 m/s，测量误差±5%(满量程)。

3 相似准则及相似判定

3.1 相似准则

模型小室空间高度只有 2 m，但是强热源工业厂房一般均为 10 m 以上的高大空间。在原型和模型中，因热压而形成自然通风时，只要空气流动处于雷诺自模区，则气体流动都满足下列各式。一般情况下，满足下式：

$$Re = \frac{vd}{\nu} > 2\,000 \tag{1}$$

则可以认为流动处于自模区[4]。经实测模型实验自然通风进风口平均速度 0.214 m/s，自然进风口当量直径 d=0.28 m，在 24℃时空气粘滞系数 16.1×10^{-6}，计算得到 $Re=3.7\times10^{3}$满足式(1)。

关于模型与实型之间的相似关系，文献[4]、[5]中给出了详细推导。将温差比例尺定为 1，即采用相同的温度条件，$C_T = 1$，忽略模型地与原型地大气压差异则有：

$$C_Q = C_G = C_l^{\frac{5}{2}} \tag{2}$$

$$C_V = C_l^{\frac{1}{2}} \tag{3}$$

其中　C_l ——几何比例尺；

C_Q ——热量比例尺；

C_G ——风量比例尺；

C_V ——速度比例尺。

3.2　模型实验与实测相似判断

厂房高约 49 m，模型小室高 2 m，冷轧钢机组工艺加热段和均热段纵深约 10 m 实验热源宽度 0.4 m，厂房与实验模型进行比较，确定几何相似比例为 $C_l = 25:1$。机组加热段与均热段散热量约 4.5 MW，这样可以根据厂房原型散热量计算得到实验模型所需散热量 $q = Q/C_Q = Q/C_l^{\frac{5}{2}} = 1.44$ kW，实验热源设定为 1.5 kW，可以认为模型与原型基本相似。各层工作平台温度测点距离机组壁面约 1 m，与模型实验中距离热源 40 mm 的测点满足几何相似条件。

4　模型实验热源两侧温度分布规律的研究

为分析距离热源 0.04 m 高度方向上的温度分布情况，在标高 0.3 m 以上每隔 0.1 m 布置一个温度测点，共 16 个点如图 7 所示。在模型小室自然进风温度为 18℃时实测温度数据如图 8 所示。

分析图 8 数据，除去标高 0.3 m 和 1.0 m 靠近热源上下两个端面测点中间部分温度随高度变化有线性增加趋势。最上和最下两个测点温度值均在线性趋势线以下，初步判断是受气流组织影响，该两个测点周围空气流动没有完全被热源本体阻挡，温度在趋势线上有些下降。除去标高最上和最下两个测点，拟合线性曲线如图 9 所示。

图 7　热源周围温度测点布置图

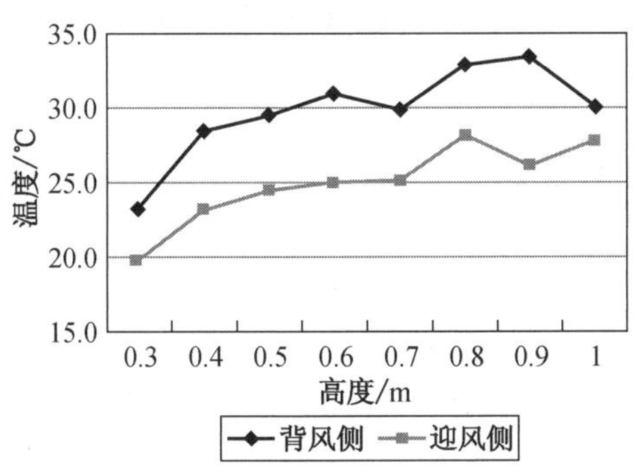

图 8　距热源 0.04 m 高度方向上的温度分布

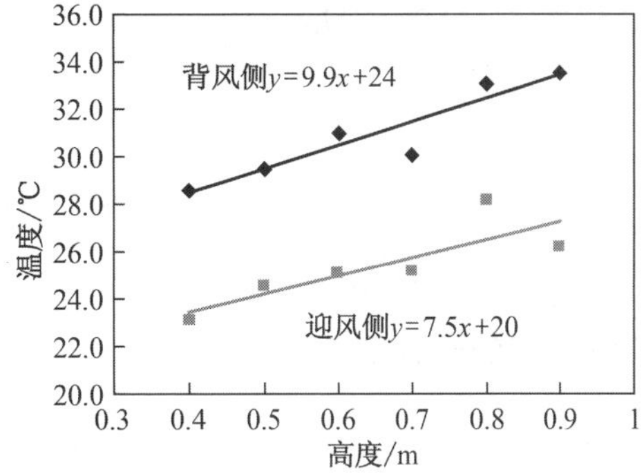

图 9　背风侧温度随高度线性增加曲线

5　紧贴热源周围自然对流空气卷吸量计算

距离热源 0.04 m 处，热源周围温度沿高度基本呈线性增加趋势。假设贴近热源的空气流动方向是竖直向上的称之为自然对流上升气流，假设周围空气一经卷吸进入上升气流，在同一高度上其温度均匀一致。由以上两个假设可以推断热源散出来的热量由下到上汇入上升气流使气流温度增加,并且不断卷吸周围空气进入自然对流上升气流。数学描述为:

$$Q\frac{\mathrm{d}h}{H}=c\cdot \mathrm{d}(mt) \tag{4}$$

式中 m——紧贴热源壁面一定距离内自然对流空气卷吸量,kg/s;

Q——热源单侧散出总热量,kW;

H——热源总高度,m;

h——与热源底部在竖直方向的距离;

c——空气比热,为 1.01 kJ/kg℃。

$Q\frac{\mathrm{d}h}{H}=ct\cdot \mathrm{d}m+cm\cdot \mathrm{d}t$, 即

$$\frac{Q}{H}=ct\cdot\frac{\mathrm{d}m}{\mathrm{d}h}+cm\cdot\frac{\mathrm{d}t}{\mathrm{d}h} \tag{5}$$

认为靠近热源周围温度与高度之间有线性关系,令 $t=ah+b$ 代入式(5),化简得:

$$\frac{\mathrm{d}m}{\mathrm{d}h}=\frac{Q-cHam}{cHt}=\frac{Q-cHam}{cH(ah+b)} \tag{6}$$

对式(6)分离变量得:

$$\frac{cH\,\mathrm{d}m}{Q-cHam}=\frac{\mathrm{d}h}{ah+b} \tag{7}$$

进一步变换为可直接积分的形式:

$$\frac{\mathrm{d}(Q-cHam)}{Q-cHam}=-\frac{\mathrm{d}(ah+b)}{ah+b} \tag{8}$$

积分得:

$$\ln(Q-cHam)=-\ln(ah+b)+\ln C' \quad (\text{其中 } C'\in \mathrm{R},\ C'>0) \tag{9}$$

式(9)整理为:

$$Q-cHam=\frac{C'}{ah+b} \tag{10}$$

将边界条件 $h=0$, $m=0$ 代入,得 $C'=Qb$,代入式(10)整理得到卷吸空气质量 m 与热源标高 h 之间的函数关系:

$$m=\frac{Qh}{cH(ah+b)} \tag{11}$$

将实验测量结果代入式(11),分别得到迎风侧与背风侧紧贴热源周围空气卷吸质量与标高之间的关系为:

$$\text{迎风侧}\quad m=\frac{0.93h}{7.5h+20} \tag{12}$$

$$\text{背风侧}\quad m=\frac{0.93h}{9.9h+24} \tag{13}$$

将式(12)、式(13)函数关系绘制曲线,如图 10 所示。

从上面数学模型可以看出,单位时间内,背风侧卷入热源周围的空气量比迎风侧少,空气流动性较差。要改善背风侧热环境建议增加局部机械送风装置。

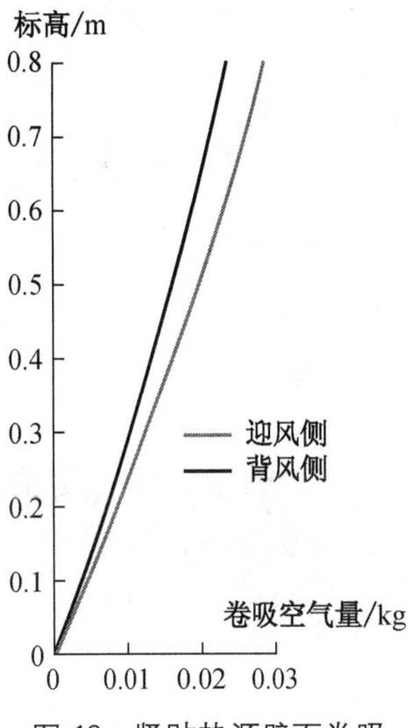

图 10 紧贴热源壁面卷吸空气量与高度关系

6 结论

通过模型实验小室,研究了在自然通风条件下,紧贴强热源区域的温度分布规律。模型实验显示紧贴强热源区域在同一铅锤线上,除了靠近热源最下端和最上端两个测点外,温度随高度的增加而线性增加。某冷轧厂房冷轧机组工作平台实际情况与模型实验具有很好的相似性,厂房实测结果与实验结果规律基本相同。文章在模型实验和实测分析的基础上建立数学模型,给出了紧贴热源周围自然对流空气卷吸质量与所在高度之间关系的数学表达式。

参考文献

[1] 孙一坚. 简明通风设计手册[M]. 北京:中国建筑工业出版社,1997.
[2] 李庆福. 厂房自然通风设计中应注意的几个问题[J]. 工业建筑, 2002,(06):25-28.
[3] 黄晨,李美玲. 大空间建筑室内垂直温度分布的研究[J]. 暖通空调,1999,29(5):28-33.
[4] 刁亚华,等. 小湾水电站地下厂房自然通风理论计算和模型试验[J]. 暖通空调,2005,35(4):1-5.
[5] 杨愉,钱建民,廉毅. 龙滩水电站地下厂房春季机械通风模型试验研究[J]. 制冷与空调,2005(增刊):78-81.

实验室排风柜测试方法的比较与分析*

李斯玮　刘东

摘　要：本文对欧洲标准(EN 14175)、美国标准(ASHRAE 110)和中国标准(JB/T 6412—1999)中排风柜的测试方法进行了对比研究，详细分析了各个标准中基本测试条件、面风速测试方法和污染物浓度测试方法的差异，综合比较后得出的结论认为 ASHRAE 110 中的测试方法具有较高的综合评价。

关键词：化学实验室；排风柜；标准；面风速；污染物浓度

Comparison and Analysis of Testing Methods from Different Standards of Fume Hood in Laboratory

LI Siwei, LIU Dong

Abstract: The testing methods of fume hood from European standard EN 14175, American standard ASHRAE 110 and Chinese standard JB/T 6412—1999 have been compared. The differences in basic testing condition, testing method of face velocity and containment test has been analyzed. A conclusion has been drawn that the testing methods in ASHRAE 110 receive the highest integrated evaluation.

Keywords: laboratory; fume hood; standard; face velocity; containment concentration

0　引言

排风柜是实验室中控制污染物的重要设备。目前，为了确保实验人员的安全和健康，对实验室环境控制的要求越来越高，人们也越来越关注排风柜自身的效率和安全性，并制定了相应的排风柜标准，如美国在 1995 年制定了 ANSI/ASHRAE 110—1995[1]，并在 2003 年对其进行了修正[2]，出版了 BSR/ASHRAE 110 P；欧洲在 2003 年制定了欧洲标准 EN 14175[3]；我国在 1999 年也制定了相关的标准 JB/T 6412—1999 以指导和规范国内排风柜的生产和使用[4]。

本文将对 EN 14175、ANSI/ASHRAE 110—1995(包括 BSR/ASHRAE 110 P 中一些修正，以下都简称为 ASHRAE 110)和 JB/T 6412—1999 中提到的排风柜检测方法进行比较。

1　主要测试项目

排风柜内的气流组织必须合理，以利于控制柜内散发的污染物，并使其顺利排到室外，而不会通过排风柜的操作口散逸到室内，危害实验人员的健康和安全。为了评价排风柜的这一性能，尽管各个国家制订的标准细则存在差异之处，但都具有两个相同的基本要素，即面风速和污染物控制浓度。

美国国家标准学会(ANSI)和美国工业卫生协会(AIHA)在 1992 年制定了

*《建筑热能通风空调》2010，29(3)收录。

ANSI/AIHA Z9.5—1992实验室通风标准，强调面风速是评价排风柜性能的一项重要指标。所谓面风速，即排风柜操作面上的控制风速。一般要求面风速应控制在0.4～0.6 m/s的范围内。面风速太小，说明排风机在操作面上的控制效果不够，柜内污染物容易摆脱预定的气流排放路径，经由操作面逃逸出排风柜；面风速太大，容易在柜内靠近出口处的区域产生紊流，影响排风柜的气流组织形式，污染物可能会积聚在排风柜内的角落或从操作面逸散出排风柜[5,6]。理想的面风速测试结果，应使面风速大小在预定范围内，且在操作面上的风速分布尽可能均匀。

然而研究表明，即使在面风速合乎要求的情况下，排风柜对污染物的控制情况并不一定能够达到预期的目标。从176份根据ASHRAE110进行的排风柜测试报告发现，排风柜面风速与示踪气体的控制浓度之间的相关系数仅仅0.24[7]。因此，1995年，ANSI和美国采暖、制冷与空调工程师学会(ASHRAE)推出的ANSI/ASHRAE 110—1995实验室排风柜性能的测试方法中不仅坚持了面风速的测试，还首先提出了另一项评价排风柜性能的指标：污染物浓度测试。目前绝大多数国家都已经将污染物测试列为排风柜测试中另一项非常重要的评价指标。污染物控制浓度，是指在在排风柜正常运行时，在柜内以2 L/min的速度释放示踪气体，操作面上的示踪气体浓度。在ASHRAE 110和JB/T 6412—1999中，采用柜前假人呼吸带处的示踪气体浓度作为控制浓度，其柜内示踪气体的释放速率为4 L/min；而在EN 14175中，采用的操作面上的示踪气体浓度作为控制浓度，此时，柜内示踪气体的释放速率为2 L/min。相比较于面风速而言，污染物控制浓度能够更加直接地反映排风柜的污染物控制效果。但由于自然界的化学物质很多，污染物控制浓度所反映的也只是排风柜对于与所选用示踪气体化学物理性质相近的化学物的控制情况，所以污染物控制浓度这一项指标也并不能全面地反映排风柜性能。因此，目前各国标准主要利用面风速和污染物控制浓度两项指标来评价排风柜的性能，并根据自己的国情相应地增加一些其他评价指标。

2 各国标准概述

2.1 美国标准(ASHRAE 110 Method of Testing Performance of Laboratory Fume Hood)

ASHRAE 110是目前世界上适用范围最广的排风柜标准，其目的是为了提供定量和定性的测试方法来评估实验室排风柜对污染物的控制能力。定量的测试方法就是上文所述的面风速测试和污染物控制浓度测试，而定性的方法是流动显示测试。

流动显示测试是利用可视的烟气来直接显示排风柜内气流的流动方式。在ASHRAE 110中，流动显示测试分为两种：微量烟气测试和大量烟气测试。这种定性的测试方法具有操作简便、结果直观的优点，但也有其局限性。首先，主观性强。尽管ASHRAE 110在不断加强对其测试结果描述的规范性，如最新的BSR/ASHRAE 110P(即ANSI/ASHRAE 110—1995的修正版)不仅增加了流动显示测试的内容，还规范了对其检测结果的描述方式，该描述仍然具有相当大的主观性，其可信度也因此降低。其次，该结果无法量化。两个描述相同的结果之间无法进行进一步比较。最后，人眼观察的范围有限，对于其微小的变化或散逸无法辨别。鉴于以上这些局限性，流动显示测试始终都只是一个辅助测试，而无法成为一个必要的评价指标。

2.2 中国标准(JB/T 6412—1999 排风柜)

JB/T 6412—1999中规定了排风柜的型式、基本参数和尺寸、技术要求、测试方法和检验规则以及标志、包装、贮存。其中测试方法部分除了引用ASHRAE 110的测试内容外，还增加了阻力测试一项。阻力测试的目的是为了测量排风柜的阻力，该指标可以从另外一个侧面间接反映排风柜的设计是否合理，气流流动是否平缓顺畅。

其测量原理是利用毕托管测出排风管道内的全压值和动压值，再由动压值算出管道内的风速，然后根据风速算出各接头的局部阻力和管道内的沿程阻力。用开始测出的全压值减去动压、局部阻力和沿程阻力后剩下的就是排风柜阻力。

2.3 欧洲标准（EN 14175 Fume Cupboards）

EN 14175 的描述在目前所有排风柜标准中最为详细，共有 6 个部分，分别是：《术语》、《安全规范和运行要求》、《规范测试方法》、《现场测试方法》、《安装和维护建议》和《变风量排风柜》。其中在《规范测试方法》中详细描述了在检测室进行排风柜检测的测试方法，共分为：气流测试、拉门测试、气流指示器测试、结构和材料测试及照明测试五大部分，其中气流测试部分与 ASHRAE 110 相比，略去了流动显示测试，而增加了抗干扰测试、换气效率测试和压差测试等相关内容，旨在用定量的方法更加精确和全面地反映排风柜性能。

抗干扰测试的目的是考察如果有操作人员在柜前走动是否会对排风柜的污染物控制能力产生影响。测试中，用一块平板来回移动来模拟操作人员在柜前进行操作时可能对排风柜运行造成的影响，然后记录下该移动过程中，操作面上示踪气体浓度的变化。

换气效率测试的目的是为了考察在实验室内正常通风的情况下，排风柜将柜内污染物完全排出所需要的时间，即在柜内没有污染物发生时，柜内外污染物浓度的衰减情况。

压差测试是用微压计测量排风管道内的表压，看是否符合预定的压差值。

3 测试方法的比较和分析

尽管部分测试项目相同，如面风速测试和污染物控制浓度测试，但是在各部标准中规定的测试要求也不尽相同。下面对各个测试方法进行比较和评价。

3.1 基本测试条件

测试前的准备在某种程度上决定了该次测试的可信度和精确度。在上面提到的三部标准中，对于基本的测试条件都做了相应的要求，详见表 1。

表 1　基本测试条件的比较

测试项目	ASHRAE 110	JB/T 6412—1999	EN 14175
测试室位置	已有建筑内	已有建筑内	已有建筑内
测试室尺寸	无要求	无要求	≥4 m×4 m×2.7 m
温度	(22±2.7) ℃	无要求	(23±3)℃
压力	−5 Pa	无要求	无要求
示踪气体背景浓度	<0.01 ppm	<控制浓度的 10%	<0.01 ppm
实验室通风系统	正常运行	正常运行	正常运行
干扰	柜前 1.5 m 范围内无阻隔，无大于 0.15 m/s 的横向气流	柜前 1.5 m 范围内无阻隔，无大于 0.1 m/s 的横向气流	柜前 1.5 m 及柜两侧和顶部 1 m 范围内无阻挡，背景风速小于 0.1 m/s，室内无表面温度高于 40 ℃的物体

由表 1 可以得出，这个部分的差别主要集中在测试室尺寸、温度、压力、示踪气体背景浓度和避免干扰的要求上。在排风柜的测试中，测试室尺寸主要会对污染物浓度的测试结果和操

作面上的气流组织形式产生影响。测试室尺寸过小的影响有两方面：第一，会使实验室通风系统的送风口过于靠近排风柜的操作面，其送风气流速度过大，无法满足上面所提到的基本测试条件，结果会影响到排风柜对污染物的控制[5]；第二，因为示踪气体的发生量是一定的，测试室的尺寸过小就意味着室内示踪气体的浓度会偏大，难以满足测试的最终要求。反之，如果测试室尺寸过大，会造成浓度测量结果偏小，形成一种假象，认为该排风柜对污染物的控制十分有效。

就温度而言，ASHRAE 110 是按照华氏温度(72±5) ℉换算过来的，与 EN 14175 的要求几乎一致。理论上来说，测试在室温条件下都能进行，但由于在不同室内温度的条件下，测试结果会有所不同，为了让不同排风柜的测试结果具有可比性和重复性，普遍认为对测试室的温度应该有所控制。

化学实验室的空间压力相对相邻区域应保证一定的负压差以防止室内污染物扩散出去，因此 ASHRAE 110 提出的压力控制要求是非常必要的。

ASHRAE 110 与 EN 14175 对示踪气体的背景浓度要求相同，而 JB/T 6412—1999 的要求相对要低一些(JB/T 6412—1999 中规定的浓度上限值是 0.5 ppm)，并且测试的背景浓度要在测试完成后与最后的测试结果相比较才能被确定是否有效。

在避免干扰的要求中，这三种标准的要求基本一致，一般建议在排风柜前 1.5 m 区域内的房间送风速度不应超过排风柜面风速的 20%[8]，因此，应尽可能地减小该区域内的送风气流速度，以免造成面风速的强烈波动，形成局部涡流，从而导致污染物逸出。值得一提的是，在EN 14175 中特别指出在测试室内不能有较高温物体存在，这样可避免热压对气流组织的影响。

因此，就这个方面比较而言，EN 14175 中提到的要求要更加细致和全面。

3.2　面风速测试

面风速作为最早提出的评价指标，其测试方法已经得到各国的认同，测试流程也都大致相同。各标准之间的差异主要体现在测量仪器的选择，测点的布置以及数据处理这些方面，如表 2 所示。

表 2　面风速测试过程比较

测试项目	ASHRAE 110	JB/T 6412—1999	EN 14175
风速测量仪	0.25～2 m/s	0.05～10 m/s	0.2～1 m/s
风速仪不确定度	0.5 m/s 以下：0.025 m/s 0.5 m/s 以上：−5%	无要求	应小于 0.02 m/s　5%
测点布置	用几条平行的直线将操作面等分为几个矩形小块，每个小块的面积不大于 0.09 m^2，边长不大于 330 mm。测点即为这些矩形小块的中心	将操作面等分为不少于 16 个的矩形小块，每个小块的面积应小于 0.09 m^2，测点在各小块的对角线交点上	水平方向和垂直方向各应有不少于 3 条的平行等距离测线，最外围的两条线距离排风柜操作面外围边缘 100 mm，中间各线彼此之间的距离应小于 400 mm、这些线的交点即为测点
各测点的测试时间	20 s，每秒读数一次	无要求	60 s，每秒读数一次
数据分析	算得整个操作面面风速的平均值，并记录最小值和最大值	算得整个操作面面风速的平均值及最大值、最小值与平均值的偏差 d_1，d_2	算得每个测点的平均风速和标准偏差
面风速规定范围	无要求	0.4～0.5 m/s d_1，d_2<15%	无要求

由表 2 可以得出，各标准中对测点的布置和数据的处理要求都基本类似，但在 JB/T 6412—1999 中，特别规定了测点数不小于 16 个，这从某一个程度上来说，也是为了确保测试结果足够可信，能够反映整个操作面上的风速分布情况。在这个部分里，各标准的主要差异其实在于测试时风速仪的选择和对每个测点的数据记录次数。

关于风速仪的选择，直接从表中数据可以算得，按照 ASHRAE 110 的规定，所选风速仪的最小误差为：0.025 m/s，最大误差为 0.1 m/s；按照 EN 14175 的规定，所选风速仪的最小误差为 0.03 m/s，最大误差为 0.07 m/s。而排风柜的面风速规定的范围是 0.4～0.6 m/s，在这区间内按照 EN 14175 选择的风速仪误差范围是 0.04～0.05 m/s，略大于按照 ASHRAE 110 选择的风速仪误差范围 0.025～0.03 m/s。此外，如果设计不合理，排风柜的面风速可能会超过 1 m/s，所以，ASHRAE 110 中的关于风速仪量程的规定要更合理。

在 1995 版的 ASHRAE 110 中规定每个测点的读数次数为 4 次，而在 110P 中，不仅增加了读数次数，规定了读数时间，还特别强调风速仪在测试过程必须用支架固定读数，不能手持。这样做的目的，也是为了增加测试的可信度和准确性。就单个测点而言，读数 20 次和 60 次均可，都能保证测试结果的准确。因此，在此前提下，读数 60 次不仅使测试时间无谓延长，还加大了数据处理工作量，对测试最后结果的影响并不大。

由此可以看出，就这个部分而言，ASHRAE 110 对于风速仪的选择是较为合理的，其整个测试方法已经足够保证测试的精确和严密。

3.3 污染物测试

示踪气体浓度的测试是每部标准的重点，也是差异最大的地方。JB/T 6412—1999 的示踪气体测试部分引用自 ASHRAE 110，但只保留了最基本的测试项目，因此在下面的叙述中，不再单独介绍 JB/T 6412—1999 的这一部分。表 3 是 ASHRAE 110 中浓度基本测试与 EN14175 中的内平面测试的比较。(所谓的内测试平面是指排风柜操作平面，即以拉门开度两侧边缘为水平边，排风柜两侧内壁为垂直边的一个平面)

表 3　污染物基本测试过程比较

测试项目	ASHRAE 110	EN 14175
测试气体	纯度在 99%以上的 SF_6	SF_6 浓度为 10%的 N_2
释放速率	4 L/min	2 L/min
仪器量程	0.01～100 ppm 0.1 ppm 以上：－10%	无要求
仪器精度	0.01～0.1 ppm：－25%	0.01 ppm
侵入	50 ppm 时，重复读数误差在－1%以内高1 650 mm，肩高 1 350 mm，肩宽 430 mm，双手垂直放下，按照实验室人员的衣着情况穿着	无侵入
采样方法	软管连接气体分析仪	采栏网连接气体分析仪、采样网由 3 条间距为 100 mm 的水平线和 3 条间距为 100 mm 的垂直线构成，采样点为这 6 条线相互的交点，共 9 个点

（续表）

测试项目	ASHRAE 110	EN 14175
测点位置	假人放置在柜门前中间位置，其鼻尖距柜门距离为 75 mm；测点在假人的呼吸带处，高于工作台的 660 mm	操作面上，水平和垂直方向各一系列等间距的直线，最外面两极线距内测试平面边缘处 130 mm，中间各线间距不超过 600 mm，这些线的交点即为测点，采样网的中心点与测点重合
引射器位置	引射器变换 3 个位置放置；距排风柜左内壁面 300 mm 处。中间相距排风和柜左为壁面 300 mm 处。与柜门的距离始终为 150 mm	引射器中心与采样网的中心相对，间距 150 mm
测试时间	每个引射器的位置测量 5 min，每 10 s 读数一次	持续读数 360 s
数据分析	算得每个引射器位置的平均值，取最大值作为控制浓度	去掉前 59 s 的数据，算得各测点控制浓度的平均值，共计算污染浓度系数
浓度规定范围	控制浓度＜0.1 ppm	各测点控制浓度＜0.01 ppm

由表 3 的对比可以看到，ASHRAE 110 与 EN 14175 中污染物浓度的测试采用的是两种截然不同的方法，将这两种方法从经济性、可信度和操作性三个方面来进行比较，发现 ASHRAE 110 中的测试方法更为合理。

首先，从经济方面考虑，SF_6 是一种比较昂贵的气体，EN 14175 之所以使用 SF_6 浓度为 10％的 N_2 作为测试气体，就是为了降低测试成本。然而，SF_6 浓度降低，意味着气体分析仪的检测下限和精度需要提高，也就意味着测试成本总量仍然可能增加。其次，在 EN 14175 中提到，气体分析仪的精度要求为 0.01 ppm，而其规定的测点控制浓度应小于 0.01 ppm，这就意味着当测点的示踪气体浓度小于 0.01 ppm 时，气体分析仪是无法测出具体数值的，哪怕测点的气体浓度为 0.009 9 ppm。当测试方的检测报告中测点控制浓度这一栏注明“＜0.01 ppm”字样时，实际的控制浓度可能小于 0.01 ppm 很多，也可能很接近 0.01 ppm，只是由于测试仪器和方法的问题而无法测出，因此，这份报告的可信度就打了个折扣。最后，从操作层面来说，要检测浓度为 0.01 ppm 的示踪气体，其用来进行对比的标准气体浓度应为 0.005 ppm 或 0.001 ppm，无论是自己配制还是直接购买，该标准气体的浓度误差都比较大，配制起来也极为不方便。综合这三方面的考虑，EN 14175 中希望用低浓度 SF_6 在较低发生速率的情况下进行测试以降低成本的做法值得商榷。在 ASHRAE 110—1995 中，并没有强制规定必须要用纯度为 100％的 SF_6，但在 110 P 的版本中，却提到了这一限制，要求一定要使用纯度为 99％以上的 SF_6。

另一个较大的争议在于测试中是否应该使用假人。欧洲标准委员会对于他们不使用假人的解释是，人的体型有差异，没有哪个假人能够代表所有人的体型。但实际上，放置假人的目的并不在于要它能够完全真实地模拟有实验人员在柜前操作的情况，而是为了再现有人在柜前操作时，因为人员的阻挡，而在柜前部分区域形成涡流的情况，测试此时的控制浓度才能够更好地反映排风柜的性能。并且，关于假人尺寸，每个国家都有根据国民的身高尺寸调查结果而确定的标准人体模型，尽管这个模型确实不能代表所有人的尺寸，但已经足够反映一个国家国民的标准尺寸。

除了基本测试之外，ASHRAE 110 中还有两组测试来弥补基本测试中不足的地方：①移开假人，把采样探针沿着距排风柜柜门边缘等速移动一圈，记录下这个过程中出现的浓度最大值和位置。②将假人放回原处，打开引射器，关闭拉门。两分钟后，测试此时室内的背景浓度。然后等速缓慢打开拉门，记录这个过程中的 SF_6 浓度，取最大值。运行稳定后，再以同样的速度缓缓关闭拉门，持续记录 SF_6 浓度。可以看到，①过程与 EN 14175 的测试方法类似并且更加快捷和方便。而②过程与 EN 14175 中的外测试平面测试类似。

4 结论

本文综合叙述和比较了欧洲、美国和中国关于排风柜性能测试的相关标准，尽管各标准的表述不一，但对于测试的基本项目和主要控制指标是一致的，即面风速和控制浓度两大主要指标。其中，通过分析后，各标准之间的比较结果可以用表 4 来表示。

表 4　各标准之间比较的最终结果

比较结果		ASHRAE 110	JB/T 6412—1999	EN 14175
测试项目		较完备	一般	完备
基本测试条件		较好	一般	好
面风速测试	精确度	好	一般	好
	可行性	好	好	较好
	可信度	高	较高	高
	成本	较高	低	高
污染物测试	精确度	好	好	较好
	可行性	好	好	较好
	可信度	高	高	较高
	严密性	好	较好	好
文字描述严密度		较好	一般	好

通过表 4 可以发现，ASHRAE 110 作为目前最为通用的测试方法，其测试的完备性、可行性、可信度、精确度和要求的严格性都是最好的。美国对排风柜的研究从来没有停止过，从 ASHRAE 110—1995 到 110P，标准的条文叙述和相关测试方法也一直在变化。EN 14175 的综合评价虽然略逊于 ASHRAE 110，但也在持续发展着，努力缩小与美国认识上的差异，并且其语言描述的严密性和严谨度是值得我们学习的。JB/T 6412—1999 与另外两部标准相比，虽然起步时间较晚，但是也在积极地进行完善。

今年我国正在制定《无风管自净型排风柜》，无论是 ASHRAE 110 还是 EN 14175，都值得我们仔细研究与借鉴。

参考文献

[1] ASHRAE. Method of testing performance of laboratory fume hood (ANSI/ASHRAE 110—1995)[S]. Atlanta: ASHRAE, 1995.

[2] ASHRAE. Method of testing performance of laboratory fume hood (BSR/ASHRAE 110P)[S]. Atlanta: ASHRAE, 2005.

[3] European Committee for Standardization. Fume Cupboards (EN 14175)[S]. Brussels: European Committee for Standardization, 2003.

[4] 国家机械工业局. JB/T 6412—1999 排风柜[S]. 北京:国家机械工业局,1999.
[5] 阙炎振. 现代实验室通风控制研究[D]. 上海:同济大学,2003.
[6] LAN B D Mclntosh. ASHRAE laboratory design guide [M]. Atlanta: ASHRAE,2001.
[7] DALE T, MAUPINS Karen. Using the ASHRAE 110 Test as a TQM tool to improve laboratory fume hood performance [J]. ASHRAE Transactions, 1997, 14: 851-862.
[8] WUNDER J S. Personnel communication from operating experience with laboratory equipment[R]. Madison: University of Wisconsin,2000.

内置有障碍物时排风柜性能的实验研究*

王新林　刘东　程勇　王康　胡强

摘　要：排风柜性能受到很多因素影响。本文采用实验方法分析了排风柜拉门高度500 mm和拉门全开，不同面风速时柜内障碍物对排风柜性能的影响。实验结果表明：排风柜面风速分布均匀性与面风速大小和柜内障碍物阻挡率呈线性函数关系；面风速越小，障碍物阻挡率越大，排风柜性能和面风速分布均匀性更差。

关键词：障碍物；面风速分布；流动显示

Experimental Study on Performance of Fume Hood with Obstacle Located Inside*

WANG Xinlin, LIU Dong, CHENG Yong, WANG Kang, HU Qiang

Abstract: The performance of fume hood is related to many factors. Experimental method is used to research on the performance of obstacle located inside fume hood when the height of sash is at 500 mm and maximum opening under different face velocity. The results show that the performance of fume hood is linearly related to face velocity and the area ratio of open of fume hood blocked by obstacles; the uniformity of face velocity of fume hood becomes worsen when face velocity is lower and the area ratio of open of fume hood blocked by obstacles is greater.

Keywords: obstacles; distribution of face velocity; flow visualization

0　引言

排风柜是实验室内实现有害物源头控制的核心设备。排风柜的运行性能好坏直接关系到实验人员的健康。排风柜性能受到很多因素的影响，如空调送风，门窗开启时产生横向干扰气流，柜内的实验仪器等。

Ngiam Soon Lan和Allan T Kirkpatrick等学者的研究成果表明[1, 2]排风柜拉门全开，柜前有操作人员，柜内放置实验设备时，排风柜的污染物逸出量将增加。Peixin Hu等[3]利用CFD数值模拟研究了排风口位置、排风柜前障碍物大小和拉门扶手等对柜内及其周围气流组织形式的影响，得出排风管靠中央布置，柜前障碍物对操作口阻挡面积越小时，排风柜内污染物逸出的可能性越小。台湾大学的Li-Ching Tseng教授等[4]研究了排风柜面风速波动与其性能的关系；由于排风柜的操作口左右两侧以及"门槛"处发生了气流边界层分离，形成涡流，增加了柜内污染物逸出的可能性。同济大学的陈道俊结合工程实例，得出送风气流对实验室排风柜气流控制性能影响[5]。为了避免实验送风对排风柜性能的影响，文献[6]规定任何房间送风散流器至排风柜罩面所在平面的距离不能小于1 500 mm。同济大学的程勇等[7]采用数值模拟的方法研究了实验室内两台排风柜布置形式和布置间距对排风柜性能的影响。

*《建筑热能通风空调》2012，31(1)收录。

由于实验操作需要，排风柜内会放置多种实验仪器设备；因仪器设备的阻挡作用，会改变排风柜内和操作口的气流组织形式，影响排风柜性能。因此，本文将采用实验方法分析障碍物阻挡率与排风柜性能之间的关系。

1 排风柜性能的评价指标

目前，比较常用的排风柜性能评价指标：面风速和控制浓度。这里，作者用面风速均匀性来分析障碍物对排风柜性能的影响。

(1) 平均面风速

平均面风速是指排风柜在某拉门开度下整个排风柜罩面风速的平均值，定义为

$$\bar{v} = \frac{\sum_{i=1}^{n} vi}{n} \tag{1}$$

(2) 最大偏差 δ_{max}

最大偏差 δ_{max} 是指排风柜的操作口最大测点面风速与平均面风速的偏差，定义为[8]

$$\delta_{max} = \frac{|v_{iman} - \bar{v}|}{\bar{v}} \tag{2}$$

(3) 最小偏差 δ_{min}

最小偏差 δ_{min} 是指排风柜的操作口最小测点面风速与平均面风速的偏差，定义为[8]

$$\delta_{min} = \frac{|v_{imin} - \bar{v}|}{\bar{v}} \tag{3}$$

2 实验装置及实验原理

2.1 实验装置

实验系统包括排风柜、变频风机、静压箱、椭圆喷口、倾斜式微压计、胶皮管、整流格栅、风速仪等。排风柜为标准型排风柜，规格为 1 200 mm×980 mm×2 700 mm(长×宽×高)，排风柜操作口最大面积为1 030 mm×850 mm，排风管直径为 250 mm。气流在排风机抽力作用下，通过排风柜操作口进入柜内，流经左右两侧柜壁的狭缝和顶部狭缝，最后通过排风口排出。排风柜内部的气流流通通道主要包括左右两侧柜壁的狭缝和顶部狭缝，见图 1。

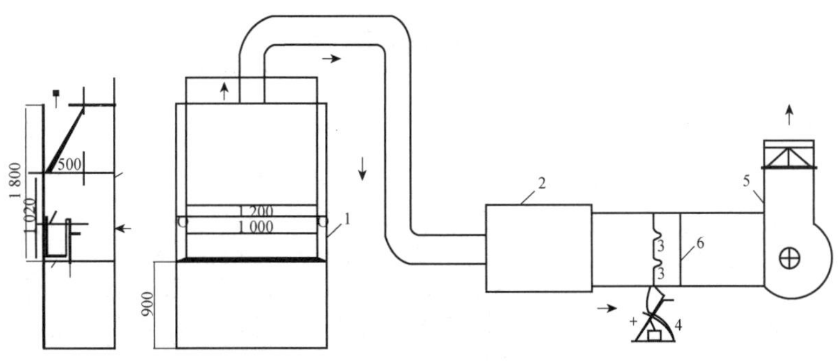

图 1 实验系统示意图(单位：mm)

2.2 实验原理

2.2.1 排风柜的排风量控制

根据排风柜的不同面风速要求，调节变频风机频率，使椭圆喷口前后静压差达到式(5)确定的相应风量的静压差。实验过程中，实验室门窗关闭，室内无人员走动，排风柜 1.5 m 范围内，无大于 0.1 m/s 的横向干扰气流。

排风柜的排风量：

$$Q = 3\ 600 v \cdot b \cdot h \tag{4}$$

椭圆喷口前后的静压差：

$$\Delta P = \left(\frac{Q}{3\ 600F}\right)^2 \times \frac{\rho}{2} = \left(\frac{4Q}{3\ 600 n\pi d^2}\right)^2 \times \frac{\rho}{2} \tag{5}$$

式中 v——排风柜的面风速，m/s；

b——排风柜操作口的宽度，m；

h——排风柜拉门高度，m；

ΔP——椭圆喷口前后的静压差，$\Delta P = 0.2H \times 9.8$，其中 H 是 YYT—2000B 倾斜式微压计读数，mm；

0.2——YYT—2000B 倾斜式微压计系数；

Q——排风柜的排风量，m^3/h；

F——椭圆喷口喉部面积，m^2；

d——喷口喉部直径，0.13 m；

ρ——空气密度，kg/m^3；

n——开启的椭圆喷口个数。

2.2.2 障碍物的阻挡率

为了反映不同大小障碍物对排风柜操作口的阻挡面积比例，定义障碍物阻挡率 K：

$$K = \frac{S_1}{S_2} = \frac{a \times b}{l \times h} \times 100\%$$

式中 S_1——障碍物迎风面面积，m^2；

S_2——排风柜操作口开口面积，m^2；

a，b——障碍物的长度和高度，mm；

l，h——排风柜操作口长度和高度，mm。

表 1 为 10 个障碍物阻挡率统计表。

表 1　障碍物阻挡率统计表

名　称	迎风面尺寸/mm	阻挡率 K/%		名　称	迎风面尺寸/mm	阻挡率 K/%	
		拉门高度 500 mm	拉门全开			拉门高度 500 mm	拉门全开
障碍物 1	170×130	4.3	2.5	障碍物 6	450×415	36.3	21.3
障碍物 2	220×170	7.3	4.3	障碍物 7	510×420	41.6	24.5
障碍物 3	250×210	10.2	6.0	障碍物 8	490×515	49.0	28.8
障碍物 4	325×260	16.4	9.7	障碍物 9	770×440	65.8	38.7
障碍物 5	365×295	20.9	12.3	障碍物 10	540×770	80.7	47.5

2.3 实验方法

实验分别是在排风柜拉门高度 500 mm 和拉门全开两种工况下进行。当拉门高度 500 mm时，面风速控制在 0.3～0.7 m/s；当拉门全开时，面风速控制在 0.3～0.5 m/s。

2.3.1 面风速测量方法

当拉门高度 500 mm 时，调节变频风机频率使排风柜面风速分别在 0.3～0.7 m/s 变化，分别将障碍物 1～10 放置于排风柜工作台面中央；利用橡皮筋将操作口均匀划分成 12 个矩形网格，风速测点位于每个矩形网格中心，如图 2所示；风速仪通过三角架支起，其探头位于小矩形网格中心，风速支杆与排风柜入口水平边框平行，并紧贴拉门入口边框；每个测点测量时间为 30 s，风速仪每秒读数 10 次，30 s 内所有读数平均值为该测点风速值；逐一测量所有的面风速测点。当拉门全开时，面风速测试方法类似。

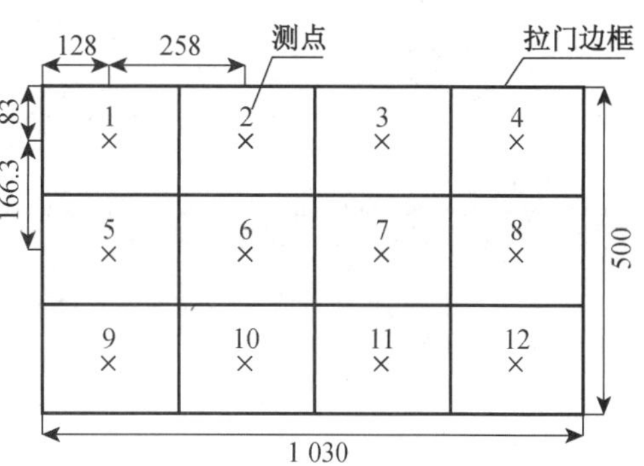

图 2　拉门高度 500 mm，面风速测点布置图（单位：mm）

2.3.2 流动显示

流动显示能直观形象地显示排风柜操作口周围及柜内气流流动形式。当排风柜拉门高度为500 mm时，调节变频风机频率，使排风柜面风速分别为 0.3 m/s 和 0.5 m/s，按照流动显示实验方法[9]，将四氯化钛均匀涂抹在排风柜内侧壁面、内顶面、工作台面以及置于柜内的障碍物上，观察白烟的流动形式；当拉门全开时，方法类似。

3 实验结果及分析

3.1 面风速均匀性

图 3—图 6 分别是拉门高度 500 mm 和拉门全开，不同面风速时，障碍物对面风速分布均匀性影响的对比。从图中可以得出：某面风速时，随着障碍物阻挡率增加，面风速分布的最大偏差和最小偏差都可近似呈线性增加即随着柜内障碍物对排风柜操作口阻挡面积的增大，面风速分布偏差按线性函数关系增加。不同面风速时，障碍物对面风速分布均匀性影响程度不同：面风速越小，面风速分布均匀性越易受障碍物的影响；面风速越大，面风速分布均匀性相对受障碍物影响程度较小；其原因可能是由于面风速越小，气流流动惯性越小，因此容易受到障碍物的干扰，面风速分布均匀性更差。

从上面分析得知，排风柜面风速分布均匀性与障碍物阻挡率和面风速大小有关。假设排风柜面风速分布均匀性与障碍物阻挡率 K 和面风速 v 呈线性函数关系，采用多元回归方法可以得出拉门高度 500 mm 和拉门全开时，面风速分布最大偏差或最小偏差与障碍物阻挡率 K 和面风速 V 的函数关系，即：拉门高度 500 mm 时，

$$\delta_{\max} = 37.04 - 34.45v + 0.64K \tag{7}$$

此拟合相关系数为 0.889 9。

$$\delta_{\min} = 22.20 - 9.98v + 0.70K \tag{8}$$

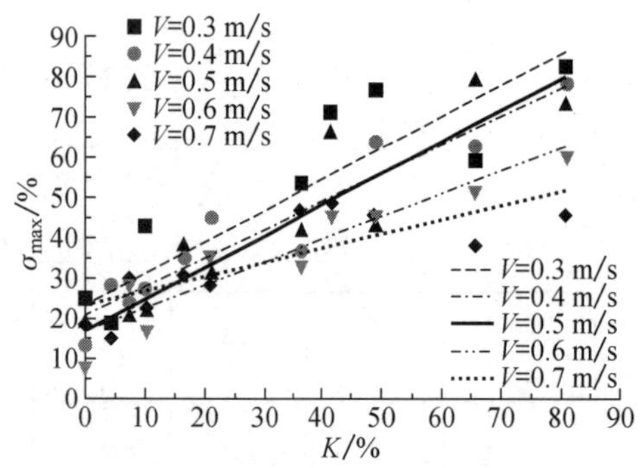

图 3　拉门高度 500 mm，障碍物对最大偏差影响对比

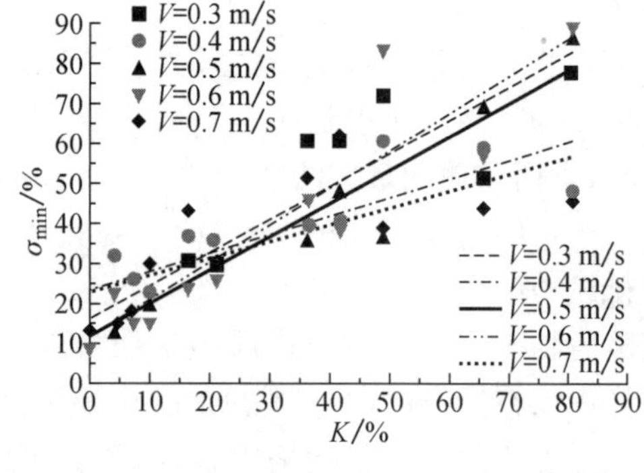

图 4　拉门高度 500 mm，障碍物对最小偏差影响对比

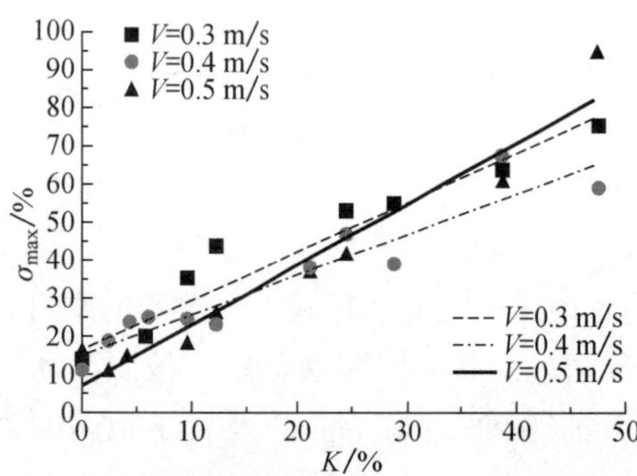

图 5　拉门全开，障碍物对最大偏差影响对比

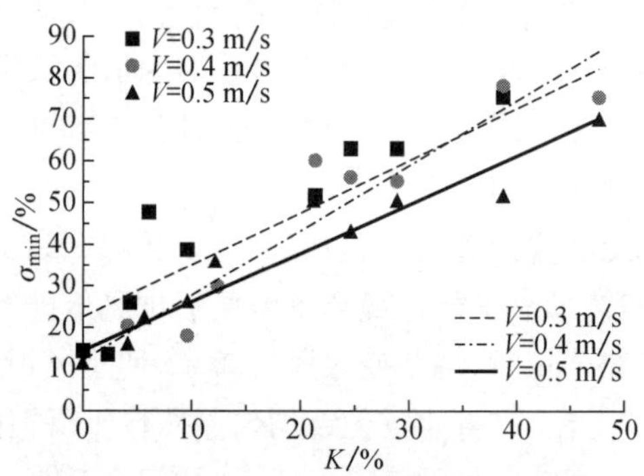

图 6　拉门全开，障碍物对最小偏差影响对比

此拟合相关系数为 0.842 6。

当拉门全开时，

$$\delta_{max} = 20.52 - 18.77v + 1.31K \tag{9}$$

此拟合相关系数为 0.943 9。

$$\delta_{min} = 30.25 - 48.09v + 1.32K \tag{10}$$

此拟合相关系数为 0.933 9。

3.2　流动显示

图 7 是拉门高度 500 mm，面风速 0.3 m/s 时，柜内分别放置障碍物 6 和障碍物 8 的流动显示图。当柜内放置障碍物 6 时，由于障碍物的阻挡，有部分气流被阻挡而堆积在障碍物前面，而后沿着障碍物前边缘流向排风柜的左右两通道；有类似于“瀑布”的气流贴附于排风柜左右两侧柜壁被吸入到排风柜的上部和左右两狭缝通道，最后被排走。当柜内放置阻挡率相对较大的障碍物 8 时，由于障碍物阻挡操作口面积较大，气流绕流作用更加明显，且有大量污染气体堆积在障碍物前部，并延伸至操作口，增加了污染物逸出的可能性；操作口左右两侧堆积有部分污染气流，没有及时排走，导致有大量的污染物逸出，如图 7(b)所示。可见，当阻挡率较大的障碍物放置于柜内时，对排风柜性能影响更明显。当面风速增加到 0.5 m/s 时，障碍物前部仍堆积有污染物气体，但污染气流逸出趋势有所减缓以及操作口左右两侧污染物逸出也明显减少，如图 8 所示；

由于面风速增加，排风柜排风量增加，气流流动惯性增加，污染物逸出量明显有所减少。因此，增加排风柜面风速，能减少障碍物对排风柜性能的影响；但不能为了降低障碍物对排风柜性能的影响而无限增加排风柜面风速，主要是由于：一方面在实际运行中，排风柜前会站有实验人员，面风速过大，实验人员胸前会形成更加明显的涡流，柜内气流紊流度增加，可能导致更多污染物逸出；另一方面面风速过大，大量排走室内低温低湿空气，实验室空调通风系统运行能耗增加。可见，在实际使用过程中，合适的面风速大小是非常重要的。这一点有待进一步研究。

(a) 柜内放置障碍物 6

(b) 柜内放置障碍物 8

图 7　拉门高度 500 mm，面风速 0.3 m/s 时，柜内流动显示

(a) 全局

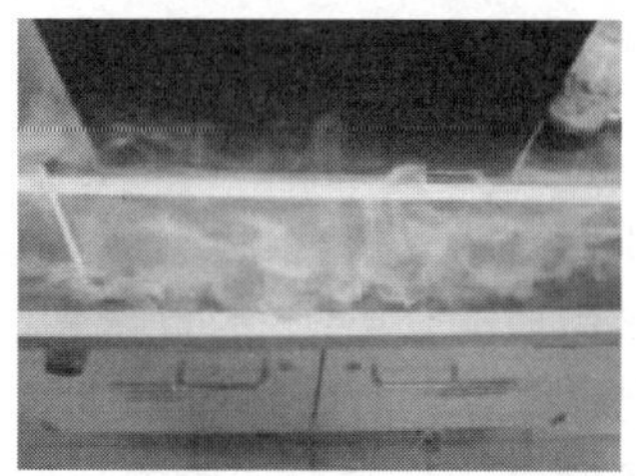
(b) 俯视

图 8　拉门高度 500 mm 和面风速 0.5 m/s 时，柜内放置障碍物 8 流动显示

(a) 柜内放置障碍物 8

(b) 柜内放置障碍物 10

图 9　拉门全开，面风速 0.3 m/s 时，柜内流动显示

(a) 柜内放置障碍物 6

(b) 柜内放置障碍物 10

图 10　拉门全开，面风速 0.5 m/s 时，柜内流动显示

图 9—图 10 是排风柜拉门全开，面风速分别为 0.3 m/s 和 0.5 m/s 时，排风柜内的流动显示图。当面风速为 0.3 m/s，柜内分别放置阻挡率较小的障碍物 8 和阻挡率较大的障碍物 10 时，由于面风速较小，对柜内污染物控制力不足，加上障碍物的阻挡作用，有大量的污染物逸出，如图 9 所示。柜内放置障碍物 8 时，操作口左端和障碍物前部区域堆积的污染气体，由于没有及时排走，有部分逸出；柜内放置障碍物 10 时，占据排风柜内大部分空间，气流只能通过障碍物与两侧柜壁形成的狭小空间流向左右两侧柜壁后部的流通通道，操作口左端和排风柜前面堆积有大量气体而不能被及时排走，导致大量的污染物逸出，如图 9(b)所示。当面风速增加到 0.5 m/s 时，与拉门高度 500 mm 的情形相似，障碍物对排风柜性能影响有所减缓，如图 10 所示。将障碍物 6 放置于柜内时，排风柜性能恶化，排风柜左右端有少量的污染物逸出；同时，在障碍物左端侧面以一定频率形成类似于"龙卷风"的气流，即上一个"龙卷风"气流到达左侧柜壁后部流通通道口处消失，下一个"龙卷风"气流在障碍物左端侧面则形成，这样源源不断的产生，如图 10(a)所示。将阻挡率更大的障碍物 10 放置于柜内时，由于障碍物阻挡了气流大部分自由流动通道，只能通过两侧狭缝进入排风柜底部的通道而被排出；障碍物左端侧面的"龙卷风"气流消失；大量气体堆积在障碍物前部区域，没有被及时排出，并蔓延到操作口的前缘，导致部分污染物逸出，如图 10(b)所示。

4 结论

本文通过实验方法分析了排风柜拉门高度 500 mm 和拉门全开，不同面风速时，柜内放置的障碍物对排风柜性能的影响，可以得到以下结论：

(1) 障碍物对排风柜面风速均匀性的影响与障碍物阻挡率和面风速大小有关，采用多元回归方法得到了面风速分布最大偏差和最小偏差与面风速 v 和阻挡率 K 的线性函数关系式。

(2) 障碍物改变了排风柜内的气流组织形式，气流遇到障碍物的阻挡发生绕流，操作口左右两端区域和障碍物前部区域堆积有气体；障碍物阻挡率越大，障碍物前部区域堆积的气体越多，操作口左右两侧角和"门槛"处污染物逸出的可能性越大。

(3) 适当增大面风速有助于减小障碍物对排风柜性能的影响；但面风速为何值，有待进一步研究。

参考文献

[1] LAN Ngiam Soon, VISWANATHAN Shekar. Numerical simulation of airflow around a variable volume/constant face velocity fume cupboard[J]. AIHAJ, 2001, 62: 303-312.

[2] ALLAN T Kirkpatrick, REITHER Robert. Numerical simulation of laboratory fume hood airflow performance [J]. ASHRAE Transa-ction, 1998, 104: 999-1011.

[3] HU Peixin, INGHAM D B, WEN X. Effect of the location the exhaust duct, an exterior obstruction and handle on the air flow inside and around a fume cupboard [J]. Ann. occup. Hyg., 1996, 40: 127-144.

[4] LI Ching, HUANG Rong Fung, CHEN Chih Chieh. Significance of face velocity fluctuation in relation to laboratory fume hood performance [J]. Industrial Health, 2010, 48: 43-51.

[5] 陈道俊，李强民. 送风对实验室排风柜气流控制的影响[J]. 制冷空调与电力机械，2004，25(6)：22-24.

[6] Laboratory Fume Cupboards Recommendations for the Exchange of Information and Recommendation (British Standard 7258-2:1994)[S].

[7] 程勇，刘东. 实验室两台排风柜同时运行时性能的模拟研究[J]. 制冷空调与电力机械，2010，31(6)：1-6.

[8] 陈道俊. 变风量排风柜的面风速控制研究[D]. 上海：同济大学，2005.

[9] JB/T 6412—1999 排风柜[S]. 北京：国家机械工业局，1999.

障碍物对排风柜性能影响的实验研究*

程 勇　刘 东　李强民

摘 要：从排风柜面风速分布，测点风速波动等角度出发，采用实验方法研究了柜内不同大小障碍物和站立假人对排风柜性能的影响。实验结果表明：柜内放置面积率较小障碍物 1 和障碍物 2 对排风柜性能影响很小；而障碍物 3 和站立假人使操作口面风速分布明显不均匀，恶化了排风柜的性能；为排风柜的运行管理提供了一定的指导。

关键词：障碍物；排风柜性能；流动显示

Experiment Research of Effect of Obstacles on Performance of Fume Hood

CHENG Yong, LIU Dong, LI Qiangmin

Abstract: Use experiment method to research the effect of different obstacles and dummy, according to the face velocity distribution of fume hood and fluctuation of velocities of measure points. The results show that small scale obstacle 1 and obstacle 2 located in fume hood have little effects on the performance of fume hood; however, large scale obstacle 3 and standing dummy have added the non-uniformity of face velocity distribution, and the performance of fume hood has obviously became worse. The results have provided some significant suggestions for fume hood operation.

Keywords: obstacles; performance of fume hood; flow visualization

0　引言

排风柜是实验室通风系统中重要的设备。设计良好的排风柜能够在柜内及操作口周围形成较好的气流组织形式，有效地将柜内释放或产生的污染物排走，避免对实验室操作人员产生危害。但是在实际运行中，排风柜性能受到诸多因素的影响，如空调送风[1]、门窗开启时产生的横向干扰气流、柜内放置的实验设备仪器、柜前的实验操作人员等。Ngiam Soon Lan 和 Allan T Kirkpatrick 等[2-3]学者的研究成果表明排风柜拉门全开，柜前有操作人员，柜内放置实验设备时，排风柜的污染物逸出量将增加。Peixin Hu 等[4]利用 CFD 数值模拟研究了排风口位置、排风柜前障碍物大小和拉门扶手等对柜内及其周围气流组织形式的影响，得出排风管靠中央布置，柜前障碍物对操作口阻挡面积越小时，排风柜内污染物逸出的可能性越小。台湾大学的 Liching Tseng 教授等[5]研究了排风柜面风速波动与其性能的关系；由于排风柜的操作口左右两侧以及“门槛”处发生了气流边界层分离，形成涡流，增加了柜内污染物逸出的可能性。本文将采用实验的方法，研究不同尺寸障碍物对排风柜性能的影响，拟从两个方面进行分

*《制冷与空调》2011，25(4)收录。

析：排风柜内不同尺寸障碍物对面风速的影响；排风柜前站立假人对面风速分布的影响。最后利用流动显示实验进一步验证和分析障碍物对排风柜内及操作口周围气流流动形式的影响。

1　实验装置和实验方法

1.1　实验装置及原理

实验在同济大学暖通空调实验室内进行。实验装置有排风柜、变频排风机、静压箱、椭圆喷口、YYT—2000B倾斜式微压计、胶皮管和整流格栅等，如图1所示。排风柜操作口最大面积为1 550 mm×740 mm，排风柜内部主要有导流板系统和狭缝系统；导流板系统包括上导流板、中导流板和下导流板；狭缝系统包括顶狭缝、上狭缝、中狭缝、下狭缝和内狭缝等，详见图1(a)。

根据排风柜不同面风速(不同排风量)要求，调节变频风机频率，使椭圆喷口前后静压差达到公式(1)确定的相应风量的静压差。实验过程中，实验室门窗关闭，室内无人员走动，排风柜1.5 m范围内，无大于0.1 m/s的横向干扰气流。

$$\Delta P=\left(\frac{Q}{3\,600F}\right)^2\times\frac{\rho}{2}=\left(\frac{2Q}{3\,600\pi d^2}\right)^2\times\frac{\rho}{2} \tag{1}$$

式中　ΔP——椭圆喷口前后的静压差，$\Delta P=0.2h\times9.8$，其中，h是YYT—2000B倾斜式微压计读数，mm；

0.2——YYT—2000B倾斜式微压计系数；

Q——排风柜的排风量，m^3/h；

F——椭圆喷口喉部面积，m^2；

d——喷口喉部直径，0.13 m；

ρ——空气密度，kg/m^3。

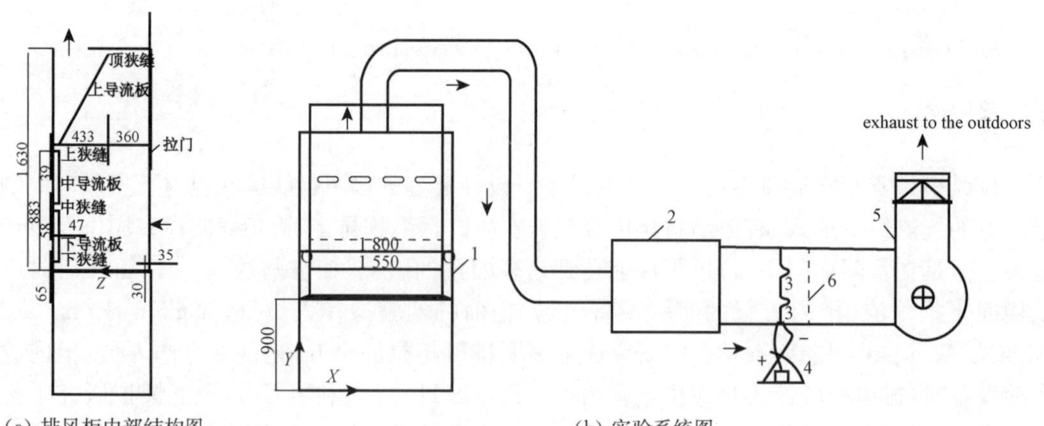

(a) 排风柜内部结构图　　(b) 实验系统图

1—排风柜；2—静压箱；3—椭圆喷口；4—倾斜式微压计；5—变频风机；6—格栅

图1　实验系统示意图(单位：mm)

1.2　实验方法

本文主要研究障碍物对排风柜运行性能的影响。其中障碍物分为两类：柜内障碍物和站立假人。柜内障碍物包括障碍物1、障碍物2和障碍物3，见表1。为了反映不同障碍物对排风柜的操作口阻挡面积的大小，定义障碍物的阻挡系数面积率 K，即：

$$K=\frac{S_1}{S_2}=\frac{a\times b}{l\times h} \tag{2}$$

式中　S_1——障碍物的迎风面面积，m^2；

S_2——排风柜的操作口面积，m^2；

a，b——障碍物的长度和高度，mm；

l，h——排风柜操作口的长度和高度，mm。

表 1　障碍物尺寸统计表

名称	障碍物尺寸(长×宽×高)	面积率 K_1/%	面积率 K_2/%
障碍物 1	100 mm×100 mm×90 mm	1.2	0.8
障碍物 2	210 mm×77 mm×154 mm	4.2	2.8
障碍物 3	435 mm×85 mm×350 mm	19.6	13.3

注：面积率 K_1 和 K_2 分别是拉门高度 500 mm 和拉门全开时，障碍物迎风面面积与操作口面积之比。

1.2.1　面风速测量

将排风柜操作口均匀划分成 12 个矩形网格，测点位于矩形网格中心：即垂直方向上，有 3 组高度的测点（$Y/H=0.167$，0.500 和 0.833）；水平方向上，有 4 组测点（$X/W=0.125$，0.375，0.625 和 0.875）。调节变频风机频率，实现排风柜的不同排风量（不同面风速）工况。即拉门高度 500 mm 时，排风量分为 800 m^3/h(0.3 m/s) 和 1 400 m^3/h(0.5 m/s) 两种工况；拉门全开时，排风量分为 1 200 m^3/h(0.3 m/s) 和 2 000 m^3/h(0.5 m/s) 两种工况。使用风速、温度测量仪测量各测点的风速。测试时，用固定支架将风速仪传感器固定在矩形网格中心，待风速稳定后开始读数，每间隔 2 s 读一次数，每个测点读 8 次数。每个测点的"瞬态"风速根据公式(3)和公式(4)进行计算：

每个测点的平均风速[5]：

$$V_j=\frac{1}{n}\sum_{i=1}^{n}V_i \tag{3}$$

每个测点风速的标准偏差[5]：

$$V_{\text{std}}=\sqrt{\frac{1}{n-1}\sum_{i=1}^{n}(V_i-V_j)^2} \tag{4}$$

操作口平均面风速：

$$V_{\text{平均}}=\frac{1}{j}\sum_{j=1}^{12}V_j \tag{5}$$

最大测点风速与平均面风速的偏差(最大偏差)[6]：

$$\delta_{\max}=\frac{V_{j\max}-V_{\text{平均}}}{V_{\text{平均}}}\times 100\% \tag{6}$$

最小测点风速与平均面风速的偏差(最小偏差)[6]：

$$\delta_{min} = \frac{|V_{jmin} - V_{平均}|}{V_{平均}} \times 100\% \tag{7}$$

式中 V_j——测点的平均风速，m/s；

n——每个测点瞬态风速个数，取 8；

V_{std}——测点风速的标准偏差；

V_i——测点的瞬态风速，m/s；

$V_{平均}$——排风柜的平均面风速，m/s；

j——操作口的测点数，取 12；

V_{jmax}，V_{jmin}——最大测点风速和最小测点风速，m/s。

1.2.2 流动显示

流动显示实验直观形象地显示排风柜的操作口周围及柜内气流流动形式。排风柜柜门拉到最大开度，调节变频风机频率，使排风柜的排风量为 2 000 m^3/h(0.5 m/s)；使用四氯化钛试剂，按照流动显示试验步骤进行[6]。障碍物 3 放置于柜内时，其位于工作台面中央，迎风面距离柜门 150 mm；实验时，将四氯化钛试剂均匀涂抹在障碍物 3 的迎风面和两侧。

2 实验结果和分析

面风速大小和均匀性是排风柜的重要性能参数。文献[7]规定排风柜的平均面风速应为 0.4～0.5 m/s，最大面风速、最小面风速与平均面风速的偏差应小于 15%。在本实验中，面风速测量分别在两种拉门高度进行：拉门高度 500 mm 和拉门全开。

2.1 柜内障碍物的影响

2.1.1 面风速分布和测点风速波动

为了避免不同面风速对操作口面风速分布的影响，采用相对面风速($V_j/V_{平均}$)。在相对高度 Y/H=0.167，0.500 和 0.833 时，相对面风速在不同水平位置(X/W=0.125，0.375，0.625和0.875)时的分布是不一致的。图 2 是拉门高度 500 mm，排风量分别为 800 m^3/h 和 1 400 m^3/h两种工况下，柜内分别放置障碍物 1，2 和 3 时，排风柜操作口的相对面风速分布。图 3 是拉门全开，排风量分别为 1 200 m^3/h 和 2 000 m^3/h 两种工况下，柜内分别放置障碍物 1，2 和 3 时，排风柜操作口的相对面风速分布。从图 2 和图 3 可以看出，操作口上部 1/3 区域的面风速最大，中部 1/3 区域的面风速次之，下部 1/3 区域的面风速最小。这是由于气流黏性引起的“无滑移”，气流速度在排风柜“门槛”处急剧降低，造成面风速随高度的增加而增大。当拉门高度 500 mm 时，排风柜风量为 800 m^3/h 和 1 400 m^3/h 两种工况的操作口面风速分布相似。柜内放置障碍物 1 和 2 时，由于障碍物的阻挡面积小，操作口的面风速分布与排风柜空置时面风速分布相同。而柜内放置面积率较大的障碍物 3 时，操作口的面风速出现明显的波动；在同一高度上，靠近排风柜左右两侧的面风速大，而中部的面风速较低，如图 2 所示。这主要是因为进入柜内的气流遇到障碍物 3 的阻挡作用而发生绕流，导致面风速分布不均匀。拉门全开时，障碍物对面风速分布的影响减小，主要是由于操作口面积增加，障碍物面积率减小的原因。排风量为 1 200 m^3/h，障碍物对面风速分布的影响要大于排风量为 2 000 m^3/h 时障碍物对面风速分布的影响。排风量为1 200 m^3/h，柜内放置障碍物时，排风柜操作面左右两侧面风速较大，中部面风速较小，如图 3(a)所示。排风量增大到 2 000 m^3/h(平均面风速 0.5 m/s)，障碍物对面风速的分布的影响不明显，主要是由于气流速度增大，运动惯性增加，障碍物对气流的阻挡作用减小的缘故。

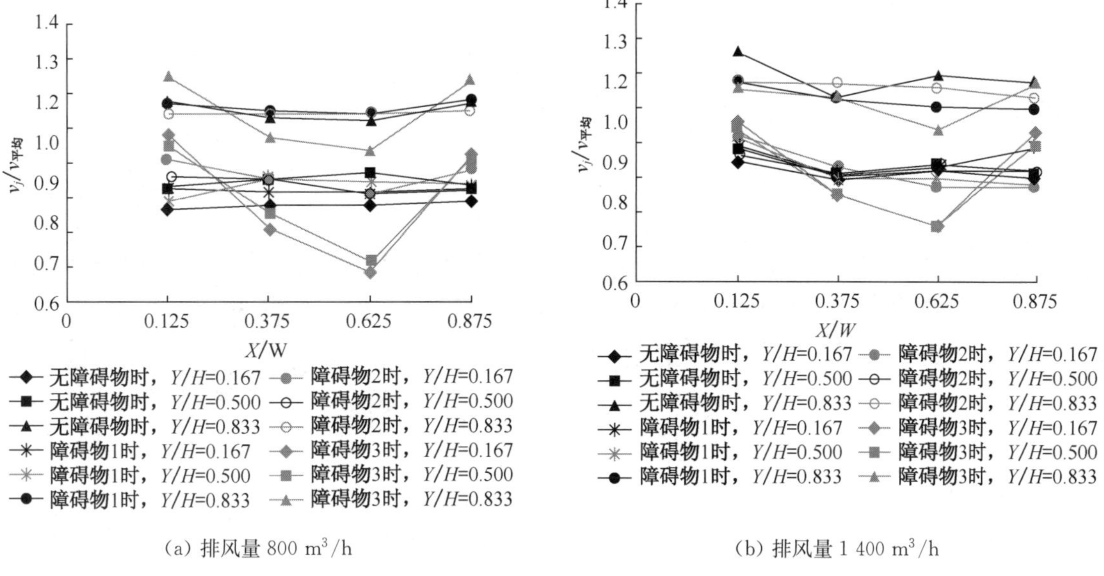

(a) 排风量 800 m^3/h　　(b) 排风量 1 400 m^3/h

图 2　拉门高度 500 mm 时，操作口的相对面风速分布

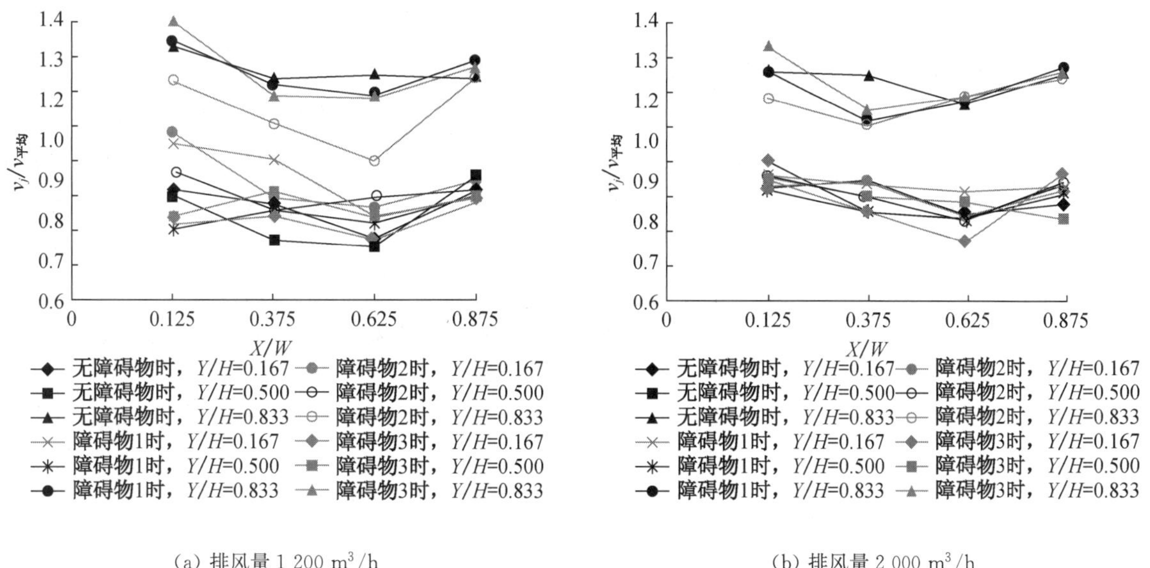

(a) 排风量 1 200 m^3/h　　(b) 排风量 2 000 m^3/h

图 3　拉门全开时，操作口的相对面风速分布

测点风速的标准偏差 V_{std} 可被认为是紊流强度的评价指标[8]。从图 4 和图 5 可以看出，不同面积率的障碍物对测点风速波动影响相近。图 4 是拉门高度 500 mm，排风量为 1 400 m^3/h，柜内放置不同面积率的障碍物，测点风速的波动强度分布。在相对高度 $Y/H=0.833$，排风柜空置和柜内放置障碍物时测点风速波动都较小。而在高度 $Y/H=0.500$ 和 0.167时，障碍物的阻挡作用明显，测点风速出现比较大的波动；特别在 $Y/H=0.167$ 时，由于障碍物的阻挡，进入柜内的部分气流出现回流，从而加剧了排风柜“门槛”处气流边界层的分离，增大污染物逸出的可能性[4]。这一点在后面的流动显示实验中能得到进一步的证实。

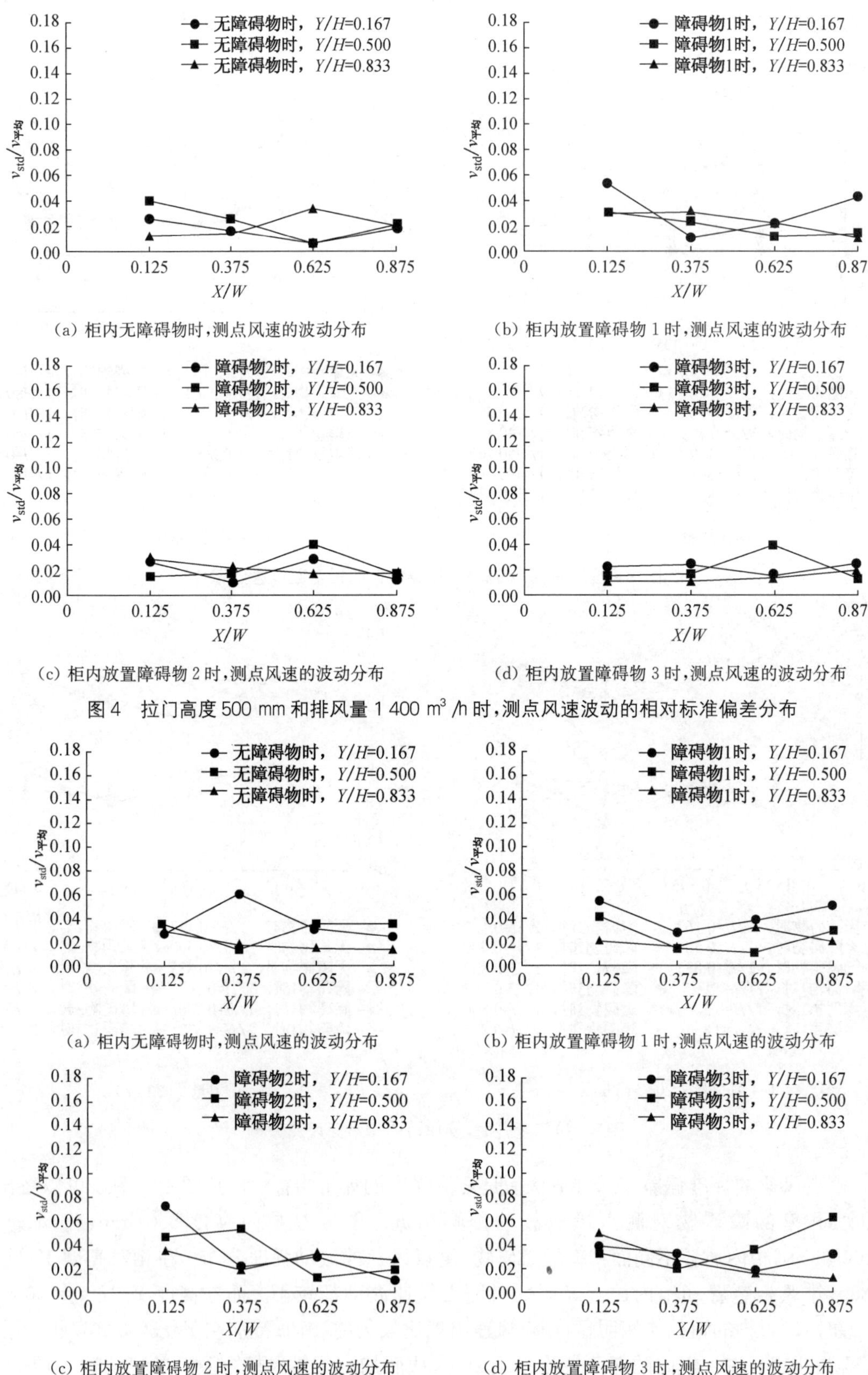

(a) 柜内无障碍物时，测点风速的波动分布

(b) 柜内放置障碍物 1 时，测点风速的波动分布

(c) 柜内放置障碍物 2 时，测点风速的波动分布

(d) 柜内放置障碍物 3 时，测点风速的波动分布

图 4　拉门高度 500 mm 和排风量 1 400 m^3/h 时，测点风速波动的相对标准偏差分布

(a) 柜内无障碍物时，测点风速的波动分布

(b) 柜内放置障碍物 1 时，测点风速的波动分布

(c) 柜内放置障碍物 2 时，测点风速的波动分布

(d) 柜内放置障碍物 3 时，测点风速的波动分布

图 5　拉门全开和排风量 2 000 m^3/h 时，测点风速波动的相对标准偏差分布

图 5 是拉门全开，排风量 2 000 m^3/h 时，测点风速的波动强度分布。由于操作口面积的增大，测点风速的不稳定性增加。在操作口的较高垂直高度处测点风速的波动较小，而在较低高度处(Y/H=0.167 和 0.500)测点风速的波动比较大，主要是由于障碍物的阻挡，出现回流的缘故。

2.1.2　偏差分析

最大偏差和最小偏差是排风柜面风速分布均匀性的重要评价指标。图 6 是拉门高度 500 mm和全开时，偏差随障碍物面积率的变化关系曲线图。从图中可以看出，面积率较小时，障碍物对排风柜面风速分布均匀性影响很小，甚至有利于操作口面风速分布均匀，如图 6(b)所示；随着障碍物面积率的继续增大，偏差急剧增加。当拉门高度 500 mm，面积率增大到 0.196 时，面风速分布均匀性较差，在排风量 800 m^3/h 时，最小偏差高达 34%。拉门全开时，由于操作口面积的增大，气流流通通道面积增大，面风速分布均匀性比拉门高度 500 mm 时面风速分布均匀性较差。

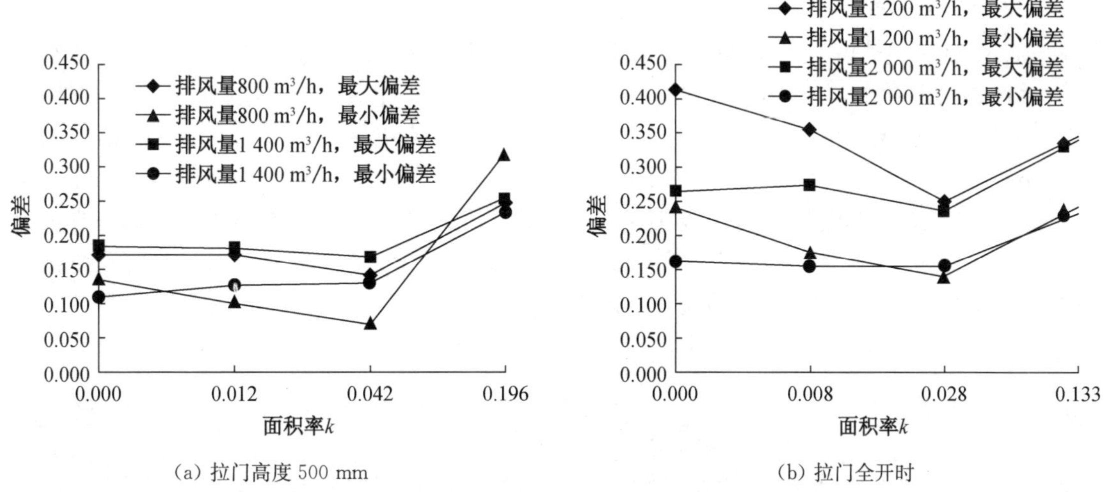

图 6　最大偏差和最小偏差变化曲线

2.2　站立假人的影响

在排风柜实际运行中，排风柜前往往站立有实验操作人员。由于站立假人的阻挡作用，排风柜操作口面风速出现较大的波动，如图 7 所示。假人阻挡范围内的测点风速比较低，如位于假人肚脐前的测点 10，在排风量为 900 m^3/h 时，该测点风速只有 0.16 m/s，在排风量为 1 400 m^3/h时，该测点风速只有 0.12 m/s；而其他区域的测点风速均大于排风柜前无障碍物时相应测点的面风速，主要是由于站立的阻挡，气流发生绕流。拉门全开时，站立假人对操作口面风速分布的影响，与拉门高度 500 mm 时，站立假人对面风速分布的影响相似；但拉门全开时，面风速分布波动更加明显；而且随着排风量的增加，面风速分布不均匀性增加，如图 7(b)所示。位于假人肚脐前的测点 10 风速很低，在排风量为 1 200 m^3/h 时，该测点风速仅有 0.04 m/s；在排风量为2 000 m^3/h时，该测点风速为 0.10 m/s。排风柜前站立假人进一步加剧了操作口面风速分布的不均匀性，增大了污染物逸出的可能性；可见站立假人恶化了排风柜的运行性能[2]。

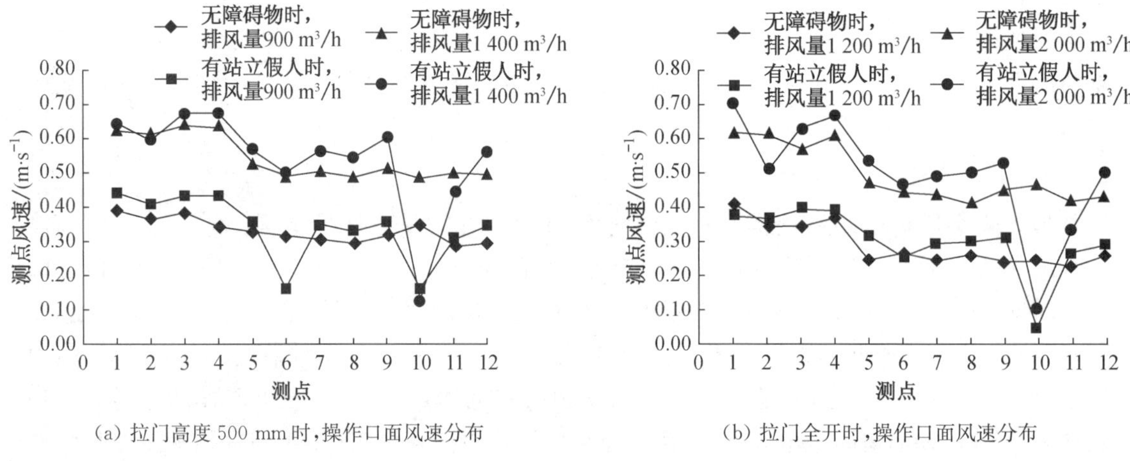

(a) 拉门高度 500 mm 时，操作口面风速分布

(b) 拉门全开时，操作口面风速分布

图 7　拉门高度 500 mm 和拉门全开时，操作口面风速分布

2.3　流动显示实验

图 8(a)和(b)是拉门全开，排风量为 2 000 m^3/h 时，排风柜的左右两侧局部气流流动显示。从图中可以看出，左右两侧底角有明显紊流，污染物积聚在底角，没有及时被排到室外，这样增加了污染物逸出的可能性；排风柜"门槛"处发生了气流边界层分离，有回流出现，导致部分污染物外溢。图 8(c)是排风柜内放置面积率较大的障碍物 3 时，整个柜内流动显示图。由于障碍物 3 对操作口阻挡较大，明显改变了柜内的气流组织形式；排风柜两侧底角紊流强度增大，积聚的污染气流延伸到操作口底部"门槛"处，导致了大量的污染物逸出；同时，障碍物前面区域堆积有大量气流，并出现了回流，部分污染物外逸。从流动显示可知，由于障碍物 3 的阻挡，加剧了排风柜两侧污染物的逸出；而且障碍物前面出现了回流，导致污染物的外逸。

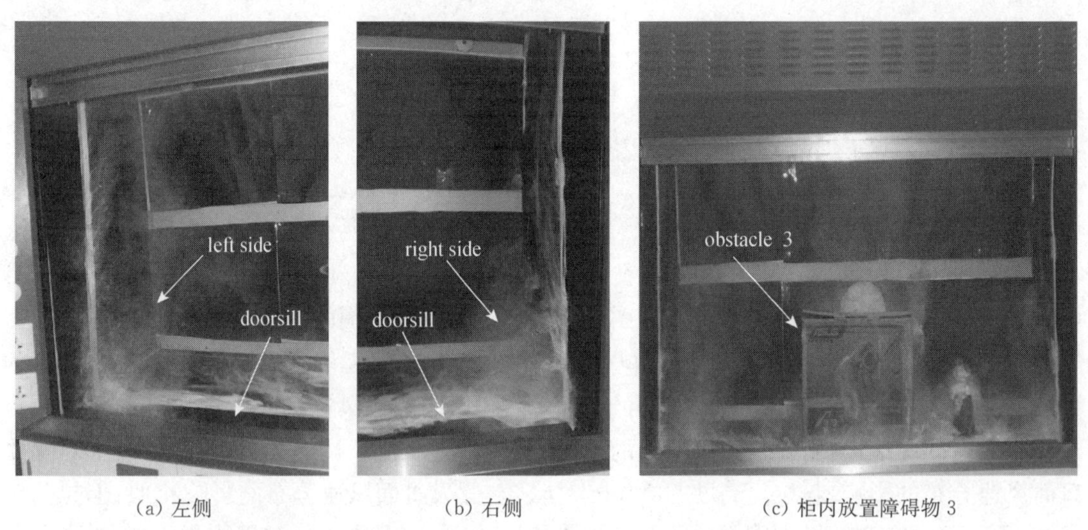

(a) 左侧　　(b) 右侧　　(c) 柜内放置障碍物 3

图 8　拉门全开，排风量 $Q=2\ 000\ m^3/h$ 时，排风柜左右两侧气流流动形式

3　结论

由以上实验结果，可以得出如下结论：

(1) 拉门全开时,障碍物面积率减小,障碍物对排风柜面风速分布的影响减小。在拉门高度 500 mm,排风量 800 m^3/h 和 1 400 m^3/h 两种工况时,障碍物 1 和 2 面积率小,操作口面风速分布与排风柜空置时面风速分布相似,相同高度面风速波动较小;而当柜内放置面积率 19.6%的障碍物 3 时,面风速分布出现明显波动。

(2) 柜内放置不同面积率障碍物,测点风速波动强度分布相似。操作口上部区域($Y/H=0.833$)的测点风速比较稳定,而中下部区域($Y/H=0.500$ 和 0.167)的测点风速有明显波动;特别在下部区域($Y/H=0.167$),由于发生气流边界层分离,加上障碍物阻挡作用,有明显涡流和回流产生,紊流强度大。

(3) 柜前站立假人导致排风柜面风速分布出现明显波动,恶化了其性能。

(4) 流动显示结果表明:拉门全开,柜内放置面积率 13.3%的障碍物 3 时,排风柜两侧底角紊流强度明显增加,涡流变大;障碍物前堆积大量气流,并出现回流,导致大量污染物逸出。

参考文献

[1] 陈道俊,李强民.送风对实验室排风柜气流控制的影响[J].制冷空调与电力机械,2004,25(6):22-24.

[2] LAN Ngiam Soon, VISWANATHAN Shekar. Numerical simulation of airflow around a variable volume/constant face velocity fume cupboard[J]. AIHAJ, 2001,62:303-312.

[3] KIRKPATRICK Allan T, REITHER Robert. Numerical simulation of laboratory fumes hood airflow performance [J]. ASHRAE Transactions, 1998,104:999-1011.

[4] HU Peixin, INGHAM D B, WEN X. Effect of the location the exhaust duct, an exterior obstruction and handle on the air flow inside and around a fume cupboard[J]. Ann. occup. Hyg,1996,40:127-144.

[5] LI Ching, HUANG Rong Fung, CHEN Chih Chieh. Significance of face velocity fluctuation in relation to laboratory fume hood performance[J]. Industrial Health,2010,48:43-51.

[6] 陈道俊.变风量排风柜的面风速控制研究[D].上海:同济大学,2005.

[7] 国家机械工业局. JB/T 6412—1999　排风柜[S].北京:机械工业出版社,1999.

[8] TENNEKES H, LUMLEY J L. A first course in turbulence[M]. Cambridge:The MIT Press, 1972.

实验室两台排风柜同时运行时性能的模拟研究*

程 勇　刘 东

摘　要：基于单台排风柜数值模拟的正确性，利用计算流体力学软件研究实验室两台排风柜在不同布置形式和布置间距时的运行性能。排风柜平行布置时，布置间距应大于0.2 m；排风柜垂直布置时，布置间距对其性能影响较小；排风柜面对布置时，布置间距应大于1.2 m；排风柜背对布置时，其控制气流相互干扰很小。

关键词：布置形式；布置间距；面风速分布；污染物浓度

Numerical Simulation on Performance of Two Fume Hoods Which Both Run at the Same Time in Laboratory

CHENG Yong，LIU Dong

Abstract：Using the hydromechanics software to analysis the performance of two fume hoods when they were placed at different layout types and different layout distance in laboratory, based on the validity results of one fume hood simulation. Some conclusions were obtained: The distance should be beyond 0.2 m between the two fume hoods parallel mounted; The performance of two vertical-arranged fume hoods was hardly affected by the distance; The distance should be beyond 1.2 m when the two fume hoods were laid face to face; The airflow freely passing the faces of two fume hoods positioned back to back were seldom influenced each other.

Keywords：layout types；layout distance；face velocity distribution；pollutant concentration

0　引言

排风柜是实验室的重要组成部分。排风柜运行性能的好坏直接关系到实验室人员的安全。面风速和控制浓度是排风柜的重要性能参数。文献[1]规定排风柜面风速范围为0.4～0.5 m/s，面风速分布应均匀，最大值、最小值与平均面风速的偏差应小于15%，排风柜控制浓度小于0.5 mL/m^3。但排风柜性能受到诸多因素影响，如送风气流、实验人员的走动、门窗的开启等，这些因素会影响面风速分布，引起排风柜工作台面门槛处发生回流，有害物逸出。而以往排风柜研究主要集中在单台排风柜性能的研究。Ngiam Soon Lan等借助CFD研究了拉门开度、面风速大小对排风柜内气流组织形式和污染物控制的影响[2]；Allan T Kirkpatrick等采用CFD模拟和流动显示结合的方法研究了人体等障碍物对排风柜内气流组织形式的影响[3]。很少有学者对实验室内相邻两台排风柜同时运行时控制气流相互影响进行研究。本文首先运用实验和数值模拟方法对单台排风柜性能进行测试评价和模拟分析，再用数值模拟方法研究相邻两台排风柜在不同布置形式和布置间距时，两台排风柜控制气流之间的

*《制冷空调与电力机械》2010，31(6)收录。

相互影响。

1 单台排风柜性能测试和数值模拟

1.1 排风柜性能测试

对某厂家的排风柜进行测试。排风柜净尺寸长×宽×高为 1 280 mm×860 mm×2 200 mm,排风口为 300 mm×300 mm;拉门高度设在 500 mm,排风量取整为 1 100 m^3/h。排风柜性能测定按照文献[1]有关规定进行。测试是在某实验室内进行,测试时实验室门窗关闭,排风柜 1.5 m范围内,无大于 0.1 m/s 的横向干扰气流。

1.1.1 面风速测定

面风速测试时,排风柜操作面均匀划分成 12 个测点,测点布置如图 1 所示;按照标准中的测试方法,使用风速温度测量仪测量各测点的风速。

图 2 是排风柜面风速分布图,实验测得平均面风速为 0.45 m/s,最大测点风速为 0.50 m/s,最小测点风速为 0.42 m/s,最大测点风速与平均面风速的偏差为 11.1%,最小测点风速与平均面风速的偏差为 6.7%。平均面风速以及最大测点风速、最小测点风速与平均面风速的偏差都符合文献[1]的有关规定。

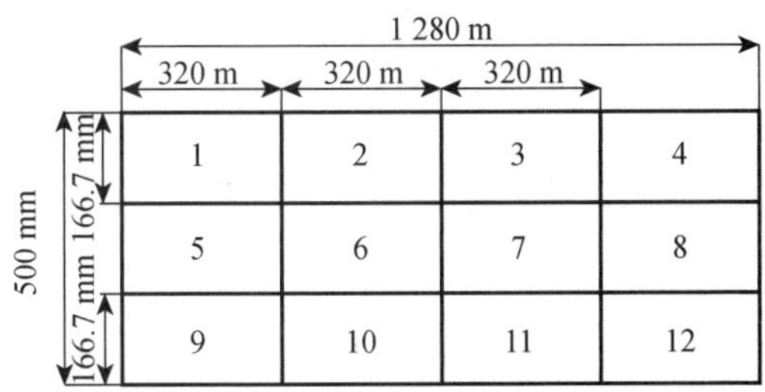

图 1 测点布置图

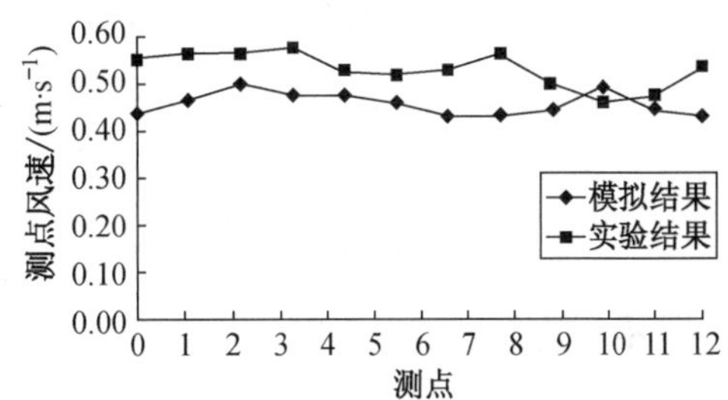

图 2 排风柜面风速分布

1.1.2 流动显示

排风柜拉门拉到最大开度,排风量调整为 1 800 m^3/h。按文献[1]流动显示试验方法,用 $TiCl_4$ 进行排风柜流动显示实验。从图 3 流动显示可以看出,排风柜能将污染物排出,没有发生污染物明显泄漏。

从排风柜面风速测试和流动显示结果可以看出:面风速大小符合相关规定,分布均匀;拉门全开时,没有污染物明显泄漏。排风柜运行性能良好。

图 3 排风柜流动显示

1.2 数值模拟

标准型排风柜背靠墙放置于封闭的实验室内,其东侧面距离墙 1.0 m。实验室尺寸(长×宽×高)为 8m×4m×3m,实验室采用上送风方式,送风口(0.5 m×0.5 m)距排风柜的距离大于 1.5 m[4];实验室无全面排风口。图 4 为物理模型外观图。

1.2.1 数学模型[3,5]

数值模拟过程中,作如下假设[6]:由于实验室内气流流速比较低,可视为不可压缩流体;各向同性且符合 Boussinesq 假设;流动为紊流流动;流体物性参数为常数。紊流模型采用涡粘系数模型中的标准 $k-\varepsilon$ 模型;控制微分方程离散均采用一阶迎风格式;采用 SIMPLE 算法求解离散方程组。流动控制微分方程组包括 6 个方程:连续性方程、动量方程(N-S 方程)、紊流动能方程(k 方程)、紊流动能耗散率方程(ε 方程)和组分输运方程。

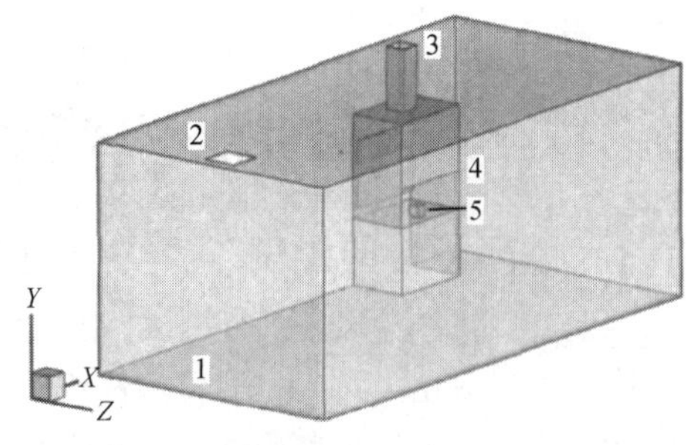

1—实验室;2—实验室送风口;3—实验室排风口;4—排风柜;5—污染源

图 4　物理模型

连续性方程:

$$\frac{\partial u_j}{\partial x_j}=0 \tag{1}$$

动量方程:

$$u_j\frac{\partial u_j}{\partial x_j}=-\frac{\partial\left(p+\frac{2}{3}\rho k\right)}{\rho\partial x_i}+\frac{\partial}{\partial x_i}\left\{(\nu+\nu_t)\left[\frac{\partial u_i}{\partial x_j}+\frac{\partial u_j}{\partial x_i}\right]\right\} \tag{2}$$

紊流动能方程(k 方程):

$$u_j\frac{\partial k}{\partial x_j}=\frac{\partial}{\partial x_j}\left[\frac{\partial k}{\partial x_j}\left(\nu+\frac{\nu_t}{\sigma_k}\right)\right]+\nu_t\left(\frac{\partial u_i}{\partial x_j}+\frac{\partial u_j}{\partial x_i}\right)\frac{\partial u_i}{\partial x_j}-\varepsilon \tag{3}$$

紊流动能耗散率方程(ε 方程):

$$u_j\frac{\partial \varepsilon}{\partial x_j}=\frac{\partial}{\partial x_j}\left[\frac{\partial \varepsilon}{\partial x_j}\left(\nu+\frac{\nu_i}{\sigma_\varepsilon}\right)\right]+\frac{\varepsilon}{k}\left[C_1\nu_t\frac{\partial u_i}{\partial x_j}\left(\frac{\partial u_i}{\partial x_j}+\frac{\partial u_j}{\partial x_i}\right)\right]-C_2\frac{\varepsilon^2}{k} \tag{4}$$

其中紊流黏度:

$$\nu_t=C_D\frac{k^2}{\varepsilon} \tag{5}$$

在实验室排风柜模拟时,k-ε 方程中的 7 个系数来源于实验室数据(Launder and Spalding 1974);各系数 C_D, C_1, C_2, C_3, σ_k, σ_ε, σ_θ 的值分别为 0.09, 1.44, 1.92, 1.0, 1.0, 1.3, 0.9。

组分输运方程:

$$\frac{\partial cu_j}{\partial x_j}=\frac{\partial}{\partial x_j}\left[\left(\frac{\upsilon_t}{\sigma_t}+\frac{\upsilon_t}{\sigma_c}\right)\frac{\partial c}{\partial x_j}\right] \tag{6}$$

式中　u_i, u_j——x_i, x_j 方向的速度,m/s;

p——空气压力,Pa;

ρ——空气密度,kg/m^3;

k——紊流动能,m^2/s^2;

ν——运动黏度,m^2/s;

ε——紊流动能耗散率;

c——组分浓度,kg/kg;

σ_t——紊流传质 Schmidt 数,取 1.0;

σ_c——传质 Schmidt 数,通常取 1.0。

1.2.2　边界条件

模拟时排风柜拉门高度设为 500 mm，面风速为 0.47 m/s（对应于取整后排风量 1 100 m^3/h）。实验室送风口边界条件设为 pressure-inlet；排风柜操作面入口边界设为 interior；污染源（150 mm×150 mm×150 mm）距离排风柜入口 150 mm，边界条件设为 mass-flow-inlet，污染物六氟化硫（SF_6）在顶部均匀散发，散发强度为 4 L/min；排风柜排风口边界条件设为 velocity-inlet，紊流强度为 5%，水力直径为 0.3 m。排风柜排风口的速度可以通过排风柜排风量计算得到：

$$Q = A_h \cdot V_h = A_d \cdot V_d \tag{7}$$

式中　Q——实验室通风量，m^3/h；

A_h，A_d——排风柜拉门高度 500 mm 时操作面的面积和排风管排风口面积，m^2；

V_h，V_d——排风柜拉门高度 500 mm 时操作面的面风速和排风管排风口风速，m/s。

1.2.3　模拟结果

（1）面风速分布

由图 2 可知，模拟计算的面风速稍小于实验测得的面风速，但测点风速的较大值都主要分布在排风柜操作面的上部 1/3 区域，测点风速的较小值都主要集中在排风柜操作面的下部1/3 区域。模拟计算的平均面风速为 0.52 m/s，最大测点风速为 0.57 m/s，最小测点风速为 0.45 m/s，最大测点风速与平均面风速的偏差为 9.6%，最小测点风速与平均面风速的偏差为 13.5%。模拟结果与实验结果测点风速最大偏差为 29%，最小偏差为－6%，平均偏差为 16%。可见，模拟结果与实验结果是基本吻合的。

（2）控制浓度

控制浓度是评价排风柜性能的重要指标。假设人为站姿，正对污染物散发源，假设人鼻尖距离排风柜操作面 75 mm 时，其呼吸区 1.5 m 高度处的污染物浓度即为控制浓度；该模型中，控制点坐标(6.36，1.5，0.935)，假想假设人的呼吸区控制浓度为 0.35 ppm<0.5 ppm[1]，与流动显示结果是吻合的。这为两台排风柜数值模拟结果的合理性提供了依据。

2　两台排风柜的数值模拟

本文主要研究实验室放置两台排风柜，排风柜同时运行时其性能评价。实验室内两台排风柜主要有以下四种布置形式：①靠同一侧墙（简称“平行布置”）；②靠垂直的两面墙（简称“垂直布置”）；③靠相对两面墙（简称“面对布置”）；④排风柜背靠背布置（简称“背对布置”）。在每种布置形式下，一台排风柜（排风柜 A）固定，改变另一台排风柜（排风柜 B）位置来实现两台排风柜不同的布置间距，统计表见表 1。平行布置和面对布置时，排风柜 A 东侧面距离实验室东侧墙 1.0 m；垂直布置时，排风柜 A 北侧面距离实验室北侧墙 1.0 m；背对布置时，两台排风柜沿实验室中央平面对称布置。图 5 是实验室排风柜布置形式图。

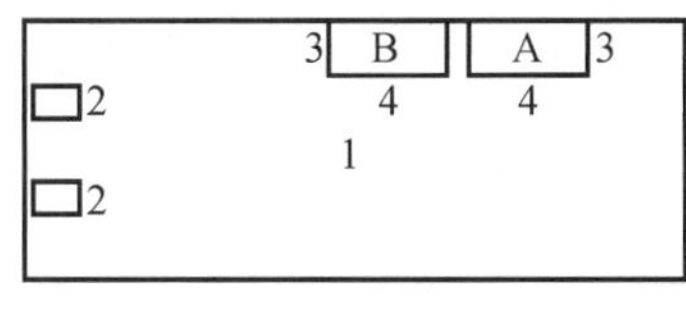

(a) 平等布置

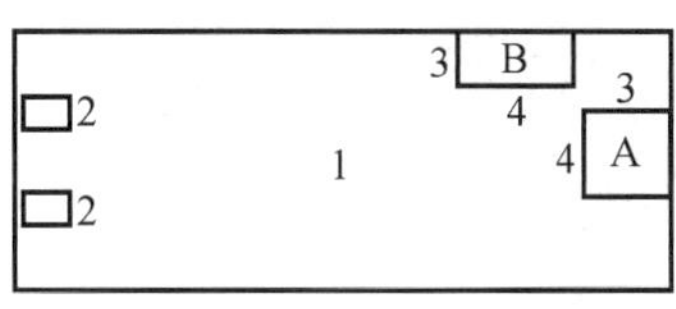

(b) 垂直布置

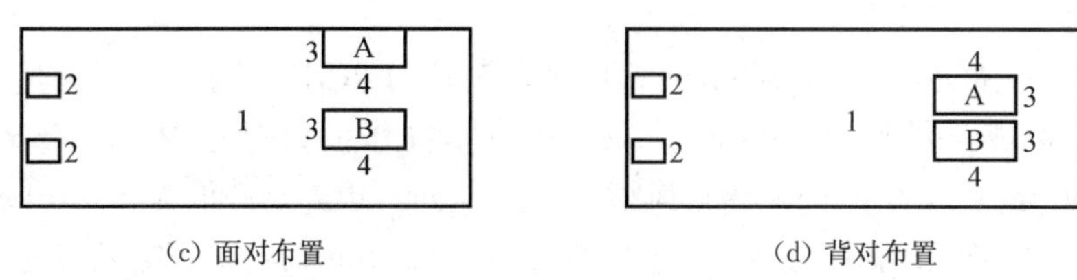

1—实验室；2—送风口；3—排风柜；4—排风柜操作面

图 5 排风柜布置形式

两台排风柜的建模方法与单台排风柜类似，不同之处：排风柜拉门高度为 500 mm 时，面风速设为 0.5 m/s；实验室中有两个方形送风口（0.5 m×0.5 m）对称布置，且无全面排风口，靠两台排风柜的排风来实现送排风之间的平衡。

表 1　排风柜布置形式和布置间距统计表　单位：m

布置形式	两台排风柜布置间距							
平行布置	0.0	0.2	0.4	0.8	1.0	1.2	1.6	1.8
垂直布置	0.0	0.2	0.4	0.8	1.0	1.2	1.6	1.8
面对布置	0.6	0.8	1.0	1.2	1.4	1.8	2.0	—
背对布置	0.0	—	—	—	—	—	—	—

3 数值计算结果和分析

3.1 面风速

图 6 是两台排风柜平行布置，在不同布置间距下，排风柜面风速分布曲线。从图 6 中可以看出：模拟得到的平均面风速为 0.6 m/s 左右，稍大于设定值 0.5 m/s；排风柜布置间距为 0.4 m时，排风柜 B 操作口最小测点风速与平均面风速的偏差为 21.3%，大于 15%；排风柜布置间距为 1.0 m 时，排风柜 B 操作口最大测点风速与平均面风速偏差为 16.4%；在其他布置间距时，面风速分布较为均匀。当两台排风柜垂直布置时，平均面风速也基本维持在 0.6 m/s 左右，面风速分布均匀，而布置间距的大小对面风速分布的影响较小，如图 7 所示。

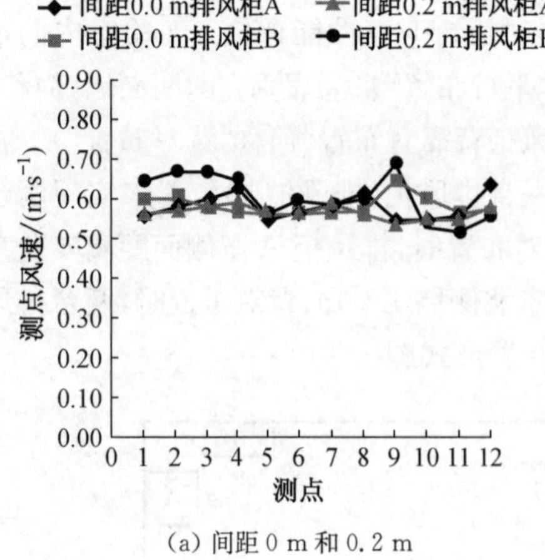

(a) 间距 0 m 和 0.2 m

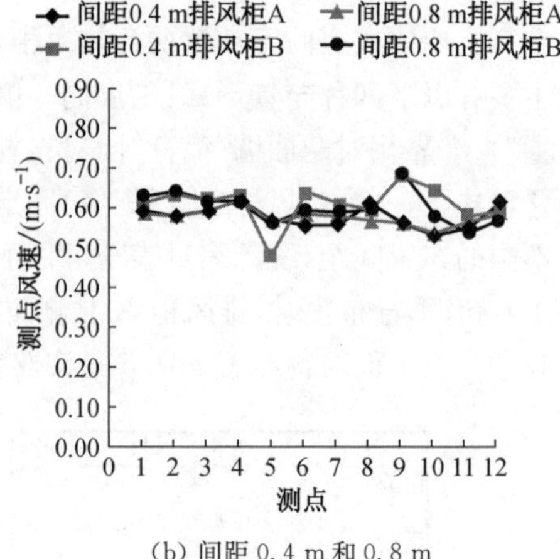

(b) 间距 0.4 m 和 0.8 m

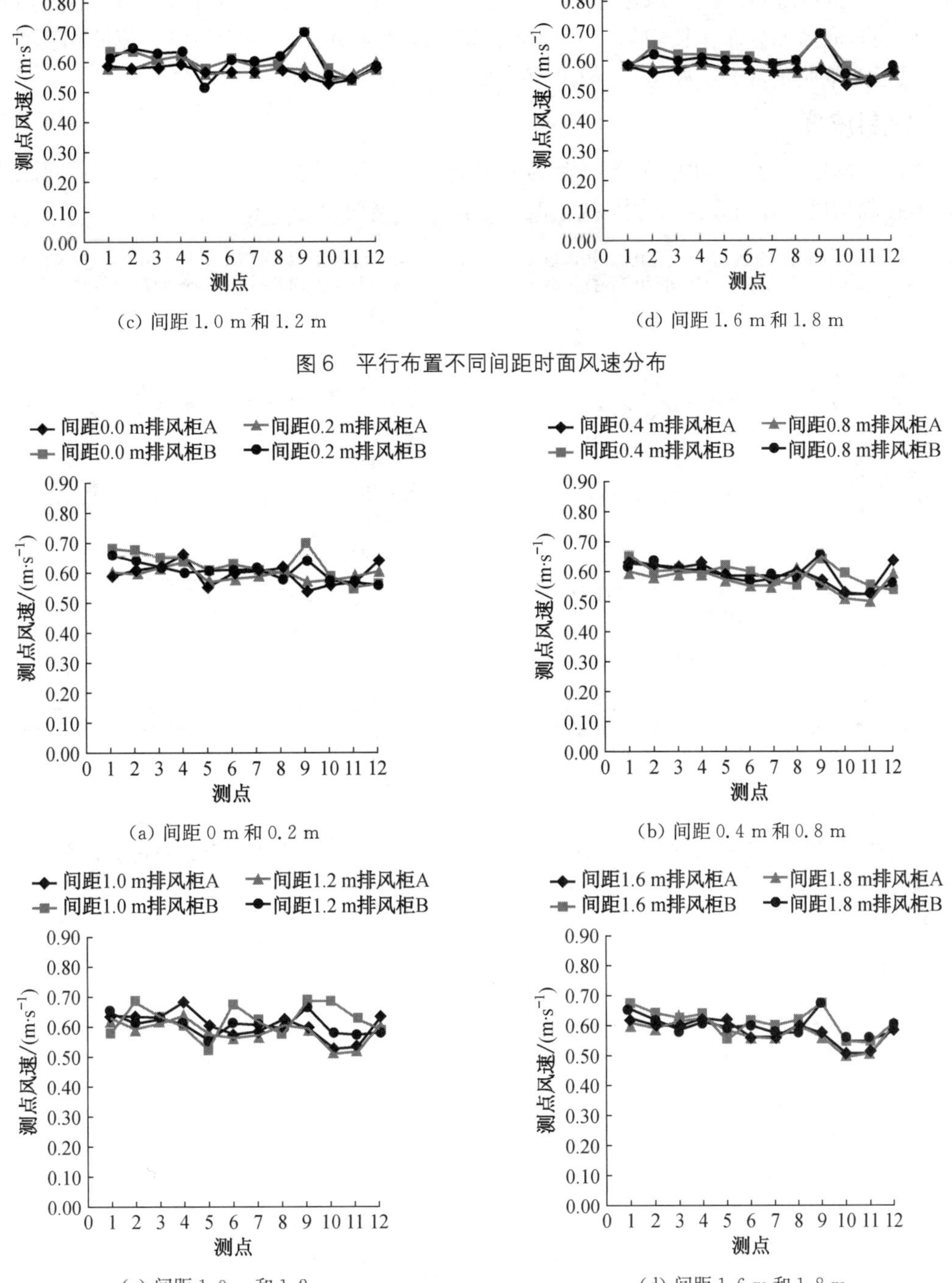

(c) 间距 1.0 m 和 1.2 m

(d) 间距 1.6 m 和 1.8 m

图 6　平行布置不同间距时面风速分布

(a) 间距 0 m 和 0.2 m

(b) 间距 0.4 m 和 0.8 m

(c) 间距 1.0 m 和 1.2 m

(d) 间距 1.6 m 和 1.8 m

图 7　垂直布置不同间距时面风速分布

图 8 是两台排风柜面对布置时，不同布置间距下，面风速分布情况。当两台排风柜的布置间距小于 1.2 m 时，由于两台排风柜控制气流之间相互干扰，排风柜面风速分布出现了比较大的波动。从图 8(a)可以看出，当布置间距为 0.6 m 时，两台排风柜之间的相互影响最为严

重，排风柜 A 和 B 的平均面风速分别为 0.67 m/s 和 0.64 m/s，远高于设定值 0.5 m/s，而且最大测点风速与平均面风速的偏差以及最小测点风速与平均面风速的偏差都大于 15%。随着排风柜布置间距的增加，面风速分布的波动逐渐减小；当布置间距大于 1.2 m 时，排风柜相互影响减弱，面风速分布比较均匀。当排风柜背对布置时，由于排风柜控制气流的相互影响很小，排风柜能按照正常的工况运行，面风速分布均匀，如图 9 所示。

3.2 控制浓度

两台排风柜平行布置时，布置间距为 0.0 m，排风柜控制浓度比较高；当布置间距大于 0.2 m，控制浓度曲线近乎为一水平线，如图 10 所示。当两台排风柜布置间距为 0.0 m 时，排

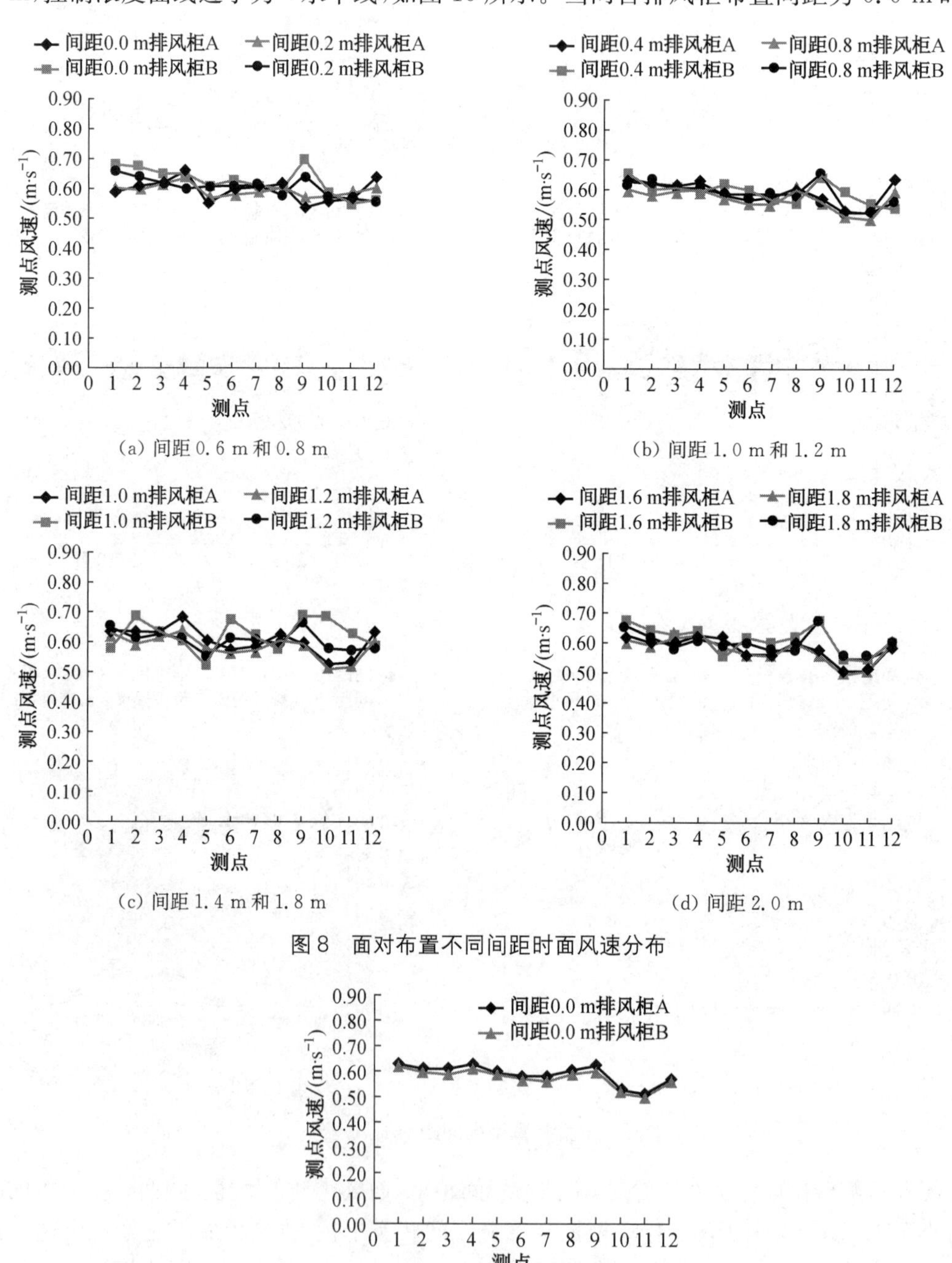

(a) 间距 0.6 m 和 0.8 m

(b) 间距 1.0 m 和 1.2 m

(c) 间距 1.4 m 和 1.8 m

(d) 间距 2.0 m

图 8　面对布置不同间距时面风速分布

图 9　背对布置时面风速分布

风柜 B 的控制浓度 0.96 ppm>0.5 ppm，这主要是由于两台排风柜相距较近时，其控制气流之间相互干扰，发生了串流，导致排风柜 B 操作口左侧底角处发生回流，大量的污染物逸出；在其他布置间距时，排风柜污染物控制浓度比较低，都能满足文献[1]的相关要求。从图 11 可以看出，两台排风柜垂直布置时，控制浓度随布置间距的增加几乎为一条水平线；且控制浓度比较低，都小于 0.5 ppm。

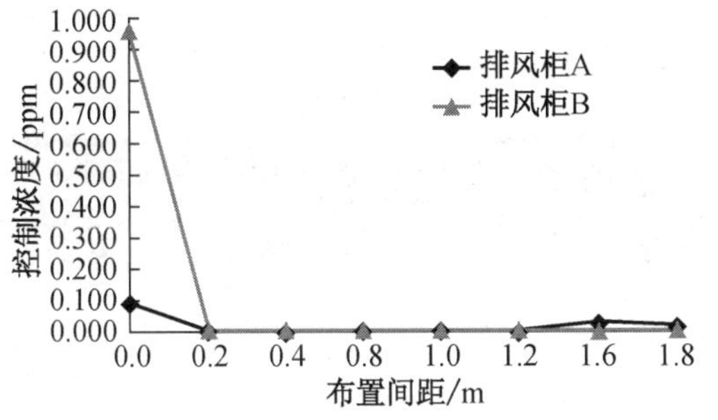

图 10　平行布置时排风柜控制浓度曲线

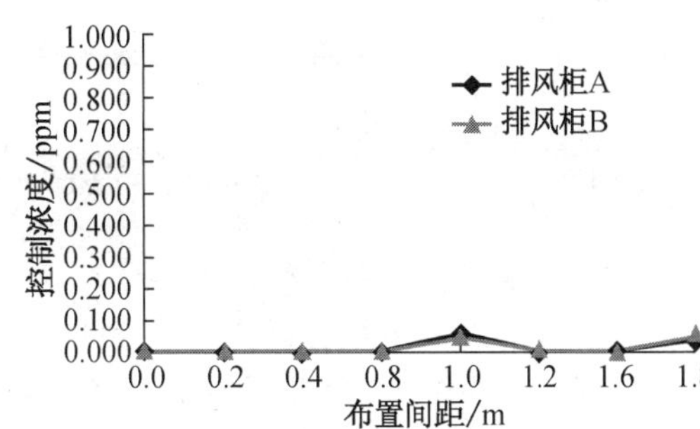

图 11　垂直布置时排风柜控制浓度曲线

图 12 为两台排风柜面对布置时排风柜控制浓度随布置间距的变化曲线。当两台排风柜面对布置时，其控制浓度都很低，且随着布置间距的增加控制浓度曲线几乎为一条水平线。从图 8 和图 12 可以得出：尽管排风柜面风速比较大，分布不均匀，操作口最大测点风速与平均面风速的偏差以及最小测点风速与平均面风速的偏差大于 15%，但排风柜控制浓度仍可能小于0.5 ppm；这说明排风柜面风速与控制浓度的相关性比较低，与文献[7]中排风柜面风速与控制浓度的相关系数仅为 0.24 是吻合的。两台排风柜背对布置时，操作口控制气流相互干扰小，污染物逸出较少，排风柜 A 和排风柜 B 控制浓度都为0.002 ppm。总体来说，在设定排风柜面风速0.5 m/s时，排风柜控制浓度几乎都小于0.5 ppm。

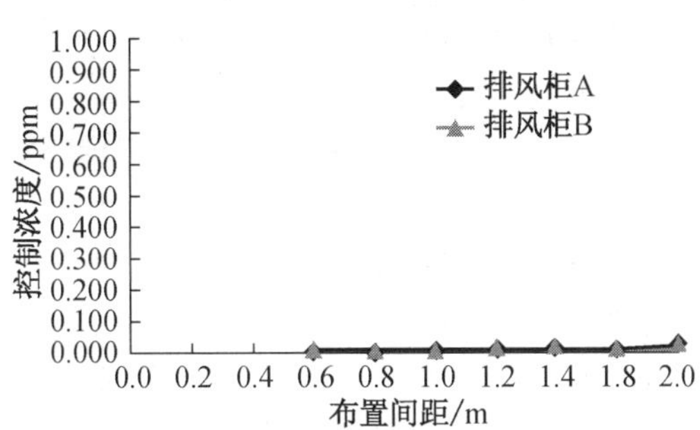

图 12　面对布置时控制浓度曲线

3.3　操作口污染物浓度

由于排风柜的设计问题或者外界干扰因素，排风柜操作口总会有一定量的污染物逸出。排风柜平行布置时，操作口平均污染物浓度随布置间距的变化趋势与控制浓度的变化趋势相同，如图 13 所示。当布置间距为 0.0 m 时，排风柜 B 操作口平均污染物浓度高达 165 ppm，这就导致了排风柜 B 前人员呼吸区的控制浓度比较高，如图 10 所示。当布置间距大于 0.2 m 时，操作口平均污染物浓度比较稳定，都小于 7 ppm。排风柜垂直布置时，两台排风柜控制气流之间的相互影响较小，从操作口逸出的污染物相对较少，操作口平均污染物浓度都小于7 ppm，如图 14 所示。

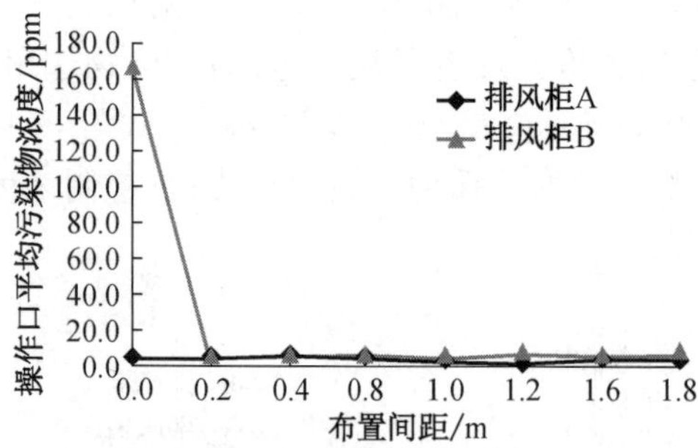

图 13 平行布置时操作口平均污染物浓度

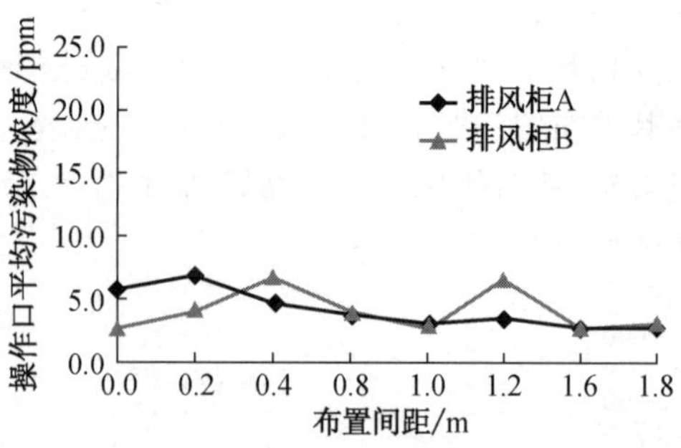

图 14 垂直布置时操作口平均污染物浓度

图 15 是排风柜面对布置时操作口平均污染物浓度随布置间距的变化曲线。布置间距在 0.6～1.2 m范围时，操作口平均污染物浓度随着布置间距的增大而呈快速递减；布置间距大于 1.2 m 时，操作口平均污染物浓度随布置间距的增加而递减减慢，操作口污染物浓度小于 7 ppm。当两台排风柜背对布置时，排风柜控制气流相互干扰小，污染物逸出相对较少，排风柜 A 和 B 操作口平均污染物浓度都为 3.9 ppm。

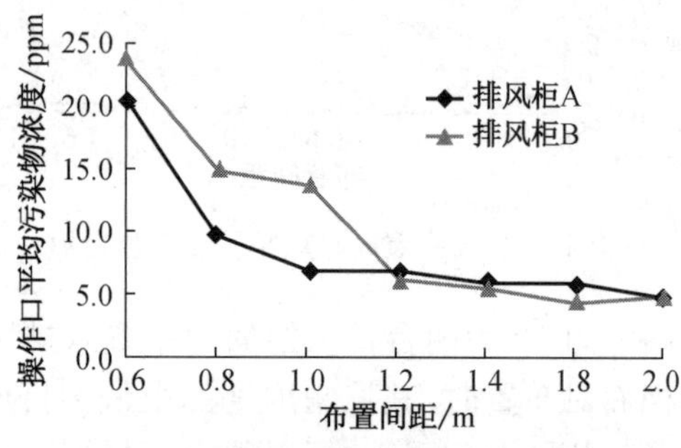

图 15 面对布置时操作口平均污染物浓度

4 结语

(1) 当两台排风柜平行布置，不同布置间距时，平均面风速为 0.6 m/s 左右，面风速分布较为均匀；布置间距为 0.0 m 时，排风柜 B 的控制浓度为 0.96 ppm>0.5 ppm，操作口平均污染物浓度高达 165 ppm，而在其他布置间距时，控制浓度比较低，小于 0.5 ppm，同时操作口平均污染物浓度也相对比较低，小于 7 ppm。因此，当两台排风柜平行布置时，布置间距应大于 0.2 m。

(2) 当两台排风柜垂直布置时，布置间距对排风柜性能影响较小；平均面风速维持在 0.6 m/s左右，面风速分布均匀；控制浓度都满足小于 0.5 ppm 的规定；操作口平均污染物浓度随间距改变而波动较小，污染物浓度相对比较低，小于 7 ppm。

(3) 当两台排风柜面对布置，布置间距小于 1.2 m 时，平均面风速较高，维持在 0.65 m/s 左右，面风速分布波动较大，操作口平均污染物浓度较高且随着布置间距增加而快速递减；布置间距大于 1.2 m 时，平均面风速为 0.6 m/s 左右，面风速分布均匀，操作口平均污染物浓度相对较低，小于 7 ppm；而布置间距对控制浓度的影响却很小，任何布置间距时控制浓度都满足小于 0.5 ppm 的要求。因此，从排风柜整个操作口污染物逸出量的角度考虑，当两台排风柜面对布置时，布置间距应大于 1.2 m。

(4) 当两台排风柜背对布置时，平均面风速为 0.58 m/s，面风速分布均匀；控制浓度为 0.002 ppm；操作口平均污染物浓度为 3.9 ppm。可见，在排风柜背对布置时，排风柜控制气流相互影响较小。

(5) 通过单台排风柜数值模拟结果和实验数据的比较，证明运用数值模拟方法能较好地得到排风柜内外的速度场和浓度场，说明应用数值模拟方法研究排风柜是合理可行的。

参考文献

[1] 国家机械工业局. JB/T6412—1999 排风柜[S]. 北京:机械工业出版社,1999.

[2] LAN Ngiam Soon, VISWANATHAN Shekar. Numerical simulation of airflow around a variable volume/constant face velocity fume cupboard[J]. AIHAJ,2001,62:303-312.

[3] KIRKPATRICK Allan T, REITHER Robert. Numerical simulation of laboratory fume hood airflow performance [J]. ASHRAE Transactions,1998,104:999-1011.

[4] 陈道俊,李强民. 送风对实验室排风柜气流控制的影响[J]. 制冷空调,2004,(06):22-24.

[5] 张鸣远,景思睿,李国君. 高等工程流体力学[M]. 西安:西安交通大学出版社,2007.

[6] 杨忠国,谢安国,等. 基于 CFD 的置换通风空调房间数值模拟[J]. 辽宁科技大学学报,2009,32(2):153-155.

[7] HITCHINGS Dale T, MAUPINS Karen. Using the ASHRAE110 test as a TQM tool to improve laboratory fume hood performance [J]. ASHRAE Transactions,1997,103(2):851-862.

实验室排风柜面风速要求与实测分析*

程勇　刘东　王婷婷　王康　王新林

摘　要：在总结各国对排风柜面风速要求的基础上，采用实验方法研究了两种拉门开度(拉门高度 500 mm 和拉门全开)、不同设定面风速情况下，排风柜面风速的实际分布情况；结合流动显示实验，评价了排风柜的运行性能。得出结论：从面风速分布均匀性和对污染气流控制力的角度考虑，排风柜左右两侧气流通道的阻力应尽量平衡；当拉门高度为 500 mm 时，面风速应控制在 0.4～0.6 m/s，拉门全开时，面风速不应小于 0.4 m/s。

关键词：排风柜；面风速；拉门开度；流动显示；实验；均匀性

Requirement and Testing of Face Velocity of Fume Hoods in Laboratories

CHENG Yong, LIU Dong, WANG Tingting, WANG Kang, WANG Xinlin

Abstract: Based on the requirements for face velocity of fume hoods by some countries, experimentally studies the distribution of face velocity under the two door opening conditions of 500 mm and maximum in height, and at different setting face velocities. Evaluates the performance of fume hood with flow visualization experiments. Concludes that from the point of view of the distribution uniformity of face velocity and control capability to contaminated airflow, the resistance of left and right airflow channels of fume hood should be balanced as well as possible; the face velocity should be 0.4 to 0.6 m/s when the opening height is 500 mm, and less than 0.4 m/s for the maximum opening.

Keywords: fume hood; face velocity; door opening; flow visualization; experiment; uniformity

0　引言

源头控制能有效防止实验室内污染物的扩散。排风柜是实现实验室内污染物源头控制的核心设备。即使设计良好的排风柜，由于其他因素的影响，其运行性能也可能满足不了要求，如面风速过大或过小、面风速分布不均匀、室内空调送风、柜内的实验设备、站立的实验人员及实验人员的走动等。很多学者采用实验或数值模拟的方法对影响排风柜性能的因素进行了研究分析。Ngiam Soon Lan[1] 和 Allan T Kirkpatrick[2] 等的研究成果表明，排风柜拉门全开、柜前有操作人员、柜内放置实验设备时，排风柜的污染物逸出量将增加。Hu Peixin 等利用 CFD 数值模拟研究了排风口位置、排风柜前障碍物大小和拉门扶手等对柜内及其周围气流组织形式的影响[3]。程勇等借助数值模拟方法研究了实验室内同时运行 2 台排风柜时，其布置形式和布置间距对排风柜性能的影响，研究显示排风柜平行布置时，布置间距应大于 0.2 m，而相对布置时，布置间距应大于 1.2 m[4]。后来，程勇等从面风速分布和风速波动角度出

*《暖通空调》2012,42(8)收录。

发，分析了排风柜内放置 3 种不同阻挡率的障碍物时对排风柜性能的影响[5]。为进一步得出柜内障碍物阻挡率和排风柜性能之间的量化关系，王新林等分析了在不同拉门开度和不同面风速时，柜内分别放置 10 种不同阻挡率的障碍物对排风柜面风速均匀性的影响[6]。

面风速是评价排风柜性能的重要指标之一，面风速的大小和均匀性关系到排风柜的性能。恒定的面风速能有效地控制柜内污染物的逸出，保护实验室内人员的健康。陈道俊对实验室变风量排风柜的面风速控制进行了研究，将实验室变风量排风柜对污染物溢出浓度的结果控制转化为对面风速控制的过程控制，即稳态的面风速控制和动态的响应时间控制[7]。本文将采用实测方法分析在不同拉门开度和面风速时，排风柜的面风速分布情况；并结合流动显示实验，评价排风柜的运行性能。

1　排风柜面风速的要求

1.1　面风速的定义和面风速均匀性评价指标

(1) 面风速

面风速是指排风柜在某拉门开度下整个排风柜罩面风速的平均值，定义为

$$\bar{v}=\frac{\sum_{i=1}^{n} v_i}{n} \tag{1}$$

式中　$\bar{v}$, v_i——面风速和测点 i 的风速，m/s；

n——排风柜罩面的测点总数。

(2) 最大偏差 $\delta_{\max}$[5-7]

最大偏差 $\delta_{\max}$ 是指排风柜操作口的最大测点面风速与面风速的偏差，定义为

$$\delta_{\max}=\frac{|v_{j\max}-\bar{v}|}{\bar{v}} \tag{2}$$

式中　$\delta_{\max}$——面风速分布最大偏差；

$v_{j\max}$——排风柜罩面最大测点风速，m/s。

(3) 最小偏差 $\delta_{\min}$[5-7]

最小偏差 $\delta_{\min}$ 是指排风柜操作口的最小测点面风速与面风速的偏差，定义为

$$\delta_{\min}=\frac{|v_{j\min}-\bar{v}|}{\bar{v}} \tag{3}$$

式中　$\delta_{\min}$——面风速分布最小偏差；

$v_{j\min}$——排风柜罩面最小测点风速，m/s。

1.2　面风速的要求

为了能有效控制排风柜内有害物的外逸，在不同拉门开度时，需保证排风柜面风速在某恒定值附近。不同的实验室对排风柜的面风速要求不同。英国标准(BS7258)推荐设计排风柜时使用的面风速见表 1。各国标准对排风柜面风速的要

表 1　英国标准(BS7258)推荐的面风速值

排风柜的使用场合	面风速/($m\cdot s^{-1}$)
带有放射性物质的操作	≥0.7
常规操作	≥0.5
化学品储存	≥0.2

求不尽相同,见表 2[7-9]。

表 2　各国标准对排风柜面风速的要求　单位:m/s

标准	面风速	标准	面风速
美国工业卫生委员会(ACGIH)标准	0.3～0.5	瑞典标准	0.5
美国职业安全与卫生管理局(OSHA)标准	0.4～0.6	日本标准	0.4
美国 ANSI/AHIA Z9.5—2003	0.4～0.6	德国工业标准	0.3
加拿大国家标准	0.5	中国行业标准	0.4～0.5
澳大利亚标准	0.5		

文献[7]建议排风柜面风速应为 0.4～0.6 m/s。如果面风速过大,一方面会影响实验操作和导致实验室能耗增加;另一方面排风柜前站立的实验人员胸前的涡流更加明显,排风柜内部形成大量涡流,可能导致柜内有害物大量逸出,如图 1 所示[7]。如果面风速过小,排风柜内外没有形成有效的气流组织形式,对外界干扰气流的抵抗力较弱,可能导致柜内有害物大量逸出,如图 2 所示[7]。

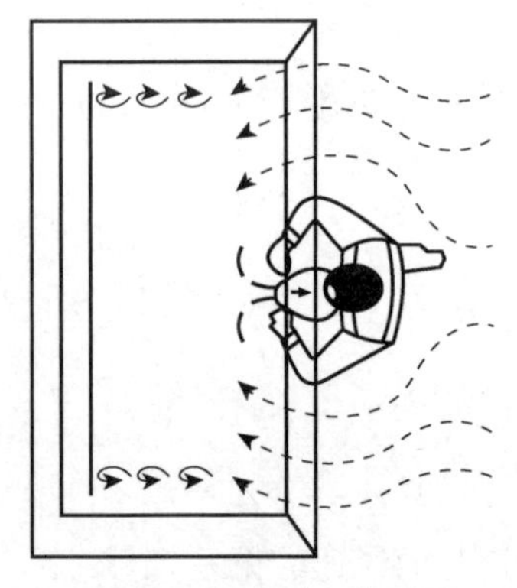

图 1　面风速过大的后果

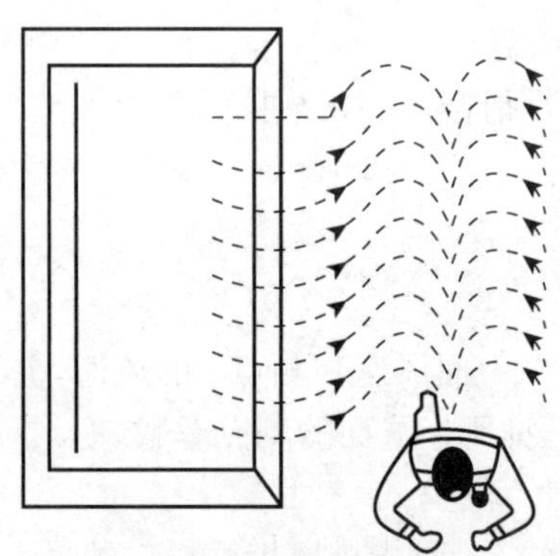

图 2　面风速过小的后果

2　实验系统

实验方法与文献[5-6]中的实验方法相同。本文对实验装置、实验原理和实验方法仅作简单介绍,详细请参考文献[5-6]。

2.1　实验装置

实验装置包括排风柜、变频排风机、静压箱、椭圆喷口、YYT—2000B 倾斜式微压计、胶皮管、整流格栅、风速仪等。图 3 是实验系统示意图。

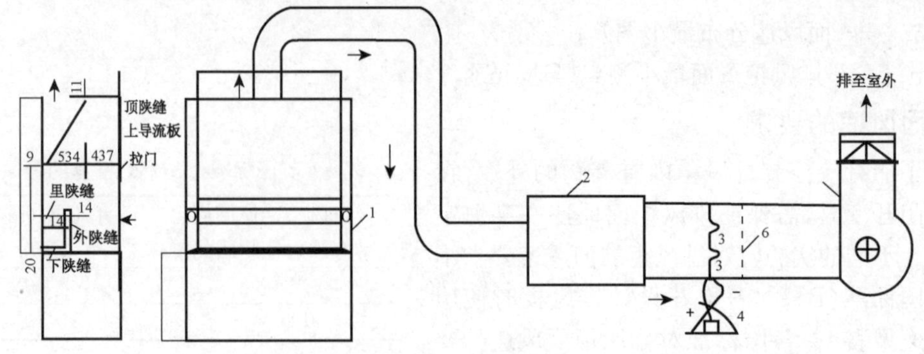

1—排风柜;2—静压箱;3—椭圆喷口;4—倾斜式微压计;5—变频风机;6—格栅

图 3　实验系统示意图

2.2　实验原理

根据式(4)可以确定不同面风速时对应的排风柜排风量。

$$Q = 3\,600\,vbh \tag{4}$$

式中　Q——排风柜的排风量,m^3/h;

v——排风柜的面风速,m/s;

b——排风柜操作口的宽度,m;

h——排风柜拉门高度,m。

调节变频风机,使椭圆喷口前后静压差满足式(5)确定的相应风量的静压差。

$$\Delta p = \left(\frac{Q}{3\,600F}\right)^2 \frac{\rho}{2} = \left(\frac{4Q}{3\,600m\pi d^2}\right)^2 \frac{\rho}{2} \tag{5}$$

式中　Δp——椭圆喷口前后的静压差,Pa,$\Delta p = 0.2 \cdot H \times 9.8$,其中 H 为 YYT—2000B 倾斜式微压计读数,0.2 为 YYT—2000B 倾斜式微压计系数;

ρ——空气密度,kg/m^3;

F——椭圆喷口喉部面积,m^2;

m——开启的椭圆喷口个数;

d——喷口喉部直径,0.13 m。

实验过程中,实验室门窗关闭,室内无人员走动,距排风柜 1.5 m 范围内,无大于 0.1 m/s 的横向干扰气流。

2.3　实验方法

实验分别在两种拉门开度下进行。工况 1:拉门高度 500 mm,面风速 0.3～0.7 m/s;工况 2:拉门全开,面风速 0.3～0.5 m/s。

2.3.1　面风速测量

将排风柜的操作口用橡皮筋均匀划分为 12 个矩形网格,每个矩形网格中心即为风速测点,如图 4 所示。风速仪通过三角架支起,其探头位于矩形网格中心,风速仪支杆与排风柜入口水平边框平行,并紧贴拉门入口边框,待稳定后进行读数。

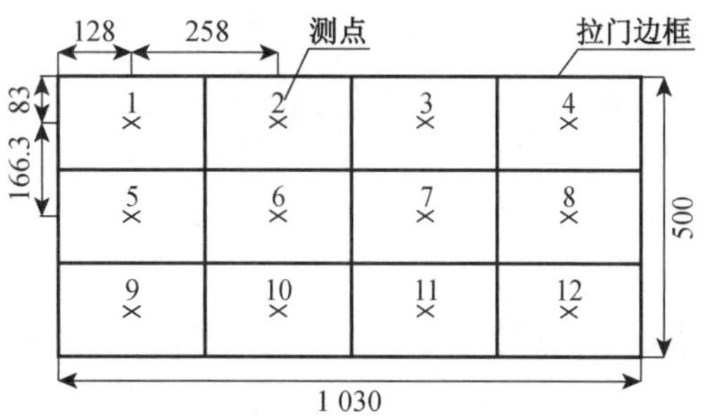

图 4　拉门高度 500 mm 时面风速测点布置(单位:mm)

2.3.2　流动显示实验

通过流动显示实验能定性观察排风柜内及其周围的气流分布,可以为排风柜性能评价提供参考。流动显示实验采用 JB/T 6412—1999《排风柜》[10]中规定的方法。

3　实验结果与分析

3.1　面风速分布

图 5 和图 6 分别为拉门高度 500 mm 和拉门全开时,在不同设定面风速情况下,实测的排风柜面风速分布。从图 5 可以得出,设定面风速为 0.3 m/s,0.4 m/s,0.5 m/s,0.6 m/s,0.7 m/s 时,操作口实测平均面风速分别为 0.36 m/s,0.44 m/s,0.57 m/s,0.66 m/s,0.73 m/s。

从图 6 可以得出，设定面风速为 0.3 m/s，0.4 m/s，0.5 m/s时，操作口实测平均面风速分别为 0.35 m/s，0.46 m/s，0.57m/s。

从图 5 和图 6 可以看出，实测得到的平均面风速都稍大于设定面风速，主要由于实测时，只能测量有限测点的风速值，以该有限测点风速的算术平均值代表平均面风速；同时，拉门边框附近容易发生边界层分离，气流速度较小，而所选测点都距离拉门边框有一定距离，没有反映出边缘附近的气流速度。排风柜操作口面风速分布呈现出一定的特点，即靠近拉门右边框的测点风速值大于靠近拉门左边框的测点风速值，主要是由于制造加工排风柜左右两侧柜壁气流流通通道时，两侧阻力不平衡，从而导致两侧风量不平衡；但若两侧排风量相差较大时，容易在排风量较小的一侧形成气流滞留区，造成柜内污染物不能及时排走，这一点可以在流动显示实验中得到进一步证实。

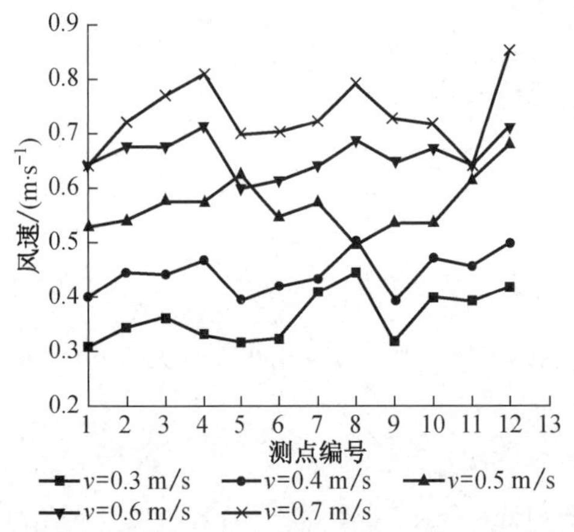

图 5　拉门高度 500 mm、不同设定面风速时面风速分布

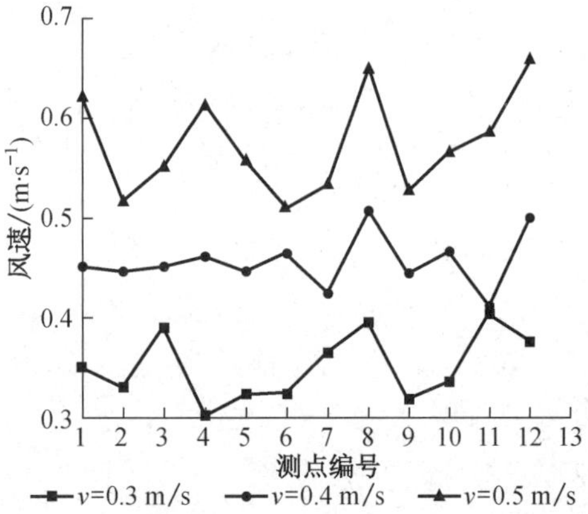

图 6　拉门全开、不同设定面风速时面风速分布

3.2　面风速分布均匀性

图 7 显示了拉门高度为 500 mm 时，随着设定面风速的变化，面风速分布偏差的变化。从图 7 可以看出，随着排风柜设定面风速的增大，面风速分布均匀性有所不同；面风速分布的最大偏差变化较显著，最小偏差变化较小。当设定面风速为 0.3 m/s 时，面风速分布的最大偏差为 25%，大于 15%(JB/T 6412—1999《排风柜》规定面风速分布最大偏差不大于 15%[10])；当设定面风速为 0.4～0.6 m/s 时，面风速分布的最大偏差有所减小，基本能满足要求(除设定面风速 0.5 m/s)；当设定面风速继续增大到 0.7m/s 时，面风速分布的不均匀性增加，面风速分布的最大偏差为 17.8%，大于 15%。面风速分布的最小偏差随着设定面风速的增大变化较小，能满足 JB/T 6412—1999《排风柜》的要求。可见，当设定面风速较小时，面风速分布不均匀；当设定面风速过大时，也将会导致面风速分布不均匀。因此，当拉门高度 500 mm 时，为了使面风速分布较均匀，排风柜设定面风速不宜过小或过大。

图 8 为排风柜拉门全开时，随着排风柜设定面风速的变化，面风速分布偏差的变化。与拉门高度 500 mm 比较，当拉门全开时，面风速分布更均匀，可能是由于排风柜的操作口面积增大，排风量增大，气流稳定性更好。随着设定面风速增大，面风速分布的最小偏差基本不变，最大偏差变化也较小，都基本能满足相关标准的规定。当设定面风速为 0.3 m/s 时，面风速分布的最大偏差和最小偏差都为 14.3%；当设定面风速为 0.4 m/s 时，最大偏差和最小偏差有所下降，都为 10.9%；当设定面风速为 0.5 m/s 时，最大偏差增加为 15.8%，最小偏差为10.5%。

可见，当拉门全开、设定面风速为 0.3～0.5 m/s 时，面风速分布比较均匀。

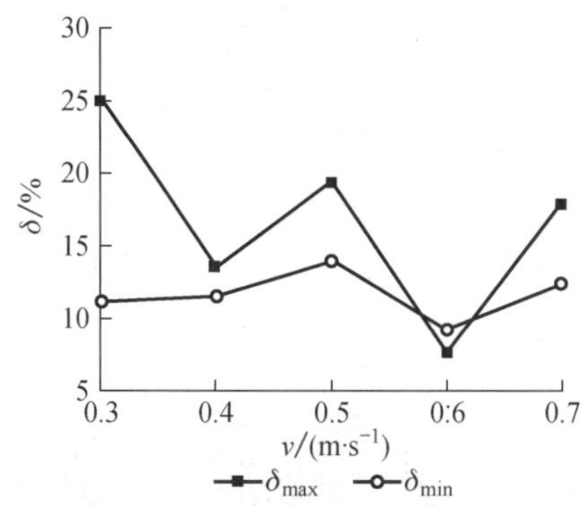

图 7　拉门高度 500 mm 时面风速分布偏差随设定面风速的变化

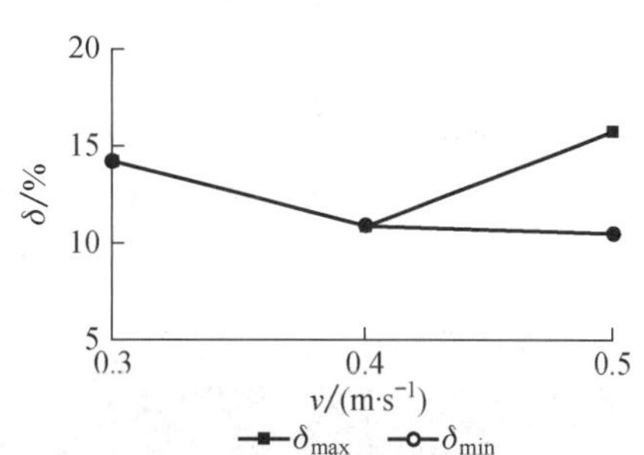

图 8　拉门全开时面风速分布偏差随设定面风速的变化

3.3　流动显示

图 9 和图 10 是拉门高度 500 mm，设定面风速分别为 0.5 m/s 和 0.7m/s 时，排风柜内的气流组织形式。从图中可以看出，在排风机的抽力作用下，气流通过排风柜的操作口，沿着两侧柜壁，吸入到排风柜上部和左右两侧通道，最后经排风口排出。当设定面风速为 0.5m/s 时，柜内气流组织形式较好，湍流强度较小，没有发生明显的污染气流堆积，污染物能及时排走；由于制造工艺误差，排风柜左右两侧气流流通通道阻力不平衡，即左侧流通通道阻力明显大于右侧流通通道阻力，导致操作口左侧有污染气流堆积，不能及时排走，增加了污染物逸出的可能性，这一点可以在前面的面风速测试结果中得到验证。当设定面风速增加到 0.7m/s 时，气流湍流强度增加，排风柜左右两侧柜壁附近区域有明显的污染气流堆积。由于左右两侧气流流通通道阻力不平衡，在流通阻力较大的左侧，有更多的污染气流堆积，并延伸至操作口，有污染物逸出；而右侧尽管有部分污染气流堆积，由于右侧流通阻力相对较小，污染气流能较顺利地通过右侧柜壁的狭缝通道排走，没有发生明显的污染物逸出。

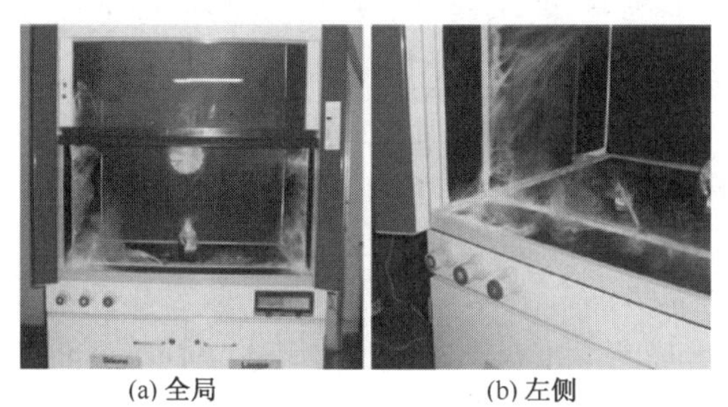

(a) 全局　　(b) 左侧

图 9　拉门高度 500 mm、设定面风速为 0.5 m/s 时，排风柜内的气流组织形式

(a) 左侧　　(b) 右侧

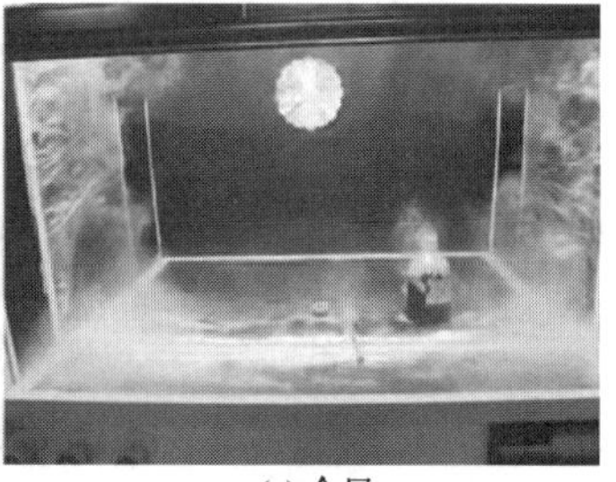

(c) 全局

图 10　拉门高度 500 mm、设定面风速为 0.7 m/s 时，排风柜内的气流组织形式

图 11 和图 12 显示了排风柜拉门全开，设定面风速分别为 0.3m/s 和 0.5m/s 时，排风柜

内的气流组织形式。由于排风柜左侧气流通道阻力明显大于右侧，因此右侧的气流组织形式优于左侧。当设定面风速为 0.3 m/s 时，由于面风速较小，对柜内污染物的控制力较小，加上操作口左侧堆积有大量的污染气流，有明显的污染物逸出。当设定面风速为 0.5 m/s 时，柜内的气流组织比较好，污染气流能较顺利通过排风柜上部和左右两侧通道排走，没有发生明显的污染物逸出。与拉门高度 500 mm、面风速 0.5 m/s 相比，由于排风量增大，柜内气流湍流强度有所增加，但没有导致污染物逸出的情况发生。由此可见，当拉门全开、面风速为 0.5 m/s 时，尽管排风柜操作口面积增大，排风量增大，湍流强度增大，但只要维持适当的面风速，排风柜能以良好的性能运行。

(a) 左侧　　(b) 右侧

图 11　拉门全开、设定面风速为 0.3 m/s 时，排风柜左右两侧的气流组织形式

图 12　拉门全开、设定面风速为 0.5 m/s 时，排风柜内的气流组织形式

4　结论

(1) 当排风柜左右两侧柜壁的气流流通通道阻力相差较大时，操作口面风速分布均匀性较差；气流流通通道阻力较大的一侧容易发生污染气流堆积，不能及时排走，易导致污染物逸出。因此，在排风柜制造过程中，应尽量保证左右两侧气流流通通道阻力平衡。

(2) 为了保证面风速均匀性和对柜内污染物的控制力，当排风柜拉门高度为 500 mm 时，面风速应控制在 0.4～0.6 m/s；当拉门全开时，面风速不能小于 0.4 m/s。

参考文献

[1] SOON Lan Ngiam, SHEKAR Viswanathan. Numerical simulation of airflow around a variable volume/constant face velocity fume cupboard[J]. AIHAJ, 2001,62(3):303-312.

[2] KIRKPATRICK A T, REITHER R. Numerical simulation of laboratory fume hood airflow performance [G]//ASHRAE Trans,1998,104(2):1-13.

[3] HU Peixin, INGHAM D B, WEN X. Effect of the location of the exhaust duct, an exterior obstruction and handle on the air flow inside and around a fume cupboard[J]. The Annals of Occupational Hygiene, 1996,40(2):127-144.

[4] 程勇，刘东. 实验室两台排风柜同时运行时性能的模拟研究[J]. 制冷空调与电力机械，2010,31(6):1-6.

[5] 程勇，刘东，李强民. 障碍物对排风柜性能影响的实验研究[J]. 制冷与空调，2011,25(4):339-345.

[6] 王新林，刘东，程勇，等. 内置有障碍物时排风柜性能的实验研究[J]. 建筑热能通风空调，2012,31(1):23-27.

[7] 陈道俊. 变风量排风柜的面风速控制研究[D]. 上海：同济大学，2005.

[8] 李斯玮，刘东. 实验室排风柜测试方法的比较与分析[J]. 建筑热能通风空调，2010,29(3):92-96.

[9] MONSEN R R. Practical solution to retrofitting existing fume hoods and laboratories[G]//ASHRAE Trans,1989,95(2):42-53.

[10] 国家机械工业局. JB/T 6412—1999 排风柜[S]. 北京：机械工业出版社，1999.

某实验室排风柜面风速控制现场影响因素分析*

庄江婷　王婷婷　刘东

摘　要：通过对上海某测试中心的化学测试室进行排风柜面风速现场测试，并从实际面风速及面风速均匀程度两个方面进行分析，发现配置普通电通风阀的排风柜面风速控制受风阀开度、系统位置及柜内实验等因素影响，难以达到预期的控制效果，建议为排风柜配置可以进行面风速测量反馈的变风量排风控制阀，通过闭环控制保证面风速满足目标要求，并简化实验人员对排风柜的操作。

关键词：普通电动风阀；风阀开度；平均面风速；面风速偏差

Analysis of Field Influence Factors of Fume Hood Inlet Face Velocity Control

ZHUANG Jiangting，WANG Tingting，LIU Dong

Abstract: Based on the spot test of the chemical laboratory in a Shanghai test center, analyzes the average face velocity and face velocity diversity, and states that the fume hood with motorized dampers cannot desirably meet the control requirement due to various damper opening position, system location and operation state involved. Recommends to equip the fume hood with VAV exhaust control valves with velocity measurement feedback for meeting the velocity requirement with the closed-loop control and simplifying the operation by the laboratory personnel.

Keywords: motorized damper; damper opening; average face velocity; face velocity deviation

1　项目简介

为了高效地排除实验室内化学试验所产生的有毒有害物质，越来越多的现代实验室采用排风柜作为污染控制的重要手段。而在实际使用过程中，排风柜能否充分发挥其抑制污染的作用，则受通风空调系统设计、所采用的通风控制设备以及操作人员的使用习惯等方面因素的影响。因此，本文在上海某项目的化学测试室排风柜现场测试数据的基础上，探讨某一形式的排风柜在实际运行中的面风速控制效果，并对使用中出现的一些情况和问题进行分析并给出建议，希望能为今后的项目设计提供参考。

选取的有机测试室位于该项目实验室的5层，实验室内共有18台排风柜，分两个排风系统，风机手动变频运行。实验室补风采用墙上百叶自然进风，在排风柜1,5,9,14附近的外墙上共设有4个百叶风口，房间温度由单独的VRV系统控制。房间尺寸、家具及通风系统的布置如图1所示。

排风柜通风控制采用电动风阀，已在系统安装完毕之后作过水力平衡调试。排风柜电动

*《暖通空调》2013,43(5)收录。

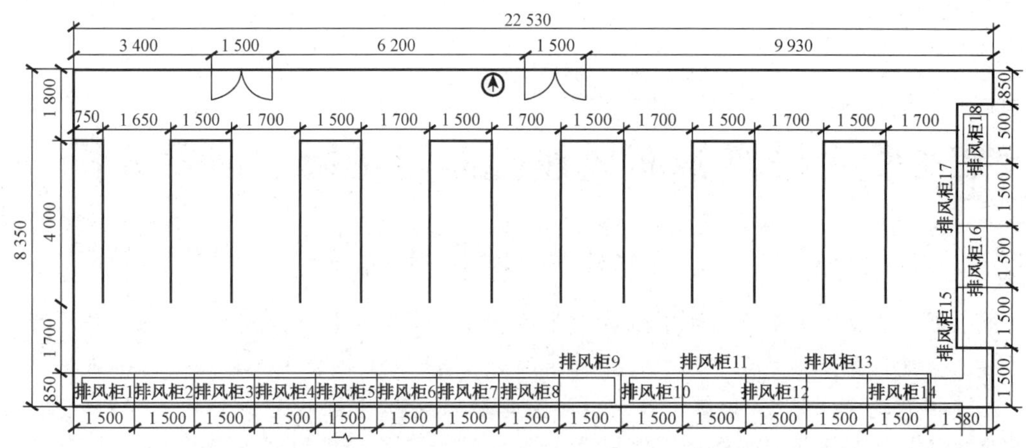

图 1　有机测试室平面布置示意(单位:mm)

风阀由实验人员在实验开始及完成时手动开启和关闭,并根据柜门的不同高度通过面板手动调节风阀开度完成控制。排风柜操作面板上有多个按钮及指示灯,分别为电源指示灯、运行状态指示灯、开关按键、风阀开大、风阀关小、风机和照明等 7 个。

2　测试方法

采用热球式风速仪对现场的干扰风速及排风柜面风速进行测试。

排风柜面风速测试时利用棉线将操作口等分成 15 个矩形网格,风速仪探头置于矩形网格中心,每个测点连续读数 8 次后取平均值,以此方式依次测量各点面风速。面风速测点布置如图 2 所示,1 500 mm排风柜实际开口宽度为 1 200 mm。

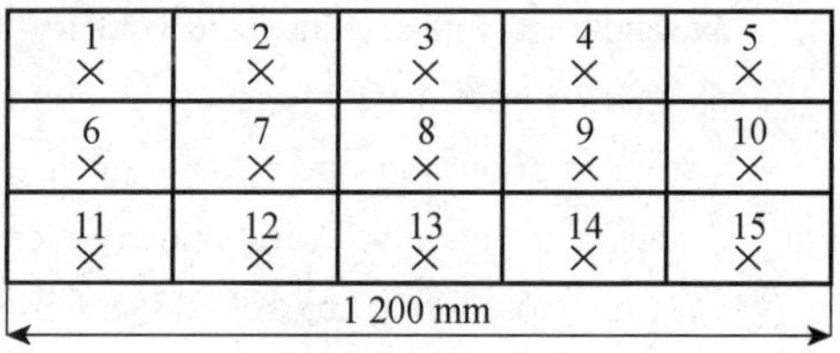

1 ×	2 ×	3 ×	4 ×	5 ×
6 ×	7 ×	8 ×	9 ×	10 ×
11 ×	12 ×	13 ×	14 ×	15 ×

1 200 mm

图 2　面风速测点布置

干扰风速测量方法为:取柜前 1. 5m、离地 1.5 m为测点,测量垂直于排风柜柜门方向的风速,连续读数 8 次后取平均值。

由于系统中排风柜控制阀为普通电动风阀,排风机采用手动变频,且不得影响实验室人员对排风柜的使用需求,因此在整个测试过程中,风机频率保持在 50 Hz 运行,其他排风柜排风电动风阀处于 90°开度,并以此为前提测试各排风柜在 300 mm,500 mm 两种柜门高度下的入口面风速及相应的现场干扰风速。

3　数据分析

3.1　评价指标

本文拟采用平均面风速和面风速分布最大偏差作为评价指标。平均面风速是指在某个柜门高度下,整个排风柜罩面风速的平均值;面风速分布最大偏差指排风柜操作口的最大或最小测点面风速与面风速的偏差,两者的定义式如下:

$$\bar{v} = \frac{\sum_{i=1}^{n} v_i}{n} \tag{1}$$

$$\delta_{\max}=\frac{\max|v_i-\overline{v}|}{\overline{v}}\times 100\% \tag{2}$$

式中　$\overline{v}$——平均面风速，m/s；

v_i——测点 i 的风速，m/s；

n——排风柜罩面的测点总数；

$\delta_{\max}$——面风速分布最大偏差。

3.2　风阀开度的影响

如前文中所提，本项目的排风柜配置普通电动风阀，面风速的控制均由实验人员手动设定，因此测试之前须先确定在不同柜门高度下何种风阀开度是最合适的。为此，在第一阶段的测试中，以排风柜 3 柜门高度处于 300 mm 时为例，分别测试 5 种风阀开度(25°，45°，55°，75°，90°)下的实际控制面风速。风阀开度与实际面风速对应关系如图 3 所示。

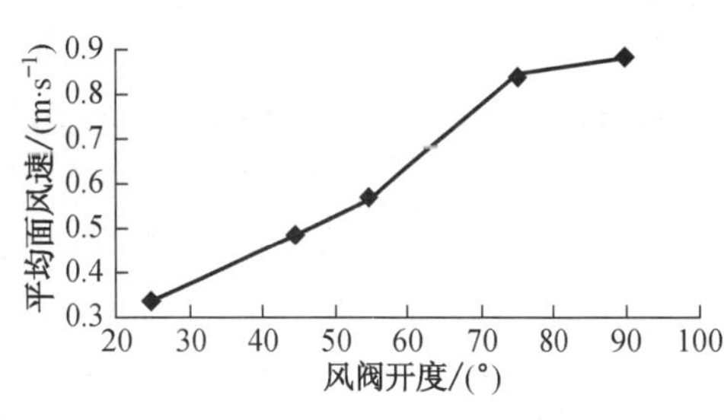

图 3　风阀开度与面风速

由图 3 可以看出：

(1) 在 300 mm 柜门高度下，当风阀阀位处于 45°～55°之间，面风速控制在(0.5±0.1)m/s的目标控制区域内。

(2) 排风柜面风速与风阀开度的关系曲线与蝶阀的特性曲线并不相似。这是由于除柜门以外，排风柜其他缝隙处也存在漏风量，而且在不同的排风状态下，这些位置的漏风量也将发生相应的变化。另外考虑到不同品牌的排风柜在结构上有较大的差异，特别是缝隙处的处理以及柜内气流组织的差异，使得在相同的面风速要求下，排风量不尽相同，两者的联系更难以用简单统一的关系式来表达。

考虑到排风柜 3 处于排风系统中游位置，在整个系统的水力工况中较为典型，因此之后的测试将借鉴本测试结果，排风柜柜门高度在 300 mm 和 500 mm 两种情况下，电动风阀阀位分别取 45°和 90°进行控制。

3.3　柜前干扰风速

在每台排风柜每种柜门高度下的面风速测试开始之前，笔者先对柜前的干扰风速进行了测量，数据详见图 4。测试结果表明测试的 17 台排风柜(排风柜 9 未测)中共有 8 台排风柜在某一测试工况下干扰风速超过 0.2 m/s，个别情况下甚至达到了 0.4～0.5 m/s，与目标面风速相当，对控制相当不利。结合现场情况分析，干扰风速过大是由以下两个原因引起的。

(1) 现场卡式 VRV 末端送风风速较高，对柜前气流形成干扰。

(2) 侧墙上补风百叶无组织进风。

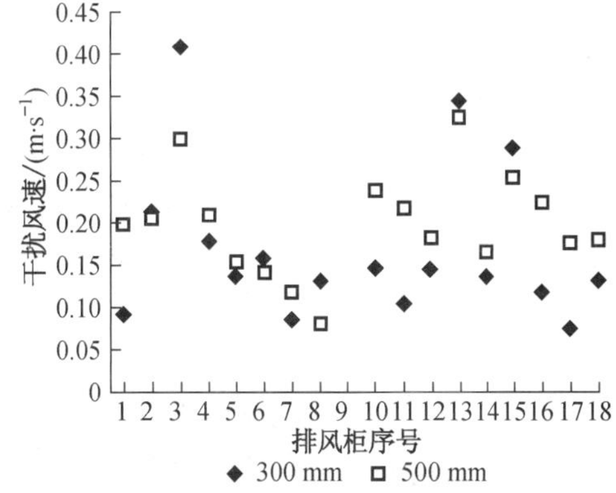

图 4　干扰风速

3.4　不同排风柜的面风速分布

根据前文所述，分别取 45°(300 mm 柜门开度)和 90°(500 mm 柜门开度)风阀开度对该实验室内

17 台排风柜(排风柜 9 未测)的面风速进行测试,结果如图 5 所示。

由图 5 可见:

(1) 在相同运行条件和风阀角度下,排风柜的实际面风速变化较大,300 mm 柜门高度下面风速范围 0.18~0.82 m/s,500 mm 柜门高度下为 0.27~1.06 m/s。由此可见,由于系统水力条件等因素的作用,直接调整风阀角度无法实现精确的面风速控制。

(2) 即使在风阀全开的情况下,在 500 mm 柜门高度下,仍有部分排风柜(风管最远端排风柜 1, 10)面风速过低。这是由于系统水力平衡是以某一特定工况(整个系统内排风柜考虑 60%同时使用系数)为依据的,而在实际运行条件下,当靠近风机的排风柜风阀全开且未对最大风量进行限制时,必将造成末端排风量不足。

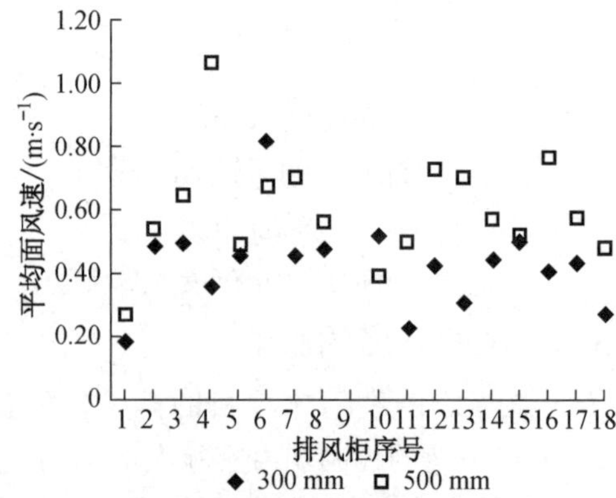

图 5 不同排风柜的面风速分布

(3) 对比前文的柜前干扰风速测试结果,实际面风速与干扰风速无明显关系。

3.5 面风速分布最大偏差

文献[1]要求排风柜面风速分布均匀,其最大值、最小值与算术平均值的偏差应小于 15%。分析现场实测数据后得出如下结论:

(1) 实际使用中的排风柜受到物品摆放、气流组织等方面的影响,面风速分布最大偏差很难控制在 15%以内(在 300 mm 和 500 mm 两种高度下,仅各有 3 台排风柜满足要求)。

(2) 即使同一排风柜在某一开度下面风速分布偏差较小,但由于实验操作性质,在其他开度下也有可能出现面风速分布非常不均的情况。如排风柜 10 进行的是加热实验,虽然平均面风速控制在目标范围内,但受热气流的影响,其面风速偏差有很大的不同。

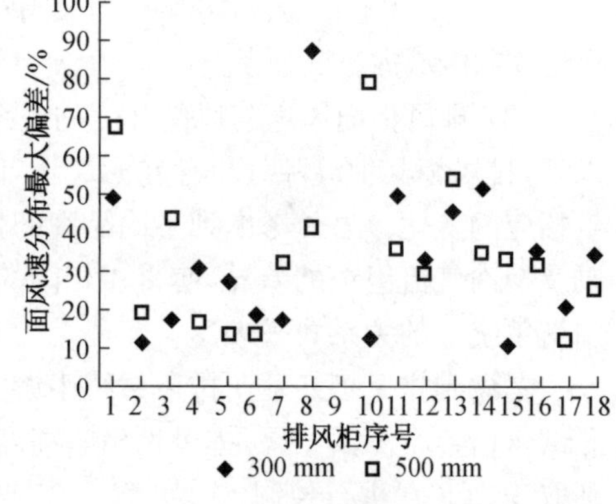

图 6 面风速分布最大偏差

4 结论与建议

(1) 普通电动风阀能在一定程度内实现目标面风速(0.5±0.1)m/s 控制,但实际运行工况千变万化,很难去制定标准的操作规程用于指导人员安全使用排风柜。因此建议排风柜通风控制采用闭环控制,由各电子部件实行测量-反馈控制自动维持面风速,能简化实验人员操作。

(2) 为了保证排风柜良好运行,需对现场的气流组织精心设计,如采用旋流风口,避免无组织气流或房间送风影响柜前气流。

(3) 排风柜在现场使用时受柜内物品摆放等因素影响,面风速分布均匀程度很难达到规范[1]中关于最大偏差小于 15%的要求。

(4) 由于现场条件所限,本次测试仅就最大运行工况(各排风柜全开,排风机在 50 Hz 全负荷运行)下,对排风柜面风速实际控制效果及影响因素进行分析,未对水力条件的影响作进一步的分析。

参考文献

[1] 国家机械工业局.JB/T 6412—1999 排风柜[S].北京:机械工业出版社,1999.

实验室排风柜面风速测试方法的对比研究及实验验证*

王婷婷　刘 东　程 勇　万永丽　皮英俊

摘　要：面风速是排风柜性能的重要指标，本文对各国排风柜面风速测试标准进行总结和分析，比较了在测试条件、测试仪器、测试方法、结果的分析等方面的差异。通过构建的实验台对排风柜进行面风速的实测，根据多台不同厂家不同型号的排风柜面风速的实测结果，研究分析面风速分布特点，指出了实际测试中操作面上需重点关注的区域。

关键词：化学实验室；排风柜；面风速；测试标准；结果评价

Comparative Analysis and Experimental Verification of Face Velocity Testing Methods for Fume Hoods in Laboratories

WANG Tingting, LIU Dong, CHENG Yong, WAN Yongli, PI Yingjun

Abstract: Face velocity is a significant index for performance of fume hoods. The differences about testing conditions, devices, procedures and result analysis in fume hood standards from different countries have been compared and concluded. A testing room has been built in accordance, some fume hoods have been tested on it, and a conclusion about the underlining areas of operating plane in the test has been drawn after the analysis of face velocity distribution characteristics.

Keywords: laboratory; fume hood; face velocity; testing method; result evaluation

0　引言

实验室的室内空气污染物控制是实验室工作人员职业卫生保障的重要组成部分。这部分工作主要由实验室的空调通风系统承担，排风柜作为其中最重要的局部排风设备，其性能对实验室人员的职业健康与安全至关重要。目前，国内外现行的多个关于排风柜的评价体系中，面风速均是必选的一项重要测试项目。各国对于面风速的测试手段和评价指标各有所不同，本文对不同国家的排风柜的面风速测试标准进行对比和分析出发，结合同济大学的排风柜面风速实验台的实测结果，将标准应用为具体的测试方法，并进行了多台排风柜的面风速测试，将得到的测试结果进行分析，得到操作面面风速分布特点及测试中需重点关注的区域，从而探求一个更为合理和可靠的面风速测试方法。

1　排风柜面风速的测试标准比较

针对排风柜的测试，不同国家制定了本国的标准，目前在国际主要的标准有：美国的国家

*《建筑热能通风空调》2013，32(2)收录。

标准 ANSI/AHIA Z9.5—2003[1]及 ASHRAE 110—1995P[2]，欧洲标准 EN 14175-3 2002[3]等。在国内，关于排风柜产品现行的国家标准有 JB/T 6411—1999[4]排风柜，JG/T 222—2007[5]实验室变风量排风柜，和 JG/T 385—2012[6]无风管自净型排风柜。其中 JG/T 385 标准中关于面风速的测试的主要方法参考了 JB/T 6412 的规定，各标准中关于面风速测试的规定见表 1。

表 1　　各国标准中关于面风速测试的规定

<table>
<tr><td colspan="2">测试标准</td><td>ANSI Z9.5</td><td>ASHRAE110</td><td>EN14175-3</td><td>JB/T 6412</td><td>JG/T 222</td></tr>
<tr><td colspan="2">适用的排风柜类型</td><td>常规，补风，变风量，高氨酸，无管</td><td>常规，补风，变风量</td><td>常规，补风</td><td>常规，补风</td><td>变风量</td></tr>
<tr><td rowspan="4">测试条件</td><td>房间尺寸</td><td>未要求</td><td>未要求</td><td>长、宽≥4 m，高≥2.7 m</td><td>未要求</td><td>长、宽≥3.5 m，高>2.5 m</td></tr>
<tr><td>房间温度</td><td>未要求</td><td>(22±27) ℃</td><td>(23±3)℃</td><td>未要求</td><td>18 ℃～28 ℃</td></tr>
<tr><td>房间压力</td><td>未要求</td><td>比测试室外层区域的压力低 5 Pa</td><td>未要求</td><td>未要求</td><td>负压</td></tr>
<tr><td>干扰气流</td><td>小于平均面风速的 30%</td><td>≤0.15 m/s</td><td>≤0.1 m/s</td><td>≤0.1 m/s</td><td>≤0.1 m/s</td></tr>
<tr><td colspan="2">风速仪</td><td>未要求</td><td>量程：0.25～2.0 m/s 风速<0.5 m/s时，误差±0.025 m/s；0.2～1.0 m/s内时，风速≥0.5 m/s时，误差<±5%</td><td>角度敏感度：20°，误差 0.02 m/s+5%</td><td>量程：0.05～10 m/s</td><td>量程：0.05～10 m/s</td></tr>
<tr><td colspan="2">测试步骤</td><td>未要求</td><td>60 s，每秒 1 个读数</td><td>60 s，每秒 1 个读数</td><td>未要求</td><td>未要求</td></tr>
<tr><td colspan="2">数据分析与结果评价</td><td>将面风速划分为 5 个区间，需配合其他条件进行判定</td><td>未要求</td><td>计算平均面风速，但未给出指标值</td><td>平均面风速：0.4～0.5 m/s，最大及最小偏差小于 15%</td><td>平均面风速：0.3～0.5 m/s，无人：0.3 m/s，有人：0.5 m/s，最大及最小值偏差小于 15%</td></tr>
</table>

由表 1 可见，各标准对面风速的测试所适用的排风柜类型、测试条件、风速仪要求、数据分析与结果评价方法均给出了相应的规定。这些规定整体上思路和目标一致，但存在着具体要求和方法的差别[7]。

对于测试条件，各标准对于房间尺寸、室内温度、压力和干扰气流情况给出了不同的要求，其中，ASHRAE110 和 EN14175－3 的规定更为详细和严格，除以上各要求之外，在 EN14175 中还在测试房间内规定了一个特殊的测试区，范围是排风柜操作面向前延伸 1.5 m，两侧壁各向外延伸 1 m，高度为吊顶下高度的区域，要求是实验室的全面排风和送风不能设置在测试区内，并且应该分别相对于测试区轴对称地布局，送风温度应为室内温度±1 ℃，同时，在这个测试区内不应有温度高于 40 ℃的仪器。在这方面，我国标准规定较为模糊，有必要进行细化，以使测试更为合理地进行，也使测试结果更具可比性和评价性。

对于测试数据的分析与结果表达，ASHRAE110 和 EN14175－3 并未给出指标值，中国标准给出了平均面风速的范围，而 ANSI Z9.5 的结果评定较为复杂，其将结果划分为 5 个区间来进行评价，详见表 2。

表 2　EN 14175-3 中关于面风速范围的规定

面风速范围	建议情况	排风柜及测试区情况	人员操作	控制浓度测试
0.30～0.41 m/s	满足右侧 3 个条件下，可在该风速范围下运行	柜具有很好的控污能力，测试区处于理想环境	有严格的操作规程，能高效合理地进行操作	需频繁进行
0.41～0.51 m/s	建议的最佳范围	柜具有较好的控污能力，测试区处于较理想的环境	经过一定的操作培训，能较好地进行操作	需适当地进行
0.51～0.61 m/s	较为建议，可一定程度上增强控污能力，但能耗增加	柜具有较好的控污能力，测试区处于较理想的环境	经过一定的操作培训，能较好地进行操作	需适当地进行
0.61～0.76 m/s	不建议，能耗显著增加	未要求	未要求	未要求
>0.76 m/s	不建议，湍流增多，可能导致更多的泄露	未要求	未要求	未要求

这种方法将每个区间对应一定的平均面风速范围与其他相配合的条件，包括排风柜及测试区的情况、人员的操作情况以及控制浓度的测试结果，只要同一行满足所有的测试条件，即使其面风速低于常规规定的 0.4～0.5 m/s，它依然是一台具有良好污染物控制能力的排风柜，其对于安全性的保障值得信赖。相对于针对所有的排风柜给出一个统一的指标值，这种评价方法具有更好的灵活性和全面性，具有一定借鉴意义。

2　排风柜面风速的测试方法

同济大学根据中国标准 JB/T 6411—1999 及 JG/T 222—2007 的规定，结合了美国标准[8]及欧洲标准，建立了排风柜检测实验台用于面风速的检测，具体情况如下。

2.1　实验系统

该实验系统包括排风柜、变频排风机、静压箱、椭圆喷口、YYT—2000B 倾斜式微压计、胶皮管、整流格栅、风速仪等[9]。其可用于检测标准中规定的各种型号的排风柜。该系统的排风管直径为 250 mm。气流在排风机抽力作用下，通过排风柜的操作口进入柜内，流经左右两侧柜壁的狭缝和顶部狭缝，最后通过排风口排出。排风柜内部的气流通道主要包括左右两侧柜壁的狭缝和顶部狭缝等。图 1 是实验系统示意图。

2.2　测试仪器及材料

(1) 胶带纸，2 m 钢卷尺，直角尺，细线，记录表格等。

(2) 热线风速仪：精度 0.05 m/s。

2.3　测点布置

在测试中将操作口均匀划分成数个网格，将各网格的中心或交点定为面风速测试的取样

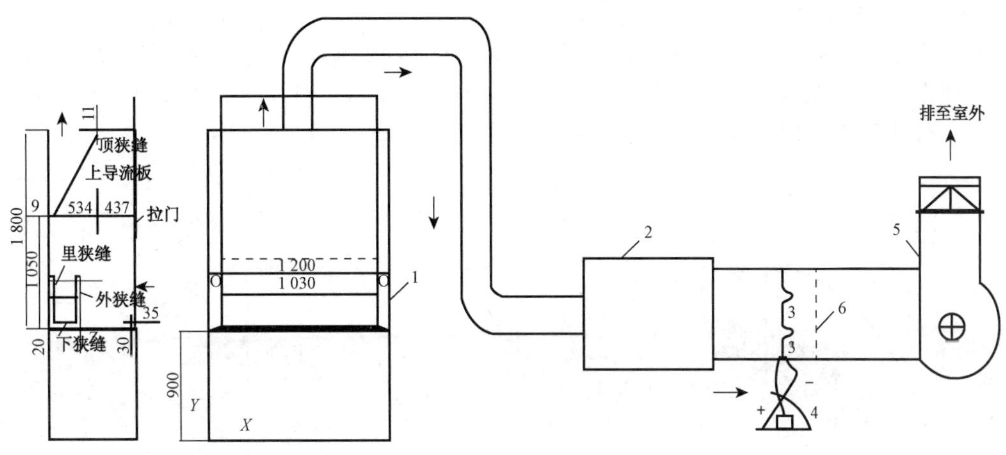

1—排风柜；2—静压箱；3—椭圆喷口；4—倾斜式微压计；5—变频风机；6—格橱

图 1　实验系统示意图(单位:mm)

点，即测点。然后通过对各测试所测数据进行分析和汇总，得到表征排风柜面风速性能的指标值。根据操作口形状，测试布置分为以下三种情况。

1) 矩形操作口

如果操作口形状为矩形，则根据 JB/T 6412—1999 标准的要求，操作口断面按照上图均匀划分成不少于 16 个矩形测区，每个测试区域面积应小于 0.09 m^2，测点设在各测区的对角线交点上(图 2 红点处)。

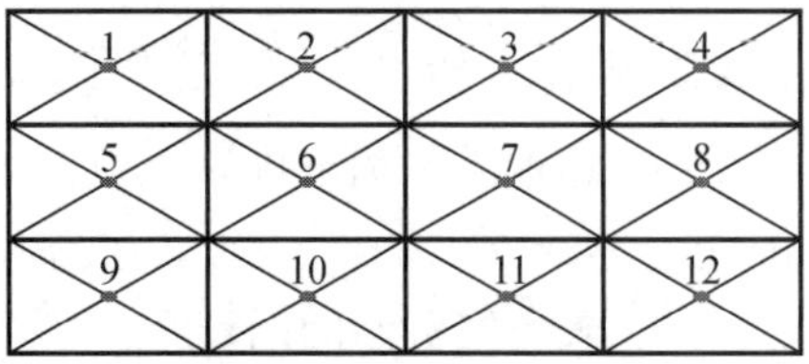

图 2　矩形操作口及梯形操作口的测点布置

2) 梯形操作口

如果操作口形状为梯形，则根据 JG/T385—2012 标准的要求，操作口断面按照上图均匀布置 7 个测点，见图中 A_1，A_2，A_3，B_1，B_2，B_3，B_4，$L_1=L_2=L_3=L_4=50$ mm。测点位置位于梯形横向中线和竖向中线上，具体位置为梯形上底两边各去除 50 mm 后，其在横向中线上的投影的 2 个端点及 3 个四等分点，以及竖向中线两边各去除 50 mm 后的 2 个端点(图 3 黑点处)。

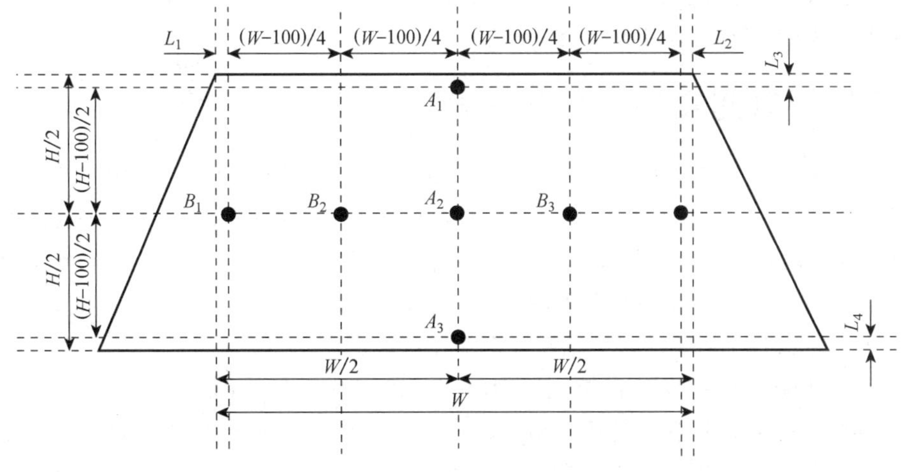

图 3　梯形操作口的测点布置

3）双孔型操作口

如果操作口形状为双孔型，则根据 JG/T 385—2012 无风管自净型排风柜的要求，操作口断面按照上图均匀布置每孔 4 个共 8 个测点，见图中：A_1，A_2，A_3，A_4，B_1，B_2，B_3，B_4。测点位置为各孔最大宽度及最大高度的中线的两个四等分点上（图 4 圆点处）。

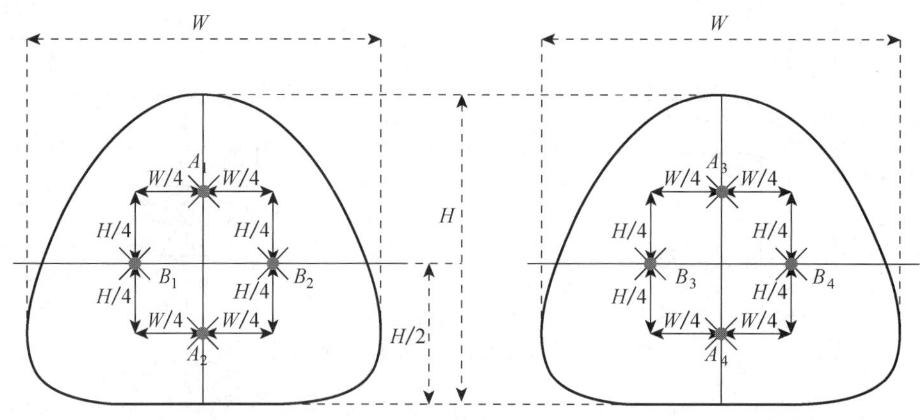

图 4　双孔型操作口的测点布置

2.4　测试步骤

(1) 用钢卷尺测出排风柜拉门开口的尺寸，根据标准的测点布置要求，用细线确定测点位置。

(2) 关闭实验间的门窗，减少室内人员走动，保证无气流干扰排风柜前的气流状态。

(3) 启动排风机系统，并调节风机频率，将风量调节到面风速为 0.4～0.6 m/s 的范围。

(4) 启动排风柜，并将其拉门调整到测试工况（拉门全开或指定拉门高度），使其处于正常运转的状态。

(5) 使用风速仪测定排风柜正前方 1.5 m 处干扰气流风速，保证其速度不大于 0.1 m/s，方可继续进行下面的步骤。

(6) 将风速仪用可调节支架固定好，其探头位于各测点位置。使用风速仪，依次测定各测点处的风速值，每个测点连续读取 8～10 组数值，每个测点测量时间为 10 s。

(7) 记录测试数据，并处理分析，整理成报告。

3　排风柜面风速实测结果与分析

在同济大学的排风柜测试台上，针对 7 台排风柜进行了面风速的检测，根据标准中的要求布置其测点，这 7 台排风柜均含 12 个测点。并对每台排风柜在拉门高度 500 mm 的情况下进行面风速测试，得到各测点的时均面风速值，并通过汇总，得到每台排风柜整个操作口上的平均面风速，测点中最大和最小风速值偏离平均面风速的最大偏差值 δ_{max} 和最小偏差值 δ_{min}。测点编号情况见图 2，各排风柜的尺寸信息及测试结果汇总见表 3。

根据表 3 的测试结果，在 7 台排风柜中，e 和 f 的操作面平均面风速超过了 JB/T 6411—1999 要求的 0.5 m/s 的上限。同时，7 台中没有平均面风速低于 0.4 m/s 的标准下限值的排风柜，这说明抽样的排风柜当中不存在平均面风速设计值过低的问题。c 和 e 的面风速最大偏差值大于 15%，说明在这两台排风柜中其存在着风速值过高的区域，而这将可能引起局部

表 3 各台排风柜的尺寸和测试结果

排风柜编号	排风柜的型号			测试结果			
	开口宽度/mm	拉门高度/mm	风量/$(m^3 \cdot h^{-1})$	$\bar{v}$/$(m \cdot s^{-1})$	δ_{max}/%	δ_{min}/%	阻力值/Pa
a	1 280	500	1 100	0.45	11.70	6.70	69.9
b	1 240	500	1 100	0.49	10.20	8.20	60.0
c	1 250	500	1 100	0.47	17.00	14.90	56.0
d	1 280	500	1 100	0.48	14.60	8.30	50.2
e	1 550	500	1 400	0.54	19.00	11.00	90.6
f	1 030	500	850	0.51	11.80	7.80	57.3
g	1 280	500	1 200	0.45	10.00	7.80	76.0

的涡流，是污染气体外溢的危险区域。7 台中无最小面风速偏差值大于 15%的测点，这并不代表这 7 台排风柜的操作面上所有点的风速值均在合理的下限值以上，因为所取测点仅是操作面上离散的几个点，测试结果仅可以说明整个面上的风速分布情况较为平均及较为良好。e 的阻力值超过了标准上限 70 Pa，其阻力过高，将对排风系统形成过高的负荷，造成较大的能耗。综上，仅就面风速测试部分的结果而言，c、e、f 排风柜因为部分指标不满足标准要求而不合格，其中排风柜 e 更是多项指标不合格，其设计或者制造过程需要进行较大的重新调整。

3.1 面风速分布的分析

根据图 5 可看到不同排风柜的各个测点在测试中的风速值，除了排风柜 d 和 f 的部分测点的风速处于 0.55～0.65 m/s 的范围内，其余排风柜的测点均处于 0.4～0.55 m/s 的合理区间中。各排风柜在同一编号测点的面风速不尽相同，但是其风速值随着测点位置的变化却存在一定的趋势性，即上排的测点(1, 2, 3, 4)的风速值较高，中排测点(5, 6, 7, 8)的风速值较低，下排测点(9, 10, 11, 12)的风速值居中，其中，第 3，4 点的风速值普遍为最高，第 6，7 点的风速值普遍为最低，这 4 个点所在的风速偏差较大区域在测试中需要重点关注。

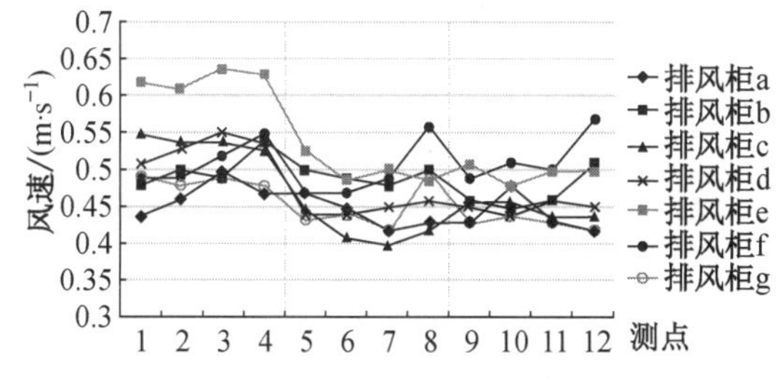

图 5 各排风柜各测点风速值汇总(以排为序)

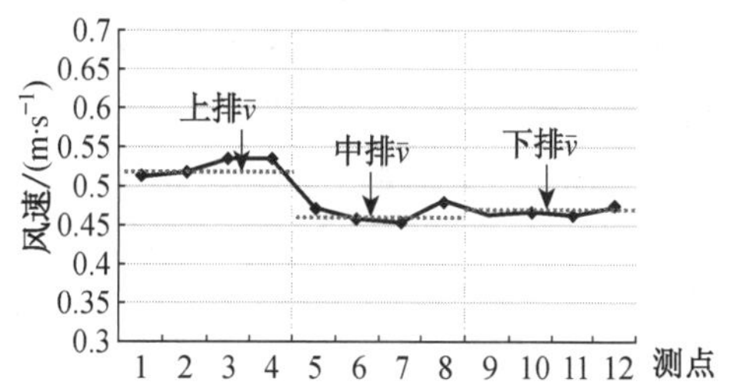

图 6 各测点风速值汇总(以排为序)

因为存在上述竖向风速梯度，笔者将各排风柜编号相同的测点的风速汇总，将测点平均值绘制成图 6 进行定量研究。可见，上排 4 个测点的平均风速为 0.52 m/s，中排 4 个测点的平均风速为 0.46 m/s，下排 4 个测点的平均风速为 0.47 m/s。这说明在操作口的竖直方向上存在较明显的风速梯度，靠近操作口上沿位置的风速显著偏高，中部和下部的风速相对较低且均匀。这说明在这一类的排风柜的设计中，下部空气被排走要克服更大的阻力，这一问题可以通过排风柜内挡板和条缝在流体动力学上的优化设计得以改善。

将 7 台排风柜同一位置的测点以在操作面上的所在列每 3 个为一组进行汇总，绘制成图

7 和图 8。从图 7 中,可以发现每一列风速最高的基本都是最上排的点。但在图 8 中可以发现每一列风速值的平均之后,4 列的平均风速分别为:0.48 m/s,0.48 m/s,0.48 m/s,0.49 m/s,即排风柜横向速度分布基本均匀,横向各列的排风量是相近的。

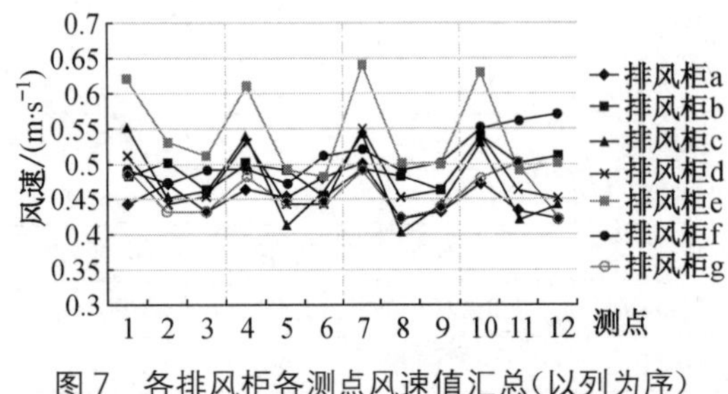

图 7　各排风柜各测点风速值汇总(以列为序)

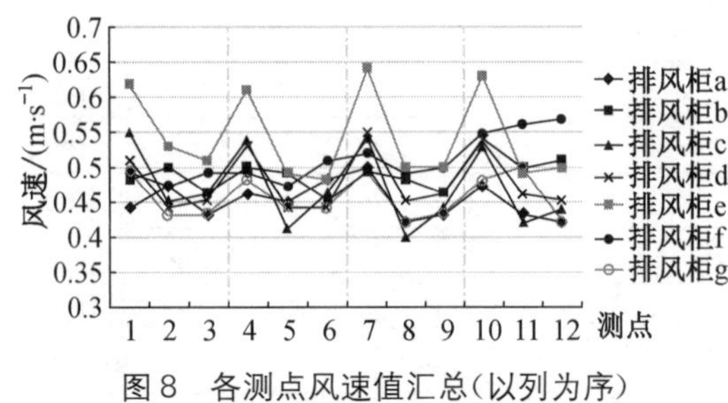

图 8　各测点风速值汇总(以列为序)

同时,笔者将 7 台排风柜靠近边缘的测点即外圈测点(1, 2, 3, 4, 5, 8, 9, 10, 11, 12)和内部测点(6, 7)的风速值进行汇总,得到外圈测点的平均风速为 0.49 m/s,内部测点的平均风速为 0.45 m/s。可以得到,操作口的中部区域排出空气的能力低于边缘位置,表明中部区域产生污染气体滞留的可能性将增加,测试中需重点关注。

3.2　面风速的均匀性

将各排风柜整个操作面上的风速最大偏差值 δ_{max} 和最小偏差值 δ_{min} 汇总如图 9 所示。同时,根据各排风柜面风速竖向分层的特点,将各测点分成上、中、下排 3 组,分别研究每组风速值的 δ_{max} 和 δ_{min},并汇总如图 10。

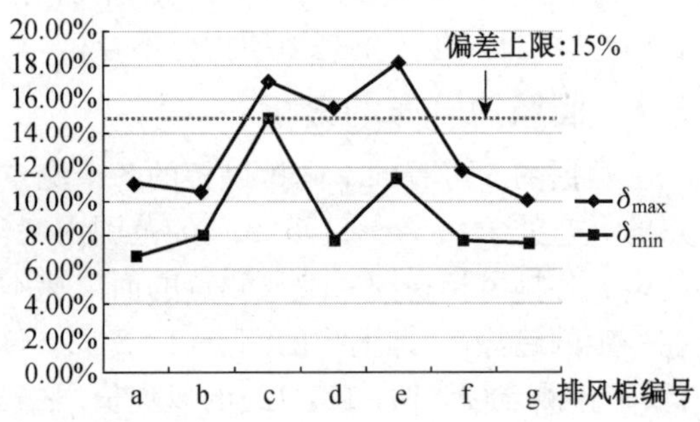

图 9　各排风柜整体面风速分布偏差

由图 9 可以得到各排风柜的面风速偏差情况,可以看到所抽测的排风柜的 δ_{max} 全部大于同一台排风柜的 δ_{min},说明局部高风速点出现的可能性更大。同时,δ_{min} 和 δ_{min} 存在一定的正相关性,风速值的 δ_{min} 和 δ_{min} 较大的排风柜容易出现局部风速过高或过低的区域,这些都可能导致局部污染物的控制不力,形成外泄。c,d,e 三台排风柜的 δ_{max} 均超过了 15% 的上限,其检测结果不合格,需将其结构或安装情况进行再调整。

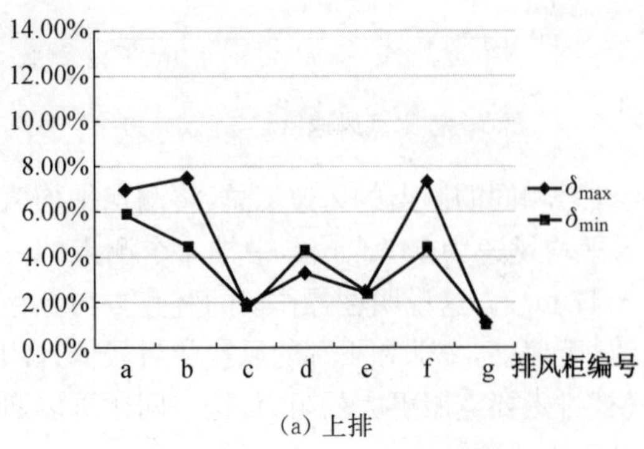

(a) 上排

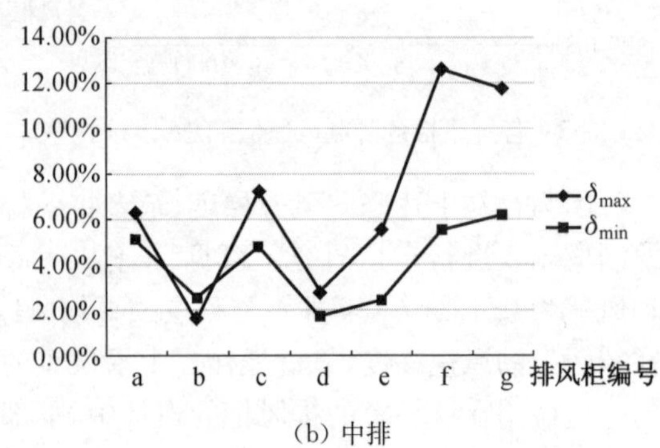

(b) 中排

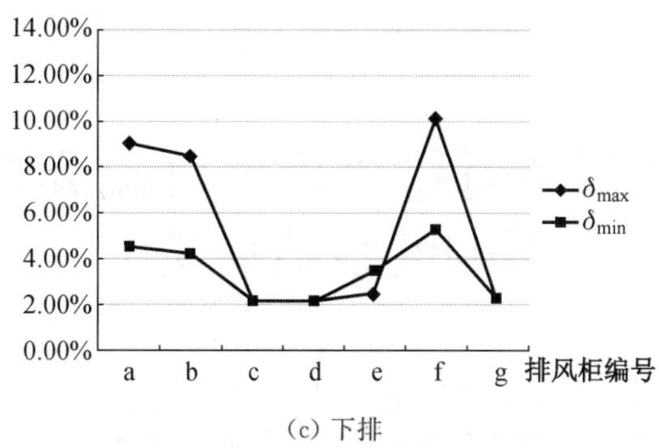

(c) 下排

图 10 各排风柜各排面风速分布偏差

图 10 分别为 7 台排风柜上排、中排、下排的面风速分布偏差，即每排测点与本排平均面风速的偏差情况，可以看到，与当排的面风速情况相比，所有测点的偏差值均可以控制在 15%以内，大部分可以控制在 6%以内，可见在排风柜操作口的同一水平高度上，其风速分布基本均匀，其造成局部风速偏差较大的主要来源于竖直方向上的风速梯度的存在。

4 结论

本文通过美国、欧洲及中国的关于排风柜面风速测试的标准进行分析比较，建议我国标准在测试条件的规定及测试结果的评价等方面需进一步细化和规范化。同时，将测试标准实施为具体的测试方法，并对 7 台排风柜进行实测，得到其操作面上风速分布的特点，上排测点风速显著较高，中心非边缘区域的测点风速值较低，这些均为测试中需重点关注的区域。

参考文献

[1] ANSI/AIHA Z9. 5—2003 Laboratory ventilation[S]. American Industrial Hygiene Association, 2003.
[2] BSR/ASHRAE 110P Method of testing performance of laboratory fume hood[S]. ASHRAE, 2005.
[3] EN 14175-3 Fume cupboards[S]. European Committee for Standardization, 2003.
[4] 国家机械工业局. JB/T 6412—1999 排风柜[S]. 北京：机械工业出版社，1999.
[5] 中华人民共和国建设部. JG/T 222—2007 实验室变风量排风柜[S]. 北京：中国标准出版社，2007.
[6] 中华人民共和国住房和城乡建设部. JG/T 385—2012 无风管自净型排风柜[S]. 北京：中国标准出版社，2012.
[7] 李斯玮，刘东. 实验室排风柜测试方法的比较与分析[J]. 建筑热能通风空调，2010(3)：92-96.
[8] DALE T, KAREN Maupins. Using the ASHRAE 110 Test as a TMQ tool to improve laboratory fume hood[J]. ASHRAE Transactions, 1997(14): 851-862.
[9] 程勇，刘东. 实验室排风柜面风速的要求与实测分析[J]. 暖通空调，2012(8)：84-88.

热源体对排风柜内气流分布影响的数值研究*

程 勇　刘 东　王婷婷

摘　要：采用 CFD 方法模拟了排风柜空置、内置不发热体（障碍物）和内置热源体时，排风柜内的气流分布。结果表明，热源体会明显影响柜内气流分布；热源体位于排风柜操作台中间位置时，对来流的阻挡致使其两侧面和背风面产生对称分布的旋涡流，顶部也产生旋涡，不利于污染物排除；热源体散热形成的浮升力有助于驱动气流向上运动，尤其能改善排风柜前壁面附近的气流分布，但改善程度与散热强度有关；热源体紧靠操作口或后壁面时，不利于污染物及时排走。

关键词：排风柜；热源体；气流分布；旋涡；浮升力；污染物；数值模拟

Numerical Investigation into Influence of Heating Obstacle on Airflow Distribution Inside Fume Hoods

CHENG Yong，LIU Dong，WANG Ting ting

Abstract：Using CFD method simulates airflow distribution inside fume hoods for the empty hood，the hood with an obstacle and the hood with a heating obstacle，respectively. The results show that a heating obstacle has a significant effect on the airflow distribution inside the fume hood. For the situation that the heating obstacle is placed in the middle of operating floor of the fume hood，the blocking effect to the incoming airflow produces symmetrically distributed eddies at the two sides and leeward side around the heating obstacle，and the eddies on the top，which is not beneficial to exhaust the contaminants；but the buoyancy generated by the heating obstacle is helpful to drive the airflow up to the outlet，especially for the airflow near the front wall of the fume hood，however，the improvement to the airflow distribution is associated with heat load of the heating obstacle；when the heating obstacle is close to the opening or the rear wall of the fume hood，the airflow pattern is less effective to exhaust the contaminants.

Keywords：fume hood，heating obstacle，airflow distribution，eddy，buoyancy，contaminant，numerical simulation

0　引言

排风柜是将柜内污染物的扩散限制在一定范围内，以有效保护实验操作人员的一种局部排风设备。排风柜的性能对实验室安全运行十分重要，排风柜不仅要有良好的设计性能，而且其实际使用性能也非常关键。由于实验操作需要，排风柜内常需要摆放加热设备或其他仪器，这些设备产生的热量和对气流的阻挡可能会影响柜内气流分布，进而导致污染物扩散。为了

*《暖通空调》2013，43(5)收录。

考察柜内设备(障碍物)对排风柜性能的影响,一些研究人员开展了实验研究[1-2]和数值分析[3-4]。对于柜内加热设备,除了阻挡作用,发热产生的浮升力也可能会影响柜内气流的分布。很少有研究同时考虑热源设备对柜内气流分布的这两个影响。

排风柜内狭小的操作空间和低速气流运动给实验准确测量带来不确定性;且实验也仅能测量流场内有限点的参数,很难全面认识排风柜内复杂的气流运动。与实验测量相比,CFD方法以实施成本小和能提供整个流场内流动参数详细分布受到很多研究者青睐。研究也表明CFD方法预测结果较满意,适用于定性和定量评价排风柜性能[5-6]。因此,本文采用CFD方法数值分析柜内放置的热源体对排风柜内气流组织的影响。为了更清楚地分析放置热源体时柜内复杂的气流分布,采用逐步增加排风柜内气流运动复杂性的方式进行研究,即从排风柜空置、柜内放置不发热体(障碍物)到柜内放置热源体。

1 物理模型

考虑到排风柜内部结构的复杂性,为了简化计算和生成高质量的计算网格,本文采用一个简化模型计算排风柜内的气流分布,如图1所示。

排风柜内净尺寸为1.65 m(z)×0.6 m(x)×1.5 m(y)。操作口的高度h为0.35 m;矩形排风口(尺寸为0.2 m(x)×0.22 m(z))位于排风柜顶部中央。考虑不发热体/热源体的影响,设置一个边长为0.25 m的正方体放置于排风柜操作台中间,对排风柜操作口形成的阻挡率为10.8%[1-2]。Pathanjali等以该排风柜空置时为计算模型,详细分析了柜内气流组织的特性,并获得了满意的结果[3]。本文不仅计算排风柜空置时柜内的气流分布,而且也分析不发热体及不同散热量的热源体对柜内气流组织的影响。表1给出了8种工况的计算参数。

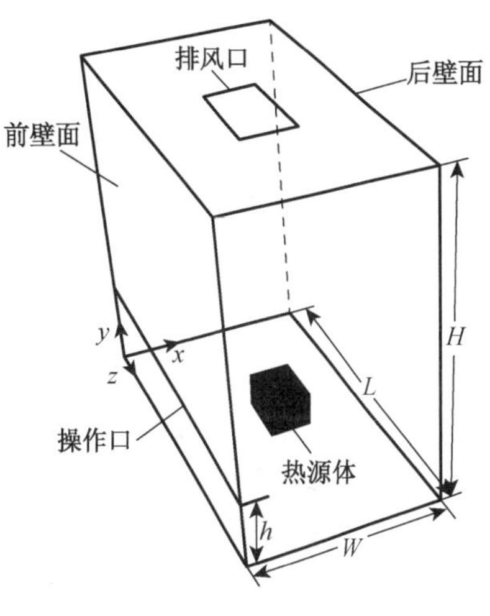

图1 计算模型

表1 8种工况的计算参数

工况	面风速 u/(m·s^{-1})	热源体发热量/W	热源体表面平均温度/℃
1	0.4	排风柜空置	
2	0.4	0(不发热体)	
3	0.4	100	52.3
4	0.4	200	75.5
5	0.4	300	96.0
6	0.4	400	114.4
7	0.4	500	131.2
8	0.4	600	146.6

2 CFD模型

2.1 湍流模型

排风柜内的气流运动属于低速不可压的湍流流动。基于排风柜操作口面风速和操作高度，$Re(Re = uh/\nu)$ 大约为 9 500。本文采用稳态 RANS 湍流模型求解排风柜内的空气流动，如下：

$$\mathrm{div}(u\bar{\phi}) = \mathrm{div}(\Gamma_{\phi}\mathrm{grad}\bar{\phi}) + \bar{S}_{\phi} \tag{1}$$

式中 u——速度；

$\bar{\phi}$——1（连续性方程）、速度（$N-S$ 方程）、温度（能量方程）和湍流统计量（K 和 ε）；

Γ_{ϕ}——有效扩散系数，对于 $N-S$ 方程，Γ_{ϕ} 为有效黏度 $\nu_{\mathrm{eff}} = \nu + \nu_{\mathrm{T}}$，其中 ν_{T} 为湍流运动黏度。

文献[7-8]数值计算表明：两方程标准 $K-\varepsilon$ 模型能较好地预测排风柜内外的气流分布，捕捉到典型的气流运动特性。因此，采用标准 $K-\varepsilon$ 模型计算湍流运动黏度 ν_{T}[9]：

$$\nu_{\mathrm{T}} = C_{\mu}\frac{K^2}{\varepsilon} \tag{2}$$

式中，C_{μ} 为常数，取 0.09。

由于标准 $K-\varepsilon$ 模型仅适用于充分发展的湍流区域，采用标准壁面函数来计算近壁区域低 Re 流动。

2.2 模拟设置

使用 Fluent 6.3 进行模拟计算。采用六面体结构化网格离散计算区域，使用有限体积法线性化微分方程组，其中，对流项采用二阶迎风格式，扩散项采用中心差分格式。利用 SIMPLE 算法解耦速度场与压力场。温度参数收敛准则设置为 10^{-6}，而其他参数收敛准则为 10^{-4}。所有计算的质量和能量不平衡率都被检验，计算表明所有计算的质量不平衡率都小于 0.1%，能量不平衡率都小于 0.5%。

排风柜操作口采用均匀速度边界：$v_x = 0.4\,\mathrm{m/s}$，$v_y = v_z = 0$；$K = 0$，$\varepsilon = 0$；当考虑热源体对柜内气流组织的影响时，操作口入口空气温度设置为 25 ℃。排风口采用充分发展流动边界条件，即

$$\frac{\partial\bar{\phi}}{\partial y} = 0 \tag{3}$$

固体壁面上速度采用无滑移的边界条件。当有热源体存在时，其壁面温度边界采用恒定热流密度条件，采用 Boussinesq 假设考虑由于温度改变导致的密度变化，也考虑了浮升力对 ε 的影响。

2.3 计算网格的影响

使用标准壁面函数来捕捉近壁湍流流动特性，而高 Re 标准 $K-\varepsilon$ 湍流模型用来计算湍流核心区的湍流脉动影响。为了保证标准壁面函数的有效性，检验调整壁面 y^+（$y^+ = u^* y/r$，其中 $u^* = \sqrt{\tau_w/\rho}$ 为壁面切应力速度，τ_w 为壁面切应力，ρ 为空气密度，y 为壁面第 1 个网络的中心距离壁面的垂直距离）值，以使靠近壁面的第 1 个网格节点位于近壁对数分布区域内。在 Fluent 中，即要求壁面 $y^+ > 11.225$①。为了减小数值耗散对计算结果的影响，充分精细的网格划分是必要的。为此，分别采用 3 种不同大小的网格计算排风柜空置和排风柜内放置热源体时的气流分布，以便找到网格独立解。考虑到排风柜内竖直速度分量是一个重要参数，选取

① Fluent Inc. Fluent 6.3 User Manual，2006

柜内 x 方向上（y=0.75 m，z=0.825 m）竖直速度分量的计算结果进行比较，结果如图 2 所示，图中速度负值表示速度方向沿负 y 轴方向。

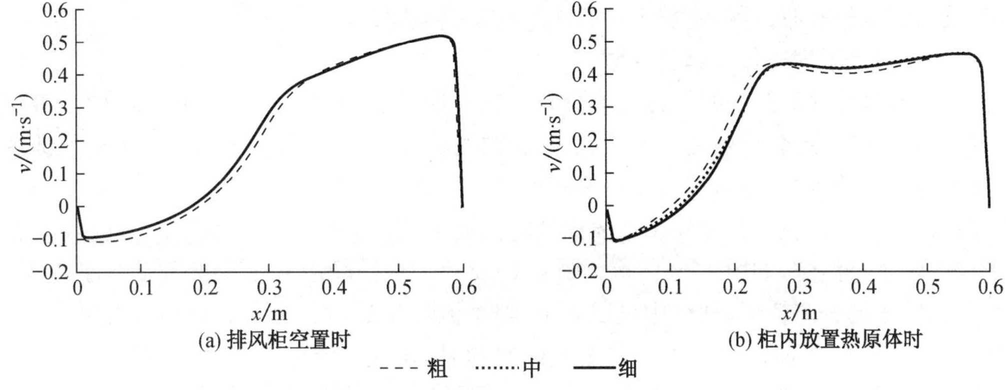

图 2　3 种计算网格竖直速度分布比较

排风柜空置时，3 种计算网格数量分别为 70 560（粗），135 200（中），189 100（细）；排风柜内放置热源体时，3 种计算网格数量分别为 78 502（粗），146 964（中），200 268（细）。从图 2 可以看出，中网格和细网格计算结果明显优于粗网格；而细网格计算结果基本与中网格计算结果一致，网格精细化并没有明显改善计算结果。因此，选用中网格进行计算，即对于排风柜空置时和排风柜内放置不发热体/热源体时，计算网格数量分别为 135 200 和 146 964。

3　计算结果及分析

3.1　柜内气流分布特点

3.1.1　空置时

排风柜空置时柜内气流分布如图 3 所示。由图 3 可以看出，当排风柜空置时，柜内气流分布比较有序，平行气流贴附操作台流动，直接射流撞击排风柜后壁面，流动方向转而向上，大量气流沿着后壁面流至排风口，由于排风口较小，气流以较大速度由排风口排出。图 3(a)显示排风柜前壁面后产生一个大的旋涡，其被前壁面和排风柜后部区域的大量向上流动的气流限制，这些气流的运动特性与 Pathanjali 等人的预测结果相当吻合[3]。除了这个大的循环流动外，在排风柜底角和顶角处，由于气流流向突然变化导致边界层发生分离，形成一些小旋涡，比如排风柜顶部底角产生两个明显的小涡流，如图 3(b)所示，排风柜后壁底角也形成了两个小旋涡，如图 3(c)所示。可见，标准 $K-\varepsilon$ 湍流模型能很好地预测这些典型流动特性。这些气流运动特

(a) 平面 z=0.825 m

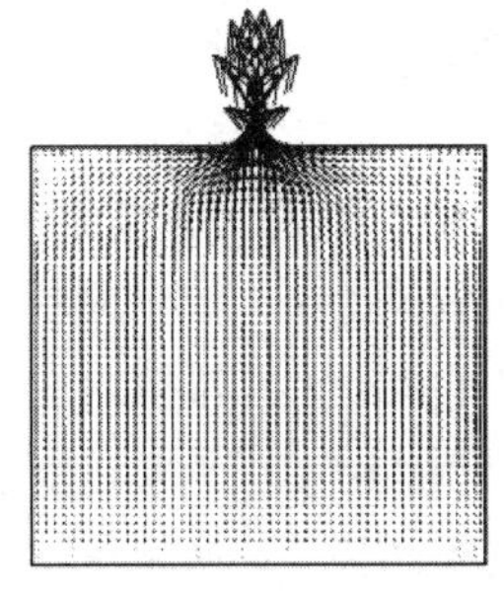

(b) 平面 x=0.3 m

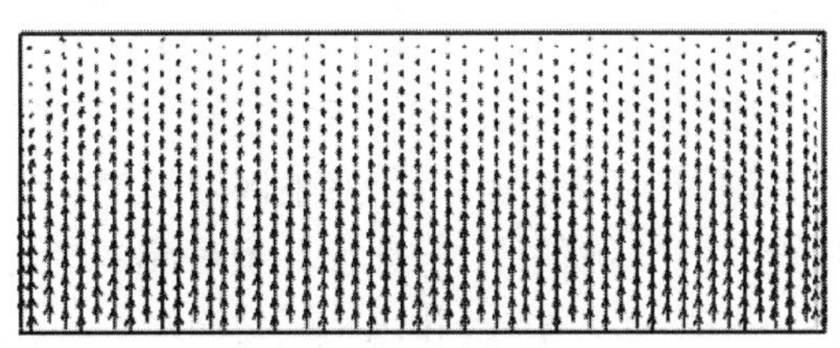

(c) 平面 y=0.2 m

图 3　排风柜空置时柜内气流分布

性的准确预测有助于认识柜内污染物的迁移，因为不同的气流分布对污染物有不同的控制效果。位于背部区域大量向上流动的气流能够及时有效地排走污染物，而那些卷吸进入旋涡流中的污染物不能被及时排除，增加了实验人员的暴露风险。

3.1.2 内置不发热体(障碍物)时

内置不发热体(障碍物)时柜内气流分布如图 4 所示。由图 4 可以看出，障碍物的存在增加了气流边界层的分离，产生更多的旋涡流，柜内气流分布更加紊乱，尤其是排风柜下部区域。由于障碍物明显的阻挡作用，尽管障碍物高度($h=0.25$ m)低于操作口高度($h=0.35$ m)，来自操作口的平行气流提前在障碍物迎风面处转而向上流动，导致了气流在障碍物顶部发生分离，形成了两个小涡流，如图 4(a)所示。图 4(b)显示了在排风柜下部区域，平行气流绕流障碍物时，其四周气流分布情形，从图中可以看出，整个流场呈现对称分布。柜内放置障碍物扰乱了排风柜空置时有序的平行运动；来流绕过障碍物时，发生气流分离流动，在障碍物左右两侧以及障碍物背风面和排风柜后壁面之间的区域形成了两对对称分布的旋涡。

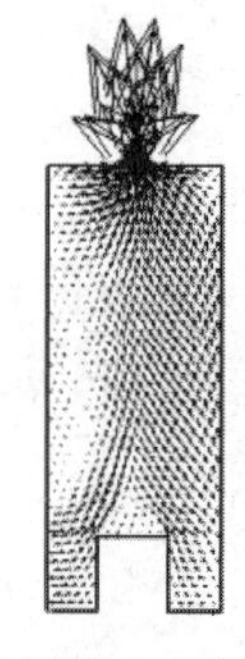

(a) 平面 $z=0.825$ m

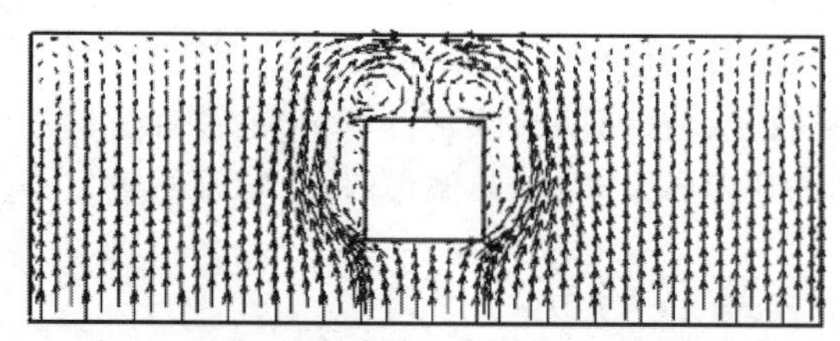

(b) 平面 $y=0.2$ m

图 4 内置不发热体(障碍物)时柜内气流分布

比较图 3 和图 4 可以发现，当排风柜内放置障碍物时，柜内气流分布既有空置时气流运动特点，又展现出其独特性。与排风柜空置时相比，那些典型气流组织特性如排风柜顶角和底角形成小涡流，前壁面后存在一个明显大旋涡等，在柜内放置有障碍物时的气流分布中也有所体现。特别地，前壁面后的大旋涡尺寸有所减小，这主要是由于平行来流遇到障碍物阻挡提前转向的缘故。然而，柜内放置障碍物时，气流分布是不同的，表现出更加复杂的运动特性；障碍物对气流运动的分离作用导致柜内产生更多的旋涡，这不利于污染物及时排除。

3.1.3 内置热源体时

柜内放置的热源体对气流运动有双重影响：对气流的阻挡作用及散热形成的浮升力的驱动作用。因此，当排风柜内放置热源体时，热源体对气流的这两个影响共同决定了柜内气流的分布特性。而浮升力大小与热源体散热强度有关。为了考察浮升力的影响，分别模拟计算了热源体散热量从 100 W 增加到 600 W 时柜内的气流组织。计算结果表明，与排风柜空置时相比，热源体的存在同样明显增加了柜内气流分布的复杂性；不同散热强度时，除排风柜前壁后的气流分布可能有所不同，其他区域气流组织特性非常相似，与柜内放置障碍物时的气流分布相同。由于篇幅限制，在此仅显示热源体在最大散热量 600 W 时的柜内气流分布，如图 5 所示。从图 5 可以看出，排风柜底角和顶角处也形成小涡流，热源体左右两侧和其后部区域同样存在两对对称的涡流；而不同之处在于排风柜前壁面附近的气流分布，主要与热源体散热强度有关，这一点将在下文详细讨论。图 6 比较了排风柜空置、内置障碍物和内置热源体(散热量

600 W)时的气流速度分布。从图 6 可以看出,障碍物或热源体加剧了柜内气流速度分布的不均匀性;柜内放置热源体时气流速度分布与内置障碍物时相似,障碍物/热源体附近区域气流速度比较小;然而由于浮升力的驱动,内置热源体时柜内相对较高的气流速度范围比放置障碍物时更大。

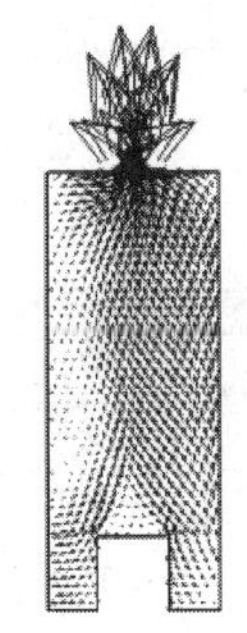

(a) 平面 $z=0.825$ m

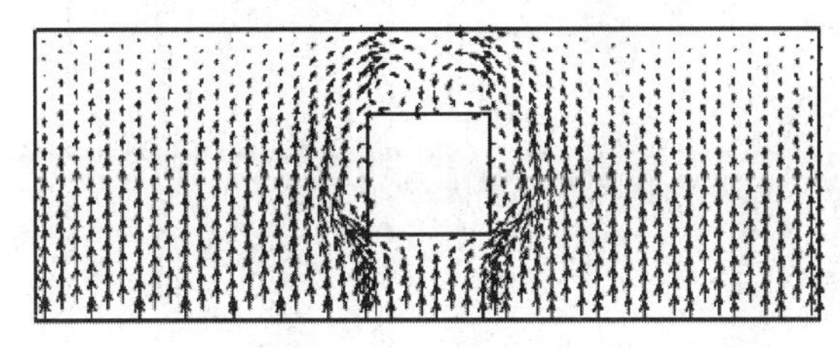

(b) 平面 $y=0.2$ m

图 5　内置热源体(散热量 600 W)时柜内气流分布

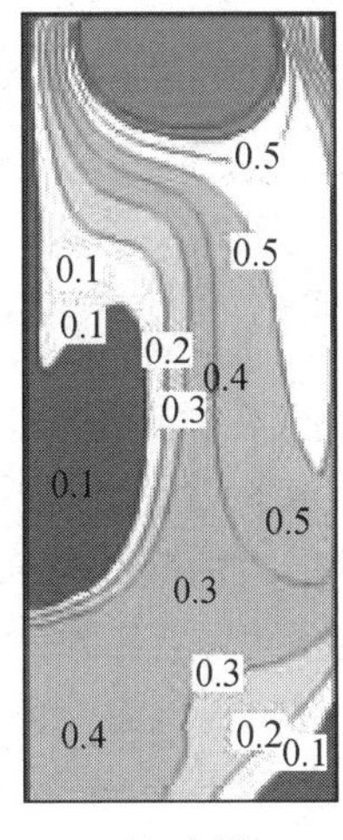

(a) 空置

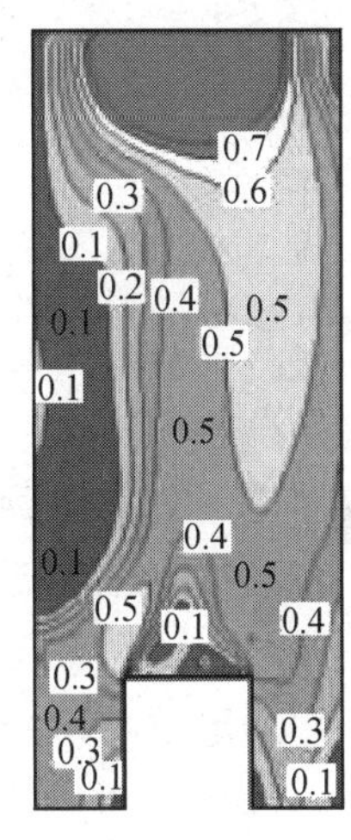

(b) 内置障碍物

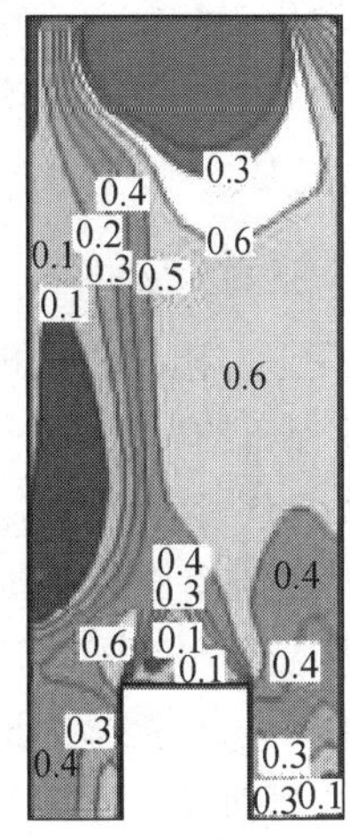

(c) 内置热源体(散热量 600 g)

图 6　平面 $z=0.825$ m 柜内气流速度分布

3.2　热源体散热强度的影响

热源体散热强度关系着浮升力的大小,进而可能会影响柜内气流分布。从前文分析可以得出,热源体散热量主要影响排风柜前壁面附近气流形式。比较不同散热量时柜内气流分布发现,随着热源体散热强度的增加,排风柜前壁面后的循环流动范围逐渐缩小,柜内更大区域呈现出向上的气流运动;当热源体散热强度超过某临界值时,浮升力将足以驱动全部气流向上运动,此时前壁面后的向下流动的气流会消失而成为向上流动的气流,如图 7 所示。为了定量分析热源体散热强度对前壁面附近气流运动的影响,比较了不同散热量时,距离前壁面 0.1 m 处一条竖直线上($x=0.1$ m,$z=0.825$ m)的速度分布,如图 8 所示。从图 8 可以看出,热源体散热量对这条线下部区域竖直方向速度分布影响较小,而上部区域速度随着散热强度增加呈递增趋势。当热源体散热量小于 200 W 时,上部区域一定范围内竖直气流速度为负值即有向下的气流流动;当热源体散热量大于等于 200 W 时,整条线上气流速度为正值即全部都是向上流动的气流。可见,热源体的阻挡作用会导致柜内产生更多涡流,不利于污染物及时排除;但其散热形成的浮升力有助于加强气流的向上运动,特别是散热量较大时,能明显改善排风柜前壁面后的循环流动,有利于污染物排走。

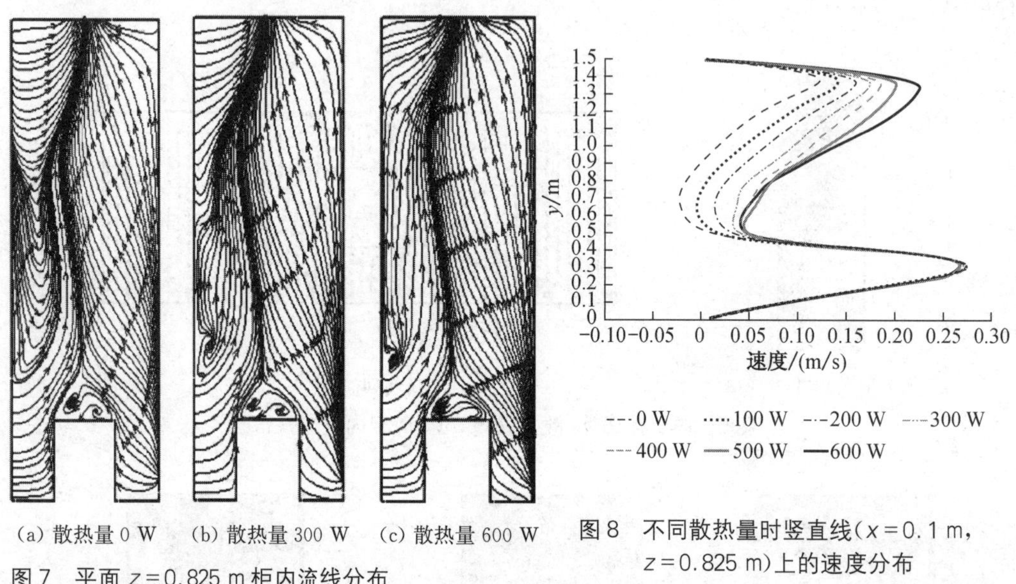

(a) 散热量 0 W (b) 散热量 300 W (c) 散热量 600 W

图7 平面 $z=0.825$ m 柜内流线分布

图8 不同散热量时竖直线($x=0.1$ m, $z=0.825$ m)上的速度分布

3.3 热源体位置的影响

在实际使用中,排风柜内的加热设备可能会摆放在不同位置。为了分析加热设备放置位置对柜内气流分布的影响,模拟计算了热源体(散热量 600 W)分别放置在靠近操作口(距离操作口平面 0.05 m)和靠近后壁面(距离后壁面 0.05 m)时,柜内的气流分布,结果如图 9 和图 10 所示。比较热源体放置于中间位置、靠近操作口和靠近后壁面时柜内的气流分布,可以看出热源体放置位置对柜内气流组织有明显影响。从图 9 和图 10 可以看出,当热源体靠近操作口时,由于操作口与热源体之间的气流流动距离很短,来流气流在热源体迎风面处急速转向向上流动;气流绕过热源体也发生边界层分离,热源体两侧及背风区域形成两对涡流,但与热源体放置于中间位置时不同,这两对涡流不再是对称分布;由于热源体紧靠操作口,位于热源体两侧的涡流也距操作口更近,它们与热源体迎风面两侧棱角处急速转向的气流相互作用,增加了该区域污染气流逸出的可能性,如图 10(a)中圆圈标记。当热源体靠近后壁面时,平行气流流程增加,改善了热源体迎风面附近的气流组织;气流绕流热源体,类似于热源体在中间位置时的气流分布,其两侧的旋涡流对称分布;而热源体背风区域几乎成为流动死区,两个旋涡消失,主要是由热源体背风面与排风柜后壁面间的狭小空间所致,如图 10(b)所示;由于热源体距离操作口较远,浮升力对排风柜前壁面附近气流的向上驱动力减弱,前壁面后出现了明显的向下运动气流,不利于污染物排除。因此,热源体并不是距离操作口越远越好;比如热源体紧靠排风柜后壁面时,不仅出现了流动死区,而且浮升力对排风柜前壁面

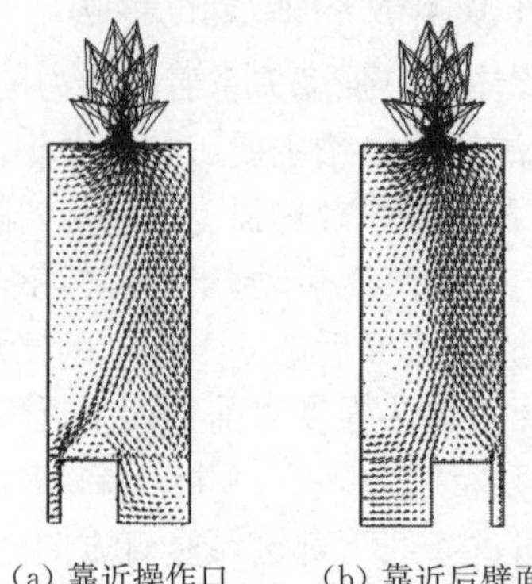

(a) 靠近操作口 (b) 靠近后壁面

图9 热源体(散热量 600 W)在不同位置时柜内气流分布($z=0.825$ m 平面)

附近气流分布的改善作用也减弱。

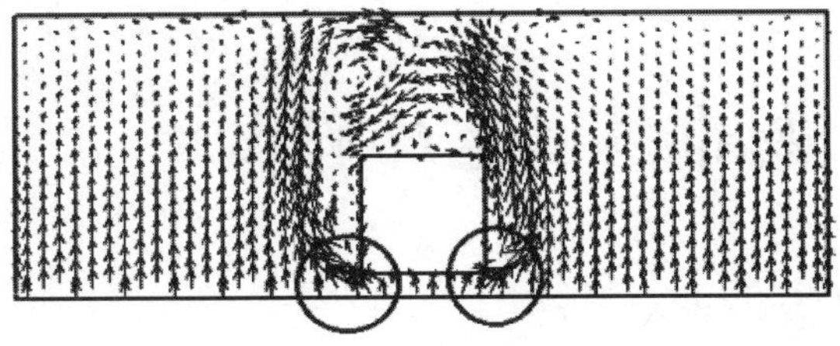

(a) 靠近操作口

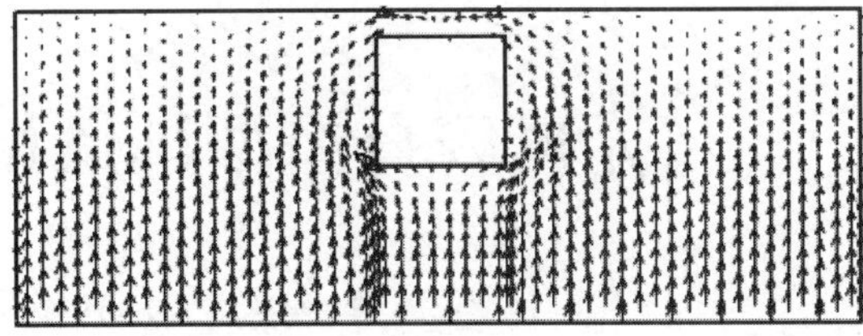

(b) 靠近后壁面

图 10 热源体(散热量 600 W)在不同位置时柜内气流分布($y-0.2$ m 平面)

4 结论

(1) 与排风柜空置时相比,放置于操作台面中间位置的热源体明显改变了柜内气流分布:除了具有排风柜空置时典型的气流分布特性外,气流绕过热源体发生边界层分离,热源体两侧面和背风面产生了对称分布的旋涡流,其顶部也产生旋涡。

(2) 热源体对柜内气流分布存在双重影响:一方面,热源体对气流运动的阻挡作用,导致了柜内产生更多旋涡,不利于污染物及时有效排除;另一方面,热源体散热产生的浮升力有助于改善排风柜前壁面附近的气流分布,有利于污染物排走,而浮升力的改善作用与热源体散热强度相关。

(3) 热源体放置位置会明显影响柜内气流分布;热源体位于中间位置更优;热源体过于靠近操作口或排风柜后壁面时,都不利于污染气流及时排走。因此,建议实际操作中,不宜将加热设备摆放过于靠近排风柜的操作口或后壁面。

参考文献

[1] 程勇,刘东,李强民.障碍物对排风柜性能影响的实验研究[J].制冷与空调,2011,25(4):339-345.

[2] 王新林,刘东,程勇,等.内置有障碍物时排风柜性能的实验研究[J].建筑热能通风空调,2012,31(1):23-27.

[3] PATHANJALI C, RAHMAN M M. Study of flow patterns in fume hood enclosures[J]. Energy Conversion Engineering Conference, 1996(3):2003-2008.

[4] KIRKPATRICK A T, REITHER R. Numerical simulation of laboratory fume hood airflow performance [G]//ASHRAE Trans, 1998,104(2):999-1011.

[5] NICHOLSON G P, CLARK R P, CALCINA-GOFF M L D. Computational fluid dynamics as a method for assessing fume cupboard performance[J]. The Annals of Occupational Hygiene, 2000, 44(3):203-217.

[6] DURST F, PEREIRA J C F. Experimental and numerical investigations of the performance of fume cupboards[J]. Building and Environment, 1991, 26(2):153-164.

[7] 程勇,刘东.实验室两台排风柜同时运行时性能的模拟研究[J].制冷空调与电力机械,2010,31(6):1-6.

[8] DENEV J A, DURST F, MOHR B. Room ventilation and its influence on the performance of fume cupboards: a parametric numerical study[J]. Industrial and Engineering Chemistry Research, 1997, 36(2):458-466.

[9] LAUNDER D E, SPALDING D B. The numerical computation of turbulent flows[J]. Computer Methods in Applied Mechanics and Engineering, 1974, 3(2):269-289.

《无风管自净型排风柜》标准的制定及解读*

刘 东　李强民　Dominique Laloux　袁 园　戴自祝

摘　要：简要介绍了标准的编制过程，针对无风管自净型排风柜的工作原理和性能特点，提出了该类产品应用的合理工作流程、需要控制的关键问题等；并且对无风管自净型排风柜的过滤效率、控制浓度和面风速等关键性能的测试方法进行了解读。

关键词：无风管；排风柜；自净型；实验室；标准

Establishment and Explanation of the Ductless Self-filtration Vented Enclosure Standard

LIU Dong, LI Qiangmin, DOMINIQUE Laloux, YUAN Yuan, DAI Zizhu

Abstract: Briefly presents the forming process of the standard. In the light of the working principle and performance features of ductless self-filtration vented enclosures, puts forward the rational working process of its application and key issues needed controlling. Explains the measuring method of filtration efficiency, control concentration, face velocity, etc. of the vented enclosure.

Keywords: ductless; vented enclosure; self filtration; laboratory; standard

0　引言

实验室是进行科学研究和实验操作的场所，广泛应用于教育、研究、生产和质检等领域，但目前从事实验工作人员的健康问题令人担忧。美国、瑞典、英国流行病学研究结果表明，化学工作者，尤其是实验室工作人员的死亡率远高于社会一般人群；美国职业安全与卫生管理局公布的统计数据显示，实验室人员寿命比正常人的平均寿命要少 10 年[1]。此外，实验室的单位面积能耗远超出普通民用建筑，其中实验室中的空调通风系统是控制实验室空气污染的重要系统，也是实验室的主要耗能部分。

实验室内的空气污染是危害科研人员身心健康的重要因素，若通风、空调系统的应用不妥，可能会加剧室内的空气污染和造成所处区域的外部空气被污染。排风柜作为实验室空气污染控制最为关键的局部排风设备，其性能直接影响实验人员的健康安全。无风管自净型排风柜属于新型排风柜装置，排风柜配有活性炭分子过滤器和空气粒子过滤器，能吸附绝大多数的化学气体。科研人员在柜内进行化学实验时，有害气体被过滤装置内的过滤器所吸附，经过滤后的空气在室内进行循环。这种排风柜不将排风排至室外，因此能减少空调、通风系统的运行能耗（费用）；而且由于有害气体被过滤器吸附，不直接排到室外，能减少对大气环境的污染。这些特点使得这类排风柜近年来在国内逐渐得到重视和发展。

*《暖通空调》2013，43(5)收录。

无风管自净型排风柜通风方式与常规实验室的通风空调系统设计思路有很大的区别[2]。选用该设备时如何判断产品是否合格，其关键性能、应用限定条件如何确定，如何判断过滤材料何时失效、需更换过滤器等，只有解决上述问题才能切实确保实验室人员的健康与安全，有效地控制实验室内的空气污染。

为此需要制定一部相应的标准，规范无风管自净型排风柜制造厂商（国内或国外企业）产品质量。同济大学作为负责起草单位，联合中国疾病预防控制中心环境与相关产品安全所、中国中元国际工程公司等单位，制定了 JG/T 385—2012《无风管自净型排风柜》标准[3]（以下简称《标准》），该标准于 2012 年 5 月 16 日发布，2012 年 11 月 1 日起实施，适用于无风管自净型排风柜系列产品，本文是对这部标准的制定过程的总结以及标准中对无风管自净型排风柜关键性能要求的解读。

1　标准编制的原则

1.1　参照欧盟与美国的标准，符合中国国情

标准编制组经过慎重的考虑，在申请标准立项时就决定倾向于参照欧盟及美国的相关标准，在此基础上形成我国标准。2008 年 7 月第一次工作会议后，达成共识，即不能完全照搬欧盟标准和美国标准中的条文，为了能够满足我国的需要，收集了由美国工业卫生协会主编的美国国家标准 ANSI/AIHA Z9.5—2003《实验室通风》、美国科学仪器及家具协会（SEFA）、法国的无风管自净型排风柜标准（AFNOR NFX 15-211）以及欧盟的排风柜标准 EN 14175 等相关资料[4-6]。

1.2　标准的性能要求与检测方法应该具有可操作性

吸附过滤器的吸附特性是该类排风柜的重要性能指标。由于是在室内对污染物进行处理后使空气在室内进行循环，因此吸附材料的特性以及从操作口泄漏的污染物浓度都是重要的控制参数，尤其是泄漏浓度，目前欧盟标准、美国标准等对此类排风柜都无统一的规定。编制组详细分析了这些参考资料，根据主编单位的测试结果和主要编写单位专家的意见，经过反复磋商最终确定对于吸附过滤器性能，参考法国标准 AFNOR NFX 15-211 中的有关规定；而对于控制浓度及操作口的面风速等采用美国标准 ANSI/AIHA Z9.5—2003 和我国 JB/T 6412—1999《排风柜》中的有关规定[7-8]。无风管自净型排风柜的面风速试验、控制浓度试验及吸附过滤器的相关性能参数等经抽检后均验证了其可操作性。主编单位在同济大学建立的实验室无风管排风柜试验台上对法国产品等同条件下进行性能测定，取得了第一手的试验数据，明确了该类产品的性能。

2　标准编制的过程

《标准》涉及吸附过滤器的制作、过滤效果的监控以及多种有害气体共同作用等问题，技术问题比较复杂，编制工作难度较大。编制组通过两年多的努力，认真推敲了欧盟和美国的标准，对吸附过滤器和排风柜经过多次实测检验，听取了多方的意见与建议，反复论证修改，最终完成标准的编制。

3　《标准》规定的无风管自净型排风柜关键性能

3.1　吸附过滤器的吸附性能

经过滤器过滤后的无风管自净型排风柜的排风及储存化学物质储存柜的排风净化效果是

无风管自净型排风柜最重要的指标，务必满足要求。根据排风柜的分类(分为A，B两类，储存柜为B类)以及不同的运行工况(正常模式、报警模式、紧急模式等)，《标准》有相应的规定。以GBZ 2.1—2007标准规定值的50%作为限值，高于此值即为报警模式，需要更换过滤器；并且规定了三类具有代表性的工质：环己烷、异丙醇和盐酸(35%)等；要求吸附过滤器的过滤性能测试必须在封闭的小室内进行，规定了不同化学试剂的蒸发系统的组成、蒸发方法和蒸发率等。

3.2 控制浓度

《标准》规定的控制浓度测试方法中测试示踪气体采用SF_6，试验应在测试间内进行。由于活性炭不吸附SF_6气体，要求在排风柜和测试用排风机系统之间设置静压箱，在测试时，静压箱内的静压保持零压，以确保测试的风量是该排风柜的额定风量。将采样管置于距地面1 500 mm(落地式柜、人员站姿)、距无风管排风柜75 mm高度处。控制浓度测试步骤按照JB/T 6412—1999的有关规定执行；并要求在人体呼吸带处测试到的工质SF_6的控制质量浓度应不超过3.3 mg/m^3。

3.3 面风速

指无风管自净型排风柜操作孔截面的平均风速，操作型无风管自净型排风柜的操作孔面风速应保持为0.4～0.6 m/s，并要求柜体应配备面风速实时监测装置。

4 标准中有关条文的说明

根据编制《准制》过程中发现的问题和进行的相应研究，结合《标准》的条文，提出此类设备应用应该注意的主要问题。

4.1 分类问题

按照功能，排风柜分为操作型和储存型两类，前者实验人员可以在柜内进行相关化学实验操作，后者主要用于储存药品等。两者的共同点是都装有吸附过滤器，并且自身配置风机，组成了一个完整的通风系统，造成柜内的负压空间；但是两者的作用不尽相同，因此对于关键性能的要求也不相同。对于操作型的无风管自净型排风柜，要求控制操作截面的风速(0.4～0.6 m/s)；而对于储存柜，则是要求控制换气次数(不少于180 h^{-1})。

4.2 适用性验证问题

该《标准》适用于在建筑内进行的中小型化学实验和常规化学实验用的无风管自净型排风柜的生产与检测，不适用于生物安全实验及其他未通过适用性判定的排风柜。这些自净型排风柜(操作柜及储存柜)可能适用于高校、研究所、医院等的实验室及各制造行业如化工、食品、制药、石油工业等行业的质量控制与研发的实验室，但是都要求在使用前必须进行适用性验证，供应商应协助用户根据自身的使用情况做好标记，以利于安全使用，务必要有此环节的工作。

《标准》附录A要求，在用户使用无风管排风柜之前，供应商应提供一份问卷，用户需填写操作使用的化学品名称、操作种类、容器、实验的持续时间以及必要的常规信息；供应商应据此来判定是否可以安全地选用无风管自净型排风柜。同时供应商应提供无风管自净型排风柜的指导说明贴标，贴于柜体前方，该贴标应包括所适用的化学品的名称、排风柜型号、制造商适用性判定时间、新过滤器的安装时间、过滤器的预计使用寿命等内容。

4.3 有关示踪气体问题

该《标准》等同采用美国ANSI/ASHRAE 110—1995的有关规定，SF_6气体在自然界原本是不存在的，因此可以减少背景浓度的影响。如果在现场试验中对实验室的某种化学分析有干扰时，可另选一种化学气体，但该气体必须是稳定的，并且在 10^{-6} 量级时能被检测仪表记录，这项工作值得进一步探讨。

4.4　操作截面的风速问题

《标准》对操作型的无风管自净型排风柜的操作截面的风速也提出了要求，柜面风速传感器的品种较多，其布置位置可在不妨碍实验操作的前提下由生产厂家确定。

4.5　排风柜的其他技术参数

该《标准》等同采用 JB/T 6412—1999《排风柜》和 JG/T 222—2007《实验室变风量排风柜》的其他技术参数。在《标准》编制的过程中曾抽样对此类排风柜产品做了型式试验，试验结果表明排风柜的外型尺寸、性能参数及试验方法均符合要求，《标准》中所引用的 JB/T 6412—1999《排风柜》和 JG/T 222—2007《实验室变风量排风柜》的有关试验方法是切实可行的。

5　性能测试要求

5.1　测试用实验室要求

《标准》规定测试应在建筑物内的测试间进行，测试间的条件应满足：测试间体积 22.5～42.0 m^3（长 3.0～4.0 m，宽 2.5～3.0 m，高 3.0～3.5 m），测试间应密闭且内部不分隔。测试间内的空气温度应控制在 22 ℃±2 ℃，相对湿度为 50%±10%。要求在测试时关闭测试间的门。

5.2　测试项目

1）过滤效率及过滤器吸附量

（1）要求

在测试时，应关闭测试间的门，见图 1 和图 2。测试应不间断地连续进行 810 h。在出风口检测到所测化学气体的时间加权平均容许浓度 *TWA* 值的 1%时，采样结束并记录化学试剂的最大蒸发量。此化学试剂蒸发量应至少不小于供应商出具的化学试剂列表上的吸附量，参见表 1。

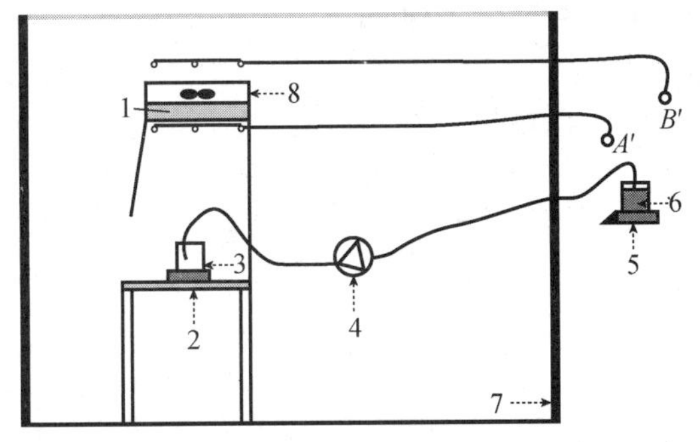

1—过滤器；　2—热盘；　3—蒸发皿；　4—蠕动泵；
5—天平；　6—待测化学试剂；　7—测试间；
8—排风柜风机；　A'—柜内浓度采样点；
B'—柜外浓度采样点

图 1　无风管自净型排风柜过滤效率测试采样点示意

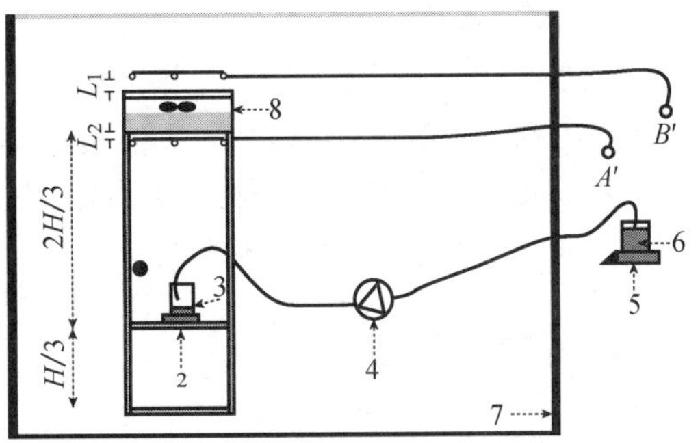

1—过滤器；　2—热盘；　3—蒸发皿；　4—蠕动泵；
5—天平；　6—待测化学试剂；　7—测试间；　8—排风柜风机 $L_1 = L_2 = 50$ mm；　A'—柜内浓度采样点；
B'—柜外浓度采样点

图 2　无风管储存柜过滤效率试验采样点示意

表 1　　待测化学试剂的 *TWA* 值

化学试剂 CAS	职业卫生标准 *TWA* 值/10^{-6}
异丙醇 67－63－0	400
环己烷 110－82－7	300
盐酸 7647－01－0	5

对于 A,B 级的排风柜(A 级指配有双层过滤器的排风柜,B 级指配有单层过滤器的排风柜),配有吸附过滤器数量及其蒸发的化学试剂的数量在供应商出具的化学试剂列表上要求明确列出。

(2) 试验步骤

在配有合适过滤器的无风管自净型排风柜内,将测试用化学试剂按照具体的浓度要求不断蒸发。

放置于无风管自净型排风柜内的检测管束用于检测化学试剂蒸发率;在出风口的管束用于测定过滤效果。

2) 操作孔截面风速

(1) 要求

测试区内的风速应小于 0.1 m/s,非试验人员不应滞留在试验区内。

(2) 测试步骤

按照所示的位置,做好标记,确定测点;启动无风管排风柜的开关;用风速仪按照测试位置测量风速(每个点的测量时间为 10 s)。

3) 控制浓度

(1) 要求

测试示踪气体采用 SF_6,试验应在测试间内进行。无风管自净型排风柜通过静压箱与试验用排风机相连接。试验用排风机的额定风量要求略大于排风柜的额定风量,试验用排风机的风量可现场调节。图 3 为控制浓度测试示意图。

(2) 测试步骤

测试时,静压箱内保持零压;将采样管置于距地面 1 500 mm(落地式柜、人员站姿)、距排风柜 75 mm 高度处;控制浓度测试步骤按照 JB/T 6412—1999《排风柜》的有关规定执行。

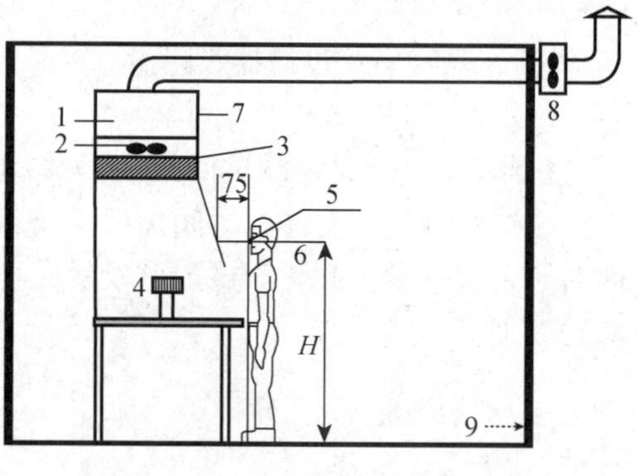

1—静压箱; 2—排风柜风机; 3—过滤器;
4—SF_6 引射器; 5—采样点; 6—模拟人;
7—静压测孔; 8—测试台用风机(带调速装置);
9—测试间 H=1 500 mm

图 3　控制浓度测试示意

6　总结与展望

(1) 标准制定的必要性

无风管自净型排风柜是职业安全和节能的重要设备,所制定的标准可以对该类产品的关键性能加以确定,以确保规范产品的质量控制,实现空气污染控制和职业安全健康。

(2) 标准制定工作程序的有效性

无风管自净型排风柜的性能涉及吸附过滤器的制作、过滤效果的监控以及多种有害气体共同作用等问题,技术问题复杂,编制工作难度较大,编制组认真推敲了欧盟和美国的标准,听取了多方的意见与建议，反复论证修改，并对吸附过滤器和排风柜进行多次实测检验，这些有效的工作程序确保了标准制定的科学性和可操作性。

（3）对关键性能参数的要求

无风管自净型排风柜的吸附性能是最关键的参数，它关系到切实有效保护实验人员的安全和对节能效果的评价，必要时可将此项条款定为强制条款。

（4）标准的可操作性

鉴于对无风管自净型排风柜控制浓度的要求是第一次提出，没有相关的参考文献，编制组通过多次测试，确保了该标准具有可操作性。

希望该《标准》能在工程实践中贯彻执行，规范和促进该产品的发展与应用，在职业安全和空调节能减排工作中发挥应有的作用。

参考文献

[1] OSHA. 29 CFR Part 1910 Final rules[S]. USA:Occupational Safety and Health Administration,1990.

[2] 中国科学院北京建筑设计研究院. JGJ 81—93 科学实验建筑设计规范[S]. 北京:中国标准出版社,1993.

[3] 同济大学,中国疾病预防控制中心,中国中元国际工程公司,等. JG/T 385—2012 无风管自净型排风柜[S]. 北京:中国标准出版社,2012.

[4] Scientific Equipment Furniture Association. SEFA 9-2010 Recommender practices for ductless enclosures [S]. SEFA World Headquarters,2010.

[5] UNM 61 Standardization Commission. AFNOR NFX 15-211 Laboratory installations-recirculatory fume hood—generalities, classification, requirements[S]. France:UNM, 2009.

[6] CEN/TC 332. EN-14175(1-6) Fume cupboards [S]. Brussels: European Committee for Standardization, 2003.

[7] 国家机械工业局. JB/T 6412—1999　排风柜[S]. 北京:机械工业出版社,1999.

[8] 同济大学,中国中元兴华工程公司,中国石化集团上海工程有限公司. JG/T 222—2007 实验室变风量排风柜[S]. 北京:中国标准出版社,2007.

再循环自净型排风柜面风速范围的最优化研究*

程勇　刘东　李斯玮　王新林

摘　要：采用数值模拟方法，分析了面风速、操作面设计形式，假人高度和位置对再循环自净型排风柜性能的影响。结果显示，面风速为0.4～0.7 m/s，操作面采用拉门设计，假人站立于操作面中央操作时，排风柜内、外的气流组织形式和对柜内化学物的控制效果较好。结合实测数据分析了面风速对过滤器吸附速度的影响。

关键词：再循环自净型排风柜；面风速；气流组织；污染物浓度

Numerical Simulation for Optimum Face Velocity Range of Recirculation Filtration Fume Hood

CHENG Yong, LIU Dong, LI Siwei, WANG Xinlin

Abstract: Investigates the influence of face velocity, design of the operation panel, height and position of anthropomorphic dummy on the performance of the hood through numerical simulation. The results show that for the face velocity from 0.4 m/s to 0.7 m/s, using sliding sash, and the dummy standing in the middle of the hood for operation, the air distribution inside and outside of the hood and contaminant control effect will be better. Analyses the effect of the face velocity on adsorption velocity of the filter with tested data.

Keywords: recirculation filtration fume hood; face velocity; air distribution; contaminant concentration

0　引言

再循环自净型排风柜以节能、经济、安装灵活、使用方便等优点逐渐受到大家的关注。对于常规排风柜而言，其性能的影响因素及其性能评价已有不少学者进行了相关研究，对排风柜性能评价指标——面风速和控制浓度的数值作了相应的规定。由于再循环自净型排风柜与常规排风柜在结构上存在较大的差异，常规排风柜的面风速范围是否适用于再循环自净型排风柜，以及哪些因素影响其性能，还有待研究。本文使用数值模拟的方法研究了面风速、操作面设计形式、假人高度和位置4个因素对再循环自净型排风柜性能的影响。

1　再循环自净型排风柜的工作原理

再循环自净型排风柜与传统排风柜的结构有所不同，其结构主要包括侧壁、后壁、底板及一个透明的操作面，操作面上有不规则或规则的操作孔，在安放实验设备时拉门可以全部打开；后壁面上没有挡板和狭缝；顶部是一个可放置过滤器的框架，不同的型号有相对应的吸附

*《暖通空调》2011，41(4)收录。

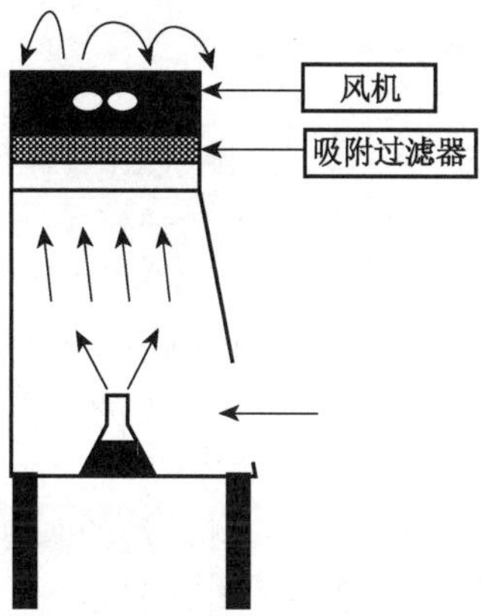

过滤器个数和层数;排风柜顶部有排气孔;前端安装有照明设备、简易取样装置。风机一般安装在吸附过滤器后侧,使吸附过滤器对气流能起到整流的作用,使通过吸附过滤器的气流较为均匀平稳。柜内安装有风速仪传感器,能对操作面风速进行实时监控。图1为再循环自净型排风柜的工作原理图。

在风机的抽力作用下,气流通过排风柜操作口进入柜内,并携带柜内散发的化学物向上流动,经分子过滤器的吸附作用后,相对清洁的空气继续在室内循环流动,从而达到节能和减少环境污染的目的。

图1 再循环自净型排风柜工作原理图

2 模型的建立

2.1 最佳面风速范围的定义

为了防止柜内散发的化学物经操作口外逸,应在排风柜操作口形成适宜的面风速。相关标准对传统排风柜的面风速作了明确规定:我国行业标准 JB/T 6412—1999《排风柜》规定排风柜面风速应为 0.4~0.5 m/s[1];美国 ANSI/AHIA Z9.5—2003《实验室通风》中规定,排风柜的面风速应控制在 0.5×(1±20%)m/s[2]。对于再循环自净型排风柜,最佳面风速范围是指能够满足以下3个要求的面风速范围:① 能使柜内的气流流动达到预期的目的,减少流动死角;② 能满足有效防止污染物逸出,减小控制浓度;③ 能够使过滤吸附器达到最佳的工作状态,使吸附效率达到最大。

2.2 模型的建立

实验室中的流体为不可压缩、各向同性的湍流,采用 $K-\varepsilon$ 标准湍流模型。标准 $K-\varepsilon$ 湍流模型相对更为复杂的雷诺力模型而言收敛性好且计算效率高,并且能更好地适用于室内气流组织模拟。此外,$K-\varepsilon$ 湍流模型既考虑分子黏性又考虑湍流脉动黏性,与室内气流实际流动比较接近[3-6]。测试室的体积为 30 m^3,高度不低于 3 m,因此,模拟的实验室(长×宽×高)取 3 m×3 m×3 m。考虑到现有再循环自净型排风柜体积较常规排风柜小,因此,模拟排风柜的尺寸(长×宽×高)取 750 mm×500 mm×750 mm,置于实验室中央。需要说明的是,因为吸附过程很难用 Fluent 软件精确模拟,且模拟目的主要在于研究面风速与通过操作口泄漏的污染物的浓度之间的关系,所以模拟中仍使用外接风管将柜内气体排出,而送风口设于排风柜背面处,风速均匀,以尽量减少送风气流对面风速的影响。模拟中,设置排风柜的操作面为内部界面,外接风管的排风口为速度边界条件,以此来调节排风柜的面风速;使用环己烷作为示踪气体,其沸点为 354 K,设置蒸发盘温度为 383 K,始终维持柜内环己烷体积分数为 200×10^{-6} 左右,其蒸发量可根据式(1)—式(3)计算得到。

排风柜排风量:

$$Q = 3\,600 vS \tag{1}$$

环己烷的流量:

$$q = cQ \tag{2}$$

环己烷的蒸发量:

$$m = \frac{qM}{0.022\,4} \tag{3}$$

式中　Q——排风柜的排风量，m^3/h；

3 600——换算系数，s/h；

v——排风柜操作口的面风速，m/s；

S——排风柜操作口面积，m^2；

q——环己烷的流量，m^3/h；

c——柜内需维持的环己烷的体积分数，取 200×10^{-6}；

m——环己烷的蒸发量，g/h；

M——环己烷的摩尔质量，g/mol；

0.022 4——摩尔体积常数，m^3/mol。

本文对以下 4 种工况进行模拟研究。

工况 1：假人为站姿，身高 1.65 m，立于操作面中央，采用操作面上设计有操作口的形式；操作口与送风口面积均为 0.09 m^2，排风口面积为 0.196 m^2。

工况 2：假人为站姿，身高 1.65 m，立于操作面中央，采用操作面设计为拉门形式；拉门面积为 0.225 m^2，送风口面积为 0.09 m^2，排风口面积为 0.196 m^2；其模型外观见图 2。

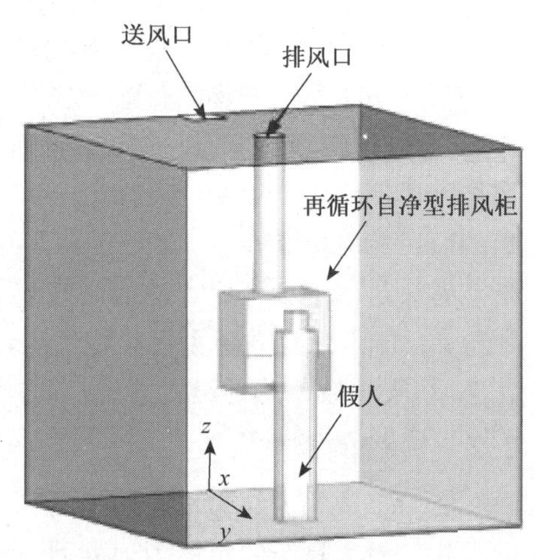

图 2　工况 2 模型外观

工况 3：假人为坐姿，头部高 1.2 m，坐于操作面中央，采用操作面设计为拉门形式；拉门面积为0.225 m^2，送风口面积为 0.09 m^2，排风口面积为0.196 m^2。

工况 4：假人为站姿，身高 1.65m，立于操作面左端，采用操作面设计为拉门形式；拉门面积为0.225 m^2，送风口面积为 0.09 m^2，排风口面积为 0.196 m^2。

维持排风柜内环己烷体积分数始终为 200×10^{-6}，不同面风速对应的环己烷蒸发速度见表 1。

表 1　面风速与送、排风速度及环己烷蒸发速度的关系

面风速/($m\cdot s^{-1}$)	送风口风速/($m\cdot s^{-1}$)		排风口风速/($m\cdot s^{-1}$)		蒸发速度/(10^{-6} $kg\cdot s^{-1}$)	
	工况 1	工况 2—4	工况 1	工况 2—4	工况 1	工况 2—4
0.1	0.1	0.25	0.18	0.46	12.7	32.5
0.2	0.2	0.50	0.37	0.92	25.4	64.2
0.3	0.3	0.75	0.55	1.38	38.1	95.4
0.4	0.4	1.00	0.73	1.84	50.8	127
0.5	0.5	1.25	0.92	2.30	63.5	159
0.6	0.6	1.50	1.10	2.76	76.2	191
0.7	0.7	1.75	1.29	3.21	88.9	222
0.9	0.8	2.00	1.47	3.67	102	254
0.8	0.9	2.25	1.65	4.13	114	286
1.0	1.0	2.50	1.84	4.59	127	318
1.1	1.1	2.75	2.02	5.05	140	349
1.2	1.2	3.00	2.20	5.51	152	381

3　模拟结果及分析

3.1　排风柜操作口的化学物浓度

通过比较不同工况、不同面风速下，操作面上的化学物浓度峰值和化学物浓度平均值，以此找出影响排风柜性能的因素。这里操作面化学物浓度平均值是指操作口的面平均浓度与操作口面积的乘积。

3.1.1　操作面化学物浓度峰值比较

不同操作面的设计形式、假人的高度(站姿和坐姿)及假人的站立位置，都会影响排风柜内、外的气流分布和操作口上面风速分布的均匀性，导致不同程度化学物的逸出。

图 3 显示了工况 1—4 不同面风速时，操作面化学物浓度峰值的比较。总体来说，工况 2 操作面化学物浓度峰值最低，其次是工况 1，工况 4 操作面化学浓度峰值最高。换而言之，假人的站立位置对排风柜性能影响最大，其次是操作面的设计形式，假人的高度对排风柜性能影响最小。工况 1 与工况 2 相比，工况 1 操作面化学物浓度峰值整体略高于工况 2。这可能是由于尽管在操作面上都形成了涡流，但由于工况 1 操作面中部有一个玻璃挡板，使涡流大小相对于操作口而言，工况 1 要大于工况 2。工况 1 中，面风速 0.4～0.8 m/s 时，操作面化学物浓度的峰值出现明显的波谷值；这说明使用操作口的设计形式时，该面风速范围为其最有效的控制面风速范围。工况 2 中，化学物浓度的峰值在 0.2 m/s 时达到最低；与工况 1 不同的是，即使存在最大值和最小值，其整体的波动范围并不大。

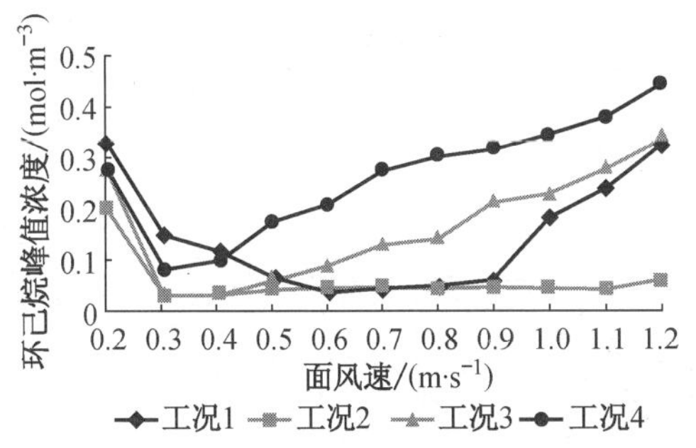

图 3　工况 1—4 操作面化学物浓度峰值比较

在工况 3 中，假人为坐姿即实验员坐着进行实验操作时，假人高度较低，排风柜对外界气流的抗干扰能力显著减弱，通过操作口逸散的化学物增加。从图 3 可以看出，在相同的化学物散发速率和面风速下，除了 0.2 m/s 和 0.3 m/s 两点外，其他面风速下工况 3 的操作面化学物浓度峰值均远远高于工况 2。

在工况 4 中，由于假人站立在操作面左端边缘处，其阻挡作用导致了操作面左侧形成了涡流，同时加剧了其边缘处气流边界层的分离，这一点可以在后面的气流组织分布中得到证明。从图 3 可以看出，由于假人位置改变到操作面边缘处，工况 4 操作面化学物浓度峰值远高于工况 2 假人站立在操作面中央时的情形。与工况 2 相比，虽然操作面上涡流影响范围有所减小，但因操作面边缘处气流流动不充分，容易出现回流，加上假人阻挡的共同作用，将会加剧操作面边缘处气流流动的不通畅，导致更多的化学物逸出。

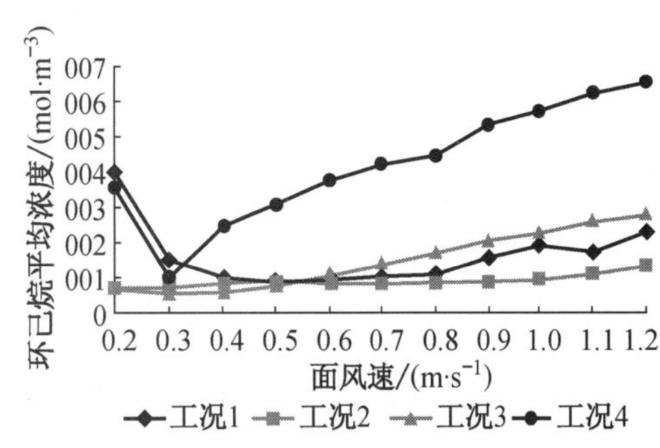

图 4　工况 1—4 操作面化学物浓度平均值比较

3.1.2 操作面化学物浓度平均值比较

图4显示了工况1—4不同面风速时，操作面化学物浓度平均值的比较。对比图3和图4可以看出，操作面化学物浓度平均值分布与操作面化学物浓度峰值相似。总体来说，工况2操作面化学物浓度平均值最小，工况4最大。工况1中，由于采用操作口设计，中部玻璃挡板使操作口上的涡流影响较大；面风速在0.4～0.8 m/s时，化学物浓度平均值出现明显的波谷值；化学物浓度平均值在0.2 m/s达到最高。因此，综合考虑化学物扩散范围和控制浓度要求，操作面采用拉门设计时，面风速应控制在0.4～0.7 m/s范围内。

工况3中，操作面的化学物浓度平均值也随着面风速的增加而增大；尽管操作面化学物浓度平均值低于环己烷的时间加权平均浓度 *TWA* 值（300×10^{-6}，1.32×10^{-2} mol/m^3），但由于实验人员坐着进行实验操作时，其呼吸带离操作面的距离较近，此时很难保证实验人员呼吸带区域的化学物浓度能够达到安全水平。

在工况4中，由于假人站立在排风柜左侧，导致排风柜左侧气流流动不充分，加剧了边界层分离，导致大量的污染物逸出；化学物浓度平均值均远大于工况2。可见，实验室人员在进行实验操作时，其站立位置是非常重要的，站立在不合适的地方，将会严重恶化排风柜的性能。因此，建议实验室人员在操作时，站立在排风柜中央，而不应站立在排风柜左侧或右侧。

3.2 排风柜内、外的气流分布

3.2.1 工况1

随着面风速的改变，排风柜内及排风柜与假人之间的气流组织形式会有所不同。在此，只列出部分面风速时，排风柜内、外典型的气流组织形式，如图5、图6所示。图5中 $x=0$ 是排风柜中央截面，$x=0.15$ m 和 $x=-0.15$ m 是两个操作口中央截面。图6显示的是 $y=-0.25$ m操作口截面。

从图5、图6可以看出，在 $x=0$ 截面上，排风柜内前底部形成了局部涡流，出现回流，而排风柜后底部气流速度很小，形成了死角；在 $x=0.15$ m 和 $x=-0.15$ m 两个操作口的中央截面，除在面风速0.1 m/s极端情况下，其他面风速情况时，排风柜内操作面拉门后部都形成了明显涡流，且涡流大小变化较小，不利于化学物的排出；在操作口截面上，除在面风速0.1m/s的情况外，在其他面风速下，操作口上均有涡流产生；但涡流的位置和大小并没有随着面风速的变化而发生显著改变，可以认为涡流的产生和其位置与操作口的大小和假人的位置有关，而与面风速的关系不大。

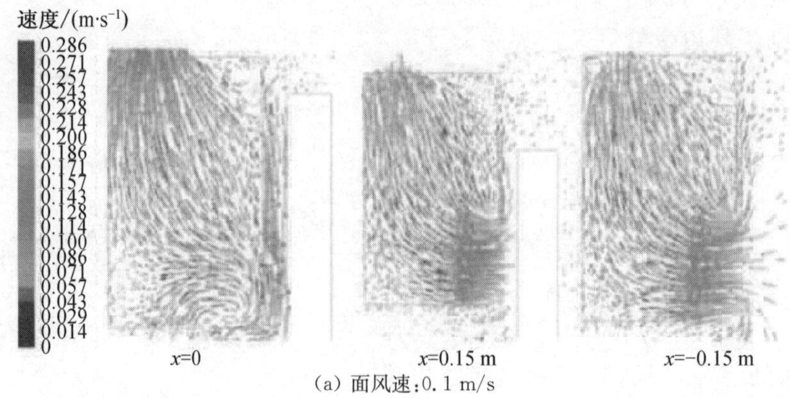

(a) 面风速：0.1 m/s

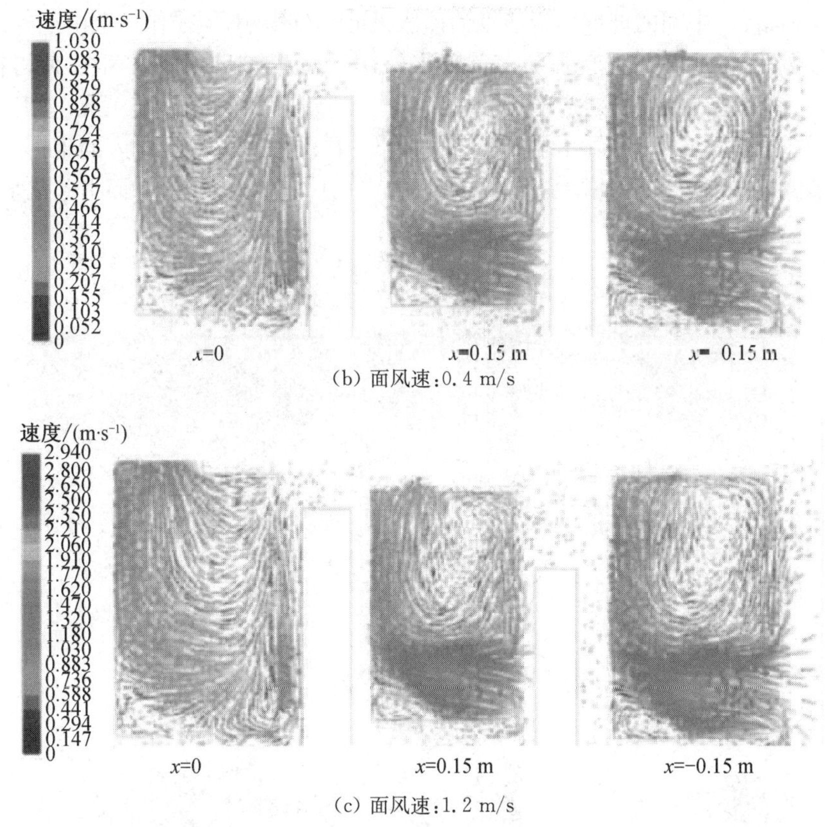

(b) 面风速：0.4 m/s

(c) 面风速：1.2 m/s

图5　工况1不同面风速下的气流分布

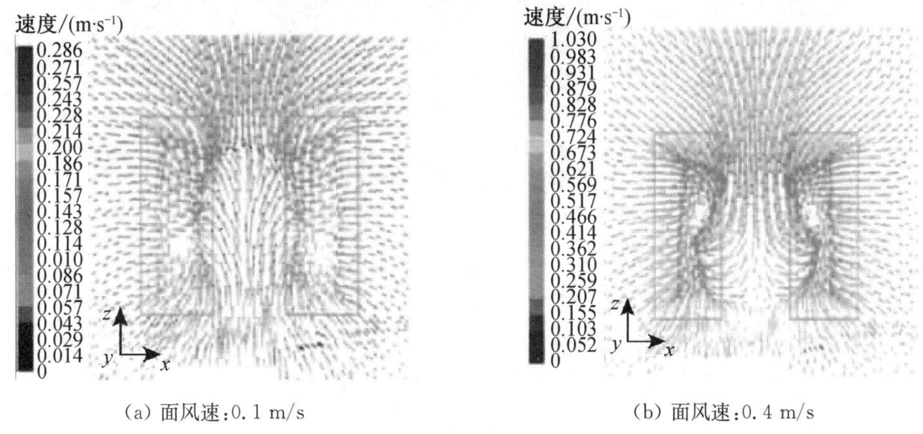

(a) 面风速：0.1 m/s　　　　(b) 面风速：0.4 m/s

图6　工况1不同面风速下的操作口截面气流分布

3.2.2　工况2

工况2中操作口采用拉门设计，与工况1相比，操作口中间没有一块隔板，这可能会影响排风柜内、外的气流组织分布。模拟结果见图7。

分析图7可以发现，由于假人的阻挡，排风柜前下部形成了涡流，从而导致化学物逸出；同时，操作面上由于假人的阻挡而产生了两个对称的涡流，并导致操作面上风速分布不均匀。在风速较小的边缘顶角处，因为面风速对气流的控制力有限，而发生了化学物的逸散；而在风速较高的中间靠上部位，因为涡流的产生，把化学物卷吸带出，从而导致了化学物逸出。虽然工况1操作面采用操作口设计，中间的玻璃挡板能抵消掉假人的部分影响，但操作口上由于气流未垂直于操作面进入排风柜，气流达到的范围有限；除此之外，由于中间玻璃挡板的存在，使得在挡板影响范围的气流分布不均匀，在挡板对应的排风柜背部下方形成气流死角。与工况 1 相比，工况 2 中气流能达到柜内的范围扩大，消除了排风柜背部下方的气流死角；但因假人的阻挡，操作口上的涡流将很难消除，又操作口面积增大，容易导致操作口面风速分布不均匀，而引起化学物的外逸。

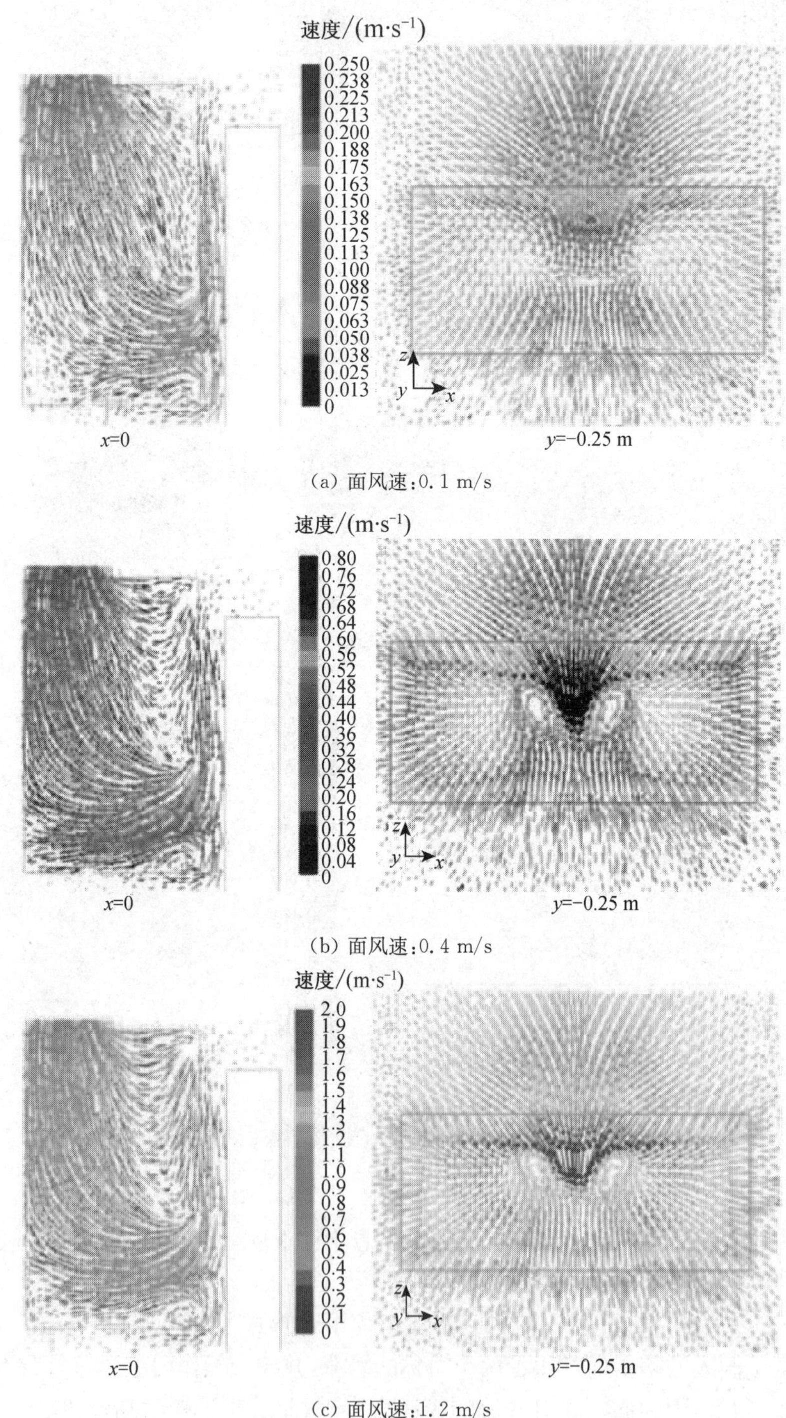

(a) 面风速：0.1 m/s

(b) 面风速：0.4 m/s

(c) 面风速：1.2 m/s

图 7　工况 2 不同面风速下气流组织分布

3.2.3　工况 3

工况 3 与工况 2 相比，假人由站姿变为坐姿，即假人的高度减小，对排风柜内、外气流组织形式的影响可能发生变化。模拟结果见图 8。

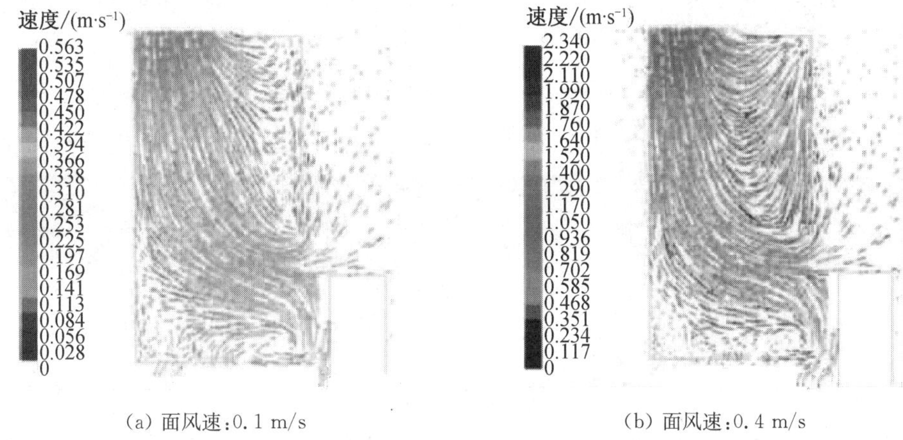

(a) 面风速：0.1 m/s　　　(b) 面风速：0.4 m/s

图 8　工况 3 不同面风速下的气流组织分布（$x=0$）

从图 8 可以看出，随着面风速的改变，排风柜内、外的气流分布没有明显的变化。排风柜下部靠近工作台面的区域出现了涡流，且气流有向外流动的趋势，造成了化学物的逸出，形成了操作面下部化学物浓度的高峰值；在工况 2 中，由于假人较高，超过了操作面顶端的高度，使得上部气流以几乎垂直的角度进入排风柜，一方面能够深入到排风柜的背部，消除了其可能会产生的气流死角；另一方面由于运动方向的突然改变，在操作面上方形成较为强烈的湍流，与操作面上的涡流同时作用，造成了大量化学物的逸出；而工况 3 中，假人的高度只在操作面一半高度以上，上部气流以一定倾斜角度进入排风柜，无法到达排风柜的底部和背部，因此形成了背部和底部的气流死角。

3.2.4　工况 4

与工况 2 相比，工况 4 中假人的站立位置由操作面中央改为操作面左端，以此来考察假人站立位置的变化对排风柜内、外气流分布的影响。图 9 中 $x=-0.3$ m 为假人的中截面，$x=0.37$ m 为靠近操作口右侧边（$x=0.375$ m）的截面。气流组织形式并不随着面风速的改变而发生明显变化，在此只给出了某一面风速下排风柜内、外的气流组织分布。

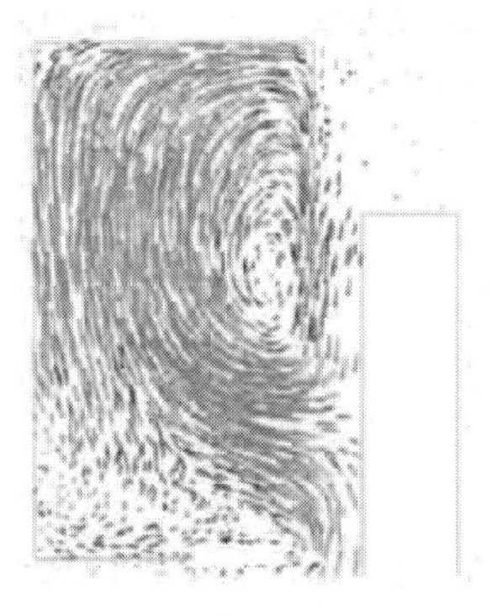

(a) $x=0.3$ m

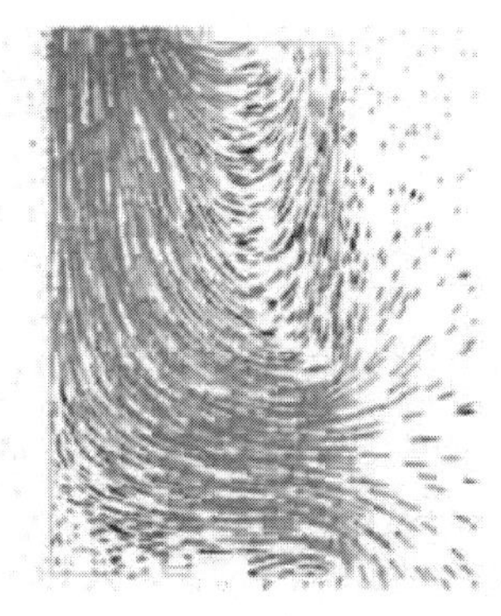

(b) $x=0$

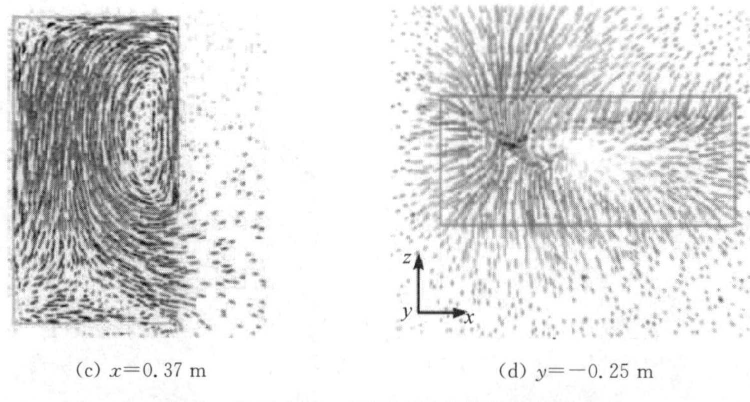

(c) $x=0.37$ m　　(d) $y=-0.25$ m

图 9　工况 4 某一面风速下的气流组织分布

从图 9 可以看出，由于站立在操作面左侧假人的阻挡，排风柜内左侧下部区域出现了气流死角，操作面左侧中心偏上区域形成了涡流，但没有工况 2 中操作面上涡流影响范围大。由于排风柜操作面边缘是气流流动不充分区域，容易发生边界层分离；当假人站立在排风柜操作面左侧时，将会加剧边界层分离，导致该处化学物的大量逸出。

4　面风速对吸附速度的影响

对于再循环自净型排风柜而言，面风速会直接影响吸附过滤器的吸附过程，主要体现在它决定了吸附质与吸附剂的接触时间。为了保证吸附质与吸附剂有足够的接触时间，使吸附过滤器发挥最佳吸附效率，面风速不宜过大；反之，面风速不宜过小，否则将会导致操作面处大量化学物逸出，危害实验员的安全。下面就以型号为 Filtair834 的某产品为例，来说明面风速对吸附过程的影响。该再循环自净型排风柜带有两个操作口，设置一层活性炭吸附过滤器，厚度约为 100 mm。面风速测点布置见图 10，面风速 v_1 测试结果见表 2。

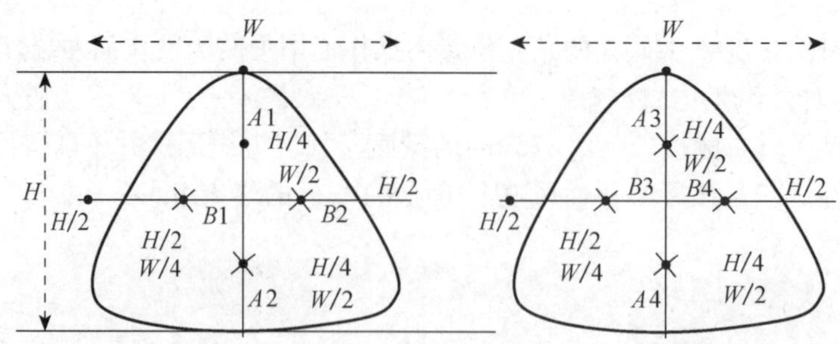

图 10　面风速测点布置

表 2　　面风速测试结果　　单位：m/s

$A1$	$A2$	$A3$	$A4$	$B1$	$B2$	$B3$	$B4$	平均面风速
0.52	0.52	0.49	0.55	0.51	0.56	0.51	0.53	0.524

该产品操作口面积 S_1 约为 $0.12\ m^2$，排风口面积 S_2 约为 $0.373\ m^2$，排风柜的排风量为

$$Q = S_1 v_1 = S_2 v_2 \tag{4}$$

式中，v_2 为排风口风速，m/s。

计算可知，排风口风速 v_2 为 0.169 m/s，则通过吸附过滤器的时间为 0.6 s，即吸附质与吸附剂的接触时间为 0.6 s；这满足一般吸附质与吸附剂接触时间至少 0.1～0.2 s 的规定。吸附过滤器的吸附效率直接决定了再循环自净型排风柜的运行效率和安全性能。因此为了保证排风柜能够高效安全地运行，适宜的面风速应得到满足。

5　结论

通过模拟分析可知，再循环自净型排风柜面风速稳定在 0.4～0.7 m/s，操作面采用拉门设计，假人站立于操作面中央，站立操作时，能够有效地减少气流死角，使排风柜内、外的气流组织形式达到最佳效果，以减少操作面化学物的逸出。结合实测数据分析了面风速对过滤器吸附速度的影响，得出适宜的面风速才能保证再循环自净型排风柜高效安全的运行的结论。

参考文献

[1] 同济大学，宜兴市展宏环保设备有限公司. JB/T 6412—1999 排风柜[S]. 北京：中国机械工业出版社，2000.

[2] ANSI/AHIA Z9.5—2003 Standard for laboratory ventilation[S]. New York：ANSI，2003.

[3] 殷维. CFD 软件在建筑环境研究中的应用与阶梯教室的自然通风研究[D]. 长沙：湖南大学，2006.

[4] MEMARZADEH F，JIANG J. Effect of reducing ventilation rate on indoor air quality and energy cost in Laboratories[J]. Journal of Chemical Health & Safety，2009，16(5)：20-26.

[5] FAHIM M H. Advantages of using the ANSI/ASHRAE 110—1995 Tracer gas test method versus the ANSI/AIHA Z9.5—1992 Face velocity test method for chemical laboratory hood certification [D]. Ohio：The University of Toledo，2006.

[6] VOLIN C E，JOAO R V，Gershey E L. Fume hood performance：Face velocity variability inconsistent air volume systems[J]. Applied Occupational and Environmental Hygiene，1998，13(9)：656-662.

无风管自净型排风柜面风速实测分析与研究*

万永丽　刘 东　皮英俊　王婷婷　张 萍

摘　要：对多台同一厂家不同型号的无风管排风柜进行面风速实测，研究分析无风管排风柜面风速的实际分布情况，指出了影响无风管排风柜面风速分布均匀性的因素。以某一台无风管排风柜为例，通过实验研究了不同拉门高度下面风速的分布特点，评价了无风管自净型排风柜的运行性能。

关键词：无风管自净型排风柜；面风速；拉门高度；均匀性

Analysis and Studying of Face Velocity Testing of Ductless Self-filtration Vented Enclosure

WAN Yongli，LIU Dong，PI Yingjun，WANG Tingting，ZHANG Ping

Abstract：Based on testing face velocity of some different types of ductless self-filtration vented enclosures，analyses and studies the distribution of face velocity，the factor influenced face velocity distribution characteristics has been drawn. Experimentally studies the face velocity distribution characteristics under different sash opening，and evaluates the performance of ductless self-filtration vented enclosure.

Keywords：ductless self-filtration vented enclosure；face velocity；sash opening；uniformity

0　引言

随着现代科学技术的迅速发展，实验室使用越来越广泛，实验室环境对人员健康和安全的影响正在得到越来越多的关注和重视。排风柜是实验室中最常见的用来控制污染物扩散的设备。它能较好地控制污染源，使其在扩散之前就将污染物捕集并排出室外。常见的排风柜有定风量排风柜、变风量排风柜以及无风管自净型排风柜。无风管自净型排风柜以其节能、经济、安装灵活和使用方便等特点受到越来越多的关注[1]。

面风速是评价排风柜性能的重要指标之一，面风速的大小和均匀性关系到排风柜性能的好坏。恒定的面风速能有效地控制柜内污染物的逸出，保护实验室人员的健康。对于常规排风柜而言，其面风速的影响因素及其性能评价已有不少学者进行了相关研究[2]，由于无风管自净型排风柜与常规排风柜在结构上存在较大的差异，其关键性能的影响因素还有待研究。程勇等人采用数值模拟的方法，分析了面风速、操作面设计形式、假人高度和位置对无风管自净型排风柜性能的影响[3]，但是并没有进行过实测验证。本文对多台无风管自净型的面风速进行实测分析，得到操作面面风速实际分布情况，并提出了影响无风管自净型排风柜面风速分布均匀性的因素。

*《建筑热能通风空调》2013，32(4)收录。

1　无风管自净型排风柜面风速要求

1.1　面风速的要求

JG/T385—2012《无风管自净型排风柜》[4]规定：操作型无风管自净型排风柜的操作孔截面风速应保持于 0.4～0.6 m/s，并应配备截面风速实时监测装置。

如果面风速过大，一方面会影响实验操作和导致实验室能耗的增加，另一方面排风柜前进行实验操作的人员胸前形成负压区，紊流的加剧可能会导致柜内有害物的散逸；如果面风速过小，排风柜内外没有形成有效的气流组织，对外界干扰气流的抵抗力较弱，可能也会导致柜内有害物的大量逸出。

1.2　面风速均匀性评价指标

1.2.1　最大偏差与最小偏差

最大偏差是指排风柜操作孔的最大测点面风速与面风速的偏差，最小偏差是指排风柜操作孔的最小测点面风速与面风速的偏差[5]。

JBT 6412—1999《排风柜》[6]规定：排风柜的面风速应分布均匀，其最大值、最小值与算术平均值的偏差应小于 15%。

1.2.2　测点风速的标准偏差 V_{std}

测点风速的标准偏差 V_{std} 是指测点的瞬时风速与该测点平均风速的标准差[7]，定义为：

$$V_{std} = \left[\frac{1}{N-1} \sum_{i=1}^{N} (v_i - v_j)^2 \right]^{\frac{1}{2}} \tag{1}$$

式中　V_{std}——测点风速的标准偏差；

v_j——测点 j 的平均风速，m/s；

N——每个测点瞬态风速个数，取 8；

v_i——测点的瞬时风速，m/s。

2　无风管自净型排风柜面风速测试

根据中国标准 JBT 6412—1999《排风柜》和 JG/T385—2012《无风管自净型排风柜》的规定，对 13 台同一厂家不同型号的无风管自净型排风柜进行面风速检测。

2.1　测试原理

无风管自净型排风柜与传统排风柜的结构及工作原理有所不同。其结构主要包括侧壁、后壁、底板，一个透明的操作面，上面有不规则或规则的操作孔。排风柜上面有控制面板可以通过调整风机的转速来调节风量。顶部是一个可以放置过滤器的框架，不同型号的排风柜有其相对应的风机和过滤器模块个数，过滤器的层数也不同，对于单层分子过滤器，风机一般安装在分子过滤器的后侧；对于双层分子过滤器，风机一般安装在两个分子过滤器之间。其结构示意图如图 1 所示。

无风管自净型排风柜的工作原理是，在排风柜顶部风机的抽力作用下，柜内形成负压，携带柜内散发的化学污染物的空气经过分子过滤器吸附净化处理后，气体继续在室内循环流动。因此，无风管自净型排风柜面风速测试比传统的排风柜简单方便，只需要根据不同型号排风柜的拉门高度和分子过滤器的个数调整控制面板上风机的转速来调节排风量。

$$Q = 3\ 600vA \tag{2}$$

式中 Q——排风柜的排风量，m^3/h；

v——排风柜的面风速，m/s；

A——排风柜操作孔的面积，m^2。

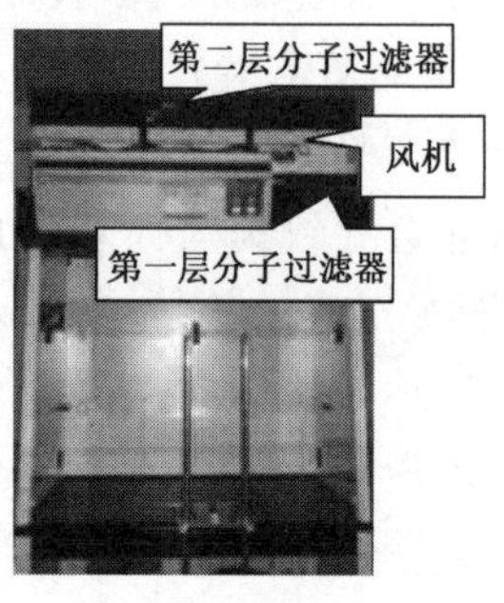

(a) 安装双层分子过滤器

(b) 安装单层分子过滤器

图 1　无风管自净型排风柜外形图

2.2　测试条件

测试过程中，测试室门窗紧闭，室内无人员走动，距离排风柜 1.5 m 范围内，无大于 0.1 m/s 的横向干扰气流。

针对不同型号的排风柜，测试工况包括：①1 层分子过滤器(1C)；②2 层分子过滤器(2C)；③1 层高效过滤器+2 层分子过滤器(1P2C)。针对以上三种工况，风机转速分别调整为 2 100 r/min、2 800 r/min 及 2 850 r/min，以确保面风速在 0.4～0.6 m/s 的范围内。

2.3　测试步骤

根据操作孔的形状，将操作孔均匀划分为数个网格，各网格的中心或交点定为面风速测试的取样点，即测点。不同操作口的测点布置见图 2，详细测点布置方法请参考文献[4]和文献[6]。

将风速仪用可调节支架固定好，其探头位于个测点位置，待稳定后进行读数，每个测点连续读数 8 次，每个测点测量时间约为 10 s。

(a) 矩形操作孔的测点布置

(b) 梯形操作口的测点布置

(c) 双孔型操作孔的测点布置

图 2　操作孔截面风速测点布置

3　面风速测试结果与分析

对 13 台不同型号的无风管自净型排风柜进行面风速检测。这 13 台无风管自净型排风柜分别属于两个不同的系列，其中 1—9 号排风柜测试三种工况（1C，2C，1P2C），10—13 号排风柜测试两种工况（2C，1P2C）。1—9 号排风柜的操作孔是固定的，不需要改变；10—13 号排风柜的操作孔可以通过调节拉门高度改变，这 4 台排风柜是在拉门高度 350 mm 的情况下进行面风速测试。各台无风管自净型排风柜的面风速测试结果汇总见表 1。

表 1　　各台无风管自净型排风柜面风速测试结果

排风柜编号	排风柜型号			过滤器类型	测试结果		
	操作孔面积/m^2	风机个数/个	风量/($m^3\cdot h^{-1}$)		平均面风速 $\bar{v}$/($m\cdot s^{-1}$)	最大偏差 δ_{min}/%	最小偏差 δ_{max}/%
1	0.113	1	230	1C	0.54	7.4	3.7
				2C	0.54	1.9	3.7
				1P2C	0.48	6.3	6.3
2	0.124	1	230	1C	0.40	10.0	10.0
				2C	0.48	6.3	6.3
				1P2C	0.42	7.1	7.1
3	0.125	1	230	1C	0.47	6.4	6.4
				2C	0.51	5.9	9.8
				1P2C	0.44	9.1	6.8
4	0.125	1	230	1C	0.41	2.4	4.9
				2C	0.43	7.0	7.0
				1P2C	0.40	5.0	2.5
5	0.213	2	460	1C	0.48	4.2	2.1
				2C	0.50	2.8	6.6
				1P2C	0.45	4.4	8.9
6	0.244	2	460	1C	0.38	7.9	5.3
				2C	0.43	14.0	9.3
				1P2C	0.39	10.3	10.3
7	0.381	3	690	1C	0.40	12.5	5.0
				2C	0.42	9.5	4.8
				1P2C	0.39	2.6	5.1
8	0.338	3	690	1C	0.46	8.7	6.5
				2C	0.52	5.8	7.7
				1P2C	0.43	9.3	7.0
9	0.483	4	920	1C	0.45	20.0	11.1
				2C	0.48	12.5	10.4
				1P2C	0.43	16.3	11.6
10	0.256	2	460	2C	0.43	14.0	11.6
				1P2C	0.40	12.5	10.0
11	0.325	3	690	2C	0.54	9.3	9.3
				1P2C	0.48	8.3	8.3

（续表）

排风柜编号	排风柜型号			过滤器类型	测试结果		
	操作孔面积/m^2	风机个数/个	风量/$(m^3 \cdot h^{-1})$		平均面风速 $\overline{v}/(m \cdot s^{-1})$	最大偏差 $\delta_{min}/\%$	最小偏差 $\delta_{max}/\%$
12	0.462	4	920	2C	0.53	9.4	15.0
				1P2C	0.45	11.1	8.9
13	0.603	5	1 150	2C	0.47	12.8	8.5
				1P2C	0.42	14.3	4.8

根据表1的测试结果，在13台排风柜中，6号和7号的平均面风速略低于JG/T385—2012要求的0.4 m/s的下限，13台中没有平均面风速高于0.55 m/s的排风柜，这说明这13台无风管自净型排风柜中存在面风速设计值偏低的问题。9号在过滤器为1C和1P2C时面风速最大偏差大于15%，虽然最大测点面风速没有高于0.6 m/s的上限，但是说明这台排风柜面风速分布不均匀，可能引起局部的涡流。

3.1 面风速分布

图3显示除了排风柜6和7，其余排风柜的平均面风速均处于0.4～0.55 m/s的合理范围内。各排风柜安装的过滤器类型不同时，面风速分布也不同，即对于两层分子过滤器(2C)工况，面风速值普遍偏高，这是由于2C工况风机转速(2 800 r/min)显著高于1C工况风机转速(2 100 r/min)；而IP2C工况由于在风机入口前加了一层高效过滤器，虽然风机转速(2 850 r/min)比2C工况(2 800 r/min)稍微提高，但是由于排风柜整体的阻力增加，面风速值仍低于2C工况。

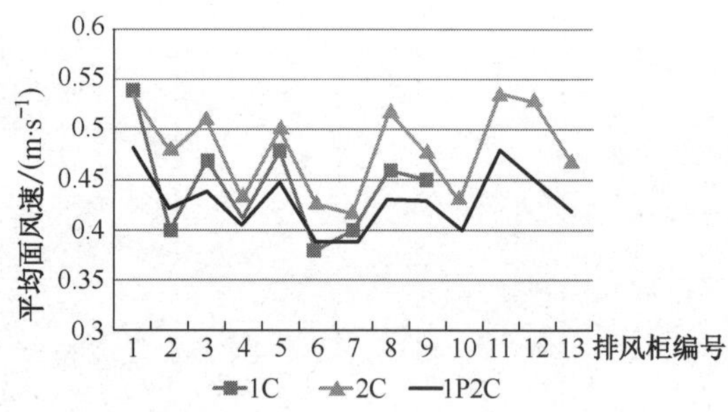

图3　各排风柜平均面风速值汇总

从图4和图5可以看出，各排风柜面风速的最大偏差和最小偏差之间不存在明显的相关性；9号排风柜面风速最大偏差明显高于其他排风柜，超过了15%的上限，说明该排风柜面风速分布很不均匀，这是由于其风机模块数量比较多，各个风机风量调节上可能存在差异，从而导致局部面风速波动。此外，图4和图5显示，面风速分布的最大偏差和最小偏差随着排风柜编号整体呈上升趋势，这说明随着风机模块数的增多，面风速分布越来越不均匀。在实际测

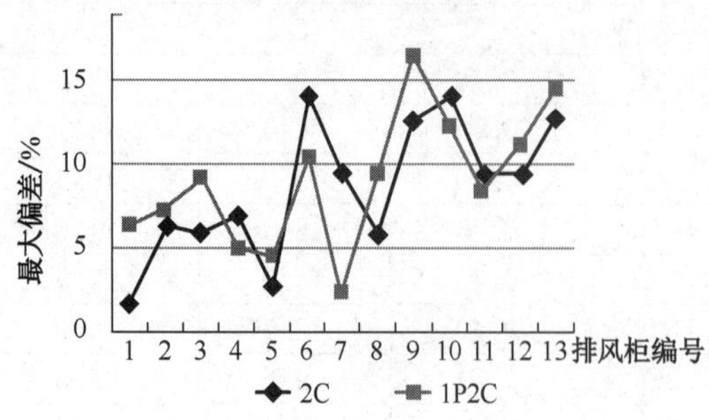

图4　各排风柜面风速分布最大偏差

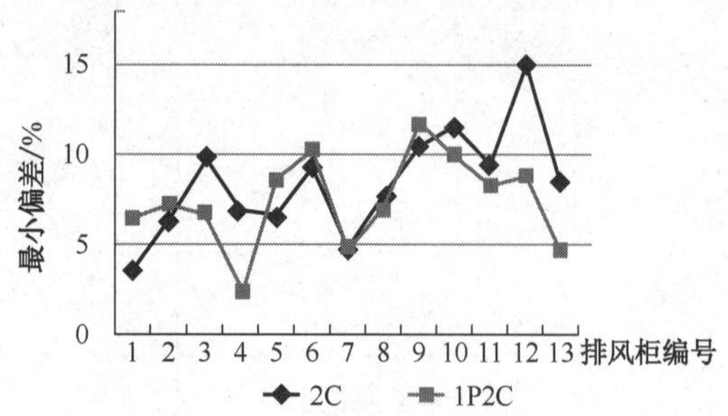

图5　各排风柜面风速分布最小偏差

试过程中，从排风柜的控制面板上也可以看出，多风机模块的无风管自净型排风柜各个风机的转速并不完全一样，各个风机调节上存在差异性。因此，对于无风管自净型排风柜，并联的多个风机风量之间的差异性是导致面风速分布不均的重要原因。

3.2　拉门高度的影响

操作孔不固定、拉门高度可以改变的无风管自净型排风柜，可以根据拉门高度自动调节风机的转速以维持面恒定的风速。以 11 号排风柜安装两层分子过滤器的情况下为例，分别测试该排风柜在拉门高度为 200 mm，250 mm，300 mm，350 mm，400 mm 下的面风速。拉门高度 200 mm 和 250 mm 的情况下布置 10 个测点，拉门高度 300 mm，350 mm 和 400 mm 情况下布置 15 个测点。不同拉门高度下排风柜各测点风速值汇总见图 6。

图 6 显示了不同拉门高度下排风柜各测点风速值。总体来说，在不同拉门高度下，各测点的风速值波动不是很大，而且都在标准规定的 0.4～0.6 m/s 的范围内，说明该排风柜面风速分布比较均匀，拉门高度对面风速的影响不大。换而言之，也说明了该排风柜面风速自动监控功能良好，可以根据拉门高度有效地改变风机风量从而维持恒定的面风速。

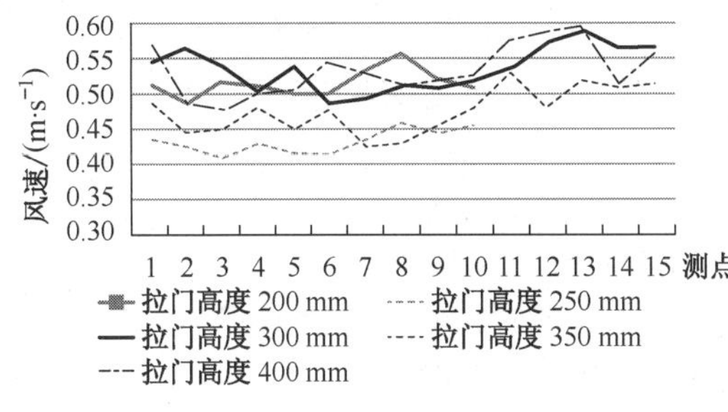

图 6　不同拉门高度下各测点风速值

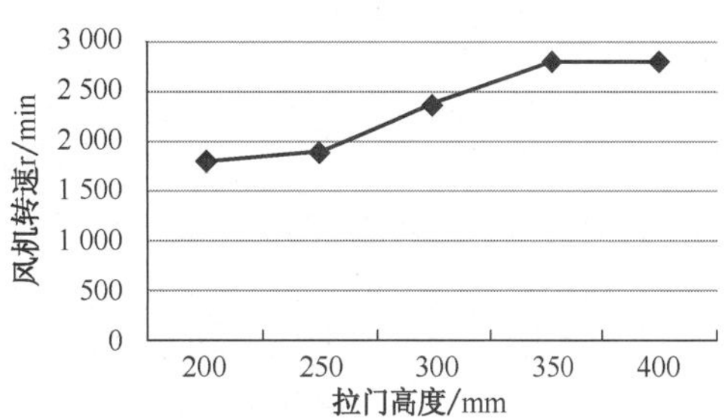

图 7　拉门高度与风机转速的关系

由于拉门高度改变时，排风柜会自动通过改变风机的转速调节风量的大小以维持面风速的稳定。图 7 显示了拉门高度与风机转速之间的对应关系，可以看出随着拉门高度增加，风机转速也相应增加，这是因为拉门高度增加时，操作孔面积增加，为了维持恒定的面风速，风机风量也必须增加。但是，它们之间并不是完全的线性关系，也说明了操作面面风速会有小范围的波动。

测点风速的标准偏差 V_{std} 可以被认为是气流紊流强度的评价指标。为了避免不同面风速对操作孔面风速分布的影响，采用相对标准偏差 $V_{std}/V_{平均}$ 来评价不同拉门高度下面风速的波动情况。将三种拉门高度下(300 mm，350 mm，400 mm)的 15 个测点以在操作面上的所在列每三个为一组进行汇总，如图 8 所示。从图 8 可以看出，拉门高度 350 mm 的情况下排风柜测点风速波动比较小，排风柜运行性能比较良好；排风柜操作面右侧的测点波动比左侧大，这可能是由于并排的风机的差异性导致的，右侧风机运行不太平稳。

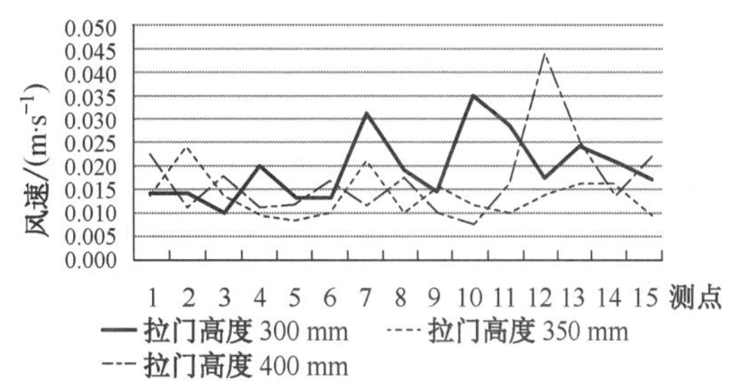

图 8　测点风速波动的相对标准偏差分布

4 结论

(1) 通过对多台无风管自净型排风柜进行面风速测试,得到的面风速值普遍偏低,两层分子过滤器工况下面风速较其他两种工况高。

(2) 面风速分布的最大偏差和最小偏差随着排风柜风机数量的增加而增加,面风速分布的均匀性越来越差,说明多个风机风量之间的差异性是导致面风速分布不均的重要原因。

(3) 拉门高度改变时,面风速波动不是很大,说明排风柜可以根据拉门高度有效地改变风机风量从而维持恒定的面风速;通过对不同拉门高度下测点风速的相对标准偏差进行分析,得到拉门高度 350 mm 下排风柜测点风速波动比较小,排风柜运行性能比较良好。

参考文献

[1] 刘东,程勇,李斯玮,等. 再循环自净型排风柜检测方法的分析研究[J]. 洁净与空调技术,2011(2):1-5.
[2] 程勇,刘东,王婷婷,等. 实验室排风柜面风速要求与实测分析[J]. 暖通空调,2012,42(8):84-88.
[3] 程勇,刘东,李斯玮,等. 再循环自净型排风柜面风速范围的最优化研究[J]. 暖通空调,2011,41(4):79-84.
[4] 中华人民共和国住房和城乡建设部. JG/T 385—2012 无风管自净型排风柜[S]. 北京:中国标准出版社,2012.
[5] 陈道俊. 变风量排风柜的面风速控制研究[D]. 上海:同济大学,2005.
[6] 国家机械工业局. JB/T 6412—1999 排风柜[S]. 北京:机械工业出版社,1999.
[7] TSENG Li Ching, HUANG Rong Fung, CHEN Chih Chieh. Significance of face velocity in relation to laboratory fume hood performance[J]. Industrial Health, 2010,48:43-51.

再循环自净型排风柜检测方法的分析研究*

刘 东　程 勇　李斯玮　王新林

摘　要：在分析常规检测方法弊端的基础上，提出以环己烷、异丙醇或盐酸溶液代替 SF_6 作为示踪气体，将吸附过滤器吸附量检测和控制浓度检测有机结合起来的一种改良检测方法；并从必要性、技术性和经济性角度分析了该检测方法用以检测再循环自净型排风柜的可行性和合理性。

关键词：再循环自净型排风柜；示踪气体；检测方法；可行性

Research on Testing Methods of Recirculation Filtration Fume Hood

LIU Dong，CHENG Yong，LI Siwei and WANG Xinlin

Abstract：On the basis of analyzing common problems of routine testing methods，an improving testing method has been investigated，in which Cyclohexane，Isopropyl Alcohol or Hydrochloric Acid has been used a substitute of SF6，filter adsorption capacity test and control level test have been combined together；According to the analysis of necessity，technical and economical efficiency，simultaneously the improving testing method used to test recirculation filtration fume hood has been proved feasibly.

Keywords：Recirculation filtration fume hood；Tracer gas；Testing methods；Feasibility

排风柜是实验室中常用的控制空气污染物的设备。安装在现代实验室中的常规排风柜，为了达到控制污染物的目的，将室内的空气排走，以保障实验员的安全。据统计，在国内，具有空气温、湿度要求的现代实验室中新安装的排风柜 25 000～50 000 台/年，若将每台排风柜消耗的空调新风折算成电费，其每年运行费用约为 17 000 元，若考虑所有配备空调的实验室，其每年的运行费用将达到 136 亿元。为了降低实验室能耗，人们在条件允许的场所采用再循环自净型排风柜。与常规排风柜相比，再循环自净型排风柜以其节能、经济、安装灵活和使用方便等特点，逐渐受到大家的重视。同时，人们也在致力于再循环自净型排风柜的研究。陈静使用 CFD 模拟对再循环自净型排风柜的安全性和节能性进行了初步分析[1]。基于住房与城乡建设部《再循环自净型排风柜》国家行业标准制定的契机，本文在分析排风柜常规检测方法弊端基础上，对再循环自净型排风柜的检测方法进行了研究。

1　再循环自净型排风柜的工作原理

1.1　再循环自净型排风柜的工作原理

再循环自净型排风柜与传统排风柜的结构有所不同，其结构主要包括侧壁、后壁、底

*《洁净与空调技术》2011(2)收录。

板，一个透明的操作面，上面有不规则或规则的操作孔，在安放实验设备时拉门可以全部打开。后壁面上并无挡板和狭缝。顶部是一个可放置过滤器的框架，不同的型号有相对应的分子过滤器个数和层数。前端安装有照明设备，便易取样装置，顶部有排气孔。风机一般安装在分子过滤器后侧，使分子过滤器能起到整流的作用，使通过分子过滤器的气流较为均匀平稳。柜内安装有风速仪，能对操作面风速进行实时监控。

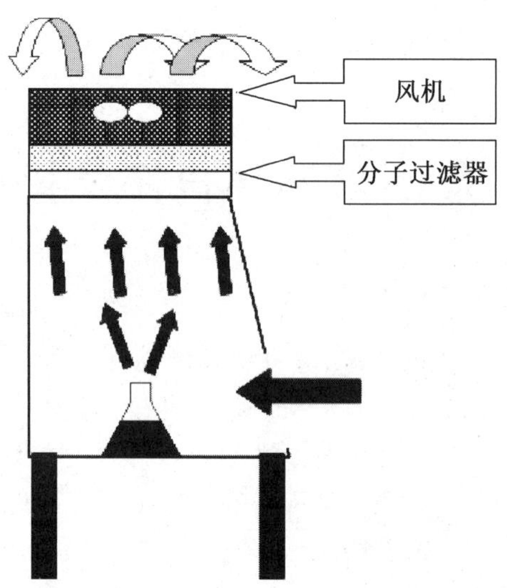

图 1　再循环自净型排风柜工作原理图

图 1 是再循环自净型排风柜工作原理图。在排风柜顶部风机的抽力作用下，柜内形成负压，携带柜内散发的化学污染物的空气经过分子过滤器吸附净化处理后，气体继续在室内循环流动，既不会对大气环境造成污染，也不用消耗空调新风，从而达到节能的目的。

1.2　再循环自净型排风柜的优缺点

再循环自净型排风柜主要优点有：

(1) 节能性：节能性是再循环自净型排风柜最主要的优点。进风面积约为常规排风柜的 1/3，其风机处理的排风量也相应减小；而排风经过过滤器吸附处理后再次进入室内循环，这样就不会从排风柜排出空气到室外，也就意味着相比常规排风柜而言，实验室空调系统的能耗将会大大降低。

(2) 经济性：能耗的降低意味着运行费用的降低。虽然再循环自净型排风柜需要定期更换吸附过滤器，但只要设计得当，用于这部分的费用远小于常规排风柜所消耗的空调新风能耗。在初投资方面，再循环自净型排风柜本身的价格略高于定风量排风柜，低于带有变风量控制阀的变风量排风柜。但如果加上整个排风系统的费用，无安装费用的再循环自净型排风柜的优势就变得相当明显。

(3) 灵活性：再循环自净型排风柜结构小巧，安装方便，移动灵活，方便随时使用。同时因为没有复杂的排风管道系统，也不需要对风机和外界风管系统进行维护。

但是，再循环自净型排风柜也有一些缺点，限制其全面推广和广泛的应用。如再循环自净型排风柜顶部的吸附过滤器对化学物的吸附具有选择性，一种类型的分子过滤器只能吸收某一类的化学污染物，因此其只适用于化学实验操作相对较固定的场合；由于分子过滤器的吸附量有限，当该过滤器接近饱和时，其过滤效率会急剧下降，为了保证实验操作人员的安全，需要定期检查过滤器的饱和度；吸附过滤器吸附的化学污染物越多，其寿命就越短，而吸附过滤器的价格相对较高，频繁更换吸附过滤器势必增加运行费用，故再循环自净型排风柜适用于中小规模的化学操作等。

2　常规检测方法的弊端

常规检测控制浓度的方法用于检测再循环自净型排风柜的控制浓度存在一些缺陷和不足。主要包括两个方面：一是由于示踪气体 SF_6 的特殊性，需在测试过程中增加某些外部部件以完成检测，这就无法还原排风柜的实际工作情况；二是现有示踪气体的选择不具有代表性。

2.1　外加部件的影响

选用的示踪气体 SF_6 无法被过滤器吸附，为了避免过滤器出口排出的 SF_6 扩散到室内影响检测结果，多采用在过滤器出口设置静压箱，将其箱内静压调至大气压力，然后在静压箱上外接风管，经过滤器后排至室外。虽然这种方法从理论上可以解决 SF_6 不被吸附的问题，但在实际操作过程中，却存在一些问题。首先，排风柜型号和种类繁多，因此每次检测前需定制适合被检测排风柜尺寸的静压箱和风管，造成了人力物力的浪费。其次，一些检测方使用塑料薄膜或其他软性材料代替静压箱罩住排风柜出口；而软性材料包裹空间的压力很难控制，对外界压力的抗干扰能力较差，难以保证排风柜出口的压力与大气压力相同，这样得到的检测结果偏差较大，不具有指导意义。再次，由于很难保证静压箱与排风柜出口完全密封，会有少量的 SF_6 泄漏，从而影响检测结果。最后，理论上静压箱内的相对压力为 0，但根据实际测试操作发现静压箱内会有 2 Pa 左右的波动；而排风柜自身的风机与排风管上的外接风机难以完全耦合运行，容易造成气流波动，影响排风柜的正常运行。

2.2　示踪气体的选择

SF_6 以性能稳定、检测灵敏度高等优点被各国广泛用来作为检测排风柜控制浓度的示踪气体。但在再循环自净型排风柜的检测中，SF_6 暴露出一些缺陷。比如，SF_6 不能被过滤器吸附，就需要额外增加静压箱和风管以完成检测；SF_6 作为无机物，无法体现有机物的某些特性；SF_6 的温室气体效应为 CO_2 的 24 900 倍，若排放到室外，对温室效应产生很大的影响；SF_6 的价格相对较高等。而再循环自净型排风柜检测室中，空气成分相对简单；来自外界的干扰很小，一般要求检测过程中，对热湿环境有粗略的控制范围，无外界横向气流干扰，无人员扰动，示踪气体背景浓度控制在 0.01×10^{-6} 以下[2-3]。因此，在如此严格要求的环境中，没有必要使用 SF_6 作为示踪气体来进行检测。为此，当我们选择用来检测过滤器吸附量的化学物时，化学物应满足以下条件：该化学物应能被待检排风柜所吸附；该化学物不应太容易被吸附，以避免检测时间过长，或检测结果不明确；该化学物应容易蒸发，使检测顺利进行；该化学物应容易被仪器检测到，并且灵敏度较高，至少为其 TWA 值的 1%；该化学物的价格不应太昂贵，经济上能支持多次检测等。化学实验室中常用的化学物，其使用频率如图 2 所示。

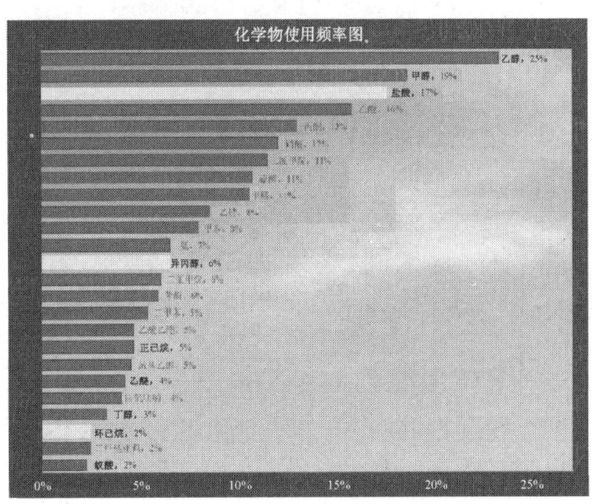

图 2　化学实验室化学物使用频率图

从图 2 可以得到，处理的化学物 90% 为酸类和有机物；而其他物质，如氨和甲醛等，其检测费用十分昂贵，且难以进行。因此，综合考虑，选取盐酸、异丙醇和环己烷 3 种物质作为再循环自净型排风柜过滤器吸附量检测使用的化学物。

目前，再循环自净型排风柜过滤器一般分为 2 种，针对有机物设计的过滤器和针对酸类设计的过滤器。检测有机物类过滤器时使用异丙醇和环己烷进行检测，而酸类过滤器则使用盐酸来检测其吸附量。

3 再循环自净型排风柜检测方法研究

根据以上分析，参考法国标准 AFNOR NF X 15-211、美国标准 ASHRAE 110 和欧洲标准 EN14175，建议可以对再循环自净型排风柜采用一种改良检测方法，即将过滤器的吸附量测试和控制浓度测试结合起来，以避免以上各种弊端的产生，又能提高检测效率和可信度。下面将以环己烷为例，对新检测方法的检测准备、检测过程和检测结果的分析进行详细说明。

3.1 检测准备

检测应在建筑物内的测试间中进行。测试间的体积为 30 m^3，高度不应低于 3 m，以保证排风柜出口处存在足够的空间，不会影响出口处气流的自由扩散。测试间应密闭且测试间内不设分隔。测试间内应有通风系统，在检测过程中关闭。测试间内的空气温度应控制在 22 ℃±2 ℃，相对湿度为 50%±10%，压力为室外大气压力。排风柜应放置在 0.8～1 m 高的平台上。在排风柜正中截面上放置 1 个人体模型，要求其鼻尖距排风柜的操作面 75 mm，距地面高 1 500 mm。柜前 1.5 m 范围内无阻隔物体，无大于 0.1 m/s 的横向气流干扰，测试间内无非必要的人员扰动，无表面温度超过 40 ℃的物体存在，所选用示踪气体的背景浓度应低于 0.01×10^{-6}。在测试时，应关闭测试间的门窗等。

需要的检测仪器包括：

(1) 再循环自净型排风柜(装配全新的吸附过滤器)，放置在平台上；

(2) 浓度测量仪器：一般使用 GC-FID 气相色谱仪，量程下限不高于 0.01×10^{-6}，误差小于 10%；

(3) 浓度采集系统：系统误差在 0.1×10^{-6} 时，小于 0.02×10^{-6}；采集探头不少于 8 个；

(4) 标准人体模型；

(5) 硬质橡胶管，用其做采样管网；

(6) 蠕动泵；

(7) 蒸发盘；

(8) 化学试剂：环己烷 1 kg；

(9) 电子秤：精度为 0.1 kg。

3.2 检测过程

图 3 为测试示意图。检测时按照该图把排风柜、假人和各仪器放置连接好。

3.2.1 化学物的加热蒸发

盛放化学物的容器通过蠕动泵将化学物液体抽到蒸发区域，通过电子称称重来控制其蒸发率。采用蒸发盘加热蒸发待测化学物，蒸发盘的温度由化学物的沸点确定，通常比化学物的沸点高 10 ℃。若选用环己烷作为待测化学物，其

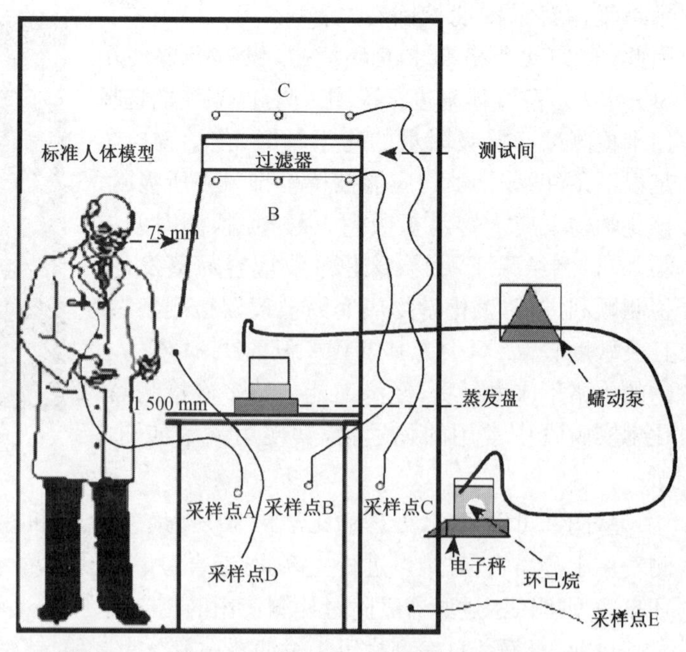

图3 测试示意图

沸点为 81 ℃，则控制蒸发盘温度为 91 ℃。

3.2.2　测点布置

通过测点的巧妙布置，将过滤器的吸附量测试和控制浓度测试有机地结合在一起。在检测过程中，有 5 个采样点，如图 3 所示。采样点 A（假人的呼吸区）即假人的鼻尖处，距排风柜操作面距离为 75 mm，离地高 1 500 mm[4]；采用点 B（排风柜内的浓度），设置在过滤器前；采样点 C，设置在过滤器后；采样点 D，操作面浓度；采样点 E，背景浓度，选取在排风柜背部距离排风柜较远一点。

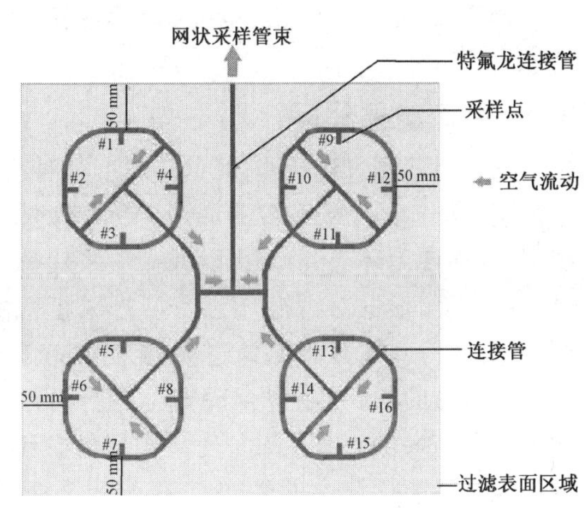

图 4　采样管网示意图

采用管网如图 4 所示，♯1—♯16 为采样点，将各采样点的样品通过管网集中后，直接测其平均值。采用管束的材质为聚四氟乙烯；网状管束置于再循环自净型排风柜内时，应与过滤器表面平行；网状管束与过滤器表面的间距控制在 0～150 mm。

3.2.3　检测过程

在检测前应调节好蠕动泵的流量，使化学物的蒸发量稳定在根据式(1)—式(3)计算好的数值上。运行排风柜，待其稳定后，打开蠕动泵，开始蒸发，进行测试。

排风柜通风量：

$$Q = 3\,600V \times S \tag{1}$$

化学物的流量：

$$q = c \times 10^{-6} \times Q \tag{2}$$

化学物的蒸发量：

$$m = (q \times M)/0.022\,4 \tag{3}$$

式中　Q——排风柜的通风量，m^3/h；

V——排风柜操作口的面风速，m/s；

S——排风柜操作口面积，m^2；

q——化学物的流量，m^3/h；

c——柜内需维持的化学物浓度，$\times 10^{-6}$；

M——化学物的摩尔质量，g/mol；

m——化学物的蒸发量，g/h。

采样点 A，C，D 为主要测试点，在条件允许的情况下，应 10 min 左右记录一次数据；考虑到气相色谱仪的分析需要一定的时间，可以适当放宽这一时间要求，但 30 min 内应各记录一次数据，且 A 点和 C 点数据的记录间隔保持在 10 min 以内，以保证同步。采样点 B 的目的在于检测柜内化学物的浓度是否在规定的范围内，只需测试开始时检测一次，然后每隔 2 h 记录一次数据即可。采样点 E 测试的结果可以认为是检测室内的背景浓度，主要是给 A、C、D 点的数据提供参考和比较，可以每 40～60 min 记录一次数据。测试通常需要持续比较长的时间,若超过 8 h,可以在每天早晨开始,傍晚时结束,持续测试 8 h,未达到目的的部分第 2 天可继续检测。

当 A 点和 C 点任意一点的化学物浓度达到 min[TWA, STEL, MAC]值时,即可停止检测。

3.3 检测结果分析

通过对检测过程的描述可以发现,该种检测方法的基本过程与吸附量检测基本相同,只是增加了采样点的个数和位置,并且要求实时记录数据。要求检测的吸附量仍然可以从该检测中得到,而使用环己烷、异丙醇或盐酸来代替 SF_6 检测其控制浓度是完全可行的。

一方面,根据对再循环自净型排风柜性能检测数据的分析,可以得到该过滤器对相应化学物的吸附穿透曲线,为用户合理安全运行再循环自净型排风柜提供依据。图 5 是某类型再循环自净型排风柜性能检测中的采样点 A 和 C 的实际测试结果。从图 5 可以看到,当 C 点的环己烷浓度达到 100×10^{-6},即其 TWA 值的 25%时,其对应的吸附量约为 760 g;当 C 点的环己烷浓度达到 180×10^{-6},接近其 TWA 值的 50%时,其对应的吸附量为 800 g 左右。在突破了穿透点后,吸附过滤器的效率急剧下降,若操作时化学物的散发量基本保持不变的话,过滤器的吸附量便可以反映其操作持续的时间;从图 5 可发现,吸附量从 0~760 g 所对应的出口浓度变化与 760~800 g 所对应的出口浓度变化完全没有线性正比关系。若用户在购买再循环自净型排风柜时,能得到这样的穿透曲线图,就能对该产品有更直观的了解和认识,即可以根据吸附穿透曲线上的时间标识,相应检测排风柜过滤器出口处污染物浓度,及时了解排风柜的运行情况,为实验员提供更多的安全保障。

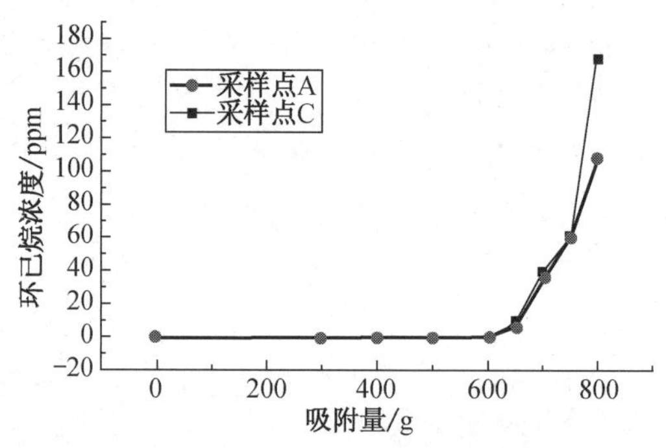

图 5 采样点 A 和 C 的测试结果

另一方面,根据检测结果,不仅可以得到控制浓度大小,而且能反映出排风柜的设计缺陷。利用同时检测出的过滤器出口处、人呼吸区和操作面的化学物浓度,便能反映出排风柜何处化学物泄漏量最大,在什么地方需要改进等。如图 5 中,吸附量达到 600 g 之前,采样点 A 和 C 的环己烷浓度均为 0,即表示该排风柜的运行性能良好,能将柜内散发的化学物完全吸附。若此时采样点 C 的环己烷浓度大于 0(理论上,此时 C 的浓度为 0),说明一开始过滤器不能完全吸附环己烷,即该吸附过滤器不合乎要求,或吸附效率低,吸附床设计有缺陷等。若此时采样点 A 的环己烷浓度超过控制浓度的规定值或采样点 D 的环己烷浓度较高,说明排风柜性能较差,自身柜体设计不完善,需对柜体加以改进。同时,从图 5 可以看出,过滤器吸附量超过 600 g后,采样点 A 和 C 的环己烷浓度急剧增加,但 A 点的增加速度落后于 C 点,这一般发生在排风柜本身设计较完善的情况;若排风柜自身设计有缺陷,则有可能使操作口泄漏的化学物较多,导致 A 点的化学物浓度增长速度快于 C 点。因此,分析采样点 A,C 和 D 的浓度变化曲线,可以为排风柜的优化设计提供一定指导。

4 可行性分析

通过增加采样点个数和实时记录数据,该检测方法将吸附量的测试和控制浓度的测试结合起来，避免了常规检测方法的一些弊端，使检测结果更加真实可信。下面将从必要性、技术性和经济性 3 个方面对该新检测方法进行可行性分析。

4.1 必要性分析

再循环自净型排风柜的柜外化学物浓度是操作口泄漏的化学物和过滤器出口处的化学物共同作用的结果。而常规控制浓度的检测没有考虑再循环自净型排风柜的特殊性，不能体现再循环自净型排风柜的实际运行特点。其次，使用 SF_6 作为示踪气体将会带来许多无法克服的缺陷。

4.2 技术性分析

该检测方法是建立在再循环自净型排风柜过滤器吸附量检测方法的基础上，而与过滤器吸附量检测的不同之处在于增加了假人和采样点，且需要实时记录数据。其中，增加假人和采样点不会给检测带来困难；而虽然原有过滤器吸附量检测中使用的有些气相色谱仪因分析时间的缘故，不能快速实时记录测试数据，却能实现连续的在线测量。因此，从技术性角度来说，该检测方法是完全可行的。

4.3 经济性分析

与原有过滤器吸附量和控制浓度的检测相比，该检测方法增加了两个采样点，即需增加两套采样管网。同时，由于采样点的增加，气相色谱仪使用频率增加，可能会缩短其使用寿命；由于测试时间的延长，化学品的消耗增加，但由于使用新的化学品代替了相对较昂贵的 SF_6。因此，总的来说，该检测方法是增加还是降低了测试成本，还有待研究。通过对该新检测方法进行的必要性、技术性和经济性分析，可以看出该检测方法的优点是明显的，完全可行的。

5 结论

在系统分析常规检测方法弊端的基础上，结合现有的标准和检测方法，对再循环自净型排风柜提出了一种改进的检测方法：使用环己烷、异丙醇或盐酸溶液代替 SF_6 作为示踪气体以避免其带来的弊端；通过增加采样点和实时记录数据，将吸附过滤器吸附量的检测和控制浓度的检测有机结合以便捷检测排风柜性能，真实反映排风柜的运行情况。同时，从必要性、技术性和经济性 3 个方面分析证明，该检测方法是完全可行的。

参考文献

[1] 陈静. 实验室排风柜的安全特性及节能效果研究[D]. 上海：同济大学机械工程学院，2007.

[2] ASHRAE. BSR/ASHRAE 110P Method of testing performance of laboratory fume hood[S]. Atlanta: ASHRAE, 2005.

[3] CEN/TC 332. EN 14175 Fume cupboards[S]. Brussels: European Committee for Standardization, 2003.

[4] 国家机械工业局 JB/T 6412—1999 排风柜[S]. 北京：机械工业出版社，1999.

再循环自净型排风柜对室内环境影响的研究*

周文慧　刘东　程勇　李斯玮

摘　要：用数值模拟的方法对再循环自净型排风柜的性能进行分析，当排风柜面风速一定时，改变排风柜出口处污染物浓度来分析经排风柜过滤后的空气携带污染物在房间里的速度场及浓度分布；并且模拟了房间内增加全面通风量及不同的换气次数对速度场及浓度分布的影响。

关键词：再循环自净型排风柜；全面通风；速度场；浓度分布

Studying of Recirculatory Filtration Fume Hood's Effects on Indoor Environment

ZHOU Wenhui, LIU Dong, CHENG Yong, LI Siwei

Abstract: A numerical simulation was built to investigate recirculatory filtration fume hood, with the constant face velocity, changing the concentration of pollutant filtrated by the fume hood exit filter to analyze the velocity field and concentration distribution in the room. In addition, general ventilation and different air changes per hour's influence on the velocity field and concentration distribution is also simulated.

Keywords: recirculatory filtration fume hood; general ventilation; velocity field; concentration distribution

0　引言

随着科学实验研究的迅速发展，实验室越来越起着重要的作用，为了确保实验人员的安全和健康，对实验室的环境控制要求也日益提高。排风柜是目前实验室中最常用的一种有效的局部排风设备，它是“一个封闭的通风操作空间，用以捕集、包容、排除封闭空间内产生的气态污染物”，其工作原理是通过吸入柜内的气流，带走柜内的空气污染物，经排风系统而排出室外，从而维持室内安全的工作环境[1]。现在常见的排风柜有定风量排风柜、变风量排风柜以及再循环自净型排风柜[1-2]。

再循环自净型排风柜也称作无管排风柜，是一种用分子过滤器来代替复杂的排风管道，经过滤器后的气体最终回到室内实现循环，因为空气实现了循环利用，节能的效果显著，此外没有外接的风管，便于布置和安装，为实验室的布置带来了很大的灵活性。表1是这三类排风柜的比较[1]。

由于目前对无管排风柜的应用还比较少，对其过滤效果并没有明确的认识，本文通过数值模拟的方法，模拟了在密闭的房间内污染气体经无管排风柜过滤后，残余污染物的速度场、浓度分布以及对实验室内人员的影响，并且模拟了如果加上了全面通风以及在不同的换气次数

*《建筑热能通风空调》2011，30(4)收录。

下，室内污染物的分布情况。

表 1　　三种排风柜的比较

应用场合	定风量排风柜在排风量足够的情况下适用于一切场合带	变风量排风柜在排风量足够的情况下适用于一切场合	再循环自净型排风柜只适用于小剂量且满足过滤器使用条件的场合
设备安装	排风管道	带排风管道	不带排风管道
排风量	大	较大	小
初投资	小	每台排风柜需配置变风量调节阀及其他自控装置，初投资大	排风柜需配置过滤器，且过滤器需定期更换，初投资较大
能耗	排风量一定，能耗大	排风量随拉门的开启变化而变化，能耗较小	排风过滤后再进入室内循环，能耗最小

1　模型的建立

1.1　物理模型

本文以一个实验室为模拟对象，其几何尺寸为 3.0 m×3.0 m×3.0 m(长×宽×高)。实验内有排风柜 1 个和实验人员 1 名，为了简化计算模型，将排风柜及实验人员均简化为立方体，尺寸分别为：0.75 m×0.5 m×0.75 m 和 0.43 m×0.2 m×1.65 m。排风柜 2 个操作口，尺寸相同为 0.3 m×0.15 m。当有全面通风时，送、排风口均设置在天花板上，房间送风口的尺寸相同为 0.25 m×0.25 m，排风口尺寸为 0.3 m×0.3 m，其位置如图 1 所示。实验室中可能有各种污染物，本模拟采用环己烷作为示踪气体，针对不同的排风柜效率的条件下，分别模拟了无全面通风和有全面通风不同换气次数时，房间内气流组织和污染物的分布。模拟各工况条件见表 2 和表 3，当有全面通风时，当采用不同的换气次数时都分别模拟了无全面通风时的 6 种工况。

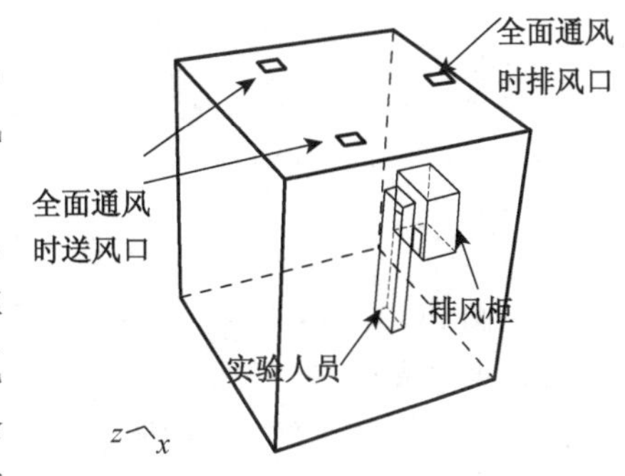

图 1　实验室物理模型图

表 2　　无全面通风

项目	排风柜出口染物浓度/ppm	占 TWA 值	排风柜风量 /($m^3\cdot h^{-1}$)
工况 1	3	1%	1 620
工况 2	30	10%	1 620
工况 3	60	20%	1 620
工况 4	90	30%	1 620
工况 5	120	40%	1 620
工况 6	150	50%	1 620

表 3　　有全面通风

项　目	全面通风时送风量 /($m^3\cdot h^{-1}$)	排风柜排风量 /($m^3\cdot h^{-1}$)
ACH=1	27	1 620
ACH=2	54	1 620
ACH=4	108	1 620
ACH=6	162	1 620
ACH=8	216	1 620
ACH=10	270	1 620

1.2　计算模型

由于空气的密度变化不大，可以当作不可压缩流动。本文采用稳态模拟，给定排风柜入口边界条件为 pressure-outlet，出口边界条件为 velocity-inlet，根据质量守恒，根据排风柜面风速 0.5 m/s[3-4]，计算得出排风柜出口风速为 0.12 m/s；随着分子过滤器过滤效率下降，即排风柜出口设置不同浓度的污染物(环己烷作示踪气体);湍流模型采用标准 k-ε 模型,并采用SIMPLE算法对离散方程求解。当加入全面通风时,分别考察到了不同换气次数对室内速度呈和污染物浓度场的影响。

2 模拟结果及分析

2.1 无全面通风

无管排风柜主要是应用过滤器来除去污染物,随着其使用的时间增长,其过滤效率也会逐渐下降,这将导致越来越多的污染物无法被捕集到,而随着气流进入室内,当室内污染物浓度达到一定值时有可能对实验人员造成危害;选取排风柜中心剖面(Z=0.25 m)和实验人员中心剖面(Z=0.675 m)以及房屋中心剖面(Z=1.5m)进行分析。图 2 是没有全面通风的时候选取的 3 个剖面的速度矢量图。

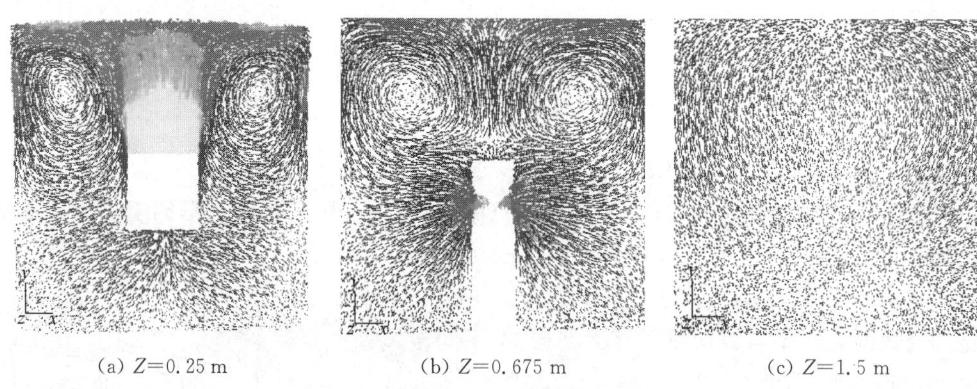

(a) Z=0.25 m (b) Z=0.675 m (c) Z=1.5 m

图2 无全面通风时各剖面的速度矢量图

由图 2(a)和图 2(b)可以看出,室内空气经排风柜过滤排出后,在排风柜的两侧,靠近天花板附近形成涡流,由于涡流的作用,将会卷吸污染物主要集中在这一区域积聚,从而使得这一区域的污染物浓度较高,由图可以看出,该涡流位置高于实验人员的呼吸区,实验人员在该环境下工作相对较安全;由图 2(c)可知,随着离排风柜距离增加,该涡流逐渐变小最终消失,同时污染物浓度也逐渐降低。

在无全面通风的条件下,排风柜的面风速及其他边界条件均未改变,故无论排风柜出口泄漏的污染物浓度大小,最终房间的气流速度分布是一定的,所以选择出口污染物浓度为150 ppm的模拟结果进行定性分析,图 3 是取不同剖面时房间内污染物浓度分布。由图 3 可知污染物主要集中在排风柜两侧天花板附近,且当远离排风柜时,污染物浓度逐渐降低。

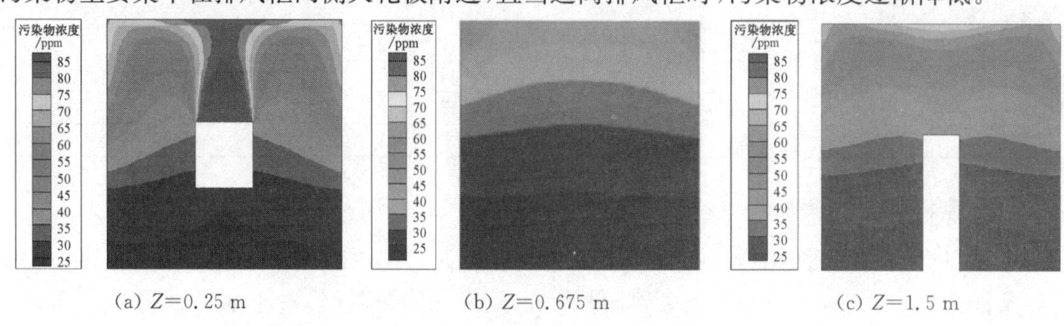

(a) Z=0.25 m (b) Z=0.675 m (c) Z=1.5 m

图3 无全面通风时各剖面的污染物浓度云图

2.2　有全面通风

由于排风柜分子过滤器效率降低和操作口污染物泄漏，为了使实验人员的安全得到保障，在实验房间使用无管排风柜的同时，有时需要增加全面通风。

本文在不同换气次数时，对房间内的污染物浓度分布进行了比较（图 4）；并与没有全面通风进行比较，从而得出较经济合理的换气次数。

此外，除了考察实验人员呼吸带处的污染物浓度外，还对在不同换气次数条件下房间的其他位置污染物浓度分布进行了分析，如实验人员呼吸带区域浓度随房间高度变化（图 5）和房间中心处污染物浓度随房间高度变化（图 6）。

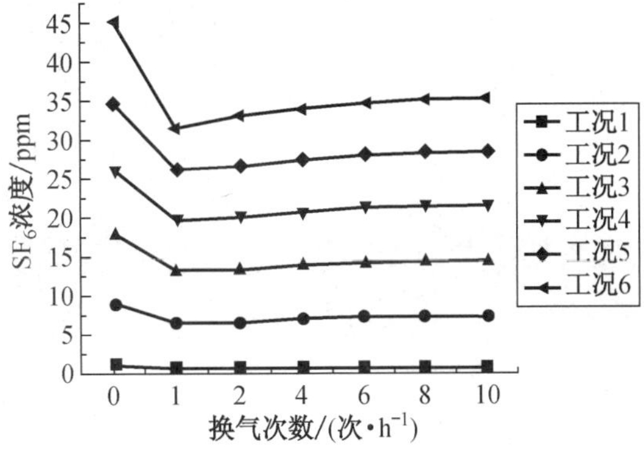

图 4　不同换气次数实验人员呼吸带处污染物浓度

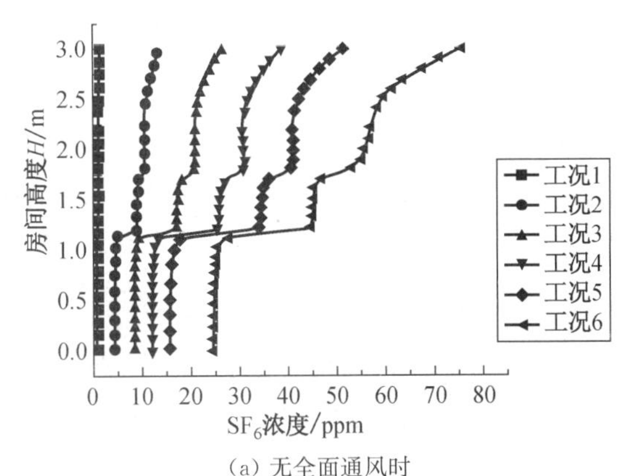

(a) 无全面通风时

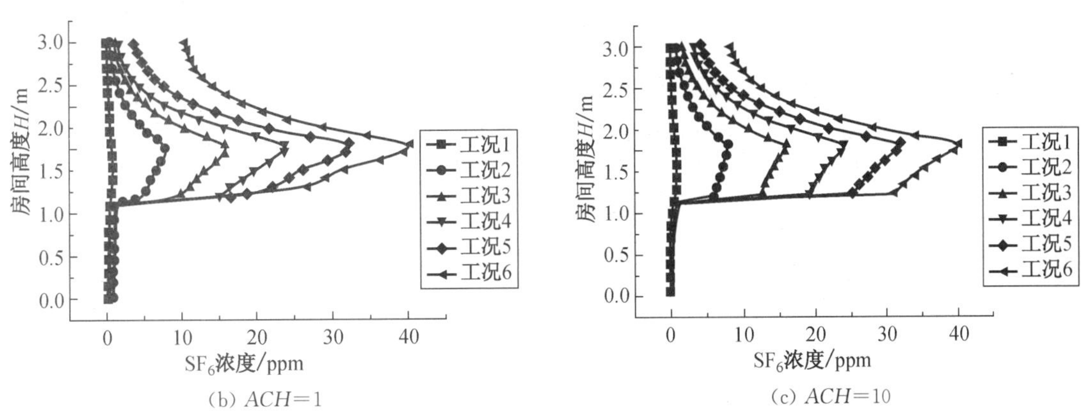

(b) $ACH=1$　　(c) $ACH=10$

图 5　不同换气次数时呼吸带区域随房间高度的变化

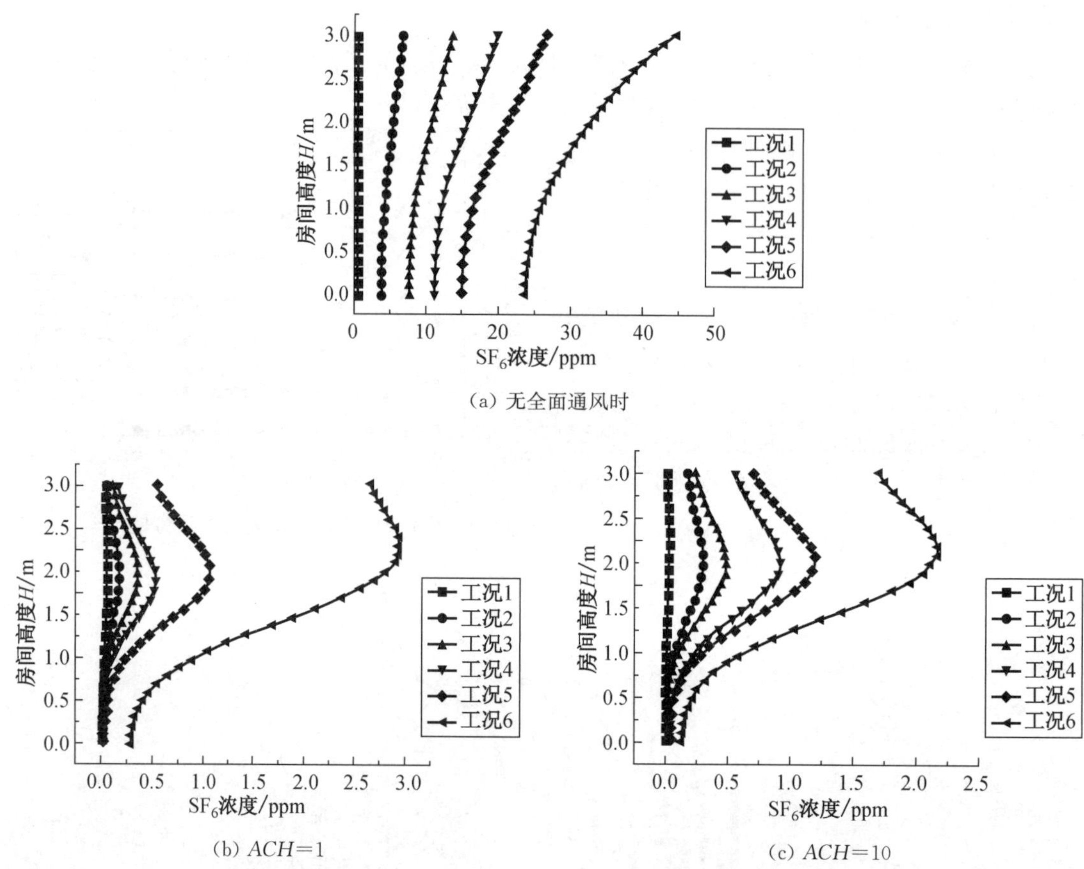

(a) 无全面通风时

(b) $ACH=1$

(c) $ACH=10$

图 6　不同换气次数时房间中心处污染物浓度随房间高度的变化

房间送排风口均设置在天花板上，房间排风口位于排风柜出口上方，送风口距离排风柜 1.5 m。这里我们主要考虑实验室人员的安全，比较不同的换气次数时，实验人员呼吸带处（$X=1.5$, $Y=1.5$, $Z=0.575$）的污染物浓度大小，如图 4 所示。由图 4 可知当有全面通风时，室内的污染物浓度明显降低，当排风柜过滤器的过滤效率下降即排风柜出口污染物浓度越大时，尤为明显。同时从图 4 可以看出，当房间排风量增加时(增加换气次数)，对于房间内污染物浓度的控制效果改善不明显；反而使房间内的污染物浓度增加，其原因是由于风量的加大使送风口送入的气流对排风柜的入口气流进行了扰动，操作口污染物逸出量增加，所以加大送风量反而导致实验人员呼吸带处的污染物浓度增加。因为实验人员呼吸带处污染物浓度是排风柜出口污染物与操作口污染物逸出叠加的结果，所以送风量为 27 m^3/h 时即 1 次换气次数时，不仅对室内的污染物控制理想，而且降低了能源消耗。

比较无全面通风时，1 次换气次数及 10 次换气次数污染物浓度的分布情况。由图 5(a)和图 6(a)可知，当没有全面通风时房间内的污染物随着房间高度的增加而明显增加，这是由于没有全面通风时，污染物随着排风柜排出的气流向天花板运动，并在靠近天花板的地方形成了涡流，所以浓度较高；由图 5(b)和(c)可知，在房间高度 1 m 处，污染物浓度增加明显，是由于排风柜的入口位置高度为 1 m；另外，由于人与排风柜间的距离较近，再加上全面通风的影响，使得人与排风柜之间的气流流通受到影响，排风柜面风速及气流组织受到一定影响，操作口逸出量增加，从而导致人呼吸区域污染物浓度较高；另外，由图 5(b)和(c)可以看出实验人员所在的位置约 1.75 m 即排风柜出口位置处污染物浓度达到最高，所以为了减少污染物对实验人员的危害，在设计排风柜时，其排风口应高于实验人员的呼吸区。由图 6(b)和(c)可知，当有全面通风时，由于在排风柜出口的上方设有排风口，所以大量排风柜出口污染物被直接排出，室内污染物浓度下降明显。另外在房间高度的方向上，污染物的浓度在高度 2 m 左右达到最大值，这一高度高于一般人的身高，所以只要控制该点浓度不超过卫生要求，实验人员相对来说是较安全的；此外当送风量增加时，并没有使得房间内的污染物浓度明显下降，当排风柜出口的浓度为 3～120 ppm 时，1 次换气次数与 10 次换气次数的效果相差不大；以节能性而言，1 次换气次数时对室内污染物控制效果较好，继续增加换气风次数，效果增加不明显，反而造成能源的浪费。

图 7 所示为在全面通风条件下排风柜中心所在剖面的速度分布图，由图可以看出，全面通风条件下的涡流比无全面通风时位置有所降低，并且更加靠近排风柜两侧；即污染物积聚区域更加靠近实验人员，但是由于全面通风使得整体的污染物浓度大幅度下降，所以对人员的威胁大大降低；但是，若当排风柜过滤器发生泄漏或者失效后则在排风柜前操作的人员会处于较高浓度的污染物，此时将会危及实验人员的安全；另外，加大全面通风的送风量(换气次数)时，对涡流影响不大。

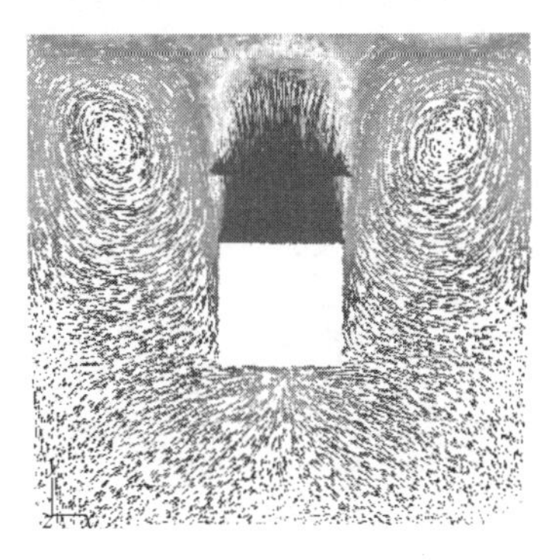

(a) 无全面通风

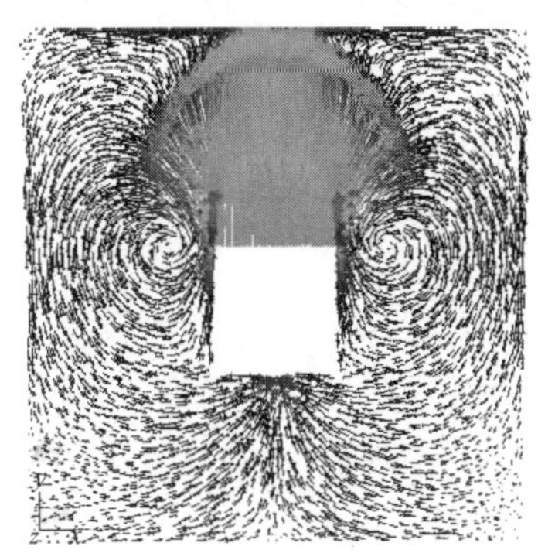

(b) $ACH=1$

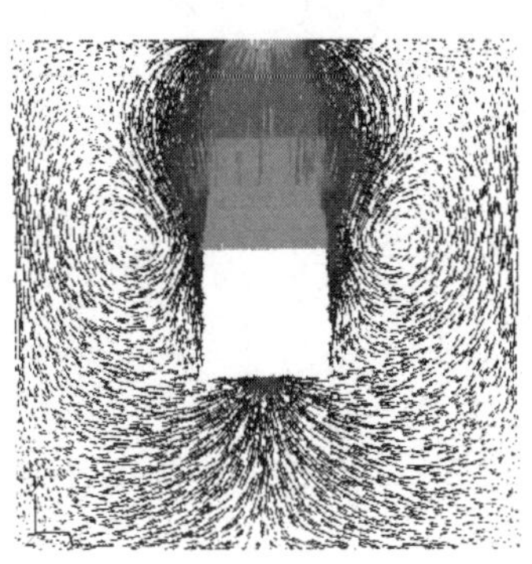

(c) $ACH=10$

图 7　无全面通风和有全面通风时排风柜中心处速度分布

3　结论

(1) 没有全面通风时，排风柜排出的污染物随着气流主要积聚在排风柜两侧天花板附近，相对于人活动区域有一些距离，人员未处于污染物浓度较高的区域；且随着人员远离排风柜污染物浓度逐渐降低。

(2) 加入全面通风后，房间内的污染物浓度显著下降；但随着送风量的增加(换气次数)，实验人员呼吸区污染物浓度反而上升。而且，增加换气次数对于房间整体的污染物浓度分布的影响效果并不显著，为安全及节能目的，即 1 次/h 换气次数即可。

(3) 无全面通风时，污染物随着房间高度的增加浓度逐渐增大，排风柜出口至天花板之间浓度增大尤为明显，天花板处浓度值达到最大；加入全面通风后，排风柜出口处污染物浓度值最大。所以无论有无全面通风，为了保障实验人员的安全，排风柜的设计高度都应大于实验人员呼吸区。

(4) 当加入全面通风后，房间内的速度分布改变，原来排风柜排出气流产生的涡流更加靠近实验人员，在排风柜正常运行时，污染物浓度很低，对人员影响较小，但是当排风柜过滤器发生泄漏或是达到饱和时，则将会危及实验人员安全。

参考文献

[1] 陈静，谭礼保，李强民. 无管排风柜的节能与安全性研究[J]. 制冷空调与电力机械，2007(2)：41-43.

[2] 陈静. 实验室排风柜的安全特性及节能效果[D]. 上海：同济大学，2007.

[3] 中国卫生经济学会医疗卫生建筑专业委员会. GB50333—2002 医院洁净手术部建筑技术规范[S]. 北京：中国建筑工业出版社，2002.

[4] 中国疾病预防控制中心. WS 233—2002 微生物和生物医学实验室生物安全通用准则[S]. 北京：中国标准出版社，2003.

[5] 张锐，徐文华，吕天宇. 实验室和变风量排风柜的安全控制[J]. 暖通空调，2007，37(1)：116-118.

[6] 李斯玮，刘东. 实验室排风柜测试方法的比较和分析[J]. 建筑热能通风空调，2010，29(3)：92-96.

[7] 舒娟，钟珂，冯卫. 送风速度对地板送风房间空气品质影响的数值模拟[J]. 制冷空调与电力机械，2009(5)：48-51.

[8] EVAN Mills, DALE Sartor. Energy use and savings potential for laboratory fume hoods [J]. Energy, 2005，30：1859-1864.

[9] DB Walters. Laboratory hoods: Quo Vadis Past, present and future [J]. Chemical Health & Safety, 2001，8(2)：17-22.

背景浓度对无风管自净型排风柜过滤效率影响的研究*

万永丽　刘 东　皮英俊

摘　要：根据《无风管自净型排风柜》标准对某台无风管排风柜进行实测，研究和分析了污染物背景浓度对无风管排风柜过滤效率的影响，得到当实验室的污染物背景浓度比较高时，过滤器效率显著下降的结论，并提出了适合无风管自净型排风柜运行的实验室背景浓度限值。

关键词：无风管自净型排风柜；过滤效率；背景浓度；吸附量；饱和时间

Influence of Background Concentration on Filtration Efficiency of Ductless Self-filtration Vented Enclosure

WAN Yongli, LIU Dong, PI Yingjun

Abstract: Based on testing one ductless vented enclosure according to the *Ductless self-filtration vented enclosure* standard, studies and analyses the influence of background concentration on the filtration efficiency. The results show that with the relatively high laboratory background concentration the filtration efficiency decreased significantly. Recommends an appropriate laboratory background concentration limit for operating the ductless vented enclosure

Keywords: ductless self-filtration vented enclosure; filtration efficiency; background concentration; adsorption capacity; saturation time

0　引言

排风柜是实验室中最常见的用来控制污染物扩散的设备。它能较好地控制污染源，使其在扩散之前就将污染物捕集并排至室外。常见的排风柜有定风量排风柜、变风量排风柜以及无风管自净型排风柜。

无风管自净型排风柜用分子过滤器来替代复杂的排风管道，经过过滤的气体最终回到室内再循环。与常规排风柜相比，无风管自净型排风柜具有节能、经济、安装灵活和使用方便等特点[1]。JG/T 385—2012《无风管自净型排风柜》[2]在不同范围内对无风管排风柜的性能提出了要求，并规定了相应的测试方法。本文根据该标准在对无风管自净型排风柜进行实测的基础上，研究了实验室化学试剂的背景浓度对无风管排风柜性能的影响。

1　无风管自净型排风柜过滤效率测试

由于无风管自净型排风柜经过过滤后的气体最终回到室内循环，为了保障实验室人员的

*《暖通空调》2013，43(5)收录。

安全，规定过滤器出风端污染物浓度达到其时间加权平均允许浓度（TWA）规定值的 1%时即认为过滤器饱和，此时需要更换新的过滤器。因此，过滤器的额定吸附量成为衡量无风管自净型排风柜过滤效率高低的关键。笔者根据 JG/T 385—2012《无风管自净型排风柜》对某台无风管排风柜进行测试。

1.1 试验条件

测试在建筑物内的测试间进行，见图 1、图 2。测试间的体积约为 40 m^3，测试间密闭且测试间内不设分隔。测试间内的空气温度控制在 2 024 ℃，相对湿度为 40%～60%。排风柜放置在 0.9 m 高的平台上，柜前 1.5 m 范围内无阻隔物体，横向气流速度小于 0.1 m/s。

测试时，测试室的门关闭。

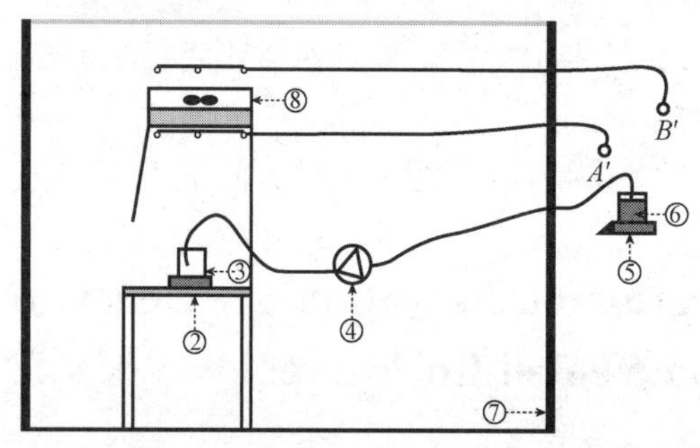

①—过滤器；②—热盘；③—蒸发皿；④—蠕动泵；⑤—天平；⑥—待测化学试剂；⑦—测试间；⑧—排风柜风机；A'—柜内浓度采样点；B'—过滤后浓度采样点

图 1 无风管自净型排风柜过滤效率测试采样点示意

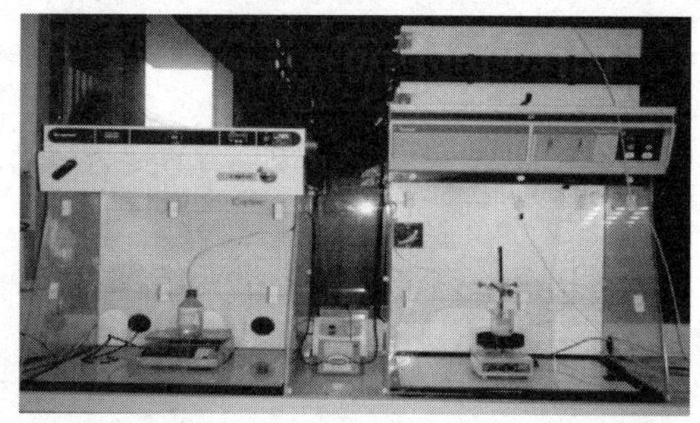

图 2 无风管自净型排风柜过滤效率测试图

测试仪器包括：

(1) 无风管自净型排风柜（装配全新的分子过滤器）；

(2) 法国 KIMO VT200 型热线风速仪；

(3) 电子天平、蠕动泵、可调式电炉、蒸发皿；

(4) 聚四氟乙烯塑料管，用作采样管束；

(5) PID 气体探测器 PGM7320；

(6) 离子色谱仪 IC1010；

(7) 大气采样仪、转子流量计、纯水机、电子分析天平；

(8) 化学试剂：异丙醇、环己烷、盐酸（质量分数 36.5%）。

1.2 试验步骤

(1) 根据待测的化学物质配置合适的新过滤器，见表 1。

表 1 **过滤器配置**

化学试剂名称	过滤器型号	过滤器主要适用范围
环己烷	AS	有机气体
异丙醇		
盐酸（质量分数 36.5%）	BE	无机气体

(2) 根据无风管排风柜的排风量，计算在柜内维持一定蒸发浓度(表 2)时每分钟消耗的化学物质的量。

表 2　　不同化学试剂的蒸发率

过滤器主要适用范围	蒸发所用的化学试剂	最低蒸发体积分数/10^{-6}	平均蒸发体积分数/10^{-6}	最高蒸发体积分数/10^{-6}
有机气体	环己烷	180	200	220
	异丙醇	180	200	220
无机酸性气体	盐酸(质量分数 36.5%)	45	50	55

(3) 在测试前调整好蠕动泵的流量，使电子天平计量的化学试剂蒸发量稳定在计算数值上。

(4) 调节电炉的温度，通常比化学物的沸点高 10 ℃，确保蒸发皿中的化学试剂刚好完全蒸发。

(5) 放置于无风管自净型排风柜内的采样管束用来检测化学试剂蒸发率；放置在出风口的采样管束用来测定过滤效果，网状管束形状见图 3。

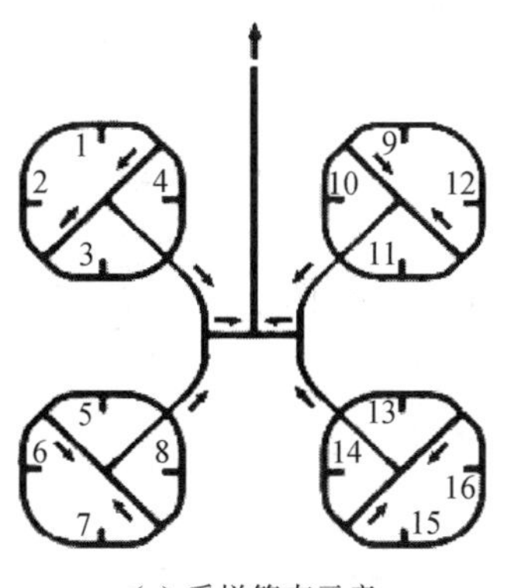

(a) 采样管束示意

(b) 柜内采样管束

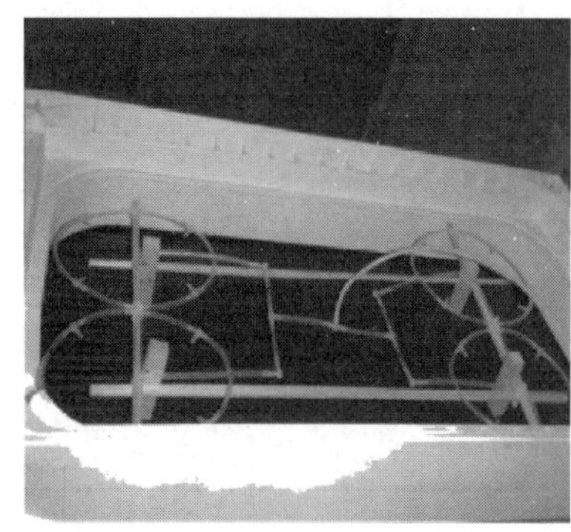
(c) 框外采样管束

图 3　采样管束

(6) 在出风口检测到所测化学试剂的 TWA 值的 1%时，采样结束并记录化学试剂的最大蒸发量。

1.3　结果分析

对取样结果进行分析，分析结果用空气中含有所测试的污染物的体积分数来表示。当出风口检测到所测化学试剂在根据职业卫生标准 TWA 值所规定的安全范围内时，满足实验要求。

表 3　　化学试剂的 TWA 值

化学试剂	CAS 号	职业卫生标准 TWA 值/10^{-6}	TWA 值的 1%/10^{-6}	TWA 值的 50%/10^{-6}
异丙醇	67-63-0	400	4	200
环己烷	110-82-7	300	3	150
盐　酸	7647-01-0	5	0.05	2.5

在本测试中，选用3种具有代表意义的化学物质（环已烷、异丙醇和盐酸（质量分数36.5%））来进行测试。对于安全范围的界定为：对于1层分子过滤器（1C），在出风口检测到所测化学气体的含量不超过 *TWA* 值的50%；对于2层分子过滤器（2C），在出风口检测到所测化学气体的含量不超过 *TWA* 值的1%，测试过程的具体参数见表4，取样分析后得到的结论见表5。

表4　测试中的参数

测试所用化学物质		所用过滤器类型	排风柜排风量/($m^3\cdot h^{-1}$)	最小蒸发率/($g\cdot min^{-1}$)	蒸发体积分数/10^{-6}
异丙醇	1C	AS	230	1.80	200
	2C	AS	230	1.70	200
环已烷	1C	AS	230	2.24	200
	2C	AS	230	2.24	200
盐酸（质量分数36.5%）	1C	BE	230	0.68	50
	2C	BE	230	0.73	50

表5　测试结果

化学物质		蒸发区污染物体积分数/10^{-6}	过滤器总吸附量/g	出风口污染物体积分数/10^{-6}	饱和时间/min
异丙醇	1C	200	1 145.7	199.8	659
	2C	200	1 156.2	4.8	870
环已烷	1C	200	1 137.6	150.2	596
	2C	200	1 697.8	3.1	866
盐酸（质量分数36.5%）	1C	50	1 700.8	2.54	2 615
	2C	50	2 279.8	0.056	3 598

由测试结果可得，所测试的无风管自净型排风柜符合JG/T 385—2012《无风管自净型排风柜》中关于过滤器吸附量的有关规定。

2　背景浓度变化的影响

由于以上实验都是在测试间内进行，过滤器达到饱和时会逸出一部分污染物，而测试间的通风状况比较差，短时间内污染气体难以排出，因此继续进行下次实验时，携带污染物的空气可能被新的过滤器吸附，从而对无风管排风柜过滤效率的测试产生误差。

为了研究室内污染物的背景浓度对过滤效率测试的影响，分别在不同的背景浓度下进行两层分子过滤器效率测试，选用盐酸作为待测化学物。

2.1　背景浓度为 40×10^{-9}

当结束1层分子过滤器效率的测试时，过滤器出风口盐酸的体积分数达到 $2\ 500\times10^{-9}$，此时过滤器已经饱和。在过滤器即将达到饱和的这段时间，过滤器的吸附性能急剧下降，从排风柜出风口散发的污染物直接进入室内，从而使室内空气中盐酸的体积分数上升。测试间经过一段时间的空置，即进行两层分子过滤器效率测试。由于房间没有进行良好的通风换气，高体积分数的污染空气没有尽快排出，因此，室内仍有盐酸残留。在室内不同的位置取样，用离子色谱仪测得室内盐酸的体积分数波动比较大，取中间值 40×10^{-9}，测试结果如下：

对于两层分子过滤器盐酸测试，排风柜出风口盐酸的饱和体积分数为 *TWA* 值的 1%，即出风口盐酸体积分数达到 50×10^{-9} 时，过滤器饱和，此时过滤器吸附盐酸的量为 699.3 g，饱和时间为 17.2 h。

为了验证该过滤器确实已经达到饱和，而不是受室内环境中残留盐酸的影响，把排风柜移到一个干净的房间重新检测，得到排风柜出风口盐酸的体积分数为 65×10^{-9}，过滤器确实已经达到饱和。

2.2　背景浓度为 0

对测试间进行通风换气直到离子色谱仪检测不到盐酸的存在，此时可以认为室内盐酸的背景浓度近似为 0，更换两个相同型号的新的过滤器重新进行实验。

测试结果如下：

排风柜出风口盐酸体积分数达到 50×10^{-9} 时，过滤器饱和，此时过滤器吸附盐酸的量为 2 279.8 g，饱和时间为 60.0 h。

2.3　测试结果分析

根据对无风管自净型排风柜过滤效率测试数据的分析，可以得到该过滤器对盐酸的吸附穿透曲线，为合理安全地使用无风管自净型排风柜提供依据。

图 4 显示了在盐酸的背景浓度分别为 0 和 40×10^{-9} 时两层分子过滤器效率测试的实际测试结果。从图 4 可以看到，室内盐酸的背景浓度为 40×10^{-9} 时，受室内环境的影响，排风柜出风口盐酸的体积分数从开始就比较高，其吸附穿透曲线相对比较陡峭，过滤器达到饱和的时间比较短，这说明含盐酸的污染空气不断被过滤器捕集，从而使过滤器的吸附性能下降。而室内盐酸的背景浓度为 0 时，在过滤器吸附量达到 1 200 g 之前，排风柜出风口盐酸体积分数几乎为 0，这说明盐酸被无风管排风柜过滤器完全吸附，即表示该排风柜的运行性能良好。

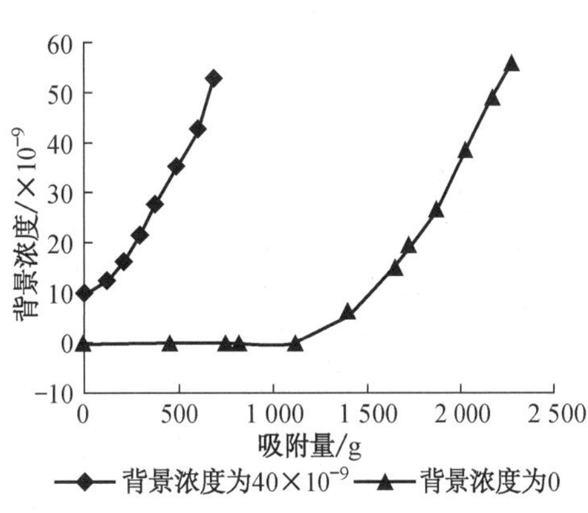

图 4　不同背景浓度下的测试结果

以上两次测试除背景浓度不同外，测试过程完全相同，过滤器的吸附量却差别很大。过滤器自身的差异性几乎可以忽略；而每次进行采样前采样管束都要进行吹洗，然后进空白样以确保采样管内没有残留污染物。造成结果差异如此大的原因是进行 1 层分子过滤器效率测试时由于过滤器饱和造成室内残余的盐酸的量很大，已经超过 $2\,500\times10^{-9}$，挥发性强的盐酸与空气中的水蒸气结合产生的盐酸小液滴可能附着在墙壁及放置的物品上，造成环境中残余盐酸的散发有时间上的延迟性，很难被完全排出，环境中实际的盐酸体积分数可能更高。实验结果说明室内污染物背景浓度对过滤效率测试影响很大。当室内污染物背景浓度比较高时，过滤器吸附穿透曲线的穿透点提前，过滤器的吸附效率下降。

根据测试结果，不仅可以得到背景浓度对无风管自净型排风柜性能的影响，而且能够反映出无风管排风柜在实际使用过程中的运行缺陷。由于在实验室中排风柜的数量可能不只 1 台，过滤器即将饱和时不能被排风柜完全吸附而散发到室内的污染物，或者更换过滤器的过程中散发的一些污染物等，都会成为实验室内污染物背景浓度的来源，从而对其他无风管排风柜的过滤器性能产生影响。因此，实验室中需要设置良好的通风系统，使污染物能在较短的时间排至室外。

3 结论

(1) 根据 JG/T385—2012《无风管自净型排风柜》，在不同的室内背景浓度下，对某无风管自净型排风柜进行过滤效率测试，得到了当室内背景浓度比较高时，过滤器吸附穿透曲线的穿透点提前，过滤器的吸附效率下降的结论。

(2) JG/T 385—2012《无风管自净型排风柜》中关于过滤效率测试没有考虑背景浓度，但是不管是无风管自净型排风柜测试还是实际使用过程中，房间内可能都会有污染物的存在，从而对过滤器的性能产生影响。笔者认为过滤效率测试时针对不同的化学试剂，其背景浓度不应该超过过滤器饱和时排风柜出风口污染物体积分数的 10%。

(3) 无风管自净型过滤器使用的房间应该进行通风换气，确保由于过滤器饱和等原因产生的污染物能及时排出去。

参考文献

[1] 刘东，程勇，李斯玮，等. 再循环自净型排风柜检测方法的分析研究[J]. 洁净与空调技术，2011(2)：1-5.
[2] 中华人民共和国住房和城乡建设部. JG/T 385—2012 无风管自净型排风柜[S]. 北京：中国标准出版社，2012.

Influence of Air Distribution on the Performance of Ductless Self-filtration Fume Hood *

GU Siyuan, LIU Dong, GAO Naiping, WAN Yongli

Abstract: Fume hood is a common kind of equipment used in laboratories especially chemical laboratories. Compared to conventional fume hood, ductless fume hood uses filters to adsorb indoor pollutants and recirculate the hood exhaust instead of discharging it to outside through ducts. Ithas been more and more widely used due to its energy efficiency character. Proper air distribution is crucial in laboratories with fume hoods, because disturbance nearby the hood may result in the leakage of pollutant inside it. This paper presents a preliminary study of the influence of air distribution on the performance of ductless self-filtration fume hood. The impact of laboratory airinlet type, airflow velocity and air inlet location is investigated numerically and validated by measured data. The containment performance of ductless fume hood is analyzed byvolume concentration of the tracer gas SF_6. Several common types of air supply inlet such as perforated ceiling inlet, square diffuser and VRV inlet are taken into consideration. The air velocity varies from 1 m/s to 3 m/s and the horizontal distance from air supply inlet to the operation surface of fume hood varies from 1 m to 4 m. The results show that the perforated ceiling inlet performs better than other air inlet types in the laboratory. The tracer gas concentration grows quickly with air supply velocity. And as the distance between air supply inlet and fume hood is farther, the interference of ambient airflow to fume hood airflow is weaker and the containment performance of ductless self-filtration fume hood is better.

Keywords: ductless self-filtration fume hood; air distribution; pollutant concentration; CFD

1 Introduction

One of the essential equipment in laboratories is fume hood. Conventional fume hood can capture and exhaust the contaminants generated during the experimental process before they diffuse, ductless ones use filters to adsorb indoor pollutants and recirculate the hood exhaust. ASHRAE (1995) recompiled the test method and standard of fume hood, namely ANSI/ASHRAE 110—1995. It was revisedin 2003 and replaced by BSR/ASHRAE110P, where the basic test condition, face velocity testing and containment concentration testing method were stipulated in detail (ASHRAE, 2003). Anotherfume hood standard issued in Europewas named as EN 14175, where regulations were made to the hood testing procedure (CEN, 2003).

Computational fluid dynamics (CFD) method is widely used in fume hood research. Nicholson et al. (2000) simulated the performance of fume hood and compared the results with

* *Ventilation* 2015 收录。

experimental ones, it was proved that CFD method had good accuracy in the simulation of fume hood airflow and contaminant concentration field. Tseng et al. (2006, 2007) conducted containment concentration experiment according to different standardsand made some optimization about the release location of tracer gas and arrangement of monitoring point. They also believed that the structure and size of fume hood and the presence of manikin could largely affect the containment concentration index (Tseng et al. 2007, 2010). Ahn et al. (2008) made a literature review of 43 articles about constant air volume (CAV) fume hood and classified different factors influencing the hood performance.

Liu et al. (2011) experimentally analyzed the relationship between face velocity and filter adsorption rate of ductless fume hood. They proposed a test method to combine filter adsorbing capacity testing and containment concentration testing. Zhou et al. (2011) studied the influence of ductless fume hood on indoor environment, the pollutant concentration distribution was analyzed under various operation conditions of the hood.

Evaluation system for conventional fume hood is not applicable any more. However, most researches are about conventional fume hoods, there are few focusing on the performance of ductless fume hood. Air distribution in laboratory has a direct impact on the containment performance of ductless fume hood. This paper conducts a numerical study on the influence of air distribution on the performance of ductless self-filtration fume hood. Pollutant concentration under different air distribution conditions is analyzed, which may give some instructions to the design of laboratory ventilation system.

2 Methodologies

2.1 Physical Model

The size of the modeled laboratory is 6.5 m (Z) × 4 m(X) × 3 m(Y), it hasone ductless self-filtration fume hood inside which is 0.95 m (Z) × 1.3 m(X) × 1.9 m(Y). According to the requirement of JB/T6412, the height of the manikin is 1.73 m. And it is 75 mm away from the operation surface of fume hood. The tracer gas SF_6 is released at 4 L/min from the ejector in the center of the hood, whose axis is 150 mm from the operation surface. The room air outlet is located right above the fan outlet of the fume hood. The type, size and location of room air inlet changes with different simulated conditions. Several common types of air supply inlet such as perforated ceiling inlet, square diffuser and VRV inlet are taken into consideration.

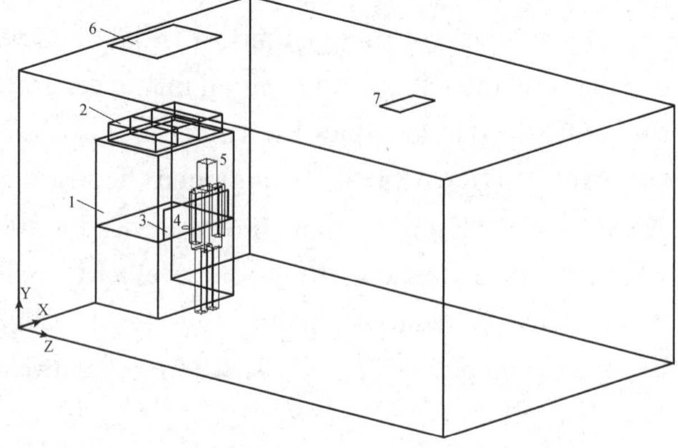

1—ductless fume hood; 2—fan outlet; 3—operation surface of fume hood; 4—SF_6 ejector; 5—manikin; 6—room air outlet; 7—room air inlet

Figure 1 Configuration of the simulated laboratory

Figure 1 shows the studied laboratory. The air inlet types considered in this article are shown in Figure 2. The size and amount of inlets and outlets are listed in Table 1.

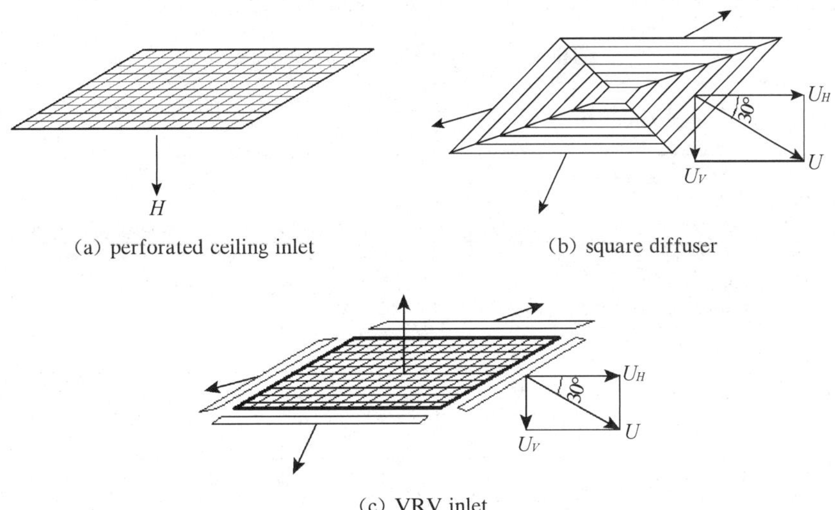

(a) perforated ceiling inlet

(b) square diffuser

(c) VRV inlet

Figure 2 Three common types of air inlet

Table 1 The settings of inlets and outlets

Name	Size/m	Amount	Name	Size/m	Amount
Operation surface	1.1×0.35	1	Square diffuser	0.35×0.35(central small block 0.05×0.05)	1
Fan outlet	0.73×0.38	3			
Room air outlet	0.75×1.2	1	VRV supply inlet	0.5×0.06	4
Perforated ceiling inlet	0.6×0.3	1	VRV return air inlet	0.4×0.4	1

2.2 Boundary Conditions

The operation surface of the fume hood is defined as pressure-inlet, room air inlet as velocity-inlet and room air outlet as pressure-outlet. Air velocity is determined by air volume and opening area. The whole area of perforated ceiling inlet is taken as air supply opening. The four sides of square diffusersupply air at an angle of 30°, so dothe four strip-type openings of VRV inlet. The velocity direction of three air inlet types is shown in Figure 2.

2.3 Numerical Approach

The commercial CFD software Fluent 12 is used to calculatethe three-dimensional domain. The laboratory airflow is taken as incompressible and isotropic due to its low velocity. Thus the standard k-ε model, which is performed well for indoor airflow, is applied in the simulation. The double precision separation implicit algorithm is used for the calculation. The pressure and velocityis coupled by the SIMPLEC algorithm. The pressure is discretized by PRESTO scheme. The convectionterm and diffusion term are discretized by the second-order up wind difference and second-order center difference schemerespectively.

The model is divided by structured hexahedral mesh system with refinement around the area such as breathing zone, operation surface, inlet and outlet. The grid independency is tested in case 1 and finally the mesh density under 895 384 cells is adopted. Totally 9 conditions are simulated. The details are listed in Table 2.

Table 2 The summary of simulated conditions

Cases	Air supply inlet type	Air volume /($m^3 \cdot h^{-1}$)	The distance between air inlet and operation surface /m
1	Perforated ceiling	650(1 m/s)	2
2	Square diffuser	650	2
3	VRV inlet	650	2
4	Static state (no air supply inlet)	0	2
5	Perforated ceiling	1 300(2 m/s)	2
6	Perforated ceiling	1 950(3 m/s)	2
7	Perforated ceiling	650	1
8	Perforated ceiling	650	3
9	Perforated ceiling	650	4

2.4 Model Validation

The face velocity of the fume hood is tested on static state condition, where there is no supply airflow, to verify the numerical model. Thermosensitiveanemometer whose precision is 0.01 m/s is applied in face velocity testing. Layout of test points is shown in Figure 3, the comparison of measured and simulated results is shown in Figure 4. The maximum deviationof simulated results from measured ones is 4.7%, and face velocity has a uniform distribution. So it is believed that the adopted fume hood model is reasonable.

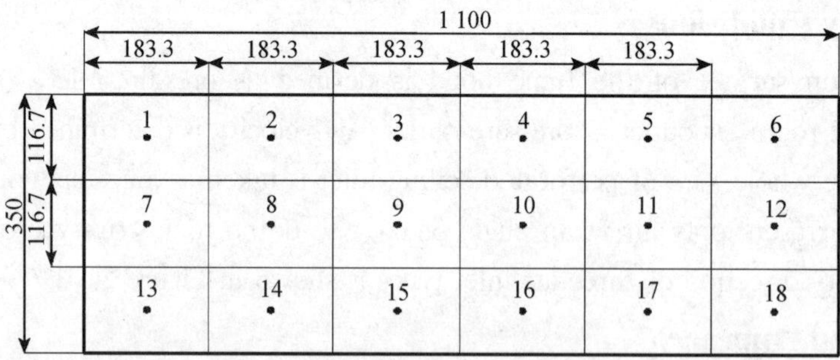

(a) Layout of test points(unit: mm)

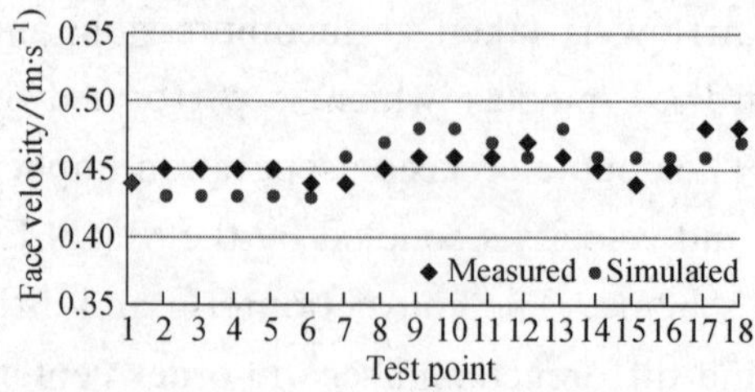

(b) Comparison of measured and simulated results

Figure 3 Numerical model validation

3 Results and Discussion

Volume concentrationppmof the tracer gas SF_6 is applied to analyse the pollutant concentration distribution. The influence of different air inlet types (case 1, 2, 3, 4), different airflow velocity (case 1, 5, 6) and different relative distance between air inlet and operation surface (case 1, 7, 8, 9) is discussed respectively.

3.1 The Influence of Air Supply Inlet Type

Adopting three types of air inlets, the pollutant concentration of operation surface is shown in Figure 4. The static state condition is regarded as a reference condition. The pollutant concentration distribution of perforated ceiling inlet condition is closest to static statecondition. It means that perforated ceiling inlet has minimal impact on fume hood's pollutant control performance, followed by square diffuser. VRV inlet condition which has the highest SF_6 concentration is most unfavourable. Furthermore, the pollutant concentration is higher at the upper part of operation surface. That is mainly owing to the interference of the manikin, which may cause disturbance and lead to leakage of pollutant.

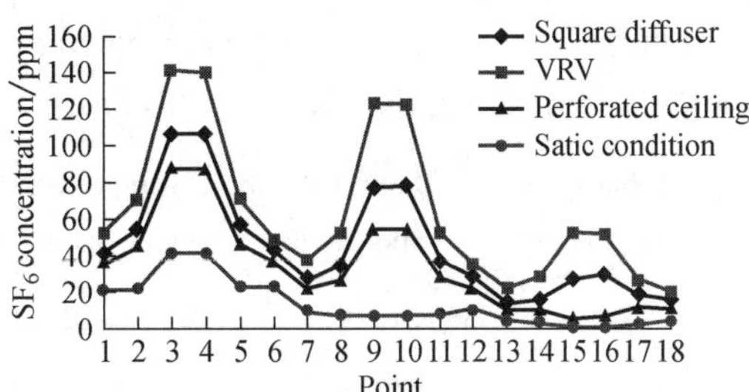

Figure 4 The pollutant concentration distribution of operation surface with different inlet types

Table 3 Pollutant concentration distribution in the manikin's breathing zone and the laboratory environment with different air inlet types

SF_6 concentration /ppm	Static state	Perforated ceiling air inlet	Square air diffuser	VRV air inlet
The manikin's breathing zone	0.62	1.95	2.39	2.89
The laboratory environment	0.47	1.53	1.88	2.07

The pollutant concentration in the manikin's breathing zone and the ambient environment is listed in Table 3. The SF_6 concentration control point is located at the centre of the manikin's nose and at the centre of the laboratory respectively, both points are 1.5 m high from the floor. On static state condition, the SF_6 concentration in breathing zone is 0.62 ppm. While on other three conditions, the concentration is much higher. It indicates that the supply air would largely affect the fume hood's pollutant control performance. But compared to square diffuser and VRV inlet, the perforated ceiling inlet is better. On the other side, the concentration in ambient environment is lower than and has the same changing trend with that in the breathing zone, which means the pollutants in fume hood leak into the surrounding environment. The perforated ceiling inlet condition still has the lowest SF_6 concentration of 1.53 ppm compared with other two inlet types.

With the same air supply volume and the same location, the square diffuser and VRV inlet has higherair velocity and may cause large interference. While the air velocity of perforated ceiling inlet is lower and it can produce stable unidirectional airflow. Therefore, the perforated ceiling inlet suits well for laboratories.

3.2 The Influence of Airflow Velocity

The perforated ceiling inlet is selected for subsequent research. Keeping the same distance of 2 m from the air inlet to the fume hood, while changing the airflow velocity from 1 m/s to 3 m/s. It is shown in Figure 5 and Table 4 that the airflow velocity has large impact on the containment performance of the fume hood. The higher the airflow velocity, the higher the pollutant concentration on operation surface.

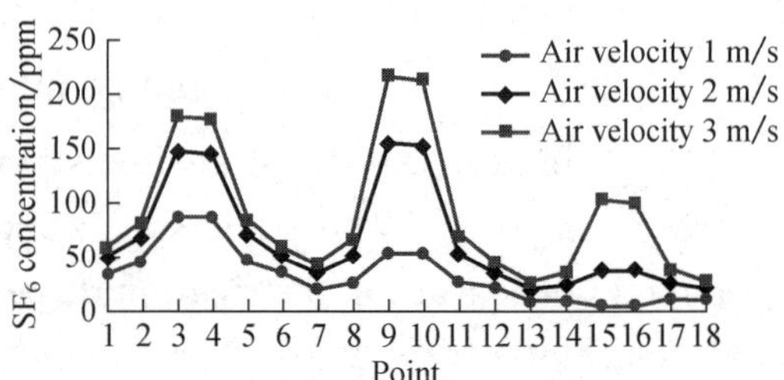

Figure 5 The pollutant concentration distribution of operation surface with different airflow velocity

Table 4 Pollutant concentration distribution in the manikin's breathing zone and the laboratory environment with different airflow velocity

SF_6 concentration/ppm	Air velocity 1 m/s	Air velocity 2 m/s	Air velocity 3 m/s
The manikin's breathing zone	1.95	2.64	3.12
The laboratory environment	1.53	1.75	1.78

When the air velocity of perforated ceiling inlet is 1 m/s, the SF_6 concentration of the operating surface and the breathing zone is the lowest. So the laboratory occupants are the most secure. The high room airflow velocity can generate violent interference to the control airflow of the fume hood. Therefore, ambient airflow velocity should be decreased as much as possible, in order to avoid violent fluctuations of fume hood face velocity which will lead to the leakage of pollutant. When the air volume is constant, it is suggested to increase the opening area to reduce the air velocity.

3.3 The Influence of Air Supply Inlet Location

With the same air volume 650 m^3/h, the distance from the perforated ceiling inlet to the fume hood changed from 1 m to 4 m. It is shown in Figure 6 and Table 5 that the air inlet location still can influence thecontainment performance of the fume hood. The closer the distance to the fume hood, the higher the pollutant concentration.

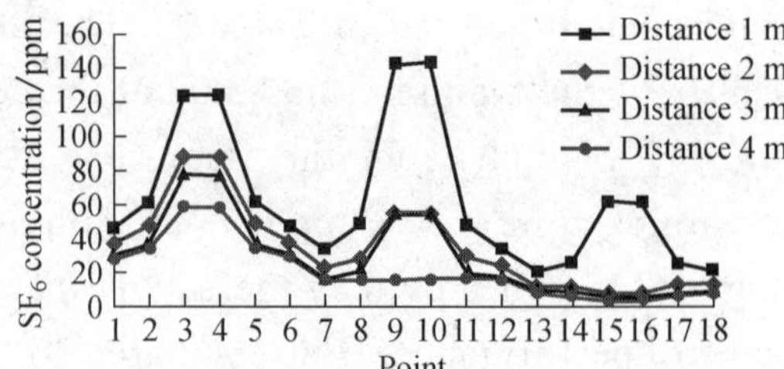

Figure 6 The pollutant concentration distribution of operation surface with different air inlet location

When the relative distance is 4 m, the SF_6 concentration in the manikin's breathing zone is 0.81 ppm, which is close to the value 0.62 ppm on the static state condition. Therefore, in order to guarantee the laboratory

Table 5 **Pollutant concentration distribution in the manikin's breathing zone and the laboratory environment with different air inlet location**

SF_6 concentration/ppm	Relative distance 1 m	Relative distance 2 m	Relative distance 3 m	Relative distance 4 m
The manikin's breathing zone	2.64	1.95	1.19	0.81
The laboratory environment	2.34	1.53	0.92	0.51

occupants' security, the distance from room air inlet to the fume hood should not be too close. Or it will lead to insufficient air attenuation distance, then the large ambient interferential airflow will destroy the fume hood's pollutant control capacity. However, to obtain a comfortable thermal environment, the inlet cannot be too far. A balancing. measure should be taken.

4 Conclusions

The influence of air distribution on the performance of ductless fume hood is investigated in this paper. Concentration of tracer gas in the fume hood's operation surface and the manikin's breathing zone is applied to evaluate the pollutant control ability of the fume hood. The effect of different air inlet types, air supply velocity and air inlet locationisnumerically analysed. The main conclusions are as follows:

(1) The perforated ceiling inlet is appropriate for air supply in laboratories.

(2) The tracer gas concentration grows quickly with air supply velocity. It is better to minimize the ambient air velocity to avoid the fluctuation of fume hood face velocity and the leakage of contaminant.

(3) The location of air inlet should be adjusted to avoid the disturbance of ambient airflow to fume hood airflow and guarantee the thermal comfort of laboratory occupants in the meantime.

References

[1] ASHRAE. ANSI/ASHRAE 110—1995 Method of testing performance of laboratory fume hood. American Society of Heating, Refrigerating and Air-Conditioning Engineers, Inc., 1995.

[2] ASHRAE. BSR/ASHRAE 110P Method of testing performance of laboratory fume hood. American Society of Heating, Refrigerating and Air-Conditioning Engineers, Inc., 2003.

[3] CEN. EN 14175 Fume cupboards. European Committee for Standardization, Inc., 2003.

[4] NICHOLSON G P, CLARK R P, GROVER F, et al. A Simple method for fume cupboard performance assessment[J]. The Annals of Occupational Hygiene, 2000, 44: 291-300.

[5] TSENG L C, HUANG R F, CHEN C C, et al. Correlation between airflow pattern and performance of a laboratory fume hood[J]. Journal of Occupational and Environmental Hygiene, 2006,3: 694-706.

[6] TSENG L C, HUANG R F, CHEN C C, et al. Aerodynamics and performance verifications of test methods for laboratory fume cupboards[J]. Annals of Occupational Hygiene, 2007, 51, 173-187.

[7] TSENG L C, HUANG R F, CHEN C C. Effects of sash movement and walk-bys on aerodynamics and contaminant leakage of laboratory fume cupboards[J]. Industrial Health, 2007,45: 199-208.

[8] TSENG L C, HUANG R F, CHEN C C. Significance of face velocity in relation to laboratory fume hood performance[J]. Industrial Health, 2010,48: 43-51.

[9] AHN K, WOSKIE S, DI Berardinis L. A review of published quantitative experimental studies on factors affecting laboratory fume hood performance[J]. Journal of Occupational and Environmental Hygiene, 2008, 5: 735-753.

[10] LIU D, CHEN Y, LI S W, et al. Research on testing methods of recirculation filtration fume hood [J]. Contamination Control & Air-Conditioning Technology, 2011, 2: 1-5.

[11] ZHOU W H, LIU D, CHEN Y, et al. Studying of recirculation filtration fume hood's effects on Indoor environment[J]. Building Energy & Environment, 2011, 30: 59-63.

结构抗火试验炉炉内燃烧过程的数值模拟*

丁燕　刘东　庄江婷

摘　要：利用 FLUENT 商业软件对采用液化石油气作为燃料的结构抗火试验炉炉内燃烧过程进行非稳态三维数值模拟。对炉内温度场、压力场及温升曲线进行分析，并与标准规定值进行比较。同时对炉气外溢量进行预测。研究结果对结构抗火试验炉的设计和燃烧炉外实验室通风优化和污染物控制具有一定的理论指导意义。

关键词：结构抗火试验炉；气体燃烧；数值模拟；非稳态；温度场；压力场；炉气外溢

Numerical Simulation of Combustion Process of Building Construction Fire-resistance Test Furnace

DING Yan, LIU Dong, ZHUANG Jiangting

Abstract: In the paper, the numerical simulation of combustion process of building construction fire-resistance test furnace was carried out by means of FLUENT currency software. Analyses the temperature field, press field and curve of growing temperature. Compares the results of computation with the standard value. And predict the release characteristics of fire smoke. The results could be used in optimum the furnace design, the ventilation and indoor contaminant control.

Keywords: building construction fire-resistance test furnace; gas combustion; numerical simulation; unsteady; temperature; press; release of fire smoke

结构抗火是建筑物抗火的重要措施，通过结构抗火试验中的高温试验可以得到建筑物材料高温下的力学性能参数。抗火试验炉以轻柴油、天然气、煤气或丙烷气作为燃烧系统的燃料，采用明火加热，使试件经受与实际火灾相似的火焰作用[1]，火环境的模拟是抗火试验的关键。为了对抗火试验炉内燃烧过程进行研究，可以通过对炉内燃烧过程进行数值模拟获得炉内温度场和压力场的分布情况。此外，由于试验炉通常保持微正压运行，在试验中会产生炉气外溢，因此在对炉内燃烧过程进行数值模拟的同时对炉气溢气量进行预测，还可以为研究燃烧炉对环境的污染和改善抗火实验室通风提供参数依据。本文用 FLUENT 商业软件对某国家重点实验室抗火试验台试验炉炉内燃烧进行三维数值模拟，从温度场、压力场进行分析，对炉气溢气量做出预测。研究结论应该可以为抗火试验炉炉膛结构改造和炉外环境控制提供依据。

*《能源技术》2008,29(1)收录。

1 数学模型

炉内燃气燃烧是一个复杂的物理化学过程，它涉及流体流动、传热传质和燃烧等多个过程。本文采用 Realizable k-ε 模型模拟气相湍流流动，用非预混燃烧平衡混合分数/PDF 模型模拟气相湍流燃烧，用 DO 模型模拟辐射换热。

1.1 湍流模型

抗火试验炉设备尺寸较大，炉内形状较复杂，气流速度较高，加上燃料燃烧等化学反应的影响，因此炉内气流一般都处于燃烧湍流工况[2]。采用标准模型，模拟炉内气流流动，湍动能方程和扩散方程如下：

$$\frac{\partial}{\partial t}(\rho k)+\frac{\partial}{\partial x_i}(\rho k u_i)=\frac{\partial}{\partial x_i}[(\mu+\frac{\mu_t}{\sigma_k})\frac{\partial k}{\partial x_j}]+G_k+G_b-\rho\varepsilon-Y_M+S_k$$
$$\frac{\partial}{\partial t}(\rho\varepsilon)+\frac{\partial}{\partial x_i}(\rho k u_j)\frac{\partial}{\partial x_i}[\mu+\frac{\mu_t}{\sigma_\varepsilon}\frac{\partial\varepsilon}{\partial x_j}]+\rho C_1 S\varepsilon-\rho C_2\frac{\varepsilon^2}{k+\sqrt{v\varepsilon}}+C_{1\varepsilon}\frac{\varepsilon}{k}C_{3\varepsilon}G_b+S_\varepsilon \tag{1}$$

对于理想气体：

$$G_b=g_i\frac{\mu_t}{P_{rt}}\frac{\partial T}{\partial x_i} \tag{2}$$

式中 ρ——流体密度；
μ——动力黏度；
μ_t——湍流黏度；
σ_k，σ_ε——对 k 和 ε 的湍流普朗特数，$\sigma_k=1.0$，$\sigma_\varepsilon=1.2$；
G_k——由层流速度梯度而产生的湍流动能；
G_b——由浮升力产生的湍流动能；
Y_M——在可压缩湍流中，过渡的扩散产生的波动；
S_k，S_ε——自定义源项；
$C_{1\varepsilon}$，$C_{2\varepsilon}$，$C_{3\varepsilon}$——经验常数，$C_{1\varepsilon}=1.44$，$C_{2\varepsilon}=1.92$，$C_{3\varepsilon}=0$；
g_i——i 方向上的分量；
P_{rt}——湍流能量普朗特数，取 0.85。

1.2 非预混燃烧模型

根据非预混燃烧模型的假设条件，可以认为流体的瞬时热化学状态与一个守恒量即混合分数(用 f 表示)有关，即所有的热化学标量(组分质量分数、密度和温度)均唯一与这个混合分数有关，f 可以用于模拟快速化学反应的紊态扩散火焰的研究。

混合分数可根据质量分数写为：

$$f=\frac{Z_i-Z_{i,\mathrm{ox}}}{Z_{i,\mathrm{fuel}}-Z_{i,\mathrm{ox}}} \tag{3}$$

式中 Z_i——第 i 种元素的质量分数；
ox——氧化剂入口处；

fuel——燃料流入口处。

1.3　辐射传热模型

由于加热炉的燃烧室内温度很高，因此辐射传热是燃烧室内主要的传热方式。辐射传热模型采用离散坐标根据辐射强度变化的方向进行离散，在有限个空间角内求解辐射传热方程离散时，每一个空间角对应一个方向向量，每个离散空间角的精度由使用者定义。模型适合各种光学厚度的空间计算，在必需考虑烟气的散射作用，特别是对于具有吸收、发射、散射性质的介质时，离散坐标法可以方便地处理入射散射项，并能与流动方程方便地联立求解。

$$\nabla \cdot (I(r, s)s) + (\alpha + \sigma_s)I(r, s) = an^2 \frac{\sigma T^4}{\pi} + \frac{\sigma_s}{4\pi}\int_0^{4\pi} I(r, s)\Phi(s, s')\mathrm{d}\Omega' \tag{4}$$

式中　I——辐射强度；
r——位置向量；
s——方向向量；
α——吸收系数；
σ_s——散射系数；
n——折射系数；
σ——斯蒂芬-玻尔兹曼常数；
T——气体温度；
s'——散射方向；
Ω'——空间立体角。

2　模拟过程

2.1　模拟对象介绍

本文以某国家重点实验室结构抗火实验台燃烧炉（无试块情况下）为模拟对象。如图 1 所示：炉膛宽 4 500 mm，深 3 000 mm，高 2 430 mm；燃烧炉安装有 8 个燃烧器，前后墙上各 4 个，烧嘴中心高度 0.9 m；烟气出口布置在炉膛后壁下部。燃烧炉运行燃料为液化石油气，主要成分为丙烷（C_3H_8）和丁烷（C_4H_{10}），体积比约为 7∶3。

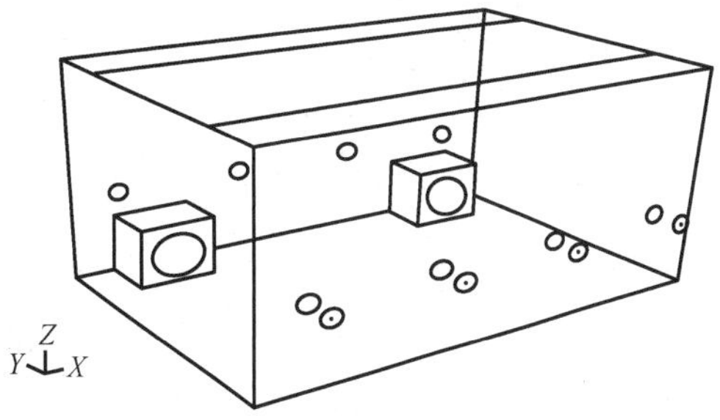

图 1　模拟对象结构示意图

2.2　网格划分

按照实际尺寸建立三维模型，采用 Gambit 商业软件进行划分网格，六面体网格，燃烧器进行局部加密，网格总数共约 48 万。

2.3　边界条件及计算方法

(1) 进口边界条件：液化石油气的入口速度为 6.4 m/s；助燃空气入口速度 5.9 m/s。

(2) 出口边界条件：①炉膛出口采用压力出口，压力 P 为 −20 Pa；②由于燃烧炉正压运行，炉顶存在溢气现象，溢气缝可视为薄壁开口。通风口的压降可以通过伯努利方程得到：

$$\Delta P = K_{\mathrm{L}} \frac{1}{2}\rho v^2 \tag{5}$$

体积流量可由下式计算：

$$L = \mu A\sqrt{\frac{2}{P}\Delta P} \tag{6}$$

式中 K_{L}——无量纲的损失系数；

μ——流量系数，取 0.15[5]。

(3) 壁面条件：炉膛四壁及顶面采用混合传热条件，炉壁材料为 500 mm 硅酸铝耐火纤维，导热系数为 λ=0.095 W/(m·K)；炉膛底面采用绝热条件。

(4) 计算方法：计算中压力-速度耦合采用 Simple 方法，一阶迎风格式。

3 模拟结果与分析

根据结构抗火试验的要求，试验炉的加热时间一般为 30～150 min，模拟的目的是探索不同加热时间对结构材料的力学性能参数影响。炉内燃烧为非稳态过程，温度随时间的变化规律应满足 ISO—834 标准温升曲线。本文将试验炉最长加热时间段 150 min 作为计算时间。

3.1 温度场

(1) 不同加热时段，烧嘴处(X=1.68 m)垂直断面的温度分布见图 2—图 4。

可以看出，燃烧火焰区最高温度约为 1 560 K；尽管加热时间不同，但是由于烧嘴对称分布，整个炉膛温度基本呈对称分布；由于排烟口位于炉膛后壁(Y=3.0 m)，受烟气流动方向的影响高温区略偏向炉膛后壁。同时还可以看到，炉温随加热时间增长逐渐升高，不过加热时间超过 60 min 后炉温变化趋缓。文献[2]规定，炉内温度随时间的变化规律应满足下列函数关系：

$$T - T_0 = 345 \times \lg(8t + 1) \tag{7}$$

式中 T——升温到 t 时刻的平均炉温，℃；

T_0——炉内的初始温度，应在 5 ℃～40 ℃范围之内，本文取 27 ℃；

t——试验所经历的时间，min。

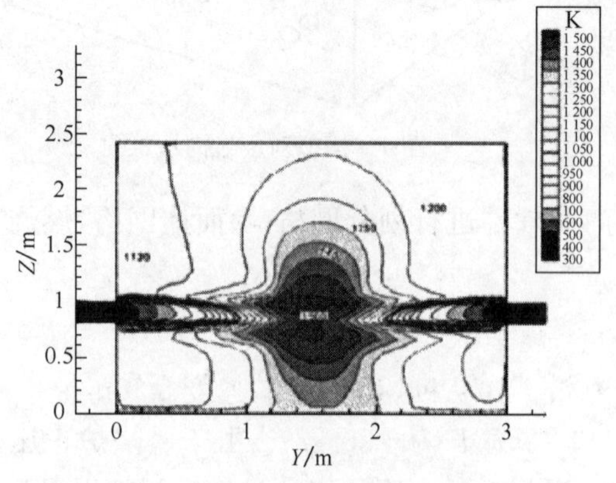

图 2 加热 30 min 的温度分布图

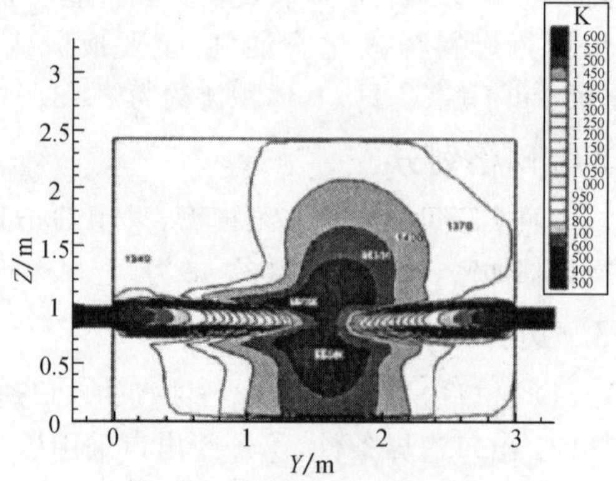

图 3 加热 90 min 的温度分布图

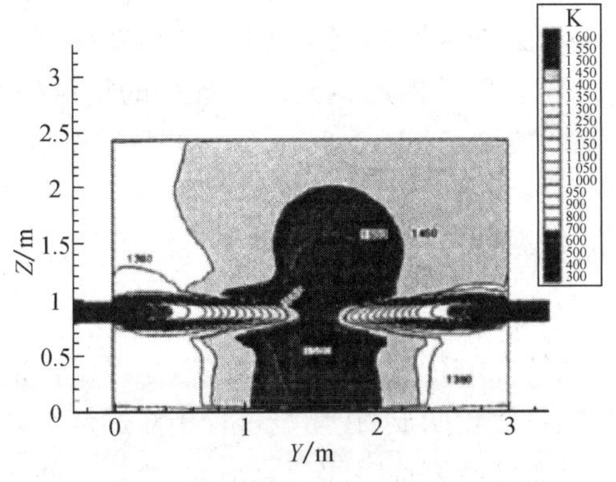

图 4 加热 150 min 的温度分布图

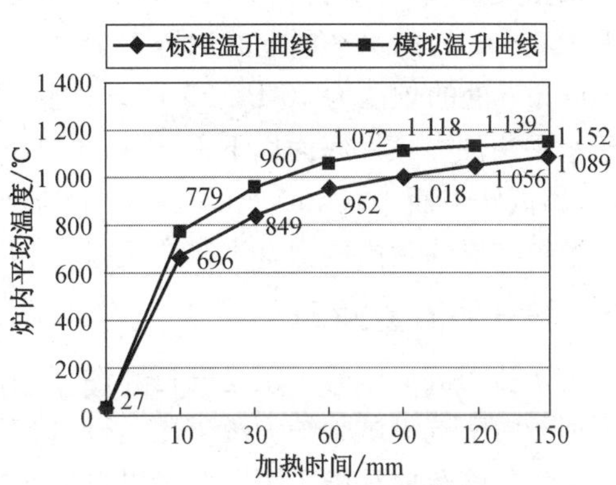

图 5 温升曲线对比图

模拟的炉内温度温升过程与标准温对比如图 5 所示，可以看出两条温升曲线基本相同，但在每一时刻模拟的炉内平均温度皆高于标准温升曲线温度。

(2) 模拟得到的水平截面温度分布见图 6。抗火试验的试件被架设在炉顶中部，试验时间取 60 min，如图 6 所示是 $z=2$ m (炉高 2.43 m) 处的水平面温度分布。可以看出，炉膛中部温差小于 20 K，炉温总体分布较均匀，烧嘴对称分布，高温区集中于炉膛中部。另外还可看到，由于排烟口位于炉膛后壁，受烟气流动方向的影响，高温区略偏向炉膛后壁，在炉膛长度方向 (X 轴方向) 温度分布均匀。

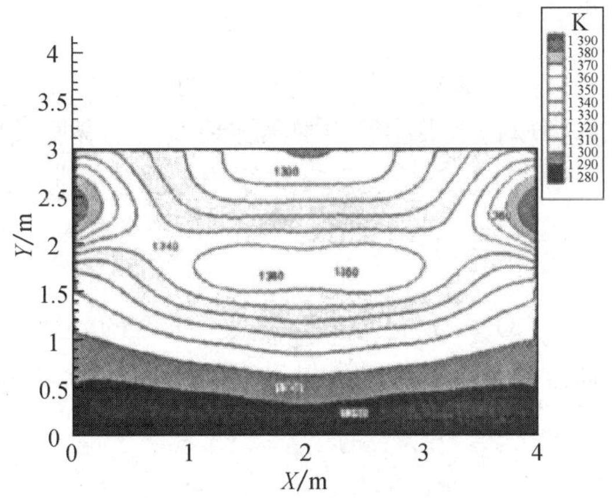

图 6 水平截面的温度分布图
($t=60$ min, $z=2$ m)

3.2 压力场

模拟结果表明，炉内压力在燃烧了 10 min 后基本达到稳定状态。图 7 为加热 60 min 时燃烧炉内的压力分布图，可以看出炉膛内压力随高度逐渐升高，范围为 −2～20 Pa。零压面位于炉膛下部，因此燃烧炉总体为微正压燃烧。

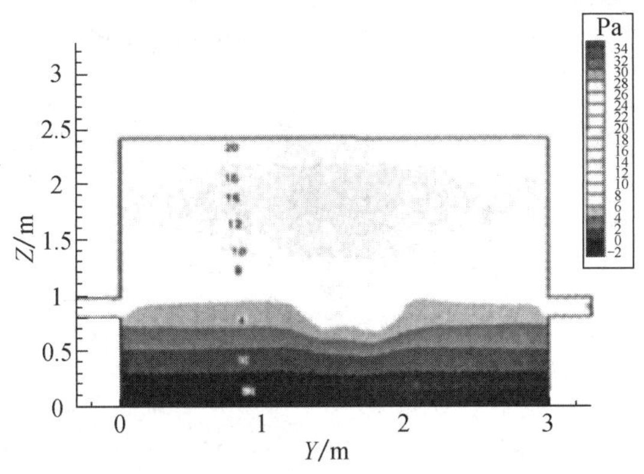

图 7 垂直面的压力分布图 ($x=1.68$ m)

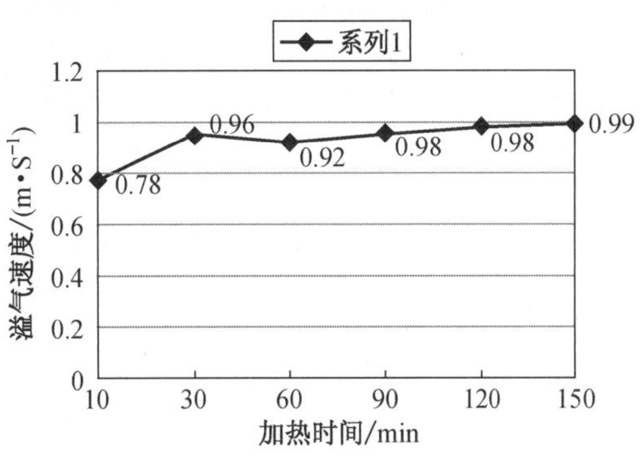

图 8 炉气外溢速度

根据文献[2]对试验炉炉内压力条件规定，试验开始 5 min 后，对于水平构件的试件，底面以下 100 mm 处的水平面上的炉压为 15 Pa±5 Pa；对于垂直构件，在炉内 3 m 高度离试件表面 100 mm 处的炉压为 15 Pa±5 Pa。试验开始 10 min 后炉内应达到以下规定的正压条件：对于水平构件在试件底面以下 100 mm 的水平面上，炉压为 17 Pa±3 Pa；垂直构件在炉内 3 m 高度，离试件表面 100 mm 处，炉压为 17 Pa±3 Pa。

模拟结果的炉内压力基本符合文献[2] 中的正压条件。

3.3 炉气外溢量预测

由于结构抗火试验炉用途的特殊性，要求结构试件在进行试验时进行安装，这对炉体的密封不利。由于抗火试验炉为微正压运行，炉气溢气现象比较明显，在燃烧过程中对燃烧炉外实验室工作环境造成污染。由图 8 可以看到，炉气外溢速度随燃烧时间变化不大，燃烧时间达到 30 min 后，炉气外溢速度基本稳定，约为 1 m/s。

4 结论

(1) 本文利用 FLUENT 商业软件，对结构抗火试验炉炉内燃烧进行了三维数值模拟。数值模拟结果能够详细预测炉膛内部温度及压力分布情况。

(2) 模拟炉膛温升曲线较标准升温曲线略高。由于模拟时将液化石油气简化为丙烷和丁烷混合气体，导致热值偏高。不过炉内的温升趋势与标准温升曲线极为相似，仍有一定的参考比照性。

(3) 由于抗火试验为微正压运行，因此存在炉气外溢的情况，对燃烧炉外环境造成污染。通过模拟对炉气外溢量进行预测，为燃烧炉外环境污染物控制，改善抗火实验室通风情况提供参数依据。

参考文献

[1] 国家质量技术监督局. GB/T 9978—1999 建筑构件耐火试验方法[S]. 北京：中国标准出版社，1999.

[2] 卡里尔 E E. 燃烧室与工业炉的数值模拟[M]. 北京：科学出版社，1987.

[3] 赵易成. 实用燃烧技术[M]. 北京：冶金工业出版社，1992.

[4] 陈树义，章丽玲. 燃料燃烧及燃烧装置[M]. 北京：冶金工业出版社，1985.

[5] 刘方，弓南，严治军. 建筑开口流量系数及其对火灾烟流的影响[J]. 重庆建筑大学学报，2000，33(3)：86-292.

[6] 朱彤，张毅勐，刘敏飞，等. 低热值煤气高温空气燃烧数值模拟[J]. 同济大学学报，2002，30(8)：932-937.

[7] 刘亚琴，李素芬，张莉. 燃油锅炉改烧瓦斯气炉内流动和燃烧过程的数值模拟[J]. 热能动力工程，2006，21(3)：295-298.

[8] 杨占春，刘浏，陈蛾，张江铃，等. 同轴烧嘴炉内混合燃烧过程的数值模拟[J]. 钢铁研究学报，2006，18(9)：21-25.

结构抗火试验室通风状况的数值模拟及分析*

刘东　庄江婷　丁燕

摘　要：利用 FLUENT 软件对结构抗火试验室内的气流组织进行了模拟，分析了影响试验室内污染物分布的因素，结合实测对模拟结果进行了验证。提出了不同的通风改造方案，并在数值模拟的基础上优选出最终方案，以改善试验室人员的工作环境。

关键词：结构抗火试验室；通风；数值模拟；换气次数；污染物浓度

Numerical Simulation and Analysis on Ventilation of a Building Structure Fire-resistance Lab

LIU Dong, ZHUANG Jiangting, DING Yan

Abstract: Simulates the air distribution in a building structure fire-resistance lab with Fluent software. Analyses the factors influencing pollutant distribution of the lab and compares the simulation results with actual test data. Puts forward several ventilation modes and chooses the optimal one to improve the working condition of the lab based on simulation results.

Keywords: building structure fire-resistance lab; ventilation; numerical simulation; air change rate; pollutant concentration

0　引言

某大学结构抗火试验室，长 36 m，宽 12 m，高 11.5 m，坡屋顶。试验室内有一道高 5 m 的隔墙和建筑构件耐火试验用燃烧炉。炉子的外观尺寸为 5.5 m(长)×4 m(宽)×4 m(高)。

进行耐火试验时，由于构件是后加载到炉膛上方的，炉顶不能进行有效的密封，同时，根据文献[1]的要求，试验时炉内应该满足规定的正压条件。因此，烟气通过炉顶上的缝隙向试验室扩散的现象明显，有必要进行合理的通风，把烟气排至室外，降低室内污染物浓度，改善试验室人员的工作环境。

结构抗火试验炉采用的燃料为液化石油气，热值为 96 300～104 500 kJ/m^3(22 930～24 883 $kcal/m^3$)，流量为 130 m^3/h，排烟温度为 1 130 ℃～1 150 ℃，工作时间为 240 min，过剩空气系数 $\alpha=1.3$。

根据以上条件可以计算出试验炉产生的烟气量[2] $V=4\ 584\sim4\ 924\ m^2/h$。经实测，炉子的机械排烟量为 4 315 m^3/h，小于产生的烟气量，炉内呈正压。

外逸烟气的组成是由实际燃烧过程决定的，主要成分有 CO_2，O_2，N_2，H_2O，CO 及其他组分。在以液化石油气为燃料、非预混燃烧、无其他可燃物的情况下，烟气各组分的具体含量可参见表 1。

---

*《暖通空调》2008，38(7)收录。

表 1 外逸烟气的组成

组分	N_2	H_2O	CO_2	O_2	CO 及其他
质量分数/%	74.3	11.9	9.1	4.6	0.1

1 数值模拟

1.1 研究思路

要提出合理的改造方案，必须对试验室内的气流组织、污染物分布情况有充分的了解。为此，按以下思路进行研究：

（1）对现有的通风状况进行数值模拟；

（2）对试验室内的烟气浓度进行实测，利用实测数据来验证模拟结果；

（3）结合实际情况，提出不同通风方案，利用数值模拟优选出最佳通风方案。

1.2 数学模型的描述

考虑热浮力效应，采用 K-ε 模型模拟室内气体的流动，用不带化学反应的组分输运方程模拟燃烧炉外逸烟气的扩散情况，控制方程通用形式为

$$\frac{\partial}{\partial \tau}(\rho\phi)+\frac{\partial}{\partial x_j}(\rho u_j\phi)=\frac{\partial}{\partial x_j}\left(\Gamma_\phi\frac{\partial\phi}{\partial x_j}\right)+S_\phi \tag{1}$$

式中 τ——时间；

ρ——密度；

ϕ——通用变量（温度、速度、浓度等）；

u_j——速度在 j 方向上的分量；

Γ_ϕ——变量 ϕ 的广义扩散系数；

S_ϕ——广义源项。

对流项离散采用二阶迎风格式，压力修正采用压力耦合方程的半隐方法，即 SIMPLE 算法。

1.3 模拟结果及其分析

根据试验室的实际结构利用 Gambit 建立模型（图 1），划分网格，输出网格文件。在 FLUENT 软件内设定边界条件进行模拟计算，研究燃烧时试验室内的通风状况和污染物的扩散情况。

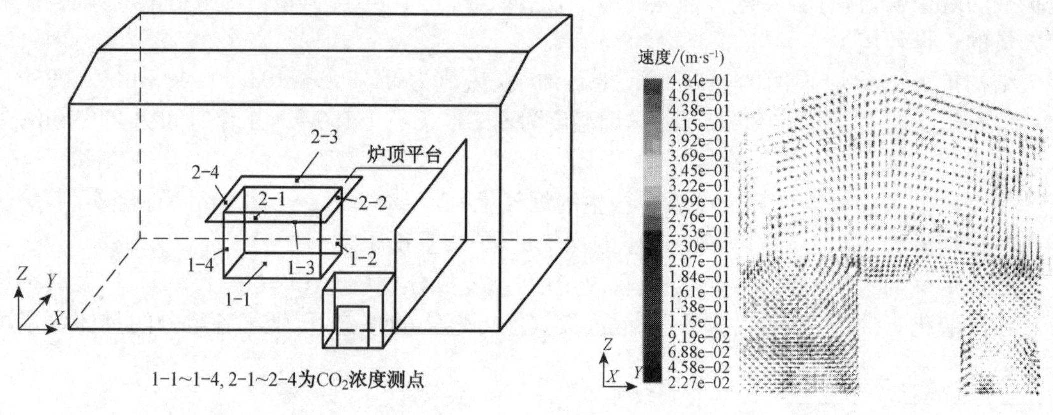

图 1 试验室数值模拟模型示意图

图 2 $x=17.4$ m 处速度矢量图

1.3.1　速度场

图 2 为 x=17.4 m 处速度矢量图。可以看出，热烟气从试验炉顶逸出后，其温度较试验室内的空气温度高，由于密度差，在炉子上方形成上升气流。气流上升到顶棚时，由于屋面的温度较低，气流贴附屋面流动，并沿着墙面下沉。所以试验炉的周围就形成比较明显的涡流，污染物极易积聚在试验室内。

1.3.2　污染物浓度分布

图 3、图 4 分别为试验室人员工作平台(z=0.8 m)及炉顶平台(低于烟气出口 0.5 m，炉子周围 2 m 的平面)CO_2 和 CO 的体积分数分布。由图中可以看出：

(1) 除室外空气入口处外，试验室内 CO_2 的体积分数均超过 $1\ 000\times10^{-6}$，CO 的体积分数也都在 10×10^{-6} 以上，超过了标准[3]规定的限值；

(2) 由于近外墙周围气流下沉，使得在 z=0.8 m 的水平面上，试验室南侧(图 1 中 $-y$ 向)及西侧的污染物浓度大，CO_2 体积分数达 $2\ 700\times10^{-6}$ 以上，CO 的体积分数也接近 30×10^{-6}，而南面是试验室的办公区，对试验室工作人员的安全非常不利。

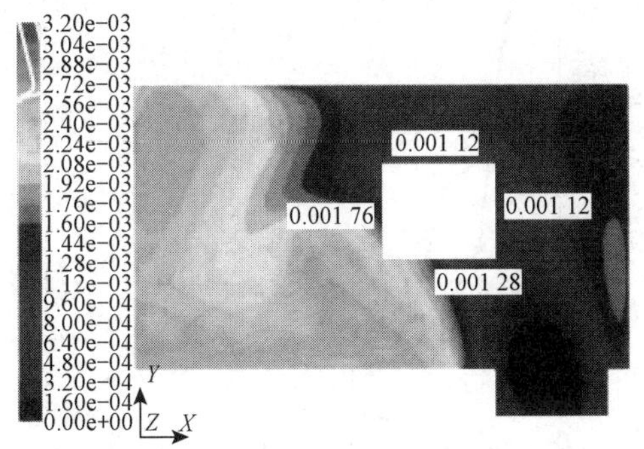

图 3　距地高 0.8 m 处 CO_2 体积分数分布

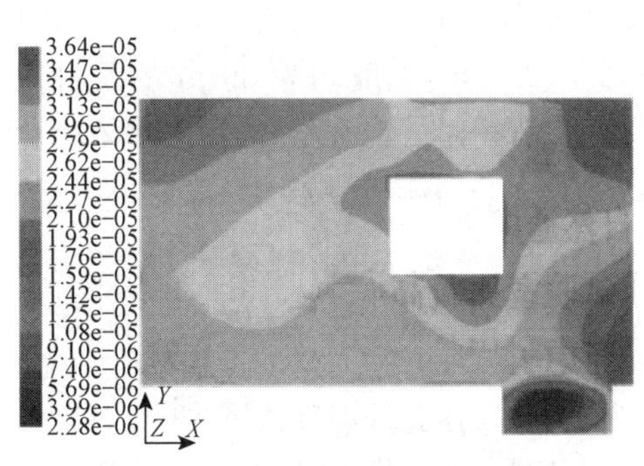

图 4　炉顶平台处 CO 体积分数分布

2　实测及模拟验证

为了对试验室的污染物分布有具体的了解，对试验现场进行了测试。由于试验过程中人员的活动范围主要集中在采集、监控工作台及炉顶平台这两个区域，因此把测点布置在炉子周围距炉壁 2 m 的位置处，分上、下两层，下层距地面高度为 0.8 m，上层位于炉顶平台上(见图 1)。采用便携式 CO_2 检测仪(GM12A) 检测 CO_2 体积分数，测试结果列于表 2。

表 2　　CO_2 体积分数实测及模拟结果

测点	实测数据/$\times10^{-6}$		模拟数据/$\times10^{-6}$	测点	实测数据/$\times10^{-6}$		模拟数据/$\times10^{-6}$
	试验前	试验 10 min			试验前	试验 10 min	
1-1	560	1 310	1 280	2-1	675	1 370	2 380
1-2	685	1 610	1 120	2-2	680	2 970	2 380
1-3	690	1 155	1 120	2-3	670	1 855	1 849
1-4	685	1 760	1 760	2-4	680	1 800	1 849

由表 2 可见，CO_2 体积分数的模拟结果与实测数据基本吻合，说明模型及边界条件的设置与实际情况相符。

此外，在2-2测点处分别使用烟气分析仪（Testo350—XL）和FC-A-Ⅲ粉尘取样仪对CO体积分数和含尘量进行了实测。CO体积分数为30×10^{-6}，粉尘质量浓度为0.007 mg/L，与模拟结果相近。

因此，模拟结果可以用作分析污染物分布的依据。

3 通风方案

3.1 自然通风方案

该试验室比较高，而且排放的是高温烟气，所以优先考虑利用热压进行自然通风。热压通风的影响因素有开窗面积、开窗位置和散热强度等。为此，对不同的开窗面积、开窗位置及炉壁外侧温度条件下的通风情况进行模拟比较。

3.1.1 开窗面积的影响

由于炉子靠近试验室的北墙，良好的气流组织宜南进北出，故在北墙8.1 m的高度处开了高度分别为0.2，0.4，0.6，0.8，1.0，1.2，1.6，2.0，2.4 m，宽度均为36 m的几种高窗，分析开窗面积对试验室温升、污染物浓度（炉顶平台处CO平均体积分数）的影响。模拟结果见图5。

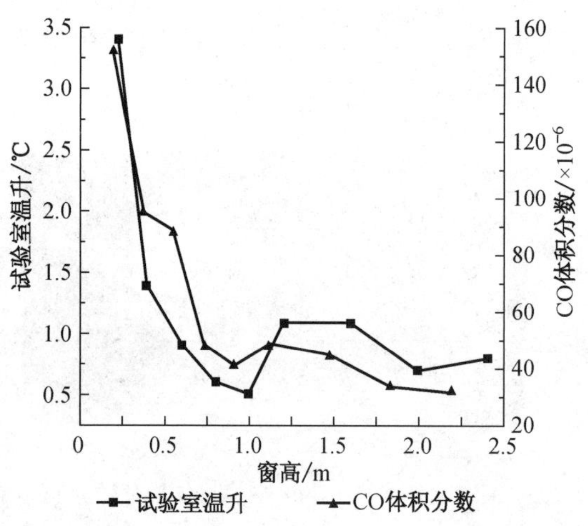

图5 开窗面积对试验室温升、CO体积分数的影响

由图5可以看出：

（1）开窗面积为7.2 m^2时，试验室温升最大，为3.4 ℃，在允许温升范围内[4]。自然通风可以满足试验室工作人员的热环境要求。

（2）高窗的高度小于1.0 m（即开窗面积小于36 m^2）时，试验室温升及污染物体积分数随开窗面积的增大而迅速减小。

（3）当高窗的高度大于1.0 m后，由于进风口面积固定，且远小于排风口面积，进风口成为通风量大小的主要影响因素。因此，温升和污染物体积分数变化很小。

3.1.2 开窗位置的影响

分别模拟北墙上4.0，4.5，5.0，5.5，6.0，6.5，7.0，7.5，8.1 m几种不同高度处，开窗面积为36 m^2时试验室内的通风状况，由此来判断开窗位置对污染物浓度（炉顶平台处CO平均体积分数）的影响。模拟结果列于表3。

表3 开窗高度与CO体积分数的关系

开窗位置高度/m	8.1	7.5	7.0	6.5	6.0	5.5	5.0	4.5	4.0
CO体积分数/$\times10^{-6}$	41	44	50	45	50	53	75	98	123

由表3可以看出，污染物浓度随着开窗位置高度的降低急剧上升，当开窗的位置在建筑高度的一半以下时，不利于排除污染物。

3.1.3 散热强度的影响

稳定燃烧时，烟气温度一定，此时，炉壁的绝热情况直接决定了散热强度。而炉壁的绝热情况直接反映在外壁温度上。为此，通过比较炉子不同外壁温度下试验室的通风情况来考虑散热强度的影响。模拟结果见图 6。

由图 6 可以看出：

（1）换气次数随外壁温度的升高而增加，即散热强度增大有利于通风换气，这是由热压通风的作用原理决定的。

（2）一般来说，炉子的绝热设计能保证炉子外壁温度低于 90 ℃，这种情况下，试验室的换气次数均小于 2 h^{-1}，热压通风的作用有限。

（3）试验室的温升随着散热强度的增大而增大，但都在允许的温升范围内。

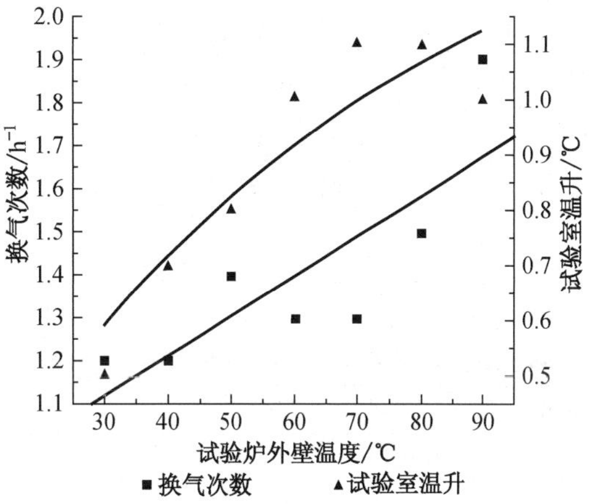

图 6　试验炉外壁温度对换气次数、试验室温升的影响

3.1.4　小结

（1）自然通风可以满足试验室工作人员的热环境要求。

（2）自然通风的通风量偏小，不能有效地排除由烟气外逸带来的污染，因此有必要采用机械通风。

3.2　机械通风

基于本试验室的情况，不适宜加装风罩进行局部通风，因此采用全面通风的方式。相比于机械送风，机械排风能在试验室内形成微负压，有利于防止污染物进入监控室，因此采用机械排风、自然进风的通风方式。

3.2.1　通风量的确定

试验室机械排风量的确定应当保证控制工作环境的污染物浓度在允许的浓度范围内，为此，采用数值模拟的方法确定合理的排风量。在屋顶风机排风的条件下，模拟不同风量下炉顶平台处污染物（以 CO 和 CO_2 为代表）平均浓度的变化情况。模拟结果见图 7。

由图 7 可以看出，污染物的体积分数随风量的增大而减小，当风量大于 40 000 m^3/h 时，稀释效果减弱。此时，污染物的体积分数已在国家卫生标准规定的限值内。因此，试验室的排风量定为 40 000 m^3/h。

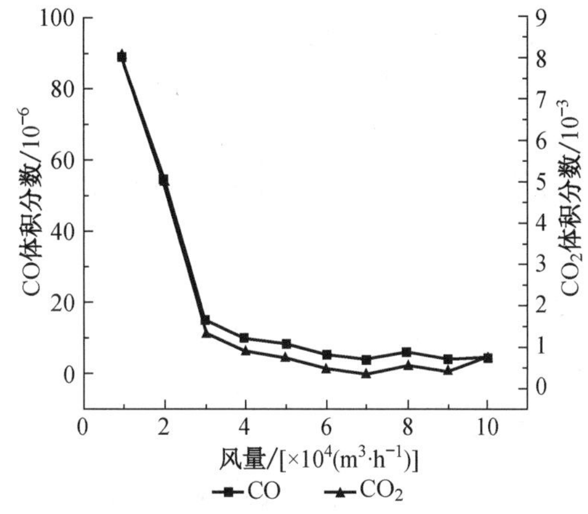

图 7　通风量对污染物体积分数的影响

3.2.2　风机的位置和形式

排风口靠近污染源有利于排除污染物，所以应该把风机安装在北墙或屋顶上，现拟定三套方案：

（1）北墙上安装单台壁式轴流风机；

（2）北墙上安装两台壁式轴流风机；

（3）屋顶风机排风。

风机设置在压力最大或污染物浓度最大处。

根据数值模拟的结果，整个屋顶在屋脊处的压力最大，屋顶风机应设在屋脊上 $x=15$ m 处。

尽管北墙上污染物浓度和压力分布都随高度的增加而增大，但是试验室上部有吊车，风机位置不宜太高，因此把风机的安装高度定为 6.5 m。又因为 $x=12.5\sim14.5$ m 处污染物浓度最大，因此，可把壁式轴流风机安装于 $x=14.5$ m 处。风机形式[5]见表 4。

表 4　　风机形式

	风机型号	转速/($r\cdot min^{-1}$)	叶片角度/(°)	风量/($m^3\cdot h^{-1}$)	功率/kW
单台壁式轴流风机	BT35—11No10	960	25	40 508	4
两台壁式轴流风机	BT34—11No7.1	1 450	25	21 895	2.2
单台屋顶风机	DWTNo10	720	25	35 000～46 000	3

经计算，选取几个典型的参数列于表 5。其中 CO，CO_2 的体积分数为炉顶平台处的平均值。

表 5　　不同机械通风方案模拟结果

	换气次数/h^{-1}	CO 体积分数/$\times10^{-5}$	CO_2 体积分数/10^{-3}	温升/℃	静压/Pa
单台壁式轴流风机	8.7	2.28	2.07	0.56	−0.92
两台壁式轴流风机	9.4	2.96	2.69	0.72	−0.93
单台屋顶风机	8.7	0.95	0.86	0.31	−0.90

由表 5 可以看出：

(1) 尽管两台壁式轴流风机的通风量比单台的略大，但是该方案在控制温升和稀释污染物方面的效果都较差。

(2) 在同样的换气次数下，屋顶风机通风的效果要优于壁式轴流风机。这是因为相比壁式轴流风机，屋顶风机引起的流动方向与高温烟气的上升气流方向一致，可以有效地防止烟气向试验室内扩散，能快速高效地把从炉顶逸出的烟气排至室外。

3.2.3　最优方案

根据以上的模拟及分析结果，最终采用屋顶风机机械排风、自然进风的方案，在屋脊上 $x=15$ m 处安装型号为 DWTNo10 的屋顶风机。

4　结论

(1) 由外逸的高温烟气引起的试验室内温升很小，形成的热压过小，不能保证稳定的通风效果，所以需要采用机械通风。

(2) 综合考虑到抗火试验室内的情况，采用机械排风方式，使试验室内保持微负压，有利于保证试验室南侧的办公区(监控室)内的环境。

(3) 采用屋顶风机排风的方案为最佳方案。主流方向与上升烟气一致，扰动小，效率高。

(4) 为了控制室内污染物在允许浓度范围内，试验室内的通风量确定为 40 000 m^3/h。

参考文献

[1] 公安部天津消防科学研究所. GB/T 9978—1999　建筑构件耐火试验方法[S]. 北京：中国标准出版

社，1999.
[2] 同济大学. 燃气燃烧与应用[M]. 3 版. 北京：中国建筑工业出版社，2000.
[3] 卫生部，国家环境保护总局. GB/T 18883—2002　室内空气质量标准[S]. 北京：中国标准出版社，2003.
[4] 中国有色工程设计研究总院. GB 50019—2003　采暖通风与空气调节设计规范[S]. 北京：中国计划出版社，2004.
[5] 孙一竖. 简明通风设计手册[M]. 北京：中国建筑工业出版社，1997：294-330.

某抗火实验室通风系统改造方案及实施*

贺孟春　刘东　丁燕　庄江婷

摘　要：根据抗火实验室的情况，确定了下部自然进风、屋顶机械排风的全面通风方式；采用 CFD 模拟的方法确定了机械排风量和屋顶风机位置；通过对污染物浓度的实测，验证了通风改造的效果。

关键词：全面通风；CFD 模拟；实测

Transformation of the Ventilation System and Actual Test in Building Construction Fire-resistance Lab

HE Mengchun, LIU Dong, DING Yan, ZHUANG Jiangting

Abstract: According to the actual situation of the Building Construction Fire-resistance Lab, the comprehensive ventilation style was identified which adopted natural low-supply and mechanical roof-exhaust ways. The air volume mechanical exhausted and fan location on the roof were determined using the CFD simulation method. Through actual test for the concentration of pollutants, the effect of the ventilation transformation was verified.

Keywords: the comprehensive ventilation; CFD simulation; actual test

某大学结构抗火实验室，主要进行建筑构件抗火性能的试验，长 36 m，宽 12 m，高 11.5 m，坡屋顶。室内的抗火试验用燃烧炉以液化石油气为燃料，采用明火加热，使试件经受与实际火灾相似的火焰作用。进行抗火试验时，由于构件是后加载到炉膛上方，炉顶不能进行有效密封，同时，根据文献[1]的要求，实验时炉内应该满足规定的正压条件，因此，烟气通过炉顶上的缝隙向实验室扩散的现象明显。原有通风方式难以有效排出室内污染物，影响实验人员的健康，有必要进行合理的通风，将烟气排至室外，降低室内污染物浓度，改善实验室人员的工作环境。

1　原有通风方式存在问题及分析

原通风方式为通过南北外窗的手动开启进行自然通风。

自然通风是指利用建筑物内外空气的密度差引起的热压或室外大气运动引起的风压来引进室外新鲜空气达到通风换气作用的一种通风方式[2]。它和实验室内部状况（热源及污染源位置、散发量）及当地气象条件（温度、风速、风向和朝向）有关。热压的作用主要取决于室内外空气的温差和进、排风口之间的高度差。风压的作用主要取决于当地风向和风速。

对本实验室而言，炉子的绝热设计能够保证炉壁外侧温度低于 90 ℃，这种情况下，实验室

*《建筑热能通风空调》2009，28(1)收录。

内的温升较小，由温升带来的热压较小，污染物的稀释主要是由风压引起。而室外风的风速和风向是经常变化的，不是一个稳定因素，使得室内气流的组织存在不确定性。一旦室外风向发生变化，就会发生气流转向、污染物积聚。因此仅仅依靠自然通风难以达到通风换气的要求，要采用机械通风方式。

窗户需要手动开启和关闭，难以根据室外风向和风速的变化进行实时控制。由于使用时间较久，部分窗户锈蚀，难以打开，且由于上部窗户高度太大，手动开启极为不便。

综合以上原因，进行抗火实验时，室内空气质量恶劣，严重影响了实验人员的安全，对实验人员的健康存在很大危害。因此需要对抗火实验室的通风系统进行改造。

2　通风系统的改造

2.1　改造方案的确定

解决高大空间污染问题的传统方法主要有局部通风和全面通风两种[3]。局部通风是利用局部气流，使局部工作地点不受到有害物的污染，造成良好的空气环境[2]。这种通风方法所需风量小，效果好。但是，在该抗火实验室中，由于炉子的体积较大，即污染源较大，且炉子上部设有工作平台，若设置局部通风装置，不利于工作人员进行实验操作。因此，基于本实验室的情况，不适合加装风罩进行局部通风，宜采用全面通风方式。

全面通风也称稀释通风，它是利用清洁空气稀释室内空气中的有害物，同时不断地把污染空气排出室外，以保证室内空气环境达到卫生标准[2]。当室内同时散发热量和有害气体时，在热设备上方常形成上升气流，在这种情况下，一般采用下送上排通风方式。清洁空气从下部进入，在工作区散开，然后将有害气体或吸收的余热从上部排风口排出。这样的气流组织具有如下特点：

(1) 新鲜空气能以最短的路线到达人员作业地带，避免在途中受到污染；

(2) 符合热车间内有害气体、蒸汽和热量分布规律，即在一般情况下，上部的有害气体或蒸汽浓度高，上部的空气温度也是高的。

相比于机械送风，机械排风能在室内形成微负压，有利于防止污染物进入实验室隔壁的监控室，因此本实验室宜采用下部自然进风、屋顶机械排风的全面通风方式。

因为本实验室窗户开启极为不便，特别是高侧窗，建议高侧窗全部关闭，以免引起气流短路等，降低通风效果。

2.2　通风量及屋顶风机位置的确定

采用 CFD 数值模拟的方法来确定通风量和屋顶风机位置。

2.2.1　模拟对象

利用 Gambit 建立模型，如图 1 所示(东向为 $+X$ 方向，北向为 $+Y$ 方向)。实验室尺寸为：长 36 m×宽 12 m×高 10 m；隔墙高 5 m 高，位于 $x=24$ m 处；炉子尺寸为：长 5.5 m×宽 4 m×高 4 m。

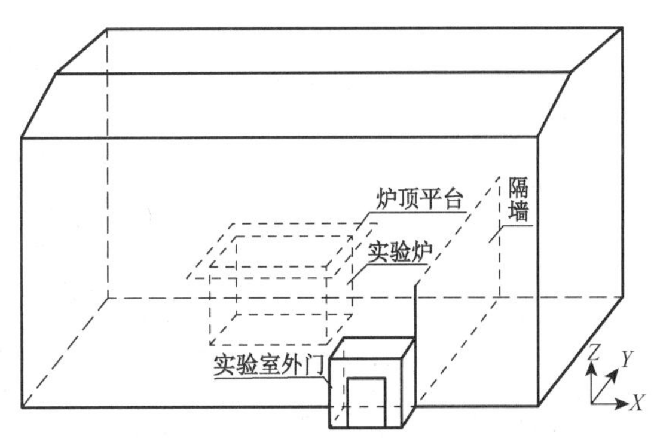

图 1　实验室数值模拟模型示意图

2.2.2　数学模型的描述

考虑热浮力效应，采用 k-ε 模型模拟室内气体的流动，运用不带化学反应的组分输运方程模拟燃烧炉外逸烟气的扩散情况，控制方程通用形式如下：

$$\frac{\partial}{\partial \tau}(\rho\phi)+\frac{\partial}{\partial x_j}(\rho u_j\phi)=\frac{\partial}{\partial x_j}\left(\Gamma_\phi\frac{\partial \phi}{\partial x_j}\right)+S_\phi \tag{1}$$

式中 τ——时间；

ρ——空气密度；

φ——通用变量(温度、速度、浓度等)；

u_j——速度在 j 方向上的分量；

Γ_φ——变量 φ 的广义扩散系数；

S_φ——广义源项。

对流项离散采用二阶迎风格式，压力修正采用压力耦合方程的半隐方法，即 SIMPLE 算法。

2.2.3 外溢烟气成分的确定

抗火试验炉采用的燃料为液化石油气，热值 22 930～24 883 kcal/Nm^3，流量是 130 m^3/h，排烟温度 1 130 ℃～1 150 ℃，工作时间为 240 min，过剩空气系数 α=1.3。根据以上条件，可以计算出试验炉产生的烟气量[4]：V=4 584～4 924 m^3/h。经实测，炉子的机械排烟量是4 315 m^3/h，小于产生的烟气量，炉内呈正压，烟气从炉顶缝隙溢出，烟气外溢速度基本稳定，为 1 m/s。

外逸烟气的组成是由实际燃烧过程决定的，主要成分有 CO_2、O_2、N_2、H_2O、CO 及其他组分。在以液化石油气为燃料，非预混燃烧，无其他可燃物的情况下，烟气各组分的具体含量参见表 1。

表 1　外逸烟气的组成

组分	N_2	H_2O	CO_2	O_2	CO 及其他
质量分数/%	74.3	11.9	9.1	4.6	0.1

2.2.4 模拟结果

实验室的机械排风量应当保证工作环境的污染物浓度在允许的浓度范围内。在屋顶风机排风的条件下，炉顶工作平台处污染物(以 CO 和 CO_2 为代表)平均浓度与机械排风量的关系见图 2。可以看出，污染物的浓度随着风量增大而减小，当风量大于 40 000 m^3/h 时，稀释效果减弱。此时，污染物的浓度已在国家卫生标准规定的限值内[5]。因此，实验室的排风量定为 40 000 m^3/h。

为了最有效地排出污染物，风机的位置宜选择在屋顶压力最高点处。根据数值模拟的结果，整个屋顶在屋脊处的压力最高，由图 3 可以看出，屋顶风机应装在屋脊上 x=15 m 处。

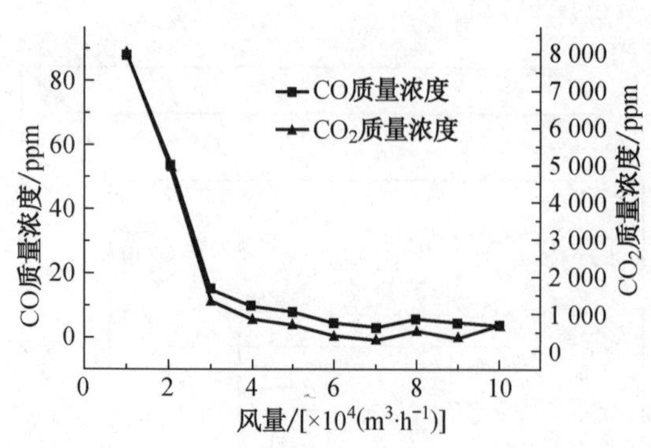

图 2　工作平台处 CO_2 和 CO 平均浓度与机械排风量的关系

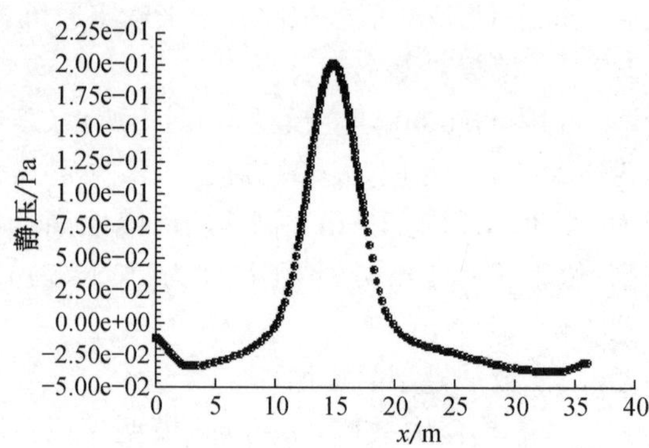

图 3　屋脊处的压力分布

3　改造效果的验证

为了对改造效果进行验证，笔者将通风系统改造前后污染物浓度进行了测试，测试内容为，进行抗火实验时，抗火实验炉周围工作人员作业区的 CO_2 浓度和 CO 浓度。所采用仪器为分别为便携式 CO_2 检测仪（GM12A）和烟气分析仪（Testo350-XL），准确度（最小分度）都为 1 ppm。

3.1　作业区的 CO_2 浓度测试

图 4 为 CO_2 浓度测试测点布置图，改造前后测试结果见表 2。

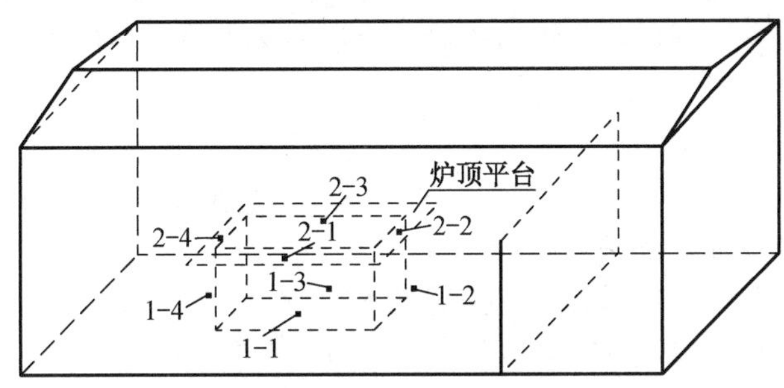

图 4　CO_2 浓度测试测点布置图

表 2　通风系统改造前后 CO_2 浓度测试结果

测点位置	测点	改造前实测数据/ppm		改造后实测数据/ppm	
		实验前	实验进行 10 min	实验前	实验进行 10 min
试验炉周围（水平高度 0.8 m，距炉壁 2 m）	1-1	560	1 310	547	835
	1-2	685	1 610	627	978
	1-3	690	1 155	687	1 140
	1-4	685	1 760	680	775
试验炉炉顶平台（水平高度 4 m）	2-1	675	1 370	758	1 095
	2-2	680	2 970	553	1 015
	2-3	670	1 855	734	995
	2-4	680	1 800	694	595
平均值		666	1 729	660	929

3.2　作业区的 CO 浓度测试

图 5 为 CO 浓度测试测点布置图。

经测试，改造前该测点的 CO 时间加权平均浓度为 40 ppm，改造后为 10 ppm。

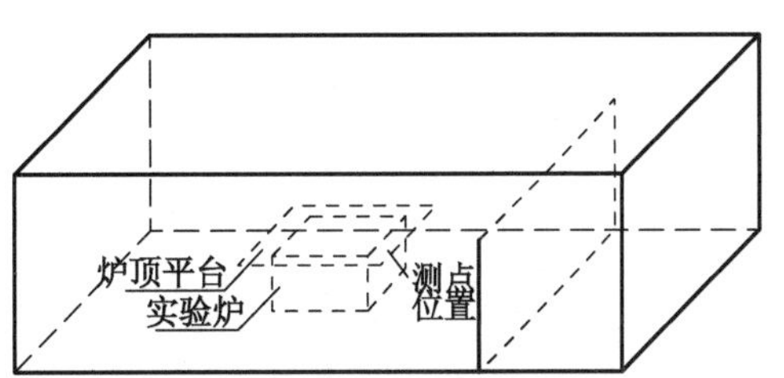

图 5　CO 浓度测试测点布置图

3.3　对测试结果的分析

（1）从测试结果可以看出，通风系统的改造后，CO_2 和 CO 浓度明显下降，均达到文献[5]的要求，且与图 2 的模拟结果相近。

（2）分别计算 CO_2 和 CO 改造前后浓度变化占改造前浓度的比例：

CO_2:(929−660)/(1 729−666)=0.25;

CO:10/40=0.25

(未进行抗火实验时,室内CO浓度接近0。)

两个比例相等,此结论验证了全面通风(稀释通风)的原理。

4 结论

(1) 对热压较小的高大空间而言,仅依靠自然通风不能保证稳定的通风效果,需要采用机械通风。

(2) 综合考虑抗火实验室的情况,应采用下部自然进风、屋顶机械排风的全面通风方式。

(3) 通过实测的验证,利用数值模拟来确定全面通风量和屋顶风机位置的方法是可行的。

参考文献

[1] 国家质量技术监督局. GB/T 9978—1999 建筑构件耐火试验方法[S]. 北京:中国标准出版社,1999.
[2] 王汉清. 通风工程[M]. 北京:机械工业出版社,2005.
[3] 叶晓江. 高大空间粉尘污染的节能治理[J]. 节能技术,2002,20(4):7-11.
[4] 同济大学. 燃气燃与应用[M]. 3版. 北京:中国建筑工业出版社,2000
[5] 中华人民共和国卫生部. GBZ 2—2002 工作场所有害因素职业接触限值[S]. 北京:法律出版社,2002.

某结构抗火实验室通风改造的数值模拟研究*

项琳琳　刘 东　万永丽

摘　要：通过实测和CFD数值模拟的方法，研究了上海市某高校结构抗火实验室室内污染情况，实测对模拟结果进行了验证。结合实验室实际空间条件的限值，提出7组不同的机械通风方案，并在数值模拟的基础上对各组方案的污染物控制效果进行比较，优选出最终方案，以改善实验室人员的工作环境。

关键词：结构抗火实验室；实验室环境；机械通风；实测；数值模拟

Numerical Simulation and Analysis of Ventilation System in a Fire Safety of Engineering Structure Testing Laboratory

XIANG Linlin, LIU Dong, WAN Yongli

Abstract: Through tests and numerical simulation, this paper studies air pollution condition of a fire safety of engineering structure testing laboratory in a university of Shanghai, and the reliability of simulation result is verified by tests. Combined with actual condition of the laboratory space limits, it proposes 7 different mechanical ventilation schemes. After the comparison and analysis of the effect of air pollution control of each scheme on the basis of numerical simulation, optimal one is suggested to improve the working condition of the lab.

Keywords: fire safety of engineering structure testing lab; lab environment; mechanical ventilation; test; numerical simulation

本文的研究对象是上海市某高校土木专业的结构抗火实验室。在进行耐火实验时，由于构件是后加载到炉膛上方的，炉顶不能进行有效的密封，同时试验时炉内应该满足规定的正压条件。因此，烟气通过炉顶上的缝隙向实验室扩散的现象明显，有必要进行合理的通风，把烟气排至室外，降低室内污染物浓度，改善实验室人员的工作环境。此实验室主要靠北面和南面大门形成自然通风，而这远远达不到排出烟气所需的风量，不能有效地排除烟气外逸带来的污染，因此有必要采用机械通风。

1　物理数学模型及边界条件

1.1　物理模型

根据该结构抗火实验室的实际建筑模型与室内设备分布，建立图1所示物理模型。该实验室尺寸为：长40 m，宽12 m，高6 m，平屋顶。实验室内有建筑构件抗火试验用燃烧炉，炉膛尺寸为4.5 m(长)×3 m(宽)×2 m(高)。试验构件宽250 mm，可沿炉子长度方向或宽度方向

*《建筑热能通风空调》2014，33(5)收录。

放置，本次模拟采用同时放置三根试验构件的情况，烟气从构件两边的缝隙逸出。

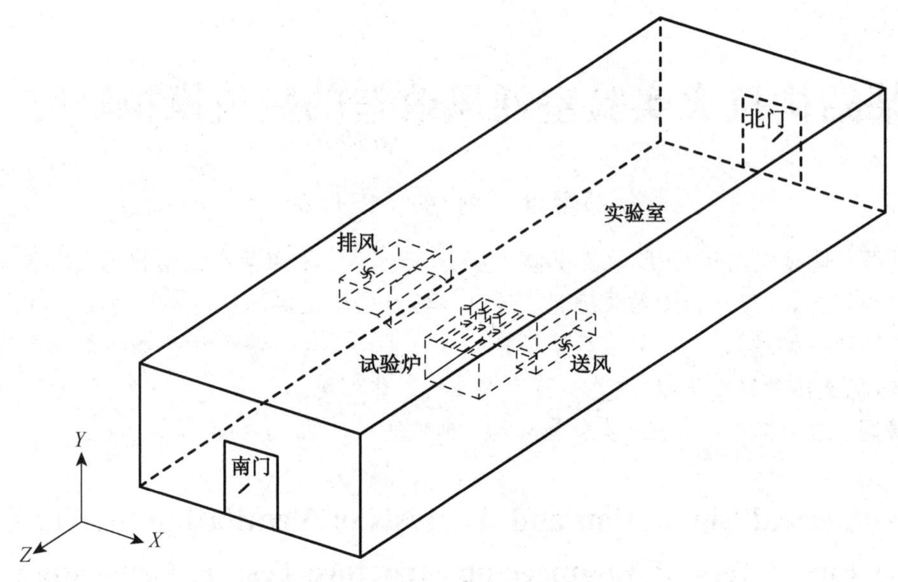

图 1　实验室物理模型图

1.2　数学模型

在数学模型上，本文采用普渡大学陈清焰教授在 1998 年提出的零方程模型（Zero Equation model）[1]，所谓零方程模型，是指不需要微分方程而是用代数关系式把湍流黏性系数与时均值联系起来的模型[2]，零方程模型相对二方程 k-ε 湍流模型处理室内问题更容易收敛并节约计算资源[3-4]，采用有限体积法作为离散方法，为了简化问题做如下假设：

(1) 室内气体为低速流动，按不可压缩流体计算；

(2) 满足 Bossinesq 假设，认为流体密度的变化仅对浮升力产生影响；

(3) 流动为稳态流动；

(4) 室内空气为辐射透明介质；

(5) 不考虑门窗及漏风的影响。

1.3　网格划分

按照实际尺寸建立三维模型，采用 Airpak 软件进行网格划分，矩形网格，试验炉和风机进行局部加密，网格总数共约 36 万。

1.4　边界条件

结构抗火试验炉采用的燃料为液化天然气，热值为 96 300～104 500 kJ/m^3，流量为 107 m^3/h，排烟温度大约为 1 100 ℃。根据以上条件可计算出试验炉产生的烟气量 V= 3 774～4 053 m^3/h。经实测，炉子的机械排烟量为 3 551 m^3/h，小于产生的烟气量，炉内呈正压[5]。因此可估算出炉子外逸的烟气量大约为 502 m^3/h。烟气从炉顶缝隙逸出，烟气外逸速度基本稳定，为 1 m/s[6]。在下文的改造方案中，机械通风系统边界条件也设为速度入口和速度出口，其中排风机为速度出口，送风机为速度入口，具体风速大小将根据风机的风量和风口面积计算得到。

2 实测及模型验证

外逸烟气的组成是实际燃烧过程决定的，主要成分为CO_2，O_2，N_2，H_2O，CO及其他组分。在以液化天然气为燃料、非预混燃烧、无其他可燃物的情况下，烟气各组分的具体含量可参见表1[7]。

表1 外逸烟气的组成

组分	N_2	H_2O	CO_2	O_2	CO及其他
体积分数/%	74.3	11.9	9.1	4.6	0.1

为了对实验室的污染物分布有具体的了解，本研究对实验现场进行了测试。由于正常的空气组成分中，N_2和O_2的体积分数约为78%和21%，与烟气中这两种气体体积分数较接近；而空气中CO_2仅占0.03%，这与烟气中的CO_2体积分数相差较大。因此，本文选择CO_2作为测试气体，以检验实际烟气的外逸量。

由于实验过程中人员的活动范围主要集中在试验炉正下方的监控工作台和炉顶平台，因此把测点布置在以下三组位置：

(1) 试验炉四周：测点1-1至测点1-4；

(2) 试验炉炉顶平台上距离炉壁1.5 m、高1.5 m人员呼吸区：测点2-1至测点2-4；

(3) 风机2下面距离炉壁3 m处的监控工作台作为环境测点3-1，把距离炉子8 m处作为环境测点3-2。

测点分布具体位置详见图2。

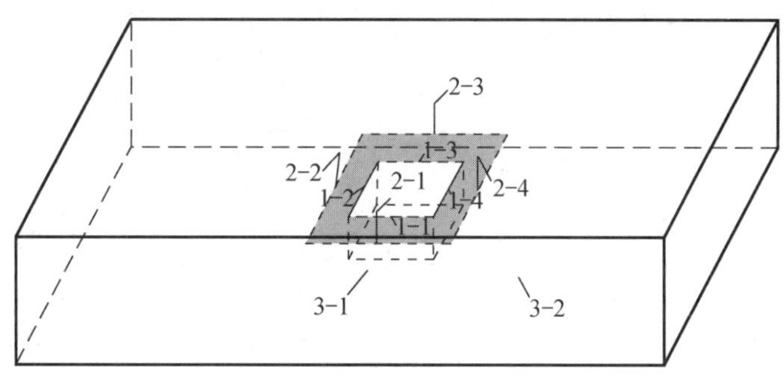

图2 CO_2浓度实测测点布置图

采用德图二氧化碳测试仪testo 535测试CO_2体积分数，该仪器测量范围为0～9 999 ppm，精度为±50 ppm CO_2(±2%测量值)，分辨率为1 ppm。测试及模拟结果见表2。

表2 CO_2体积分数实测及模拟结果

测点	实测数据/$\times10^{-6}$		模拟数据/$\times10^{-6}$	模拟与实验偏差/%
	实验前	实验30 min		
1-1	321	6 638	6 579	−0.89
1-2	323	4 207	4 821	14.59
1-3	340	7 066	6 038	−14.55
1-4	328	4 409	4 510	2.29
2-1	315	2 738	2 662	−2.78

（续表）

测点	实测数据/$\times10^{-6}$		模拟数据/$\times10^{-6}$	模拟与实验偏差/%
	实验前	实验 30 min		
2-2	337	2 530	2 210	−12.65
2-3	339	2 435	2 691	10.51
2-4	339	2 587	2 968	14.73
3-1	324	2 089	2 269	8.62
3-2	336	2 013	2 258	12.17

注：表中的模拟是在删去排风机和送风机的情况下进行的，即模拟现状无机械通风。

由表 2 可见，CO_2 体积分数的模拟结果与实测数据相差小于 15%，基本吻合，说明模型及边界条件的设置与实际情况相符。因此，模拟结果可以用作分析污染物分布的依据。

3 几种改造方案的数值模拟

由于实验室空间较大，且白天实验室北门处于常开状态，并考虑到能耗问题，不宜采用全面通风，因此下文主要研究局部通风。又因为实验室上部距地面 4 m 处有吊车，试验炉上方无足够空间来安装局部排风罩，因此考虑采用横向气流来控制烟气外逸，把局部风罩和风机安装在试验炉的两侧。

本文研究了两类采用横向气流控制外逸烟气的模型，分别为：

（1）单风机模型。在试验炉一侧设置排风罩，通过排风机排出，排风罩宽度为试验炉的长度 4.5 m，排风罩下沿与试验炉炉盖齐平，高度为 2 m，排风管高度为 1 m。风机放置位置见图 3。

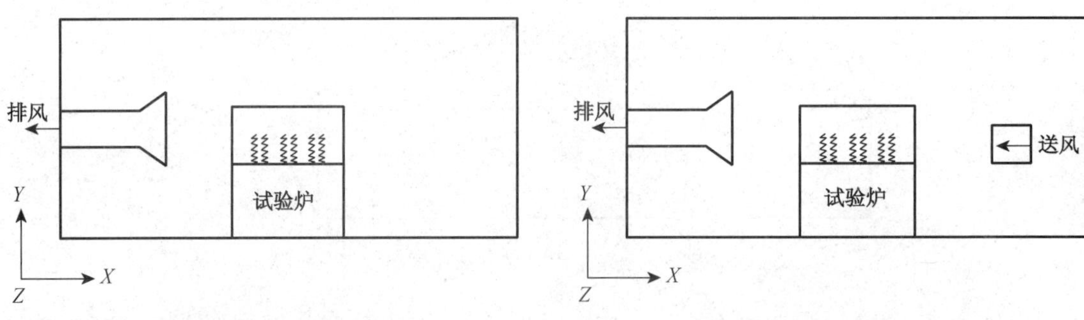

图 3　实验室单风机模型示意图

图 4　实验室双风机模型示意图

（2）双风机模型。在试验炉两侧分别设置排风机和送风机，排风机把烟气直接排出室外，送风机从室内卷吸空气进行循环；两风罩的宽度也为 4.5 m，排风罩和送风罩下沿与试验炉炉盖齐平，排风罩高度为 2 m，送风罩高度为 1 m，排风管和送风管高度均为 1 m。风机放置位置见图 4。双风机模型中两个风机的风量应不同，由于对烟气排出起主要作用的是排风机，送风机只是控制烟气逸出的方向，如果送风机风量过大容易使烟气四散，对工作环境反而不利，因此排风机的风量应大于送风机的风量。

两类模型共完成了 7 组方案，详见表 3。

表 3　　　　模拟方案汇总表

模　型	模型一		模型二				
方案	方案 1	方案 2	方案 3	方案 4	方案 5	方案 6	方案 7
排风机风量/($m^3 \cdot h^{-1}$)	7 000	10 000	7 000	7 000	8 500	10 000	10 000
送风机风量/($m^3 \cdot h^{-1}$)			3 600	5 000	3 600	3 600	2 000

4　模拟结果及分析

方案 1:排风量 7 000 m^3/h。模拟结果如图 5 所示。

方案 2:排风量 10 000 m^3/h。模拟结果如图 6 所示。

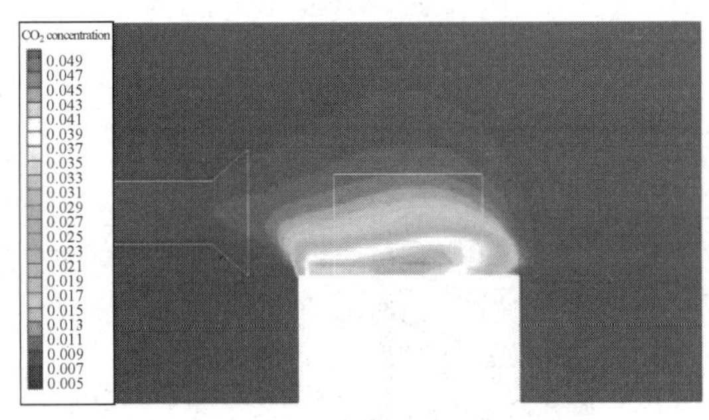

图 5　方案 1 CO_2 浓度分布图(炉中心位置 *XY* 剖面)

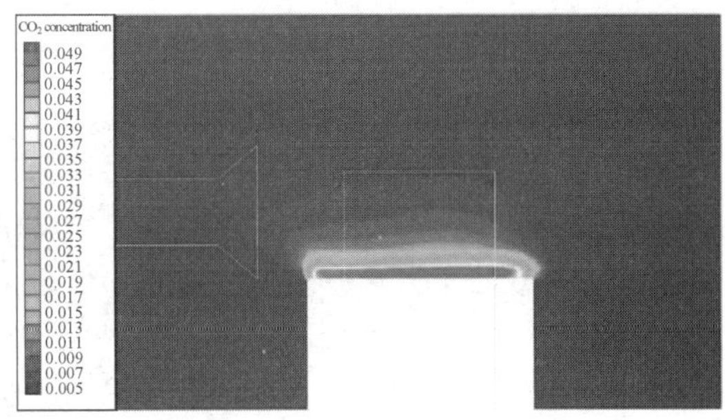

图 6　方案 2 CO_2 浓度分布图(炉中心位置 *XY* 剖面)

由图 5、图 6 可见,当仅设置单侧排风机时,污染物的浓度随着风量增大而减小,但是单侧风机控制污染物的能力还是不太理想,试验炉四周污染物外溢较为严重,因此以下主要考虑采用双风机模型。

方案 3:排风量 7 000 m^3/h,送风量 3 600 m^3/h。模拟结果如图 7 所示。

方案 4:排风量 7 000 m^3/h,送风量 5 000 m^3/h。模拟结果如图 8 所示。

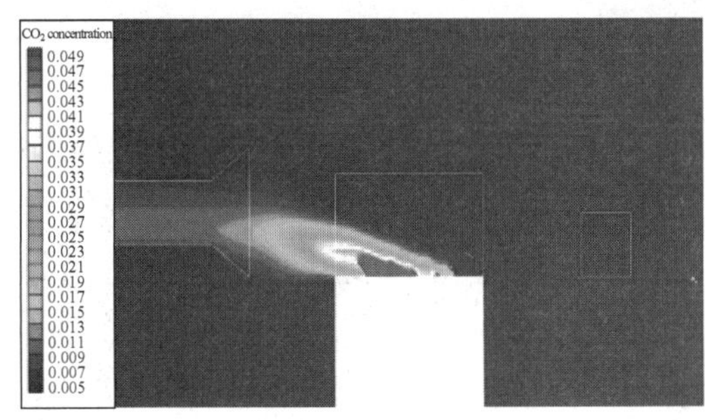

图 7　方案 3 CO_2 浓度分布图(炉中心位置 *XY* 剖面)

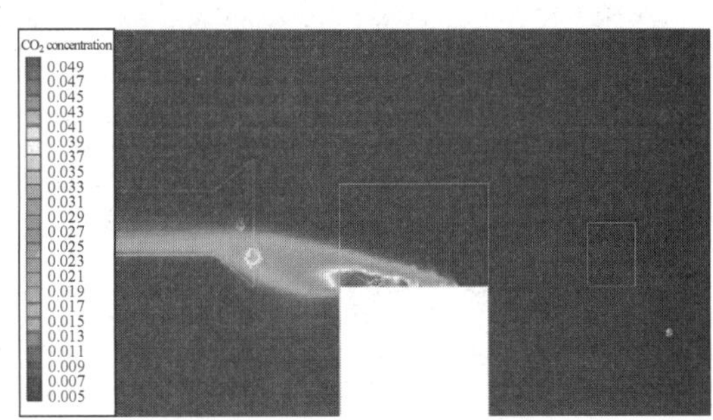

图 8　方案 4 CO_2 浓度分布图(炉中心位置 *XY* 剖面)

由图 7、图 8 可见,在相同排风量(7 000 m^3/h)情况下,送风量越大,炉子上方 CO_2 浓度越低,但当送风量为 5 000 m^3/h 时,炉子下方排风罩所在的一侧 CO_2 浓度升高,因此送风量不宜过大。

方案 5:排风量 8 600 m^3/h,送风量 3 600 m^3/h。模拟结果如图 9 所示。

方案 6:排风量 10 000 m^3/h,送风量 3 600 m^3/h。模拟结果如图 10 所示。

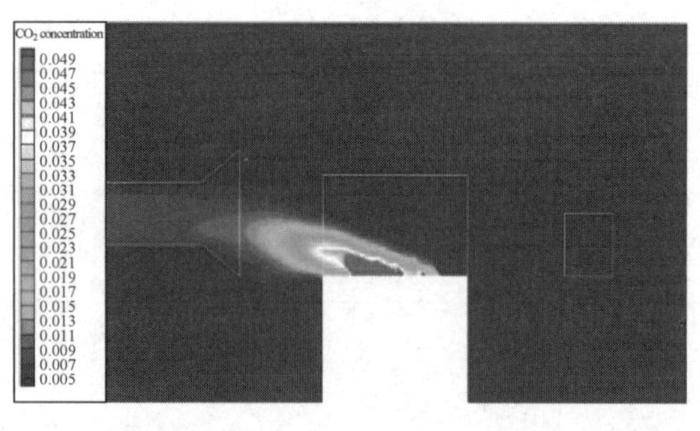

图 9　方案 5 CO_2 浓度分布图(炉中心位置 *XY* 剖面)

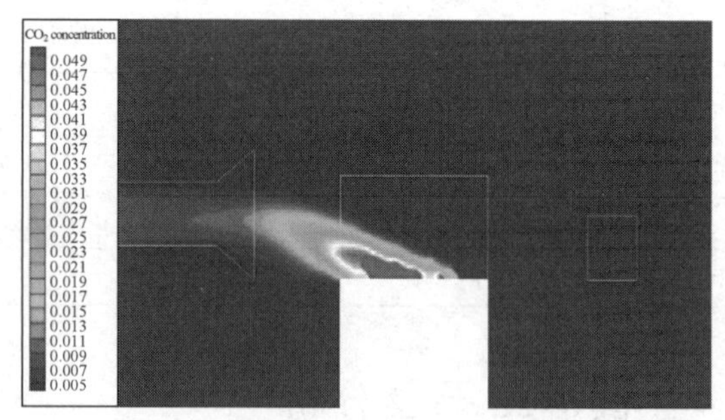

图 10　方案 6 CO_2 浓度分布图(炉中心位置 *XY* 剖面)

由图 7—图 10 可知,在相同送风量(3 600 m^3/h)情况下,排风机风量越高,污染物控制效果越好。

方案 7:排风量 10 000 m^3/h,送风量2 000 m^3/h。模拟结果如图 11 所示。

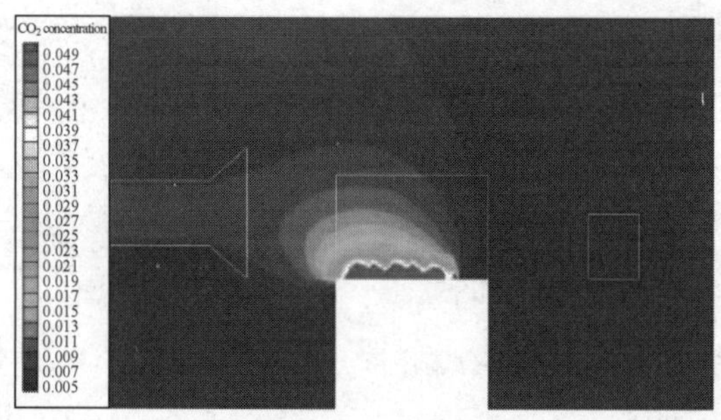

图 11　方案 7 CO_2 浓度分布图(炉中心位置 *XY* 剖面)

由图 10、图 11 可知,当排风量为 10 000 m^3/h 时,送风量 3 600 m^3/h 比 2 000 m^3/h 污染物控制效果明显要好,这也验证了上述结论。

表 4 对模型二 5 组方案的 CO_2 浓度模拟结果作了汇总。

表 4　CO_2 体积分数模拟结果

测点	模拟数据/$\times10^{-6}$				
	方案 3	方案 4	方案 5	方案 6	方案 7
1-1	13 143	27 587	13 550	14 863	15 936
1-2	14 185	14 773	14 053	8 348	10 971
1-3	885	887	600	296	2 387
1-4	13 072	13 514	12 815	7 661	9 869
2-1	3 767	1 988	3 331	2 531	4 862
2-2	1 620	1 448	1 225	767	2 049
2-3	906	891	614	300	1 913
2-4	1 611	1 441	1 225	779	2007
3-1	2 296	2 543	1 695	975	2 097
3-2	803	857	528	258	864

通过对各个测点进行分析,在实验室人员活动区的测点分别是 2-2、2-3、2-4、3-1、3-2,对

比 CO_2 浓度测试值，可以得到各控制方案污染物控制效果优劣，见图 12。

表 4 和图 12 显示，方案 6 的各个测点的 CO_2 浓度值均在 1 000 ppm 以下，污染物控制相比以上几组效果最好，因此，最终采用该方案，即排风量 10 000 m^3/h，送风量 3 600 m^3/h。

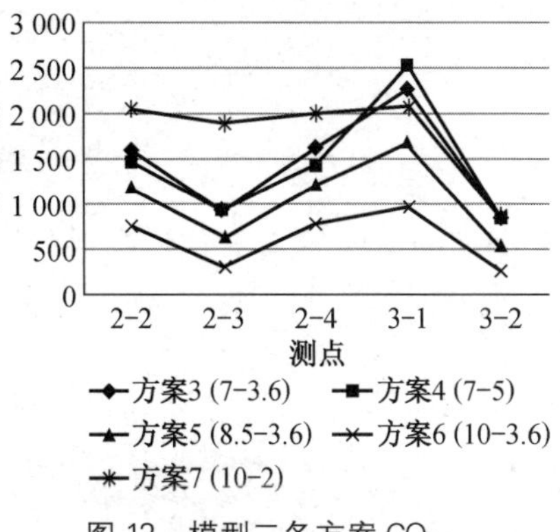

图 12 模型二各方案 CO_2 浓度模拟结果比较

5 结论

(1) 在某高校土木结构抗火实验室内，试验炉在实验时产生的大量烟气难以通过现有的自然通风达到室内空气的质量要求，所以需要采用机械通风。

(2) 由于实验室空间较大，建议采用局部通风；受试验炉上方吊车的空间限制，不具备上排风的条件，因此考虑采用横向气流来控制烟气外逸，在试验炉两侧设置局部风罩和风机。

(3) 通过 7 组通风方案的模拟和比较，建议采用双风机模型，在排风量 10 000 m^3/h、送风量 3 600 m^3/h 的情况下，污染物控制效果最佳。

参考文献

[1] JELENA S, CHEN Q Y. Validation of zero equation turbulence model for complex indoor airflow simulation[J]. ASHRAE Trans, 1999,105(1):414-427.

[2] 陶文铨. 数值传热学[M]. 2 版. 西安：西安交通大学出版社，2001.

[3] 赵彬，李先庭，彦启森. 用零方程湍流模型模拟通风空调室内的空气流动[J]. 清华大学学报(自然科学版)，2001,41(10):109-113.

[4] 陈晓春，朱颖心，王元. 零方程模型用于空调通风房间气流组织数值模拟的研究[J]. 暖通空调，2006,36(8):19-24.

[5] 刘东，庄江婷，丁燕. 结构抗火试验室通风状况的数值模拟及分析[J]. 暖通空调，2008,38(7):136-140.

[6] 丁燕，刘东，庄江婷，等. 结构抗火试验炉炉内燃烧过程的数值模拟[J]. 能源技术，2008,29(1):8-11.

第二篇

能效提升

浦东国际机场能源中心冷水机组性能测试分析*

刘东　刘传聚　胡稚鸿

摘　要：浦东国际机场能源中心所用制冷机组是目前国内单机容量最大（14 MW）的空调用冷水机组。对其验收调试工作进行了总结并对发现的问题进行了分析，为节能运行提供了理论依据，可供管理大型机组的运行人员借鉴。

关键词：冷水机组；空调；节能；测试

Performance Test Analysis of Water Chillers in the Energy Centre of Pudong International Airport*

LIU Dong, LIU Chuanju, HU Zhihong

Abstract: The refrigerating chillers in the energy centre are presently the largest in China (cooling cap acity of 14 MW). Summaries the performance test and analyses the problems found, which is presented as reference for the similar domestic engineering projects.

Keywords: water chiller; air conditioning; energy efficiency; test

0　引言

近年来随着经济的发展，空调建筑的数量迅速增加。作为建筑耗能中的大户，空调系统的节能一直是人们所关注的课题，国家的相关法律、法规也对此做了要求①②。空调用制冷主机的能耗在空调系统中所占的比例一直较高，如何提高制冷主机的效率，使之能够节能运行越来越受到重视。

由于大型建筑的负荷较大，空调的能耗也相应较大，根据浦东国际机场试运行的数据，正常工作时冷水机组的运行费用在人民币 10 000 元/h 以上。并且其能源中心配置的 14 MW 的离心式水冷冷水机组是国内空调系统中所用单机容量最大的机组，对机组的性能特点和运行管理情况，国内没有可以借鉴的经验。为了对此冷水机组的性能有明确的了解，以指导设备及系统的节能运行，笔者和设备供应商依据有关规定[1-3]于 2000 年 7—8 月对浦东国际机场能源中心单机容量 14 MW 的 OM 机组和单机容量为 4.2 MW 的 YK 机组进行了验收调试，本文对这次调试工作进行总结，并且结合机场建筑的负荷特点，对冷水机组及空调系统的节能运行提出建议，供国内暖通同行探讨，为进一步使用大容量的冷水机组提供参考，共同促进暖通空调系统的节能工作。

1　工程概况

浦东国际机场位于上海东部，一期工程设计旅客流量为 2×10^7 人次/年，是目前国内设计

---

*《暖通空调》2002，32(2)收录。

① 中华人民共和国节约能源法，1997.

② 民用建筑节能管理规定，2000.

人数最多的国际机场之一。整个机场采用区域供冷供热(DHC)的形式,机场能源中心为航站楼 28 万 m^2 和综合区 31 万 m^2(二期增加 25 万 m^2)的建筑提供冷热源;冷负荷为 82.8 MW(二期增加 19.1 MW),热负荷为 60.8 MW(二期增加 14.6 MW),供应半径为 2.6 km,其他的建筑由分站供应。能源中心采用电制冷为主,部分汽、电、热联供的方式,一期配置了 4 台 14 MW,2 台 4.2 MW 的离心式水冷冷水机组和 4 台蒸汽双效吸收式制冷机组;1 台 4 MW 的燃气轮机;3 台 30 t/h,1 台 20 t/h 的火管蒸汽锅炉和 1 台 11 t/h 的余热锅炉。二期增加 1 台 14 MW,2 台 4.2 MW 的离心式水冷冷水机组;1 台 4 MW 的燃气轮机,1 台 30 t/h 的火管蒸汽锅炉和 1 台 11 t/h 的余热锅炉,详见文献[4]。

2 测试方法及测试结果

2.1 测试项目、测试仪器及测试方法

2.1.1 测试项目

4 台 OM 型和 2 台 YK 型离心式冷水机组的满负荷性能测试,1 台 OM 型离心式冷水机组的全性能测试,1 台 YK 型离心式冷水机组的全性能测试,1 台 OM 型离心式冷水机组在冷凝器进口水温变化情况下的负荷性能测试和蒸发器出口水温变化情况下的负荷性能测试。

2.1.2 测试仪器

TM1 型点温计,D903 型超声波流量计。

2.1.3 测试方法

冷量测试:冷水和冷却水的水温测试采用读取机组控制板上的温度传感器的数据与点温计测试冷水进、出水管壁面温度相结合的方法。

水量测试:各机组冷水和冷却水的水量测试采用超声波流量计,为非接触式测量,不会影响空调水系统的阻力特性,故较为准确。

功率测试:由于机组的压缩机采用的 10 000 V 的高压电机驱动,用功率表测试很困难,因此采用直接读取机组控制板数据的方式。

2.2 测试结果

冷水机组的满负荷测试结果见表 1,机组部分负荷测试结果见表 2,变冷却水温度冷水机组性能测试结果见表 3,变冷水温度冷水机组测试结果见表 4。

表 1　　机组满负荷的测试结果

机　组	负荷率/%	制冷量/kW	电机输入功率/kW	实测 *COP* 值	实测能耗指标/($W \cdot W^{-1}$)	样本能耗指标/($W \cdot W^{-1}$)
1#OM	98.1	13 794	2 561.2	5.39	0.186	0.192
2#OM	98.0	13 590	2 590.4	5.25	0.190	0.192
3#OM	97.1	13 728	2 633.3	5.21	0.192	0.192
4#OM	99.5	13 923	2 567.4	5.42	0.184	0.192
5#YK	95.0	4 013	814.0	4.93	0.200	0.205
6#YK	100.5	4 244	773.6	5.49	0.182	0.205

表 2　　机组部分负荷测试结果

机　组	负荷率/%	实测负荷率/%	制冷量/kW	电机输入功率/kW	实测 *COP* 值	实测能耗指标/(W·W^{-1})	样本能耗指标/(W·W^{-1})
4#OM	100	97	13 512	2 602.0	5.19	0.192	0.192
	80	81	11 303	2 035.0	5.55	0.180	0.184
	65	65	9 127	1 877.2	4.86	0.206	0.209
	60	63	9 112	1 923.4	4.74	0.211	0.218
6#YK	100	100	4 244	773.6	5.49	0.182	0.205
	90	93	3 922	667.8	5.87	0.170	0.197
	70	67	2 839	488.6	5.81	0.173	0.190

表 3　　变冷却水温度时冷水机组性能测试结果

机　组	设定冷却水温度/%	实测冷却水温度/℃	制冷量/kW	电机输入功率/kW	实测 *COP* 值	能耗指标
4#OM	28	27.8	14 868.9	2 599.70	5.72	0.175
	29	28.5	14 868.9	2 606.96	5.70	0.175
	30	30.2	14 266.1	2 539.74	5.60	0.178
	32	31.6	13 117.0	2 569.70	5.10	0.193
	33	32.7	12 608.5	2 638.00	4.78	0.200

表 4　　变冷水出口温度时冷水机组性能测试结果

机　组	设定冷水温度/℃	实测冷水温度/℃	制冷量/kW	电机输入功率/kW	实测 *COP* 值	能耗指标
4#OM	9.5	9.5	14 868.9	2 599.70	5.72	0.175
	9.0	8.7	14 868.9	2 606.96	5.70	0.175
	7.5	7.6	14 266.1	2 539.74	5.60	0.178
	7.0	6.8	13 923.4	2 626.96	5.30	0.189
	5.5	5.6	13 923.4	2 567.36	5.42	0.184
	4.5	4.4	11 423.3	2 174.86	5.25	0.190

3　测试结果分析

笔者对测试数据进行了曲线拟合，机组部分负荷时的性能测试结果见图 1，冷却水温度对冷水机组性能的影响见图 2，冷水温度对冷水机组性能的影响见图 3。

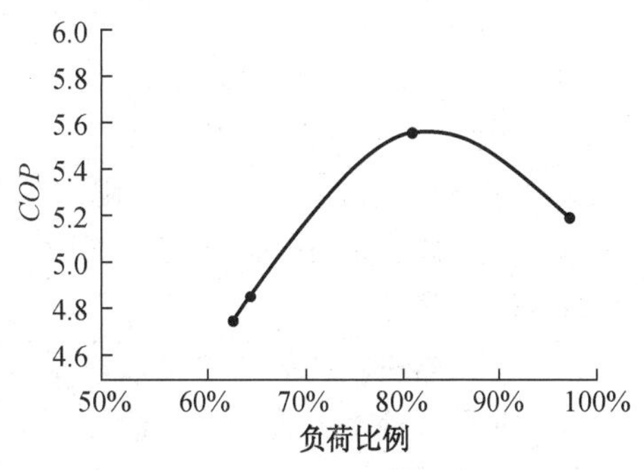

图 1　部分负荷时的机组性能

对上述图表进行分析，可以看出：

(1) 冷水机组的满负荷测试结果满足原设计要求，表明空调系统的水泵、换热器、管路等配置是合理的，这对系统的高效、可靠运行是有利的。

(2) OM 型冷水机组的部分负荷测试结果表明，

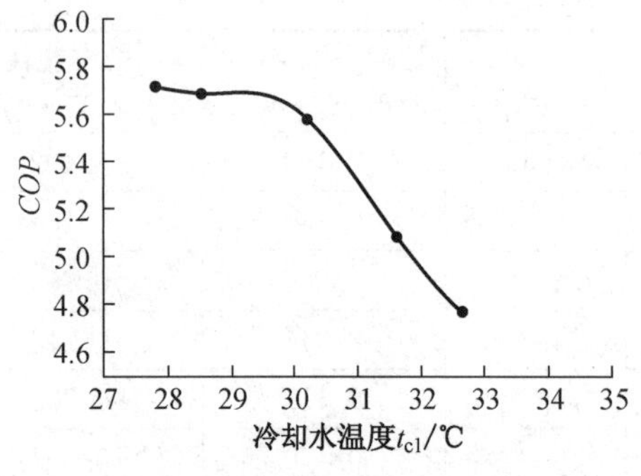

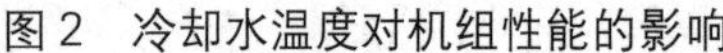

图 2　冷却水温度对机组性能的影响

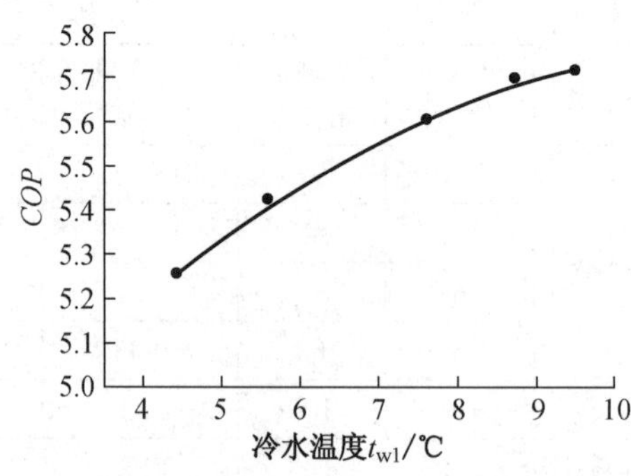

图 3　冷水温度对机组性能的影响

主机的 *COP* 值不是随着负荷的变化呈线性变化的，随着负荷的减小，主机的 *COP* 值逐渐增加，在约 80%的部分负荷状态下达到最大值，然后随着部分负荷的继续减小，*COP* 值逐渐减小，这为寻求机组的最佳运行状态提供了相应的依据。

(3) OM 型冷水机组变冷却水温度时的测试结果表明，随着冷水机组进口冷却水温度升高，冷水机组的制冷量逐渐下降，其 *COP* 值逐渐减小，从 27.8 ℃到 32.7 ℃，冷却水温度升高了 4.9 ℃，冷水机组的冷量减小了 15.2%，*COP* 值减小了 14.3%。这是因为冷却水温度的升高使冷水机组冷凝器中制冷工质的冷凝压力和温度升高，从而降低了主机的制冷性能，制冷量下降，*COP* 值减小。

(4) OM 型冷水机组变冷水温度时的测试结果表明，随着冷水机组的出口冷水温度升高，冷水机组的制冷量逐渐增加，*COP* 值逐渐增加，从 4.4 ℃到 9.5 ℃，冷水温度升高了 5.1 ℃，冷水机组的冷量增加了 30.2%，*COP* 值增加了 7.9%。因为冷水温度的升高可以使冷水机组蒸发器中制冷工质的蒸发压力和温度升高，从而改善主机的制冷性能，制冷量增加，*COP* 值增加。但是必须注意冷水温度的升高会使供冷的品质降低，输送相同数量的冷量，不但会增大冷水的流量，而且会增加空调处理设备的换热面积，这对空调系统的经济运行是不利的。

4　浦东国际机场空调系统能耗分析及节能建议

(1) 浦东国际机场现在不是 24 h 连续工作的，并且为其服务的综合区也是间歇工作的，这对空调负荷带来相应的影响，对于能源中心的冷水机组来说会出现两个负荷高峰：一是开机时需要额外负担建筑的蓄热负荷，二是需要负担室外气温和太阳辐射综合作用带来的建筑围护结构的最大空调冷负荷。在处理第一个负荷高峰时，应尽量减少围护结构的得热及室内设备得热，所以结合机场航班的情况确定合适的开机时间是非常重要的。目前将开机时间确定在凌晨 6:00 是较为合理的，此时室外的空气干球和湿球温度较低，干球温度较低对减少围护结构的得热有利，太阳辐射得热的影响也较小，室内由于灯具和电梯等设备不运行也可大大减少设备的发热；而湿球温度较低则对冷却塔的工作有利，从测试的结果可以看出降低冷却水温度能提高主机的 *COP* 值，对于制冷主机的节能是很有利的。第二个高峰负荷对机组的影响相对较小。

(2) 目前机场的客流量远没有达到 2×10^7 人次/年的设计值，如果考虑送客人数，机场人数还会增加 1 500 万人次/年，假设每人在机场平均停留 1 h，机场每天工作 16 h，则考虑人数增加所带来的人员发热负荷及新风负荷共是 1 260 kW，与目前正常使用所需要的 42.2 MW

相比，增加约3%。所以预计达到设计旅客流量后的空调主机负荷基本可以维持不变，而且由于客流量的增加还可以将负担到每个旅客上的空调运行成本大为降低，对设备的经济运行是有利的。

(3) 从主机的全性能曲线可以看出，在约80%的部分负荷时，冷水机组的效率最高；可见使冷水机组处在约80%的部分负荷状态是主机节能的有效途径。对于工程设计人员，可以在空调系统的方案设计阶段充分考虑建筑的空调负荷，变以满足设计工况为主的静态负荷设计为全年动态负荷设计，合理配置机组，必要时可以考虑对制冷主机进行变频调节。对于运行管理人员，在分析总结机组运行记录后，尽量使机组能够处于最优的部分负荷运行状态。

(4) 冷却水温度的降低有利于制冷机组的节能运行，但是这样又会增大冷却塔的负担，从而使其能耗增加，应在冷却塔与主机的能耗之间寻求新的平衡。从测试结果可以看出，在30 ℃以下，制冷机组的冷却水进口温度对机组能耗影响不大；当水温为30.2 ℃时，其能耗指标比31.6 ℃时减少8.4%，比32.7 ℃减少12.4%。可见将冷却水温度确定在约30 ℃时，对于提高冷水机组的能耗指标是较为有利的。

(5) 冷水温度的高低直接影响空调系统的供冷品质，寻求合理的冷水温度不但要考虑冷水机组的性能，而且要兼顾空调末端设备的换热性能。降低水温对于空调箱中表冷器的换热是有利的，因为这对表冷器传热系数 K 值的改善影响不大，传热系数的改善主要是通过增大冷水与空气的温差来体现的[5]；但是降低水温会使冷水机组的制冷量降低，能耗指标增加，这是不利的。从测试结果可以看出将空调的冷水温度设定在约7.5 ℃是较为合理的，不但可以确保合理的水—空气传热温差，也可以使冷水机组的运行较为经济，这与平常要求的空调冷水温度设定在7.0 ℃是较为吻合的。

5 结论

(1) 空调主机的调试工作是确保空调系统正常工作的必要手段，不但可以寻求节能的有效途径，而且可以及时发现问题，对系统进行相应的调整。尤其对于大型的空调系统，这一步骤必不可少。

(2) 主机是空调系统的必要组成部分，主机的节能要结合冷水泵、冷却水泵、冷却塔、空调箱、风机等设备来综合考虑，寻求最佳配置，而不能只是以单个设备的性能分析来替代整个空调系统的节能运行分析。

(3) 对于大型空调系统，在有可能的情况下，尽量采用DHC的形式，选用大型的空调制冷机组，不但可以减少主机设备的初投资，节省建筑面积，而且可以有效降低空调系统的能耗(本次调试工作已充分证明选用大型空调制冷机组的可行性)。可以采用多种能源驱动的方式，以确保工程实际运行的可靠性。

(4) 空调系统的节能运行应有自动控制系统的配合，提前进行能耗预测是确保空调系统节能的有效手段，因此发展CFD技术，利用标准年的气象资料结合空调建筑的负荷特点进行全年的能耗动态模拟是非常必要的。

参考文献

[1] 上海建工(集团)总公司上海市工业设备安装公司. GB 50243—97 通风与空调工程施工及验收规范[S]. 北京：中国计划出版社，1997.

[2] 上海市工业设备安装公司. GBJ 304—88 通风与空调工程质量检验评定标准[S]. 北京：中国建设工业出版社，1989.
[3] 魏俭，项朋中. 上海浦东国际机场供冷供热主站(DHC)设计[C]//全国暖通空调制冷 1998 年学术年会论文集，1998.

大型超市空调冷热源选择的对比研究*

王琪　刘东

摘　要：本文研究了大型超市建筑夏季空调冷负荷的主要影响因素，并以上海市某一大型超市建筑为例，分析其夏季空调负荷的分布规律，并针对不同的冷热源选择方案，结合超市建筑的空调负荷特点，提出了多种空调冷热源方案的适用性，可为大型超市空调冷热源的设计提供参考。

关键词：大型超市；空调冷热源；空调负荷

Comparative Study on Cold/Heat Sources in Large Supermarket

WANG Qi，LIU Dong

Abstract：This paper analyses the factors which impact the cooling load in large supermarkets. With one application example of a large supermarket in Shanghai，cooling load distributionis discussed and the choice of cold/heat source is shown. It develops several combination schemes applicability combined with cooling load charac-ters. The studies will be helpful to design and select air conditioning cold/heat source for large supermarkets.

Keywords：large supermarket；cold/heat source；cooling load

0　引言

随着我国城市建设的发展，大型超市的增长速度非常快，在上海地区，大型超市已经达到了130多家，并且大型超市建筑占新建建筑面积的比例也越来越大。大型超市建筑的能耗较大，其中空调耗能是主要部分。在美国和法国，据统计，大型超市每年总耗电量占国内总耗电量的4%，其中空调系统占50%～70%[1]。因此减少空调系统能耗已成为大型超市节能降耗的重要措施。根据暖通空调行业的研究成果，如果采用节能技术，现有空调系统节能30%～50%是有可能的。在大型超市建筑中，空调系统如何适应在低负荷率情况下高效节能运行及在系统设计中对设备进行合理配置就成为该类建筑空调节能的关键。

大型超市空调系统的能耗主要包括三方面：冷热源的能耗、末端设备能耗和输送设备（如水泵）能耗，其中冷热源占了总能耗的一半以上。本文以空调系统冷热源为研究对象，对其节能降耗措施进行了探讨。

1　大型超市建筑空调负荷特点及冷热源方案

以上海某大型超市建筑为例，分析超市的空调负荷情况。

---

*《节能技术》2008，26(151)收录。

1.1 大型超市建筑空调负荷特点

1.1.1 超市概况

该建筑为上海市某大型综合性超市，建筑地面为3层，一层为精品屋，二层为购物区和仓库，三层为办公区域，总面积为33 567 m^2，空调面积约为26 100 m^2，建筑层高为6 m，建筑平面如图1所示。

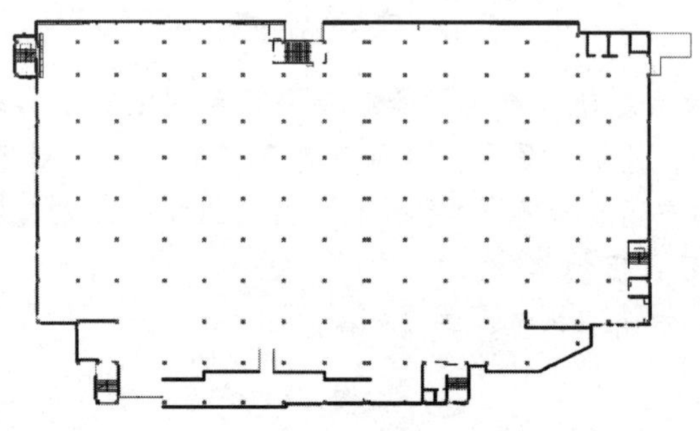

图1 超市标准层平面图

1.1.2 空调室内设计参数[2]

空调室内设计参数见表1。

表1 空调室内设计参数

房间功能	室内干球温度/℃		室内相对湿度/%		新风量 /($m^3 \cdot p^{-1} \cdot h^{-1}$)	照明 /($W \cdot m^{-2}$)
	夏季	冬季	夏季	冬季		
购物区	28	15	60/45	50/45	12	40
仓库	28	12	60	50	12	10
办公	25	18	60	50	20	20

注：斜杠后面的数值表示设有冷冻柜的购物区设计参数。

1.1.3 空调室外设计参数[2]

冬季：干球温度−4 ℃；相对湿度75%；平均室外风速3.1 m/s。

夏季：干球温度34 ℃；湿球温度28.2 ℃；平均室外风速3.2 m/s。

1.1.4 空调设计负荷结果与分析

根据以上的各设计参数，利用空调负荷计算软件进行计算，将该大型超市设计日工作时间内各项负荷计算结果和各项负荷在总负荷中所占的百分比分别用图2、图3表示。

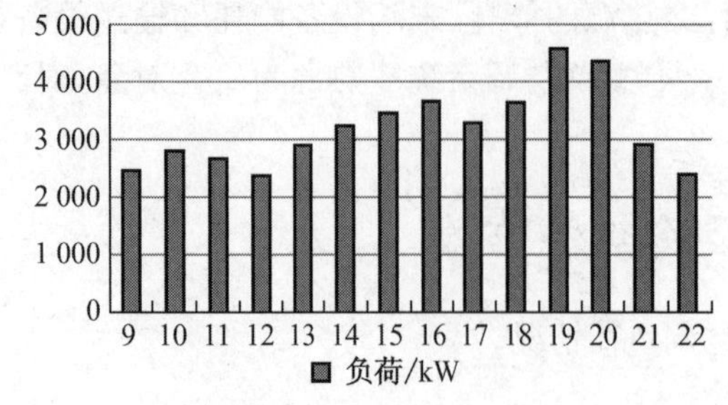

图2 设计日工作时间内各项负荷

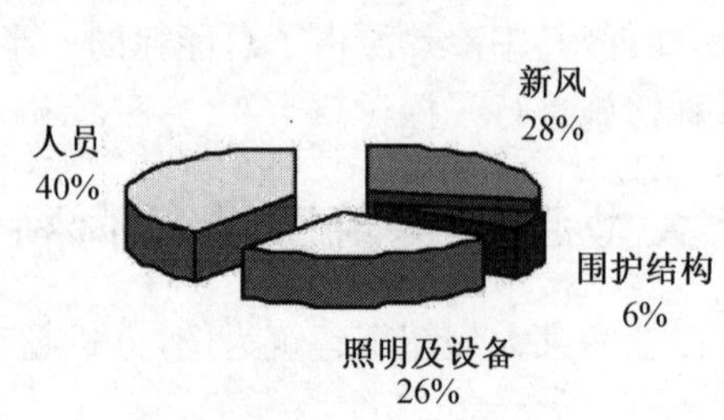

图3 各项负荷所占百分比

由图 2、图 3 可以看出：大型超市建筑夏季空调负荷在一天中的波动幅度很大，高峰一般出现在 16:00—20:00，这主要取决于人员密度的变化；在所有负荷中，人员负荷所占的比例最大，因此在大型超市中人员密度是影响空调负荷的重要因素。

大型超市的空调负荷与其他建筑空调负荷不同，有以下特点：

(1) 受人流量的影响大；超市的人流密度不稳定，高峰时间段人员平均密度可以达到 0.75 人/m^2，而低谷时只有 0.05 人/m^2，人员负荷不稳定。

(2) 围护结构传热量较小；从安全角度考虑，大型超市的主要区域多为无窗封闭形建筑，这样较其他同体积建筑大大减少了由窗户得热所引起的冷负荷。

(3) 室内具有多种冷、热源；大型超市中通常存在冷冻柜、陈列柜，夏季它们可以抵消一部分室内冷负荷，冬季增加供热负荷。超市内的照明及设备负荷占总负荷的 1/4 左右，在超市空调系统的运行时间内基本可以保持稳定。

1.2　冷热源方案

该综合超市的夏季空调冷负荷为 4 567.4 kW，冬季无需供暖，因此选用 2 台 650RT (2 285 kW)的离心式水冷机组，单级泵系统。

1.2.1　初投资

初投资(不包括增容费)费用为土建费、设备费、安装费(含材料费)之和，见表 2。土建费按1 000 元/m^2 计算。

表 2　初投资计算

编号	项目	规格	台数	功率/kW	价格/万元
1	主机	2 285 kW	2	801.2	190
2	冷却水泵	400 m^3/h, 28 m	3(两用一备)	135	8.1
3	冷冻水泵	320 m^3/h, 32 m	3(两用一备)	135	7.5
4	冷却塔	442 m^3/h	4	16	40
5	自控及其他				32
6	机房	150 m^2			15
7	安装费				60.3
8	其他设施费用				58.2
9	总计			1 087.2	411.1

1.2.2　年运行费

年运行费为运行费和固定费之和。运行费包括能耗费(即水费、电费、燃料费、维修费、人工费等)，一般来说电费和燃料费占整个运行费用的 97%以上，故在此次不计入水费、维修费和人工费；固定费包括设备的折旧费、利息和税金等，此处不予考虑。

(1) 上海分时电价

峰时段 (8:00—11:00,13:00—15:00,18:00—21:00)

电价：1.043 元/(kW・h)

平时段(6:00—8:00,11:00—13:00,15:00—18:00,21:00—22:00)

电价：0.661 元/(kW・h)

谷时段 (22:00—6:00)

电价：0.239 元/(kW·h)

(2) 超市年运行费

超市的空调系统运行时间为 8:30—22:00。根据计算负荷(图 2)，结合超市系统满负荷运行的时间不长，大部分时间处于部分负荷状态，因此综合考虑取年空调负荷系数为 0.7，空调设备效率取 0.9。

8:30—12:00 时间段和 21:00—22:00 时间段开启一台主机，其余时间段两台主机全部运行，根据上海市分时电价计费标准，可以得出超市日运行费用为 10 888.65 元，夏季运行 150 天，年运行费用为 163.33 万元。

2 常见的冷热源配置方案

2.1 离心式冷水机组＋电热水锅炉

离心式冷水机组＋电热水锅炉是目前超市中采用较多的组合方式，也可以说是传统的冷热源组合方式。离心式冷水机组单机制冷量大，结构紧凑，调节性能好，工作可靠，技术成熟，维修方便，大型离心式压缩机还能合理利用能源，经常应用于大中型空调系统。但是，离心式冷水机组当制冷量小时，将会产生"喘振"现象，从而影响机器正常工作，因此离心式冷水机组变工况适应能力不强。

电热锅炉由于具有占地少、自动化程度高、无噪声、对使用地点无污染等优点，可节省建燃煤锅炉房所需较大的建筑面积，因而目前被许多大型超市业主选为冬季供暖方式。电锅炉虽具有 97%以上的高效率，但从能源利用角度看是不合理的，因为它是以高品位的电能获取低品位热能，因此一般情况下不提倡采用电直接加热来供暖。

2.2 螺杆式冷水机组＋电热水锅炉

螺杆式冷水机组运行部件少、运行周期长、维修工作量小，运行平稳，可以在较高的压缩比工况下运行，容积效率高，制冷量调节范围大，相比离心式机组，在小流量时不会出现离心式压缩机那样的"喘振"现象，能实现无级调速。但螺杆机噪声较高，耗油量大，油路系统和辅助设备比较复杂，加工精度要求高，单位制冷量的价格高于离心机，在部分负荷时其实际功率受其工作压力影响较大。

2.3 风冷式冷水机组＋热泵型冷水机组

风冷机组一般置于建筑的屋顶，其外形尺寸同水冷式制冷机在屋顶上设置冷却塔的占地面积相当，节省了在建筑内因设置冷冻机房而多占用的面积。此系统由于没有冷却水系统，从而使制冷系统变得简单化，既省去了冷却塔、冷却水泵和管路的施工安装工作量，也减少了冷却水系统运行的日常维护、保养工作量与维修费用。但该方案也存在不足之处，设备购置费较高，单位制冷量的耗电量高于水冷机组，维护管理费用高。

热泵供热时，随室外温度的降低，蒸发温度下降，制热性能系数(COP)下降，此时产生热泵供热量与建筑物耗热量之间的供需矛盾。当室外蒸发器表面的温度低于 0 ℃，凝结水就会结冰，增大蒸发器表面的热阻，同时也增加了空气流经蒸发器的阻力，使供热工况恶化。

这种冷热源方案在严寒和酷暑时间短暂、冬季不需要设辅助热源的城市应用比较广泛。

2.4 直燃式溴化锂吸收式冷热水机组

直燃式溴化锂吸收式冷热水机组耗电非常小，只有其他电动冷水机组的 30%～50%，不使用氟利昂类制冷剂，制冷剂采用水，机组运行平稳、无噪声、无振动，可一机多用，从而节省占地面积和投资。但不足之处是，如果运行管理保养不合适，机组冷量衰减严重，一般情况下，运行3年以上，冷量衰减可达20%。机组的冷剂蒸汽的冷凝和吸收过程均为排热过程，因而机组排热量大，导致冷却塔和冷却水系统容量大。按照目前的市场状况，直燃机价格偏高，初投资比较大。目前直燃式溴化锂机组在大型超市中应用的相对较少，但随着城市中大量的天然气的逐步引进，该方案将具有一定的发展前景。

2.5　水冷螺杆机组＋直燃式溴化锂机组(燃气)

这种组合方式是基于建筑物内能源多样化而提出的，目前大型超市使用还不广泛，不过，在其他商业建筑已尝试采用，且运行效果良好。该冷热源组合方式也称复合能源利用形式，即同时用电力和燃气，在一定程度上不仅可缓和城市电力和燃气峰谷之间的平衡，而且可提高供能的可靠性，同时在当前能源价格难以预测的情况下，该方案的运行费用随市场能源价格波动变化较小，有利于用户长期的节能要求。其缺点就是运行管理较复杂。在实际运行中，该组合方式主要可以分为两种运行方式：一是由直燃机提供建筑物基本负荷，不足的冷量由电动冷水机组来补充；另一种就是在低负荷运行时，由电动冷水机组供冷(主要是螺杆机，由于其机组部分负荷性能优的特点)，超过其最大出力时由直燃机来补充。

2.6　冰蓄冷＋燃气锅炉

冰蓄冷系统应用于大型超市是最近刚刚发展起来的，数量较少。冰蓄冷空调最重要的优点就是“削峰填谷”，能够转移制冷机用电时间，起到了转移电力高峰期用电负荷的作用。这样有利于电力系统的负荷管理，充分利用低谷时的剩余电力，提高电网负荷率，降低供电成本。空调蓄冷系统的制冷设备容量和装机功率小于常规空调系统，一般可减少30%～50%，运行费用由于电力部门实施的峰谷分时电价政策，比常规空调系统要低，分时电价差越大，得益越多。笔者认为，大型超市具备了采用冰蓄冷系统的两个特点：一是空调使用时间集中在电力的非谷段，此时空调负荷大，而在电力谷段空调负荷小；二是每年使用空调季节较长(半年以上)，从而可以缩短其投资回收期。目前冰蓄冷空调不足之处就是投资较大，管理复杂，设备运行的可靠性还有待于进一步提高。

3　大型超市冷热源节能选择

3.1　电力冷热源

电力水冷式冷水机组的能效比较高，我国城市大部分超市还会在较长时期内把它作为冷源选择。特别是离心式冷水机组，例如美国某公司推出的用R123冷媒的新机型，能耗已下降到0.136 kW/kW。因此，在大型超市建筑中，选择高效的离心机组，可以节约电耗，降低日常运行费用，从而，大型超市建筑在选用电力冷源时首选水冷离心机组，这一点已成为国内业内人士的共识。但电力空调的大量使用，也给电力供应带来巨大的冲击。使电网的峰谷差进一步拉大。天气越热或越冷，空调电耗越大，出现冬夏两个用电高峰。上海市前两年夏天的电力尖峰负荷达1 300万kW，其中空调用电负荷达到600万kW，占全市用电的46%。

水冷机组也是耗水大户。冷却塔由于蒸发、风吹和排污损失，需要补水，补水量约为流量的1%～1.5%。我国的特大城市(也是大型超市存在最多的城市)人均水资源量均低于世界资源研究所(WRI)规定的每人每年拥有可重复使用淡水总量的临界标准1 000 m^3，其中上海为 191 m^3,居全国倒数第 3 位。因此,在选择空调冷源时,水资源也是必须关注的问题。

3.2 直接电加热供暖

几年前我国部分城市电力供应出现供大于求的局面,当时国家采取种种鼓励用电的措施。直接用电加热,从一次能效率和能级利用来分析,都是属于能源的不合理使用。我国电力供应是一种结构性的供需矛盾,峰电不利而谷电有余,鼓励蓄热式的电热装置,利用谷电是不是一种有效措施呢? 以一台 2 t/h 的蒸汽锅炉为例,其燃料分别采用天然气、柴油和电,燃料耗量分别是 148 m^3/h 天然气、128 kg/h 柴油、1 530 kW/h 电能,分别计算出全国几个大城市三种锅炉的燃料费用,结果见表 3。

表 3　各大城市使用三种锅炉的燃料费用　单位:元

燃料种类	上海	北京	青岛	武汉	沈阳	成都	郑州
燃油	371.2	371.2	371.2	371.2	371.2	371.2	371.2
燃气	244.2	229.4	222.0	251.6	532.8	307.8	355.2
电	1 018.98	747.10	1 151.33	1 445.85	1 334.16	1 321.61	1 262.25

我们可以从表中看出:采用电锅炉供热,消耗能源的费用在每个城市中均是最高的,燃气锅炉除了在沈阳以外,消耗能源的费用都是最低。

3.3 燃气冷热源

燃气直燃型溴化锂吸收式冷热水机组的耗电量主要在主机、冷却塔和水泵,它并非像人们认为的"节电不节能"。从一次能源的角度来看,由于我国以煤为主的能源结构和供电效率不高的特殊国情,直燃型溴化锂吸收式冷热水机组的一次能效率普遍高于电力风冷热泵冷热水机组。随着我国大城市能源结构中天然气的比例上升,直燃机的应用空间将越来越广。

3.4 冷热源的多元化

超市建筑中采用冷热源的多元化是较好的选择。它不仅可以减少用电负荷、平衡天然气的冬夏季用气负荷、减少污染、保护大气环境,而且可以降低系统的日常运行费用。多元化能源就是选用两种或两种以上能源作为空调冷热源的能源。较常见的做法是在一个大型的空调系统中,既采用一部分电力冷水机组,又采用一部分燃气(或燃油)冷热水机组。在夏季采用部分燃气冷热水机组,可以降低高峰用电、减轻电力负荷、减少电网拉闸,让电于民。另外,天然气夏季用气量远小于冬季用气量,用气存在季节性的不平衡,而夏季采用天然气制冷和空调,却起到了平衡天然气负荷的作用。燃气冷热水机组省去了冬季的锅炉和锅炉房面积,减少了变压器的台数和容量。在现今的情况下,采用多元化的空调冷热源方案是较其他方案更合适的选择,它不需要单一依赖一种能源形势,可调节性比较大。

3.5 冷热源的可再生化

在能源危机日益突出的今天,建筑节能已经引起国家的高度重视,环境保护工作、可循环再生能源开发已陆续展开。大型超市建筑在城市建筑中是耗能大户,而大型超市总能耗中冷热源能耗占 50%~60%,因此在大型超市中推广实行冷热源的可再生化显得尤为必要。地源热泵技术是利用浅层地能进行供热制冷的新型能源利用技术,地下冬暖夏凉的特点,使其成为热泵理想的热源。当热泵运行时,不但实现供热或供冷,还将伴随冷量或热量交替地下蓄存,夏蓄热,冬回取,冬蓄冷,夏回取,将地下分别作为冬季热库和夏季冷库,充分实现可再生能源的循环再生，与传统的供热制冷方式相比具有清洁、高效、节能等特点，是“十一五”期间我国可再生能源利用重点推广的节能新技术之一。

太阳能热水技术是目前发展比较成熟的利用可再生能源的技术，特别是2006年1月1日国家《再生能源利用法》正式实施后，随着相关鼓励政策陆续出台，太阳能利用技术在建筑领域的应用得到进一步发展。我们可以将太阳能发电系统、风能发电系统、太阳能热水系统应用到大型超市建筑的供热制冷当中，其中吸收式太阳能中央空调的发展将具有重大意义，它利用太阳能光电转换，以电制冷，或太阳能光热转换，以热制冷，真正实现了绿色空调，节约能源，减少污染物的排放，推动了国内可再生能源利用事业发展。

4　结语

(1) 电力紧张的城市，大型超市可减少使用电力冷热源。设有热电厂的地区，推广利用电厂余热(蒸汽和热水)的供热、供冷技术，例如选择溴化锂吸收式冷水机组作为空调冷源。城市工厂余热应该将其作为供暖或空调系统的热源。

(2) 天然气较充足的地区，推广使用燃气空调和分布式热电冷联供，实现电力和天然气的削峰填谷，提高能源的综合利用效率。

(3) 用电量峰谷差值大且用电单价相差多的城市可以采用蓄冷(热)空调，来提高运行效率、减少装机容量、降低使用代价技能耗。

(4) 具有天然水资源或地热源的城市，宜采用地源或水源热泵供冷、热系统。

(5) 方便使用多种能源(如：电力、天然气、燃油等)的地区，可以适当配置多元化冷热源。这种选择方法应该积极推广。

(6) 国家大力推进建筑节能、使用可循环再生能源，但还是起步阶段，空调冷热源的可再生化尚未成熟，因此可再生能源利用技术在空调领域的应用要走的路还很长。

参考文献

[1] ORPHELIN M, MARCHIO D, D'ALANZO SL. Are there optimum temperatured humidity set pointers for supermakers? [J]. ASHRAE Transactions, 1999, 105(1): 1387-1394.

[2] 中华人民共和国建设部. GB 50019—2003 采暖通风与空气调节设计规范[S]. 北京：中国计划出版社，2003.

[3] 薛志峰，江亿. 商业建筑的空调系统能耗指标分析[J]. 暖通空调，2005，35(1)：37-41.

[4] 李峥嵘，彭姣，王宝海，等. 上海市公共建筑能耗与运行管理现状调查[J]. 暖通空调，2005，35(5)：134-136.

[5] 江亿. 我国建筑耗能状况及有效的节能途径[J]. 暖通空调，2005，35(5)：30-40.

[6] 蔡志红，蔡龙俊，等. 大型超市的暖通空调设计[J]. 制冷技术，2002(3)：28-30.

[7] 于晓明，李向东，等. 暖通空调系统几项重点节能设计措施探讨[J]. 暖通空调，2007，37(9)：89-98.

[8] 黄绪镜. 百货商场空调设计[M]. 北京：中国建筑工业出版社，1998.

[9] 高甫生. 空调用冷水机组能耗及其对环境的影响分析[J]. 暖通空调，1997，S1：3-7.

[10] 龙惟定. 上海地区几种空调冷热源的比较研究[J]. 暖通空调，1996，5：28-31.

对流式和辐射板式电加热器的实验研究*

贺孟春　刘 东　庄江婷　宋 尧　陈吉伟　孙燕敏　罗 金

摘　要：通过实验研究了对流式电加热器和辐射板式电加热器加热过程中的升温规律、室内温度分布规律以及温控装置的运行效果。自然对流电加热器，室内升温较慢，但温度分布均匀；强制对流电加热器，室内升温快，但温度波动较明显；辐射板式电加热器室内升温情况与安装位置无关，但室内温度分布与安装位置关系密切。三种电加热器温控装置的稳定性和可靠性均良好。

关键词：自然对流式；强制对流式；辐射板式；电加热器

Experimental Study for Convection Electric Heater and Radiation-plate Electric Heater

HE Mengchun, LIU Dong, ZHUANG Jiangting,
SONG Yao, CHEN Jiwei, SUN Yanmin, LUO Jin

Abstract: Experiments were made to study the temperature rising law in the heating process, the indoor temperature distribution and the operation of temperature control devices of convection electric heater and radiation-plate electric heater. Results show that the natural convection electric heater is with low temperature rising and uniform indoor temperature distribution, and the mechanical one with rapid temperature rising and significant fluctuations in temperature. To the radiation-plate electric heater, the installation location has nothing to do with indoor temperature rising, but has a lot to indoor temperature distribution. Temperature control devices of all are good at stability and reliability.

Keywords: natural convection; mechanical convection; radiation plate; electric heater

0　引言

电热采暖具有安装简易、使用便利、无需考虑供热计量收费和环保问题等优点，且供热升温快，温度容易控制[1]。电热采暖方式国外采用较多，国内近几年也发展很快，主要分为对流式和辐射式两种。由于电价高，为降低运行费用，电热供暖通常采用间歇供暖。因此，电热供暖加热过程中室内温度的升温规律、分布规律及温控装置的运行效果，是电热供暖设计和运行控制的基础。

本文通过实验的方式，对对流式和辐射板式电加热器的运行情况进行了研究。

1　实验简介

1.1　实验室介绍

本实验是利用同济大学标准散热器实验台进行。

*《建筑热能通风空调》2008，27(6)收录。

实验室结构如图 1、图 2 所示(图中黑点为所布置的测点)。实验室总体由两个分隔开的空间组成:①外围护结构与闭式小室之间的夹层;②闭式小室。外围护结构为普通砖墙结构,夹层内设有空气加热器,其加热功率可根据对夹层的温度要求自动调节,以实现对夹层空间的温度控制(同时还设有制冷系统,因为本实 验在冬季进行,只应用了加热设备)。加热后的空气经送风管和送风口送至夹层空间。闭式小室壁面由镀锌钢板制成,尺寸为 4 m(长)×4 m(宽)×2.8 m(高)。在闭式小室内的采暖设备开启前,通过空气加热器的自动调节,只要经过一定的时间,夹层与闭式小室内的温度都将处于稳定状态。这样做的目的是排除室外环境变化对实验室内温度场的影响,从而保证整个系统在稳定工况下运行。

本次实验中将夹层空间温度设定为 18℃。

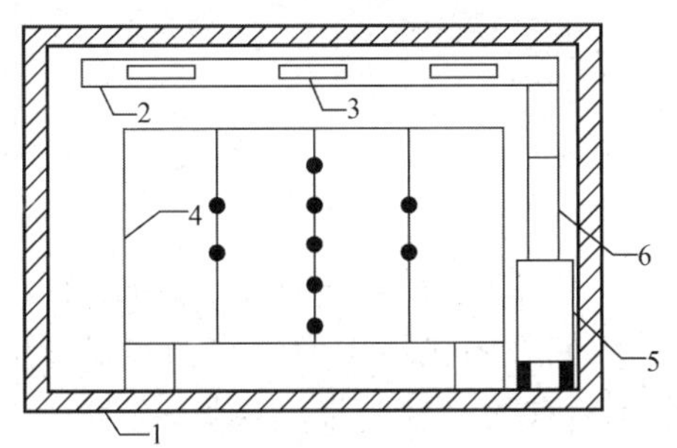

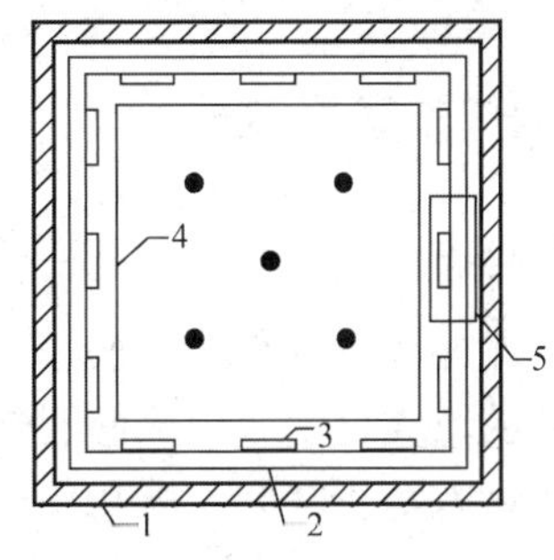

1—外围护结构;2—空调送风管;3—空调送风口;4—闭式小室壁面;5—空调机组;6—空气加热器

图 1 实验室立面图

图 2 实验室平面图

1.2 实验仪器

实验仪器包括:铜/康铜热电偶、2620A Hydra 数据采集器以及 PC 机一台。

1.3 测试设备

(1) 自然对流电加热器:型号为 CNP1500,额定功率为 1 500 W,装有温控装置。

(2) 强制对流电加热器:型号为 CNCRA1015PB,额定功率为 1 500 W,装有温控装置。

(3) 辐射板电加热器:型号为 CNCP750,额定功率为 750 W,装有温控装置。

1.4 测点布置

为了测试温度在同一水平面上的分布,在 1.1 m 和 1.7 m 高度平面上各均匀布置了 4 个测点,位置及编号如图 3 所示。除特殊说明外,测点均按此情况布置。为了测试温度随高度的变化,在闭式小室基准位置(中心位置)[2]不同高度处共布置了 5 个热电偶(图 4),高度分别为 0.2 m、0.7 m、1.2 m、1.7 m 和 2.2 m。

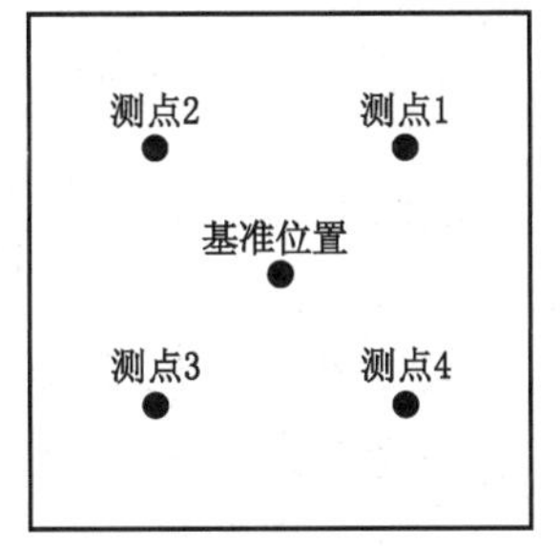

(a) 1.1 m 高度处平面上测点的位置及编号

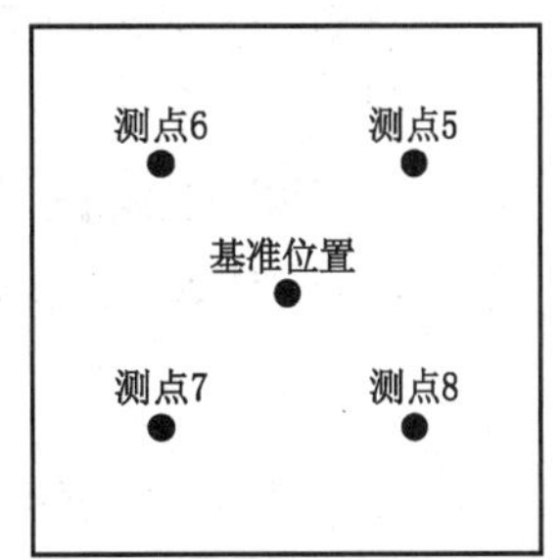

(b) 1.7 m 高度处平面上测点的位置及编号

图 3 测点布置平面图

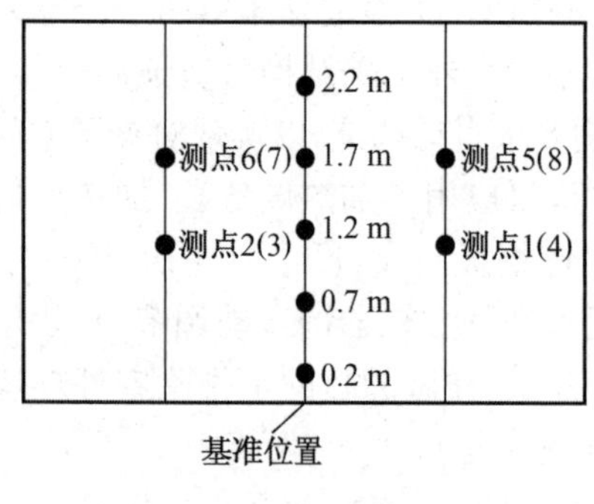

图4　测点布置立面图

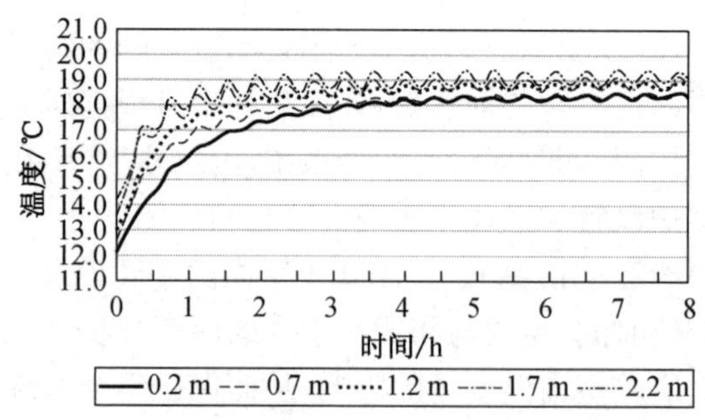

图5　电采暖设备开启前基准位置温度曲线

2　实验结果分析

2.1　实验系统稳定性测试与分析

排除室外环境变化对实验室内温度场的影响，是保证本实验测试准确性的重要因素，因此实验的重点之一是电采暖设备开启前，夹层空间及闭式小室内温度的稳定性情况。图5为空气加热器开启8 h内基准位置不同高度处测点的温度曲线。可见，受夹层空间温度的影响，闭式小室的温度呈周期性振荡，但总体趋势为逐渐升高，随着时间的增长，温度升高幅度逐渐减小，且不同高度测点的温差逐渐减小，即闭式小室内温度场趋于均匀。从图中可以看出，系统运行5 h后，温度增加缓慢，增幅小于0.1℃/h，可以认为系统达到稳定状态。

2.2　对流式加热器运行特性分析

对流式电加热器是利用自然对流的原理，空气经加热装置加热后，由加热器上部流出，室内冷空气由电加热器底部进入，在室内形成循环，实现取暖。强制对流电加热器与自然对流电加热器的区别在于，前者内部装有小型风机，可加快室内空气的循环流动。

2.2.1　自然对流电加热器运行特性分析

设备在闭式小室内的放置位置如图6所示。

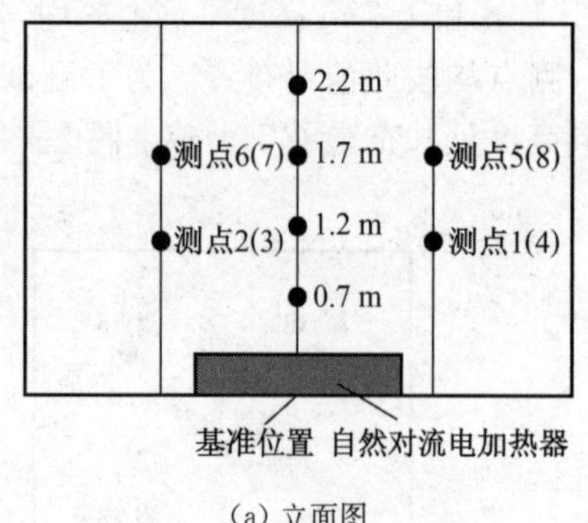

(a) 立面图

(b) 平面图

图6　自然对流电加热器在闭式小室内的放置位置

1）温度随高度的变化——基准位置

从图7和图8可以看出：①设备开启后1.5～2 h后，室内温度达到稳定状态；且设备开启后 0.5 h 内升温最显著。②温度在高度上存在分层现象，最大温差(2.2 m 处测点与 0.2 m 处测点间温差)在 4℃左右，随高度的温升约为 2℃/m。③同一点的温度稳定性较好，稳定后各测点的最大峰谷差值在 0.5℃左右，可见该自然对流电加热器的温控装置稳定性和可靠性良好。

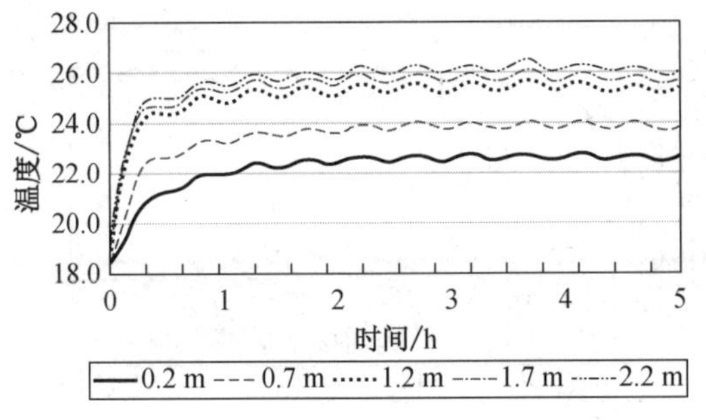

图 7　基准位置处各测点的温度曲线

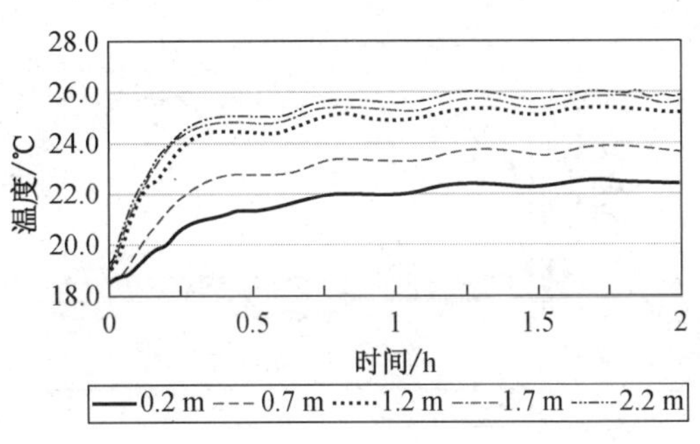

图 8　基准位置处各测点的温升曲线

2）温度在同一水平面上的分布

由图 9 和图 10 可以看出，同一高度处不同测点的温度分布均匀，温差在 0.5℃以内。

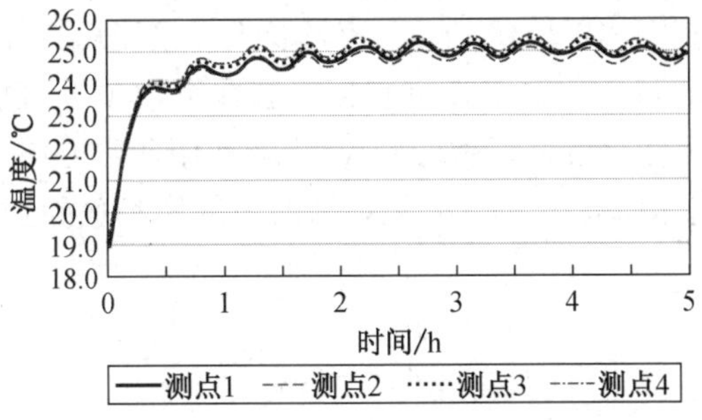

图 9　1.1 m 高度处各测点的温度曲线

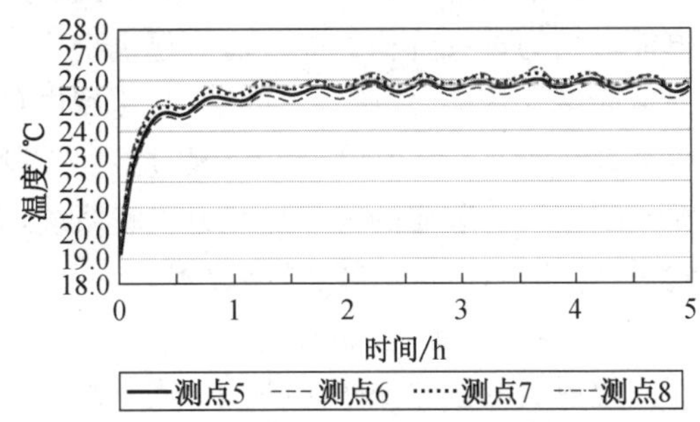

图 10　1.7 m 高度处各测点的温度曲线

2.2.2　强制对流电加热器实验结果分析

强制对流电加热器的放置位置与自然对流电加热器相同。

1）温度随高度的变化——基准位置

从图 11 和图 12 可以看出：①对该台强制对流电加热器设备来说，设备从开启到室内温度稳定，大致需要 0.5～1 h 的时间；而设备在开启后 0.2 h 内温升最显著。②离设备越近，温度越高，温度波动越大；反之，离设备越远，温度越低，温度越稳定。③达到稳定状态后，各测点的温度稳定性较好，可见该强制对流电加热器温控装置的稳定性和可靠性良好。

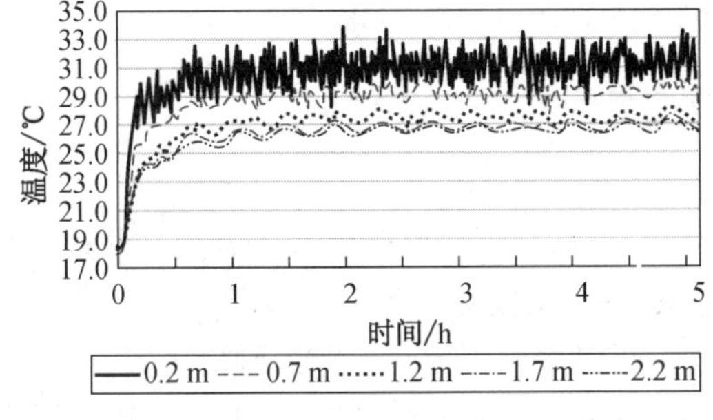

图 11　基准位置处各测点的温度曲线

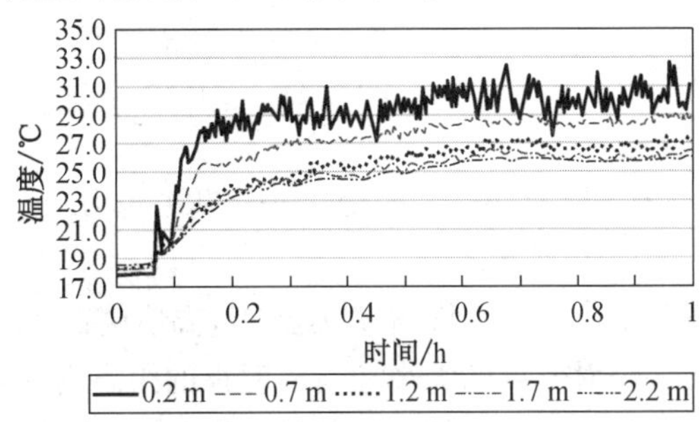

图 12　基准位置处各测点的温升曲线

2）温度在同一水平面上的分布

从图 13 和图 14 可以看出，同一高度水平面上四个测点的温度分布较均匀，温差在 1℃以内。

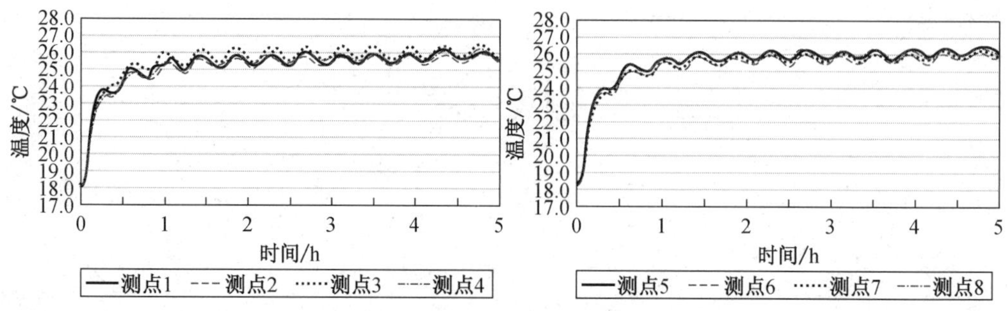

图 13　1.1 m 高度平面处各测点的温度曲线　　图 14　1.7 m 高度平面处各测点的温度曲线

2.3　低温辐射电热板式电加热器运行特性分析

低温辐射电热板[3]（以下简称辐射板）是采用电力为能源，通过片状碳纤维的分子运动将电能转变为远红外辐射能传播。建筑物房间内的密实体即墙壁、地面、家具及人体接受后将辐射能转变为热能，释放到室内空间，达到供热采暖的目的。辐射板可直接安装在室内顶棚，也可悬挂于天花板下，或墙壁上，通过温度控制器对房间温度进行智能调控，安装使用非常方便，尤其适用于已装修的房间加装电采暖系统，无须破坏原有装修。本文对辐射板的两种放置位置进行实验：顶部放置与挂墙放置。

2.3.1　顶部放置

辐射板的位置如图 15 所示，辐射板位于靠近顶部正中间，高度为 2.3 m。

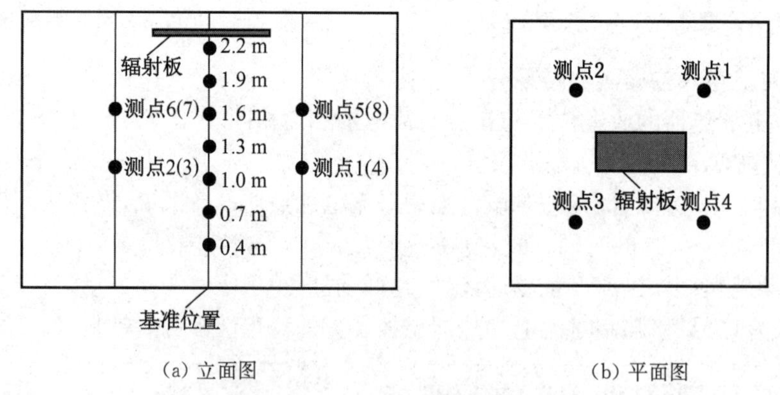

(a) 立面图　　(b) 平面图

图 15　顶部放置时辐射板的位置

1）温度随高度的变化——基准位置

由图 16 和图 17 可以看出：①设备开启后，约 1 h 温度达到稳定状态；设备开启 0.4 h 内温升最明显。② 距离辐射板越近，温度越高，温升越快；辐射板附近温降最明显。

辐射效果的大小和与辐射板的距离有关，室内空气温度分布基本上以辐射板为中心，随着半径的增大而降低。根据传热学公式[4]：单位面积上人体受到的辐射强度，当人体与辐射板距离增大时，辐射效果将会明显下降，由图 16、图 17 可以看出，0.4 m、0.7 m、1.0 m、1.3 m

和 1.6 m(与辐射板距离为 0.7～1.9 m)处测点的温差已小于 1℃。因此对该辐射板而言，当距离超过 0.7 m 时，辐射效果将会下降到一个人体无法感受其差别的程度[3]。达到稳定状态后，各点温度稳定，变化幅度很小，可见温控装置的稳定性和可靠性良好。

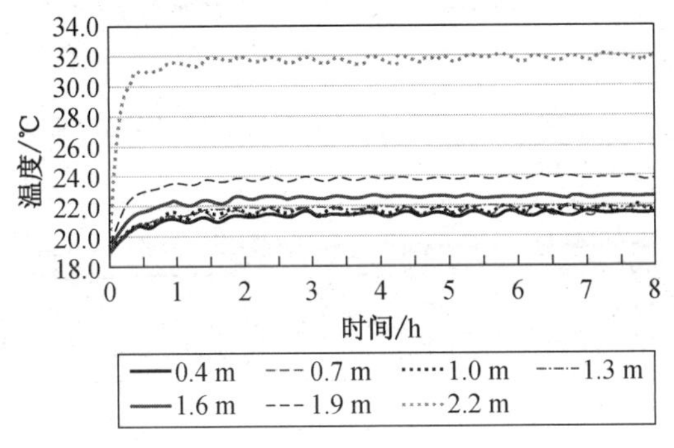

图 16　基准位置各测点温度曲线

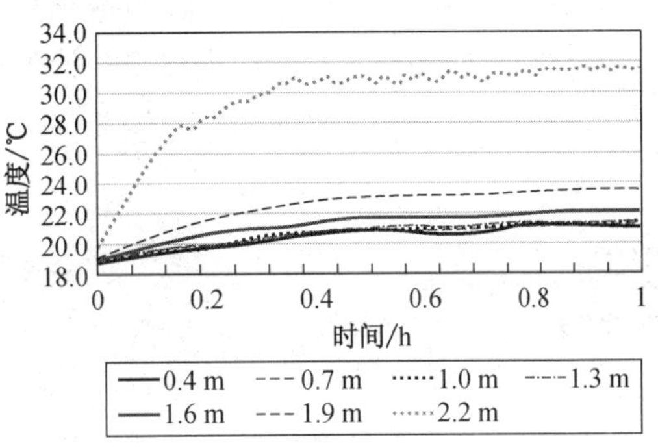

图 17　基准位置各测点温升曲线

2) 温度在水平方向上的分布情况

由图 18 和图 19 可以看出，同一水平面上的温度分布均匀，各测点温差在 0.5℃以内。

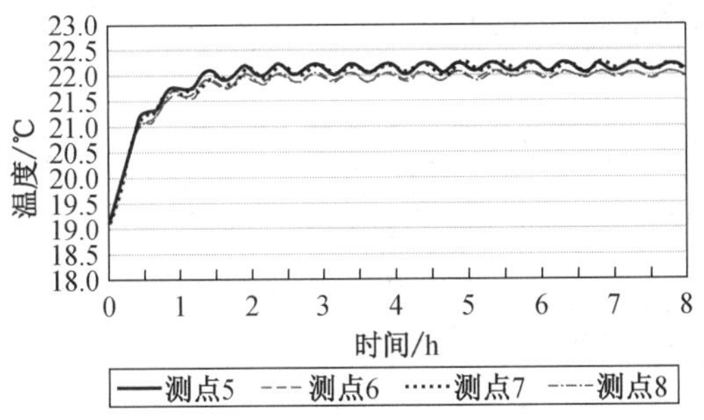

图 18　1.1 m 高度平面各测点的温度曲线

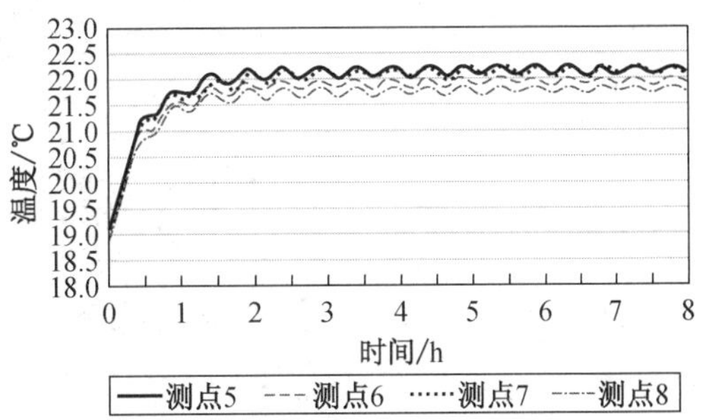

图 19　1.7 m 高度平面各测点的温度曲线

2.3.2　挂墙安装

辐射板挂墙安装时的放置位置如图 20 所示。辐射板下侧距底面高度为 1.4 m。

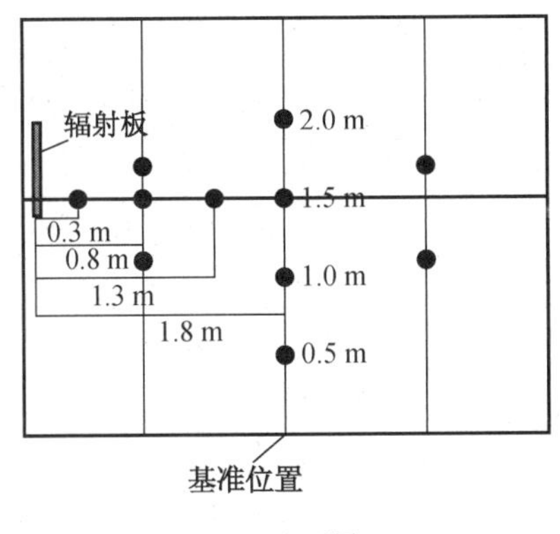

(a) 立面图

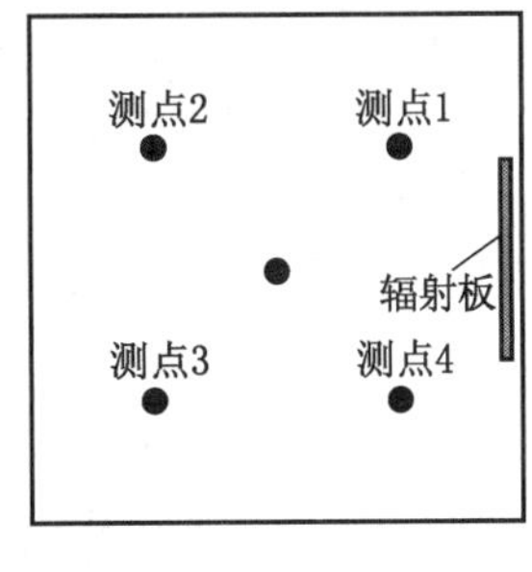

(b) 平面图

图 20　辐射板挂墙安装时放置位置

测点的布置情况：基准位置 0.5 m、1.0 m、1.5 m、2.0 m 各布置一个测点；在 1.5 m 高度，距离辐射板平面 0.3 m、0.8 m、1.3 m、1.5 m 各布置一个测点。测点 1～8 不变。

1）温度在竖直方向上的分布情况

由图 21 和图 22 可以看出：①设备开启后约 1 h 室内温度达到稳定；设备开启 0.6 h 内温升较明显。②温度存在分层现象，温差约为 1℃/m。③达到稳定状态后，各测点温度随时间的波动很小，说明温控装置的稳定性和可靠性良好。

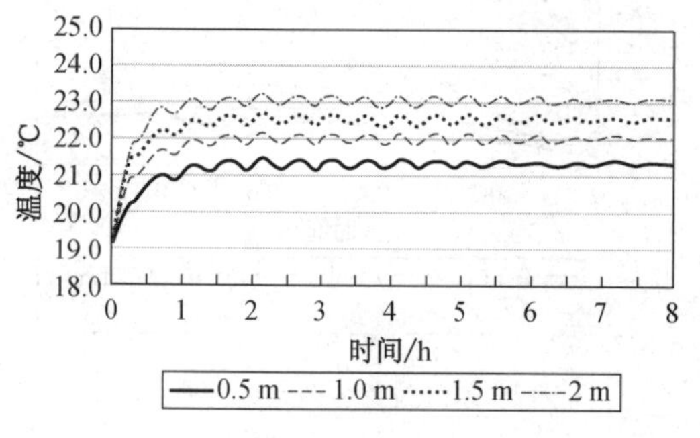

图 21 基准位置处各测点的温度曲线

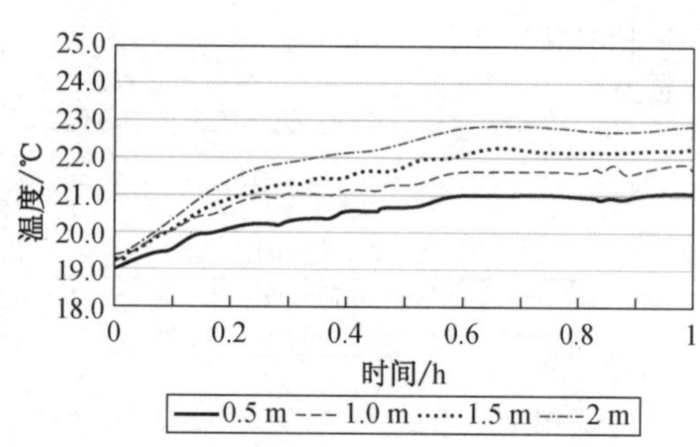

图 22 基准位置处各测点的温升曲线

2）温度与辐射板距离的关系

由图 23 可以看出，离辐射板越近，温度梯度越大；距离辐射板 0.8 m、1.3 m 和 1.8 m 处测点温差已小于 1℃。

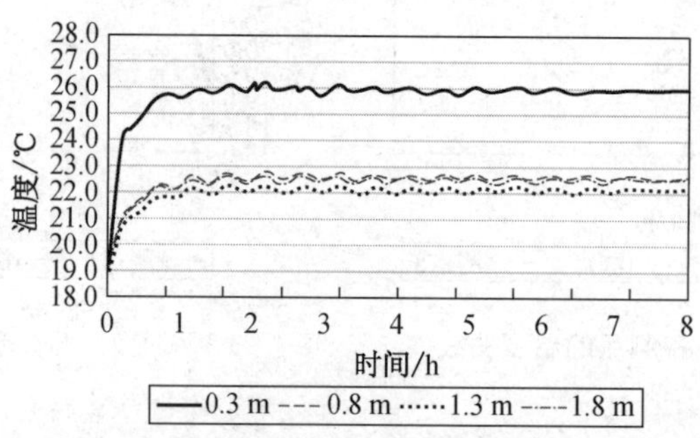

图 23 与辐射板不同距离处各测点的温度曲线

与顶棚安装的结果相比较，可以看出，对于功率恒定的辐射板，基本条件不变的情况下，其有效辐射范围[5]——辐射效果产生的人体受辐射面与背面温差超过人体所能感受的最低温度差 1℃的范围——应该是基本固定的。文献[5]的研究表明，辐射板应该尽量布置在人经常活动范围的正前方，且人经常待的位置不要过远，辐射板挂高在 0.4 m 左右。

3 结论

1）综合比较自然对流与强制对流电加热器

（1）自然对流电加热器升温慢，温度达到稳定所需时间长；而强制对流电加热器升温迅速，室内温度可在较短的时间内达到稳定状态。

（2）在竖向温度分布方面，自然对流电加热器存在竖向温度分层，上高下低；而强制对流电加热器竖向温度分布与加热器位置存在很大关系，距离越近，温度越高，反之越低。

（3）水平方向温度分布方面，自然对流电加热器温度分布均匀，温差小；强制对流电加热器温差较大，且温度高低也与加热器位置有关。达到稳定状态后，自然对流电加热器温度稳定性好，强制对流电加热器温度波动幅度较大，有吹风感。

2）综合比较辐射板顶部放置和挂墙放置两种情况

（1）对于功率恒定的辐射板，不管安装方式如何，设备开启后，室内温度达到稳定状况所需时间大致相同，其有效辐射距离也基本固定。

（2）室内温度分布与辐射板安装位置关系密切。辐射板的安装位置很重要，从实验结果可以看出，距离辐射板越近，温度越高；距离辐射板越远，温度越低，且辐射板附近温降非常明显。所以，辐射板距离人体过近或过远都不好。若辐射板距离人体过近，会造成人体各部位间，尤其是面对辐射方向的部位和背对辐射方向的部位间的温度差很大，当温差超过一定范围时，会引起人的不舒适感；反之，当辐射板距离人体过远时，则根本感受不到辐射效果的存在了。

（3）达到稳定状态后，室内各测点温度波动很小，可见带有温控装置的辐射板具有良好的自动调节功能。

参考文献

[1] 张治江，石久胜. 电热间歇供暖加热过程规律的初步研究[J]. 建筑热能通风空调，2001(4)：4－11.
[2] 中国建筑科学研究院. GB/T13754—92 采暖散热器散热量测定方法[S]. 北京：人民出版社，1992.
[3] 曹冬林. 电采暖在我国的发展前景浅析[J]. 机电信息，2007，25：47－49.
[4] 章熙民. 传热学[M]. 北京：中国建筑工业出版社，1993.
[5] 李炎锋. 壁挂辐射供暖实验研究[J]. 建筑热能通风空调，2003(1)：46－48.

集中采暖地区住宅建筑不同采暖方式的经济性比较*

贺孟春　刘东　李斯玮

摘　要：对集中采暖地区住宅建筑几种主要的采暖方式进行了经济性比较，在分析比较结果的基础上，提出了采暖方式的选择原则。

关键词：采暖方式；经济性比较；选择

Economic Research for Several Main Heating Supply Ways in the Residential Buildings of Centralized Heating Area

HE Mengchun, LIU Dong, LI Siwei

Abstract: This paper makes a economic comparison for several main heating way sin there sidential buildings of centralized heating area, and proposes several principles of heating way selection based on the comparison results.

Keywords: heating ways; economic comparison; selection

0　引言

近年来，随着社会经济的发展和人民生活水平的提高，采暖供热已由原先以社会福利型消费为主，逐步过渡到大众商品化消费为主的消费方式。各种采暖方式纷纷在市场上亮相，竞争也由以前单一的城市集中供热，变成了集中供热、小区范围内供热、单户供热等供热多元化并存的局面。

从控制方式来区分，采暖可分为集中采暖和分户采暖两大类。集中采暖是北方地区主要的采暖方式，使用安全、可靠，但是采暖温度和时间不能由用户自主控制；分户采暖可由用户随意选择采暖温度和采暖时间。从采用的能源看，采暖热源有煤、天然气、燃油和电能几种。随着新能源的使用和新技术、新产品的出现，采暖方式的多元化选择成为可能。本文主要从经济性角度，选取沈阳、北京和西安这三个集中采暖地区典型城市，对燃煤集中锅炉房、热电联产、分散燃气锅炉、户式燃气壁挂炉、发电电缆地板采暖和电暖器几种主要采暖方式进行了评价，为集中采暖地区采暖方式的选择提供参考依据。

1　经济比较方法——费用年值法

本文采用费用年值法对各种采暖方式进行经济性比较。

费用年值法就是对参与比较的各个方案的初投资和经营费用这两项性质不同的费用，利用投资效果系数这个折算比率，将初投资折算成与经营费用类似的费用，然后与经营费用相加，算出一个称为“费用年值”的数值，从而取费用年值最小的技术方案，作为最佳方案。

---

*《节能技术》2008，26(150)收录。

费用年值法因概念明确，计算方法通用简便，在实际工作中得到了广泛的应用。

1.1 费用年值法的计算公式

在一个工程项目中，如其建设期为 P 年，生产期为 m 年。工程项目中各年的投资 K_i 折算到开始正常投产时的终值为 K，正常生产年份的年经营费用为 C。根据动态分析法，将资金现值等额分摊到生产期 m 年中，由此可得出费用年值的计算公式为[1]

$$Z_{\mathrm{d}}=\frac{i(1+i)^m}{(1+i)^m-1}\times K+C \tag{1}$$

式中 Z_{d}——按动态法计算的费用年值，元/年；

K——开始正常投产时的总投资额，元；

C——年经营费(在能源工程中，它包括燃料费、电费、水费、材料费、基建折旧费、大修理费、职工工资、职工福利资金和其他费用项目)，元/年；

i——利率或采用部门的标准内部收益率，本文取 10%；

m——生产期，年。

1.2 关于设备使用寿命不同的问题

设备使用寿命不同给满足相同要求而只能计及费用的多方案评价问题带来了很大的麻烦，而采用了费用年值的计算方法，不论各方案的使用寿命各为多少年，只要将各方案的现金流量都折算成年值，无论使用寿命相同或不同，都可以在共同的时段一“年度”内进行比较，给方案评价带来了很大方便。

由于本文所要比较的各种方案其初投资所包括的项目很多，锅炉本体、锅炉房设备、采暖设备等的使用年限各不相同，折算到每年的费用也不同。需要分开计算，因此本文中费用年值法的计算公式变为

$$Z_{\mathrm{d}}=\sum_{j=1}^{N}\left[\frac{i(1+i)^m}{(1+i)^m-1}\right]_j\times K_j+C \tag{2}$$

式中，N 为设备种类数，其他符号如前所述。

本文中涉及各设备的使用寿命如下[2]：

锅炉房系统：15 年；

户式燃气炉：8 年；

外网：15 年；

室内系统：15 年；

发热电缆：50 年；

电暖器：8 年。

2 建筑能耗的计算

供暖系统的供暖期能耗决定了每年消耗的燃料量，而供暖系统的燃料费占费用年值的很大部分，所以进行采暖方式经济性比较时，首先要确定供暖期内的建筑能耗。

2.1 能耗计算方法

建筑物能耗简算法有度日数法、BIN 方法、负荷系数法等。

度日数法是美国 ASHRAE 给出的估算冬季采暖期建筑能耗的方法。采暖期度日数[3](degree days of heating period)指室内设计基准温度与采暖期室外平均温度之间的温差,乘以采暖期天数的数值,单位为℃・d。我国有较齐全的度日数资料,是按照 18 ℃基准温度计算给出的。

度日数法用于能耗计算时,认为能耗与室内外温差存在线性关系,由建筑特征计算出该线性关系的斜率,这样对于待定的建筑,采暖期内建筑能耗就只与度日数有关。

度日数法是一种最简单的全年能耗预测方法,但它的缺陷在于:没有考虑太阳辐射得热的影响,单纯考虑温差作用对负荷的影响;没有考虑部分负荷运行对采暖设备性能的影响;没有考虑建筑功能对负荷的影响。因此,当建筑物负荷多来自于围护结构传热和渗透负荷,且机组性能比较稳定时,度日数法不失为一种简单、准确、经济的计算方法。

因为本文的目的在于不同采暖方式之间的横向比较,所采用的建筑类型为非集中采暖地区的住宅建筑,所在纬度较高,冬季太阳辐射对负荷的影响相对较小,因此采用度日数法可以达到准确性要求。

2.2　度日法的计算公式

建筑物耗热量计算公式为

$$Q = Q_W + Q_X - Q_D \tag{3}$$

式中 Q_W—— 围护结构耗热量(包括墙体、屋顶、地面、窗户以及户间传热),W;

Q_X—— 新风耗热量,为保证室内新风要求而需要的耗热量,W;

Q_D—— 室内得热量(包括炊事、照明、家电和人体散热等),W。

围护结构的耗热量

$$Q_W = \sum_{j=1}^{n} Q_{wj} = \sum_{j=1}^{n} K_j F_j (t_n - t_w) \alpha_j (1 + f_{fj} + f_{chj})(1 + f_g) \tag{4}$$

式中 Q_{wj}—— 各部分围护结构的基本耗热量, W ;

F_j—— 各部分围护结构的表面积,m^2;

K_j—— 各部分围护结构的传热系数,W/(m^2 ・℃);

t_n—— 冬季室内计算温度,℃;

t_w—— 采暖室外计算温度,℃;

α_j—— 各部分围护结构的传热系数修正系数;

f_f—— 风力附加系数,建筑物在不避风的高地、河边、河岸、旷野上的建筑物以及城镇厂区内特别高出的建筑物,垂直的外围护结构附加 5% ~ 10%,一般情况设置为 0;f_{ch} 为朝向附加系数;

f_g—— 高度附加系数,除楼梯间外,对高于 4 m 的房间应采用高度附加。

新风耗热量

$$Q_X = nVc\rho_w (t_n - t_w)/3.6 \tag{5}$$

式中 n—— 换气次数,次 /h;

V—— 房间体积,m^3;

c—— 空气比热,1.01 kJ/(kg・℃);

ρ_w—— 室外空气密度，kg/m³。

由以上各式可得

$$
\begin{aligned}
Q &= Q_W + Q_X - Q_D \\
&= \sum_{j=1}^{n} K_j F_j (t_n - t_w)\alpha_j (1 + f_{fj} + f_{chj})(1 + f_g) + nVc\rho_w (t_n - t_w)/3.6 - Q_D \\
&= [\sum_{j=1}^{n} K_j F_j (t_n - t_w)\alpha_j (1 + f_{fj} + f_{chj})(1 + f_g) + nVc\rho_w /3.6](t_n - t_w) - Q_D \\
&= H(t_n - t_w) - Q_D
\end{aligned} \quad (6)
$$

$$
H = \sum_{j=1}^{n} K_j F_j \alpha_j (1 + f_{fj} + f_{chj})(1 + f_g) + nVc\rho_w /3.6
$$

则采暖设计热负荷指标为

$$
q = Q/F_f = H(t_n - t_w)/F_f - q_D \quad (7)
$$

式中　q—— 采暖设计热负荷指标，W/m²；

F_f—— 建筑面积，m²。

采暖期内某房间的建筑能耗为

$$
\begin{aligned}
E &= 3\,600[24H\sum_{j=1}^{n}(t_n - t_{wj}) - hQ_D]/(10^6 \cdot F_f) \\
&= 3\,600[24H(\text{HDD18}) - hQ_D]/(10^6 \cdot F_f)
\end{aligned} \quad (8)
$$

式中　E—— 采暖期内某房间建筑能耗，MJ/m²；

h—— 采暖期，h；

t_{wj}—— 采暖期内某天室外平均温度，K；

(HDD18)—— 以 18℃ 为室内基准温度的采暖度日数，℃ · d。

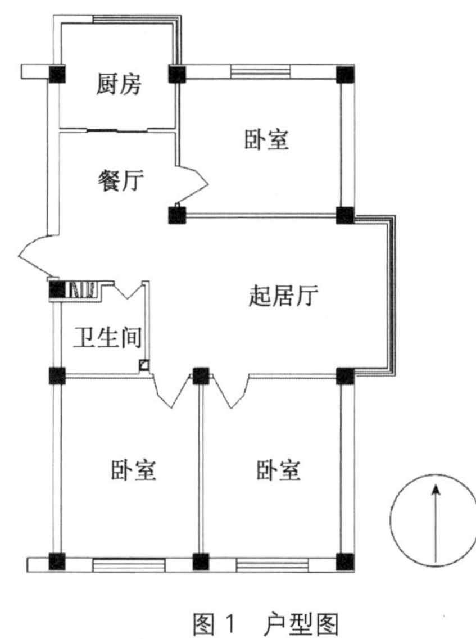

图 1　户型图

对于间歇采暖的住宅建筑，其能耗为计算所得连续采暖能耗的基础上乘以表 1 中系数 C_D[4]。

表 1　间歇采暖的能耗折算系数 C_D

(HDD18)	1 000	2 000	3 000	4 000
C_D	0.76±0.3	0.67±0.26	0.60±0.25	0.65±0.26

2.3　能耗计算结果

2.3.1　所选择建筑类型

能耗计算取某小区标准层的一户为对象，户型图如图 1 所示。其中，北、东、南向为外墙，西向为内墙。

2.3.2　能耗计算结果

本文所采用的建筑类型为节能建筑，传热系数、修正系数等参数的取值均按照文献[3]选取。计算结果如表 2 所示。

表 2　　采暖设计耗热量指标及能耗计算结果

方式	单位	沈阳	北京	西安
连续采暖	MJ/m^2	354.57	265.52	197.02
间歇采暖	MJ/m^2	223.38	169.53	137.15
发热电缆地板采暖	MJ/m^2	205.51	155.97	126.17
采暖设计耗热量指标	W/m^2	40	35	32

注:间歇采暖在连续采暖能耗的基础上乘以表 1 的数据;发热地板辐射采暖,总耗热量在间歇采暖的基础上乘以 0.9～0.95 的修正系数,本文取 0.92[5]。

3　不同采暖方式技术经济性比较

3.1　比较方案的确定

本文所比较的采暖方式见表 3。

表 3　　采暖方案的确定

采暖方式分类	城市热网		区域供暖	分户供暖		
	燃煤集中锅炉房	热电厂	分散燃气锅炉	户式燃气壁挂炉	发热电缆	电暖器
能源类型	煤	天然气	天然气	天然气	电	电

3.2　初投资比较

初投资计算如下

$$K = K_1 + K_2 + K_3 + K_4 \tag{9}$$

式中 K_1——设备价格,元;

K_2——设备安装费,元/m^2;

K_3——外网投资,元/m;外网包括一次网、热力站和二次网,外网投资只限于热电厂和燃煤锅炉房,对于燃气锅炉房和单户式燃气炉,由于锅炉房在主体建筑内,不存在外网,也就没有外网投资;

K_4——室内系统投资,元/m^2;室内系统投资是指用户干线以后的部分,对于有调节、有计量的取 70 元/m^2,对于无计量、无调节的取 32 元/m^2。

沈阳初投资比较见表 4。

表 4　　不同采暖方式的初投资比较(沈阳)

采暖方式		集中供暖		区域供暖	分散供暖		
		燃煤集中锅炉房	热电厂	分散燃气锅炉	户式燃气炉	发热电缆	电暖器
锅炉房投资	投资/(元/m^2)	68.2	55.3	23.2	32.9	—	—
	使用年限	15	15	15	8	—	—
外网投资	投资/(元/m^2)	33	33	12	—	—	—
	使用年限	15	15	15	—	—	—
室内系统投资	投资/(元/m^2)	32	32	32	70	200	24
	使用年限	15	15	15	15	50	8
折合初投资	元/(m^2·年)	17.32	15.64	8.74	15.35	20	4.56
比例		1	0.9	0.5	0.89	1.15	0.26

注:电暖器价格参考某品牌电暖器产品,见表 5;表中其他数据参照文献[2]。

表 5　　某品牌电暖器产品价格参考

型号	功率 W	价格 元	单位容量投资/(元・W^{-1})	单位建筑面积投资/(元・m^{-2})
CN2548W	2 000	1 200	0.6	24

3.3　运行费用比较

运行费用计算如下

$$C = C_1 + C_2 + C_3 + C_4 + C_5 + C_6 + C_7 \tag{10}$$

式中 C_1—— 燃料费，元 /(m^2・年)，$C_1 = B \times J$；

B—— 年耗燃料量，kg/(m^2・年)；

J—— 燃料单价，元 /kg；

C_2—— 水费，锅炉只计算补给水的费用；据统计，对于 1 ～ 10 t 的锅炉补给水量可按锅炉的蒸发量来估算：即蒸发量为 1 t/h 的锅炉，补给水量约等于 1 t/h；对于单户式燃气炉，它的补给水量很少，一般可按供暖系统循环水量的 0.3% ～ 0.5% 确定，元 /(m^2・年)；本文取值参照文献[2]；

C_3—— 电费，锅炉运行包括循环水泵、补给水泵、鼓引风机、上煤除渣、锅炉炉排的运行电耗，元 /(m^2・年)；本文取值参照文献[2]；

C_4——人工费，按 20 元/(人・d)计，福利费按工资的 15%取值，热电厂和区域锅炉房配备 15 人，分散燃气锅炉房锅炉的自动化程度高，操作人员为 2 人，单户式燃气炉和水源热泵供方式，可视无人操作，元/(m^2・年)；本文取值参照文献[2]；

C_5——维修费，一般按工程中固定资产的百分率进行估算；锅炉房供暖系统维修费取固定资产原值 C_y 的 2.5%，其他供暖系统 C_y 取 1%，元 /(m^2・年)，其计算式为：$C_y = n \times T$，n 为系数，取 90%～95%，本文取 90%；

T——初投资，元 / m^2；

C_6——折旧费，包括厂房、热网、室内系统及用热设备等的折旧，按固定资产的 4%～5%选取，本文取 4.5%，元/(m^2・年)；

C_7——其他费用，供热企业的各种税金、燃煤锅炉房的烟尘排污费、水处理费用等，本文按固定资产的 2.5%选取，元/(m^2・年)。

燃料价格见表 6（以 2007 年 12 月价格为准）。

表 6　　各地能源价格

地区	类别	电/(元・kW^{-1}・h^{-1})		水/(元・m^{-3})	天然气/(元・m^{-3})	煤	
						发热值/kJ	价格(元・t^{-1})
沈阳	公用	0.776		4.6	3	25 120	580
	民用	0.5		2.9	2.4		
北京	公用	0.634 3		5.6	2.55	20 934	440
	民用	0.488 3 0.3	峰(6:00—22:00) 谷(22:00—6:00)	3.7	1.95		
西安	公用	1.1		3.45	1.95	22 190	360
	民用	0.5		2.9	1.6		

燃料费比较结果见表 7。

表 7　　各采暖方式燃料费比较结果（沈阳）

采暖方式		集中供暖		区域供暖	分户供暖		
		集中锅炉房	热电厂	分散燃气锅炉	户式燃气炉	发热电缆	电暖器
燃料类型		煤	煤	天然气	天然气	电	电
能耗	MJ/m²	354.57	354.57	354.57	223.38	205.51	223.38
燃料热值	热值	25.2	25.2	35.6	35.6	3.6	3.6
	单位	MJ/kg	MJ/kg	MJ/m³	MJ/m³	MJ/kWh	MJ/kWh
供暖效率		0.65	0.8	0.88	0.8	1	1
单位建筑面积	数值	21.65	17.59	11.32	7.84	57.09	62.05
	单位	kg	kg	m³	m³	kWh	kWh
年耗燃料量	热值	0.58	0.58	3	2.4	0.5	0.5
燃料价格	单位	元/kg	元/kg	元/m³	元/m³	元/kWh	元/kWh
燃料费	元/m²	12.55	10.2	33.95	18.82	28.54	31.02

运行费比较结果见表 8。

表 8　　各采暖方式运行费比较结果

采暖方式		集中供暖		区域供暖	分户供暖		
		集中锅炉房	热电厂	分散燃气锅炉	户式燃气炉	发热电缆	电暖器
燃料费	元/(m²·年)	12.55	10.2	33.95	18.82	28.54	31.02
	kg/(m²·年)	80	80	5	4	0	0
水费	元/t	4.6	4.6	4.6	2.9	—	—
	元/(m²·年)	0.37	0.37	0.02	0.01	0	0
	kWh/(m²·年)	3	4	0.3	0.2	—	—
电费	元/(kW·h)	0.776	0.776	0.776	0.5	—	—
	元/(m²·年)	2.328	3.104	0.232 8	0.1	0	0
维修费	元/(m²·年)	3	2.71	1.51	0.93	0	0.22
人工费	元/(m²·年)	1.25	1.25	1.66	0	0	0
折旧费	元/(m²·年)	5.39	4.87	2.72	4.17	8.1	0.97
其他费用	元/(m²·年)	3	2.71	1.51	2.32	4.5	0.54
运行费合计	元/(m²·年)	27.89	25.21	41.62	26.34	41.14	32.75
比例		1	0.9	1.49	0.94	1.48	1.17

3.4　费用年值比较

费用年值比较结果见表 9 和图 2。

表 9　　各采暖方式费用年值比较结果（沈阳）

采暖方式		集中供暖		区域供暖	分散供暖		
		燃煤集中锅炉房	热电厂	分散燃气锅炉	户式燃气炉	发热电缆	电暖器
折合初投资	元/(m²·年)	17.32	15.64	8.74	15.35	20	4.56
年运行费	元/(m²·年)	27.89	25.21	41.62	26.34	41.14	32.75
费用年值	元/(m²·年)	45.21	40.85	50.35	41.7	61.14	37.31
比例		1	0.9	1.11	0.92	1.35	0.83

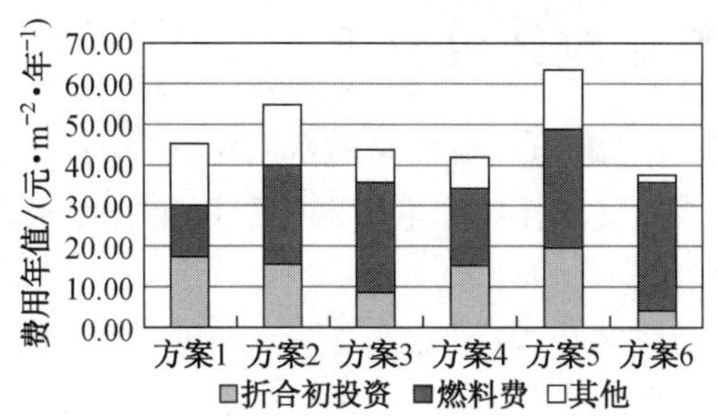

图2　各采暖方式费用年值比较结果（沈阳）

3.5　其他城市比较结果

为了更准确全面地比较集中采暖地区住宅建筑中各采暖方式的经济性，依照同样的方法，笔者将北京和西安两地的比较结果也统计如下，见表10、表11和图3、图4。

表10　　不同采暖方式技术经济性比较(北京)

采暖方式			集中供暖		区域供暖	分户供暖		
			集中锅炉房	热电厂	分散燃气锅炉	户式燃气炉	发热电缆	电暖器
折合初投资		元/(m^2·年)	15.15	13.68	7.64	13.43	17.5	3.99
燃料费		元/(m^2·年)	8.56	14.45	16.53	11.61	18.43	20.04
运行费	其他运行费	元/(m^2·年)	13.27	13.18	6.89	6.58	11.03	1.51
合　计		元/(m^2·年)	21.83	27.63	23.43	18.19	29.46	21.55
费用年值		元/(m^2·年)	36.98	41.31	31.07	31.62	46.96	25.54

表11　　不同采暖方式技术经济性比较(西安)

采暖方式			集中供暖		区域供暖	分户供暖		
			集中锅炉房	热电厂	分散燃气锅炉	户式燃气炉	发热电缆	电暖器
折合初投资		元/(m^2·年)	13.85	12.51	6.99	12.28	16	3.65
燃料费		元/(m^2·年)	4.9	8.85	10.06	7.7	17.52	19.05
运行费	其他运行费	元/(m^2·年)	13.23	13.23	6.534	6.01	10.08	1.38
合　计		元/(m^2·年)	18.12	22.07	16.6	13.72	27.6	20.43
费用年值		元/(m^2·年)	31.98	34.59	23.59	26	43.6	24.08

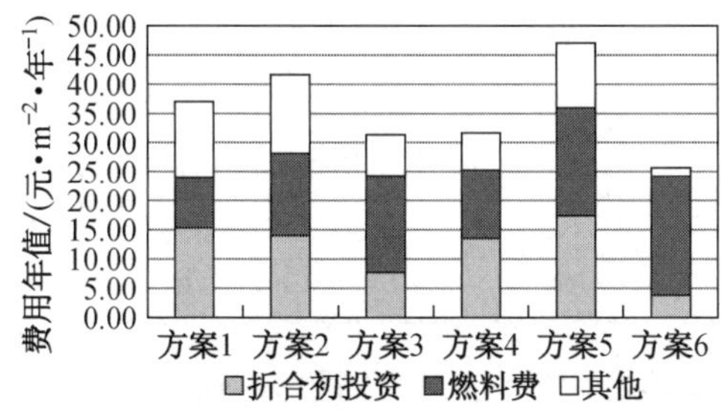

图3　不同采暖方式技术经济性比较（北京）

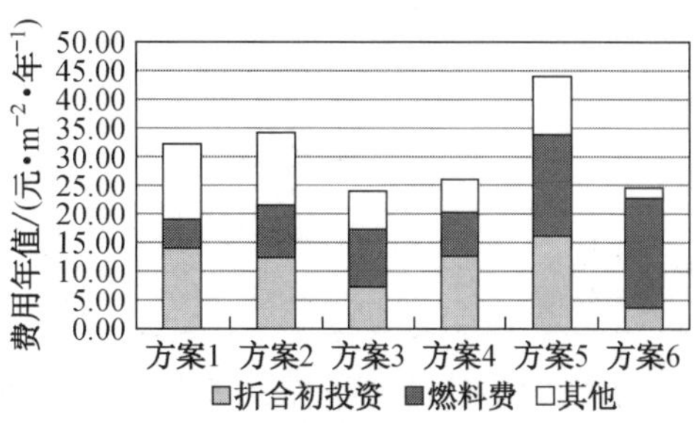

图4　不同采暖方式技术经济性比较(西安)

4 采暖方式经济性比较结果分析

(1) 从费用年值角度,发热电缆地板采暖的费用年值最高,热电厂次之,再次为燃煤集中锅炉房,分散燃气锅炉、户式燃气壁挂炉和电暖器的费用年值低于前三种采暖方式,但其费用年值的相对高低与所处城市的不同而不同。

发热电缆地板采暖舒适性最好,但却是最昂贵的采暖方式。因为其初投资大,由于电价较高,运行费用也高。

电暖器虽然费用年值较低,但是其燃料费占相当大的比例,在沈阳为83%(燃煤集中锅炉房为28%,燃气热电厂为44%,分散燃气锅炉为65%,户式燃气炉和发热电缆为45%),在北京为78%,在西安为79%。所以电暖器适用于电价较低或对电采暖实行优惠政策的地区。

分散燃气锅炉与户式燃气壁挂炉的费用年值大致相当。但对于户式燃气壁挂炉,严冬季节家中无人时,也需保留低温燃烧;热泵经常启动及火焰燃烧,噪音较大;燃烧室过小,难以采用降氮措施,以降低氮氧化物的排放量,可能存在安全问题隐患。因此在有条件的情况下,应该优先选择分散燃气锅炉集中供暖。

(2) 对分户采暖方式而言,燃料费的计算是建立在间歇采暖的基础上。若全部为连续采暖,分户采暖方式在经济性角度并不优于集中采暖(沈阳比较结果见表12和图4);因此分户供暖的优势在于:用户可以根据使用情况自主启闭和调节采暖系统,通过对采暖时间的控制和采暖温度的调节来减少热费。由于住宅建筑供暖时间的不确定性,单纯说分户采暖便宜或者不便宜,都是不确切的,需要具体情况具体分析。因此,有权利自主选择采暖方式的用户,应该根据自身情况、当地能源政策和价格等因素综合考虑。

表12　　各采暖方式技术经济性比较2(沈阳)

采暖方式			集中供暖		区域供暖	分户供暖		
			集中锅炉房	热电厂	分散燃气锅炉	户式燃气炉	发热电缆	电暖器
折合初投资		元/(m^2·年)	17.32	15.64	8.74	15.35	20	4.56
运行费	燃料费	元/(m^2·年)	12.55	23.9	27.16	29.88	45.31	49.25
水费		元/(m^2·年)	0.37	0.37	0.02	0.01	0	0
电费		元/(m^2·年)	2.33	3.1	0.23	0.1	0	0
维修费		元/(m^2·年)	3	2.71	1.51	0.93	1.8	0.22
人工费		元/(m^2·年)	1.25	1.25	1.66	0	0	0
折旧费		元/(m^2·年)	5.39	4.87	2.72	4.17	8.1	0.97
其他费用		元/(m^2·年)	3	2.71	1.51	2.32	4.5	0.54
合　计		元/(m^2·年)	27.89	38.91	34.82	37.4	59.71	50.97
费用年值		元/(m^2·年)	45.21	54.55	43.56	52.75	79.71	55.53

(3) 燃料热价性能指标。从费用年值的组成看,运行费所占的比例较大,而运行费中燃料费所占比例较大,因此燃料价格对分析结果存在很大影响,可以把燃料价格作为敏感因素,对它进行单因素敏感性分析,得出燃料热价性能指标,燃料热价性能指标即每MJ热量所需要的燃料费用。以沈阳为例,结果见表13。

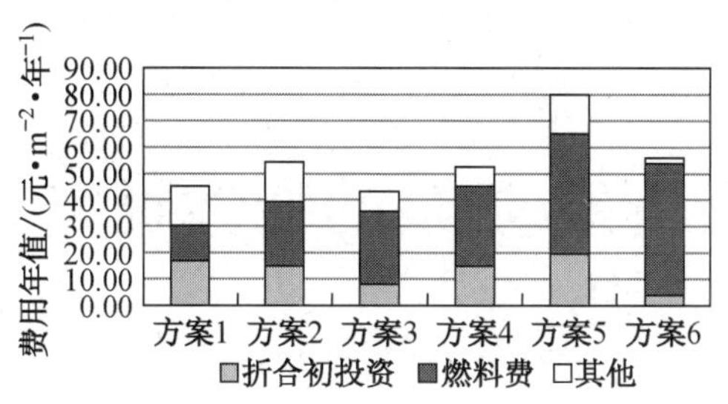

图5　各采暖方式技术经济性比较2(沈阳)

表13　各采暖方式的燃料热价性能指标

采暖方式		集中供暖		区域供暖	分户供暖		
		集中锅炉房	热电厂	分散燃气锅炉	户式燃气炉	发热电缆	电暖器
燃料热价性能指标	元/MJ	0.035	0.067	0.077	0.084	0.139	0.139

可见,仅从燃料费用来看,电采暖是最贵的采暖方式,燃气次之,燃煤最便宜。

由于本文所选建筑类型为节能建筑,传热系数等参数均符合《居住建筑节能设计标准》中的规定。对于现有的非节能建筑,其能耗要比本文计算结果大得多,这对燃料费所占比例大的采暖方式无疑是不利的,因此是否选取电采暖方式,建筑类型也是一个很重要的考虑因素。

参考文献

[1] 刘长滨.建筑工程技术经济学[M].北京:中国建筑工业出版社,1999.

[2] 李彗星.沈阳地区不同热源供热方式的动态经济性分析[J].节能,2003(7):36-39.

[3] 中国建筑科学研究院.JGJ 26—95 民用建筑节能设计标准[S].北京:中国建筑工业出版社,1996.

[4] 刘东.常见能耗分析方法简介[J].河北建筑工程学院学报,2005,23(4):29-32.

[5] 中华人民共和国建设部.GB 50019—2003 采暖通风与空气调节设计规范[S]北京:中国计划出版社,2003.

地源热泵的特性研究

刘 东　陈沛霖　张 旭

摘　要：介绍了地源热泵的特点，分析了地源热泵的关键技术，并与相关的热泵技术进行了性能比较。

关键词：地源；热泵；空调；节能

The Research on the Characteristics of Ground Source Heat Pump System

LIU Dong, CHEN Peilin, ZHANG Xu

Abstract: The characteristics of ground source heat pump are introduced, and the key technologies of ground source heat pump are analyzed, and the performance of the ground source heat pump is compared with that of the related heat pump technology.

Keywords: ground source; heat pump; air conditioning; energy saving

1　概述

地源热泵是利用地下能源的热泵系统，这是它与水-空气热泵以及空气热泵的最主要的区别。冬季通过热泵将大地中的低位热能提高品位对建筑供暖，同时蓄存冷量以备夏季使用；夏季通过热泵将建筑物内的热量转移到地下，对建筑物进行供冷，同时蓄存热量以备冬季使用。

地源热泵系统根据不同的构成型式有不同的名称：地耦合式热泵、大地耦合式热泵、土壤热源热泵、地热热泵、闭环热泵、太阳能热泵、地源热泵等[1]。这些系统的工作原理基本是相同的，而且是相互关联的。如地源热泵就不但包括地耦合式热泵系统而且包括以地下水和湖水为低位热源的水源热泵系统，它们的区别是封闭环路的排管是埋在土壤中还是放在水中。

近年来，地源热泵系统的研究在国内外倍受重视，国外已经有一些比较成功的工程实例，国内也在大力进行推广。地源热泵的性能如何，与传统的热泵技术比较具有哪些优缺点，正是暖通空调工作者关注的问题。

2　地源热泵的特点

2.1　地源热泵的结构形式

典型的地源热泵系统主要由压缩机、水-制冷剂热交换器、水泵、制冷剂-水（或制冷剂-空气）热交换器、节流装置和电气控制设备等部件组成。地源热泵系统的类型多样性使其组成部分不尽相同，但是基本的构件是共同的，如压缩机、地下盘管、水泵、热交换器等。传统的地源热泵系统采用较多的是U形竖埋管换热器，根据埋管深度分为浅层（＜30 m）、中层（30～

*《流体机械》2001，29(7)收录。

100 m)、深层(>100 m)三类[2]。而且地下蓄能系统的埋管较灵活，可布置在草坪、花园、农田下面或湖泊、水池内；可布置在土壤、岩石或地下水层内；也可在混凝土桩内埋管。

2.2　地源热泵的性能分析

热泵技术是在高位能的拖动下，将热量从低位热源流向高位热源的技术。它可以把不能直接利用的低品位热能(如空气、土壤、水、太阳能、工业废热等)转化为可利用的高位能，从而达到节约部分高位能(煤、石油、天然气、电能等)的目的。利用低位能的热泵技术可以节约燃料、合理利用能源、减轻环境污染，作为一条节能与环保并重的途径，热泵技术在矿物能源日益紧张的当今世界，已引起人们的兴趣和重视。有研究表明，与区域锅炉房的能耗比较，相同容量的热泵站的能耗：用河水(5 ℃～6.6 ℃)作为低位热源时，年节煤率为 12.68%～14.08%；用海水(12 ℃～13.6 ℃)作为低位热源时，年节煤率为 21.59%～39.98%；用工业废水(18 ℃～20 ℃)作为低位热源时，年节煤率为 39%～39.98%[3]。

热泵的效率与建筑物室内和室外环境的温差有关，温差越小，热泵的效率越高。文献[4]中对此做了较为详细的分析，热泵的效率直接影响它的使用。有研究表明，从热泵机组冬季运行中除霜的角度来看，空气源热泵的使用不但与室外温度有关，而且与室外大气的相对湿度有密切关系，这大大限制了它的使用范围[5]。采用地源热泵系统，由于土壤的温度比室外空气温度更接近室内的温度，若设计合理，地源热泵可以比空气源热泵具有更高的效率和更好的可靠性。此外，因为相同体积流量水的热容是空气的 3 500 倍，水与制冷剂的换热效果远好于空气与制冷剂的对流换热，因此地源热泵的换热盘管要比空气源热泵小得多且地源热泵系统的构件较少使其运行费用可以降低。

2.3　地源热泵的经济性分析

一项新技术的应用在很大程度上是受经济性影响的，地源热泵系统也不例外，其发展的历史就是一个很好的例证。分析其经济性应从系统构成、系统效率、能源价格体系、所服务的建筑类型、环境因素等方面来综合考虑。

在目前的价格体系下，若全国建立以工业废水(18 ℃～20 ℃)作为低位热源的热泵站，其经济效益是合理的，以河水(5 ℃～6.6 ℃)为低位热源的热泵站宜在长江流域及长江以南的地区建立[3, 6]。此处热泵站经济性的确定标准是水温，以水为换热工质的水源热泵系统可以此为参考。进一步考虑环境因素，如空调系统对大气环境和水环境等的影响进行评价，可以更为全面和客观地分析其经济性能。

以土壤作为低位热源的土壤源热泵系统的造价与地下蓄能系统的埋管有关；若埋管深，地下土壤的温度以系统的运行性能较稳定，钻孔占地面积较少，但是会相应带来钻孔、钻孔设备的经费和高承压 PVC 管的造价增加。文献[7]中分析的是一学校建筑(共 14 864 m^2)，将其供冷和供热系统改造成地源热泵系统，并在系统中对水泵采用变流量技术，改造后每年节省的费用为 37 000 元，占总能耗的 26.62%；系统因改造而增加的费用为 197 000 元，整个地源热泵系统的回收期是 5～6 年。

3　地源热泵的关键技术

作为一项结合土壤环境学、钻探、热交换、制冷、暖通空调等多学科知识的技术，影响地源热泵系统性能的因素是多方面的。其关键技术是土壤环境性能的研究和制冷系统的合理配置。

3.1 土壤的性能研究

地源热泵系统的性能与土壤性能是紧密相关的，土壤环境中热源的最佳间隔和深度取决于土壤的热性质和气象条件，并且是随地点而变化的。研究地源热泵所应用地区的土壤环境温度和热流性质是地源热泵系统成功使用的前提，也是进行地源热泵方案设计的基础。土壤的性能研究主要包括土壤的能量平衡、热工性能、土壤中的传热与传湿和环境对土壤热工性能的影响等[4, 8]。

3.1.1 土壤的能量平衡

土壤表面的辐射平衡与太阳短波辐射、天空短波辐射、天空长波辐射、土壤发射的长波辐射、土壤的反射率等因素有关，其中土壤的反射率 α 是土壤表面的重要特性，主要取决于土壤的颜色、表面粗糙度、湿度和倾度等。土壤表面吸收的净辐射用以加热土壤和空气，使水分蒸发。净辐射的量与土壤热通量(热从土壤表面向下面的土壤剖面传递的速率)、该表面向上面空气传递的显热通量和蒸发热通量的总和是平衡的。

3.1.2 土壤的热工性能

我们研究的土壤热参数一般是指定容比热 C、热传导度 K 和热扩散度 D_r，为了解温度随时间和空间的变化规律，必须测量或计算这三个参数的值。

(1) 土壤的热传导度 K 是在单位温度梯度下，单位时间内通过单位面积传送的热量。土壤的空间热传导度取决于它的矿物成分、有机质含量及水和空气的比率。由于空气和水的比例在不断变化，而土壤组分随深度的分布并非均匀，因此 K 是时间和空间的函数。土壤的总热传导的变化是极其复杂的问题，因为它涉及土壤的几何结构和粒子与粒子间及相与相间的传递。一般用土壤组分的特有传导度和体积比率的函数来表示这一问题。在简化时，一般考虑两种比较简单的情况：具有相同的土粒分布的干土和水分饱和土壤。

鉴于理论描述土壤热传导度的复杂性，人们想借助于直接测量的手段。但土壤水势依赖于温度，温度梯度的存在会引起水分运动和热的运动，这两者相互影响，导致测量热传导度也较复杂并存在一定的困难。对于干土稳态热流方法具有足够的精度；对于湿土采用瞬态热流方法更合适。

(2) 土壤的定容比热 C 为温度每改变一个单位时，单位土壤毛体积热含量的改变，它取决于土壤固相(矿物质和有机质)的组分、干容量和土壤含水率。经过分析认为空气对土壤比热的影响可忽略，最后的表达式为：$C=f_mC_m+f_oC_o+f_wC_w$；下标 m，o，w 分别代表矿物质、有机质和水，f 是各相的体积比率。在研究冻土时，由于冰的参数不同于液态水的参数，必须对它进行相应的修正。在典型的矿质土壤中，C 值从干燥状态到水分饱和状态是逐渐增加的。

(3) 热扩散度 D_r 是热传导度 K 与定容比热之比：$D_r=K/C$；在特殊情况下，D_r 可以被看作是不随 x 变化的常数。研究土壤稳态热传导可直接采用 Fourier 定律，而对于非稳态情况，则利用热传导第二定律，在能量守恒的前提下，表现为连续方程的形式。有时必须考虑发生热流的范围内可能出现的热源或热汇，热源与有机质的分解、原先干燥的土壤的湿润及水蒸气的凝结等因素有关，热汇一般与蒸发有关。

3.1.3 土壤中的传热和传湿

土壤环境中水和热的流动是相互牵制的，在土壤中同时存在温度梯度和水势梯度，温度场影响水势场，引起液体和蒸气的运动；反之水势梯度使水运动，而水是携热的；这两者的作用导致土壤中的热和水分的综合迁移。在比较湿的情况下，水分梯度的影响较大；而在接近干燥的情况下，热的运动不会引起液态水和水蒸气的明显运动。目前难度较大的是液态水和水蒸气的迁移有相似的数量，并且热梯度比水势梯度更重要时的情况。用于描述这个过程的方法主要有机械方法和热力学方法。这两种方法各有优缺点且相互关联和补充。

建立土壤中的传热和传湿物理模型的基础是：在重力、毛管力和吸附力的作用下，液态水作粘性流动，水蒸气因扩散而运动，土壤中各点存在液体和水蒸气之间的局部的微观热力学平衡。

3.1.4 影响土壤环境的因素

经过研究发现土壤温度随作用于土壤环境-大气环境界面上的气象状态的不断变化而不断变化。气象状态的变化特点是其变化是有规律地日夜交替、冬夏交替(其中受到不规则现象的干扰)。鉴于这些外部的影响及地理位置和植被的影响加上土壤本身变化的性质，可以预料土壤剖面的热状态的确是复杂的。当导热的土壤中温度上升或下降时，一定的热量会沿着传播路径被吸收或释放，随着土壤深度的增加，温度的振幅会减小而位相延迟将增加，这是周期性温度在土壤中传播时的典型现象。阻尼深度与频率成反比，而与相应的温度变化周期成正比。一般是考虑土壤温度日变化和年变化的联合效应，日循环被看作是加在年循环上的短期扰量。异常的天气会引起较大的相对简谐波运动的偏差，而且由于年温度波的穿透深度比较大，应考虑深层土壤的非均一性和土壤热性质随时间的改变，不同的土壤深度其热稳定性亦有所不同。

3.2 地源热泵系统配置的研究

地源热泵技术在 20 世纪 50 年代的欧洲出现第一次高潮，但由于当时能源(尤其是石油)的价格很低，相比较而言，系统的造价显得过高，因此没有引起人们的重视；70 年代的能源危机使人们对节能技术的重视程度大大增强，人们在寻求能源的同时也开始重视高效、节能的系统，这使地源热泵系统得以迅速发展，从 80 年代初美国和加拿大开始了冷暖联供地源热泵系统的研究工作，取得了一定的成果，并且将这一技术成功应用于商业、学校、办公楼等建筑之中。

目前在我国也有很多高校的科研人员正在研究这项技术，如重庆建筑大学研究的是浅埋的套管式换热器，参照 V. C. Mei 地下竖埋管换热理论，由系统能量平衡结合传导方程对地下套管式换热器建立传热模型[2]。同济大学和青岛建筑工程学院结合本地区的土壤特点，建立了地源热泵系统的实验装置并以此为基础对地源热泵空调系统进行性能研究。

4 地源热泵技术展望

4.1 地源热泵发展面临的问题

(1) 观念方面：空气源热泵和燃气、燃煤供热技术相对成熟，使得人们选择地源热泵系统时会面临阻力。

(2) 暖通空调技术与其他技术的配合：地源热泵技术是暖通空调技术与钻井技术相结合的综合技术，两者缺一不可，这要求工程组织者和工程技术人员能够合理协调、做好充分的技术经济分析。

(3) 对环境的影响：目前地下水的回灌技术不完善，在一定程度上会影响以水为低位热源的地源热泵的进一步推广；此外土壤源热泵空调系统钻井对土壤热、湿及盐分迁移的影响研究有待进一步深入，如何使不利因素减少到最小是必须考虑的问题。

(4) 初投资问题：并不是所有的地源热泵系统都是经济合理的，由于钻井费用可能占到整个系统初投资的50%以上，有些投资者可能会回到传统的空调形式。

(5) 安装维护：目前地源热泵系统的安装费用较高，与电制冷、天然气加热系统的500～800元/ton相比，地源热泵的600～1 000元/ton(1 ton=1.016 05 t)显然是高的，它的回收期是5～8年；而且地源热泵系统的维护较为困难，这在一定程度上会影响它的使用。

(6) 土壤特性：土壤的特性随地点的变化而有所差别，在一地区的研究结果可能完全不适用于另一地区，必须进行相应的修正甚至重新研究。

4.2 地源热泵发展的前景

虽然存在各种困难，地源热泵技术作为一项有效的暖通空调节能技术，因其自身的清洁、节能等特点，存在一定的推广价值。在国外，由于起步较早，此技术已经基本成熟，并开始逐步应用于各种建筑中，并且针对不断出现的问题进行调整。国内因为研究工作开展相对较晚，目前还没有独立进行的成功的工程实例。随着暖通空调技术的发展，对地源热泵的一些制约因素将会被逐步克服，甚至可能会转化为促进这项技术发展有利的条件。我国地域辽阔，各地的气候条件和土壤条件各不相同，其中大部分地区夏热冬冷，适合地源热泵的使用范围。此外，根据地源热泵系统的特点，还可考虑在其他需要供热的行业使用：如现代设施农业中温室需要提供的热水温度一般比空调系统低，夏季降温的要求也比空调建筑低，利用地源热泵系统可以降低运行成本，很好地发挥其优点；在养殖行业，需要提供合适的水温，也可以充分采用地源热泵系统。总之，只要扬长避短，正确定位，地源热泵系统是有很大发展空间的。

参考文献

[1] STEVE Kavanaugh. Ground-coupled heat pumps for commercial buildings[J]. ASHRAE Journal September,1992,(9):78-82.

[2] 魏唐隶. 地源热泵冬季供暖测试及传热模型[J]. 暖通空调,2000,01:12-14.

[3] 马最良. 在我国应用电动热泵站的经济评价(一)热泵站的节能效果[C]//全国暖通空调制冷1994年学术年会,1994.

[4] 施明恒. 未饱和土壤中多相组分热质迁移过程的动态模拟研究[J]. 工程热物理学报,1998,19(3):325-239.

[5] 张力. 风冷热泵机组在杭州地区应用问题探讨[C]//全国暖通空调制冷1994年学术年会,1994.

[6] 马最良. 在我国应用电动热泵站的经济评价(一)热泵站的经济效益[C]//全国暖通空调制冷1994年学术年会,1994.

[7] DAVID R. D. Geothermal system for school[J]. ASHRAE Journal May,1998,5:52-54.

[8] 黄瑞农. 环境土壤学[M]. 北京:高等教育出版社,1989.

燃气-水源热泵机组性能的仿真分析*

杭寅　刘东　阮伟　胡杨

摘　要：介绍了燃气-水源热泵的优点。以黄浦江水为冷热源，选取一定的影响因素，对这些因素对燃气-水源热泵性能的影响进行稳态仿真模拟。

关键词：燃气机热泵；水源热泵；仿真；性能分析

Simulation Analysis for Performance of Gas Engine-driven Water-source Heat Pump

HANG Yin, LIU Dong, RUAN Wei, HU Yang

Abstract: The advantages of gas engine-driven water-source heat pump are introduced. Using Huangpu River water as cold and hot sources and choosing some in fluencing factors, the steady-state simulation of the influence of these factors on the performance of gas engine-driven water-source heat pump is conducted.

Keywords: gas engine-driven heat pump; water-source heat pump; simulation; performance analysis

随着我国能源结构的调整，天然气等能源的比例将上升，这更有利于人类健康和社会的可持续发展。天然气可用于夏季电力紧张时的削峰填谷，因此燃气机热泵将获得更大的发展空间[1-5]，而燃气机热泵与水源热泵相结合的燃气-水源热泵具有其特殊优势。本文对燃气-水源热泵机组性能进行研究。

1　燃气-水源热泵[6-11]

燃气-水源热泵采用燃气发动机驱动压缩机，采用地下水、地表水、污水等作为冷热源，具有较高的节能效果，其优点为：①燃气发动机驱动的热泵机组相对于传统热泵机组，能更充分利用燃料，具有较高的一次能源利用率。②燃气发动机驱动的压缩机可以连续改变转速，实现制冷量的连续调节，而且制冷压缩机的性能系数保持不变，因此燃气-水源热泵的变负荷调节能力很强。③由于天然气是清洁燃料，在燃烧过程中不产生灰渣，燃烧后的排放物较少，能够减少温室气体及大气污染物的排放量。④发展燃气空调，可以弥补城市在夏季燃气用量的低谷，起到调峰作用。⑤冬季运行时，利用燃气发动机废热除霜，可以减少甚至免除制冷剂逆向流动融霜，提高了热泵机组供热质量及运行可靠性，提高了热泵机组的制热性能系数。能够在更低的环境温度下运行，适用于我国绝大部分地区。⑥比空气源热泵具有更高的能效比。

2　热泵机组数学模型的建立

对制冷系统的性能进行试验研究通常在真实系统或模型上进行。在许多情况下，采用真

*《煤气与热力》2007，27(6)收录。

实系统进行试验往往不经济或不安全,有时甚至无法实现或没有意义。因此,出现了采用模型代替真实系统进行试验,这就是仿真技术。仿真在模型上进行,按照模型的性质分为物理仿真与计算机仿真[12]。

虽然燃气-水源热泵是一种新型热泵,但其主要装置——压缩机、冷凝器、蒸发器及膨胀阀都经过了多年的研究和发展,具有完整的理论研究体系。因此,以这些理论为依据,对燃气-水源热泵的各主要装置分别建模,再对整个系统进行耦合,联立求解,实现对整个系统的模拟。笔者建立的各主要装置的数学模型不同于专门研究装置特性的数学模型,侧重于从整体上考虑装置的热力性能,较少甚至不涉及装置本身的细节,因此复杂程度远低于专门研究装置特性的数学模型。由于仿真主要涉及装置模型的耦合,并且侧重于从整体上考虑装置的特性,因此这样的简化是允许的。

建立的模型有压缩机模型、板式冷凝器模型、板式蒸发器模型、膨胀阀模型及余热回收器模型。由于本文研究的重点是燃气-水源热泵仿真结果分析,因此对模型的建立不再赘述。下面采用 R134a 作为工质,以文献[13]提供的相关物性随温度变化的数据拟合了模拟计算所需的方程,便于程序调用。

3 模拟结果与性能分析

3.1 夏季工况

采用黄浦江水作为冷却水,黄浦江 7 月份平均水温为 29.5 ℃,取冷却水温度在 24 ℃～34 ℃内变化。考虑冷却水进口水温变化的同时,考虑冷却水进出口温差的变化,分别取 5 ℃、8 ℃、10 ℃的温差进行热泵性能比较。冷却水进口温度变化时,保持其余已知参数为定值,且均为标准工况下参数[14],蒸发器冷冻水进出口水温差保持 5 ℃。

1) 冷却水进出口温差为 5 ℃时

由模拟结果可知,随着冷却水进口温度的变化,冷却水进出口温差基本保持在 5 ℃左右,冷冻水进出口温差在 4.75 ℃～5.30 ℃内变化,满足模拟设定的条件。

蒸发温度、冷凝温度及蒸发压力、冷凝压力随冷却水进口温度的变化见图 1、图 2。由图 1 可知,冷凝温度的变化基本呈线性。随着冷却水进口温度下降,冷凝温度的下降幅度有增大的趋势。冷却水进口温度每下降 1 ℃,冷凝温度下降约 1.05 ℃,下降幅度约 2.4%。蒸发温度变化较小,可基本认为冷却水进口温度对蒸发温度的影响很小。由图 2 可知,冷凝压力的变化呈线性。随着冷却水进口温度下降,冷凝压力下降幅度有减小的趋势。冷却水进口温度每下降 1 ℃,冷凝压力下降约 29 kPa,下降幅度约 2.7%。蒸发压力变化很小,甚至出现了压力基本不变的情况,可认为冷却水进口温度对蒸发压力的影响很小。

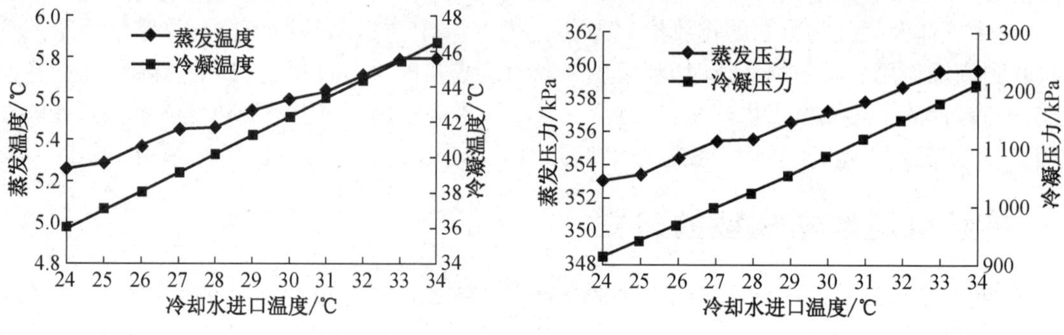

图 1 蒸发温度和冷凝温度随冷却水进口温度的变化　图 2 蒸发压力和冷凝压力随冷却水进口温度的变化

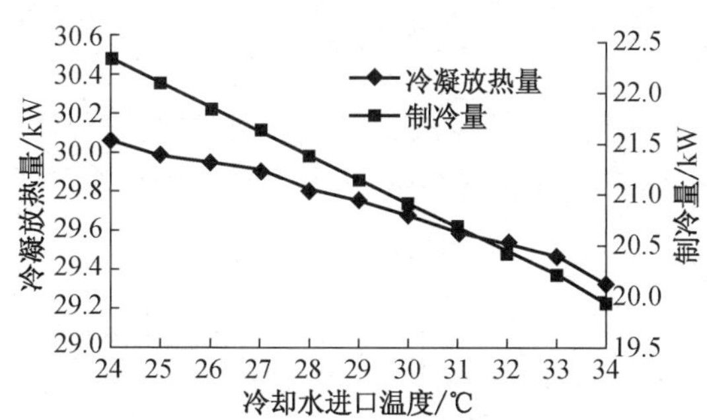

图3　冷凝放热量和制冷量随冷却水进口温度的变化

冷凝放热量和制冷量随冷却水进口温度的变化见图3。冷凝放热量和制冷量随着冷凝器进口水温的降低而升高。制冷量的变化趋势基本呈线性，冷却水进口温度每下降1 ℃，制冷量升高约0.24 kW，升高幅度约1%。冷凝放热量的上升幅度比制冷量小。

由模拟结果可知，随着冷却水进口温度的降低，热泵的制冷性能系数增大。制冷性能系数基本呈线性变化趋势，在冷却水温度变化范围内，冷却水进口温度每下降1 ℃，制冷性能系数升高约0.09，增长幅度约2.3%。压缩机的功耗随冷却水进口温度的下降而下降，基本呈线性变化，下降幅度有逐渐增加的趋势。冷却水进口温度每下降1 ℃，压缩机功耗下降约0.16 kW，下降幅度约2.1%。

2) 冷却水进出口温差变化时

为了控制冷却水进出口温差在8 ℃左右，设定冷却水的体积流量为0.875 m^3/h，冷冻水的体积流量为0.975 m^3/h。为了控制冷却水进出口温差在10 ℃左右，设定冷却水的体积流量为0.85 m^3/h，冷冻水的体积流量为0.98 m^3/h。

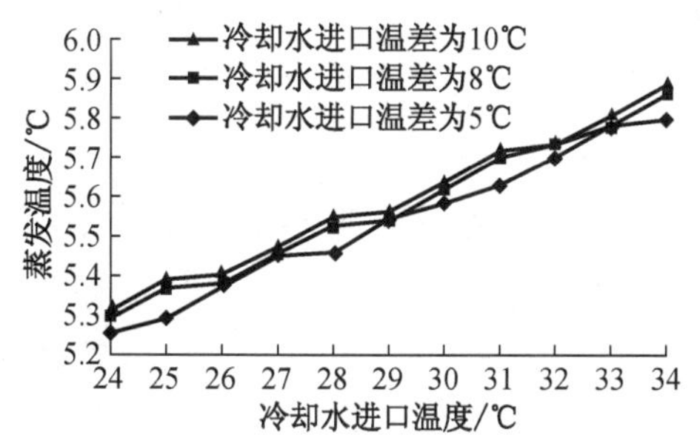

图4　不同冷却水进出口温差下蒸发温度随冷却水进口温度的变化

不同冷却水进出口温差下，蒸发温度随冷却水进口温度的变化见图4。冷却水进出口温差分别为8 ℃、10 ℃时，蒸发温度的变化趋势基本一致，但二者与温差为5 ℃时有一定的差别。随着冷却水进口温度的下降，蒸发温度有小幅下降，但下降不明显，可认为冷却水进口温度对其影响不大。随着冷却水进出口温差的提高，蒸发温度有小幅升高。

由模拟结果可知，蒸发压力随冷却水进口温度降低而降低，不同冷却水进出口温差下的蒸发压力的变化趋势与图1蒸发温度的变化趋势很相似，在350～360 kPa内变化，变化幅度同样不大。综合3种冷却水进出口温差的模拟结果，可以认为随着冷却水进口温度的下降，蒸发压力有小幅的下降，但下降不明显，可认为冷却水进口温度对其影响不大。

由模拟结果可知，不同冷却水进出口温差下，冷凝温度、冷凝压力均随冷却水进口温度的降低而降低，与图1、图2中二者的变化趋势基本一致。在冷却水进口温度变化范围内，冷凝温度在36 ℃～49 ℃内变化，冷凝压力在900～1 300 kPa内变化。相同冷却水进口温度下，冷却水进出口温差分别为8、10 ℃时的冷凝温度、冷凝压力基本相同，但与温差为5 ℃差别较大。相同冷却水进口温度下，冷却水进出口温差为8、10 ℃时的冷凝温度较温差为5 ℃时升高约2 ℃，冷凝压力升高约70 kPa。

不同冷却水进出口温差下，冷凝放热量、制冷量均随冷却水进口温度的降低而升高，与图3中二者的变化趋势基本一致。相同冷却水进口温度下，冷却水进出口温差分别为8 ℃、10 ℃时的冷凝放热量、制冷量基本相同，但与温差为5 ℃差别较大。相同冷却水进口温度下，冷却水进出口温差为 8 ℃、10 ℃时的冷凝放热量、制冷量分别比温差为 5 ℃时平均低 0.2 kW、0.5 kW。

不同冷却水进出口温差下，压缩机功耗随冷却水进口温度的变化见图 5。相同冷却水进口温度下，冷却水进出口温差分别为 8、10 ℃的压缩机功耗基本相同，但与温差为 5 ℃的差别较大。

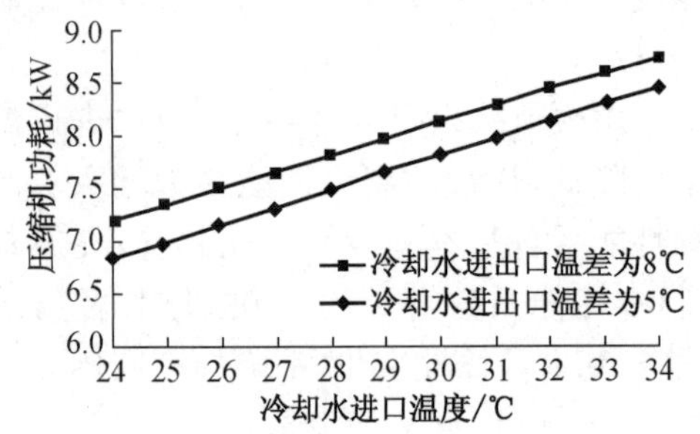

图 5　不同冷却水进出口温差下压缩机功耗随冷却水进口温度的变化

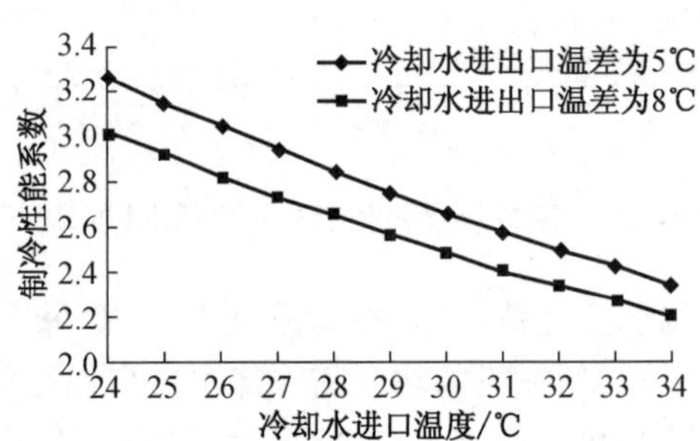

图 6　不同冷却水进出口温差下制冷性能系数随冷却水进口温度的变化

不同冷却水进出口温差下，制冷性能系数随冷却水进口温度的变化见图 6。

相同冷却水进口温度下，冷却水进出口温差分别为 8 ℃、10 ℃的制冷性能系数基本相同，但与温差为 5 ℃的差别较大。随着冷却水进出口温差的增加，热泵的性能有变差的趋势。

3.2　冬季工况

在冬季工况下，通过四通阀进行转换，室内机变为冷凝器，室外机变为蒸发器。采用黄浦江水作为蒸发器的热源，黄浦江 1 月份平均水温为 6.7 ℃，取水温在 4 ℃～11 ℃内变化。考虑蒸发器进口水温变化的同时，考虑蒸发器进出口水温差的变化，取 4 ℃的温差进行热泵性能比较。蒸发器进口水温变化时，保持其余已知参数为定值，且均为标准工况下参数[14]。设定冷凝器进口水温为 40 ℃，出口水温约 45 ℃，保持进出口温差约 5 ℃。为了控制蒸发器进出口水温差在 4 ℃左右，控制蒸发器中水的体积流量为 1.2 m^3/h，冷凝器中水的体积流量为 0.92 m^3/h。

由模拟结果可知，随着蒸发器进口水温的变化，冷凝器进出口水温差基本保持在 5 ℃左右。随着蒸发器进口水温的变化，蒸发器进出口水温差始终保持在 4 ℃左右。

蒸发温度、冷凝温度均随着蒸发器进口水温的下降而下降，呈线性变化。蒸发器进口水温每下降 1 ℃，蒸发温度下降约 0.75 ℃。冷凝温度在 53.5 ℃～52.6 ℃内变化。蒸发压力、冷凝压力基本不随蒸发器进口水温的变化而变化。压缩机功耗随蒸发器进口水温的下降而下降，呈线性变化，在 8.6～9.4 kW 内变化。蒸发器进口水温每下降 1 ℃，压缩机功耗下降约 0.1 kW，下降幅度约 1.1%。制热量随蒸发器进口水温的下降而下降，呈线性变化，在 23.9 ～28.3 kW内变化。蒸发器进口水温每下降 1 ℃，制热量下降约 0.61 kW，下降幅度约 2%。制热性能系数随蒸发器进口水温的下降而下降，呈线性变化，在 2.77～3.00 内变化。蒸发器进口水温每下降 1℃，制热性能系数下降约 0.03，下降幅度约 1%。这说明，随着蒸发器进口水温的下降，热泵的性能有变差的趋势。由于未考虑燃气发动机的作用，因此冬季燃气-水源热泵的优点并不明显。

4 结语

本文侧重分析燃气-水源热泵的水源热泵侧的性能，对燃气发动机侧的情况研究得还不够，今后将着重考虑燃气发动机侧的余热回收问题。编程模拟分析燃气-水源热泵性能缺乏相应的实际数据支撑结果，这是由于燃气-水源热泵还没有产品问世。

参考文献

[1] 盛凯夫，饶如鳞. 燃气机驱动冷热电联供系统的发展前景[J]. 煤气与热力，2002，22(6)：510-514.
[2] 由世俊. 煤气在空调制冷中的应用前景[J]. 煤气与热力，2000，20(1)：32-34.
[3] 周义德，樊瑞. 我国燃气热泵空调的应用前景探讨[J]. 节能，2004(9)：10-12.
[4] 李先瑞，任莉. 燃气空调的现状与展望[J]. 煤气与热力，2001，21(1)：51-54.
[5] 王倩，凌继红. 从我国能源结构调整看燃气空调的发展[J]. 流体机械，2002，(6)：49-50，54.
[6] 张小松，费秀峰. 具有蓄能功能的除湿蒸发冷却系统的初步研究[J]. 流体机械，2000(11)：50-52.
[7] 焦文玲. 燃气热泵技术及其应用[J]. 煤气与热力，1998，18(4)：54-55，62.
[8] MECKLER M. Off-peak desiccant cooling and cogeneration combine to maximize gas utilization[J]. ASHRAE Transactions，1989(1)：1-5.
[9] 范存养，林忠平. 燃气空调的应用和发展动向[J]. 制冷技术，1996(3)：10-22.
[10] CHAPMAN J，WESTBY P，WHITMAN D. Gas cooling-a worldwide overview[J]. Gas Engineering & Manage-ment，1993，10：50-59.
[11] 戴永庆，耿惠彬，蔡小荣. 燃气空调及其应用[J]. 机电设备，2003(2)：15-20.
[12] 丁国良，张春路. 制冷空调装置仿真与优化[M]. 北京：科学出版社，2001.
[13] 丁国良，张春路，赵力. 制冷空调新工质：热物理性质的计算方法与实用图表[M]. 上海：上海交通大学出版社，2003.
[14] 深圳麦克维尔空调有限公司，合肥通用机械研究所. GB/T 19409—2003 水源热泵机组[S]. 北京：中国建筑工业出版社，2003.

热回收型空气源热泵机组性能的实验研究*

丁 燕　刘 东　宋子彦　蒋丹丹　彭艳梅

摘　要：介绍了热回收型空气源热泵机组工作原理，提出了该系统的合理运行模式，并对热回收型热泵机组在不同运行工况下的性能进行了实验研究，研究了生活热水温度的变化对制冷系统性能的影响。夏季工况下，机组能够对冷凝热实现有效的回收利用，机组综合性能系数随着生活热水温度变化，平均达到 3.39。冬季工况下可实现同时提供空调供暖和生活热水加热，但应合理设定生活热水进水温度。过渡季节换向工况，加热生活热水的性能系数为 1.25。

关键词：热泵；热回收；实验研究；系统性能

Experiment Study on Performance of Air-source Heat Pump with Condensing Heat Recovery

DING Yan，LIU Dong，SONG Ziyan，JIANG Dandan，PENG Yanmei

Abstract：The principle and the structure of air-source heat pump with condensing heat recovery system（ASHPHR）were introduced，and the process modes at different status were put forward. An experimental study was carried out to study the system performance in the condition of different status. The impact of domestic hot water temperature on the seasonal performances of ASHPHR was mainly analyzed. In summer，ASHPHR can recover the condensing heat effectively. COP_{a+w} changes with the temperature of domestic hot water，and the average value is 3.39. In winter，the machine can carry out heating function and domestic hot water supplying function at the same time，but the temperature of domestic hot water should be set at reasonable value. In spring and autumn，the average COP_w is about 1.25.

Keywords：heat pump；heat recovery；experiment study；performance of system

0　引言

常规空调系统需要消耗电能而同时又将大量冷凝热量排放到大气中，这种运行方式造成了大气的热污染，加剧了城市热岛效应；同时生活热水的制备又需要消耗大量一次能源。利用冷凝热回收技术，将排放的冷凝热进行回收以制备卫生热水，既可减少冷凝热的排放，又能减小生活用热水生产过程的能耗[1]。

在国外对于大型空调制冷机冷凝热回收的研究已经比较完善，并有相关产品的应用。我国从 1996 年开始，有了对空调系统冷凝热回收的实验研究，并把热回收技术应用到了小型家用空调系统中。目前国内的研究主要集中于家用小型空调机组的改造，对于大型机组的冷凝热回收往往只涉及冷水机组的改造，而对大型空气源热泵机组冷凝热回收技术的研究，特别是

*《建筑热能通风空调》2008，27(6)收录。

实验研究很少[2]。本文借鉴国内对于小型家用多功能热泵空调热水器理论和实验研究的成果，对大型热回收型空气源热泵机组系统原理、运行模式进行介绍，并对开发的样机进行了性能特性的实验研究。

1 系统原理及运行模式

热回收型空气源热泵系统是在综合热泵技术和冷凝热回收技术，对常规空气源热泵机组加以改进，采用风冷＋水冷的复合冷凝技术，将板式热交换器串联于风冷冷凝器之前，回收冷凝热，以制备生活热水[3]。机组系统原理见图 1。

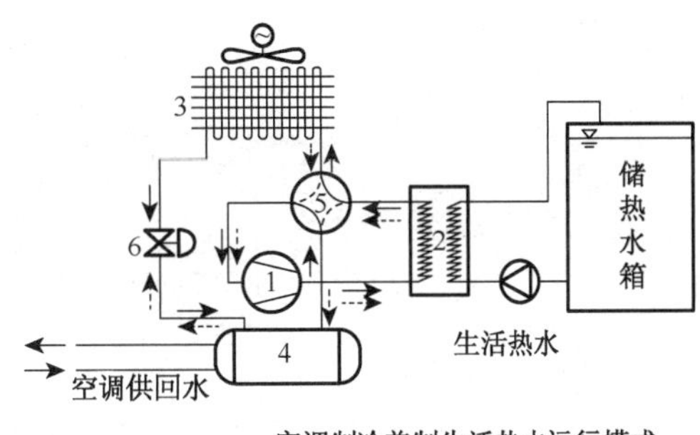

1—压缩机；2—板式换热器；3—风冷换热器；4—壳管式换热器；5—四通换向阀；6—膨胀阀

图 1 热回收型热泵机组原理图

此热泵机组可实现三种运行模式：

1）夏季空调制冷＋制生活热水运行模式

热回收型热泵机组用于空调制冷，同时通过板式热交换器回收空调冷凝热制备生活热水。随着生活热水温度的升高，冷凝温度不断升高，此时通过变频控制风冷冷凝器排走冷凝热，从而将机组的冷凝温度控制在设计温度范围内，确保机组正常运行[4]。

2）冬季空调制热＋制生活热水运行模式

热回收型热泵机组同时实现空调制热和制备生活热水。压缩机出口的高温、高压制冷剂蒸气首先进入板式热交换器，加热生活热水。随后进入室内壳管式冷凝器(夏季运行时为蒸发器)，加热空调热水。

3）过渡季节换向运行模式

该模式采用两个热泵热回收系统并联，主要针对过渡季，当空调侧的制冷或制热量达到要求，而生活热水的加热量仍未达到设定值时，为确保机组不停机，采用一套热回收热泵系统的四通换向阀换向运行，这时一套系统按制热工况运行，一套系统按制冷工况运行，从而保证空

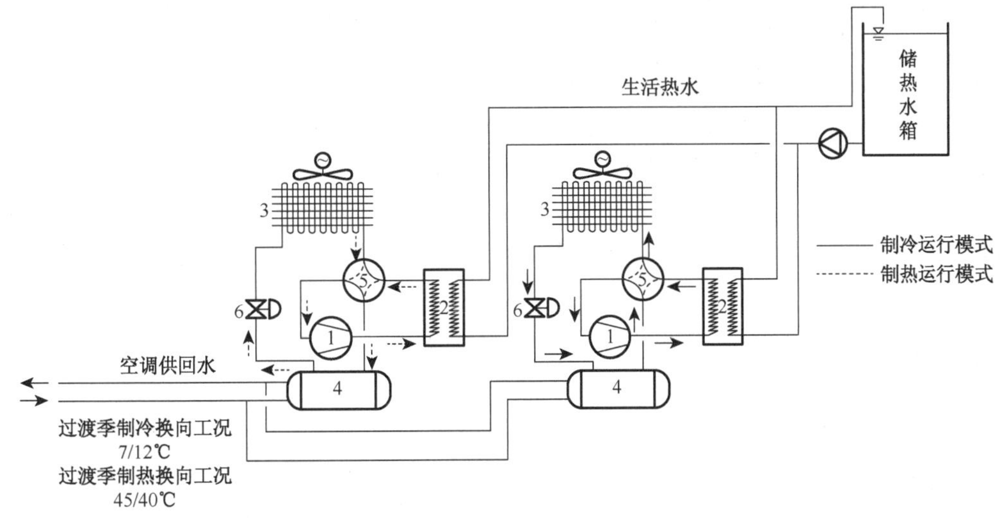

1—压缩机；2—板式换热器；3—风冷换热器；4—壳管式换热器；5—四通换向阀；6—膨胀阀

图 2 过渡季换向模式系统原理图

调侧水温不超过停机设定值。换向运行模式原理见图 2。

2 实验结果分析

本文利用某空调公司的试验台,对图 3 所示的热回收型空气源热泵实验机组在不同运行模式下的运行性能进行了实验研究。

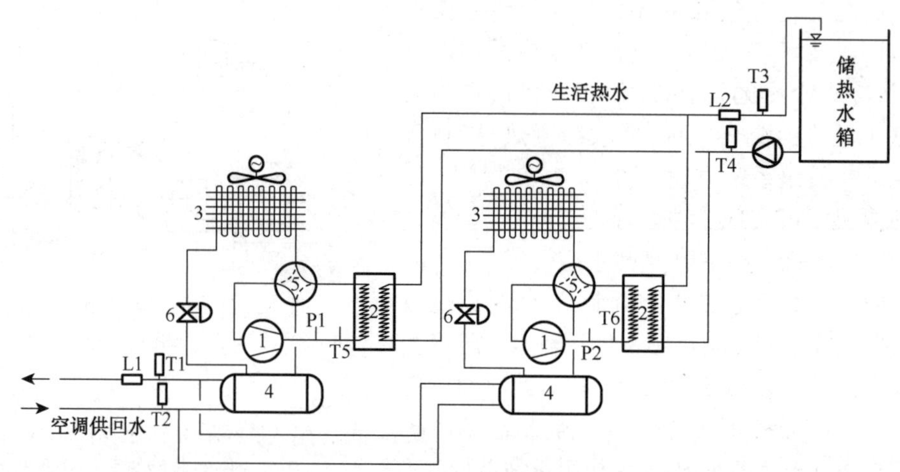

1—压缩机; 2—板式换热器; 3—风冷换热器; 4—壳管式换热器; 5—四通换向阀; 6—膨胀阀

图 3　实验机组系统原理图

由系统原理图可以看出,该机组由两个热回收型空气源热泵系统并联组成。机组主要参数见表 1。

表 1　　机组主要参数

压缩机	螺杆式压缩机	压缩机	螺杆式压缩机
制冷剂	R22	额定制热量/kW	450
额定制冷量/kW	400	额定功率/kW	120

本文实验研究的测试方法参照《容积式和离心式冷水(热泵)机组性能实验方法》(GB/T 10870—2001)中的相关规定。室外参数采用空气源热泵测试标准工况,空调侧制冷量及制热量通过载冷剂热平衡法实现。生活热水由循环水泵驱动,在板式热交换器和储水箱之间流动,被循环加热,实验不考虑实际使用时,生活热水加热过程中可能存在的热水使用消耗情况。储热水箱容量 10 m^3。

由于热回收型热泵机组的功能与普通热泵系统有所不同,因此本文中对机组的性能系数进行以下定义,以便分析所用[5]。

① 空调性能系数 COP_a:

$$COP_a=\frac{\text{空调制冷(热)量}}{\text{整机输入功率}} \tag{1}$$

② 生活热水性能系数 COP_w:

$$COP_{\rm w}=\frac{\text{生活热水得热量}}{\text{整机输入功率}} \tag{2}$$

③ 综合性能系数 $COP_{\rm a+w}$：

$$COP_{\rm a+w}=\frac{\text{空调制冷(热)量}+\text{生活热水得热量}}{\text{整机输入功率}} \tag{3}$$

2.1　制冷兼制生活热水运行模式

1) 环境温度 35 ℃(夏季)

图 4 反映了生活热水水温变化对机组性能系数的影响。由于该机组采用风机变频控制，在生活热水温度不断升高的过程中，板式换热器的冷凝效果逐渐减弱，这时通过改变风冷冷凝器风机的频率，改善提高风冷冷凝器的冷凝效果，保证了空调侧制冷量的需求，因此机组制冷系数 $COP_{\rm a}$ 值在生活热水温度升高的过程中基本不变，为 2.2～2.0，平均为 2.12。生活热水性能系数 $COP_{\rm w}$ 变化范围为 2.07～0.75，平均值为 1.27。综合性能系数 $COP_{\rm a+w}$ 随生活热水水温的升高而下降，变化范围为 4.3～2.7，平均为 3.39。

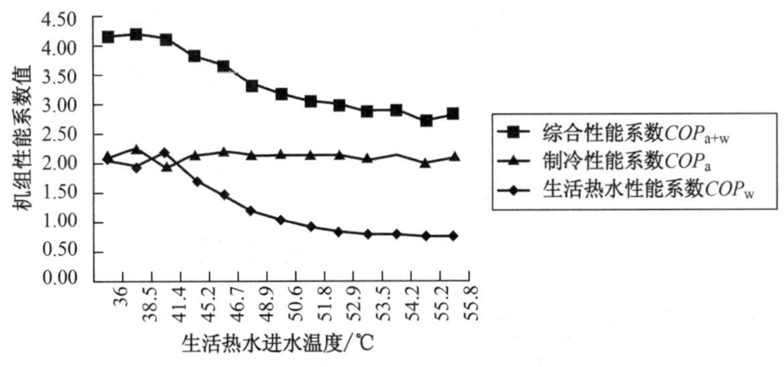

图 4　夏季工况机组性能曲线

虽然从理论上说，采用水冷＋风冷的冷凝模式，可以提高冷凝效果，从而提高机组的制冷性能系数。但通过实验结果发现，机组在制备生活热水的过程中，机组的制冷性能系数变化并不大，基本维持在 2.1 左右。这主要是因为当生活热水的加热初始温度超过 35 ℃时，水冷冷凝器并不能使冷凝温度明显下降。

通过冷凝温度随生活热水的水温变化曲线(图 5)可以看出，机组将冷凝压力作为状态参数，控制风冷冷凝器轴流风机频率，以此控制风冷冷凝器的冷凝散热量。当生活热水进水温度

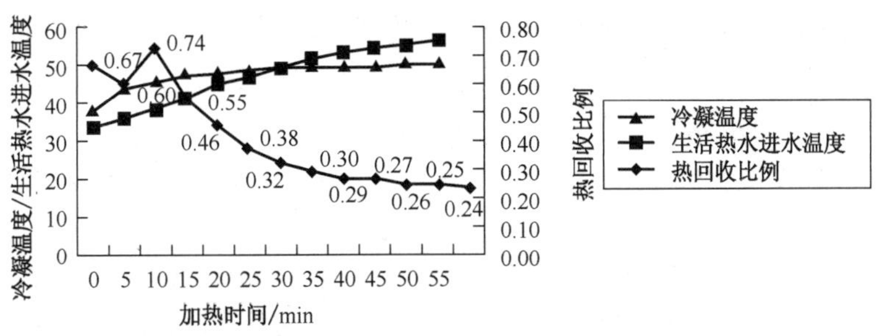

图 5　夏季工况冷凝温度变化曲线

为 35 ℃时，板式换热器可回收大部分的冷凝热，机组的冷凝温度也较低，为 38.2 ℃。此时冷凝温度高于生活热水温度，冷凝温度的变化主要取决于生活热水的温度变化。随着生活热水温度升高，冷凝温度逐渐升高。当冷凝压力超过设定值时，风冷冷凝器风机频率升高，散热能力增强，风冷换热逐渐占据主导地位，冷凝温度稳定在 50 ℃。此时生活热水温度反而高于冷凝温度。冷凝温度曲线与生活热水水温曲线在某一点相交，此时温度约为 48 ℃。热回收比例随着生活热水温度的升高逐渐降低，生活热水从 33.6 ℃加热至 56.5 ℃，变化范围为 25%～74%，平均值为 41%。

2）环境温度 20 ℃（过渡季）

通过对实验结果（图 6）的分析可知，由于过渡季节室外环境温度比夏季低，因此机组制冷性能系数 COP_a 高于夏季，提高 7%，平均达到 2.21。生活热水性能系数同样是随着水温的升高而逐渐降低，平均值为 1.23。机组综合性能系数 COP_{a+w} 随生活热水进水温度的升高而降低，平均值达到 3.51。

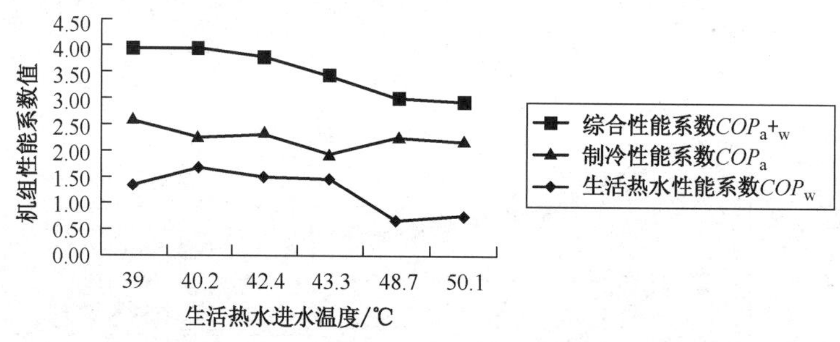

图 6　过渡季节制冷工况机组性能曲线

2.2　制热兼制生活热水运行模式

1）环境温度 7 ℃（冬季）

由于生活热水和空调热水均需要进行加热，因此生活热水的加热情况将直接影响到空调的供热量。由实验结果（图 7 和图 8）可以看出。在冬季工况下，机组的制热性能系数随生活热水进水温度的升高而逐渐增大，这主要是由于随着生活热水温度的升高，板式热交换器吸收的冷凝热逐渐减少，而壳管式换热器吸收的冷凝热逐渐增加，即空调侧的得热量逐渐增加。COP_a 变化范围为 1.74～1.97，平均值为 1.89。生活热水制热效率在冬季是比较低的，平均仅为 0.5，尤其是当热水温度达到 50 ℃以后，热水性能系数只有 0.2。这也说明利用该机组在冬季环境温度较低情况下（低于 7 ℃时），在满足空调供热需求的前提下，制备生活热水的温度要超过 55 ℃将有一定的困难。机组综合性能系数随生活热水进水温度的增加而逐渐减少，变化范围为 2.78～2.10。平均值达到 2.38。当生活热水温度从 41.2 ℃加热到 53 ℃的过程中，生活热水侧得热量占总冷凝热的比例为 6%～37%，平均值为 19%，这主要是由于生活热水温度高于机组冷凝温度的情况下，生活热水侧吸收的热量仅为过热区冷凝热。

通过对空调供回水温度的研究发现（图 9），当生活热水进水温度较低时，空调供回水温度较低。随着生活热水进水温度的升高，空调供回水温度升高。这主要是由于生活热水温度较低时，板式热交换器吸收冷凝热超出机组设计冷凝温度（一般为 50 ℃）时过热区的冷凝热量，导致系统冷凝温度降低，而冷凝温度的降低（低于 50 ℃）无法保证空调侧的加热要

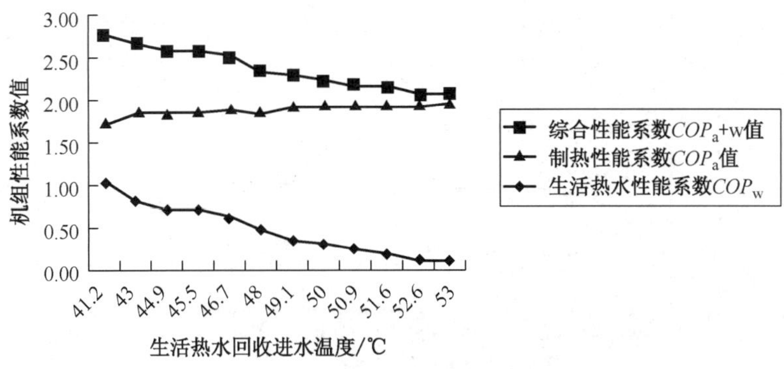

图7　冬季工况机组性能曲线

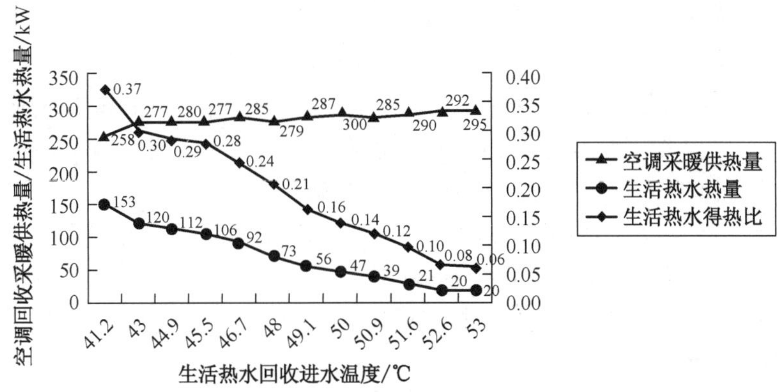

图8　冬季工况机组供热量及生活热水热量随水温变化

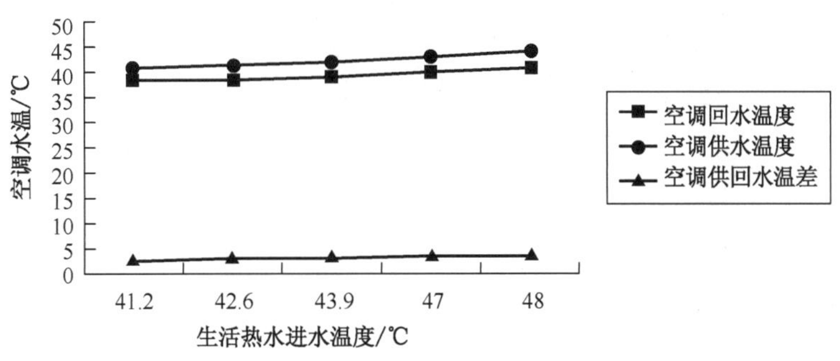

图9　冬季工况空调水温变化曲线

求，使得空调侧水温低于规定值(45 ℃)。根据实验结果可知当生活热水进水温度低于45 ℃时，空调侧出水温度低于44 ℃，将影响供暖效果。因此冬季运行时，生活热水的加热设定温度不应低于45 ℃，即当储热水箱温度低于45 ℃时，开启机组与储热水箱之间的循环泵，对热水进行加热。

2）环境温度20 ℃(过渡季)

从图10可以看出，由于过渡季节室外环境温度高于冬季，即机组蒸发温度较高，因此无论是机组制热性能系数还是综合性能系数，过渡季节都明显高于冬季。制热性能系数 COP_a 平均值为 1.92，较冬季提高 2%。机组综合性能系数平均为 2.9，较冬季提高 21%。

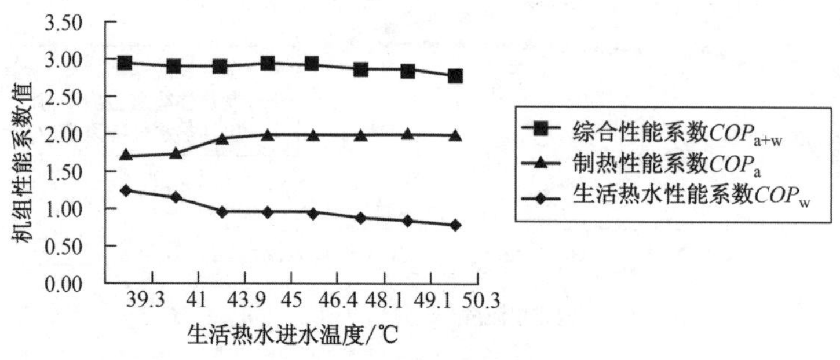

图 10　过渡季节制热工况机组性能曲线

2.3　过渡季节换向工况运行模式

过渡季换向模式将空调回水温度作为换向控制参数。

根据实验结果可以看出(图 11 和图 12)，在换向工况下，由于两个热泵系统一个按照制热工况运行，一个按照制冷工况运行，因此空调侧没有制冷量或制热量产生，只考虑生活热水产热量的利用情况。此时无论是制热工况还是制冷工况，机组生活热水能量利用率，即机组制备生活热水的性能系数均只有 1.25 左右，由于制热工况下空调侧水温为 40 ℃，而制冷工况下空调侧水温为 12 ℃，所以制热工况下性能系数略高，为 1.28，制冷工况下的性能系数略低，为 1.23。同时发现无论是制冷工况还是制热工况，在生活热水进水温度为 40 ℃时，机组性能系数最高，考虑与板式热交换器性能相关，此时热水传热温差达到最大值为 9 ℃。

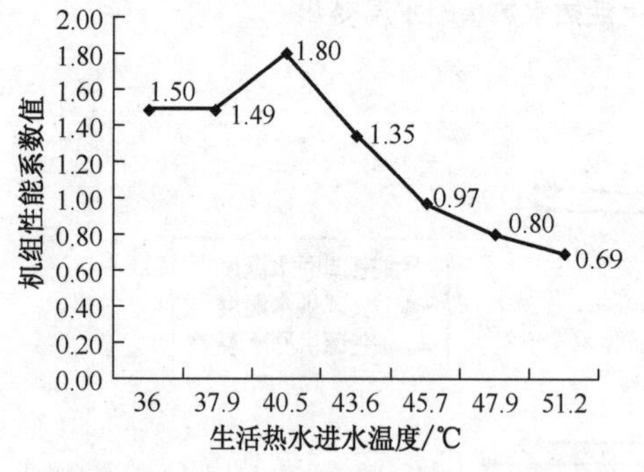

图 11　过渡季节制冷换向工况机组性能曲线

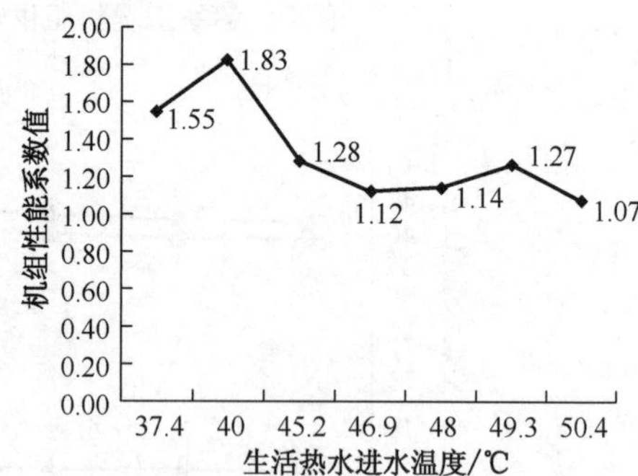

图 12　过渡季节制热换向工况机组性能曲线

3　结论

(1) 夏季工况下当生活热水温度高于 35 ℃时，板式热交换器的水冷作用对于降低冷凝温度，提高制冷性能系数的作用并不大，但是由于增加了生活热水制备功能，回收了部分冷凝热，因此机组综合性能系数明显提高。热回收比例随着生活热水温度的升高逐渐降低，变化范围为 25%～74%，平均值为 41%。

(2) 冬季工况下为保证空调侧供热要求，生活热水设定温度不宜低于 45 ℃。此时生活热水制热效率是较低的，平均仅为 0.5，且生活热水侧得热量仅占总冷凝热的 19%。因此冬季工况下，需要根据生活热水的供水温度和热量需求设置辅助加热。

(3) 过渡季节换向工况，机组的能量利用率低，加热生活热水的性能系数约为 1.25，仅略高于电锅炉。由于该运行模式采用空调侧的冷热量相互抵消的手段，从能量利用的角度来看，并不合理。因此应通过对机组所使用环境过渡季节空调负荷与热水负荷平衡性的研究，合理利用空调制冷量与制热量，尽量避免机组按换向工况运行。

参考文献

[1] 龚光彩，何君，曾巍，等. 冷凝热回收与热泵对建筑冷热源的影响[J]. 煤气与热力，2006，26(2)：65-68.
[2] 王惠想. 空调系统冷凝热回收的实验研究[D]. 石家庄：河北工程学院，2005.
[3] 江辉民. 带热水供应的节能型空调器的实验研究[D]. 哈尔滨：哈尔滨工业大学，2003.
[4] 季杰. 空调-热水器一体机制冷兼制热水模式的性能模拟和实验分析[J]. 暖通空调，2003，33(2)：19-23.
[5] 裴刚. 多功能家用热泵系统的研究[D]. 合肥：中国科学技术大学，2003.

热回收型空气源热泵在室内游泳馆的应用*

丁 燕　刘 东　宋子彦

摘　要：介绍了热回收型空气源热泵机组的工作原理及运行模式。并以上海地区公共娱乐型室内游泳馆为例，分析了此类建筑空调负荷以及池水加热和沐浴用热水负荷分布规律。对将热回收型热泵机组作为其冷热源的可行性进行分析探讨。

关键词：热泵；热回收；室内游泳馆；运行优化

Application of Air-source Heat Pump with Condensing Heat Recovery for Natatorium

DING Yan, LIU Dong, SONG Ziyan

Abstract: The working principle and operation mode of air-source heat pump with condensing heat recovery system are introduced. And based on the public recreation natatorium in Shanghai, the air conditioning load of this building and the load distribution law of the hot water wihich provide the pool heating and bathing are analyzed. The feasibility of air-source heat pump with condensing heat recovery system made as the cold and heat source is analyzed and discussed.

Keywords: heat pump; heat recovery; natatorium; operation optimization

目前我国大部分室内游泳馆的空调系统形式，一般夏季采用传统的冷水机组，冬季则用集中供热或锅炉采暖，池水加热一般利用锅炉房产生的蒸汽或高温热水通过热交换器的间接加热方式，或采用燃气、燃油热水机组及电热水器直接加热，也有利用太阳能加热的；室内游泳池和热水供应系统与空调系统之间总是保持独立性和单向性。不过这种安排一方面游泳馆空调系统需要消耗电能，同时又将大量的冷凝热量排放到大气中；另一方面泳池用的热水制备又需要消耗大量一次能源。为实现能源综合利用，考虑采用冷凝热回收技术，将排放的冷凝热进行回收以制备卫生热水，既可减少冷凝热的排放，又能减小卫生热水生产过程中的能源消耗。

早在 1965 年，美国 Healy 和 Wetherington 就提出了对于居住建筑空调冷凝热作为免费的热源进行热水供应的可行性，随后用实验装置验证了他们的计算结果，发现热回收系统平均每年可节约 70%的用于热水供应所需的能量，在 5 月到 10 月之间可节约 90%的热水供应能量[1]。

游泳池中采用热泵加热，在国外特别在西德和英国已经应用得很多，例如德国巴伐利亚的菲尔斯霍芬体育中心，不仅用热泵给室内游泳池采暖，同时还用以给人造冰场制冷[1]。我国的北京月坛体育中心综合训练馆也是利用热泵热水器作为泳池加热辅助热源；桂林游泳馆采用三合一体热泵对泳馆池厅进行除湿、空调和池水加热，同时采用空气源热水热泵对淋浴用水加

*《能源技术》2008，29(6)收录。

热，系统自 2003 年 9 月运行至今，设备运行达到设计要求，符合比赛游泳场馆标准，并且比传统锅炉＋冷水机组节省 2/3 的运行费用，收到了良好的经济效益[2]。

热回收型热泵机组通过将冷凝热回收技术和空调热泵技术相结合，实现制冷、采暖、供应生活热水联供。研究表明，对于热水温度要求不高(≤55 ℃)的场所，采用常规热泵工质的热回收型热泵机组完全可以达到游泳馆三联供要求。长江以南地区，将热回收型的空气源热泵机组作为室内游泳馆空调及热水系统的冷热源，可以实现降低泳池运行能耗的目的。本文将介绍热回收型热泵机组的基本工作原理，并以某高校室内游泳馆为例，分析公共娱乐型游泳馆的空调负荷和热水负荷分布规律，对热回收型热泵机组作为这一类建筑物的冷热源的可行性进行分析。

1　热回收型空气源热泵机组的原理及运行

热回收型空气源热泵机组将板式热交换器串联于原热泵机组冷凝器之前，吸收冷凝热，用来制备生活热水。机组系统原理见图 1。

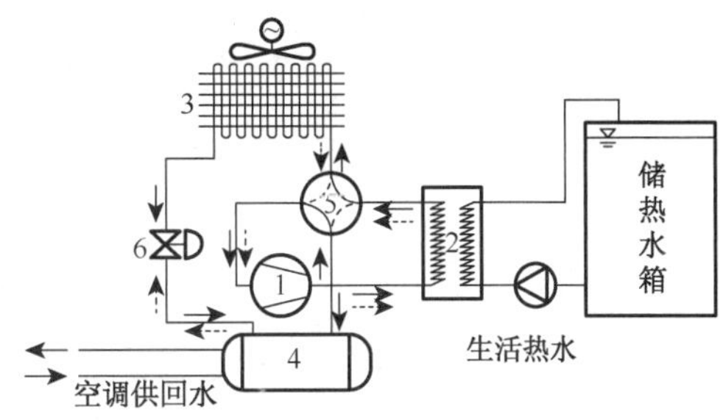

图 1　热回收型热泵机组原理图

(1) 空调制冷＋制生活热水运行模式(夏季工况)。如图 1 所示，夏季工况下，压缩机出口的高温高压制冷剂蒸气，首先通过板式热交换器 2 吸收冷凝热，对生活热水进行加热。当生活热水水温较低时，板式换热器可以吸收全部或大部分的冷凝热。随着生活热水温度的升高，通过板式热交换器吸收的冷凝热不断减少，机组冷凝温度不断升高，机组冷凝压力也不断提高，为此将冷凝压力作为控制参数，当超过设定值时，通过变频器提高风冷冷凝器的风机频率，通过风冷冷凝器排走冷凝热，确保机组的冷凝温度控制在设计温度范围内，保证机组正常运行。

(2) 空调制热＋制生活热水运行模式(冬季工况)。冬季及过渡季节，无论是空调制热功能还是生活热水的加热都需要吸收冷凝热。机组首先应满足空调制热需求，同时通过板式热交换器制备生活热水。如图 1 所示热泵压缩机出口的高温高压制冷剂蒸气先进入板式热交换器 2，冷凝散热，加热生活热水。随后进入室内壳管式换热器 4，进一步吸收冷凝热，加热空调热水。

2　室内游泳馆的负荷

本文选择上海某高校室内游泳馆作为研究对象。该游泳馆以学校教学训练为主，同时兼顾对外开放，满足群众性体育活动的要求。游泳馆的建筑面积 4 000 m^2，包括池厅部分和浴室、健身房、接待室、办公室等辅助用房，其中游泳馆池厅面积2 200 m^3，高度 7 m。

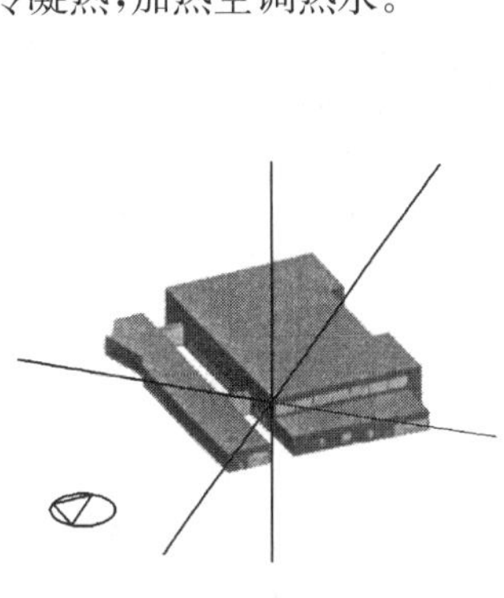

图 2　游泳馆建筑结构图

2.1　负荷计算的室外参数

(1) 全年气象参数的选取。本文采用文献[3]所提供的上海市典型气象参数作为空调负荷分析的基础。

(2) 生活用水水温的年变化。研究表明水温与气温之间具有较好的线性关系。本文计算泳池池水加热及沐浴用热水加热量所需的水温资料将根据参考文献[8]中提供的上海市黄浦江水温与市区气温关系式，以及上海地区典型气象年月平均气温进行预测。上海地区水温与室外气温的关系式为：

$$T = 2.199\ 51 + 0.928\ 9t$$

式中　T——黄浦江表面水温度，℃；

t——上海市室外气温，℃。

根据上海地区的气温分布资料以及水温与室外气温的关系式，可以得到上海地区日平均水温分布规律如图 4 所示。

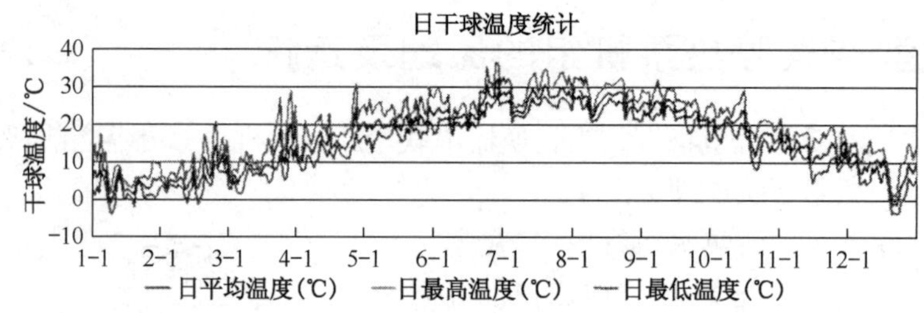

图 3　典型气象年日平均干球温度分布

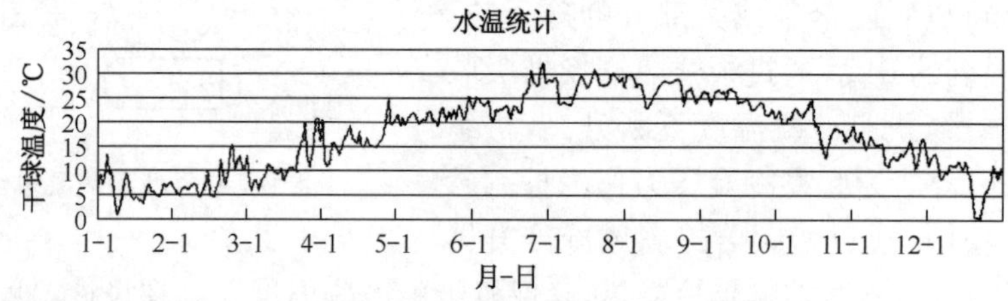

图 4　典型气象年日平均水温分布

2.2　室内设计中池厅的部分设计参数

室内设计中池厅部分设计参数为：池水温度为 28 ℃；池厅温度 29 ℃；相对湿度 70%；池边风速 0.2 m/s；泳池内人员密度 0.25 人/m^2；人员新风量 30 m^3/(h·人)；夏季换气次数 4 次/h；泳池补充水量占泳池容积 5%；沐浴等用水量 14 m^3/h；沐浴热水温度 40 ℃。

2.3　游泳馆空调及热水负荷的年变化

根据室内游泳馆运行要求，冬季供暖期为每年的 11 月至次年 4 月，夏季供冷期为 7 月至 8 月，过渡季节期为 5 月和 6 月以及 9 月和 10 月。由典型气象年气象数据以及水温变化规律，通过计算得到该工程全年空调冷热负荷，池水加热负荷以及沐浴用热水加热量的分布情况，如图 5 所示(图中负值表示空调冷负荷)。由负荷分布图可以看出，对于非比赛性的公共泳池室内游泳馆建筑，能耗分布在冬季、夏季以及过渡季节有所不同。

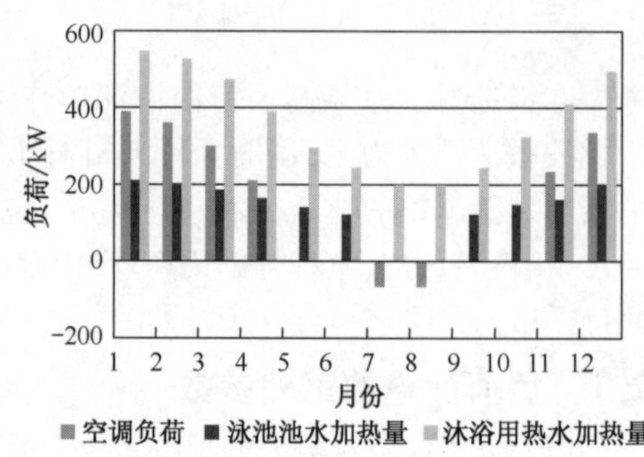

图 5　游泳馆典型气象年负荷分布

冬季运行工况，沐浴用水加热量为 547 kW，占冬季供热量的 47%；空调采暖所需热量次之，为 385 kW，占 34%；泳池池水加热量最少，为 213 kW，占 19%。过渡季节游泳馆不需要空调制冷和制热，机组只提供泳池池水加热和沐浴用水的加热，总热负荷约为 380 kW，其中池水加热负荷约为 130 kW，占 33%，沐浴用热水加热负荷约为 250 kW，占 67%。夏季工况下，池水不需要进行加热，泳池负荷主要包括辅助用房供冷和沐浴用热水加热，其中空调制冷量为 80 kW，沐浴用热水加热量为 200 kW。游泳池全年负荷年分布见表 1。

表 1　　**游泳池全年各项负荷**　　单位：kW

季节	空调	池水加热	沐浴热水加热
冬季	385	213	547
过渡	—	130	250
夏季	−80	—	200

3　热回收型热泵系统的应用

通过对室内游泳馆空调负荷、池水加热负荷以及沐浴用热水负荷的分析可以得出，空调负荷以及池水加热负荷为稳定负荷，且泳池循环水从 28 ℃加热到 30 ℃[4]，完全可以利用 45 ℃热水进行加热，因此考虑空调采暖以及池水加热均采用机组的空调侧供水。沐浴热水用量不稳定，温度要求较高，因此采用机组热回收侧的储热水箱供水。

由于公共娱乐型室内游泳馆建筑的热负荷要远大于冷负荷，因此供热量为设计的主要考虑参数，可以分为空调侧的供热量和热回收侧供热量。根据游泳馆负荷统计的结果，可以得出机组供热量及制冷量的需求情况见表 2。与表 1 比较可以发现，冬季热回收侧的热量需求与空调侧基本相同，在过渡季及夏季热回收侧负荷都要大于空调侧负荷。

表 2　　**热回收型热泵机组供热/供冷量**　　单位：kW

季节	空调侧供水（空调及池水加热）	热回收侧供水（沐浴用热水）
冬季	598.7	547.0
过渡	124.2	247.4
夏季	−77.0	200.0

注：负号表示制冷量。

根据文献[4]中对热回收型热泵机组性能试验的研究结果，当生活热水温度为 40 ℃～50 ℃时，一般机组空调侧和热回收侧平均供热量及制冷量的分配情况，见表 3。

表 3　　**机组供热量/制冷量**　　单位：kW

季节	空调侧	热回收侧	空调侧热量/热回收侧热量
冬季	282	87	3.24
过渡	356	171	2.08
夏季	−337	258	−1.13

按照常规空气源热泵设计标准设计的热回收型热泵机组，热回收侧得热量始终小于空调侧的制冷量（供热量），这与游泳馆建筑的空调负荷和热水负荷的分布情况，有较大的区别。

根据空调侧供热量选择机组，热回收侧的供热量无法满足沐浴用热水的热量需求，需要设置辅助加热设备，辅助加热量见表4。

表4 **辅助加热量** 单位：kW

季节	空调侧需求量(供应量)	热回收侧需求量	热回收侧供应量	辅助加热量
冬季	598.7	547.4	184.8	362.9
过渡	124.2	247.4	59.7	187.7
夏季	−77.0	200.0	68.1	131.9

由于热回收型热泵系统的特殊性，应针对不同的工况以及负荷分布特点，拟定出相应的运行模式。冬季以及过渡季节，机组均按照制热兼制生活热水运行模式工作。机组空调侧提供空调采暖以及泳池循环水的加热，热回收侧对沐浴用热水进行加热。夏季机组按照制冷兼制生活热水运行模式工作。机组空调侧提供空调制冷，热回收侧对沐浴用热水进行加热。同时可考虑将太阳能加热装置作为辅助加热方式。

4 结论

利用热泵技术回收低焓能低热资源，是一项集节能与环保为一体的系统工程。对改善能源消耗结构、节省常规能源和保护环境等方面均具有重要意义。游泳馆空调及池水加热系统中利用热泵系统取代燃煤(油)锅炉系统可以取得明显的节能效果和环境效益。

参考文献

[1] COOK R E. Water storage tank size requirement for residential heat pump/Air-conditioner Desuperheater Recovery[J]. ASHRAE Transactions, 1990,96 (2):715-719.

[2] 冯顺新，徐玉党. 热泵能量回收系统在游泳馆空调系统设计中的应用研究[J]. 制冷与空调，2006(4):70-72.

[3] 中国气象局气象信息中心气象资料室，清华大学建筑技术科学系. 中国建筑热环境分析专用气象数据集[M]. 北京：中国建筑工业出版社，2005.

[4] 丁燕. 游泳馆用热泵热回收技术研究[D]. 上海：同济大学，2008.

空气源热回收型热泵机组冬季运行特性研究*

刘东 丁燕

摘 要：本文是对空气源热回收型热泵机组研究工作的总结，介绍了这种空气源热回收型热泵机组的工作原理，分析了该类型机组的冬季运行特性，针对在制热工况下需要考虑的主要问题，提出了解决方案，并根据此类热泵系统的特点结合实验研究结果提出了合理的机组运行模式。

关键词：热泵；热回收；系统特性；冬季运行模式

The Research on the Operation Characteristics of the Air-source Heat Pump with Condensing Heat Recovery System in Winter

LIU Dong, DING Yan

Abstract: This paper summarizes the research work of air-source heat pump with condensing heat recovery system, which introduced the working principle of the air-source heat pump and analyzed the operating characteristics in winter. Proposed solutions to the main problems under the heating mode and proposed a reasonable operation pattern based on experimental results and the characteristics of such a heat pump system.

Keywords: heat pump; heat recovery; system characteristics; winter operation mode

1 前言

常规空调系统需要消耗电能而同时又将大量的冷凝热量排放到大气中，造成了大气的热污染，加剧了城市热岛效应；对于需要生活热水的场所，热水的制备需要消耗一次能源。如何将这两者很好地结合，既可减少冷凝热的排放，又能减小生活用热水生产过程的能源消耗；人们开始着力于研究利用热回收技术，将原本排放的冷凝热进行回收以制备卫生热水，并应用于工程实践，取得了良好的社会效益和经济效益[1-3]。

国外对于大型空调制冷机冷凝热回收的研究已经比较完善，发达国家目前已有相关产品的应用。新加坡南洋理工大学对于小型家用空调冷凝热的回收技术进行了实验研究[4]。中国科技大学提出空调—热水器一体机，可实现单独制热水模式、制冷兼热水模式、供暖模式等三种运行模式[5]。哈尔滨工业大学对带热水供应的节能型空调器开展了实验研究[6]。

目前国内的研究主要集中于家用小型空调机组的改造，对于大型机组的冷凝热回收往往多涉及冷水机组的改造，对大型空气源热泵机组冷凝热回收技术的研究，尤其是实验研究很少[5-7]。本文借鉴国内对于小型家用多功能热泵空调热水器理论和实验研究的成果，对大型热回收型空气源热泵机组系统原理、运行模式进行研究，并对开发的样机进行了性能特性的实验研究。

*《全国暖通空调制冷 2010 年学术年会论文集》2010 收录。

2　系统原理及运行模式

本文在综合热泵技术和冷凝热回收技术的基础上[8-10]，对常规空调用空气源热泵机组加以改进，采用风冷＋水冷的复合冷凝技术，取代传统空气源热泵单一风冷的冷凝方式，使其同时具有空调热泵和热泵热水器的功能，并通过合理的匹配，使空调和热水器功能协调运行，得到集空调和热水器于一体的多功能热泵系统。原理见图 1。

此类热回收型热泵机组循环过程可以在压焓图上表示，见图 2。

对于理论循环，离开蒸发器的制冷剂蒸气是处于蒸发压力下的饱和蒸气；离开冷凝盘管的液体是处于冷凝压力下的饱和液体；压缩机的压缩过程是等熵压缩；制冷剂通过膨胀阀，其前后焓值相等；制冷剂在蒸发和冷凝过程中压力不变，在各设备连接管道中，制冷剂不发生状态变化；制冷剂的冷凝温度等于环境温度，蒸发温度等于作为载冷剂的空调水的温度。

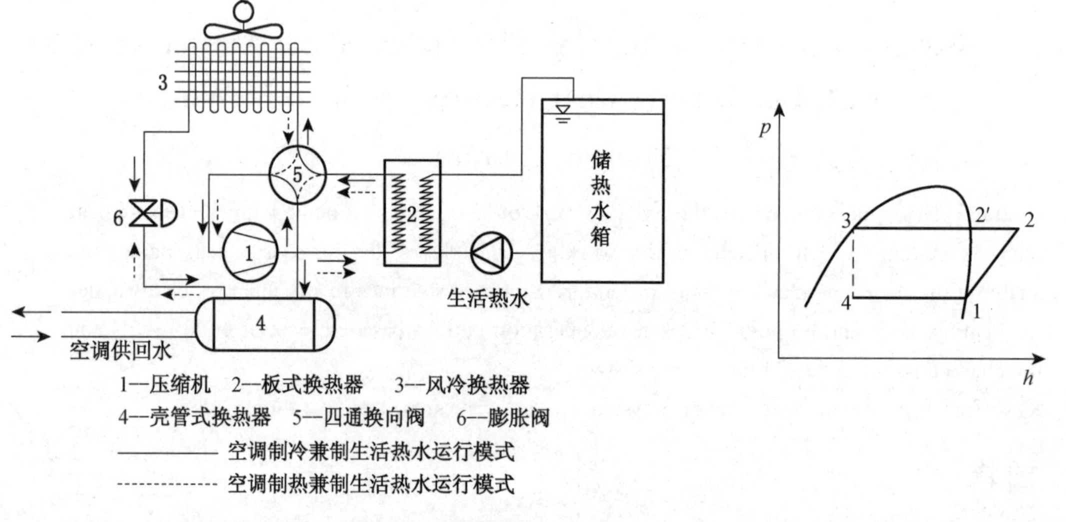

图 1　热回收型热泵机组原理图

图 2　热回收型热泵系统理论循环热力图

此类热泵机组具有多功能和全年运行的特点，通过控制元件的切换可以实现三种运行模式：夏季空调制冷兼制生活热水运行模式；冬季空调供热兼制备生活热水运行模式；过渡季节空调制冷(或供热)兼制备生活热水运行模式。本文主要研究热回收热泵在冬季空调供热兼制备生活热水运行模式。

3　热回收型热泵在冬季空调供热兼制备生活热水运行模式

冬季，该热泵系统既要满足空调制热，同时通过板式热交换器制备生活热水。机组中的四通换向阀为制热状态，空调制热兼制生活热水模式运行时，系统运行原理见图 3，制冷剂流向如图 3 中箭头所示。

系统运行时，低压工质蒸气经过压缩机增压后，成为高压高温气体，首先进入板式热交换器，其中冷凝散热，同时加热生活热水。随后进入壳管式冷凝器(夏季运行时为蒸发器)，进一步吸收冷凝热，加热空调热水。随后经过膨胀阀，进入室外蒸发器(夏季运行时为冷凝器)，从环境大气中吸收热量，蒸发为低压气体，然后再进入压缩机，完成循环。

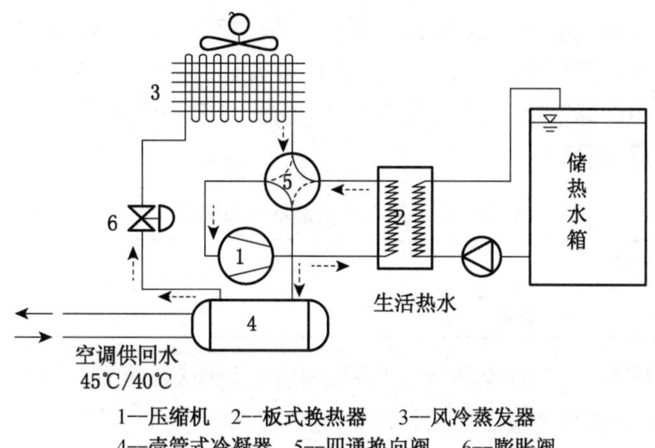

图3 热回收型热泵机组冬季运行原理图

由于加热空调热水的冷凝器串联于板式热交换器之后，所以板式热交换器消耗部分冷凝热用于加热热水，实际上是以牺牲室内供暖热量为代价来换取生活热水的加热需求。在冬季室外环境温度较低时，室内的热负荷较大，将会造成系统空调供暖量不足，从而影响室内的供暖效果。为确保采暖效果，首先应保证冷凝温度高于空调采暖用热水的设计温度(45 ℃)。因此必须控制生活热水制备过程中对于冷凝热的吸收量，以及生活热水的进水温度。由理论热力循环图4可知，冷凝热量由两部分热量组成：过热区热量和两相区热量。

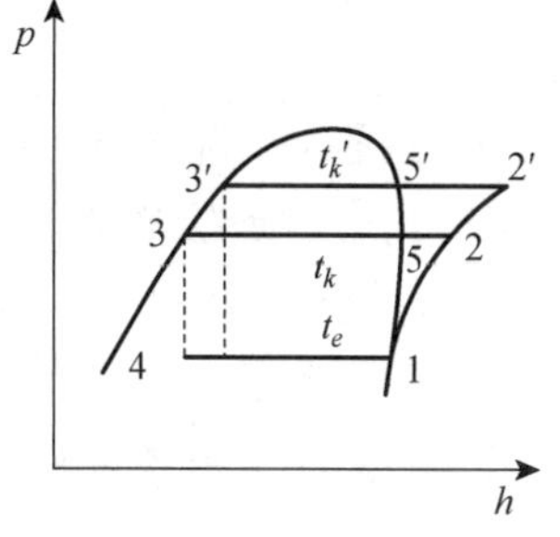

图4 冷凝温度变化热力循环性能分析图

当冷凝温度从 t_k 增加到 t_k' 时，总冷凝热从 h_2-h_3 变成 $h_{2'}-h_{3'}$。其中两相区热量 $h_{5'}-h_{3'}$ 与 h_5-h_3 相比明显减少，而过热区热量 $h_{2'}-h_{5'}$ 与 h_2-h_5 相比增加了。这主要是由于过热区进行的是显热交换，受温差影响很大。随着冷凝温度的升高，压缩机的排气温度急剧上升，过热区制冷剂的进出口温差增加，使得过热区热量相应增加。

以 R22 为例，计算蒸发温度为 0 ℃时，冷凝温度分别为 50 ℃、55 ℃、60 ℃的情况下的冷凝热量，计算结果见表1。

表1　　不同冷凝温度下冷凝热量变化

冷凝温度/℃	50.0	55.0	60.0
总冷凝热/kW	60.3	58.9	57.6
过热区冷凝热/kW	15.9	18.0	20.3
两相区冷凝热/kW	44.4	40.9	37.3

注：蒸发温度 0 ℃

冬季工况下，空调采暖和生活热水的制备都是对冷凝热的利用。由于生活热水加热吸收了部分冷凝热，所以空调侧的采暖供热量势必有所损失。特别是当生活热水温度低于空调采暖用水设计温度(45 ℃)时，可能导致机组冷凝温度降低，从而引起空调采暖用水温度降低，无法达到空调设计温度。因此为了保证空调采暖要求，生活热水的进水温度不应低于空调采暖用水的设计温度。此时在不改变机组冷凝温度(一般由空调采暖供水温度确定)的情况下,用于加热生活热水的板式热交换器只能吸收过热区冷凝热,同时空调采暖用换热器吸收两相区冷凝热。根据表 2 的计算结果,随着冷凝温度的变化,可知在冬季工况下,空调侧供热量与生活热水侧热量的比值,详见表 2。

表 2　空调侧供热量与生活热水侧得热量比值

冷凝温度/℃	50.0	55.0	60.0
空调采暖热量/生活热水热量	2.79	2.27	1.84

由于上面的分析可知,此时生活热水只限于获得过热区冷凝热。由于过热区冷凝热热量较小,在无法满足生活热水热量需求的情况下,必须设置辅助加热设备。

4　热回收热泵在冬季空调供热兼制备生活热水运行模式的控制策略

在冬季工况下,机组需要同时满足提供空调供热所需热水,以及制备生活热水的需求。由于板式热交换器吸收了部分冷凝热,势必影响空调供热量。如果生活热水进水温度设置过低,有可能造成空调侧供水温度无法达到供热要求。因此冬季生活热水的加热起始温度的设置应该以满足冬季供暖的热水温度要求控制为准来确定。当储水箱温度低于该设置温度时,开启机组与储热水箱之间的循环水泵对生活热水进行加热。

5　热回收热泵在冬季空调供热兼制备生活热水运行模式性能试验研究

本文利用某试验装置,对图 3 所示的热回收型空气源热泵实验机组在不同运行模式下的运行性能进行了实验研究。

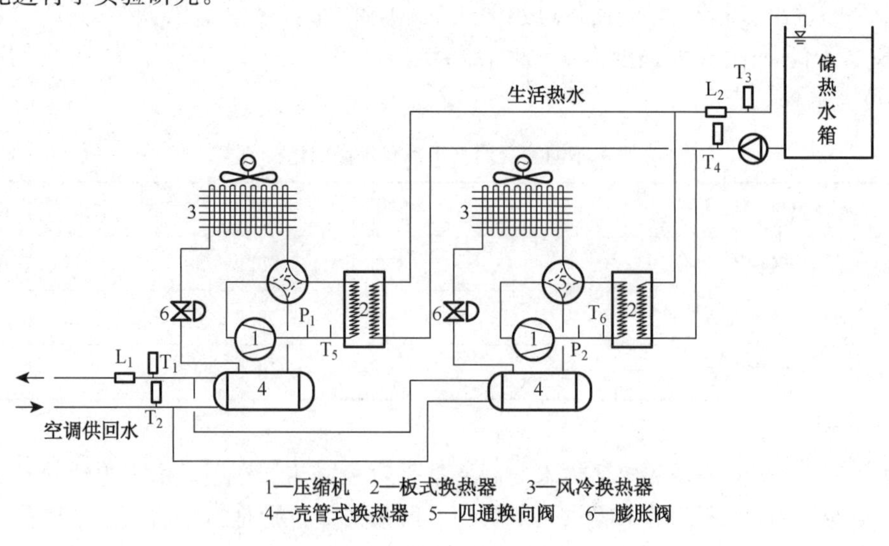

图 5　实验机组系统原理图

由图 5 可以看出，实验用机组由两个热回收型空气源热泵系统并联组成。其主要参数见表 3。

表 3　　实验机组铭牌

压缩机	螺杆压缩机	压缩机	螺杆压缩机
制冷剂	R22	额定制热量(kW)	450
额定制冷量/kW	400	额定功率(kW)	120

本文实验研究的测试方法参照 GB/T 10870—2001《容积式和离心式冷水(热泵)机组性能实验方法》中的相关规定。室外参数采用空气源热泵测试标准工况，空调侧制冷量及制热量通过载冷剂热平衡法实现。生活热水由循环水泵驱动，在板式热交换器和储水箱之间流动，被循环加热，实验没有考虑在实际使用时，生活热水加热过程中可能存在的热水被使用和消耗情况(储热水箱容量 10 m^3)。

5.1　基本概念

由于热回收型热泵机组的功能与普通热泵系统有所不同，因此本文对机组的性能系数进行以下定义，以便分析所用。

① 空调性能系数 COP_a

$$COP_a = \frac{\text{空调制冷(热)量}}{\text{整机输入功率}}$$

② 生活热水性能系数 COP_w

$$COP_w = \frac{\text{生活热水得热量}}{\text{整机输入功率}}$$

③ 综合性能系数 COP_{a+w}

$$COP_w = \frac{\text{空调制冷(热)量} + \text{生活热水得热量}}{\text{整机输入功率}}$$

5.2　制热兼制生活热水运行模式

(1) 环境空气温度 7 ℃(冬季)

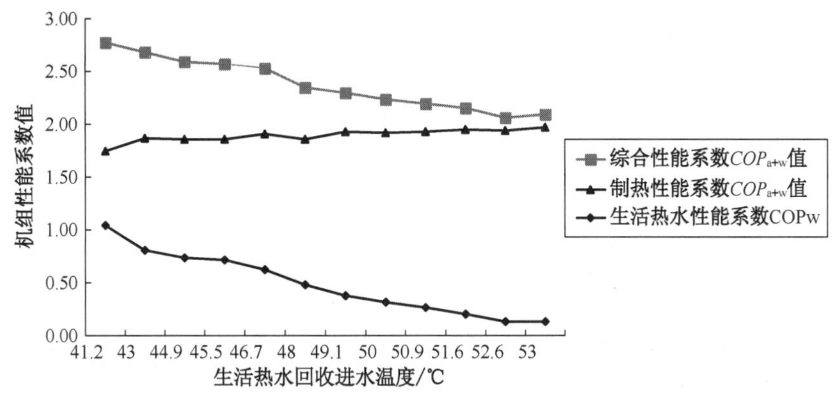

图 6　冬季工况机组性能曲线

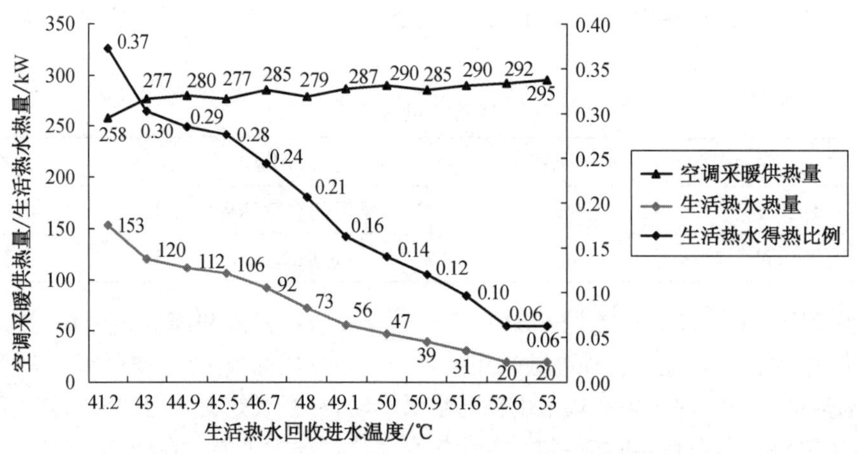

图7　冬季工况机组供热量及生活热水热量随水温变化

由于生活热水和空调热水均需要进行加热，因此生活热水的加热情况将直接影响到空调的供热量。由实验结果可以看出：在冬季工况下，机组的制热性能系数随生活热水进水温度的升高而逐渐增大，这主要是由于随着生活热水温度的升高，板式热交换器吸收的冷凝热逐渐减少，而壳管式换热器吸收的冷凝热逐渐增加，即空调侧的得热量逐渐增加。COP_a变化范围为1.74～1.97，平均值为1.89。生活热水制热效率在冬季是比较低的，平均仅为0.5，尤其是当热水温度达到50 ℃以后，热水性能系数只有0.2。这也说明利用该机组在冬季环境温度较低情况下（低于7 ℃时），在满足空调供热需求的前提下，制备生活热水的温度要超过55 ℃将有一定的困难。机组综合性能系数随生活热水进水温度的增加而逐渐减少，变化范围为2.78～2.10。平均值达到2.38。当生活热水温度从41.2 ℃加热到53 ℃的过程中，生活热水侧得热量占总冷凝热的比例为37%～6%，平均值为19%，这主要是因为生活热水温度高于机组冷凝温度的情况下，生活热水侧吸收的热量仅为过热区冷凝热。

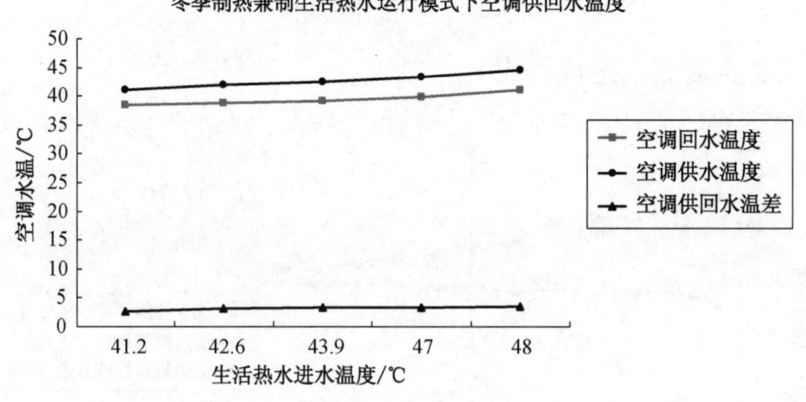

图8　冬季工况空调水温变化曲线

通过对空调供回水温度的研究发现，当生活热水进水温度较低时，空调供回水温度较低。随着生活热水进水温度的升高，空调供回水温度升高。这主要是由于生活热水温度较低时，板式热交换器吸收冷凝热超出机组设计冷凝温度（一般为50 ℃）时过热区的冷凝热量，导致系统冷凝温度降低，而冷凝温度的降低（低于50 ℃）无法保证空调侧的加热要求，使得空调侧水温低于规定值(45 ℃)。根据实验结果可知当生活热水进水温度低于 45 ℃时,空调侧出水温度低于 44 ℃,将影响供暖效果。因此冬季运行时,生活热水的加热设定温度不应低于 45 ℃,即当储热水箱温度低于 45 ℃时,开启机组与储热水箱之间的循环泵,对热水进行加热。

6 结论

通过理论分析与实验研究,可以得到如下结论:

1) 热回收型空气源热泵在冬季工况下,为了保证空调侧供热要求,生活热水设定温度不宜低于 45 ℃。

2) 在生活用热水设定温度高于 45 ℃时,生活热水制热效率是较低的,平均仅为 0.5;且生活热水侧得热量仅占总冷凝热的 19%。

3) 根据研究结果可以得知:在冬季运行工况下,需要根据生活热水的供水温度和热量需求设置辅助加热。

参考文献

[1] M. dszeneki. Economic viability of Heat Pump Desuperheater for Supplying Domestic Hot Water[J]. ASHRAE Transactions , 1984,90(1B):169-177.

[2] SHI WenXing. Thermodynamics Analysis and Thermo economics Evaluation on Heat Recovery Inverter Air Cooling Heat Pump with Domestic Hot Water[C]. 7th International Energy Agency Conference on Heat pump Technologies, 2002(2):889-894.

[3] 张华俊,董晓俊,项卫中. 制冷系统余热回收的研究[J]. 低温工程,1997,99(5):37-43.

[4] W. M. Ying. Performance of Room Air Conditioner used for Cooling and Hot water Heating[J]. ASHRAE Transactions, 1989,95(2):441-444.

[5] 季杰等. 空调—热水器一体机制冷兼制热水模式的性能模拟和实验分析[J]. 暖通空调,2003,33(2):19-23.

[6] 江辉民,王洋,马最良等. 带热水供应的家用空调器的探讨[J]. 建筑热能通风空调,2004,23(1):48-51.

[7] 武文彬. 多功能热泵空调热水器理论分析与实验研究[D]. 硕士论文,2005.

[8] H. 基恩,A. 哈登费尔特著 耿惠彬译. 热泵(第一卷)导论和基础[M]. 北京:机械工业出版社,1987.

[9] 蒋能照主编. 空调用热泵技术及应用[M]. 北京:机械工业出版社,1997.

[10] H. L. von 库伯,F 斯泰姆著. 王子介译. 热泵的理论与实践[M]. 北京:机械工业出版社,1986.

热泵热回收机组在宾馆建筑的适用性研究*

戴梅　张萍　刘东

摘　要：描述了热泵热回收机组的工作原理，并以上海某宾馆建筑的空调系统改造为实例，对冷水机组加锅炉、风冷热泵加热泵热水机组、冷水机组加热泵热回收机组三种方案的经济性进行分析，指出热泵热回收机组适合在宾馆建筑中使用。

关键词：热泵热回收；宾馆建筑；适用性

Applicability of Heat Pump Heat Recovery Unit in Hotel Buildings

DAI Mei, ZHANG Ping, LIU Dong

Abstract: The theory of heat pump heat recovery unit is introduced. It takes the innovation of air conditioning system in a hotel building in shanghai to analyze the economy of three schemes, including water chilling unit and boiler, air-cooled heat pump and heat pump water heater, water chilling unit and heat pump heat recovery unit. The heat pump heat recovery unit is suitable in hotel.

Keywords: heat pump heat recovery; hotel building; applicability

0　引言

宾馆建筑的单位面积能耗指标在公共建筑中属于偏高类，运行费用中能源部分所占的比例也较大，其中空调系统和生活热水供应系统的能耗占很大比重。利用空调冷凝热是切实可行的节能措施，热泵热回收机组就是基于利用冷凝热回收的设备。本文以上海某宾馆建筑的方案比较选择为例，研究热泵热回收机组在宾馆建筑的适用性。[1-3]

1　工程简况

该宾馆建筑高度 46.3 m，地上 14 层，地下 0 层，标准层高 3 m；建筑面积约为 27 582 m^2，其中空调采暖面积约为 27 582 m^2，夏季空调冷负荷为 2 758 kW，冬季空调热负荷为 1 931 kW，2011 年宾馆床位数为 359 个，2011 年生活用水量为 164 393 t。

原有冷源为 2 台离心式冷水机组，电机功率为 275 kW，制冷量 1 407 kW；1 台螺杆式冷水机组，电机功率为 279 kW，制冷量 1 392 kW。原有热源为 2 台燃气蒸汽锅炉，电机功率为 9.5 kW，额定蒸发量为 3 t/h，制热量 2 229 kW，燃料消耗量 258.7 Nm^3/h，冬季 1 台供暖，1 台提供生活热水，其他季节运行 1 台。建筑冷热源设备见表 1。

*《建筑节能》2013，41(11)收录。

表 1 空调系统主要设备

设备分类	设备名称	台数	型号	功率/kW	备注
冷热源设备	离心式冷水机组	2	19XL400	275	—
	螺杆式冷水机组	1	30HXC400	279	
	全自动燃气蒸汽锅炉	2	WNS4	9.5	冬季运行 2 台，其他季节运行 1 台
暖通空调系统输送设备	冷冻水泵	4	KQL 100-200B	18.5	制冷季运行 6 台
	冷冻水泵	2	KQL100-160	15	
	冷却水泵	2	ISG200-400	45	制冷季运行 2 台
	热水循环泵	4	KQL125/250-11/4	11	制热季运行 4 台，其他季节运行 2 台
冷却设备	冷却塔	4	GTY-200	7.5	—

2 方案选择计算

生活热水要求达到 60 ℃，夏季上海自来水温度为 25 ℃，冬季 5 ℃，过渡季 15 ℃，2011 年宾馆生活用水量 164 393 t，则每天使用热水量 450.4 t。上海电费按 0.6 元/(kW·h)，天然气 3.5 元/m³，供冷季为 120 d，供热季为 120 d，其余时间为过渡季，共 125 d。

夏季生活热水负荷 450.4×1000×4.18×(60－25)/(24×3 600)＝763 kW，冬季生活热水负荷 450.4×1 000×4.18×(60－5)/(24×3 600)＝1 199 kW，过渡季生活热水负荷 450.4×1 000×4.18×(60－15)/(24× 3 600)＝981 kW。

2.1 冷水机组加锅炉

现将冷水机组加锅炉夏季、冬季、过渡季的能耗使用情况和运行费用情况计算于表 2～表 4。

表 2 冷水机组加锅炉夏季用能情况

空调系统			生活热水系统		
空调系统	主机运行能耗/(×10⁴ kW·h)	159.6	生活热水系统	总用电量(锅炉加热水泵)/(×10⁴ kW·h)	7.3
	冷水泵和冷却设备运行能耗/(×10⁴ kW·h)	64.6		天然气耗量/(×10⁴ m³)	25.5
	总能耗/tce	672.6		总能耗/tce	353.4
	总费用/万元	134.5		总费用/万元	93.6

表 3 冷水机组加锅炉冬季用能情况

空调系统			生活热水系统		
空调系统	总用电量(锅炉加热水泵)/(×10⁴ kW·h)	9.1	生活热水系统	总用电量(锅炉加热水泵)/(×10⁴ kW·h)	7.8
	天然气耗量/万 m³	74.5		天然气耗量/×10⁴ m³	40.0
	总能耗/tce	995.8		总能耗/tce	543.4
	总费用/万元	266.2		总费用/万元	144.7

表 4 冷水机组加锅炉过渡季用能情况

生活热水系统			生活热水系统		
生活热水系统	总用电量(锅炉加热水泵)/(×10⁴ kW·h)	7.8	生活热水系统	总能耗/tce	469.3
	天然气耗量/×10⁴ m³	34.3		总费用/万元	124.7

根据上述计算结果，年总运行费用 763.7 万元。由于全年宾馆需要大量生活热水，而生活热水都需由锅炉提供，制热成本高，同时，夏天冷水机组运行时的冷凝热也没有得到利用，现考虑采取两种方案：①将原有机组全部换掉，改成风冷热泵加热泵热水机组；②保留 1 台离心式

冷水机组，改为冷水机组加热泵热回收机组。

2.2 风冷热泵加热泵热水机组

考虑将冷水机组换成风冷热泵机组作为空调冷热源，生活热水由热泵热水机组满足。选择型号为 FTA-B-RS-600-1 的热泵热水机组，制热量 585 kW，机组功率 164 kW。冬季开 3 台，每台每天运行 24×1 199/(585×3)＝16 h；夏季开 2 台，每台每天运行 24×763/(585×2)＝16 h；过渡季开 2 台，每台每天运行 24×981/(585×2)＝20 h。

空调冷热源由空气源热泵提供，选择型号为 30XQ1500 机组 2 台，制冷量 1 500 kW，功率 420.8 kW，制热量 1 440 kW，功率 402 kW。

将风冷热泵加热泵热水机组的夏季、冬季、过渡季的能耗使用情况和运行费用情况进行计算，见表 5—表 7。

表 5　风冷热泵加热泵热水机组夏季用能情况

系统	项目	数值	系统	项目	数值
空调系统	风冷热泵运行能耗/($\times 10^4$ kW·h)	242.4	生活热水系统	热泵热水机组能耗/($\times 10^4$ kW·h)	63.0
	冷水泵运行能耗/($\times 10^4$ kW·h)	30.0		热水泵能耗/($\times 10^4$ kW·h)	6.3
	总能耗/tce	816.9		总能耗/tce	207.9
	总费用/万元	163.4		总费用/万元	41.6

表 6　风冷热泵加热泵热水机组冬季用能情况

系统	项目	数值	系统	项目	数值
空调系统	风冷热泵运行能耗/($\times 10^4$ kW·h)	231.6	生活热水系统	热泵热水机组能耗/($\times 10^4$ kW·h)	94.5
	热水泵运行能耗/($\times 10^4$ kW·h)	6.3		热水泵能耗/($\times 10^4$ kW·h)	6.3
	总能耗/tce	713.7		总能耗/tce	302.4
	总费用/万元	142.7		总费用/万元	60.5

表 7　风冷热泵加热泵热水机组过渡季用能情况

系统	项目	数值	系统	项目	数值
生活热水系统	热泵热水机组能耗/($\times 10^4$ kW·h)	82.0	生活热水系统	总能耗/tce	265.8
	热水泵能耗/($\times 10^4$ kW·h)	6.6		总费用/万元	53.2

3 热泵热回收机组原理及应用

3.1 热泵热回收机组原理

热泵热回收机组原理如图 1 所示，图中实线箭头为夏季运行顺序，虚线箭头为冬季运行顺序。

夏季，供应生活热水的换热器与冷凝器并联，制冷剂由蒸发器流经压缩机，再分为两支，一个支路经冷凝器向空气散热，另一个支路经过换热器提供生活热水，热泵热回收机组以保证生活热水优先，剩余的热量由冷凝器排出，这也是夏季最大程度利用冷凝热的运行模式，阀门开关由电脑自动控制。

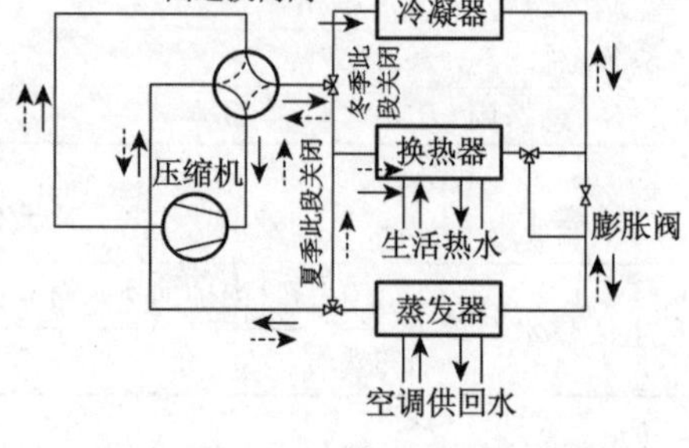

图 1　热泵热回收机组冬夏运行原理图

冬季，供应生活热水的换热器与蒸发器并联，而此时的蒸发器实为冷凝器，用以提供空调热水。制冷剂由原先冷凝器出口流经压缩机，分为两个支路:①经原先蒸发器,用以保证空调供暖需求;②经过换热器提供生活热水。其实供应生活热水的换热器分走了一部分热量,影响空调供热能力。所以,热回收热泵机组按照优先级别不同存在两种运行模式:①以保证生活热水优先,剩余的热量用以空调供暖;②以保证空调供暖优先,剩余热量用以制备生活热水,阀门开关由电脑自动控制。

3.2 冷水机组加热泵热回收机组

选择型号 ERACSR2672 的热泵热回收机组,热回收量 908.3 kW,热回收模式下制冷量 742.2 kW,功率 176.7 kW。单独制热时,制热量 764.8 kW,功率 174.8 kW;单独制冷时,制冷量 732.9 kW,功率 184.2 kW。

夏季使用 2 台热泵热回收机组加 1 台离心式冷水机,其中 1 台热回收机组热回收侧关闭,当一般风冷热泵机组使用。冬季使用 4 台热泵热回收机组,2 台热回收机组优先供应生活热水,多余热量提供空调热水,另 2 台关闭热回收侧,只提供空调热水。过渡季使用 2 台热泵热回收机组,其中 1 台常开,另 1 台在热水量不够时开启。

将冷水机组加热泵热回收机组的夏季、冬季、过渡季的能耗使用情况和运行运用情况计算,见表 8—表 10。

表 8　　冷水机组加热泵热回收机组夏季用能情况

离心式冷水机运行能耗/($\times10^4$ kW·h)	79.2	热泵热回收机组能耗/($\times10^4$ kW·h)	103.9
配套的冷却水设备运行能耗/($\times10^4$ kW·h)	17.3	热水泵能耗/($\times10^4$ kW·h)	6.3
冷冻水泵能耗/($\times10^4$ kW·h)	30.0	总耗电量/($\times10^4$ kW·h)	236.7
总能耗/tce	710.7	总费用/万元	142.0

表 9　　冷水机组加热泵热回收机组冬季用能情况

热泵热回收机组能耗/($\times10^4$ kW·h)	202.5	热水泵能耗/($\times10^4$ kW·h)	12.7
总能耗/tce	645.3	总耗电量/($\times10^4$ kW·h)	215.1
		总费用/万元	129.1

表 10　　冷水机组加热泵热回收机组过渡季用能情况

热泵热回收机组能耗/($\times10^4$ kW·h)	57.4	热水泵能耗/($\times10^4$ kW·h)	6.6
总能耗/tce	192	总耗电量/($\times10^4$ kW·h)	64.0
		总费用/万元	38.4

4 方案比较

将上述运行费用、初投资和总能耗计算结果汇总于表 11、表 12、表 13。

表 11　　3 个方案运行费用比较表

费用/万元	夏季		冬季		过渡季	总计
	空调	生活热水	空调	生活热水	生活热水	
冷水机组加锅炉	134.5	93.6	266.2	144.7	124.7	763.7
空气源热泵加热泵热水机组	163.4	41.6	142.7	60.5	53.2	461.4
冷水机组加热泵热回收机组	142.0		129.1		38.4	309.5

表 12　　改造方案初投资和投资回收期

改造方案	初投资/万元	投资回收期/年
空气源热泵加热泵热水机组	667	2.2
冷水机组加热泵热回收机组	426	1.0

表 13　　3 个方案单位面积能耗比较表

能耗/tce	夏季		冬季		过渡季	总计	碳排放量/tCO_2	单位面积/$(tce \cdot m^{-2})$
	空调	生活热水	空调	生活热水	生活热水			
冷水机组加锅炉	672.6	353.4	995.8	543.4	469.3	3 034.5	9 286	0.110
空气源热泵加热泵热水机组	816.9	207.9	713.7	302.4	265.8	2 306.7	7 059	0.084
冷水机组加热泵热回收机组	710.7		645.3		192	1 548	4 737	0.056

注：碳排放量根据每吨标煤 3.06 t CO_2 的排放量计算。3.06 由跟标准煤较接近的焦炭碳排放量质得到[4]。

从表 11 可看出，冷水机组加热泵热回收机组运行费用最低，这个方案保留了 1 台高效的离心式冷水机组，充分利用夏季空调冷凝热，在满足空调需求的同时获得生活热水。空气源热泵加热泵热水机组其次。

由于冷水机组加热泵热回收机组沿用了 1 台离心式冷水机组，节省了一部分初投资，计算得冷水机组加热泵热回收机组投资回收期约为 1 年。相比较而言，这种改造方案比空气源热泵加热泵热水机组方案初投资小，运行费用低，投资回收期短。

总能耗包括了除空调末端以外的所有用能设备能耗，如主机、锅炉、冷水泵、冷却水泵、冷却塔、热水循环泵等[5]。由于空调末端用能较小，此处忽略。

从表 13 可以看出，冷水机组加热泵热回收机组单位面积能耗最低，空气源热泵加热泵热水机组的单位面积能耗其次，冷水机组加锅炉最大，这是因为后两种方案都没有用到天然气，冷水机组加热泵热回收机组的单位面积能耗仅为冷水机组加锅炉的 50%。标准煤对应的 CO_2 排放量也为原来方案的 50%，碳排放量也是现阶段环境保护的一个重要指标。

综合上述比较，冷水机组加热泵热回收机组适合在宾馆建筑中应用，是节能和节约运行费的理想方案。

5　结论

(1) 通过方案比较，冷水机组加热泵热回收机组运行费用最低，为传统冷水机组加锅炉的 40.5%，单位建筑面积总能耗为冷水机组加锅炉的 50%，投资回收期约 1 年。

(2) 热泵热回收机组，在夏季由于冷凝热的顺利排出，冷凝温度降低，冷凝压力降低，所以机组的 *COP* 比单制冷要高。对于宾馆建筑，夏季制冷要求较高，大量的冷凝热可以保证夏季的生活热水需求，节省大量能源，同时，有利于保护环境[6]。

(3) 冬季热泵热回收机组可以在供热和制取生活热水之间调整，在满足生活热水的情况下，热泵热回收机组担任热泵机组的作用[7]，相对于锅炉供热也是节能的，过渡季节不需要供冷和供热，热泵热回收机组担任热泵热水机组的作用。

热泵热回收机组充分利用冷凝热，控制调节灵活方便，在宾馆建筑这种空调需求量高、生活热水要求较高的场所发挥了优势，实现供冷加生活热水，供热加生活热水，单独供冷供热制备生活热水多种功能，能有效节约能源，保护环境。

参考文献

[1] 裴秀英. 酒店建筑空调冷凝热回收模式探讨[C]//第 4 届全国建筑环境与设备技术交流大会论文集，2011:144-147.

[2] 郑就. 冷水机组热回收与热泵热水机组相结合的效益分析[J]. 制冷，2008，27(2):72-75.

[3] 毕晓平，宋春光，宋子彦. 采用空气源热泵热回收机组节能效果分析[J]. 城市管理与科技，2005，7(2):77-79.

[4] 赵荣义，范存养，薛殿华，等. 空气调节[M]. 北京:中国建筑工业出版社，2009.

[5] 荣国华. 夏季制冷机冷凝热的回收利用[J]. 暖通空调，1998，28(2):27-29.

[6] 蔡龙俊，沈莉丽. 空气源热泵制冷热回收机组的技术可行性[J]. 能源技术，2006，27(6):264-267.

空气源热泵系统在医院建筑中的应用研究

——以某医院空气源热泵供冷和供热水系统为例*

刘 东　施 赟　王亚文　李 超　丁永青　侯震寰

摘　要：本文是对某医院建筑节能改造项目中的空气源热泵系统性能评估工作的分析总结，对空气源热泵系统用于空调的冷热源、生活热水热源的技术性和经济性进行了综合、客观的评估；指出对于医院建筑，尤其是病房建筑，空气源热泵系统具有较好的适用性，并提出了整体性设计和应用空气源热泵系统的建议。

关键词：空气源；热泵；医院建筑；生活热水

The Study of the Application of Air Source Heat Pump in Hospital Building

——Based on the Energy Saving Project of Heat Pump System Which Match the Cooling Heating，Water Supplying for Hospital Building

LIU Dong，SHI Yun，WANG Yawen，LI Chao，DING Yongqing，HOU Zhenhuan

Abstract：This paper is the analysis and summary of the performance evaluation on the air-source heat pump in a hospital building energy saving renovation project. It is a comprehensive and objective assessment of the technical and economic performance of the air-source heat pump applying for the air conditioning cold source and hot water source：point that in the hospital buildings，especially the ward buildings，the air-source heat pump has a better applicability，and propose the suggestion on the overall design and application of air-source heat pump system.

Keywords：air-source；heat pump；hospital building；domestic hot water

0　引言

医院建筑具有使用要求高、功能复杂、总体能耗大等特点，暖通空调系统能耗可占医院总能耗的50％以上[1]，单位建筑面积的暖通空调能耗是办公建筑的1.6～2.0倍[2-3]；其中空调冷热源的能耗约占暖通空调总系统能耗的50％；降低空调冷热源系统的能耗是空调节能的关键，也是医院节能的重点，人们在这方面开展了相关的研究工作[3-9]。

一般医院建筑的能源中心冷热源的配置多采用水冷冷水机组与蒸汽锅炉形式或者空气源热泵机组等。其中水冷冷水机组多采用电驱动压缩式机组或溴化锂吸收式机组等；锅炉多采用燃气、燃油或燃煤方式；也有医院尝试采用太阳能集热技术；医院建筑普遍对空气源热泵机组的应用较为慎重[3-9]。本文是对某医院所采用的空气源热泵系统(既作为空调系统的冷、热源，又是生活热水的热源)的实际应用效果评估工作的总结，根据实际的运行数据，从技术性和经济性两方

*《上海市制冷学会2013年学术年会论文集》2013收录。

面进行综合研究，探讨了基于整体性优化设计的空气源热泵系统在医院建筑中的适用性。

1 项目概况

1.1 医院建筑能耗概况

该医院是位于上海市区的三级甲等医院，主要由病房楼、医技楼、门急诊楼、康复楼和行政办公楼等九栋建筑组成。其中病房楼需要全年供应生活用热水，夏季供冷、冬季供热的空调系统都是全天 24 h 运行，其单位面积的空调系统能耗较高。改造前，医院的空调、生活热水等的供应源于能源中心的燃油锅炉和蒸汽型溴化锂吸收式冷水机组。夏季通过燃油锅炉产生的蒸汽提供给溴化锂冷水机组制冷，冬季燃油锅炉提供蒸汽，进行热交换后，提供空调系统的供热用热水；全年的生活用热水也是用燃油锅炉产生蒸汽作为热源。

1.2 医院能源中心概况及改造方案

该医院能源中心的主要耗能设备是溴化锂吸收式冷水机组、燃油锅炉、水泵、冷却塔和集中空调的空气处理系统等；消耗的能源主要是电力和柴油。近年来，由于燃油价格逐年上涨、设备效率降低和输送系统效率降低等因素的综合影响，使得暖通空调系统的运行维护费用也逐年增加。

为了降低医院运行的能源成本，该医院对 A、B、C 三幢楼(都是住院病房，建筑面积合计为 29 198 m^2)的空调冷热源系统和生活用热水系统进行了改造：采用两台空气源热泵机组替换了原 A 楼的两台蒸汽型吸收式溴化锂机组，原 B 楼的两台螺杆式水冷冷水机组和原 C 楼的一台螺杆式水冷冷水机组，实现了夏季制冷；这两台空气源热泵机组冬季制热运行，替代原燃油锅炉的蒸汽供热。另设置两台空气源热泵热水机组，全年制取生活热水来替代原燃油锅炉产生蒸汽换热制取热水。

2 空气源热泵系统的应用

此次节能改造采用两台空气源热泵机组实现了夏季供冷和冬季供热；两台空气源热泵热水机组不但可以制取生活热水，同时在夏季及过渡季节还能够为空调系统提供冷量。大大节省了锅炉的柴油耗量，空气源热泵机组配置见表 1。

表 1 空气源热泵机组性能参数

名称	数量/台	制冷/热量/kW	输入功率/kW
空气源热泵机组	2	1 070/1 124	206/290
空气源热泵热水机组	2	366/454	102

2.1 空调用冷热源系统

空气源热泵机组采用双螺杆压缩机，具有振动小、噪音低、容积效率高的特点，可随负载变化调整压缩机的能量输出控制。水侧热交换器是高效率的壳管式热交换器，采用高效率内螺纹外螺旋无缝紫铜管，强化了传热效果；空气侧热交换器采用 V 型盘管设计，使盘管表面风速均匀，有效改善了气流组织，提高散热效率。采用多台压缩机并联布置，其中每台压缩机设置独立的冷媒回路，可形成单独的制冷或制热循环，提高了系统的可靠性。

2.2 生活热水用热源系统

生活热水采用空气源热泵热水机组，可以在供冷季节同时提供空调用冷水和生活用热水，机组没有设电加热装置，在室外环境温度－5 ℃～43 ℃范围内提供生活用热水，可实现多种运转模式的自动切换。

2.3　节能量监测系统

该医院原来未安装能源分项计量系统，对于本次改造的重点用能设备(两台空气源热泵机组和两台空气源热泵热水机组)均安装了计量电表，由相关部门负责其安全运行，如设备运行异常，能够及时报警。

3　空气源热泵系统的技术性能评估

3.1　节能量、节能率的确定方法

该医院节能改造前、后的锅炉柴油耗量均有记录数据，改造后的空气源热泵机组和空气源热泵热水机组也安装了计量用电表，上述两部分的能耗可以通过分析运行数据得到；而改造前空调系统的能耗和改造后水泵等设备的能耗则根据机组和设备的额定功率、运行时间及负载率等根据运行记录表等资料计算获得。

该医院在项目实施前没有对空调系统的电耗进行计量，故只能根据原机组的额定功率、运行时间、负载率等来计算整个空调系统的能耗；项目实施后不仅对锅炉柴油耗量进行了统计，还对空气源热泵机组和空气源热泵热水机组进行了电量计量，而水泵等其他设备的耗电量没有计量，可以根据设备的额定功率、运行时间等进行计算。

3.2　节能量、节能率的确定

3.2.1　改造后的锅炉节能量

锅炉的节能量主要体现在三个方面：空气源热泵机组夏季替代蒸汽型溴化锂机组供冷，空气源热泵机组冬季替代锅炉供暖；空气源热泵热水机组全年替代锅炉制取生活用热水。节能改造前后锅炉柴油耗量均有数据记录，故通过数据统计分析得到节能量，详见表 2 和图 1。

表 2　节能改造后锅炉节能量

2009 年柴油耗量/t	2011 年柴油耗量/t	节省柴油量/t	折合标煤量/t
1 580	710	870	1 267.677

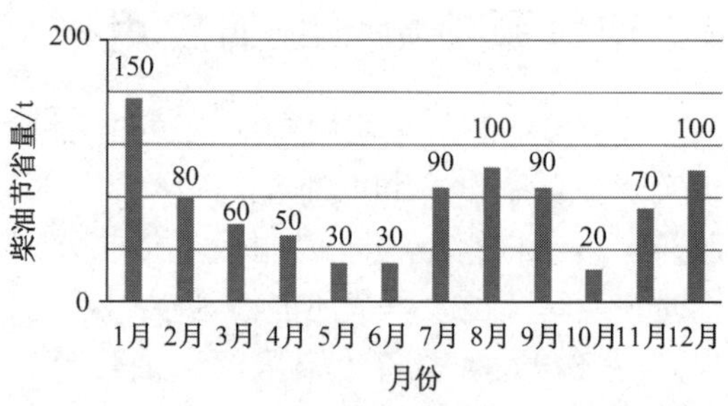

图 1　节能改造后每月的柴油节省量

3.2.2　改造后空气源热泵机组和热泵热水机组全年运行耗能

节能改造后空气源热泵机组和热泵热回收机组安装了电表，故可通过计量数据统计分析得到其耗能量，详见表 3 和图 2。

表 3　节能改造后热泵机组的耗能量

时间	机组耗电量/kWh	折合标煤量/t
2011 年	2 996 640	898.992

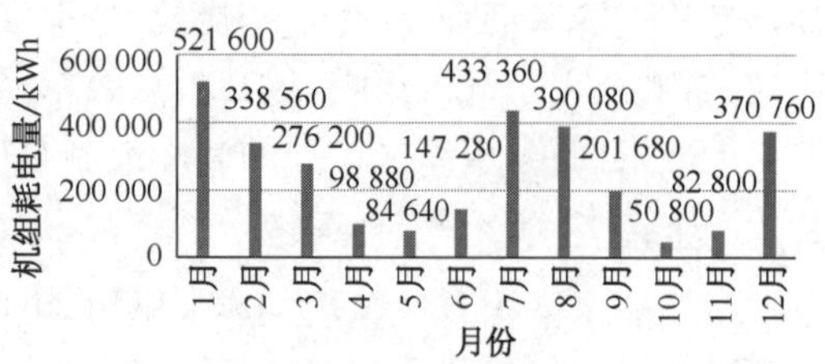

图 2　节能改造后空气源热泵机组的耗电量

3.2.3　改造前螺杆式水冷冷水机组和蒸汽型溴化锂冷水机组夏季供冷耗能量

改造前A楼夏季供冷由两台蒸汽型溴化锂冷水机组承担，B楼由两台螺杆式水冷冷水机组承担，C楼(7—8楼)由一台螺杆式水冷冷水机组承担。由于改造前制冷机组的耗电量无分项计量，故通过改造后的运行数据确定原冷水机组的负载率，然后根据运行时间和机组额定输入功率来计算改造前机组的耗电量。计算结果见表4和图3。

表4　改造前水冷冷水机组的供冷季耗能量

时间	机组耗电量/kWh	折合标煤量/t
2009年	617 980	185.394

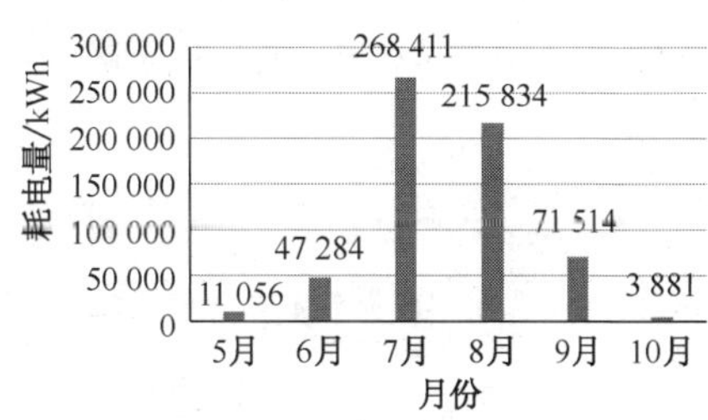

图3　原水冷冷水机组供冷季耗电量

3.2.4　改造前后水泵及冷却塔等设备的耗能量

由于节能改造前后水泵及冷却塔等设备没有进行独立的分项计量，故根据改造后设备的运行时间和额定输入功率等来计算这些设备的耗电量。节能改造前后水泵及冷却塔等设备的额定输入功率统计见表5和表6。

表5　改造前水泵及冷却塔等设备的额定功率

项　目	设　　备		总功率/kW
空调系统	A楼	冷冻水泵＋冷却水泵＋冷却塔风机	110
	B楼	冷冻水泵＋冷却水泵＋冷却塔风机	56.5
	C楼	冷冻水泵＋冷却水泵＋冷却塔风机	47.5
生活用热水系统	热水泵		55

表6　节能改造后水泵等设备额定功率

项　目	设　　备	总功率/kW
空调系统	冷冻水泵	110
生活用热水系统	热回收机组循环泵＋热水补水泵＋热水提升泵＋热水变频增压泵	70.4

节能改造前后水泵及冷却塔等设备的能耗见表7和图4。

表7　节能改造前、后水泵及冷却塔等设备的能耗

2009年耗电量/kWh	2011年耗电量/kWh	节省耗电量/kWh	折合标煤量/t
848 705	718 084.4	130 620.6	39.19

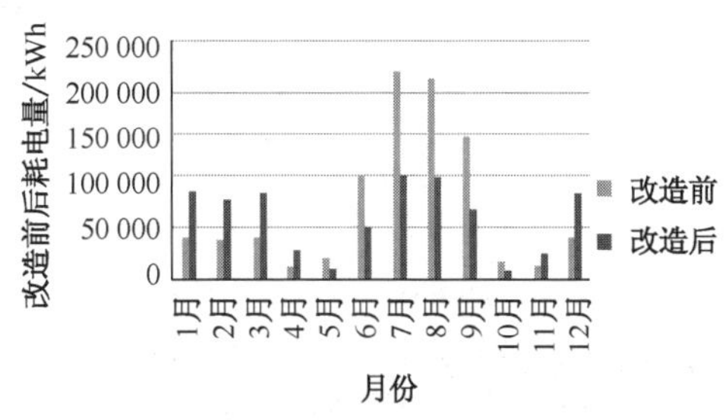

图4　改造前后水泵及冷却塔等设备耗电量

3.3 技术性指标

3.3.1 改造后的全年总节能量

该医院改造后全年总节能量为改造前后锅炉节能量、改造前螺杆式水冷冷水机组加蒸汽型溴化锂冷水机组、水泵以及冷却塔等设备的耗能量之和减去改造后空气源热泵机组、空气源热泵热水机组以及水泵等设备的耗能量。节能改造后全年总节能量详见表 8 和图 5。

表 8　　节能改造后的总节能量

	项目	折算标煤量/t
1	柴油节省量	1 267.677
2	原螺杆式冷水机组及溴化锂机组能源消耗量	185.394
3	节能改造前水泵及冷却塔等设备能源消耗量	254.612
4	空气源热泵机组及热泵热回收机组能源消耗量	898.992
5	节能改造后水泵等设备能源消耗量	215.425
总节能量=1+2+3−4−5		593.266

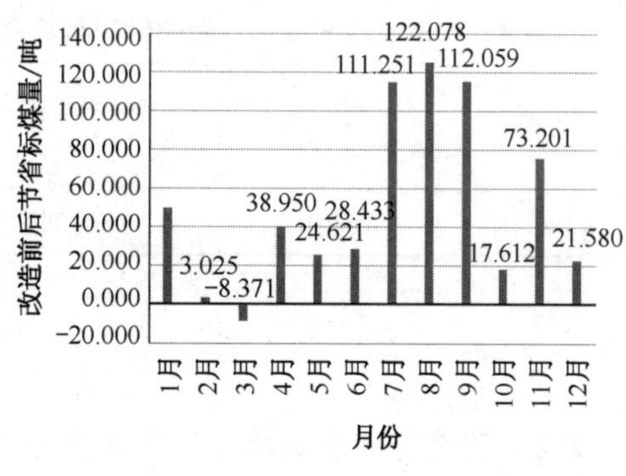

图 5　节能改造后的节能量

3.3.2 节能改造后的节能率

该节能改造项目实施后的节能率为 21.6%。对比上海地方标准《市级医疗机构建筑合理用能指南》(DB31/T 553—2012)中的三级甲等医院的能耗指标先进值为 62 kgce/(m^2·a)，合理值为 81 kgce/(m^2·a)，可见采用风冷热泵机组和热水机组后，该建筑的能耗介于两者之间。

表 9　　节能改造前后的能耗

年份	2009 年	2011 年
总能耗/tce	2 742.225	2 148.959
单位面积能耗/(tce·m^{-2}·a^{-1})	0.093 9	0.073 6

4 系统的经济性评估

4.1 评估方法的确定

通过计算的分项能耗及能源单价计算年节省运行费用；对此次节能改造项目的合同以及改造工程发生费用的支付凭据进行了评估。

4.2 全年节省的运行费用

该医院消耗的能源主要是电和柴油，节能改造后全年节省的运行费用见表 10 和图 6 所示。

表 10　　节能改造后全年节省运行费用

	项目	费用/万元
1	柴油节省费用	494.37
2	原水冷冷水机组及溴化锂机组电费	50.67
3	节能改造前水泵及冷却塔等设备电费	69.59
4	空气源热泵机组及热泵热水机组电费	245.72
5	节能改造后水泵等设备电费用	58.88
节省的总费用=1+2+3−4−5		310.03

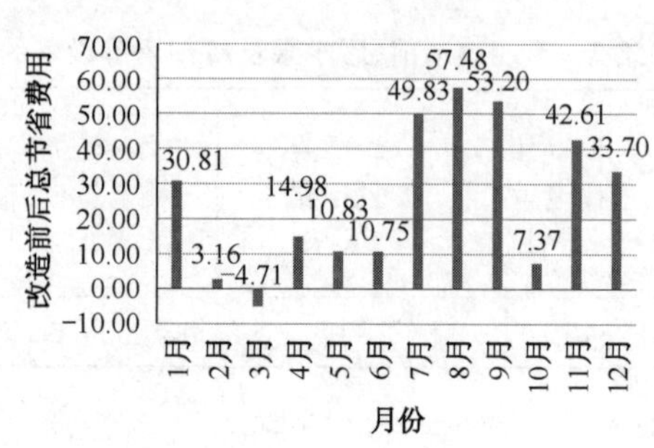

图 6　节能改造后全年节省运行费用

4.3　投资回收期的确定

项目改造的总投资约为 600 万元，全年节约运行费用 310.03 万元，其投资回收期约为 2 年。

5　结论

(1) 对于医院建筑中的住院病房等，与蒸汽锅炉加溴化锂冷水机组的形式比较，采用空气源热泵系统来实现供冷、供热(空调用热水和生活用热水)从技术性和经济性来看，其每年的总能耗和运行费用基本在正常范围内，因此是可行的，值得肯定和推广；但是需要对建筑的空调供冷、供热以及热水供应系统进行整体性的设计，进行冷量和热量等的平衡计算。

(2) 空气源热泵热水机组与空气源冷热水系统相结合，实现过渡季节以及非满负荷率状态下的主机的高效运行是实现节能的有效手段，其运行模式存在优化的空间。

(3) 对于超过设计室外温度的情况，空气源热泵机组的效率问题可能存在不尽如人意的问题，但是需要综合分析全年室外气温的分布情况，从全年供冷、供热(空调用热水和生活用热水)的时间出发来分析和判断整个系统的技术和经济性，不受局部时间的低效率运行制约，从而实现全年的经济运行。

(4) 若可能，建议还可以采用水冷冷水机组加空气源热泵系统的形式，其中的最优化问题可以进一步研究。

参考文献

[1] 李著萱，吕访桐. 浅谈医院建筑空调设计与节能[J]. 暖通空调，2009，39(4)：21-23.

[2] 王江标，涂光备，等. 医院空调系统的节能措施等[J]. 煤气与热力，2006，26(3)：69-72.

[3] 路宾，米泉龄，曹勇. 医院建筑冷热源用能的设计与优化[J]. 建筑科学，2010，26(8)：1-4.

[4] 王玉来，李永安. 医院洁净手术部的建设及其冷热源的选择[J]. 洁净与空调技术，2009(3)：76-79.

[5] 朱小旺. 关于医院空调冷热源的选择[J]. 山西建筑，2003，29(1)：126-127.

[6] 罗伟涛，沈晋明. 医院节能与冷热源新技术[J]. 中国医院建筑与装备，2007(7)：26-29.

[7] 朱小旺，蒋绍坚. 湘雅二医院新外科大楼空调冷热源方案比较及手术室净化空调[J]. 洁净与空调技术，2009(3)：153，161.

[8] 王洁敏. 浅谈能量提升机在医院节能设计中的应用[J]. 中国医院建筑与装备，2008(8)：22-27.

[9] 张芹芹，牟萌，周建昌. 太阳能-水源热泵热水系统在医院洗浴热水中的应用[J]. 中国医院建筑与装备，2011(12)：78-80.

[10] 郑万兵. 医院空调设计中几个问题探讨[J]. 制冷空调与电力机械，2002，23(3)：41-43.

[11] 梁博，高玉梅，董兴杰. 台州康乃尔医院大楼空调方案比较[J]. 制冷空调与电力机械，2007，28(6)：85-87.

[12] 朱学锦，朱喆，赵霖，等. 厦门长庚医院空调通风设计[J]. 供热制冷，2011(5)：78-80.

夏热冬冷地区游泳馆经济运行模式研究*

刘 东　丁 燕

摘　要：本文以上海市的某游泳馆为例，分析了夏热冬冷地区游泳馆建筑的空调及加热池水和洗浴用水的负荷特性、分布规律，并针对该负荷特性提出，用热回收型空气源热泵为空调提供冷热源，同时回收多余热量来加热池水和洗浴用水的经济运行模式。

关键词：游泳馆；夏热冬冷地区；空调及热水负荷特性；热回收型热泵；经济运行模式

Research on the Economic Operation Pattern of Natatorium in Warm Summer and Cold Winter Area

LIU Dong，DING Yan

Abstract：Taking a swimming pool in Shanghai as an Example，this paper analyze the air conditioning and water heating load characteristics and the load distribution of the swimming pool in warm summer and cold winter area. And proposed the economic operation pattern about the air-source heat pump with condensing heat recovery providing the cold and heat source of air conditioning，while recovering excess energy to heat the swimming pool and bathing water，based on the load characteristics.

Keywords：natatorium；HSCW area；characteristics of air conditioning and hot water load；the heat pump with heat recovery；the economic operation pattern

1　前言

随着我国经济的快速发展，人们生活品质的提高，新建的室内游泳馆越来越多，不少室外泳池被改建为室内游泳馆。由于游泳课逐渐将成为高校体育教育的必修课，因此一些高校也纷纷建起室内游泳馆以满足需求。

室内游泳馆属于高大空间建筑，一般包括池厅区和辅助用房。其中比赛性游泳馆的池厅部分又包括泳池部分和观众席。室内游泳馆由于馆内空间大，特别是水池的池面有大量水汽蒸发，排除室内余湿和余热所需的空气量比一般建筑要多，因此热湿负荷较大。由于室内游泳馆的空气一般不循环使用，池水也需要定期更换，再加上淋浴用水和池水加热等能耗，因此游泳馆的耗热量很大[1-3]。

作为有大量热水需求量的室内游泳馆，其池水水温要求为 28 ℃左右，沐浴用热水的水温一般也不超过 45 ℃，且室内游泳馆热水主要用于池水加热和淋浴用水，热水用量相对稳定，用水时段也相对集中、固定，该类建筑在冬夏季也有着空调需求。因此在长江以南地区，热回收型的空气源热泵机组可以作为室内游泳馆空调及热水系统的冷热源[4-6]。

* 2010 年全国暖通年会收录。

2　夏热冬冷地区游泳馆建筑的负荷特性及分布规律

2.1　地点选取

外界环境及不同地点对于空调系统的影响主要表现在气象参数的变化上。我国幅员辽阔，不同地理位置，气候差别很大。室外气温南北相差很大，太阳辐射分布也具有很强的地域性。考虑到空气源热泵系统主要适用于气候条件较温暖的地区，因此本文选择上海作为代表。上海位于长江下游，东经 121.45，北纬 31.4，属于夏热冬冷地区。

2.2　工程概况

本文选择上海某高校室内游泳馆作为研究对象。该游泳馆以学校教学训练为主，同时兼顾对外开放，满足群众性体育活动的要求。总建筑面积 5 500 平方米，其中地上一层面积4 000平方米，地下室面积 1 500 平方米。包括池厅部分和浴室、健身房、接待室、办公室等辅助用房。

池厅部分包括一个 50 m×25 m 标准泳池，因为该游泳馆为非比赛用馆，因此不设观众席。建筑高度 12 m，建筑物外墙采用 200 mm 厚砂加气混凝土砌块，并做 30 mm 厚挤塑板内保温，保证其传热系数 $K<1.0\ \mathrm{W/m^2\cdot ℃}$。标高 5.3m 屋顶采用现浇钢筋混凝土屋面板外做挤塑板保温层。标高 7.5m 以上金属屋面内做挤塑板保温层，保证其传热系数 $K<0.7\ \mathrm{W/m^2\cdot ℃}$。各立面窗墙比小于 0.3，采用普通玻璃，断热铝合金窗框。屋顶天窗占整个屋顶面积的 15%，采用 LOW-E 玻璃，断热铝合金窗框。

2.3　室外计算参数(上海地区)

夏季空调室外计算干球温度　　34 ℃
夏季空调室外计算湿球温度　　28.2 ℃
夏季空调计算日平均温度　　30.4 ℃
夏季室外大气压力　　100.53 kPa
冬季空调室外计算干球温度　　−4 ℃
冬季室外大气压力　　102.51 kPa

2.4　室内设计参数选取

表 1　　池厅部分设计参数

池水温度/℃	28	人员新风量[$\mathrm{m^3/(h\cdot 人)}$]	30
池厅温度/℃	29	夏季换气次数(次/h)	4
相对湿度/%	70	泳池补充水量占泳池容积(%)	5
池边风速/($\mathrm{m\cdot s^{-1}}$)	0.2	沐浴等用水量($\mathrm{m^3/h}$)	14
泳池内人员密度/($\mathrm{人\cdot m^{-2}}$)	0.25	沐浴热水温度(℃)	40

表 2　　辅助用房室内设计参数

房间功能	夏季室内温度/℃	夏季室内相对湿度/%	冬季室内温度/℃	冬季室内相对湿度/%
健身房	25	55	19	50
贵宾房	25	55	20	50
医务室	25	55	19	50
广播室	25	55	20	50
办公室	25	55	20	50

（续表）

房间功能	夏季室内温度/℃	夏季室内相对湿度/%	冬季室内温度/℃	冬季室内相对湿度/%
门厅	25	55	17	50
更衣室	—	—	18	50

2.5 设计负荷

将设计日游泳馆各项负荷计算结果统计如下：

表 3　　标准设计日负荷统计

序号	项目	负荷/kW
1	池厅空调供热负荷	503
2	辅助用房空调供热负荷	31
3	夏季辅助用房制冷负荷	77.7
4	池水加热负荷	280
5	沐浴用水加热	570

2.6 游泳馆空调及热水负荷年变化规律

(1) 全年气象参数的选取

本文采用文献[42]所提供的上海市典型气象参数作为负荷分析的基础。

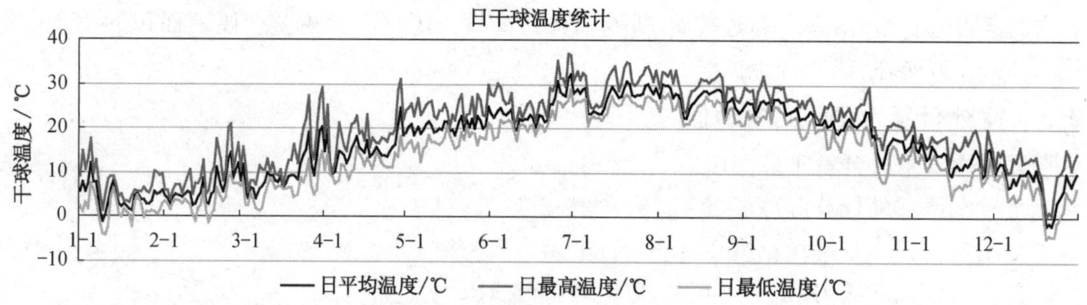

图 1　典型气象年日平均干球温度分布

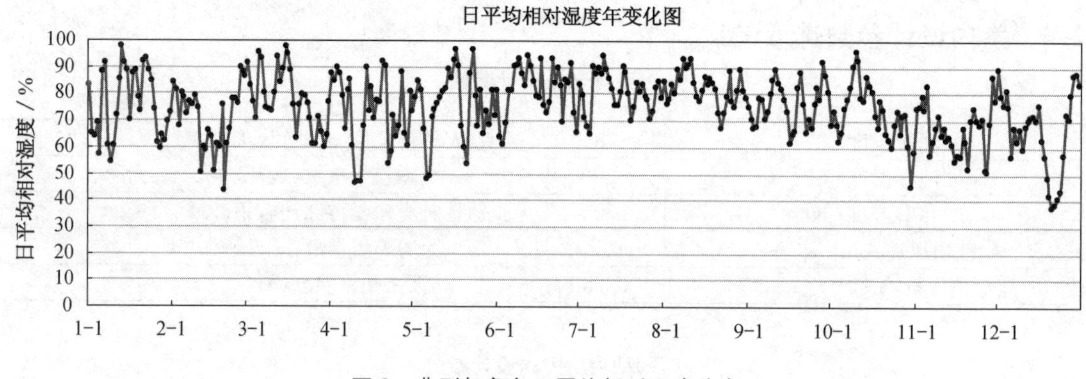

图 2　典型气象年日平均相对湿度分布

(2) 生活用水水温年变化规律

本文计算泳池加热量所需的水温资料将根据上海市黄浦江水温与市区气温关系式，以及上海地区典型气象年月平均气温进行预测。水温与室外气温的关系式为：

$$T_w = 2.199\,51 + 0.928\,9t$$

式中 T_w——黄浦江表面水温度 ℃；

t——上海市室外气温 ℃。

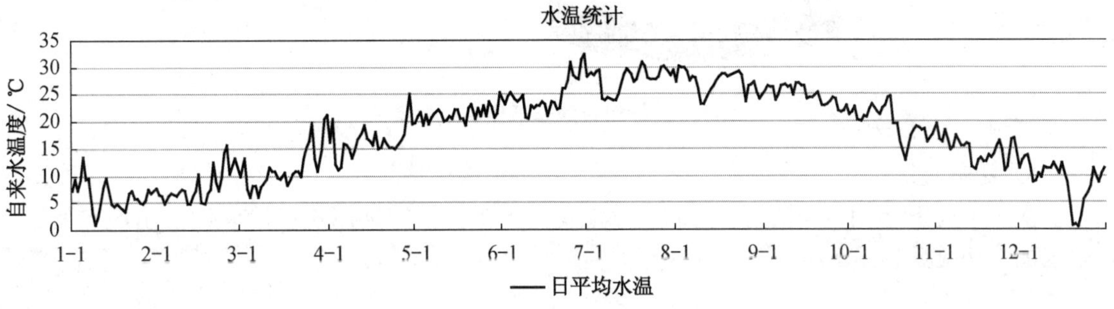

图3 典型气象年日平均水温分布

(3) 室内游泳馆全年负荷分布规律

根据室内游泳馆运行要求，全年冬季供暖期为每年的12月至次年4月，夏季供冷期为7月至8月，过渡季节期为5、6月和9、10月。由典型气象年气象数据以及水温变化规律，得到该工程全年空调冷热负荷，池水加热负荷以及沐浴用热水加热量的分布情况。如图4所示，图中负值表示空调冷负荷。

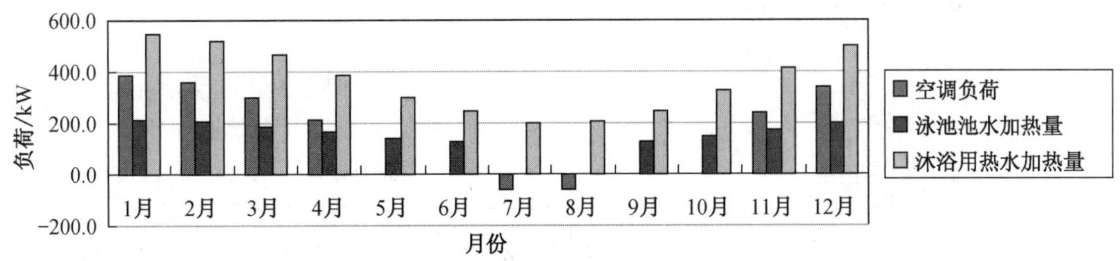

图4 游泳馆典型气象年负荷分布

由负荷分布图可以看出，对于非比赛性的公共泳池室内游泳馆建筑，能耗分布在冬季、夏季以及过渡季节有不同的情况。

1) 冬季工况

冬季运行工况，沐浴用水加热量占冬季供热量的47%；空调采暖所需热量次之，占34%；泳池池水加热量最少，占19%。如图5所示。

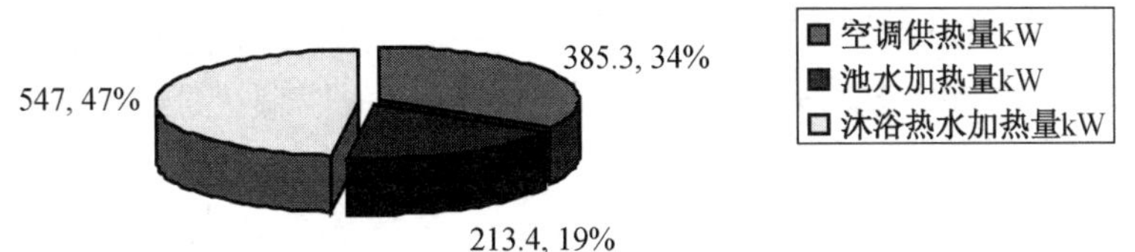

图5 游泳馆冬季负荷分配情况

2) 过渡季节工况

过渡季节游泳馆不需要空调制冷和制热。机组只提供泳池池水加热和沐浴用水的加热，总热负荷约为380 kW，其中池水加热负荷约为130 kW，占33%。沐浴用热水加热负荷约为250 kW，占67%。如图6所示。

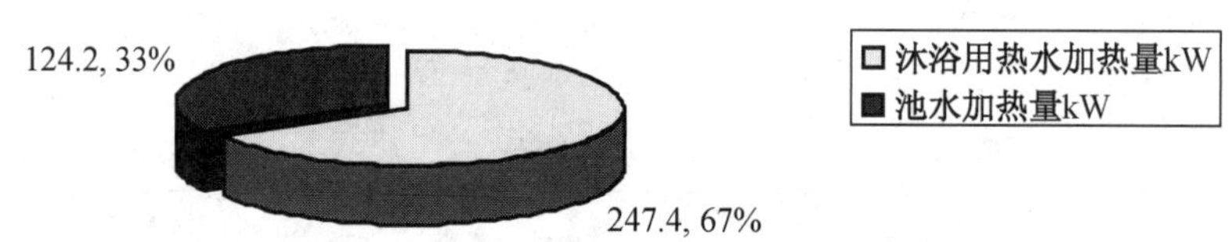

图6　游泳馆过渡季节负荷分配情况

3）夏季工况

夏季工况下，池水不需要进行加热，泳池负荷主要包括辅助用房供冷和沐浴用热水加热。两者的比例关系如图7所示。

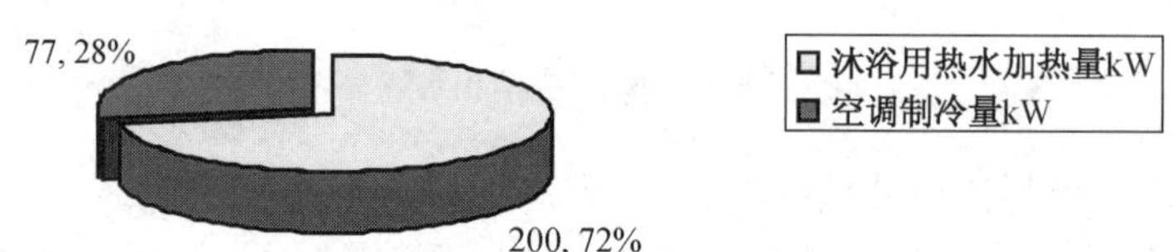

图7　游泳馆夏季负荷分配情况

沐浴用热水负荷约为200 kW，占72%。空调制冷量为80 kW，占28%。

3　热回收型热泵机组

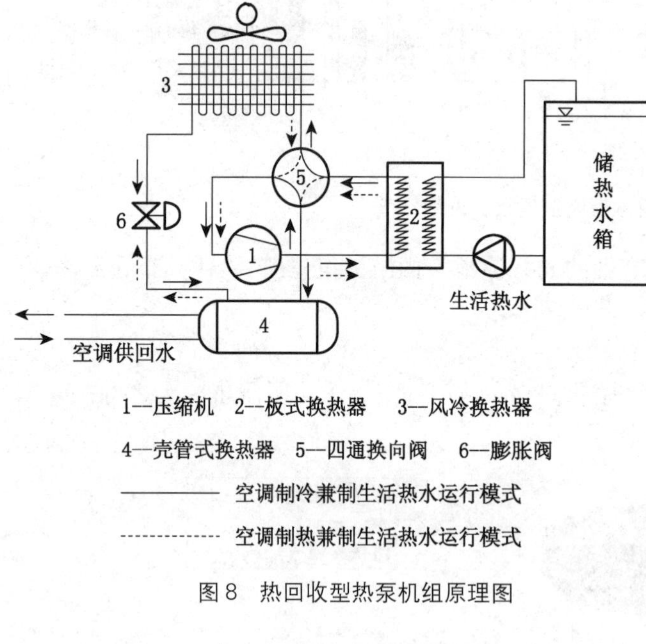

图8　热回收型热泵机组原理图

热回收型热泵是通过对常规空调用空气源热泵机组加以改进，采用风冷+水冷的复合冷凝技术，取代传统空气源热泵单一风冷的冷凝方式，使其同时具有空调热泵和热泵热水器的功能，并通过合理匹配，使空调和热水器协调运行，得到集空调和热水器于一体的多功能热泵系统[7-10]。机组原理见图8。

新机组具有多功能和全年运行的特点，通过控制元件的切换可以实现三种运行模式：夏季工作模式，蒸发器吸收空调水的热量制冷，同时生活用水吸收冷凝器的热量制取生活热水，有多余热量开启风冷换热器带走多余热量；冬季工作模式为，在制冷剂过热区先放热给生活热水，将生活热水由45 ℃加热至50 ℃，然后再加热空调水；过渡季节分为制冷和制热运行模式。

4　运行模式的研究与优化

由于热回收型热泵系统的特殊性，决定了其在全年运行期内不可能仅按一套运行模式工作,因此针对不同的工况以及负荷分布特点,要拟定出相应的运行模式[11]。

通过对室内游泳馆空调负荷、池水加热负荷以及沐浴用热水负荷的分析可以得出,空调负荷以及池水加热负荷为稳定负荷,且泳池循环水的加热温度为 30 ℃,水温要求不高,完全可以利用 45 ℃热水进行加热。因此考虑空调采暖以及池水加热均采用热回收型热泵机组的空调侧供水。沐浴热水用量不稳定,温度要求较高,因此采用机组热回收侧的储热水箱供水。

(1) 机组的选择

游泳馆冷热量的需求情况统计见表 4。

表 4　　游泳馆各项负荷统计表

季节	空调冷热量/kW	池水加热量/kW	沐浴热水加热量/kW
冬季	385.3	213.4	547.0
过渡	—	124.2	247.4
夏季	−77.0	—	200.0

注:表中负号表示制冷量

对于室内游泳馆建筑,分析其负荷分配特征可知,与其他建筑不同,其热负荷要远大于冷负荷,因此机组的选择应以供热量为主要考虑参数。其中供热量又分为空调侧的供热量和热回收侧供热量。根据游泳馆负荷统计的结果,可以得出机组供热量及制冷量的需求情况,见表 5。

表 5　　热回收型热泵机组供热/供冷量

季节	空调侧供水(空调及池水加热)/kW	热回收侧供水(沐浴用热水)/kW
冬季	598.7	547.0
过渡	124.2	247.4
夏季	−77.0	200.0

由统计结果可以发现,热回收侧的热量需求在冬季与空调侧基本相同,在过渡季及夏季热回收侧负荷都要大于空调侧负荷。

笔者通过对实验机组的实验结果进行分析,得到在生活热水温度为 40 ℃~50 ℃时,机组空调侧和热回收侧平均供热量及制冷量的分配情况,见表 6。

表 6　　实验机组供热量/制冷量

季节	空调侧/kW	热回收侧/kW	空调侧热量/热回收侧热量
冬季	282	87	3.24
过渡	356	171	2.08
夏季	−337	258	−1.13

注:负号表示制冷量。

由实验样机供热量及制冷量的统计结果可以看出,在按照常规空气源热泵设计标准规定设计的热回收型热泵机组,热回收侧得热量始终小于空调侧的制冷量(供热量),这与游泳馆建筑的空调负荷和热水负荷的分布情况,有较大的区别。

1) 按照热回收侧的供热量选择机组,则空调侧的供热量和制冷量都大大超出需求量,造成能耗的浪费。统计结果如表 7 所示。

表 7　　空调侧需求量与供应量对比表

季节	空调侧需求量 /kW	热回收侧需求量(供应量)/kW	空调侧供应量 /kW	空调侧多余热量 /kW
冬季	598.7	547.4	1773.6	1174.9
过渡	124.2	247.4	514.6	390.4
夏季	−77.0	200.0	−226.0	149.0

2) 按照空调侧供热量选择机组，热回收侧的供热量无法满足沐浴用热水的热量需求，需要设置辅助加热设备，辅助加热量见表 8。

表 8　　辅助加热量统计

季节	空调侧需求量(供应量) /kW	热回收侧需求量 /kW	热回收侧供应量 /kW	辅助加热量 /kW
冬季	598.7	547.4	184.8	362.9
过渡	124.2	247.4	59.7	187.7
夏季	−77.0	200.0	68.1	131.9

综合分析冬季、过渡季节，以及夏季工况下负荷需求情况与机组供热量和制冷量的分配情况，考虑可按照冬季以及过渡季节供热需求量选择大机组，同时按照夏季供冷量选择一台小机组。根据最大的辅助加热量确定辅助加热设备。

(2) 热回收型热泵系统运行模式的分析

冬季以及过渡季节，机组均按照制热兼制生活热水运行模式工作。机组空调侧提供空调采暖以及泳池循环水的加热，热回收侧对沐浴用热水进行加热。其中对于冬季工况，在冬季气温低于 7 ℃时，当生活热水进水温度低于 45 ℃，空调供水温度将低于 44 ℃，这样将无法保证供暖效果，因此在此工况下，生活热水温度的设定下限应不低于 45 ℃，即当储热水箱温度低于 45 ℃时，就必须设置辅助加热设施，对生活热水进行加热，保证生活热水板换进口水温高于 45 ℃。夏季机组按照制冷兼制生活热水运行模式工作。机组空调侧提供空调制冷，热回收侧对沐浴用热水进行加热。

5　结论

结合工程实例，对室内游泳馆负荷特点进行分析，并且根据计算的空调负荷以及热水系统负荷；以典型气象年气象数据为基础，得出空调负荷以及热水系统负荷的全年分布规律，针对游泳馆建筑负荷变化特点，可以得出热回收型热泵机组作为其冷热源是能够满足不同季节工况下经济运行方式的结论。

参考文献

[1] 魏文宇，丁高，张力. 游泳馆空调设计[J]. 北京：机械工业出版社，2004.

[2] GB 50015—2003 建筑给水排水设计规范.

[3] 虞霞，赵磊. 娱乐性游泳馆的空调设计[J]. 工程设计，2005，103(26)：43-49.

[4] 许桂水，王东方，陈铁帅. 水温及其预报方法初探[J]. 工科数学，2002，18(1)：17-22.

[5] 范晴,陆本度,钱东郁. 热泵在现代游泳馆的应用[J]. 给水排水,2004,30(9):82-84.

[6] 冯顺新,徐玉党. 热泵能量回收系统在游泳馆空调系统设计中的应用研究[J]. 制冷与空调,2006(4):70-72.

[7] 蒋能照主编. 空调用热泵技术及应用[M]. 北京:机械工业出版社,1997.

[8] S. P. Gretarsson. Development of a Fundamental Based Stratified Thermal Storage Tank Model For energy Analysis Calculations[J]. ASHRAE Transactions, 1995,101(1):1213-1220.

[9] Chad B. Dorgan. ASHRAE'S New Chiller Heat Recovery Application Guide [J]. ASHRAE Transactions. 1989,95(1):152-157.

[10] 唐道柯,魏爱国,谭建明等. 热回收技术在风冷冷(热)水机组上的应用讨论[J]. 流体机械. 2005,33(9):192-195.

[11] 季杰等. 空调—热水器—体机制冷兼制热水模式的性能模拟和实验分析[J]. 暖通空调, 2003,33(2):19-23.

医院建筑分布式热电联供系统节能经济性分析*

施 赟 刘 东 王亚文

摘 要：某医院对生活热水系统进行节能改造，采用分布式热电联供系统（发电设备为微型燃气轮机发电机组）。根据实际运行数据，对热电联供系统的节能量、静态投资回收期进行计算，两项指标均不理想，分析了原因。

关键词：分布式热电联供系统；微型燃气轮机；医院建筑；生活热水；经济性分析

Analysis on Energy-saving and Economy of Distributed Heat and Power Cogeneration System for Hospital Buildings

SHI Yun, LIU Dong, WANG Yawen

Abstract: The energy-saving reconstruction of domestic hot water system of a hospital is carried out. The distributed heat and power cogeneration system is used where the power generation equipment is microgas turbine generator set. According to the actual operation data, the energy-saving capacity and static investment recovery period of the distributed heat and power cogeneration system are calculated. The both indexes are unideal, and the reasons are analyzed.

Keywords: distributed heat and power cogeneration system; micro-gas turbine; hospital building; domestic hot water; economic analysis

0 引言

上海市医院建筑的能耗形式主要是电、燃气（油），占医院总能耗的95%左右[1]。因此，节电和减少燃气（油）的消耗是医院节能的重点[2-7]。燃气分布式能源系统作为一种高效能源利用方式，及在节能减排方面的巨大潜力，在国内外得到了大力推广[8]。医院既有稳定的热电需求，又要求电力供应的安全稳定，是最适合采用分布式热电联供系统的场所之一[9-10]。本文结合工程实例，对某医院建筑分布式热电联供系统的节能效果、经济性进行分析。

1 项目概况

1.1 背景

该医院为上海市三级甲等医院，主要由病房楼、医技楼、门急诊楼、会议中心等组成，能耗

*《煤气与热力》2013,33(10)收录。

形式主要是电、天然气。除办公、医疗等耗电设备外，螺杆式冷水机组是耗电的主要设备。天然气利用设备为燃气锅炉、炊事灶具，燃气锅炉主要负责蒸汽供应，制备生活热水、冬季供热等。病房楼、门急诊楼、餐厅等存在全年生活热水需求，因此制备生活热水的耗气量较大。为降低制备生活热水的耗气量，拟采用分布式热电联供系统（发电设备为微型燃气轮机发电机组）对生活热水系统进行节能改造。

1.2　节能改造方案

为了响应国家节能减排要求，上海在国内率先制定了《分布式供能系统工程技术规程》(DG/TJ 08-115—2008，自 2008 年 7 月 1 日起实施)，并落实了采用分布式能源系统的优惠政策和具体操作措施。该医院委托某节能公司采用了 3 台 Capstone C65ICHP 微型燃气轮机发电机组（以下简称发电机组），单台发电机组的发电功率为 65 kW。采取以热定电方式，在满足病房楼、门急诊楼、餐厅等处全年生活热水需求的同时，发电自用，以削减耗气量以及市政购电量。

热电联供系统流程见图 1。天然气进入发电机组燃烧室燃烧，产生的高温高压烟气通过透平带动发电机发电。燃气轮机排出的烟气经换热器制备生活热水，当蓄水箱 1 的热水温度达到 60 ℃后，热水进入蓄水箱 2 外供。

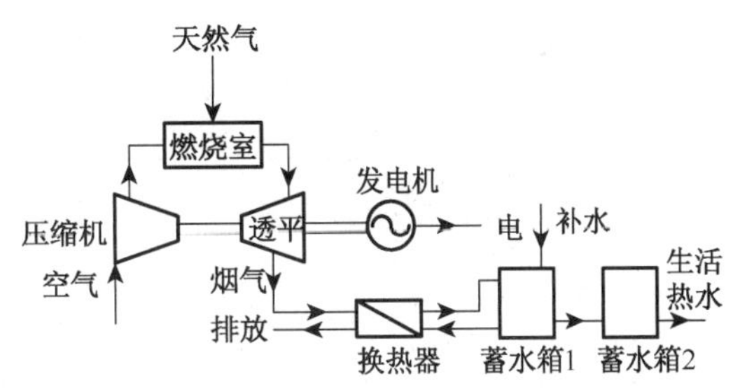

图 1　热电联供系统流程

热电联供系统的运行策略为：夏季热水负荷较小，一般开启 1 台发电机组；过渡季一般开启 2 台发电机组；冬季热水负荷较大，开启 3 台发电机组。热电联供系统不承担空调冷热负荷，夏季冷负荷仍由螺杆式冷水机组负担，未考虑引入溴化锂吸收式冷热水机组，冬季仍由原燃气锅炉供热。

2　节能效果分析

2.1　分析方法

进行节能改造后，该医院采取了比较完善的计量措施：对发电机组的耗气量进行计量统计，安装电能表对发电机组的发电量进行计量，在蓄水箱 1 出水管道安装水表，计量供热水量，并对出水温度、补水温度进行测量。

因此，可以通过计算发电机组的耗气量得到节能改造后的能耗。通过统计节能改造后发电机组的发电量和制热水量，对节能改造前同等条件下市政购电量及燃气锅炉制热水的耗气量进行计算，进而比较节能改造前后热电联供系统的节能效果。为比较方便将发电量、耗气量折算成标准煤耗量。

2.2　节能量

2.2.1　发电机组耗气量

热电联供系统从 2011 年 5 月开始投入使用，但由于调试等原因，正常运行从 2012 年 1 月开始，截止到统计日为止，只有 5 个月的运行数据可供统计分析。2012 年 1—5 月发电机组的耗气量及折算能耗见表 1，耗气量与标准煤耗量的折算系数为 1.33 kg/m^3。

表 1　　发电机组的耗气量与折算能耗

时间	耗气量/m^3	标准煤耗量/t	时间	耗气量/m^3	标准煤耗量/t
1月	19 064	25.35	4月	13 707	18.23
2月	16 735	22.26	5月	8 678	11.54
3月	12 864	17.11	合计	71 048	94.49

2.2.2　发电机组发电量

2012 年 1—5 月发电机组发电量及折算能耗见表 2，发电量与标准煤耗量（火力发电厂标准煤耗量）的折算系数为 0.3 kg/(kW・h)。

表 2　　发电机组发电量及折算能耗

时间	发电量/(kW・h)	标准煤耗量/t	时间	发电量/(kW・h)	标准煤耗量/t
1月	42 349.4	12.71	4月	28 919.0	8.68
2月	39 941.0	11.98	5月	17 727.0	5.32
3月	39 830.0	11.95	合计	168 766.4	50.64

2.2.3　制备生活热水耗气量

根据计量结果，计算热电联供系统制备生活热水的耗热量，并折算成采用燃气锅炉时的耗气量，进而折算成标准煤耗量。2012 年 1—5 月热电联供系统制备生活热水量及折算能耗见表 3，燃气锅炉的热效率取 0.9，天然气低热值取35.5 MJ/m^3。

表 3　　热电联供系统制备生活热水量及折算能耗

时间	制备生活热水量/t	耗气量/m^3	标准煤量/t	时间	制备生活热水量/t	耗气量/m^3	标准煤量/t
1月	2 181	11 150.1	14.83	4月	1 989	9 182.6	12.21
2月	2 503	11 333.4	15.07	5月	2 082	7 660.5	10.19
3月	2 588	9 205.1	12.24	合计	11 343	48 531.7	64.54

2.2.4　节能量

热电联供系统节能量为发电量折算能耗与制备生活热水折算能耗之和减去发电机组折算能耗，计算结果见表 4。

表 4　　热电联供系统节能量计算结果

时间	节标准煤量/t	时间	节标准煤量/t	时间	节标准煤量/t
1月	2.19	3月	7.08	5月	3.97
2月	4.79	4月	2.66	合计	20.69

3　经济性分析

根据分项能耗及能源价格计算节能改造后节省运行费用，并根据热电联供系统造价计算热电联供系统的静态投资回收期。节能改造后节省运行费用的计算结果见表 5。

表 5　节能改造后节省运行费用的计算结果　单位:元

时间	节市电费	节燃气费	发电机组燃气费	节省运行费用
1 月	3.64×10^4	4.35×10^4	6.46×10^4	1.53×10^4
2 月	3.43×10^4	4.42×10^4	5.67×10^4	2.18×10^4
3 月	3.43×10^4	3.59×10^4	4.36×10^4	2.65×10^4
4 月	2.49×10^4	3.58×10^4	4.65×10^4	1.42×10^4
5 月	1.52×10^4	2.99×10^4	2.94×10^4	1.57×10^4
合计	14.51×10^4	18.93×10^4	24.09×10^4	9.35×10^4

市政电价按 0.86 元/(kW・h)计算,采用燃气锅炉时的天然气价格按 3.9 元/m^3 计算,采用热电联供系统时的天然气价格按 3.39 元/m^3 计算。

由于只有 5 个月的运行数据,因此按这 5 个月的平均数据预测全年节省的运行费用。热电联供系统总造价约 550×10^4 元,可以计算得到热电联供系统的静态投资回收期为 24.5 年。

4　结论及分析

该医院热电联供项目的节能量、静态投资回收期指标均不理想,主要原因为:冬季设计运行策略为 3 台发电机组平均每天运行 16 h,但实际运行过程中,由于生活热水需求量没有那么大,每天只运行 1～2 台发电机组,且平均每天只运行 10 h 左右,影响了热电联供系统的节能效果。天然气价格过高,项目设计时采用分布式能源系统的天然气优惠价格为 2.4 元/m^3,但最终由于某些原因,未能获得优惠价格,影响了项目的经济性。

参考文献

[1] 曹勇,王虹,周辉,等.上海市医院用能状况与节能策略分析[C]//中国(杭州)医院建筑设计年会论文汇编.杭州:中国建筑学会,2007:169-176.

[2] 周丽萍,刘志新,高建.上海某大型医院建筑能耗审计和节能措施的分析[J].工业建筑,2008,38(6):9-11.

[3] 殷惠基,周志仁,田慧峰,等.上海某大型医院节能改造及评估[J].制冷与空调,2011,11(1):82-86.

[4] 俞卫刚.医院能耗评价与节能对策[D].上海:同济大学,2009:12-20.

[5] 罗伟涛,沈晋明.医院节能与冷热源新技术[J].中国医院建筑与装备,2007(7):26-29.

[6] 徐伟,潘玉亮.医院能耗特点与节能途径[C]//中国(上海)医院建筑设计及装备国际研讨会暨展示会论文集.上海:中国建筑学会,2009:216-219.

[7] 路宾,曹勇,宋业辉,等.上海医院建筑用能状况分析与节能诊断[J].暖通空调,2009,39(4):61-64.

[8] 廖春晖,赵加宁,王磊.国内外热电联产性能评价指标介绍与分析[J].煤气与热力,2012,32(1):A04-A09.

[9] 施明融.上海市分布式供能系统市场潜力预测[J].上海节能,2005(6):101-102.

[10] 何斯征.国内外热电联产发展政策、经验及我国发展分布式小型热电联产的前景[J].能源工程,2003(5):1-5.

风冷冷水机组全性能的实验研究*

刘 东　张恩泽　陈沛霖

摘　要：本文通过实验来研究风冷冷水机组的全性能，介绍了实验装置和实验的方法，并对实验结果进行了分析，得出了外部有关因素，如室外空气温度、冷冻水出口水温、冷冻水量等对风冷冷水机组性能的影响，并且为进一步研究风冷热泵准备了条件。

关键词：风冷；冷水机组；全性能

Experimental Research on the Whole Performance of Air-cooled Chiller Unit

LIU Dong, ZHANG Enze, CHEN Peilin

Abstract: This paper researches the whole performance of air-cooled chiller unit by experiments, introduces the experimental device and the method of experiment, and analyzes the results. Finally, this experiments find the influence factors to the performance of air-cooled chiller unit, including the outdoor air temperature and the outlet temperature and the flow of chilled water. Moreover, this research prepares the prerequisite for the further study of air-cooled heat pump.

Keywords: air-cooled; chiller unit; the whole performance

0　引言

随着我国经济的迅速发展，空调在各类建筑中的应用日益广泛，而风冷冷水机组以如下优点备受用户的青睐：一是结构紧凑，风冷冷水机组将压缩机、风冷冷凝器、膨胀阀及蒸发器等制冷部件组合成一个整体，这样有利于维护管理；二是不用设置冷冻机房，可以将机组置于屋顶或空地上，而且因为采用风冷形式，可以省却冷却塔和冷却水泵等一套冷却水系统，避免了冷却水系统中可能出现的问题；三是如果风冷冷水机组安装了四通转换阀就成为风冷热泵，对于一些环境保护要求比较高的地区，可以避免使用燃煤锅炉，同样达到满足用户冬季供暖的目的。

一般空调系统的负荷特点是：满负荷的时间很短，约占全年运转时间的5%～10%，大部分时间是低负荷运行状态，平均负荷率是40%左右。这样空调主机经常处在部分负荷状态下运行，所以如何提高冷水机组部分负荷运转时的经济性是十分重要的。在目前的工程设计中，一般是按最大负荷选择主机，在进行空调的全年能耗分析时，也是把主机当作在满负荷状态下运行，而没有根据空调负荷的特点对主机的性能进行分析，尤其是对于风冷冷水机组，这方面的工作做得较少，这主要是因为缺乏风冷冷水机组的全性能参数。

*《1996年全国暖通空调制冷学术年会论文集》，1996收录。

蓄冷技术作为一种转移电力峰值的有效手段正在引起人们的重视。蓄冷也即利用夜间的廉价电力制冷，并通过蓄冷工质将冷量储存起来，从而使制冷压缩机在白天不工作或者降低制冷主机的容量，这样不与其他的用电设备发生矛盾，以达到调节电力峰值的目的。在蓄冷工况时，冷水机组的性能有别于空调工况：在蓄冷工况下，蒸发温度降低，但是因为在夜间工作，空气温度也降低，这对于冷凝器的工作有利。只有对蓄冷空调和常规空调进行包括主机能耗分析等在内的各项经济性比较，才能够判断哪一种方案更趋于合理。而对主机进行能量分析时就必须了解主机的性能，所以对风冷冷水机组进行全性能研究是十分必要的。

但是目前有关风冷冷水机组的产品样本提供的性能参数大多只是在不同的空气温度、冷冻水温度及水量下的冷量和输入功率值，而且是以表格形式表达的，没有连贯性，不能够直观、全面地反映出各项因素对风冷冷水机组性能的影响。现在国外的公司新出来的产品样本已经开始出现风冷水冷机组的性能曲线，虽然这些性能曲线并不能够完全反映出风冷冷水机组的全性能，但是这也说明人们已经开始重视这一问题并且正在逐步解决和完善。

实验是研究风冷冷水机组全性能的一种有效手段，我们建立了风冷冷水机组全性能实验台，用以探讨各种因素如：空气温度、冷冻水温、冷冻水量等对风冷冷水机组性能的影响，并且测试了 1 台 SJC－5 的风冷冷水机组，对测试结果进行了分析。

1　风冷冷水机组的实验研究

1.1　实验装置

被测试的风冷冷水机组置于实验小室内，且冷水机组风冷冷凝器的出口与排风管通过管道连接，在排风管内有喷嘴，用以测量风量，并有排风机，排风管道与送风管道通过阀门连接，如果采用全新风时，排风口的调节阀全开，新风口的调节阀也是全开，通过调节回风管和新风管之间阀门的开度可以调节新、回风的比例，以达到控制经过风冷冷凝器的空气参数的目的。在送风管内有送风机，通过送风口将处理以后的空气送入实验小室内。为保证风冷冷凝器风机的风量等于实际工作状态的风量，可以通过调节排风机的风量，使排风管道内的静压等于实验小室内的静压。倾斜式微压计即是测试两者静压差为零的仪器。空气参数的测试是通过取样风机取样来完成的，风冷冷凝器的进口处放置一取样管，与取样风机相连，被取样的空气通过温度计(其中有干球温度计和湿球温度计)，为防止取样风机温升的影响，通过温度计的空气是处在负压状态下的；而经过风冷冷凝器后的空气是通过在排风管中取样获得的。利用测得的进、出口空气温度可以求出进、出口的空气焓差，空气的流量也可测得，这样就可以得出风冷冷凝器所排出的热量。

通过风冷冷水机组蒸发器的冷冻水与水箱连接，在冷冻水循环管路上有电加热器，用以调节冷冻水的进水温度，而冷冻水的流量是通过闸阀来调节的，孔板流量计用以测量水流量。在冷水机组冷冻水管的进、出口处各放置一支温度计用以测量冷冻水的进、出口温度。已知水流量和进、出口温差就可以得出冷冻水从蒸发器所获得的冷量。水冷冷水机组的作用是调节进入风冷冷水机组的冷冻水的温度，冷却塔与水冷冷水机组的冷凝器连接，从水冷冷水机组蒸发器出来的冷冻水进入水箱中，与水箱中的水混合以调节水箱中水的温度。

风冷冷水机组中压缩机及风扇功率用功率表测得(由于是用两相功率表测量三相功率，故需要两台功率表)，而电压表与自耦变压器配合是用以调节使进入风冷冷水机组的电压维持在 380 V。

1.2 实验内容

为研究冷凝温度对制冷循环的影响，改变风冷冷凝器的进风参数，而维持冷冻水量和冷冻水进口温度不变，这样可以得出进口空气参数与制冷量及输入功率的关系。而蒸发温度主要受冷冻水进口水温及流量的影响，所以本实验分别改变冷冻水的进口水温和流量，同样可以得出这二者与制冷量和输入功率的关系。至于大气压力、输入电压等因素对风冷冷水机组性能的影响，鉴于实验条件的限制就不予讨论。

1.3 实验结果及分析

通过实验结果可以看出：随着空气温度的升高，风冷冷水机组的冷量降低，其冷凝器排出的热量也降低，而机组的输入功率则升高，能效比也是降低的；随着冷冻水出水温度的升高，机组的制冷量和冷凝器排出的热量都增加，输入功率则降低，能效比增大；随着冷冻水量的增加，机组的制冷量和冷凝器排出的热量增加，输入功率减小，能效比是增大的。

在参考文献[1]中，对风冷冷水机组进行了理论计算，提出了以某一水量、水温、空气温度下，风冷冷水机组的性能参数为标准值，其他条件下的性能参数与之比较，得出系数。根据相似理论，这样就可以得到同一种类型的风冷冷水机组在不同的条件下的性能参数，从而有利于分析机组的性能，其表格形式如下：

表 1 反映的是理论计算值，表 2 和表 4 是理论数值，表 3 和表 5 是实验数值。可见理论值和实验值吻合得较好，而且通过分析可以看出：对应于不同的空气温度，其制冷量随着冷冻水温的变化值是相似的；而对应于不同的冷冻水温，制冷量随着空气温度的变化值也是相似的。这样如果要通过实验获得风冷冷水机组的全性能参数，实际上只需要进行在维持冷冻水温不变的条件下改变空气温度和在维持空气温度不变的条件下改变冷冻水温两组实验，就可以得出在其他条件下的风冷冷水机组的性能参数。从而得到表 1 的形式，这样对于工程设计是很方便的。

表 1　制冷量与空气温度和冷冻水温的关系

t_a \ t_w	5	6	7	8	9
24	1.049	1.056	1.064	1.071	1.079
26	1.036	1.043	1.051	1.058	1.066
28	1.023	1.031	1.038	1.046	1.054
30	1.010	1.018	1.026	1.033	1.041
32	0.997	1.005	1.013	1.020	1.029
34	0.984	0.992	1.000	1.008	1.016
36	0.971	0.979	0.987	0.995	1.003
38	0.958	0.966	0.974	0.982	0.991
40	0.945	0.953	0.961	0.969	0.978
42	0.932	0.940	0.948	0.956	0.965

表 2　制冷量与冷冻水温的关系（理论计算值）

t_a \ t_w	5	6	7	8	9
34	0.984	0.992	1.000	1.008	1.016

表 3　制冷量与冷冻水温的关系（实验值）

t_a \ t_w	5	6	7	8	9
34	0.973	0.987	1.000	1.007	1.013

表 4　制冷量与空气温度的关系（理论计算值）

t_w \ t_a	24	26	28	30	32	34	36	38	40
7	1.064	1.051	1.038	1.026	1.013	1.000	0.987	0.974	0.961

表 5　　制冷量与空气温度的关系(实验值)

t_a / t_w	24	26	28	30	32	34	36	38	40
7	1.128	1.096	1.064	1.040	1.016	1.000	0.984	0.968	0.960

2　结论

通过以上工作,我们可以得出如下结论:

(1) 风冷冷水机组的全性能研究是有必要的,我们所做的工作证明通过实验来研究风冷冷水机组的全性能是有效和可行的。

(2) 风冷热泵之中还存在着很多问题有待探讨,风冷冷水机组的实验研究为进一步研究风冷热泵的性能奠定了基础。

(3) 建议生产厂家在风冷冷水机组的样本上能够提供全性能的图表,以利于工程设计人员参考、选择之用。

参考文献

[1] 刘东. 风冷冷水机组的全性能研究[D]. 上海:同济大学,1996.
[2] 陈沛霖,岳孝方. 空调与制冷技术手册[M]. 上海:同济大学出版社,1990.
[3] 范存养. 空调用热泵及其设计[R]. 上海:同济大学科技情报站,1982.
[4] 中原信生. 建筑和建筑设备的节能[M]. 北京:中国建筑工业出版社,1990.

太阳能固体除湿空调系统的影响因素及方案优化*

刘俊　张旭　刘东

摘　要：本文首先阐述了太阳能固体除湿空调系统的原理，从转轮除湿机性能、转轮式除湿系统和太阳能热水系统3方面分析了本系统的影响因素。而后对除湿前混合的一次回风系统、除湿后混合的一次回风系统和二次回风系统进行了对比，并以一实例进行了分析计算，得到了除湿效率、$COP_{热}$、太阳能集热器面积随潜热占余热的比例的变化规律。最后，探讨了本系统的运行模式及其优缺点。

关键词：太阳能集热器；固体除湿；再生；转轮除湿机；蒸发冷却

The Influencing Factors and Scheme Optimization of Solar-powered Solid Desiccant Air-conditioning System

LIU Jun, ZHANG Xu, LIU Dong

Abstract: In this paper, the principle of solar-powered solid desiccant air-conditioning system was firstly presented, also the influencing factors of solar-powered solid desiccant air-conditioning system were analyzed from the perspectives of the performance of rotary-wheel dehumidifier, rotary-wheel desiccant system and solar hot water system. Furthermore, three types of system were compared, including the primary return air systems with mixing before and after dehumidification, respecfively, and the secondary return air system. Based on the calculation of an example, the relationships between the efficiency of dehumidification, coefficient of performance, the area of solar heat collector and the ratio of latent heat to surplus heat were obtained. At last, the operation modes and advantages and disadvantages of this system were discussed.

Keywords: solar heat collector; solid desiccant; regeneration; rotary-wheel dehumidifier; evaporative cooling

0　引言

空气中的水蒸气含量与工农业生产以及人们的日常生活紧密相关。为使空气中的水蒸气含量达到生产和生活的要求，通常需要采取一定的除湿措施。常用的除湿方法包括：升温除湿、通风除湿、半导体除湿、冷冻除湿、液体除湿、静态固体除湿和动态固体除湿等。本文所探讨的太阳能固体除湿空调系统属于动态固体除湿（即转轮除湿）。

1　太阳能固体除湿空调系统的原理

太阳能固体除湿空调系统主要由太阳能集热器、转轮除湿机、板翅式换热器、蒸发冷却器、再生器和辅助热源（如燃气锅炉）等部分组成。

*《建筑科学》2008，24(8)收录。

转轮除湿机的主体结构是一个不断转动的蜂窝状转轮，用覆有固体除湿剂的特殊复合耐热材料制成。转轮可以分成工作区和再生区，它们分别与处理空气和再生空气相接触，两区中间被密封隔离。当湿空气进入工作区时，空气中水分子被转轮中的除湿剂吸收；吸收了水分子的转轮扇区饱和时自动转到再生空气侧扇区再生。再生过程中，太阳能集热器为再生器提供热量，加热后的空气进入再生扇区，将已饱和的除湿剂内的水分蒸发并带走，恢复除湿剂的除湿能力，从而使除湿过程和再生过程周而复始地进行。

2 太阳能固体除湿空调系统的影响因素

太阳能固体除湿系统的影响因素可以从转轮除湿机性能、转轮式除湿系统和太阳能热水系统共 3 方面加以考虑。

2.1 转轮除湿机性能的影响参数[1-3]

对转轮除湿机性能具有决定性影响的因素，除了结构尺寸和操作条件外，则是基体的传递及热力性质。传递性质包括传热传质系数和基体内水分的扩散能力，主要受基体的几何形状及基材材质所控制；热力性质包括除温剂的吸附等温特性、基体的热容量和吸附热，主要受除湿剂种类、基材材质及除湿剂涂覆量所控制.

2.1.1 操作条件的影响

(1) 从 *COP*、制冷量、除湿量及整体运行的经济性等方面考虑，转速可在 0.3～0.6 r/min 之间取值。

(2) 再生区扇形角在 180°左右时，除湿性能好且 *COP* 较高。因此扇形角应结合工程实际进行选择，一般不应大于 180°。

(3) 处理空气进口的含湿量越大，其出口的含湿量越大、温度越高；处理空气进口的温度越低，则除湿剂温度越低，除湿剂表面蒸汽分压力越低，其除湿性能也越好。当处理空气进口含湿量较低时，处理空气进口温度对除湿剂性能影响很小。

(4) 穿过除湿转轮的气流速度(即迎面风速)越小，除湿性能越好。

(5) 再生空气的温度越高，则再生区除湿剂的温度越高，其释放出来的水分越多，对除湿越有利。但再生温度过高的话，会导致再生热消耗增大，制冷效率变小，因而还需进一步研究再生空气的最佳温度。

(6) 在实际应用中，还需考虑除湿转轮中处理空气侧和再生空气侧之间的缝隙所导致的“携带效应”对系统性能的负面影响。

(7) 处理空气的除湿量还取决于与其接触的除湿剂总量。增加转轮深度和加快其转速，都可以使处理空气接触到更多的除湿剂，但同时会增加气流的阻力。因此存在着最佳转轮深度和转速。

2.1.2 传递性质的影响

(1) 适当的除湿剂特性形状因子 r 可以改善除湿器性能。r 在 0.2～1.0 之间取值，除湿器性能较好；r 为 0.5 时，除湿与再生这两方面的综合性能最好。

(2) 水分子的质扩散作用有利于提高除湿性能，其中轴向质扩散居主导地位，而周向质扩散的影响较小。

2.1.3 热力性质的影响

(1) 影响除湿转轮关键因素是除湿剂的吸附特性——吸附等温线。吸附等温线描述的是与一定温湿度的空气处于平衡状态时，某种除湿剂所吸附的水量与自身重量的关系。不同的相对湿度，除湿剂有不同的吸附量。

(2) 除湿剂的导热能力增强对除湿有利，对再生不利。轴向导热居主导地位，周向导热的影响较小。

(3) 除湿剂质量分数的设计值宜在 0.8～0.85 之间。

(4) 空气通过除湿转轮时状态参数的变化与转轮内发生的热湿交换有关，因而其计算需求解较复杂的热湿交换微分方程。关于除湿器性能计算的理论主要有相似分析理论、波理论和传热传质扩散的有限差分数值分析理论等。可以用除湿效率[4]来评价其除湿性能：$\eta = \Delta d/d_{in} = 1 - d_{out}/d_{in}$，式中，$d_{in}$ 和 d_{out} 分别为处理空气进、出口的含湿量。除湿效率越高，则整个系统的性能越好。

2.2 转轮式除湿系统的影响参数[5-6]

(1) 显热换热器在减小冷量需求的同时，也降低了对再生热量的需求，改善了系统的经济性。换热器效率越高，系统制冷量越大，*COP* 也越大。

(2) 蒸发冷却器是系统的冷源和调节空气湿度的重要部件。采用预冷装置可提高制冷量，增加 *COP*，有利于系统性能的改善。

2.3 太阳能热水系统的影响参数[7]

(1) 考虑到太阳能的间断性和不稳定性，现配以燃气锅炉辅助加热系统。需要确定太阳能集热器和燃气锅炉在联合供热中的合理比例。

(2) 蓄热水箱的容积一般可以按每 m^2 集热面积对应 0.06～0.10 m^3 水箱容积来选取。文献[8]中指出再生温度大约比蓄热水箱的设定温度低 5 ℃。

(3) 由于太阳能受气候、天气的影响很大，采用温差启动器可以很好地控制集热系统的运行。一般温差控制器高温端可以设在集热器的出口，低温端可以放在蓄热水箱的底部，集热系统启动温差为 5 ℃～10 ℃，停止温差为 1 ℃～3 ℃。

3 太阳能固体除湿空调系统的方案对比及实例分析

3.1 各方案的对比

方案 1：除湿前混合的一次回风太阳能固体除湿空调系统如图 1 所示；方案 2：除湿后混合的一次回风太阳能固体除湿空调系统如图 2 所示；方案 3：二次回风太阳能固体除湿空调系统如图 3 所示。

以图 3 为例说明系统的空气处理流程。太阳能固体除湿空调系统工作时，室外新风 1 与一次回风 7 混合后，湿空气 2 进入转轮除湿机，被除湿剂进行近似绝热除湿，此时由于空气中水蒸气的潜热转化为显热，因而成为温度高于进口温度的干燥热空气 3。干燥的热空气经过板翅式换热器被冷却至状态 4(只进行显热交换)，再与二次回风 7 混合到 5，经间接蒸发冷却器(IEC)降温到 5a，经辅助冷源进一步冷却到送风状态点 6(引入辅助冷源以弥补 IEC 有限的降温效果)，然后送入室内，使室内达到合适的温湿度。室内的排风被送入 IEC 的二次侧用于冷却处理空气。另一方面，室外空气 1 进入板翅式换热器中去冷却干燥的热空气，同时自身又达到预热状态 8。此空气在再生器内被加热到需要的再生温度 9，然后进入转轮除湿机，使干燥剂再生。干燥剂中的水分释放到再生气流里，此湿热的空气 10 最终排放到大气中去。

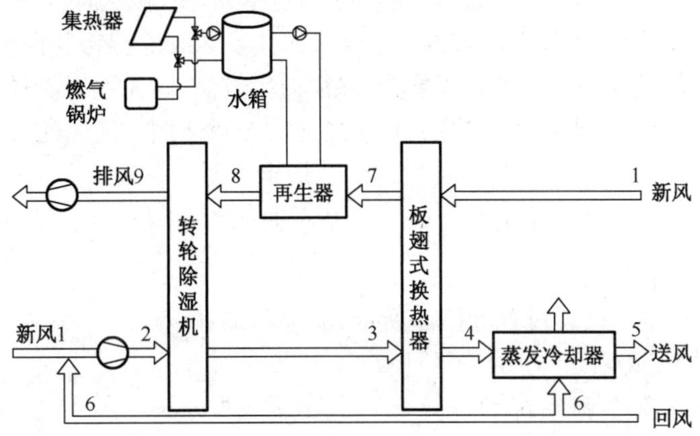

图 1 除湿前混合的一次回风太阳能固体除湿空调系统

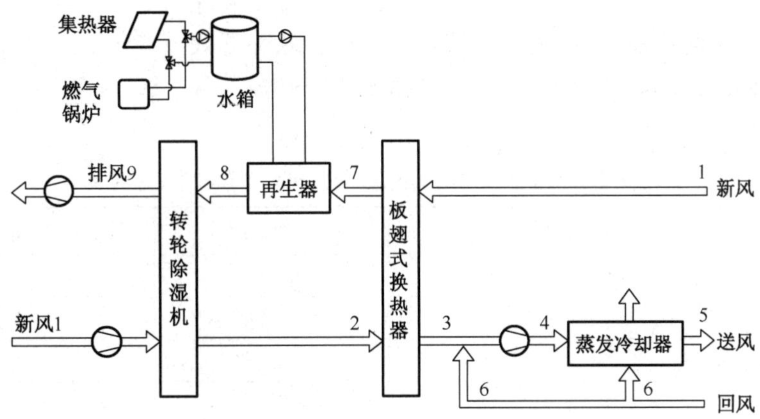

图 2 除湿后混合的一次回风太阳能固体除湿空调系统

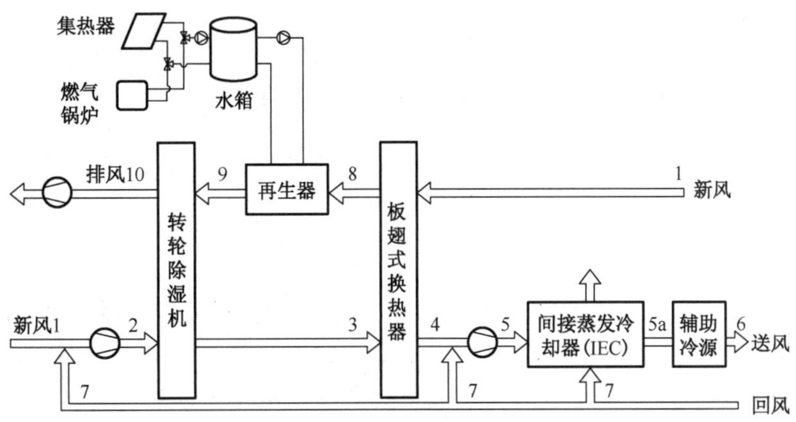

图 3 二次回风太阳能固体除湿空调系统

方案1中新风与回风的混合空气为处理空气，风量增加，使得除湿转轮进口空气的含湿量大大减少，导致除湿效率降低，除湿能耗较高。方案2采用新风先除湿再与回风混合的方式，新风为处理空气时，除湿转轮充分发挥了除湿能力，除湿效率较高，因而除湿能耗较低。然而除湿转轮进口的含湿量高会使得其出口的含湿量偏高，故方案2只适用于新风比较小的系统。一般认为二次回风方式比较节能，故采用方案3。文献[9]指出当要求空气露点温度小于−10 ℃时，建议选用采用一次回风方式；露点温度在−10 ℃～10 ℃时，建议采用二次回风系统。

3.2 实例分析

图3所示系统的空气处理过程如图4所示。

1. 太阳能固体除湿空调系统的设计计算

某太阳能固体除湿空调系统的设计条件如下：余热 $Q=46.2\ \mathrm{kW}$；余湿 $W=16\ \mathrm{kg/h}$；热湿比 $\varepsilon=Q/W=10\,395$；送风温差为6 ℃；一次回风量与二次回风量相同；再生侧风量取为处理侧风量的0.4倍；排风量等于新风量；采用硅胶作为除湿剂时，再生温度定为80 ℃，根据文献[4]中除湿效率随再生温度和除湿空气含湿量的变化关系图，可确定计算过程中的转轮除湿效率；板翅式换热器的效率为0.75；间接蒸发器的效率为0.7。各状态点的计算参数值如表1所示。

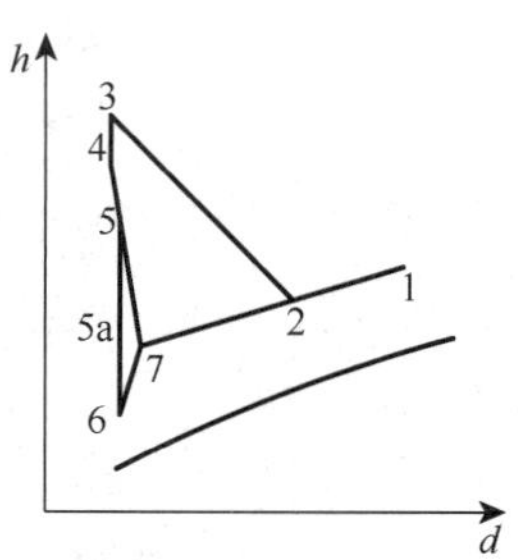

图4　二次回风太阳能固体除湿空调系统空气处理过程图

表1　太阳能固体除湿空调系统空气处理过程各点参数值(方案3)

	干球温度 t_{db}/℃	湿球温度 t_{wb}/℃	焓值 h/(kJ·kg^{-1})	含湿量 d/(g·kg^{-1}干空气)
1	34.00	28.20	90.62	21.95
2	31.00	25.10	76.86	17.80
3	47.60	25.10	76.86	11.12
4	43.52	24.10	72.66	11.12
5	38.60	23.10	68.42	11.46
5a	28.80	20.30	58.36	11.46
6	21.00	17.80	50.31	11.46
7	27.00	20.30	58.52	12.25
8	44.20	30.30	101.32	21.95

注：表中点8为再生侧新风经板翅式换热器预热后的状态点。

总风量 G 为：$G=\dfrac{Q}{\rho(h_7-h_6)}=4.689\,4\ \mathrm{m^3/s}$，则新风量 G_f 为：$G_f=0.4G=1.875\,8\ \mathrm{m^3/s}$，新风负荷 Q_f 为：$Q_f=\rho G_f(h_1-h_7)=72.25\ \mathrm{kW}$，一次回风量与二次回风量均为 $0.3G=1.406\,8\ \mathrm{m^3/s}$。

显热负荷由间接蒸发冷却器和辅助冷源共同承担。间接蒸发冷却器提供的冷量 Q_{IEC} 为：$Q_{IEC}=\rho Gc_p(t_{db,5}-t_{db,5a})=55.70\ \mathrm{kW}$，辅助冷源提供的冷量 Q_{ass} 为：$Q_{ass}=\rho Gc_p(t_{db,5a}-t_{db,6})=44.33\ \mathrm{kW}$，再生热量 Q_{reg} 为：$Q_{reg}=0.28\rho Gc_p(80-t_{db,8})=56.97\ \mathrm{kW}$，板翅式换热器换热量 Q_E 为：$Q_E=0.7G\rho c_p(t_{db,3}-t_{db,4})=16.23\ \mathrm{kW}$。

转轮除湿等焓过程的实质是将潜热负荷转化为等值的显热负荷，系统所获取的制冷量是室内冷负荷与新风负荷之和，即板翅式换热器、间接蒸发冷却器和辅助冷源等显热换热器总的显热制冷量。系统自身的制冷量为间接蒸发冷却器提供的冷量与板翅式换热器换热量之和。

2. 系统性能 $COP_{热}$ 的计算

系统性能的评价指标 $COP_{热}$ 的表达式为：$COP_{热}=\dfrac{系统自身的制冷量}{再生热量}$，经计算本系统的用热 $COP_{热}$ 为 1.26。

3. 太阳能集热器面积的计算

再生热量为 56.97 kW，考虑到一定的安全系数 1.1，则再生热量为 62.667 kW。计算过程中，设定上海夏季的太阳辐射照度为 700 W/m^2，冬季的太阳辐射照度为 400 W/m^2。

全玻璃真空管集太阳能集热器效率 η 为[10]：

$$\eta=0.727-0.55(t_i-t_a)/I-0.0121(t_i-t_a)^2/I$$

式中　η——集热器效率；

I——太阳辐射辐照度，W/m^2；

t_i——集热器进口工质温度，℃；

t_a——环境温度，℃。

可算得太阳能集热器效率夏季为 0.686，冬季为 0.488。根据 $Q_{reg}=AI\eta=62.667$ kW，可求得太阳能集热器面积 $A=130.5$ m^2。

以上分析中所对应的潜热点余热的比例为 23.4%，改变潜热点余热的比例的计算结果见表 2。

表 2　潜热占余热的比例变化时的计算结果

工况	潜热占余热的比例	除湿效率 η	$COP_{热}$	太阳能集热器面积/m^2
1	10.0%	33.4%	1.12	160.90
2	23.4%	37.5%	1.26	130.50
3	30.0%	40.1%	1.36	115.80
4	40.0%	45.2%	1.56	93.71
5	50.0%	52.5%	1.89	71.24

选取潜热占余热的比例为 23.4% 的工况为基准工况，所有工况下的计算结果均整理成相对于基准工况的比值，整理结果见图 5。

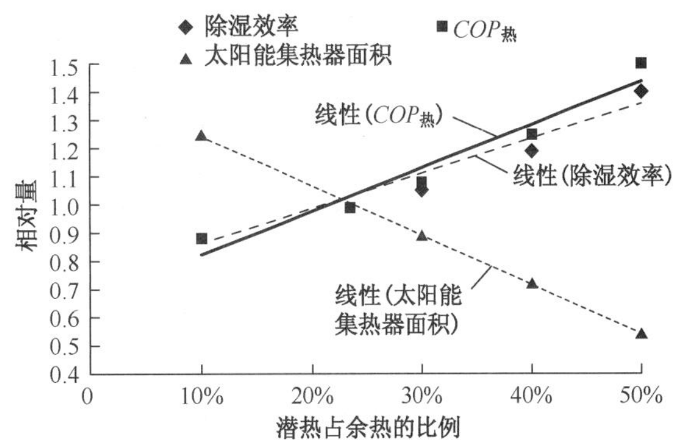

图 5　相对除湿效率、相对 $COP_{热}$、相对太阳能集热器面积随潜热占余热的比例的变化关系

由图 5 可知，当潜热占余热的比例逐渐增加时，对应的空调房间热湿比逐渐降低，系统所需的除湿效率相应增加，促使系统 $COP_{热}$ 不断增加和系统所需太阳能集热器面积不断减少。

对太阳能固体除湿空调系统而言，在进口空气参数不变的情况下，空调房间的负荷构成发生变化时，所对应的除湿效率是变化的，这时可以在系统上增设直接蒸发冷却器，用于调节空调房间的热湿比，或者调节系统的再生温度以适应除湿效率的变化。

经最小二乘法拟合，得到相对除湿效率、相对 $COP_{热}$、相对太阳能集热器面积的计算公式如下：

相对除湿效率：

$$y = 1.2596x + 0.7266 \quad (R^2 = 0.9634) \tag{1}$$

相对 $COP_{热}$：

$$y = 1.5004x + 0.6809 \quad (R^2 = 0.9395) \tag{2}$$

相对太阳能集热器面积：

$$y = -1.7149x + 1.403 \quad (R^2 = 1) \tag{3}$$

式(1)—式(3)中，y 分别为相对除湿效率、相对 $COP_{热}$、相对太阳能集热器面积；x 为潜热占余热的比例。

4　太阳能固体除湿空调系统的运行模式探讨及其优缺点

4.1　太阳能固体除湿空调系统的运行模式探讨

太阳能热水系统的运行模式包括全部由太阳能集热器供热；蓄热水箱蓄存太阳能(无冷负荷或仅依靠间接蒸发冷却已足够)；太阳能集热器和燃气锅炉联合供热；全部由燃气锅炉供热(太阳能达不到使用要求时)。

太阳能固体除湿空调系统的运行模式包括联合辅助冷源的除湿冷却；不带辅助冷源的除湿冷却；仅借助间接蒸发冷却器制冷；全新风运行；借助于板翅式换热器热回收。如果在处理空气侧设置一个水/空气换热器，则在冬季可以有加热模式。

4.2　太阳能固体除湿空调系统的优缺点[2,11]

(1) 本系统利用太阳能除湿，可以减少空调电能的消耗，还可有效减少常规空调设备的容量和结构尺寸等，在建筑设备节能领域有良好的应用前景。

(2) 与冷冻除湿不同，本系统既不受露点限制，可有效降低制冷机的能耗，比较而言本系统具有较大的节能潜力，湿负荷越大，其优越性越明显；又不存在冷却盘管表面的冷凝水所带来的污染，从而可提高室内的空气品质。

(3) 本系统中全部湿负荷由除湿转轮承担，热负荷由冷却设备来处理。将热湿负荷分开处理，无需对送风进行再热，避免了传统空调中经常出现的冷热相抵现象。同时可保证温度和相对湿度相匹配，而不像传统的冷冻除湿方式，除湿的过程伴随着温度的不断变化，温度和湿度的控制总是相互耦合的。

(4) 系统制冷能力可以通过控制输入再生器的热量实现无级调节。

(5) 本系统非常适合于夏季气温较高、空气湿度较大、潜热负荷相对显热负荷而言比较高的南方地区。

(6) 由于太阳能集热器的初投资很大，从而制约了本系统的推广应用，需进行详细的技术经济性分析。

5　结论

(1) 对于空调系统除湿，应结合不同的室外气象条件，不同建筑空间的热湿负荷特性及新风比例，通过详细的分析计算，选取合适的系统形式。

（2）采用硅胶作为除湿剂时，由于其再生温度较低，以一实例计算表明太阳能固体除湿空调系统理论用热 COP 可达 1.26。

（3）当潜热占余热的比例逐渐增加时，对应的空调房间热湿比逐渐降低，系统所需的除湿效率相应增加，促使系统 $COP_{热}$ 不断增加和系统所需太阳能集热器面积不断减少。

（4）为了在太阳能热水系统和太阳能固体除湿空调系统各运行模式之间成功实现切换，真正实现本系统全年节能运行，应深入研究本系统的控制策略，进一步提高系统的自动控制程度。

参考文献

[1] 代彦军，俞金娣. 扩散及吸附剂特性系数对转轮除湿器性能的影响[J]. 太阳能学报，1998，19(4)：388-393.

[2] 丁静，谭盈科. 太阳能吸附式除湿轮空调系统的研究与开发[J]. 广州化工，1996，24(1)：19-23.

[3] 何佳，秦朝葵. 使用天然气的除湿供冷系统[J]. 上海煤气，2004，48(4)：34-37.

[4] 袁卫星，袁修干. 开式固体除湿空调关键部件及系统分析[J]. 北京航空航天大学学报，1997，42(5)：596-601.

[5] 代彦军，俞金娣. 转轮式干燥冷却系统的参数分析与性能预测[J]. 太阳能学报，1998，19(1)：60-65.

[6] 雷海燕，刘雪玲. 固体吸附式除湿空调系统及其研究进展[J]. 天津理工大学学报，2005，21(3)：49-51.

[7] 齐政新，李岩. 太阳能低温地板辐射采暖系统的探讨[J]. 煤气与热力，2003，26(5)：312-315.

[8] HENNING H M, ERPENBECK T, HINDENBURG C, et al. The potential of solar energy use in desiccant cooling cycles [J]. International Journal of Refrigeration, 2001，24(3)：220-229.

[9] 孔德慧，陈国民. 联合式除湿机组的设计探讨[J]. 制冷，2003，22(1)：63-66.

[10] 卜亚明. 太阳能采暖系统在小城镇住宅建筑中应用技术的研究[D]. 上海：同济大学，2006.

[11] 刘瑞，刘蔚巍. 转轮除湿复合式空调系统能耗研究[J]. 流体机械，2005，34(12)：69-72.

各种因素对转轮除湿机性能影响的综合分析*

刘东　陈沛霖

摘　要：转轮吸附除湿供冷空调系统是目前大家正在关注的一种新的空调形式，转轮除湿机是此类空调系统的关键部件，因此了解各种因素对转轮除湿机性能的影响是必要的。本文研究了转轮除湿机本体参数及空气参数等影响除湿供冷空调系统性能的因素，提出了以被除湿后的处理空气露点控制优先的观点，可以为正确配置转轮除湿供冷空调系统提供理论指导。

关键词：转轮；除湿供冷；除湿；空调

The study of the Factors Which Effect the Performance of the Rotor Dehumidifier

LIU Dong, CHEN Peilin

(Institute of Heating Ventilation Air Conditioning and Gas Engineering, Tongji University, Shanghai 200092, China)

Abstract: Desiccant cooling is the new technology which people are paying more attention to. The rotor dehumidifier is the most important equipment of desiccant cooling systems. We have studied the main effective factors of the rotor dehumidifier, which is also useful to discover the effective of process air and reactive air to rotary desiccant dehumidification, and to design desiccant cooling systems.

Keywords: rotor; desiccant cooling; dehumidification; air conditioning

1　前言

随着世界能源和环境问题的进一步突出，除湿供冷技术的优越性开始被人们认识并且逐步得到发展，转轮除湿机是除湿供冷空调技术中的关键设备，全面了解其性能是正确选择和配置除湿供冷空调系统的基础。分析影响转轮除湿机性能的因素主要从转轮本体参数和空气参数两方面来考虑[1-3]，转轮本体参数的优化工作可以由设备制造商来完成，提供相应的数据和图表来描述其产品全性能，便于使用者选择；空气方面的参数是由系统设计工程师来确定，具体应用于实际工程之中。

2　转轮本体参数的影响

转轮除湿机中的转轮本体参数是指吸湿剂质量分数、吸湿剂的厚度、吸湿剂的比表面积、吸湿剂颗粒大小、吸湿剂的温度、转轮的转速、再生区扇形角等。有的转轮本体参数是由吸湿剂性质决定的，如吸湿剂颗粒的直径越小，气固接触的面积越大，而且减少了吸湿剂内部扩散

* 2004 年全国暖通年会，2004 收录。

的距离,缩短了再生阶段的时间;但是颗粒越小,颗粒间的孔隙率也减小,使气流穿透阻力增加。有的转轮本体参数是由除湿转轮的形状确定的,如吸湿剂的放置方式会影响到接触面积。有些转轮本体参数是由除湿和再生过程气流决定的,如吸湿剂的温度,在空气处理过程中的吸湿剂温度越高,越有利于提高吸湿剂表面水蒸气的压力,加速吸湿剂水分的汽化,而且可以降低吸湿剂内部溶液的粘度,有利于水分向外扩散,但是在再生过程中,吸湿剂内外温度并不是一致的,一般是表面温度高于内部温度,由于内外温度差和湿度差的推动方向正好相反,其综合结果是减小了内部扩散的推动力,对解吸再生是不利的。

2.1　吸湿剂质量分数的影响

除湿转轮是由不能吸湿的支撑材料和吸湿剂组成的,吸湿剂所占总的质量的百分比称为吸湿剂质量分数 f。有研究表明[3],在相同的质量下,f 值增大,吸湿剂的质量增加,除湿机出口的空气湿度降低,空调系统的制冷量增加,COP 值也增大。在 0～0.6 之间,吸湿剂质量分数对除湿性能的影响最大,超过 0.6 后其影响能力大为减弱,在实际应用中一般取 f 值为 0.8～0.85,而且减小金属支撑材料的比例也可以有效降低除湿转轮的总热容量,有利于改善转轮系统的除湿性能。

2.2　转轮转速的影响

转轮转速也是影响其性能的重要因素,全热交换器与除湿机对转速的要求是不同的。提高转速可以使换热效果增强,但是这样由于吸湿剂在再生区停留的时间变短,得不到充分的再生,会使除湿效果降低;转速太低则使吸湿剂在除湿区停留的时间过长,会造成靠近再生区的部分区域的吸附剂由于饱和而失去继续除湿的能力,也会降低除湿效果;所以从除湿机的性能考虑,选择合适的转速是较关键的步骤。确定转速可以从除湿量、制冷量和 COP 等方面来考虑:在 5 r/h 的转速时除湿效果最好,在 10 r/h 的转速时系统的 COP 最高,故转轮的转速宜选择在 5～10 r/h 之间[3, 6-8]。

2.3　再生区扇形角的影响

转轮的再生扇形角体现了除湿与再生的吸湿剂所占的比例,从除湿、系统性能及系统制冷量等角度来考虑,再生区扇形角 φ_R 的影响是不相同的。从除湿角度来看,在除湿区和再生区空气流量一定的条件下,再生区扇形角太小会使吸附剂不能充分再生,降低除湿效果;但是再生区域太大,又会使除湿区域减小,吸附剂得不到充分冷却,也会降低除湿性能,因此必定存在一个最优比例。

在实际应用中,对再生区扇形角 φ_R 的要求应该兼顾以下方面的考虑:吸附剂再生容易,并且能够得到充分再生;出口处的处理空气湿度也可以降得很低;除湿机具有较高的性能系数,得到单位冷量所消耗的能量小;制冷机的制冷量较大。满足以上综合要求才能够可以较好地确定再生区扇形角。一般情况下,因为再生空气的温度较高,转轮的再生区域约占转轮总面积的 1/4,即再生区扇形角 φ_R 为 90°。若改变再生空气温度、再生空气的流量等,为使之能够有效再生,都需要改变除湿转轮再生区扇形角[3, 5, 10]。

3　空气参数对除湿性能的影响

转轮除湿供冷空调系统中的空气包括处理空气和再生空气,处理空气的参数(温度、湿度、流速等)直接影响到转轮除湿机的除湿性能,而再生空气的参数(温度、湿度、流速等)直接影响到除湿机的再生性能，进而影响除湿机的吸附除湿性能，因此这两者是相互制约的[10-12]。了解两类空气中各参数的影响，对于配置合适的系统，使之高效、节能运行是有利的。

3.1 处理空气参数的影响

对于全新风式和循环式的空调系统，处理空气最终都要送入空调区域，它的参数直接影响到空调的效果和系统的能耗，因此，人们对处理空气参数对空调系统的影响是较重视的，也开展了相应的研究工作。

3.1.1 进口处处理空气温度的影响

除湿机处理空气的进口温度受到系统形式的影响：全新风系统的进口温度一般是室外气温；回风系统的温度则是空调房间的温度；混合系统则可以通过调节新、回风比例来达到适当的温度。了解不同温度下吸湿剂的吸湿性能是有必要的。

分析吸附剂在不同温度下的吸附等温线可以知道同一类吸附剂在相同的压力下，温度越高，吸附剂的吸附能力越低；吸湿剂的吸湿性能也是随着空气温度的升高而降低的。在实际工程中希望通过降低进口空气的温度来提高除湿转轮的性能。可以通过预冷措施来降低除湿转轮进口的处理空气温度，使转轮对较低温度的空气进行除湿。预冷会使除湿供冷空调系统的性能明显改善：对于同样的空气初始条件和最终处理要求，采用预冷措施之后，可以使冷量增加约 13%，COP 提高 4%[3]。但是预冷需要提供冷源、换热器，增加了系统的初投资；预冷空气被预冷后，与冷却空气之间的温差减小了，减小了传热的动力；应综合考虑这些不利因素对供冷空调系统性能的影响。

3.1.2 进口处处理空气湿度的影响

进口处理空气湿度的影响可以从以下方面来分析[7-11]：

(1) 在干球温度相同时，空气的相对湿度越大，其含湿量也越大，空气中水蒸气的分压力越接近饱和水蒸气分压力，与吸湿剂表面空气的压力差增大，增大了除湿的推动力，可以使设备的除湿量增加。

(2) 在含湿量相同时，空气中水蒸气的分压力是定值，此时空气的相对湿度越大，其干球温度越低，除湿转轮表面空气的饱和水蒸气分压力越低，有利于除湿过程的进行。

(3) 在相对湿度相同时，空气的含湿量越高，空气的干球温度也越高，处理空气的温度升高会使得除湿转轮表面的饱和空气温度升高，从而使之饱和水蒸气分压力也升高，这对于空气的除湿是不利的；但是空气含湿量的增加会使得空气中的水蒸气分压力相应升高，这是除湿的有利因素；因此，对除湿过程的影响需要将两者综合考虑。

可见在除湿供冷空调系统中以空气的含湿量作为空气湿度衡量标准是较为准确的，而含湿量直接对应的是空气的露点温度，因此，将空气的露点温度作为空气湿度的控制量是合适的。

3.1.3 处理空气流速的影响

空气的流速越低，空气与吸湿剂的接触时间越多，两者之间的热、质交换也越充分，但是单位面积的处理空气量较小。增大空气的流速，会使对流换热系数和传质系数增加，这是空气与吸湿剂之间的对流传质的有利因素；但是风速增大也使两者之间的接触时间缩短，可能会使得处理空气在转轮中还没有被有效除湿就出转轮，对除湿不利，可能导致空气不能达到预定的湿度。故合适的空气流速也是此类空调系统的重要参数，设计合理的除湿转轮中一般是将处理空气在转轮中的通过时间设定在约 0.2s，转轮总的传热单元数 NTU 约为 10[10]。处理空气流速对于实际工程应用的影响主要体现在处理空气流量的确定：在除湿转轮的规格确定之后，处理空气的流量不应该超出转轮的额定流量过多。

3.2　再生空气参数的影响

除湿转轮中吸湿剂解吸再生性能主要体现在两个方面：一是吸湿剂最终能够达到的干燥状态，这取决于吸湿剂的平衡含水量；二是达到最终干燥状态的再生速率，这包括吸湿剂表面的汽化速率和吸湿剂内部水分的扩散传递速率，其大小取决于以上两种速率中的主要影响部分，主要是由速率较低的过程所支配；平衡含水量与再生速率是相互影响的，人们在应用研究中侧重于再生速率的影响。

转轮除湿机中吸附剂的再生过程实质是将水分赶出吸附剂，进入再生空气的过程，吸湿剂的再生过程主要受到吸湿剂与热空气两方面因素的影响。吸湿剂参数对除湿机性能的影响主要体现在：吸湿剂形状、吸湿剂的放置方式、吸湿剂温度等；热空气参数对除湿机性能的影响主要体现在：温度、含湿量、流动速度、与吸湿剂的接触情况等。在实际应用中，更容易控制的是再生空气的参数，因此，人们更关注再生空气对除湿机性能的影响：空气含湿量不变时，提高空气的温度，不但可以加强汽化和带走水分的能力，而且可以对吸湿剂进一步升温，提高吸湿剂表里之间水分的扩散速率，对恒速干燥阶段和减速干燥阶段都有利，但是每种吸湿剂都存在允许的最高温度值；空气的含湿量越低，带走吸湿剂中水分的能力越强，干燥过程的推动力越大，因而干燥速率越高；提高热空气的流动速度，可以有效地强化干燥过程，对传热和传质都有利，但是空气流速大，与吸湿剂的接触时间短，热能的有效利用率降低；空气与吸湿剂的良好接触有利于吸湿剂的干燥均匀，合理安排气流，获得较大的气固接触面积，可以有效地强化再生过程。以下重点探讨再生空气的温度、湿度和流速等参数对转轮除湿机性能的影响。

3.2.1　进口处再生空气温度的影响

再生空气的温度是直接影响到转轮除湿机性能的重要参数，若在较低的再生温度下，转轮中进行的主要是全热交换过程；随着温度的升高，转轮中吸湿剂解吸再生的趋势才逐渐明显，直至整个过程都是由解吸再生趋势控制。人们希望能够充分利用低品位的热源来作为转轮解吸再生的能源，低品位能源可能温度不高，使得再生空气被升温的幅度有限。再生空气温度是如何影响转轮除湿机的性能，再生空气的温度降至何值时仍可确保进行的主要是除湿过程，都是人们所关心的问题。所以确定再生空气温度对转轮除湿机性能的影响，如何判断转轮中进行的传热传质过程是全热交换过程还是吸湿-解吸再生过程，导致两者分界点的再生温度在何处，是本文研究的重点之一。

在转轮式全热交换器中，两股空气的主要过程是将处理空气中的水分传递给再生空气，并且将低温侧的温度升高，此时转轮除湿的数学模型应该改为全热交换器的数学模型；而且由于全热交换过程最合适的热空气区扇形角 φ_R 是 180°，若此时仍然按照除湿过程来设置再生区扇形角 φ_R 为 90°，也不能够使全热交换过程高效率地进行；此外作为全热交换器的转轮的转速也比除湿转轮所要求的转速要快得多[19]。这些都是研究转轮除湿过程必须考虑的问题。

吸湿剂可能在不同的再生温度下工作，此时除湿机的性能如何是人们关心的问题。吸湿剂的再生过程分为预热期、等速干燥和减速干燥等阶段，在不同的阶段，温度的影响是不尽相同的。再生空气的温度都高于此时吸湿剂的温度，吸湿剂被空气加热，吸湿剂在向外蒸发水分的同时，温度也升高，当吸湿剂的表面温度与空气的湿球温度相等时就达到稳定状态。对于同一吸湿剂而言，如果再生空气的温度升高，会使吸湿剂的表面温度上升，吸湿剂的表面温度上升之后，其表面的蒸发压力也提高了，即与吸湿剂表面接触的空气的水蒸气分压力提高，这样可以使再生的速度增加，缩短再生的时间。对于不等温的吸附体系，可以利用"温度波"与"浓度波"概念来分析吸附干燥过程。在一般情况下，温度比质量传递要快，即"温度波"走在"浓度波"之前。温度波的前沿速度与温度无关，在理想的情况下，温度波在柱内的移动速度是恒定的；实际过程中，由于热阻的存在，前沿不断变宽，随着波形的不同，以不同的温度向前移动。

作者认为：判断转轮中进行的主要是全热交换过程还是除湿-解吸再生过程的关键是看转轮除湿机出口处处理空气的露点温度，空调系统送风状态点的露点温度所对应的再生空气温度可作为两者的分界点。若出口处处理空气的露点温度低于空调送风状态点的露点温度，转轮中进行的主要是吸湿-解吸再生过程；若高于送风状态点的露点温度则可认为进行的主要是全热交换过程，此空调系统达不到设计的湿度控制要求；因此转轮除湿供冷空调系统的参数控制应该以此为依据。

3.2.2 进口处再生空气湿度的影响

吸湿剂的再生过程实际是吸湿剂的干燥过程，此时推动水蒸气由吸湿剂向再生空气传递的动力是吸湿剂表面的水蒸气分压力与再生空气中的水蒸气分压力之差。除湿机进口再生空气的湿度对除湿机性能的影响的研究并不全面，对于这种因素的影响应该结合温度的影响来共同考虑，这是因为再生空气比吸湿剂的温度高，因而传递热量给吸湿剂，使吸湿剂的温度同时升高。再生空气中的水蒸气分压力主要与大气压力和空气的含湿量有关[4]。

$$P_w = \frac{Bd}{d + 0.621\,98}$$

式中 P_w——水蒸气分压力(Pa)；

B——大气压力(Pa)；

d——空气含湿量[kg(kg 干空气)$^{-1}$]。

当大气压力和空气中的含湿量不变时，升高空气的温度，水蒸气的分压力是不会改变的，但是饱和水蒸气分压力增加，从而使空气的相对湿度减小，即空气的不饱和程度增大，这样使得再生用的热空气具有更加强的接受水蒸气的能力；这时转变成主要是再生空气温度对转轮的解吸再生性能的影响。若再生空气的温度不变，减小空气的相对湿度，空气中的水蒸气分压力减小，加大了与吸湿剂表面接触的空气的水蒸气分压力之差，从而加强了水分传递的推动力。此时将再生空气的相对湿度降低的实质是需要进行除湿的，或者是将室外新风与循环风进行混合得到，以获得较低的相对湿度(含湿量)。再生空气被加热的过程是等湿加热过程，一般是在加热之前来改变其含湿量。与干球温度相比较而言，再生空气的湿度对除湿转轮的性能影响较小，而且控制也更为复杂。但是了解再生空气湿度的影响可以为转轮除湿空调系统在不同地区、不同时间的应用所采用的技术措施提供参考。

3.2.3 再生空气流速的影响

再生空气的流速直接影响吸湿剂再生速度的大小，对流换热系数因流速的增加而增大，传热系数也因流速的增加而增加，这样使总的再生过程时间都缩短了；而且可以通过调节再生空气的流速来适应处理空气流量及状态参数的变化。总之再生空气流速的增加强化了再生过程，使得转轮的再生速度加快，但是此时不改变再生区扇形角，可能会再生后的转轮区域被加热，升高吸湿剂的温度，从而影响吸湿过程的进行；而且从系统的能耗考虑，流速增加会导致再生热量的需求增大，在转轮再生侧的换热效率降低，系统的COP将下降；所以在额定工况下应慎重考虑改变空气流速，若改变再生空气流速，应相应调节再生区扇形角，再生空气的温度等参数，在实际的应用中，用户来改变再生区扇形角是不可行的，因此多采用调节再生空气温度的方法。

4 工作环境的影响

转轮除湿机可以应用在不同的地区，环境的改变对其性能的影响如何也是人们所关心的问题，此处主要探讨大气压力、空气清洁程度等方面的影响。

4.1 大气压力的影响

除湿机的性能受到大气压力变化的影响，在不同的大气压力下，除湿机的性能有所变化[6]。分析大气压力对系统的影响主要是从吸湿剂的吸附特性、空气的参数变化及风机的性能曲线等方面考虑，因此，对于质量流量和体积流量为标准的系统，压力的影响是不尽相同的。

当大气压力从 1 atm 下降到 0.8 atm 时：

(1) 以质量流量为标准的系统：换热器的性能不变，蒸发冷却器的换热性能改善，除湿机的除湿性能下降，对所有的再生和除湿剂而言，COP 和冷量都提高了 6%～8%，系统的阻力增加了 20%，对应的能耗增加了 44%，使总的 COP 下降了 4%。

(2) 以体积流量为标准的系统：热交换器的性能提高了 2%～4%，蒸发冷却器的换热性能改善，除湿机的除湿性能下降，对所有的再生和除湿剂而言，COP 和提高了 8%，冷量减少了 14%，系统的阻力不变，使总的 COP 提高了 5%。

这些情况表明在不同地区使用转轮除湿供冷空调系统，应该考虑当地大气压力对系统性能的影响，且应明确是以质量流量为准还是以体积流量为准。我国的地域辽阔，转轮除湿机的使用地点直接影响到除湿机的性能特点。

4.2 空气洁净度的影响

除湿机处理空气和再生空气的洁净度直接影响到吸湿剂的性能，主要是因为转轮除湿机中吸附剂在吸附空气中水分的同时，也将空气中的细小颗粒吸附，这是吸附剂本身所具有的特性，这将导致吸湿剂的劣化。吸附剂的劣化会直接影响到转轮除湿机的除湿性能，根据吸湿剂劣化的程度，除湿供冷空调系统的 COP 和冷量将减少 10%～35%[9]。在一定的劣化范围内，可以采用以下方法来消除其影响：

(1) 空气过滤：通过设置空气过滤器可以有效地除去进入除湿机的空气中的灰尘，但是空气过滤器的设置增加了风系统的阻力，风机的余压需要相应增加，这样增加了初投资和运行费用。增设了空气过滤设备后还必须注意定期的清洗和更换，虽然会增加一些费用，但是对于延长除湿设备的使用寿命是必要的。

(2) 吸湿剂的深度再生：在很高的温度下实现吸湿剂的再生可以驱除尘粒，但是这并不是根本的方法，因为如果不加处理地将再生后的空气排入大气中将造成新的污染；而且提高再生空气的温度，要求的能源的品位越高，花费的代价越大，过高的再生空气温度也可能会影响吸湿剂的性能。

(3) 调整运行参数：如加快除湿机的转速，调整的情况取决于吸湿剂的类型、衰减的类型和再生的方法等。

5 结论

总而言之说，影响转轮除湿机性能的因素很多，但是除湿转轮的本体参数基本都是由设备制造商确定的，其可变化的幅度不大；工程设计人员主要应考虑空气参数和应用环境的影响，明确处理空气被除湿后的露点温度是需要控制的重要参数。只有全面了解转轮除湿机性能才能够合理配置除湿供冷空调系统。

参考文献

[1] 丁静等,开式太阳能旋转除湿空调系统的性能分析,华南理工大学学报,1997,25(5):106-120.

[2] 袁卫星等,开式固体除湿空调关键部件及系统分析,北京航空航天大学学报,1997,23(5): 596-601.

[3] 代彦军等,转轮式干燥冷却系统的参数分析与性能预测,太阳能学报,Vol. 19, No. 1,60-65, 1998.

[4] 赵荣义等,空气调节(第三版),建筑工业出版社,1994.

[5] K. W. Crooks, N. J. Banks, Controlling Rotary Desiccant Wheels for Dehumidification and Cooling, ASHRAE Trans. 1996. Part2. 633-638.

[6] A. A. Pesaran, Impact of Ambient Pressure on Performance of Desiccant Cooling Systems, NERL/TP-254-4601, UC. Category: 350, DE92001180.

[7] J. Y. SAN and S. C. HSIAU, Effect of axial solid heat conduction and mass diffusion in a rotary heat and mass regenerator, Int. J. Heat Mass Transfer. Vol. 36. No. 8. pp. 2051-2059, 1993.

[8] Edward A. Vineyard, James R. Sand and David J. Durfee, Parametric Analysis of Variables That Affect the Performance of a Desiccant Dehumidification System, ASHRAE Trans. 87-94, 4325.

[9] A. A. Pesaran, T. R. Penney, Impact of Desiccant Degradation on Desiccant Cooling Systems, NERL/TP-254-3888, UC. Category: 231, DE90000390.

[10] E. Van den Bulk, J. W. Mitchell and S. A. Klein, The Use of Dehumidifiers in Desiccant Cooling and Dehumidification Systems, Journal of Heat Transfer. Vol. 108. Audust. pp. 684-692, 1986.

[11] A. A. Jalalzadeh-Azer, W. G. Steele, B. K. Hodge, Performance Characteristics of a Commercially Available Gas-Fired Desiccant System, ASHRAE Trans. 95-104, 4326.

[12] Sanjeev Jain, P. L. Dhar and S. C. Kaushik, Optimal Design of Liquid Desiccant Cooling Systems, ASHRAE Trans. 79-86, 4324.

转轮除湿供冷空调系统的实验研究(一)实验思路、实验装置及实验方法*

刘 东　李峥嵘　陈沛霖

摘　要：转轮除湿供冷空调系统是目前大家较为关注的一种空调形式，这类空调系统将空调中空气的除湿与降温过程分开处理，配置合理的系统可以实现能源的梯级利用，有效提高能源利用效率。近年来同济大学暖通空调及燃气研究所在转轮除湿供冷空调系统性能方面开展了研究工作，本文是我们有关实验工作的总结，介绍了同济大学建立的转轮除湿供冷空调系统实验台，主要包括实验思路、实验台本体及相关的测试系统，为进一步开展研究工作奠定了实验基础。

关键词：转轮；除湿供冷；除湿；空调；实验

The Experimental Study of Rotor Desiccant Cooling System (1) The Introduction of Experimental Unit

LIU Dong, LI Zhengrong, CHEN Peilin

Abstract: Desiccant cooling is the new technology which people are paying more attention to. In desiccant air conditioning systems, process air is dried by passing it over the desiccant and the heat of sorption is removed by sensible cooling. The air is further cooled by adiabatic humidification and directed into the residence as cool dry air. With desiccant dehumidification, humidity control is achieved without involving condensation, which promotes a healthy indoor environment. We have built the first experimental desiccant cooling system which is connected with evaporative cooling technology in China. The experimental unit considered in this study is a commercially available system that consists of a rotary desiccant wheel, a heat exchanger, and three evaporative coolers. This paper introduces this experimental desiccant cooling system.

Keywords: rotor; desiccant cooling; dehumidification; air conditioning; experiment

0　引言

随着世界能源和环境问题的进一步突出，除湿供冷技术的优越性开始被人们认识并且逐步重视，国内外的研究工作者都开始在这方面投入精力开展研究工作[1-13]。目前，国外在新型吸附剂的性能研究、除湿供冷系统的传热传质分析、除湿供冷设备的开发、实际工程的应用等方面开展了卓有成效的工作，取得了大量的系列研究成果[1-5]①。国内的研究工作相对较晚，而且主要是集中在除湿供冷系统的理论研究方面，所形成的成果多是以已有的国外论文的理

*《流体机械(增刊)》2003，31 收录。

① Munters 公司资料，如何防止潮湿问题。

论分析数据来验证其数学模型的计算，以理论验证理论，缺乏实验方面的具体研究工作[6-12]。我们认为进行转轮除湿供冷空调系统的实验研究，对于验证此空调系统的理论分析，得出可指导实际工程应用的结果是有必要的。

1 实验思路

为了探求转轮除湿供冷空调系统实用性，全面研究其性能，我们建立了转轮除湿供冷空调系统实验台(图 1、图 2 和图 3)，想通过以下工作来进一步研究此空调系统的性能：

(1) 由于采用的转轮除湿机是成熟的产品，除湿转轮的尺寸、吸附剂质量分数、转速、再生区扇形角、再生空气的电加热器、处理空气与再生空气的风机等都是固定的，为确保转轮除湿机的性能稳定，本实验没有改变转轮本体的参数，主要考虑改变转轮空气侧参数对整个空调系统的影响。而且这也是考虑在今后的工程实践中，进行此类空调系统设计的工程师可能主要是从空气侧的参数来评价空调系统性能的优劣，而将设备单体的优化工作交给设备制造厂商来做。

(2) 以现有的一个房间做为空调对象，此房间位于建筑的顶层，围护结构具有外墙、外窗、屋顶、内墙、地面等，这样的房间空调冷负荷具有一定的代表性。转轮除湿供冷空调系统处理后的空气作为空调送风送至房间内，而回风可以结合空气参数的要求采用全回风、部分回风或全新风方式。

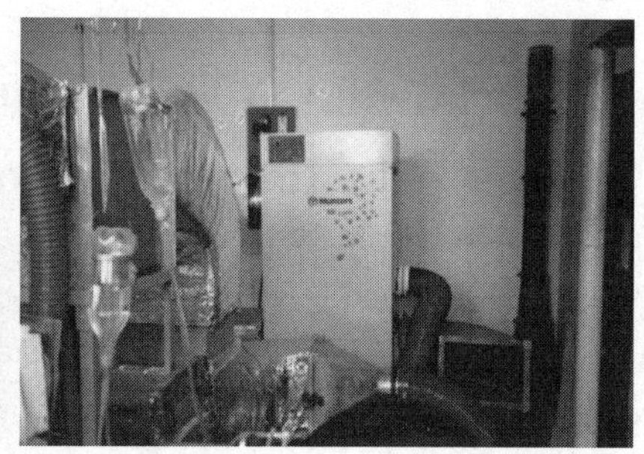

图 1 转轮除湿供冷空调系统实验台

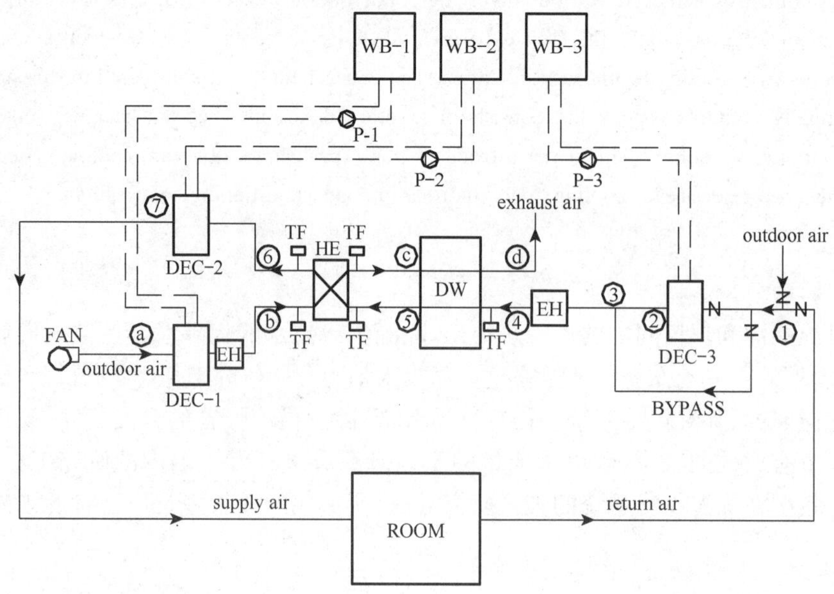

图 2 除湿供冷空调系统原理图(以经过处理的室外新风作为再生空气)

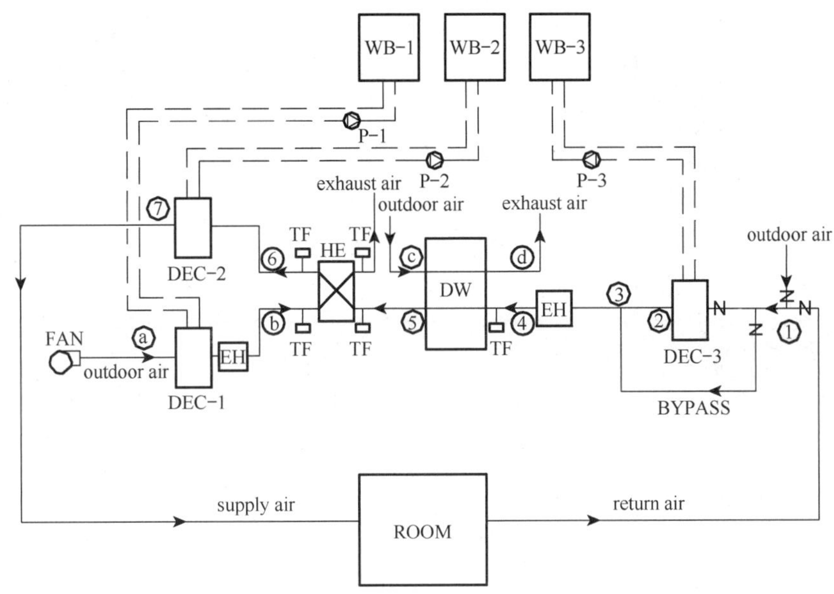

图 3　除湿供冷空调系统原理图(以未处理的室外新风作为再生空气)

(3) 采用一台以硅胶为吸湿剂工质的转轮除湿机作为转轮除湿供冷空调系统的主体部件。改变转轮除湿机进口处的处理空气的风量、温度、湿度等,探讨不同的空气参数对除湿机的性能影响;改变进口处再生空气的风量、温度、湿度等,研究在不同的再生条件下,转轮除湿机的性能变化情况。

(4) 在转轮除湿供冷空调系统中采用蒸发冷却技术,改变蒸发冷却中的淋水量及水温等参数,研究这些参数改变后引起的蒸发冷却器换热性能的变化对空调系统性能的影响,探求转轮除湿技术与蒸发冷却技术相结合的道路。

(5) 空调系统中采用的板翅式空气-空气换热器的定义较为灵活:这个换热器是置于一个直接蒸发冷却器之后,若此直接蒸发冷却器运行,可组成一个间接蒸发冷却系统;若直接蒸发冷却器不运行,则此换热器就单纯是一个间壁式换热器,两侧的流体进行热交换过程,可以推广为常规压缩式制冷机组的蒸发器或表冷器等换热部件。

(6) 由于需要改变再生空气的进口温度,在不改变转轮除湿机本体结构的前提下只有通过改变进入除湿机的再生空气进口温度,在转轮除湿机再生空气的进口侧设置了点加热器,可以改变进口再生空气的温度;此外还可以利用不同季节室外温度的变化来作为调节手段,在不同的时间来进行实验。

2　实验装置及实验方法

2.1　转轮除湿供冷空调系统

我们建立的转轮除湿供冷空调系统实验台是结合空调房间来设计的,此空调系统的主要设备是一台以硅胶为吸湿剂的转轮除湿机、空气-空气板翅式换热器、直接蒸发冷却器、电加热器、取样风机等。设备布置详见图 1,原理图详见图 2 和图 3,空气处理过程详见图 4。

2.1.1　转轮除湿供冷空调系统实验台原理及主要设备

转轮除湿供冷空调实验台系统主要设备:

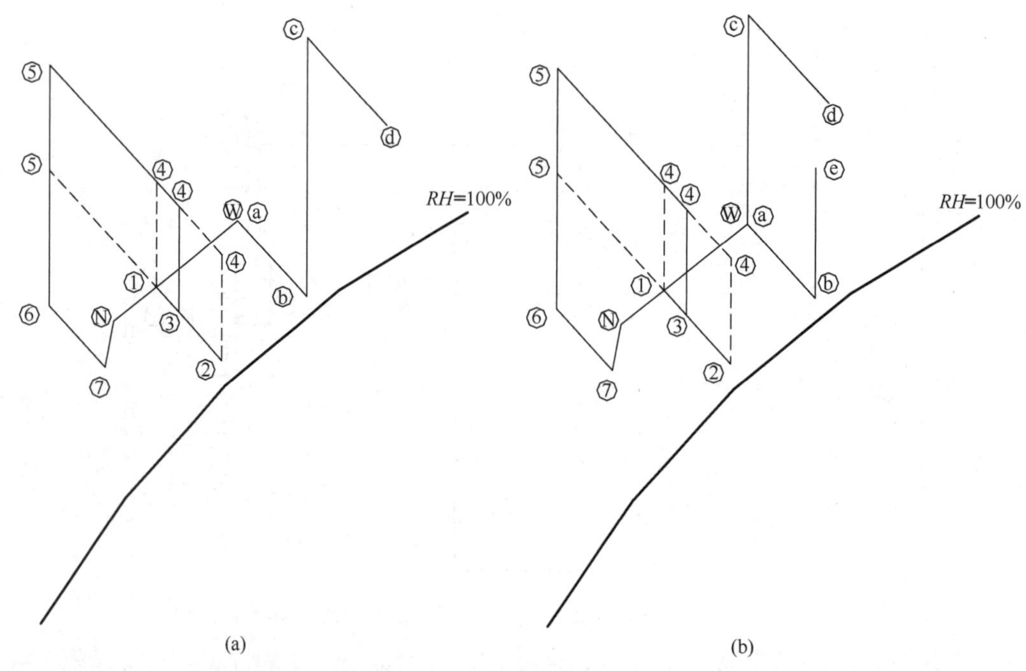

图4　除湿供冷空调系统的空气处理过程

DW:以硅胶为吸湿剂的转轮除湿机,技术参数如下:

(ML1100E 型,Fabr. No. 99/36/21700;电气参数:3″50 Hz,380 V,IP44;

处理空气的额定风量为 1 100 m^3/h,风机余压为 300 Pa,风机功率为 1.1 kW;

再生空气的额定风量为 408 m^3/h,风机余压为 300 Pa,风机功率为 0.5 kW;

电加热器功率为 11.1 kW;转轮驱动电机功率为 10 W;总功率为 12.71 kW);

P-1,2,3:蒸发冷却用循环水泵,技术参数如下:

(15HSG 型铜质微型增压泵,功率为 80 W;转速为 2 800 r/min;电压为 220 V);

DEC-1,2,3:直接蒸发冷却器(内置填料,喷淋水管至于上部,下部为水池);

WB-1,2,3:蒸发冷却用水箱(500×500×500);

TF:空气参数测量用取样用风机,技术参数如下:

(150FLJ5 型工频离心风机,电气参数:3″50 Hz,380 V,电流 0.45 A;输入功率为 180 W 转速 2 800 r/min);

EH:电加热器(加热量可以通过变压器无级调节);

HE:空气-空气板翅式换热器;

FAN:再生空气用风机;

ROOM:空调房间。

与图 2 中的空调系统比较,图 3 系统的区别是作为转轮除湿机再生空气的室外空气没有经过热、湿处理,直接进入除湿机;在直接蒸发冷却器(DEC-1)前增设的风机(FAN),与除湿后的空气进行热、湿交换后的室外空气可以直接排到室外。这个系统可以在不影响再生空气参数的情况下,扩大与除湿后空气进行热交换空气的参数变化范围,而且可以将此换热器改变为蒸发器或表冷器,使此类空调系统具有更强的适应性。

2.1.2 转轮除湿供冷空调系统实验台

2.1.2.1 转轮除湿供冷空调系统实验台本体部分

转轮除湿供冷空调系统实验台的本体部分主要分为：处理空气系统、再生空气系统和蒸发冷却循环水系统三个系统。处理空气系统和再生空气系统进行的是转轮除湿机进、出口空气的处理过程，循环水系统是为蒸发冷却器提供冷水。

(1) 处理空气系统。空调房间(ROOM)内的循环风(return air)与室外新风(outdoor air)混合后作为转轮除湿机(DW)进口处的空气(此处可用直接蒸发冷却器(DEC-3)、旁通管路(BYPASS)、电加热器(EH)等作为空气参数调节手段)，转轮除湿机起着为处理空气除湿的作用，将其等焓除湿处理成高温低湿的空气；被除湿后的处理空气利用一个板翅式换热器(HE)进行冷却，然后作为空调房间的送风(supply air)送入室内(再此之前可以通过直接蒸发冷却器(DEC-2)来调节空调送风的温度和湿度)。

(2) 再生空气系统。将室外空气通过直接蒸发冷却器(DEC-1)进行热湿交换变成低温高湿的空气，通过板翅式换热器(HE)冷却被除湿后高温低湿的处理空气，然后进入转轮除湿机(再生空气的主要加热过程是通过除湿机内的电加热器来完成的，还可以通过进入转轮除湿机前的再生空气电加热器来进行温度的调节)，高温再生空气使除湿后高湿的吸湿剂得以干燥再生，恢复其除湿功能，完成再生作用后的再生空气经过排风管排至室外。

(3) 蒸发冷却循环水系统。蒸发冷却器采用循环水系统，水箱(WB)的补水管直接与自来水管连接，水箱供水给蒸发冷却器，水泵将与空气进行热、湿交换后的水从蒸发冷却器的积水盘通过水管提升到水箱中，形成一个循环水系统。

(4) 处理空气、再生空气和蒸发冷却循环水系统的主要调节方法。处理空气和再生空气的风管中分别都设置调节阀门，空气风量调节利用调节阀门来实现，直接蒸发冷却器喷淋水量的调节利用水管路上的阀门。空气参数的调节主要是利用调节旁通、电加热器和直接蒸发冷却器等设备实现，此外可以根据需要选择全新风工况、全回风工况或者新、回风混合工况运行。

2.1.2.2 转轮除湿供冷空调系统实验台测试部分

在此空调系统实验台中需要测试的主要是空气的参数，包括空气的干球温度、湿球温度、相对湿度、露点温度、压力和流量等[12-15]。

1. 测试方法

(1) 空气的干、湿球温度及露点温度的测量。风管内空气的干、湿球温度用分度值为0.1 ℃的二等标准水银温度计测量，温度计置于取样盒中，风管内的空气在取样风机的抽吸作用经过设置在风管内的取样管后，通过取样盒，然后送回风管中，其中测量空气湿球温度的温度计上专用纱布通过补水软管确保其能够充分润湿。

空调房间的送、回风口处的空气干球温度、相对湿度和露点温度等参数是用KANOMAX的多功能测试仪器直接测量得到。为了验证测量的可靠性，利用空气的干球温度与相对湿度计算出露点温度，然后再与测量得到的空气露点温度相比较；反之也可以利用干球温度与露点温度的关系来验证空气的相对湿度。

(2) 空气流量测量。主要测量的空气流量有处理空气的送风量、回风量、新风量、再生空气的进风量、出风量等；空气流量的测量方法因测量位置的不同而有所区别。

风管中的风量测试采用毕托管结合倾斜式微压计的形式，测得管道流通断面测点上的动压，计算得到速度，最后乘断面积就得到空气的体积流量。房间的送风口、回风口、及再生空气的进口和出口的风量采用热线风速仪测量：测得风速，乘以流动断面积就得到空气的体积流量。

(3) 空气压力的测量。风管内空气压力的测试通过毕托管和微压计得到，用此方法可以测量管道内的全压和静压，全压和静压之差为动压。

2. 测点的布置和测试准确性的保障

为确保测量的可靠性，风管内空气采用取样的方法测量，取样盒内的空气流速大于2.5 m/s，可使湿球温度计上湿纱布的水分可充分蒸发，从而确保准确测量空气的湿球温度；取样盒位于取样风机的吸入段，可避免风机温升对温度测量的影响。在转轮除湿机的处理空气和再生空气的进、出口处设置空气取样点，测量除湿机前后处理空气和再生空气的干、湿球温度；在板翅式热交换器两股气流的进、出口处分别设置空气取样点，测量进入换热器进行热交换两股空气的干、湿球温度[13,16]。

2.2 转轮除湿供冷空调系统中的空气处理过程

转轮除湿供冷空调系统中的处理空气、再生空气及冷却用空气(图 3 中)的空气过程在焓湿图上的表达详见图 4。其中图 4(a)表达的是图 2 中空调系统中处理空气和再生空气的空气处理过程，图 4(b)表示的是图 3 中空调系统中处理空气和再生空气的空气处理过程。通过直接蒸发冷却器、间接蒸发冷却器、旁通和电加热器等设备，为转轮除湿机进口处理空气的状态调节提供了较广的变化范围。

3 结语

建立起转轮除湿供冷空调系统实验台只是进行了第一步的工作，经过实验台本体的风量平衡、测试系统的调试工作，此除湿空调系统实验台能够达到风量和热量的平衡；具体的实验工作及得出的实验结果分析等将在下文中介绍。

参考文献

[1] CROOKS K W, BANKS N J. Controlling rotary desiccant wheels for dehumidification and cooling[J]. ASHRAE Trans, 1996, 102(2): 633-638.

[2] JALALZADEH-AZER A A, STEELE W G , HODGE B K ., Performance characteristics of a commercially available gas-fired desiccant system[J]. ASHRAE Trans, 2000,106(1): 95-104.

[3] SAN J Y and HSIAU S C. Effect of axial solid heat conduction and mass diffusion in a rotary heat and mass regenerator[J]. Heat Mass Transfer, 1993,36(8): 2051-2059.

[4] KITTER R. Mechanical dehumidification control strategies and psychrometrics[J]. ASHRAE Trans, Part2, 1996: 613-617.

[5] SANJEEV J, DHAR P L, KAUSHIK S C. Optimal design of liquid desiccant cooling systems[J]. ASHRAE Trans, 2000: 79-86, 4324.

[6] 丁静，梁世中，谭盈科. 开式太阳能旋转除湿空调系统的性能分析[J]. 华南理工大学学报，1997,25(5): 106-120.

[7] 袁卫星，袁修干，杨春信，等. 开式固体除湿空调关键部件及系统分析[J]. 北京航空航天大学学报，1997, 23(5):596-601.

[8] 代彦军，俞金娣，张鹤飞. 转轮式干燥冷却系统的参数分析与性能预测[J]. 太阳能学报，1998, 19(1):60-65.

[9] 赫崇轩，等. 三甘醇液体除湿机[R]. 中国建筑科学研究院空调所，1981.

[10] 黄祥奎. 氯化锂空调除湿系统的性能及其应用[R]. 解放军工程兵工程学院，1989.

[11] 由世俊,张欢.除湿冷却式空调机性能研究[C]//中国建筑学会暖通空调专业委员会.全国暖通空调制冷1996年学术年会论文集,1996:305-308.
[12] 高魁明.热工测量仪表[M].北京:机械工业出版社,1985.
[13] 本尼迪克特 R P.温度、压力、流量测量基础[M].北京:机械工业出版社,1985.
[14] 陈沛霖,岳孝方.空调与制冷技术手册[M].上海:同济大学出版社,1990.
[15] 徐大中.热工与制冷测试技术[M].上海:上海交通大学出版社,1985.
[16] 肖明耀.实验误差估计与数据处理[M].北京:科学出版社,1984.

转轮除湿供冷空调系统的实验研究(二)
实验结果分析*

刘 东　吴尉德　陈沛霖

摘　要：转轮吸附除湿供冷空调系统是目前大家广为关注的一种空调形式，本文在同济大学转轮除湿供冷空调系统实验台上对此类空调系统进行了实验研究，侧重研究了转轮除湿机进口处理空气的温度、湿度、再生空气的温度、湿度等影响除湿供冷空调系统性能的主要因素，得出了了一些规律性的认识，可以为正确配置转轮除湿供冷空调系统提供指导，也为进一步的理论研究工作奠定了实验基础。

关键词：转轮；除湿供冷；除湿；空调；实验

The Experimental Study of Rotor Desiccant Cooling System (2) The Analyse of Experimental Data

LIU Dong, WU Weide, CHEN Peilin

Abstract: Desiccant cooling is the new technology which people are paying more attention to. We have built the first experimental desiccant cooling system. The experimental unit can be used to analyze the performance of rotary dehumidification, evaporative cooler and heat exchanger. It is also useful to discover the effective of process air and ractive air to rotary desiccant dehumidification. This paper analyzes experiment data and gets some useful results.

Keywords: rotor; desiccant cooling; dehumidification; air conditioning; experiment

0　引言

在实验中，我们根据处理空气、再生空气的状态变化情况所引起的转轮除湿机性能变化，换热器的进、出口空气参数变化对换热器性能影响，蒸发冷却器进、出口空气的变化对其性能的影响，找出了一些变化的规律。对转轮除湿供冷空调系统的性能有了初步的认识，为后面对此空调系统的进一步研究及正确指导配置转轮除湿供冷空调系统奠定基础。

1　实验数据及分析

实验中我们主要改变了处理空气、再生空气及换热器的参数，这些实验结果对于全面了解转轮除湿供冷空调系统是有利的。

1.1　随处理空气参数变化的情况

处理空气是需要直接送到空调区域的空气，使用的场所、地点、工艺要求等的不同直接影

*《流体机械(增刊)》2003,31 收录。

响到处理空气参数的设定，因此处理空气参数是直接影响转轮除湿供冷空调系统性能的主要因素，包括以下方面：进口处理空气的干球温度、湿度（含湿量、相对湿度）、流速等[1-2]。

1.1.1　随处理空气干球温度变化的情况

转轮除湿机进口的处理空气的干球温度会影响到除湿效果，下列图中反映是在其他因素都基本保持不变的情况下，处理空气进口温度变化时所引起的温升、除湿量、比焓变化等的情况。

图 1 和图 2 中横坐标 t_{db_1} 表示的是转轮除湿机进口的处理空气的干球温度，纵坐标 $t_{db_2}-t_{db_1}$ 表示的是转轮除湿机出口与进口的处理空气的干球温度之差。从图中可以看出，随着除湿机进口处理空气干球温度的升高，经过转轮除湿机的处理空气的温升减小。处理空气被转轮除湿机除湿后的温升可以直接反映除湿量的大小，温升越大，对应的除湿量越大；由此可以看出降低处理空气的进口温度对于改善除湿效果是有利的，这也表明处理空气的预冷处理可以有效提高除湿效率。

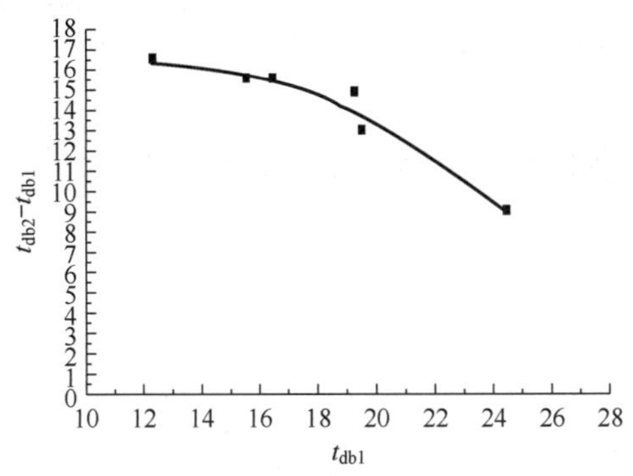

图 1　转轮除湿机进口处理空气干球温度与除湿温升（低温工况）

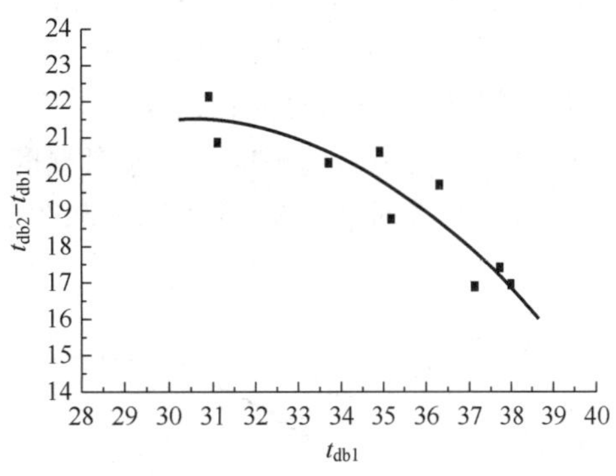

图 2　转轮除湿机进口处理空气干球温度与除湿温升（高温工况）

图 3 和图 4 中横坐标 t_{db_1} 表示的是转轮除湿机进口的处理空气的干球温度，纵坐标 d_1-d_2 表示的是转轮除湿机出口与进口处理空气的含湿量之差，也即单位流量的除湿量。从图中可以看出，随着除湿机进口处理空气干球温度的升高，空调系统的除湿量逐渐减少，这和上面除湿后的温升与进口处理空气干球温度的变化规律基本是一致的。尤其在温度较高的情况下，降低处理空气的干球温度可以有效地改善除湿效果，可见预冷对此类空调系统的影响较大。在实际的系统设计过程中，可以通过热回收等方法来达到预冷目的。

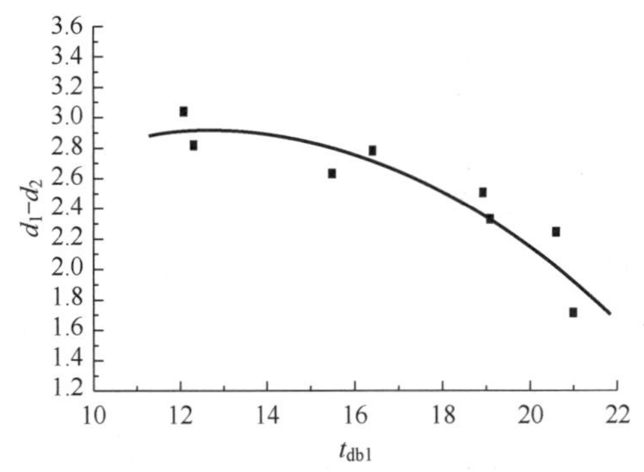

图 3　转轮除湿机进口处理空气干球温度与除湿量（低温）

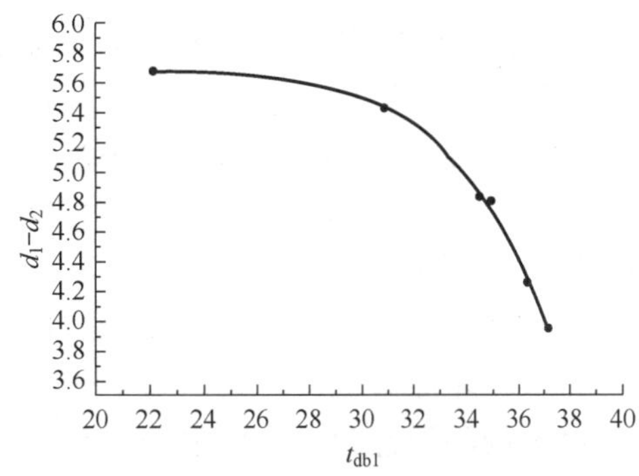

图 4　转轮除湿机进口处理空气干球温度与除湿量（高温）

图 5 中 t_{db_1} 表示除湿机进口处理空气的干球温度，i_1 表示除湿机进口处理空气的比焓，i_2 表示除湿机进口处理空气的比焓。由于空气中所含的水分进入到吸湿剂中，由气态的水转变成吸湿剂的结合水，在此过程中会放出热量，由于吸附的过程很快，放出的热量来不及扩散到外部就将空气加热，故空气进行的是近似的绝热减湿过程；但是为了克服水分子与吸湿剂孔隙之间的相互作用，往往需要输入更多的热量，这部分热量就表现为使得被除湿之后的空气偏离等焓线，实际是略高于除湿空气的焓值，从图 5 中可以看出。而且随着进口温度的降低，这种偏差越明显，分析主要是因为进口处理空气温度的降低，除湿量增加，因此需要克服水分子与吸湿剂之间作用的热量越高，从而体现为处理空气的能量增加。

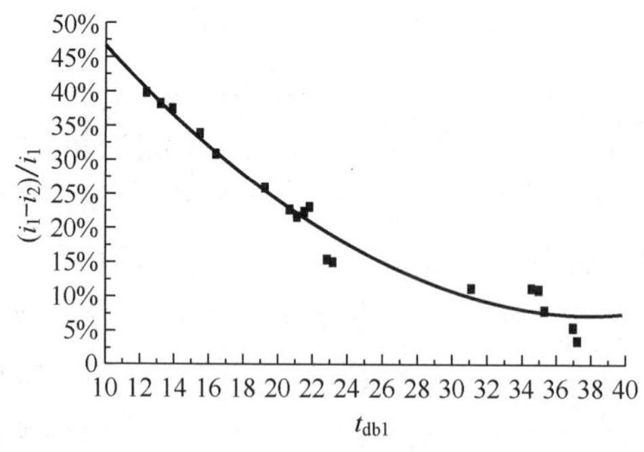

图 5　转轮除湿机进口处理空气干球温度与比焓差

1.1.2　随处理空气湿度变化的情况

转轮除湿机进口处理空气的相对湿度对除湿效果的影响可以通过处理空气除湿后的温升和除湿量两个方面来体现，详见图 6 和图 7。

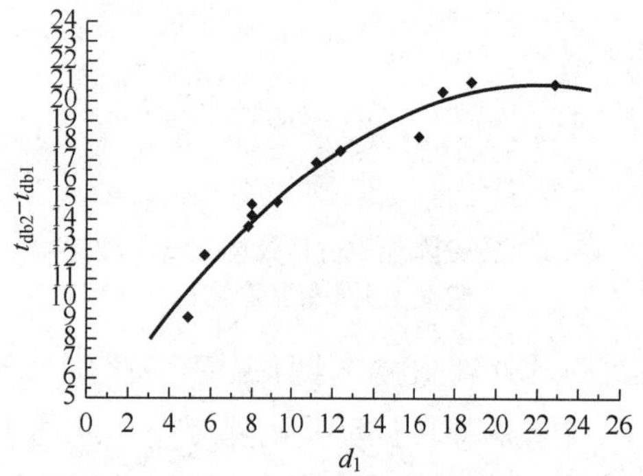

图 6　转轮除湿机进口处理空气含湿量与除湿温升

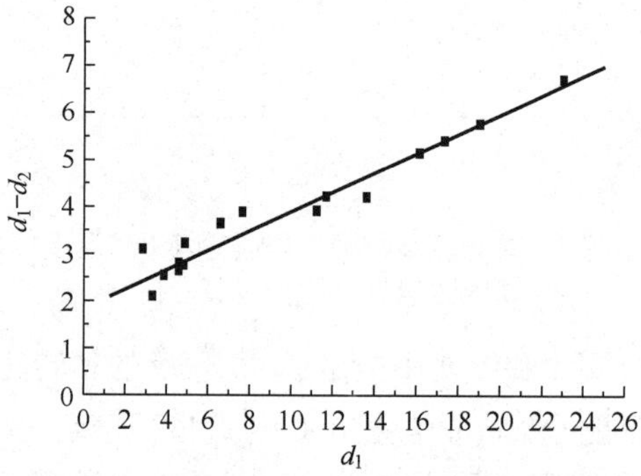

图 7　转轮除湿机进口处理空气含湿量与除湿量

图 6 和图 7 中横坐标 d_1 表示的是转轮除湿机进口处理空气的含湿量，图 6 中纵坐标 t_{db_2}-t_{db_1} 表示的是转轮除湿机出口与进口的处理空气的干球温度之差；图 7 中纵坐标 d_2-d_1 表示的是转轮除湿机出口与进口处理空气的含湿量之差，也即单位流量的除湿量。从上图可以看出随着转轮除湿机进口含湿量的增加，转轮除湿机单位体积流量的除湿量相应增加，转轮的除湿效果得以改善。这表明对应于高湿的空气，转轮除湿机可以体现出理想的除湿性能。

在一定的处理空气干球温度范围内和再生条件下，随着转轮除湿机进口处处理空气含湿量的增加，转轮的除湿能力呈现增强的趋势。这主要是空气中的水蒸气分压力随着含湿量的增加而增大，从而增大了与吸湿剂表面空气的饱和水蒸气

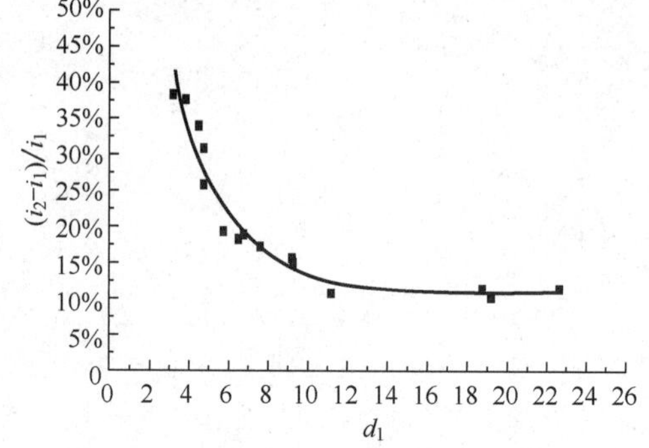

图 8　转轮除湿机进口处理空气含湿量与焓差

分压力之差，也加强了传质的动力，因此可以获得更好的除湿效果。

图 8 中 d_1 表示除湿机进口处理空气的含湿量，i_1 表示除湿机进口处理空气的比焓，i_2 表示除湿机进口处理空气的比焓。在图 8 中，可以看出随着进口处理空气含湿量的增加，这种偏差是逐渐减小的，最后基本趋于稳定。这种变化趋势表面与随着含湿量的增加除湿机除湿量增大存在矛盾，分析其中原因主要是随着空气湿度的增加，空气的比焓相应增加，此时由于吸湿剂除湿所产生的热量对空气比焓增加的影响减小，这种变化趋势与随着处理空气进口温度升高空气比焓增加量减小是一致的[3-6]。

1.2 随再生空气参数变化的情况

再生空气的参数主要考虑再生空气的温度和湿度。

1.2.1 随再生空气温度变化的情况

图 9 中横坐标 t_{db_1}(RA)表示的是转轮除湿机进口再生空气的干球温度，纵坐标 d_1-d_2 表示的是转轮除湿机进口与出口处理空气的含湿量之差，也即单位流量的除湿量。从图 9 可以看出：随着进口再生空气干球温度升高后，转轮除湿机的除湿量逐渐增加，约高于 86 ℃后，增加的趋势尤为显著。

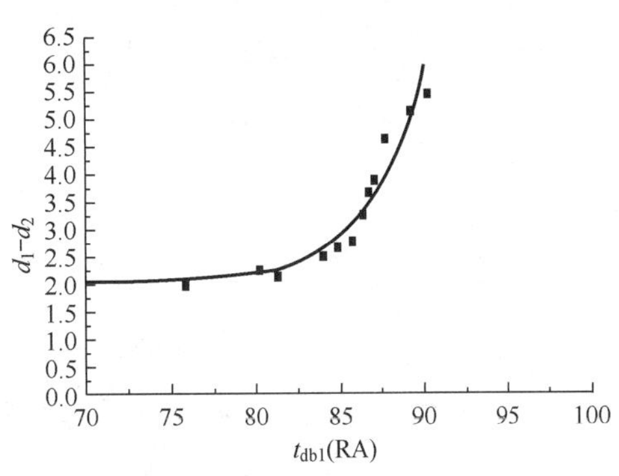

图 9 转轮除湿机进口再生温度与除湿量

1.2.2 随进口再生空气湿度变化的情况

图 10 和图 11 中横坐标 d_1(RA)表示的是转轮除湿机进口再生空气的含湿量，图中纵坐标 d_1-d_2 表示的是转轮除湿机进口与出口处理空气的含湿量之差，也即单位流量的除湿量。从上图可以看出随着转轮除湿机进口再生空气含湿量的增加，转轮除湿机的除湿量是有所增加的，但是总体的变化情况不是很明显，因此可以得出结论再生空气的湿度不是转轮除湿机除湿性能的主要影响因素[5-7]。

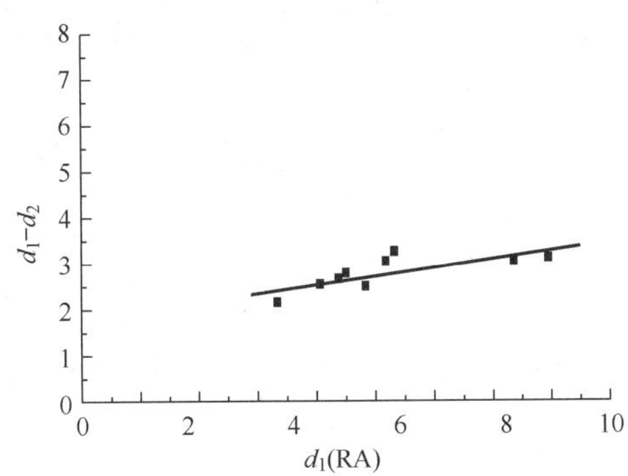

图 10 转轮除湿机进口含湿量与除湿量(低湿工况)

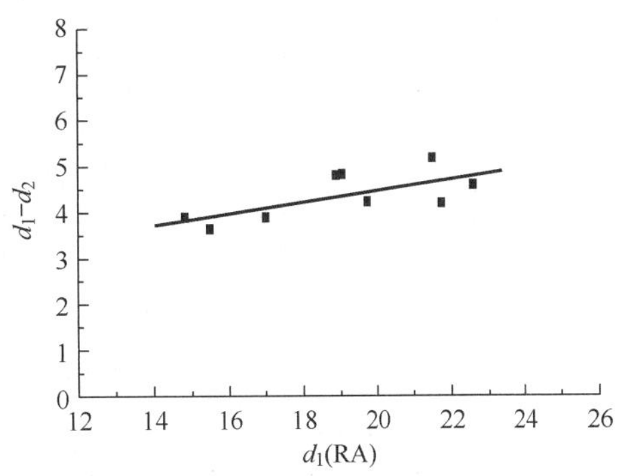

图 11 转轮除湿机进口含湿量与除湿量(高湿工况)

1.3 换热器和政法冷却器性能的实验研究

空气-空气板翅式换热器和政法冷却器的性能都直接影响到除湿供冷空调系统的总体性能。鉴于同济大学陈沛霖教授课题组对蒸发冷却技术已经进行了详尽的研究工作，本次的实验研究侧重点放在空调中换热器的性能方面，对于蒸发冷却器只是开展了一些验证性的实验研究工作。

图 12 和图 13 中 t_1 表示的是换热器热空气的进口温度，t_2 表示的是热空气的出口温度，t_3 表示的是换热器冷空气的进口温度，t_4 表示的是冷空气的出口温度，E_1 表示的是冷却效率，E_2 表示的是加热效率。从两图中可以看出，在其他条件不变化的情况下，对数平均温差对于这两个效率的影响不大。

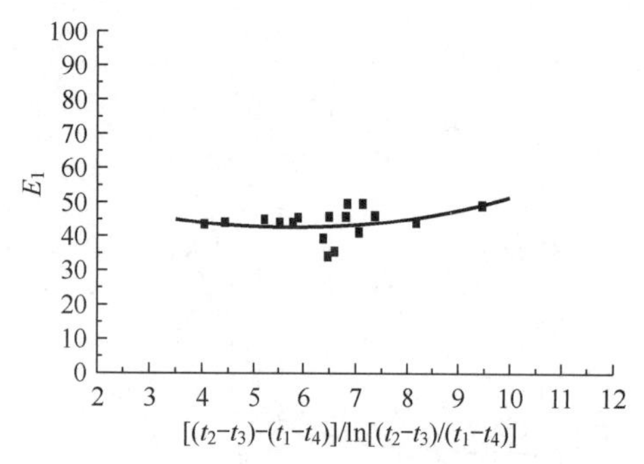

图 12　对数平均温差与换热器的冷却效率

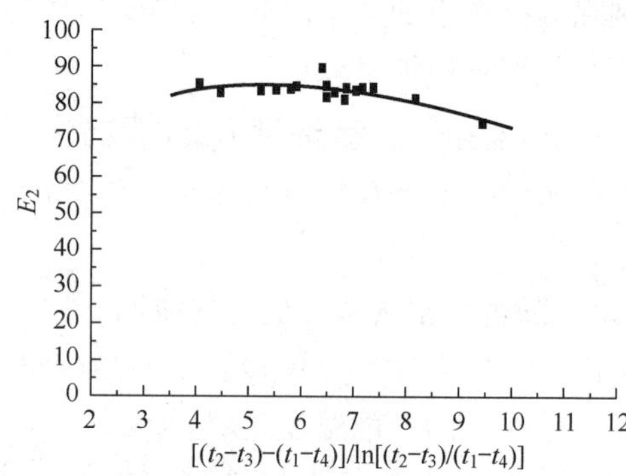

图 13　对数平均温差与换热器的加热效率

直接蒸发冷却器的性能受到空气流量、循环水流量、填料等因素的影响，此外蒸发冷却的效率还受到空气干、湿球温差的影响：随着温差的增加，效率是提高的，如温差从 6.3 ℃增加到 7 ℃时，效率从 58.7%上升到 64.3%，提高了 5.6%；温差为 7.7 ℃，效率为 68.8%。而且空气流量与水流量之间的比值越小，蒸发冷却的效果越好，如在水流量不变的情况下，空气流量增加约 1 倍，空气的干湿球温差增大为 16.7 ℃时，效率为 59.9%。了解这些变化规律，可以正确地进行蒸发冷却器各项参数的优化配置。

2　结论

此转轮除湿供冷空调系统实验台是目前国内首个与蒸发冷却技术相结合，可向房间供冷的的实验装置，为研究转轮除湿供冷空调系统的性能提供了有效的实验手段，也可研究除湿技术在空调领域的应用。总结和分析实验结果，我们可以得出以下结论：

(1) 转轮除湿机是除湿供冷空调系统的重要部件，能否达到满意的除湿效果是空调系统可否满足要求的关键，因此除湿效果直接影响到此类空调系统的总体性能[8]①。

(2) 在转轮除湿机本体参数确定的情况下，除湿转轮进口处处理空气的干球温度、湿度(含湿量)，再生空气的干球温度是影响转轮除湿机性能的主要因素。此类空调系统应以空调区域的温、湿度要求为指导，以转轮除湿机的除湿性能指标为基础，结合换热器等部件的性能参数来进行合理的配置[8-10]。

(3) 处理空气在转轮除湿机中进行的是近似等焓的除湿过程，实际的除湿后的空气的比焓要升高，其增加的值受到空气干球温度和湿度的影响，了解这个偏差对于正确进行除湿后空气的冷却处理是必要的。

(4) 本实验所研究的转轮除湿机的性能可以根据相似理论推广到这一类的转轮除湿机，其性能曲线的应用是受到转轮除湿机本体参数等指标的限制的。转轮除湿机吸湿剂质量分

① Munters 公司资料，如何防止潮湿问题。

数、吸湿剂的厚度、吸湿剂的比表面积、吸湿剂颗粒大小、吸湿剂的温度、转轮的转速、再生区扇形角等本体参数的变化会影响转轮除湿机的性能。因此进一步开展理论研究,建立数学模型,对转轮除湿供冷空调系统进行模拟是有必要的[8-10]。而生产厂商为用户提供各类转轮除湿机的性能曲线也是必需的。

参考文献

[1] CROOKS K W, BANKS N J. Controlling rotary desiccant wheels for dehumidification and cooling[J]. ASHRAE Transactions, 1996, 102(2): 633-638.

[2] JALALZADEH-AZER A A, STEELE W G, HODGE B K. Performance characteristics of a commercially available gas-fired desiccant system[J]. ASHRAE Transactions, 2000,106(1):95-104.

[3] PESARAN A A. Impact of ambient pressure on performance of desiccant cooling systems[C]// International solar energy conference, 1991.

[4] PESARAN A A, PENNEY T R. Impact of desiccant degradation on desiccant cooling systems[C]// Winter Meeting of the American Society of Heating, Refrigerating and air conditioning Engineers, 1991.

[5] SAN J Y, HSIAU S C. Effect of axial solid heat conduction and mass diffusion in a rotary heat and mass regenerator[J]. Heat Mass Transfer, 1993,36(8):2051-2059.

[6] KITTER R. Mechanical dehumidification control strategies and psychrometrics[J]. ASHRAE Trans, 1996, Part 2:613-617.

[7] SANJEEV J, DHAR P L, KAUSHIK S C. Optimal design of liquid desiccant cooling systems[J]. ASHRAE Trans, 2000:79-86.

[8] 丁静,梁世中,谭盈科. 开式太阳能旋转除湿空调系统的性能分析[J]. 华南理工大学学报,1997,25(5):106-120.

[9] 袁卫星,袁修干,杨春信,等. 开式固体除湿空调关键部件及系统分析[J]. 北京航空航天大学学报,1997,23(5):596-601.

[10] 代彦军,俞金娣,张鹤飞. 转轮式干燥冷却系统的参数分析与性能预测[J]. 太阳能学报,1998,19(1):60-65.

Desiccant Cooling and Comfortable Indoor Environment *

LIU Dong, CHEN Peilin

Abstract: Air conditioning systems are used in buildings widely, which causes many problems such as insufficient fresh air and poor indoor air quality. People are paying more and more attention tc these problems. After describing the theory of desiccant cooling, this paper analyzes the affect building environment to HVAC system. It points out that desiccant cooling is an effective way to solve the problem of fresh air and bacterium so that it is good to improve indoor air quality.

Keywords: Indoor environment; Desiccant cooling; Air conditioning

1 Introduction

Today people spend much time in room, indoor environment is related to their healthy. Indoor air quality(IAQ) is an important factor of indoor environment, and it has become a pervasive problem plaguing the building industry worldwide. Poor IAQ in commercial and office buildings is primarily related to new building technology, new materials and equipment and energy management operating systems. Occupants of buildings with air problems suffer from a common series of symptoms. These symptoms include eye,nos and throat irritation, dry skin and mucous membranes, fatigue, headache, wheezing, nausea and dizziness. These symptoms are of significant concern and may lead to building related illnesses. Another problem facing the engineering community is discomfort. Discomfort leads to increased absenteeism, reduced performance and productivity and often is the reason why tenants choose to relocate. Discomfort can also result in significant lawsuits. The cost associated with poor IAQ may be substantial and far outweigh the savings from reduced energy consumption. The HVAC practitioner's goal is to provide comfortable and healthy environment for clients. In may cases, architectural, construction, cleaning, maintenance, and other materials and activities that affect the environment are outside the control of the HVAC designer. But whenever possible, the designer should encourage features and decisions that create a healthy building environment. People use all kinds of methods to clean air and supply enough fresh air to improve indoor air quality. Desiccant cooling is an ideal way to handle ventilation or recirculated air, which is effective to improve IAQ and to create comfortable indoor environment.

* Proceeding of the 5th international symposium for environment-behavior studies culture, space and quality of life in urban environment, 2002 收录。

2 What is Desiccant Cooling

Sorption refers to the binding of one substance to another. Sorbents are materials that have an ability to attract and hold other gases or liquids. They can be used to attract gases or liquids other than water vapor, a characteristic that makes them very useful in chemical separation procession. Desiccants are a subset of sorbents, they have a particular affinity for water. The process of attracting and holding moisture is described as either adsorption or absorption, depending on whether the desiccant undergoes a chemical change as it takes on moisture. Adsorption does not change the desiccant, except by the addition of the mass of water vapor, similar in some ways to a sponge soaking up water. Absorption, on the other hand, changes the desiccant. A commercial desiccant can take up between 10 and 1 100% of its dry mass in water vapor, depending on its type and the moisture available in the environment. Furthermore, commercial desiccants continue to attract moisture even when the surrounding air is quite dry, which is the characteristic that other materials do not share.

Practically speaking, all desiccant function by the same mechanism-transferring moisture because of the difference between the water vapor at their surface and that of the surrounding air. When the vapor pressure at the desiccant surface is lower than that of the air, the desiccant attracts moisture. When the surface vapor pressure is higher than that of the surrounding air, the desiccant releases moisture. The greater the difference between the air and desiccant surface vapor pressures, the greater the ability of the material to absorb moisture from the air. The ideal desiccant for a particular application depends on the range of water vapor pressures that are likely to occur in the air, the temperature level of the regeneration heat source, and the moisture sorption and desorption characteristics of the desiccant within those constraints. In commercial practice, however, most desiccants can be made to perform well in a wide variety of operating situations through careful engineering of the mechanical aspect of the dehumidification system.

Most absorbents are liquids, and most adsorbents are solids. Liquid absorbent dehumidification can best be illustrated by comparing it to the operation of an air washer. The vapor pressure of a liquid absorption solution is directly proportional to its temperature and inversely proportional to its concentration. Higher solution concentrations result in lower equilibrium relative humidifies, allowing the absorbent to drive air to lower levels. The warmer the desiccant, the less moisture it can attract from the air. In standard practice, the behavior of a liquid desiccant can be controlled by adjusting its concentration, its temperature, or both. The absorption process is limited by the surface area of a desiccant exposed to the air being dehumidified and the contact time allows the desiccant to approach its theoretical capacity. The ability of an adsorbent to attract moisture depends on how much water is on its surface compared to how much water is in the air. That difference is reflected in the vapor pressure at the surface and in the air. There are three factors to effect the adsorption behavior of solid adsorbents: their total surface area, the total of their capillaries and the range of their capillary diameters.

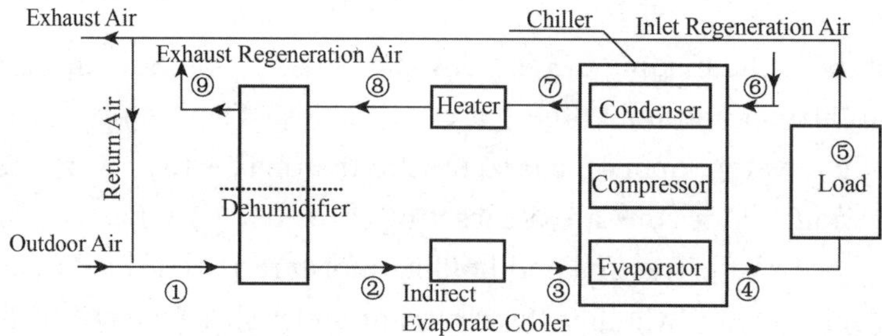

Figure 1 Schematic diagram of the recirculation/condenser cycle with typical air state values and energy flows

3 Hybrid Desiccant Cycles

The basic adsorption heating/cooling unit is an open-cycle system based on the principle of adsorption. When operating in a cooling mode, ambient air is dried to very low moisture levels by a desiccant. After removal of the heat of condensation, this air is adiabatically rehumidified to produce cold air of the same quality produced by conventional air conditioners. This air is delivered to the room being cooled. The cycle is complete when the desiccant is regenerated, which is accomplished by heating and equivalent amount of air from the room to drive the adsorbed moister from the desiccant. Hybrid desiccant cooling systems combine a desiccant dehumidifier with a vapor-compression unit to meet the building air-conditioning load. A hybrid utilizes the desiccant to meet the latent load, and evaporative cooler can be added to handle a portion of the sensible load. Because the vapor compression unit in a hybrid system only has to remove a portion of the load, the electrical energy consumption of the cooling system is substantially reduced that for a conventional system. In addition, since the vapor-compression unit no longer has to cool air below dewpoint temperature, the evaporator temperature may be raised. This increase the *COP* of machine and further reduces vapor-compression work. But the moisture adsorbed by the desiccant must be removed by a high temperature airstream. There is a trade-off between energy and thermal energy consumption.

Varied designs for desiccant dehumidifiers have been proposed and studied. The most promising configuration is a rotary wheel containing a porous matrix of desiccant material. Two separate airstreams pass through the matrix in a counter flow arrangement. The most common substances used are silica gel, lithium chloride, and molecular sieve. Fan power is required to move the air through the wheel, so the matrix should be designed in such a way to minimize the pressure drop. Regeneration energy is the main cost of desiccant cooling system. People are looking for all kinds of heat source that can be used in order to decrease the running cost. Condenser heat can be used to regenerate desiccant. We can study several desiccant cooling systems.

This is a hybrid cooling system that processes all circulated air though the desiccant and utilizes condenser heat to regeneration air. This system proved to be promising for commercial building applications with a projected electrical savings of 40% and will be evaluated for supermarket applications. It is called recirculated/condenser desiccant cooling system. In this particular configuration, air from the store is mixed with ventilating air(state 1) and processed through the desiccant. The adsorption process in the desiccant releases latent heat causing hot, dry air to leave the dehumidifier(state 2). The airstream is then cooled with an indirect evaporative cooler(state 3). The remainder of the sensible cooling is performed by the vapor-compression unit and the conditioned airstream is supplied to the store(state 4). To regenerate the desiccant, waste condenser heat is used to preheat outdoor air(state 7). Any further heating necessary is provided by the auxiliary heat source(state 8). The regenerative airstream is cooled and humidified as it passes through the desiccant and then exhausted to the outdoor(state 9).

This cycle is similar to the previous cycle with the exception that only ventilation air is processed. Since less air passes through the desiccant, lower humidity levels are required on the process side to provide the same store humidity level. These lower humidity levels and the higher moisture content of the air entering the desiccant mean that substantially higher regeneration temperature are required than the recirculation/condenser cycle. This system also processes ventilating air; however, a sensible heat exchanger is placed after the desiccant on the process side. The process air is cooled by heat exchanger with the outdoor air. The outdoor air is heated to the regeneration temperature in the auxiliary heater. The heat exchanger and the dehumidifier have different flow requirements for optimum performance. Flow should be balanced through the heat exchanger and unbalanced through the dehumidifier; therefore some air on the regeneration side is exhausted before entering the auxiliary heat source. This system is the simples method of obtaining some free cooling and free heating.

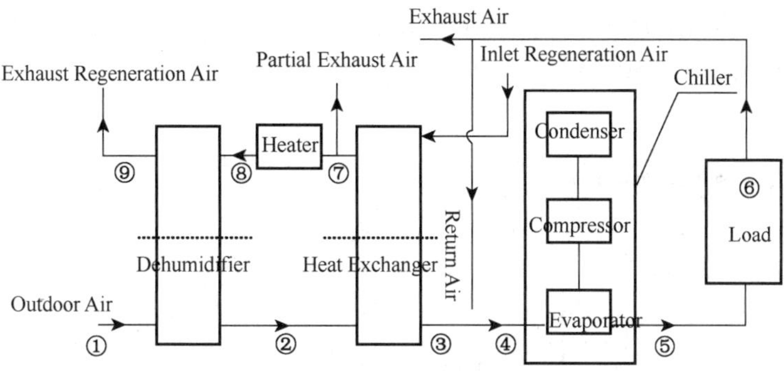

Figure 2 Schematic diagram of the ventilation/condenser cycle with typical air state values and energy flows

4 The Effect of Desiccant Cooling to Create Comfortable Indoor Environment

Since the early 1980s, illness and complaints associated with indoor air quality has been steadily climbing. The increase in both communicable disease rates and BRI (building Related Illness) is often attributed to insufficient ventilation or recirculated air. Many studies identify inadequate fresh air as a primary cause of IAQ problems. However, increasing the amount of fresh air(without pre-conditioning) can also increase the level of humidity. Excess moisture (above 60% relative humidify) provides conditions which allow fungi to proliferate. Since bioaerosols are associated with moisture, maintaining relative humidity below 60% will aid in their control. In addition to controlling biocontaminants, maintaining the health of building occupants largely depends upon maintaining the proper range of temperature, humidity and ventilation (comfort criteria).

A potential advantage of the solid desiccant, cooling process is that fresh, outdoor air is processed through the system and ultimately discharged into the indoor environment. One solution to certain indoor air quality problems is that fresh air is efficiently treated and properly distributed within an environment to dilute indoor generated contaminants. The desiccant itself may act as cleaning material in addition to its water adsorbing ability. Other materials may be used in addition to the desiccant to provide for filtering and enhanced air cleaning.

Researchers have also confirmed the usefulness of desiccant in removing vapors that can degrade indoor air quality. Desiccant materials are capable of adsorbing hydrocarbon vapors at the same time they are collecting moisture from air. These desiccant cosorption phenomena show promise of improving indoor air quality in typical building HVAC systems. Desiccant also is able to remove contaminants from airstreams to improve indoor air quality. Desiccant have been used to remove organic vapor, and in special circumstance, to control microbiological contaminants. In a word, desiccant cooling is the ideal method to create comfortable indoor environment.

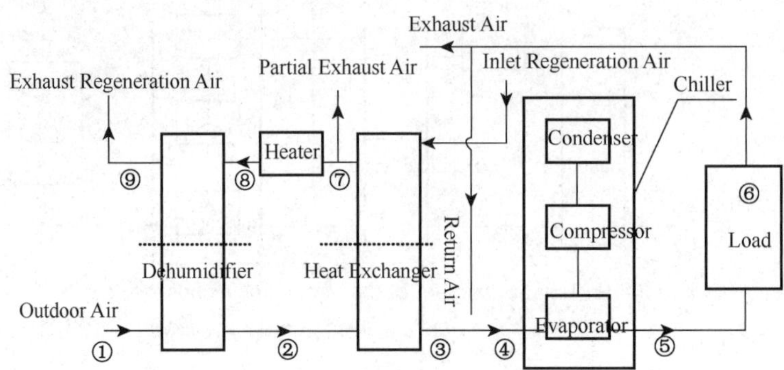

Figure 3 Schematic diagram of the ventilation/heat exchanger cycle With typical air. state values and energy flow

5　Conclusion

Desiccant cooling systems can play an important role in maintaining indoor air quality. These systems can provide satisfactory fresh outdoor air, operating in the ventilating mode, while also providing sensible and latent cooling. However, cooling capacity must be optimized in order for machines, based on such cycles, to penetrate the marketplace. Desiccant cooling system has the ability to remove pollutants from indoor air in the presence of water vapor. It not only reduces the level of humidity, but also indirectly reduces the concentrations of bioaerosols. Desiccant cooling technology may be useful in reducing airborne microbial contamination and should be considered for use in hospital, health care, and clean room environments where airborne microorganisms are a significant problem. This technology may be helpful in reducing the incidence of building-related illness and hypersensitivity disease in the indoor environment.

References

[1] 福山博之, STERLING E M, COLLETTCW. Commissioning to avoid indoor air quality problems[J]. ASHRAE Journal October, 1992:28-32.

[2] Environment Health[M]//ASHRAE 1992 Fundamental Handbook, Chapter 37.

[3] KOVAK B, HEIMANN P R, HAMMEL J. The sanitizing effects of desiccant-based cooling. ASHRAE Journal April, 1997:60-64.

[4] Sorbents and Desiccants[M]//ASHRAE 1993 Fundamental Hanbook, Chapter 19.

[5] KENGARAJAN K, SHIREY D B Ⅲ, RAUSTED R A. Cost-Effective HVAC technologies to meet ASHRAE Standard 62-1989 in hot and humid climates[J]. ASHRAE Trans, 1996, 102(1):166-182.

[6] KWELLER E. Desiccant cooling, evaporative cooling and indoor air quality state of the air[R]. USA, IEA Workshop, Orlando, US., 1991. 1:48-68.

[7] BANKS P J. Technology update for desiccant-based air conditioning systems[R]. Optimizing HVAC Systema:349-363.

[8] BERBARI G J. Fresh air treatment in hot and humid climates[J]. ASHRAE Journal, 1998: 64-70.

[9] SIMMON F. Examining the benefits of desiccant dehumidification[J]. Plant Eng., 1993, 47(3):143-146.

[10] SIMONSON C J, BESANT R W. Heat and moister transfer in energy wheels during sorption condensation, and frosting conditions[J]. Journal of Heat Transfer, 1998, 120:699-708.

[11] SIMONSON C J, TAO Y X, BESENT R W. Simultaneous Heat and moister transfer in fiberglass insulation with transient boundary conditions[J]. ASHRAE Trans, 1996, 102(1):315-327.

[12] BESANT R W, SIMONSON C J. Air-To-Air energy recover[J]. ASHRAE J, 2000, 42(5):31-43.

[13] E PlaBarby. An analysis of the performance of a silica gel rotary air dryer[J]. Solar cooling & Dehumidifying, 1981:217-237.

[14] ZAWACKI T S, MACRISS R A, WUM J. Desiccant cooling and indoor air quality[C]// Proceedings of 17th conference of IIR, Vienna, 1987:186-192.

[15] PESARAN A A. Impact of ambient pressure on performance of desiccant cooling systems[C]// International solar energy conference, 1992.

[16] PENNEY T R, GROFF G C, PARSONS B K. Advances in desiccant cooling systems for building space Conditioning[C]//Second European Symposium on Air Conditioning and Refrigeration.

[17] MATSUKI K, TATSUOKA M, TONOMURA T. On a prototype solid desiccant air-conditioner and ITS performance data[C]//Solar Cooling and Dehumidifying Conference, Caracas, 3-6/Ⅷ/80.

[18] MACLAIRE-CROSS I L. High performance adiabatic desiccant open cooling cycles[J]. Journal of solar energy engineering, 1984,1(1):102-104.

某能源中心空调用冷却塔性能的模拟分析*

胡建亮　张恩泽　刘 东　程 勇　马国杰

摘　要：根据某汽车厂区能源中心空调用冷却塔情况，分析了机械逆流式冷却塔填料层内冷却水与湿空气的热湿交换过程；建立了冷却塔的效率传热单元数模型，比较模拟数据与实测数据，验证了模型的准确性。模拟冷却塔在设计日逐时状态下的各项参数，分析了冷却塔运行的特点，可以为冷却塔的经济运行提供指导。

关键词：汽车厂；逆流式冷却塔；热湿交换；模拟

Simulation Study of Cooling Tower Performance in the Energy Center of a Automobile Plant

HU Jianliang，ZHANG Enze，LIU Dong，CHENG Yong，MA Guojie

Abstract：This paper analyzes the mechanism of heat and mass transfer process between cooling water and wet air for the mechanical counter-flow cooling tower within the fill. Establish the effectiveness-Ntumodel for cooling tower，and compare simulation data and measured data to verify the accuracy of the model. Simulate various parameters of the cooling to wer in the design day by hourly conditions，and analyze operational characteristics of the cooling tower，so it could provide guidance for cooling tower operation.

Keywords：automobile manufacture plant；counter-flow cooling tower；heat and mass transfer；simulation

0　引言

某汽车生产厂区能源中心共有7台开式逆流式空调用冷却塔，型号均为BFNPDG-2000。冷却塔填料材料为PVC，为点滴薄膜式冷却塔，本文将为冷却塔的运行建立数学模型。这些冷却塔已经运行了多年，为了解该设备的目前的热工性能情况，决定对它的性能进行实测，通过实测数据验证数学模型的准确性，然后利用模型模拟冷却塔在不同环境及运行工况下的性能参数。

1　冷却塔的性能

BFNPDG-2000点滴薄膜式冷却塔，额定冷却水流量2 000 m^3/h，额定空气入口湿球和干球温度分别为28 ℃和31.5 ℃，冷却水进水和出水温度分别为37 ℃和32 ℃；冷却塔有4台轴流风机，每台风机功率为18.5 kW。冷却塔的填料层尺寸为11 m×11 m×1.5 m。空气由冷却塔底部百叶风口引入，从顶部风口排出；冷却水从上往下流动，经过填料层、淋水层，流入冷

*《能源技术》2010，31(5)收录。

却塔水池，见图 1。

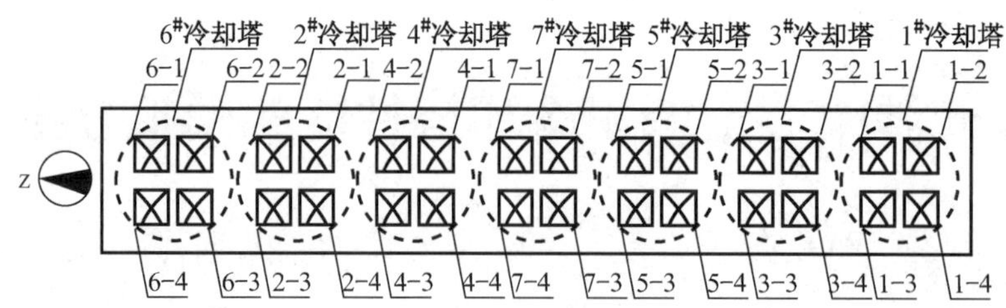

图 1　冷却塔布置图

2　冷却塔传热传质基本微分方程

为了分析冷却塔的传热传质，取冷却塔填料层的体积微元 dV，见图 2。在体积 dV 段内，空气与水以焓值表示的能量平衡方程[1]：

$$m_a dh_a = d(m_w \cdot h_{f,w}) = m_a dh_{f,w} + h_{f,w} dm_w \tag{1}$$

式中　m_a—— 干空气流量；

h_a—— 湿空气比焓；

m_w ——冷却水流量；

$h_{f,w}$ ——冷却水焓值。

在体积 dV 段内，空气与水的质量平衡方程：

$$dm_w = m_a dw_a \tag{2}$$

体积元中水的出口流量，等于水的入口流量减去冷却过程中水蒸发损失的水量：

$$m_w = m_{w,i} - m_a(w_{a,o} - w_a) \tag{3}$$

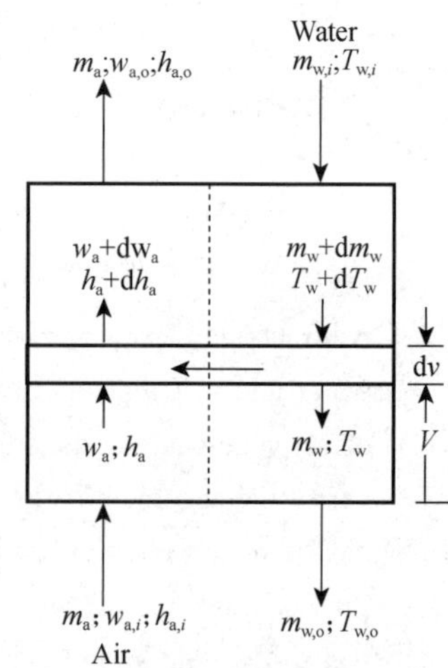

图 2　逆流式冷却塔的传热传质微元

式中　w_a—— 湿空气含湿量；

$m_{w,i}$—— 冷却水入口流量；

$w_{a,o}$ ——湿空气出口含湿量。

假设水的比热容 $c_{p,w}$ 为常数，结合式(1)、式(2)和式(3)在 dV 段内可得：

$$dT_w = \frac{dh_a - c_{p,w}(T_w - T_{ref})dw_a}{\left[\frac{m_{w,i}}{m_a} - (w_{a,o} - w_a)\right]c_{p,w}} \tag{4}$$

式中　T_w—— 水温；

T_{ref}—— 对应水焓值为零时的温度；

$c_{p,w}$—— 水的比热容。

空气与水的全热交换是由显热交换和潜热交换两部分组成，因此 dV 段内全热交换量可写成：

$$m_a dh_a = h_c A_V dV(T_w - T_a) + h_{g,w} m_a dw_a \tag{5}$$

式中　h_C—— 对流传热系数；

A_V—— 冷却塔单位体积内的水滴表面积；

$h_{g,w}$ ——在某温度下水蒸气焓值。

在 dV 段内，以传质系数表示水的蒸发量：

$$m_a dw_a = h_D A_V dV(w_{s,w} - w_a) \tag{6}$$

式中　h_D—— 传质系数；

$w_{s,w}$ ——在某温度下饱和空气含湿量。

结合式(5)和式(6)，并引入刘易斯数 Le 可得：

$$\begin{aligned} m_a h_a &= h_D A_V dV[Le c_{p,w}(T_w - T_a) + (w_{s,w} - w_a)h_{g,w}] \\ &= Le h_D A_V dV[(h_{s,w} - h_a) + (w_{s,w} - w_a)(1/Le - 1)h_{g,w}] \\ Le &= h_c/(h_D c_{p,m}) \end{aligned} \tag{7}$$

式中，$c_{p,m}$ 为湿空气的定压比热容。

根据传质单元数 Ntu 的定义：

$$Ntu = \frac{h_D A_V V_T}{m_a} \tag{8}$$

式中，V_T 为冷却塔填料层总体积。

将式(8)代入式(6)和式(7)，可得：

$$\frac{dw_a}{dV} = -\frac{Ntu}{V_T}(w_a - w_{s,w}) \tag{9}$$

$$\frac{dh_a}{dV} = -\frac{LeNtu}{V_T}[(h_a - h_{s,w}) + (w_a - w_{s,w})(1/Le - 1)h_{g,w}] \tag{10}$$

假设水流量没有损失，刘易斯数 Le 为 1，可将式(4)和式(9)简化为麦克尔理论关系式：

$$\frac{dT_w}{dV} = \frac{m_a(dh_a/dV)}{m_w c_{p,w}} \tag{11}$$

$$\frac{dh_a}{dV} = -\frac{Ntu}{V_T}(h_a - h_{s,w}) \tag{12}$$

3　冷却塔效率-传热单元数数学模型

为了简化模型，假设只在冷却塔垂直方向发生水与空气的热质交换过程；忽略冷却塔塔壁与环境的热交换；水与空气比热恒定；冷却水在塔内同一水平面温度相同；忽略冷却水在淋水层与湿空气的热质交换；饱和湿空气焓值和对应温度是线性关系。

传热单元数 Ntu：

$$Ntu = \frac{h_D A_V V_T}{m_a} = \frac{K_a V_T}{m_a} \tag{13}$$

式中的 K_a 为冷却塔淋水填料的容积散质系数，由西安热工研究院提供的经验公式确定：

$$K_a = 2\,359 g^{0.69} q^{0.25}$$

式中 K_a—— 容积散质系数，kg/(m^3 · h)；

g ——通风密度(塔进风口处空气平均风速)，kg/(m^2 · h)；

q——淋水密度，kg/(m^2 · h)。

该经验公式以实测有效工况点为依据计算各工况点的容积散质系数，用最小二乘法拟合成。使用效率表示的实际传热量 Q[2]：

$$Q = \varepsilon_a m_a (h_{s,w,i} - h_{a,i}) \tag{14}$$

式中 ε_a—— 冷却塔空气侧热交换效率；

$h_{s,w,i}$—— 在进水温度下的饱和湿空气焓值；

$h_{a,i}$ ——湿空气入口焓值。

利用类比方法，空气侧效率的表达式 ε_a：

$$\varepsilon_a = \frac{1 - \exp[-Ntu(1 - m^*)]}{1 - m^*[-Ntu(1 - m^*)]} \tag{15}$$

$$m^* = \frac{m_a}{m_{w,i}(c_{p,w}/c_s)}$$

以冷却塔整体为对象，由能量平衡，可得湿空气的出口焓值 $h_{a,o}$：

$$h_{a,o} = h_{a,i} + \varepsilon(h_{s,w,i} - h_{a,i}) \tag{16}$$

水的出口水温 $T_{w,o}$：

$$T_{w,o} = T_{ref} + \frac{(T_{w,i} - T_{ref}) m_{w,i} c_{p,w} - m_a (h_{a,o} - h_{a,i})}{m_{w,o} c_{p,w}} \tag{17}$$

在水入口和出口，空气平均饱和比热容 c_s：

$$c_s = \frac{h_{s,w,i} - h_{s,w,o}}{T_{w,i} - T_{w,o}} \tag{18}$$

考虑水损失，出口水流量 $m_{w,o}$：

$$m_{w,o} = m_{w,i} - m_a (w_{a,o} - w_{a,i}) \tag{19}$$

对式(9)积分，得到湿空气出口含湿量 $w_{a,o}$：

$$w_{a,o} = w_{s,w,e} + (w_{a,i} - w_{s,w,e}) \exp(-Ntu) \tag{20}$$

利用效率-传热单元数方法，在 MATLAB 软件中编程，模拟冷却塔中传热传质过程的模拟见图 3。

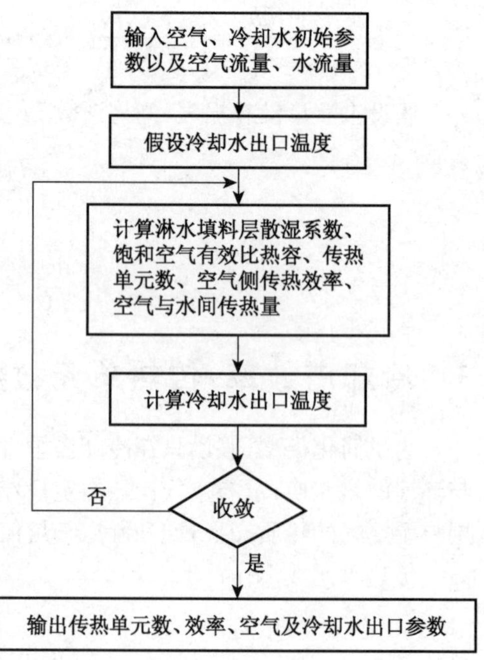

图 3 模拟流程图

模型分析方法采用类比显热热交换器的分析

方法，并在此基础上引入饱和空气比热容，能够计算塔湿空气含湿量，并且由于考虑了冷却水蒸发损失，因此结果较准确。模型假设饱和空气焓值与温度是线性关系，但在冷却水进出口温差增大时，即气水比增大时，饱和空气焓值与温度的线性关系变差，只有当冷却水进出口温差减小时，即气水比减小时，饱和空气焓值与温度线性关系较好。比较模拟数据和实测数据，可以看到对于冷却水额定温差为 5 ℃的冷却塔，模拟与实测的结果吻合度较好，说明冷却水温差在 5 ℃左右时，饱和空气焓值与温度的线性关系误差较小。

4 模型的验证

为了验证模型的模拟结果对冷却塔的运行参数进行了测定，通过比较冷却塔出水温度以及冷却塔出塔空气焓值来验证能效传热单元数模型的准确性。测试数据共有 7 组，测试时最高的环境干球温度为 35.9 ℃，最高的环境湿球温度为 29.5 ℃；最低的环境干球温度为 32.7 ℃，最低的环境湿球温度为 26.4 ℃。冷却水流量在冷水机组的冷却水出水管处测得，冷却水进塔水温在冷水机组冷却水出水管处测得，冷却水出塔水温在冷却塔水池处测得，空气进塔及出塔干湿球温度分别在冷却塔空气入口、出口处测得，冷却塔空气流量在冷却塔百叶风口处测得。

图 4 是冷却水出水温度比较。从图 4 中可以看到，有 5 组模拟冷却水出水温度大于实测冷却水出水温度，有两组模拟冷却水出水温度小于实测冷却水出水温度，其中最大出水温度的误差为－1.3 ℃，最大相对误差为－4.5％；最小出水温度的误差为 0.2 ℃，相对误差为 0.6％。

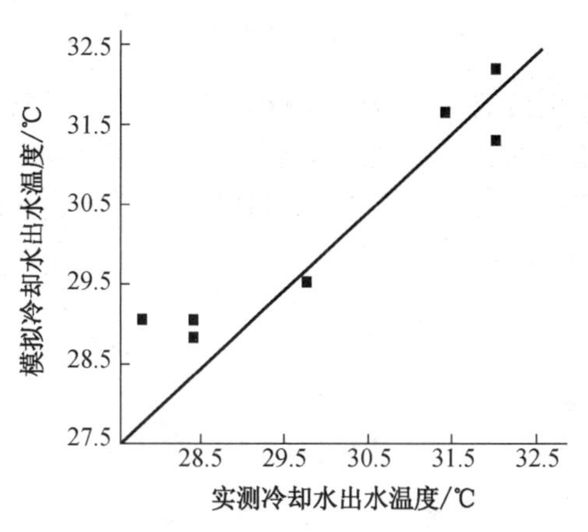

图 4 冷却水出水温度比较

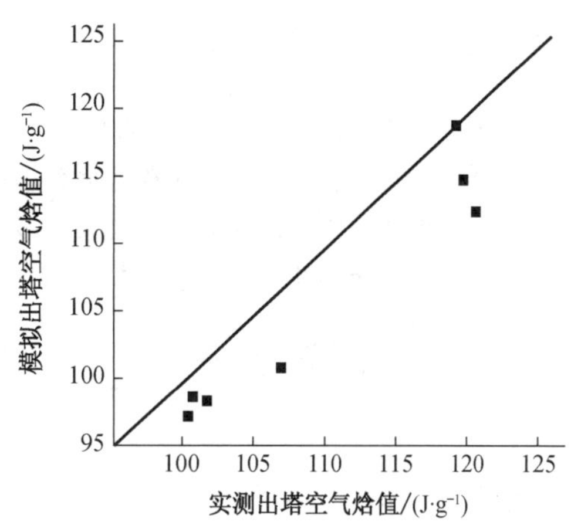

图 5 冷却塔出塔空气焓值比较

图 5 是冷却塔出塔空气焓值比较。从图 5 中可以看到，有 6 组模拟冷却塔出塔空气焓值均小于实测冷却塔出塔空气焓值，有一组模拟冷却塔出塔空气焓值约等于实测冷却塔出塔空气焓值。通过模拟得到的出塔空气焓值小于实测值，这是因为冷却塔漂水使测得的出塔空气含湿量增大，从而使出塔空气焓值偏高。根据分析结果，最大出塔空气焓值误差为 8.1 kJ/kg(DA)，相对误差 6.7％；最小出塔空气焓值误差为 0.1 kJ/kg(DA)，相对误差 0.07％。比较结果说明，采用该模型对冷却塔的运行进行模拟，模拟的结果是可信的。

5 设计日时模型对冷却塔的模拟分析

图 6 为上海市典型气象年夏季设计日早上 7:00 至下午 17:00 环境空气干湿球温度分布，

温度分布呈驼峰型;最高干球温度为 37.3 ℃,最高湿球温度为 28.9 ℃,均出现在下午 13:00;最低干球温度为 30.4 ℃,出现在早上 7:00,最低湿球温度为 26.5 ℃,出现在下午 5:00;干球温度最大变化为 6.9 ℃,湿球温度最大变化为 2.4 ℃。

图 7 为在设计日条件下模拟的冷却塔出水温度,其中冷却水入水温度保持为 37 ℃,保持空气流量不变,改变冷却水流量。使得气水比分别为 0.75,1.0 和 1.5。可以看到,随着环境湿球温度的升高,冷却水出水温度也随之升高,并且气水比越高,冷却水出水温度变化幅度越大。当气水比为 1.5 时,冷却水出水温度最大变化幅度为 1.7 ℃;当气水比为 0.75 时,冷却水出水温度最大变化幅度为 1.1 ℃。

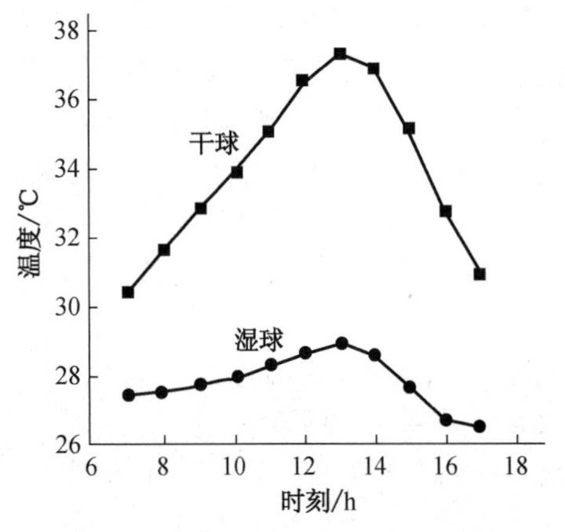

图 6　设计日环境空气干湿球温度

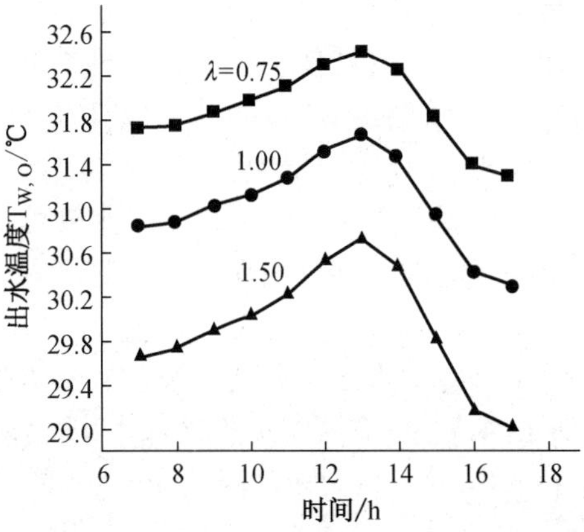

图 7　模拟冷却塔出水温度

图 8 为设计日条件下模拟的冷却塔冷却水侧热交换效率,冷却水侧热交换效率受环境影响较小,当水比为 0.75 时,水侧热交换效率受环境影响变化幅度最大,为 2.3%。冷却水侧热交换效率主要由气水比决定,气水比越大,效率越高;当气水比为 1.5 时,冷却水侧平均热交换效率为 76.9%,当气水比为 0.75 时,冷却水侧平均热交换效率为 55.6%。

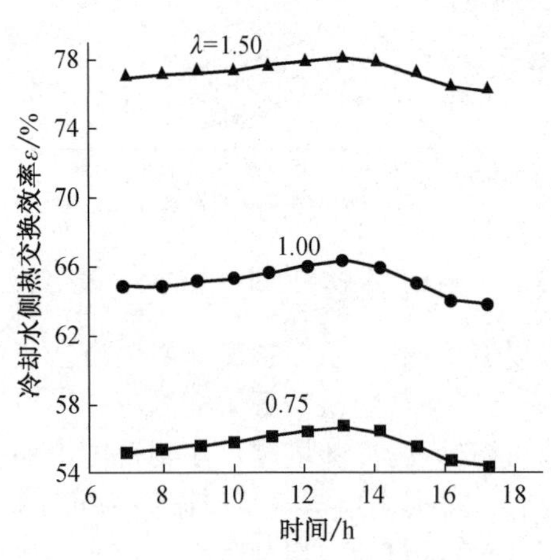

图 8　模拟冷却塔冷却水侧热交换效率

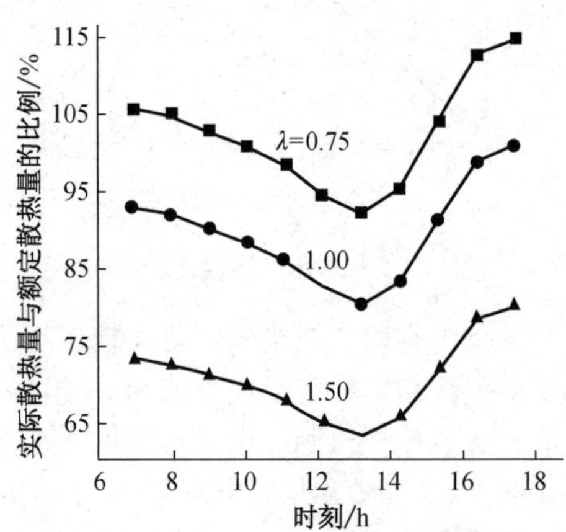

图 9　模拟冷却塔实际散热量

图 9 为设计日条件下模拟的冷却塔实际散热量占额定散热量的比例。散热量分布呈下凹形状。冷却塔散热量与环境工况以及气水比都有很大关系。在同一气水比条件下,中午时刻散热量小,早上七八点钟和下午四五点钟时散热量大,特别是下午四五点钟时的散热量比早上

七八点钟时的散热量要更大，说明冷却塔散热量受环境湿球温度的影响大于环境干球温度的影响。当气水比为 0.75 时，冷却塔散热量随环境工况变化的幅度最大，为 22.8%。对于相同的环境工况，气水比越大，冷却塔散热能力越小。当气水比为 0.75 时，冷却塔散热能力最大为 114.3%，散热能力最小为 91.5%；当气水比为 1.5 时，冷却塔散热能力最大为 79.9%，散热能力最小为 62.8%。

6　结论

(1) 利用效率-传热单元数理论建立的数学模型能够模拟冷却塔内传热传质过程，并且模拟的结果较准确。

(2) 从冷却塔设计日逐时模拟的结果可见，冷却塔出水温度和冷却塔散热量不仅与环境工况有关，尤其与环境湿球温度有较大关系，也与冷却塔气水比有较大关系。冷却塔冷却水侧热交换效率与冷却塔气水比关系较大，但与环境工况的相关性较小。

参考文献

[1] SUTHERLAND J W. Analysis of mechanical draught count erflow air/water cooling towers[J]. Journal of Heat Transfer, 1983,105:576-583.

[2] BRAUN J E, KLEIN S A, MITCHELL J W. Effectiveness models for cooling towers and cooling coils [J]. ASHRAE Transactions, 1989,95(2):164.

某办公楼空调用机械通风冷却塔能耗的模拟研究*

胡建亮　刘 东　王新林　王 康　周文慧

摘　要：利用 EnergyPlus 能耗模拟软件，对机械通风冷却塔夏季运行能耗进行了模拟，研究数据可以为冷却塔节能和优化运行提供理论参考。

关键词：办公楼；机械式冷却塔；EnergyPlus；能耗模拟

The Energy Consumption Simulation Study of Mechanical Draft Cooling Tower for Office Building

HU Jianliang，LIU Dong，WANG Xinlin，WANG Kang，ZHOU Wenhui

Abstract：This paper，using EnergyPlus software，simulate the energy consumption of mechanical draft cooling tower in summer. The simulation results can provide guidance for energy conservation and optimal operation for the cooling tower.

Keywords：office building；mechanical draft cooling tower；EnergyPlus；energy simulation

0　引言

作为空调系统组成部分的冷却塔对空调系统的性能具有重要的影响。冷却塔将挟带冷凝热的冷却水在塔内与空气进行热交换，使热量传输给空气并散入大气。机械式冷却塔是风机产生的动力来形成空气流动，需要消耗能量。目前冷却水系统的优化运行研究主要集中在冷却水变流量对冷水机组的影响及冷却水泵变流量节能上[1-8]，但对冷却塔运行逐时能耗及节能潜力的研究较少。

EnergyPlus 是建筑全能耗分析软件，能够模拟冷热源设备逐时能耗[9]。在 EnergyPlus 中冷却塔有单速冷却塔、双速冷却塔和变速冷却塔模型[10]。由于变速冷却塔能耗计算方法与前两种冷却塔不同，本文仅比较单速冷却塔和双速冷却塔能耗，它们出水温度模拟建立在麦克尔的理论基础上，通过能效传热单元数关系式来模拟。单速冷却塔和双速冷却塔通过计算出水温度得到风机部分负荷运行时间系数，从而计算冷却塔风机在单位时间步长的运行能耗。

1　冷却塔模型[11]

1.1　出口水温

冷却塔模型的目标是模拟冷却水出水温度和保持出水温度达到设定点时所需要的风机功率。在模拟时，通过迭代算法计算出口空气的湿球温度，然后由能量平衡，计算冷却水出口温度。

*《制冷空调与电力机械》，2011 收录。

模型假设湿空气焓值由空气湿球温度决定。首先计算进入冷却塔的湿空气焓值，其中环境湿球温度从气象资料数据库中调出。然后假设出口空气湿球温度，计算出口空气焓值。由进、出口空气焓值和对应温度，可以得到空气平均比热：

$$\overline{c_{pe}} = \frac{\Delta h}{\Delta T_{wb}} \tag{1}$$

式中　$\overline{c_{pe}}$——湿空气平均比热，J/(kg·℃)；

Δh——空气进、出口焓差，J/kg；

ΔT_{wb}——空气进、出口湿球温度差，℃。

用户输入冷却塔换热性能参数 U，A，可以得到换热器换热性能参数 U，A_e：

$$UA_e = UA\frac{\overline{c_{pe}}}{c_p} \tag{2}$$

式中　U——冷却塔综合传热系数，W/(m^2·℃)；

A——冷却塔换热表面积，m^2；

A_e——换热器等效换热表面积，m^2；

c_p——湿空气比热，J/(kg·℃)。

$\overline{c_{pe}}$，U 和 A_e 得到后，换热器换热效率计算式如下：

$$\varepsilon = \frac{1-\exp\left[-NTU\left(1-\frac{C_{min}}{C_{max}}\right)\right]}{1-\left(\frac{C_{min}}{C_{max}}\right)\exp\left[-NTU\left(1-\frac{C_{min}}{C_{max}}\right)\right]} \tag{3}$$

其中 $C_{min} = \text{Minimum}(C_w, C_a)$　$C_{max} = \text{Maximum}(C_w, C_a)$

$$C_w = m_w c_{pw} \quad C_a = m_a \overline{c_{pe}} \quad \text{NTU} = \frac{UA_e}{C_{min}}$$

式中　ε——换热器换热效率；

NTU——传热单元数；

c_{pw}——水的比热容，J/(kg·℃)；

m_w——冷却水质量流量，kg/s；

m_a——空气质量流量，kg/s。

空气与水总换热量计算式如下：

$$Q_{total} = \varepsilon C_{min}(T_{win} - T_{wbin}) \tag{4}$$

式中　Q_{total}——空气与水总换热量，J；

T_{win}——冷却水入口水温，℃；

T_{wbin}——入口空气湿球温度，℃。

出口空气湿球温度计算式如下：

$$T_{wbout} = T_{wbin} + \frac{Q_{total}}{C_a} \tag{5}$$

式中，T_{wbout} 为出口空气湿球温度，℃。

通过迭代计算 T_{wbout}，直到计算得到的 T_{wbout} 和假设的 T_{wbout} 相等。

最后，通过下式计算冷却水出口水温：

$$T_{\text{wout}} = T_{\text{win}} + \frac{Q_{\text{total}}}{C_{\text{w}}} \tag{6}$$

式中，T_{wout}为冷却水出口水温，℃。

1.2 风机功率

如果冷却塔在自然对流状态时出水温度高于设定点温度，那么冷却塔风机将会启动来降低冷却水出水温度。模型假设冷却塔在部分负荷运行时，其风机运行能耗为设计风机功率乘上对应时间步长必须运行的时间。

冷却塔风机必须运行的时间比例按照下式计算：

$$\omega = \frac{T_{\text{set}} - T_{\text{wout,off}}}{T_{\text{wout,on}} - T_{\text{wout,off}}} \tag{7}$$

式中 ω——单位时间步长风机必须运行时间比例；

T_{set}——冷却水出口设定温度，℃；

$T_{\text{wout,off}}$——风机关闭时冷却水出水温度，℃；

$T_{\text{wout,on}}$——风机运行时冷却水出水温度，℃。

双速冷却塔风机运行状态要复杂一些。模型首先计算冷却塔自然对流时出水温度，如果高于设定点温度，则要计算风机在低速运行时冷却塔出水温度。如果双速冷却塔在低速运行时出水温度仍然高于设定点温度，那么冷却塔风机将会在高速下运行。当风机高速运行出水温度低于设定点温度时，模型将利用下式计算风机在高速运行时所需要的时间比例：

$$\omega = \frac{T_{\text{set}} - T_{\text{wout,low}}}{T_{\text{wout,high}} - T_{\text{wout,low}}} \tag{8}$$

式中 $T_{\text{wout,low}}$——风机在低速运行时冷却水出水温度，℃；

$T_{\text{wout,high}}$——风机在高速运行时冷却水出水温度，℃。

双速冷却塔在单位时间步长的风机平均功率为：

$$P_{\text{fan,avg}} = \omega P_{\text{fan,high}} + (1-\omega) P_{\text{fan,low}} \tag{9}$$

式中 $P_{\text{fan,high}}$——风机在高速运行时功率，W；

$P_{\text{fan,low}}$——风机在低速运行时功率，W。

2 建筑物概况

2.1 建筑概况

为了解办公楼空调用冷却塔能耗分布，建立办公楼空调用冷却塔模型，分析该建筑冷却塔运行能耗特点。

该建筑空调总面积为 17 979 m^2，建筑分为 5 层，层高为 5 m。建筑用途为办公室。空调系统周一至周五运行，运行时间为 7:00—19:00。

该建筑围护结构热工性能参数见表 1。

表 1　　办公楼围护结构参数

围护结构	参数值	围护结构	参数值
外墙	$K=1.0$ W/(m² · K)	窗(Low-e 双层窗)	$SC=0.55$, $K=1.8$ W/(m² · K)
屋顶	$K=0.7$ W/(m² · K)	渗透	0.2ACH

2.2 室外设计参数

根据上海地区的气象参数,夏季室外设计计算参数见表 2[12]。

表 2　　室外设计参数

季节	干球温度/℃	湿球温度/℃	大气压力/Pa	平均风速/(m · s⁻¹)
夏季	34.0	28.2	100 525	3.2

2.3 室内设计参数

室内设计温湿度、新风量等参数的设定按照节能规范取值[13],见表 3。

表 3　　室内设计参数

名称	夏季		人员密度 /(P · m⁻²)	新风量 /[m³ · (h · P)⁻¹]	照明 /(W · m⁻²)	设备 /(W · m⁻²)
	干球温度/ ℃	相对湿度				
办公室	26	55%	0.2	30	11	20

3 建筑物空调负荷与设备配置

3.1 建筑负荷

利用 DesignBuilder 软件,模拟得到该建筑 6 月 1 日至 9 月 30 日负荷分布,如图 1 所示。

最大负荷为 2 870 kW,出现在 7 月 29 日。

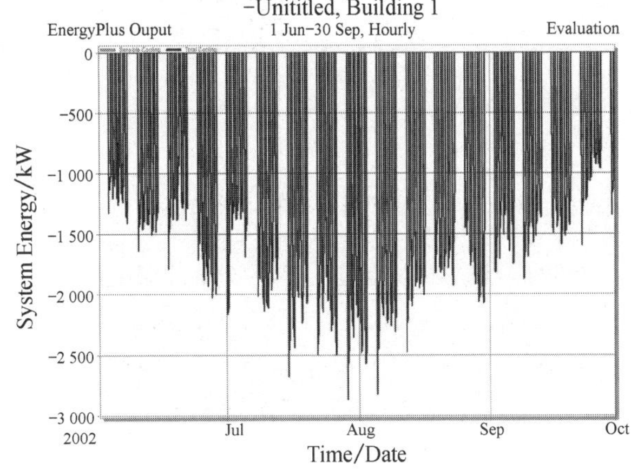

图 1　办公楼负荷分布图

3.2 空调系统设备

该系统共有 3 台冷水机组,对应 3 台机械逆流式冷却塔。冷水机组每台制冷量 1 051 kW,冷却塔每台散热量 1 300 kW。冷却水泵采用定流量控制方式,根据冷水机组散热量大小,自动控制冷却水泵开启台数。最多运行 3 台冷却水泵,最少运行 1 台冷却水泵。3 台冷却塔一直处于连通状态,并且运行状态相同。

4 冷却塔能耗分布比较

由于办公建筑空调冷负荷受到室外气象参数的影响较大，所以在极端气象参数时，办公楼空调负荷会急剧上升。为了满足室内空调环境的舒适，冷水机组的制冷量会增大，相应的排热量也会增大，这使得进入冷却塔的冷却水温度上升。同时，室外气象参数也会影响到冷却塔的散热能力。当室外干湿球温度增大时，冷却塔需要更高的能耗来散出同等的热量。

图 2 为单速冷却塔在出水温度分别为 30 ℃、32 ℃时冷却塔的逐日能耗分布图。当冷却水出水温度为 30 ℃时，冷却塔逐日能耗呈现出明显的波峰、波谷趋势。6 月份冷却塔能耗波峰出现在 6 月 28 日，7 月初有一个小波峰，然后进入波谷，到 7 月底，冷却塔逐日能耗明显上升，并在 8 月初时达到最高峰，然后冷却塔能耗慢慢减少。9 月初，冷却塔逐日能耗又有一个小波峰。当冷却水出水温度为 32 ℃时，冷却塔逐日能耗分布趋势和出水温度为 30 ℃时能耗分布一致，但逐日能耗分布波峰、波谷的幅度明显削弱。

图 3 为双速冷却塔在出水温度分别为 30 ℃、32 ℃时冷却塔的逐日能耗分布图。可以看到，双速冷却塔在出水温度为 30 ℃时，只在 6 月底、7 月初、7 月底以及 8 月初出现了几次比较大的波峰，而其它时间冷却塔运行能耗波动不大，较单速冷却塔运行能耗平缓。当双速冷却塔出水温度为 32 ℃时，冷却塔能耗波峰趋势更加不明显，只在 7 月底和 8 月初极端气象参数时可以看见明显的波峰，而在其它空调时间，冷却塔能耗分布波动不大。

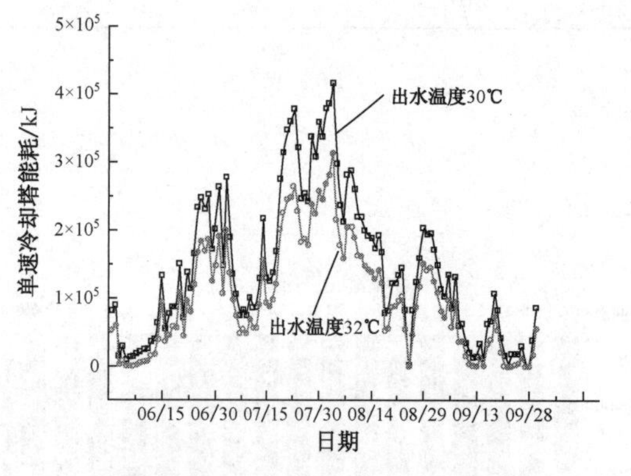

图2 单速冷却塔逐日能耗分布图

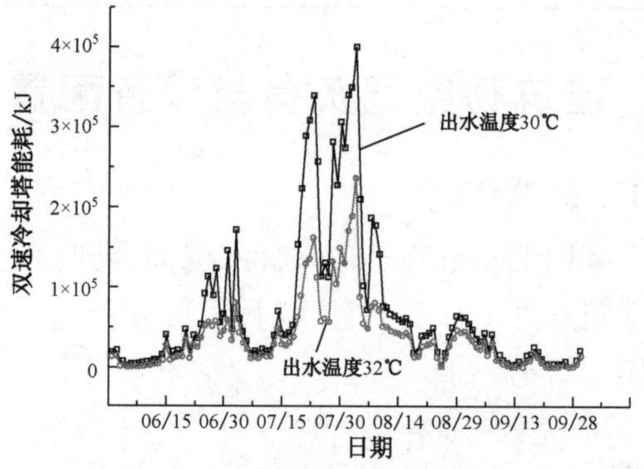

图3 双速冷却塔逐日能耗分布图

单速冷却塔出水温度为 32 ℃较出水温度为 30 ℃在 7 月有最大节能量，占 7 月冷却塔出水温度为 30 ℃运行能耗值的 28.7%；节能量最小月为 9 月，占 9 月冷却塔出水温度为 30 ℃运行能耗值的 39.2%。整个夏季，单速冷却塔出水温度为 32 ℃较出水温度为 30 ℃节能量占单速冷却塔出水温度为 30 ℃运行能耗总量的 30.1%。

双速冷却塔出水温度为 32 ℃较出水温度为 30 ℃在 7 月有最大节能量，占 7 月冷却塔出水温度为 30 ℃运行能耗值的 51.3%；节能量最小月为 9 月，占 9 月冷却塔出水温度为 30 ℃运行能耗值的 38.9%。整个夏季，双速冷却塔出水温度为 32 ℃较出水温度为 30 ℃节能量占双速冷却塔出水温度为 30 ℃运行能耗总量的 46.4%。

图 4 为单速冷却塔和双速冷却塔在相同条件，即 30 ℃出水温度下运行能耗的分布比较图。在图中可以看到，当冷却塔负荷比较大时，如 7 月底或 8 月初时，双速冷却塔较单速冷却塔的节能量不大；而当冷却塔处于部分负荷时，双速冷却塔较单速冷却塔的节能效果则显现出

来。7 月 14 日时,双速冷却塔日运行能耗较单速冷却塔日运行能耗节能最多,占单速冷却塔日运行能耗的 68.1%。

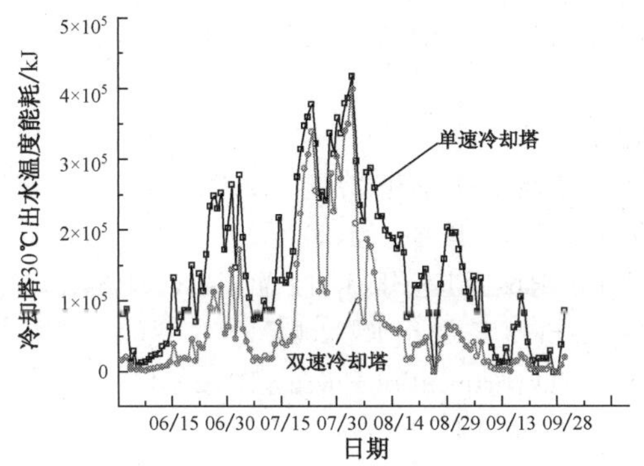

图 4 单速和双速冷却塔 30 ℃出水温度能耗比较分布图

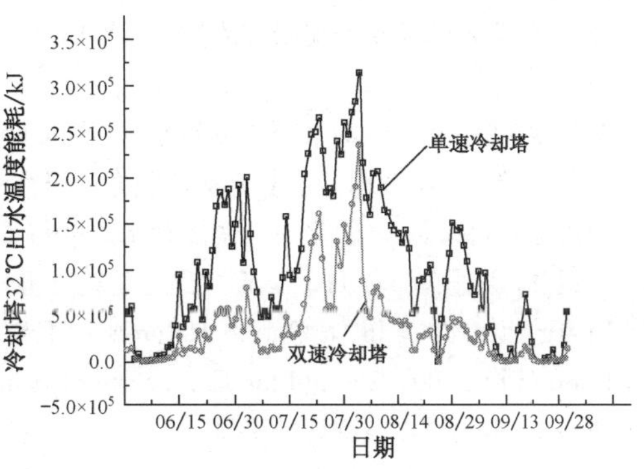

图 5 单速和双速冷却塔 32 ℃出水温度能耗比较分布图

当冷却塔出水温度设为 32 ℃时,冷却塔的散热负荷减少了很多。这时比较图 5 和图 4,可以看到在图 5 中,双速冷却塔较单速冷却塔都具有一定的节能潜力。7 月 19 日时,双速冷却塔较单速冷却塔日运行能耗节能量最多,占单速冷却塔日运行能耗的 69.5%。

冷却塔出水温度为 30 ℃时,双速冷却塔较单速冷却塔 8 月节能量最多,占单速冷却塔 8 月运行能耗总量的 50.4%;节能量最少为 9 月,但 9 月双速冷却塔相对节能比例最高,为73.0%。整个夏季,双速冷却塔较单速冷却塔节能总量占单速冷却塔运行能耗总量的 51.9%。

当冷却塔出水温度为 32 ℃时,双速冷却塔较单速冷却塔相对节能比例提高,但节能总量减少。双速冷却塔较单速冷却塔在 7 月节能量最多,占单速冷却塔 7 月运行能耗总量的 59.7%;同样,节能量最少为 9 月,但节能比例最高,为 72.8%。整个夏季,双速冷却塔较单速冷却塔节能总量占单速冷却塔运行能耗总量的 63.1%。

5 结语

冷却塔节能措施主要有使用变速冷却塔或双速冷却塔代替单速冷却塔和提高冷却塔出水温度两种方法。前种方法在冷却塔处于部分散热负荷时具有较好的节能潜力;后种方法对冷水机组性能系数会有一定的影响,需要根据冷水机组的实际需要来决定。对于本文模拟的办公建筑空调用冷却塔可以得到以下结论:

(1) 单速冷却塔出水温度为 32 ℃较出水温度为 30 ℃节能 43.1%;双速冷却塔出水温度为 32 ℃较出水温度为 30 ℃节能 46.4%。

(2) 出水温度设为 30 ℃时,双速冷却塔较单速冷却塔节能总量占单速冷却塔运行能耗总量的 51.9%。出水温度设为 32 ℃时,双速冷却塔较单速冷却塔节能总量占单速冷却塔运行能耗总量的 63.1%。冷却塔出水温度设为 30 ℃时,双速冷却塔较单速冷却塔有更高的节能总量;但冷却塔出水温度为 32 ℃时,双速冷却塔较单速冷却塔有更高的节能比例。

参考文献

[1] 张谋雄.冷水机组变流量的性能[J].暖通空调,2000,30(6):56-58.
[2] 徐菱红,王凌云.集中空调冷却水系统的节能运行[J].暖通空调,2000,30(3):82-84.

[3] 孙一坚. 空调水系统变流量节能控制[J]. 暖通空调，2001，31(6)：5-7.

[4] 孙一坚. 空调水系统变流量节能控制(续1)：水流量变化对空调系统运行的影响[J]. 暖通空调，2001，34(7)：60-69.

[5] 孙一坚. 空调水系统变流量节能控制(续2)：变频调速水泵的合理应用[J]. 暖通空调，2005，35(10)：90-92.

[6] 李苏泷. 集中空调冷却水变流量问题辨析[J]. 暖通空调，2005，35(6)：52-54.

[7] 李苏泷，邹娜. 空调冷却水变流量控制方法研究[J]. 暖通空调，2005，35(12)：51-54.

[8] 廖丹，杨昌智，陈文凭. 集中空调冷却水温度与温差优化设计[J]. 暖通空调，2009，39(8)：133-138.

[9] 潘毅群，吴刚，Volker Hartkopf. 建筑全能耗分析软件 EnergyPlus 及其应用[J]. 暖通空调，2004，34(9)：2-7.

[10] EnergyPlus. 2004 Input Output Reference. U. S. Department of Energy[R]. 2004.

[11] EnergyPlus. 2004 EnergyPlus Engineering Document. U. SDepartment of Energy[R]. 2004.

[12] 陆耀庆. 实用供热空调设计手册[M]. 2版. 北京：中国建筑工业出版社，2008.

[13] 中国建筑科学研究院，中国建筑业协会建筑节能专业委员会. GB 50189—2005 公共建筑节能设计标[S]. 北京：中国建筑工业出版社，2005.

变频技术与空调节能*

刘 东　陈沛霖　刘传聚

摘　要：分析了变频技术对空调系统的影响，提出变频技术不但可以节省空调系统的输送能量，而且能够用来调节制冷主机的能量，是一种有效的节能技术，但是在实际应用时，必须注意与空调系统的合理配置。

关键词：变频；空调；节能

Frequency Conversion Technology and Energy Conservation of Air-conditioning

LIU Dong, CHEN Peilin, LIU Chuanju

Abstract: This paper analyzes the effect of frequency conversion technology on air conditioning system. It points out that frequency conversion technology can not only save the cost of supply system, but also modify the energy of chiller. It is an effective energy conservation technology of air conditioning system, but it should be used correctly in air conditioning system.

Keywords: frequency conversion; air-conditioning; energy conservation

0　引言

随着经济的发展，空调系统的应用日益广泛，其能耗所占的比例也在逐渐上升。空调的负荷设计计算用室外气象参数基本是按照最不利情况来确定的：夏季空调室外计算干球和湿球温度是采用历年不保证 50 h 的数值；冬季空调室外计算温度是采用历年不保证 1 天的平均温度，而冬季空调室外计算湿度是采用历年最冷月的平均相对湿度。每年的气象条件是呈周期性变化的，这种特点决定空调的负荷分布是不均匀的，详见表 1。

表 1　　空调负荷的全年分布

冷负荷率	75%～100%	50%～75%	25%～50%	<25%
占总运行时间的百分数	10%	50%	30%	10%

由此可以看出空调系统的绝大部分是在部分负荷下运行的。如何改善空调主机及输送系统的性能，使之能够在空调部分负荷条件下高效运行一直是暖通空调工作者关注的课题。

变转速技术是逐渐被人们重视并正在空调系统中得到迅速发展和应用的一项节能技术，由于其节能效果显著，国家有关法规① 中规定要逐步实现电动机、风机、泵类设备和系统的经济运行，发展电机调速节电技术。

*《节能技术》2001，19(110)收录。

① 中华人民共和国节约能源法，1997.

1 空调系统的能量调节

由于空调负荷的特点，其系统需要进行合理的调节。空调系统常用的能量调节方式是设置大量的水阀和风阀对系统中的水量和风量进行调节，这些调节阀的调节原理是增加系统的阻力，用以消耗风机或水泵的富余压头，达到减少流量的目的。这种调节管道系统的阻力曲线的方法是以消耗风机或水泵的运行能耗为代价的，当流量减少一半时，水泵或风机的能耗仅减少 20%～30%，由于此时除阀门外的管路其他部分的阻力特性没有改变，因此大量的泵与风机能量消耗在调节阀门上；同时水泵或风机的工作点偏移造成的不稳定、阀门关小后节流和压降引起的噪声等都会对系统产生不良的影响。为了实现自动控制的要求，这些风阀和水阀要求用电动机构来控制，电动阀门的价格昂贵，其费用通常占总的控制系统费用的 40%以上。

调节转速可以改变泵与风机的性能曲线，而不影响管道系统的阻力特性，由于设备的功率是与流量成三次方的关系，而流量与转速成一次方关系，转速降低可以大幅度减小能耗，从理论分析当流量减少 1/3 时，能耗可以减少约 70.4%，当流量减小 1/2 时，能耗可以减少 87.5%。并且由于系统的阻力特性不变，水泵或风机的工作点不变，效率不变，水泵与风机可以高效稳定地工作。因此，调节水泵与风机的转速来调整流量是流量调整的最理想手段。动力设备的转速调节有很多途径，通过变频来进行调速可以减少电机的热损耗，是一种行之有效的调速手段。变频技术的优点使得它正在被人们所关注，并且应用越来越广泛。

2 制冷系统中的变频技术

制冷系统中的主要动力设备是压缩机，压缩机也是整个空调系统中的主要耗能设备，压缩机的性能是影响制冷机组性能的重要因素。对空调系统的压缩机进行变频控制以减少能耗和对配电系统的冲击是目前暖通空调工作者都极为关注的热点。压缩机的变频技术需要机械、控制、制冷、传热等多学科的综合知识，在这方面的研究与应用日本较为领先，目前在实际工程中得以广泛应用的 VRV (Variable Refrigerant Volume)系统主要是日本的生产厂家在占领市场份额。这一方面与日本的节能意识较强有关，一方面是因为日本的控制技术及机械加工技术领先。

VRV 系统不是简单的压缩机变频技术，它还对制冷系统的优化、膨胀阀的设计及制冷系统的控制等方面提出了较高的要求，这是多学科相结合的产物。VRV 系统采用的多为涡旋式压缩机，主要是因为它的轴向密封是靠线接触，密封性能好，而且其压缩过程接近于绝热压缩，绝热效率比往复式高出近 10%，可以使单位制冷量所消耗的功率减少 10%～13%。

VRV 系统的主要特点是制冷系统在部分负荷时的效率较高，这主要是因为压缩机及风机可以根据空调系统的负荷变化而变频运行，调整转速来调节冷量以适应负荷的变化；此外它还可以与其他的系统进行灵活组合；可以与 VAV 系统结合来适应较大面积的空调场所，同时也在送风末端装置处实现节能；并且它也可以利用全热热回收装置来对排风的能量加以回收，对新风进行预处理，提高能源的利用效率。VRV 系统的另一个优点是因为输送冷量的是制冷剂，制冷剂的比热容较大，可以有效地减小管径，节约宝贵的吊顶空间，这对于已有建筑的改造和高层建筑来说是非常有利的。

目前，使用的 VRV 单机容量较小，对空调系统的制冷机组进行变频控制也可用在大型机组上，YORK 及 TRANE 公司在其一些离心式冷水机上也开始配置变频设备，以期达到节能目的。但是,设备的节能应与系统综合考虑,一些使用带变频器的离心式冷水机组的用户并不是很满意这种设备的节能效果。不能简单地进行判断,冷水机组的制造水平、空调系统的设计好坏、自动控制系统的配置、运行管理的水平等都是影响因素。压缩机变频这种思路是好的,但是需要各方面的共同努力来促进这项技术的进一步发展,尤其是对于大型机组的变频技术。

3 空调风系统中的变频技术

空调风系统中末端的风量调节通常是用阀门来完成的,而风机的风量可以通过调节电压、电流或变频来实现。在我国空调发展的初期,由于变频设备的价格昂贵,尤其是大功率变频器基本是采用进口设备,回收周期长在一定程度上限制了它的推广和使用。前一段时间国内的变风量空调器基本都是按风量来使用的,或者增加一套变压或变电流设备,通过简单的手段来进行调节,而对整个风系统的调节控制还未加以重视。随着空调节能技术的发展和国家对节能工作的重视,国内的空调风系统变频技术的应用得到了相应的发展,VAV 系统就是在这种背景下发展起来的。

空调中设定送风温度而改变送风量的系统是变风量系统。在空调建筑中采用变风量系统可以适应一天中同一时间各个朝向房间的负荷并不都处在最大值的需要,空调系统输送的风量可以在建筑物内各个朝向的房间之间进行转移,从而减少系统的总风量,进一步减小空调设备的容量,不但可以节省设备的初投资,而且可以降低运行费用。此外各个房间可以单独设置室内温度,实现了单个房间的室内温度控制。

完整的变风量系统是由空气处理设备、送风系统、末端装置和自动控制元件等组成的。空气处理设备及送风系统与常规的空调系统的差别是管道的强度和密封性能及自动控制要求更高。末端装置是变风量系统的关键设备,它主要用来调节送风量,补偿变化着的室内负荷,维持要求的室内温度。

控制系统一直是变风量系统正常运行的保证。变风量系统的基本控制要求包括房间温度控制、空气处理装置的控制、系统的静压控制和房间的正压控制等。随着计算机技术的发展,变风量系统的控制功能大大加强,控制精度也得到了提高,合理的控制系统确保了变风量系统的可靠运行。房间温度控制是通过变风量末端装置对风量的控制来实现的,也是变风量系统的基本控制环节。末端装置的控制有三类:压力相关型、压力无关型和限制风量型,相比较而言,压力无关型控制的精度高,主要用在要求较高的场合。空气处理装置的控制用来调整回、排风的比例;也可控制最小新风量;在新风阀到达最小新风量位置后,为了维持最小新风量不再减少,新风阀不断开大,回风阀不断关小,这种跟踪控制可以使最小新风量得到有效保证。系统静压控制的目的是在送风量发生变化的情况下,保持系统的压力稳定,防止送风机在低负荷运行时,送风系统和末端装置处产生多余的静压。

变风量系统的控制发展经历了三个阶段:定静压定温度法⇒定静压变温度法⇒变静压变温度法。定静压方法的关键是准确选择静压控制点的位置,否则不能正确反映系统中静压变化的特性,使送风机的控制难以与各末端装置的控制相适应;一般系统中静压点的位置较难确定,国内外的工程都是通过经验值来确定的,缺乏可靠性,目前已经有一些工程因为静压点的设置没有代表性而难以调试成功,它对压力传感器的要求也较高;末端设备的阀门开度多处于偏小的状态,风机的能耗大,并且有可能带来噪声;但是总的来说这种控制方法还是较为简单的。变静压方法的控制原则是尽量将风阀处于全开的状态,把系统静压降至最低,最大限度地降低风机转速来减小风量以达到节能的目的;但是该控制算法复杂,容易引起系统的压力振荡,实现起来相对较为困难。在静压控制方式下,各末端之间的耦合是通过风道压力来实现的,对空调系统的稳定性有一定的要求。

有研究人员提出摆脱静压控制的思路,对风机进行前馈控制,它是以变风量末端的总风量为基础,利用风机风量与转速的线性关系来控制实际运行工况下的风量需要,设置一个安全系数可以兼顾各个风口风量变化不同的情况。通过实际工程的检验,总风量控制方法的特点如下:一是可以避免使用压力测试装置,减少了一个风机的闭环控制环节,省略了静压控制时的末端阀位信号,控制系统形式的简化也提高了控制系统的可靠性。二是直接根据设定风量计算出要求的风机转速,不同于静压控制中典型的反馈控制,设定风量是一个由房间偏差积分出的逐渐稳定下来的中间控制量,总风量控制方式下的风机转速是在房间负荷变化后立即调整到稳定转速就不变了,这是一种间接根据房间温度偏差由 PID 控制器来控制风机转速的风机控制方法。三是由于取消了压力控制环节,可以避免系统出现小幅度的波动现象,使系统可以迅速稳定,不但减少了初调时的工作量,而且提高了控制系统的可靠性。在总风量控制方式下,各末端的耦合主要是通过风机的调节来实现的,增加了末端之间的耦合程度,使流量曲线的波动较为严重。但是总风量控制方法无论是从系统的稳定性还是从节能的角度来看都具有很大的优势,是值得研究和完善的一种控制方式。

此外可以通过送回风机的连锁控制来确保室内正压,常用的有动压差法、平衡法和室内压力的直接控制法,可以根据空调系统的精度要求和建筑物所提供的条件来确定。与之相关的主机系统及辅助加热的控制在整个变风量空调系统设计中也是一个不容忽视的环节。

4 空调水系统中的变频技术

空调水系统的能耗是很可观的,在实际工作中我们发现有的建筑空调水系统能耗甚至可占空调总能耗的30%。一般在空调水系统中,是通过冷冻水供回水总管上的压差旁通装置来实现水量控制的,从而进一步控制冷冻机的运行台数,以达到确保系统正常运行和节能的目的。但是为了确保制冷设备的安全运行,机组的冷凝器和蒸发器都对水流量有要求。

在空调冷冻水系统中,为了便于系统的调节,可采用两级泵系统。一次泵系统用来克服蒸发器和机房内部分管路的阻力损失,可根据制冷机的运行台数而启停,一般采用定转速的水泵。二次泵是用来克服冷冻水输送管路及末端装置的阻力,起到输送冷量的作用,为了节能二次泵可采用变频技术,调节规则是维护最远端用户处的供回水压差为额定的资用压头。实际应用是与理论有相当距离的,理论上水泵采用变频技术后,其能耗是与流量的三次方成正比的关系;但是在实际的工程之中,出于投资的考虑,有时不是对每台泵都进行变频控制,如果出现变频泵与非变频泵同时工作时,由于变频泵的出口压力降低,可能导致其他水泵的流量有一部分被压送到低流量的水泵上,此时会造成不必要的能量损耗,这是容易被忽视的问题。同时为了改善空调系统的调节性能,希望空调末端设备各调节阀两侧的压差占所在管道支路资用压头的一半以上,在实际的使用过程中,当空调水系统进行调节时,由于各末段用户将自身的调节阀门关小也使水泵的能耗被调节阀所消耗。据统计,即使采用变频技术,水泵也有将近60%的能量被各个调节阀门所消耗掉。

目前在变频水泵的应用上,一些用户只是利用变频技术来减少水泵启动时电流对配电系统的冲击,没有充分利用其节能的优点来合理安排水泵的运行。此外现在职能部门和机电设备工程公司在推广变频技术时,没有从整个系统出发来考虑问题,片面夸大变频的优点,对其可能出现的问题估计不足,结果造成了工作的被动。空调水泵的变频技术是能够节能的,关键是正确的设计与管理，对于空调水系统的变频技术考虑不能够简单化，必须与空调系统结合起来考虑。

5　结论

随着节能观念及环保观念的进一步深入，空调中的变频技术会得到相应的发展。除了现有的技术外，大家还在从不同的角度出发来考虑这个问题，例如有研究人员提出用变频的风机和水泵替代调节用的风阀和水阀，其思路是在能量不足处设置变频的风机或水泵，调整变频风机及水泵的转速来实现对空调系统风量和水量的调节；还有厂家对冷却塔进行风机的变频控制等等。笔者认为成功的空调系统的变频设计(尤其是在空调风系统和水系统中)的关键是要结合整个空调系统来考虑，自动控制系统也应该对此进行正确的程序设计，否则可能使变频技术不能达到理想的节能效果。

参考文献

[1] 钱以明. 高层建筑空调与节能[M]. 上海：同济大学出版社，1990.
[2] 陈沛霖，岳孝方. 空调与制冷技术手册[M]. 上海：同济大学出版社，1990.
[3] 李志浩. 变风量空调系统[A]. 暖通空调新技术[M]. 北京：中国建筑工业出版社，1999.
[4] 蔡敬琅. 变风量空调设计[M]. 北京：中国建筑工业出版社，1997.
[5] 王盛卫. 集成楼宇控制系统辅助之变风量空调系统的实时优化控制[C]. 全国暖通空调制冷 1998 年学术文集，1998.
[6] 刘传聚. VRV 空调技术及其应用讲义[M]. 上海：同济大学出版社，1998.
[7] 肖永全等. 变频 VRV 空调系统控制浅析[J]. 通风除尘，1998，17(4)：44-46.
[8] Michele VIO 等. 热泵机组的 COP 值[C]//第九届全国冷水机组与热泵技术学会会议论文集，1999.
[9] 戴斌文，狄洪发，江亿. 变风量空调系统风机总风量控制方法[J]. 暖通空调，1999，29(3)：1-6.
[10] 李克欣，等. 变风量空调系统 VPT 控制法及其应用[J]. 暖通空调，1999，29(3)：7-10.
[11] 江亿. 用变频泵和变速风机替代调节用风阀水阀的设想[C]. 全国暖通空调制冷 1996 年学术文集，1996.

一种简易可行的 VAV 空调系统*

张云坤　刘东

摘　要：文章介绍了一种简易的 VAV(Variable Air Volume)空调系统，此系统的房间温度控制采用数字式温控器结合风阀执行器来实现，空调送风机采用变频控制，固定新风量比，保证新风量在设定范围之内。实际运行证明与常规的 VAV 空调系统比较，这种系统不但初投资小，而且简易可行，是一种较好的空调节能系统。

关键词：VAV；空调；定静压控制

A Simple and Convenient Variable Air Volume System

ZHANG Yunkun, LIU Dong

Abstract: Describes a simple and convenient VAV system. The temperature of room is controlled by both digital temperature controller and air valve. The supply fan is modified by frequency conversion technology. Fresh air volume is contest in order to ensure fresh air rate is controlled in set range. Experiment proved that it is an effective system not only in side of low first cost, but also the advantage that it is easy to design and manage. lt points out that it is a good energy conservation air conditioning system.

Keywords: Variable air volume; Air conditioning; Constant static pressure control

0　引言

通常，空调系统的大部分时间是在部分负荷情况下运行的，如何使空调系统能够在部分负荷条件下高效运行一直是暖通空调工作者关注的课题。

空调中设定送风温度而改变送风量的系统是变风量系统(VAV)。在空调建筑中采用变风量系统可以适应同一时间各个朝向房间的不同负荷需要，空调系统输送的风量可以在建筑物内各个朝向的房间之间进行调配转移，从而减少系统的总风量，进一步减小空调设备的容量，这样不但可以节省设备的初投资，而且可以降低运行费用[1-2]。此外，变风量系统实现了单个房间的室内温度控制，使空调的使用更合适、更合理。完整的变风量系统是由空气处理设备、送风系统、末端装置和自动控制元件等组成的。其中空气处理设备及送风系统与常规的空调系统的差别是风管的强度、密封性能和自动控制等方面的要求更高。末端装置是变风量系统的关键设备，它主要用来调节送风量，补偿室内负荷的变化，维持设定的室内温度[3-4]。

笔者在实际空调工程中设计了一种简易的 VAV 系统，实际应用后通过运行效果、初投资、运行费用和日常维护管理等方面综合比较，表明这是一种简易、可靠、节能的空调系统。因

*《能源技术》2003，24(1)收录。

此将这个VAV空调系统的设计及运行情况做一总结，希望能与同行进行探讨交流，共同促进空调节能工作。

1　VAV系统方案比较

南京经济技术开发区某办公楼的空调系统原设计为单风道定风量全空气系统。1999年6月，在施工过程中，建设方提出其中的5、6层（建筑面积约3 500 m^2，空调面积约2 500 m^2，层高4.5 m，原设计的4套30 000 m^3/h的组合式空气处理机组）要求每个房间须具备可单独调节的功能。考虑到风机盘管机组加新风系统在以后的运行中可能带来的冷凝水问题、维护管理不便问题及不能充分利用过渡季节的室外新风等诸多因素，笔者建议采用变风量空调系统。

通过调研，笔者与建设方及相关的自控公司配合重新设计了两套方案，并请有关供应商分别介绍情况并报价，其中空调系统水系统的控制及空调箱过滤网压差报警控制部分的价格基本一致。

1.1　常规方案

空调系统主要由4台AHU（变风量空气处理机组）和60套VAV BOX（变风量调节箱）末端等组成。在控制器件上，选用了风速传感器、VAV紧凑式控制器、连续风阀驱动器、室内温度控制器等楼宇自控元件，用于智能控制。

AHU（变风量空气处理机组）的控制是在每个VAV BOX的送风管上设置一只风速传感器，并把各个变风量末端的风量信号送到模块化控制器，根据检测到的送风风速和送风管道面积可计算出所有的送风量，利用这个送风量，控制器可以根据设定的程序通过变频器来调节送风量的大小，从而实现变风量的控制。

为了实现VAV BOX（变风量调节箱）的控制，在安装VAV BOX的房间内设置一个VAV BOX专用的集成有温度传感器和带设置按钮的房间温度控制器及VAV紧凑式控制器，控制系统利用房间温度跟设定温度的比较，通过调节阀调节送风量的大小来控制房间的温度。

该方案为常规做法，工程总造价增加约100万元。其中每套VAV装置包括VAV紧凑式控制器、室内温度控制器、风管式风速传感器、风速传感器探头、VAV BOX变风量电控箱等，约需1万余元，一次性投资较高；加之该大楼弱电设计未做楼宇自控（BAS）系统，此方案被建设方和设计方否定。

1.2　简易方案

空调机组采用DDC控制，空调送风机采用变频控制，末端采用温控器及风阀执行器控制。每套空调系统自控设备包括DDC控制器、空气处理机组控制设备（电动调节阀、执行器、变压器、温度传感器）、变频控制设备（静压变送器、ABB变频器、变频控制箱及附件）、VAV末端温度控制（数字式温控器、风阀执行器、风阀）、新风量控制（风阀执行器，风阀）和过滤网报警控制（DPS压差开关），工程总造价增加约20万元。

建设方和设计方认可了此方案，1999年11月完成设计，2000年5月安装完成。通过2000年夏季及冬季的调试，均能满足设计要求。2000年12月交付使用至今运行良好。下面详细介绍此方案。

2 VAV 系统分析

设计本着经济、易设计、易调试、易管理及系统稳定性好等原则来进行。本设计 4 套 AHU 空调系统基本一致,现以其中一套系统为例,介绍其 VAV 末端、系统送风机的风量控制及新风量的控制等方面。控制原理见图 1。

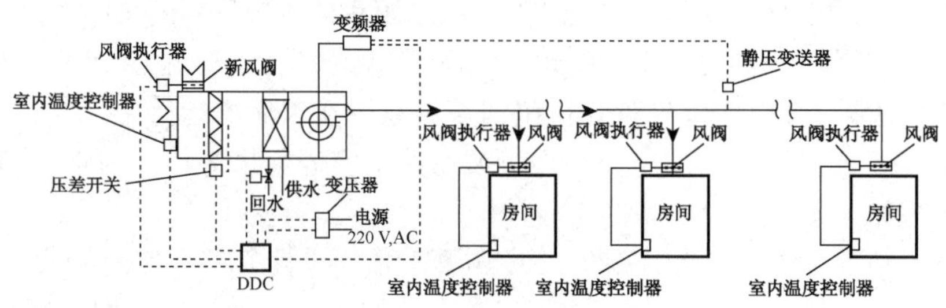

图 1 VAV 系统控制原理

2.1 VAV 末端装置

房间的送风控制采用数字式温控器结合风阀执行器来实现。温度控制器检测房间温度,给风阀执行器一个电信号,调节风阀开度,保持房间的温度在设定值。末端由数字式温控器、风阀、风阀执行器、变压器等组成,总价约为 1 000 元。与原设计采用的可同时比较压力信号和温度信号的 VAV BOX 相比,价格上便宜了许多。这种投资的减少可能会带来节能效果与控制的精确性不如后者,但是笔者认为该建筑是一个使用性质非常单一的办公楼,这种系统提供的舒适性和灵活性完全可以满足舒适性空调系统的要求。

2.2 VAV 系统空调送风机的风量控制

VAV 系统的空调送风机余压主要要克服两部分阻力损失,即风管阻力损失和变风量末端装置阻力损失。为保证所有的变风量末端装置能够正常工作,风管内各点的静压都应大于变风量末端装置的最低工作压力。

VAV 系统空调送风机的风量控制又可分为定静压和变静压控制两种基本形式[5-7]。本设计采用的是定静压的方式,设计将静压变送器放在送风机到末端间隔的 2/3 处,以便通过调节风机转速来确保这一点的静压值,用来补偿下游风道、末端装置及送风口的压力损失。笔者认为在这种低速风道系统中风道远近压差不太大,在难于确定系统最不利末端入口设定定压点时,这种方案是可行的。

变静压控制就是在定静压控制运行的基础上,阶段性地改变静压设定值,在适应当前流量要求的同时尽量使静压保持允许的最低值以节省风机能耗,因此也称为最小静压控制。变静压方式虽然能最大限度地节省风机能耗,但造价高、控制复杂,实现较为困难。尤其是目前我国自控设备的供货商尚不能提供变静压的控制算法,使得系统的设计复杂、运行、调试、管理和维修不便,而且其运行管理人员的专业素质要求较高。

2.3 VAV 系统的新风量控制

对于 VAV 系统,由于送入房间的风量是变化的,所以房间的新风量必然也是变化的。为了保证合理的送风气流组织,避免风阀开度较小时气流通过引起的噪声增加,影响室内环境及保证室内的空气品质,VAV 末端均设有最小送风量控制。本工程每个 VAV 末端的最小送风量为设计送风量的40%。对于任一给定的风阀开度，通过该风阀的流量与风阀两侧的压降的平方根成正比，因此空气处理机组固定新、回风阀的开度就固定了新风量比。空调机组新风量设计值为最低新风量标准的1.25倍，保证最小新风量在设定值。在过渡季节，通过调节新风阀的开度可以充分利用新风。

3 总结

(1) VAV系统的设计与调试需要暖通工程师与空调自控工程师的密切配合，而且要求两者对VAV系统有共同的认识，并对对方的领域有相当的了解。施工调试过程中需要设计人员、施工人员、监理人员及设备供货商各方面的密切协调与合作。

(2) VAV系统不必过分复杂，单独的控制易实现，而把几个控制部分耦合在一起，会使系统的不稳定性增加。VAV系统有很强的动态特性，加之空调系统固有的非线性，系统设计得愈复杂，则维护难度愈高，出现问题的可能性愈大。

(3) 空调系统的耗能一般可占整个大厦耗能的40%以上，此工程从2000年冬季至今的运行中，大部分时间在40%～80%负荷下运行，与没有安装VAV系统的其他几层空调能耗相比，节能效果是相当明显的。

总之，本方法具有造价低，易设计、易调试、易管理的特性，局部区域的灵活控制，对于新、改、扩建项目具有一定的适用性，尤其适用于原来没有设置楼宇自控系统的项目，不但初投资较少，而且运行费用也低。

4 待改进之处

(1) 因为考虑到系统的简易性，空调机组风机送风压力采用定静压控制，设计中静压点的设定值较高，VAV末端又无消声静压箱，仅靠风阀进行调节。设计中尽管已考虑风管开口至空调送风口的接管采用金属消声软管、风阀执行器设在走道内远离人员工作区，但系统在满负荷运行时，某些房间的噪声较大，还需要在设计与调试过程中进一步深入研究解决。

(2) 本设计采用的是定新风量比，为保证最低新风量增加了新风量设计值，系统在高负荷运行时能耗有所增加。怎样经济、可靠、简便地控制最低新风量是一个有待解决的问题。

参考文献

[1] 路延魁. 空气调节设计手册[M]. 北京：中国建筑工业出版社，1995.

[2] 潘云钢. 北京南银大厦空调设计[J]. 暖通空调，1999，29(3)：58-60.

[3] 李志浩. 变风量空调系统：暖通空调新技术[M]. 北京：中国建筑工业出版社，1999.

[4] 蔡敬琅. 变风量空调设计[M]. 北京：中国建筑工业出版社，1997.

[5] 王盛卫. 集成楼宇控制系统辅助之变风量空调系统实时优化控制[C]. 全国暖通空调制冷1998年学术文集，1998.

[6] 戴斌文，狄洪发，江亿. 变风量空调系统风机总风量控制方法[J]. 空调暖通，1999，29(3)：1-6.

[7] 李克欣，叶大洪，杨国荣，等. 变风量空调系统的VPT控制法及其应用[J]. 暖通空调，1999，29(3)：7-10.

一次泵/二次泵变流量系统能耗分析*

董宝春 刘传聚 刘东 赵德飞

摘 要：以上海通用汽车有限公司制冷站为例，比较了一次泵和二次泵变流量系统的能耗，结果表明，一次泵系统的耗电量仅为二次泵系统的68%。

关键词：一次泵；二次泵；变流量；变频控制

Energy consumption analysis of primary pump and primary-secondary pump systems with variable flow rate

DONG Baochun, LIU Chuanju, LIU Dong, ZHAO Defei

Abstract: Taking the refrigeration station of Shanghai GM Co. Ltd. as an example, compares the energy consumption between primary pump and primary-secondary pump systems with variable flow rate. The result shows that the electricity consumption of primary pump system is only 68% of that of the primary-secondary pump system.

Keywords: primary pump; secondary pump; variable flow rate; variable frequency control

0 引言

在空调系统能耗中，水泵耗能占很大一部分。变频技术在冷水泵中的合理应用，可以有效地减少空调能耗。然而，水泵变频控制技术在国内的应用并不很普及，空调工程中水泵采用变频技术的仅占10%左右[1]，由于人们对一次泵变频系统的可靠性存在怀疑，故对一次泵进行变频的应用实例尤其少，但它有着较大的节能空间。二次泵变频控制技术用于空调冷水泵在美国已将近30年[2]，在我国也有成功运行的例子。二次泵变频系统比较适合系统大、空调负荷变化大、能源中心与空调建筑相对位置较远的情况。本文以一大型工厂制冷站为例，对一次泵和二次泵水系统变流量控制进行能耗分析。

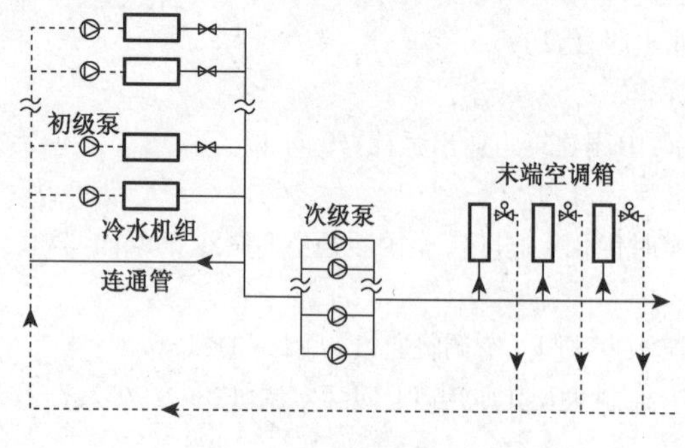

图1 制冷站冷水系统图

1 工程概况

上海通用汽车有限公司（以下简称通用公司）占地面积55万 m^2，建筑面积23万 m^2，设有冲压、车身、油漆、总装和动力总成五大车间。所有生产车间的供冷、供热都由制冷站负担，总冷负荷为54 MW，总热负荷为16.4 MW。配置16DF100直燃双效溴化锂吸收式机组15台；23XL-290螺杆式冷水机组2台；初级泵15台，

*《暖通空调》2005，35(7)收录。

每台流量 608 m³/h，扬程 15 m，功率 37 kW；次级泵 8 台，每台流量 1 140 m³/h，扬程 47 m，功率 200 kW。整个冷水循环系统采用次级泵变流量、初级泵定流量，水系统图见图 1。

2　运行工况

在冷水二次泵变流量系统中，次级泵负责将冷水分配给用户，初级泵满足一次循环回路中的流量恒定。初级泵回路与次级泵回路通过连通管连接，这样次级泵不受最小流量的限制，可采用二通阀加变频器来控制流量。制冷站供回水温差 5 ℃，供水温度 7 ℃。计算得到的各车间需冷量及冷水流量见表 1。

表 1　各车间需冷量和冷水流量

车间	动力总成车间	冲压车间	车身车间	油漆车间	总装车间
需冷量/MW	7.5	1.7	5.46	27	5.3
冷水流量/($m^3 \cdot h^{-1}$)	1 289	426	940	4 643	911

实测发现，各车间和制冷站水量基本满足设计流量。由表 1 可以看出，油漆车间需要的冷量最大，超过总冷量的 50%。在空调运行期间，连通管起到了调节出水水温的作用，部分冷水经连通管直接与回水混合，降低了回水温度，这样保证了有特殊工艺要求的油漆车间供水温度不高于 7 ℃。由于通用公司生产厂房内热源多、机器散热量大，在春季较早时间(5 月初)就需要供冷，而到秋季较晚(11 月底)才能停止供冷，所以供冷时间较长。以车身车间为例，取室内设计干球温度 26 ℃、相对湿度 55%计算不同室外温度下的各种冷负荷值，结果见图 2。

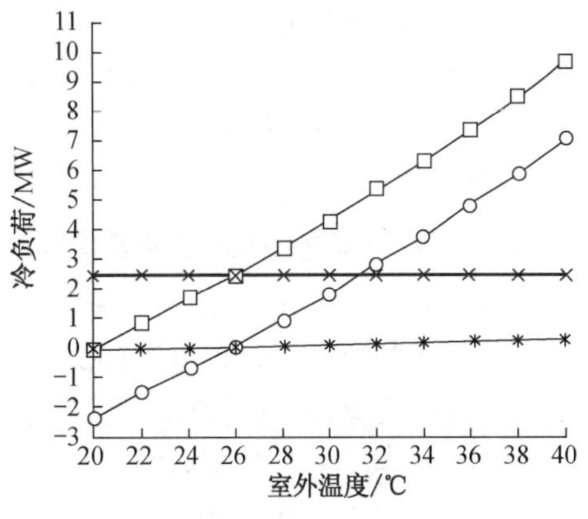

图 2　不同室外温度与冷负荷的关系(车身车间)

由图 2 可看出室外温度变化时各种负荷的变化趋势，其中车间内部冷负荷所占比例很大，而且很稳定。当室外温度为 20 ℃～23 ℃时，开始有供冷需求，但只是在室外气温高于或等于 34 ℃(上海市夏季室外计算温度)时，系统才满负荷运行，也就是说空调系统绝大部分时间处于部分负荷下运行。

3　变频控制水系统的能耗分析

3.1　水泵变频节能机理

图 3 为水泵的性能曲线与管网特性曲线的关系图。图中，S_1，S_2 为管网的性能曲线，取决于管网的特性(水路中的管道、连接件、阀门及组合空调箱的阻力特性)，且随阀门开启度的变化而变化；Ⅰ,Ⅱ为水泵的流量和扬程之间的关系特性曲线，电流频率改变引起水泵的转速改变，其特性曲线也随着发生变化。

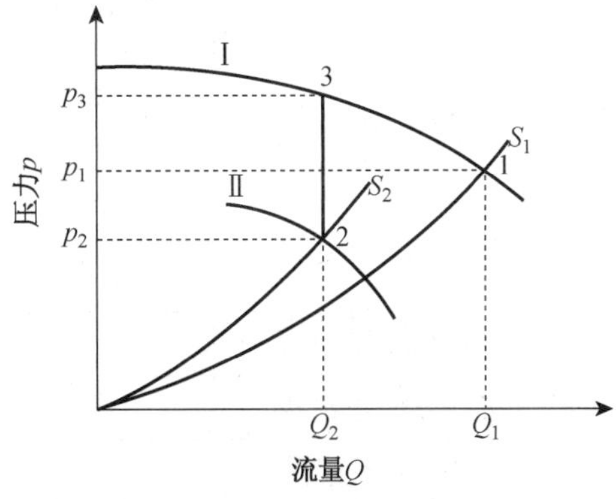

图 3　水泵性能曲线与管网性能曲线关系图

在设计工况下，系统在设计压力和设计流量下运行，运行点就是水泵特性曲线与管网特性曲线的交点 1。当空调系统在部分负荷下运行时，电动二通阀关小或末端某个空调箱停机，末端水量由 Q_1 变至 Q_2，系统阻力增加，引起管网特性曲线由 S_1 变化至 S_2，如果此时水泵恒速工作，要使水泵流量变为 Q_2，就必须关小泵后阀门，使系统阻力从 p_2 增至 p_3，水泵在点 3 工作。此时系统的流量减少，要求较小的压力，但水泵压力不仅没有降低，反而升高了，只有靠关小阀门增加阻力来保证流量。这样水泵工作点脱离高效区，造成能源的浪费和运行维护费用的升高，是很不合理的。

水泵系统增加变频调速器可使其从恒速状态转变为变速变流量状态，从而节省能源并增强了控制能力，同时避免了控制阀压力过大的现象。对于三相异步电动机，存在关系式[3]：

$$n = \frac{60f}{m} \tag{1}$$

式中 n——电动机同步转速；

f——交流电频率；

m——电动机极对数。

即水泵转速与电流频率成正比。变频器根据系统要求运行，当末端空调箱的二通阀关小或末端空调箱停机时，末端的流量减至 Q_2，管网特性曲线变为 S_2，水泵变频后特性曲线由Ⅰ变至Ⅱ，水泵流量由 Q_1 变至 Q_2，扬程变为 p_2，此时的工作点为图 3 中的点 2，不需要关小阀门来增加系统阻力，从而降低了能耗。

3.2 二次泵变频控制系统能耗分析

在空调能耗计算中，温度频率法是一种实用简化的分析方法，使用简便，精度又能满足全年能耗分析的要求。以车身车间为例估算整个空调系统的负荷率。取室内设计干球温度为 26 ℃，相对湿度 55%，计算不同温度下的负荷率和水泵功率。在图 3 中，点 1 和点 2 并不满足水泵相似定律，即水泵消耗的功率不与流量的三次方成正比，而是介于一次方和三次方之间[4]。为了便于计算，仍按三次方关系计算不同负荷率下的次级泵功率。根据上海的温度频率统计数据[3]列出表 2。

表 2　　次级泵变频能耗分析表

干球温度范围/℃	20～22	22～24	24～26	26～28	28～30	30～32	32～34	＞34
温度年频率/h	622	620	646	662	404	221	73	49
平均冷负荷/kW	627.8	1 295.9	2 200.6	3 093.5	3 992	4 880	5 809	6 300.4
部分负荷水流量比	10%	21%	35%	49%	63%	77%	92%	100%
制冷机和初级泵运行台数/台	2	4	6	8	10	12	14	15
次级泵运行台数/台	1	2	3	4	6	7	8	8
次级泵变频后负荷率	80%	84%	93%	98%	84%	88%	92%	100%
次级泵变频后功率/kW	102.4	118.5	160.9	188.2	118.5	136.3	155.7	200
次级泵变频总耗电量/kWh	1 688 240							
次级泵恒速运行总耗电量/kWh	2 279 000							

注：(1) 平均冷负荷取中间温度(如 20 ℃～22 ℃时取 21 ℃)的计算冷负荷。

(2) 耗电量为对应台数和流量下水泵功率与时间的乘积。

(3) 恒速运行是指整个空调季次级泵不变频，始终在额定功率下运行。

从表 2 可以看出，在部分负荷下变频次级泵总耗电量为不变频时的 74%（不包括初级泵耗电量），虽然二次泵变频控制系统的初投资较大，但其运行费用会降低。

另外，在图 1 中，次级泵是并联在一起的，每台泵的扬程都必须大于额定工况下最不利环路的阻力，近端用户只能靠增加阻力（选小管径或关小阀门）使系统阻力平衡，造成不必要的能源浪费。如果对各用户的次级供水泵分开布置（图 4），并采取变频控制，将更有利于初投资的减少和节能。比如离制冷站较近的冲压车间和油漆车间空调箱在满足流量的前提下配置扬程较小（不足 47 m）的次级泵，其功率也随之降低，而较远车间空调箱配置扬程大的水泵。这样使资源的配置更加优化和合理，降低了初投资和运行费用。

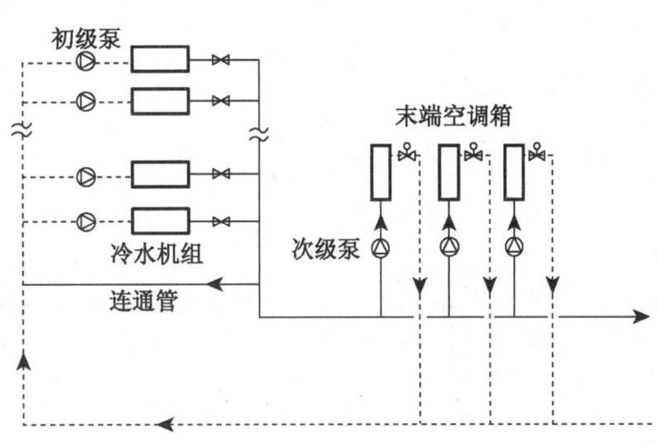

图 4　次级泵分开布置供水系统

3.3　一次泵变流量系统

为了保护蒸发器，传统的制冷机设计尽量使通过蒸发器的水流量保持恒定。如果水流量下降太快，超过制冷机安全范围内的反应能力时，就会导致非正常关机，甚至可能会导致蒸发器结冰、管道损坏以及设备停止运行。所以传统设计大多是初级泵定流量、次级泵变流量设计，即二次泵变流量系统。随着控制技术的发展，设置前馈反应控制、有即时反应能力的控制系统可以使蒸发器在水流量变化（不低于其最小流量）时，也能正常工作。所以人们开始重视一次泵变流量系统（图 5）。根据某些空调生产厂家的选型数据，对于螺杆机，制冷机最小流量应是设计流量的 50%～60%；对于离心机，最小流量应是设计流量的 25%～35%；而对于溴化锂吸收式制冷机，其制冷温度只要在 0 ℃以上[5]，冻结的危险就很小，所以其最小冷水流量会更小。

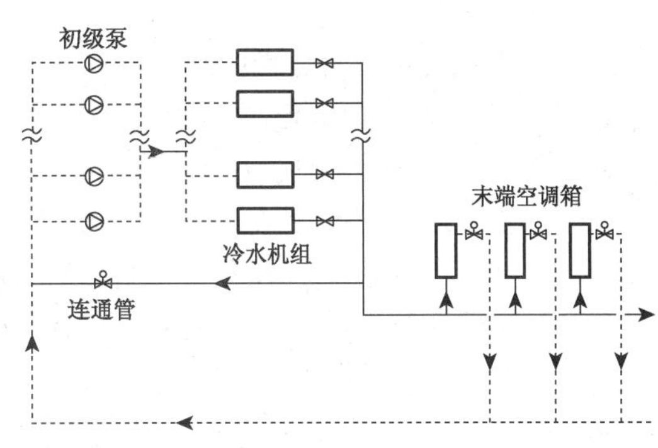

图 5　一次泵变流量水系统

很显然，采用一次泵变流量系统，无论初投资还是运行费用都是更加节省的，因为减少了冷水泵的台数，但自控要求将更高。实测可知，通用公司制冷站二次泵变流量系统，初级泵扬程 12.3 m 就可满足系统要求，次级泵扬程仅需 31 m。显然，一次回路和二次回路水泵均考虑了较大余量。如采用一次泵变流量系统，不设次级泵，总水流量 9 120 m^3/h，扬程按原二次泵变流量系统的两个回路（一次回路和二次回路）叠加后 43.3 m 进行选泵，选取流量 1 150 m^3/h、扬程 52 m、功率 200 kW 的水泵 8 台就可。仍以车身车间估算整个系统的部分负荷率，对一次泵变流量系统和二次泵变流量系统进行能耗分析比较，列于表 3。

可见，一次泵变流量系统水泵的总耗电量是整个二次泵变流量系统的 68%，使用一次泵变流量系统将更加节省能源，从而也降低了运行费用。但由于人们对一次泵变流量系统的可靠性还不放心，所以现在实际应用较少。但不容否认，其节能效果是非常好的，相信在以后几年中，随着各种技术的进步，一次泵变流量系统将得到广泛应用。

表 3　　一次泵变流量系统和二次泵变流量系统的能耗比较

干球温度范围/℃	20～22	22～24	24～26	26～28	28～30	30～32	32～34	＞34
温度年频率/h	622	620	646	662	404	221	73	49
部分负荷水流量比	10％	21％	35％	49％	63％	77％	92％	100％
一次泵变流量系统水泵运行台数/台	1	2	3	4	6	7	8	8
一次泵变流量系统水泵负荷率	80％	84％	93％	98％	84％	88％	92％	100％
一次泵变流量系统水泵功率/kW	102.4	118.5	160.9	188.2	118.5	136.3	155.7	200
一次泵变流量系统水泵总耗电量/kWh	1 688 240							
二次泵变流量系统水泵总耗电量/kWh	2 478 004							

注：二次泵变流量系统总耗电量为其初级泵和次级泵耗电量的总和。

4　结论

(1) 水泵变频控制技术运用在空调水系统中可以节省能源，从而降低运行费用。通过分析通用公司空调冷水系统能耗，得出该制冷站在次级泵变频后，耗电量为不变频的 74％，这对于大型生产厂房来说，节电量是可观的。

(2) 在次级泵变流量系统中，由于到各用户的分支管路阻力不同，导致对次级泵的扬程要求不同。如能将次级泵分开配置，运行就会变得更灵活，更加节能。

(3) 在该系统中若采用一次泵变流量系统，其耗电量为二次泵变流量系统的 68％。

参考文献

[1] 胡曙铃. 一次泵系统技术分析及应用[J]. 流体机械，2002，30(4)：34-37.
[2] 郭勤. 空调水系统二次泵变频控制节能原理的浅谈[J]. 空调暖通技术，2002(4)：23-25.
[3] 陈沛霖，岳孝方. 空调与制冷技术手册[M]. 2 版. 上海：同济大学出版社，1999.
[4] 姚国梁. 空调变频水泵节能问题探讨[J]. 暖通空调，2004，34(6)：32-34.
[5] 彦启森. 空气调节用制冷技术[M]. 2 版. 北京：中国建筑工业出版社，1985.

区域供冷系统经济运行研究及实践*

——浦东国际机场区域供冷系统经济运行研究总结

刘传聚　陆琼文　李伟业　刘 东　胡稚鸿

摘　要：根据实测数据和运行记录，对影响供冷系统能耗的主要因素进行了深入的理论分析，针对机场目前的使用情况和今后的发展规划，提出了适用的节能改造和经济运行方案，为浦东国际机场的节能工作提供了依据，二年多来的运行实践已取得了很好的节能效果。这一成功经验对国内的区域供冷系统的经济运行也会有参考价值。

关键词：空调；节能；经济运行；区域供冷

Application Study on Economic Operation of District Cooling System

——Summary of Research on DHC Economic Operation in Pudong International Airport

LIU Chuanju, LU Qiongwen, LI Weiye, LIU Dong, HU Zhihong

Abstract: Based on measured data and operating records of district cooling system, performs theoretical analysis of the main effects that influence its energy consumption in Pudong International Airport. According to the current operating condition and development plan, puts forward reasonable energy efficiency reform and economic operation project. This project achieved significant energy saving effect during the past two years. It provides a good reference for economic operation of other DHC system in China.

Keywords: Air-conditioning; Energy efficiency; Economic operation; DHC

0　引言

浦东国际机场一期工程设计旅客流量为每年 2 000 万人次，是目前国内客流量最大的国际机场之一。整个机场采用区域供冷供热(DHC)的形式，服务范围为航站楼 28 万 m^2 和综合区 31 万 m^2 供应，半径为 2.6 km。能源中心采用以电制冷为主体，部分汽、电、热联供的方式，一期工程配置了 4 台制冷能力为 14 MW(4 000 RT)的 OM 型、2 台制冷能力为 4.2 MW (1 200 RT)的 YK 型的离心式水冷冷水机组和 4 台蒸汽双效吸收式制冷机组，1 台 4 MW 的燃气轮机发电机，3 台 30 t/h、1 台 20 t/h 的燃气/油蒸汽锅炉和 1 台 11 t/h 的余热锅炉。

整个系统设计冷负荷为 82.8 MW 或热负荷 60.8 MW，空调系统能耗很大。2001 年同济大学热能工程系浦东机场经济运行研究课题组对浦东国际机场的主要设备性能及实际运行情

*《能源技术》2005，26(2)收录。

况进行了仔细地研究，提出了供冷系统的经济运行模式。2002 年 4 月浦东机场结合设备检修按要求进行了叶轮切削等技术改造，在 2002—2004 年的两个制冷运行年度(每年 4 月至次年 3 月)内取得了良好的节能效果。

1 冷水机组的经济运行

浦东国际机场配置的 14 MW 离心式水冷冷水机组是我国目前空调系统单机容量最大的机组，对这样机组的性能特点和运行管理，国内还缺乏经验。课题组结合对该特大型冷水机组的验收调试工作[1]，通过实测掌握了系统部分负荷调节特性，针对机场区域供冷系统的特点，提出了节能运行建议。

图 1 是 OM 型冷水机组的 *COP* 值随机组负荷率变化的曲线。可以看出，冷水机组处于约 80%负荷时，机组的效率最高。因此，根据建筑物的负荷情况合理选择冷水机组运行台数，使机组处于最高效率的部分负荷状态下运行，同时调整相应的水泵和冷却塔的运行台数，可以提高系统的整体运行效率。

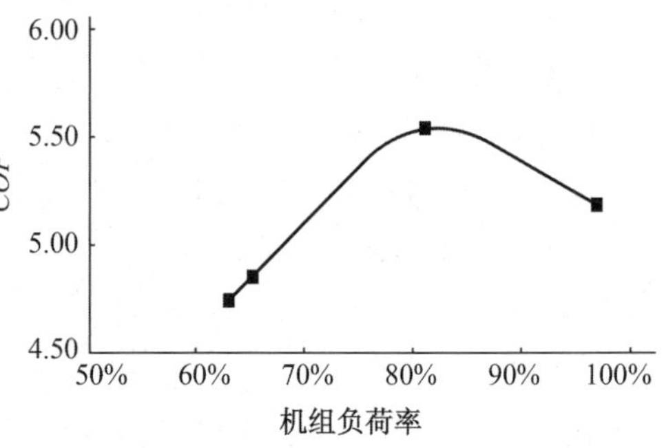

图 1 机组负荷率对机组性能的影响

2 变冷水温度的经济运行[2]

在实际运行过程中，空调负荷随着旅客人数和气候等因素变化，实际负荷通常总是远小于设计负荷。因此，根据空调负荷的全年变化情况，在部分负荷时段适当提高制冷机的蒸发温度和冷水供水温度，可以提高机组的运行效率和降低运行能耗。浦东国际机场根据空调负荷的变化特点，作了变冷水温运行的尝试，取得了良好的节能效果。

2.1 空调负荷的变化特点

建筑物空调负荷主要来自围护结构传热、太阳辐射、人员和新风负荷，并随着气象条件变化。表 1 是浦东机场能源中心统计的 2001 年空调系统供冷负荷记录。可以看到全年约有 90%时间在低于 80%最大供冷量的工况下运行，70%时间在低于 50%最大供冷量的工况下运行。

表 1　2001 年空调系统供冷量统计

负荷率	累计时间比例	负荷率	累计时间比例	负荷率	累计时间比例
5%	2.2%	40%	61.8%	75%	85.6%
10%	5.1%	45%	66.5%	80%	89.8%
15%	26.4%	50%	68.3%	85%	93.8%
20%	34.5%	55%	72.2%	90%	96.4%
25%	43.2%	60%	74.9%	95%	99.4%
30%	53.7%	65%	76.8%	100%	100%
35%	56.8%	70%	81.1%		

2.2　冷水温度对制冷机性能的影响

气象变化和运行参数调节会影响空调运行效果，虽然气象参数是无法控制的，但调节运行参数，可以使得空调系统高效运行，达到节能目的。图 2 是实测的 OM 机组 *COP* 值随冷水出口温度变化的情况。可以看到，随着冷水机组的出水温度升高，*COP* 值逐渐增加；这是因为冷水机组的蒸发压力和蒸发温度可以提高，主机的制冷性能得到改善，制冷量和 *COP* 值增加。当空调负荷发生变化时，离心式制冷机通过调节进口导叶或转速改变蒸汽的吸入量适应供冷量的要求，可以提高制冷机组运行效率，达到节能运行的目的。

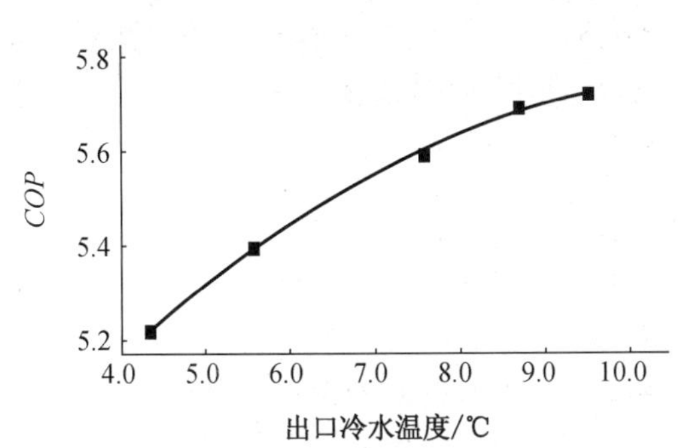

图 2　出口冷水温度对机组性能的影响

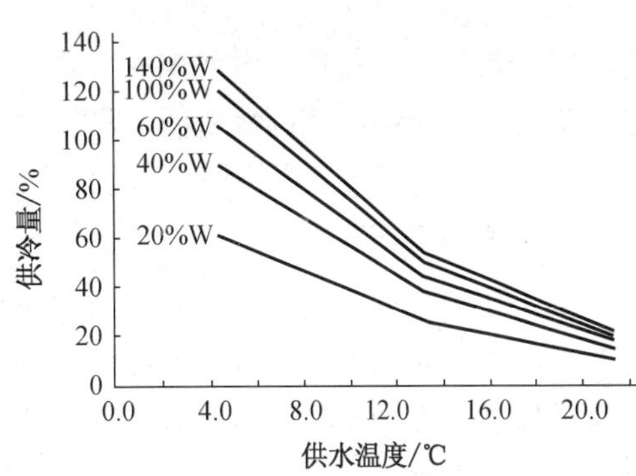

图 3　冷水温、流量对表冷器供冷量的影响

2.3　冷水温度对空调表冷器性能的影响

通过计算不同冷水温度和流量条件下的空调系统表冷器供冷量，可以获得空调供冷量与冷水温度和冷水流量之间的关系(图 3)，并对供冷量同时进行质调节和量调节。

2.4　变水温运行方案

根据浦东国际机场 2000 年和 2001 年的运行记录分析的年供冷量分布特点，整个供冷季可划分为 6 个时段。从管网系统经济运行的角度出发冷水供回水温差基本不变，各时段冷水流量的比例即供冷量比例。设计的供水温度方案见表 2。

表 2　　**变水温运行方案**　　单位：℃

时　间	冷水温度	时　间	冷水温度
4 月中旬～6 月中旬	10.0	8 月下旬～9 月上旬	6.0
6 月下旬～7 月上旬	6.0	9 月中旬～9 月下旬	9.5
7 月中旬～8 月中旬	5.0	10 月上旬～11 月上旬	10.0

3　水泵的经济运行[3]

在暖通空调工程中，水泵的运行能耗通常占空调运行总能耗的 20%～30%，节能运行十分重要。测试发现该系统水泵的设计流量和扬程偏大，运行中不得不减少管路阀门开度增加管路阻力消耗多余扬程，以确保正常运行。造成这种情况主要是因为系统的负荷较小：浦东机场一期工程设计的年客流量为 2 000 万人次、冷负荷 82.8 MW，冷水流速 4.0 m/s；但是 2001 年实际客流量仅 689 万人次，加上空调大部分运行时间不在设计的高温下运行，实际最大供冷量仅为 35.96 MW(管网最大流速 1.12 m/s)。水系统管网阻力特性测试结果表明,在这种最大负荷情况下(运行 3 台水泵,单台流量 1 590 m^3/h)系统仅需扬程 38.0 mH_2O,而实际扬程达到 75.0 mH_2O,也就是说 49.3%的水泵扬程浪费在阀门上。此外,由于水泵运行不稳定、阀门节流引起的噪声都会产生不良的影响。

3.1 水泵叶轮切削

切削叶轮直径是离心泵的一种独特调节方法,叶轮切削后出口处参数发生变化,当负荷较低时 Q-H 性能曲线下降,流量减少。考虑到实际运行情况和将来可能出现的扩容问题,最终确定切削比例为 8.1%。如按照 2001 年运行情况,切削后全年可节电 6.10×10^5 kWh,折电费 45.1 万元;整个改造约需费用 9.8 万元,简单回收周期为 2.6 个月,获得良好的节能效果和经济效益。在系统的实际改造中并没有对现有叶轮进行切削,而是重新定制了叶轮。虽然整个改造费用有所增加,但为今后系统扩容保留了可能。

3.2 水泵变频调节

采用变频调节水泵转速适应负荷的变化的需要,比叶轮切削的节能效果更为显著,控制也更为灵活,但是投资较大,特别是浦东机场离心水泵配置的都是 10 kV 的高压电机,所需的高压变频器价格更高。为了获得最佳的节能效果,课题组设计了多套方案进行经济性比较,最后确定在水泵叶轮切削的基础上,在 3 台 1# 水泵上安装变频器。与 2001 年相比,通过变频全年可节省电量 140.2×10^5 kWh,节省电费 103.8 万元;整个改造约计费用 168.8 万元,简单回收周期约 1.6 年。

4 区域供冷系统水蓄冷应用研究[4]

对于间歇运行或者空调负荷峰谷差较大的空调系统,利用夜间低谷电制冷,将冷量以冰或者冷水等方式储存起来,在空调高峰负荷时段向建筑物供冷,可以达到减少制冷设备装机容量,减少运行费用,甚至降低用电量的目的。

浦东国际机场区域供冷水系统的外管直径为 1 m、长度约 5 000 m,蓄水量达 3 900 t、每摄氏度温差可以提供 1.65 GJ 的冷量,是一个极好的水蓄冷载体。利用夜间(22:00—6:00)的低谷电进行蓄冷,可以降低运行费用,同时可以减少开机时段建筑物蓄热负荷对空调系统的影响。此外还可以对部分 24 h 运行的建筑物供冷。

课题组对制冷机组性能、供水温度以及蓄冷时间等各种影响蓄冷效果的因素进行了分析,并制定出相应的冷水蓄冷方案。整个的蓄冷过程共蓄冷 60.5 GJ,用电 6 441 kWh,按照现行的分时电价标准每天节约电费 0.38 万元,全年按 200 个供冷工作日计算,共节约电费 76.6 万元。

5 结论

课题组根据机场建筑空调负荷的特点及运行情况,通过理论分析和实测,制定了供冷系统经济运行模式。浦东国际机场运行保障部按照课题组提供的运行模式运行,水泵叶轮切削、变水温运行等节能措施均已按要求投入使用。2002 制冷年度,其制冷量单位能耗由 2001 制冷年度的 1.145 kWh/RT 降低为 1.027 kWh/RT,节约运行费用约 106 万元;2003 制冷年度较 2001 制冷年度节约运行费用 180 万元,产生了良好的经济效益。

参考文献

[1] 刘东,刘传聚,胡稚鸿.浦东国际机场能源中心冷水机组性能测试分析[J].暖通空调,2002,2:101-103.

[2] 陆琼文,刘传聚,曹静.浦东国际机场变空调供水温度节能运行方案分析[J].暖通空调,2003,2:123-125.

[3] 刘传聚,曹静,陆琼文.浦东国际机场大型离心水泵节能运行分析[J].建筑热能通风空调,2002,11:33-34.

[4] 陆琼文,刘传聚,曹静,等.浦东国际机场供冷系统外管网蓄冷经济性分析[J].流体机械,2002,12:47-49.

浦东国际机场能源中心供冷系统的经济运行模式研究*

刘　东　刘传聚　陆琼文　胡稚鸿　李伟业

摘　要：本文是对浦东国际机场能源中心供冷系统的经济运行研究工作的总结。我们分析了影响能源中心供冷系统能耗的主要因素，通过理论分析、实际运行记录分析和实测相结合的方法，针对浦东国际机场目前的使用情况和今后的发展规划，提出了一套经济运行方案，为浦东国际机场空调系统的进一步节能工作提供理论依据，同时对国内 DHC 系统的经济运行也有参考价值。

关键词：制冷；空调；节能；经济运行

The Research on Economic Operation Medal of Cold Supply System of Energy Center in the Pudong International Airport

LIU Dong，LIU Chuanju，LU Qiongwen，HU Zhihong，LI Weiye

Abstract：This paper is a summary about the economic operation medal of cold supply system of energy center in the Pudong International Airport. We analyze the main factors that influence the energy consumption of cold supply system of energy center. Basing on the present usage condition and the future development program，We put forward to a set of economic operation mode by combing theoretical analysis，analysis of actual operation with actual measurement，which provides the theoretical basis for the further energy conversation of air conditioning system in Pudong International Airport，and processes the reference value for the economic operation of domestic DHC system.

Keywords：refrigeration；air conditioning；energy conversation；economic operation.

0　引言

浦东国际机场位于上海东部，一期工程设计旅客流量为每年两千万人次，是目前国内客流量最多的国际机场之一。整个机场采用区域供冷供热(DHC)的形式，机场能源中心供应航站楼 28 万 m^2 和综合区 31 万 m^2(二期增加 25 万 m^2)；冷负荷为 82.8 MW(二期增加 19 MW)，热负荷为 60.8 MW(二期增加 14.6 MW)，供应半径为 2.6 km，其他的建筑由分站供应。能源中心采用以电制冷为主体，部分汽、电、热联供的方式，一期配置了 4 台 14 MW(4 000 RT)、2 台 4.2 MW(1 200 RT)的离心式水冷冷水机组和 4 台蒸汽双效吸收式冷水机组；1 台 4 000 kW 的燃气轮机发电机、3 台 30 t/h、1 台 20 t/h 的火管蒸汽锅炉和 1 台 11 t/h 的余热锅炉。二期增加 1 台 14 MW(4 000 RT)、2 台 4.2 MW(1 200 RT)的离心式水冷冷水机组；1 台 4 000 kW 的

---

*《2002 年全国暖通空调制冷学术文集》，2002 收集。

燃气轮机发电机、1 台 30 t/h 的火管蒸汽锅炉和 1 台 11 t/h 的余热锅炉。这样大规模的供冷系统能耗是巨大的，应浦东国际机场方面的要求，成立了以刘传聚教授为课题负责人的同济大学热能工程系浦东机场经济运行研究课题组，在此后的一年中开展了工作，主要研究如何提高能源中心的运行效率，使之能够高效运行。由于空调系统的能耗主要包括制冷主机、水输送系统、空调末端三大部分，这三者是相互关联的，如何寻求主要的影响因素，对这三方面进行优化，是我们工作的重点，本文是工作的总结。

1　冷水机组的经济运行模式分析

由于浦东国际机场能源中心配置的 14 MW(4 000 RT)离心式水冷冷水机组是国内空调系统中所用单机容量最大的机组，对机组的性能特点和运行管理，国内没有可以借鉴的经验。为此应该对此冷水机组性能有明确的了解，以指导设备及系统的节能运行。我们结合对浦东国际机场能源中心单机容量 14 MW(4 000 RT)的 OM 机组和单机容量为 4.2 MW(1 200 RT)的 YK 机组的验收调试工作，针对机场建筑的负荷特点，对冷水机组及空调系统的节能运行提出了建议。

(1) 从主机的全性能曲线可以看出，在约 80%的部分负荷时，冷水机组的效率最高；可见使冷水机组处在约 80%的部分负荷状态是主机节能的有效途径。对于工程设计人员，可以在空调系统的方案设计阶段充分考虑建筑的空调负荷，变以满足设计工况为主的静态负荷设计为全年动态负荷设计，合理配置机组。对于运行管理人员，在分析总结机组运行记录后，尽量使机组能够处于最优的部分负荷运行状态。

(2) 冷却水温的降低有利于制冷机组的节能运行，但是这样又会增大冷却塔的负担，从而使其能耗增加，应尽量使机组在冷却塔与主机的能耗之和在最小的工况下运行。从测试结果可以看出，在 30 ℃以下，制冷机组的冷却水进口水温对机组能耗影响不大；当水温为 30.2 ℃时，其能耗指标比 31.6 ℃时减少 8.4%，比 32.7 ℃减少 12.4%。可见将冷却水温确定在约 30 ℃时，对于提高冷水机组的能耗指标是较为有利的。

(3) 冷冻水温的高低直接影响空调系统的供冷品质，寻求合理的冷冻水温不但要考虑冷水机组的性能，而且要兼顾空调末端设备的换热性能。降低水温对于空调箱中表冷器的换热是有利的：对表冷器传热系数 K 值的改善影响不大，主要是通过增大冷冻水与空气的温差来体现的；但是降低水温会使冷水机组的制冷量降低，能耗指标增加，这是不利的。从测试的结果可以看出将空调的冷冻水温设定在约 7.5 ℃是较为合理的，不但可以确保合理的水-空气传热温差，也可以使冷水机组的运行较为经济，这与平常要求的空调冷冻水温度设定在 7.0 ℃是较为吻合的。

(4) 浦东国际机场候机楼现在不是 24 小时连续工作的，并且为其服务的综合区也是间歇工作的，对于能源中心的冷水机组来说会出现两个负荷高峰：一是出现在早晨开机时需要额外负担建筑的蓄热负荷，二是出现在下午需要负担室外气温和太阳辐射综合作用带来的建筑围护结构的最大空调冷负荷。在处理第一个负荷高峰时，应尽量减少围护结构的得热及室内设备得热，所以结合机场航班的情况确定合适的开机时间是非常重要的。目前将开机时间确定在凌晨六点是较为合理的，此时室外的空气干球和湿球温度较低，太阳辐射得热也较小，室内由于灯具和电梯等设备不运行也可大大减少设备的发热；干球温度较低对减少围护结构的得热有利，而湿球温度较低则对冷却塔的工作有利。从测试的结果可以看出降低冷却水温能提高主机的 *COP* 值，对于制冷主机的节能是很有利的。第二个高峰负荷是机组的不利运行工况。

(5) 目前机场的客流量远没有达到两千万人次/年的设计值,如果考虑送客人数,机场还会增加一千五百万人次/年,假设每人在机场平均停留 1 小时,机场每天工作 16 小时,则考虑人数增加所带来的人员发热负荷及新风负荷共是 357 RT,与目前正常使用所需要的 12 000 RT 相比,增加约 3%。所以预计达到设计旅客流量后的空调主机负荷基本可以维持不变。

(6) 主机是空调系统的必要组成部分,主机的节能要结合冷冻水泵、冷却水泵、冷却塔、空调箱、风机等设备来综合考虑,在共同运行的所有设备之间寻求最佳的配置,而不能孤立地考虑单个设备的节能运行。对于大型空调系统,在有可能的情况下,尽量采用 DHC 的形式,选用大型的空调制冷机组,不但可以减少主机设备的初投资,节省建筑面积,而且可以有效节约空调系统的能耗,主机的调试测试工作已充分证明大型空调制冷机组的优越性。可以采用多种能源驱动的方式,以确保工程实际运行的可靠性和经济性。此外空调系统的节能运行应有自动控制系统的配合,提前进行能耗预测是确保空调系统积极节能的有效手段,因此发展 CFD 技术,利用标准年的气象资料,结合空调建筑的负荷特点,参照已有的运行记录,进行全年的能耗动态模拟是非常有必要的。

2 水泵的经济运行模式

水泵是冷量输送系统中的主要动力设备,其能耗可达整个空调系统能耗的 1/4 左右,因此水泵的节能也是系统节能工作的主要内容。目前在实际工程中,水泵的参数往往与实际情况相差较大,主要原因有以下几点:一是设计时留的裕量较大,尤其是水泵的扬程偏大,这样在实际运行时工作点发生偏移,流量和功率都增加,一般是通过管路中的阀门进行调整;二是水泵设备本身提供的参数不准,使得实际运行工作点与设计工作点不符,这使空调水系统失去平衡;三是实际的使用情况与原来设计的情况不同,有些用户可能没有使用空调系统,出现实际负荷小于设计负荷的情况,这也使得空调水系统的运行与设计出现偏差。

2.1 水系统的阻力特性

为了解浦东国际机场的冷冻水系统的管路特性,我们对能源中心供冷水系统进行了三次综合测试,获得了系统实际运行的第一手资料,探明了现有水泵能耗与管路阻力情况。在此基础上提出了水泵的节能运行模式。

2.1.1 水管路系统的阻抗

对于管径为 d、流量为 Q 的管路系统,管路的压降可表达为

$$H = SQ^2 \tag{1}$$

其中,管路阻抗 S 为

$$S = \frac{8\left(\lambda \frac{1}{d} + \sum \xi\right)}{\pi^2 d^4 g} \tag{2}$$

对于给定的系统,管径 d 和管长 l 已经确定,S 只是随着 λ 和 $\sum \xi$ 而变化,当流动处于阻力平方区时,λ 只与相对粗糙度有关,因此在管材已定的情况下,λ 可认为是常数,$\sum \xi$ 只与管道局部阻力构件有关(阀门及其开度、三通、变径、末端设备等)。

测试所得到的管路的压降为

$$H = 9.6031 \times 10^{-6} Q^2; \tag{3}$$

式中，Q 为流量 m^3/h；H 为管路压降 kPa。

2.1.2　OM 机组的阻抗

OM 冷水机组是能源中心供冷的主要设备，它的阻力特性影响供冷系统的水泵运行工况，根据测试数据整理出 OM 机组的阻抗为 3.8193×10^{-6}。

2.1.3　水泵的扬程计算

冷冻水系统的阻抗包括水管路系统的阻抗与冷水机组的阻抗两部分，对冷冻水系统的阻抗乘以 1.2 的系数后得到其扬程。

表 1　冷冻水系统流量和扬程

OM 冷水机组	流量/($m^3 \cdot h^{-1}$)	扬程 mH_2O
单台运行工况	1 757	15.3
两台并联运行工况	3 264	24.1
三台并联运行工况	4 771	38.0

而每台 500S98B 冷冻水泵的额定扬程为 75.3 米，由此可见实际运行与设计参数之间存在较大的差异。目前，主要是通过阀门调节来使之正常工作，大量的能量消耗在阀门上是极为不合理的。针对这种情况，我们经过分析，提出了下列方案。

2.2　水泵节能运行方案

2.2.1　水泵叶轮切削方案

切削叶轮是离心水泵的一种独特调节方式，叶轮直径切小后，叶轮出口处的参数发生变化，对水泵的性能产生影响，使得 $Q-H$ 性能曲线下降，可以达到调节流量的目的。叶轮切削后由于叶片出口的宽度改变，严格上不属于相似理论的范畴，但是当叶片的切削比例不大时，可以认为出口安装角和水力效率不变，切削前后速度三角形相似。水泵的叶轮切削之后，其效率会有所下降，但是此时不必完全通过阀门来进行调节，这样可以节省损耗在阀门上的能量，可以控制切削量使后者的优势更为明显。我们通过分析水泵的性能曲线及参考现有的运行纪录，可以将 5 台水泵切削后的回收周期控制在约 4 个月。

考虑到此供冷系统今后会增加新的用户，结合目前实际使用与设计的水泵扬程相差较大的情况，我们与机场运行管理的人员商量，提出向生产厂家购买按照要求切削好的叶轮，以满足目前的实际需要；原有的叶轮经处理后留在仓库中，确保当系统的用户增加后水泵可以恢复到原有的性能水平。

2.2.2　水泵变频方案

变频技术通过均匀改变电机定子供电频率达到平滑改变电机同步转速的作用，从而改变水泵的 $Q-H$ 性能曲线来调节工作点，此时水泵出口的阀门可以全开，大大减少消耗在阀门上的能量。根据有关资料，国内目前已经生产直接串联无输入、无输出变压器电压型高压大功率变频器，并且已经开始应用，其技术指标可以满足本系统中水泵的要求。根据不同的使用情况我们提出了 3 种不同的变频方案。

方案一是根据浦东国际机场能源中心的目前的实际运行情况，水泵最大运行台数为 3 台，在现有 500S98B 水泵中选择 3 台均安装变频器。方案二是考虑由于 2 台 OM 机组并联运行时间为 810 h/a，约占全年供冷运行时间的 27%，故在 2 台 500S98B 水泵上安装变频器。方案三是在水泵叶轮切削的基础上，在 3 台 500S98B 水泵上安装变频器。以下通过对这 3 种方案的节能计算，进行了经济性分析，得到以下结论：方案一投资金额最大需 252 万元人民币，方案二投资金额最小为 168 万元人民币；方案一和方案三年节省电费相同，均为 611 530 元人民币，均大于方案二 522 819 元人民币；方案一回收周期最长需要 4.1 年，方案二为 3.2 年，方案三为3.4年。综合比较方案三为最佳方案。

3 变冷冻水温的经济运行模式

空调系统末端设备的设计是按照设计工况(即最大的负荷情况)来考虑的，但是实际的空调负荷是随着室外气象条件的改变而变化，大部分时间处在部分负荷下，尤其是对于机场航站楼这样主要受围护结构的影响的建筑。考虑空调系统的经济运行必须结合气象条件、主机和输送系统等来综合考虑，此处我们是研究随室外气象条件变化而改变冷冻水的送水温度，以达到满意的空调效果。

3.1 空调实际运行情况

根据能源中心 2000 年度运行记录，4 月—11 月供冷量统计见图 1，冷冻水供水温度见表 2。

表 2　　冷冻水供水温度

时间	供水温度/℃	时间	供水温度/℃
4 月中旬—5 月上旬	13.2	7 月中旬—8 月下旬	7.0
5 月中旬—6 月上旬	13.2	9 月上旬—10 月上旬	10.8
6 月中旬—7 月上旬	10.8	10 月中旬—11 月上旬	12.5

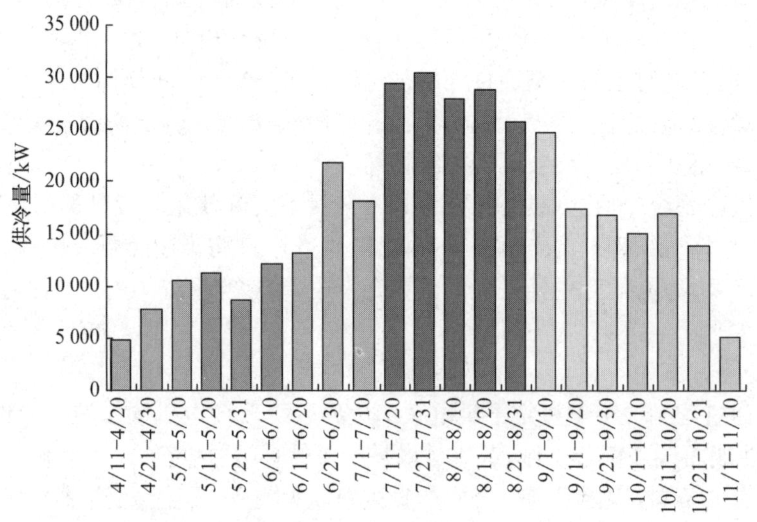

图 1　能源中心 2000 年 4 月—11 月供冷量

3.2 冷冻水温度对冷水机组的影响

OM 型冷水机组变冷冻水温测试结果表明：随着冷水机组的出口冷冻水温升高，冷水机组的制冷量逐渐增加，*COP* 值逐渐增加。从 4.4 ℃到 9.5 ℃，冷冻水温升高 5.1 ℃，冷水机组的冷量增加了 30.2%，*COP* 值增加了 7.9%。因为冷冻水温的升高可以使冷水机组的蒸发压力和蒸发温度升高，从而改善主机的制冷性能：制冷量增加，并且 *COP* 值增加。但是，必须注意冷冻水温的升高使供冷的品质降低，输送相同数量的冷量，不但会增大冷冻水的流量，而且会增加空调处理设备的换热面积，这对空调系统的经济运行是不利的。

3.3　室外气候对供水温度的修正

根据理论分析可以知道当表冷器处于湿工况时，入口空气湿球温度每增加 1 ℃，供水温度应降低约 0.6 ℃。如右图(图 2：空气处理过程图)所示，Δt_s 与 $\Delta t_s'$ 成正比，其比值与一次回风系统的新风比有关。假设新风比为 10%，则室外湿球温度每升高 10 ℃混合点湿球温度相应升高 1 ℃，供水温度应降低 0.6 ℃。因此，当室外湿度较大的情况下，供水温度可降低约 0.5 ℃。

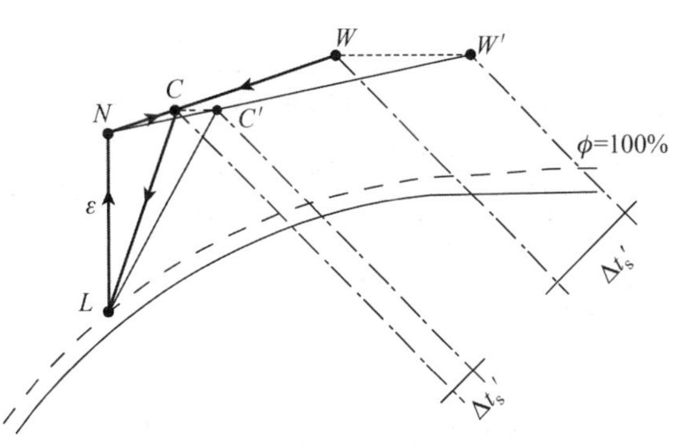

图 2　空气处理过程图

3.4　供水温度方案

表冷器经过长期使用后，因外表面积灰、内表面结垢等原因，传热系数会有所降低，因此实际的供水温度应比计算出的水温低一些，可按水温升的 20% 考虑，即需在计算值的基础上降低 1 ℃。此外，考虑板式换热器效率以及管网热损失等不利因素，最终的供水温度方案见表 3。

表 3　冷冻水供水温度方案

时间	供水温度/℃	时间	供水温度/℃
4 月中旬—5 月上旬	11.2	7 月中旬—8 月下旬	5.0
5 月中旬—6 月上旬	11.2	9 月上旬—10 月上旬	8.8
6 月中旬—7 月上旬	8.8	10 月中旬—11 月上旬	10.5

注：室外湿度较大时应降低 0.5 ℃。

4　24 小时运行建筑物供冷系统节能运行模式分析

在实际运行中，能源中心的制冷机组是间歇性运行的，根据 2001 年运行记录制冷机组开机时间一般为 6:00—22:00，而有一部分建筑物，例如：宾馆、当局楼、消防、公安楼等，需要24 h 连续供冷。为解决这些建筑在能源中心制冷主机关机情况下的空调问题，我们选取宾馆为分析对象，给出当一次水系统停止供冷时的节能运行方案。

该宾馆为三星级宾馆，建筑面积 34 000 m²，总高度为 45 m。宾馆地下室设有职工餐厅，洗衣房等设施；一层为大堂并建有超市、书店等商业服务设施；二层有餐厅以及美容、健身等康乐设施；宾馆 3—9 层为客房部。客房及办公等小房间采用风机盘管加新风的空调形式，大堂，一、二层等大空间房间采用低速风道式全空气空调形式。

4.1　水蓄冷方案

浦东国际机场供冷系统采用的是二次水系统，即能源中心通过一次管网提供一次冷冻水，二次冷冻水通过板式热交换器与一次水系统换热，向建筑物供冷。一次水系统外管网直径1 m，长度5 000 m，蓄水量可达3 927 t，每摄氏度温升可提供1.645×10^{7} kJ的冷量。因此，一次水系统外管网是一个极好的蓄冷水池。通过抽取一次水系统中的低温水，可实现向建筑物供冷。现就该方案进行可行性研究。

4.1.1 供水水温计算

假设制冷机组停机时，一次水系统水温为7 ℃。结合负荷计算的结果，供水温度见表4。

表4　　供水水温

项目＼时间	22:00	23:00	0:00	1:00	2:00	3:00	4:00	5:00	6:00
冷负荷/kW	1 023	1 010	1 000	980	964	952	938	923	1 838
总冷量/MJ	3 683	3 638	3 598	3 527	3 470	3 427	3 378	3 323	—
水温升/℃	0.2	0.2	0.2	0.2	0.2	0.2	0.2	0.2	—
供水水温/℃	7.0	7.2	7.4	7.7	7.9	8.1	8.3	8.5	8.7

4.1.2 允许最高供水温度

供水水温受到负荷情况以及室内温湿度条件的限制，不可以任意提高，需要对允许的最高供水温度进行计算以确定方案的可行性。根据资料[2]，风机盘管机组的冷量可以如下表示：

$$CL = 306.27 \cdot A \cdot B \cdot W^{0.424} \cdot t_{w}^{-0.454}$$

式中　CL、W、t_w——分别为使用工况的冷量、冷冻水流量及冷冻水温度；

A——风机盘管型号及运转档次系数；

B——室内温、湿度条件系数。

可见，$t_w \infty CL^{-2.203}$。设计负荷下允许最高供水水温为7 ℃，则该方案供冷结束时刻(6:00)的允许最高供水温度为：

$$t_w = 7\times\left(\frac{1\ 838}{2\ 325}\right)^{-2.203} = 11.7\ ℃ \tag{4}$$

可见方案中6:00的供水温度8.7 ℃远远低于允许的11.7 ℃。

4.1.3 总结

通过上述计算可知，按该方案从一次水系统中抽取低温水供冷8 h后，一次水水温由7 ℃变为8.7 ℃，低于允许的最高供水温度11.7 ℃。共向建筑物供冷24 574 MJ冷量，最大取水量为176 T/h。宾馆现配有3台240 T/h和2台100 T/h的冷水循环泵(其中各有一台备用)，可以利用备用水泵或配置一台水泵在夜间抽取一次水，通过板交与二次水换热，向建筑物供冷。在实际运行中，需要调节周边支路上的电磁阀，以保证一次水合理流动。

4.2 独立的冷热源系统

4.2.1 采用风冷式冷水机组在夜间向宾馆供冷

根据负荷计算的结果可知，宾馆冷负荷在22:00—6:00较低，约为1 023～923 kW，仅是日最大负荷的40%左右。该时段最大负荷出现在10:00，为1 023 kW。因此按照22:00—6:00的最大负荷值1 023 kW×1.1来选择600 kW左右冷量的风冷式冷水机组二台。

4.2.2 采用风冷式热回收冷热水机组供冷

采用风冷式热回收冷热水机组既可以获得供冷所需的冷冻水，同时通过热回收装置可以获得 45 ℃～65 ℃的生活热水。根据上海冷气机厂热回收机组样本，该种机组的热回收率可达 80%，即供应 100 kW 冷可以回收 80 kW 热量。按照 22:00—6:00 的最大负荷值 1 023 kW×1.1 来选择 300 kW 左右的风冷式热回收冷热水机组 4 台，在额定工况下可以回收热量 240 kW/台，供应 55 ℃生活热水 5.5 t/h，按每人每天供应 1 501 计算，4 台风冷式热回收冷热水机组可满足 800～900 人的热水需要。

5 总结

通过一年多的工作，我们在各方面的帮助下，通过分析制冷系统、运行管理数据、设计文件等，结合测试工作，最后提供了较为详细的图表和数据，对能源中心的节能运行具有一定的指导作用。我们认为采用实测、理论分析及参考运行管理记录等多方面结合的研究方法得出的结果较为符合实际，这种分析方法不但对国内同类型的 DHC 系统具有参考作用，而且对空调系统的节能工作也有帮助。

参考文献

[1] 同济大学热能工程系《浦东机场经济运行研究》课题组. 浦东国际机场能源中心供冷系统经济运行方案研究报告[R]. 2001,12.

[2] 国家技术监督局，中华人民共和国建设部. GBJ 50243—97 通风与空调工程施工及验收规范[S]. 北京：中国标准出版社，1998.

[3] 马树连. 风机盘管机组冷、热量综合表达式与应用[J]. 暖通空调，1988,3:9-15,29.

上海石化蒸汽输热管道的实测与评价*

刘晓宇　刘　东　苗　青　沈　辉　贺孟春

摘　要：通过对上海市石油化工股份有限公司公用事业公司蒸汽输热管道的测试，详细说明了测试方法、散热损失的计算方法。以其中16号管为例，对测试数据进行分析，说明各种测试情况下散热损失的变化情况，并结合管道保温情况综合分析各因素对管道散热损失的影响，从而为蒸汽输热管道的建设和评价及节能改造提供建议和依据。

关键词：蒸汽输热管道；管道测试；保温材料；散热损失

Test And Evaluation of SPC's Steam Heat Supply Pipeline

LIU Xiaoyu, LIU Dong, MIAO Qing, SHEN Hui, HE Mengchun

Abstract: By testing the steam heat supply pipeline of SPC, this paper explicates the test method and heat loss calculation method in details. Taking the 16th pipe as an example, we studied the test data, and analyzed the heat loss difference under various test conditions. With consideration of insulation conditions, we studied the effect of various fators on heat loss and offered suggestion and reference for construction, evaluation and energy-saving renovation of steam pipeline.

Keywords: steam heat supply pipeline; test; insulation materials; heat loss

0　引言

随着生产和经济的发展，节能观念深入人心，同时节能也成为企业的责任。企业节能不仅利国利民，也有利于企业自身的发展。对于化工企业，大量的热能通过管道输送，过程中伴随着管道的散热损失，减少管道的表面散热损失是提高热网管道节能效益的根本途径。减少输送热网管道的散热损失，不但可以节约燃料，而且能改进蒸汽的品质，改善用户的工艺操作条件，提高产品质量，同时也使劳动条件得到改善。了解管道的散热损失及其影响因素有利于对热力管网进行进一步的改造与优化，从而实现节能。为此，我们在2007年8月份到11月份对上海市石油化工股份有限公司公用事业公司的蒸汽输热管道进行了测试与评估。

1　测试方案及测试仪器

蒸汽管道上每隔约10 m选定1个测量面，每个测量面上以45°为间隔选定4个测点(图1)，取其平均温度作为该测量面的温度值，用表面温度法计算出该测量面的散热损失值，最后求取各测量面的散热损失平均值，得到该管道的平均散热损失值。

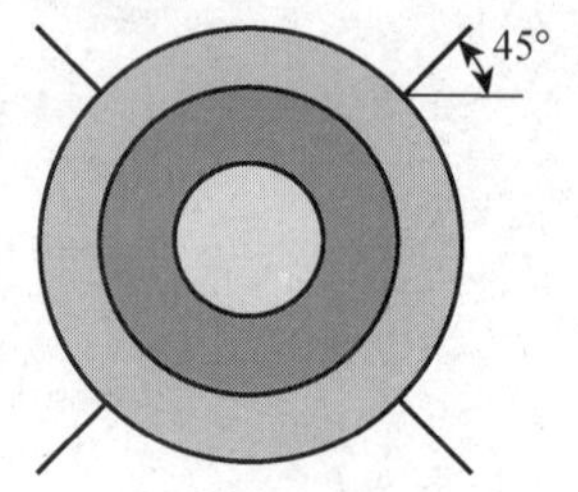

图1　测试示意图

本测试按照国家标准[1-2]进行。测试仪器见表1。

*《节能技术》2008，26(148)收录。

表 1　测试仪器

序号	测试项目	仪器仪表		备注
		名称	型号规格	
1	保温外表温度	热电偶	testo 925	
2	环境温度	热电偶	testo 925	
3	环境风速	手持风速仪	testo 454	
4	蒸汽压力	弹簧压力表		在线
5	蒸汽温度			在线
6	蒸汽流量			在线
7	保温管周长	皮卷尺	20 m	

2　散热损失计算方法

散热损失：

$$q' = \alpha(T_1' - T_m') \tag{1}$$

式中　q'——测试的散热损失值，W/m^2；

α——综合换热系数，可由式(4)求得；

T_1'——管道保温层外表面温度，K；

T_m'——环境温度，K。

辐射换热系数：

$$\alpha_r = 5.67 \times 10^{-8} \times \varepsilon \times \frac{(T_1')^4 - (T_m')^4}{T_1' - T_m'} \tag{2}$$

式中，ε 为保护层材料黑度。

对流换热系数：

$$\alpha_c = 4.59 \times \frac{W^{0.6}}{D^{0.4}} \tag{3}$$

式中，W 为环境风速，m/s；D 为管道外径，m。

总换热系数：

$$\alpha = \alpha_r + \alpha_c \tag{4}$$

文献[3]给出了另一种计算公式

$$Q = \frac{T - T_m'}{\frac{D_2}{2\lambda_1}\ln\frac{D_1}{D_0} - \frac{D_2}{2\lambda_2}\ln\frac{D_2}{D_1} + \frac{1}{\alpha}} \tag{5}$$

式中　T——管道内介质温度，K；

D_0，D_1，D_2——分别指管径，内保温层管径，外保温层管径，m；

λ_1，λ_2——分别指内保温层，外保温层导热系数，W/m。

其余符号说明与式(1)相同。

两个公式计算出的结果是一样的，但是对于测试的实际情况而言，尤其是使用双层保温层的情况，用第一种计算方法更方便。由于保温层的导热系数即 λ_1，λ_2 随温度变化，因此需要确定内层保温层与外层保温层接触面的温度 T_a。

理论上，T_a 可以通过下式计算得到[3]

$$T_a = \frac{\lambda_1 T \ln \frac{D_2}{D_1} + \lambda_2 T_s \ln \frac{D_1}{D_0}}{\lambda_1 \ln \frac{D_2}{D_1} + \lambda_2 \ln \frac{D_1}{D_0}} \tag{6}$$

但是，由于均与温度 T_a 有关，所以求解 T_a 并非易事。因此，对于一般测试计算而言，采用式(1)比较方便。

散热量换算成一年平均温度条件下的相应值

$$q = q' \times \frac{T_1 - T_m}{T_1' - T_m'} \tag{7}$$

式中 q——常年平均温度条件下的散热损失值，W/m^2；

T_1——管道保温层外表面年平均温度，K；

T_m——当地年平均环境温度，K(上海地区是 288.7 K)。

T_1 可以用下式求得：

$$T_1 = T_m + \frac{T_f - T_m}{T_f' - T_m'}(T_f' - T_m') \tag{8}$$

式中 T_f——年平均介质温度，K；

T_f'——测试时介质温度，K。

3 测试结果与评价

从 8 月份至今共测试了 18 条管道，现以主管道 16 号管进行详细分析，该段管道属低压管道，详细情况见表 2。随机取 9 个断面进行分析，见表 3。

表 2　管路说明

管径规格	位置	流体温度/℃	管内压力/MPa	流量/(m^3·h^{-1})	管长/m	保温材料	保温厚度/mm
ϕ820 mm	煤电厂至卫六路切换段	310.293	1.4	165.287	8 940	岩棉	60
ϕ630 mm	卫六路切换段至卫三路1605号阀门					微孔硅酸钙170号	60

表 3　测试结果分析

项目 \ 断面编号	1	2	3	4	5	6	7	8	9
环境风速/(m·s^{-1})	0.39	0.70	0.14	0.32	0.34	0.11	0.87	0.63	0.45
外保护层材料表面黑度	0.28	0.28	0.28	0.28	0.28	0.28	0.28	0.28	0.28
环境温度/K	300.3	300.3	300.3	300.0	300.6	301.2	301.1	303.0	303.0

（续表）

项目 \ 断面编号	1	2	3	4	5	6	7	8	9
管道保温层外表平均温度/K	312.2	316.7	309.6	309.6	311.3	313.8	312.2	311.6	310.3
管内介质温度/K	583.29	583.29	583.29	583.29	583.29	583.29	583.29	583.29	583.29
管道保温层外表年平均温度/K	301.09	305.75	298.36	298.66	299.82	301.81	300.24	297.74	296.35
保温管散热损失值/($W \cdot m^{-2}$)	51.2	88.1	29.1	38.3	43.8	37.7	64.5	44.2	32.9
年平均保温管散热损失值/($W \cdot m^{-2}$)	53.3	91.7	30.3	39.8	45.6	39.4	67.3	46.5	34.6

表 4　管道散热计算

管段编号	管线起止点	散热面积 F /m^2	年平均保温散热损失 q_p/(W/m^2)	保温散热损失 $\sum q_i$/ kW	年平均供热量 Q_p/kW	散热占供热百分比
16 号	煤电厂卫六路切换段	F_1:11 420.2 F_2:16 071.3	86.4	$\sum q_1$: 986.7 $\sum q_2$: 1 388.6	156 947.9	1.51%
备注	16 号管总散热占总供热百分比$=\frac{\sum q_i}{Q_p}\times 100\%=\frac{986.7+1\ 388.6}{156\ 947.9}\times 100\%=1.51\%$					

注：① 以上保温散热损失不包括主管线上支管的散热损失。
② 16 号管从卫六路切换段起由 ϕ820 mm 缩管至 ϕ630 mm，表中 F_1 和 F_2 表示两段不同管径管道的散热面积，$\sum q_1$ 和 $\sum q_2$ 表示两段不同管径管道的散热损失。

1）管道保温外表情况

经过对 16 号管保温外表进行检查，未发现保温层有严重破损、脱落等缺陷，但保温层存在多处表面破损等现象。其中，保护层破损约有 7 处，保护层脱开有 20 处，保温层外露有 1 处，其他有如洞眼等有 8 处，合计约 36 处。

2）管道散热损失情况

经对 16 号管散热损失进行测试，在总共 869 个测点中，表面热损失超过国标允许最大散热损失值的有 18 点，占总测点数的 2.07%。按管长 8 940 m 计算，平均为每 496 m 有 1 个不合格点。

4　对散热损失及评价的影响因素分析

1）风速的影响[4-5]

由式(5)可知，热力管道保温后散热的总热阻为 $R=\frac{1}{2\lambda_1}\ln\frac{D_1}{D_0}+\frac{1}{2\lambda_2}\ln\frac{D_2}{D_1}+\frac{1}{\alpha D_2}$，在保温材料与保温层厚度不变的条件下，随着 α 的增大，总热阻 R 减小，散热损失增大。对于裸管，总热阻$R=\frac{\alpha}{D_0}$，风速影响 α，进而会对裸管散热损失产生显著的影响。对于保温管，保温材料导热系数较小，保温层的热阻构成总热阻的主要部分，因此风速影响下 α 的改变对总热阻的影响程度大为下降。空气流速每增大 10 倍，表面散热损失仅增加 2%左右。为了保证测试的准确性，应尽量避免风速的影响，尽量在风速等于或小于 0.5 m/s 的条件下进行测试。

由图 2 可以看出，风速对表面散热损失影响并不是很大，这与理论分析比较吻合。但是仍可以看出，散热损失随风速增大而增大的趋势。

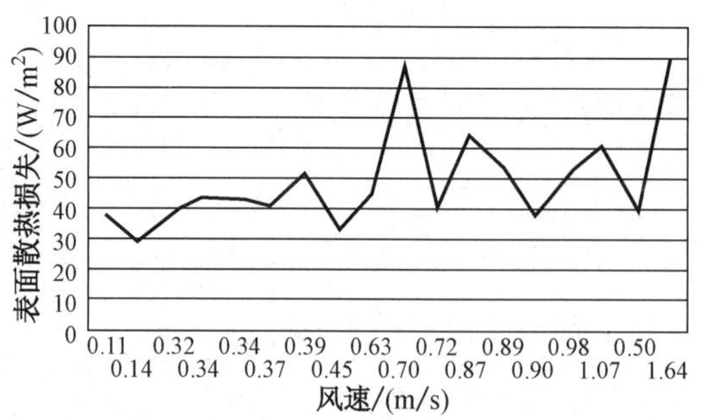

图 2　风速与表面散热损失

2）湿度的影响[5-6]

在大面积受湿的情况下，保温材料的孔隙中渗入水分（包括水蒸气和液态水），因此除空气分子的导热，对流传热和孔隙壁面的辐射换热外，还存在由蒸汽扩散引起的附加热传导，以及通过孔隙中的水分子的导热。由于水的导热系数是空气的 25 倍，所以保温材料吸水后其导热系数将大幅度增加。相关资料指出，某导热系数为 0.035 W/(m·℃)的保温材料，吸水 1%后导热系数提高 25%，若吸水量达到百分之几，则导热系数可增大数倍，导热系数的增加值与吸湿性通常不成线性关系；若保温材料中含有大量的开口连通气孔，水会在毛细力的作用下，渗透到保温层的其他部位，危害更严重。同时在高温区产生的水蒸气会在低温区凝结成水，水又会在毛细力的作用下流回高温区，如此反复循环，增强了保温层的热传递。保温材料主要依靠毛细力作用吸收液态水，在该力作用下，水在毛细管中上升的高度 h 可以用下式表示：

$$h=\frac{2\sigma\cos\theta}{\rho g r} \tag{9}$$

式中　σ——水的表面张力，N/m；

θ——接触角，°；

ρ——水的密度，kg/m³；

g——重力加速度，m/s²；

r——毛细孔径的半径，m。

由式中可以看出，保温材料开口连通气孔的直径愈小，表面张力愈大，愈容易吸水。表面张力随温度升高而下降，因而随温度升高，吸水能力也减小。显然，保温材料结构对其吸湿性有较大影响。

为了更真实的了解雨水对管道保温效果的影响，笔者在阴天对 16 号管，8 号管进行了测试，并于当天雨后，对 16 号管与 8 号管的同一段进行了复测，分析可知保温材料潮湿对管道散热损失的影响。

表 5　16 号管测试对比结果

测点		1	2	3	4	5	6	7	8	9	10
正常情况	表面温差/℃	4.5	4.5	4.5	3.7	4.5	3.4	4.9	6.2	5.8	5.5
	表面散热损失/(W·m^{-2})	29.5	24.4	26.1	27.8	35.4	20.0	31.6	34.6	45.9	39.6
雨后	表面温差/℃	11.7	10.0	9.7	9.7	9.4	9.7	7.9	9.3	8.2	9.0
	表面散热损失/(W·m^{-2})	64.3	54.5	47.5	47.8	52.2	55.1	51.8	52.5	45.1	48.2

表 6　　8 号管测试对比结果

测点		1	2	3	4	5	6	7	8	9	10
正常情况	表面温差/℃	19.1	21.8	25.6	7.7	17.7	36.1	25.1	22.1	6.1	22.9
	表面散热损失/(W·m^{-2})	94.9	108.7	128.6	37.7	87.7	185.4	126.4	110.3	29.5	114.5
雨后	表面温差/℃	41.3	42.1	28.2	32.0	32.6	36.1	36.9	22.7	22.5	45.4
	表面散热损失/(W·m^{-2})	215.0	219.2	143.2	163.5	166.9	185.4	190.2	114.2	113.1	237.8

所选 16 号管段保护层完好，而 8 号管破损严重，多处保护层脱落。可以看出，虽然 16 号管保护层完好，但仍有些雨水渗入，表面温度平均提高了 6 ℃。散热损失增加约 64.76%。8 号管破损严重，表面温度平均提高 14 ℃，散热损失增加约 70.8%。在测试中，发现局部点的温度与环境温度的温差高达 50 ℃～60 ℃。由此可见，雨水进入管道保温层对管道的保温有严重的影响，在选择保温层材料时，应尽量选择防水材料。上海地区由于雨水较多，尤其应采用防水材料并做一定防雨措施。为了降低保温材料的吸湿性，除了在施工过程中注意防水以外，可以适当的加一些憎水剂，例如憎水珍珠岩制品的抗水能力要比一般珍珠岩制品大 200 倍。前苏联多采用沥青珍珠岩，该材料不吸湿，具有高度的憎水性及较高的电阻。

3）太阳辐射的影响

《设备及管道保温效果的测试与评价》指出："室外测试应选择在阴天或夜间进行，如不能满足时应加用遮阳装置。"右图是于 8 月 30 日上午 8:00—9:00 时测试的部分数据。

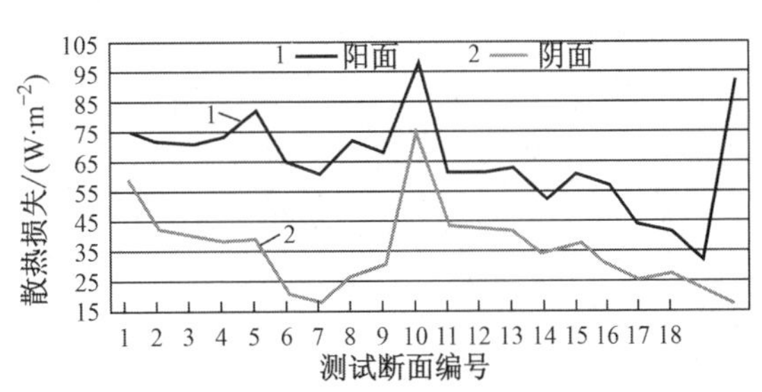

图 3　太阳辐射的影响

同一管段的阳面温度比阴面温度明显较高，经过计算阳面表面散热损失平均比阴面表面散热损失高约 83%。可见阳面测试结果对散热损失的计算结果会产生较大的误差，因此室外测试应尽可能在阴天或夜间进行。如果于白天测试，缺少遮阳措施时，应在太阳照射弱或者背阳面选点进行测试，尽量减小因太阳辐射而造成的误差，以避免对散热损失的评价造成不正确的影响。

4）保护层生锈的影响[7]

通过式(2)可以看出，ε 越大，α_r 也随之增大。根据资料可知，氧化镀锌铁皮黑度为 0.28～0.37，而镀锌铁皮的黑度为 0.23～0.27。由此可见，管道保护层生锈将导致管道表面散热损失增大。测试发现，正常情况下，生锈处的温度与同一断面的温度相差不大，但雨后管道表面生锈处比未生锈处温度高约 10 ℃～30 ℃。下表数据更清晰的显示了这个现象。

由此可见，要加强巡检，对生锈严重的保护层进行及时的更换。

表 7　　管道生锈结果汇总

管架号	1	2	3	4	5	6	7	8	9	10
t_1/℃	43.7	64.1(锈)	53.2(锈)	52.9(锈)	49.3	62.9(锈)	39.0	60.1(锈)	36.0	38.2
t_2/℃	73.2(锈)	41.2	43.0	37.9	48.0	47.2	34.7	53.0	35.5	41.8
t_3/℃	55.5	73.6(锈)	43.2	65.3(锈)	58.5(锈)	40.8	42.2(锈)	69.1(锈)	52.0(锈)	58.0(锈)
t_4/℃	60.0(锈)	56.5	40.5	38.9	41.7	63.7(锈)	42.1(锈)	66.4(锈)	34.0	33.0

5）热力管道管托的影响[4]

热力管道管托的散热损失是影响热力管道保温节能效果不可忽视的方面。有关资料指出，普通型的热力管托与保温层之间往往有间隙，而且管托的下底部暴露在周围环境中，其热损失达到热力管道保温标准的允许热损失（两管托之间总长度的散热损失）的22%～24%。

笔者随机测试了16号管58处的管托表面温度，该段管托为普通管托。从测试数据中发现，管托表面温度最高为115 ℃，最低为40 ℃，平均温度73 ℃，测试现场环境为18 ℃～21 ℃，温差达52 ℃～55 ℃。这必然导致散热损失的增大。因此，要对管托进行处理。资料指出：在同一条件下，高效隔热型管托的散热损失约是普通型管托的散热损失的$\frac{1}{74}$，石棉橡胶胶版型隔热管托的散热损失约是普通型管托的散热损失的$\frac{1}{4}$。笔者建议，可以对管托进行更换，选择具有隔热效果的管托。

6）其他因素的影响[5]

杂质常在保温材料中起“热桥”作用，使导热系数增大。如矿物纤维中的渣球，当其含量超过4%～6%时，将使材料的容重和导热系数显著增加。另外，保温材料长期热化学和热机械性能差，材料易老化、脆化和蠕变，这会在保温工程完成后一定时期暴露出来。传统保温材料与设备及管道间采取机械结合，由于材料及施工问题，使保温层内部形成多层支状沟流，导致总导热系数增大。而新型膏体状保温材料由于干固收缩及高温下粘结力下降，易产生裂缝，使表面散热损失增加。在测试中发现，管道保护层完好，同一测试断面在不受太阳照射的情况下，某测点的温度异常高，其附近大约30 cm内温度都高于其他测点。这就可能是由于保温材料中掺入了杂质或保温层内部形成多层支状沟流。

5 结论

通过对上海市石油化工股份有限公司公用事业公司的蒸汽输热管道进行测试，并着重对16号管道进行了分析，得出如下结论：

（1）16号管蒸汽输热管道总体保温状况良好，仅局部有个别部位表面散热损失超标。

（2）风速对散热损失影响不大。但测试仍应注意避免在超过0.5 m/s情况下测试。

（3）雨水对管道保温性能有着严重影响，虽然16号管保护层完好，但仍有些雨水渗入，表面温度平均提高了6 ℃。散热损失增加约64.76%。8号管破损严重，表面温度平均提高14 ℃，散热损失增加约70.8%。在管道的施工与检修中，要注意管道保温层的防水性能，尽量采用憎水材料。

（4）测试结果表明阳面表面散热损失平均比阴面表面散热损失高约83%，因此，在测试评估中应注意避免太阳辐射的影响。

（5）保护层生锈会导致管道表面温度大幅提高，10 ℃～30 ℃。要加强巡检，对生锈严重的保护层进行及时的更换。

（6）热力管托的散热损失是影响热力管道保温节能效果不可忽视的方面，应采用具有隔热性能的管托替换现有金属管托。

参考文献

［1］国家建筑材料工业局标准化研究所，国家建筑材料工业局南京玻璃纤维研究设计院. GB 4272—92 设备

及管道保温技术通则[S]. 北京：中国计划出版社，1992.
[2] 国家建筑材料工业局南京玻璃纤维研究设计院，中国标准化与信息分类编码研究所. GB 8174—87 设备及管道保温效果的测试与评价[S]. 北京：中国计划出版社，1987.
[3]《动力管道设计手册》编写组. 动力管道设计手册[M]. 北京：机械工业出版社，2006：638-647.
[4] 罗安智，欧阳德刚. 热力管网保温效果影响因素分析[J]. 节能，1999(4)：44-46.
[5] 李楠. 保温保冷材料及其应用[M]. 上海：上海科学技术出版社，1985：17-19.
[6] 吴国振. 影响保温工程热损失的因素分析[J]. 节能技术，1999(5)：7-8.
[7] 苏磊，付军隆，俞昌铭，等. 热力管道的测试与技术分析[J]. 节能，1999(3)：41-43.
[8] 彭晖. 蒸汽管道绝热节能效果测定及改进[J]. 湖南冶金，2001(3)：39-41.

上海石化热力管网测评及经济性*

刘晓宇　刘东　沈辉

摘　要：通过对上海市石油化工股份有限公司公用事业公司蒸汽输热管道的测试，详细说明了测试方法、散热损失的计算方法。以其中16号管为例，通过测试数据及标准得到管道散热损失折算的标准煤数量，并进行比对分析；根据手册提供数据计算得到不同保温材料带来的标准煤损耗量，与当前管路标准煤损耗量进行了对比分析。

关键词：蒸汽输热管道　管道测试　保温材料　散热损失　标准煤

Methods of Testing SPC's Steam Heat Supply Pipeline and Economical Analysis

LIU Xiaoyu, LIU Dong, SHEN Hui

Abstract: By testingsteam heat supply pipe of Public Utility Corporation affiliated Shanghai Petrochemical Company Limited, a detailed description of the test method and calculation method of heat loss was obtained. Taking No. 16 pipe for instance, via testing data and standards, the amount of standard coal converted from pipe heat loss was obtained and made some comparison analysis. According to the data provided by the manual, the amount of standard coal consumption brought about different insulation materials was calculated, and the comparison and analysis were done withthe amount of standard coal consumption of the current line.

Keywords: steam heat supply pipe; pipe testing; insulation materials; heat loss; standard coal

0　引言

在化工企业的生产过程中会有大量的热能通过管道输送，管道的表面散热损失是热网管道能耗的重要部分，了解管道的散热损失带来的能耗问题及不同保温型式与材料带来的能耗问题有利于对热力管网进行进一步的改造与优化，从而实现节能。本文将介绍2007年8月—11月对上海市石化下的公用事业公司蒸汽输热管道所进行的测试与评估工作。

1　测试方案及测试仪器

测试按照GB 4272—19925设备及管道保温技术通则6、GB 8174—19875设备及管道保温效果的测试与评价6、GB 2589—19905综合能耗计算通则6进行；蒸汽管道上每隔约10 m选定1个测量面，每个测量面上沿园周选定4个测点(图1)，取其平均温度作为该测量面的温

*《能源技术》2009，30(2)收录。

度值，用表面温度法计算出该测量面的散热损失值，最后求取各测量面的散热损失平均值，得到该管道的平均散热损失值；测试仪器见表1。

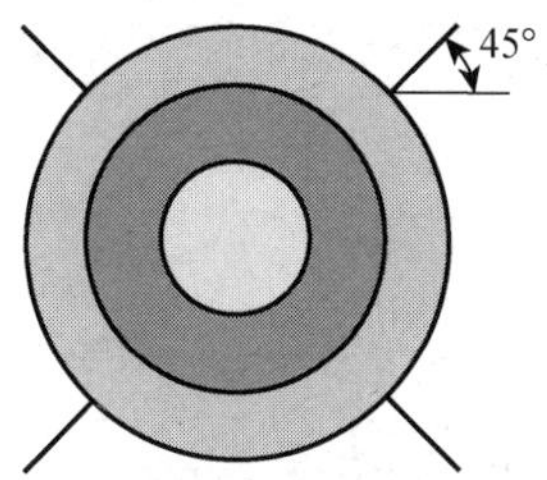

图1　测点布置示意图

表1　测试仪器

序号	测试项目	仪器仪表		备注	序号	测试项目	仪器仪表		备注
		名称	型号规格				名称	型号规格	
1	保温外表温度	热电偶	testo 925		5	蒸汽温度			在线
2	环境温度	热电偶	testo 925		6	蒸汽流量			在线
3	环境风速	手持风速仪	testo 454		9	保温管周长	皮卷尺	20 m	
4	蒸汽压力	弹簧压力表		在线					

2　散热损失的计算

按照测得管道的表面温度，环境温度及风速，管道散热损失值：

$$q_c = A(T_{c1} - T_{cm}) \tag{1}$$

式中　q_c——测试的散热损失值，W/m^2；

A——综合换热系数，W/(m^2·K)；

T_{c1}——管道保温层外表面温度，K；

T_{cm}——环境温度，K。

辐射换热系数：

$$A = 5.67 \times 10^{-8} \times \frac{T_{c1}^4 - T_{cm}^4}{T_{c1} - T_{cm}} \times E \tag{2}$$

式中，E为保护层材料黑度。

对流换热系数：

$$A_c = 4.59 \times \frac{v^{0.6}}{D^{0.4}} \tag{3}$$

式中　v——环境风速，m/s；

D——管道外径，m。

总换热系数：

$$A = A + A_c \tag{4}$$

为了评价管道保温性能及节能效果，需要将测试数据计算得到的散热量换算成一年平均温度条件下的相应值：

$$q = q_c \times \frac{T_1 - T_m}{T_{c1} - T_{cm}} \tag{5}$$

$$T_1 = T_m + \frac{T_f - T_m}{T_{cf} - T_{cm}}(T_{cf} - T_{cm}) \tag{6}$$

式中 q——常年平均温度条件下的散热损失值，W/m^2；

T_1——管道保温层外表面年平均温度，K；

T_m——当地年平均环境温度，K；

T_f——年平均介质温度，K；

T_{cf}——测试时介质温度，K。

3 测试结果及经济性分析

共测试了18条管道，现以主管道16号管进行详细分析，该段管路包括煤电厂至卫六路切换段(管径规格<820 mm，岩棉保温层厚度60 mm)以及卫六路切换段至卫三路1605号阀一段(管径规格<630 mm，170号微孔硅酸钙保温层厚度60 mm)，管内的流体温度310.3 e，压力1.4 MPa，流量165.3 m^3/h；随机取9个断面，测试结果见表2。

表2 9个断面的测试结果

项　目	1	2	3	4	5	6	7	8	9
环境风速/($m \cdot s^{-1}$)	0.39	0.70	0.14	0.32	0.34	0.11	0.87	0.63	0.45
外保护层材料表面黑度	0.28	0.28	0.28	0.28	0.28	0.28	0.28	0.28	0.28
环境温度/K	300.3	300.3	300.3	300.0	300.6	301.2	301.1	303.0	303.0
保温层外表平均温度/K	312.2	316.7	309.6	309.6	311.3	313.8	312.2	311.6	310.3
管内介质温度/K	583.3	583.3	583.3	583.3	583.3	583.3	583.3	583.3	583.3
保温层外表年平均温度/K	301.1	305.8	298.4	298.7	299.8	301.8	300.2	297.7	296.4
散热损失值/($W \cdot m^{-2}$)	51.2	88.1	29.1	38.3	43.8	37.7	64.5	44.2	32.9
年均散热损失值/($W \cdot m^{-2}$)	53.3	91.7	30.3	39.8	45.6	39.4	67.3	46.5	34.6

根据测试结果，可以计算得出管道总的散热损失量，见表3。表中还列出了根据5设备及管道保温技术通则6规定的不同流体温度通过的管道允许的散热损失值。

表3 管道参数，实测散热损失值与标准规定最大散热损失值

管径/mm	管段周长/mm	散热面积/m^2	年平均保温散热损失/($W \cdot m^{-2}$)		保温散热损失/kW	
			实测	标准	实测	标准
820	3 580	11 420	86.4	196	986.7	2 238.36
630	2 880	16 071	86.4	196	1 388.6	3 149.97

以上保温散热损失不包括主管线上支管的散热损失。16 号管从卫六路切换段起由<820 mm缩管至<630 mm,表中列出了两段不同管径管道的散热面积。

表 4 为 16 号管路散热年损失量及标准规定的散热损失量折算的标煤量,可以看出石化热力管网全年散热损失要比标准要求的少 3 242 t。由此可见该厂的管道保温工作应当还是比较好的,16 号管的总长约占金山管网的 1%,全厂节省的能源十分巨大。

表 4 **折算标准煤数量**

类比	保温散热损失/kW	折算发热量/GJ	折算标准煤/tce
现有	2 375	74 907	2 556
标准	5 388	169 926	5 798

4 节能潜力分析

上海石化的管道主要是用岩棉和微孔硅酸钙保温,为了进一步分析节能潜力,本文比较了其他各种保温形式及保温材料的能耗,根据 16 号管道管径大小及流体温度,计算各种保温材料在全年运行工况下,单层保温型式的经济保温层厚度和单位散热损失及保温层外表面温度,再由表面温度和单位散热损失,通过式(4)、式(5),计算年平均散热损失,最后可以得到各种保温材料下的总散热损失量及损耗的标煤。

单层保温的经济保温层厚度和单位散热损失:

$$\frac{D_1}{2}\ln\frac{D_1}{D_0}=A_1\sqrt{\frac{P_E K_t(T_0-T_a)}{P_T S}}-\frac{K}{A} \tag{6}$$

$$D=\frac{D_1-D_0}{2}$$

式中 D_1——外层保温层外径;

D——保温层厚度;

A_1——单位换算系数;

P_E——热价,取 16 元/GJ;

K——保温材料制品热导率;

t——年运行时间,取 8 000 h;

T_0——管道的外表面温度,取管道内流体温度;

T_a——环境温度,取 285 K(12 e);

P_T——保温结构单位造价;

S——保温工程投资贷款年分摊率,取 10%;

A——保温层外表面传热系数,取 11.63 W/(m^2 · K)。

保温层表面散热损失:

$$Q=\frac{T-T_a}{\frac{D_1}{2K}\ln\frac{D_1}{D_0}+\frac{1}{A}} \tag{7}$$

$$q=PD_1Q \tag{8}$$

式中 Q——单位表面积散热损失,W/m^2;

q——单位管道长的散热损失，W/m。

单层保温层外表面温度：

$$T_s = \frac{Q}{A} + T_a \tag{9}$$

式中，T_s 为保温层外表面温度，K。

表 5 和表 6 是几种保温材料和保温方式下 16 号管道的散热损失计算结果。可以看到，保温层采用岩棉及硅酸钙双保温层，总厚度可以减小到 120 mm，但散热损失较大(986.7 kW 和 1 388.6 kW)，保温效果没有明显的优势；采用岩棉及矿渣棉作为保温材料时散热损失最少为 1 853 tce，与现有保温的 2 375 tce 相比全年还可以进一步减少散热损失 522 tce。从表中还可看到，目前使用硅酸钙作为保温材料散热损失是表中所列的保温方式中最大的，达到 2 629 tce；如果改用岩棉及矿渣棉保温可以减少热损 776 tce，根据 5 动力管道设计手册 6 给出的每种保温材料的价格，现有保温型式所耗费的材料费用也要比采用单层岩棉及矿渣棉多出 118.07 万元。

表 5　管道参数、保温层参数与其相应的散热损失

管径/mm	保温层材料及形式	厚度/mm	保温散热损失/kW	管径/mm	保温层材料及形式	厚度/mm	保温散热损失/kW
820	内层：岩棉； 外层：硅酸钙	内层：60； 外层：60	986.7 (实测数据)	630	内层：岩棉； 外层：硅酸钙	内层：60； 外层：60	1 389 (实测数据)
	单层：硅酸钙	180	972.6		单层：硅酸钙	170	1 471
	单层：岩棉及矿渣棉	220	677.0		单层：岩棉及矿渣棉	210	1 045
	单层：玻璃棉	175	789		单层：玻璃棉	165	1 221
	单层：憎水膨胀珍珠岩	215	926		单层：憎水膨胀珍珠岩	205	1 429
	单层：复合硅酸盐涂料	240	892		单层：复合硅酸盐涂料	225	1 399
	单层：硅酸铝棉	175	871		单层：硅酸铝棉	165	1 348

表 6　各种保温材料相对应的标准煤损耗 t

内层岩棉外层硅酸钙(实测数据)	硅酸钙	岩棉及矿渣棉	玻璃棉	憎水膨胀珍珠岩	复合硅酸盐涂料	硅酸铝棉
2 375	2 629	1 853	2 163	2 534	2 465	2 387

5　结论

(1) 以 16 号蒸汽输热管道为例，通过实测数据计算得管道的散热损失和采用标准规定最大散热损失，并分别将其转换成标准煤数量进行比对，其结果可以认为现有管道的保温效果达到标准要求，并节约了标煤 3 949.27 t。对比结果表明，做好蒸汽输热管道保温所带来的巨大节能效果。

(2) 以 16 号蒸汽输热管道为例，比较了双层保温结构和各种保温材料构成的单层保温结构的散热损失量及折算的标准煤，对比结果表明今后改造工作如果进一步采用单层保温材料岩棉或矿渣棉替代目前的硅酸钙保温层，不仅可以进一步减少大量热能损耗而且还可以减少改造投资中的材料费用。

参考文献

[1] GB 4272—92《设备及管道保温技术通则》[S].
[2] GB 8174—87《设备及管道保温效果的测试与评价》[S].
[3] GB 2589—90《综合能耗计算通则》[S].
[4]《动力管道设计手册》编写组. 动力管道设计手册[M],北京:机械工业出版社,2006. 638-647.

空调系统排风热(冷)量回收经济性分析*

赵德飞　刘 东　董宝春

摘　要：空调排风热(冷)量回收有巨大的经济效益和社会效益，特别是大型空调系统，可以节约大量的建筑空调能耗。对空气湿度大的沿海地区，采用全热回收设备比只是显热回收效果要明显。

关键词：热回收；转轮式热回收设备；中间热媒式热回收设备；节能

Economical Analysis on Heat Reclaiming of Exhaust Air of Air Conditioning System

ZHAO Defei，LIU Dong，DONG Baochun

Abstract：Recovery waste heat from exhaust air of air conditioning system has great economical and social benefits，especially for large scale air conditioning system. It could save mass of consumed energy. For the coastal area where the air humidity is heavy，it is better to adopt total heat reclaiming device than sensible heat reclaiming device.

Keywords：heat recovery；rotary heat recovering unit；medium of heat transmission heat recovering unit；energy saving

0　引言

建筑能耗是国家总能耗的重要组成部分，在欧美一些国家，建筑能耗约占全国总能耗的30%左右。建筑耗能中，建筑物采暖、通风和空调的能耗约占全国总能耗的19.5%，而在空调负荷中，新风负荷则占相当大的比例，在国外，新风负荷一般占建筑空调总负荷的20%～30%。因此，空调系统节能空调是建筑节能的重要部分。

在空调节能中，目前被忽视的部分是被空调系统排走的冷(热)量未被回收。因此，空调排风的余热回收对于空调节能有很重要的意义。

从焓湿图中可以分析出，空调排风中可供回收的热(冷)量中潜热占很大的部分，特别是在夏季室外空气潮湿的地区，如上海地区，室外空气的潜热量要明显大于显热量。因此空调系统采用全热回收装置有较大的节能潜力。

1　热回收方案经济性分析

全热回收装置的热(冷)量回收量与室内外空气状态有关。这里以上海通用汽车公司车身车间为研究对象，以上海地区气候条件为基础，分析新风全热回收装置的节能情况。

车身车间，空调方式为集中式空调系统。空调机房置于车间屋顶坡屋内，设置六台双风机

*《节能技术》2005，23(133)收录。

组合式空调箱，单台机组送风量为 55 000 m^3/h。空气经冷却加热后由风管送至车间。空调季节新风量为 25%，过渡季节为全新风。夏季室外计算参数为干球温度 $t=34$ ℃，湿球温度$t_w=28.2$ ℃。室内设计温度比室外低 5 ℃。

根据现场实际测量，空调实际回风温度约为 22 ℃～24 ℃，相对湿度 55%。由于采用密闭式厂房，忽略门缝渗风和卫生间排风，系统排风量与新风量相当。假设空气比热容是定值，则：

$$t_2 = t_1 - (t_1 - t_3) \cdot \eta_t \tag{1}$$

$$i_2 = i_1 - (i_1 - i_3) \cdot \eta_i \tag{2}$$

式中 t_1，i_1——室外空气干球温度、空气焓；

t_2，i_2——热回收处理后空气干球温度、空气焓；

t_3，i_3——室内空气干球温度、空气焓；

η_t，η_i——显热、全热交换效率。

因此，全热回收热量为

$$Q_{ki} = G\rho(i_2 - i_1) \tag{3}$$

式中 Q_{ki}——全热回收的回收热量；

G——新风量；

ρ——空气密度，1.2 kg/m^3。

显热回收热量为

$$Q_{kt} = GC_p(t_2 - t_1) \tag{4}$$

式中，C_p 为空气定压比热容。

对于上海地区来说，各个温度全年出现的时间不同，因此需要计算各个不同温度下的负荷，然后累加获得全年空调负荷。这里采用温度频率法进行计算。所谓温度频率法，是把空调运行期间各整点时的室外空气温度按 1 ℃的间隔统计出小时数，并算出期间温度频率值 f_x%，而后根据某物理模型的负荷与相应气象参数之间的关系即可算出期间负荷值。

对于由室内外温差引起的负荷，当室内温度设定在 t_n℃值时，可以写出在任意室外温度 t_{wx} 的通用计算式，即

$$Q_x = q(t_n - t_{wx}) \tag{5}$$

式中 Q_x——在任意室外温度 t_{wx} 时的负荷；

q——室内外温差 1 ℃时的负荷。

如果知道在运行期内出现某室外温度 t_{wx} 的累计小时数 N_x，那么运行期间的总负荷就可以通过下式计算出来：

$$Q = \sum_{x=1}^{m} Q_x N_x = q\sum_{x=1}^{m}(t_n - t_{wx})N_x \tag{6}$$

式中 Q——运行期间的负荷总累计值；

m——在 t_{wx} 变化范围内，每升高 1 ℃间隔的分组数；

N_k——运行期内出现某室外温度 t_{wx} 的累计小时数。

根据式(6)，若采用全热回收，则新风负荷为：

$$Q_l = \sum_{k=1}^{m} Q_{ki} N_k \tag{7}$$

采用显热回收，则新风负荷为：

$$Q_1 = \sum_{k=1}^{m} Q_{kt} N_k \tag{8}$$

不采用热回收，则新风负荷为：

$$Q = \sum_{k=1}^{m} G\rho(i_1 - i_3) N_k \tag{9}$$

根据文献[1]表 9.2 和表 9.3 以及松下 FY-01KZDY2AN 全热交换器（全热交换效率 65%，显热交换效率 75%，功率 365 W，处理空气量 1 000 m^3/h）提供的数据，若考虑热回收设备的能量消耗，则各工况下新风负荷如表 1 所示。

表 1　冬、夏季有无热回收设备新风负荷

	有显热回收设备时新风负荷/kJ	有全热回收设备时新风负荷/kJ	设备运行负荷/kJ	无热回收设备时新风负荷/kJ
冬季	3.07×10^{9}	1.6×10^{10}	1.75×10^{9}	4.56×10^{10}
夏季	1.25×10^{9}	7.98×10^{9}	1.0×10^{9}	2.28×10^{10}

以上海现行工业用电价格 0.691 元/kWh，标准煤发热量 1 kg=17 580 kJ，价格 230 元/t 计算，夏季采用全热热回收设备可节约运行费用约 192 万元，冬季可节约运行费用约 26 万元。

由此可见，采用全热回收装置可以节约大量能源，提高能源利用率，同时带来巨大的经济效益。

2　热回收装置概述

热（冷）量回收装置种类较多，热交换器是余热回收使用最多的设备之一，按工作原理不同可分为：间壁式、直接接触式、蓄热式、中间载热体（热媒）式和热管式等；若按照回收热（冷）量类型分，归纳起来主要有两类，即全热回收装置和显热回收装置。全热回收装置既回收显热，同时也回收潜热，主要有转轮式换热器、板翅式换热器、热泵式换热器等；显热回收装置主要有中间热媒式换热器、板式显热换热器、热管式换热器等。

2.1　全热回收装置

1）转轮式

转轮换热器（图 1）是在旋转过程中让排风与新风以相逆方向流过转轮（蓄热体）而各自释放和吸收能量的。

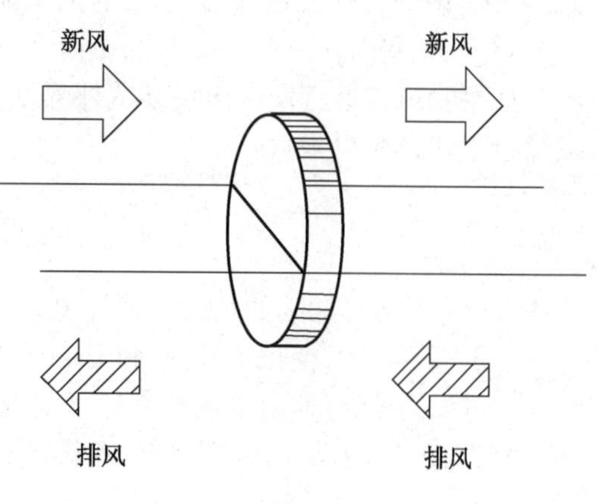

图 1　转轮式换热器示意图

2）板翅式

板翅式全热回收器，其主要内部结构是一个板翅式换热器，但它与一般的板翅式换热器不同，主要是换热器的隔板和板翅一般为一种特殊材料的纸。这种特殊材料的薄纸，具有良好的传热和透湿性，但不透气。当进气和排气的两侧存在温差和水蒸气压力差时就会产生热湿交换，从而实现全热回收。

3）热泵式

热泵式换热器能回收大量余热，热效率高，但是需要配备压缩机、冷凝器、蒸发器等一系列设备，自身消耗能量，设备初投资较高。

2.2　显热回收装置

1）中间热媒式

中间热媒式换热器是在排风和新风管上分别装置水-空气换热器，通过中间热媒，将热量传递给新风。中间热媒通常为水。

2）板式显热交换器

板式换热器有着良好的传热性能，结构紧凑，运行安全、可靠，无需动力设备，无温差损失，经济性好。但是体积较大，需占用较大的建筑空间，且缺乏灵活性。

3）热管式

热管换热器是一种借助工质（如氨、氟里昂-11、氟里昂-113、丙酮、甲醇等）的相变进行热传递的换热元件。利用热管进行空调热回收时，在排风和新风管上装置热管换热器，通过工质的相变将热量传递给新风。

3　热回收方案分析

3.1　可行性分析

热（冷）量回收系统的选择要考虑到以下几个方面：

（1）系统规模要适中。热（冷）量回收装置的尺寸要合理，便于设备、管道的安装布置。

（2）系统具有较高的运行可靠性。

（3）较高的自动化程度以方便运行管理。

（4）设备初投资及运行费用。

3.2　方案分析

本文以转轮式和中间热媒式热回收设备为例，分析热回收方案的合理性和经济性。

1）热回收效率

转轮式热回收设备新风处理量大，特别适用于大型新风系统中，而且可以实现全热回收，效率能达到70%～80%。中间热媒式由于水-空气换热效率较低，用管道输送热媒时有温升，且只能回收显热，所以其热效率只有40%～50%[5]。

以新风量10 000 m^3/h，新风参数干球温度35 ℃，湿球温度28 ℃，排风干球温度27 ℃，湿球温度19.5 ℃为例，采用转轮式热回收设备可以节约能耗39.3 kW，而采用中间热媒式热回收设备只能节约能耗约10.1 kW。

2）系统规模

转轮式热回收设备的主要缺点是设备体积较大，以亚都YX10-J型新风换气机为例，处理新风量10 000 m^3/h，其外形尺寸为3.5 m×2.1 m×1.8 m。由于热回收装置一般放置于设备层或建筑物顶层，设备本身尺寸较大，占用较多建筑物空间。另外转轮式热回收设备接管位置固定，配管灵活性也较差。

中间热媒式热回收设备包括表面式换热器、水泵和热媒输送管路（图2）。由于供热侧与得热侧之间通过管道连接，因此对距离没有限制，布置方便灵活，占用建筑物空间较小。

3）系统运行可靠性

转轮式换热器的转轮中间有清洗扇，本身对转轮有自净作用，通过对转速控制，能适应不同的室内外空气参数，运行维护方便。

中间热媒式热回收设备系统结构简单，但由于表面式冷却器表面容易积聚灰尘等污垢，降低传热效率，需要定期对其进行清洗。

4）自动控制

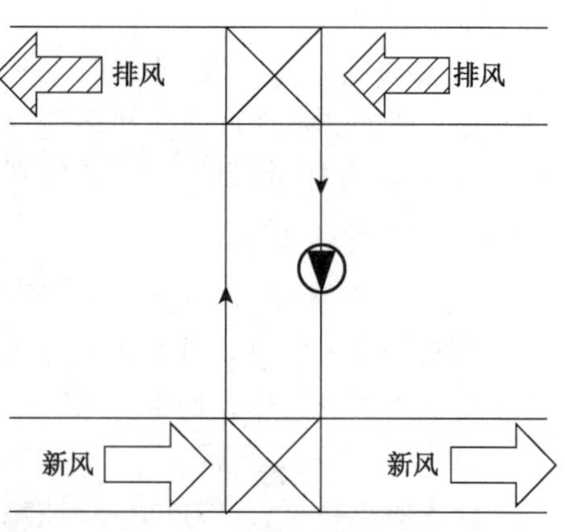

图2　中间热媒式热回收设备示意图

在设置热回收装置的空调系统里，为了有效地回收热(冷)量，提高系统效率，需要配备必要的自控装置，以确保回收系统在合理的状态下工作。转轮式热回收装置可以通过控制转轮转速改变其工作状态，而中间热媒式热回收装置则可以通过控制风管内风速和中间热媒的流速(或水泵转速)控制其工作状态。

4　结论

(1) 空调系统采用全热回收装置对于系统能耗的节约是十分有利的。尤其在炎热的夏季和寒冷的冬季效果更加明显。

(2) 由于上海地区室外空气相对湿度较大，采用全热回收效果比显热回收效果更好。

(3) 热回收系统设计要充分考虑安装尺寸，运行的安全可靠性及设备配置的合理性。

参考文献

[1] 陈沛霖，岳孝方.空调与制冷技术手册[M].2版.上海：同济大学出版社，1997.

[2] 第四机械工业部第十设计研究院.空气调节设计手册[M].北京：中国建筑工业出版社，1983.

[3] 尹应德，张泠，兰丽，等.余热回收型热泵在空调节能改造中的应用[J].节能与环保，2004(10)：29-31.

[4] 王晓璐，黄大宇，彭京砥.温度频率法在夏季空调负荷分析中的应用[J].郑州纺织工学院学报，1997，8(3)：28-32.

[5] 张小松，李舒宏，赵开涛等.板翅式换热器用于空调系统排风能量回收的研究[J].通风除尘，1998(3)：4-7.

某铸造厂冲天炉烟气热回收系统优化与经济性分析*

程 勇　刘 东　贾雪峰　尤丙夫　姜 南

摘　要：铸造厂的冲天炉烟气一般要求进行除尘处理，为此需要将烟气温度从约 300 ℃降至 120 ℃，为了充分利用烟气的热量，需要设计有效的热回收系统。本文对上海某铸造厂冲天炉烟气热回收系统开展了理论研究和实测对比，得到冷却器串联性能优于并联的结论，并对该烟气热回收系统进行了经济性分析。

关键词：冲天炉；烟气热能；旋风水冷却器；串联；并联

Economic Analysis and Optimization of Recycling System of Cupola Gas' Thermal Energy of a Foundry

CHENG Yong, LIU Dong, JIA Xuefeng, YOU Bingfu, JIANG Nan

Abstract: Dust removal and cooling are processed for cupola gas, and a lot of heat of gas is discharged from 300 ℃ to 120 ℃. Effective recycling system of thermal energy is needed for recycling the discharged heat of cupola gas fully. Based on theory and measurement, better heat transfer in cooling series was proved in recycling system of thermal energy of cupola gas of a foundry in Shanghai. Economic benefit brought by recycling system of thermal energy was also analyzed.

Keywords: cupola; thermal energy of gas; cooling cyclone; series; parallel

铸造行业是能源消耗和产生污染的大户，冲天炉是其核心设备，在熔炼过程中需要大量的热量和产生大量的烟气。据统计，冲天炉每熔炼 1 t 铁水，从加料口排出的烟气量约为 700～900 m^3，烟气温度约为 300 ℃，主要成分有 SO_2、CO、HF、CO_2、H_2O（气体）、固体有害物质等[1-2]。为了满足排放标准，烟气需经旋风除尘器和布袋除尘器两级除尘。而冲天炉出口烟气温度高达 300 ℃，若烟气直接进入常温布袋除尘器（允许温度≤120 ℃），将会影响布袋除尘器的性能和降低其使用寿命。为了保证除尘系统的正常运行和设备安全，降低烟气温度是非常必要的。烟气降温过程中会释放出大量的热量。通常这部分热量是通过冷却塔散失到大气中，消耗大量的电力和水；若采用热回收系统，将热量回收，既可满足烟气降温要求又能获得热水或蒸汽用于生产、生活，产生较好的经济效益。

1　烟气热回收系统性能的理论分析

1.1　烟气热能利用率

对烟气热能进行回收时，由于存在热损失，为准确了解冷却水吸收热量占烟气放热量的比例，定义烟气热能利用率 η[3]：

*《建筑热能通风空调》2010，29(5)收录。

$$\eta = \frac{\Delta q_s}{\Delta q_g} \tag{1}$$

式中，Δq_s 和 Δq_g 分别为冷却水的吸热量和烟气的放热量，kJ/h。

1.2 冷却器的并联和串联

图 1 为冷却器的并联和串联示意图[4]。

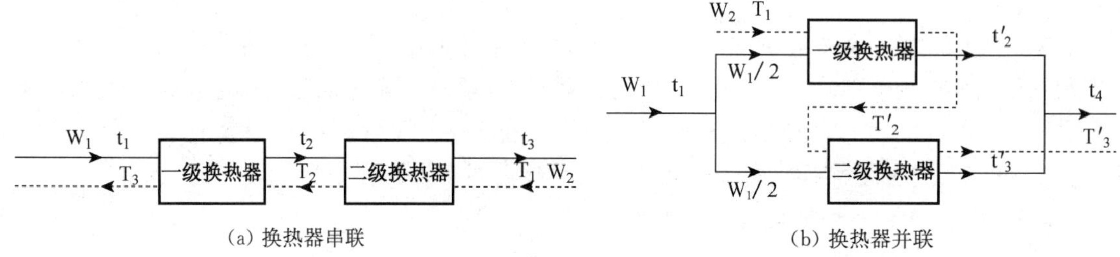

(a) 换热器串联　　(b) 换热器并联

图 1　冷却器的并联和串联示意图

1.2.1 换热器串联

总能量平衡方程

$$W_1 c_1 (t_3 - t_1) = W_2 c_2 (T_1 - T_3) \tag{2}$$

传热方程

$$2K_1 F \Delta t_{m1} = W_1 c_1 (t_3 - t_1) \tag{3}$$

根据式(1)和式(2)可得热交换后热流体的温度为：

$$T_3 = \frac{(K_1 FP - K_1 F + W_2 c_2) T_1 + 2K_1 F t_1}{(1 + P) K_1 F + W_2 c_2} \tag{4}$$

式中　W_1 和 W_2——分别为水流量和烟气流量，m^3/s；

t_1，t_3 和 T_1，T_3——分别为水初温，水终温和烟气初温，烟气终温，℃；

c_1 和 c_2——分别为水的比热和烟气比热，J/(kg·℃)；

F——换热器换热面积，m^2。

1.2.2 换热器并联

总能量平衡方程

$$W_1 c_1 (t_4 - t_1) = W_1 c_2 (T_1 - T'_3) \tag{5}$$

一级换热器的传热方程

$$K_2 F \Delta t_{m_2} = \frac{W_1}{2} c_1 (t'_2 - t_1) \tag{6}$$

二级换热器的传热方程

$$K_2 F \Delta t_{m_3} = \frac{W_1}{2} c_1 (t'_3 - t_1) \tag{7}$$

一级换热器能量平衡方程

$$\frac{W_1}{2} c_1 (t'_2 - t_1) = W_2 c_2 (T'_2 - T_1) \tag{8}$$

能量平衡方程

$$\frac{W_1}{2}c_1 t_2' + \frac{W_1}{2}c_1 t'_3 = W_1 c_1 t_4 \tag{9}$$

联立方程式(5)—式(9)可得：

$$T_3' = \frac{(1+7nP+7P+2m-2P^2-4mP-2nP^2+2mn-n)T_1-(6P+4nP+2m+1)t_1}{2P+2m-1} \tag{10}$$

其中：

$$P = \frac{W_2 c_2}{W_1 c_1} \tag{11}$$

$$m = \frac{W_2 c_2}{K_2 F} \tag{12}$$

$$n = \frac{W_1 c_1}{K_2 F} \tag{13}$$

式中　T_2'，T_3'，T_4——分别为一级换热器出口水温，二级换热器出口水温和水终温，℃；

T_2'，T_3'——分别为一级换热器出口烟温和烟气终温，℃；K_1，K_2 分别为一、二级换热器中烟气与水换热的传热系数，W/(m^{2}K)；Δt_m 为烟气与水换热的平均传热温差，℃。

在相同的初始条件(烟气流量、进口温度；水的流量、进口温度以及换热器面积等)情况下，可证明 $T_3 < T_3'$，即换热器串联时换热量大于并联时换热量，这主要因为串联时的传热系数大于并联时的传热系数。

2　某铸造厂冲天炉烟气热回收实测研究

2.1　烟气热能回收系统介绍

冲天炉排出烟气经两级旋风水冷却器后进入常温布袋除尘器，经排风机，最后由排气筒排入大气[5]。在两级旋风冷却器中，高温烟气与水发生热交换，烟气温度降低到布袋除尘器允许的温度，而水吸收热量后温度升高，最后较高温度的水经水泵被送至热水蓄水箱，供员工淋浴。为提高冲天炉烟气热能利用率，该项目共设计了两种形式的热回收系统：即两个旋风水冷却器可实现串联和并联的转换，通过现场实测和运行数据分析，探讨最优化的热回收利用系统。

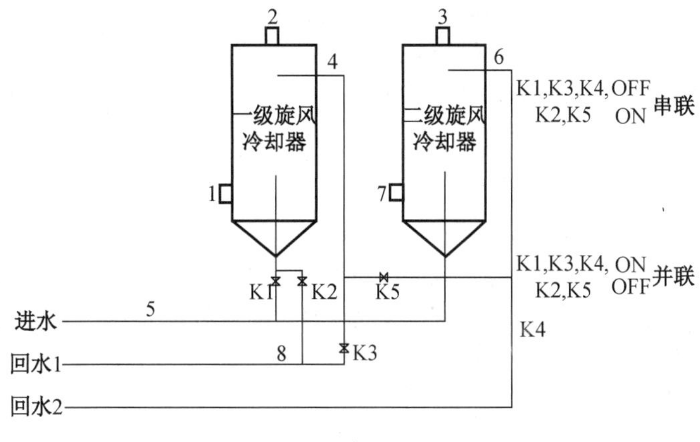

图 2　温度测点布置

实测于 2009 年 7 月 10 日 16:30至 2009 年 7 月 10 日 19:10 进行，环境空气最高温度34 ℃，最低温度 26 ℃，平均相对湿度约 60%。实验共分两个阶段，17:00

至18:10时间段内两个旋风冷却器并联，18:35至19:10时间段内两个旋风冷却器串联。采用笛型管测量烟气流量，测点布置在一、二级旋风冷却器出口的烟气直管段上；水流量的测量采用超声波流量计，当两个旋风冷却器并联连接时，测点选在供水总管直管段和一级旋风冷却器回水直管段上，当两个旋风冷却器串联连接时，测点选在供水直管段上，整个测试过程中忽略水的泄漏；温度测量包括两部分，即水温度的测量和烟气温度的测量，采用热电阻温度计进行测量，测点布置如图所示。旋风水冷却器并联和串联时，各温度测点相应的名称见表1。

表1　温度测点布置

测点	旋风水冷却器并联	旋风水冷却器串联
1	一级旋风冷却器进口烟气温度	一级旋风冷却器进口烟气温度
2	一级旋风冷却器出口烟气温度	一级旋风冷却器出口烟气温度
3	二级旋风冷却器出口烟气温度	二级旋风冷却器出口烟气温度
4	一级旋风冷却器出口水温	一级旋风冷却器进口水温
5	旋风冷却器进口水温	二级旋风冷却器进口水温
6	二级旋风冷却器出口水温	二级旋风冷却器出口水温
7	二级旋风冷却器进口烟气温度	二级旋风冷却器进口烟气温度
8	一级旋风冷却器出口水温(远测点)	一级旋风冷却器出口水温

2.2　实测数据分析

2.2.1　水流量

在并联和串联情况下水流量比较稳定，如图3所示。水系统并联时，一级旋风冷却器水流量为29.92 m^3/h，二级旋风冷却器水流量为37.62 m^3/h；水系统串联时，水流量为54.52 m^3/h。

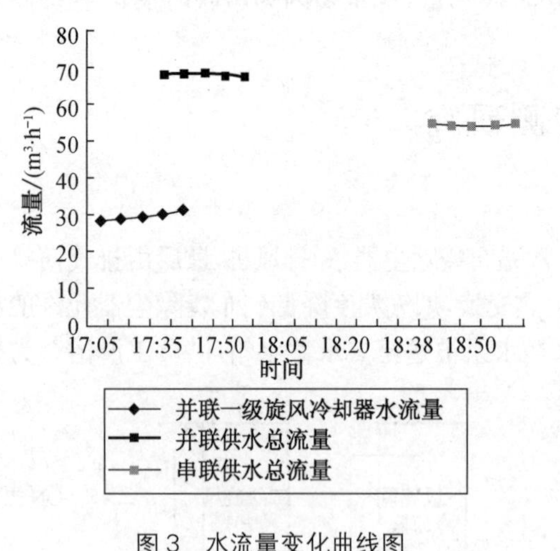

图3　水流量变化曲线图

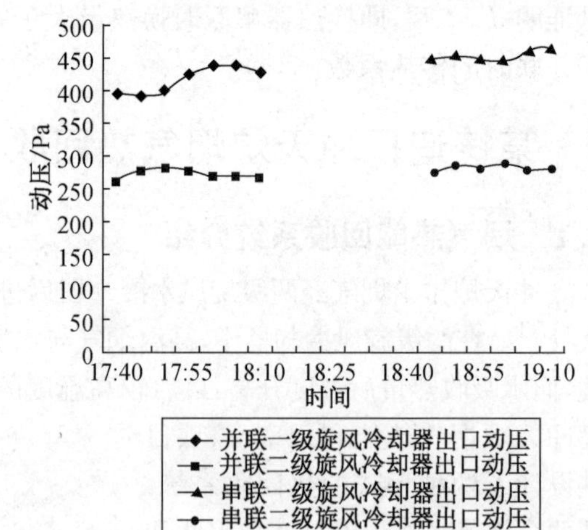

图4　烟气动压变化曲线图

2.2.2　烟气流量

从图4可知，烟气动压在冲天炉刚开炉运行时，由于冲天炉运行工况不稳定，导致烟气流量有些波动；随着时间的推移，烟气动压波动很小。水系统并联时，烟气流量波动较大，流量约为67 770 Nm^3/h；水系统串联时，烟气流量比较稳定，流量约为76 220 Nm^3/h。

2.2.3　水温

从图5可以看出，水与烟气进行换热，温度升高且比较稳定；水系统并联时，供水温度为47

℃,一级旋风冷却器出水温度为 92 ℃,二级旋风冷却器出水温度为 63 ℃,混合水温约为76 ℃;水系统串联时,二级旋风冷却器进水温度为 51 ℃,二级旋风冷却器出水温度为 69 ℃,一级旋风冷却器进水温度为 65 ℃,一级旋风冷却器出水温度为 97 ℃。水系统串联时水的终温高于并联时水的终温。得到的热水可以作为工厂员工淋浴之用(或者以供其他生产、生活的热水之用),从而节省原来专门为获得这些热水的锅炉运行费用,同时还减少了锅炉对环境的污染。

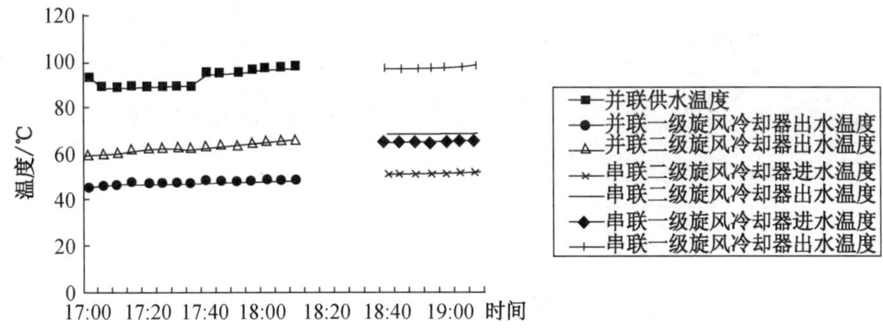

图5　水温变化曲线图

2.2.4　烟气温度

图 6 表示在水系统串联和并联两种形式下烟气温度随时间的变化趋势,烟气温度比较稳定,一级旋风冷却器进口烟气温度有小波动,主要是由于冲天炉工况不稳定;水系统并联时,一级旋风冷却器进口烟气温度和出口烟气温度分别为 247 ℃和 126 ℃,二级旋风冷却器进口烟气温度和出口烟气温度分别为 125 ℃和 90 ℃;水系统串联时,一级旋风冷却器进口烟气温度和出口烟气温度为302 ℃和 152 ℃,二级旋风冷却器进口烟气温度和出口烟气温度为 152 ℃和 101 ℃。水系统无论是并联还是串联,烟气在两个旋风冷却器中与水进行热交换,温度降低到布袋除尘器允许的温度范围(≤120 ℃),这样确保了布袋除尘器性能和延长了使用寿命。

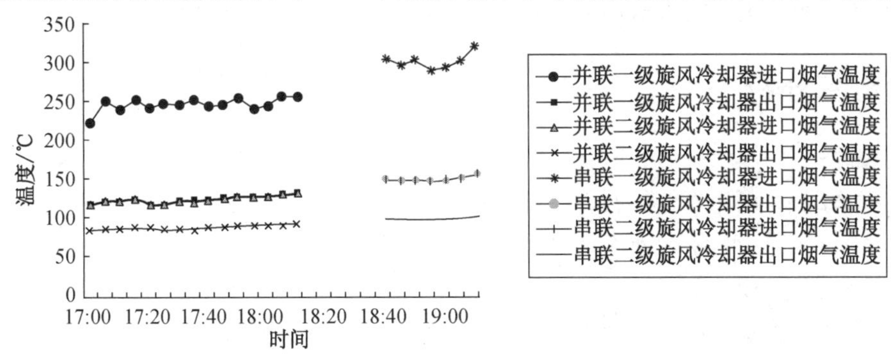

图6　烟气温度变化曲线图

2.2.5　烟气热能利用率

从图 7 可知,不同时刻烟气热能利用率不同。水系统并联时,烟气热能利用率大约为 45%;水系统串联时,烟气热能利用率大约为 40%。水系统并联时的烟气热能利用率高于串联时的热能利用率,可能的原因是串联时烟气流量大于并联时烟气流量,测试误差等。但从冷却水的吸收热量和冷却水的品位角度考虑:水系统并联时,冷却水的终温约为 76 ℃,水的吸热量约为8 182 940 kJ/h;而水系统串联时,冷却水的终温为 97 ℃,水的吸热量约为 10 533 260

kJ/h。比较可知,旋风冷却器串联时水的吸热量大于并联时水的吸热量,且串联时最终得到的冷却水的品位也高于并联。主要的原因是冷却器串联时,管内水的流速高,换热系数高,换热量大,这与理论分析是相符的。因此从热回收角度考虑,冷却器串联优于并联。

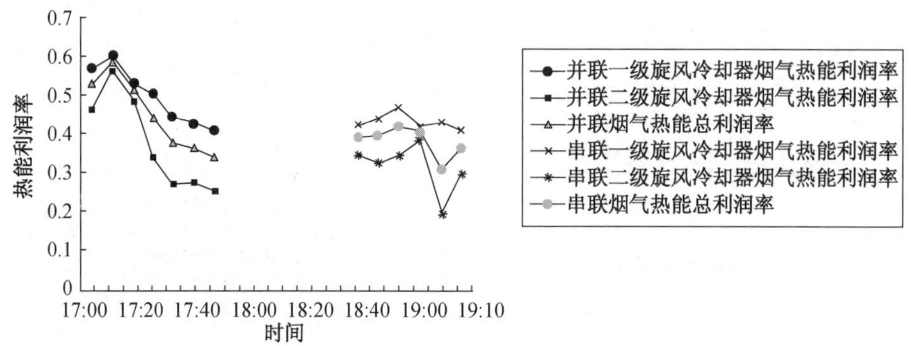

图 7 烟气热能利用率

不管水系统是并联还是串联,烟气热利用率都比较低,说明烟气释放的大部分热量没有被水吸收,而是以辐射对流等方式散失到大气中[6]。为了提高烟气热能利用率,应尽可能减少烟气热损失和增加冷却水的吸热量。由于烟气管道和旋风冷却器的蓄热特性,部分热量转化为它们的内能;由于它们的壁面与环境之间有较大的温差,在温差的推动下,主要以辐射对流方式将热量散失到环境中;因此可加强烟气管道和旋风冷却器保温来减少热量损失,这样就增加了系统的初投资,所以须综合考虑增加的投资带来的效益。在减少烟气热损失的同时,须增加烟气和水之间的换热量,主要是由布袋除尘器允许温度(≤120 ℃)来决定的。冷却水与烟气在气水换热器中进行热交换,为了提高传热效率,可以增加冷却水量或增加烟气侧换热系数;但增大冷却水量时,最终的冷却水温会降低,这就会降低冷却水的品位。可见,为提高烟气热能利用率,必须综合考虑各个方面的因素,以便寻求最优化的解决方案。

3 经济性分析

以旋风冷却器并联为例来分析烟气热回收系统所带来的经济效益。即使在如此低的烟气热能利用率情况下,利用烟气热回收装置,每小时可提供 60 ℃的热水约 85 t;若利用热水锅炉来提供淋浴所需的热水,锅炉效率取 85%[7],则安装的烟气热能回收系统每小时可以节约标准煤约 0.6 t,煤价格取 950 元/t,锅炉一年运行 1 300 h,则一年可节省约 74 万元人民币。可见,安装烟气热回收系统不仅能减少锅炉对环境的污染,同时还带来良好的经济效益。

4 结论

(1) 经过理论分析,在相同的初始条件下,换热器串联时的传热效果优于并联。

(2) 实测某铸造厂冲天炉烟气热回收系统,水系统并联时烟气热能利用率约为 45%,烟气温度从 247 ℃降至 90 ℃,水温从 47 ℃升高至 76 ℃;水系统串联时烟气热能利用率约为 40%,烟气温度从 302 ℃降至 101 ℃,水温从 51 ℃升高至 97 ℃。从热回收的角度,旋风冷却器串联优于并联。

(3) 旋风冷却器并联时,热回收系统每年可为该铸造厂节省约 74 万运行费用,经济性显著。

参考文献

[1] 吴传胜,刘芸. 冲天炉烟气除尘净化技术及其发展[J]. 化肥设计,2006,44(1):53-54.

[2] 甄敏钢,由世俊,宋岩,等. 直燃机烟气余热回收经济与节能性分析[J]. 煤气与热力,2006,26(9):60-62.

[3] 尤丙夫,姜南,陈松林. 冲天炉高温烟尘冷却装置及余热回用技术[J]. 现代铸造,2009(1):69-71.

[4] 章熙民,任泽霈,等. 传热学[M]. 4 版. 北京:中国建筑工业出版社,2005.

[5] 尤丙夫,马炳权. 环境保护与冲天炉烟尘治理[J]. 现代铸造,2008,28(6):89-91.

[6] 何雁,李韧,王照汉,等. 冲天炉烟气净化与余热利用系统的设计和应用[J]. 环境工程,2006,24(6):37-41.

[7] 吴味隆. 锅炉及锅炉房设备[M]. 4 版. 北京:中国建筑工业出版社,2006.

冲天炉高温烟气余热利用的研究*

刘东　程勇　朱彤　尤丙夫　姜南

摘　要：为了保护设备和环境，冲天炉烟气需要进行降温和除尘，烟气在降温过程中，会释放出大量的热量并消耗冷却用水，有必要利用高温烟气余热回收系统来实现节能减排的目标。本文结合上海某铸造厂余热利用系统在春夏季的现场实测数据，分析了该系统烟气余热利用率较低的原因，得出烟气余热利用率主要取决于冲天炉出口烟气参数，冷却水流量、进口水温，冷却水与烟气换热系数高低等因素，而受环境温度影响较小的结论。

关键词：冲天炉；旋风水冷却器；烟气热能；环境温度

Research on Recycling System of Cupola Flue Gases' Thermal Energy of a Foundry

LIU Dong，CHENG Yong，ZHU Tong，YOU Bingfu，JIANG Nan

Abstract：In order to protect the equipment and environment，dust removal and cooling are processed for cupola gas，and a lot of heat of gas is discharged in the process，and a recycling system of cupola flue gases' thermal energy could be adopted. Based on measuring the recycling system of cupola flue gases' thermal energy of a foundry in Shanghai，analyze the reason why the efficiency of cupola flue gases' thermal energy is low. Some results are concluded：the use efficiency is greatly depended on some parameters of cupola flue gas，the flow rate of cooling water，the inlet temperature of cooling water and the transfer coefficient between cooling water and gas，and less depended on the ambient temperature.

Keywords：cupola；cooling cyclone；thermal energy of gas；ambient temperature

0　引言

随着我国经济的发展，能源的消耗量迅速增长，同时又产生大量的污染；铸造厂作为能源需求和环境污染控制的重点对象，尤应重视节能减排方面的工作。冲天炉是铸造厂的主要耗能设备，在其熔炼的过程中会产生大量的余热和烟气。据统计，冲天炉每熔炼 1 t 铁水，从加料口排出的烟气量约为 700～900 m^3，烟温约为 300 ℃，烟气主要成分有 SO_2，CO，HF，CO_2，H_2O(气体)、固体有害物质等。若能在烟气除尘的过程中，充分利用烟气的热量，将达到实现减少环境污染(热污染)和节能的效果。本文结合上海某铸造厂的实际工程实例来探讨冲天炉烟气热能回收系统的优化设计和分析采用烟气热能回收系统带来的经济效益。

*《装备制造》2011，40(2/3)收录。

1　工程背景及理论分析

1.1　烟气降温的必要性和可能性

为了使冲天炉烟气达到排放标准，烟气的净化一般需经过旋风除尘器和布袋除尘器两级除尘。冲天炉出口烟气温度约 300 ℃，若高温烟气直接除尘系统，将会影响其正常运行。常温布袋除尘器（允许进入温度≤120 ℃），如此高的烟气温度不仅影响其性能，而且会大大降低其使用寿命并带来安全问题，因此必须降低烟气温度。

从冲天炉出口烟气温度约 300 ℃降到要求的 120 ℃以下，在烟气降温过程中，将会释放出大量的热量，按烟气量设计风量 50 000 m^3/h 和温差 180 ℃计算，每小时就释放约 1.09×10^7 kJ热量，这是相当可观的。

1.2　高温烟气余热利用的理论分析

1.2.1　管道烟气量

管道烟气量通过测量断面动压、烟气温度等参数整理、修正而得到。

$$L = 3\,600A\sqrt{\frac{2P_{\mathrm{d}}}{\rho}} \tag{1}$$

式中　P_{d}——测量截面平均动压，Pa；

P——测量截面空气在温度 T 下的空气密度，kg/m^3；

A——测量截面面积，m^2。

1.2.2　烟气余热利用率

在对烟气进行除尘热回收时，由于存在热损失，为了解冷却水吸收热量占烟气放热量的比例，定义烟气余热利用率 η 如下：

$$\eta = \frac{\Delta Q_{\mathrm{s}}}{\Delta Q_{\mathrm{g}}} \tag{2}$$

式中　H——高温烟气余热利用率；

ΔQ_{s}——冷却水的吸热量，kJ/h；

ΔQ_{g}——烟气的放热量，kJ/h。

2　上海某铸造厂冲天炉烟气余热利用的实测分析

2.1　烟气余热利用系统简介

冲天炉排出的高温烟气经两个串联的旋风水冷却器后进入常温布袋除尘器，通过排风机排入大气。冷却水吸收高温烟气释放的热量后，由水泵送至蓄热水箱。

现场实测分别在 2009 年 4 月 12 日和 2009 年 7 月 10 日。4 月 12 日测试地环境空气最高温度为 24 ℃，最低温度为 15 ℃，平均相对湿度为 50%；7 月 10 日测试地环境空气最高温度 34 ℃，最低温度 26 ℃，平均相对湿度 60%。烟气流量的测量采用笛型管；水流量的测量采用超声波流量计；水温度和烟气温度的测量采用热电阻温度计。测点布置如图 1 所示。

表 1　　温度测点说明

测点	旋风水冷却器并联连接	测点	旋风水冷却器并联连接
1	一级旋风冷却器进口烟气温度	5	旋风冷却器进口水温
2	一级旋风冷却器出口烟气温度	6	二级旋风冷却器出口水温
3	二级旋风冷却器出口烟气温度	7	二级旋风冷却器进口烟气温度
4	一级旋风冷却器出口水温	8	一级旋风冷却器出口水温(远测点)

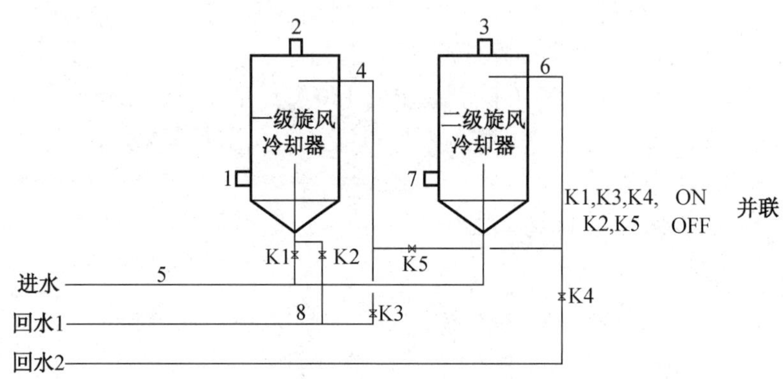

图 1　温度测点布置图

2.2　测试数据分析

2.2.1　水流量

从图 2 可以看出,两天测试过程中,总水流量和各台冷却器水流量都比较稳定,说明水系统的稳定性较好。

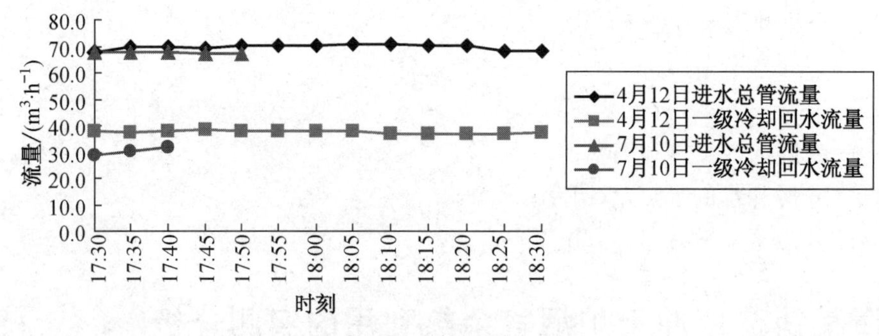

图 2　水流量变化曲线图

2.2.2　烟气流量

选取了烟气流动较稳定的两个断面,取两处测量值的算术平均值作为烟气流量实测值。4 月 12 日测得的烟气流量比较稳定,7 月 10 日测量的烟气流量波动较大,可能主要是由于 7 月 10 日测试当天冲天炉开炉时间较晚,冲天炉运行还没有达到稳定。

2.2.3　水温

图 4、图 5 分别是 4 月 12 日和 7 月 10 日水温度随时间的变化曲线图。除 7 月 10 日一级冷却器出口水温度有微小波动,水温度比较稳定。

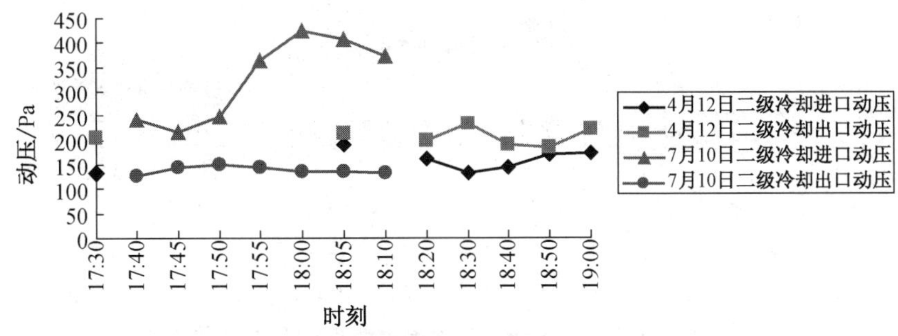

图3 烟气动压变化曲线图

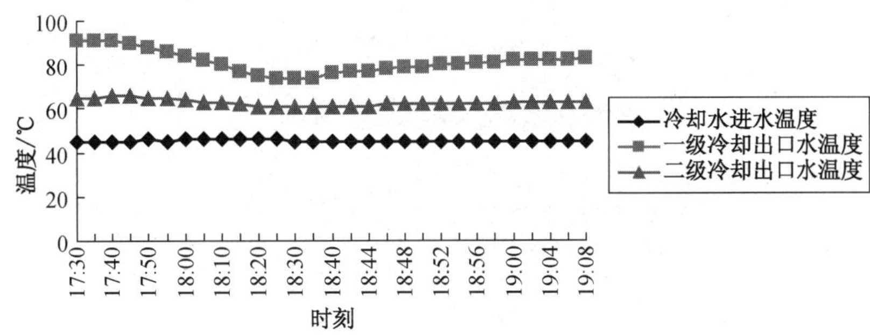

图4 4月12日水温度变化曲线图

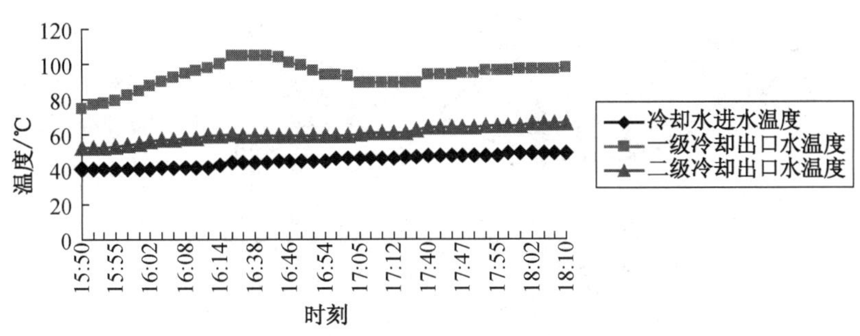

图5 7月10日水温度变化曲线图

2.2.4 烟气温度

从图6、图7可以看出，一级冷却器进口烟气温度波动较大，而其余测点烟气温度比较稳定，可能是由于冲天炉运行工况的不稳定性导致一级冷却器进口烟气温度波动较大；一级冷却器出口烟气温度测点与二级冷却器进口烟气温度测点距离较近，两侧点烟气温度基本相同。

可以看出，7月10日冲天炉出口烟气温度略高于4月12日冲天炉出口烟气温度，同时由于7月10日环境温度高于4月12日环境温度，7月10日烟气热损失相对较小，使得7月10日冷却水出口水温略高于4月12日冷却水出口水温。

2.2.5 高温烟气余热利用率

不同时刻烟气余热利用率有所不同，这主要受到水和烟气的相关参数的不稳定性影响。从图8中可以看出，无论是春季还是夏季，烟气余热利用率都比较低，这说明高温烟气释放出

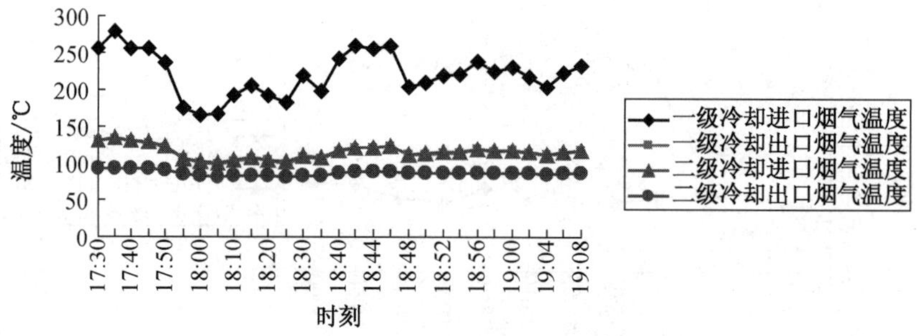

图6　4月12日烟气温度变化曲线图

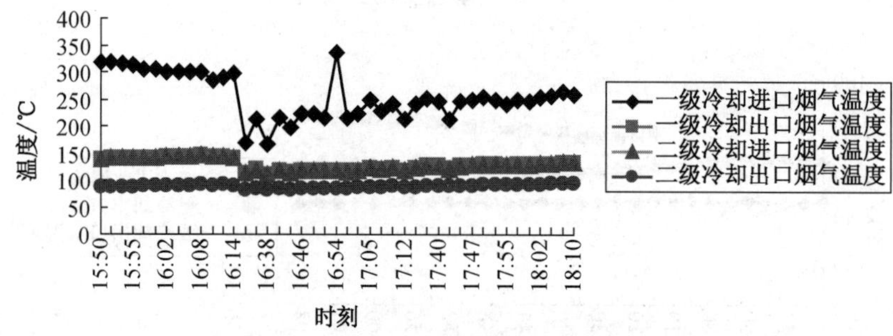

图7　7月10日烟气温度变化曲线图

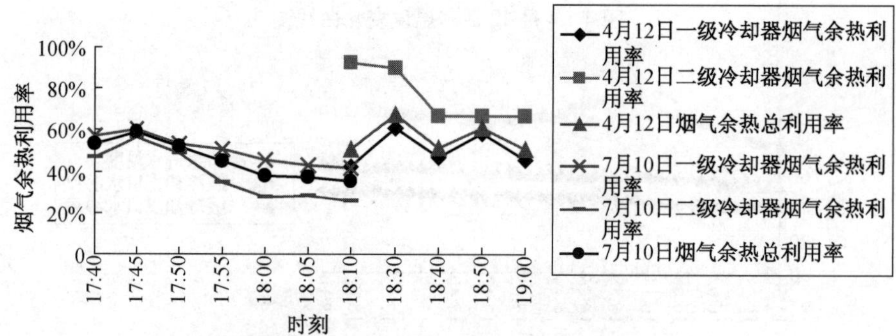

图8　烟气余热利用率变化曲线图

来的部分热量没有被冷却水吸收，而是可能通过辐射和对流等方式散失到环境中。4月12日一级冷却器烟气余热平均利用率为56.1%，二级冷却器烟气余热平均利用率为77.5%，烟气余热平均总利用率为64.5%；7月10日一级冷却器烟气余热利用率为50.2%，二级冷却器烟气余热平均利用率为38.3%，烟气余热平均总利用率为45.6%。对烟气热损失而言，如果环境空气温度较高，则烟气通过旋风冷却器和风管等辐射对流散失的热量相对较小；但从以上的分析可以看出，7月10日烟气余热利用率比4月12日烟气余热利用率低，可能是由于7月10日冲天炉出口烟气温度较高和冷却水流量较小，导致烟气余热利用率相对较小。可见，尽管环境温度差异较大，但其烟气热损失和烟气余热利用率影响相对较小；烟气余热利用率更多取决于冷却水和烟气自身参数，以及两者之间的传热系数。

2.3　优化改进建议

（1）优化冷却器的连接方式，实测该铸造厂冲天炉烟气热回收系统，水系统并联时烟气热能利用率约为45%，烟气温度从247 ℃降至90 ℃，水温从47 ℃升高至76 ℃；水系统串联时烟气热能利用率约为40%，烟气温度从302 ℃降至101 ℃，水温从51 ℃升高至97 ℃。经过理论分析，在相同的初始条件下，换热器串联时的传热效果优于并联。故从热回收的角度，旋风冷却器串联优于并联。

（2）可以增加冷却水的流量，提高烟气与冷却水之间的换热系数等，增加冷却水吸热量，提高烟气余热利用率；但由于冷却水流量增加，可能会导致最终冷却水温度较低，降低热水品质，因此需要根据结构形式进行优化。

（3）可以采用旋风冷却器和管道保温方法降低其壁面温度，减少烟气余热损失，提高烟气余热利用率；但是如前所述对于这个实际工程案例，环境温度对烟气余热利用率影响相对较小，对于这类工程应用，必须考虑各方面的因素如烟气的温度、换热器形式、热水用途等进行综合评价。

2.4　经济性分析

以4月12日测试得到的数据为基础，来分析说明采用烟气余热利用带来的经济效益。经估算，该烟气余热利用系统，每小时可以提供60 ℃热水约84 t，能满足该铸造厂员工淋浴的需要。如果利用热水锅炉来提供相同温度相同量的热水，换热效率取85%，则采用烟气余热回收系统每小时可以节约标煤约0.59 t，煤价格取950元/t，锅炉一年运行1 300 h，则一年可以为该铸造厂节省约73万人民币。可见，在如此低的烟气余热利用率的情况下，都能产生良好的经济效益，采用高温烟气余热利用系统是经济可行的。

3　结论

（1）烟气余热利用率高低更多取决于冲天炉出口烟气参数，冷却水流量、进口水温等参数，而环境温度对高温烟气余热利用率影响相对较小。

（2）实测该铸造厂冲天炉高温烟气余热利用系统，得到烟气余热利用率都比较低。4月12日得到烟气余热利用率为64.5%，而7月10日得到烟气余热利用率仅为45.6%；因此存在较大的优化和提高的潜力。

（3）以4月12日测试得到数据为例，采用高温烟气余热利用系统，每年可以为该铸造厂节省运行费约73万元，具有良好的经济效益。

参考文献

[1] 程勇，刘东，贾雪峰，尤丙夫，姜南．某铸造厂冲天炉烟气热回收系统优化与经济性分析[J]．建筑热能通风空调，2010，29(5)：100-103.

[2] 尤丙夫，姜南，陈松林．冲天炉高温烟尘冷却装置及余热回用技术[J]．现代铸造，2009(1)：69-71.

[3] 章熙民，任泽霈，等．传热学[M]．4版．北京：中国建筑工业出版社，2005.

[4] 甄敏钢，由世俊，宋岩，等．直燃机烟气余热回收经济与节能性分析[J]．煤气与热力，2006，26(9)：60-62.

[5] 何雁，李韧，王照汉，等．冲天炉烟气净化与余热利用系统的设计和应用[J]．环境工程，2006，24(6)：37-41.

[6] 尤丙夫，马炳权．环境保护与冲天炉烟尘治理[J]．现代铸造，2008，28(6)：89-91.

[7] 吴传胜，刘芸．冲天炉烟气除尘净化技术及其发展[J]．化肥设计，2006，44(1)：53-54.

[8] 吴味隆．锅炉及锅炉房设备[M]．4版．北京：中国建筑工业出版社，2006.

上海某地埋管换热器设计实例*

薛雪　刘东

摘　要：介绍了上海某地源热泵加冷却塔系统，冬季完全依靠竖直地埋管系统从土壤中吸热，夏季则以地埋管系统向土壤中散热为主，在地埋管换热量不能满足散热要求（负荷高峰）时，开启冷却塔，辅助系统散热。通过对土壤热物性的分析计算，得出土壤热物性参数，从而为地埋管的换热计算提供依据，同时根据现场的试验数据校核了设计计算结果。

关键词：地源热泵；集中空调；地埋管换热器；土壤热物性；岩土热阻

Ground Heat Exchanger Design Example in Shanghai

XUE Xue, LIU Dong

Abstract: Presents a ground-source heat pump and cooling tower system, which absorbs heat from soil through vertical ground heat exchangers entirely in winter, releases heat to soil through vertical ground heat exchangers in summer, and cooling tower works as assistance when the ground heat exchangers cannot meet the heat release requirement(at peak time). By the analysis and calculation of soil thermal properties, obtains the parameter of the soil thermal properties, which provides the basis for the heat transfer calculation. Meanwhile, checks the design conclusion by the site testing data.

Keywords: ground-source heat pump; central air conditioning; ground heat exchanger; soil thermal properties; rock-soil heat resistance

1　项目简介

该项目位于上海市，是某厂区内的办公楼。采用地源热泵集中空调系统。冬季利用竖直地埋管换热系统从土壤中吸热，夏季则以竖直地埋管换热系统向土壤中散热为主，地埋管换热部分不能满足散热要求时，开启冷却塔，作为系统的辅助散热。

2　地埋管系统设计方案

2.1　设计依据

GB/T 13663—2000《给水用聚乙烯(PE)管材》，CJJ 63—95《聚乙烯燃气管道工程技术规程》，GB 50366—2005《地源热泵系统工程技术规范》。

2.2　地埋管系统设计负荷

2.2.1　空调设计负荷

该项目为办公楼，空调面积 7 750 m^2，计算冷负荷 1 210 kW，计算热负荷 700 kW。

*《暖通空调》2014，44(1)收录。

2.2.2 室外地埋管系统设计负荷

根据下式计算地埋管换热器的换热量：

$$Q'_1 = Q_1\left(1+\frac{1}{COP_1}\right) \tag{1}$$

$$Q'_2 = Q_2\left(1-\frac{1}{COP_2}\right) \tag{2}$$

式中　Q'_1——夏季向土壤排放的热量，kW；
Q_1——夏季设计总冷负荷，kW；
COP_1——设计工况下地源热泵机组的制冷系数；
Q'_2——冬季从土壤吸收的热量，kW；
Q_2——冬季设计总热负荷，kW；
COP_2——设计工况下地源热泵机组的供热系数。

所选择的地源热泵机组，在设计工况下 $COP_1=4.5$，$COP_2=4.0$。在实际运行中还需考虑水泵等设备运行产生的热量。根据水泵厂家的资料，水泵运行时传递给循环水的热量为输出功率的 8%(表 1)。

表 1　　水泵参数

参数	数量	电动机额定功率/kW	电动机效率	输出功率的 8%(单台泵)/kW
冷水循环水泵	三用一备	45	73%	2.63
地源侧循环水泵(夏季)	三用一备	55	73%	3.21
热水循环水泵	两用一备	45	73%	2.63
地源侧循环水泵(冬季)	两用一备	55	73%	3.21

由表 1 计算可知，水泵夏季发热量为 17.52 kW，冬季发热量为 11.68 kW。

地埋管换热系统夏季实际散热量＝1 210 kW×(1＋0.22)＋17.52 kW＝1 494 kW；冬季实际取热量＝700 kW×(1－0.25)－11.68 kW＝513 kW。

按冬季设计取热负荷设计地埋管换热器，地埋管换热器的设计负荷为 513 kW，夏季放热能力不足部分由冷却塔补充。

2.2.3 土壤热物性分析

1) 土质特性概述

该工程所在地属于长江三角洲入海口东南前缘，其地貌属于上海地区四大地貌单元中的滨海平原类型。该区域内的地基土均为第四纪松散沉积物，基岩埋藏深度约在 200 余米以下，根据该工程地质勘察的结果知，在 105 m 范围内可分为 10 层和分属不同层次的亚层，其地质具体构成和特征见表 2。

表 2　　地质成因、野外特征、地层特性

土层层序	土层名称	成因类型	光泽反应	干强度	韧性	层厚/m	层底标高/m	湿度	密实度	土层描述
①	杂填土	人工				1.2	2.6		松散	以黏性土为主，含碎砖、石子等，土质松散
$②_1$	褐黄色粉质黏土	滨海-河口	光滑	高	高	1.2	1.4	湿		含氧化铁斑点和铁锰结核

（续表）

土层层序	土层名称	成因类型	光泽反应	干强度	韧性	层厚/m	层底标高/m	湿度	密实度	土层描述
②$_2$	灰黄色粉质黏土	滨海-河口	光滑	高	高	1.2	0.2	很湿		含氧化铁斑点、云母及灰色条纹
③	灰色淤泥质粉质黏土	滨海-浅海	稍有光滑	中等	中等	3.7	−3.5	饱和		含云母、夹薄层粉砂、有机质等
③$_n$	灰色粉砂	滨海-浅海	无	低	低	2.0	−5.5	饱和	松散	含云母，夹薄层黏性土、土质不匀
④	灰色淤泥质黏土	滨海-浅海	光滑	高	高	7.5	−13	饱和		含云母、贝壳，夹少量薄层粉砂
⑤$_1$	灰色黏土	滨海-沼泽	光滑	高	高	9.0	−22	很湿		含云母、有机质、泥钙质结核
⑤$_2$	灰色黏质粉土	滨海-沼泽	无	低	低	6.5	−28.5	很湿	稍密～中密	含云母、有机质，夹薄层黏性土，土质不匀
⑤$_{3-1}$	灰色粉质黏土	溺谷	稍有光滑	中等	中等	12.5	−41	很湿		含云母、有机质、泥钙质结核，夹薄层粉性土
⑤$_{3-2}$	灰色砂质粉土夹粉质黏土	溺谷	无	低	低	8.0	−49	很湿	稍密～中密	含云母、有机质、泥钙质结核，夹较多粉质黏土
⑤$_4$	灰绿色粉质黏土	溺谷	稍有光滑	高	中等	3.2	−52.2	湿		含氧化铁、有机质
⑥	灰绿-灰色砂质粉土	河口-滨海	无	低	低	8.8	−61	饱和	密实	含云母、夹薄层黏性土
⑦	灰色粉质黏土	河口-滨海	稍有光滑	中等	中等	9.0	−70	很湿		含云母、夹薄层粉砂、有机质等
⑧	青灰色粉砂	滨海-河口	无	低	低	12.5	−82.5	饱和	密实	砂粒自上而下变粗
⑨	青灰色含砾粉砂	滨海-河口	无	低	低	15.5	−98	饱和	密实	夹砾石，夹少量黏性土
⑩	褐灰色粉质黏土	河口-湖泽	稍有光滑	高	高	未钻穿	未钻穿	湿		含钙质，铁锰质结核

另外，地质勘察报告显示，本场区浅部土层中的地下水属于潜水类型，丰水期水位较高，枯水期水位较低，地下水静止水位埋深在 0.3～1.5 m 之间，年平均水位埋深一般为 0.5～0.7 m。第Ⅰ承压水水位埋深一般为 3.0～11.0 m，呈年周期性变化。

地埋管换热器所能承担的换热量的多少主要受各层土质特性、地下水位等的影响，一般越致密、湿度越大的土壤，导热性能越好。查 GB 50366—2005《地源热泵系统工程技术规范》附录 B 可知各种土质的物性参数。

2）等效岩土导热系数

对以上地质的土质导热率进行加权计算，加权公式如下：

$$\lambda = \frac{\sum_{i=1}^{n} \lambda_i \delta_i}{\sum_{i=1}^{n} \delta_i} \tag{3}$$

式中 λ——加权处理后的土壤导热系数，W/(m・K)；

n——土质的种类；

λ_i——第 i 种土质的导热系数，W/(m・K)；

δ_i——第 i 种土质的厚度，m。

该工程土壤自上而下较厚土层分别为轻质黏土（即粉质黏土②$_1$，②$_2$，⑤$_1$，⑤$_{3-1}$，⑤$_4$，⑧，共 39.6 m）、致密黏土（即淤泥质黏土③，④，共 11.2 m）、轻质砂土（即③$_n$，共 2 m）、致密砂土（即⑤$_2$，⑤$_{3-2}$，⑥，⑦，⑨，共 47.8 m）。因该工程地下含水量丰富，土壤湿度较大，因此对照土壤物性参数表查物性参数时，暂按含水量 15%时的物性参数，以上各种土质对应的导热系数、热扩散率、密度等取值见表 3。

表 3　该项目土质物性参数

	导热系数 /(W・(m・K)$^{-1}$)	热扩散率 /(10^{-6}m^2・s^{-1})	密度 /(kg・m^{-3})	比热容 /(kJ・(kg・K)$^{-1}$)
致密黏土(含水量 15%)	1.7	0.49～0.71	1 925	14.654
轻质黏土(含水量 15%)	0.8	0.54～0.64	1 285	14.654
致密砂土(含水量 15%)	3.3	0.97～1.27	1 925	
轻质砂土(含水量 15%)	1.6	0.54～1.08	1 285	

经计算，加权处理后的土壤导热系数 λ=2.19 W/(m・K)，土壤的等效密度 ρ=1 700 kg/m^3，热扩散率 a=0.86×10^{-6} m^2/s，比热容为 14.654 kJ/(kg・K)。

孔内下管完毕之后，需回填物料，要求回填料的导热系数大于钻孔外岩土体的导热系数，以便使管内水和管壁、土壤换热效果更佳。本工程回填物选用细砂和饱和黏土（或膨胀水泥＋黏土），具体的导热系数见表 4。

表 4　土壤导热系数

回填材料	导热系数/(W/(m・K))
细砂和饱和黏土	2.40
膨胀水泥＋黏土	2.91

2.2.4　室外地埋管换热系统设计

1）井深计算

竖直地埋管换热器长度计算公式为

$$L_c = \frac{Q'_1(t_{max} - t_\infty)}{R_p + R_s F_c} \times 2 \tag{4}$$

$$L_h = \frac{Q'_2(t_\infty - t_{max})}{R_p + R_s F_h} \times 2 \tag{5}$$

式中　L_c——地埋管散热长度，m；

L_h——地埋管取热长度，m；

R_p——管壁的热阻，m・K/W；

R_s——岩土的热阻，m・K/W；

F_c——为最热月中的运行时间÷(24×该月的天数)，取0.5；

F_h——为最冷月中的运行时间÷(24×该月的天数)，取0.5；

t_∞——全年土壤平均温度℃，约为 18 ℃；

t_{max}——热泵进水设计最高温度，℃；

t_{min}——热泵进水设计最低温度，℃。

t_{max}，t_{min}的选取将影响地埋管换热器的设计长度，同时影响地源热泵系统在运行时的性能系数。为了保持热泵机组高效率运行，则 t_{max}=30 ℃，t_{min}=9 ℃。

以取热长度作为该建筑地埋管换热器的设计长度。

土壤加权等效导热系数为 2.19 W/(m·K)；回填材料导热系数为 2.4 W/(m·K)；U 形管管径为 de25，壁厚为 2.3 mm，导热系数为 0.42 W/(m·K)；竖直 U 环路长度修正系数取 1.66。

计算得聚乙烯竖直 U 环路地埋管长度 L_h＝5 700 m；L＝5 700 m×1.66＝9 462 m。

则单位井深换热量 $Q_{单}=Q'_2/L$＝54.2 W/m。

2) 钻孔数量

设计打孔总长度 L＝9 462 m，根据该区域的地质特点，建议单孔深度 L_1＝70 m/个，综合考虑冻土层的深度、其他专业地下管道的埋深及走向等因素，水平埋管的深度暂定地坪面以下 1.5 m，则单孔有效深度为 68.5 m。

布孔数量 $N=L/L_1\approx 136$ 个，考虑在设计孔数的基础上再增加 14 个孔，实际布孔数量为 150 个。

3) 地埋管布置间距分析

地埋管孔间距一般取 3～6 m 不等，应考虑以下因素：

(1) 负荷。孔间距不得小于竖直埋管最大负荷换热时在该区域内形成的温阶扩散直径。模拟得到的该工况条件的温阶图显示，单孔温阶扩散直径在 3.5～3.7 m 之间。

(2) 打孔占地面积。该建筑周边可供打孔的场所面积约为 2 000 m^2。

(3) 施工费用。孔间距过大将增加水平开挖土方量及水平管长度，工程造价增加。

综合考虑以上因素，建议孔间距取 4 m。

4) 地埋管集管方案

(1) 管材选取。一旦将换热器埋入后，不可能进行维修或更换，这就要求地埋管管材的化学性质稳定并且耐腐蚀。根据 GB 50366—2005《地源热泵系统工程技术规范》要求选择了 SDR11 聚乙烯 PE 管，导热系数为 0.42 W/(m·K)。

(2) 确定管径。在实际工程中确定管径必须满足以下两个要求：管径要大到足够保持最小输送功率；管径要小到足够使管道内保持湍流（流体的雷诺数 Re 达到 3 000 以上），以保证流体与管道内壁之间的传热。

上述两个要求相互矛盾，需要综合考虑。一般并联环路用小管径，集管用大管径，地埋管换热器常用管径有 20 mm，25 mm，32 mm，40 mm，50 mm，管内流速控制在 1.22 m/s 以下，对更大管径的管道，管内流速控制在 2.4 m/s 以下或一般把各管段压力损失控制在 120 Pa/m 当量长度以下。

本工程竖直埋管采用 SDR11 PE 管，de25（壁厚 2.3 mm），额定承压能力为 1.6 MPa；水平管为 de32（壁厚 3.0 mm），de40（壁厚 3.7 mm），de50（壁厚 4.6 mm），de63（壁厚 5.8 mm），额定承压能力为 1.25 MPa。

(3) 地埋管布置。钻孔按正方形布置，孔间距确保 4 m，具体布孔区域可按业主要求调整。地源侧集分水器及水泵集中设置于机房内，室外水平管走向遵守项目管线综合布置原则。地源热泵地埋管系统图见图 1。

2.2.5 现场试验数据校核

现场模拟了夏季和冬季的运行工况，测量地埋管在夏季/冬季的散热/取热能力，测试试验持续进行，直至换热量趋于稳定。

试验结果如表 5 所示，地埋管的传热能力如表 6 所示。

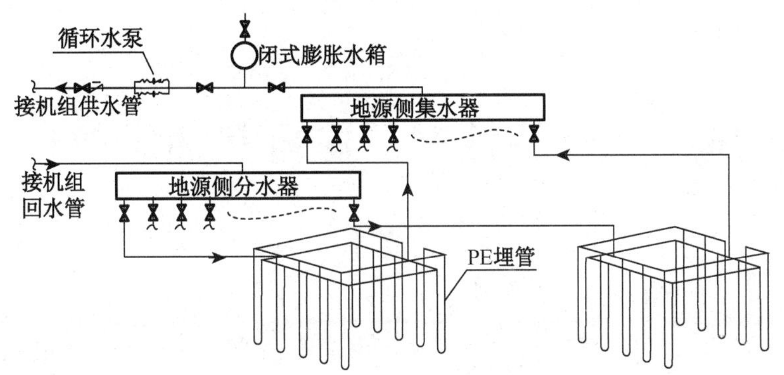

图 1　地源热泵地埋管系统图

表 5　散热和取热试验结果

试验	竖直深度/m	管径/mm	供水温度/℃	回水温度/℃	流速/(m·s^{-1})
散热试验	70	25	35	29.8	0.7
取热试验	70	25	5	9.3	0.7

表 6　地埋管换热量

试验	总传热量/kW	单位长度换热量/(W·m^{-1})
散热试验	4.98	71.11
取热试验	4.12	58.80

3　结语

通过对地源热泵集中式空调系统的室外地埋管换热系统的具体设计计算，分析了土壤热物性，包括地质特征、地层特性、土质物性参数对等效岩土导热系数计算的影响，进而归纳分析了地埋管的布置形式，希望能对地源热泵系统设计有一定的参考作用。

参考文献

[1] 陆耀庆. 实用供热空调设计手册[M]. 2 版. 北京：中国建筑工业出版社，2008.

[2] 马最良，吕悦. 地源热泵系统设计与应用[M]. 北京：机械工业出版社，2007.

[3] 美国制冷空调工程师协会. 地源热泵工程技术指南[M]. 徐伟，等，译. 北京：中国建筑工业出版社，2001.

[4] 韩慧民. 土壤源热泵在中央空调系统中的应用[J]. 制冷空调与电力机械，2005，29(2)：39-41.

[5] 周戎，王宇波. 土壤源热泵在武汉某大楼应用的可行性研究[J]. 经营管理者，2008(14)：161-162.

[6] 建设综合勘察研究设计院. GB 50021—2001 岩土工程勘察规范(2009 年版)[S]. 北京：中国建筑工业出版社，2009.

[7] 中国建筑科学研究院. GB 50366—2005 地源热泵系统工程技术规范[S]. 北京：中国建筑工业出版社，2005.

[8] MEI V C, BAXTER V D. Performance of a ground-coupled heat pump with multiple dissimilar U-tube coils in series[J]// ASHRAE Transactions, 1986, 92(2)：22-25.

[9] BOSE J E, PARKER J D, MCQUISTON F C. Design-data manual for closed-loop ground-coupled heat pump systems[M]. ASHRAE, 1985.

天窗及挡风板几何特性对厂房自然通风效果的影响*

刘　东　刘晓宇　庄江婷

摘　要：运用CFD软件模拟分析了矩形天窗及挡风板几何特性对采用天窗进行自然通风的一南北向厂房的影响，结果表明天窗宽高比为1.8时厂房的自然通风量最大，通风效果最好；挡风板高度增加，自然通风量有所增加，但增量较小；自然通风量随挡风板与天窗间距的增大以对数规律增加。

关键词：自然通风；天窗；CFD

Influence of Geometric Characteristics of Monitor and Wind Shield on Natural Ventilation Effect of a Workshop

LIU Dong，LIU Xiaoyu，ZHUANG Jiangting

Abstract：Simulates and analyses the influence in a south-oriented workshop using rectangular monitor for ventilation by means of CFD software. The results indicate that when the width-height ratio of the monitor is 1.8，it has the biggest natural ventilation rate，and that the ventilation rate increases slowly with the increase of the height of the wind shield and logarithmically with the increase of the distance between the wind shield and the monitor.

Keywords：natural ventilation；monitor；CFD

0　引言

散热量较大的高大厂房建筑一般可采用通风天窗来排出室内的余热和余湿，对此类建筑通风天窗的研究一直是大家非常关注的课题，以往人们主要是研究热压的影响，随着计算机技术的发展，有关风压的影响与优化等越来越受到重视[1-6]。本文将以上海某钢厂冷轧厂房为模型，就矩形天窗自身的几何特性对自然通风效果的影响进行研究。此外，为了保证在室外不同风向下天窗都能有良好的通风效果，经常需要在天窗的两侧加装挡风板，利用挡风板背部的负压诱导室内的热空气排到外界。为此，本文研究了挡风板的尺寸及位置对天窗通风效果的影响。

该厂房位于上海东北区域，南北朝向，厂房内部是冷轧生产线，具有强热源。为此需要对该建筑进行简化处理，构建计算模型，其中的建筑模型尺寸、计算区域及网格、求解模型和边界条件等详见文献[7]。

1　天窗自身宽高比的影响

为了研究矩形天窗自身特性对室内通风的影响，对不同宽高比下矩形天窗的通风特性进

*《暖通空调》2010，40(1)收录。

行研究。在构建的建筑模型(图 1)的基础上，保持天窗的喉部宽度(D=2.25 m)不变，通过改变天窗高度 H，分别对 D/H=1.2，1.5，1.8，2.0，2.255 这 5 个天窗宽高比下的自然通风状况进行模拟。环境温度为 28 ℃，风向为东南向，10 m 高处风速为 3.3 m/s。

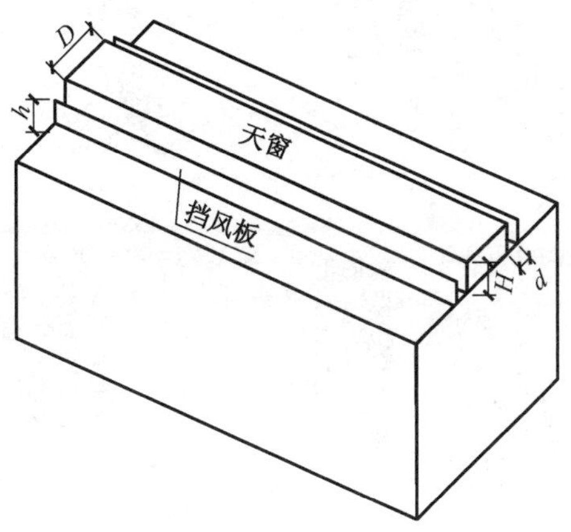

图 1　天窗及挡风板尺寸示意图

图 2 为不同天窗宽高比下厂房中心截面的压力分布局部放大图，可以看出，随天窗宽高比增大，建筑屋顶前缘的气流分离区扩大，屋顶最大负压值和平均负压值均有所增大。

图 3 为不同天窗宽高比下的进、出口风速分布矢量图，可以看出：

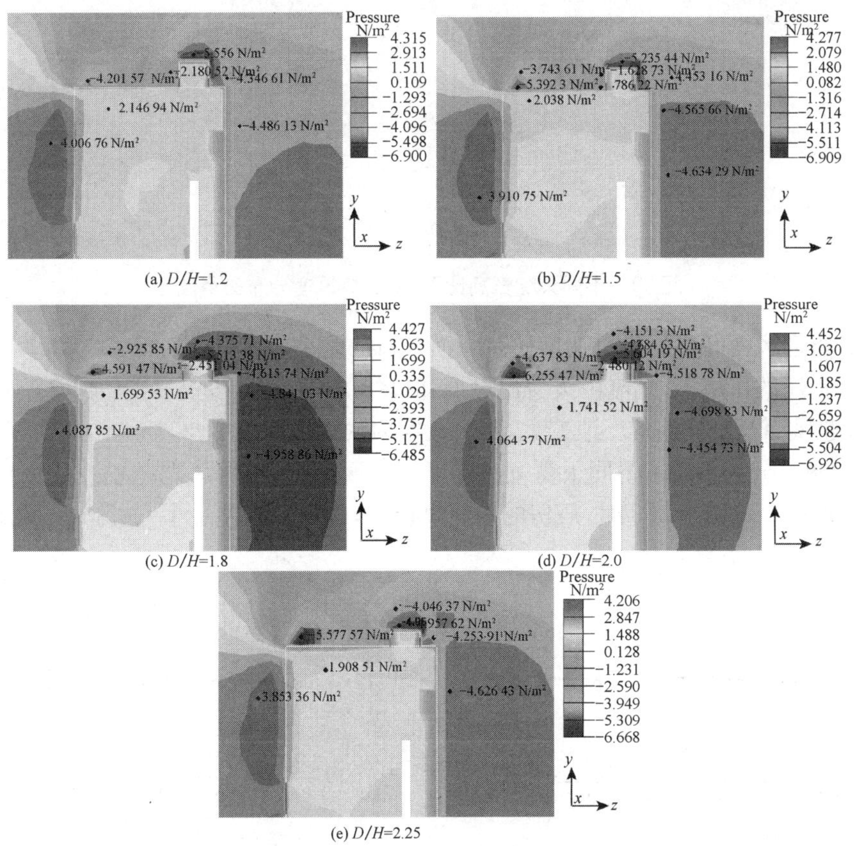

图 2　不同天窗宽高比下压力分布

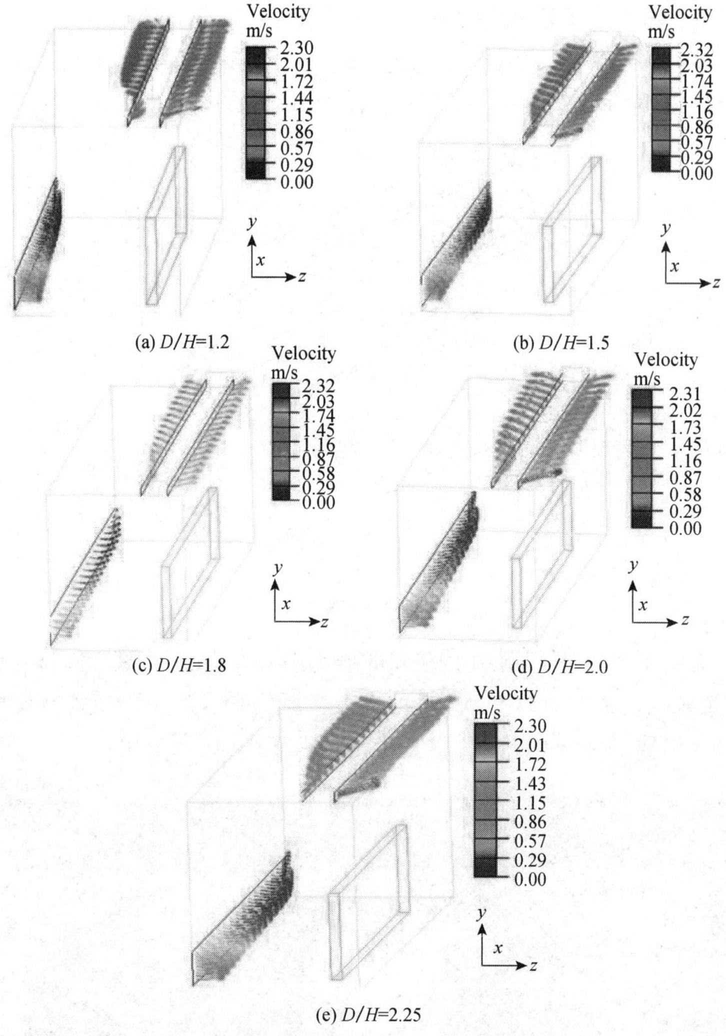

图3　不同天窗宽高比下进、出口风速分布矢量图

(1) 天窗迎风面开口的排风速度比背风面开口的略小。

(2) 在正压的作用下，气流由天窗迎风面开口的前端（东向）进入天窗内，但随着天窗宽高比的增大，迎风面开口处的负压值变大，进入天窗内的气流速度变小。

图4和图5分别给出了不同天窗宽高比下厂房通风量、进排风温差的变化曲线。可以看出，天窗的宽高比 $D/H=1.8$ 时，厂房的通风量最大，进排风温差最小，通风效果最好。

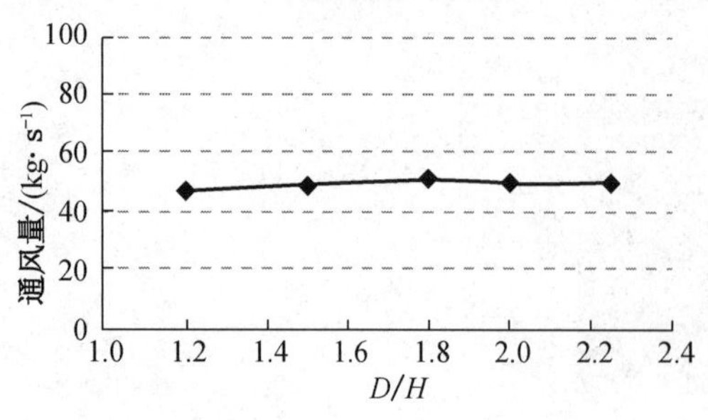

图4　通风量随天窗宽高比的变化曲线

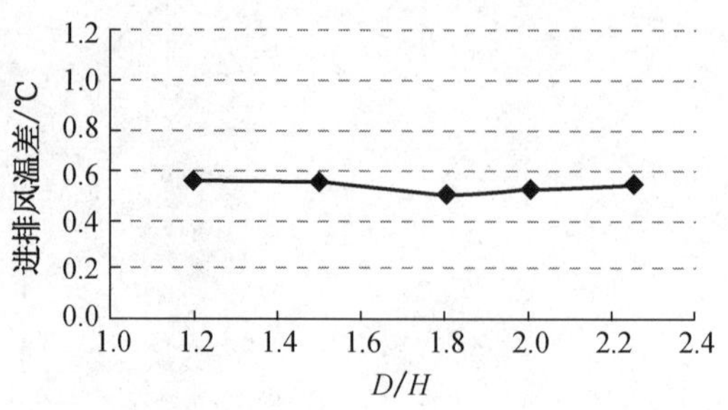

图5　进排风温差随天窗宽高比的变化曲线

2　挡风板高度的影响

在普通的矩形天窗前设立挡风板，当气流在挡风板前受到阻碍时，挡风板的背部出现负压，天窗出口将处于负压区，因此可以使天窗成为避风天窗。

下面对采用竖直挡风板对矩形天窗通风特性的影响进行研究，主要研究挡风板的高度以及挡风板与天窗间距的影响，研究模型如图 6 所示。矩形天窗位于屋顶的中部，宽 2.25 m，高 1.125 m；挡风板的端部封闭，底部紧贴屋面。风向为东南向，10 m 高处风速为 3.3 m/s，环境温度为 28 ℃。

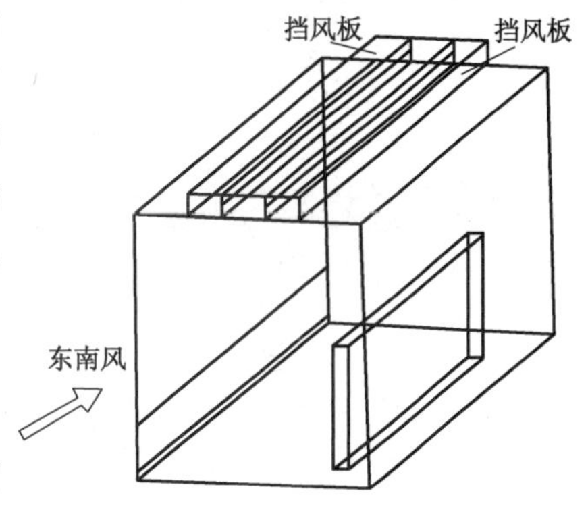

图 6　加设挡风板后的建筑模型

在挡风板与天窗间距 d 固定不变的前提下（$d=1.125$ m，即 $d/H=1.0$），取挡风板高度 h 分别为 0，0.675 m，0.9 m，1.125 m，1.35 m，1.575 m（即 h/H 分别为 0，0.6，0.8，1.0，1.2，1.4）进行模拟，研究不同挡风板的高度对自然通风天窗通风效果的影响。

图 7 为不同挡风板高度下厂房中心截面的压力分布局部放大图。可以看出：

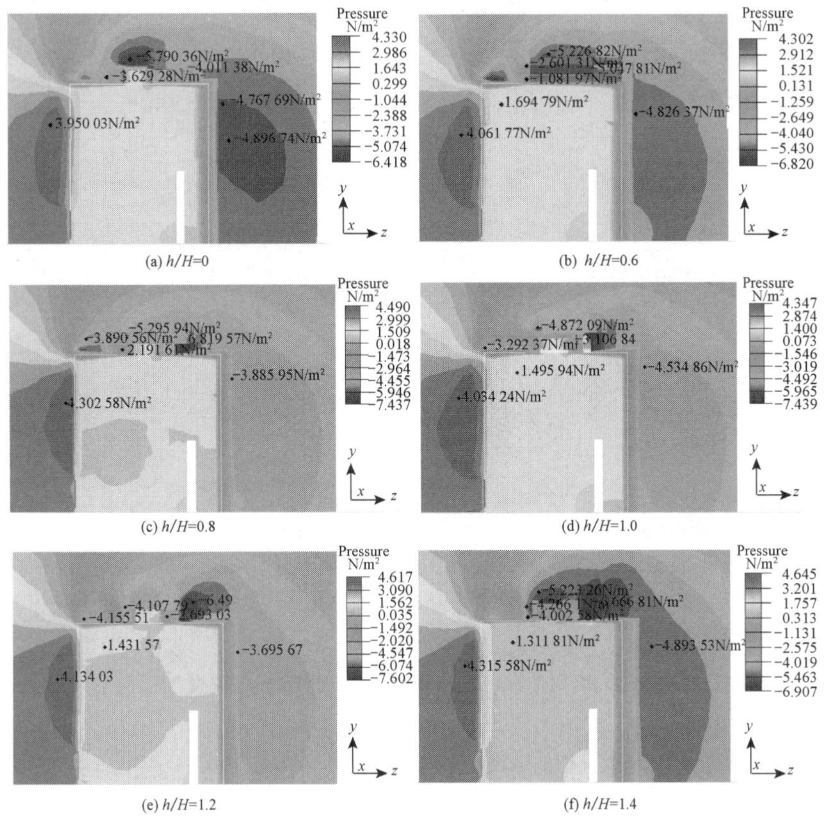

图 7　不同挡风板高度下压力分布

(1) 加设挡风板前，最大负压出现在厂房顶面的前缘及天窗顶部，加装挡风板后，在背风面挡风板的背面区域出现了最大负压值，且随着挡风板高度的增加，背风面挡风板背面的负压区不断扩大；

(2) 由于迎风面挡风板的阻挡作用，挡风板上游区域的压力较无挡风板情况下有所增大，但仍处于负压区；

(3) 随着挡风板高度的增加，迎风面天窗开口处的负压值逐渐增加；

(4) 挡风板高度的增加对从建筑前缘至挡风板这一区域的压力分布几乎无影响。

图 8 为不同挡风板高度下进、出口的风速分布矢量图。可以看出：

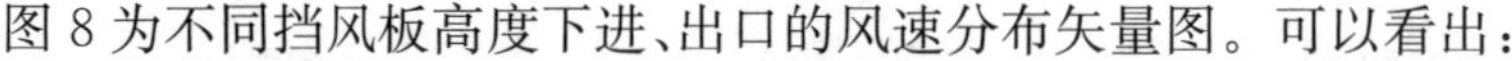

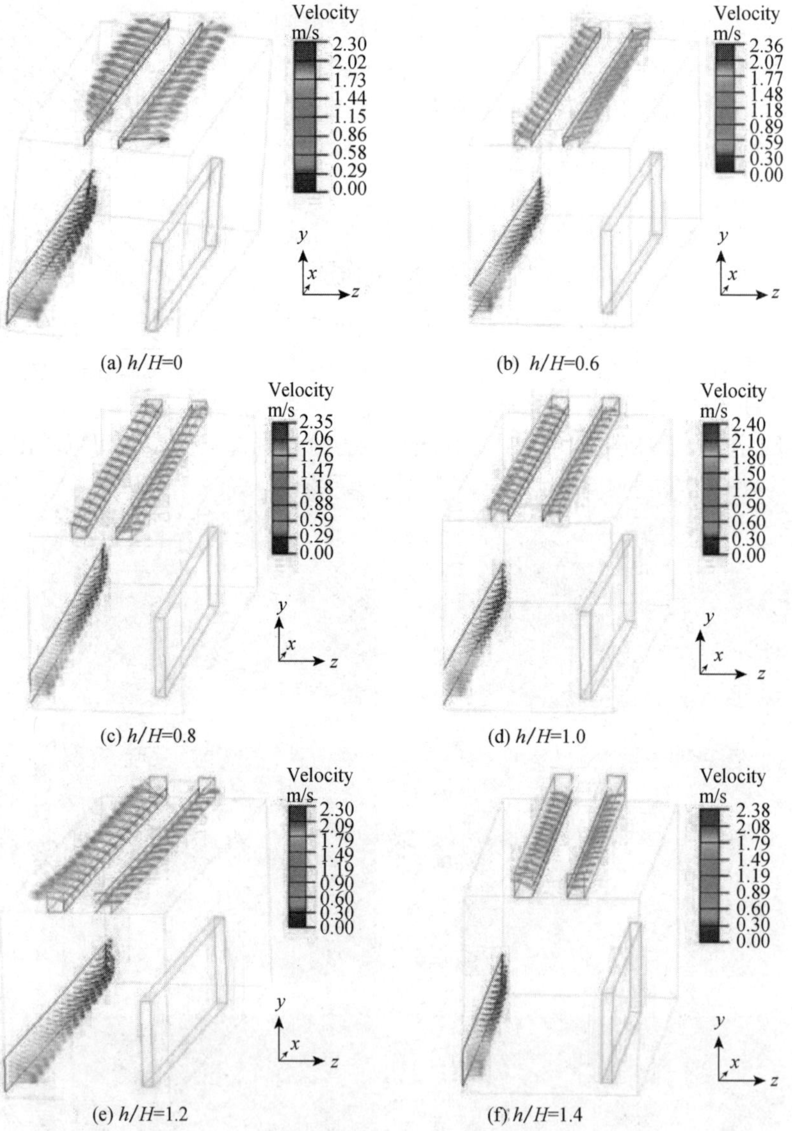

(a) h/H=0　　(b) h/H=0.6

(c) h/H=0.8　　(d) h/H=1.0

(e) h/H=1.2　　(f) h/H=1.4

图 8　不同挡风板高度下进、出口风速分布矢量图

(1) 对无挡风板的天窗，其北面开口的风速大于南面开口，随着挡风板高度的增加，南面开口的风速逐渐增大，在 $h/H=0.8$ 时，南北两侧开口的出风速度基本一致，挡风板高度继续增加，南面开口的风速将大于北面开口；

(2) 随着挡风板高度增加，南面开口东端的出风速度逐渐增大，当挡风板高度增加至 $h/H=1.0$ 后，自东向西速度逐渐减小，与下部进风口的分布规律相似。

图 9 给出了不同挡风板高度下厂房通风量的变化曲线。由图可见，h/H 由 0 增加至 1.4 时，厂房的通风量有所增加，但增加量较小。

图 10 给出了不同挡风板高度下厂房进排风温差的变化曲线。由图可见，挡风板高度 $h/H=0.8$时，进排风温差最大，无挡风板时的进排风温差最小。这是由于未加设挡风板时，天窗排风在出口处即被室外空气冷却，因此温度较低；而随着挡风板高度的增加，通风量增大，进排风温差又会有所下降。

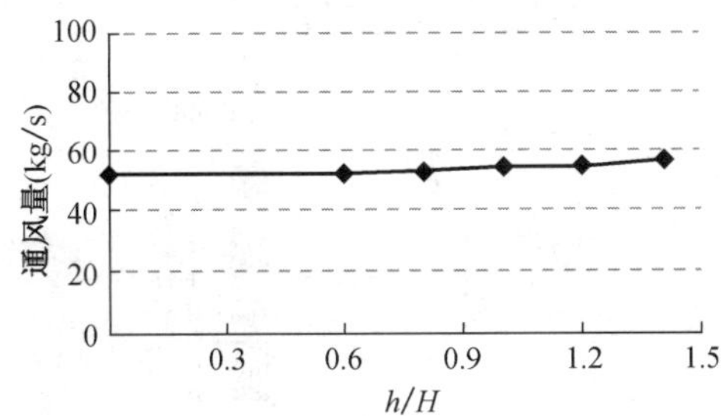

图 9 通风量随挡风板高度的变化曲线

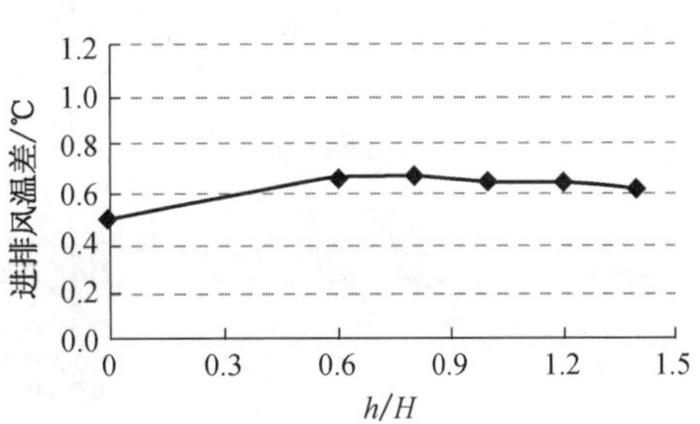

图 10 进排风温差随挡风板高度的变化曲线

3 挡风板与天窗间距的影响

在挡风板高度不变($h=1.125$ m，即 $h/H=1.0$)的前提下，取挡风板与天窗间距分别为 0.56 m，0.9 m，1.125 m，1.35 m，1.69 m(即 d/H 分别为 0.5，0.8，1.0，1.2，1.5)进行模拟，研究不同挡风板与天窗间距对自然通风效果的影响。模拟时，室外大气环境温度取 28 ℃，风向为东南向，距地 10 m 高处风速为 3.3 m/s。

图 11 为不同挡风板与天窗间距下厂房中心截面的压力分布图。可以看出：

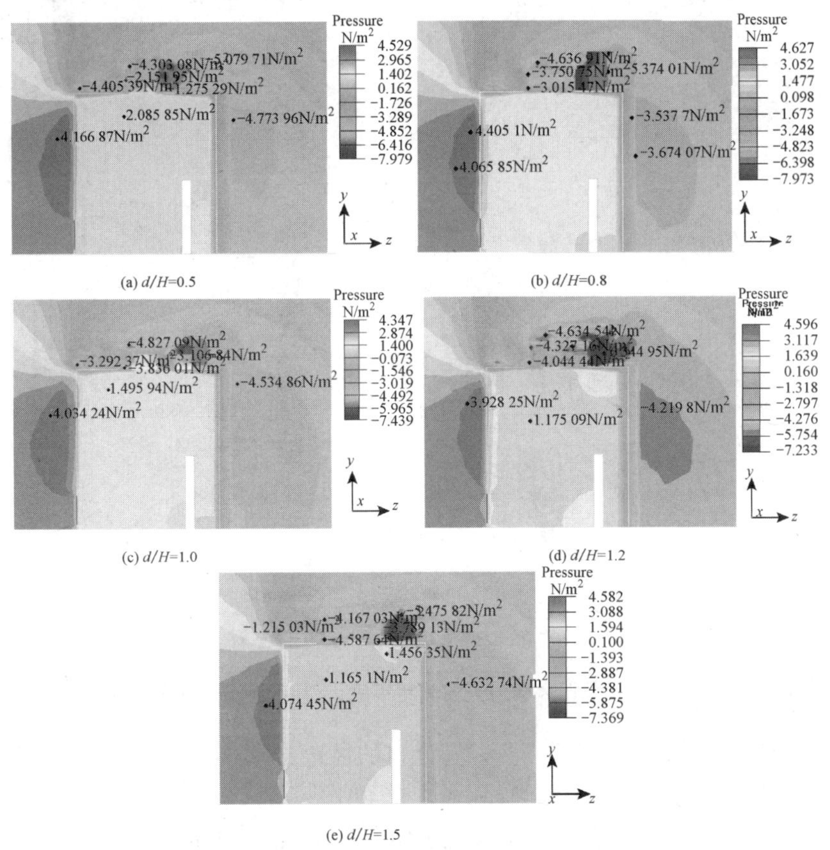

图 11 不同挡风板与天窗间距下的压力分布

(1) 在背风面挡风板后部出现最大负压值,挡风板与天窗间距的改变对其前后区域压力分布的影响不大;

(2) 挡风板与天窗间距增大,天窗出口负压增大,d/H 由 0.5 变化至 0.8 时负压增量最大,继续增大间距,增量变小。

图 12 为不同挡风板与天窗间距下进、出口风速分布矢量图。可以看出:

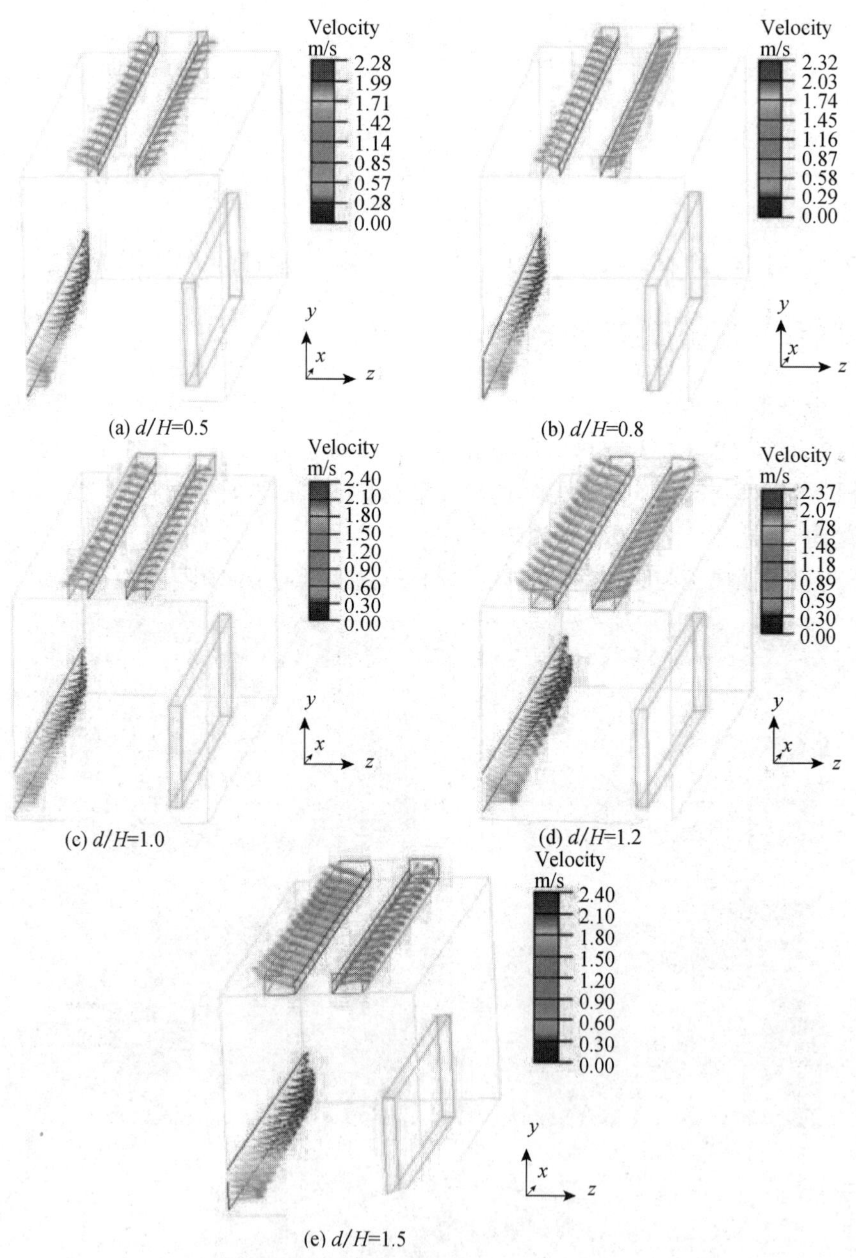

图 12　不同挡风板与天窗间距下进、出口风速分布矢量图

(1) 不同挡风板与天窗间距下,厂房进、出口的风速分布相似,天窗出口风速在东西方向上分布均匀,南侧出口风速稍大于北侧;

(2) 随着挡风板与天窗间距的加大,天窗的出口风速略有增加。

图 13 和图 14 分别给出了不同挡风板与天窗间距下厂房通风量、进排风温差的变化曲线。

由图 13 可见，通风量 G 随挡风板与天窗间距的增大而增大，经过曲线拟合，在 99% 的可信度下，二者服从如下关系式：

$$G = 9.679\ln\frac{d}{H} + 52.858$$

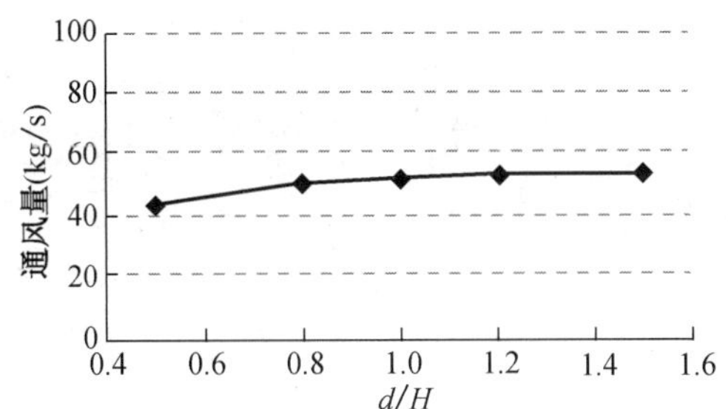

图 13　通风量随挡风板与天窗间距的变化曲线

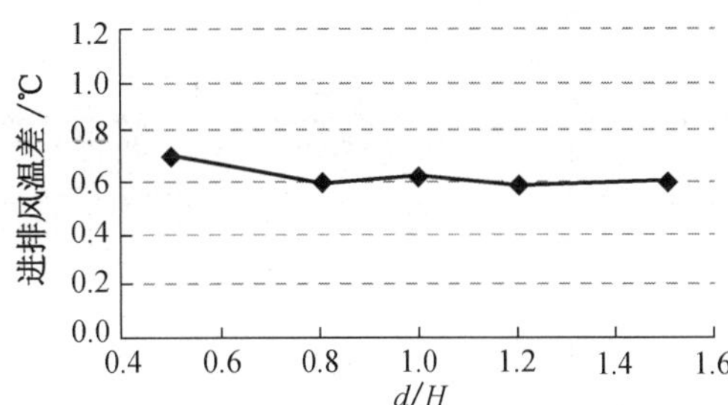

图 14　进排风温差随挡风板与天窗间距的变化曲线

由图 14 可见，d/H 由 0.5 增大到 0.8 时，进排风温差有较明显下降，但继续增大挡风板与天窗间距，温差在 0.63 ℃上下波动，变化很小。

4　结论

对于南北向建筑的自然通风天窗，本文通过数值模拟和理论分析得出以下结论：

(1) 天窗的宽高比 $D/H=1.8$ 时，厂房的通风量最大，进排风温差最小，通风效果最好；

(2) 挡风板高度由 $h/H=0$ 增加至 $h/H=1.4$ 时，厂房的通风量有所增加，但增量较小，$h/H=0.8$时，进排风温差最大；

(3) 厂房通风量随挡风板与天窗间距的增大以对数规律增加，当 d/H 大于 0.8 时，继续增大挡风板与天窗间距，对进排风温差影响不大。

参考文献

[1] AYAD S S. Computational study of natural ventilation[J]. Journal of Wind Engineering and Industrial Aerodynamics, 1999,82: 49-68.

[2] 杨波. 高层、大跨结构风压分布特征的数值模拟与分析[D]. 南京：东南大学，2005.

[3] 陈水福，孙炳楠，唐锦春. 建筑表面风压的三维数值模拟[J]. 工程力学，1997，14(4): 38-44.

[4] CHEN Qingyan. Simplified diffuser boundary conditions for numerical room airflow models[J]. HVAC & R Research, 2002, 8(3): 227-294.

[5] 赵鸣. 大气边界层动力学[M]. 北京：高等教育出版社，2006.

[6] BIETRY J, SACRE C, SIMIU E. Mean wind profile and changes of terrain roughness [J]. Journal of the structure Division, 1978, 104(10): 1585-1593.

[7] 刘晓宇，刘东，庄江婷，等. 室外环境对采用天窗厂房的自然通风性能影响因素分析[J]. 工业建筑，2009，39(增刊)：94-97.

自然通风作用下中庭建筑热环境的数值模拟*

杨建坤　张旭　刘东　黄艳

摘　要：以上海地区一实际建筑为例，应用 K-ε 两方程湍流模型、零方程模型和数值模拟方法对双层玻璃幕墙中庭建筑内的温度场进行了模拟，计算了不同室内负荷下适用自然通风的时间。研究结果表明，自然通风在过渡季节能有效改善室内热环境，较好地满足人体热舒适要求。

关键词：自然通风；中庭建筑；数值模拟；温度场

Numerical Simulation of Thermal Environment in Atrium Buildings with Natural Ventilation

YANG Jiankun, ZHANG Xu, LIU Dong, HUANG Yan

Abstract: With a real double glass facade building in Shanghai, simulates the temperature field using the K-ε double-equation turbulent model, zero-equation model and numerical simulation methods. Calculates the hours that natural ventilation can be utilized in different indoor load. The result indicates that the natural ventilation can effectively improve the indoor thermal environment and satisfy the demand of human thermal comfort in transition seasons.

Keywords: natural ventilation; atrium building; numerical simulation; temperature field

0　引言

近年来，随着我国改革开放和经济建设的飞速发展，中庭式建筑在各大城市不断涌现。由于受室外气候条件的影响比较显著，中庭建筑的室内热环境具有特殊性，在设计中如果不能很好地把握，会出现运行能耗过大等问题。在能源日趋紧张的今天，如果不能采用各种有效手段来降低能耗，其生命力注定是短暂的。鉴于此，中庭建筑热环境控制问题在世界范围内吸引了许多研究人员和工程人员的注意力，许多问题亟待解决，而采用 *CFD* 数值模拟是研究此类问题的一个主要手段。

1　研究思路和方法

1.1　工程背景介绍

以上海烟草集团的一幢中庭式建筑为研究对象。建筑总高度 30.25 m，地下 1 层，地上 6 层。中庭从地上 1 层开始，贯通整个建筑，其结构如图

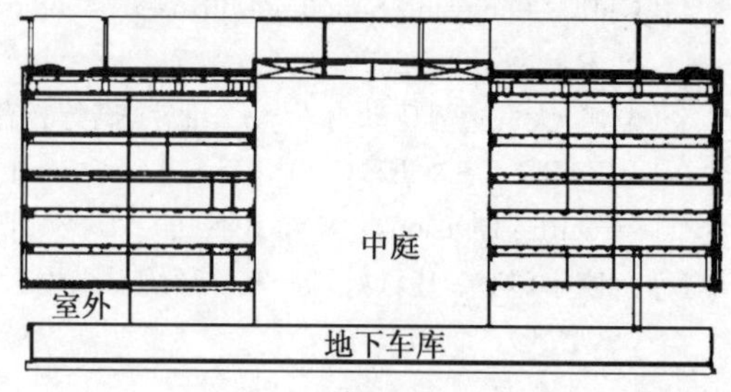

图 1　中庭建筑剖面图

*《暖通空调》2005，35(5)收录。

1 所示。为了有效地改善中庭的热环境，最大限度地减少建筑能耗，建筑物外表面采用了双层玻璃幕墙结构(通风玻璃幕墙)。

与单层玻璃幕墙相比，双层玻璃幕墙可以根据自身结构特点充分利用室外温度较低的空气对室内进行自然冷却，大大减少空调能耗；但是另一方面，双层幕墙建筑也存在技术复杂、造价较高的问题。此外，由于气候条件的差异，不同地区的使用效果也不相同。因而有必要对双层玻璃幕墙的使用效果进行研究分析，以利于业主在选用前进行科学的决策。基于此，本文采用数值模拟的方法，分析过渡季节双层玻璃幕墙建筑的室内热环境特征。

1.2　建筑物附近气象条件的实测和分析

自然通风的效果和室外气象条件关系极大，为了对建筑物周围的环境条件进行实测和分析，在建筑物所在地周围安装了气象测试仪器，并对测试的结果进行了分析和整理。图 2 和图 3 是根据测试结果得到的风玫瑰图。

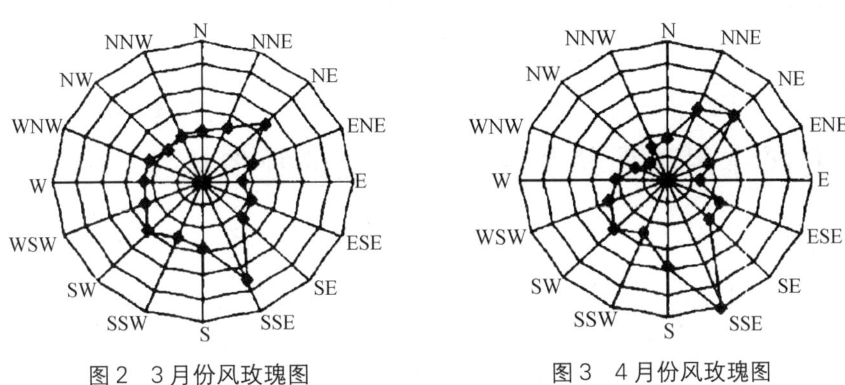

图2　3月份风玫瑰图　　图3　4月份风玫瑰图

由图 2 和图 3 可以看出，三四月份的主导风向为南南东向(SSE)。根据风玫瑰图的结果，在数值分析的计算中把南南东向作为自然风的入口方向。

2　建筑外表面风压分布规律的数值计算与分析

建筑物外表面风压的大小和分布是室内热环境数值模拟不可缺少的资料，由于迄今尚未见到比较系统的反映建筑物外表面风压分布规律的研究成果，因此笔者采用数值模拟的方法研究不同风速、风向下的流场和压力场，从而求出不同工况下的风压分布规律，并把研究的结果作为下一步数值计算的边界条件。

2.1　计算方法[1]

采用 K-ε 模型，具体模型与计算方法可参见文献[2]。

(1) 边界条件：固壁边界条件由壁面函数法确定；入口风速随高度呈指数分布；出口边界相对压力为零；建筑物表面为有摩擦的平滑墙壁。

(2) 入口风速分布：为使模拟计算更接近实际情况，必须考虑风速随高度的变化。在近地面层，入口的风速服从指数分布：

$$u = u_0\left(\frac{z}{z_0}\right)^{\alpha} \tag{1}$$

式中　u——z 高度处的风速；

u_0——参考高度处的风速；

z——距地面的高度；

z_0——参考高度；

α——反映地面粗糙程度的常数，本文取 $\alpha=0.2$。

由于气象台（$\alpha=0.16$）与高层建筑（$\alpha=0.2$）所处的地区可能不同，所以应该对风速进行修正。根据气象学原理，修正后可以得到

$$u = 0.533 u_i z^{0.2} \tag{2}$$

式中，u_i 为气象台预报风速。

2.2 求解区域

如图 4 所示，求解区域由 6 个平面围成。本文把求解区域的垂直高度定为建筑高度的 10 倍，入口至建筑迎风面的水平距离定为建筑高度的 8 倍，出口至建筑背风面的水平距离定为建筑高度的 13 倍，两侧面间的距离定为建筑迎风面宽度的 20 倍。

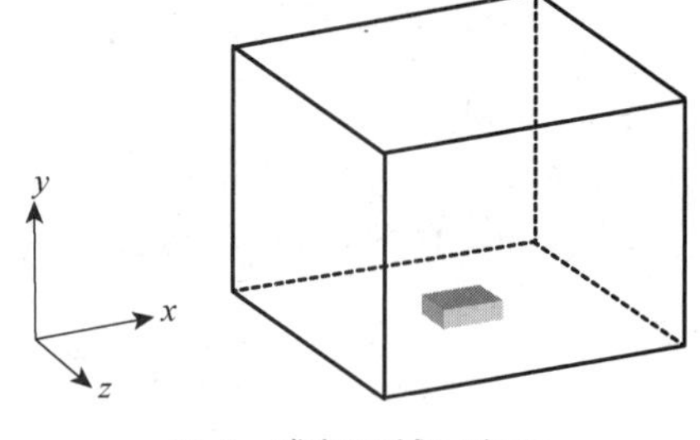

图 4　求解区域示意图

3　自然通风作用下建筑物室内热环境的数值模拟

3.1 物理模型

由于实际建筑的形状和内部结构较为复杂，在数值计算中很难完全根据其实际结构生成计算网格，为此，在 CFD 软件中建立简化的建筑结构模型，如图 5 所示。

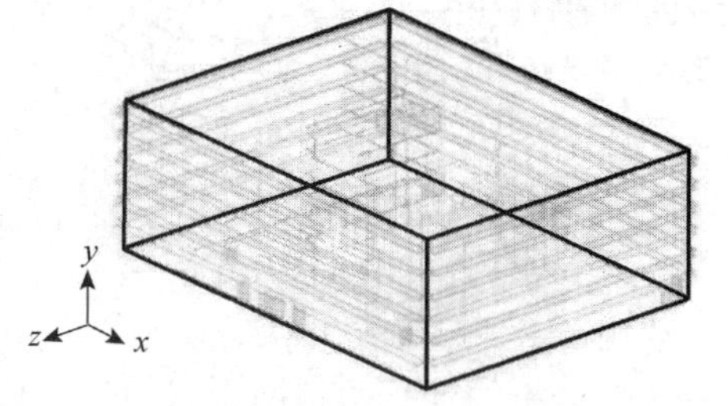

图 5　建筑物的计算模型图

3.2 控制方程

自然通风作用下空气的流动不仅靠室外风压的驱动，还受新鲜冷空气因热源加热形成的热羽流的驱动。因此，选择合适的湍流模型模拟这种分层明显、自然对流和强迫对流同时存在的混合对流湍流流动是保证模拟结果正确的关键；对于室内空气自然对流和强迫对流共存的混合对流流动，采用 MIT 零方程模型能获得比 K-ε 模型更为准确的结果[3]；而且 MIT 零方程模型对室内等温和非等温流动能快速获得模拟结果，并能保证一定的准确度。鉴于此，计算中采用了 Chen Qingyan 等人根据直接数值模拟结果提出的适合模拟空调房间自然对流和混合对流流动的零方程湍流模型[4]。

室内空气湍流流动的控制微分方程可以用通式表示为

$$\frac{\partial}{\partial t}(\rho\phi) + \mathrm{div}(\rho u\phi - \Gamma_\phi \mathrm{grad}\phi) = S_\phi \tag{3}$$

式中，ϕ 代表流体的速度、焓（温度）等物理量，具体如表 1 所示。

表 1　零方程湍流模型的室内空气流动控制方程

ϕ	Γ_ϕ	S_ϕ
1	0	0
u	μ_{eff}	$-\frac{\partial p}{\partial x}+\frac{\partial}{\partial x}\left(\mu_{\mathrm{eff}}\frac{\partial u}{\partial x}\right)+\frac{\partial}{\partial y}\left(\mu_{\mathrm{eff}}\frac{\partial v}{\partial x}\right)+\frac{\partial}{\partial z}\left(\mu_{\mathrm{eff}}\frac{\partial w}{\partial x}\right)+gx(\rho-\rho_{\mathrm{ref}})$

（续表）

ϕ	Γ_ϕ	S_ϕ
v	μ_{eff}	$-\frac{\partial p}{\partial y}+\frac{\partial}{\partial x}\left(\mu_{\text{eff}}\frac{\partial u}{\partial y}\right)+\frac{\partial}{\partial y}\left(\mu_{\text{eff}}\frac{\partial v}{\partial y}\right)+\frac{\partial}{\partial z}\left(\mu_{\text{eff}}\frac{\partial w}{\partial y}\right)+gy(\rho-\rho_{\text{ref}})$
w	μ_{eff}	$-\frac{\partial p}{\partial z}+\frac{\partial}{\partial x}\left(\mu_{\text{eff}}\frac{\partial u}{\partial z}\right)+\frac{\partial}{\partial y}\left(\mu_{\text{eff}}\frac{\partial v}{\partial z}\right)+\frac{\partial}{\partial z}\left(\mu_{\text{eff}}\frac{\partial w}{\partial z}\right)+gz(\rho-\rho_{\text{ref}})$
h	$\frac{u_{\text{eff}}}{\sigma_h}$	S_h

3.3　计算结果分析和讨论

3.3.1　模拟工况

自然通风的效果受室外气象条件及室内负荷（包括人员、灯光、设备负荷等）的双重影响。在建筑物外表面风压分布已知的前提下，按室内负荷分为 10，20，30，40，50 W/m^2 5 种工况（室外温度为 16 ℃～26 ℃）进行计算。

3.3.2　模拟结果分析

图 6～图 11 是室外温度 16 ℃，室外风速 3 m/s，室内负荷 50 W/m^2，风向东南南向时的模拟结果。由图可以看出：①在室外温度和室内负荷一定的前提下，建筑物内部温度随层高的增加而升高。②由于室内负荷主要集中在建筑物的外区，因此即使新鲜空气首先通过建筑物的外区，外区温度也略高于内区；同时，温度的不均匀性也比内区大。③顶层（6 层）人员活动区的温度与 5 层相差不大，这主要是因为屋顶层与中间层相比增加了一个散热面，室内热量可以更多地散到室外。分析其他工况的模拟结果也可以发现类似现象，限于篇幅，计算结果不再一一详述。

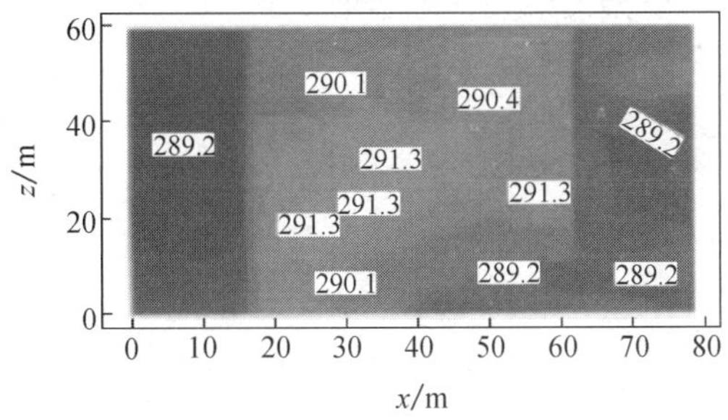

图 6　1 层人员活动区温度分布示意图（单位：K）

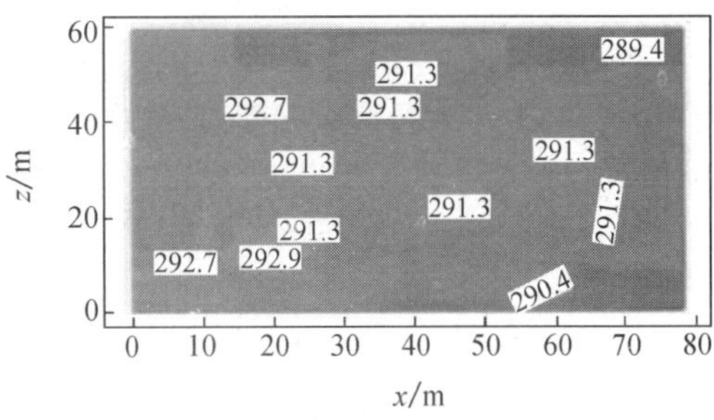

图 7　2 层人员活动区温度分布示意图（单位：K）

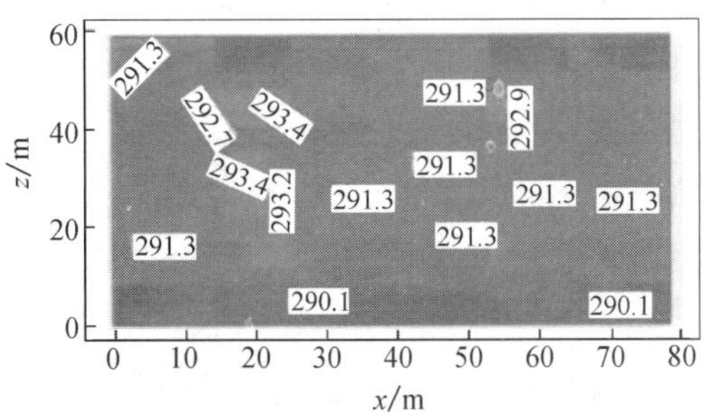

图 8　3 层人员活动区温度分布示意图（单位：K）

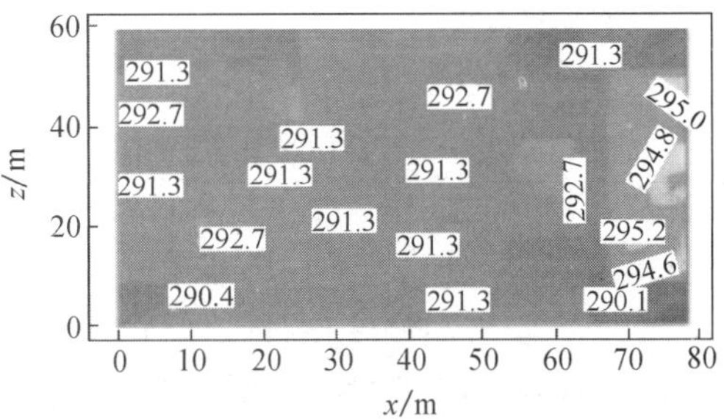

图 9　4 层人员活动区温度分布示意图（单位：K）

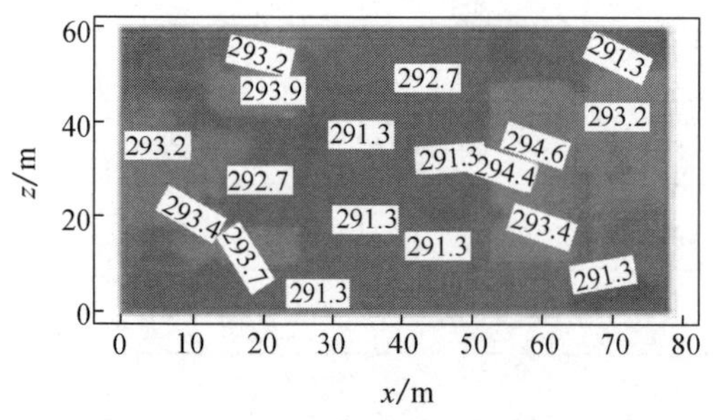

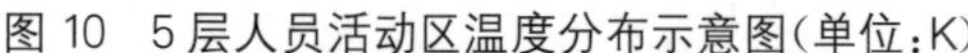

图 10　5 层人员活动区温度分布示意图(单位:K)

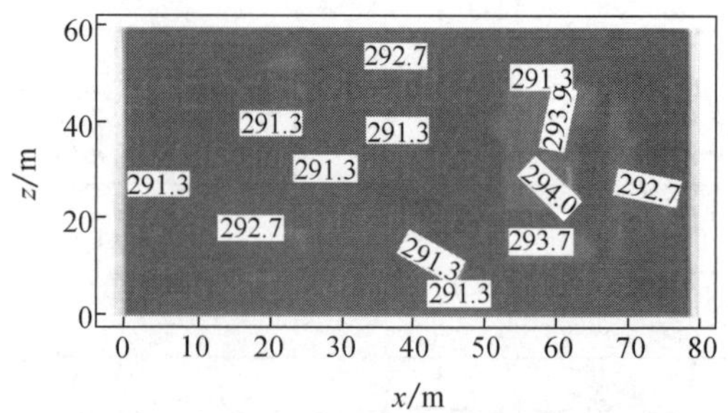

图 11　6 层人员活动区温度分布示意图(单位:K)

取室内达到舒适性要求的温度范围为 18 ℃～27 ℃,根据模拟结果可以整理得到室内平均负荷为 10～50 W/m²,室外风速为 3 m/s,风向为南南东向时,双层玻璃幕墙建筑物适用自然通风的室外温度变化范围,如表 2 所示。

表 2　建筑物适用自然通风的室外温度变化范围

室内负荷/(W·m⁻²)	室外温度/℃	对应室外最低温度下的建筑物平均温度/℃	对应室外最高温度下的建筑物平均温度/℃
10	17～25	18.3	26.9
20	17～24	18.9	25.9
30	16～24	18.2	26.2
40	16～23	18.6	25.6
50	16～22	18.9	24.8

根据表 2 的模拟结果,结合上海市全年逐时气象资料,可以得到不同室内负荷下双层玻璃幕墙建筑适用自然通风的全年累计时间,如图 12 所示。

可以看出,当室内平均负荷为 10～50 W/m² 时,建筑物全年可以使用自然通风的时间为 2 145～2 625 h,也即是上海地区双层玻璃幕墙建筑全年可以有 2～3 个月的时间使用室外空气对建筑物进行自然冷却。

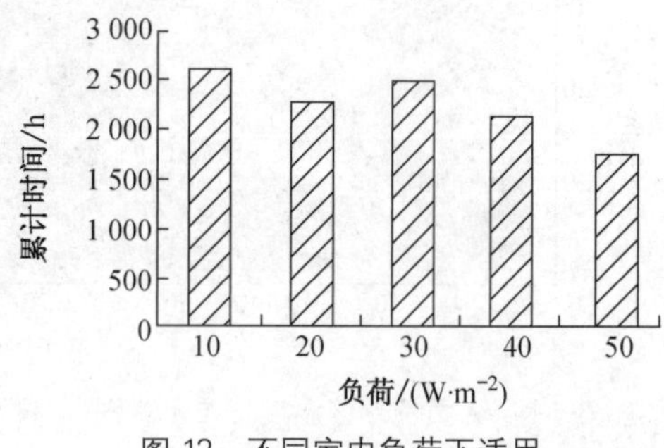

图 12　不同室内负荷下适用自然通风的累计时间

4　结论

(1) 自然通风不消耗不可再生能源,是当今绿色建筑所普遍采用的技术措施。利用数值模拟的方法对使用室外空气进行冷却的双层玻璃幕墙建筑进行研究分析,了解自然通风的使用效果,有利于使用者在使用前进行科学的技术经济分析。

(2) 当室外温度变化时,建筑物外区、内区和中庭的温度也会随之变化,外区因受室外空气温度和自身负荷变化的影响,室内温度波动较大,而中庭温度则较为稳定,平均温度一般比室外气温高 3 ℃左右。

(3) 通过比较建筑物各层人员活动区的温度场分布情况可以发现,建筑物温度场的不均匀性随着负荷的增大而增强。

(4) 本文只给出了上海地区双层玻璃幕墙建筑对自然通风的适用结果，由于自然通风的应用效果因地理、环境条件而变化，因此本文的结论并不具有普遍性。

参考文献

[1] 符永正，李义科，武文斐. 高层建筑空气绕流运动的数值模拟[J]. 武汉冶金科技大学学报，1998，21(1)：77-81.

[2] [美]帕坦卡 SV. 传热和流体流动的数值方法[M]. 郭宽良，译. 合肥：安徽科学技术出版社，1984.

[3] 赵彬，李先庭，彦启森. 用零方程湍流模型模拟通风空调室内的空气流动[J]. 清华大学学报(自然科学版)，2001，41(10)：109-113.

[4] CHEN Qingyan, XU Weiran. A zero-equation turbulence model for indoor air flow simulation[J]. Energy and Buildings, 1998, 28(1): 137-144.

某双层玻璃幕墙建筑自然通风的数值模拟研究

黄 艳　刘 东　杨建坤　张恩泽

摘　要：根据双层玻璃幕墙建筑的特殊热环境，提出过渡季节采用自然通风的方式，确定了建筑围护结构的开口方式和开口大小，使各楼层的空气温度都在热舒适范围内；应用 *CFD* 数值模拟方法对各楼层房间的三维温度场，速度场进行了模拟，研究结果表明，利用自然通风能够有效地改善室内热环境，较好地满足人体热舒适的要求。

关键词：自然通风；数值模拟；中庭

Numerical Simulation Research aboutnatural Ventilationin a Double Glazing Building

HUANG Yan, LIU Dong, YANG Jiankun, ZHANG Enze.

Abstract: According to the special thermal environment ofdouble glazing building, natural ventilation during transitional season is proposed, and the mode and size of openings inbuilding envelope isdetermined to make temperature each floor within the range of thermal comfort. CFD is used to simulate three - dimensional temperature field and velocity field of each floor, the results show natural ventilation can effectively improve indoor thermal environment and better meet the thermal comfort requirements.

Key words: natural ventilation; numerical simulation; courtyard

0　引言

空调的应用为人们创造了舒适的室内环境，但也带来了一些问题；首先，空调建筑的密闭性较好，当新风量不足时，室内空气品质（IAQ）恶化会导致病态建筑综合症（SBA）；其次，大量的空调器加剧了城市热岛效应，造成室外空气热环境恶化；再次，空调器的普及使建筑能耗有较大的增长趋势。因此，随着可持续发展战略的提出，同时发展生态建筑也是大势所趋，自然通风这项古老的技术重新得到了重视。合理利用自然通风能取代或部分取代传统制冷空调系统，不仅能不消耗不可再生能源实现有效被动式制冷，改善室内热环境；而且能提供新鲜、清洁的自然空气，改善室内空气品质，有利于人的身体健康，满足人们心理上亲近自然，回归自然的需求。采用双层玻璃幕墙可以进行有效的自然通风。双层玻璃幕墙又称动态幕墙，两层玻璃之间的距离为 20～500 mm，利用“烟囱、热流道”效应，气流在两层玻璃幕墙中间由下向上循环，带走外面一层玻璃幕墙太阳辐射的能量，达到隔热、保温、节能、环保的功效。按照不同的通风原理双层玻璃幕墙可分为整体式、廊道式、通道式和箱体式。双层玻璃幕墙具有多项功能：减少风及恶劣气候的影响、提高隔音能力、充分利用太阳能、使用自然通风使空调使用率降至最低。本文主要研究其自然通风的功能及效果。

*《建筑科学》2004，20 收录。

1　研究对象及技术路线

1.1　研究对象

研究对象为采用双层玻璃幕墙带中庭的办公建筑，共6层，外形结构见图1，幕墙结构见图2。

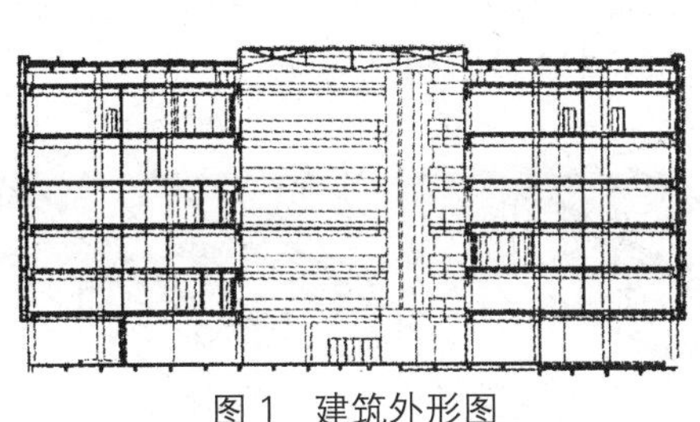

图1　建筑外形图

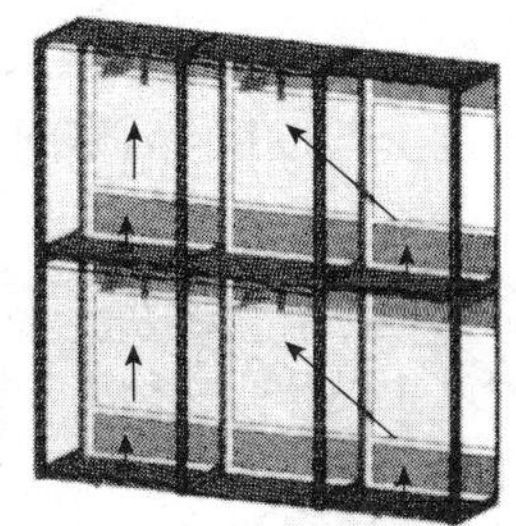

图2　廊道式双层幕墙局部放大图

该幕墙为廊道式双层幕墙，每层设置通风道，层间水平有分隔，无垂直换气通道，自然通风的路径见图3。

图3　自然通风的路径

这类建筑室内环境易受太阳辐射影响，同时其空间高度高，上下温差大，这对预测带来很大困难，随着计算机及流体力学的发展，三维CFD模拟技术得到广泛应用，它即可以满足大型建筑多空间多开口的自然通风设计要求，又能精确预测各设计室内的空气速度场和温度分布，因此本文在满足顶层室内热环境的基础上设计了屋顶排风天窗面积，并在此基础上利用CFD对该建筑的局部房间室内热环境进行了数值模拟。

1.2　技术路线

自然通风一般采用风压或者热压，中庭建筑的“烟囱效应”就是利用建筑内部的热压作用，由于室外风速和风向是经常变化的，因而风压作用不是一个可靠的稳定因素，所以本文进行模拟计算时进行了简化，仅考虑热压下的自然通风。热压通风，是利用建筑内部由于空气密度不同，热空气趋于上升，而冷空气趋向下降的特点。热压作用与进风口和出风口的高度差，以及室内外空气温度差存在着密切的关系：高度差愈大，温度差愈大，则热压通风的效果愈明显。因而大楼各楼层（共6层）的进风量随楼层高度的增加而减小，基于这种情况考虑，在满足6楼室内热环境的要求下，设计屋顶侧窗面积。基本技术路线见图4。

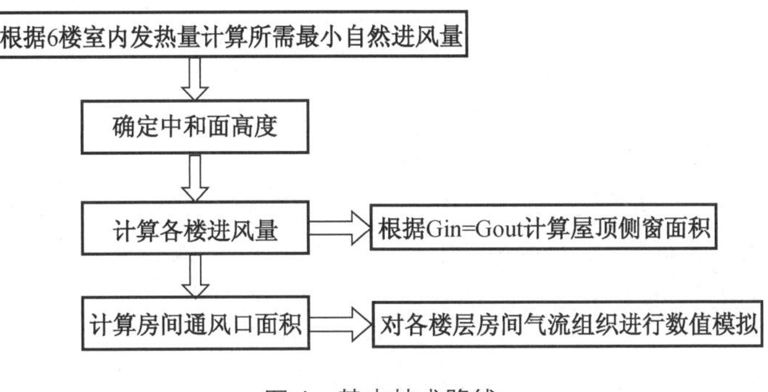

图4　基本技术路线

2 房间的计算数学模型

2.1 物理模型

如图 5 所示，房间长 11.1 m，宽 8.4 m，高 2.9 m；房间内发热量包括人员、灯光及设备，图中 3 个长方体代表房间的人员及设备，顶部设 9 盏灯；图形左下角为三个双层玻璃幕墙进风口，均为 1 400 mm×300 mm，房间右上侧为通风口，通风口面积见表 1。

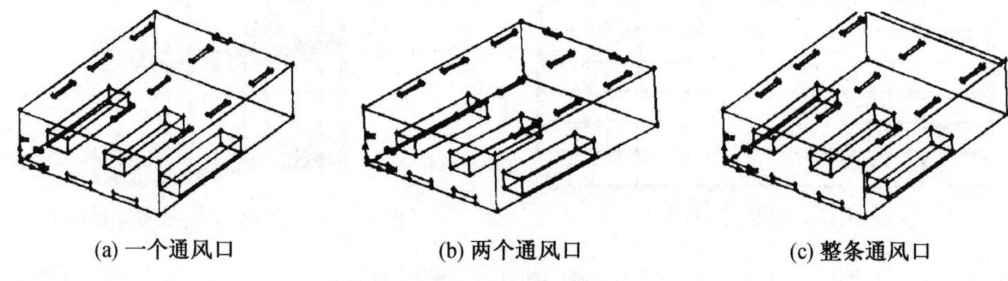

(a) 一个通风口　(b) 两个通风口　(c) 整条通风口

图 5 计算物理模型

表 1 各楼层进风速度及房间通风口面积

楼层	2 楼	3 楼	4 楼	5 楼	6 楼
进风速度/(m·s)	0.772	0.683	0.581	0.457	0.299
房间通风口面积/mm^2	1 000×400	800×400	800×400	800×400	800×250

注：1 楼为开放式大堂。

2.2 基本参数计算

2.2.1 计算室外气温为 20 ℃时，6 楼达到热舒适性要求的最低进口风速

$$v = \frac{Q}{\rho_W c \Delta t F} \tag{1}$$

式中 Q——6 楼的室内发热量，W；

c——空气比热，c=1 010 J/kg·℃；

ρ_W——室外空气的密度，温度为 20 ℃，kg/m^3；

ρ_W=1.205 kg/m^3；

Δt——通风气流的温度差，℃；

F——6 楼的进风口面积，m^2。

计算得到 v=0.299 m/s。

2.2.2 计算中和面的高度 H_z 根据

$$v = \mu\sqrt{\frac{2\Delta\rho g(H_{顶} - H_z)}{\rho_w}} \tag{2}$$

式中 μ——进风窗口的流量系数(取 0.35)；

$\Delta\rho$——室内外空气的密度差，kg/m^3；

$H_{顶}$——顶层进风口的中心高度，m；

H_z——中和面的高度，m。

计算得到 H_z=23.5 m。

根据中和面高度计算各楼层进风速度，并根据回风口风速范围[3]计算房间通风口面积，计算结果见表 1。

2.3 控制方程

模拟房间内的气流属于非稳态的三维不可压缩紊流流动，因此在计算中采用当前在计算房间气流时最常用的 k-ε 模型。模型所遵守的偏微分方程的向量表示如下：

连续性方程：

$$\frac{\partial u_i}{\partial x_i}=0 \tag{3}$$

动量方程：

$$\frac{\partial(\rho u_i u_j)}{\partial x_j}=\frac{\partial p}{\partial x_i}+\frac{\partial}{\partial x_j}\left[(\mu+\mu_i)\cdot\left(\frac{\partial u_i}{\partial x_j}+\frac{\partial u_j}{\partial x_i}\right)\right]+\rho\beta(T-T_{\infty})g\delta_{2i} \tag{4}$$

紊流能量传递方程：

$$\frac{\partial(\rho u_j k)}{\partial x_j}=\frac{\partial}{\partial x_j}\left[\left(\mu+\frac{\mu_i}{\delta_K}\right)\times\frac{\partial k}{\partial x_j}\right]+\mu_i\frac{\partial u_i}{\partial x_j}\left(\frac{\partial u_i}{\partial x_j}+\frac{\partial u_j}{\partial x_i}\right)-\rho\varepsilon-\beta g\frac{u_i}{\delta_T}\frac{\partial T}{\partial y} \tag{5}$$

紊流能量耗散方程：

$$\frac{\partial(\rho u_j\varepsilon)}{\partial x_j}=\frac{\partial}{\partial x_j}\left[\left(\mu+\frac{u_i}{\delta_s}\right)\times\frac{\partial\varepsilon}{\partial x_j}+\frac{C_1}{k}\mu_i\frac{\partial u_i}{\partial x_j}\left(\frac{\partial u_i}{\partial x_j}+\frac{\partial u_j}{\partial x_i}\right)-C_2\rho\varepsilon^2/k\right. \tag{6}$$

能量方程：

$$\frac{\partial(\rho u_j T)}{\partial x_j}=\frac{\partial}{\partial x_j}\left[\left(\frac{k}{c_p}\mu\frac{\mu_i}{\delta_T}\right)\times\frac{\partial T}{\partial x_j}\right] \tag{7}$$

式中　$u_i=C_\mu\rho K^2/\varepsilon$；$i=1，2，3$；$j=1，2，3$；

u—— 速度；

ρ—— 密度；

μ—— 分子黏性系数；

k—— 紊动能；

ε ——紊动能耗散率。

k-ε 模型中的经验常数可按表 2 取。

表 2　k-ε 模型中的经验常数取值

C_μ	C_1	C_2	δ_K	δ_S	δ_T
0.09	1.44	1.92	1.3	1.3	0.9

3　模拟计算及结果

室外气象参数及室内负荷大小直接影响房间的室内热环境，由于大楼顶层的自然通风量最小，室内热环境最恶劣，因此以顶层房间为研究对象，研究内容如下：

(1) 不同大小的室内通风口，房间的温度场和速度场分布；

(2) 不同室外温度，不同室内发热量，6 楼的温度场分布。

3.1 不同大小的室内通风口，房间的温度场及速度场分布

计算工况：室外温度为 20 ℃，室内发热量为 50 W/m²；比较房间设置一个 800 mm×250 mm通风口，两个 800 mm×250 mm 通风口，及一个 8 400 mm×250 mm 通风口的室内温度场和速度场。

温度场分析：由于进风口偏左，房间左端温度较右端低；房间沿气流流动方向温度逐渐增

高;比较图 6(a),图 7(a),图 8(a)可以看出房间设置两个通风口室内热环境明显优于设置一个通风口,而设长条风口的优势并不明显。

速度场分析:比较图 6(b),图 7(b),图 8(b),可以看出设置一个通风口,工作区流场比较平缓,在近热源及出风口局部有漩涡;而设置两个通风口及整条通风口的房间,在近内部热源处气流扰动比较大,房间气流形成了两个大涡流区,涡流流线呈闭合状。气流速度除了热源和风口处较高以外,在人员工作区的大部分地区,风速基本保持在 0.1 m/s 以内满足房间舒适区要求。

模拟计算得到不同出风口的室内温度分布范围见表 3。

表 3　不同出风口形式下的室内温度分布

室外温度/℃	出风口形式	温度范围/℃	平均温度/℃
20	单个	20.7～22.8	22.3
	两个	20.6～22.4	21.7
	整条	20.5～22.3	21.6

(1) 一个通风口:z=1.5 m 处的温度场和速度场

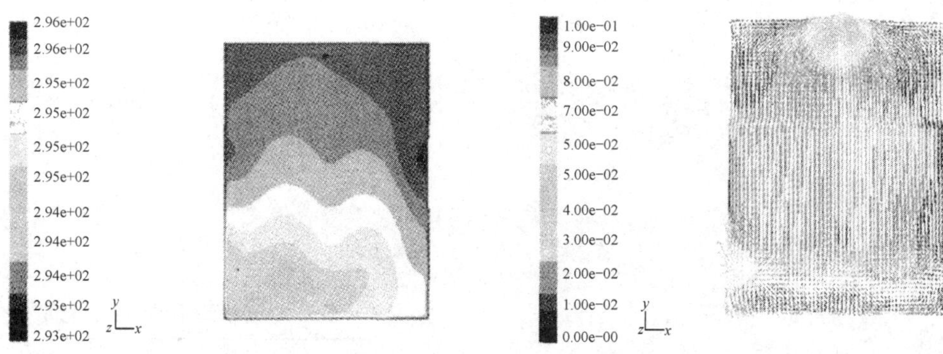

(a) $z=1.5$ m 剖面温度场示意图　单位:K　　(b) $z=1.5$ m 剖面速度场示意图　单位:m/s

图 6　一个通风口:$z=1.5$ m 处的温度场和速度场示意图

(2) 两个通风口:z=1.5 m 处的温度场和速度场

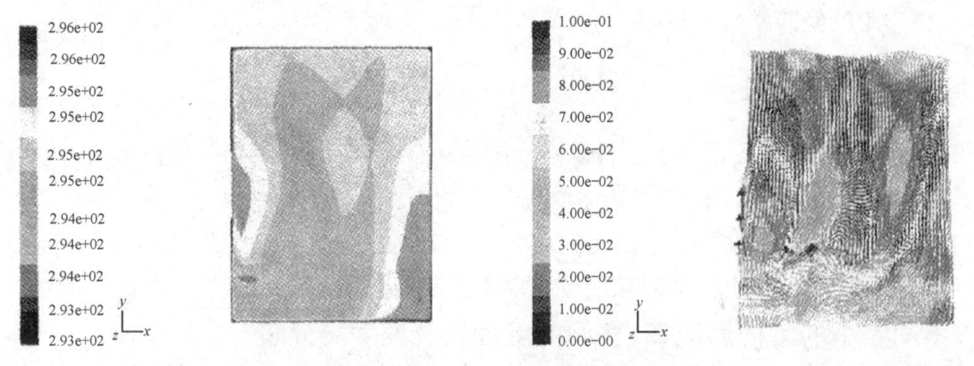

(a) $z=1.5$ m 剖面温度场示意图　单位:K　　(b) $z=1.5$ m 剖面速度场示意图　单位:m/s

图 7　两个通风口:$z=1.5$ m 处的温度场和速度场

(3) 整条通风口:z=1.5 m 处的温度场和速度场

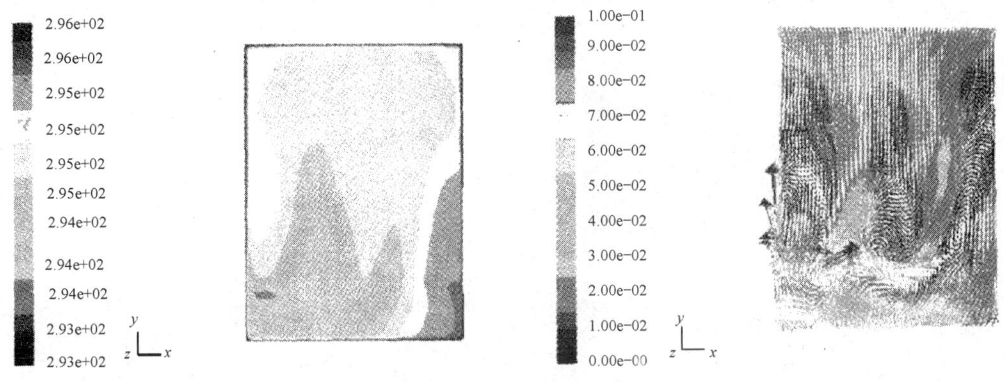

（a）$z=1.5$ m 剖面温度场示意图　单位：K　　（b）$z=1.5$ m 剖面速度场示意图　单位：m/s

图 8　整条通风口：$z=1.5$ m 处的温度场和速度场

3.2　室外温度变化时，不同负荷下 6 楼的温度场分布

计算工况见表 4。不同室外温度，不同室内发热量，6 楼的温度分布见图 9—图 17。

Case1：室外温度 $t=20$ ℃，室内发热量为 50 W/m² 时，房间的温度颁布

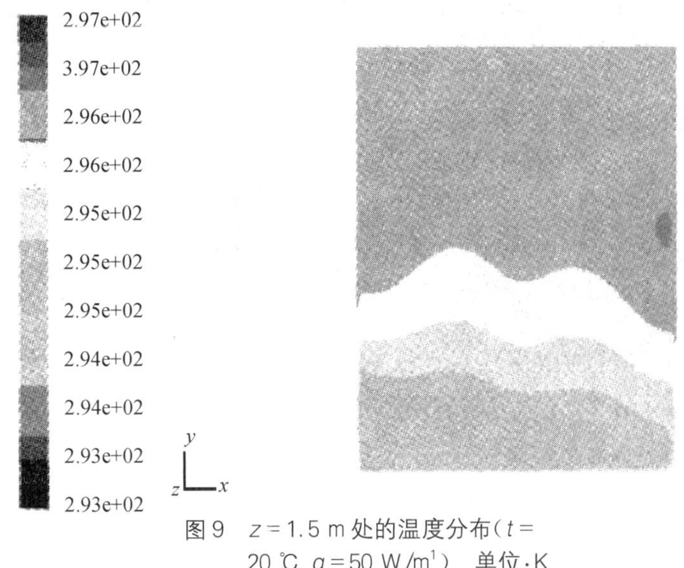

图 9　$z=1.5$ m 处的温度分布（$t=$ 20 ℃　$q=50$ W/m¹）　单位：K

表 4　　**计算工况**

计算工况	室外温度/℃	室内发热量/(W·m⁻²)	目　的
case1	20	50	计算不同室温变化时，不同室内发热量下房间的温度场，得到不同室内发热量下可采用自然通风的室外温度范围
case2	22	40,50	
case3	23	40,50	
case4	24	30,20	
case5	25	20,10	

注：取定房间舒性温度范围为：16 ℃～26 ℃

Case2：室外温度 $t=22$ ℃，室内发热量为 40 W/m^2 和50 W/m^{2}时的温度分布

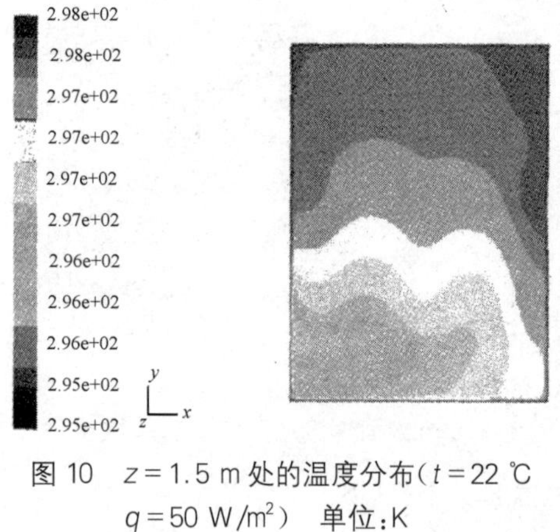

图 10　$z=1.5$ m 处的温度分布（$t=22$ ℃ $q=50$ W/m^2）　单位：K

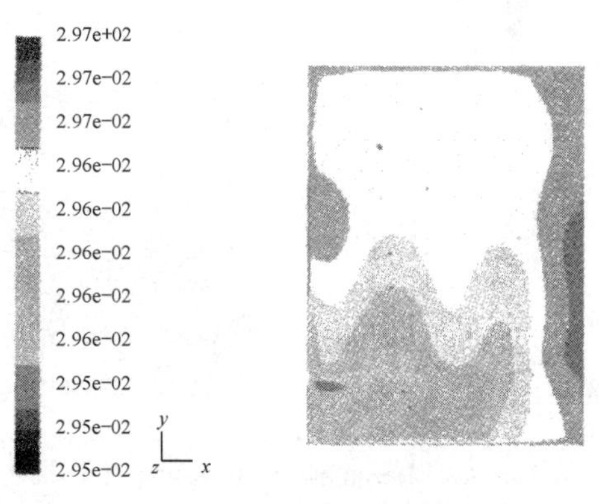

图 11　$z=1.5$ m 处的温度分布（$t=22$ ℃ $q=40$ W/m^2）　单位：K

Case3：室外温度 $t=23$ ℃，室内发热量为 40，50 W/m^2 时，房间的温度分布

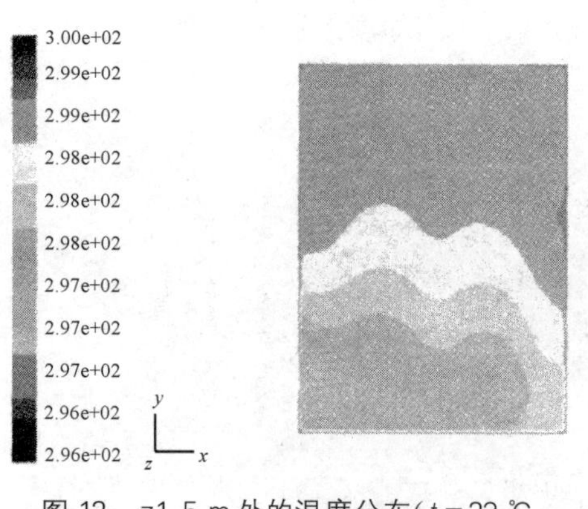

图 12　z1.5 m 处的温度分布（$t=23$ ℃ $q=50$ W/m^2）　单位：K

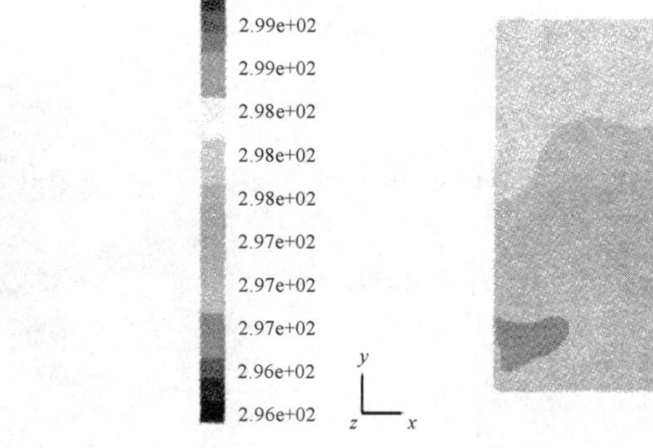

图 13　$z=1.5$ m 处的温度分布（$t=23$ ℃ $q=$ 40 W/m^2）　单位：K

Case4：室外温度 $t=24$ ℃，室内发热量为 20，30 W/m^2 时，房间的温度分布

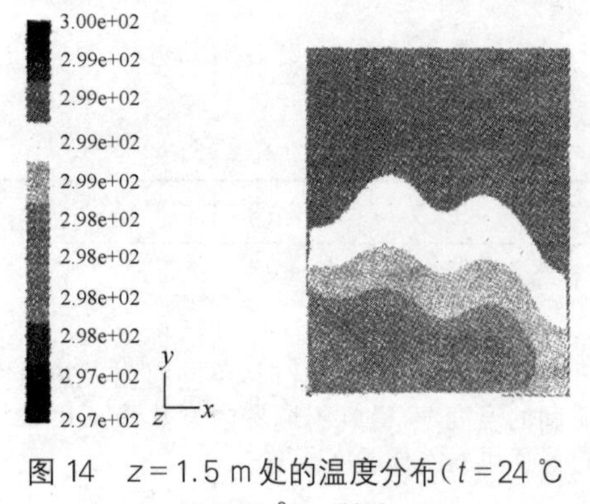

图 14　$z=1.5$ m 处的温度分布（$t=24$ ℃ $q=30$ W/m^2）　单位：K

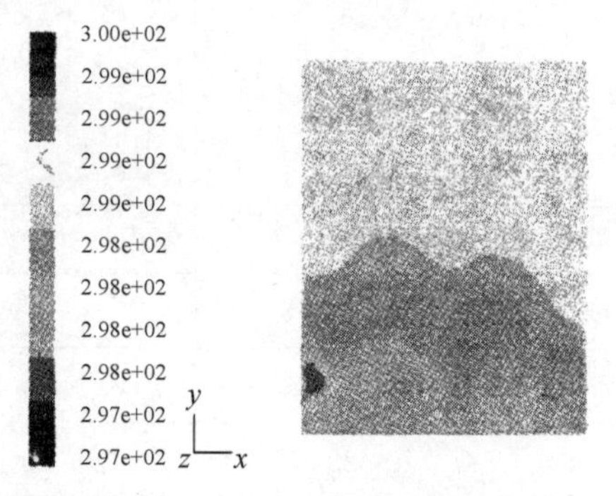

图 15　$z=1.5$ m 处的温度分布（$t=24$ ℃ $q=20$ W/m^2）　单位：K

Case5：室外温度 $t=25$ ℃，室内发热量为 20，10 W/m^2 时，房间的温度分布

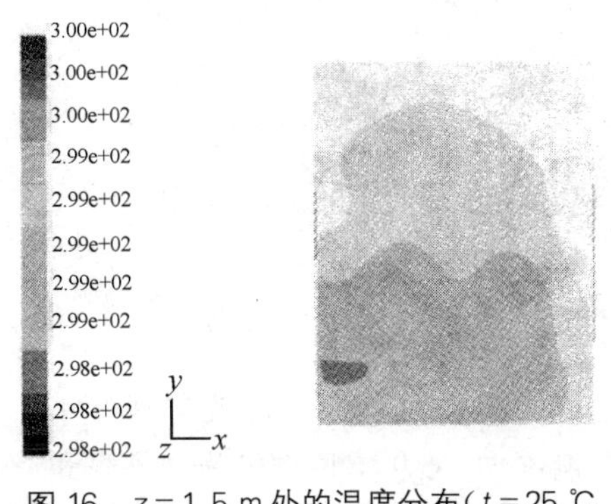

图 16　$z=1.5$ m 处的温度分布($t=25$ ℃ $q=20$ W/m^2)　单位:K

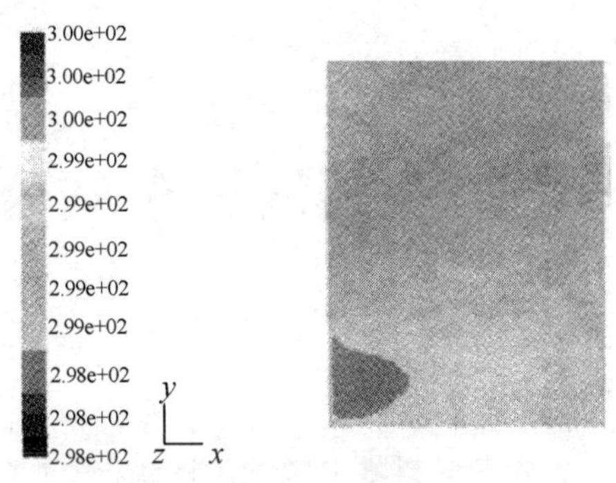

图 17　$z=1.5$ m 处的温度分布($t=25$ ℃ $q=10$ W/m^2)　单位:K

根据模拟结果可以看到,当室内平均发热量在 10～50 W/m^2 之间变化时,大楼适用自然通风的室外温度也会随着变化,其适用情况如表 5 所示。

表 5　不同室内发热量条件下大楼适用自然通风的室外温度范围

室内发热量/(W·m^{-2})	10	20	30	40	50
适用室外温度范围/℃	16～25	16～24	16～24	16～23	16～22

4　结论

通过以上的模拟工作,我们可以得出以下结论:

(1) 在相同的室内发热量及室外温度下,房间的通风口面积越大,自然通风效果越好,但是增加到一定值,改善效果便不明显,因此设计时要确定合理的通风口面积。

(2) 完全依靠自然通风的效果取决于室内发热量及室外温度,当室外温度超过一定值时要考虑机械制冷与自然通风相结合。

(3) 冬冷夏热地区,早晚温差较大,可考虑利用晚间自然通风排除围护结构的蓄热量。

(4) 本文中仅考虑空气的热压作用,未考虑风压作用,两者结合分析还有待进一步研究。

参考文献

[1] 孙一坚. 工业通风[M]. 北京:中国建筑工业出版社,1994.
[2] 范存养. 大空间建筑空调设计及工程实录[M]. 北京:中国建筑工业出版社,2001.
[3] 陆耀庆. 实用供热空调设计手册[M]. 北京:中国建筑工业出版社,2007.
[4] 彭小勇. 自然通风计算方法和计算参数的应用研究[J]. 暖通空调,2002,30(6):27-29.
[5] 宋晔皓. 利用热压促进自然通风——以张家港生态农宅通风计算分析为例[J]. 建筑学报,2000,30:12-14.
[6] 卫丹,龙惟定,范存养. 中庭热环境控制方式与能源利用的探讨[J]. 建筑热能通风空调,2002,3:35-39.

屏蔽门地铁车站公共区空调系统节能分析*

王遇川　刘　东

摘　要：分析了上海两个地铁车站的空调冷负荷，针对目前地铁车站冷负荷计算中存在的问题提出了节能措施，指出了地铁车站的节能方向，并从空调系统的初投资和运行费用两方面进行了经济性分析，供地铁车站空调系统的设计与经济运行参考。

关键词：地铁车站；空调系统；冷负荷；屏蔽门；节能分析

Energy Conservation Analysis of Air Conditioning System in Public Zones of Screen Door Underground Railway Stations

WANG Yuchuan, LIU Dong

Abstract: Analyses the cooling load of two under ground railway stations. Aiming at problems existed in calculation of cooling load of underground railway stations, gives several energy conservation measures and directions. Performs an economic analysis from the aspects of initial investment and operation expense of the air conditioning system, providing reference for their design and operation for underground railway stations.

Keywords: underground railway station, air conditioning system, cooling load, screen door, energy conservation analysis

0　引言

近年来，随着我国城市化进程的快速推进，作为城市公共交通网络重要组成部分的城市轨道交通建设也在快速发展。目前，北京、上海、广州、深圳、南京等多个城市都已建成了轨道交通，还有不少城市正在进行建设。这些轨道交通已投入运营的城市还在进行轨道交通线的网络化建设，即多条轨道交通线路覆盖城区。一般轨道交通由高架（含地面）段和地下段两部分组成，高架段车站的公共区多采用自然通风，地下段车站的公共区一般采用空调系统（兼过渡季通风）。一条轨道交通线路一般有20～30座车站，其中地下车站约15～20座（常称地铁车站），其余则为高架车站。

城市轨道交通的用电量在整个城市的用电量中占有一定比例。如伦敦地铁线路总长度约410 km（地下隧道171 km），共设置车站275座，轨道交通用电量占整个城市用电量的3.5%。深圳地铁目前开通仅20余千米，但其电能消耗已达到深圳总用电量的1/3 000。可见轨道交通是城市用电大户，其节能工作也应该被重视。

轨道交通用电主要集中在两个部分：列车牵引用电和地铁车站用电。在地铁车站中，通风空调设备用电量约占整个车站用电量的50%。因此，地铁车站通风空调系统的经济运行对整个轨

*《暖通空调》2010，40(12)收录。

道交通节能效果的影响十分明显。通风空调系统的主要能耗集中在冷源上。地铁车站一般分为公共区和设备管理用房区两个部分。公共区主要为乘客服务，包括站厅、站台和出入口等部分，是车站冷负荷的主要部分(约占 60%～80%)。设备管理用房区主要是车站的设备区域和车站管理人员用房区域，这部分的冷负荷比较稳定。本文主要对地铁公共区的空调系统及能耗进行分析。

1　车站空调负荷计算与分析

在国内已建的地铁线路中，应用屏蔽门系统的占大多数，而且现在许多非屏蔽门系统也正在被改造为屏蔽门系统，本文地铁车站公共区的冷负荷分析也是针对屏蔽门系统进行的。

1.1　某郊区地下车站(车站 A)

1) 工程概况

车站 A 是一个地下 2 层岛式车站，长 179 m，有效站台宽 8 m，总建筑面积为 8 536 m^2。站厅层公共区面积为 1 273 m^2，站台层公共区面积为 1 026 m^2。预测 2034 年晚高峰小时客流量为 2 426 人次/h，早高峰小时客流量为 2 667 人次/h。

2) 公共区空调冷负荷(表 1)

表 1　车站 A 公共区空调冷负荷

		站厅		站台		分项负荷汇总
		显热	潜热	显热	潜热	
公共区散热量/kW	乘客产热量	5.35	19	8.04	22.86	55.25
	照明灯具	25.46	0	20.52	0	45.98
	广告灯箱、指示牌	24	0	10	0	34
	自动扶梯	31.5	0	15	0	46.5
	垂直电梯	8.8	0	8.8	0	17.6
	自动售、检票机	7.48	0	0	0	7.48
	出入口渗透换热量	8.65	41.12	0	0	49.77
	屏蔽门传热与发热量	0	0	20	0	20
	屏蔽门开启时对流换热量	0	0	5.8	22.72	28.52
	热库(与周围土壤传热)	−5.12	0	0	0	−5.12
	其他产热量	0	0	0	0	0
	小计	106.12	60.12	88.16	45.58	
	全热量小计	166.24		133.74		
公共区散湿量/(kg·h^{-1})	乘客湿负荷	28.30	34.47			
	围护结构湿负荷	4.15	0			
	出入口渗透产湿量	55.06	0			
	屏蔽门开启时对流产湿量	0	31.46			
	其他产湿量	0	0			
	小计	87.51	65.93			
计算风量	热湿比/(kJ·kg^{-1})	6 839	7 303			
	计算风量/(m^3·h^{-1})	39 269	37 851			
	最小新风量/(m^3·h^{-1})	3 927	3 785			
新风全热负荷/kW		23.09		25.48		48.57
送/排风机(管)温升得热量/kW		40.1		37		77.1
总冷负荷	车站总送风量/(m^3·h^{-1})	77 120				
	425.65	计算冷量/kW				425.65

注：(1) 最小新风量取总风量的 10%；

(2) 站厅 29 ℃，站台 28 ℃，相对湿度 55%；

(3) 送/排风机(管)温升 1.5 ℃。

1.2 某市区地下车站(车站 B)

1) 工程概况

车站 B 为地下 3 层岛式车站,站台设置屏蔽门。车站总长 171 m,站台宽 12 m,总建筑面积 12 824 m^2。站厅层公共区面积为 3 210 m^2(包括两线站厅公共部分),站台层公共区面积为 1 450 m^2。预测 2034 年晚高峰小时客流量为 22 912 人次/h,早高峰小时客流量为 22 791 人次/h。

2) 公共区空调冷负荷(表 2)

表 2　车站 B 公共区空调冷负荷

		站厅		站台		分项负荷汇总
		显热	潜热	显热	潜热	
公共区散热量/kW	乘客产热量	33.47	118.92	30.4	86.46	269.25
	照明灯具	32.77	0	33.6	0	66.37
	广告灯箱、指示牌	30	0	20	0	50
	自动扶梯	61.5	0	16.5	0	78
	垂直电梯	8.8	0	8.8	0	17.6
	自动售、检票机	6.64	0	0	0	6.64
	出入口渗透换热量	27.7	126.66	0	0	154.36
	屏蔽门传热与发热量	0	0	36	0	36
	屏蔽门开启时对流换热量	0	0	31.54	84.59	116.13
	热库	−3.52	0	0	0	−3.52
	其他产热量	10	0	0	0	10
	小计	207.36	245.58	176.84	171.05	
	全热量小计	452.94		347.89		
公共区散湿量/($kg \cdot h^{-1}$)	乘客湿负荷	177.06	130.37			
	围护结构湿负荷	1.1	0			
	出入口渗透产湿量	176.24	0			
	屏蔽门开启时对流产湿量	0	108.65			
	其他产湿量	0	0			
	小计	354.4	239.02			
计算风量	热湿比/($kJ \cdot kg^{-1}$)	4 601	5 240			
	计算风量/($m^3 \cdot h^{-1}$)	73 450	77 310			
	最小新风量/($m^3 \cdot h^{-1}$)	11 099	8 511			
新风全热负荷/kW		55.13		49.99		105.12
送/排风机(管)温升得热量/kW		75.39		80.42		155.81
总冷负荷	车站总送风量/($m^3 \cdot h^{-1}$)	150 780				
	计算冷量/kW	1 061.76				1 061.76

注:(1) 最小新风量按人数确定;

(2) 站厅 29 ℃,站台 28 ℃,相对湿度 60%;

(3) 送/排风机(管)温升 1.5 ℃。

1.3 地下车站的主要冷负荷对比分析

将这两个车站的空调冷负荷计算结果进行分类列表,见表 3。

表 3　　主要热源占总空调冷负荷比例

	乘客产热量	新风负荷	照明灯具	广告灯箱、指示牌	自动扶梯、垂直电梯	自动售、检票机	屏蔽门传热与发热量	出入口渗透换热量	屏蔽门开启时对流换热量	管道温升
车站 A	12.98%	11.41%	10.80%	7.99%	15.05%	1.76%	4.70%	11.69%	6.70%	18.11%
车站 B	25.36%	9.90%	6.25%	4.71%	9.01%	0.63%	3.39%	14.54%	10.94%	14.67%

根据产生原因和特点，可以将各分项负荷分为 4 种类型：

(1) 与人员有关的冷负荷，包括人员负荷和新风负荷；

(2) 用电设备冷负荷，包括照明灯具、广告灯箱、指示牌、自动扶梯、垂直电梯、屏蔽门传热与发热量；

(3) 与周围环境质交换产生的冷负荷，包括出入口渗透风量和屏蔽门开启时对流换热产生的冷负荷；

(4) 送、回风管路温升形成的冷负荷。

对表 3 按负荷类型重新进行统计，见表 4。

表 4　　车站主要分类冷负荷所占比例统计

	车站 A	车站 B		车站 A	车站 B
人员和新风	24.39%	35.26%	出入口和屏蔽门渗透	18.39%	25.48%
用电设备冷负荷	40.30%	23.99%	送/回风机温升	18.11%	14.67%

下面对 4 种类型的空调的热量进行分析，并讨论相应的节能措施。

2　车站空调系统节能潜力分析

2.1　与人员相关的冷负荷

由于地铁车站空调系统是按地铁预测的远期客流量设计的，近期、中期大部分时间客流量均不会达到远期预测客流量，因此与人员相关的冷负荷比设计值低。空调季期间，可以根据公共区温度调节大系统空调风量，同时也可根据公共区 CO_2 浓度调节新风量。

另外，地铁建筑属于交通建筑，客流量大且呈规律性变化，如有早、晚客流高峰。设计时是根据高峰小时客流量计算总新风量的，由于客流量有峰、谷特点，非高峰时段实际供给的新风量比实际所需新风量要大，所以减少非高峰时段的新风量供给就可以有效减小空调冷负荷，特别是中午室外气温很高时，减少新风量对空调负荷影响很大。非高峰时段新风量标准可按公共区 CO_2 体积分数不大于 0.15%进行控制。新风机的功率较小，单独配置变频器成本较高，可采用根据公共区 CO_2 浓度控制新风机启停的办法来调节公共区新风量，实现节能运行。

2.2　用电设备负荷

自动扶梯、电梯、自动售检票机、照明、广告灯箱等设备的负荷与用电设备的关系紧密，电气专业正逐渐对这部分设备进行节能分析和改进。一旦电气设备散到公共区的热量减少，相应的空调负荷就会随之降低。

2.3　与周围环境热湿交换产生的冷负荷

这项空调冷负荷主要有以下两部分。

1）出入口渗透风量产生的冷负荷

（1）站厅空气通过出入口与室外进行自然对流产生的渗透。

（2）列车出站时，列车尾部活塞风负压抽吸作用引起室外空气侵入站厅。

对于自然对流产生的渗透风量，可以认为车站内部已是正压，车站内空气应该是由出入口流到车站外，因此不会有室外空气从出入口渗透到车站内并形成冷负荷。对于活塞风负压抽吸作用引起的室外空气侵入站厅，由于车站采用屏蔽门系统，屏蔽门的密闭程度较好，活塞效应造成的负压抽吸作用体现在活塞风井的进排风上，因此通过站台、站厅的进风量很小（如果活塞风负压抽吸作用效果明显，那么出入口有室外新风渗入与站厅空气进行混合，若渗透风量大于站厅按人员计算得出的新风量，在计算时就不应重复计算站厅人员所需的新风量）。

为防止出入口新风渗透，可以在出入口安装空气幕阻挡车站内空气向外或室外空气向内流动。目前，空气幕的价格约为 1 000 元/台（1.2 m 宽空气幕），5 m 宽的出入口设 3 台 1.2 m 宽空气幕，每个站按有 4 个 5 m 宽的出入口考虑，每台空气幕输入功率为 0.25 kW，每天运行 16 h，则设备费用约为 12 000 元，每天运行能耗为 0.25 kW×16 h×4×3＝48 kWh。由于减小了出入口渗透风冷负荷，冷水机组的投资降低。车站 A，出入口冷负荷为 50 kW（即 4.3×10^4 kcal/h），减少设备初投资约 30 000 元（螺杆式冷水机组估价约为 0.7 元/（kcal/h））；每天减少运行能耗为 50 kW/4.2×16 h＝190.5 kWh（螺杆式冷水机组制冷性能系数取 4.2）。可见无论从投资还是从运行费方面考虑，采用空气幕方式都是可行的。

2）屏蔽门开启时对流换热形成的冷负荷

（1）区间隧道空气在活塞风正压作用下通过屏蔽门缝隙进入站台。

（2）列车靠站屏蔽门开启时，上一站出站列车造成的活塞风正压挤压引起的区间隧道空气进入站台。

对于正压产生的区间隧道空气侵入，由于屏蔽门的密闭性好和部分正压活塞风通过进站端的活塞风道排到室外，另一部分被排热风道排走，因此可认为区间隧道空气不会进入站台；同理可认为屏蔽门开启时区间隧道空气也不会进入站台。实测结果也表明，在排热风机运行时，屏蔽门打开，不论上一站是否有列车运行，空气都是从站台流向车行区。

根据 GB 50157—2003《地铁设计规范》，地铁车站新风量按车站高峰时刻停留人数乘以 12.6 m^3/（人·h）计算，并与空调总风量的 10％比较，取大值。通过 1）的分析可知，如果出入口采取控制室外空气侵入措施，可以减小出入口质交换产生的冷负荷；如果不采取措施，出入口侵入站厅公共区的室外空气可以作为新风供给站厅，减少新风机的风量。笔者认为，采取措施控制室外空气侵入的方式比较好，新风量容易控制，且舒适度要高，新风混合也均匀。通过 2）的分析可以看出，若站台屏蔽门开启，空气由站台流向车行区，需比较这部分空气量与车站计算新风量的大小来确定新风机的风量；从站台流向车行区的风量目前主要由模拟软件进行计算。

2.4 送、回风管路温升形成的冷负荷

送、回风管路温升是由两个原因产生的：

（1）送、回风机消耗的能量最终以热能的形式传给所输送的介质（空气）造成的温升；

（2）送、回风管穿越非空调区时，与环境换热产生的温升。

公共区计算中送、回风管路温升均取 1.5 ℃。公共区送风温差为 9 ℃～10 ℃，而管路温升就达到 3 ℃，损失较大。

以某郊区车站为例，空调箱风量为 45 000 m^3/h（质量流量 15 kg/s），送风机全压 H_1 为

1 000 Pa，回/排风机全压 H_2 为 800 Pa，送、回/排风机效率 η_1 均按 80%考虑，电动机效率 η_2 按 85%考虑，电动机安装在气流内，安装位置的修正系数 $\eta=1$，则由送、回风机产生的温升

$$\Delta t_0=\frac{3.6\times\frac{LH}{3\,600\eta_2}\eta}{1.013\times1.2\eta_1 L}=\frac{0.000\,8H\eta}{\eta_1\eta_2}=\frac{0.000\,8(H_1+H_2)\eta}{\eta_1\eta_2}=2.12\ ℃$$

其中 L 为风机的风量，H 为风机的全压。

送、回风管穿越非空调区时（非空调区管道长度为 20 m），与环境（环境温度按 34.2 ℃计算）换热产生的温升计算如下：

(1) 送风管（尺寸 2 000 mm×800 mm），管内空气温度 19 ℃左右，与周围环境的换热量 $Q_1=KF\Delta t_1=2\,300$ W（其中，K 为换热系数，按热阻为 0.74(m^2·℃)/W 计算；F 为换热面积，(2.0 m+0.8 m)×2×20 m=112 m^2；Δt_1 为送风管内外传热温差，15.2 ℃），温升 $\Delta t_1'=Q_1/(m_1c_p)=0.15$ ℃（其中，m_1 为送风管道内空气质量流量，15 kg/s；c_p 为空气的比定压热容，1.01 kJ/(kg·℃)）。

(2) 回风管（尺寸 2 000 mm×800 mm），管内空气温度 28 ℃～29 ℃，与周围环境的换热量 $Q_2=KF\Delta t_2=938$ W（其中 Δt_2 为回风管内外传热温差，6.2 ℃），温升 $\Delta t_2'=Q_2/(m_2c_p)=0.06$ ℃（其中，m_2 为回风管道内空气质量流量，按回风量为送风量的 90%计算）。

则气流通过送、回/排风机及管路引起的温升为 $\Delta t=\Delta t_0+\Delta t'_1+\Delta t'_2=2.12+0.15+0.06=2.33$ ℃。可见，以往在计算时送、回风管路温升按 1.5 ℃取值偏大。因此，在设计中合理选择送、回风管道温升对负荷计算的影响是很明显的。

3　结论

(1) 地铁出入口和屏蔽门渗透及送/回风机温升造成的冷负荷占冷负荷比例约为 35%～40%，对地铁这种长时间运行的公共场所采取适当的节能措施，如出入口加装空气幕，减小屏蔽门的渗漏风量，加强管道的保温措施，送、回/排风机压头可调节（输入功率可调）等措施，可以有效减少空调负荷。

(2) 由于地铁交通客流量有波峰、波谷的特点，根据车站 CO_2 浓度情况，减少非高峰时段的新风量，也可以有效降低空调运行能耗，对人员和新风所占比例较大的车站效果更明显。

(3) 结合电气专业节能措施，在设计阶段就可以降低空调冷负荷，避免冷水机组、冷水泵、冷却水泵、冷却塔、空调箱、回/排风机等设备选型容量过大的问题。

参考文献

[1] 北京城建设计研究总院. GB 50157—2003 地铁设计规范[S]. 北京：中国计划出版社，2003.

[2] 上海市隧道工程轨道交通设计研究院，上海轨道交通学科（专项技术）研究发展中心. DGJ 08－109—2004 城市轨道交通设计规范[S]. 北京：人民交通出版社，2003.

[3] 中国有色工程设计研究总院. GB 50019—2003 采暖通风与空气调节设计规范[S]. 北京：中国计划出版社，2004.

[4] 中国建筑科学研究院，中国建筑业协会建筑节能专业委员会. GB 50189—2005 公共建筑节能设计标准[S]. 北京：中国建筑工业出版社，2005.

[5] 住房和城乡建设部工程质量安全监管司，中国建筑标准设计研究院. 全国民用建筑工程设计技术措施(2009)暖通空调·动力[M]. 北京：中国计划出版社，2009.

卷烟厂空调系统新风节能控制策略的研究*

余洋　刘东　丁永青　张帆

摘　要：本文以上海某卷烟厂为例，利用空调负荷软件DEST和上海地区标准年气象参数，分析了定风量空调系统24 h全天运行时各个空调季节的新风节能潜力，并提出了冬季采取调节新回风比、过渡季节通过自控系统来利用新风，夏季按最小新风运行的新风控制策略，可为卷烟行业空调系统的设计和运行提供参考。该结论还适用于热湿负荷特性类似于卷烟厂车间的全天运行的空调建筑。

关键词：卷烟厂；新风；节能；分区控制

Energy Conservation for Fresh Air System in the Air Conditioning System of Cigarette Factory

YU Yang, LIU Dong, DING Yongqing, ZHANG Fan

Abstract: This paper use DEST and standard weather data of shanghai to analyse the energy-saving potential of constant air volume system in cigarette factory which is operated in a whole day with a example in shanghai, and presents the control method of fresh air in different seasons, such as control the proportion between fresh air and return air in winter, control by automation system in transition season, use minimal fresh air in summer. This study can be consulted by air-conditioning systems in cigarette factories. The conclusion is also apply to the air condition building which is operated all day and have similar thermal- humidity load characteristic.

Keywords: cigarette factory; fresh air; energy conservation; divided-zone control

0　引言

卷烟厂空调系统的特点[1]：

(1) 卷烟厂空调面积大，生产设备产热量大，一般产湿量很小，热湿比大，接近于$+\infty$。

(2) 储丝房和卷接包车间有严格的空气温、湿度要求。由于生产设备的产热量大，在长江中下游地区的卷烟厂生产车间在冬季也需要供冷。

(3) 卷烟厂空调系统全年运行，有的工厂每天24 h连续生产，空调设备运行能耗高。

新风负荷在空调系统负荷中所占的比例较大，因此如何降低新风负荷，并且结合室外新风在一定条件下本身所具有的冷却和除湿能力，研究在过渡季节和冬季利用新风直接供冷的潜力，这也是本文的工作重点。

1　全年多工况控制策略简介

室外空气状态在一年中波动的范围很大，不同的室外空气参数决定了不同的影响空气处

*《节能技术》2010，28(159)收录。

理过程。因此,空调系统确定后,可以根据当地的气象资料,将 i-d 图分成若干个气象区(空调工况区),对应于每一个空调工况区采取不同的运行策略[2]。

空调工况分区遵循以下原则:

(1) 除湿与加湿分区边界:当新回风混合状态点的绝对含湿量大于或等于送风状态点的绝对含湿量时,此季节工况应对空气进行除湿处理,否则应对空气进行加湿处理。

(2) 加热与冷却分区边界:当新回风混合状态点的温度大于或等于送风状态点的温度时,此季节工况应对空气进行冷却处理,否则应对空气进行加热处理。

(3) 新回风比节能控制原则:在除湿季节工况,若室外新风的焓值大于或等于回风焓值,采用最小新风,否则采用最大新风;在加湿季节工况,若室外新风温度大于或等于回风温度,采用最小新风;若室外新风温度小于回风温度,但大于送风温度时,为减少制冷机的负荷,采用最大新风,尽管此时可能导致蒸气加湿量的增加;若室外新风温度小于或等于送风温度,调节新回风比,直到最小新风量。

根据卷烟厂车间负荷的特点可把车间空调系统的全年工况分为五个区[3-4],如图 1 所示。

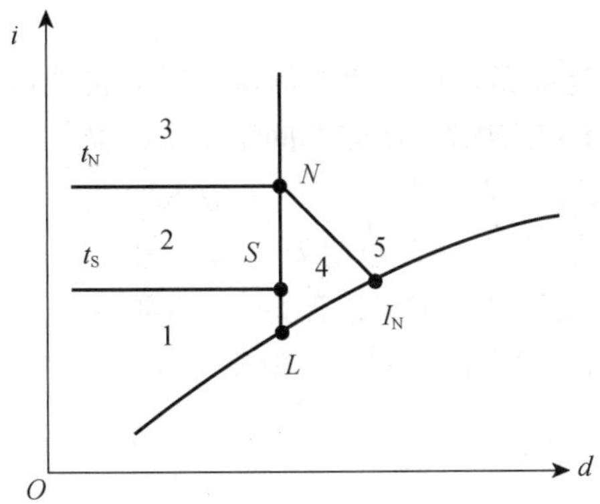

N—室内状态点;S—送风状态点;L—室内状态点的露点

图 1 多工况分区图

表 1 各分区说明

工况区	边界条件	对应工况	新风量控制策略
1	$d_w < d_n \quad t_w < t_s$	加热加湿	按比例调节新回风比
2	$d_w < d_n \quad t_s < t_w < t_n$	冷却加湿	最大新风
3	$d_w < d_n \quad t_n < t_w$	冷却加湿	最小新风
4	$d_w > d_n \quad i_w < i_n$	冷却除湿	最大新风
5	$d_w > d_n \quad i_w > i_n$	冷却除湿	最小新风

注:t_n 为室内空气温度,d_n 为室内空气含湿量,t_w 为室外新风温度,d_w 为室外新风含湿量,i_n 为室内空气焓值,i_w 为室外新风焓值。

2 案例简介

本文以上海某卷烟厂厂房车间空调系统进行研究与分析。

2.1 概况

该卷烟厂位于上海浦东新区,生产车间位于第一层,仓库和空调机房位于第二层,第一层(层高 9 m)。卷烟厂空调水系统图如图 2 所示。

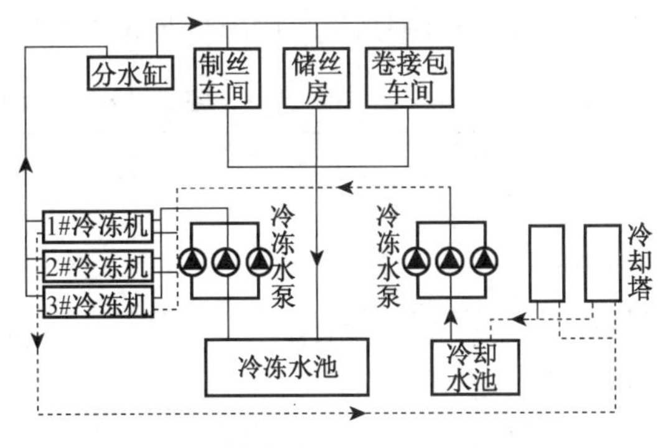

图 2 空调系统图

冷冻水系统流程:冷却塔→冷却水池→冷冻水泵→冷冻机→冷却塔。

冷却水系统流程:冷冻机→分水缸→各车间空气处理机组→冷冻水池→冷冻水泵→冷冻机。

各生产车间设置独立的双风机空气处理机组,回风一部分直接排出室外,剩下的回风和室外新风混合后经过空气处理机组处理再直接送入生产车间。

2.2 室内设计参数

表 2 室内空气参数

车间名称	夏季		冬季	
	温度/℃	相对湿度	温度/℃	相对湿度
制丝车间	17～35	50%～70%	17～35	50%～70%
卷接包车间	26±2	60%±3%	23±2	57%±3%
储丝房	24±2	61%±3%	24±2	64%±3%

表 3 各车间空调内扰参数

车间	人员数	照明安装功率/W	设备安装功率/W
制丝车间	20	57 888	512 340
卷接包车间	30	43 200	780 000
储丝房	3	864	49 770

3 卷接包车间的模拟结果及新风控制策略分析

该卷烟厂空调系统全天 24 h 运行。用 DEST 软件进行全年负荷模拟，由于卷接包车间室内空气设计参数全年比较稳定且车间负荷占空调系统冷负荷比重较大，因此本文着重对卷接包车间进行分析。

3.1 以卷接包车间为例进行分析

由于生产过程中工艺设备的发热量大，卷接包车间全年都有较大的冷负荷。因为卷接包车间只有一面朝南外墙与室外空气接触，其余三面均处于建筑内区，所以车间空调负荷受室外空气状态波动的影响较小。冷负荷最大值出现在第 4 352 h(7 月 1 日 8:00)，最大冷负荷为 497.69 kW。冷负荷最小值出现在第 836 h(2 月 4 日 20:00)，最小冷负荷为 440.15 kW。

由于是定风量系统，当空调负荷变化时，改变送风温度来维持室内状态不变。车间空调负荷基本全为显热负荷，送风湿度 d_s 非常接近于 d_n。从而可以得出逐时送风温差的计算公式

$$\Delta t = Q \cdot 3\,600/(G \cdot \rho \cdot C_P) \tag{1}$$

式中 Δt——逐时送风温差，℃；

Q——逐时空调冷负荷，kW；

G——送风量，m^3/h；

G_x——新风量，m^3/h。

各工况分区通新风后的冷负荷计算式如表 4 所示。

表 4 各工况分区通新风后的冷负荷计算式

工况分区	通新风后的冷负荷/kW
1	0
2，3	$Q_{新} = Q - G_X \cdot \rho \cdot C_P \cdot (t_n - t_w)$
4，5	$Q_{新} = Q - G_X \cdot \rho \cdot (i_n - i_w)$

注：卷接包车间空调系统送风量为 190 000 m^3/h；C_P 为空气比热，kJ/(kg·℃)，取 1.005 kJ/(kg·℃)；ρ 为空气密度，kg/m^3，取 1.2 kg/m^3。

3.2 卷接包车间冬季、过渡季和夏季的新风控制策略

3.2.1 冬季(12 月 21 日～3 月 21 日)新风控制策略

冬季卷接包车间室内设计参数：温度23 ℃，含湿量 9.98 g/kg。

冬季逐时冷负荷如图 3 所示(图中 1～2 160 h 表示 12 月 21 日～3 月 21 日)。

通过计算逐时的送风温差，再由逐时的室内温度减去送风温差便可得逐时的送风温度。卷接包车间的冬季逐时送风温度如图 4 所示，对比冬季室外新风温度和含湿量，几乎每个时刻

都有 $d_w<d_n$，$t_w<t_s$，即都处于工况 1 区。因此可以通过调节新回风比例，实现新风供冷。通新风后的逐时冷负荷，如图 5 所示。从图中可以看出，除了在 2 月 24 日（1 560～1 583 h）出现了最大将近 100 kW 的冷负荷外，其余时间使用新风供冷就能消除所有的冷负荷。

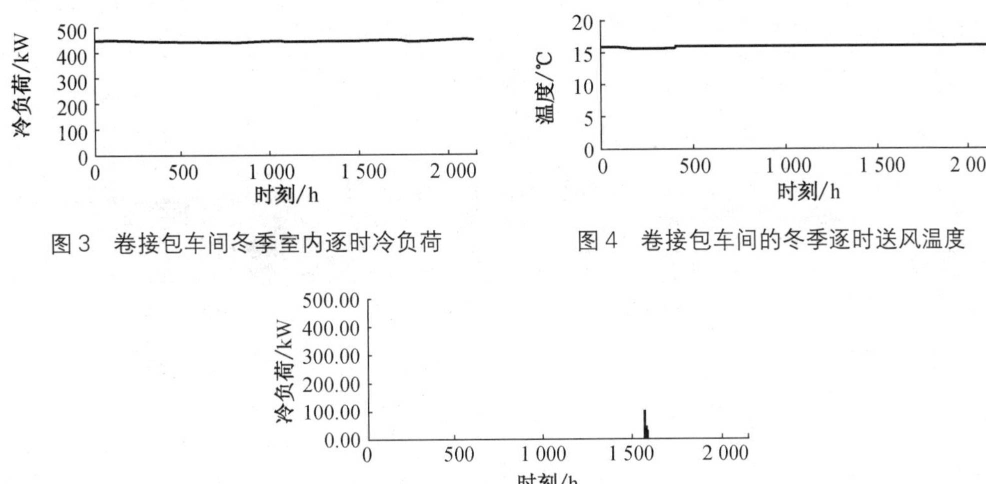

图 3　卷接包车间冬季室内逐时冷负荷

图 4　卷接包车间的冬季逐时送风温度

图 5　冬季卷接包车间通新风后的逐时冷负荷

3.2.2　过渡季的新风控制策略

根据卷烟厂的实际情况，过渡季室内设计参数取夏季的设计参数——温度 26 ℃，含湿量 12.6 g/kg，焓值 58.45 kJ/kg。

卷接包车间过渡季室内逐时冷负荷如图 6 所示（其中 1～2 208 h 表示 3 月 21 日—6 月 20 日；2 209～4 392 h 表示 9 月 21 日—12 月 20 日），同样，可得出卷接包车间过渡季逐时送风温度。由于卷接包车间过渡季室内负荷比较稳定，车间逐时的送风温度也很稳定，基本上都在 18.5 ℃～19.5 ℃之间，为了控制方便，可取 19 ℃作为 1 区和 2 区的分界线，从而得出过渡季的新风控制策略，见表 5。

表 5　　过渡季的新风控制策略

工况区	边界条件		对应工况	新风量控制策略
1	$d_w<12.6$ g/kg	$t_w<19$ ℃	加热加湿	按比例调节新回风比
2	$d_w<12.6$ g/kg	19 ℃$<t_w<26$ ℃	冷却加湿	最大新风
3	$d_w<12.6$ g/kg	$t_w>26$ ℃	冷却加湿	最小新风
4	$d_w>12.6$ g/kg	$i_w<58.45$ kJ/kg	冷却除湿	最大新风
5	$d_w>12.6$ g/kg	$i_w>58.45$ kJ/kg	冷却除湿	最小新风

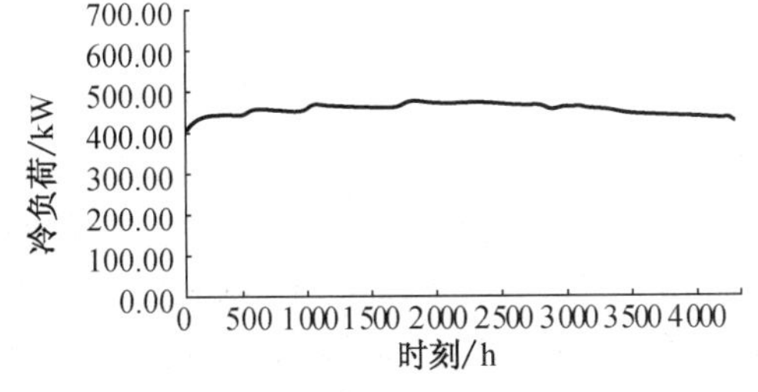

图 6　卷接包车间过渡季室内逐时冷负荷

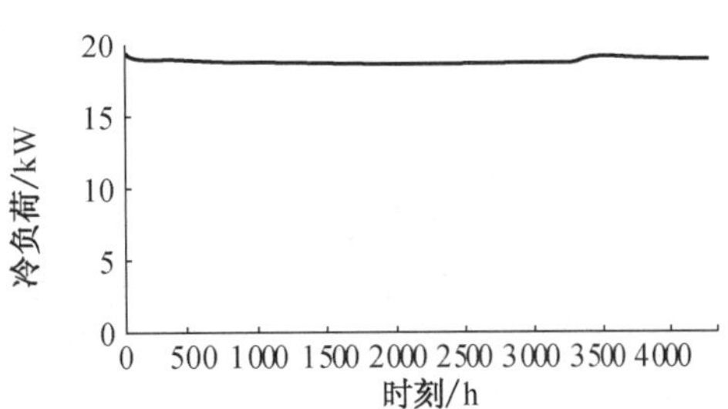

图 7　卷接包车间过渡季逐时送风温度

对过渡季 4 392 h 的新风参数进行统计可以得出处于各工况区的小时数，见表 6。

表 6　各工况区的小时数(一)

工况区	1	2	3	4	5
小时数	740	298	0	1 001	2 355

处于 1，2，4 工况分区的小时数一共为 2 039 h，其中可以实现新风供冷的 1 区为740 h，说明过渡季利用新风的潜力还是巨大的。由于过渡季室外空气参数变化大，因此不能使用统一的控制策略。往往一天之中室外新风参数处于不同的工况区，不利于采取人工调节，所以必须有相应的自控系统实现工况分区控制。通新风后的逐时冷负荷，如图 8 所示。

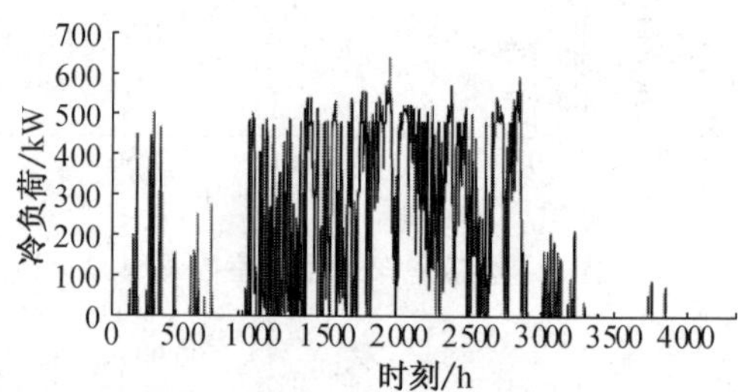

图 8　过渡季卷接包车间通新风后的逐时冷负荷

3.2.3　夏季新风控制策略

夏季室内设计参数：温度 26 ℃，含湿量 12.6 g/kg，焓值 58.45 kJ/kg。

卷接包车间夏季室内逐时冷负荷如图 9 所示(1～2 208 h 表示 6 月 21 日～9 月 20 日)。由于卷接包车间夏季室内负荷比较稳定，车间逐时的送风温度也很稳定，基本上就在 18.5 ℃徘徊，可取 18.5 ℃作为 1 区和 2 区的分界线。

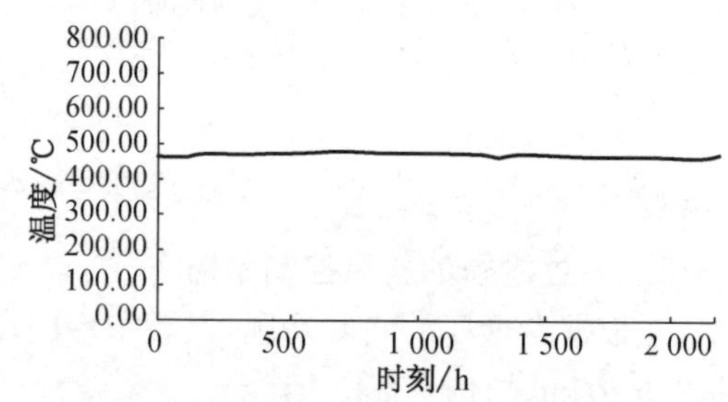

图 9　卷接包车间夏季室内逐时冷负荷

从而得出夏季的新风控制策略，见表 7。

表 7　夏季的新风控制策略

工况区	边界条件		对应工况	新风量控制策略
1	$d_w < 12.6$ g/kg	$t_w < 18.5$ ℃	加热加湿	按比例调节新回风比
2	$d_w < 12.6$ g/kg	18.5 ℃ $< t_w < 26$ ℃	冷却加湿	最大新风
3	$d_w < 12.6$ g/kg	$t_w > 26$ ℃	冷却加湿	最小新风
4	$d_w > 12.6$ g/kg	$i_w < 58.45$ kJ/kg	冷却除湿	最大新风
5	$d_w > 12.6$ g/kg	$i_w > 58.45$ kJ/kg	冷却除湿	最小新风

对过渡季 2 208 h 的新风参数进行统计可以得出处于各工况区的小时数，见表 8。

表 8　各工况区小时数(二)

工况区	1	2	3	4	5
小时数	0	62	5	47	2 094

处于 2，4 工况区的小时数共为 109 h，利用新风节能的潜力不大，为了方便控制，整个夏季空调系统可都按最小新风运行。通新风后的逐时冷负荷，如图 11 所示。特别注意的是即使在凌晨时刻当室外新风的温度低于室内空气温度时，由于其含湿量要远大于室内空气，导致其焓值大于室内空气，所以仍应该按最小新风运行。而不能单纯地认为晚上的室外新风温度小于室内空气温度就可以采取加大新风的策略。

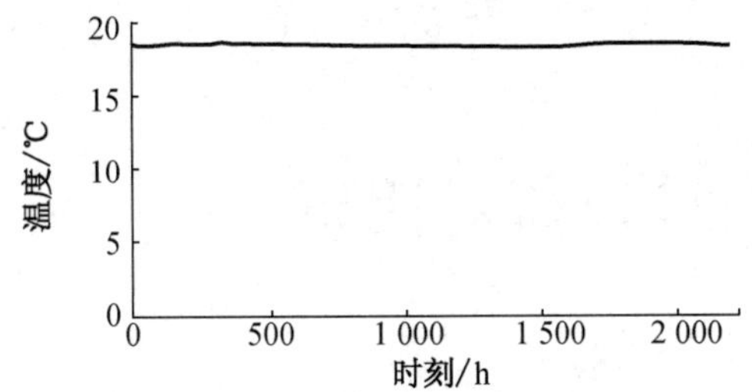

图 10　夏季卷接包车间逐时送风温度

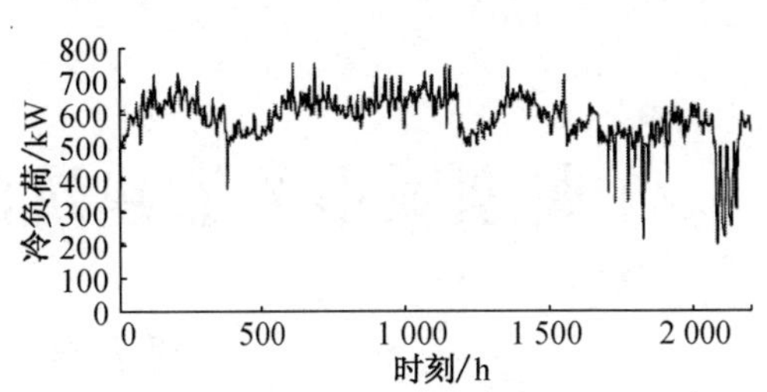

图 11　夏季卷接包车间通新风后的逐时冷负荷

4　结论

(1) 对于卷烟厂之类内部发热量很大的建筑,合理的新风利用能在很大程度上减少冬季和过渡季空调系统的冷负荷,延迟或减少冷水机组的开机时间,同时也能提高使用冷却塔供冷的可能性和延长了使用冷却塔供冷的时间。

(2) 冬季的新风利用可以采取单一的控制策略;过渡季新风的充分利用必须由相应的自控系统来实现;夏季新风利用的潜力很小,可单一的按最小新风运行。

(3) 所得出各季的新风控制策略可为该卷烟厂的空调运行提供参考。

参考文献

[1] 孙一坚.卷烟厂空调研究[J].暖通空调,2000,30(5):12-14.

[2] 黄杭昌.卷烟厂空调系统节能控制策略的研究和应用[J].能源与环境,2005(2):29-31.

[3] 王勇.卷烟车间空调控制系统设计[J].昆明理工大学学报,2000,25(1):144-148

[4] 李金川,姜效海,郑智慧.空调系统的分区多工况运行调节方法[J].暖通空调,2006,36(7):112-116.

典型城市节能建筑的采暖负荷对比研究*

胡贤军　李超　刘东

摘　要：通过对选取的6个典型城市和3种不同的户型进行分析，以现行节能设计标准为依据，计算了典型城市的节能建筑的采暖设计负荷指标，为城市采暖系统的设计和校核提供了依据，并应用标准气象年的逐时空气温度等参数，计算了典型城市采暖季的能耗指标，为采暖系统的经济性比较提供了基础。从计算和分析结果来看，各典型城市的采暖负荷有明显差异，供热资源分配和习惯也不尽相同。

关键词：采暖负荷；采暖能耗指标；典型城市

Comparative Study on Heating Load of Energy-Saving Buildings in Typical Cities

HU Xianjun, LI Chao, LIU Dong

Abstract: This article shows the calculation methods on the heating loads of different layout houses in energy-saving buildings of typical cities in China based on current active standards, and provides the reference for the heating system designing and checking work. The further calculation is also implemented for the energy consumption index of the house through the whole heating season based on thc city's real variable weather parameters, and provides the reference for economical comparison between different heating systems. As a conclusion, the heating loads of different cities are in big difference, and also, the heating methods and resources are also different.

Keywords: Heating load; Heating energy consumption index; Typical cities

0　引言

随着社会经济的发展和人民生活水平的提高，对热舒适性的要求在逐步提高，冬季采暖也成为人们对生活的要求之一。采暖供热已由原先以社会福利型消费为主，逐步过渡到大众商品化消费为主的消费方式。因此，对采暖负荷的研究也逐渐受到重视。本文将对典型城市的节能建筑的采暖设计负荷指标进行计算，从而为采暖系统的设计和校核提供依据；并应用标准气象年的逐时空气温度等参数，计算典型城市采暖季的能耗指标，为采暖系统的经济性比较提供理论基础。

1　采暖设计耗热量指标与计算方法

采暖设计耗热量指标按照如下方法计算。耗热量 Q 的表达式为：

*《电力与能源》2013，34(4)收录。

$$Q = Q_W + Q_X - Q_D \tag{1}$$

$$Q_W = \sum_{j=1}^{n} Q_{wj} = \sum_{j=1}^{n} K_j F_j (t_n - t_w) \alpha_j (1 + f_{fj} + f_{chj})(1 + f_g) \tag{2}$$

$$Q_X = nVc\rho_w (t_n - t_w)/3.6 \tag{3}$$

式中　Q_W——围护结构耗热量，包括墙体、屋顶、地面、窗户以及户间传热；

Q_X——新风耗热量(住宅与办公建筑换气次数可取每 1 次/h)；

Q_D——室内的热量，包括室内人体、照明等设备的散热量；

Q_{wj}——每部分围护结构的基本耗热量；

F_j——每部分围护结构的表面积；

K_j——每部分围护结构的传热系数；

t_n——冬季实际计算温度；

t_w——采暖室外计算温度；

α——围护结构的温差修正系数；

f_f——风力附加系数，建筑物在不避风的高地、河边、河岸、旷野上的建筑物以及城镇厂区内特别高出的建筑物，垂直的外围护结构附加 5%～10%；一般情况为 0；

f_{ch}——朝向附加系数，参考设计规范；

f_g——高度附加系数，除楼梯间外，对高于 4 m 的房间应采用高度附加，参见相关规范；

n——换气次数；

V——房间体积；

c——空气比热；

ρ_w——室外空气密度。

将式(2)和式(3)代入式(1)，可得采暖期能耗的表达式为：

$$\begin{aligned} Q &= Q_W + Q_X - Q_D \\ &= \sum_{j=1}^{n} K_j F_j (t_n - t_w) \alpha_j (1 + f_{fj} + f_{chj})(1 + f_g) + nVc\rho_w (t_n - t_w)/3.6 - Q_D \\ &= \left[\sum_{j=1}^{n} K_j F_j (t_n - t_w) \alpha_j (1 + f_{fj} + f_{chj})(1 + f_g) + nVc\rho_w/3.6\right](t_n - t_w) - Q_D \\ &= H(t_n - t_w) - Q_D \end{aligned} \tag{4}$$

$$H = \sum_{j=1}^{n} K_j F_j \alpha_j (1 + f_{fj} + f_{chj})(1 + f_g) + nVc\rho_w/3.6 \tag{5}$$

采暖设计耗热量指标的表达式为：

$$q = Q/F_f \tag{6}$$

式中　q——耗热量指标；

F_f——房间面积。

在计算采暖期能耗时，采用的室外温度为标准气象年逐时气象温度，采暖期内某房间的能耗为：

$$E = 3\,600\left[H\sum_{j=1}^{n}(t_n - t_{wj}) + nQ_D\right]/10^6 \tag{7}$$

式中，n 为采暖期。

2 住宅建筑的供暖负荷研究

计算并汇总了6个典型城市(沈阳、北京、西安、青岛、上海、武汉)住宅建筑的采暖设计耗热量指标,围护结构计算参数均取6个地区居住建筑节能设计标准中围护结构的上限值,室内热量均取4.3 W/m^2。其采暖设计参数见表1。

6个典型城市的住宅建筑采暖设计耗热指标如表2—表7所示。在表2—表7中,所有户型均为南北朝向,其中,上海和武汉的户型A:西向外围护结构南北总长11.18 m,南外围护结构宽3.54 m;户型B:南北向总长7.44 m,南北外围护结构宽均为7.44 m;户型C:东向外围护结构南北总长11.18 m,南外围护结构宽3.54 m。沈阳、北京、青岛和西安的户型A:西向外围护结构南北总长17.30 m,南北外围护结构宽均为7.45 m;户型B:南外围护结构宽10.80 m,北外围护结构宽7.50 m;户型C:东向外围护结构南北总长17.30 m,南北外围护结构宽均为7.45 m。

表1 各典型城市住宅建筑采暖设计参数

城市	所属区域	室外计算温度 t_n/℃	冬季采暖室内计算温度 t_w/℃	传热系数 K/[W·(m^2·℃)$^{-1}$]				换气数 n/(次·h^{-1})
				外墙	地面	屋面	外窗	
沈阳	严寒	−19	18	0.5	0.5	0.45	2.1~2.5	1
北京	寒冷	−9	18	0.5	0.5	0.5	2.0~2.8	1
西安	寒冷	−8	18	0.5	0.5	0.5	2.5	1
青岛	寒冷	−6	18	0.5	0.5	0.5	2.0~2.8	1
上海	夏热冬冷	−2	18	1	1.5	0.8	2.5~4.7	1
武汉	夏热冬冷	−2	18	1	1.5	0.8	2.5~4.7	1

表2 沈阳住宅建筑采暖设计耗热量指标

楼层	方位	外墙耗热量/W	地面/屋面耗热量/W	新风耗热量/W	室内的热量/W	总耗热量/W	面积/m^2	耗热指标/(W·m^{-2})
底 层	户A	2 865	1 682	3 802	391	7 959	91	88
	户B	1 993	2 045	4 323	475	8 187	111	74
	户C	2 865	1 642	3 802	391	7 959	91	88
标准层	户A	2 865	0	3 802	391	6 277	91	69
	户B	1 993	0	4 323	475	6 141	111	56
	户C	2 865	0	3 802	391	6 277	91	69
顶 层	户A	2 865	1 514	3 802	391	7 791	91	86
	户B	1 993	1 841	4 323	475	7 982	111	72
	户C	2 865	1 514	3 802	391	7 791	91	86

表 3　　北京住宅建筑采暖设计耗热量指标

楼层	方位	外墙耗热量/W	地面/屋面耗热量/W	新风耗热量/W	室内的热量/W	总耗热量/W	面积/m^2	耗热指标/($W \cdot m^{-2}$)
底　层	户 A	2 237	1 228	2 675	391	5 749	91	63
	户 B	1 401	1 493	3 252	475	5 671	111	51
	户 C	2 237	1 228	2 675	391	5 749	91	63
标准层	户 A	2 237	0	2 675	391	4 521	91	50
	户 B	1 401	0	3 252	475	4 179	111	38
	户 C	2 237	0	2 675	391	4 521	91	50
顶　层	户 A	2 237	1 228	2 675	391	5 749	91	63
	户 B	1 401	1 493	3 252	475	5 671	111	51
	户 C	2 237	1 228	2 675	391	5 749	91	63

表 4　　西安住宅建筑采暖设计耗热量指标

楼层	方位	外墙耗热量/W	地面/屋面耗热量/W	新风耗热量/W	室内的热量/W	总耗热量/W	面积/m^2	耗热指标/($W \cdot m^{-2}$)
底　层	A 型	1 609	1 203	2 543	396	4 960	92	54
	B 型	1 609	1 203	3 297	516	5 594	120	47
	C 型	1 609	1 203	2 262	353	4 722	82	58
标准层	A 型	1 609	0	2 543	396	3 757	92	41
	B 型	1 609	0	3 297	516	4 390	120	37
	C 型	1 609	0	2 262	353	3 519	82	43
顶　层	A 型	1 609	1 203	2 543	396	4 959	92	54
	B 型	1 609	1 203	3 297	516	5 593	120	47
	C 型	1 609	1 203	2 262	353	4 721	82	58

表 5　　青岛住宅建筑采暖设计耗热量指标

楼层	方位	外墙耗热量/W	地面/屋面耗热量/W	新风耗热量/W	室内的热量/W	总耗热量/W	面积/m^2	耗热指标/($W \cdot m^{-2}$)
底　层	户 A	809	757	1 624	271	2 919	63	46
	户 B	487	901	1 933	323	2 998	75	40
	户 C	809	757	1 624	271	2 919	63	46
标准层	户 A	809	0	1 624	271	2 162	63	34
	户 B	487	0	1 933	323	2 097	75	28
	户 C	809	0	1 624	271	2 162	63	34
顶　层	户 A	809	757	1 624	271	1 919	63	46
	户 B	487	901	1 933	323	1 998	75	40
	户 C	809	757	1 624	271	1 919	63	46

表 6　　上海住宅建筑采暖设计耗热量指标

楼层	方位	外墙耗热量/W	地面/屋面耗热量/W	新风耗热量/W	室内的热量/W	总耗热量/W	面积/m^2	耗热指标/(W·m^{-2})
底　层	户 A	1 178	1 891	1 333	271	4 131	63	66
	户 B	617	2 251	1 587	323	4 132	75	55
	户 C	1 178	1 891	1 333	271	4 131	63	66
标准层	户 A	1 178	0	1 333	271	2 240	63	36
	户 B	617	0	1 587	323	1 881	75	25
	户 C	1 178	0	1 333	271	2 240	63	36
顶　层	户 A	1 178	1 009	1 333	271	3 248	63	52
	户 B	617	1 201	1 587	323	3 082	75	41
	户 C	1 178	1 009	1 333	271	3 248	63	52

表 7　　武汉住宅建筑采暖设计耗热量指标

楼层	方位	外墙耗热量/W	地面/屋面耗热量/W	新风耗热量/W	室内的热量/W	总耗热量/W	面积/m^2	耗热指标/(W·m^{-2})
底　层	户 A	1 178	1 891	1 333	271	4 131	63	66
	户 B	617	706	1 587	323	2 587	75	34
	户 C	1 178	1891	1 333	271	4 131	63	66
标准层	户 A	1 178	0	1 333	271	2 240	63	36
	户 B	617	0	1 587	323	1 881	75	25
	户 C	1 178	0	1 333	271	2 240	63	36
顶　层	户 A	1 178	697	1 333	271	2 936	63	47
	户 B	617	829	1 587	323	2 710	75	36
	户 C	1 178	697	1 333	271	2 936	63	47

从表 3—表 7 中可以看出，由于室外设计温度的关系，沈阳和北京的维护结构和新风耗热量都比较大；上海和武汉虽然室外设计温度比较高，新风耗热量相对低，但是由于户型结构和朝向的原因，维护结构的耗热量却比较高；青岛和西安的总耗热量相对其他 4 个城市耗热量低。

3　不同城市的供热特性分析

6 个典型城市中采用集中供暖的有沈阳、北京、西安和青岛 4 个城市。其中，青岛的冬季采暖仍以传统集中供暖为主，沈阳、北京、西安则各有特点。

3.1　沈阳地区

沈阳的采暖方式为集中供暖。从能源消费用途看，沈阳冬季取暖时间长达 4 个月，采暖用能比重达 70%。沈阳资源自给能力较低，针对可能出现的能源短缺状况出台了多项措施，旨在解决巨大的能源缺口问题，实现城市能源的自给自足。这些措施主要集中在做好能源开发和清洁利用工作和做好节能降耗工程两个方面。通过上述措施，沈阳将实现热源厂集中供热普及率达到80%，地源热泵等清洁能源方式采暖比重达到10%，全市清洁能源占终端能源的比例不小于50%的目标。

3.2 北京地区

北京近年施行的有关采暖的办法有：

(1) 涉及优质能源替代燃煤的条款。在市政府规定的无煤区内，燃煤设施必须逐步改用清洁能源；在市区范围内不得新建任何形式的燃煤设施。

(2) 电采暖用户冬季采暖电费仍实行峰谷电价的优惠政策。从2006年11月至2011年10月的5年内，北京市居民分户电采暖用户采暖季用电价格，暂按居民峰谷试点电价管理，每年采暖季(11月1日至3月31日)低谷时段(22:00～6:00)电价为0.3元/kWh，高峰时段(6:00～22:00)电价为0.488 3元/kWh。

(3) 居民住宅清洁能源分户自采暖补贴暂行办法。《北京市居民住宅清洁能源分户自采暖补贴暂行办法》(京政管字[2006]22号)中规定：凡具有本市城镇居民户口的居民，其在本市的住宅没有集中供暖设施且采用清洁能源分户自采暖方式(是指近年来新建居民住宅按照规范设计要求，或旧有居民住宅按照大气治理统一改造要求，每户单独采取燃气、电等清洁能源采暖的方式)，凭《职工住宅清洁能源分户自采暖核对证明》享受居民住宅清洁能源分户自采暖补贴。补贴标准是根据住房建筑面积，按采暖季每人15元/m^2 向单位职工计发(劳资双方已有约定的除外)。

3.3 西安地区

西安市在2008年10月底前停止了由房屋产权单位或职工所在单位统包的职工用热制度，改为由居民家庭(用热户)直接向供热企业缴费采暖。西安市逐步推行用热商品化、货币化，各级财政、各单位原来用于职工采暖费的补贴，以货币形式发放给职工，实现补贴货币化。

此外，西安市还逐步实行按用热量计量收费制度，实行分户控制、分户计量，变“面积”计量为“热量”计费。新建住宅和公共建筑必须安装楼前热计量表和散热器恒温控制阀，新建住宅还要具备分户计量、分室调控条件。不符合相关供热计量标准规定要求的不得验收和交付使用。而既有公共建筑和居民住宅的分户控制、分户计量工作也将做出改造规划。

3.4 集中采暖方式收费情况

(1) 沈阳地区目前住宅采暖的电价为22元，非住宅稍贵，为23.5元。

(2) 北京小区供暖的方式不同，所交纳的供暖费用是不同的。如市热力集团供暖是每建筑平方米、采暖季为24元。

(3) 西安市区域性供热的收费标准有3种：居民家庭每月采暖收费标准为4元/m^2；商业性质采暖按量热表收费，收费标准约35元/GJ；机关单位采暖按量热表收费，收费标准约25元/GJ。

(4)非集中采暖城市有武汉、上海，这两个城市都属于夏热冬冷地区。现行的主要方式为电采暖、空调采暖和燃气采暖。

4 基于全年气象参数的供热系统能耗分析

由式(7)和表1数据计算，得6个典型城市住宅建筑采暖季单位面积耗热量见表8—表13。

表 8　沈阳的住宅建筑采暖季单位面积耗热量

室内设计温度/℃			16	18	20	22	24
采暖季单位面积耗热量/(MJ·m^{-2})	底层	户 A	717	804	892	982	1 072
		户 B	607	680	755	831	906
		户 C	717	804	892	982	1 072
	标准层	户 A	566	634	704	774	846
		户 B	455	510	566	623	680
		户 C	566	634	704	774	846
	顶层	户 A	702	787	873	961	1 050
		户 B	592	663	736	810	884
		户 C	702	787	873	961	1 050

表 9　北京的住宅建筑采暖季单位面积耗热量

室内设计温度/℃			16	18	20	22	24
采暖季单位面积耗热量/(MJ·m^{-2})	底层	户 A	484	588	633	710	787
		户 B	410	472	536	600	665
		户 C	484	558	633	710	787
	标准层	户 A	377	434	493	552	612
		户 B	286	330	375	420	465
		户 C	377	434	493	552	612
	顶层	户 A	479	552	627	702	779
		户 B	389	448	508	570	632
		户 C	479	552	627	702	779

表 10　北京的住宅建筑采暖季单位面积耗热量

室内设计温度/℃			16	18	20	22	24
采暖季单位面积耗热量/(MJ·m^{-2})	底层	户 A	327	391	455	520	584
		户 B	270	323	377	430	483
		户 C	288	345	402	459	516
	标准层	户 A	261	313	364	416	467
		户 B	205	245	285	326	366
		户 C	223	267	311	355	399
	顶层	户 A	359	430	501	572	643
		户 B	303	363	422	482	542
		户 C	321	385	448	511	575

表 11　北京的住宅建筑采暖季单位面积耗热量

室内设计温度/℃			16	18	20	22	24
采暖季单位面积耗热量/(MJ·m^{-2})	底层	户 A	376	442	510	577	645
		户 B	324	382	440	498	557
		户 C	376	442	510	577	645
	标准层	户 A	278	328	378	428	478
		户 B	227	267	308	348	389
		户 C	278	328	378	428	478
	顶层	户 A	376	442	510	577	645
		户 B	324	382	440	498	557
		户 C	376	442	510	577	645

表 12　北京的住宅建筑采暖季单位面积耗热量

室内设计温度/℃			16	18	20	22	24
采暖季单位面积耗热量/(MJ·m^{-2})	底层	户 A	347	435	526	619	711
		户 B	292	365	442	520	597
		户 C	347	435	526	619	711
	标准层	户 A	188	236	285	335	385
		户 B	133	166	201	237	272
		户 C	188	236	285	335	385
	顶层	户 A	273	342	414	486	559
		户 B	218	248	300	352	405
		户 C	273	342	414	486	559

表 13　北京的住宅建筑采暖季单位面积耗热量

室内设计温度/℃			16	18	20	22	24
采暖季单位面积耗热量/(MJ·m^{-2})	底层	户 A	362	400	525	610	695
		户 B	304	330	441	512	584
		户 C	362	400	525	610	695
	标准层	户 A	196	236	285	331	377
		户 B	139	170	201	233	266
		户 C	196	240	285	331	377
	顶层	户 A	263	279	381	442	504
		户 B	205	208	297	345	393
		户 C	263	279	381	442	504

由表8—表13数据可知，在采暖负荷方面可以看到和表2—表7基本相同的趋势。沈阳和北京的全年单位面积采暖负荷很大，上海、武汉，青岛和西安的全年单位面积采暖负荷相对较低。同时，由于采暖季节的长短不同，各城市之间的采暖负荷差别进一步拉大，沈阳和北京采用集中供暖的优势就可以直接显现出来。

对于上海和武汉来说，由于采暖负荷相对较低，如果采用电采暖、燃气采暖等供暖方式，则可以省去集中管网的初投资和维护费用，经济性相对更好。

5 六个典型城市的采暖特性和负荷指标

调研发现，在沈阳、北京、西安、青岛等地，集中采暖仍处于主体地位，随着节能、环保的提倡和舒适性要求的提高，分户供暖、独立计量的采暖方式也发展起来。

在上海、武汉等非集中采暖区，随着经济的快速发展，冬季采暖也被提上日程，现行的主要方式有电采暖、空调采暖和燃气采暖。现将各典型城市采暖季能耗指标各户型平均值归纳如表14所示。

表14 典型城市采暖季能耗指标各户型平均值

城市		采暖期限能耗/(MJ·m^{-2})	
		室内设计温度16 ℃	室内设计温度18 ℃
集中采暖地区	沈阳	625	700
	北京	418	482
	西安	284	340
	青岛	326	384
非集中采暖地区	上海	251	312
	武汉	237	282

表14中的能耗指标可以为采暖系统的经济性比较提供基础材料。

6 结语

由于收集相关信息的资源限制，本文只针对6个典型城市的住宅建筑做了采暖负荷的计算和结果对比。

计算结果是在现行建筑标准的基础上，附加各城市全年气象条件数据。从数据对比可以看出，各地区典型城市的采暖数据和采暖习惯偏差比较大，所以在做采暖方案和经济性评估时需要因地制宜，方能提供最经济有效的采暖方案。

对于其它类型的建筑节能，需要更进一步地收集相关数据和深入研究，结合国情和实际做补充，才能有更加科学与合理的结论。

参考文献

[1] 李彗星. 沈阳地区不同热源供热方式的动态经济性分析[J]. 节能，2003(7)：36-39.

[2] 石兆玉. 从可持续发展的观点评价采暖供热方式的优劣[J]. 区域供热，2003(3)：12-15.

[3] 李先瑞，郎四维. 住宅采暖空气方式的研究[J]. 节能与环保，2001(1)：5-7.

[4] 王岳人. 供暖方式改革与分户供暖的技术策略分析[J]. 沈阳建筑工程学院学报，2001(2)：26-30.

[5] 中国建筑科学研究院，中国建筑业协会建筑节能专业委员会. GB 50189—2005 公共建筑节能设计标准[S]. 北京：中国建筑工业出版社，2005.

[6] 北京市环境保护局，北京市质量技术监督局. DB 11/139—2007 锅炉大气污染物排放标准[S]. 北京：中国环境科学出版社，2007.

[7] 中华人民共和国建设部. JGJ 26—2010 严寒和寒冷地区居民建筑节能设计标准[S]. 北京：中国建筑工业出版社，2010.

[8] 中华人民共和国建设部. JGJ 134—2010 夏热冬冷地区居住建筑节能设计标准[S]. 北京：中国建筑工业出版社，2010.

[9] 金招芬. 建筑环境学[M]. 北京：中国建筑工业出版社，2001.

[10] American Society of Heating, Refrigeration and Air Conditioning Engineer Inc. ASHRAE Handbook (SI) Fundamental[M]. ASHRAE, 1997.

[11] American Society of Heating, Refrigeration and Air Conditioning Engineer Inc. ASHRAE Applications Handbook[M]. ASHRAE, 1999.

第三篇

检测评估

某道路运输企业能源审计与节能潜力分析*

任悦　刘东　潘洲

摘　要：以某道路运输企业的能源审计工作为例，掌握了该企业能源管理、主要耗能设备运行情况并对能耗指标进行分析评价。审计期 3 年内该企业产值综合能耗和单位周转量能耗逐年下降，其中 2012 年审计结果为单位产值综合能耗 0.55 tce/万元，单位周转量能耗 2.53 kgce/百吨公里，按产值综合能耗指标计算 2012 年节能量为 331.4 tce。由于企业重型车比重增大，百公里油耗逐年升高。总结了道路运输企业能源审计过程中的实践经验，探讨如何挖掘该类企业的节能减排潜力。

关键词：道路运输；能源审计；审计方法；能耗分析

The Transportation Corporation Energy Audit and Energy-saving Potential Analysis

REN Yue, LIU Dong, PAN Zhou

Abstract: This paper present the significance of energy audit and the audit process and content. With one transportation corporation in shanghai for example, introducing the energy management, and operation of major equipment of the corporation to analyze and evaluate energy consumption indicators. In the 3 years of the energy audit, energy consumption per unit production and energy consumption per unit turnover volume of the company is declining by years. The energy consumption per unit production of the company in 2012 is 0.55 tce/ten thousand Yuan; and the energy consumption per unit turnover volume is 2.53 kgce/(100 t · km). Based on the energy consumption per unit turnover volume of the company in 2012, we can calculate the amount of energy-saving is 331.4 tce. Because of the proportion of heavy vehicles increasing, the oil consumption per 100 vehicle-kilometers is increasing by years. Based on the practical experience of transportation enterprise energy audit, we can explore to find the energy-saving potential of such enterprises.

Keywords: transportation corporation, energy audits, audit approach, energy analysis

0　引言

能源审计是指能源审计机构依据国家有关的节能法规和标准，对用能单位能源利用的物理过程和财务过程进行的检验、核查和分析评价。能源审计集企业能源系统审核分析、用能机制考察和企业能源利用状况核算评价为一体，科学规范地对用能单位能源利用状况进行定量分析，对用能单位能源利用效率、消耗水平、能源经济与环境效果进行审计、监测、诊断和评价，从而寻求节能潜力与机会。

*《建筑热能通风空调》2014，33(5)收录。

道路运输业以消耗优质能源为主，是能源消耗大户，且用能量呈快速增长态势，是国家重点节能领域之一[1-3]。根据上海市统计局的统计，2008 年上海市全社会年度总能耗约 10 314 万 tce，其中交通运输行业能耗约 2 529 万 tce，约占 24.5%[4-5]。目前中国仍处于大发展时期，根据这个发展趋势及判断，预计未来中国交通运输能耗所占比例会继续上升，而作为交通枢纽城市的上海，预计交通运输用能比例将会达到 30%以上[6]。因此，大力推进道路运输的节能工作，对于缓解资源压力，降低我国石油对外依存度的增长速度起着举足轻重的作用。本文以上海市某典型道路运输企业的能源审计工作为例，统计分析了该企业 2010—2012 年的能源消耗情况，介绍该运输企业能源管理、主要耗能设备情况并对能耗指标进行分析评价，进一步发现其节能潜力。

1 某道路运输企业能源消耗情况

道路运输企业的业务形式主要以货运或客运，其主要的用能设备为货车和客车。消耗的能源包括电力、柴油和汽油等。分析能源消费类型，电力主要用于企业办公生活，柴油和汽油主要用于车辆运输。上海某道路运输企业主要从事物流运输，该企业在审计期内的基本营运情况见表 1。

表 1　某道路运输企业 2010—2012 年间营运情况

年份	营业收入/万元	年运输里程/万公里	年周转量/万吨公里	年运输车辆/辆
2010 年	12 272.33	2 215.69	16 830.56	314
2011 年	14 944.79	2 581.3	20 453.05	350
2012 年	16 570.2	2 694.84	23 832.45	357

注：年周转量按照企业实际单趟车载运货物量乘以实际运输里程，然后全年累计得出。

通过统计表可以看出从 2010—2012 年 3 年间公司营业收入稳步上升，相对应的车辆配备数量和运输里程也逐年增加。该企业的主要能耗包括车辆消耗柴油，以及办公耗电量，图 1 显示该企业在审计期 3 年内的能源消费结构状况。

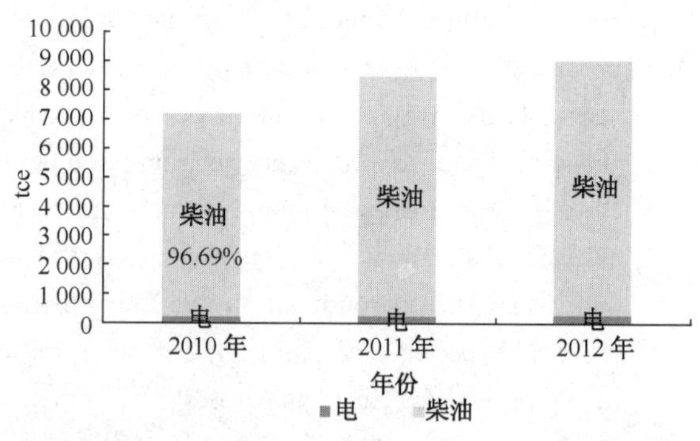

图 1　某道路运输企业 2010—2012 年能源消费情况

通过图 1 可以看出，企业能源消费主要是柴油消耗量，约占总能源的 96%，而且随着业务量的增加能源消耗量也不断增大。通过准确把握该企业能源消费状况以及能源流向，为下一步对其主要能源消耗指标计算和能源利用效果评价提供合理依据。

2 该运输企业的能源审计与节能减排情况

2.1 优化企业能源管理系统，实现管理节能

(1) 完善管理体系与强化制度建设。从审计情况了解，该公司建立了专门的节能领导小组，涉及企业多个职能部门，成立了节能小组、公司部门和车队的能源管理体系，明确责任分工，并且相继出台了一系列企业节能管理与制度，如节约能源管理办法、企业燃料管理制度、企

业能耗定额管理、企业节能奖惩制度和企业能源计量、统计管理制度等。

(2) 逐步完善能源计量统计体系。审计期内，该企业对电力的一级、二级能源计量器具配备率达到 95%以上，周期受检率达到 98%～99%，抽检合格率达到 95%～98%，确保了计量数据的准确可靠。但三级能源计量器具配备目前尚不够完善。公司对各运输货车的单车加油并无计量器具，主要通过司机在运输途中所加油的单据为统计依据。柴油是企业能源消耗的主要部分，应完善对柴油能耗的计量统计，以确保数据的真实可靠。

(3) 完善能源统计体系。该公司在审计期内，完善了统计记录和台账，确保定额考核的严肃性与科学性。审计期内，主要统计记录和台帐有:《企业能源消费情况表》、《能源消耗月报表》、《各月份用电情况表》、《各月份用水消费表》、《运输核销表》、《生产情况统计表》、《企业能源消费平衡表》等。公司针对车辆安装 GPS 定位系统，通过 GPS/GIS 车辆监控平台实时地对在途车辆进行查询与监控，统计车辆运输里程等。公司针对实际的物流管理业务研发而成内部物流管理平台，整合企业内外资源，对从接单、调度、派车、仓储直到回单的一整套物流管理过程实施流程化、闭环式管理，同时对在物流运输业务中产生的收入和能源消费成本进行可追溯的统计和管理。

2.2　主要耗能设备运行状况

主要耗能设备耗能量占企业能源总消耗量的比例一般大于 80%。通过统计主要耗能设备的能源消耗种类、耗能量和运行效率，评价设备的运行状况的优劣。对淘汰期限已到或能源利用效率达不到国家最低要求的设备限期整改，通过查找浪费能源的环节，分析节能潜力，有针对性地提出整改意见和建议，促进企业加强技术改造，杜绝能源的浪费，提高能源的利用效率。

审计期内，该公司主要耗能设备为货运车辆，依据《机动车登记工作规范》附件对车辆的分类，将企业载货车量按照轻型(车长小于 6 m，总质量小于 4 500 kg)、中型(车长大于等于 6 m，总质量大于等于 4 500 kg 且小于 12 000 kg)和重型(车长大于等于 6 m，总质量大于等于 12 000 kg)划分，具体分布情况如图 2 所示。

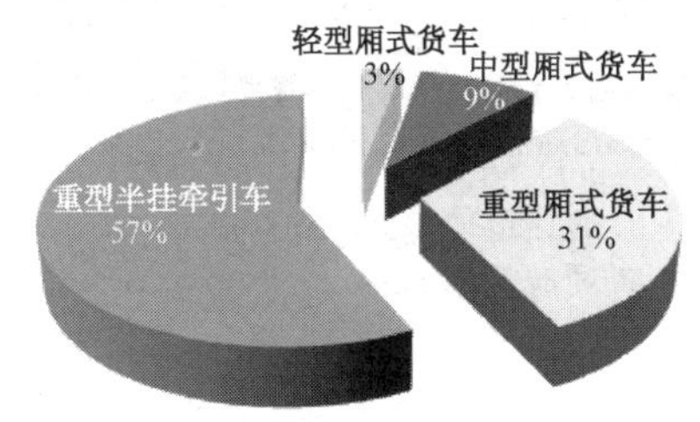

图 2　该道路运输企业营业车辆情况

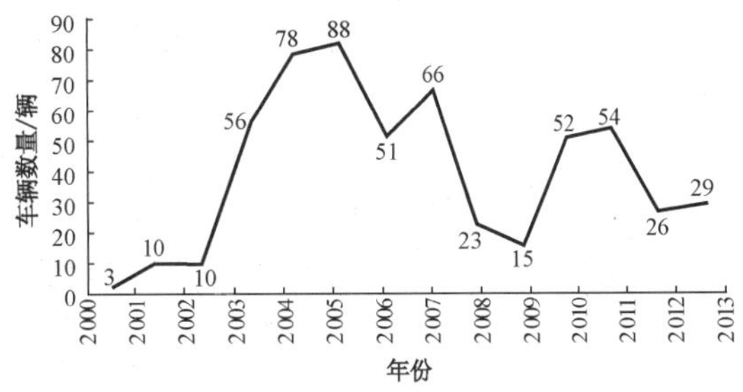

图 3　某道路运输企业车辆使用年份分布情况

从图 2 可以看出该公司车辆以重型车为主，重型货车和重型半挂牵引车共占据总数量的 88%，由于该公司长期从事国内跨省份物流运输业务，故主要车辆配备以重型货车为主。另外将企业全部车辆按照开始上牌使用的日期进行分类统计，具体统计数量如图 3 所示。

从企业车辆分布年份来看，大部分车辆是集中在 2003—2007 年间以及 2010—2011 年间购置的，整体而言车辆使用年限偏长，根据国家发布的《机动车强制报废标准规定》中规定重、中、轻型载货汽车(包括半挂牵引车和全挂牵引车)使用年限为 15 年，从图可以看出少量 2000 年左右的车辆已接近使用年限，建议企业可以适当进行更换，提高车辆的运输效率。

2.3 分析和评价企业能耗指标，核算节能减排量

道路运输能源消耗统计指标主要包括两大类指标，即能源消耗总量指标和能源利用效率指标。其中能源消耗总量指标可以是分类运输工具的能源消耗总量指标，也可以是分能源品种的能源消耗总量指标；能源利用效率指标则包含了能源效率指标（如百车公里油耗）和能源强度指标（如单位产量能耗或单位产值能耗等）。

以审计期内最近的2012年为例，统计得出该企业总能耗为9 091.73吨标准煤，其中柴油消耗为6 034.44吨，总营业收入为16 579.2万元，年运输里程2 694.84万公里，年运输周转量为23 832.45百吨公里。具体各年份能耗情况见表2。

表2　某道路运输企业2010—2012年能耗情况

年份	年总能耗/吨标准煤	年用柴油/t
2010年	7 184.51	4 767.42
2011年	8 480.29	5 624.59
2012年	9 091.73	6 034.44

能耗指标计算按照下面公式计算：

万元产值能耗(tce/万元)＝年总能耗量(tce)/年总收入(万元)

单位周转量能耗(kgce/百吨公里)＝年总能耗量(kgce)/年周转量(百吨公里)

百公里油耗(kg/百公里)＝年总耗油量(kg)/年运输里程(百公里)

图4显示了2010—2012年3年内该运输企业万元产值能耗指标、单位周转量能耗指标和百车公里油耗指标的审计结果。结果显示：

(1) 该企业万元产值能耗逐年降低，2011年同比2010年下降3.07%，2012年同比2011年下降3.31%。

(2) 单位周转量能耗逐年下降，2011年同比2010年下降2.8%，2012年相比2011年下降8%。

(3) 百公里油耗有逐年增加趋势，由于车辆的百公里油耗主要由车型决定，通过审计可以看出公司重型车辆比重增加是年平均车辆百公里油耗增加的原因。

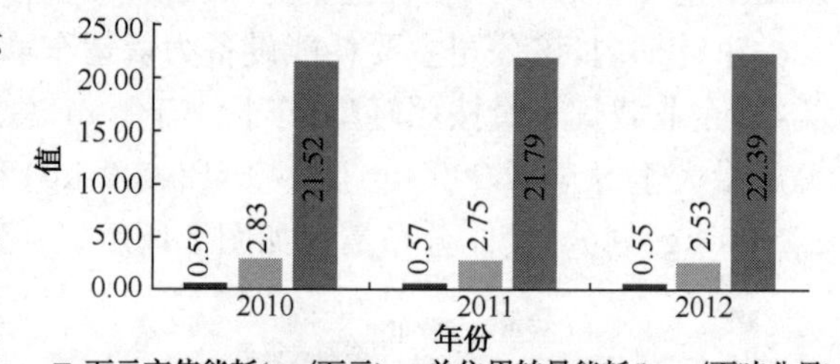

图4　某道路运输公司2010—2012年各项能耗指标

按万元产值综合能耗指标计算，2012年该企业节能量为331.4 tce，按照柴油单耗指标计算，该企业2012年节油量为524.3 t柴油。能源消费碳排放量根据IPCC碳排放计算指南[7]，结合上海市能源统计数据的特点，采用以下公式计算

$$A = \sum_{i=1}^{n} B_i \times C_i \tag{1}$$

式中　A——碳排放量，10^4 t；

B_i——能源 i 消费量，按标准煤计，10^4 t；

C_i——能源 i 碳排放系数，10^4 t/10^4 t；

i——能源种类。

按综合能耗指标计算，2012 年该企业 CO_2 减排量为 689.2 t，按照柴油单耗指标计算，该企业 CO_2 减排量为 1 588.8 t。

3 该运输企业节能减排潜力分析

3.1 道路运输节能工作现状

道路运输节能是一项复杂的系统工程，影响因素众多，通过能源审计可查找问题所在环节，着重解决。

在对道路运输企业能源审计过程中，发现的主要问题有：

(1) 在能源计量器具配备方面，主要用能设备的计量配置不完善，不利于对耗能设备的节能考核。

(2) 道路运输市场发展滞后，组织方式总体还比较粗放，企业经营集约化与规模化水平低，道路运输组织化程度低，空载率居高不下，运输效率不高。

(3) 节能统计监测等基础性工作薄弱，节能绩效评价考核体系尚未建立。

(4) 节能监管能力和水平亟待提升，相关产业政策不配套，节能长效机制尚未形成。

3.2 道路运输节能潜力分析

针对道路运输企业，应有效地从管理体系中来挖掘节能潜力。针对企业在节能管理上的一些缺陷采取一系列优化措施，以实现管理节能。如：切实注重加强运输组织管理、节能监督管理，不断提升道路运输效率和运输组织管理水平，降低车辆空驶率，提高货运实载率，降低能耗水平；强化节能驾驶培训管理，制定汽车节能驾驶技术标准规范，全面提升汽车驾驶员的节能意识与素质。

优化车辆运力结构，加快调整、优化运输运力结构，加速淘汰高耗能的老旧车辆，引导营运车辆向大型化、专业化方向发展。加快发展适合高速公路、干线公路的大吨位多轴重型车辆，以及短途集散用的轻型低耗货车，推广厢式货车，发展集装箱等专业运输车辆，加快形成以小型车和大型车为主体、中型车为补充的车辆运力结构。

充分发挥政府对节能的主导作用，综合运用战略规划、政策激励、法律法规、标准规范、市场准入、监督管理、信息服务、宣传教育等手段；以市场为导向，充分发挥市场配置资源的基础性作用，充分调动企业作为节能主体的作用，注重发挥行业协会的积极作用。形成以政府交通部门为主导、交通企业为主体、全行业共同参与的交通节能长效机制。

参考文献

[1] 赵静. 我国交通运输业能源消费及用电分析[J]. 中国能源，2008(12)：27-30.

[2] 耿勤，佘湘云. 中国交通运输能源消耗的初步分析与探讨[J]. 中国能源，2009(10)：28-34.

[3] 贾顺平，彭宏勤，刘爽. 交通运输与能源消耗相关研究综述[J]. 交通运输系统工程与信息，2009，3(6)：6-16.

[4] 陆锡明，祝毅然. 上海交通能耗现状及发展前景[J]. 上海节能，2010(1)：4-6.

[5] 朱松丽. 北京/上海城市交通能耗和温室气体排放比较[J]. 城市交通，2010(3)：58-63.

[6] 朱跃中. 中国交通运输部门中长期能源发展与碳排放情景设计及结果分析(一)[J]. 中国能源，2001(11)：26-27.

[7] IPCC. 2006 IPCC Guidelines for National Greenhouse Gas Inventories：Volume Ⅱ [EB/OL]. http://www.ipcc.ch/ipccreports/Methodology-reports.htm.

医院建筑能源审计与节能分析*

刘东　李超　任悦

摘　要：在公共建筑能源审计工作方法的基础上，结合医院建筑的特殊性及笔者在医院建筑能源审计项目实践中的经验，提出了医院建筑能源审计工作方法的流程，并指出了该类能源审计工作中需要注意的关键问题；最后，根据能源审计结果提出了医院建筑的节能重点。

关键词：能源审计；医院建筑；工作方法；节能措施

The Study of Energy Audit Application in Hospital Buildings

LIU Dong, LI Chao, REN Yue

Abstract: In this paper, based on the general energy audit method in public buildings and combined with the particularity of hospital buildings and the experience gained from the energy audit of hospital building projects, the energy audit method in hospital buildings is presented and the key problems that should be aware of during the working process are pointed out. Finally, according to the results of energy audit, the keys of energy saving in hospital buildings are put forward.

Keywords: energy audit, hospital buildings, work method, energy saving methods

0　引言

随着国民经济持续快速发展，我国的卫生事业也得到了较大发展，与此同时医院的能耗也大幅攀升，医院建筑节能迫在眉睫，而建筑能源审计作为一种建筑节能的科学管理和服务的新方法，就成为医院建筑节能监管体系建设中的重要一环[1]。但是我国的建筑能源审计仍处于发展阶段，建筑能源审计体系还不够完善[2]，针对医院建筑的完整能源审计体系尤其欠缺，这不利于相关部门对医疗建筑的能源管理进行评价管理和有效监督。本文以笔者在医院建筑能源审计工作中的经验为基础，系统地总结了医院建筑能源审计的完整工作流程，并根据审计结果，提出了医院建筑的节能重点。

1　医院建筑能源审计方法

1.1　医院建筑运行特点

大型综合医院的建筑运行有如下特点：

(1) 建筑结构复杂，一般包括门诊、急诊、病房、医技部门(CT、X线等)、手术室、重症监护室及后勤保障部门；

*《建筑热能通风空调》2014，33(4)收录。

(2) 活动人员复杂，包括病人、医护人员、后勤人员(保洁、护工等)、行政管理人员、陪同家属等，对医疗、生活和工作环境要求差异大，且流动人员数量大，管理困难；

(3) 能源形式多样，有冷、热、电、水、汽、燃气或燃油；

(4) 医疗设备运行时间特殊，有些需要 24 h 甚至 365 天不间断运行，故对能源保障要求高。

以上原因导致了医院建筑能源消耗巨大，是一般公共建筑的 1.6～2.0 倍[3]。鉴于医院建筑的上述特点，医院能源审计方法与一般公共建筑能源审计方法并不完全相同，需要考虑的问题更多，具体工作方法值得探索。

1.2　能源审计的依据及参考资料

医院建筑能源审计的主要依据与公共建筑能源审计依据基本一致，主要包括《中华人民共和国审计法》、《中华人民共和国审计法实施条例》、《公共建筑节能设计标准》(GB 50189—2005)、《室内空气质量标准》(GB/T 18883—2002)、《公共建筑能源审计标准》(DG/TJ08-2114—2012)等[4]，在此基础上，还增加了医院用能的相关规范，如《市级医疗机构建筑合理用能指南》(DB31/T 553—2012)等。

1.3　医院建筑能源审计的流程

对于医院建筑能源审计，通过参考相关资料[5-7]，主要有 6 个步骤。

1.3.1　前期准备工作

项目的启动即召开能源审计会议，须审计人员和医院相关人员共同参与，会议主要目的是要确定审计的对象，落实审计的内容、日程、审计必要的工作条件与技术辅助条件，项目组成员的责任。在会议上向被审计单位发放建筑基本信息表(包括建筑概况、建筑能耗账单、用能系统和用能设备情况等)，审计工作开始前 5 个工作日内，被审计单位应将填写完整的基本信息表格(书面版和电子版)送回审计机构，方便后续工作的按时进行。

1.3.2　医院实地调查及测试

能源审计须对被审计建筑进行实地调查，了解建筑运营的具体情况，调查内容主要包括以下 4 方面：

(1) 对建筑的整体调查。结合建筑基本信息，确定建筑能耗和管理情况，如围护结构是否按照节能标准设计、保温层是否有破裂或脱落的现象、窗户是否有遮阳措施、是否采用了节能灯具、是否有长明灯长流水现象、是否有过冷过热的房间等。根据实际需要，还可以对建筑围护结构进行保温性能测试，主要是采用红外热成像法检测围护结构保温缺陷、采用热流计法检测传热系数、采用压差法检测建筑物气密性等，从而确定围护结构保温性能是否符合要求，是否需要进行节能改造。

(2) 设备机房的调查。主要对建筑内的制冷机房、锅炉房等设备机房进行调查：对制冷机房、锅炉房及设备间内的各种设备的运行情况、调节和控制方式等进行评价，以便确定各用能系统是否存在运行不当的问题，且要与医院用能特点相结合，评价医院各用能设备配置及运行是否合理。

(3) 不同用途房间的随机抽检。从医院各类主要功能房间中分别抽取部分房间进行室内基本情况调查，对主要功能区域的环境参数(温度、相对湿度、照度、二氧化碳浓度等)进行现场测试，以确定是否存在能源浪费现象。医院建筑的功能用房主要分为急诊、门诊、住院、医技、后勤保障、办公生活六大类，每一类功能用房至少测试 1 个房间，其余公共区域如门诊大厅、走廊、候诊区等都要进行环境参数测试。

(4) 被审计建筑的文件审阅。需要审阅的文件主要包括建筑竣工图纸、建筑运行和维护日志、能源管理文件以及前三年的能源账单，能源分析需要对过去 12～36 个月的能源账单做详细审查，且必须包括全部外购的能源。

1.3.3 核实所收集资料的准确性

对被审计医院提供的基本信息表格以及现场调查测试所得到的资料进行汇总整理，对存在疑问的数据及时联系被审计医院相关负责人进行核实确认。最后为了证实得到资料的准确性，审计人员要向被审计医院相关人员汇报初步的检查结果，确保得到的数据和资料的准确性，然后才能进行数据的处理分析。

1.3.4 处理分析能耗数据

(1) 能耗数据评判依据。建议采用每年每平方米的能耗量和每年每床位的能耗量等指标来客观评价能源利用效率[8]。

(2) 能耗数据计算与分析。对收集到的建筑能耗数据进行计算，得到各项能耗的总量指标，包括建筑能耗、常规能耗、特殊区域能耗、建筑水耗；拆分的各个用能系统能耗总量指标包括暖通空调系统、热源系统、照明系统、医疗设备、办公设备、综合服务系统（可根据医院具体情况进行相应的系统拆分）；对不同建筑的相同功能的指标进行横向比较，以评价该建筑的用能水平。对每幢建筑拆分的各个用能系统的能耗指标进行纵向比较，找出耗能最大的系统，为挖掘建筑节能潜力做准备。

(3) 节能潜力分析。绘制主要用能系统的耗能曲线，分析判断各用能系统能耗是否合理，结合其现行的节能管理体系、规章制度和节能技术改造等情况提出相应的节能建议及可行性分析。

1.3.5 评价医院建筑整体用能

依据建筑能源审计的主要内容及依据，医院建筑能源审计的评价主要包括能源管理、环境测试、现场巡查、用能分析四方面，这四方面涉及多方面的评价因素及具体指标，具体评价指标体系见表 1。

表 1　医院建筑能源审计评价指标体系

评价内容	评价因素	评价指标
能源管理	能源管理意识	节能减排意识 遵循节能法规及政策 能源管理实施能动性 节能宣传与教育
	能源管理机制	节能管理制度健全性 能源系统的计算
环境测试	室内热环境	温度 相对湿度
	室内空气品质	二氧化碳浓度
	室内光环境	照度
用能分析	建筑能耗	建筑总能耗/kJ 建筑能源费用/元 单位建筑面积耗能/(kJ・m^{-2}) 单位建筑面积能源费用/(元・m^{-2}) 单位床位耗能/(kJ・床位$^{-1}$) 单位床位能源费用/(元・m^{-2})

（续表）

评价内容	评价因素	评价指标
用能分析	节能潜力	总能耗与同类建筑相比是否合理 分项能耗是否符合医院用能特点
	建筑围护结构	是否符合节能设计标准 围护结构的保温状况 门窗类型是否节能
现场巡查	空调通风、采暖、照明、动力等用能系统	有无遮阳措施 检修和维护情况 与建筑负荷匹配情况 能耗损失的严重程度 故障或低效率的发生频率及征兆 建筑内房间是否冷热不均 系统运作正常
	可视化现状	各装置操作便宜性 各项措施执行情况 设备运行维修记录 系统定期检查记录 无人时各系统是否仍旧运行

在最终报告里，要根据医院建筑能源审计评价指标体系中的各项指标对医院整体建筑进行详细的评价，要提供能源审计的结果和节能改造建议，对审计建筑的设备及运行情况的描述、所有能耗系统的能耗分析以及对能源改造方案可行性的分析等。另外，还应有审计单位在整个项目中所涉及的工作内容。

1.3.6　提交审计成果

需要将最终审计报告交到被审计医院相关人员手上，以便使他们了解被审计建筑所存在的问题、节能改造方案的效益和成本，从而做出相应的决策。

2　医院能源审计过程中需要注意的问题

2.1　现场考察的重要性

由于医疗业务为医院的核心业务，医院普遍存在重医疗管理而轻视后勤辅助部门管理的问题，在节能方面缺少相应的组织管理部门。因此，在与医院工作人员进行对接的时候可能会遇到沟通困难的问题，很多能源消耗及设备运行方面的基本情况部分医院相关人员并不清楚，甚至会出现混淆某些用能系统的设备的状况，因此除了与医院人员进行沟通，从其提供的信息中筛选出正确信息，还需要花费更多的时间进行现场考察，记录相关信息，保证收集资料的准确性。

2.2　基础资料的填写进度控制

能源审计项目确定后要及早向业主提出所需的基本资料清单，并向业主详细阐述每种资料包括的内容，给其充分的时间进行准备、整理。由于大部分医院都没有专门的能源管理部门，且相对轻视后勤保障部门，人员投入不够，造成医院后勤部身兼数职，比较忙碌，在完成资料填写上有所拖延，所以审计人员应该及时监督医院基本资料的填写工作，保证审计工作的顺利进行。

2.3 能源审计现场测试注意事项

及时与医院沟通，在其配合下，确定测试位置、合适的检测日期及需要的检测设备。一般情况下，医院的现场测试需要医院工作人员的陪同，因为医院部分科室无医院相关人员陪同不准进入，如医技部门及手术室等。另外，由于医院环境特殊，在进行测试的时候务必遵循医院相关规定，不要影响到病人治疗与休养。

2.4 加强政府职能部门的介入

应及时与医院工作人员沟通、协调、解决出现各种困难和问题。若遇到确实不易解决的困难，如果是政府采购项目（能源审计），审计机构需要及时向政府相关的管理部门反馈，加强政府相关职能部门的介入，在其帮助下确保能源审计工作能够更加顺利、高效地完成。

3 医院建筑能耗特点及节能建议

3.1 医院建筑能耗特点

医院能源消耗的高低直接影响医院的运行成本及经济效益。笔者对上海 4 家综合医院进行能源审计，经过与医院工作人员的沟通，将医院用能系统划分为空调通风系统、热源系统、照明系统、办公设备系统、医用设备系统和综合服务系统五项，通过对被审计医院的平均能耗数据进行拆分，得到医院建筑耗能分项比例如图 1 所示。

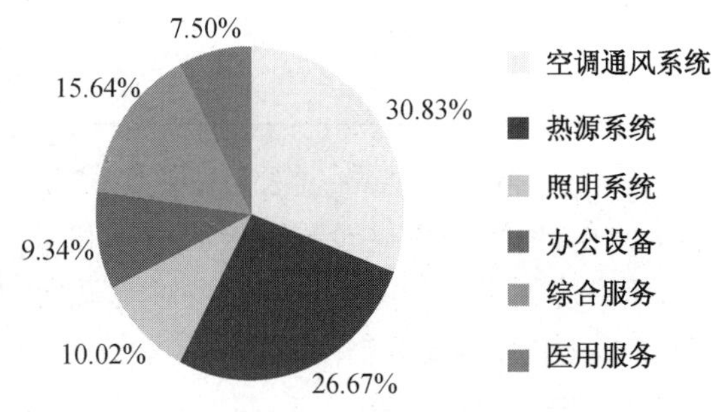

图 1 医院建筑耗能分项比例图

从图 1 中可以看出医院年能耗中，空调通风系统和热源系统（主要是锅炉）是主要耗能系统，二者总能耗超过了医院总能耗的一半，可见医院冷热源系统耗能非常严重，应将冷热源系统作为主要节能对象。

通过审计过程中的现场巡查、得到的设备清单以及与医疗人员的沟通，发现出现这种耗能现状的原因主要有以下几点：

（1）医用设备数量大。医院与普通公共建筑相比本来就多出大批的医用诊疗设备，随着近年来办公自动化和更多先进诊疗设备的购入，各科室的设备散热量大幅提高，使得空调的冷负荷本身就很大。这是由医院的建筑性质所决定的，为了节能而降低医疗设备的使用频率是不现实的。

（2）各个科室的使用时间、空调负荷特性和控制参数不尽相同。医院有两类差异较大的室内环境控制：一类是普通科室如普通病房、诊室，只需季节性舒适空调；另一类是温湿度控制要求较高的如手术室、重症监护病房等特殊区域，需要全年空调。经过调查发现大型综合医院常采用传统的冷热源设备配置，大多为冷水机组与锅炉（多为蒸汽）组合，并由冷热源集中供给各功能科室所需的冷媒与热媒。这种集中式冷热源供给系统的媒介（冷冻水、热水、蒸汽等）温度是由控制参数要求最高的功能区域决定的，如冷冻水温度 7 ℃是考虑湿度控制设定的，蒸汽温度是由灭菌设备的性能决定的。如果过渡季节只为特殊科室开启整体冷热源系统，或者高参数要求区域与普通参数要求区域采用同一套冷热源系统，能耗自然相当大，这种传统的冷热源配置其实是来源于大型公共建筑，显然对医院建筑并不适用，反而成为医院节能的症结。

(3) 新风负荷大。为了保证各科室内的空气品质，维持合理的压差、空气流向，防止通过空气交叉感染，就需要加大新风量，这样的结果是新风负荷很大，运行能耗高，这也是由医院建筑的性质所决定的。洁净手术室就是典型的例子，为了保证气流方向、压力梯度、洁净度，空调系统需要较大新风量，并维持相应的换气次数，所以新风负荷及运行能耗都非常高。

3.2 医院暖通空调节能建议

针对医院建筑冷热源巨额能耗的特点及原因，提出以下建议：

(1) 合理划分供冷系统。为便于医院普通科室与特殊科室的环境控制，提高能源利用效率，建议分两个冷源系统分别进行供冷，因此推荐在新建医院设计时就做好系统分区，首先将特殊科室与普通科室冷源系统分离，其次再根据室内环境控制参数，如温湿度控制要求，洁净度级别等，以及运行时间将系统合理分区，或为特殊科室配置独立小型空调冷热源。但是对于既有医院建筑，采用这样的技术来改造供冷系统花费的财力、物力、人力太大。为了使既有医院特殊科室原有空调机组能采用水温较高的供冷系统，又要保证其医疗环境控制，可推荐采用湿度优先处理的概念[9]，即利用新风预处理机组将特殊科室的新风预处理到更低的露点，消除新风湿负荷，甚至承担室内湿负荷，如手术部经常采用的新风集中处理[10]，湿度优先处理的技术有安装新风预处理机组和双冷源新风机组[11]，医院可根据自己的具体情况进行选择。

(2) 供热系统分散化、小型化。根据医院特点应改变传统的设计观念，推荐用分散式热水系统，用局部供热替代蒸汽锅炉和集中供汽。在医院应大力推广分散式热水锅炉，特别是燃气热水锅炉，燃气能靠自身压力输送到任何医院任何科室，可节省水泵的输送能耗。只要在热水用户侧(如门急诊大楼、住院病房、食堂等)，甚至考虑以楼层为单位，设置小型燃气热水锅炉，仅在真正需要蒸汽的科室(如消毒室、制剂室等)才设置小型蒸汽锅炉。这种分散式供热系统可根据不同科室对供热的不同要求进行灵活设置，各系统相互独立，启停及调节便利。在审计过程中发现部分小型医院及卫生服务中心采取了分散式供热系统，建议大型综合医院也引进此项节能措施。

(3) 合理的新风量调节。新风的摄入是要达到调节室内空气质量，维持房间正压，防止交叉感染等目的。在满足室内卫生要求的前提下，在非工作日或患者较少时，对于环境参数要求不是非常高的普通科室，可适当减小新风量，对于降低能耗，是有显著效果的。另外，新风系统上的过滤净化装置应该定期清洗更换，保持清洁，以维持其正常的工作效率。

4 结语

(1) 医院建筑能源审计工作是一项系统工程，总体由基础数据收集、现场考察实测、数据处理和最终评价四部分组成，需要统一协调安排。合理的能源审计工作流程可以确保医院建筑能源审计工作高效、顺利地进行，因此需要重视工作流程的完整性和有效性。

(2) 能源审计机构要清楚政府相应节能主管部门和业主之间的关系，遇到问题及时沟通，寻找合适的解决途径。

(3) 医院是用能量较大的建筑，用能特点由其自身的特殊性质所决定。而医院暖通空调及热源系统能耗约占整个医院总能耗的一半以上，节能潜力很大。建议医院采取相应的节能措施和技术，能够达到良好的节能效果。

(4) 建议医院重视节能管理，成立节能管理组织，设定节能工作计划和目标，将节能考核列入医院奖惩条例督促并开展节能工作；另一方面做好节能宣传，普及节能知识，培养和提高医院病人及工作人员的节能意识，实现人人参与行为节能。

参考文献

[1] 刘长滨，张雅琳. 国外能源审计的经验及启示[J]. 建筑经济，2006(7)：80-83.

[2] 李昭坚，江亿. 我国广义建筑能耗状况的分析与思考[J]. 建筑学报，2006(7)：30-33.

[3] 王江标，涂光备，光俊杰. 医院空调系统的节能措施[J]. 煤气与热力，2006(3)：69-72.

[4] 赵书平，邓琳，陈贵军. 能源审计方法研究[J]. 上海节能，2008(4)：37-39.

[5] 刘丹，李安桂. 大型公共建筑的能源审计研究[J]. 生态经济，2012(1)：47-48.

[6] 刘东，王亚文，张萍，等. 民用建筑能源审计最优化工作方法研究[J]. 城市建设理论研究，2013，29(4)：1-5.

[7] 张奎. 山东省医院建筑能源审计与节能措施研究[D]. 青岛：山东大学，2011.

[8] 中华人民共和国国家质量监督检验检疫总局. DB31/T 553—2012[S]. 北京：中国标准出版社，2012.

[9] 沈晋明，聂一新. 洁净手术室控制新技术——湿度优先控制[J]. 洁净与空调技术，2007(3)：17-20.

[10] 中华人民共和国建设部. GB 50333—2002 医院洁净手术部建筑技术规范[S]. 北京：中国建筑出版社，2002.

[11] 朱青青，沈晋明，陆文. 用于湿度优先控制的新型新风机组[J]. 制冷技术，2008(5)：36-40.

电信建筑能源审计工作方法研究*

张萍　刘东　丁永青　侯振寰　宋丹丹

摘　要：比较了电信建筑能源审计与一般公共建筑能源审计工作方法的区别，以对中国电信上海公司建筑的能源审计工作为研究对象，探索了开展电信建筑能源审计的工作方法，提出了开展该类建筑节能工作技术路线。

关键词：能源审计；电信建筑；工作方法；节能措施

The Method Study of Energy Audit Application in Telecom Buildings

ZHANG Ping, LIU Dong, DING Yongqing, HOU Zhenhuan, SONG Dandan

Abstract: This paper compares the energy audit method in telecom buildings with in public buildings. It takes the energy audit work in China Telecom Corporation Ltd. Shanghai Branch on as the object of the research to search the energy audit method in telecom buildings, and put forward the energy saving methods in telecom buildings.

Keywords: energy audit; telecom building; work method; energy saving methods

0　引言

建筑能源审计是指由专业的能源审计单位受政府主管部门或业主的委托，对建筑的部分或全部能源使用情况进行检查、诊断和审核，对能源利用的合理性做出评价，并提出改进措施的活动[1-4]。

由于电信企业业务量对机房能耗影响不大，电信机房需常年满负荷工作。机房设备散热量大，同时电信机房对不间断恒温恒湿环境要求很高，一般交换机房温度的要求为21 ℃～25 ℃，相对湿度的要求为40%～70%[5]，要求全年供冷，通常采用分层精密空调设备。数据显示，上海电信2009年基站消耗的电力占电信企业全年耗电量的20%以上，其中有超过50%电能被冷却设备所消耗。电信建筑的单位面积耗能指标高，因此有必要对其开展能源审计工作。

1　电信能源审计工作方法

对上海市13家电信企业进行了2011年度能源审计工作，这是首次对电信建筑开展能源审计工作。

以地面局为例，一个电信单位可能存在上百个营业场所，包括办公区域和电信机房等。而这些建筑中有些也是采用租用形式，直接导致能源计量管理的不便以及能源消耗量的统计分散。因为用能方式不同于园区式的工业企业或者公共建筑，使得电信建筑的能源审计工作难度增加。

1.1　开展能源审计工作的依据

电信建筑能源审计的依据与公共建筑能源审计有所不同，除了增加电信用能的相关规范外，还要参考工业企业的相关标准。例如：《2011年上海市通信业节能工作要点》(GB/T 3486—

*《建筑热能通风空调》2013，32(4)收录。

1993)、《企业能源审计技术通则》(GB/T 2589—90)、《中国电信电源、空调维护规程》(试行稿)、《企业能源网络图绘制方法》(GB/T 16616)、《企业能量平衡统计方法》(GB/T 16614)。

1.2 典型建筑能耗和单位总能耗相结合

被审计单位除了提供单位总能耗各项数据,还要挑选一栋典型建筑,来详细剖析该建筑的用能情况。所谓典型建筑就是兼具办公和电信机房的建筑,最好是能合理反映出电信企业用能的建筑。

对于典型建筑,需要被审计单位填写建筑基本信息、能耗设备情况以及全年能耗量等。审计单位在进行现场巡查时,需要对填写的各项耗能设备进行核实。在报告编制时,根据采暖系统、空调通风系统、照明系统、综合服务系统、电信设备系统的分类,对典型建筑进行各项能源消耗量概算,最后根据被审计单位提供的典型建筑能耗账单,对概算数据进行平衡性检验,这些与公共建筑的能源审计要求相同。

但是,电信建筑的能耗普查着眼点在整个单位,由于电信行业建筑分散,用能设备数量大,可以通过剖析一栋典型建筑,来反映整个单位的用能情况。对于电信行业中某些综合支撑部门建筑较少时,应统计全部用能设备,进行能耗概算。

1.3 企业能源流程图和能源平衡表

根据《企业能源网络图绘制方法》,对电信企业用能情况绘制能源流程图,将整个单位用能情况清晰呈现出来。以某电信局为例,能源流程图如图 1 所示。能源平衡表如表 1 和表 2 所示。

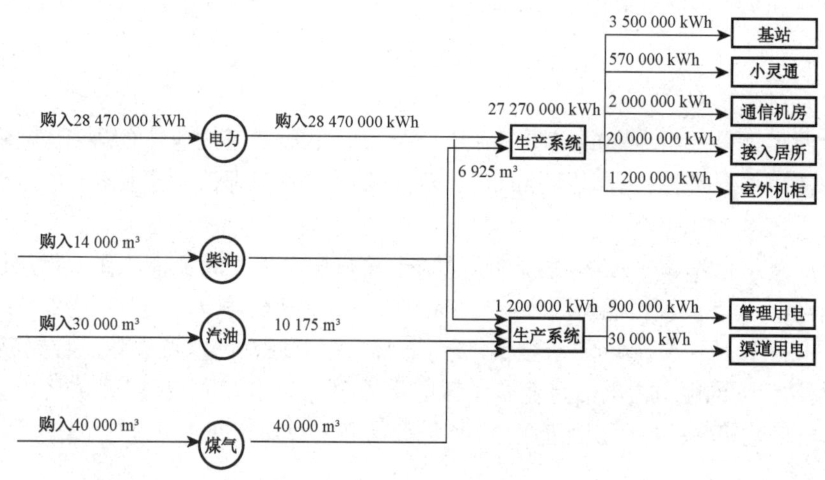

图 1 某电信局能源流程图

表 1 2011 年某电信局电力平衡表

<table>
<tr><th colspan="2">收入单位/万 kWh</th><th colspan="3">支出/万 kWh</th></tr>
<tr><td rowspan="7">公司购入</td><td rowspan="7">2 847</td><td rowspan="6">生产系统</td><td>基站</td><td>350</td></tr>
<tr><td>小灵通</td><td>57</td></tr>
<tr><td>通信机房</td><td>2 000</td></tr>
<tr><td>接入局所</td><td>200</td></tr>
<tr><td>室外机柜</td><td>120</td></tr>
<tr><td>管理用电</td><td>90</td></tr>
<tr><td>非生产系统</td><td>渠道用电</td><td>30</td></tr>
<tr><td>收入合计</td><td>2 847</td><td>支出合计</td><td></td><td>2 847</td></tr>
</table>

表 2 2011 年某电信局能源消费平衡综合表

部门名称	电力/万 kWh	煤气/万 m^3	柴油/万升	汽油/万升
收入量	2 847	4	1.4	3
消费总量	2 847	4	1.4	3
生产系统	2 727	0	0.382 5	0
非生产系统	120	4	1.017 5	3

1.4　能耗分类不同

公共建筑能源审计一般将能源分为三类[4]：

第一类是常规能耗和水耗，主要包括：照明能耗、供暖通风和空调能耗、插座（室内办公设备和家电）能耗、动力设备能耗和热水供应能耗等。

第二类是特殊能耗。如全年连续运行空调系统的计算中心、网络中心、大型通信机房、有大型实验装置的实验室、工艺过程对室内环境有特殊要求的房间等的能耗，并将其从总能耗中扣除。

第三类是按建筑面积定额收费的城市热网供热消耗量。

由于电信企业存在租用借出楼层基站等现象，使得安装二级计量器具，即空调设备耗电、照明耗电、室内设备耗电、动力设备耗电分项计量存在一定的困难。电信企业用电分为生产用电和非生产用电，生产用电又分为基站、小灵通、核心机房、通信机房、IDC、接入局所、室外机柜，非生产用电又分为管理用电、渠道用电和其他用电，因此，对电信建筑进行耗电量分析时，采取上述分类法对能源审计工作更直观和便捷。

2　电信建筑能耗分析

上海电信由总部和24个直属二级单位组成。其中，24个直属单位包括14个地面局、4个产品部和6个综合支撑单位。地面局指的是保障上海市通信网络的主要基站、机房等，产品部是指利用电信网络进行生产的部门，包括长途无线部、号百分公司等，综合支撑部门是一些辅助性部门，比如应急通信局、电信技术研究院等，有些综合支撑部门没有通信机房。

2011年各单位年总电耗如图2所示。其中，地面局电耗最大，占总电耗的59%；其次为产品部电耗，占总电耗的34%。地面局机房数量最多，综合支撑部门最少，可见电信机房是电信建筑电耗量最大的部分。

上海电信在2011年内共购买各种能源按等价值折标准煤219 079 t。其中电力占总能耗97.98%，对于电信行业来说，采取措施减少电耗是节能的主要方向。图3为2011年公司能耗构成情况。

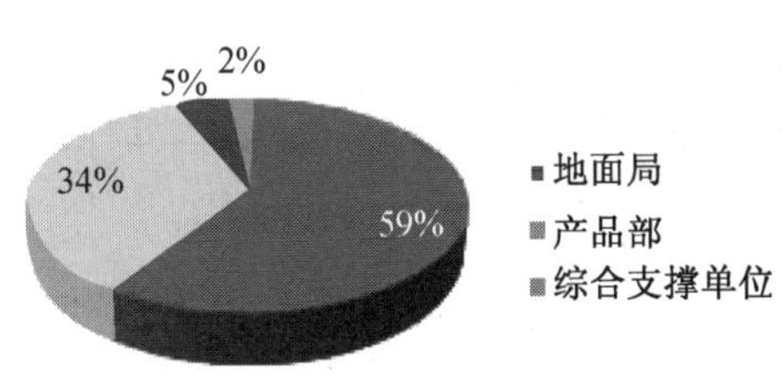

图2　上海电信2011年总电耗比例图

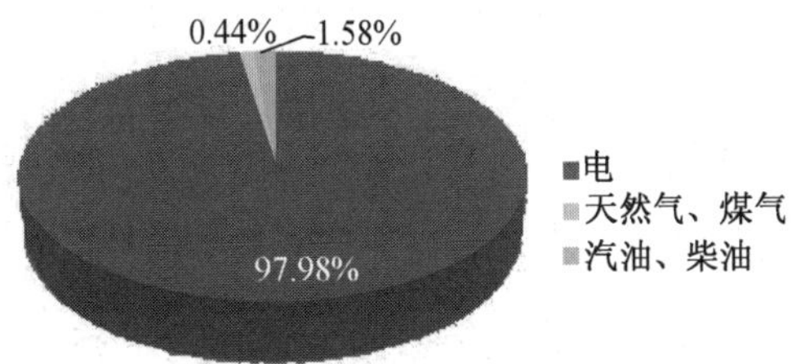

图3　2011年上海电信能耗构成情况

2011年上海电信总用电量为71 553万kWh，其中生产用电为65 643万kWh，非生产用电为5 910万kWh。图4、图5分别为公司生产用电和非生产用电的详细组成情况。生产用电中通信机房耗电量最大，为52.88%，IDC其次为30.10%，非生产用电中管理用电占74.98%。

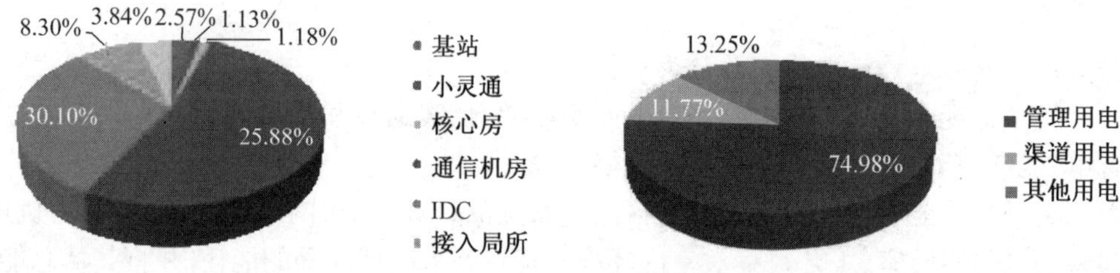

图4　生产用电各项所占比例　　　　图5　非生产用电各项所占比例

以上能耗分析显示，电能是电信企业耗电的主要途径，其中，通信机房和 IDC 机房的耗电量最大，这跟机房通信设备和空调设备全年开启有直接关系，做好这两方面的节能工作也是电信企业的能源审计节能潜力所在。

3　电信建筑节能潜力分析

3.1　电信机房电源

3.1.1　数据中心选用适宜温度

一般标准中建议服务器及网络通信设备应运行在 21 ℃～25 ℃，15 ℃～32 ℃是 IT 设备正常运行的极限。随着多数主要制造商已接受了 ASHRAE 提出的提高机房温度上限的建议：从原来的 25 ℃提高到 27 ℃，现在生产的设备也较之以前具有更宽的工作温度范围，已能满足在 27 ℃下长期稳定的运行，且温度限定在 27 ℃是能够实现温度和功耗的一个最佳平衡。

在其他的运行工况条件保持不变的情况下，盛夏时空调的设置温度每提高 1 ℃，即可降低耗能 5%。因此，在购买服务器设备及网络通信设备时，应优先选择具有较宽工作温度的设备。

3.1.2　优化供电系统

供电系统在提供电源的同时，会有电能损耗。虽然这些损耗在 IDC 机房总能耗中所占比例不大，但也是机房节能中不可忽视的部分。

(1) 模块化供电。UPS 的效率和负载功率是成正比的，越接近其满负载容量，它的效率就越高。现在很多 UPS 生产厂商正在实行对 UPS 模块化生产，用户可按照负载的增加而增加模块，始终保持 UPS 较高负载率，以达到降低能耗的目的。实测数据显示每套系统节能 20%以上。

(2) 服务器直流供电。IDC 机房中常用的双转换在线式 UPS 工作时会先将交流电滤波整流后变成直流电，再由逆变器将此直流电转换成设备需要的正弦波交流电源。两次的交、直流变化会带来一定的损耗。如果服务器采用直流供电，可以减少一次交、直流变化，达到节能的效果。

(3) 采用无变压器的 UPS 设备。传统 UPS 的整机效率只有 75%～85%，但采用无变压器的机型，可以提升至 90%以上[6-7]。

3.2　电信机房空调

3.2.1　使用室外冷源

上海地区一年中大约有一半的时间室外温度低于 20 ℃，而通信机房温度一般控制在 21 ℃～25 ℃，考虑使用室外新风，带走机房内的部分热量。当通风量固定、室内外温差大于一定数值后，可以全部依靠新风将机房内的热量带走，从而达到降低机房内部温度的目的。

3.2.2 精确送风

由于通信机房通信设备布局紧密，通信设备散热量大，如按一般空调送风方式，极有可能造成机房冷热不均。若采用精确送风，利用空调系统主风管把来自冷源的冷风经静压箱输送至各分支风管，然后由各门式送风器直接送至机柜内设备的进风口，对设备进行冷却，如图6所示，则机房散热相对均匀，减少空调设备负荷，节约电能。各分支管可以安装调节阀，通过调节阀控制送给每个机柜的冷风量。图7是一般通信机房空调设备布置图。

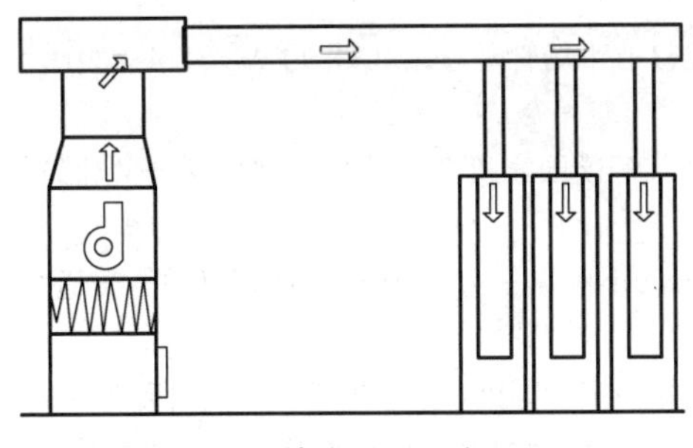

图6 精确送风示意图

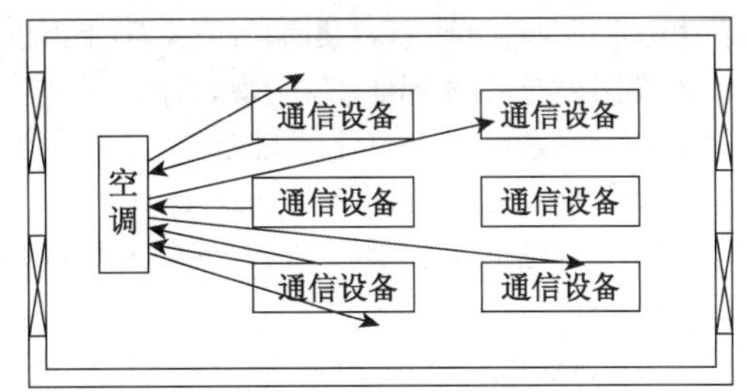

图7 未使用精确送风机房设备布置

精确送风不仅能解决传统上送风气流短路的问题，还能解决传统送风方式设备间互相传热影响，数据显示精确送风的每小时节电率可达到20%左右[8]。

3.2.3 喷雾降温

空调机组内冷凝器的冷凝压力与冷凝温度成正比，冷凝压力偏高的现象主要出现在夏季，由于环境温度较高，冷凝器的散热能力不变或变差时冷凝压力升高，制冷压缩机的排气压力升高，压缩比增大，从而造成压缩机的输气系数降低，功耗增大，能效比下降。因此，在环境温度较高时应提高冷凝器的散热能力，使空调机组能正常运行。

喷雾冷却技术是将软化和净化后的水或冷凝水雾化后喷到空调器冷凝器的散热片上，利用液态水在转变成水蒸气时吸收大量热量的特性，大幅度提高冷凝器的散热能力。因此能在环境温度较高时仍然保证冷凝器的散热能，使得空调机组处于额定冷凝压力的工作状态，避免因各种故障引起的额外能耗，从而实现节电。

3.3 移动基站节能

对于机动通信局的移动基站，需要采用蓄电池给通讯设备供电。针对蓄电池不耐温的特点，将电池装入恒温箱，可使箱内电池温度恒定在25 ℃，消耗的电能大幅降低。和一般的通信机房一样，移动基站也可以利用室外新风，在室外温度较低时将室外冷空气过滤后送入基站内，减少压缩机、冷凝风机的工作时间，大大节省电能，全年最大节能率可达40%[9-10]。

4 结论

(1) 通信机房需全年不间断运行，导致通讯设备和空调设备耗电量大，对电信建筑进行能源审计是非常必要的。

(2) 电信建筑能源审计工作方法有别于一般公共建筑，主要体现在这几个方面：能源审计工作标准依据有所不同；典型建筑能耗与单位总能耗相结合；增加能流图和能源平衡表；能耗分类不同。

(3) 对上海电信建筑的能源审计工作结果显示,电能占了企业总能耗的98%,生产用电占总用电量的91.7%,生产用电中通信机房耗电量最大,为52.88%,IDC其次,为30.10%。

(4) 电信企业存在一定的节能潜力,主要有电源和空调两方面。电源改造主要是使用模块化的UPS,交流变直流,使用无变压器的UPS,空调改造主要是精确送风,充分利用室外新风,对冷凝器使用喷雾降温等。同时,适当提高机房环境温度也可节电。移动基站宜采用恒温箱安放蓄电池,并充分利用室外新风。

参考文献

[1] 上海市建筑科学研究院(集团)有限公司,上海市建筑建材业市场管理总站. DG/TJ 08-2114—2012 公共建筑能源审计计术标准[S]. 上海,2012.

[2] 龙惟定,马素贞. 能源审计:公建节能监管的重要环节——解读国家机关办公建筑和大型公共建筑能源审计导则[J]. 建设科技,2008,(9):16-19.

[3] 马素贞,龙惟定. 解读1995版和2006版ASHRAE Standard 100——既有建筑节能标准[J]. 暖通空调,2008,38(11):69-76.

[4] 住房和城乡建设部. 国家机关办公建筑和大型公共建筑能源审计导则(建科2007-249号)[Z]. 2007.

[5] 许剑峰,黄珂. 绿色工业·绿色思想·绿色技术——论可持续发展的电信建筑设计[J]. 工业建筑,2002,32(8):15-17.

[6] 赵书平,邓琳,陈贵军. 能源审计方法研究[J]. 上海节能,2008(4):37-39.

[7] 林伟,胡艳,方黎达,等. IDC机房节能技术在上海地区的应用探讨[J]. 电信技术,2011(3):44-47.

[8] 沈伟杰,王金元. 精确送风系统在数据机房的实际应用[C]//2011通信电源学术研讨会论文集,2011:51-55.

[9] 杨根发. 数据中心机房节能分析[J]. 电信技术,2008(8):37-39.

[10] 董宏. 电信移动基站节能减排思路探讨[C]//2010通信电源学术研讨会论文集,2010:31-36.

民用建筑能源审计最优化工作方法研究*

刘东　王亚文　张萍　张超　丁永青　陈溢进　施赟　王婷婷

摘　要：本文以笔者在民用建筑能源审计项目实践中所获得的经验为基础，结合现有的民用建筑能源审计情况，提出了高效开展该项工作的最优化工作方法，明确指出了该类能源审计工作需要重点注意的问题；而后，针对不同深度要求的能源审计工作，提出了具有可操作性的能效测试方法。

关键词：民用建筑；能源审计；能效测试；最优化方法

Study on Optimization Working Method for Energy Audit of Civil Buildings

LIU Dong, WANG Yawen, ZHANG Ping, ZHANG Chao,
DING Yongqing, CHEN Yijin, SHI Yun, WANG Tingting

Abstract: In this paper, based on the experiences that gained from the energy audit of civil building projects and combined with the energy audit situation of existing civil buildings, an effective method to carry out the energy audit work was firstly presented. And then, the key problems that should be paid more attention during the working process were pointed out. Finally, the feasible energy efficiency test methods for different kinds of energy audit applications were proposed.

Keywords: civil building, energy audit, energy efficiency test, optimization method

0　引言

民用建筑能源审计是指由专业能源审计人员受政府主管部门或业主的委托，对建筑的部分或全部能源活动进行检查、诊断、审核，对建筑中能源利用的合理性做出评价，并提出改进措施的建议，以提高建筑能源利用效率和增强对建筑用能的监控能力。

建筑能源审计的目的是为了推进和规范建筑节能工作，加快提升建筑的能源管理水平和能源利用效率，进一步完善节能监管体系和节能考核体系，推进建筑的节能改造工作。因此，如何科学、准确、公正、高效地开展建筑能源审计工作值得业内人士进行深入探讨[1-4]。

本文以笔者在民用建筑能源审计相关工作中所获得的经验为基础，系统地总结了民用建筑能源审计的完整工作流程和测评方法，并提出了在民用建筑能源审计工作中需要注意的诸多关键问题。

1　能源审计的依据及参考资料

民用建筑能源审计的主要参考依据是相关法律法规、国家标准、行业标准、地方标准以及相关的专业规范等[5-7]。

---

*《建筑科学》2013，29(4)收录。

1.1 国家、行业标准及法规条例

国家、行业标准及法规条例主要包括《中华人民共和国节约能源法》《国家机关办公建筑和大型公共建筑能源审计导则》(建科 2007-249 号)《公共建筑节能设计标准》(GB 50189—2005)《室内空气质量标准》(GB/T 18883—2002)《建筑照明设计标准》(GB 50034—2004)《采暖通风与空气调节设计规范》(GB 50019—2003)《民用建筑供暖通风与空气调节设计规范》(GB 50736—2012)《民用建筑节水设计标准》(GB 50555—2010)《企业能源审计技术通则》(GB 17166—1997)《工业企业能源管理导则》(GB 15587—1995)《节能监测技术通则》(GB/T 15316—2009)《设备热效率计算通则》(GB/T 2588—2000)《综合能耗计算通则》(GB/T 2589—2008)《用能单位能源审计计量器具配备与管理通则》(GB 17167—2006)《重点用能单位节能管理办法》(经贸委令第 7 号)《公共机构节能条例》(国务院令第 531 号)《民用建筑节能管理规定》(建设部令第 143 号)和《民用建筑节能条例》(国务院令第 530 号)等。

1.2 地方标准及法规条例(以北京、上海等地为例)

以北京、上海等地为例的地方标准及法规条例主要包括《上海市建筑节能条例》《上海市公共建筑节能设计标准》(DGJ 08-107—2012)《公共机构办公建筑用电分类计量技术要求》(DB11/T 624—2009)《公共建筑能源审计标准》(DG/TJ 08-2114—2012)《星级饭店建筑合理用能指南》(DB31/T 551—2011)《大型商业建筑合理用能指南》(DB31/T 552—2011)《市级机关办公建筑合理用能指南》(DB31/T 550—2011)和《市级医疗机构建筑合理用能指南》(DB31/T 553—2012)等。

2 能源审计的分类及要求

对于民用建筑能源审计的分类依据《国家机关办公建筑和大型公共建筑能源审计导则》(建科 2007-249 号)的规定,可主要分为非深度能源审计和深度能源审计两大类。

2.1 非深度能源审计

非深度能源审计要求完成其基础项和规定项的相关工作。

2.1.1 基础项

基础项一般是由被审计建筑的所有权人或业主自己或其委派的责任人完成。主要内容包括:提供被审计建筑的基本信息,填写基本信息表;提供能源审计所需要的各种资料数据;配合能源审计工作的开展。

2.1.2 规定项

规定项一般是由各地建设主管部门委托的审计单位完成,由被审计建筑的所有权人或业主自己或其委派的责任人配合完成。主要包括 6 方面的内容:① 与建筑物所有权人或业主指定的责任人和联络人,以及主要运行管理人员举行工作会议,掌握建筑运营情况及建筑能耗中存在的问题,逐项核实基本信息表。② 审阅并记录 1～3 年(以自然年为单位)的能源费用账单,包括用电量及电费、燃气消耗量及燃气费、水耗及水费、排污费、燃油耗量及费用、燃煤耗量及费用、热网蒸汽(热水)耗量及费用、其他为建筑所用的能源消耗量及费用。③ 分析能源费用账单,计算出能源实耗值,将能耗划分为 3 类:第 1 类能耗即常规能耗和水耗,主要包括照明能耗、建筑供暖通风和空调能耗、插座(室内办公设备和家电)能耗、动力设备(电梯等)能耗和热水供应能耗等;第 2 类能耗即特殊能耗,如全年连续运行空调系统的计算中心、网络中心、大型通信机房、有大型实验装置(如大型风洞、极端气候室、P3 实验室)的实验室、工艺过程对室

内环境有特殊要求的房间等的能耗，并将其从总能耗中扣除；第3类能耗为按建筑面积定额收费的城市热网供热消耗量，这类建筑能耗应单独记录。④ 审阅建筑物的能源管理文件，应包括建筑物能源管理机构或建筑能源管理责任人的任命或聘用文件；过去1～3年内所采取的节能措施及其节能效果的说明文件；大型用能设备（制冷机、锅炉）或设备机房的节能管理规定、运行管理规程、运行记录；BA系统中保存的过去（至少1年的）能耗数据；能耗计量装置（仪表）的校验证明；主要管理人员参加节能培训的证明文件等。⑤ 巡视大楼，填写现场调查表。⑥ 对建筑内不同用途的各房间进行随机抽检，从每种用途房间中抽取占此种用途房间总建筑面积10%的房间，检测室内基本环境状况并记录。

2.2 深度能源审计

深度能源审计除完成基础项和规定项的内容以外，还需完成选择项的内容。选择项主要包括：室内环境品质检测、空调制冷机房能效检测、供热锅炉房能效检测和通风系统能效检测等。此外还可以根据需要商定其他相关的检测项目。

3 能源审计工作流程及方案设计

3.1 能源审计工作流程

笔者参考相关的材料[8-11]，并结合实际工作汇总了民用建筑能源审计的流程，可为高效、完整地完成民用建筑能源审计工作提供参考，详见图1。

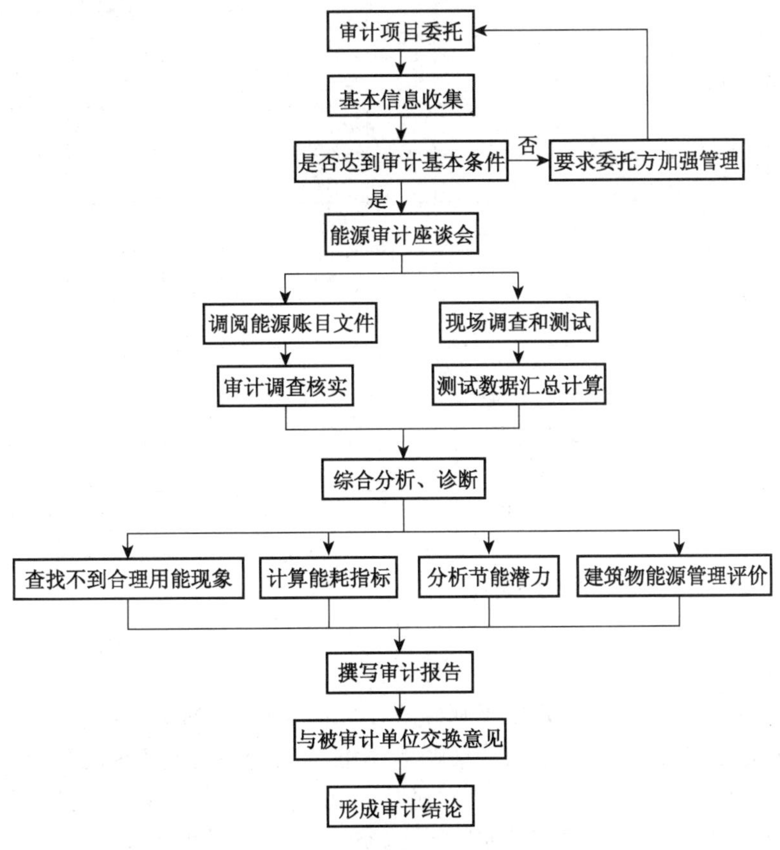

图1 能源审计流程图

3.2 能源审计工作的人员及设备配置

对于民用建筑能源审计项目，建议一般设立 1 名项目负责人、1 名技术负责人、1 名质量安全负责人、1 个内部专家组(2～3 名专家)和数个能源审计工作组(具体数量可根据所审计建筑情况而确定)，其中每个工作组均应设立 1 名小组长，另有组员 3～4 名。建议现场审计分为 2 个小队，一队负责文件审查，另一队负责现场调查和测试。

民用建筑能源审计工作建议配置如下基本测试仪器：红外热像仪、超声波流量计、CO_2 浓度计、数字式钳型表、照度计、风速仪、空气温湿度计、通讯设备及笔记本电脑等。

3.3 民用建筑能源审计进度控制

根据笔者对民用建筑能源审计工作的经验总结，建议可以参考表 1 所示步骤与业主进行沟通，商议安排审计工作进度。一般可以初步考虑以 45 个工作日为基准，具体项目可以根据建筑自身的复杂程度以及对能源审计双方约定的其他要求，对时间安排进行适当的调整[8-11]。

表 1　　能源审计工作进度表

工作内容	时间/d											
	1	2～4	5～9	10～14	15	16～18	19～30	31～38	39～40	41～43	44	45
启动	△											
审计单位提供调查表		☆										
审计单位与业主举行第 1 次座谈会			△									
业主填写表格			○	○								
审计单位收集并整理填好的表格					○							
审计单位审查业主资料					☆	☆						
审计单位进入现场进行文件审查							△					
审计单位进入现场进行测试							△					
审计单位编写审计报告(初稿)								☆				
商讨审计报告并修改(修订稿)									☆			
审定审计报告(最终稿)										☆		
装订审计报告											☆	
提交审计报告												☆

注：☆为审计单位完成的工作内容；○为被审计单位完成的工作内容；△为双方合作完成的工作内容。

4 能源审计工作实施步骤

4.1 基本信息收集

通过召开能源审计会议和发送电子邮件的方式向建筑所有权人或物业人员收集被审计建筑的基本信息表，包括建筑概况、建筑能耗账单、用能系统和用能设备情况等，并通知建筑能源管理人员准备以下资料，供现场文件审查时进行查阅：①被审计建筑的文字介绍，包括建筑基本信息；建筑功能划分及布局；建筑的照明系统、空调系统、给排水系统、插座用电系统、动力系统等的基本情况；有无进行过节能改造，若实施过节能改造工作，需要说明改造内容；有无分项计量,若有,需要说明分项计量情况。②被审计建筑的相关图纸,包括建筑图纸、结构图纸,以及水、暖、电、动力图纸。③能源管理文件。④能源账目文件。⑤用能设备清单、维修管理记录、暖通空调系统运行记录。

获得建筑的基本信息后,审计方判断建筑是否具备开展能源审计的条件,确定审计目标。若不满足最低审计条件,应及时提出(这一点对于政府委托的项目尤为重要)。

4.2　现场调查和测试

现场调查和测试包括建筑巡视和建筑室内环境测试 2 部分。

1) 建筑巡视

对大楼进行整体巡视,结合文件审查结果及建筑基本信息表,确定建筑能耗和管理的总体情况。

对大楼内的制冷机房、锅炉房等设备机房进行巡视,以便确定空调系统、通风系统、供暖系统、生活热水系统和电梯等用能系统是否存在管理不善、运行不当、能源浪费、无法调节等问题。

根据建筑内各房间的不同用途进行随机抽检,对各用途房间至少选取 1 个房间。对所抽检的房间,巡视室内基本状况,对室内环境参数(温度、相对湿度等)的设定情况及控制和调节方式进行现场调查,以确定是否存在设定不合理、能源浪费、无法控制或调节等现象。

2) 建筑室内环境测试

根据建筑内不同类型使用功能的房间进行抽样检测,每种类型至少选取 1 个房间样本。对所抽检的房间样本,采取以下调研和检测措施:巡视室内环境状况,调查遮阳情况以及办公电器等用能设备的运行和配置情况;对房间室内环境参数(温湿度、CO_2 浓度、照度等)进行检测;对室内环境参数的设定情况及控制和调节方式进行调查。

通过以上检测,可以基本确定是否存在空气温度设定不合理、电器配置浪费以及控制方式不合理等现象。

3) 机房设备检查

结合建筑基本信息表和建筑巡视情况对制冷机房、锅炉房及设备间内各种设备的运行情况、调节和控制方式等进行评价,需要时可进行必要的设备能效测试。

4) 围护结构保温性能测试

根据实际需要,对建筑围护结构进行保温性能测试,主要是采用红外热成像法检测围护结构保温缺陷、采用热流计法检测传热系数、采用压差法检测建筑物气密性等,从而确定围护结构保温性能是否符合要求,是否需要进行节能改造。

5　建筑能耗数据的处理分析及能源审计报告

5.1　建筑能耗数据的处理分析

1) 能耗数据评判依据

通过分析能源费用账单和现场测试数据,计算出常规能耗和水耗、特殊能耗以及第 3 类能耗。建议可以采用每年每平方米的能耗量和每年人均的能耗量等指标来客观评价能源利用效率。

2) 能耗数据计算

对收集到的建筑能耗数据进行计算,得到各项能耗指标,包括建筑能耗总量指标、常规能耗总量指标、特殊区域能耗总量指标、暖通空调系统能耗指标、照明系统能耗指标、室内设备能耗指标、综合服务系统能耗指标、建筑水耗总量指标等，并对相同功能的统计指标进行横向比较，以评价该建筑的用能水平。

3）能耗数据分析

对建筑的能耗数据、设备及系统运行记录、节能潜力等进行分析。按不同季节或时段绘制主要用能设备的日负荷性能曲线，分析和判断各用能设备和系统能耗现状的合理性，提出单栋建筑的节能建议及相应的可行性分析，并综合分析其节能管理体系、规章制度、节能规划和节能技术改造等情况。

5.2 能源审计报告

单栋建筑的能源审计报告相对明确，对于民用建筑群的能源审计报告一般是建议按整体报告附分报告的方式编写。民用建筑能源审计报告(以单栋建筑为例)的内容一般包括：①能源审计概况：包括能源审计的目的、审计依据、审计内容、审计团队；②建筑及用能系统概况：包括建筑物基本信息综述、建筑物围护结构概况、建筑物用能系统及设备概况；③建筑物能源管理：包括建筑物能源管理机构及职责、建筑物能源管理现状及评价、已有节能管理措施；④建筑能耗分析：包括全年建筑总能耗分析、单位建筑面积能耗分析、典型年逐月能耗分析、能耗拆分；⑤节能潜力分析及建议：指出通过改善管理和改进技术可以明显实现节能的项目、总结对加强建筑能源管理的建议、提出改进建筑能源计量系统的技术措施；⑥审计结论：得出建筑的能耗指标、分项指标及评价等级、节能建议等；⑦附录：包括建筑基本信息表、建筑能耗账单、室内环境测试表、建筑用能现场观察表等。

6 民用建筑能源审计工作中的重要问题

1）基础资料的完整性问题

能源审计项目确定后要及早向业主提出所需的基本资料清单，并向业主详细阐述每种资料包括的内容，给其充分的时间进行准备、整理，审计机构要逐一核查其准确性，以确保能源审计工作顺利、完整地开展。

2）能源审计现场测试前的准备工作

确定测试位置、合适的检测日期以及需要的检测设备。要及时与业主沟通，保证在其配合下、在适合的检测日前准备就绪。

3）核实工作

报告初步完成后需与甲方核实项目基本情况的准确性，核对实测情况及数据。

4）沟通协调的及时性和有效性

应及时沟通、协调、解决出现的各种困难和问题。若遇到确实不易解决的困难，如果是政府采购项目(能源审计)，审计机构需要及时向政府相关的管理部门反馈，在其帮助下确保能源审计工作能够顺利、高效地完成。

7 结语

(1) 民用建筑能源审计工作是一项系统工程，各个环节相互关联，总体是由基础数据收集、现场实测和最终评价3大部分组成，需要统一协调安排，因此需要同时考虑数据的准确性和效率(尤其对于政府采购项目，时间规定相对严格)。

(2) 合理的能源审计工作流程可以确保民用建筑能源审计工作高效、顺利地进行，因此需要重视工作流程的完整性和有效性。

(3) 对于具备条件的建筑，建议安装相应的能源监测系统，实现对其能源系统的运行情况和能效指标的在线连续监测，有助于建筑的能源系统管理，以确保节能效果。

(4) 能源审计机构要理顺与政府相应节能主管部门和业主之间的关系，遇到问题及时沟通，寻找合适的解决途径。

参考文献

[1] 住房和城乡建设部. 国家机关办公建筑和大型公共建筑能源审计导则(建科 2007-249 号)[S]. 2007.

[2] 马素贞，龙惟定. 解读 1995 版和 2006 版 ASHRAE Standard 100——既有建筑节能标准[J]. 暖通空调，2008，38(11)：69-76.

[3] 龙惟定，马素贞. 能源审计：公建节能监管的重要环节——解读国家机关办公建筑和大型公共建筑能源审计导则[J]. 建设科技，2008(9)：16-19.

[4] 刘国常. 美国的能源审计[J]. 审计研究，1999(2)：48-49.

[5] 陈希晖，张卓，邢祥娟. 我国可持续能源审计的实施框架研究[J]. 华东经济管理，2012，26(6)：65-68.

[6] 赵书平，邓琳，陈贵军. 能源审计方法研究[J]. 上海节能，2008(4)：37-39.

[7] 马宏权，龙惟定，朱东凌. 我国建筑节能的发展思考[J]. 建筑热能通风空调，2009，28(2)：29-32.

[8] 韩保华，马秀力，王成霞，等. 国家机关办公建筑能耗现状与节能对策研究[J]. 建筑科学，2010，26(2)：59-61.

[9] 娄承芝，杨洪兴，李雨桐，等. 建筑物能源审计研究——香港铜锣湾综合商业大楼的能源审计实例[J]. 暖通空调，2006，36(5)：44-50.

[10] 龙惟定. 我国大型公共建筑能源管理的现状与前景[J]. 暖通空调，2007，37(4)：19-23.

[11] 宋亚超，谭洪卫，庄智. 高等学校校园建筑节能监管体系中能源审计问题探讨[J]. 建筑节能，2012，40(2)：50-54.

上海地区高校办公建筑能耗及节能潜力研究*

张超　刘东　张晓杰　刘书荟　印慧　王亚文　李超

摘　要：对19幢高校行政办公建筑的全年能耗数据进行分析和研究，获得了上海地区高校办公建筑的能耗指标及用能特点，并从管理、行为、技术及加强能源监管四个方面提出了高校办公建筑的节能措施，可为高校办公建筑的节能运行提供参考。

关键词：高校；办公建筑；能耗；节能

Energy Consumption and Energy Saving Potential Analysis on Office Building of Higher Education in Shanghai

ZHANG Chao，LIU Dong，ZHANG Xiaojie，LIU Shuhui，YIN Hui，WANG Yawen，LI Chao

Abstract：Selecting 19 office buildings of higher educations in Shanghai，the paper gives a comparative analysis of the office building energy consumption data in 2010，and draws a conclusion of the energy consumption index and characteristics. Energy saving methods is provided in three aspects：methods of management，behavior and technology energy saving，providing reference of energy saving operation for the office building.

Keywords：higher education，office building，energy consumption，energy saving

0　引言

据统计，目前我国高校数量超过2 000所，在校人数达2 300多万，占全国人口的4.4%，消耗着社会能耗的8%，高校人均能耗指标明显高于全国居民的人均能耗指标[1]。随着教育事业的蓬勃发展，高校建筑能耗亦逐年增加，为了建设“节约型”校园，国家出台了相关的政策、导则，科研学者对高校建筑的用能特点、节能措施等做了大量的研究。文献[2]通过对长三角地区某综合大学的用能状况分析得出高校建筑中能耗较大的为科研楼、学生生活设施、办公楼、图书馆等；文献[3]通过对合肥某高校建筑能耗的分析，获得大学校园能耗特点，并给出校园节能措施；文献[4]分析了高校能源利用现状并提出建设节约型校园的建议；文献[5]通过对机关办公建筑能耗数据的对比分析，得出该类建筑的能耗特点并提出了节能对策。

高校办公建筑作为高校行政办公的场所，是高校建筑的重要组成部分，掌握其用能情况，研究其能耗特点，对降低办公建筑能耗从而实现高校的节能减排有重要意义。通过文献调研，前人对高校办公建筑的研究较少，笔者根据能源审计工作的结果，选取部分高校的行政办公楼分析其用能特点，为降低高校办公建筑能耗提出可行性建议。

1　上海高校能耗状况

据统计，2010年上海普通高等学校数量为66所，在校人数达515 661人，学校类别主要分

*《建筑热能通风空调》2013，32(1)收录。

为综合大学、理工院校、师范院校、财经院校、语文院校、医药院校等 9 类[6]。笔者按照学校类别不同选取 21 所典型高校，根据 2010 年能耗数据分析上海高校能耗状况。

高校的能源消耗包括电、天然气、煤气、汽油、柴油等，选取高校的单位建筑面积能耗指标和生均能耗指标见图 1 与图 2，其中高校学生人数按照折合学生人数进行计算，即 1 名本科生折算为 1 个学生，1 名硕士研究生折算为 2 个学生，1 名博士研究生、留学生折算为 3 个学生。

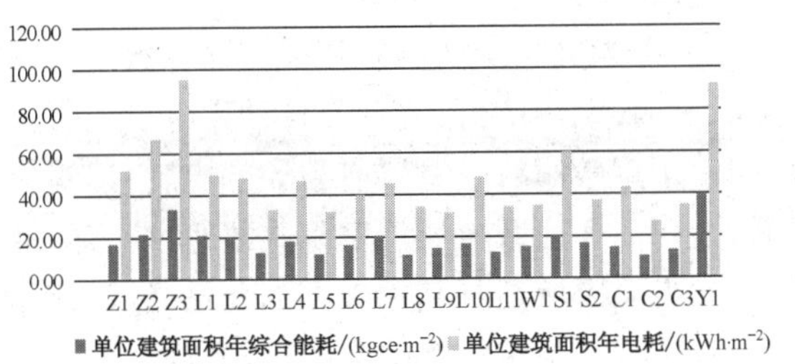

Z—综合大学；L—理工院校；W—语文院校；
S—师范院校；C—财经院校；Y—医药院校

图 1　2010 年上海高校单位建筑面积能耗指标

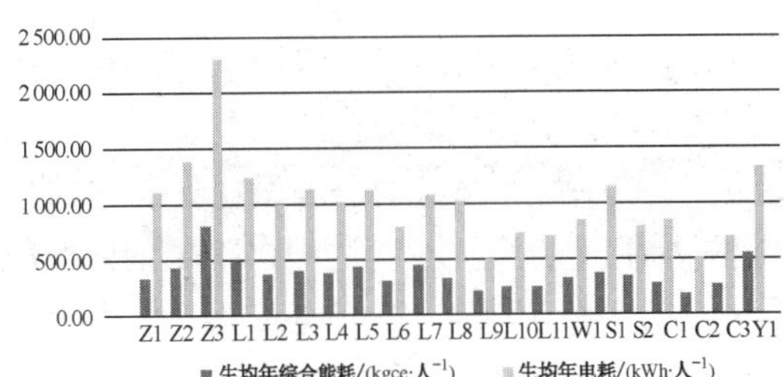

Z—综合大学；L—理工院校；W—语文院校；
S—师范院校；C—财经院校；Y—医药院校

图 2　2010 年上海高校生均能耗指标

高校的能源消耗以电为主，由图 1 可以看出，单位建筑面积综合能耗与电耗的变化趋势基本相同，平均单位建筑面积年综合能耗为 17.63 $kgce/m^2$，单位建筑面积平均年电耗为 47.51 kWh/m^2。由图 2 可以得到，高校平均生均年综合能耗为 376.35 kgce/人，平均生均年电耗为 1 017.82 kWh/人。

Y1 高校的单位建筑面积综合能耗最大，C2 高校的单位建筑面积综合能耗最小，由于 Y1 为医药院校，医疗设备较多，能耗很大，C2 为财经院校，学生人数、理工实验设备较少，建筑能耗较低。不同类别高校的单位建筑面积平均综合能耗由高到低分别是医药院校＞综合大学＞师范院校＞理工院校＞语文院校＞财经院校，导致师范院校能耗指标高于理工院校的原因是所选取的师范院校学生人数平均值高于理工院校，用能人数增加造成能耗指标偏大。

2　上海高校办公建筑的能耗分析

从研究的 21 所高校中选取 19 幢典型的行政办公建筑，通过研究其能耗特点了解上海高校办公建筑的能源消耗情况，提出降低建筑能耗的有效措施。

2.1　主要高校的办公建筑能耗概况

19 幢行政办公建筑 2010 年的单位建筑面积年综合能耗与单位建筑面积年电耗见图 3 与图 4。

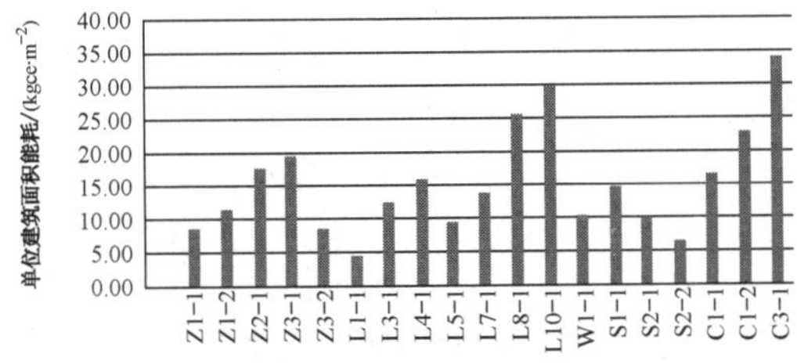

图 3　上海高校办公建筑单位建筑面积年综合能耗

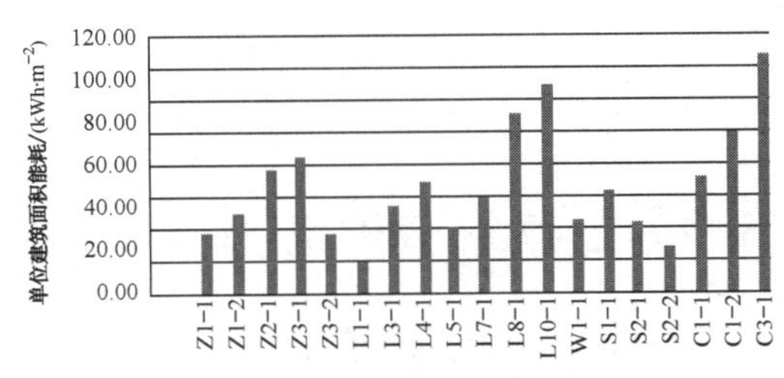

图 4　上海高校办公建筑单位建筑面积年电耗

由于办公建筑的能耗基本以电耗为主，单位建筑面积年综合能耗的变化趋势与单位建筑面积年电耗相同。从图 3 和图 4 可知，高校办公建筑单位建筑面积年综合能耗在 4.14～33.73 kgce/m^2 之间，能耗相差较大，平均值为 15.13 kgce/m^2；单位建筑面积年电耗在 13.79～112.45 kW/m^2 之间，平均值为 50.42 kW/m^2。

C3-1 的单位建筑面积年综合能耗最大为 33.73 kgce/m^2，L1-1 的单位建筑面积年综合能耗最小为 4.14 kgce/m^2，相差高达 8 倍。通过对高校办公建筑的能源审计可知，C3-1 行政楼并无专门的能源管理岗位，也并没有实施能源管理岗位责任制，楼内办公人员在用能方面养成了铺张浪费的习惯，节能意识薄弱。如办公房间处于空置状态时，室内的灯、空调及各种用电设备仍处于开启状态；空调系统的分区设置不合理，假期房间使用率较小时空调仍有很大的电耗；建筑的围护结构保温性能较差等造成 C3-1 的建筑能耗很大。L1-1 行政楼属于庭院式建筑，能有效地降低建筑能耗，同时运行管理人员的节能意识较好，如走道区域充分利用中庭的自然光，对使用率较低的大型会议场所，关闭期间均采取内遮阳措施，减少了建筑的热损失，且灯具均采用节能型筒灯，并且建筑中各耗电部分采用了分项计量，有利于了解能源消耗情况及控制。

2.2 典型办公建筑用能分析

选取 C3-1 与 L1-1 两幢典型办公建筑分析高校办公建筑全年用能情况及能耗组成。

图 5 提出了两幢建筑 2010 年的月耗电量变化趋势，高校办公建筑的月耗电量随着季节发生变化，夏季与冬季由于开启空调进行供冷供热建筑耗电量较大，过渡季节建筑耗电量较少；2 月与 8 月份处于学校的寒暑假期间，只有部分人员值班，建筑耗电量很低，3 月与 9 月学校正式上班之后电耗大幅上升。

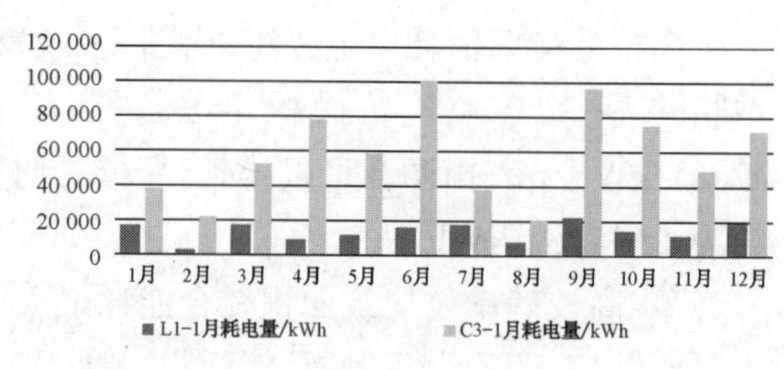

图 5　高校典型办公建筑月耗电量

由图 6 可以看出，高校办公建筑的能源消耗主要包括空调系统、办公设备、照明系统及综合服务设备四部分的耗电，其中空调系统耗电所占的比例最大，其次是办公设备和照明系统，因此为了降低建筑能耗应考虑空调系统、照明系统及办公设备的节能。

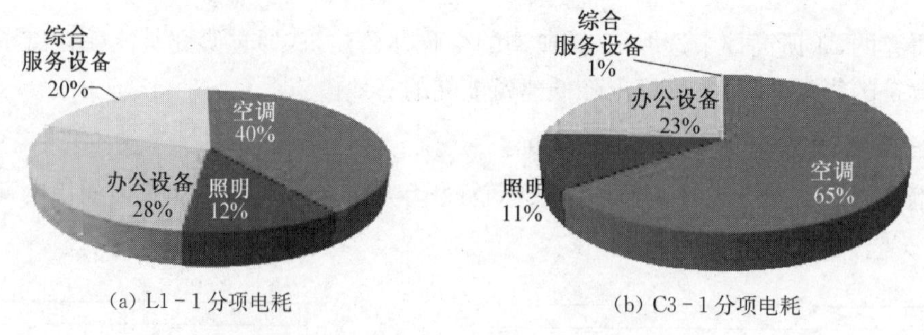

图 6　高校典型办公建筑分项电耗

3　办公建筑节能潜力分析

高校办公建筑的能源消耗以电为主，主要耗电系统包括空调系统、照明系统及办公设备，通过能源审计可以看出高校办公建筑存在很大的节能空间，可以从以下几个方面达到节能降耗的目的。

3.1　管理节能

大部分高校的管理较为粗犷，未成立专门的能源管理部门，管理机制不完善。为了提高运行管理水平，高校需设置专门的能源管理岗位，实行能源管理岗位责任制，根据建筑的使用情况制定相应的能耗指标；建立健全节能管理的规章制度，开展节能宣传教育和岗位培训，增强工作人员的节能意识，培养节能习惯，提高节能管理水平；完善建筑的能源消耗计量制度，区分用能种类、用能系统实行能源消费分户、分类、分项计量，并对能源消耗状况进行实时监测，及时发现、纠正用能浪费现象。

3.2　行为节能

通过调查，部分高校办公建筑使用者节能意识薄弱，造成能源大量浪费。行为节能对于办公建筑来说具有很大的节能空间，并且行为节能也是楼宇使用者和工作人员的义务和责任，楼宇管理人员应根据实际情况制定节能行为规范，开展节能培训，将师生的节能意识真正落实。

(1) 室内温度控制在夏季 26 ℃以上、冬季 20 ℃以下；

(2) 尽量做到人走灯关；

(3) 将一些照度偏高的区域少开一部分灯具；

(4) 采暖季、空调季随手关门关窗、白天关灯、下班关电脑、室内无人时随手关闭空调；

(5) 当长时间离开时，将电脑设置为休眠或节能状态，下班后，关闭显示器、饮水机等办公设备的电源、降低能耗。

3.3　技术节能

3.3.1　围护结构节能

所调研高校的办公建筑大部分建造时间在执行《公共建筑节能设计标准》之前，围护结构的设计不满足节能设计标准，增加室内冷热负荷，从而影响空调系统的能源消耗。对于外墙、屋顶应采用高效的保温材料进行保温处理，降低墙体的热传递，减少墙体“热桥”现象的强度，达到墙体保温的作用。

现有建筑大部分的外窗采用普通单层玻璃、铝合金窗框的形式，传热系数较大，不能有效防止建筑物热量散失。可采用双层玻璃或 Low-E 中空玻璃提高玻璃体的热工性能，并且采用断热桥型材窗代替铝合金窗，降低窗框的传热系数，同时提高外窗制作、安装的严密性，达到外窗的节能降耗。

3.3.2　空调系统节能

大部分高校办公建筑采用 VRV 系统或风冷热泵式空调系统，有些空调系统设计不合理，寒暑假部分人员值班时空调系统仍有很大的电耗；部分空调设备使用时间较长，能效较低，增加了建筑能耗。

空调系统能耗在建筑能耗中所占比例很大，为了有效降低建筑能耗，减少空调系统的能源消耗是关键。可采用高能效的空调设备，加强空调系统的日常运行管理，根据季节和室外温度变化采取不同的节能运行模式，加强空调系统维护检修，保证系统处于最佳运行状态；过渡季节加大新风量、冬夏季减少新风量，降低新风能耗；优化空调系统的分区设计，提高空调系统的控制水平，可采用控制较灵活的 VRV 空调系统代替集中式空调系统，满足办公人员舒适性要求。

3.3.3　照明系统节能

目前，高校办公建筑中的照明大部分为普通 T8 型日光灯，这种日光灯相比 T5 电子式节能灯管比较耗能，因此建议办公楼的管理人员可以按照合同能源管理的方式对照明系统进行节能改造，T5 电子式节能灯管比 T8 传统灯省电 30%以上。

对办公建筑照明可设置集中控制系统，按照高校办公建筑的作息时间，局部或全部切断普通照明系统，防止使用者疏忽关灯，造成浪费，同时可在走道中设置声控、延时等节能开关，起到节能的作用。

3.4 加强能源监管

从上述分析可以看出，空调系统能耗在建筑能耗中所占比例较大，目前在用的大部分集中式空调系统由于设计、计量、控制、运行管理等方面的原因，不同程度地存在能效低下的问题。集中式空调系统节能降耗的实现是基于计量数据的全面性、准确性和系统性，大部分中央空调系统的计量网络不完善，成为准确对系统运行能效进行评价、分析及诊断的主要障碍，进而也影响了指导其高效运行。可通过在高校中构建能效监管平台实现对集中式空调系统准确的能耗运行数据采集及诊断分析。

(1) 运行数据采集。空调系统的运行数据是进行节能诊断分析的基础，为了有效全面地获得空调系统实时运行数据，可通过在空调系统中搭建实时数据采集系统实现，即在现场安装采集空气处理设备、冷热源设备、输送系统设备相关参数的传感器/变送器及数据采集模块，并通过数据传输装置将采集的数据传送到服务器终端进行储存及分析。

(2) 运行数据诊断分析。在能效监管平台中可实现对运行数据的诊断分析，通过构建空调系统组成设备模型、空调子系统模型及空调系统模型，将采集到的实时运行数据与诊断分析模型进行对比分析，对集中式空调系统进行评价、分析与诊断，并可明确提高空调系统能效的主要技术途径，为空调系统管理者提供参考。

4 结论

(1) 上海高校 2010 年平均单位建筑面积年综合能耗为 17.63 kgce/m^2，平均单位建筑面积年电耗为 47.51 kWh/m^2，不同类别高校的单位建筑面积年综合能耗的高低顺序为医药院校＞综合大学＞师范院校＞理工院校＞语文院校＞财经院。

(2) 上海高校办公建筑的平均单位建筑面积年综合能耗为 15.13 kgce/m^2，平均年电耗为 50.42 kWh/m^2。不同高校的办公建筑能耗水平相差较大，最低能耗与最高能耗建筑的单位建筑面积能耗指标相差 8 倍。

(3) 现行高校办公建筑由于管理运行及技术上的不足，存在较大的节能空间，可从管理、行为、技术节能及加强能源监管四个方面考虑降低高校办公建筑的能耗。

参考文献

[1] 谭洪卫，徐钰琳，胡承意，等. 全球气候变化应对与我国高校校园建筑节能监管[J]. 建筑热能通风空调，2010，29(1)：36-40.

[2] 高彪，谭洪卫，宋亚超. 高校校园建筑用能现状及存在问题分析——以长三角地区某综合型大学为例[J]. 建筑节能，2011，39(2)：41-44.

[3] 张虎. 合肥某高校校园建筑节能潜力分析[J]. 安徽建筑工业学院学报，2012，20(1)：71-74.

[4] 高沛峻. 中国高校节能和节约型校园建设[J]. 建设科技，2008(15)：20-21.

[5] 韩保华，马秀力，王成霞，等. 国家机关办公建筑能耗现状与节能对策研究[J]. 建筑科学，2010，26(2)：59-61.

[6] 上海统计局. 上海统计年鉴 2011[M]. 北京：中国统计出版社，2011.

上海市主要高校用能特性分析研究*

韩 磊　王婷婷　吴利瑞　刘 东　胡 强

摘　要：对上海市十七所高校的能耗数据进行统计分析，发现上海市高校单位建筑面积平均耗电量较高，远高于全国高校的平均水平；单位建筑面积耗电量前三位的建筑类型依次是：科研实验室、综合楼、图书馆。通过分析三类建筑的能耗结构和逐月耗电量，找出各自的主要分项耗电量以及能耗集中的月份，从而提出合理的节能措施，指导上海市高校节能工作。

关键词：高校；用能特性；能耗结构；逐月耗电量；节能措施

Research on Energy Consumption Feature of Universities in Shanghai

HAN Lei, WANG Tingting, WU Lirui, LIU Dong, HU Qiang

Abstract: This paper shows a statistical analysis of energy consumption in 17 universities in Shanghai, finding that the average energy consumption of unit area in Shanghai is more than that in universities of China. The top three building types of unit area energy consumption are research laboratories, integrated buildings and libraries. Through an analysis of energy consumption structure and monthly electricity consumption in three types of building, identifying the main factors of electricity consumption and the consumption centralized months, then put up reasonable energy saving measures and give guidance of energy conservation for universities in Shanghai.

Keywords: universities, building types, energy consumption structure, monthly electricity consumption, energy saving measure

0　引言

随着我国高等教育事业的迅速发展，高校建筑面积、招生人数以及用能设备都不断的增加，使得高校对能源的刚性需求不断增加，高校已成为我国的能耗大户[1]。据统计，2011年上海市高校全日制在校生超过70万人，校舍面积超过1 830万 m^2，年耗能34.6万吨标煤以上。

为了有效地指导高校校园建筑节能工作，2008年住房城乡建设部会同财政部和教育部组织专家相继编制了一系列校园建筑节能监管系统建设及管理的技术导则及评价方法[2]。根据导则，上海市各高校纷纷加入建设节约型校园的行列中[3]。上海市高校建筑类型繁多，不同类型建筑能耗差异很大，但由于缺少基础数据，很难针对不同类型的建筑有所重点地进行能耗控

*《建筑热能通风空调》2012，31(4)收录。

制，因此很有必要统计各高校能耗基础数据。

本文通过对上海市十七所高校能源审计报告的能耗数据进行整理归纳，统计出十七所高校的单位建筑面积电耗以及不同类型建筑的单位建筑面积平均电耗。同时，选取能耗较高的典型建筑类型，分析分项能耗的构成和比例以及逐月耗电量的趋势，从而把握上海市高校的用能特征，提出合理的节能措施。统计过程中发现上海市高校总耗电量占总能耗的 86.8%，为了简化计算，本文只统计耗电量。

1 高校整体能耗情况

1.1 上海市高校能耗概况

按中国建筑气候分区的划分，上海属于典型的夏热冬冷地区，冬季需要供热、夏季需要供冷[4]。高校作为培养社会人才的基地，具有人口密度大、建筑类型多、能耗比较集中等特点[5]。笔者通过整理上海市十七所高校的能源审计报告，对审计高校的能耗数据进行统计，结果如图 1 所示。上海市高校单位建筑面积平均耗电量为 49.8 kWh/(m^2·a)，是全国高校单位建筑面积平均耗电量的 1.7 倍(全国高校单位建筑面积平均耗电量为 29.6 kWh/(m^2·a)；其中最高单位建筑面积耗电量为 82.8 kWh/(m^2·a)，最低单位建筑面积耗电量为 29.5 kWh/(m^2·a)。上海市高校单位建筑面积平均耗电量较高，并且不同高校之间能耗水平相差较大，可见上海市高校建筑能耗存在很大的节能空间。

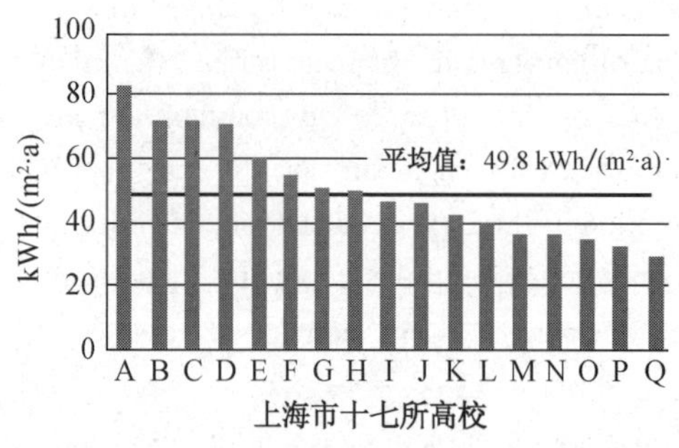

图 1　上海市高校单位建筑面积耗电量

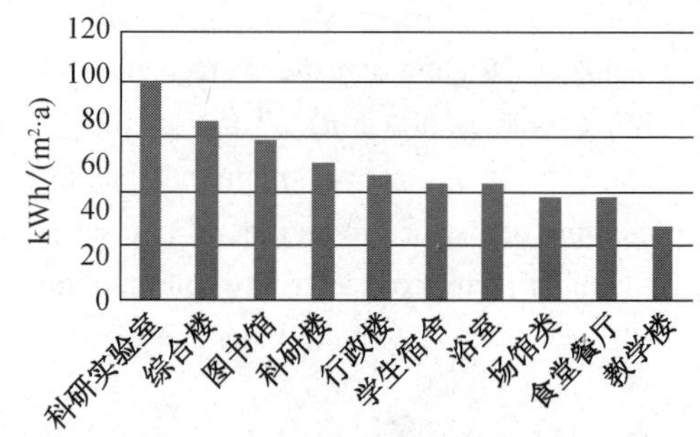

图 2　不同类型建筑单位面积耗电量

1.2 高校不同类型建筑能耗概况

根据《高等学校校园建筑节能监管系统建设技术导则》将学校建筑分为行政办公楼、图书馆建筑、教学楼建筑、科研楼建筑、综合楼建筑、场馆类建筑、食堂餐厅、学生集中浴室、学生宿舍、大型或科研试验室、医院、交流中心(包括招待所、宾馆)等 13 类[6]。针对高校建筑类型多，不同类型建筑的建筑功能和人员数量不同的特点，笔者选取具有代表性的 10 类建筑，对上海市高校不同类型建筑的耗电量进行分类统计，得到同一类型建筑单位建筑面积耗电量的平均值，从而比较出耗电量较高的建筑类型。统计结果表明：上海市高校不同类型建筑的整体能耗水平存在较大差异，最高耗电量为 98.3 kWh/(m^2·a)，最低为 33.1 kWh/(m^2·a)，相差近 3 倍；单位建筑面积平均耗电量较高建筑为：科研实验室、综合楼和图书馆，分别为 98.3 kWh/(m^2·a)、78.6 kWh/(m^2·a)、71.2 kWh/(m^2·a)。由此可见，上海市高校不同类型建筑单位建筑面积耗电量差异较大，其中科研实验室、综合楼和图书馆是高校的能耗大户，是高校节能工作的重点对象，如图 2 所示。

2　高校典型建筑用能特点

2.1　典型建筑的能耗构成

由于科研实验室、综合楼和图书馆三类建筑能耗较高，并且在高校建筑中具有代表性，本文选取科研实验室、综合楼和图书馆，作为高校典型建筑进行分析研究。考虑到不同类型建筑的能耗构成不同，笔者针对三类典型建筑，统计出各自的分项耗电量和比例，从而进一步分析上海高校的用能特征，提出合理节能措施。

典型科研实验室的能耗构成如图 3 所示，统计结果如下：某科研实验室单位建筑面积耗电量为 98.2 kWh/(m^2・a)，其中动力系统耗电量为 67.8 kWh/(m^2・a)，占总电耗的 69%；空调和照明系统的耗电量分别占总电耗的 13%和 12%。笔者通过现场的考察发现科研实验室由于承担大型科研项目，拥有大量的高能耗动力试验设备，并且在运行期间动力设备处于全日运行状态。动力设备的数量多、全日运行工况，导致动力系统成为科研实验室的能耗大户。因此，高校科研实验室采取合理的节能措施，重点是控制动力系统的耗电量。

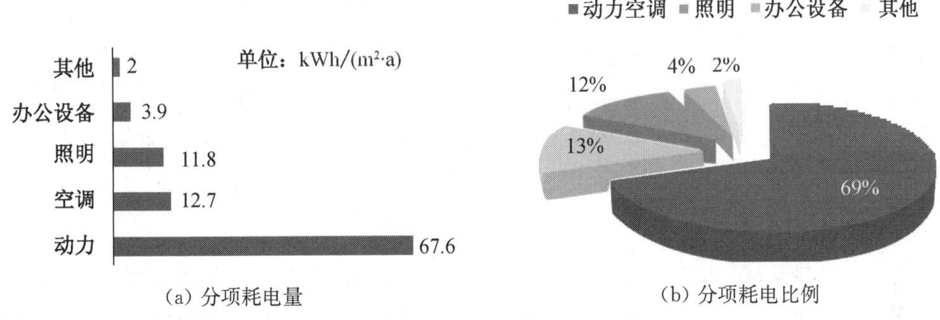

(a) 分项耗电量　　(b) 分项耗电比例

图 3　某科研实验室各分项耗电量及比例

典型综合楼的能耗构成如图 4 所示，统计结果如下：某综合楼单位建筑面积耗电量为 80.1 kWh/(m^2・a)，其中办公设备耗电量为 24.8 kWh/(m^2・a)，占总电耗的 31%；空调和照明系统的耗电量分别占总电耗的 28%和 21%。笔者通过现场的考察发现综合楼中配备大量的电脑、复印机、打印机和热水器等办公设备，并且在上班时间全部开启。办公设备的数量多、使用频率高，导致办公设备成为综合楼建筑的能耗大户。另外，综合楼采用集中式空调系统，并且对灯具照度有一定要求，导致空调和照明系统能耗较高。因此，高校综合楼采取合理的节能措施，重点是控制办公设备的耗电量，同时控制空调和照明系统的耗电量。

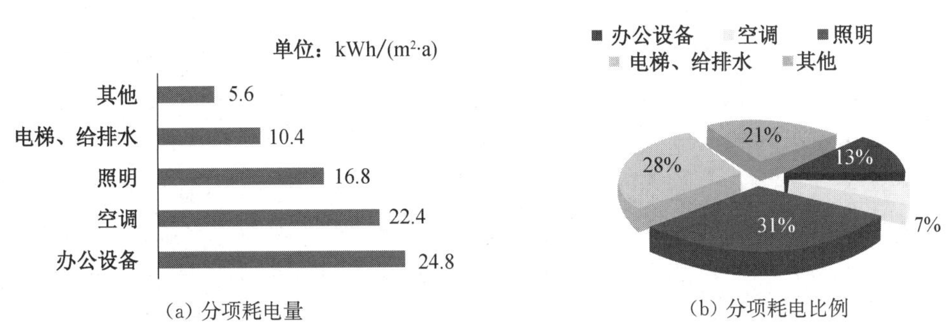

(a) 分项耗电量　　(b) 分项耗电比例

图 4　某综合楼各分项耗电量及比例

典型图书馆的能耗构成如图 5 所示，统计结果如下：某图书馆单位建筑面积耗电量为 70.2 kWh/(m^2 · a)，其中空调系统耗电量为 31.5 kWh/(m^2 · a)，占总电耗的 45%；照明和办公设备的耗电量分别占总电耗的 24%和 13%。笔者通过现场的考察发现图书馆采用集中式空调系统，并且图书馆的开放时间长、人流密度大、使用率高等特点，导致空调系统成为图书馆建筑的能耗大户。另外，图书馆照明灯具数量多、照明时间长，导致照明系统能耗较高。因此，高校图书馆合理的节能措施，重点是控制空调系统的耗电量，同时控制照明系统的耗电量。

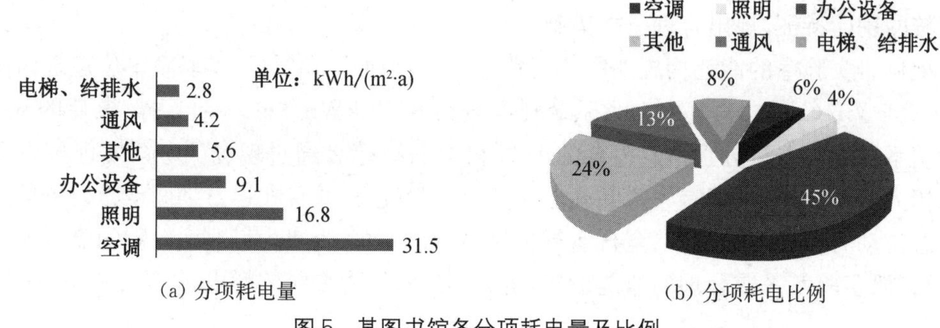

(a) 分项耗电量　　(b) 分项耗电比例

图 5　某图书馆各分项耗电量及比例

由上面三类典型建筑分项耗电量的统计结果可以看出：典型科研实验室的主要分项能耗是动力和空调，典型综合楼的主要分项能耗是办公设备和空调，典型图书馆的主要分项能耗是空调和照明。因此，高校中不同类型建筑的能耗结构差异很大，针对不同类型的建筑，节能的重点不同，需要采取合理的节能措施。

2.2　典型建筑的逐月电耗

考虑到高校能耗会随季节变化出现波动[7]，笔者针对科研实验室、综合楼和图书馆三类典型建筑，进行逐月电耗统计，统计结果如图 6 所示。结果表明：三类建筑的耗电量随季节的变化具有波动性，并且呈现出一定的相似性，如图中综合楼拟合后的逐月电耗趋势线。2 月份，三类典型建筑用电量达到各自的最小值分别为：4.2 kWh/(m^2 · a)、3.6 kWh/(m^2 · a)、2.8 kWh/(m^2 · a)；6 月份用电量达到各自的最大值，分别为：12.9 kWh/(m^2 · a)、9.9 kWh/(m^2 · a)、8.6 kWh/(m^2 · a)。

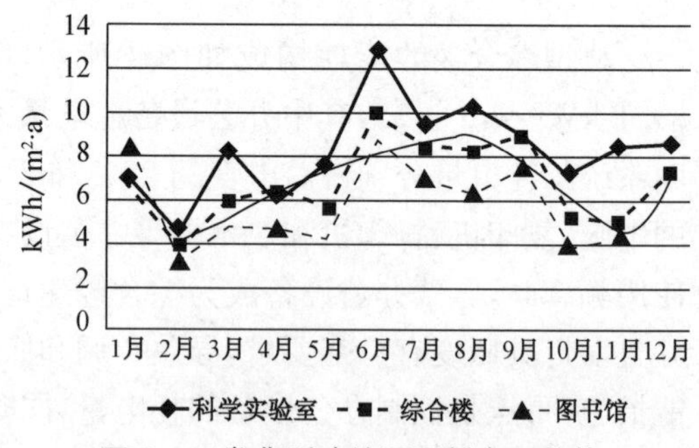

图 6　三类典型建筑逐月耗电量趋势

对于图 6 所示的逐月电耗趋势，作如下分析：

(1) 上海市高校典型建筑的逐月耗电量具有相似的波动性。整体上看，冬季(不包括寒假)和夏季耗电量高于过渡季节；2 月份(寒假)耗电量最小，6 月份耗电量最大；3～5 月以及 10 月、11 月耗电量相对较小，6～9 月耗电量相对较大。高校典型建筑的能耗比较集中，冬季(12 月、1 月)和夏季(6～9 月)有较大的节能空间。

(2) 图书馆逐月耗电量的波动主要受季节的影响，具有明显的季节性[8]。空调系统是图书馆的能耗大户：12 月、1 月为供暖季节，能耗较高；6～9 月为供冷季节(暑假图书馆部分开放)，耗电量占总电耗的 41.6%；3～5 月以及 10 月、11 月为过渡季节，能耗较低。

(3) 综合楼逐月耗电量的波动主要受节假日的影响。办公设备是综合楼的能耗大户：2

月份为寒假时间，所以耗电量降到了最小值；6～9 月耗电量较高，并且在 6 月份耗电量达到最大值；10 月份国庆长假，耗电量减小。

（4）科研实验室的主要能耗是动力系统。2 月份耗电量最小，6 月份耗电量最大；逐月耗电量受季节和节假日的影响呈现波动性，但是并没有太明显的规律，主要是因为动力系统使用时间不确定，随机性较大。

3　结论

（1）上海市高校建筑的总体能耗较大，单位建筑面积平均耗电量为 49.8 $kWh/(m^2 \cdot a)$，是全国高校单位建筑面积平均耗电量的 1.7 倍。上海市高校蕴含巨大的节能潜力。

（2）上海市高校不同类型建筑的单位建筑面积耗电量存在较大的差异，其中科研实验室、综合楼和图书馆是高校的能耗大户，是高校节能工作重点对象。

（3）高校中不同类型建筑的能耗构成不同，科研实验室耗电量的 69％用于动力；综合楼耗电量的 31％用于办公设备；图书馆耗电量的 45％用于空调。针对不同类型的建筑，节能的重点不同，需要采取合理的节能措施。

（4）高校中不同类型建筑的逐月耗电量具有相似的波动性：冬季和夏季耗电量高于过渡季节。高校典型建筑的能耗比较集中，冬季（12 月、1 月）和夏季（6～9 月）耗电量较高，有较大的节能空间。

参考文献

[1] 谭洪卫，徐钰琳，胡承益，等. 全球气候变化应对与我国高校校园建筑节能监管[J]. 建筑热能通风空调，2010，29(1)：36-40.

[2] 国家住房和城乡建设部，国家教育部. 高等学校节约型校园建设管理与技术导则[S]. 2008.

[3] 赵路，周伟国，阮应君. 不同气候区高校用能用水特征分析研究[J]. 能源研究与信息，2011，27(2)：110-116.

[4] 徐吉婉，寿炜炜. 公共建筑节能设计指南[M]. 上海：同济大学出版社，2007

[5] 刘智昌，马宪国，王立慷. 上海市高校用能分析[J]. 上海节能，2008，(2)：33-36.

[6] 国家住房和城乡建设部，国家教育部. 高等学校校园建筑节能监管系统建设技术导则[S]. 2008.

[7] 清华大学建筑节能研究中心. 中国建筑节能年度发展研究报告 2010[M]. 北京：中国建筑工业出版社，2010.

[8] 高彪，谭洪卫，宋亚超. 高校校园建筑用能现状及存在问题分析[J]. 暖通空调，2011，39(2)：41-44.

风管系统局部构件阻力特性的实验研究*

刘东　袁鹏　陈沛霖

摘　要：局部构件的阻力主要是局部阻力，迄今为止，一般的暖通空调设计手册和产品样本中都把局部阻力系数作为常数。我们在专门的配件动力特性试验台上对一些构件进行阻力特性测试，并用计算机对测试数据进行回归。证明其局部阻力系数既与结构特征有关，又与流动状态有关。局部阻力系数随雷诺数的增大而减小，进入自模区后，局部阻力系数才不受雷诺数的影响而趋向一常数。但是对于大多数空调系统和一些通风系统，管内流体的雷诺数还没有达到进入自模区的临界雷诺数值，因此局部阻力系数就不是常数。现在的习惯做法将局部阻力系数作为常数与实际情况有出入，尤其在低流速的情况下会给系统的阻力计算带来较大误差。

关键词：阻力；局部构件；风管；试验

Experimental Study ofthe ResistancePerformance of Local Componentson Ventilation Duct

LIU Dong, YUAN Peng, CHEN Peilin

Abstract: The resistance of local components mainly consist of local loss, which were regard as constants in most HVAC manuals and product user manuals. We tested resistance performance of some components drawing support from special dynamic characteristic test-bed, by which presented the results of the regression analyses. The results proved that the local resistance coefficient relates to both structural characteristics and the state of flow. It decreases with increasing of Reynolds number, not being affected and tending to be a constantuntil it entersinto the mold area. However, as the Reynolds number of fluid has not yet reach to the threshold, the local resistance coefficientsare usuallyvariablein most of the air conditioning systems and some ventilation systems. Thus, regarding the local resistance coefficient as a constantcan have some discrepanciesin actual conditions, especially in the case of low flow rates.

Keywords: resistance; local components; duct; test

0　引言

当流体经过断面变化的管件（如变径管、流动进出口、阀门）、流向变化的管件（如弯头）及流量变化的管件（如三通、四通）时，由于流动边界的急剧变化，导致流动旋涡区的出现和速度分布的改组，使流动阻力迅速增大，形成较集中的能量损失，从而产生了局部阻力。

局部阻力的计算公式：

---

* 1994 全国暖通年会收录。

$$Z = \xi \times \rho \times \frac{V^2}{2}$$

式中　Z——局部阻力；

ξ——局部阻力系数；

ρ——流体密度；

V——流速。

局部阻力系数的影响因素较多，一般认为局部阻力系数主要受局部阻碍的几何形状、固体壁面的相对粗糙和雷诺数的影响。

在层流状态下，当雷诺数小于 2 000 时，流体经过局部阻碍后有可能还是保持层流状态，这时的局部阻力系数与雷诺数成反比：$\xi = B/Re$，其中 B 是与局部阻碍形状有关的常数。

在暖通空调专业中，这样小的雷诺数是很少碰到的，绝大部分的局部阻力损失是发生在紊流状态。这时的局部阻碍形状是起主导作用的因素；相对粗糙只对那些尺寸较长并且变化不是很剧烈的物体（如圆锥角小的渐扩管或渐缩管、曲率半径大的弯管）发生作用；雷诺数 Re 的影响是：局部阻力系数 ξ 随着雷诺数 Re 的增大而减小，当雷诺数达到一定的值，即流动进入自模区后，ξ 几乎与 Re 无关，此时的局部阻力系数是一个常数。

对于局部构件来说，当流动还没有进入自模区，局部阻力系数仍然受雷诺数的影响，这时候的局部阻力系数并不等于常数。

目前，局部阻力系数还没有一种简便的理论求解方法，一般还是通过用实验方法来确定。局部阻力系数的测定方法为：测出局部阻力件前后的全压差，此值等于局部阻力 Z，然后用局部阻力除以动压，即得局部阻力系数 ξ；另一种测定方法是用局部阻力件前后的静压差代替全压差，后一种方法更加适用于风口阻力件的局部阻力系数测定，因为风口的出口处的静压为零，此时的局部阻力（不包括动压损失）可以看作是风口阻力件进出口的静压差。

1　实验研究

1.1　试验装置

为了研究局部阻力系数的影响因素，我们建立了专门的配件动力特性实验台，其结构如图 1 所示。

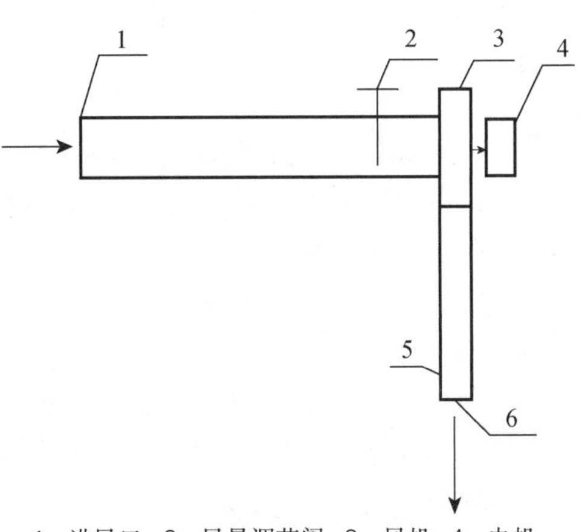

1—进风口；2—风量调节阀；3—风机；4—电机；5—测孔；6—出风口

图 1　配件动力特性试验台示意图

气体从 1 进入风管，通过 2 调节风量的大小，3 是离心风机，4 是与风机配套的电机，5 是测孔，与测量仪器相连，6 是出风口，被测的风口的阻力件连接在出风口上，测量用的仪器是毕托管，二次仪表是美丽 ALNOR 公司的 COMPUFLOW 电子差压计。

1.2　试验结果

我们测了三个阻力件（两个散流器和一个 90° 的弯头），其测定结果如下：

三条阻力特性曲线是根据测行的速度值和静压值分别计算出雷诺数和局部阻力系数，然后通过计算机拟合而成，横坐标 Re 是雷诺数，纵坐标 kc 是局部阻力系数 ξ。

1.3 试验结果分析

从拟合出的几条曲线可以看出：

(1) 局部阻力系数和局部阻碍的形状有关，在相同的雷诺数下，不同形状局部阻碍的局部阻力系数也不同，而且形状是影响局部阻力系数的主要因素，这一点可以从图 5 看出来。

5.00
4.00
3.00
2.00
1.00
0.00
20.00
40.00
60.00
80.00
100.00
120.00
140.00

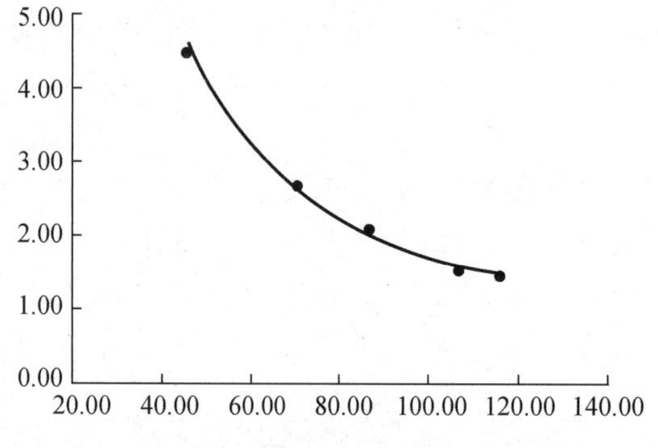

图 2 YPFW 型 No. 25 散流器阻力特性曲线

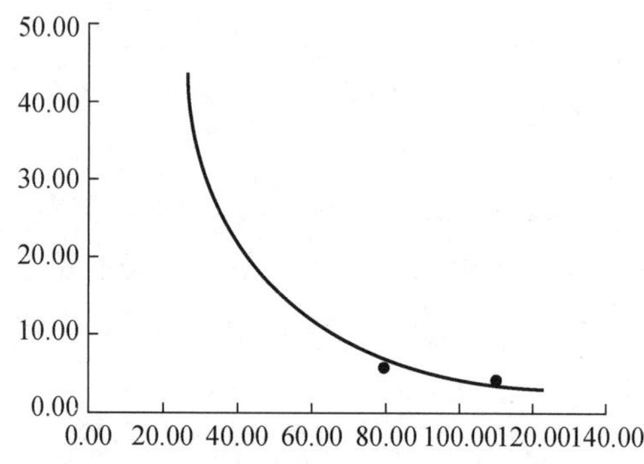

50.00
40.00
30.00
20.00
10.00
0.00
0.00
20.00
40.00
60.00
80.00
100.00
120.00
140.00

图 3 No. 25 散流器阻力特性曲线

3.00
2.50
2.00
1.50
1.00
0.50
0.00
20.00
40.00
60.00
80.00
100.00
120.00
140.00

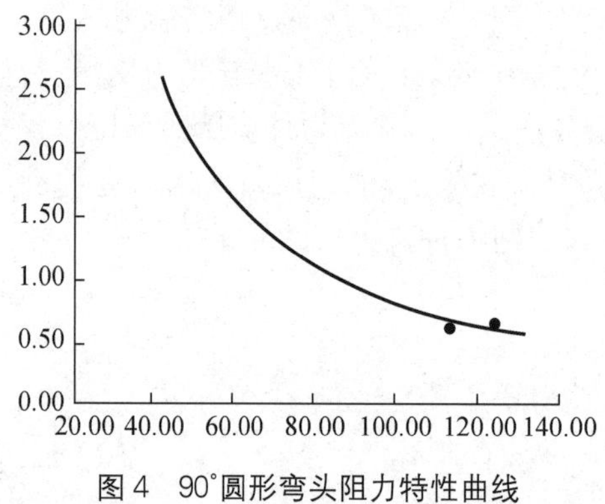

图 4 90°圆形弯头阻力特性曲线

50.00
40.00
30.00
20.00
10.00
0.00
0.00
20.00
40.00
60.00
80.00
100.00
120.00
140.00

图 5 三条特性曲线的比较

(2) 局部阻力系数和流动状态有关，局部阻力系数随雷诺数的增大而减小，并且逐渐趋向一定值，在曲线上可以明显地看出这一趋势。

(3) 现在的暖通空调资料中，一般认为流动处在自模区，因此不考虑雷诺数对局部阻力系数的影响，也即认为局部阻力系数是一常数。从试验的结果来看，实际情况并不是如此，绝对部分空调和一些通风中的流动并没有进入自模区，这样就带来较大的误差。

例如：对于 YPFW 型 No. 25 散流器，速度为 $V=5.0$ m/s。

如果把局部阻力系数 ξ 当作一常数来计算，在图上可以看出 ξ 趋向于 1.0，那么就让 $\xi=1.0$，则局部阻力 $Z=15$ Pa；

实际上 $V=5.0$ 时，雷诺数 $Re=79\ 618$，根据图查得局部阻力系数 $\xi=2.2$，计算得局部阻力 $Z=33$ Pa。

可见误差是很大的，而风口的风速一般也就是在 5.0 m/s 左右，这样看来如果不管是否进入自模区都把风口的局部阻力系数当作常数来计算其局部阻力，那么显然是有很大偏差的。

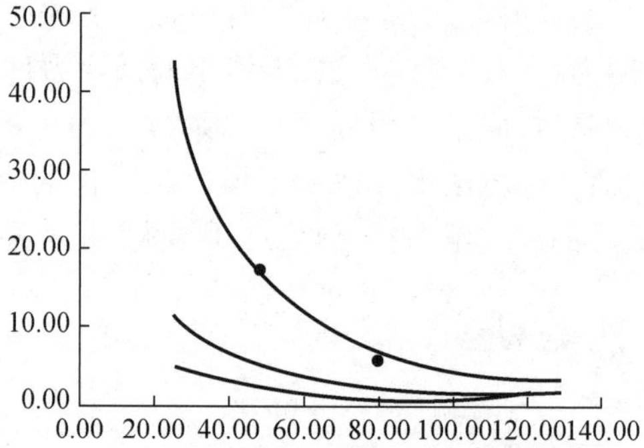

从图上分析，要达到自模区，雷诺数要超过 140 000，按临界雷诺数 Re=150 000 来计算临界速度值，可以得出速度 $V=9.42$ m/s，对于风口来说一般是不会达到这样的风速的。

2　结论

基于上述试验，我们可以得出以下结论：

(1) 局部阻力系数在流动进入自模区之前是随雷诺数的增大而减小的，只有进入自模区才是一常数。

(2) 进入自模区的临界雷诺数值较大，大部分空调、通风系统中的雷诺数要比临界雷诺数值小，即局部阻力系数并不等于常数。

(3) 如果不管在怎样的流动状态下都把局部阻力系数当作常数来计算局部阻力，可能会带来较大误差。

我们建议：

(1) 生产厂家在编制产品说明书时，为了提供正确的局部阻力系数值，应该做产品全性能测试，提供完整的数据，不能简单提供一常数值，尤其对于散流器，风口这类流速相对较低的产品，更应做好这方面的工作。

(2) 设计人员在进行系统设计时，也应该注意局部阻力这一问题。在系统中，局部阻力占了相当大的比例，正确计算出局部阻力可以避免实际运行中系统阻力平衡时带来不必要的麻烦。

(3) 对于各种具体的阻力件，建议组织研究测试工作，使设计手册提供在不同雷诺数下的局部阻力系数，使设计计算更符合实际。

参考文献

[1] 孙一坚主编. 工业通风[M]. 北京：中国建筑工业出版社，1985.
[2] 清华大学，同济大学等编. 空气调节[M]. 北京：中国建筑工业出版社，1986.
[3] 四机部十院主编. 空气调节设计手册[M]. 北京：中国建筑工业出版社，1983.
[4] 周谟仁主编. 流体力学泵与风机[M]. 北京：中国建筑工业出版社，1979.
[5] 陈克诚主编. 流体力学实验技术[M]. 北京：机械工业出版社，1983.
[6] 陆耀庆主编. 供暖通风设计手册[M]. 北京：中国建筑工业出版社，1989.

上海三幢建筑物夏季空调能耗测试及分析报告*

刘 东　潘毅群　魏 炜　秦慧敏　陈沛霖

摘　要：本文对上海地区的三幢典型的办公楼、酒店、宾馆高层建筑空调系统的实际运行测试情况进行了总结，并对设计值和实测值及三幢建筑的情况做了比较，针对空调节能提出了一些建议。

关键词：空调系统；能耗；节能；安装功率

Test and Analysis Report of air Conditioning Energy Consumption in Summer of Three Buildings in Shanghai

LIU Dong, PAN Yiqun, WEI Wei, QIN Huimin, CHEN Peilin

Abstract: This paper summarize actual running test case of air conditioning system in three typicalhigh-rise building, such as office buildings, hotels and guest houses, in Shanghai, and thendesign values and measured values and the circumstances of three buildings are compared for proposingsome energy-saving advices of air-conditioning.

Keywords: air-conditioning system; energy consumption; energy saving; installed power

0　引言

近年来，我国经济迅速发展，高层建筑数目日益增加。作为高层建筑中一项耗能大户的暖通空调，其节能问题正在越来越受到重视。我们在 1996 年 8 月对上海地区的几栋典型的高层建筑的空调系统进行了全面的测试，并且对测试结果进行了分析，得出了一些结论，和各位同行共同探讨，并希望能够有助于提高空调系统的设计水平，推进暖通空调事业的发展。

1　工程概况

(1) 某办公大楼(以下简称 A)A 是一幢综合办公楼，1994 年 6 月完成设计，1995 年 5 月开始运行。总建筑面积共 30 671 m^2，由主楼和辅楼两部分组成。主楼地上 27 层(名义 28 层)，地下一层；辅楼地上六层。主楼地上 1—6 层为餐厅、展示厅、会议室、多功能厅等；7—25 层为办公室(其中 7—17 层业主自用，18—25 层出租)；26 层为游艺场所；27 层为观光层；辅楼 1—3 层原设计为印刷车间，但是目前尚未使用；4—6 层为办公室、电脑室、多功能厅等。

多功能厅、电脑室等空调方式为全空气系统；办公室采用大空间布置，自由分隔的形式，约 4—5 人为一隔间，空调方式为风机盘管加新风系统；计算机房采用恒温恒湿机组。

主机采用两台美国 TRANE 公司生产的离心式三级压缩冷水机组，每台额定冷量为 1 758 kW(即 500USRT，其中一台备用)；冷冻水采用二级泵系统：第一级泵共三台(其中一台

---

*《空调暖通技术》1997 收录。

备用)，每台流量为 300 m³/h，第二级泵共四台，二台每台流量为 340 m³/h，另二台每台流量为 180 m³/h(其中各有一台备用)。从集水器经冷水机组到分水器的管路为一次环路，负责冷冻水的制备；从分水器经空调设备到集水器的管路为二次环路，负责冷冻水的输配。

(2) 某大酒店(以下简称 B)B 是一栋宾馆建筑，建筑面积为 18 177 m²，地上 14 层(建筑面积为 16 230 m²)，地下一层(建筑面积为 1 947 m²)。7 至 14 层为客房，地下室为设备用房。共计 286 间各类客房。

大堂、商场、餐厅、多功能厅、健身房等空调方式为全空气系统，办公室和客房空调方式为风机盘管加新风系统。

主机采用三台美国 DUNHAM-BUSH 公司生产的卧式螺杆机组，一台为 2 110 kW(即 600USRT)，两台为 1 758 kW(即 500RT，其中一台 2 110 kW 为备用，并且冷源及输送设备是与另一大酒店(属同一业主)共用，冷冻水泵六台(其中二台备用)，冷却水泵四台(其中二台备用)，冷却塔三台(置于裙房屋顶)。

(3) 某宾馆(以下简称 C)C 也是一栋宾馆建筑，1988 年 4 月动土，1993 年 5 月正式对外营业。建筑面积共 41 697 m²，总高为 117.56 m，地上 34 层，地下 1 层。地上 1 层设团体出入口，地上 2 层为大堂，3 至 8 层为餐厅、办公室及各种娱乐设施，9 至 29 层为客房，30 至 34 层为设备用房。

客房空调系统为风机盘管加新风系统，裙房部分的公共服务用房则根据建筑和结构功能的不同设置循环空气系统，带新风的送回风系统及全新风系统。

主机采用两台美国 TRANE 公司生产的离心式冷水机组，其额定冷量为 2 285 kW(其中一台备用)，冷冻水泵采用双速电动机，共三台(其中一台备用)，冷却水泵三台(其中一台备用)，冷却塔两台(其中一台备用)。

三栋建筑的空调设备配置见表 1。

表 1　被测建筑物空调冷冻动力设备配置状况一览表

被测建筑物类型	建筑面积 空调面积/m²	层数(不包括夹层)	主要设备明细表												
			冷水机组				冷冻水泵		冷却水泵		冷却塔		风机、机组		
			型号	台数	安装功率/kW	额定冷量/kW	台数	安装功率/kW	台数	安装功率/kW	台数	安装功率/kW	台数	安装功率/kW	总安装功率/kW
	1	2	3	4	5	6	7	8	9	10	11	12	13	14	15
某办公大楼 A	30 671 20 610	地上 27 地下 1	离心机组	1	379	1 758	4	119	2	110	2	30	风机盘管 488 机组 39	184	815
某大酒店 B	18 177 13 633	地上 14 地下 1	螺杆机组	2	356	1 671	4	105	4	143	3	31	风机盘管 369 机组 43	287	922
某宾馆 C	41 697 30 000	地上 34 地下 1	离心机组	1	450	2 285	2	76	1	45	1	37.5	风机盘管 213 机组 46	125	1 349

注：备用设备此处未计入。

2　测试方法及测试结果

2.1　测试项目及测试仪器

(1) 测试项目包括：室内、外干湿球温度；冷水机组、冷却水泵、冷冻水泵、冷却水塔及各类空调机组、风机、电机的输入功率;冷冻水、冷却水的水量及进出口水温。

(2) 测试仪器:阿斯曼温度计用以测量室内外干、湿球温度,超声波流量计用以测量冷却水流量和冷冻水流量,机组的输入功率由功率因数表和万用表测得的电流和电压计算而得。

2.2 测试结果

测定日空调冷冻设备运行状况,供冷量和总功耗实测值见表 2;计算每千瓦供冷量的功耗指标见表 3;现有机组和输配电设备容量的利用状况见表 4;核算每平方米空调面积的供冷指标和功耗指标见表 5。

表 2　测定日空调冷冻设备运行状况、供冷量和实测总功耗值

被测建筑类型	测试时间	被测日空调、动力设备运行状况及实测总功耗值												
		冷水机组		冷冻水泵		冷却水泵		冷却塔		风机、机组		实测功耗值/kW	冷水机组总供冷量/kW	测定日室内空气参数
		台数	实测功率/kW	台数	实测功率/kW	台数	实测功率/kW	台数	实测功率/kW	台数	实测功率/kW			
	1	2	3	4	5	6	7	8	9	10	11	12	13	14
某办公大楼 A	13:00	1	279.8	4	115.5	1	54.9	2	22.8	全面运行	88.3	561.3	1 229.3	干球温度:24.5+0.5 湿球温度:17.9+0.4
	14:00	1	285.4	4	115.5	1	54.9	2	22.8		88.3	566.9	1 309.5	
	15:00	1	291.0	4	115.5	1	54.9	2	22.8		88.3	572.5	1 360.7	
某大酒店 B	13:00	2	247.8	2	42.2	2	63.3	3	22.4	全面运行	216.3	592.0	1 387.0	客房:21.4+0.6 59+2% 大堂:21.3+0.3 68+4%
	14:00	2	247.8	2	42.2	2	63.3	3	22.4		216.3	592.0	1 277.0	
	15:00	2	247.8	2	42.2	2	63.3	3	22.4		216.3	592.0	1 108.0	
某宾馆 C	13:00	1	427	2	58	1	40.5	1	45.8	全面运行	105.7	677.0	1 609.0	客房:22.4+1.0 59+5% 大堂:21.8+1.0 70+5%
	14:00	1	427	2	58	1	40.5	1	45.8		105.7	677.0	1 568.0	
	15:00	1	427	2	58	1	40.5	1	45.8		105.7	677.0	1 533.8	

表 3　计算每 kW 供冷量的功耗指标　　单位:kW/kW

被测建筑类型	按建筑物现有设备安装的容量					按测定日实际运行的设备容量					
	综合	其中				时间	综合	其中			
		冷水机组	冷却水系统	冷冻水系统	盘管机组风机			冷水机组	冷却水系统	冷冻水系统	盘管机组风机
1	2	3	4	5	6	7	8	9	10	11	12
某办公大楼 A	0.494	0.216	0.080	0.093	0.105	13:00	0.457	0.228	0.063	0.094	0.072
						14:00	0.432	0.218	0.058	0.088	0.067
						15:00	0.421	0.214	0.057	0.085	0.065
某大酒店 B	0.540	0.210	0.100	0.060	0.170	13:00	0.430	0.180	0.060	0.030	0.160
						14:00	0.460	0.190	0.070	0.030	0.170
						15:00	0.530	0.220	0.080	0.040	0.200
某宾馆 C	0.296	0.197	0.046	0.025	0.028	13:00	0.420	0.265	0.053	0.036	0.065
						14:00	0.431	0.272	0.055	0.037	0.067
						15:00	0.440	0.278	0.056	0.038	0.069

表 4 建筑物现有冷水机组和输配电容量的利用状况

建筑物类型	时间	冷水机组利用率		总运行功率/总安装功率
		从台数计算	从功率计算	
1	2	3	4	5
某办公大楼 A	13:00	100	73.8%	64.7
	14:00	100	75.4%	65.4
	15:00	100	76.8%	66.0
某大酒店 B	13:00	100	69.6%	64.2
	14:00	100	69.6%	64.2
	15:00	100	69.6%	64.2
某宾馆 C	13:00	100	94.9%	92.3
	14:00	100	94.9%	92.3
	15:00	100	94.9%	92.3

表 5 每平方米空调面积的供冷指标和功耗指标核算

建筑物类型	时间	供冷指标/(W·m^{-2})	功耗指标/(W·m^{-2})
1	2	3	4
某办公大楼 A	13:00	69.78	31.80
	14:00	74.08	32.00
	15:00	76.99	32.40
某大酒店 B	13:00	101.7	43.40
	14:00	93.7	43.40
	15:00	81.3	43.40
某宾馆 C	13:00	53.63	22.57
	14:00	52.27	22.57
	15:00	51.13	22.57

3 测试结果分析

1) 为空调冷冻所配置的设备和输配电能力基本上是合适的

从表 4 可以看出，从台数上考虑冷水机组的利用率为 100%，从容量上考虑对于 A 为 73.7%，对于 B 为 94.9%，而对于 C 为 69.6%。整个空调系统的总运行效率：A 为 65.4%，B 为 64.2%，C 为 92.3%。从这样的结果可以发现实际运行是达到设计效果的。当时测定的室外空气温度为 31 ℃左右，基本接近上海地区的空调夏季设计温度 34 ℃，考虑这一因素的影响，也可以看出即使在设计条件下，也可基本满足空调要求。

准确计算负荷并合理选用设备是空调系统设计中的首要问题。

2) 夏季室内空气达到设计要求

A是一栋典型的办公楼建筑，室内有较好的遮阳设施，由于选择了合适的设计参数，因此室内温度波动不大，从实测的值可以看出实际空气参数在设计允许范围内。

对于B和C这类典型的宾馆建筑，从表2可以看出：房间的空气干球温度分别为21.4 ℃和22.4 ℃，大堂的干球温度分别为21.3 ℃和21.8 ℃，这样的干球温度略微偏低。分析其原因是：被测客房内没有客人，故负荷偏低，但是风机盘管依然运行，而导致温度偏低。比较两个建筑客房的相对湿度基本是符合要求的（分别为59%+2%和59%+5%），但是大堂的相对湿度偏高（分别为68%+4%和70%+5%）。分析其原因是：大堂的人员流动较频繁，人员的散湿量较大，但是在空调系统中对其估计不足。所以应该充分考虑大堂的除湿问题，以提高舒适感，达到空调效果。

3）空调冷冻系统的能耗分析比较

空调冷冻系统的能耗主要由三部分组成：冷水机组的能耗，水输配系统的能耗（包括冷冻水系统和冷却水系统）和风系统的能耗。

建筑物A的每kW供冷量的能耗为：冷水机组0.216，水管系统0.101，水系统综合*COP*为3.2。

建筑物B的每kW供冷量的能耗为：冷水机组0.250，水管系统0.140，水系统综合*COP*为2.60，建筑C的每kW供冷量的能耗为：冷水机组0.197，水管系统0.071，水系统综合*COP*为3.70。此外，可以看出水管系统输配能耗也是一项较大的值，约占冷水机组能耗的一半，在空调节能工作中，不但要重视提高冷水机组的性能，而且也应重视水系统输配能耗的节约，如利用变速水泵等措施。

系统的实测能耗值都比额定能耗值要大，从表3可以看出来。对于冷水机组来说，冷冻水进出水温和冷却水进出水温都是影响其能耗的主要因素，如果冷却塔的换热效果不好，使进入冷水机组的冷却水的温度较高，会使冷凝温度提高，从而增加冷水机组的能耗。对于冷冻水系统，冷却水系统及风机盘管机组来说，使用维护不当，管道内积垢生锈等都会使换热效果降低，从而增加能耗。所以只有合理选用及维护系统，才能够降低能耗。

4）新风量对空调系统的影响

目前，人们对于室内空气品质的问题愈来愈重视。在空调建筑中，由于门、窗等的密闭性较好，建筑物的渗透风较小，如果新风达不到要求，势必会使室内人员产生不舒适感，影响工作效率和休息质量。所以必须非常重视处理新风的问题。在这次测试中，我们对新风机组抽样进行了测定，发现被抽测的风机几乎都处于超负荷运行状态，平均的实际功率是安装功率的113%，估计是由于安装不当或空气过滤器堵塞而导致系统阻力过大造成的。因为新风系统的能耗一般占空调系统总能耗的30%～35%，所以合理选用新风指标，并且重视运行期间的管理工作对于空调节能是非常有意义的。

4　有关空调节能的一些建议

（1）尽早出台我国的建筑节能法规，以法律的形式促进人们对这项工作的重视。

（2）空调设计中摆脱宁大勿小的保守做法，准确计算，合理选择冷水机组，并尽量使之高效运行。

（3）合理设计水输配系统，改变不合理的设备使用情况，降低水输配系统的功耗指标。

（4）重视新风系统的设计工作，在条件允许的情况下尽量使用排风热回收装置，如全热交换器。

(5) 重视设备的运行管理工作,提高管理人员的理论水平和技术水平,以利在工作中总结经验,不断提高管理水平。并且加强对设备的维护保养,使其能够高效地运行。

5 结论

通过对上海地区三栋典型的建筑进行的夏季空调能耗的调查与测试。系统综合 COP 值和冷水机组的 *COP* 值分别列于表 6 和表 7。

表 6 系统综合 *COP* 值

建筑物类型	设计值	实测值
某办公大楼 A	2.16	2.29
某大酒店 B	1.81	2.11
某宾馆 C	1.694	2.32

表 7 冷水机组的 *COP* 值

建筑物类型	设计值	实测值
某办公大楼 A	4.63	4.55
某大酒店 B	4.00	5.08
某宾馆 C	5.08	3.68

综上所述,可见这些空调系统的运行是基本符合要求的。

空调工程水系统测量中使用超声波流量计时应注意的问题*

刘 东　陈沛霖　刘传聚　张恩泽

摘　要：介绍了目前在空调工程中应用的超声波流量计的工作原理和性能特点，对不同测试原理和规格的超声波流量计进行了性能对比研究，指出在实际工作中必须注意由于测试原理、测试方法、操作等因素引起的差别，采取相应的技术措施，才能掌握和正确使用此类仪器。

关键词：超声波；空调；测量；流量；水系统

Some Important Things When Ultrasonic Meters Are Applicated In Air-Conditioning Water Systems

LIU Dong，CHEN Peilin，LIU Chuanju and ZHANG Enze

Abstract：Describes the fundamentals and performances of ulirasonio meters which is used in air conditioning systems. After testing several ultrasonic meters，we find that there are different performance among ultrasonic meters because of different fundamental and series. People should pay attention to the difference in order to use them correctly.

Keywords：Ultrasonic；Air-Conditioning；Measurement；Rate of Flow；Water System

0　引言

流速及流量的测量是空调工程测试、调试工作中的一项重要内容。空调风系统的流速一般用风速仪或毕托管加微压计测得，然后根据流通断面积来计算出流量。由于水管中的压力较大，水系统的测量一直是一个难题。一般是用节流装置来测量水系统的流量，其工作过程为：在管道内部装有断面变化的孔板或喷嘴等节流元件，当流体经过节流体时，由于流束收缩，在节流件的前后产生静压差，利用静压差与流速的关系可以测出流量。节流装置的结构简单、使用寿命长、适用性广、已经标准化，不需要单独标定，因而在水流量测量仪表中占据主导地位。但是由于节流件节流前后的压差较大，如果作为固定装置来测量流量是可行的；如果将它作为临时装置来调试水系统，因为其本身的阻力甚大，调试后取走仪器，必然会给水系统流量的分布带来较大的影响，从而使调试结果失准。此外节流装置的安装往往也有一定的难度，因此人们一直希望能够用一种简单、可靠且不影响管路阻力特性的测量方法来解决空调工程中水系统流量的测试、调试工作。超声波测量技术能在管外测量管内流速，不需要拆装管路，因而是目前，较为理想的一种测量方法。

*《建筑热能通风空调》2003，(3)收录。

1 超声波测量的原理

超声技术近年来由于电子技术的进步而日益成熟，超声波流量计也得到了很大发展。其主要特点为：测量在管道外进行，是非接触性的，在管道内无任何测量部件，既不会有压力损失，也不会改变原流体的流动状态；测量的结果不受被测流体粘度、导电率等物性参数的影响，可测非导电性的液体或气体的流量。典型的超声波测速方法有：速度差法、多普勒频移法和声束偏移法等。其中速度差法又可分为：时间差法、相位差法和声循环频率差法等。超声波流量计的输出信号与被测流体的流速成线性关系。目前，应用于空调水系统中的超声波流量计的测量原理主要有时间差法和多普勒效应[1]。

时间差法的测理原理为：超声波在流体中的传播速度受流体流速的影响，假设流体中的声速是 c，流体的流动速度是 v，当超声波传播方向与流体方向一致时，超声波传播速度为 $c+v$，当超声波传播方向与流体方向相反时，超声波传播速度为 $c-v$；在距离为 L 的两处分别安装两对超声波发送器 F_1，F_2 和接收器 J_1，J_2，顺流方向传播的超声波从 F_1 到 J_1 需要的时间 $t_1=L/(c+v)$，逆流方向传播的超声波从 F_2 到 J_2 需要的时间 $t_2=L/(c-v)$，则有：

$$\Delta t=t_2-t_1=\frac{2vL}{c^2-v^2}\approx\frac{2vL}{c^2} \tag{1}$$

由于流体的速度 v 与声速 c 相比很小，因此忽略其影响，这样可以通过测量超声波顺流和逆流传播同样距离所需的时间差来测量流体的流动速度。时间差法适用于比较洁净的流体测量。

在测量比较脏污的流体时，由于流体中有微小固体颗粒或气泡，当超声波在传播途径上遇到这些物质时会被散射，多普勒超声波流量计正是利用超声波散射这一特点来工作的。其工作原理见图 1。

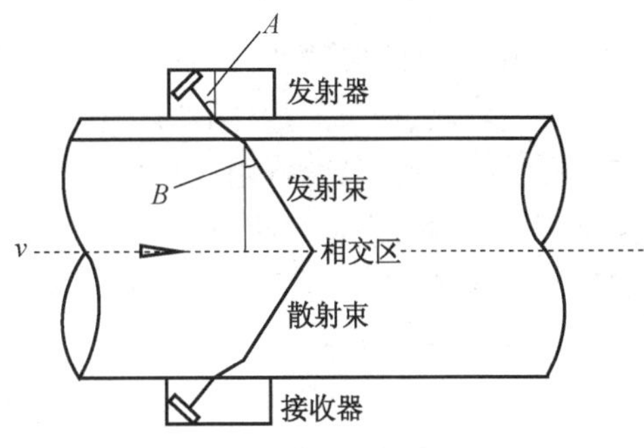

图 1 多普勒超声波测量原理图

流体以流速 v 在管内流动，超声波流量计的两个探头，一个为发射器、一个为接收器，发射器以 A 夹角发射超声波，经过折射后以 B 夹角进入流体之中，散射粒子与被测流体一起以速度 v 沿管道运动，超声波经散射粒子反射后被接收器所接收，从而完成测试过程。通过多普勒原理被超声波流量计测量得到的流体速度为：

$$v=\frac{c}{2f_{\mathrm{T}}\sin B}(f_{\mathrm{T}}-f_{\mathrm{a}})=\frac{c}{2f_{\mathrm{T}}\sin B}\Delta f=K\Delta f \tag{2}$$

式中 v——流体的流速，m/s；

f_{T}——发射的超声波的频率，Hz；

f_{b}——接收换能器收到的超声波频率，Hz；

B——超声波折射入流体中的折射角；

K——系数。

2 超声波流量计的主要影响因素

虽然超声波测速可以避免很多限制，但是它也受到一些客观条件的影响，这些因素直接影响到流量计的性能，了解这些影响因素对于正确使用超声波流量计是有必要的。影响超声波流量计性能的主要因素有测试原理、流体的温度、测点的布置等[1-2]。

1）测试原理

时间差法和多普勒效应的测试原理不同，使它们分别运用于洁净流体和脏污流体的测量。但是由于散射粒子和气泡的随机存在使流体的传声性能受到影响，传声性能差的流体在近管壁的低流速区散射较强，传声性能好的流体在高流速区散射较强，这使得多普勒法与时差法相比，测量精度要低。

为了解不同的测试原理对超声波流量计性能的影响，我们利用现有的空调测试台对几种不同原理、不同规格的超声波流量计进行了对比测试，为避免超声波流量计之间的相互影响，每次测试时只安装使用一台超声波流量计，标准流量测试设备为经过法定计量单位标定的涡轮流量计。测试所得的结果详见图 2。

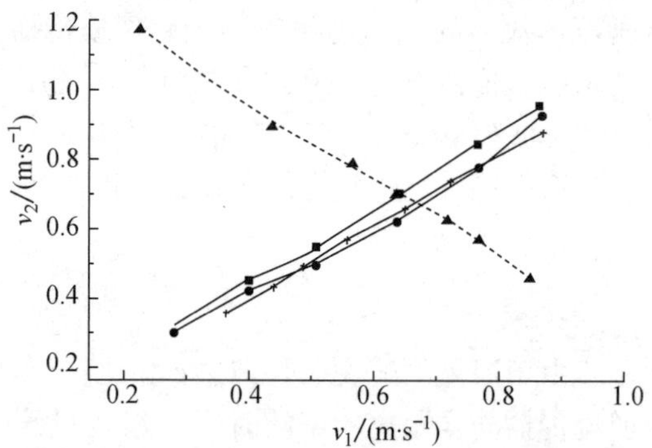

图 2 时差法超声波流量计与多普勒超声波流量计测速对比

图中，横坐标 v_1 为涡轮流量计的测速结果。纵坐标 v_2 为超声波流量计的测速结果：其中“+”是时间差法超声波流量计的测点，其余都是多普勒流量计的测点。从测试结果可以看出：时间差法超声波流量计的线性较多普勒超声波流量计的要好，这也说明前者的测量精度更高；虚线连接的测点变化趋势与超声波测速的原理相悖，分析可能是这台超声波流量计本身存在缺陷’；另两台多普勒超声波流量计的线性也不尽相同，可见不同型号的超声波流量计的性能存在差异，使用之前进行标定是非常有必要的。

2）温度

时间差法与多普勒效应的超声波流量计的示值均受声速变化的影响，声速是受介质温度影响的，液体具有容变弹性，只能传播与容变有关的弹性纵波，流体的容变弹性模量和流体的密度都是温度的函数，所以测得的流速要用按它们的温度的关系进行修正。尤其对于两管制的空调系统，夏季供冷与冬季供暖的水系统温度相差较大，更应该注意这种影响。

3）有效断面流速分布

按照超声波测量的工作原理，其输出信号有的是代表超声波传播线上流速的平均值，有的是代表超声波辐射区流速的平均值。测量流量需要的是有效断面上的平均流速，必须确定有效断面上的流速分布的数学模型。对充分发展的紊流，与雷诺数有关，可以利用经验公式，条件是必须保证流动状态是充分发展的紊流。因此测点的选择尤为重要，在换能器的前后要有一定长度的直管段：一般前面 $10D$ 的距离，后面有 $5D$ 的距离即可（D 是管道的直径）。

了解以上的影响因素是必要的，可以指导我们正确使用超声波流量计。

3　超声波流量计使用中应注意的问题

近年来，国内的一些教学、科研及工程单位陆续从国外引进了一些超声波流量计，用于空调水系统的测试、调试工作。我们也从美国引进一台多普勒超声波流量计，其便捷、准确的优点为测试、调试工作带来了很大方便。例如：测量冷水机组或空调器的冷量时可以用它先测出冷冻水流量，然后再根据主机进、出口水温差，计算出冷量；此外还可以根据流量的大小来判断阀门的开启程度及管路是否被堵塞。这样可以有效地解决实际工程中存在的问题，大大提高了工作效率。总结自己使用超声波流量计的经验及为外单位超声波流量计进行的标定工作，我们综合分析了一些主要的影响因素，指出使用超声波流量计应注意下列问题：

（1）根据所测试流体的洁净程度来判断使用何种类型的超声波流量计：一般的空调冷冻和冷却水系统可采用多普勒效应的超声波流量计测量；若所测试的水系统有很好的水处理工艺，是闭式循环系统，水系统洁净程度很高，建议采用时间差法的超声波流量计。

（2）仪器的标定工作是非常重要的，不但确保仪器的正确使用，而且能够及时发现问题，以确保测试结果的可信度。尤其是一些测试机构，要求检测仪器必须定期标定，否则不能确保测试数据的正确性，因此这项工作是必不可少的。

（3）正确选择测点以保证测试结果准确性，一般尽量选择在远离阀门、三通等局部阻力构件的直管段测试，测点的距离应满足仪器的要求。此外有些规格的超声波流量计在水平管段和竖直管段上测得的数据是有差别的；有些流量计要利用阀门等局部构件所产生的扰动工作，要求在距离阀门不远处测试。一般会在仪器使用说明书中注明适用于何种情况，应特别注意这些具体要求，减小误差。

（4）由于超声波流量计通常都利用电磁仪表显示测试结果，强电磁场会对它的性能产生一定的影响，我们也曾经在测试过程中遇到强电磁场导致超声波流量计不能正常工作的情况。因此在使用过程中应该尽量使超声波流量计避开有变频设备、变压设备等场所，以免影响测试工作。

（5）确保所测量的水管内是满管流动，超声波流量计实际测得的是流体的速度，流量是根据输入的管径计算出流动断面的面积，然后乘以流速得到的，只有满管流动才能保证测试数据是准确的。

（6）重视测试前的准备工作，如保温层的剥离、管道表面的除锈、除漆等，这样才能确保测试数据的准确。

总之超声波流量计是目前水系统流量测量中较为理想的仪器，但是必须掌握其性能，正确使用这种仪器。超声波测速技术为空调水系统的测量提供了有效的手段，只要正确使用，可以用来解决不少实际问题；同时随着技术的进步，我们相信抗干扰能力更强的仪器也会不断出现。

参考文献

［1］高魁明. 热工测量仪表[M]. 北京：机械工业出版社，1985.
［2］R. P. 本尼迪克特. 温度、压力、流量测量基础[M]. 北京：国防工业出版社，1985.

上海地区夏季室外空气湿球温度日变化的测量与分析*

陈沛霖　刘东　马瑛

摘　要：在空调工程的设计或运行时，不仅要知道设计条件下室外空气的湿球温度，有时还需要知道它在设计日一天中的分布数值，但是常常缺乏足够的资料。为此对上海地区的室外空气的湿球温度日变化做了选择性的测定，以探索其变化规律。

关键词：逐时湿球温度；测定方法；计算方法

Measurement and Analysis of Summer Outdoor Air Wet Bulb Temperature of the Diurnal Variation in Shanghai

CHEN Peilin，LIU Dong MA Ying

Abstract：Not only do we need to know the outdoor air wet bulb temperature under design conditions，but also the distribution of the value in awhole design day，when an air-conditioning project was under design or at run time，which has lacked sufficient information now. Thus，some selective measurements was made to explore the daily variation regularity ofthe outdoor air wet bulb temperature in Shanghai.

Keywords：distribution of the bulb temperature；methods of determination；calculation methods

0　引言

在空调工程的设计或运行时，不仅要知道设计条件下室外空气的湿球温度，有时还需要知道它在设计日一天中的分布数值。如分析一天中逐时的新风负荷，计算一天中间接蒸发冷却器的逐时出风温度，分析冷却塔的逐时供水温度等，不仅要有逐时的室外干球湿度，而且还必须要有逐时的湿球温度。目前，由各种资料提供的数据(室外设计温度、日较差和模比系数)用来计算逐时干球温度，是毫无困难的。但是为了求得逐时湿球温度，却缺乏足够的资料，唯一有的资料是设计条件下湿球温度，为了能找到一个方法来确定逐时的湿球温度，我们在 1993 年夏季对上海地区的室外空气的湿球温度日变化做了选择性的测定，通过计算分析，以探索湿球温度变化的规律。

1　测定内容

从 6 月—9 月，每星期中确定两天，连续测量室外空气的干球温度、相对湿度和大气压，然后计算出每一整点时的湿球温度和含湿量。在所有的测定中包含晴天、云天、阴天和雨天，从

* 1994 年全国暖通年会收录。

而可以了解在各类气候条件下的湿球温度(或含湿量)的变化规律。

2　测定仪器和方法

干球温度和相对湿度用 ZJ1 型自记温湿度计测量和记录，记录纸长为 24 h。此仪器测温用双金属湿度计，相对湿度用毛发湿度计，通过机械机构将被测参数传递给记录笔记在记录纸上。每次换纸时指示值用通风式干湿球温度计标定，即根据干球读数和干湿球读数算得的相对湿度来调节记录笔的位置。记录仪器设置在室外无日照和通风良好处，同时用遮阳板遮挡天空散射和周围表面的反射。

3　测定结果和分析

从 1993 年 7 月 29 日至 9 月 14 日期间测量了 17 天的数据，其中晴天天数 10 天，雨天天数 5 天，阴天和多云各 1 天。测定时间从上午 9:00 至第 2 天上午 8:00，连续记录数据。

根据记录数据计算出逐时干球温度 t_g、湿球温度 t_{sh} 和含湿量 $X\times10^2$ kg/kg。结果表明，有限天数中的数据分布随机性很大。不过有几个趋势是比较清楚的：

(1) 不论晴天、阴天或雨天，24 h 中的含湿量是变化的。一天中在 0～12 时和 13～24 时两段时间中分别出现两个峰值(部分数据列在表 2 中)。这一情况与参考文献[4]中阐述的是一致的。

(2) 一天中最高和最低相对湿度及最高和最低湿球温度的出现时间与最高和最低干球温度的出现时间基本上是吻合的。个别日子由于气候的改变会有较大差异。

(3) 湿球温度的日较差 Δt_{sh} 远小于干球温度日较差 Δt_g，其数值见表 1。Δt_g 的值约为 2.5 ℃～3.5 ℃，Δt_{sh} 的值约为 1 ℃～3 ℃，测定期间 17 天的平均值分别是 5.7 ℃和 2.4 ℃，二者之比约为 2.5。

(4) 一天中的含湿量是有变化的，但是变化不十分大。表 1 中列出各测定日的平均含湿量是 $X\times10^2$ kg/kg。实际逐时含湿量是围绕平均值上下波动的，所以算得标准偏差 δ 和 s，它们也列于表 1 中。从表可见 δ 和 s 是变化不大的。表 1 中还列出了一天中最大和最小含湿量与平均含湿量的差值 $X\times10^2$ kg/kg。这 17 天的 s 值范围为 0.025×10^{-2}～0.157×10^{-2}(平均 0.078×10^{-2})。根据文献[3]的数据，对上海 7 月和 8 月的数据进行计算，得到这两个月中的 s 值为：7 月，0.037×10^{-2}～0.157×10^{-2}(平均 0.090×10^{-2})；8 月，0.040×10^{-2}～0.246×10^{-2}(平均 0.114×10^{-2})。可见按测定结果作的分析与文献[3]的情况是一致的。

(5) 如果认为一天中的室外空气的含湿量近似不变，且等于平均含湿量 X，则根据 X 和逐时的干球温度可计算出另一逐时的湿球温度 t'_{sh}。表 2 表达了代表性的 6 天的计算结果。可以看出 t'_{sh} 与 t_{sh} 的差异不是很大的，其中一天中的平均值 $(t'_{sh}-t_{sh})$ 值更小。

表 2　　含　湿　量

日期	7 月 29 日	8 月 24 日	9 月 14 日	7 月 27 日	8 月 2 日	8 月 9 日
平均$(t'_{sh}-t_{sh})$ /℃	0.1	0	0.1	0	0	0.1

4　结论

(1) 可以利用平均含湿量和逐时干球温度(可以用日较差和模比系数算得)来计算逐时的

表 1

7 月 27 日　雨

时间	9	10	11	12	13	14	15	16	17	18	19	20	21	22	23	24	1	2	3	4	5	6	7	8
t_g/℃	25.0	24.1	24.0	24.1	26.5	27.0	26.0	25.3	25.0	25.0	24.0	24.0	23.3	23.3	23.3	23.3	22.8	22.1	22.0	22.0	22.0	22.4	24.0	25.0
RH/%	80.7	84.8	86.0	85.0	76.0	76.0	76.0	82.0	82.0	83.0	84.0	85.5	89.0	91.0	92.5	93.	95.0	99.0	98.5	98.5	98.5	97.0	92.5	86.0
t_{sh}/℃	22.4	22.1	22.2	22.1	23.2	23.6	23.6	22.9	22.6	22.7	21.9	22.1	21.9	21.9	22.0	22.2	22.1	21.9	21.9	21.8	21.8	22.0	23.0	23.1
t'_{sh}/℃	22.7	22.4	22.4	22.4	23.1	23.2	23.1	22.8	22.7	22.7	22.4	22.4	22.2	22.1	22.1	22.1	22.1	22.0	22.0	22.0	22.0	22.0	22.4	22.7
$t'_{sh}-t_{sh}$/℃	+0.3	+0.3	+0.2	+0.3	−0.1	−.04	−0.5	−0.1	+0.1	0.1	−0.5	+0.3	+0.3	+0.2	+0.1	0.1	0.1	+0.1	+0.1	+0.2	+0.2	0.1	−0.8	−0.4
$X\times10^2$/(kg·kg^{-1})	1.61	1.60	1.61	1.60	1.66	1.71	1.70	1.80	1.84	1.85	1.58	1.60	1.60	1.61	1.63	1.63	1.65	1.66	1.65	1.64	1.64	1.65	1.74	1.72

8 月 2 日　雨

时间	9	10	11	12	13	14	15	16	17	18	19	20	21	22	23	24	1	2	3	4	5	6	7	8
t_g/℃	29.2	33.0	33.0	34.2	33.7	32.0	31.0	28.0	28.2	28.5	28.8	28.9	28.8	28.1	28.0	27.9	27.5	27.5	27.2	27.0	27.0	27.5	28.0	29.5
RH/%	83.0	73.2	71.5	68.0	71.0	76.0	81.0	84.0	86.0	86.0	86.0	88.0	921.8	92.0	90.1	90.1	92.0	92.5	93.0	94.8	95.0	93.0	91.0	83.2
t_{sh}/℃	28.7	28.7	28.4	28.9	29.0	28.3	28.1	25.7	26.2	26.5	26.8	27.2	27.6	27.0	28.6	28.5	28.4	26.4	26.2	26.3	26.3	26.5	26.7	27.0
t'_{sh}/℃	27.1	28.0	28.0	28.3	28.2	27.8	27.6	26.7	26.9	27.0	27.1	27.1	27.1	26.7	26.7	26.8	28.7	28.7	28.0	28.0	28.0	28.7	28.7	27.2
$t'_{sh}-t_{sh}$/℃	+0.4	−0.7	+0.4	0.8	−0.8	−0.5	−0.5	+1.0	+0.7	+0.5	+0.3	−0.1	−0.5	−0.3	+0.1	+0.3	+0.3	+0.3	+0.4	+0.3	+0.3	+0.2	0.0	+0.2
$X\times10^2$/(kg·kg^{-1})	2.13	2.34	2.28	2.32	2.36	2.30	2.31	2.01	2.08	2.12	2.16	2.22	2.31	2.22	2.16	2.15	2.14	2.15	2.13	2.14	2.15	2.17	2.18	2.18

8 月 9 日　阴

时间	9	10	11	12	13	14	15	16	17	18	19	20	21	22	23	24	1	2	3	4	5	6	7	8
t_g/℃	22.5	21.2	23.0	22.8	23.0	21.8	23.8	23.0	22.5	22.5	22.1	22.0	22.0	22.0	22.0	22.0	22.0	22.0	22.0	22.0	22.0	22.0	22.5	24.0
RH/%	71.5	78.0	77.0	77.5	76.5	80.5	79.0	83.0	85.0	86.0	86.0	88.0	88.5	87.0	87.0	87.0	88.0	87.0	91.0	88.0	88.0	88.0	85.0	78.0
t_{sh}/℃	18.9	18.5	20.1	19.9	20.0	19.4	21.1	20.8	20.6	20.6	20.4	20.5	20.6	20.4	20.4	20.5	20.5	20.4	20.9	20.5	20.5	20.5	20.6	21.1
t'_{sh}/℃	20.4	20.0	20.6	20.5	20.6	20.3	20.8	20.6	20.4	20.4	20.3	20.3	20.3	20.3	20.3	20.3	20.3	20.3	20.3	20.3	20.3	20.3	20.4	20.9
$t'_{sh}-t_{sh}$/℃	+1.5	+1.5	+0.5	+0.6	+0.6	+0.9	−0.3	−0.2	−0.2	−0.2	−0.1	−0.2	−0.3	0.1	−0.1	−0.2	−0.2	−0.1	−0.6	−0.2	−0.2	−0.2	−0.2	−0.2
$X\times10^2$/(kg·kg^{-1})	1.22	1.23	1.35	1.35	1.35	1.32	1.46	1.46	1.45	1.45	1.43	1.46	1.47	1.44	1.44	1.46	1.48	1.44	1.51	1.48	1.48	1.48	1.45	1.48

（续表）

7 月 29 日 晴

时间	9	10	11	12	13	14	15	16	17	18	19	20	21	22	23	24	1	2	3	4	5	6	7	8
t_g/℃	25.0	25.5	26.0	26.8	27.5	27.0	27.0	26.2	25.0	24.0	23.0	22.5	22.2	22.1	22.1	222.1	22.0	22.0	22.0	22.0	22.0	22.0	22.4	22.5
RH/%	79.0	73.0	68.0	65.0	67.2	68.0	70.1	72.0	72.2	80.1	84.0	87.0	90.0	90.0	90.1	91.5	920	94.2	95.1	96.0	97.0	94.8	92.0	89.0
t_{sh}/℃	22.2	21.8	21.5	21.8	22.7	22.4	22.7	22.3	21.2	21.4	21.0	20.9	20.9	20.9	20.9	21.0	21.0	21.3	21.4	21.5	21.6	21.3	21.4	21.1
t'_{sh}/℃	21.9	22.1	22.2	22.5	22.6	22.5	22.5	22.3	21.9	21.6	21.4	22.1	21.1	21.1	21.1	21.1	21.1	21.1	21.1	21.1	21.1	21.1	21.2	21.2
$t'_{sh}-t_{sh}$/℃	−0.3	+0.3	+0.7	+0.7	−0.1	+0.1	−0.2	0.0	+0.7	+0.2	+0.4	+1.2	+0.2	+0.2	+0.2	+0.1	+0.1	−0.2	−0.3	−0.4	−0.5	−0.2	−0.2	+0.1
$X\times10^2$/(kg·kg^{-1})	1.57	1.50	1.43	1.44	1.55	1.52	1.57	1.54	1.43	1.50	1.48	1.49	1.51	1.50	1.50	1.53	1.53	1.57	1.58	1.60	1.61	1.58	1.57	1.52

8 月 24 日 晴

时间	9	10	11	12	13	14	15	16	17	18	19	20	21	22	23	24	1	2	3	4	5	6	7	8
t_g/℃	31.0	31.0	33.2	34.5	35.0	35.5	35.2	35.6	35.1	35.0	34.0	33.0	32.5	32.0	31.6	31.0	31.0	31.0	30.1	30.1	30.0	30.0	31.0	32.0
RH/%	77.0	60.0	56.5	58.7	58.8	57.0	59.0	59.0	59.0	61.1	85.5	70.0	74.0	76.0	77.0	77.5	78.0	78.0	79.0	79.1	82.9	83.6	82.0	77.8
t_{sh}/℃	27.5	24.6	25.9	27.0	27.3	28.0	28.1	28.4	28.4	28.3	28.3	28.2	28.4	28.3	28.1	27.6	27.7	27.7	27.0	27.0	27.5	27.6	28.3	28.6
t'_{sh}/℃	27.4	27.4	27.8	28.2	28.3	28.4	28.3	28.5	28.3	28.3	29.0	27.8	27.2	27.1	27.6	27.4	27.4	27.4	27.1	27.1	27.1	27.1	27.1	27.1
$t'_{sh}-t_{sh}$/℃	−0.1	+2.8	+1.9	+1.2	+1.0	+0.4	+0.2	+0.1	−0.1	0.0	+0.7	−0.4	−1.2	−1.2	−0.5	−0.2	−0.3	−0.3	+0.1	+0.1	−0.4	−0.5	−1.2	−1.5
$X\times10^2$/(kg·kg^{-1})	2.19	1.70	1.81	1.96	1.98	2.09	2.12	2.17	2.19	2.17	2.21	2.23	2.39	2.30	2.27	2.21	2.23	2.22	21.3	2.13	2.23	2.25	2.34	2.35

8 月 14 日 晴

时间	9	10	11	12	13	14	15	16	17	18	19	20	21	22	23	24	1	2	3	4	5	6	7	8
t_g/℃	27.0	27.5	28.8	29.5	30.0	30.0	29.8	29.8	28.0	27.0	26.8	26.5	26.5	26.1	26.2	26.1	26.0	26.0	26.0	26.0	25.9	25.9	26.8	27.8
RH/%	84.0	82.2	79.0	74.0	72.0	72.0	72.0	74.5	83.0	88.0	91.0	92.1	93.8	94.5	94.2	94.0	94.0	94.2	94.2	94.0	94.1	95.0	91.6	86.0
t_{sh}/℃	24.8	250.0	25.8	25.6	25.8	25.8	25.6	26.0	25.6	25.3	25.6	25.0	25.6	25.3	25.4	25.3	25.2	25.2	25.2	25.2	25.1	25.2	25.8	25.8
t'_{sh}/℃	25.4	25.5	25.9	26.0	28.2	26.2	26.2	26.2	25.7	25.4	25.4	25.4	25.3	25.3	25.2	25.2	25.2	25.2	25.2	25.2	25.2	25.2	25.4	25.6
$t'_{sh}-t_{sh}$/℃	+0.6	+0.5	+0.1	+0.4	−0.4	+0.4	+0.6	+0.2	+0.1	+0.1	−0.2	+0.3	−0.3	−0.1	−0.2	−0.1	0.0	0.0	0.0	0.0	+0.1	0.0	−0.2	−0.2
$X\times10^2$/(kg·kg^{-1})	1.89	1.91	1.98	1.93	1.93	1.93	1.90	1.98	1.98	1.98	2.03	2.02	2.06	2.02	2.03	2.01	2.00	2.00	2.00	2.00	1.99	2.01	2.04	2.03

湿球温度。它与实际的湿球温度偏差在一天中的平均值是很小的。平均含湿量的出现时间大致与最高气温的出现时间是吻合的。故对夏季设计日可按室外空气的计算干球温度和湿球温度计算出含湿量作为日平均含湿量。然后再用日较差计算出的逐时干球温度和此平均含湿量算出逐时的湿球温度。

(2) 逐时的偏差值($t'_{sh}-t_{sh}$)有大有小，有正有负。但是当用于动态计算(如能耗分析)时，由于($t'_{sh}-t_{sh}$)有正有负，它们引起的逐时误差会互相抵销的。当动态计算并不要求获得某一时刻的瞬时值，只要求一段时期中的总值时，这样的逐时偏差不致成为一个问题。

(3) 本工作是初步的，测试工作还有待充实。但是获得的初步结果对今后进一步的研究是有利的。

参考文献

[1] 清华大学等. 空气调节[M]. 2版. 北京：中国建筑工业出版社，1986.
[2] ASHRSE Handbook of HVAC Applications[R]. ASHRSE, 1991.
[3] Weather Data, LBL, University of California, Berkeley.
[4] 吴喜平. 夏季大气湿球温度分析和计算[C]//上海制冷学会1993年年会论文集，1993.

集中式空调水系统调试的总结*

周文慧　刘东　程勇　胡建亮

摘　要：通过对一个集中式空调水系统的测试评估与调整，使之能够满足实际要求。在空调水系统的调试工作中，对调试过程中出现的问题和解决方法进行了研究和总结，可以为类似的工程实践提供参考。

关键词：空调水系统；水流量；测试调试；节能

Summary on Debugging the Central Air Condition Water System

ZHOU Wenhui, LIU Dong, CHENG Yong, HU Jianliang

Abstract: The centralized air conditioning system is tested and adjusted to meet the actual requirements. In commissioning the air conditioning water system, it expounded the process of debugging problems and solutions, providing references to similar engineering practice.

Keywords: air conditioning water system; water flow; test and adjust; energy-saving

0　引言

空调系统的调试是确保工程质量的重要环节，但是由于调试工作经常会受到工期和专业人员配备的影响，未能引起业主、设计单位和施工单位的足够重视。导致空调系统的水流量或风量不平衡，最终使得空调效果不理想。有的工程水泵流量过大，冷水机组进出口冷水温差太小，造成大流量小温差，甚至发生由超大流量导致的水泵电机超负荷运行而烧毁的事故；有的工程由于风量不平衡造成大量能源消耗。这些现象除设计问题外，也多与调试效果不佳有关。本文针对一个实际空调工程项目所开展的调试工作，梳理了集中式空调水系统调试的主要步骤，研究了在调试过程中遇到的一些问题和解决办法。

1　集中式空调水系统的调试

中央空调水系统的调试主要包括冷冻水系统和冷却水系统的调试。其中冷冻水系统调试主要分为三步：

（1）整个水系统的水量调节；

（2）对最不利末端水量进行调节；

（3）对系统各环路的水量进行平衡。

整个水系统中的所有阀门在调试之前均应处于全开状态。现在结合对一个实际空调工程项目进行的调试来说明调试的步骤和方法。

某大楼总建筑面积约 41 595 m^2，建筑高度约 24 m。地下 3 层，为车库、设备用房和辅助

*《建筑节能》2011，39(11)收录。

用房等；地上 5 层，1 层、2 层为商场，3 层为餐饮，4～5 层为办公。其中，空调面积 17 979 m^2，总冷负荷为 2 269.6 kW，热负荷为 856.7 kW。地下夹层厨房及办公室采用风机盘管加新风形式，大楼 1 层和 2 层采用带热回收的新风处理机和吊装式空调箱。3 层末端预留，4～5 层采用变风量地板送风空调系统(主要设备见表 1)。

表 1　　制冷系统主要设备

名称	数量/台	性能参数
地源热泵机组	3	制冷量 774.4 kW/台
卧式冷冻水泵	4	流量：120 m^3/h，扬程：30 m
卧式冷却水泵	4	流量：160 m^3/h，扬程：28 m
冷却塔	2	闭式，流量：150 m^3/h，供回水温度：37 ℃/32 ℃

冷冻水系统采用异程式，供水总管从机房出来，先到夹层分出一条支路为夹层提供冷冻水，然后在夹层分为两条支路——东侧主管和西北侧主管。东侧主立管至 4 层为止；西北侧主立管到 3 层后又分出一条立管——西南立管。西北立管从 1～5 层，分出的西南立管从 4～5 层，系统主要依靠平衡阀平衡系统水量。冷冻水末端管网示意图如图 1 所示。

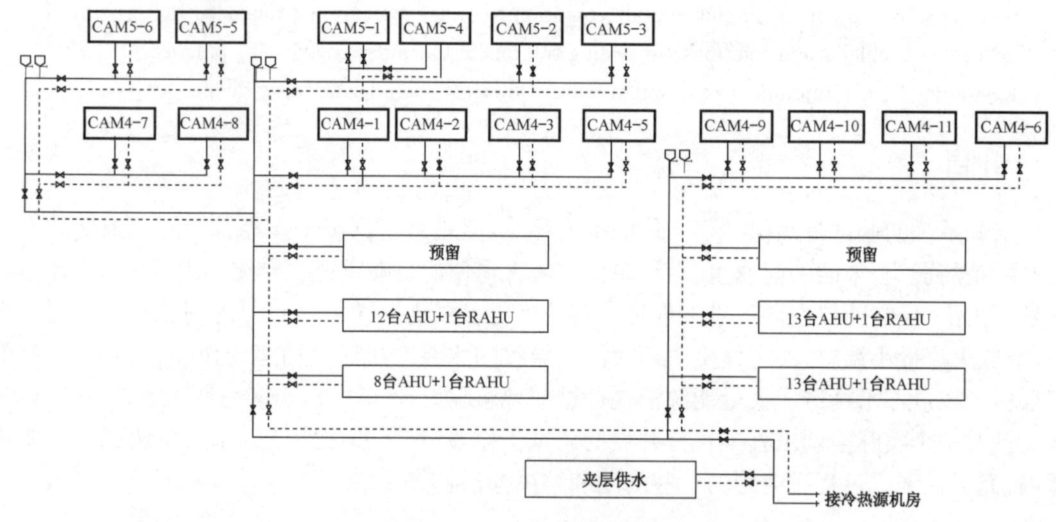

图 1　冷冻水系统末端管网示意图

目前，该大楼仅运行夹层、4～5 层，因此，调试的重点主要是 4～5 层的水力平衡。而根据用户的反应，5 层末端尤其是地板送风空气处理机组(以下简称 CAM)CAM5-3 和 CAM5-6 所负担的房间空调效果极不理想。经过实地调研对整个系统的布置情况了解后，确定调试方案。

(1) 首先对整个冷冻水系统进行分析，将系统中所有阀门开度调至最大，测量各支路以及总管的水量。选取最不利环路，由于该系统 CAM5-3 和 CAM5-5 所在的环路管段长度基本相等，因此，我们分别计算了两个环路的阻力，CAM5-3 所在的环路的阻力为 32.1 m 水柱，CAM5-5 所在的环路的阻力为 28.8 m 水柱。根据阻力计算数据，从阻力最大的最不利环路到阻力最小的最近环路进行排列分析，保持最不利环路的阀门全开，使最不利环路有足够的水量，相应根据阻力大小调整其他管路的阀门，因此，设备管理人员关小夹层、东侧立管以及 4 层西南总管平衡阀，F4 和 F5 所有 CAM 阀门调至最大开度；F_1～F_3 阀门关闭，测试结果见图 2。

由图 2 可见，大部分的地板送风空气处理机组(CAM)都存在水流量不足的问题，尤其是 CAM5-3 和 CAM5-6 的冷冻水流量严重不足，这导致由它们所负责的区域空调效果不理想，因此首先来分析这两台空气处理机组的水流量不足的原因。

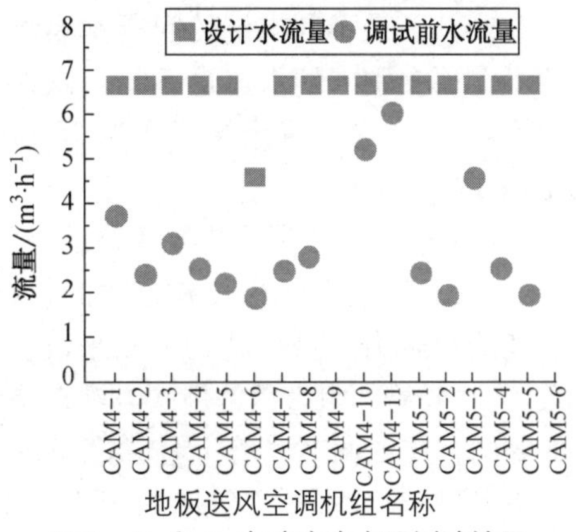

图 2　F_4 和 F_5 末端冷冻水量测试结果

水流量不足一般有两方面的原因：水泵扬程不足或管网阻力过大。首先分析水泵，校验循环水泵的流量。先逐台进行校验，即：开启其中 1 台水泵，关闭其他水泵，测试开启水泵的流量、扬程，并与水泵说明书中的性能曲线进行比较。然后，用同样的方法分别测试 2 台、3 台同时开启时各水泵的流量，做好记录并绘制实际运行中水泵的性能曲线。在本次调试中，根据测试数据绘制出的水泵性能曲线与厂家提供的性能曲线有较大差异，水泵厂家的解释为水泵安装方法不当导致局部组件的阻力过大，以至于水泵在其出口处的阀门、弯头等消耗了大量的能量。对于管网的阻力，根据设计图纸计算最不利环路的阻力与现用水泵的额定扬程基本相等，而现场的施工人员表示由于现场施工的特殊性，在施工过程中管路要绕过灯槽、梁等，比设计的管网要复杂，因此，实际的最不利环路阻力可能大于水泵额定扬程。

(2) 第二步是对最不利末端水量进行调节。根据实际的管网布置以及业主的反应，基本可以确定 CAM5-3 和 CAM5-5 为最不利末端，但是由于 CAM5-6 的流量严重不足，因此，主要对 CAM5-3 和 CAM5-6 进行调节。首先，关闭 F4 总支管的平衡阀，对空气处理机组处以及水泵等多处过滤器进行清洗，对系统进行排气。清洗后 CAM5-3 的流量增加较明显，CAM5-6 的流量没有变化；然后打开各立管顶端的排气阀进行排气，可能由于清洗过滤后管网中进入了气体或者系统最初运行时管网本身就有大量的气体，排气进行了 3 次，每次时间也较长，最后 CAM5-3 所负责的房间的空调节能效果到得了明显改善，但是水流量依然偏小，而 CAM5-6 的流量依然没有变化；由于 CAM5-5 和 CAM5-6 并联，测试其立管的流量后将 CAM5-5 电磁阀关闭，CAM5-6 的流量依然没有增加，因此，确定 CAM5-6 所在的支管段堵塞，最终将供 CAM5-6 的 DN40 的镀锌钢供回水管改为 DN50 的 PPR 管，进行调节后，CAM5-6 的流量变化见图 3。

事实上，改造完后 CAM5-6 的水流量达到 7.2 m^3/h，其设计流量是 6.7 m^3/h，由于空

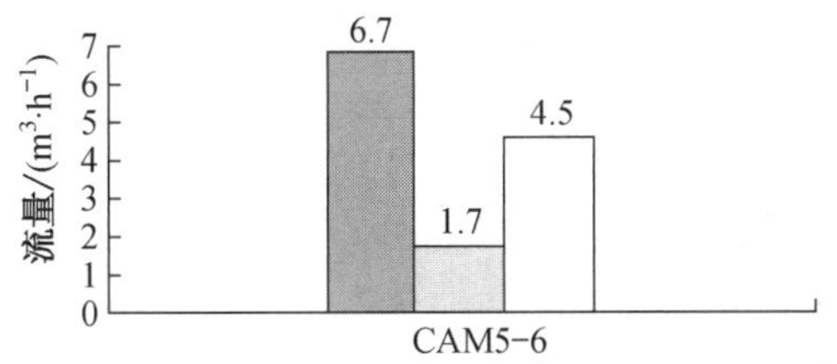

图 3　管道更换前后 CAM 5-6 的流量变化

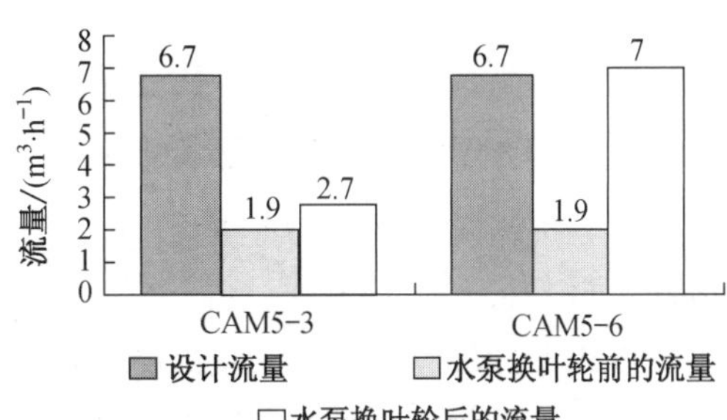

图 4　更换水泵叶轮前后 CAM 5-3 和 CAM 5-5 的流量变化

气处理机组的换热能力有限，为了节约能源，我们将 CAM5-6 的电磁阀关小，使其流量降到 4.5 m^3/h。最不利末端的问题基本解决，但是打开 F4 平衡阀满足 4 楼冷冻水流量后，又导致了 5 层个别末端水流量不足。最终经过业主、水泵厂方以及设计院的讨论后，水泵进行更换叶轮，水泵的额定扬程变为 38 m，额定流量为 90 m^3/h，此时最不利处的流量变化情况见图 4。

(3) 第三步是对系统各环路的水量进行平衡。显然，对于已经设计和安装完毕的管路，只能通过改变局部阻力当量长度的手段来改变管段的阻力数，而改变局部阻力最常用的方法就是调整管路上的阀门。首先调节立管上各并联支管路之间的平衡，然后调节并联的立管间的阻力平衡，根据 4 层和 5 层的阻力我们可以估算出 3 层预留管路的阻力为今后的设计和安装提供一定的依据，最终平衡后 4 层和 5 层末端的流量见图 5。

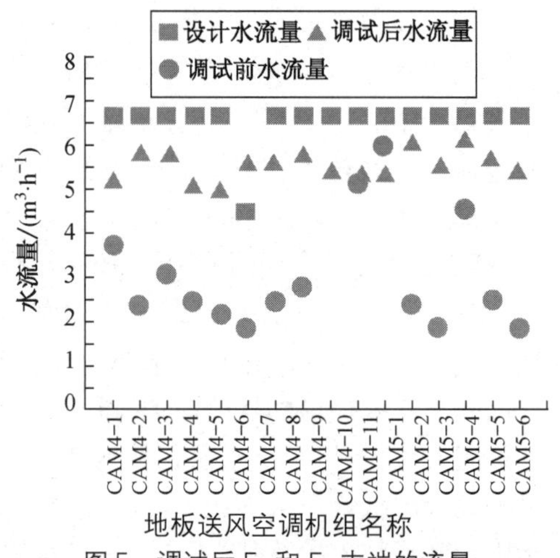

图 5　调试后 F_4 和 F_5 末端的流量

调试后的管网按照此工况运行一段时间后，通过对 4～5 层的工作人员进行调查发现大部分的人员对空调效果较满意，本次空调水系统调试工作基本结束。

2　中央空调水系统调试时发现的问题

2.1　冷冻机自动停机问题

在对上述中央空调水系统进行调试时，该大楼只运行 4～5 层时，所需的水量大约为 120 m^3/h，运行 1 台冷水机组运行即可满足要求，但是运行人员将另外 2 台冷水机组的冷冻水阀门也开着。这样导致实际运行中的冷水机组的冷冻水量只有额定水量的近 33%，水量不足，机组出现机组保护而自动停机。

另外，不运行冷冻机的冷却水阀不关，不仅使运行冷冻机的 *COP* 降低，同时也会使冷冻水泵和冷却水泵的运行工况点偏离额定工况点，电耗增加，以上只是 3 台冷冻机 1 台运行、2 台旁通的情况，如果旁通的冷冻机数目增加，对运行冷冻机的影响将更大。所以为了避免人为的操作错误，建议在水系统中加装电动阀，使电动阀的开闭与水泵联锁，从而减少人为错误的几率。同样，在对水泵的性能进行测试，单台水泵运行时不能仅关掉电动阀，还应该手动把闸阀关闭以防止回阀失效使与其并联变成“旁通”。

2.2　冷却水供回水流量不相等问题

在本次调试中，根据实测的数据，冷却塔供水管的实测水量为 115.8 m^3/h，仅是主机额定冷却水量 213.1 m^3/h 的 54%。经过对旁通管的流量测试发现，冷却水分集水器压差旁通阀门出现故障，部分冷却水直接通过冷却塔的压差旁通短路回到主机，从而导致通过冷却塔向室外的散热量不能满足制冷主机的要求，影响主机的供冷能力。

2.3　地源热泵埋管破裂问题

在 2010 年 7 月对某大楼进行调试时发现该大楼的冷却水系统地埋管与冷却塔直接连通，

压差太大导致地埋管爆裂。一般情况下空调系统的冷却塔都放置在屋顶，那么如果设计时不加以注意，将冷却塔的水管与地埋管直接相连会导致地埋管所承受的压力过大，很容易导致管道破裂甚至造成地埋管在运行和施工时被损坏，以至于夏季散热情况不理想。最后在地埋管与冷却塔之间加一个板式换热器后情况才有所好转。

2.4　近总立管的支管水流量过大，送风口温度过低出现结露现象

此次调试过程中，发现夹层风机盘管送风口出现结露现象，而管道安装较矮的夹层里，调节较为困难。建议对于调节不便的管段安装动态平衡阀，使其根据负荷变化自动调节所需水量。

2.5　异程式管网较难调试

对于中央空调水系统而言，同程式较异程式水力稳定性好，而且各设备间的水量分配均匀，调节方便，但由于同程式管网的初投资较大而不常被采用。

3　结语

空调水系统的测试与调试工作是非常重要的一个环节，一般在调试的过程中往往存在一个认识误区，即空调系统末端效果差是由于总水量偏小引起的，因此，盲目地增加水泵开启台数或是更换大流量的水泵，而实际上原因多数是由于工程竣工后空调水系统未做过水力平衡，管路的阻力不平衡，导致部分末端的水流量不足，所以空调末端设备使用效果不佳时，应先检查是否气堵，再检查是否脏堵，并关掉设备进回水管上的阀门，清洗过滤器。该大楼的中央空调水系统经过实地测试和综合分析，最终得出结论是由于施工过程的特殊性导致管网的阻力超出设计阻力，最后通过增加水泵台数运行来增大冷冻水流量的方法进行调节。另外，对于较大的空调冷冻水系统建议采用同程式管路，以便于调节。空调水系统，尤其是冷冻水系统的调试是一项非常细致、繁琐的工作，调试程序多，技术性要求高，同时它也是一项非常重要的工作，调试结果关系到空调运行的效果，同时也关系到空调系统的能耗，在节约能源的基本国策下，我们应该对空调系统进行有效的调试以期消耗最少的能源达到最舒适的效果。

参考文献

[1] 高劲松. 集中空调水系统调试之我见[J]. 科技咨询导报，2007(12)：36-37.
[2] 高魁明. 热工测量仪表[M]. 北京：冶金工业出版社，1985.
[3] 何海兵. 中央空调系统的调试[J]. 浙江海洋学院学报(自然科学版)，2001，3(3)：262-264.
[4] 孔伟超. 中央空调水系统调试及运行中常见问题的分析[J]. 广东建材，2006(9)：135-137.
[5] 林知书. 空调水系统的调试与管理[J]. 暖通空调，2005，35(11)：134.
[6] 卢志瑜，康英姿. 对空调系统调试的几点认识[J]. 暖通空调，2005，35(12)：123.
[7] 马平. 简析中央空调调试中的若干问题及对策[J]. 山西建筑，2007，33(029)：186-187.
[8] 张登春，陈焕新，于梅春. 中央空调水系统常见问题及其处理[J]. 建筑热能通风空调，2001，20(4)：67-69.

可再生能源建筑应用示范项目的能效测评最优化方法研究*

刘 东　王亚文　施 赟　王婷婷　王素娟　丁永青　陈溢进

摘　要：总结了可再生能源建筑应用示范项目实际测评工作中的经验，结合现有的测评文件，提出了高效开展该项工作的完整测评流程，指出了测评工作中需要重点注意的问题，并对现有的太阳能热水系统和地源热泵系统的性能检测方法提出了改进建议。

关键词：可再生能源；测评方法；性能检测

Optimal Energy Efficiency Evaluation Methods for Renewable Energy Building Application Demonstration Project

LIU Dong, WANG Yawen, SHI Yun, WANG Tingting,
WANG Sujuan, DING Yongqing, CHEN Yijin

Abstract: In this paper, the experience for evaluating the renewable energy building application demonstration project was summarized. Based on the existing evaluation guidelines, a set of efficient and complete workflow was proposed. Furthermore, key problems that should be paid attention in the period of evaluation process were presented, and suggestions for improving the performance testing of solar water heating system and ground-source heat pump system were put forward.

Keywords: renewable energy, evaluation method, performance testing

0　引言

2011 年 12 月 15 日，国家能源局公布了我国可再生能源发展的“十二五”规划目标。根据该目标，到 2015 年，我国将努力建立有竞争性的可再生能源产业体系，风电、太阳能、生物质能、太阳能热利用及核电等非化石能源开发总量将达到 4.8 亿吨标煤。《可再生能源发展“十二五”规划工作大纲》提出：鼓励各地根据资源条件、经济发展水平、应用领域和规模等因素，因地制宜地开展各种可再生能源综合性示范项目，并将成功经验推广至全国。住建部于 2006 年启动可再生能源建筑应用示范项目，《可再生能源建筑应用专项资金管理暂行办法》规定示范项目完成后，城市的建设行政主管部门会同财政部门委托国家可再生能源建筑应用检测机构对示范工程项目进行检测，同时根据检测报告和其它相关资料组织专家进行验收评估。因此，如何科学、准确、公正、高效地开展该类建筑的能效测评工作值得业内人士进行深入研究。

本文以上海市某建筑的可再生能源应用示范项目测评为例，结合在建筑能源审计、空调系

*《建筑科学》2012，28(12)收录。

统性能评估、节能量审核和企业电能平衡诊断评估等相关工作中积累的经验，系统地总结了建筑可再生能源应用示范项目测评的完整操作流程和测评方法，并提出了在测评工作中需要注意的诸多关键问题。

1　测评流程

为高效、准确、完整地完成测评工作，笔者结合实际工作汇总了测评流程，见图1。

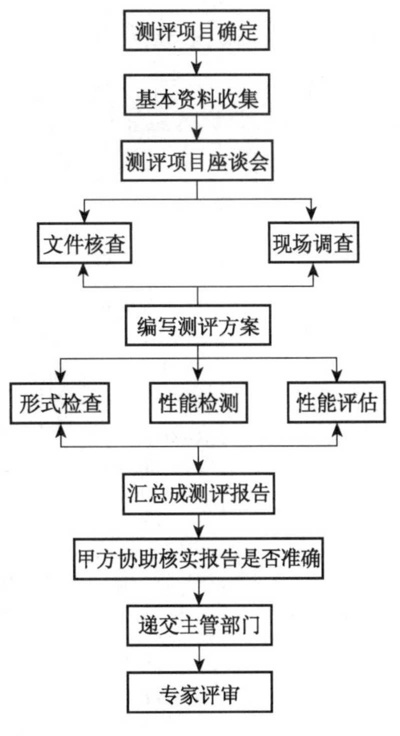

图1　能效测评流程图

1.1　基本资料收集

在测评项目确定后，测评机构要与业主项目负责人进行初步沟通，了解项目的基本情况，主要包括：应用建筑的概况、申报项目的情况、项目实施的进展情况与总体的计划安排。以纸质或邮件的形式告知业主需要准备的基本资料，一部分资料由业主提供，另一部分由设备供应商提供。基本资料的作用有两个方面：首先可以帮助测评机构迅速、准确地了解示范项目的情况；其次作为测评报告的附件，能够为测评工作提供引证并证明项目本身的合法性和完整性。

依据《可再生能源建筑应用示范项目测评导则》（以下简称为《导则》）的规定，需要提交的基本资料包括：①项目立项、审批等文件；②项目申报资料（申报书、可行性研究报告、批复文件等）；③项目施工、设计文件审查报告及意见；④竣工图（电子版）；⑤节能计算书（电子版）；⑥外窗气密性能现场检测报告；⑦与建筑节能和可再生能源系统相关的主要材料和设备的质量证明文件、进场检验记录、进场核查报告、进场复验报告和见证实验报告等，其中，建筑节能涉及围护结构保温材料、玻璃、外窗的质量保证书和检测报告等；可再生能源系统涉及风管、水管、热泵机组、室内空调器、水泵、阀门、仪表、保温材料、监测与控制设备等（太阳能集热器、热泵机组与太阳能电池应有国家级质检报告）；⑧节能和可再生能源系统隐蔽工程验收记录；⑨可再生能源系统运行调试记录；⑩建筑立面图和系统原理图等；⑪ 其他对工程质量有影响的重要技术资料。

1.2　召开测评项目座谈会

该会议由测评机构、业主项目负责人及设备供应商共同参加，为提高效率，建议会后测评机构人员可分为2组，第1组核查业主基本资料的准备情况，第2组在业主及设备供应商的陪同下进行现场调查。现场调查需要了解该项目可再生能源系统的类型、每种类型应用的套数以及对应的建筑。

1.3　测评机构编写测评工作方案

测评工作方案需包括：①检查测评项目基本资料；②调查测评项目的周边环境情况及所在地的气候条件，并初步确定检测日期；③确定检测的对象和数量。检测数量应符合以下要求：①太阳能热水系统：采用同一厂家同一类型设备的至少抽测1套。②地源热泵系统：采用同一厂家同一类型设备，建筑栋数≤20栋的抽取1栋，建筑栋数＞20栋的抽取2栋；联排别墅共用同一系统的视做 1 栋;小高层、独幢别墅混合的各抽取 1 栋。③太阳能光伏系统:采用同一厂家同一类型设备的至少抽测 1 套。

1.4 测评机构编写测评报告方案

编写测评方案包括测评依据、测评内容、测评条件、测评方法、测评仪器设备、数据分析和测评报告等。

1.5 形式检查及性能检测前期准备

形式检查应包括系统检查、实施量检查与运行情况检查,具体内容见表 1。

表 1　　形式检查内容

项目	内　　容
系统检查	检查系统的外观质量:目测方法检查系统外观,查看是否有明显瑕疵、是否整洁干净。
	检查系统的关键部件:查看是否有质检合格证书,性能参数是否符合设计和相关标准的要求。关键部件包括:(1) 太阳能光热系统:太阳能集热器、储水箱、系统支架、系统保温、电气装置、辅助热源等。(2) 太阳能光伏系统:太阳能电池方阵、蓄电池(或蓄电池箱体)、充放电控制器、直流/交流逆变器。(3) 热泵系统:风系统管路、水系统管路、冷热源、末端设备、辅助设备材料、监测与控制设备等。其中,太阳能集热器、热泵机组与太阳能电池应有国家级质检报告
	检查系统的安全性能:查看系统的安全性能是否满足设计要求和相关标准要求。安全性能包括:抗风雪措施、防雨措施、防冻、防雷击、建筑防水、防腐蚀、承重安全、接地保护、剩余电流保护、防渗漏、超压保护、过热保护和水质情况。对于热泵系统还需检查地下水源热泵系统的地下环境保护方案、地源换热器的设计文件
实施量检查	检查系统的型号、材料及安装情况是否与可再生能源建筑示范项目申报书和设计文件一致
运行情况检查	检查系统的运行调试记录是否齐全、是否满足设计和相关标准的要求
	按实际工作状态运行 2～3 天后,检查系统的运行工况是否正常,控制系统动作、各种仪表的显示是否正确,并记录检查结果

为提高测评工作效率,在形式检查当天可进行性能检测的前期准备工作。其中,太阳能热水系统需提前在被测系统上安装混水泵及相应管路。

1.6 性能检测

测评实例采用了两种可再生能源技术:太阳能热水技术和地源热泵技术,本文详细介绍太阳能热水系统和地源热泵系统的性能检测。

1.6.1 太阳能热水系统

1.6.1.1　检测条件的范围

(1) 要有 4 d 试验结果的太阳辐照量分布在下列 4 段:$J_1<8\ \mathrm{MJ/(m^2\cdot d)}$,$8\ \mathrm{MJ/(m^2\cdot d)}\leqslant J_2<13\ \mathrm{MJ/(m^2\cdot d)}$,$13\ \mathrm{MJ/(m^2\cdot d)}\leqslant J_3<18\ \mathrm{MJ/(m^2\cdot d)}$,$J_4\geqslant 18\ \mathrm{MJ/(m^2\cdot d)}$。在规定检测期间,特别是要在某一季节完成测评工作,寻找满足如上要求的 4 天比较困难,因此上海市测评专家提出也可在同一季节选择 2 天,测试时间原则上不超过 1 周,用 Transys 软件计算全年的太阳能保证率。

(2) 环境平均温度分布在 8 ℃～39 ℃,环境空气的平均流速不大于 4 m/s。

1.6.1.2　抽检对象的选取

除满足采用同一厂家同一类型设备至少检测1套的抽测条件以外，对于集热器设置在阳台或墙面的多层及高层建筑，要选择楼层中区(如12层住宅建筑，低区为1～4层、中区为5～8层、高区为9～12层，以此类推)，且测试集热器无遮挡。考虑到实际工作的难度，可同时测量最底层和顶层的太阳辐照量，推算不同层区的太阳能保证率。

1.6.1.3　检测标准、规范

建议检测可参照《导则》、《家用太阳热水系统热性能试验方法》(GB/T 18708—2002)[1]、《全玻璃真空太阳集热器》(GB/T 17049—2005)等依据。

1.6.1.4　检测持续时间

检测工况下，每隔10 min读数1次数据，《家用太阳热水系统热性能试验方法》(GB/T 18708—2002)规定集热系统日热性能测试应进行8 h，从太阳正午时前4 h到太阳正午时后4 h。笔者在测试中发现，测试时间宜根据测试日所需达到的日太阳辐照量和水箱的温升是否仍在继续来灵活调节，如在夏季1个晴朗的测试日，16∶00时水箱温度仍在升高，则宜继续测量。因为水箱可达到的最高温升会直接影响到集热系统的太阳能保证率及集热系统效率。贮热水箱热损测试则应选取1天，从20∶00开始，且开始时贮热水箱水温不得低于40 ℃、与水箱所处环境温差不小于20 ℃，到第2天6∶00结束，连续测量10 h。由上述分析可知，冬季最冷月份不宜进行测试。

1.6.1.5　测试参数、测试要点及计算参数

1) 系统日热性能

对于测试参数，集热器表面太阳能总辐射量的测试要点是太阳辐射计的倾斜角度要与集热器采光面的倾斜角度保持一致。环境温度的测试要点是使用遮阳而通风的采样器件在约高于地面1 m处及离集热器和系统组件不近于1.5 m但不超过10 m处的百叶箱内进行测量[1]。集热系统进口温度、集热系统出口温度和集热系统流量的测试要点是结合《家用太阳热水系统热性能试验方法》(GB/T 18708—2002)，在工程测试项目允许的误差范围内进行测量，在实际检测过程中，笔者认为上述参数可用水箱初温、水箱终温和水箱容积来代替，其中水箱容积可根据样本参数得到准确的数值。集热器面积的测试要点是宜根据样本参数得到准确的值。

对于计算参数，集热系统得热量为太阳能集热器提供的有用能量(MJ/d)。集热系统效率为测试期间内太阳能集热系统有用得热量与统一测试期内投射在太阳集热器上的日太阳辐照量之比。太阳能保证率为系统中太阳能部分提供的能量与系统需要的总能量之比，包括实测日太阳能保证率和全年太阳能保证率。《导则》中短期测试的方法规定全年太阳能保证率的计算方法如下：

$$f_{全年}=\frac{x_1f_1+x_2f_2+x_3f_3+x_4f_4}{x_1+x_2+x_3+x_4}$$

式中，x_1，x_2，x_3和x_4分别为当地日太阳辐照量$J_1<8$ MJ/(m^2·d)，8 MJ/(m^2·d)$\leqslant J_2<$13 MJ/(m^2·d)，13 MJ/(m^2·d)$\leqslant J_3<$18 MJ/(m^2·d)，$J_4\geqslant$18 MJ/(m^2·d)的天数；f_1，f_2，f_3和f_4分别为对应x_1，x_2，x_3和x_4的太阳能保证率。

按上式计算出的全年太阳能保证率准确度会欠佳，因此，建议根据当地全年太阳辐照量(水平面辐射数据需换算为集热器倾斜表面辐射数据)、环境温度和自来水温度等运用

Transys 软件计算全年太阳能保证率。

2) 贮热水箱热损

对于测试参数，贮热水箱的初始温度与最终温度的测试要点是初始温度不得低于(50±1) ℃，降温 8 h 后测试最终温度。环境温度的测试要点是在水箱所处位置的附近每小时测量 1 次，取平均值。环境风速的测试要点是若系统安装在室外，空气的平均速率不大于 4 m/s。另外，测试参数还包括水箱容积。

对于计算参数，贮热水箱热损系数表征的是贮热水箱保温性能(W/K)。

1.6.1.6 示范项目技术性能指标

对于与建筑一体化的太阳能供应生活热水，太阳能保证率不低于 50%，集热器集热效率不低于 40%，且满足申报要求。

1.6.2 地源热泵系统

1.6.2.1 检测条件的范围

(1) 地源热泵系统的测评应在工程竣工验收合格、投入正常使用后进行。

(2) 地源热泵系统制热性能的测评应在典型制热季进行，制冷性能的测评应在典型制冷季进行。对于冬、夏季均使用的地源热泵系统，应分别对其制热、制冷性能进行测评。

(3) 热泵机组制热/制冷性能系数的测定工况应尽量接近机组的额定工况，机组的负荷率宜达到机组额定值的 80%以上；系统能效比的测定工况应尽量接近系统的设计工况，系统的负荷率宜达到设计值的 60%以上；室内空气温、湿度的检测应在建筑物达到热稳定后进行。

(4) 应同时对测试期间的室外空气温度进行监测，记录测试期间室外空气温度的变化情况。

1.6.2.2 检测标准、规范

建议检测可参考《地源热泵系统工程技术规范》(GB 50366—2005)(2009 年版)[2]、《居住建筑节能检测标准》(JGJ/T 132—2009)[3]、《地源热泵系统检测技术规程》(DGJ 32/TJ 130—2011)[4]、《公共建筑节能检测标准》(JGJ/T 177—2009)[5]等。

1.6.2.3 检测持续时间

《导则》中规定：建筑室内空气温、湿度测试时间为 6 h，热泵机组的测试周期为 1 h，但没有明确给出的测试时间。《地源热泵系统检测技术规程》(DGJ 32/TJ 130—2011)建议在检测工况下，建筑室内空气温、湿度测试持续时间为 6 h，每隔 10～30 min 读数 1 次；热泵机组制热/制冷性能系数和系统典型季节系统能效比的检测应在热泵机组运行工况稳定后 1 h 进行，每隔 5～10 min 读数 1 次，连续测量时间宜为 48～72 h。

1.6.2.4 测试参数、测试要点及计算参数

1) 室内、外空气的温、湿度测试

测试时需要关注空调系统的能效，首先应关注该系统是否能满足人们舒适性和工艺性的要求，因此进行地源热泵系统性能的评价也应对地源热泵空调系统的室内应用效果进行检测。

空气温、湿度检测数量和检测方法应按照《居住建筑节能检测标准》(JGJ/T 132—2009)及《公共建筑节能检测标准》(JGJ/T 177—2009)执行。空气温、湿度检测应选择有代表性的建筑内的空间连续进行，并与室外空气温、湿度的检测同时进行；检测数量按照空调系统分区进行选取，当系统形式不同时，每种系统形式均宜检测，相同系统形式应按系统数量的 20%进行抽检，同一系统检测数量不应少于总房间数量的 10%。结合《地源热泵系统检测技术规程》

(DGJ 32/TJ 130—2011)，建议抽检数量可按照系统数量的5%进行。检测点宜具有代表性，应设于室内活动区域，应为距地面700～1 800 mm范围内有代表性的位置，且温度、湿度传感器不应受到太阳辐射或室内热源的直接影响。

2) 机组热源侧流量、机组用户侧流量的测试

地源热泵水系统流量的检测宜选用超声波流量计。测点宜布置在流速相对较稳定的直管段上，测点上游直管长度不少于10倍管径、下游直管长度不少于5倍管径；一般尽量选择远离阀门、三通等局部阻力构件，避开有变频设备、变压设备等场所；确保所测量的水管内是满管流[6]。传感器安装时应注意把管外安装传感器的区域清理干净；探头的中心部分和管壁应涂上足够的耦合剂；传感器和管壁间不能有气泡及沙砾；应输入管道的正确参数，严格按照安装距离进行安装。检测工况下，每隔5～10 min读数1次，连续测量24 h。

3) 机组热源侧进出口水温、机组用户侧进出口水温的测试

测试要点是进出口水量宜同时检测，测点应靠近被测机组的进出口，当被检测管路预留温度检测口时，可将标定的水银温度计放入；无预留位置时，可采用放水测试或将热电偶贴在管壁测试的方法(注意应将热电偶和管壁紧密接触，并用保温材料包好管壁)。检测工况下，每隔5～10 min读数1次，连续测量24 h。

其他测试参数包括热泵机组输入功率、水泵输入功率，以及辅助热源耗热量。

4) 热泵机组制热/制冷性能系数的计算

热泵机组制热/制冷性能系数是指热泵机组的制冷/制热量与输入功率之比。上海市测评专家建议的热泵机组制热/制冷性能系数的计算工况条件为：冷热源侧进水温度(地埋管出水温度)为28 ℃/12 ℃；当实测数据不符合时，建议每差1 ℃，制冷性能系数按照3%修订，制热系数按照2%修订。

5) 典型季节系统能效比的计算

典型季节系统能效比是指地源热泵系统的制冷/制热量与系统输入功率之比。其中，系统输入功率主要是指热泵机组以及与热泵系统相关的所有水泵的输入功率之和。

1.6.2.5 示范项目技术性能指标

热泵系统实测的典型季节制冷/制热能效比应满足项目申报书和上海市热泵技术性能指标。土壤源热泵系统能效比不低于3.4，水源热泵系统能效比不低于3.5。公共建筑可再生能源的制冷量应不低于项目制冷能力的33%，埋管式地源热泵系统应有土壤冬夏的热平衡措施。

建议考察上述性能指标时还应考察水系统的供回水温差与设计值的偏差范围，热源侧、用户侧水流量与设计值的偏差范围，以辅助判断测试工况是否合理；还应检验水系统回水温度的一致性，以确保水平衡；此外，因输送系统能耗占暖通空调系统能耗比例较大，其性能的优劣将直接影响到整个空调系统的能效，因此建议加强对输送系统能效比的考察。

1.6.3 太阳能光伏系统

太阳能光伏系统性能技术指标如下：单晶硅组件效率要求≥16%、多晶硅组件效率要求≥14%、非晶硅薄膜组件效率要求≥6%、系统第1年发电量要求≥75%、费效比要求≥2.5元/kWh。因篇幅有限，在此不对其性能测试方法作详细介绍。

1.7 能效评估

能效评估包括对以下参数的计算考察：常规能源替代量、项目费效比、环境效益(CO_2 减

排量、SO_2 减排量、粉尘减排量)、经济效益、示范推广性。

1.8 验收评估

当示范项目形式检查报告、性能检测报告、能效评估报告均达到或者超过示范项目技术性能指标时,建议示范项目合格,否则建议示范项目整改直至达到或者超过示范项目技术性能指标。当示范项目整改仍然达不到示范项目技术性能指标时,示范项目不合格。

2 能效测评中应注意的关键问题

1) 基本资料的完整性

测评项目确定后要及早向业主提出所需的基本资料清单,并向业主详细阐述每种资料包括的内容,给其充分的时间整理、准备,检测机构要逐一核查其准确性,以保证测评工作顺利、完整地进行。

2) 性能检测的前期准备工作

性能检测的前期准备工作包括确定检测单元、检测位置、合适的检测日期以及需要的检测设备,如太阳能热水系统的检测需要另外安装混水泵和相应的管路。要及时与业主沟通,保证在其配合下、在适合的检测日前准备就绪。

3) 核实工作

报告初步完成后需再次与甲方核实项目基本情况的准确性。

4) 沟通协调的及时性和有效性

尽量及时沟通、协调,以解决出现的各种困难和问题,确实遇到不易解决的困难,测评机构可以及时向政府相关的管理部门反馈,在其帮助下保证测评工作顺利、高效完成。

3 结语

(1) 笔者在测试评估工作经验的基础上,提出了一套合理的测评流程,以保证可再生能源建筑应用示范项目测评工作准确、高效、完整地完成。

(2) 测评机构在对可再生能源建筑应用示范项目进行专项能效测评时,要同步对具备条件的示范项目进行综合能效测评。

(3)《家用太阳能热水系统热性能检测方法》(GB/T 18708—2002)规定太阳能热水系统的集热系统日集热性能测试应持续进行 8 h,从太阳正午时前 4 h 到太阳正午时后 4 h。笔者在测试中发现,测试时间宜根据测试日所需达到的日太阳辐照量和水箱的温升是否仍在继续灵活调节。

(4) 在进行太阳能热水系统性能检测时,全年太阳能保证率按照《导则》中的公式用 4 d 的测试日数据进行简单处理必然会以偏概全,建议可结合当地全年太阳辐照量、环境温度和自来水温度运用合适的软件(如 Transys 等)进行模拟计算。

(5) 对于热泵机组制热/制冷性能系数和典型季节系统能效比,要在冬、夏两季各选取 1 个典型周期(能够反映在该典型季节内机组的平均运行性能,以便公正地评价性能系数)进行测试,要至少绘制一定周期内(宜为 48～72 h,至少为 1 个典型日,即 24 h)性能系数的变化曲线,根据变化曲线找到围绕波动的性能系数值,将其作为评价参数较为合理。

(6) 在考察热泵系统性能系数的同时,建议还要考察水系统的供回水温差与设计值的偏差范围,热源侧、用户侧水流量与设计值的偏差范围,以辅助判断测试工况是否合理;还要检验水系统回水温度的一致性，以确保水平衡。另外，还要加强对输送系统能效比的考察。

（7）对于具备条件的工程系统，建议安装监测系统对其运行情况和能效指标进行长期的在线监测，保证可再生能源系统合理运行，真正实现节能。

（8）测评机构要理清与政府相应节能主管部门、业主、设备供应商之间的关系，遇到问题及时沟通，寻找合适的解决途径。

参考文献

[1] 清华大学，中国标准研究中心. GB/T 18708—2002 家用太阳热水系统热性能试验方法[S]. 北京：中国标准出版社，2002.

[2] 中国建筑科学研究院. GB 50366—2005(2009 年版)地源热泵系统工程技术规范[S]. 北京：中国建筑工业出版社，2009.

[3] 中国建筑科学研究院. JGJ/T 132—2009 居住建筑节能检测标准[S]. 北京：中国建筑工业出版社，2010.

[4] 南京工业大学，南京工大建设工程技术有限公司. DGJ 32/TJ 130—2011 地源热泵系统检测技术规程[S]. 北京：中国建筑工业出版社，2010.

[5] 中国建筑科学研究院. JGJ/T 177—2009 公共建筑节能检测标准[S]. 北京：中国建筑工业出版社，2010.

[6] 刘东，陈沛霖. 空调工程水系统测量中使用超声波流量计时应注意的问题[J]. 建筑热能通风空调，2003，22(3)：68-70.

某空调能效测试与诊断分析系统研究——诊断分析部分*

张 超　刘 东　李 超　张晓杰　刘书荟　印 慧

摘　要：对空调系统的各个设备、子系统、整体系统确定了准确度较高的能效评价指标。根据空调系统各设备、子系统之间的关系，建立起层次分明的能效诊断评价系统。同时，对空调系统中的冷水机组和冷却塔两大重要部件进行了性能影响因素的分析，为实际运行中的节能调控提供建议。

关键词：空调系统能效；评价指标；能效诊断；冷水机组；冷却塔

An Air-Conditioning Efficiency Testing and Diagnosis System: Diagnostic and Analysis Section

ZHANG Chao, LIU Dong, LI Chao, ZHANG Xiaojie, LIU Shuhui, YIN Hui

Abstract: The high efficiency evaluation index on equipments, subsystem and the overall system is determined for the air-conditioning system. Distinct diagnosis and evaluation system is set up according to the relationship between air-conditioning equipment and subsystem. Affecting factors on performance of the chiller and cooling tower are analyzed for energy-efficiency control in actual operation.

Keywords: air conditioning efficiency; evaluation index; efficiency diagnosis; chiller; cooling tower

0　引言

随着公共建筑空调系统的不断增加，空调系统的能耗已经约占整个建筑能耗的40%～60%，对空调系统进行准确的能效测试及分析诊断有着重要的意义。目前，国外对空调系统的能效监测主要集中在空调系统故障诊断与空调系统优化控制两方面。20世纪90年代末，国际能源组织(IEA)组织一些国家的相关专家进行空调系统的故障检测诊断和系统的实用性验证研究工作[1]；Braun通过水系统的优化确定冷水供水温度[2]；Ke和Mumma研究了变风量系统的送风温度与末端通风量的相互关系来确定最佳送风温度[3]；Wang和Jin通过对整个系统的能耗性能的预测实现空调系统的实时优化控制[4]。我国大型公共建筑的节能诊断起步较晚，目前还没有形成完善的节能诊断方法，针对空调系统能效诊断的研究尚有待发展，传统的节能诊断方法多依靠经验，准确度不高。

本文针对空调系统的各设备、子系统、整体系统确定相应的能效评价指标，根据空调系统各组成设备、子系统之间的关系，建立起层次分明的能效评价系统，并对空调系统中的两大重要部件冷水机组和冷却塔进行研究，分析影响其运行效率的因素，为冷水机组和冷却塔的节能

*《建筑节能》2013,41(10)收录。

运行提供指导性建议。

1　诊断分析系统建立

1.1　评价体系的建立理论

随着空调系统负荷的变化,空调系统的各设备所需的输入能量也会随之改变。若不考虑人的行为习惯对空调能耗的影响,影响空调系统能耗的主要是空调系统的单体设备运行效率。因此,传统的节能控制策略中,是在能量需求一定时,通过控制设备的输入能量尽量低来提高设备运行效率,以此达到节能的目的,而且也提出了相应的能效评价机制,都是针对单体设备的居多。

整个空调系统是非常复杂的,它由多个子系统组成,每个子系统又包括多个设备;单个设备或子系统的效率高并不能保证整体空调系统的高能效。因此,对于复杂的空调系统,如果能建立以整个系统能效最优为目标的评价体系,并以此来指导各设备的工作状态,将传统的单体设备独立控制,变为系统最优前提下的相互关联的节能控制,从系统的角度出发提高空调系统的运行效率就会显得更为合理。

本文所建立的评价体系考虑了空调系统各设备之间的联系,通过整体空调系统的能效指标来监控空调系统的节能效果。如果整体空调系统的能效很高,节能效果良好,那么即便在单体设备中有个别设备效率不是最优也可接受。相反,如果整体空调系统的运行效率很低,能耗很大,则需要逐级诊断问题所在,从子系统到单体设备,有层次地找出问题所在,进行调整或改造。

1.2　评价体系层次结构模型

评价体系的层次结构是各指标间相互隶属关系的展现。整个评价体系自上而下分为 3 个层次:空调系统整体能效指标、子系统能效指标、主要设备能效指标。评价体系层次结构模型见图 1。

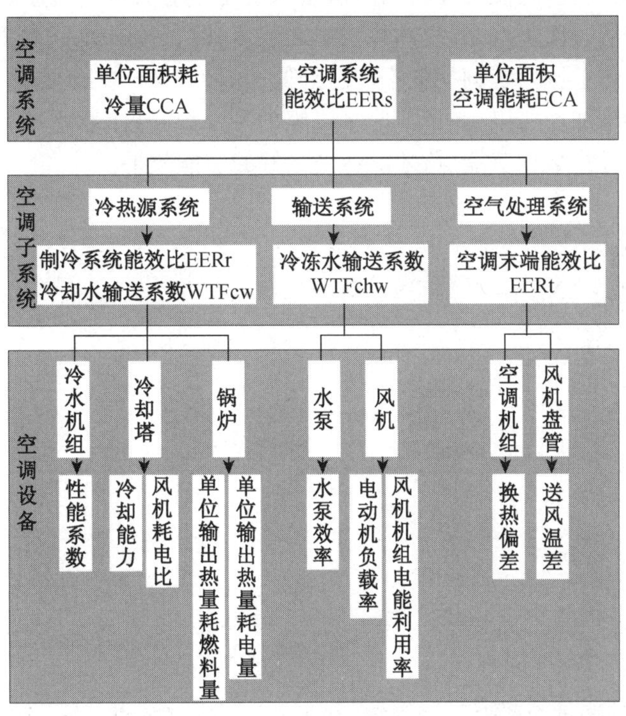

图 1　空调系统能效评价体系层次结构模型

2 空调系统设备能效影响因素分析

空调能效测试与诊断分析系统对空调系统运行能效进行评价后，要根据评价结果对空调系统进行节能优化。优化前应清楚影响系统、设备效率的各个因素，提出正确的优化建议，在减少故障发生，延长设备使用寿命的同时，提高能源利用效率，减少运行费用。

本章节主要对空调系统中的两大重要部件冷水机组和冷却塔进行研究，分析影响其运行效率的因素，为冷水机组和冷却塔的节能优化提供指导性建议。

2.1 冷水机组

制冷主机的能耗占空调系统总能耗的 50%左右，如果运行合理节能效果将非常可观。冷水机组的能效评价指标主要是 *COP* 值，因此，冷水机组节能的重点在于如何提高其运行过程中的 *COP* 值。影响 *COP* 的主要因素包括蒸发温度、冷凝温度、冷水出水温度、冷却水进水温度、负载率和污垢系数。

2.1.1 水温

不同型号的冷水机组的性能曲线虽然变化不同，但是总体趋势大致相同。本文以 JZKA16C 双螺杆式冷水机组的性能曲线为例进行分析。图 2、图 3 是冷水机组制冷量及耗功率随蒸发温度及冷凝温度的变化。

由图 2 和图 3[5] 中可以看出，随着蒸发温度的升高，冷水机组的制冷量和输入功率都是增大的。随着冷凝温度的降低，冷水机组的制冷量增加，输入功率减少。由此可见，蒸发温度保持不变时，只要降低冷凝温度就一定能提高冷水机组的 *COP* 值。冷凝温度保持不变，提高蒸发温度时，*COP* 值也是增大的，这是因为制冷量的增加比例大于输入功率的增加比例。

若其他条件保持不变，蒸发温度升高冷水出水温度便会升高，冷凝温度降低，冷却水回水温度会降低。因此，从表面上看来，提高冷水出水温度，降低冷却水回水温度可以提高冷水机组的运行效率，但整体空调系统的能耗不一定降低。因为，这样做会出现“大流量小温差”的现象，水的输送能耗将增加。所以，在调节冷水机组的冷水、冷却水水温时，不可盲目，必须综合考虑各方面的因素，寻找最佳节能点，才能达到最好的节能效果。

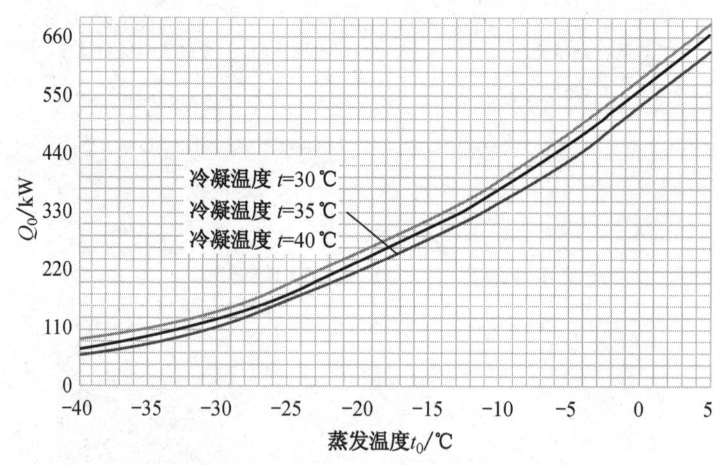

图 2 双螺杆式冷水机组制冷量随蒸发温度及冷凝温度变化曲线（JZKA16C 型）

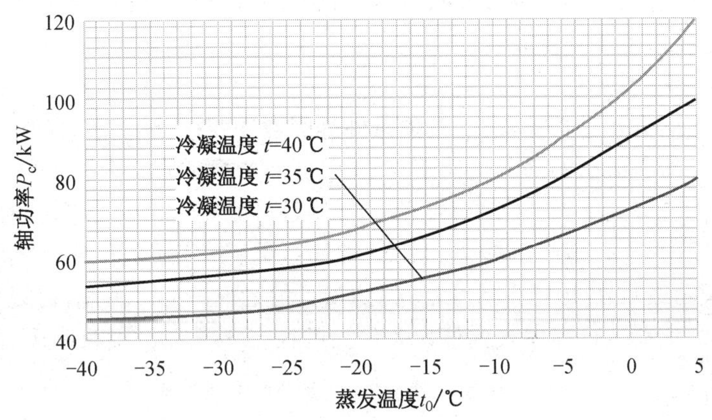

图3　双螺杆式冷水机组轴功率随蒸发温度及冷凝温度变化曲线(JZKA16C 型)

2.1.2　污垢系数

对于新制造的冷水机组，水侧和制冷机侧的污垢系数都可视为零。而实际应用中，由于水质影响，冷水机组的换热器会结垢，冷水机组运行时间越长，结垢现象越严重，污垢系数增大，影响换热器的换热性能，制冷量和 *COP* 值都会随之降低。我国标准规定冷水和冷却水侧的污垢系数为 0.086(m^2 • ℃)/kW[6]。而美国空调制冷学会标准规定其标准空调工况，冷水和冷却水水侧污垢系数为 0.044(m^2 • ℃)/kW。当水侧污垢系数由 0.044(m^2 • ℃)/kW 增加到 0.086(m^2 • ℃)/kW时，引起冷水机组冷凝与蒸发温差的变化见表 1[7]。

表 1　水侧污垢系数差异造成的温度差异

水侧污垢系数/(m^2 • ℃ • kW^{-1})	0.086	0.044	平均冷凝温度/℃	40	39.33
平均蒸发温度/℃	5	5.67	冷凝与蒸发温度的温差/℃	35	33.66

由于水侧污垢系数的增加使得蒸发和冷凝制冷剂侧和水侧的传热温差增大，造成了压缩机高低压的压差增大，而降低了冷水机组的效率。同一台冷水机组在相同工况下，水侧污垢系数由 0.044(m^2 • ℃)/kW 增加至 0.086(m^2 • ℃)/kW 时，其效率下降百分比为：

$$\frac{35-33.66}{33.66}\times 100\% = 3.98\%$$

水侧污垢系数对冷水机组 *COP* 的影响见表 2[7]。

表 2　污垢系数对冷水机组性能影响

性能指标	污垢系数/(m^2 • ℃ • kW^{-1})	制冷量变化率	输入功率变化率	COP 的变化率
蒸发器	0	1.02%	1.00%	1.02%
	0.086	1.00%	1.00%	1.00%
冷凝器	0	1.00%	1.00%	1.00%
	0.086	0.98%	1.03%	0.95%
	0.172	0.96%	1.06%	0.91%
冷水机组	0	1.00%	1.00%	1.00%
	0.086	0.96%	1.03%	0.93%

从表中可以看出,污垢系数的改变对制冷量影响不大,但对 *COP* 值影响是比较大的。因此,冷水机组的定期清洗是很重要的。

2.1.3 负荷率

在空调系统实际运行过程中,由于气象条件等因素的变化,在多数时间里空调运行负荷远小于其设计负荷。冷水机组的部分负荷率与 *COP* 是存在联系的,对系统能耗有较大影响,而且在冷水机组的运行方式上,并不是满负荷运行就是冷水机组效率最高的时候(表 3)。图 4 是 York YSEZEZS45CKE 螺杆式冷水机组的性能系数 *COP* 随负荷率变化的曲线。由图可见,该冷水机组负荷运行在 40%～80%之间时 *COP* 值是最高的。因此,可以建议这种情况下的单台冷水机组满负荷运行的模式调整为 2 台主机各 50%～60%负荷率运行的模式。

表 3　制冷量、耗功率、*COP* 随负荷率的变化表

负荷率	制冷量 /kW	功率百分比	输入功率 /kW	*COP*	负荷率	制冷量 /kW	功率百分比	输入功率 /kW	*COP*
100%	1 515	100%	272	5.573	50%	756	43%	119	6.354
90%	1 364	85%	233	5.856	40%	604	35%	95	6.367
80%	1 213	72%	197	6.159	30%	453	29%	79	5.743
70%	1 062	60%	165	6.437	20%	302	24%	68	4.448
60%	907	51%	140	6.481	10%	151	21%	59	2.563

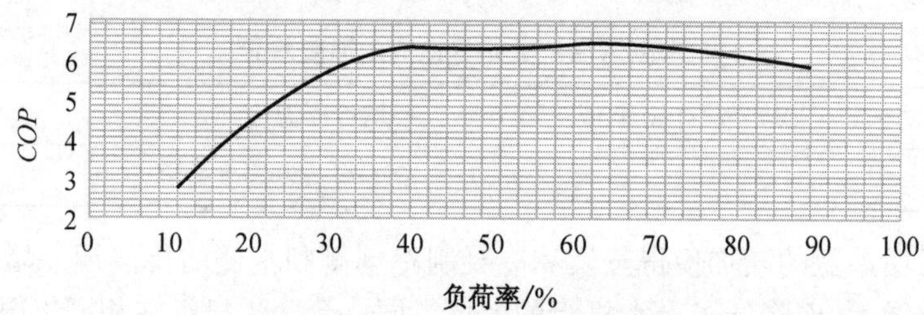

图 4　York EZE8 螺杆式冷水机组负荷率对 *COP* 的影响

由于每台机组的配置是不同的,部分负荷运行的性能曲线也不同,因此,需要根据冷水机组各自的性能曲线进行合理调配,冷水机组才能真正节能运行。虽然多开 1 台冷水机组要消耗能量,但是如果多开冷水机组能使在线运行的冷水机组都处在最佳运行状态,总体上也是降低能耗的。

2.2 冷却塔

对结构以及确定的冷却塔而言,影响冷却塔的冷却能力的主要因素有:室外空气(湿球)温度、冷却水入口温度、被冷却水量及诱导风量等。

2.2.1 室外空气(湿球)温度

室外空气(湿球)温度与冷却塔出水温度密切相关,冷却塔的出水温度又与冷水机组的冷凝温度有直接关系。冷却塔出水温度越高,冷凝温度越高,机组能耗也越高。冷却塔出水温度的理论极限值为室外空气的湿球温度。因此,当水量一定,入口水温一定时,室外空气的湿球温度越低,冷却塔出口水温越低,与入口水温之差越大,冷却塔冷却能力也就越强,进而冷水机组的能耗也会减少。

对于不同型号的冷却塔，空气湿球温度对冷却水出口温度及冷却能力的影响趋势是一致的，见图 5[8-9]。

由于室外气象参数不可控制，一般都是调节冷却塔风机的启停及风量来控制冷却塔出水温度。室外湿球温度降低时，冷却塔冷却能力增强，当冷却水温度达到一定下限时，可以减少冷却塔运行台数，关闭冷却塔风机。在过渡季中，外界气温较低，可以充分利用自然冷源进行冷却，少开风机，节约风机能耗。在运行过程中，当空调负荷变小时，优先考虑关闭风机而不是冷却塔，当冷却塔风机全部关闭后再关闭冷却塔。

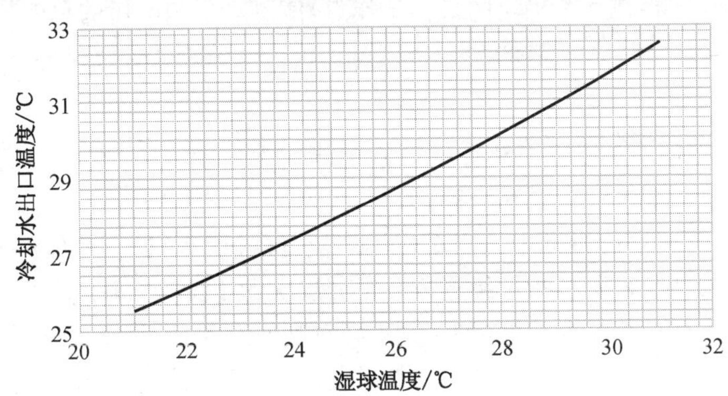

图 5 空气湿球温度对冷却水出口温度的影响

2.2.2 冷却水入口温度

当冷却水量一定，室外空气湿球温度一定时，冷却塔入口水温越高，与空气湿球温度之差越大，促进了冷却，冷却能力会增加。但对结构形式已确定的冷却塔来说，由于冷却能力有限，可能使出水口水温有较大升高，反而导致冷水机组冷凝压力过高，制冷量不足。因此，冷却水入口温度不宜设置过高。

对于冷却塔的进水，如果水温不便于调节，可以在水进入冷却塔前，进行“预处理”，改变水、气间的传热性能，如在进水管上安装溶气设备（溶气罐或射流溶气器），利用一定的压力将空气溶于水中，再进行冷却。改进后的冷却塔冷却效率将会大大提高。

2.2.3 冷却水量和诱导风量

图 6 给出了冷却水量和诱导风量对冷却塔冷却能力的影响曲线，图中的曲线是冷却塔的

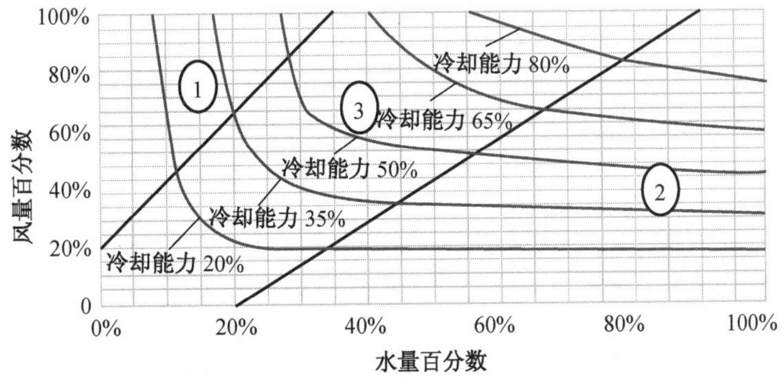

图 6 冷却能力随风量和冷却水量的变化

等冷却能力线。从中可以看出冷却水量和风量对冷却塔冷却能力的影响主要分成3个影响区域。在区域1里,冷却水量很小,风量很大,这样冷却塔容易达到换热饱和,冷却水出水温度非常接近空气湿球温度,但是风机出现"大马拉小车"现象,得不偿失。区域2中,冷却水量很大,风量很小,冷却水和空气就不能充分换热,冷却水进出温差极小,出现"大流量小温差"现象,且由于冷却水出水温度高还会致使冷水机组效率降低。另外,区域1、2中,单独调节风量或冷却水量对冷却能力的影响都不大,在实际运行中不利于调控。在区域3中,无论调节水量还是风量都会改变冷却塔的冷却能力,可控性强。在保持相同的冷却能力前提下,降低风量可减少风机能耗,但由于需增加冷却水流量,却增加了水泵能耗。反之,也是一样的。但是对于一定冷却能力的冷却塔,一定存在一个确定的最佳工作点,使得水泵和风机的总能耗最低。

3 结论

(1) 本文的基本理论是以提高整体空调系统能效为出发点,对空调系统能耗诊断评价进行研究,使空调系统的能效评价更加合理。

(2) 从众多的空调评价指标中选出了应用广泛、准确度高、操作简便的评价指标,根据整体空调能效为主的原则,将所有指标组建成一个分层次的空调能效评价体系。其原理是:先对整体空调能效进行评价,若符合节能标准,就不必对其他设备、子系统再进行优化调节,以免单独调节设备造成空调系统能效降低。反之,如果整体空调能效不符合标准,就需要逐层往下探查原因,从子系统到单体设备都要进行诊断。

(3) 本文最后对冷水机组和冷却塔进行了具体的性能分析。分析了影响冷水机组*COP*和冷却塔冷却能力的各因素,从中可以看出单独调节冷水机组、冷却塔的运行参数虽然可以提高各自运行效率,但对空调系统能效却不一定有利,为空调系统中冷水机组和冷却塔的经济运行提供建议。

参考文献

[1] 李德英,刘珊,郝斌.公共建筑空调系统节能诊断方法探讨[J].中国建设信息供热制冷,2010,(4):64-65,76.

[2] BRAUN J E, CHATURVEDI N. An inverse gray-box model for t ransient building load prediction[J]. HVAC&R Research,2002,8(1):73-99.

[3] KE Yu pei, STANLEY A. Mumma. Optimized supply-air temperature(SAT) in variable air volume (VAV)systems [J]. Energy,1997,22(6): 601-614.

[4] WANG Shengwei, JIN Xinqiao. Model-based optimal control of VAV air-conditioning system using genetic algorithm [J]. Building and Environment,2000,35(6): 471-487.

[5] 周邦宁.空调用螺杆式制冷机(结构操作维护)[M].北京:中国建筑工业出版社,2002.

[6] 国家质量监督检验检疫总局.GB/T 18430.2—2001 蒸汽压缩循环冷水(热泵)机组户用和类似用途的冷水(热泵)机组[S].北京:中国标准出版社,2002.

[7] 张华俊,王俊富,雪玲.螺杆式冷水机组选型中值得重视的几个问题[J].暖通空调,2001,31(6): 91-92.

[8] 胡建亮.机械式冷却塔运行优化及节能研究[D].上海:同济大学,2011.

[9] 兰丽,连之伟,张泠.用于控制策略评估的冷却塔模型的建立[C]//全国暖通空调制冷 2006 学术年会资料集,2006.

基于某建筑的集中空调能效监控分析系统研究*

张晓杰　刘书荟　刘东　印慧

摘　要：针对目前我国集中空调监控系统的现状，阐述了对集中空调运行能效进行监控分析的必要性，提出了能效监控分析系统构建的框架，依据 GB/T17981—2007 等相关国家标准，明确了空调能效监控的参数范围，确定了实现集中空调能效分析功能的基本要素，并以某办公楼为研究对象，构建了一套集中空调系统能效监控与分析平台，实现了集中空调运行能效的实时监控与分析。

关键词：集中空调；能效；监控；分析

Study of Monitoring and Analysis System of the Central Air-conditioning System based on a Building

ZHANG Xiaojie，LIU Shuhui，LIU Dong，YIN Hui

Abstract: Described present problems of monitoring and measuring system for central air-conditioning systems, based on the GB/T 17981—2007, presented the framework of the system, defined the monitoring parameters and the basic elements of the monitoring and analysis platform, built a monitoring and analysis system for central air-conditioning of a office building, achieved real-time monitoring and analysis of the energy efficiency of central air-conditioning system.

Keywords: central air-conditioning system, energy efficiency, monitoring, analysis

0　引言

对于一幢需要设置夏季供冷、冬季供热的集中空调系统的公共建筑，暖通空调系统的能耗一般会占到该建筑总能耗的 60%[1]，而中央空调的监控系统是楼宇自控系统的重要组成部分，约占 60%以上的监控点，是实现大型公共建筑节能的重点[2]。如何及时掌握集中空调系统实际运行能效，提高其运行效率，是降低公共建筑能耗的关键。目前，集中空调监测控制系统大多作为楼宇设备自控系统（BA 系统）或建筑能源管理系统（BEMS）的一部分，功能主要包含保障系统安全运行、调节主机运行、实时显示系统关键参数以及计量总电耗，尚未实现集中空调系统运行能效的分析功能。本研究基于国家标准 GB/T 17981—2007《空气调节系统经济运行》[3]及相关设备经济运行标准，提出并建立了对集中空调运行能效进行实时监测与分析的系统，为合理分析空调系统运行能效水平、优化系统运行模式、制定节能改造方案提供科学的数据支撑。

*《建筑热能通风空调》2013，32(4)收录。

1 我国集中空调监控系统研究现状

国内对集中空调的监控系统研究主要包括三个方面:①对集中空调系统或系统中的某些组成设备运行情况的智能控制系统;②对集中空调系统运行情况的监测及诊断;③对集中空调远程的能耗监测系统。集中空调的监控系统所采集的系统运行参数一般以实现设备的控制调节为目标,相应采集设备的部分运行参数。总体来看,目前的监控系统仍大多局限于系统运行的检测和故障诊断或以系统设计参数为控制目标的控制系统。而在集中空调能耗方面的监测仍局限在计算集中空调各用户端实时所需能耗并作为集中空调系统能量供应量的调控依据,实现以制冷主机最佳能效比曲线为目标的调节,或仅仅监测系统消耗的总电量,对于系统能效水平的监测分析研究甚少。

评价集中空调系统是否具有节能潜力,能否进一步优化以减少能耗,是当前监控系统无法做到的。这也是当前控制系统存在的一个比较突出的问题:目前绝大部分的楼宇并没有形成一个运行数据监测、采集与分析的完整流程,系统中保存的大量基础数据没有充分发挥对工程的指导作用,更没有发挥其对行业的参考作用[4]。因系统监测数据未被有效利用,导致无法分析系统运行能效情况,无法为系统节能运行提供指导。

国家标准 GB/T 17981—2007《空气调节系统经济运行》[3]出台之后,对于系统能效水平的研究仍处于起步阶段,对于集中空调系统能效水平的判断大多数情况下依赖于设计初期的软件模拟或实际运行单一工况的能效检测,对于空调系统的节能评价也不尽相同[5]。为更好地研究集中空调系统的实际运行能效水平,建设能够实时采集系统运行能效相关的所有参数并实现数据处理的监控分析系统是深入研究集中空调系统节能的重要基础。

2 硬件系统

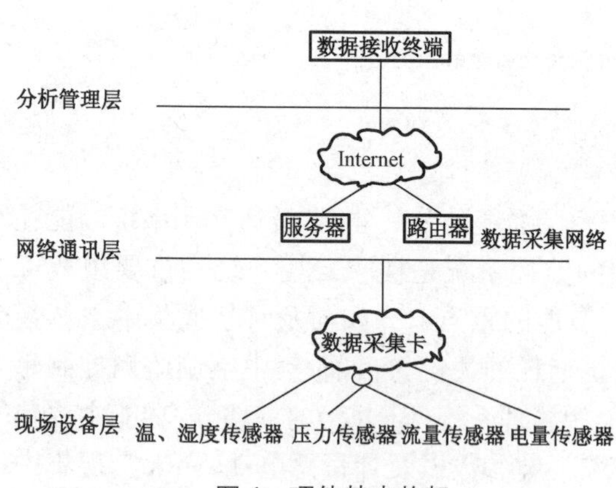

图 1 硬件基本构架

基于 GB/T 17981—2007《空气调节系统经济运行》[3]及相关设备经济运行标准,集中空调能效监控与分析系统通过对系统中各组成设备与系统经济运行相关的所有参数的实时采集、传输及存储,依据标准给出的计算模型实现对各设备及系统能效的实时计算,通过与标准数据库数据的比较,给出各设备和系统能效水平。其硬件基本架构分为三个层次:①现场设备运行参数检测;②网络通讯;③数据分析与系统管理。

现场设备运行参数检测层为各类传感器/变送器以及数据采集卡,网络通讯层为数据采集网络、数据采集传输服务器及路由器;数据分析与系统管理层为终端监控分析设备,能够实现实时数据显示和分析、历史数据查询和调用、报表打印等功能。为实现集中空调系统运行能效的分析功能,监测对象包括:①大气环境温、湿度;②典型使用区域室内环境;③冷热源设备;④输送系统设备;⑤末端(空气处理)设备。以夏季制冷工况为例,具体监测参数见表 1。

表 1　　采集的参数

被测对象	直接测试参数
大气环境	干球温度，相对湿度
室内环境	干球温度，相对湿度，二氧化碳浓度
冷水机组	冷冻水流量，冷冻水出、回水温度，冷却水流量，机组输入功率
冷却塔	进、出口空气干球温度，进、出口空气相对湿度，进水温度，出水温度，风机输入功率
板式换热器	二次侧流体流量，二次侧流体进口温度，二次侧流体出口温度
水泵	输入功率，流量，进口压力，出口压力
风机	输入功率，风量，进口压力，出口压力
空气处理机组	新风干球温度、相对湿度、回风干球温度、相对湿度，送风干球温度、空气相对湿度，新风、回风、送风流量，盘管水流量，盘管进、出水温度，输入功率，风机进、出口压力
空气-空气能量回收装置	新风进、出风干球温度，新风进、出风相对湿度，回风干球温度、相对湿度 排风进风干球温度、相对湿度，新风量，输入功率

表 1 中监测参数涵盖了系统中能效相关的全部参数，与常规的监控系统相比，该系统扩展、深化了监控系统的基本功能，实现了连续测试数据的采集、存储、分析、数据查询和调用功能。

3　软件系统

软件的基本功能是对数据进行处理和计算，以对空调系统的性能进行对比和评价，生成各类曲线、图表和报表。分析功能包括设备能效分析和系统能效分析两大部分，所建立的模型分为三个层次：①空调系统组成设备模型；②空调子系统模型；③空调系统模型。

为了分析各组成设备运行工况的能效水平，在对当前集中空调系统基本配置和设备生产商调研的基础上，通过搜集典型的产品样本，按照系统诊断分析模型的需要，建立了包含多种品牌各类设备的用于能效评价的能效相关参数数据库。本系统依据现行的性能评价、经济运行等国家标准对各设备运行能效进行评价，评价体系如图 2 所示。

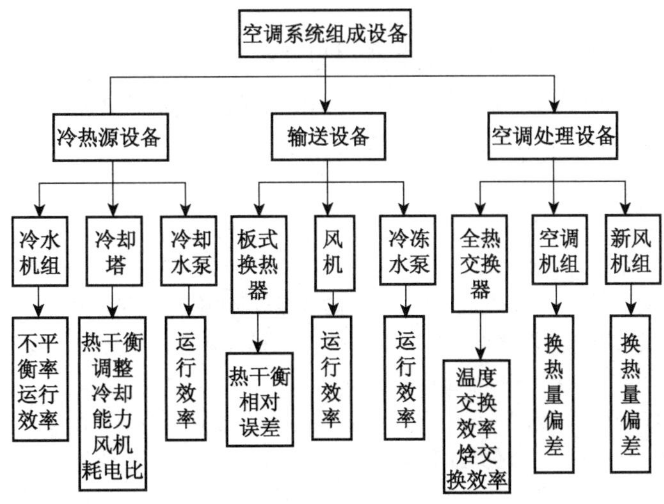

图 2　集中空调系统组成设备评价体系

对子系统及系统的评价体系见图 3。

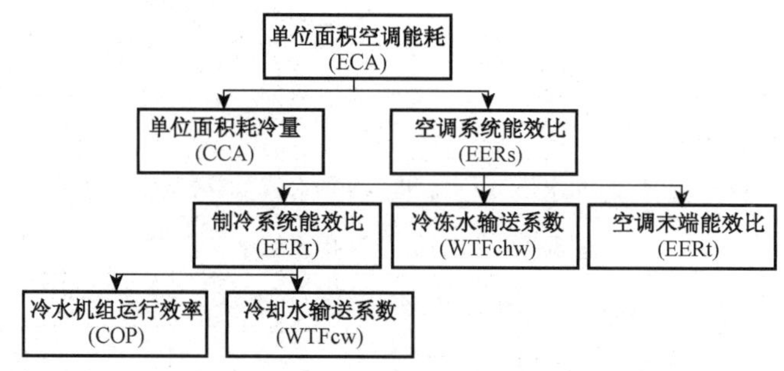

图 3　集中空调系统及子系统评价体系

依据上述设计，本系统能够实现对设备、子系统以及系统的全面评价，为管理者和运行操作人员提供更为直观的系统运行能效水平管理平台。

4　示范应用

该系统已于 2012 年 7 月在某一建筑面积为 4 万平方米的办公建筑中得以应用，并作为该楼宇 BA 系统的扩展内容，为用户实时提供系统能效监测与分析数据，如图 4 和图 5 所示。

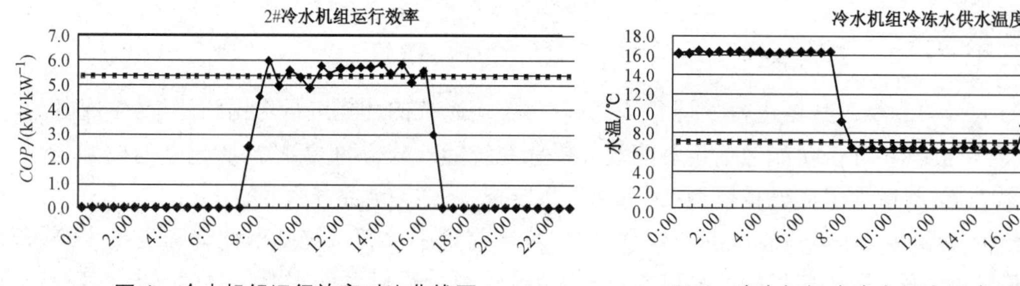

图 4　冷水机组运行效率对比曲线图

图 5　冷水机组冷冻水供水温度对比曲线图

5　结语

本研究实现了集中空调系统实时能效监测与分析，并得到了典型应用，填补了现有 BA 系统(BEMS 系统)对集中空调系统能效监测与分析的空白，为集中空调系统能效分析与评价研究、节能设计、节能技术改造提供了科学的数据支撑。

参考文献

[1] 薛志峰，江亿. 商业建筑的空调系统能耗指标分析[J]. 暖通空调，2005，35(1)：37-41.

[2] 李召泼，张小松，吴智深. 大型公共建筑中央空调的节能与监控[J]. 建筑节能，2010，38(3)：62-65.

[3] 中国人民共和国国家质量监督检验检疫总局，中国国家标准化管理委员会. GB/T 17981—2007 空气调节系统经济运行[S]. 北京：中国标准出版社，2008.

[4] 潘云钢. 我国暖通空调自动控制系统的现状与发展[J]. 暖通空调，2012，42(11)：1-8.

[5] 刘书荟. 大型公共建筑集中空调系统节能评价[J]. 上海节能，2012，(7)：25-27.

基于集中式空调系统能效整体性优化模型研究*

施赟　刘东　张超

摘　要：对集中式空调系统的各部件进行了详细的能效特性分析，并且建立了各部件的数学模型。提出了以系统综合能效比最高为评价标准的目标函数，根据能量守恒定律以及系统变量的控制区间，得出了系统的约束条件。最后通过合理选择系统的控制变量，使系统整体性优化问题得到简化。

关键词：集中式空调系统　数学模型　系统综合能效比　整体性优化

Study on Models of Centralized Air Conditioning System based on the Global Optimization of Energy Efficiency

SHI Yun, LIU Dong, ZHANG Chao

Abstract: This paper analyzed the energy efficiency characteristics of each component in centralized air conditioning system. The mathematic models were established. The object function which is evaluated by the standard of the maximum EERs was proposed. Based on the law of energy conservation and the control interval of variables, the constraints were obtained. The global optimization problem was simplified by the reasonable choice of control variables.

Keywords: centralized air conditioning system, mathematic models, EERs, global optimization

0　引言

人们为了提高空调系统的运行效率，对空调系统进行各种优化研究，但多数研究都是着重于提高各子系统的效率。Chen 和 Xu[1] 基于耗散理论对冷冻水系统进行了优化；Lu Lu 等[2] 针对集中式空调系统的冷却水循环提出了基于模型的优化方法；Ahn 和 Mitchell[3] 采用二次函数的线性回归方程，预测了冷却水系统的能耗；Wang 和 Jin[4] 基于预测整个系统环境响应及能量特性，对变风量空调系统控制点进行了优化研究；孟华等[5] 针对集中式空调水系统，建立了系统层次实时在线的优化控制预测模型。

本文分析了集中式空调系统各部件的能效特性，它们包括：制冷机组、冷冻水泵、冷却水泵、冷却塔以及空调箱表冷器等。从系统整体性优化的角度出发，提出了以系统综合能效比最高为评价标准的目标函数，并且结合系统的约束条件，确定了系统的控制变量，最终使优化问题得到简化。

1　空调耗能设备数学模型

1.1　空调制冷主机模型

冷水机组的数学模型采用性能曲线模型，该模型是基于建筑能耗模拟软件 Energy Plus

*《建筑热能通风空调》2012，31(5)收录。

里的压缩制冷机建立的，根据参考条件下用户提供的性能信息以及关于制冷量和效率的三条性能曲线，模拟制冷机在非参考条件下的工作性能。三条性能曲线分别是[6]：

1) 温度-制冷量函数曲线

温度-制冷量函数曲线确定了制冷主机最大制冷量与冷冻水出水温度和冷却水进水温度的函数关系。温度-制冷量函数曲线如下式：

$$ChillerCapFTemp = a + b(T_{e,\ out}) + c(T_{e,\ out})^2 + d(T_{c,\ in}) + e(T_{c,\ in})^2 + f(T_{e,\ out})(T_{c,\ in}) \tag{1}$$

式中 $ChillerCapFTemp$——制冷量系数；

$T_{e,\ out}$——冷冻水出水温度，℃；

$T_{c,\ in}$——冷却水进水温度，℃；

a,b,c,d,e,f——拟合所得的系数。

2) 温度-EIR 函数曲线

温度-EIR 函数曲线确定了 EIR（输入功率与输出冷量的比率，是 COP 的倒数）与冷冻水出口温度和冷却水进口温度的函数变化关系。温度-EIR 函数曲线如下式：

$$ChillerEIRFtemp = a + b(T_{e,out}) + c(T_{e,out})^2 + d(T_{c,in}) + e(T_{c,in})^2 + f(T_{e,out})(T_{c,in}) \tag{2}$$

式中 $ChillerEIRFtemp$——EIR 系数；

a,b,c,d,e,f——拟合所得的参数。

3) 部分负荷率-EIR 函数曲线

部分负荷率-EIR 函数曲线确定了 EIR 随部分负荷率的函数变化情况。部分负荷率 EIR 函数曲线如下式：

$$ChillerEIRFPLR = a + b(PLR) + c(PLR)^2 \tag{3}$$

式中 $ChillerEIRFPLR$——EIR 部分负荷系数；

PLR——部分负荷率，即实际冷负荷与制冷机最大可用制冷量的比，$PLR=Q/Q_{avail}$；

a,b,c——拟合所得的参数。

通过这三条曲线，可以得到制冷机压缩机的耗功率为：

$$P_{Chiller} = Q_{avail}\frac{1}{COP_r}(ChillerEIRFTemp)(ChillerEIRFPLR) \tag{4}$$

式中 $P_{Chiller}$——制冷主机压缩机耗功率，kW；

Q_{avail}——制冷机最大可用制冷量，kW；

COP_r——制冷主机的额定 COP。

1.2 空调水泵模型

由于水泵能耗在空调系统总能耗中占有相当的比例，水系统的节能显得尤为重要，需要建立水泵的能耗模型。

对于闭式水系统，水泵等效率曲线与管路特性曲线完全重合，水泵的能耗模型相对比较简单。但对于开式水系统，水泵的轴功率与流量不成三次方关系。如果要建立纯物理关系的能耗方程，其推导过程较复杂，不易求解。本文基于相关的物理特性关系式，通过最小二乘的曲线拟合方法，建立简单水泵能耗方程。

选择二次函数作为拟合曲线，建立拟合的水泵无因次性能曲线方程[7]：

$$\overline{H} = a_0 + a_1\overline{G} + a_2\overline{G}^2 \tag{5}$$

$$\overline{\eta} = b_0 + b_1\overline{G} + b_2\overline{G}^2 \tag{6}$$

式中，$\overline{H}$，$\overline{G}$，$\overline{\eta}$ 分别为无因次扬程、无因次流量和无因次效率。

当水泵转速发生变化时，可以通过相似关系式计算得出水泵转速从 n_1 变化到 n_2 后的无因次性能曲线方程为：

$$\overline{H}_2 = a'_0 + a'_1\overline{G}_2 + a'_2\overline{G}_2^2 \tag{7}$$

式中，$a'_0 = \left(\frac{n_2}{n_1}\right)^2 a_0$；$a'_1 = \left(\frac{n_2}{n_1}\right)a_1$；$a'_2 = a_2$。

为了求出水泵调速后的轴功率，需要求出调速后水泵的效率。首先将额定转速为 n_1 时无因次水泵性能曲线和效率曲线分别拟合为式(5)和式(6)；然后根据管路特性曲线求出调速后水泵的扬程(对于确定的管路，H_0 和 S 均可计算得出)；最后解下面的方程组，确定与转速为 n_2 等效率的转速为 n_1 时的工作点：

$$\begin{cases} \overline{H}_1 = \dfrac{\overline{H}_2}{\overline{G}_2^2}\overline{G}_1^2 \\ \overline{H}_1 = b_0 + b_1\overline{G}_1 + b_2\overline{G}_1^2 \end{cases}$$

求出上述两条曲线的交点($\overline{H}_1$，$\overline{G}_1$)，然后根据式(6)求出该点的无因次效率 $\overline{\eta}_1$，调速后工作点的无因次效率就等于该点处的无因次效率。然后根据该点处的 $\overline{G}_2$、$\overline{H}_2$、$\overline{\eta}_2$，结合水泵轴功率方程就可以求出该点处的无因次功率。这样，就可以求出一系列不同转速下水泵工作点的 $\overline{G}$、$\overline{H}$、$\overline{\eta}$、$\overline{N}$。最后根据求得的各组数据，采用最小二乘法原理，拟合出不同转速下对应工作状态点的水泵能耗与水流量的关系式：

$$N_c = N_{c,nom}[c_0 + c_1(G_c/G_{c,nom}) + c_2(G_c/G_{c,nom})^2 + c_3(G_c/G_{c,nom})^3] \tag{8}$$

式中　N_c——冷却水泵功率，kW；

$N_{c,nom}$——冷却水泵额定功率，kW；

G_c——冷却水泵流量，m^3/h；

$G_{c,nom}$——冷却水泵额定流量，m^3/h；

c_0，c_1，c_2，c_3——拟合参数。

对于蒸发器侧，水系统通常为闭式循环，理论上水泵功率与水流量可以按三次方关系式进行计算。但在系统进行实际控制的过程中，为了平衡用户侧和冷源侧的流量及温差采用恒定干管压差旁通法，此压差值相当于开式系统中的提升高度。因此，本文对冷冻水循环也按照开式系统进行处理，通过最小二乘法得出拟合关系式：

$$N_e = N_{e,nom}[d_0 + d_1(G_e/G_{e,nom}) + d_2(G_e/G_{e,nom})^2 + d_3(G_e/G_{e,nom})^3] \tag{9}$$

式中　N_e——冷冻水泵功耗，kW；

$N_{e,nom}$——冷冻水泵额定功率，kW；

G_e——冷冻水泵流量，m^3/h；

$G_{e,nom}$——冷冻水泵额定流量，m^3/h；

d_0，d_1，d_2，d_3——拟合参数。

1.3 冷却塔模型

在空调系统优化研究中，冷却塔模型普遍采用的是 Braun[8] 于 1989 年提出的基于部件的冷却塔模型，该模型表达式非常复杂，最终可以简化为如下表达式：

$$Q_c = f[(T_{c,out} - T_{wb}), (m_a/m_w)] \tag{10}$$

根据热传递以及能量平衡理论，通过冷却塔的散热量也可以通过总热阻来计算，具体表达式为[9]：

$$Q_c = \frac{T_{c,out} - T_{wb}}{R} \tag{11}$$

总热阻 R 包括水侧热阻和空气侧热阻。即：

$$R = R_w + R_a \tag{12}$$

在冷却塔中，空气与水的流动通过水泵和风机驱动。因此，空气与水之间的传热可以看作是强迫对流。假设水流断面的当量直径为 D，则水侧热阻 R_w 与水流量 m_{cw} 通过下式计算：

$$\frac{1}{R_w} = h_w A_w = C(\mathrm{Re})^{e_1}(\mathrm{Pr})^{e_2} \cdot \frac{\lambda}{D} \cdot A_w = C\left(\frac{Du\rho}{\mu}\right)^{e_1}\left(\frac{\mu c_{pw}}{\lambda}\right)^{e_2} \cdot \frac{\lambda}{D} \cdot A_w \tag{13}$$

$$m_{cw} = u \cdot \pi \cdot \frac{D^2}{4} \cdot \rho \tag{14}$$

式中 R_w——水侧对流传热热阻，℃/W；

h_w——水侧对流表面传热系数，W/(m^2 · ℃)；

A_w——水侧对流传热面积，m^2；

Re，Pr——雷诺数和普朗特数；

λ——导热系数，W/(m · ℃)；

u——流体平均速度，m/s；

μ——流体的动力黏度，Pa · s；

D——水流断面当量直径，m；

ρ——流体的密度，kg/m^3；

m_{cw}——冷却水流量，kg/s；

C，e_1，e_2——待确定参数。

对于稳定流动，A_w，ρ，u 均视为常数；μ，c_{pw}、λ 也近似认为是常数，将式(14)中的 u 解出代入式(13)得：

$$\frac{1}{R_w} = m_{cw}^{e_1}\left(\frac{C \cdot 4^{e_1} \cdot c_{pw}^{e_2} \cdot \lambda^{1-e_2}}{\pi^{e_1} \cdot \mu^{e_1-e_2} \cdot D^{1+e_1}}\right)A_w = b_1 m_{cw}^{e_1} \tag{15}$$

式中，$b_1 = \dfrac{C \cdot 4^{e_1} \cdot c_{pw}^{e_2} \cdot \lambda^{1-e_2}}{\pi^{e_1} \cdot \mu^{e_1-e_2} \cdot D^{1+e_1}} \cdot A_w$。

同理，空气侧的对流传热热阻表达如下：

$$\frac{1}{R_{\mathrm{a}}}=b_2 m_{\mathrm{a}}^{e_1},\ b_2=\frac{C\cdot 4^{e_1}\cdot c_{\mathrm{pa}}^{e_2}\cdot\lambda^{1-e_2}}{\pi^{e_1}\cdot\mu^{e_1-e_2}\cdot D^{1+e_2}}\cdot A_{\mathrm{a}} \tag{16}$$

将式(12)、式(15)、式(16)代入式(11)得：

$$Q_{\mathrm{c}}=\frac{c_1 m_{\mathrm{cw}}^{c_3}}{1+c_2(m_{\mathrm{cw}}/m_{\mathrm{a}})^{c_3}}(T_{\mathrm{c,out}}-T_{\mathrm{wb}}) \tag{17}$$

式中，$c_1=b_1$，$c_2=b_1/b_2$，$c_3=e_1$，这三个参数通过实验数据来确定。

冷却塔的风机耗功模型与水泵类似，其拟合关系式如下：

$$P_{\mathrm{t,fan}}=P_{\mathrm{t,fan,nom}}[g_0+g_1(m_{\mathrm{a}}/m_{\mathrm{a,nom}})+g_2(m_{\mathrm{a}}/m_{\mathrm{a,now}})^2+g_3(m_{\mathrm{a}}/m_{\mathrm{a,nom}})^3] \tag{18}$$

式中　$P_{\mathrm{t,fan}}$——冷却塔风机功率，kW；

$P_{\mathrm{t,fan,nom}}$——冷却塔风机额定功率，kW；

m_{a}——空气质量流量，$\mathrm{m^3/h}$；

ma_{nom}——空气额定质量流量，$\mathrm{m^3/h}$；

g_0，g_1，g_2，g_3——拟合参数。

1.4　空调箱表冷器模型

空调箱是集中处理空气的设备，在空气处理过程中表冷器起到了重要的作用。盘管的传热过程分为三部分：冷冻水对流换热、金属导热、热空气对流换热。

根据传热原理和能量守恒原理，用总热阻 R 来计算传热量。通过盘管的冷负荷可表示为[10]：

$$Q_{\mathrm{e}}=\frac{T_{\mathrm{sa}}-T_{\mathrm{e,out}}}{R} \tag{19}$$

式中　Q_{e}——盘管传递的冷负荷，kW；

T_{sa}——进入盘管的混合空气的温度，℃。

总热阻包括三部分：冷冻水侧对流热阻(R_a)，金属管壁的导热热阻和空气侧对流热阻(R_{a})。由于金属管壁的导热热阻较小，可以忽略不计。则总热阻为：$R=R_{\mathrm{w}}+R_{\mathrm{a}}$。

对于冷冻水侧对流热阻和空气侧对流热阻，其算法与冷却塔类似，经整理可得到盘管的传热等式为：

$$Q_{\mathrm{e}}=\frac{c_1 m_{\mathrm{sa}}^{c_3}}{1+c_2(m_{\mathrm{chw}}/m_{\mathrm{sa}})^{c_3}}(T_{\mathrm{sa}}-T_{\mathrm{e,out}}) \tag{20}$$

式中　m_{sa}——空调箱送风的质量流量，kg/h；

m_{chw}——冷冻水的质量流量，kg/h；

c_1，c_2，c_3——拟合参数。

空调箱内风机的耗功模型与冷却塔风机类似，其拟合关系式如下：

$$P_{\mathrm{c,fan}}=P_{\mathrm{c,fan,nom}}[f_0+f_1(m_{\mathrm{sa}}/m_{\mathrm{sa,nom}})+f_2(m_{\mathrm{sa}}/m_{\mathrm{sa,nom}})^2+f_3(m_{\mathrm{sa}}/m_{\mathrm{sa,nom}})^3] \tag{21}$$

式中　$P_{\mathrm{c,fan}}$——空调箱风机功率，kW；

$P_{c,fan,nom}$——空调箱风机额定功率,kW;

$m_{sa,nom}$——空调箱送风额定质量流量,m^3/h;

f_0, f_1, f_2, f_3——拟合参数。

2 目标函数及约束条件

2.1 目标函数

集中式空调系统是一个复杂的系统,各设备之间相互影响,要实现其最优化运行,必须从系统整体效率最高来考虑,达到最佳的能效。因此,将空调系统综合能效比 EER_s 作为系统的目标函数,其表达式如下:

$$\begin{aligned} EER_s &= \frac{Q_e}{P_{Chiller} + N_c + N_e + P_{t,fan} + P_{c,fan}} \\ &= f(T_{e,in}, T_{e,out}, T_{c,in}, T_{c,out}, m_{cw}, m_{chw}, m_{sa}, m_a, Q_e, T_{sa}, T_{wb}) \end{aligned} \tag{22}$$

要实现整个空调系统的最优化运行,就是确定使目标函数 EER_s 达到最大值时系统各运行参数的值。

2.2 约束条件

优化模型的约束条件包括等式约束和不等式约束,它主要反映的是来自系统内部或者外部的约束和限制,包括各类自然规律的限制和安全因素的约束等等。对于集中式空调系统不可避免地受到许多条件的约束,这些约束很多都体现在建立的优化模型之中。

1) 等式约束

当空调系统稳定运行时,冷机所能完成的制冷量必须满足末端用冷负荷的需求,即:

$$Q_e = c_{pw} m_{chw} (T_{e,in} - T_{c,out}) = \frac{c_1 m_{sa}^{c_3}}{1 + c_2 (m_{chw}/m_{sa})^{c_3}} (T_{sa} - T_{e,out}) \tag{23}$$

当空调系统稳定运行时,冷却水从冷水机组冷凝器带走的热量等于通过冷却塔的散热量,即:

$$Q_c = c_{pw} m_{cw} (T_{c,out} - T_{c,in}) = \frac{c_1 m_{cw}^{c_3}}{1 + c_2 (m_{cw}/m_a)^{c_3}} (T_{c,out} - T_{wb}) \tag{24}$$

忽略机组壳体对周围空气的散热,结合热力学第一定律,可得到冷凝器放热量等于机组的耗电量与制冷量之和,即:

$$Q_c = Q_e + P_{Chiller} \tag{25}$$

2) 不等式约束

为了保证整个空调系统的正常运行,防止各类事故的发生,空调设备本身对各参数也有一定的限制,同时为了满足空调末端设备的冷却去湿要求,并且使优化问题的求解位于可行域内,优化过程还必须满足一些其他的约束条件。如下所示:$T_{e,in,min} \leqslant T_{e,in} \leqslant T_{e,in,max}$;$T_{e,out,min} \leqslant T_{e,out} \leqslant T_{e,out,max}$;$0 \leqslant T_{e,in} - T_{e,out} \leqslant \Delta T_e$;$T_{c,in,min} \leqslant T_{c,in} \leqslant T_{c,in,max}$;$T_{c,out,min} \leqslant T_{c,out} \leqslant T_{c,out,max}$;$0 \leqslant T_{c,out} - T_{c,in} \leqslant \Delta T_c$;$m_{cw,min} \leqslant m_{cw} \leqslant m_{cw,max}$;$m_{chw,min} \leqslant m_{chw} \leqslant m_{chw,max}$;$m_{sa,min} \leqslant m_{sa} \leqslant m_{sa,max}$;$m_{a,min} \leqslant m_a \leqslant m_{a,max}$。

3 优化变量的选择

由式(22)可以看出,目标函数 EER_s 是以下变量的函数,它们包括 $T_{e,in}$, $T_{e,out}$, $T_{c,in}$, $T_{c,out}$, m_{cw}, m_{chw}, m_{sa}, m_a, Q_e, T_{sa}, T_{wb}。对于集中式空调系统这种非线性多变量的优化问题来说,过多的控制变量会造成模型求解的困难,对优化结果会产生不利的影响,所以要综合考虑各种因素,尽量简化控制变量。对于上述这些变量,可以分为三类:不可控变量、独立变量、因变量。

Q_e, T_{sa}, T_{wb}均为不可控变量。系统的供冷量、空调箱送风温度以及室外空气湿球温度是由室外环境和室内人员、设备等决定的,这些都是不受系统控制的变量。对于这些变量,可以在采样时间内计算得到,因此可以将他们视为常量。

$T_{e,out}$, $T_{c,in}$, m_{sa}, m_a 均为独立变量,也就是空调系统整体性优化的控制变量。

$T_{e,in}$, $T_{c,out}$, m_{cw}, m_{chw}均为因变量,当不可控变量和独立变量确定后,结合约束条件,这些变量就可以确定。

最后,式(22)可以简化为

$$EER_s = f(T_{e,out}, T_{c,in}, m_{sa}, m_a) \tag{26}$$

4 结论

本文分析并建立了集中式空调系统的各设备的模型,将这些设备的能耗以数学形式给出。提出以系统综合能效比为目标函数来评价系统的节能效果,同时确定了空调系统整体性优化的约束条件,并且对各优化变量进行了合理选择,使其得到简化。这种分析方法为以后采用合理算法求解集中式空调系统整体性优化问题提供了理论基础。

参考文献

[1] QUN Chen, XU Yunchao. An entransy dissipation-based optimization principle for building central chilled water systems [J]. Energy, 2012, 37: 571-579.

[2] LU Lu, CAI Wenjian, SOH Yengchai, et al. HVAC system optimization-condenser water loop[J]. Energy Conversion and Management, 2004, 45: 613-630.

[3] AHN B C, MITCHELL J W. Optimal control development for chilled water plants using a quadratic representation [J]. Energy and Building, 2001, 33: 371-378.

[4] WANG Shengwei, JIN Xinqiao. Model-based optimal control of VAV air-conditioning system using genetic algorithm [J]. Building and Environment, 2000, 35: 471-487.

[5] 孟华,王盛卫,龙惟定.空调水系统实时在线优化控制预测模型的研究[J].同济大学学报,2006,34(5):670-674.

[6] Energy Plus V2.0 Manual [R]. The US Department of Energy,2007.

[7] 王昭俊.采暖循环水泵的性能回归曲线方程研究[J].哈尔滨建筑大学学报,2000,33(2):66-69.

[8] BRAUN J E,KLEIN S A,MITCHELL JW, et al. Methodologies for optimal control of chilled water system without storage[J]. ASHRAE Transactions, 1989, 95(1): 652-662.

[9] WANG Yaowen, CAI wenjian, SOH Yengchai, et al. A simplified modeling of mechanical cooling tower for control and optimization of HVAC systems [J]. Energy Conversion and Management,2007,48: 355-

365.

[10] JIN Guangyu, CAI wenjian, LU Lu, et al. A simplified modeling of coil for control and optimization of HVAC systems [J]. Energy Conversion and Management, 2004, 45: 2915-2930.